Naturkonstanten und Normwerte

Größe	Wert
Absoluter Nullpunkt der Temperatur	$T_0 = 0\,\text{K} = -273{,}15\,°\text{C}$
Atomare Masseneinheit	$1\,\text{u} = 1{,}660\,538\,782\,(83) \cdot 10^{-27}\,\text{kg}$
Avogadro-Konstante	$N_A = 6{,}022\,141\,79\,(30) \cdot 10^{23}\,\frac{1}{\text{mol}}$
Bohr'scher Radius	$a_0 = 5{,}291\,772\,085\,9\,(36) \cdot 10^{-11}\,\text{m}$
Boltzmann-Konstante	$k = 1{,}380\,6505\,(24) \cdot 10^{-23}\,\frac{\text{J}}{\text{K}}$
Elementarladung	$e = 1{,}602\,176\,487\,(40) \cdot 10^{-19}\,\text{C}$
Fallbeschleunigung in Deutschland (Eichwerte)	Bundesdeutscher Mittelwert: $g = 9{,}810\,\frac{\text{m}}{\text{s}^2}$ Schleswig-Holstein: $g = 9{,}8130\,\frac{\text{m}}{\text{s}^2}$; Bayern: $g = 9{,}8070\,\frac{\text{m}}{\text{s}^2}$
Faraday-Konstante	$F = 96\,485{,}3399\,(24)\,\frac{\text{C}}{\text{mol}}$
Feldkonstante, elektrische	$\varepsilon_0 = \frac{1}{\mu_0 \cdot c^2} = 8{,}854\,187\,817\,62\ldots \cdot 10^{-12}\,\frac{\text{F}}{\text{m}}$ (exakt)
Feldkonstante, magnetische	$\mu_0 = 4\pi \cdot 10^{-7}\,\frac{\text{N}}{\text{A}^2} = 12{,}566\,370\,614\ldots \cdot 10^{-7}\,\frac{\text{N}}{\text{A}^2}$ (exakt)
Gravitationskonstante	$G = 6{,}674\,28\,(67) \cdot 10^{-11}\,\frac{\text{m}^3}{\text{kg} \cdot \text{s}^2}$
Lichtgeschwindigkeit im Vakuum	$c = 2{,}997\,924\,58 \cdot 10^8\,\frac{\text{m}}{\text{s}}$ (exakt)
Molares Normvolumen eines idealen Gases bei Normdruck 0 °C	$V_m = 22{,}413\,996\,(39) \cdot 10^{-3}\,\frac{\text{m}^3}{\text{mol}}$
Normdruck	$p_n = 101{,}325\,\text{kPa}$
Planck'sche Konstante	$h = 6{,}626\,069\,6\,(33) \cdot 10^{-34}\,\text{J} \cdot \text{s}$
Ruhemasse des Alphateilchens	$m_\alpha = 6{,}644\,656\,20\,(33) \cdot 10^{-27}\,\text{kg}$
Ruhemasse des Elektrons	$m_e = 9{,}109\,382\,15\,(45) \cdot 10^{-31}\,\text{kg}$
Ruhemasse des Neutrons	$m_n = 1{,}674\,927\,211\,(84) \cdot 10^{-27}\,\text{kg}$
Ruhemasse des Protons	$m_p = 1{,}672\,621\,637\,(83) \cdot 10^{-27}\,\text{kg}$
Rydberg-Konstante	$R_\infty = 1{,}097\,373\,156\,852\,7\,(73) \cdot 10^7\,\frac{1}{\text{m}}$
Stefan-Boltzmann-Konstante	$\sigma = 5{,}670\,400\,(40) \cdot 10^{-8}\,\frac{\text{W}}{\text{m}^2 \cdot \text{K}^4}$
Universelle Gaskonstante	$R = 8{,}314\,472\,(15)\,\frac{\text{J}}{\text{mol} \cdot \text{K}}$

Zahlenwerte aus der CODATA-Datenbank. Die Ziffern in Klammern hinter einem Zahlenwert bezeichnen die Unsicherheit in den letzten Stellen des Werts. Die Unsicherheit ist als einfache Standardabweichung angegeben.
Beispiel: Die Angabe 6,672 59 (85) ist gleichbedeutend mit 6,672 59 ± 0,000 85.

FOKUS
PHYSIK

Autoren

Peter Ackermann
Ralf Böhlemann
Elmar Breuer
Stefan Burzin
Carsten Busch
Bardo Diehl
Roger Erb
Karl-Heinz Jutzi
Bernd Reinhard
Claus J. Schmalhofer
Helmke Schulze
Peter M. Schulze
Wolfgang Tews
Rolf Winter

FOKUS PHYSIK S II

QUALIFIKATIONSPHASE

FOKUS PHYSIK

Autoren:	Dr. Peter Ackermann, Ralf Böhlemann, Dr. Elmar Breuer, Stefan Burzin, Carsten Busch, Dr. Bardo Diehl, Prof. Dr. Roger Erb, Dr. Karl-Heinz Jutzi, Dr. Bernd Reinhard, Claus J. Schmalhofer, Helmke Schulze, Dr. Peter M. Schulze, Dr. Wolfgang Tews, Dr. Rolf Winter
Mit Beiträgen von:	Dr. Thomas Bührke
Konzept und Redaktion:	Dr. Andreas Palmer
Konzeptionelle und fachliche Beratung:	Dr. Peter C. Tillmanns
Redaktionelle Mitarbeit:	Thorsten Berndt Christa Freimark
Layoutkonzept und technische Umsetzung:	Andrea Päch
Zeichnungen und Illustrationen:	Peter Hesse Julian Rentzsch
Designberatung:	Ellen Meister
Umschlaggestaltung:	Eyes-Open, Berlin

www.cornelsen.de

1. Auflage, 4. Druck 2017

Alle Drucke dieser Auflage sind inhaltlich unverändert und können im Unterricht nebeneinander verwendet werden.

© 2014 Cornelsen Schulverlage GmbH, Berlin
© 2016 Cornelsen Verlag GmbH, Berlin

Das Werk und seine Teile sind urheberrechtlich geschützt.
Jede Nutzung in anderen als den gesetzlich zugelassenen Fällen bedarf der vorherigen schriftlichen Einwilligung des Verlages.
Hinweis zu den §§ 46, 52a UrhG: Weder das Werk noch seine Teile dürfen ohne eine solche Einwilligung eingescannt und in ein Netzwerk eingestellt oder sonst öffentlich zugänglich gemacht werden.
Dies gilt auch für Intranets von Schulen und sonstigen Bildungseinrichtungen.

Druck: Mohn Media Mohndruck, Gütersloh

ISBN 978-3-06-015551-4 (Schülerbuch)
ISBN 978-3-06-015744-0 (E-Book)

PEFC zertifiziert
Dieses Produkt stammt aus nachhaltig bewirtschafteten Wäldern und kontrollierten Quellen.
www.pefc.de
PEFC/04-31-1033

Vorwort

Aufbau des Lehrbuchs

Lehrtext Jede Doppelseite des Lehrtexts beginnt mit einer kompakten Darstellung der wesentlichen physikalischen Aussagen. Anschließend werden Beispiele, Experimente und Vertiefungen angeboten, die sich je nach individuellem Bedarf nutzen lassen.

Aufgaben Die Doppelseiten schließen mit Aufgaben, die unmittelbar auf ihren jeweiligen Inhalt bezogen sind. Darüber hinaus enthält jeder Themenkomplex ein umfangreiches Angebot von übergreifenden Trainingsaufgaben, die auch der Klausur- bzw. Prüfungsvorbereitung dienen können.

Experimente Im Lehrtext werden typische Experimente, wie sie sich im Rahmen des Unterrichts durchführen lassen, mit einer prinzipiellen Abbildung des Aufbaus dargestellt. Zu jedem dieser Experimente gibt es auf der Plattform *scook.de* eine ausführliche Beschreibung mit Details zur Durchführung und Auswertung. Weiterhin finden sich dort ergänzendes Arbeitsmaterial und Hinweise auf experimentelle Alternativen.

Meilensteine Auf dem Weg zum heutigen Weltbild der Physik gab es immer wieder besondere »Sternstunden« – historische Momente, die die weitere Entwicklung der Wissenschaft stark geprägt haben. Solche Umbrüche, die häufig mit den Namen einzelner Persönlichkeiten verbunden sind, werden auf Sonderseiten unter dem Titel *Meilenstein* hervorgehoben.

Konzepte der Physik Eine zweite Art von Sonderseiten stellt wesentliche Denk- und Arbeitsweisen der Physik dar. Hier geht es um fundamentale Konzepte, die sich jeweils in weiten Teilbereichen der Physik als besonders tragfähig erwiesen haben.

Gesamtband und Einzelbände

Das Lehrwerk Fokus Physik S II umfasst die Inhalte, die im Unterricht der gymnasialen Oberstufe behandelt werden. Dies schließt sowohl die Einführungsphase als auch die Qualifikationsphase ein.

Der vorliegende Band enthält eine Zusammenstellung von Themen für die *Qualifikationsphase*. Dabei handelt es sich um eine Auskopplung aus dem Gesamtband mit der Bestellnummer 978-3-06-015555-2. Folgende weitere Auskopplungen sind bereits erschienen:
- Einführungsphase A, Mechanik und Thermodynamik, ISBN 978-3-06-0155507-7
- Einführungsphase C, Mechanik, Schwingungen und Wellen, ISBN 978-3-06-015737-2

Kapitelnummerierung Die Nummerierung der Kapitel folgt in allen Fällen derjenigen des Gesamtbands. Damit sind auch die übergreifenden Verweise am Fuß der Doppelseiten eindeutig zuzuordnen.

Zusatzmaterial online ↻

Umfangreiches Zusatzmaterial für den Einsatz im Unterricht ist auf der Plattform *scook.de* erhältlich. Außerdem stehen auf dem Fokus-Lehrwerksportal kostenlose Ergänzungen bereit. Unter

www.cornelsen.de/fokus-physik-s2

sind folgende Inhalte zu finden:
- Vertiefungen und Herleitungen
- Simulationen und Videos
- numerische Lösungen zu den Aufgaben des Lehrbuchs

Im Lehrbuch sind Hinweise auf Material des Lehrwerksportals durch das Symbol ↻ gekennzeichnet.

Inhalt

ELEKTRIZITÄT 10

5 ELEKTRISCHE LADUNG UND ELEKTRISCHES FELD 12
- 5.1 Geladene Körper 12
- 5.2 Elektrische Ladung als physikalische Größe 14
- 5.3 Elektrisches Feld 16
- 5.4 **Konzepte der Physik** Felder 18
- 5.5 Elektrisches Potenzial und elektrische Spannung 20
- 5.6 Abschirmung elektrischer Felder 22
- 5.7 Feldgleichung und Feldkonstante 24
- 5.8 Coulomb'sches Gesetz und Radialfeld 26
- 5.9 Kondensator 28
- 5.10 Speicherung elektrischer Energie 30
- 5.11 Auf- und Entladen eines Kondensators 32
- 5.12 Freie Ladungsträger im elektrischen Feld 34
- 5.13 Bestimmung der Elementarladung 36
- 5.14 Leitungsvorgänge 38
- 5.15 **Technik** Anwendungen elektrischer Felder ... 40

6 MAGNETISCHES FELD 42
- 6.1 Magnetische Feldstärke 42
- 6.2 Magnetfeld von Leiter und Spule 44
- 6.3 Lorentzkraft und Halleffekt 46
- 6.4 **Konzepte der Physik** Elektromagnetismus ... 48
- 6.5 Materie im Magnetfeld 50
- 6.6 Bewegung von Ladungsträgern im Magnetfeld 52
- 6.7 Geschwindigkeitsfilter und Massenspektrometer 54

7 ELEKTROMAGNETISCHE INDUKTION 56
- 7.1 Phänomen Induktion 56
- 7.2 Induktionsgesetz 58
- 7.3 **Meilenstein** Faraday entdeckt die elektromagnetische Induktion 60
- 7.4 Wechselspannung und Generator 62
- 7.5 Transformator 64
- 7.6 Selbstinduktion 66
- 7.7 Wirbelströme 68
- 7.8 Energie des Magnetfelds 70
- 7.9 Kondensator und Spule im Wechselstromkreis 72
- 7.10 Schaltungen mit Widerstand, Spule und Kondensator 74
- 7.11 Leistung im Wechselstromkreis 76
- 7.12 **Technik** Anwendungen der Induktion 78

TRAINING 80
ÜBERBLICK 84

SCHWINGUNGEN UND WELLEN 88

8	**SCHWINGUNGEN**	90
8.1	Phänomen Schwingung	90
8.2	Mechanische harmonische Schwingung	92
8.3	Eigenfrequenzen von Feder- und Fadenpendel	94
8.4	Energie schwingender Körper	96
8.5	Gedämpfte Schwingung	98
8.6	Resonanz	100
8.7	Erzwungene Schwingung	102
8.8	Überlagerung harmonischer Schwingungen	104
8.9	Elektrischer Schwingkreis	106
8.10	Anregung elektrischer Schwingkreise	108
8.11	**Technik** Rückkopplungsschaltung und Taktgeber	110
8.12	Chaotische Schwingungen	112
8.13	Ordnung im Chaos	114
9	**WELLEN**	116
9.1	Wellenphänomene	116
9.2	Harmonische Welle	118
9.3	Überlagerung von Wellen	120
9.4	Reflexion	122
9.5	Brechung und Beugung	124
9.6	Interferenz	126
9.7	**Methoden** Darstellung von Wellen mit Zeigern	128
9.8	Schall und Schallwellen	130
9.9	Schallwahrnehmung	132
9.10	Stehende Welle	134
9.11	Dopplereffekt	136
9.12	Entstehung elektromagnetischer Wellen	138
9.13	Ausbreitung elektromagnetischer Wellen	140
9.14	**Meilenstein** Hertz weist die elektromagnetischen Wellen nach	142
9.15	Eigenschaften elektromagnetischer Wellen	144
9.16	Modulation	146
9.17	**Technik** Anwendung elektromagnetischer Wellen	148
9.18	**Konzepte der Physik** Maxwell'sche Theorie	150
10	**WELLENERSCHEINUNGEN DES LICHTS**	152
10.1	Messung der Lichtgeschwindigkeit	152
10.2	Geometrische Optik	154
10.3	Beugung von Licht	156
10.4	Interferenz am Doppelspalt	158
10.5	Optisches Gitter	160
10.6	Interferometer	162
10.7	**Methoden** Intensitätsberechnung mit Zeigern	164
10.8	Farben und Spektren	166
10.9	Interferenz an dünnen Schichten	168
10.10	Auflösungsvermögen optischer Instrumente	170
10.11	**Technik** Holografie	172
10.12	Polarisation des Lichts	174
10.13	**Konzepte der Physik** Elektromagnetisches Spektrum	176
10.14	**Konzepte der Physik** Modelle in der Physik – Vorstellungen vom Licht	178

TRAINING **180**
ÜBERBLICK **184**

STRUKTUR DER MATERIE 188

13 QUANTEN 190
- 13.1 **Meilenstein** Planck findet das Strahlungsgesetz 190
- 13.2 Fotoeffekt 192
- 13.3 **Meilenstein** Einstein interpretiert den Fotoeffekt mit Lichtquanten 194
- 13.4 Röntgenstrahlung 196
- 13.5 Impuls von Photonen 198
- 13.6 Materiewellen 200
- 13.7 **Konzepte der Physik** Frühe Atommodelle 202
- 13.8 Linienspektren 204
- 13.9 **Meilenstein** Rutherford stößt auf den Atomkern 206
- 13.10 Bohr'sches Atommodell 208
- 13.11 Franck-Hertz-Experiment 210
- 13.12 Resonanzabsorption und Lumineszenz 212
- 13.13 Laser 214
- 13.14 **Meilenstein** Heisenberg, Schrödinger und die Entstehung der Quantenmechanik 216
- 13.15 Interferenz und Weginformation 218
- 13.16 Zustandsfunktion und Aufenthaltswahrscheinlichkeit 220
- 13.17 **Methoden** Energiezustände 222
- 13.18 Barrieren für Quantenobjekte 224
- 13.19 Heisenberg'sche Unbestimmtheitsrelation ... 226
- 13.20 Verschränkung und Nichtlokalität 228

14 QUANTENPHYSIKALISCHES ATOMMODELL 230
- 14.1 Unendlich tiefer eindimensionaler Potenzialtopf 230
- 14.2 **Methoden** Numerische Berechnungen 232
- 14.3 Energiewerte des Wasserstoffatoms 234
- 14.4 Orbitale des Wasserstoffatoms 236
- 14.5 Mehrelektronenatome 238
- 14.6 Periodensystem der Elemente 240
- 14.7 Charakteristische Röntgenstrahlung 242

15 EIGENSCHAFTEN VON FESTKÖRPERN 244
- 15.1 **Forschung** Strukturbestimmung von Festkörpern 244
- 15.2 Halbleiter 246
- 15.3 p-n-Übergang 248
- 15.4 Solarzelle und bipolarer Transistor 250
- 15.5 **Technik** Anwendung von Halbleitern 252
- 15.6 Supraleitung 254

16 ATOMKERNE 256
- 16.1 Aufbau von Kernen 256
- 16.2 **Technik** Nachweis ionisierender Strahlung 258
- 16.3 Massendefekt und Bindungsenergie 260
- 16.4 Starke Wechselwirkung und Tröpfchenmodell 262
- 16.5 **Meilenstein** Becquerel, die Curies und die Entdeckung der Radioaktivität 264
- 16.6 Radioaktive Strahlung 266
- 16.7 Schalen- und Potenzialtopfmodell 268
- 16.8 Alphazerfall 270
- 16.9 Betazerfall 272
- 16.10 Gammastrahlung 274

17 ELEMENTARTEILCHEN 276
- 17.1 Strukturuntersuchung mit schnellen Teilchen 276
- 17.2 Quarks, Materie und Antimaterie 278
- 17.3 Wechselwirkungen und ihre Austauschteilchen 280
- 17.4 Standardmodell 282
- 17.5 **Forschung** Higgs-Teilchen 284
- 17.6 **Konzepte der Physik** Symmetrien 286
- 17.7 **Konzepte der Physik** Vereinheitlichung von Theorien 288

18 RADIOAKTIVITÄT UND KERNTECHNIK 290
- 18.1 Aktivität und Zerfallsgesetz 290
- 18.2 Zerfallsreihen und künstliche Nuklide 292
- 18.3 Altersbestimmung 294
- 18.4 Biologische Wirkungen der Radioaktivität ... 296
- 18.5 **Umwelt** Strahlenschutz 298
- 18.6 Kernspaltung und Kettenreaktion 300
- 18.7 **Meilenstein** Oppenheimer und das Manhattan Project 302
- 18.8 Kernreaktoren 304
- 18.9 Kernfusion 306

TRAINING 308
ÜBERBLICK 310

RELATIVITÄT UND ASTROPHYSIK 314

19 RELATIVITÄTSTHEORIE 316
- 19.1 **Meilenstein** Einsteins Elektrodynamik bewegter Körper 316
- 19.2 Postulate der Speziellen Relativitätstheorie ... 318
- 19.3 Experiment von Michelson und Morley 320
- 19.4 Relativität der Gleichzeitigkeit 322
- 19.5 Zeitdilatation 324
- 19.6 Längenkontraktion 326
- 19.7 Dopplereffekt und Geschwindigkeitsaddition 328
- 19.8 **Methoden** Minkowski-Diagramm 330
- 19.9 Relativistische Masse und relativistischer Impuls 332
- 19.10 Masse-Energie-Beziehung 334
- 19.11 Postulate der Allgemeinen Relativitätstheorie 336
- 19.12 Krümmung der Raumzeit 338
- 19.13 Licht im Gravitationsfeld 340

20 ASTROPHYSIK 342
- 20.1 Sonnensystem 342
- 20.2 Entstehung von Planetensystemen 344
- 20.3 Aufbau der Sonne 346
- 20.4 Helligkeit und Spektren von Sternen 348
- 20.5 Kernprozesse in Sternen 350
- 20.6 Sternentstehung 352
- 20.7 Erlöschen von Sternen 354
- 20.8 Hertzsprung-Russell-Diagramm 356
- 20.9 **Forschung** Untersuchungsmethoden der Astrophysik 358
- 20.10 Große Strukturen im Kosmos 360
- 20.11 **Meilenstein** Hubble und der expandierende Kosmos 362
- 20.12 Hubble-Beziehung 364
- 20.13 Expansion des Kosmos 366
- 20.14 Urknalltheorie 368
- 20.15 Dunkle Materie und Dunkle Energie 370

TRAINING 372
ÜBERBLICK 373

M METHODEN DER PHYSIK 374
- M 1 Experimente und ihre Auswertung 374
- M 2 Modelle in der Physik 378
- M 3 Mathematische Funktionen und Verfahren 380

Register 392

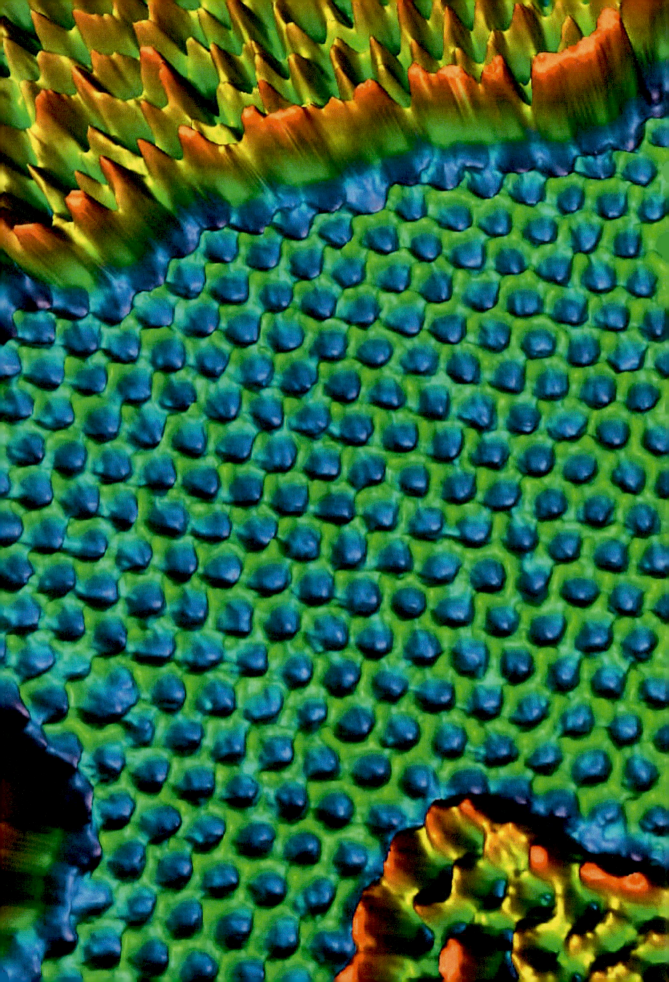

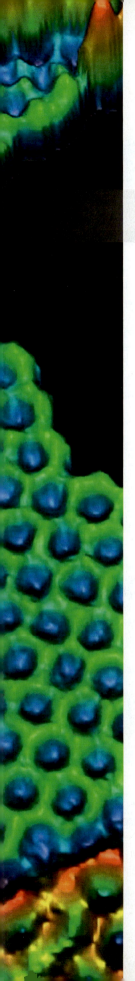

ELEKTRIZITÄT

Superkondensatoren sind besonders schnelle Energiespeicher, die die Akkus in Elektrofahrzeugen unterstützen können: Beim Ladevorgang nehmen sie schnell Energie auf, um sie bei Bedarf, also beim Beschleunigen des Fahrzeugs, schnell wieder abzugeben.
Wichtig für einen kompakten und leichten Kondensator sind große innere Flächen, die viel Ladung speichern können. Solche Flächen lassen sich aus Kohlenstoff herstellen – hier in einer Wabenstruktur namens Graphen, die nur eine Atomlage dick ist: Ein Gramm davon bildet eine Oberfläche von 2600 Quadratmetern.

Mit einem Luftballon, der an einem Wolltuch oder einem Fell gerieben wurde, gelingt es, sich selbst oder andere zu »elektrisieren«. Durch die Aufladung kann es vorkommen, dass einem auch dann noch die Haare zu Berge stehen, wenn der Luftballon längst entfernt wurde.

5.1 Geladene Körper

Bereits im Altertum wurde beobachtet, dass ein geriebener Stab aus Bernstein (griech. *elektron*) Vogelfedern, Haare und Staub anziehen kann. Auch andere nichtleitende Stoffe lassen sich wie Bernstein in einen »elektrischen Zustand« versetzen. Erst im 18. Jh. wurde dann der Begriff Ladung geprägt.

Es gibt zwei Arten elektrischer Ladung, die »positiv« und »negativ« genannt wurden: Gleichnamig geladene Körper stoßen einander ab, ungleichnamig geladene ziehen einander an. Heute weiß man, dass es sich bei den Ladungsträgern um positiv geladene Protonen und negativ geladene Elektronen handelt. Beide Teilchen haben exakt den gleichen Ladungsbetrag.

Alle Körper sind aus Atomen und Molekülen aufgebaut und enthalten damit eine riesige Anzahl von Ladungsträgern. Besitzt ein Körper gleich viele positive und negative Ladungsträger, erscheint er nach außen hin ungeladen, er ist elektrisch neutral. Besteht ein Ungleichgewicht der beiden Ladungsträgerarten, ist der Körper geladen. Nach außen tritt lediglich die Ladung der nicht kompensierten Ladungsträger in Erscheinung. Diese wird dann als elektrische Ladung des Körpers bezeichnet.

Positiv geladene Körper weisen einen Elektronenmangel, negativ geladene Körper einen Elektronenüberschuss auf.

Influenz Unter dem Einfluss eines geladenen Körpers können innerhalb eines Leiters Elektronen gegenüber den Gitterionen verschoben werden, selbst wenn die Körper einander nicht berühren. Im Leiter entstehen dabei Zonen mit entgegengesetzter Aufladung.

Polarisation Auch nichtleitende Materialien können durch einen geladenen Körper in ihrer Nachbarschaft beeinflusst werden. In einem Körper mit Dipolmolekülen richten sich die Dipole einheitlich aus.

Reibungselektrizität

Alle durch Reibung geladenen Körper lassen sich bezüglich der Wechselwirkungen untereinander in zwei Klassen aufteilen. Stellvertreter sind hierfür einerseits ein Glasstab und andererseits ein Kunststoff- oder Bernsteinstab. Jede Ladungsart stößt die Ladung derselben Art ab und zieht die jeweils andere Ladungsart an (Abb. 2). BENJAMIN FRANKLIN setzte die Ladung auf dem geriebenen Glasstab als positiv (+), die Ladung auf dem Bernsteinstab als negativ (−) fest. Diese Konvention gilt bis heute.

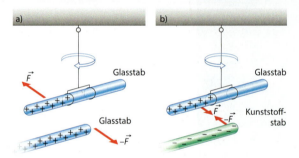

2 Wechselwirkung zwischen geladenen Körpern

Die Reibungselektrizität entsteht durch wiederholten mechanischen Kontakt zwischen zwei unterschiedlichen nichtleitenden Körpern; der Kontakt kann durch Reiben intensiviert werden. Dabei geraten nach und nach Elektronen von einem zum anderen Körper.

Elektrische Ladung im Atom

In einem einfachen Atommodell enthält jedes Atom einen Kern aus positiv geladenen Protonen und elektrisch neutralen Neutronen. Der Kern ist von einer Hülle aus negativ geladenen Elektronen umgeben, deren Anzahl bei einem elektrisch neutralen Atom mit der Anzahl der Protonen im Kern übereinstimmt.

Obwohl ein Proton ungefähr die 2000-fache Masse eines Elektrons besitzt, tragen beide exakt die gleiche Ladung, die Elementarladung e, allerdings mit entgegengesetztem Vorzeichen. Die Ladung eines Protons ist $+e$, die Ladung eines Elektrons ist $-e$.

ELEKTRIZITÄT | 5 Elektrische Ladung und elektrisches Feld

Leiter und Isolatoren

Die Atome im Inneren eines Metalls sind nach einem einfachen Festkörpermodell in einem Gitterverband angeordnet. Einzelne Elektronen können sich von ihren Atomen lösen und sich zwischen den Atomen nahezu frei bewegen. Sie bilden ein *Elektronengas*. Die zurückgebliebenen Atomrümpfe sind als positive Ionen fest im Atomgitter verankert (Abb. 3).

EXPERIMENT 1

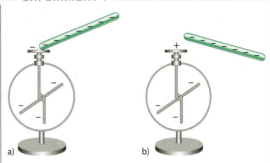

a) Ein geladener Kunststoffstab berührt den Kopf eines ungeladenen Elektroskops. Der Zeiger schlägt aus.
b) Der Zeiger schlägt bereits bei Annäherung des geladenen Gegenstands aus.

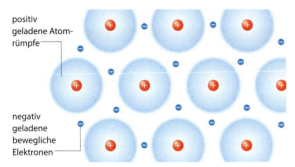

3 Einfaches Modell eines metallischen Festkörpers

In Metallen gibt es etwa ein freies Elektron pro Atom, in anderen festen Stoffen sind es deutlich weniger. Stoffe, in denen keine oder eine nur sehr geringe Elektronenbewegung stattfinden kann, bezeichnet man als Isolatoren.
Gegenstände sind für gewöhnlich nach außen hin elektrisch neutral: Die Gesamtladung der Elektronen wird durch die Gesamtladung der positiven Ionen ausgeglichen. Die Aufladung eines Festkörpers lässt sich nur ändern, indem man die Anzahl der Elektronen ändert. Die Zufuhr von Elektronen erzeugt in dem Körper eine negative Aufladung, die Entnahme von Elektronen eine positive Aufladung des Körpers.

Nachweis elektrischer Ladung

Berührt man den Kopf eines ungeladenen Elektroskops mit einem geladenen Gegenstand, übernimmt das Elektroskop einen Teil der ursprünglichen Ladung, die sich auf dessen Kopf, Haltestab und Zeiger aus Metall aufteilt (Exp. 1a). Haltestab und Zeiger sind gleichnamig aufgeladen und stoßen einander ab. Der Zeiger schlägt aus, unabhängig davon, welche Ladungsart der geladene Gegenstand trägt.

Influenz

Nähert man einen elektrisch geladenen Körper einem ungeladenen Elektroskop (Exp. 1b), so zeigt dieses schon einen Ausschlag, bevor es zu einem Kontakt zwischen den Gegenständen kommt.
Der geladene Körper ruft im Elektroskop eine Verschiebung der frei beweglichen Elektronen hervor. Im Exp. 1b werden diese in das Innere des Elektroskops gedrängt, auf dem Kopf entsteht dagegen ein Elektronenmangel, also ein Überschuss an positiver Ladung.

Eine solche durch eine äußere Ladung verursachte innere Ladungstrennung in Metallen heißt Influenz. Sie verschwindet wieder, wenn der geladene Körper entfernt wird.

Polarisation

Bedingt durch Influenz ziehen sich ein geladener Körper und ein neutraler Metallkörper gegenseitig an. Aber auch zwischen einem geladenen Körper und einem elektrisch neutralen Isolator kann es zur Anziehung kommen: Innerhalb der Atome oder Moleküle des Isolators können sich durch den äußeren Einfluss elektrische Dipole bilden; bereits vorhandene Dipolmoleküle können sich entsprechend ausrichten (Abb. 4).

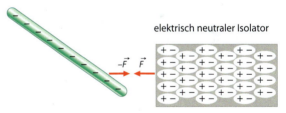

4 Polarisation: Ausbilden und Ausrichten von mikroskopischen Dipolen

AUFGABEN

1 Beschreiben Sie grundlegende Phänomene, aus denen sich die Existenz von elektrischen Ladungen schließen lässt. Begründen Sie, dass es zwei Arten von elektrischen Ladungen geben muss.
2 Ein Elektroskop ist so aufgeladen, dass der Zeiger einen mittleren Ausschlag einnimmt. Wie reagiert der Zeiger, wenn man einen anderen geladenen Körper an den Kopf des Elektroskops heranführt? Erläutern Sie, wie man durch diese Vorgehensweise die Art der elektrischen Ladung eines Körpers ermitteln kann.
3 Erklären Sie ausführlich das Phänomen in Abb.1.

Wie die elektrische Ladung im Atom verteilt ist und welche Eigenschaften die Ladungsträger haben, war lange Zeit unklar.
13.7

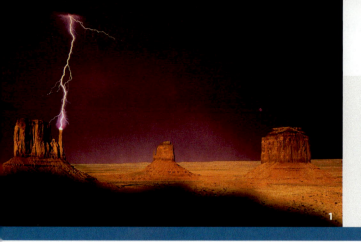

Als Folge der turbulenten Bewegung in einer Gewitterwolke sammelt sich an deren Unterseite eine gewaltige Ladungsmenge an. Beim Blitz kommt es dann zu einem kurzen, aber heftigen Austausch von Ladung: Bei Temperaturen bis zu 30 000 Grad Celsius können Stromstärken von 100 000 Ampere entstehen.

5.2 Elektrische Ladung als physikalische Größe

Körper können aufgrund unterschiedlicher Eigenschaften in Wechselwirkung treten. Diesen Eigenschaften sind physikalische Größen zugeordnet. So ist die gravitative Wechselwirkung abhängig von der Masse der beteiligten Körper, die elektrische Wechselwirkung dagegen von deren elektrischer Ladung.

Die Ladung eines Körpers unmittelbar und präzise zu bestimmen ist messtechnisch sehr schwierig. Einfacher ist es, den Körper zu entladen und aus dem zeitlichen Verlauf der Stromstärke während der Entladung die abgeflossene Ladung zu bestimmen.

Die Einheit der Ladung wird deshalb aus der Einheit der elektrischen Stromstärke, dem Ampere, abgeleitet.

Die elektrische Ladung hat das Größenzeichen Q.
Die Einheit der Ladung ist Coulomb (C).
Es gilt: $1\,\text{C} = 1\,\text{A} \cdot \text{s}$.

Jede Ladung besteht aus einem ganzzahligen Vielfachen einer kleinsten, nicht weiter teilbaren Ladung; diese Elementarladung e besitzt den folgenden Wert:
$e = 1{,}602 \cdot 10^{-19}\,\text{C}$.

Elektrische Ladung und Stromstärke Die elektrische Stromstärke I gibt an, wie viel Ladung in einer bestimmten Zeit mit den Ladungsträgern durch den Querschnitt eines Leiters transportiert wird. Sie ist die Änderungsrate der elektrischen Ladung Q; es gilt:

$$I = \frac{\Delta Q}{\Delta t} \quad \text{bzw.} \quad I(t) = \dot{Q}(t). \tag{1}$$

Elektrische Ladung und elektrischer Strom

Der Mensch verfügt über keinerlei Sinnesorgan zur direkten Wahrnehmung der Elektrizität. Auf das Vorhandensein von Ladung kann man daher nur indirekt, nämlich aus deren Wirkungen schließen. Kommen zwei unterschiedlich geladene Körper in Kontakt oder werden sie wie in Exp. 1 durch einen Leiter miteinander verbunden, erfolgt ein *Ladungsausgleich*. Elektronen fließen so lange von Gebieten mit höherer zu Gebieten mit geringerer Konzentration, bis beide Körper in gleicher Weise geladen sind.

EXPERIMENT 1

Zwei verschiedenartig geladene Kugeln werden durch einen Leiter mit Glimmlampe verbunden.
Die Glimmlampe blitzt beim Kontakt auf.

In einem einfachen Modell bewegen sich innerhalb eines Leiters alle Elektronen gleichartig und transportieren insgesamt die Ladung Q (Abb. 2). Die Anzahl der Elektronen N, die in einer gewissen Zeitspanne Δt durch eine Querschnittsfläche des Leiters strömen und dabei die Ladung mit dem Betrag $\Delta Q = N \cdot e$ hindurchtransportieren, ist ein Maß für die Stärke des elektrischen Stroms.

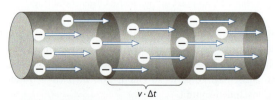

v durchschnittliche Geschwindigkeit der Elektronen
⇒ Bewegungsrichtung der Elektronen

2 Modell der Elektronenbewegung im Leiter. Die Stromrichtung ist der Bewegung der negativ geladenen Teilchen entgegengerichtet.

1.3 Ähnlich wie die elektrische Stromstärke I kann die Geschwindigkeit v als Änderungsrate einer anderen physikalischen Größe dargestellt werden.

Je größer die Zeitspanne Δt gewählt wird, desto größer ist bei gleichbleibender Stromstärke I die durch den Leiterquerschnitt transportierte Ladung ΔQ. Dies führt zu der Festlegung: $I = \dfrac{\Delta Q}{\Delta t}$ und damit auch: $\Delta Q = I \cdot \Delta t$.

Aus diesem Zusammenhang entspringt die Definition für die Einheit der elektrischen Ladung: 1 Coulomb ist diejenige Ladung, die innerhalb einer Sekunde durch den Querschnitt eines Leiters transportiert wird, in dem ein konstanter Strom der Stärke 1 Ampere fließt.

Zur Angabe nicht konstanter Stromstärken ist die Gleichung für die momentane Stromstärke zu verwenden:

$$I(t) = \dot{Q}(t).$$

Als *Stromrichtung* wird die Bewegungsrichtung von Ladungsträgern mit positiver Ladung q festgelegt. Bewegen sich dagegen Ladungsträger mit negativer Ladung $-q$, wie in metallischen Leitern die Elektronen, so ist die Stromrichtung der Teilchenbewegung entgegengerichtet.

Ladungsmessung

Die Erde kann als großer, elektrisch neutraler Leiter mit einem nahezu unerschöpflichen Reservoir an Elektronen angesehen werden. Ein geladener Körper wird durch *Erdung*, also einen Kontakt mit der Erde, vollkommen entladen, weil jeglicher auf dem Körper vorhandene Überschuss bzw. Mangel an Elektronen durch Abfluss oder Zufluss von Elektronen durch die Erde ausgeglichen wird.

Quantitativ lässt sich die Ladung eines Körpers bestimmen, indem man ihn mit der Erde verbindet und die Stromstärke des Entladestroms $I(t)$ mit einem Messgerät ermittelt. Durch das Messgerät fließt ein Strom, der schwächer wird, bis der Körper entladen ist.

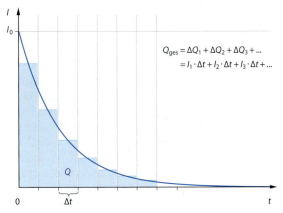

3 Die Gesamtladung Q_{ges} eines Körpers wird durch den Entladestrom bestimmt. Für kleine Intervalle Δt wird die Stromstärke jeweils als konstant angenommen, sodass sich die Gesamtladung als Summe von Rechteckflächen darstellt. Im Grenzfall $\Delta t \to 0$ ergibt die Fläche unter dem Graphen die durch das Messgerät geflossene Gesamtladung.

Dann entspricht die Fläche unter dem Graphen $I(t)$ der gesamten Ladung, die durch das Messgerät geflossen ist (Abb. 3). Für derartige Messungen gibt es Messverstärker, in denen ein empfindliches Stromstärkemessgerät und eine Auswerteeinheit zusammengefasst sind.

Ladungserhaltung

Beim Fließen von Elektronen zwischen zwei Gegenständen wird beispielsweise der eine Körper positiv, der andere Körper negativ geladen. Bei diesem Vorgang wird aber weder Ladung erzeugt noch vernichtet – es wird lediglich Ladung von einem Körper zum anderen transportiert. Allgemein ist die Ladungserhaltung eine grundlegende Erfahrungstatsache; sie zeigt sich sowohl beim Zerteilen von Körpern als auch bei chemischen Reaktionen und bei Kernumwandlungen.

Quantelung der Ladung

Die elektrische Ladung ist gequantelt: Jede in der Natur vorkommende Ladung tritt nur als ganzzahliges Vielfaches der Elementarladung e auf. Allerdings ist diese Quantelung im Alltag nicht spürbar, da bereits kleine Körper eine sehr große Anzahl von Ladungsträgern enthalten.

Beispielsweise besitzt eine Kupfermünze mit 10 g Masse etwa 10^{23} Atome. Mit der Annahme, dass sich in dieser Münze je Atom ein freies Elektron befindet, ergibt sich die Gesamtzahl von 10^{23} freien Elektronen. Ihre Gesamtladung ist: $Q = 10^{23} \cdot (-1{,}602 \cdot 10^{-19}\,\text{C}) \approx -16\,000\,\text{C}$.

Dagegen erreicht man durch manuelles Reiben auf den beteiligten Körpern lediglich eine Aufladung von etwa 1 nC (10^{-9} C). Mit einem Bandgenerator kann man auf leitenden Körpern eine Ladung von maximal 1 µC (10^{-6} C) erzeugen.

AUFGABEN

1 Auf dem Akkumulator eines Mobiltelefons befindet sich die Aufschrift 3,7 V/1,65 A·h.
  a Was bedeutet diese Angabe?
  b Im Stand-by-Betrieb fließt ein Strom von 2,7 mA. Schätzen Sie ab, wie viele Stunden das Handy in diesem Modus betrieben werden kann, wenn der Akku zu Beginn voll aufgeladen ist.

2 Eine Aluminiumkugel der Masse 101,4 g wird mit der Ladung $1{,}2 \cdot 10^{-9}$ C positiv aufgeladen. Berechnen Sie die Änderung der Masse, die dadurch bewirkt wird (Elektronenmasse $m_e = 9{,}11 \cdot 10^{-31}$ kg).

3 In einer Taschenlampe fließt ein Strom von 0,38 A durch das Leuchtmittel. Geben Sie die Anzahl der Elektronen an, die in 30 s die Querschnittsfläche der Zuleitung passieren.

4 Beschreiben und erklären Sie ein Beispiel, bei dem es zu einem unerwünschten Ladungsausgleich kommt. Erläutern Sie Einflussfaktoren, die bei diesem Phänomen eine Rolle spielen.

Ladung ist eine universelle Erhaltungsgröße – auch wenn Ladungsträger einander gegenseitig vernichten können.

In einer Plasmakugel entstehen bizarre Leuchtkanäle mit starken Verästelungen, die sich mit bloßer Hand verändern lassen: Die Hand beeinflusst die lokale Ladungsverteilung an der Kugeloberfläche und damit das elektrische Feld im Inneren der Kugel.

5.3 Elektrisches Feld

Zwei geladene Körper wirken auch über größere Entfernungen aufeinander ein. Die Wechselwirkung besteht sogar, wenn sich zwischen den Körpern ein Vakuum befindet.

Nach dem Feldkonzept herrscht im Raum um einen elektrisch geladenen Körper ein elektrisches Feld, in dem auf andere geladene Körper Kräfte ausgeübt werden. Zur Veranschaulichung elektrischer Felder dienen Feldlinien. Ihre Richtung stimmt in jedem Punkt des Felds mit der Richtung der Kraft auf einen positiv geladenen Probekörper überein.

Die elektrische Feldstärke $\vec{E}$ ist eine physikalische Größe, die in jedem Punkt des Felds die Stärke der Wechselwirkung mit anderen geladenen Körpern beschreibt. Sie gibt an, welche Kraft in diesem Punkt auf einen Körper mit der Probeladung q ausgeübt wird:

$$\vec{E} = \frac{\vec{F}}{q}. \qquad (1)$$

Die Einheit von E ist Newton/Coulomb (N/C).

Plattenkondensator Ein Spezialfall ist das Feld im Inneren eines Plattenkondensators: Abgesehen von Randeffekten ist dessen Feldstärke in jedem Punkt nach Betrag und Richtung gleich. Ein solches Feld mit konstanter Feldstärke $\vec{E}$ heißt homogenes Feld.

Feldkonzept

Nach MICHAEL FARADAY verändert jeder elektrisch geladene Körper den Raum in seiner Umgebung, er erzeugt darin ein elektrisches Feld. Wird ein zweiter geladener Körper in die Nähe des ersten gebracht, übt das elektrische Feld auf ihn eine Kraft aus. Die Wechselwirkung beruht also nicht auf einer Fernwirkung zwischen den beiden Körpern, sondern das elektrische Feld wirkt unmittelbar auf den zweiten Körper. Eine solche Theorie wird als *Nahwirkungstheorie* bezeichnet (vgl. 5.4).

Feldlinien

Die Struktur eines elektrischen Felds kann mithilfe von Feldlinien veranschaulicht werden. In Exp. 1 werden Grießkörner durch den Einfluss des elektrischen Felds polarisiert. Sie richten sich jeweils längs der Wirkungslinie der Kraft aus und fügen sich zu einer Kette von Dipolen zusammen. Der Verlauf solcher Ketten wird durch Linien zeichnerisch nachgebildet, die zusammengefasst das Feldlinienbild des elektrischen Felds ergeben.

Die Richtung der Feldlinien stimmt in jedem Punkt eines elektrischen Felds mit der Richtung der Kraft auf einen dort eingebrachten Körper mit einer positiven Probeladung q überein. Auf einen negativ geladenen Körper wird eine Kraft entgegen der Feldlinienrichtung ausgeübt.

Feldlinien beginnen auf positiv geladenen Körpern und verlaufen zu negativ geladenen Körpern hin. Wegen der Eindeutigkeit der Kraftrichtung kann durch jeden Punkt des Felds nur eine Feldlinie verlaufen: Feldlinien treffen bzw. schneiden sich nicht. Auf leitenden Oberflächen stehen Feldlinien immer senkrecht: Die beweglichen Ladungsträger an der Oberfläche werden so lange verschoben, bis die Kraft auf die Ladungsträger keine Komponente mehr parallel zur Oberfläche aufweist.

Elektrische Feldstärke

Das elektrische Feld in der Umgebung einer Ladung Q lässt sich untersuchen, indem man die Kraft auf einen Testkörper mit der Probeladung q nach Betrag und Richtung misst. Unter einer Probeladung q versteht man dabei eine Ladung, die so klein ist, dass sie die Verteilung der felderzeugenden Ladung Q nicht signifikant verändert.

Brächte man einen zweiten Testkörper mit der gleichen Probeladung q in unmittelbare Nachbarschaft des ersten, so würde das Feld auf ihn eine nach Betrag und Richtung gleiche Kraft ausüben. Fügte man beide Testkörper zusammen, besäße der neue Körper die doppelte Probeladung und erführe die doppelte Kraft. Die Kraft, die auf einen Körper in einem elektrischen Feld ausgeübt wird, ist demnach proportional zu dessen Probeladung q. Dies lässt sich mit einer Anordnung wie in Abb. 2 bestätigen, indem die kleine Kugel mit unterschiedlichen Probeladungen versehen wird.

Wenn sich ein elektrisches Feld ändert, entsteht in seiner Umgebung stets ein magnetisches Feld. → 9.12

ELEKTRIZITÄT | 5 Elektrische Ladung und elektrisches Feld

EXPERIMENT 1

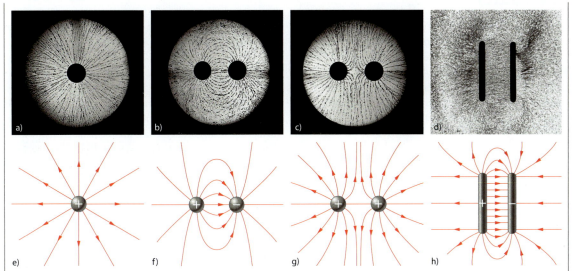

In einer flachen ölgefüllten Schale befindet sich eine Metallplatte, die elektrisch aufgeladen wird. Eingestreute Grießkörner ordnen sich zu Ketten an. Das Experiment wird mit anderen, unterschiedlich geladenen Metallplatten wiederholt.

Der Quotient F/q ist also unabhängig von q und damit ein Maß für die Stärke des elektrischen Felds in jedem Punkt des Raums. Da die Wirkung des Felds auf einen Körper vom Vorzeichen seiner Probeladung q abhängt, ist zur Definition der elektrischen Feldstärke $\vec{E} = \vec{F}/q$ eine Richtungsangabe erforderlich: Ihre Richtung stimmt mit der Kraftrichtung auf positiv geladene Körper in dem betreffenden Punkt des elektrischen Felds überein. Für negativ geladene Körper sind $\vec{F}$ und $\vec{E}$ entgegengesetzt gerichtet.

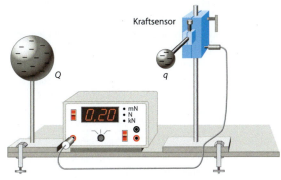

2 Die Kraft auf den Testkörper ist proportional zur Ladung q.

Elektrisches Feld im Plattenkondensator

Ein Plattenkondensator besteht aus zwei einander gegenüberstehenden, gleich großen Metallplatten, die elektrisch aufgeladen werden können. Wie in Exp. 1 d zu erkennen ist, verlaufen im Inneren eines Plattenkondensators die Feldlinien nahezu parallel zueinander. Experiment 2 zeigt darüber hinaus, dass die Kraft auf einen geladenen Testkörper an allen Stellen gleich groß ist (vgl. 5.4).

EXPERIMENT 2

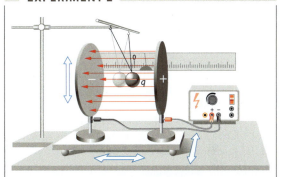

Zwischen zwei Kondensatorplatten befindet sich eine geladene Kugel, die an einem Faden aufgehängt ist. Der Kondensator wird aufgeladen. Durch Verschieben des Kondensators kommt die Kugel in unterschiedliche Positionen innerhalb des Felds. Die Auslenkung der Kugel bleibt dabei konstant.

AUFGABEN

1 Wie groß ist die Feldstärke in einem Punkt des Raums, wenn dort auf eine elektrische Ladung mit 3 µC eine Kraft von 0,06 N ausgeübt wird?

2 Zwei Körper mit den Ladungen $Q_1 = 2 \cdot 10^{-8}$ C und $Q_2 = -4 \cdot 10^{-8}$ C werden nacheinander im Abstand r von einer negativ geladenen Metallkugel platziert. Vergleichen Sie die auftretenden Kräfte.

3 Ein Elektron ($m_e = 9,1 \cdot 10^{-31}$ kg) befindet sich in einem elektrischen Feld der Stärke 20 kN/C. Berechnen Sie seine Beschleunigung, und vergleichen Sie diese mit dem Einfluss der Gravitation.

Die elektrische Wechselwirkung reicht »unendlich weit«. Es gibt aber auch eine andere – die endet schon nach kurzer Entfernung.

KONZEPTE DER PHYSIK

5.4 Felder

Eine der ersten Beschreibungen eines physikalischen Felds findet sich in LEONHARD EULERS Theorie strömender Flüssigkeiten aus dem 18. Jh.: Jedem Punkt in einem Flüssigkeitsvolumen wird dabei eine bestimmte Geschwindigkeit zugeordnet. Ein zweiter wesentlicher Ausgangspunkt für die Entwicklung des Feldkonzepts war der Gegensatz zwischen Nah- und Fernwirkungstheorien.

Nahwirkung kontra Fernwirkung

Die Erfahrung zeigte in der Mechanik, dass Wirkungen zwischen zwei Körpern nur durch unmittelbaren Kontakt der beteiligten Partner zustande kommen. Für eine Wechselwirkung zwischen Körpern, die entfernt voneinander liegen, ist immer ein »Vermittler« – z. B. Flüssigkeitsteilchen – erforderlich. Nach dieser *Nahwirkungstheorie* gelangt die Wirkung nicht instantan von einem zum anderen Körper, sondern sie benötigt dafür eine Zeit, die sich aus dem Abstand und ihrer Ausbreitungsgeschwindigkeit ergibt.

Andererseits stellte NEWTON fest, dass Wirkungen auch über große Distanzen möglich sind – z. B. zwischen Erde und Mond –, ohne dass es einen erkennbaren Vermittler gibt. Er favorisierte daher eine *Fernwirkungstheorie*: Die Wirkung zwischen den beteiligten Körpern erfolgt danach instantan und ohne Vermittler. Gegen Spekulationen zur Erklärung der Fernwirkung wehrte sich Newton mit seinem viel zitierten *Hypotheses non fingo*.

Auch die elektrischen und magnetischen Effekte, die Mitte des 19. Jahrhunderts vielfach untersucht wurden, führten auf das genannte Problem: Findet die Wirkung instantan über die räumliche Distanz statt oder gibt es Vermittler? Besonders intensiv ging MICHAEL FARADAY dieser Frage nach, etwa bei der Betrachtung der durch elektrische Ladungen und elektrische Ströme hervorgerufenen Wirkungen, die nicht nur im Vakuum, sondern auch in Stoffen zu beobachten sind. Seine Idee der »Kraftlinien« zur Erklärung der Phänomene wurde später von JAMES C. MAXWELL in eine systematische mathematische Beschreibung des Feldkonzepts überführt. Darin tritt das Feld als realer Vermittler zwischen geladenen Körpern auf.

Die Einstein'sche Relativitätstheorie zeigte dann, dass die Vakuumlichtgeschwindigkeit die obere Grenze für die Ausbreitung sämtlicher Wirkungen darstellt. Instantane Fernwirkungen hatten damit endgültig ausgedient.

Heute wird das Feldkonzept in vielen Gebieten der Physik angewandt – selbst in der Elementarteilchenphysik; dort wird die Vermittlung der Wechselwirkung mithilfe von Austauschteilchen beschrieben, denen man ein lokales Feld zuschreiben kann. Weiterhin lässt sich Feldern die Bilanzgröße Energie zuordnen, sie können diese Energie auch transportieren. So wandeln sich z. B. in einem elektromagnetischen Feld ständig elektrische und magnetische Feldenergie ineinander um; die Energie breitet sich mit einer elektromagnetischen Welle aus (vgl. 9.13).

Felddefinition

Nach dem Feldkonzept wird jedem Raumpunkt eindeutig ein bestimmter Wert einer physikalischen Größe – der Feldgröße – zugeordnet. Diese kann ein Skalar sein wie die Temperatur oder ein Vektor wie die Kraft. Entsprechend werden die Felder als *Skalarfeld* bzw. als *Vektorfeld* bezeichnet. Ist die Feldgröße in jedem Raumpunkt gleich – dies umfasst bei Vektorfeldern auch die Richtung der Größe –, nennt man das Feld *homogen*, ansonsten *inhomogen*. Kraftfelder sind Vektorfelder, die Feldgröße wird Feldstärke genannt. Sie ist wie folgt definiert:

$$\vec{\text{Feldstärke}} = \frac{\overrightarrow{\text{Kraft auf einen Probekörper}}}{\text{feldrelevante Eigenschaft des Probekörpers}}.$$

Im Fall der Gravitationsfeldstärke gilt: $\vec{g} = \vec{F}_G/m$, bei der elektrischen Feldstärke: $\vec{E} = \vec{F}_{el}/q$. Ein Kraftfeld beschreibt also die Wirkung auf die entsprechende Eigenschaft eines Körpers an einem bestimmten Ort.

Die Stärke des Felds wird durch die Stärke der Auswirkung beobachtbar. Jedem Feld liegt eine Ursache zugrunde, z. B. die felderzeugende Masse oder Ladung eines Körpers.

Vektorfelder und Feldlinien

Zur Veranschaulichung von Feldern gibt es unterschiedliche Methoden. Im Fall eines Skalarfelds werden die Punkte, an denen die Feldgröße jeweils den gleichen Wert hat, miteinander verbunden. Beispiele sind die Linien gleichen Luftdrucks auf Wetterkarten oder die Höhenlinien auf Landkarten. Im dreidimensionalen Raum ergeben sich statt solcher Linien Flächen gleicher Feldwerte.

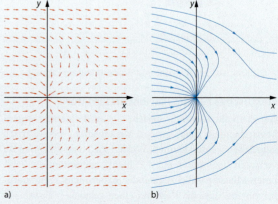

1 Vektorfeld: Pfeilbild (a) und Feldlinienbild (b)

Bei Vektorfeldern kann ein *Pfeilbild* verwendet werden (Abb. 1 a): Für jeden Punkt im Raum wird ein Pfeil in Richtung der Feldgröße gezeichnet, dessen Länge maßstabsgerecht den Betrag der Größe wiedergibt. Sofern sich die Werte nicht sprunghaft, sondern stetig ändern, können Feldlinienbilder gezeichnet werden, die den Verlauf der Größe veranschaulichen (Abb. 1 b). Hier wird der Betrag der Feldgröße als Liniendichte abgebildet. Die Richtung der Feldgröße in einem Punkt findet man nun als Tangente an die entsprechende Feldlinie. Für Feldlinienbilder gelten folgende Konstruktionsregeln:

1. Die Feldlinien zeigen die Richtung der Feldgröße an.
2. Die Feldlinien stehen senkrecht auf Äquipotenzialflächen bzw. Äquipotenziallinien.
3. Feldlinien der gleichen Art schneiden einander nicht.
4. Die Anzahl der Linien, die eine Fläche senkrecht durchtreten, ist ein Maß für die Feldstärke.
5. Feldlinien nehmen den kürzesten Weg, der unter Beachtung der anderen Regeln möglich ist.

Ein wichtiges Charakteristikum von Vektorfeldern sind ihre Quellen bzw. Senken. Im Feldlinienbild gehen die Feldlinien von den Quellen aus, zu den Senken zeigen sie hin (Abb. 2 a).

a)

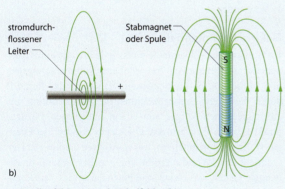

b)

2 Quellenfelder (a) und Wirbelfelder (b)

Addiert man die Feldgrößen auf einer Oberfläche, die die Quelle umschließt, so erhält man ein Maß für die Stärke der Quelle. Ergibt die Summation über eine solche Oberfläche null, so handelt es sich um ein Wirbelfeld: Die Feldlinien sind in sich geschlossen, wie es z. B. bei magnetischen Feldern der Fall ist (Abb. 2 b). Die Radialfelder von Punktmassen und Punktladungen sind dagegen wirbelfrei.

Quellen unterschiedlicher Dimensionalität Die Quellen von Kraftfeldern können unterschiedliche Gestalt und Ausdehnung besitzen. Hieraus ergeben sich dann unterschiedliche Feldlinienverläufe.

Eine idealisierte Punktquelle ohne jegliche Ausdehnung besitzt die Dimensionalität null. Die von ihr ausgehenden Feldlinien verlaufen gleichmäßig nach allen Richtungen. Die Feldliniendichte nimmt bei wachsender Entfernung quadratisch ab, denn die Kugeloberfläche, durch die die Feldlinien treten, vergrößert sich proportional zu r^2 (Abb. 3 a).

Im Fall einer eindimensionalen, unendlich ausgedehnten Quelle verlaufen die Feldlinien radial nach außen und durchtreten dabei größer werdende Zylinderoberflächen (Abb. 3 b). Die Feldliniendichte nimmt linear mit der Entfernung ab, da die Zylinderoberfläche proportional zu r wächst. Über einer unendlich ausgedehnten zweidimensionalen Quelle dagegen bleibt die Feldstärke konstant, die Feldlinien verlaufen parallel zueinander (Abb. 3 c).

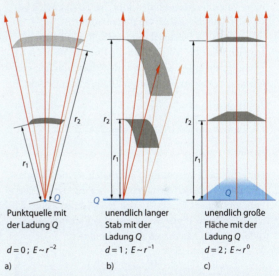

a) Punktquelle mit der Ladung Q
$d = 0;\ E \sim r^{-2}$

b) unendlich langer Stab mit der Ladung Q
$d = 1;\ E \sim r^{-1}$

c) unendlich große Fläche mit der Ladung Q
$d = 2;\ E \sim r^0$

3 Entfernungsabhängiger Verlauf von Feldlinien und Feldstärke bei Quellen unterschiedlicher Dimensionalität d

AUFGABEN

1 Nennen Sie Beispiele für räumliche Verteilungen von physikalischen Größen. Unterscheiden Sie dabei zwischen Skalarfeldern und Vektorfeldern. Welche der Vektorfelder sind auch Kraftfelder?

2 Angenommen, die Sonne würde in einem Moment aufhören zu existieren und ihre Gravitationswirkung auf die Planeten verlieren.
   a Beschreiben Sie die Folge dieses Ereignisses für die Bewegung der Erde.
   b Erläutern Sie an diesem Beispiel den Unterschied zwischen einer Nahwirkungs- und einer Fernwirkungstheorie der Gravitation.

Die Wirkung einer Hochspannungsleitung lässt sich in einfacher Weise demonstrieren: Zwischen zwei Punkten im elektrischen Feld herrscht eine Spannung, die ausreicht, um eine vertikal gehaltene Leuchtstoffröhre zum Leuchten zu bringen. Horizontal gehaltene Röhren leuchten dagegen nicht.

5.5 Elektrisches Potenzial und elektrische Spannung

Die Feldstärke E als »Kraft pro Ladung« wird in der Regel verwendet, wenn die Kraft auf geladene Körper im Vordergrund der Betrachtung steht. Zur Beschreibung von Energiezuständen innerhalb eines Felds bevorzugt man die skalare Größe Potenzial.

Das elektrische Potenzial φ in einem Punkt P des elektrischen Felds bezieht sich auf die Energie W, die man benötigt, um einen Körper mit der Probeladung q von einem festgelegten Bezugspunkt P_0 zu diesem Punkt P zu bringen: $\varphi_P = \dfrac{W_{P_0 \rightarrow P}}{q}$.

Die Einheit des elektrischen Potenzials ist Volt (V).

Es gilt: $1\,V = 1\,\dfrac{J}{C} = 1\,\dfrac{N \cdot m}{A \cdot s}$.

Die elektrische Spannung U kennzeichnet die Energieveränderung beim Verschieben eines geladenen Körpers von einem Punkt P_1 des elektrischen Felds zu einem anderen Punkt P_2. Sie ist gleich der Potenzialdifferenz zwischen diesen beiden Punkten:

$$U = \Delta\varphi = \varphi_2 - \varphi_1 = \dfrac{W_{P_1 \rightarrow P_2}}{q} \quad (1)$$

Die Einheit der Spannung ist ebenfalls Volt (V).

Die Spannung kann auch als »Antrieb« für die Ladungsbewegung in einem Stromkreis angesehen werden. Die Potenzialdifferenz zwischen den Enden der Spannungsquelle erzeugt im Inneren des Leiterkreises ein elektrisches Feld. Die entsprechende Kraft auf Ladungsträger im Leiter bewirkt einen gerichteten Transport elektrischer Ladung.

Für das Feld eines Plattenkondensators ergibt sich ein einfacher Zusammenhang zwischen der Feldstärke E, der Spannung U und dem Plattenabstand d:

$$U = E \cdot d \quad \text{bzw.} \quad E = U/d. \quad (2)$$

Energieumwandlung im elektrischen Feld

Befindet sich ein Körper mit der Ladung q in einem elektrischen Feld, wird auf ihn die Kraft $\vec{F} = q \cdot \vec{E}$ ausgeübt. Verschiebt man den Körper entgegen dieser Kraft, so wird ihm Energie zugeführt. Die Energie, die der geladene Körper durch eine Ortsveränderung im elektrischen Feld erhalten hat, heißt analog zur Energie eines angehobenen Körpers im Gravitationsfeld *potenzielle Energie*.

Wie im Gravitationsfeld ist in einem elektrischen Feld die Energieänderung beim Transport eines geladenen Körpers zwischen zwei Punkten nur vom Anfangs- und Endpunkt abhängig, nicht aber vom gewählten Weg. Deshalb kann man zur Berechnung den Weg so festlegen, dass er lediglich aus Abschnitten senkrecht und parallel zu den Feldlinien besteht. Nur der Wegabschnitt in Feldlinienrichtung liefert einen Beitrag zur Energieänderung. Im homogenen Feld gemäß Abb. 2a ergibt sich:

$W_{A \rightarrow B} = W_{A \rightarrow C \rightarrow B} = W_{A \rightarrow D \rightarrow B} = F \cdot s = q \cdot E \cdot s$.

Zur Unterscheidung von der Feldstärke wird in diesem Zusammenhang für die Energieänderung das Größenzeichen W verwendet.

Elektrisches Potenzial

Im Gravitationsfeld kann die potenzielle Energie eines Körpers nur in Bezug auf ein frei wählbares Nullniveau angegeben werden. Auch im elektrischen Feld ist jeder Punkt P durch die Energie gekennzeichnet, die man benötigt, um einen geladenen Körper von einem festgelegten Bezugspunkt P_0 nach P zu bringen. Die hierzu notwendige Energie W ist proportional zur transportierten Ladung q. Der Quotient aus W und q ergibt eine von der Ladung unabhängige Größe: das elektrische Potenzial φ, das den Energiezustand im Punkt P des Felds beschreibt.

Äquipotenzialflächen

Auf einer Fläche senkrecht zu den Feldlinien herrscht überall das gleiche Potenzial, da bei der Verschiebung eines geladenen Körpers innerhalb dieser Fläche Kraft- und Wegrichtung stets senkrecht zueinander stehen, also keine Energieänderung stattfindet. Alle Flächen dieser Art heißen Äquipotenzialflächen (Abb. 2).

Potenzialtrichter und Äquipotenzialflächen werden auch benutzt, um die Verhältnisse in einem Gravitationsfeld zu verdeutlichen.

ELEKTRIZITÄT | 5 Elektrische Ladung und elektrisches Feld

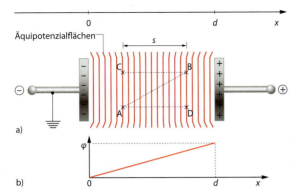

2 Äquipotenzialflächen (a) und Potenzialverlauf (b) im homogenen Feld eines Plattenkondensators

Die Feldstärke $\vec{E}$ in einem Punkt P des elektrischen Felds steht ihrerseits immer senkrecht zur Äquipotenzialfläche, die durch den Punkt P verläuft. Sie ist umso größer, je dichter in der Umgebung des Punkts Äquipotenzialflächen mit untereinander gleichem Potenzialabstand zusammenrücken (Abb. 3). Denn je dichter die Äquipotenzialflächen liegen, desto größer ist die Energieänderung bei einer Bewegung um eine bestimmte Strecke senkrecht zu ihnen.

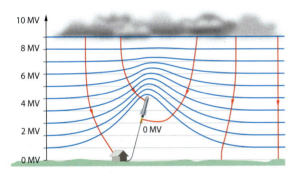

3 Äquipotenzialflächen (blau) und Feldlinienverlauf (rot) bei einem aufragenden Draht

Elektrische Spannung

Wird in einem elektrischen Feld ein geladener Körper vom Punkt A zum Punkt B gebracht, kann zur Berechnung der Energieveränderung der Weg über den Bezugspunkt P_0, auf den sich die Potenziale beziehen, gewählt werden:
$W_{A \to B} = W_{A \to P_0} + W_{P_0 \to B} = q(-\varphi_A + \varphi_B) = q(\varphi_B - \varphi_A)$.
Die Energie, die ein geladener Körper beim Transport von A nach B aufnimmt bzw. abgibt, hängt nur vom Unterschied der Potenziale in diesen Punkten ab – also nicht davon, welcher Bezugspunkt bei der Bestimmung der Potenziale gewählt wurde. Die Potenzialdifferenz $\Delta\varphi = \varphi_B - \varphi_A$ heißt Spannung U zwischen A und B.
Eine Spannungsquelle besitzt zwischen ihren Polen die Potenzialdifferenz $\Delta\varphi = U$ und sorgt in einem geschlossenen Stromkreis für ein elektrisches Feld innerhalb der Leiter.

Abbildung 4 zeigt an einem Beispiel die Potenzialwerte in den einzelnen Leiterabschnitten eines Stromkreises. Dabei wurde dem Potenzial im Punkt D der Wert null zugeordnet. Wählt man hingegen die Stellen A, B oder C als Potenzialnullpunkte, ändern sich alle Potenzialwerte im Kreis; die Spannungswerte als Potenzialdifferenzen bleiben jedoch unverändert.

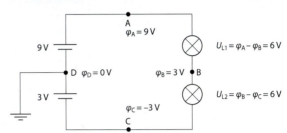

4 Potenziale in einem Stromkreis

Potenzial und Spannung im Plattenkondensator

Wird ein Plattenkondensator auf eine Spannung U aufgeladen, besitzt die Platte mit der Ladung $+Q$ ein höheres Potenzial als die Platte mit der negativen Ladung $-Q$. Wählt man die Platte mit der Ladung $-Q$ als Fläche mit Nullpotenzial, haben alle Punkte des homogenen Felds zwischen den Platten positive Potenzialwerte, die mit Annäherung an die positiv geladene Platte linear zunehmen (Abb. 2b).
Die Spannung U_s zwischen zwei Punkten, deren Äquipotenzialflächen den Abstand $\Delta x = s$ aufweisen, beträgt:

$$U_s = \Delta\varphi = \frac{W_{A \to B}}{q} = \frac{F \cdot s}{q} = \frac{q \cdot E \cdot s}{q} = E \cdot s. \qquad (3)$$

Für die Spannung zwischen den beiden Kondensatorplatten, die den Abstand d voneinander haben, gilt damit also:
$U = E \cdot d$.
Die elektrische Feldstärke in einem homogenen Feld kann demzufolge durch eine Spannungsmessung bestimmt werden. Darüber hinaus ergibt sich aus $E = U/d$ für die elektrische Feldstärke als weitere Einheit: 1 N/C = 1 V/m.

■ AUFGABEN

1 Zwischen den Platten eines Plattenkondensators besteht eine Potenzialdifferenz von 9 V. Das elektrische Feld besitzt eine Stärke von 300 V/m. Ermitteln Sie den Plattenabstand des Kondensators.

2 Zwischen den vertikal im Abstand von 6 cm aufgestellten Platten eines geladenen Plattenkondensators befindet sich an einem dünnen isolierenden Faden eine Aluminiumkugel der Masse 2,0 g. Sie trägt die Ladung $5 \cdot 10^{-9}$ C.
   a Skizzieren Sie die auf die Kugel ausgeübten Kräfte.
   b Berechnen Sie die an den Kondensatorplatten anliegende Spannung, die dazu führt, dass der Faden mit der Vertikalen einen Winkel von 3° einschließt.

In ein Gewitter zu geraten bedeutet für kleine Flugzeuge stets ein gewisses Risiko: Heftige Böen können die Maschinen regelrecht aus der Bahn werfen. Vor einem Blitzeinschlag dagegen brauchen sich die Passagiere nicht zu fürchten: Sie sitzen geschützt in einem nahezu feldfreien »Faraday'schen Käfig«.

1

5.6 Abschirmung elektrischer Felder

Bringt man einen Metallkörper in ein elektrisches Feld, tritt Influenz auf: In seinem Inneren werden bewegliche Ladungsträger verschoben. Die so entstehenden Influenzladungen innerhalb des Metallkörpers erzeugen zusätzlich zum äußeren ein inneres Feld mit entgegengesetzt gerichteter Feldstärke. Diese nimmt durch weiter anhaltende Ladungsträgerverschiebung so lange zu, bis das äußere Feld durch das innere Feld kompensiert wird. Im Inneren des Körpers addieren sich die Feldstärken zu null.

Dies gilt auch für das Innere einer geschlossenen Metallhülle und im Fall eines äußeren elektrostatischen Felds sogar für das Innere eines Faraday-Käfigs, dessen Hülle ein engmaschiges Metallgitter ist.

Metallische Hüllen schirmen elektrische Felder ab. Das Innere eines Metallkörpers bleibt feldfrei.

Funken und Blitze begleiten häufig einen elektrischen Durchschlag zwischen Körpern, zwischen denen ein starkes elektrisches Feld herrscht. Metallspitzen und scharfe Kanten begünstigen den elektrischen Durchschlag, da in ihrer Umgebung hohe Feldstärken auftreten können. Trotzdem bleibt der Innenraum eines Faraday-Käfigs auch dann feldfrei, wenn ein Blitz in den Käfig einschlägt.

Aufladung durch Influenz

Bringt man zwei leitend miteinander verbundene Metallkörper in ein elektrisches Feld, so werden sie durch Influenz unterschiedlich aufgeladen (Abb. 2). Trennt man die Körper im elektrischen Feld, so bleiben auf ihnen die *Influenzladungen* erhalten, selbst wenn das elektrische Feld abgeschaltet bzw. die Objekte aus dem Feld gebracht werden. Die verbliebenen Influenzladungen verteilen sich anschließend auf den Metallkörpern.

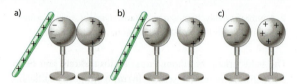

2 Aufladung zweier Metallkörper durch Influenz

Abbildung 3 zeigt eine Möglichkeit, einen einzelnen, zunächst ungeladenen Metallgegenstand durch Influenz aufzuladen. Stellt man ihn in die Nähe eines geladenen Körpers und bringt die abgewandte Seite des Gegenstands mit der Erde in Kontakt, wird die dort entstandene Influenzladung neutralisiert. Unterbricht man den Erdkontakt wieder, verbleibt die andere Influenzladung auf dem Gegenstand und verteilt sich beim Entfernen des geladenen Körpers.

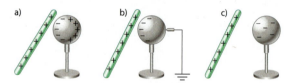

3 Ladung durch Influenz mit zwischenzeitlicher Erdung

Wird die verbleibende Ladung ebenfalls entnommen, ist der Metallkörper wieder ungeladen. Dieser Prozess kann beliebig oft in gleicher Weise wiederholt werden.

Abschirmung elektrischer Felder

Wird ein massiver Metallkörper in ein elektrisches Feld gebracht, entstehen auf seiner Oberfläche durch die Ladungsträgerverschiebung Zonen mit entgegengesetzter Aufladung (Abb. 4). Die Influenzladungen an der Leiteroberfläche erzeugen ein weiteres elektrisches Feld, das dem äußeren Feld entgegenwirkt.

Die beweglichen Ladungsträger werden so lange verschoben, bis sich alle Ladungsträger im Inneren im Kräftegleichgewicht befinden. Dies ist erreicht, wenn die Summe der beiden Feldstärken im Inneren des Körpers null ist, wenn also das durch Ladungsverschiebung entstandene Feld das äußere Feld kompensiert.

ELEKTRIZITÄT | 5 Elektrische Ladung und elektrisches Feld

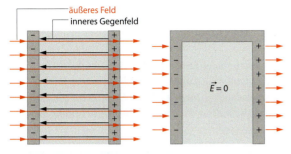

4 Kompensation eines äußeren Felds

Würde man einen solchen im Inneren feldfreien Metallkörper aushöhlen, blieben die Influenzladungen und das von ihnen erzeugte Gegenfeld unverändert. Dies bedeutet, dass auch das Innere einer Metallhülle feldfrei ist und von äußeren elektrischen Feldern abgeschirmt bleibt (Abb. 5).

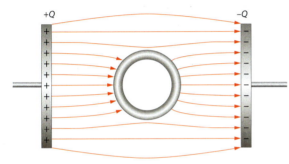

5 Ein Metallring im elektrischen Feld

Die elektrostatische Abschirmung ist auch wirksam, wenn die Hülle nicht vollkommen geschlossen ist. Es genügt ein engmaschiger metallener Käfig oder eine Metallhülle mit verteilten Öffnungen, wie sie beispielsweise bei Flugzeugen und Kraftfahrzeugen auftritt. Das Innere eines solchen *Faraday-Käfigs* bleibt feldfrei, lediglich im Bereich der Öffnungen der Metallhülle wird das äußere Feld nicht vollständig vom inneren Feld der Influenzladungen kompensiert. Ist ein Faraday-Käfig von einer Blitzentladung betroffen, führt die mit der Entladung verbundene Veränderung des äußeren Felds zu einer schnellen Anpassung der Influenzladungen auf der Hülle des Käfigs. Sein Inneres bleibt weiterhin feldfrei.

Durchschlag, Funken- und Blitzentladung

In einem starken elektrischen Feld können Luftmoleküle durch die in diesem Feld beschleunigten Elektronen ionisiert werden. Es entsteht ein Gemisch aus Elektronen und positiven Ionen, ein *Plasma*, das die Luft zu einem elektrischen Leiter werden lässt. Dadurch wird die Entladung ausgelöst, die in Bruchteilen von Millisekunden stattfindet. Dieses Phänomen heißt dielektrischer Durchschlag. Ein Durchschlag zwischen zwei Elektroden mit großem Potenzialunterschied beginnt an einer Stelle, an der die Feldstärke besonders groß ist. Von dort entwickelt sich augenblicklich ein Kanal aus ionisierter Luft. Sobald dieser Kanal die beiden Elektroden erreicht hat, fließt schlagartig ein elektrischer Entladungsstrom mit hoher Stromstärke, der den Entladungskanal so stark aufheizt, dass Gasatome zum Leuchten angeregt werden und Funken zu beobachten sind.

Ein Blitz ist eine besonders starke, grell aufleuchtende Funkenentladung. Der schnelle Temperaturanstieg im Blitzkanal sorgt für eine explosionsartige Ausdehnung der umgebenden Luftsäule; die entstehenden Druckwellen werden in unmittelbarer Nähe als Knall, in größerer Entfernung als Donner wahrgenommen.

Spitzenwirkung Die Feldstärke eines inhomogenen Felds kann durch die Formgebung der Elektroden beeinflusst werden: Die Feldstärke eines elektrischen Felds ist in der Umgebung einer stark gekrümmten Leiteroberfläche umso größer, je kleiner deren Krümmungsradius ist (Abb. 6). Aufragende und geerdete Metallspitzen können zum gezielten Blitzeinschlag genutzt werden, also als Blitzableiter dienen (vgl. 5.5, Abb. 3).

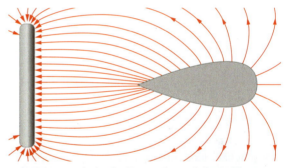

6 An Spitzen und scharfen Kanten eines geladenen Körpers erreicht die elektrische Feldstärke besonders hohe Werte.

AUFGABEN

1 Eine Gruppe von Jugendlichen wird beim Zelten von einem kräftigen Gewitter überrascht. Sie diskutieren darüber, ob sie in ihrem flachen Kunststoffzelt bleiben oder sich in ihr enges Auto begeben sollten. Was empfehlen Sie? Begründen Sie Ihre Aussage.

2 In ein elektrisches Feld werden zwei dickwandige Hohlwürfel gebracht, einer besteht aus Metall, der andere aus Kunststoff. Skizzieren Sie für beide Fälle die Ladungsverteilung auf den Würfeln, und begründen Sie, dass die elektrischen Feldstärken im Inneren der Würfel unterschiedlich groß sind.

3 Erläutern Sie, weshalb Metallkörper, die in Hochspannungsexperimenten eingesetzt werden, häufig eine Kugelgestalt besitzen oder kugelförmig bzw. ringförmig gewölbt sind.

In einem Modell für Atome mit mehreren Elektronen schirmen die inneren Elektronen die Kernladung teilweise ab. → 14.5

Mit einer brennenden Kerze lässt sich das elektrische Feld zwischen zwei unterschiedlich geladenen Platten sichtbar machen: In der Hitze der Flamme werden Gasmoleküle ionisiert und entsprechend ihrer Ladung zur Seite gezogen.

5.7 Feldgleichung und Feldkonstante

Bringt man in ein elektrisches Feld ein Paar von aneinanderliegenden Leiterplatten, werden in ihnen bewegliche Ladungsträger so lange verschoben, bis der Raum im Metallinneren feldfrei ist. Die beiden Platten tragen dann auf ihren Außenflächen Influenzladungen mit gleichem Betrag, aber entgegengesetztem Vorzeichen. Zwischen der Feldstärke und den durch das Feld verursachten Influenzladungen besteht ein grundlegender Zusammenhang, der durch die Feldgleichung beschrieben wird.

Bei vorgegebener Feldstärke ist der Betrag der Influenzladung proportional zur Fläche A_i der Platten. Die Flächenladungsdichte σ gibt die Konzentration der Ladung Q_i auf einer Platte an:

$\sigma = \dfrac{Q_i}{A_i}$. Die Einheit von σ ist C/m^2.

Für die Flächenladungsdichte auf einem Influenzplattenpaar im elektrischen Feld gilt die Feldgleichung:

$$\sigma = \varepsilon_0 \cdot E. \qquad (1)$$

Die Proportionalitätskonstante in dieser Gleichung heißt elektrische Feldkonstante. Sie hat den Wert:

$$\varepsilon_0 = 8{,}854 \cdot 10^{-12}\,\dfrac{\mathrm{A \cdot s}}{\mathrm{V \cdot m}}. \qquad (2)$$

Im homogenen Feld eines Plattenkondensators stimmt die Influenzladungsdichte σ mit der Ladungsdichte auf den Kondensatorplatten überein: $\sigma_\mathrm{Kond} = \varepsilon_0 \cdot E$.

$$\sigma = \sigma_\mathrm{Kond} = \dfrac{Q}{A} = \varepsilon_0 \cdot E \qquad (3)$$

Flächenladungsdichte

Zur Untersuchung von Influenzladungen können zwei Metallplatten senkrecht zu den Feldlinien in ein homogenes Feld gebracht werden. Die beiden Platten tragen auf ihrer Oberfläche Influenzladungen Q_i. Sie können innerhalb des Felds auseinandergezogen, getrennt aus dem Feld gebracht und ihre Ladungen gemessen werden (Exp. 1).

Halbiert man bei gleichbleibender Feldstärke E die Fläche A_i der in Kontakt stehenden Influenzplatten, so halbiert sich die Anzahl der Influenzladungsträger auf den Platten und damit auch die Influenzladung Q_i. Der Quotient der beiden Größen ist konstant und heißt Flächenladungsdichte σ. Es gilt: $\sigma = Q_i / A_i$.

Dieser Zusammenhang lässt sich in Exp. 1 bestätigen.

EXPERIMENT 1

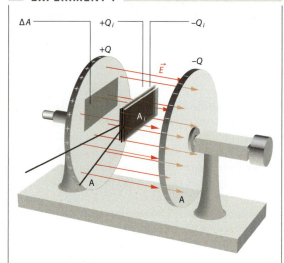

Ein Plattenkondensator wird an eine Hochspannungsquelle angeschlossen. Ein ungeladenes Influenzplattenpaar, dessen Platten vollflächig aneinanderliegen, wird in das Innere des Kondensators gebracht. Dort werden die Influenzplatten voneinander getrennt und danach aus dem Feld herausgeführt. Die auf den Influenzplatten vorhandene Ladung wird über einen Messverstärker bestimmt.

Die Influenzplatten werden anschließend so zusammengebracht, dass die Plattenflächen jeweils nur zur Hälfte aneinanderliegen. Der Vorgang wird wiederholt, die gemessenen Influenzladungen werden mit denen des ersten Durchgangs verglichen.

Feldgleichung

Verändert sich die Stärke des elektrischen Felds, so bleibt das Innere des Influenzplattenpaars weiterhin feldfrei. Das Gegenfeld, das von den Influenzladungen auf dem Influenzplattenpaar erzeugt wird, muss sich deshalb im gleichen Maß wie das äußere Feld verändern. Dies kann nur durch eine entsprechende Änderung der Ladungsträgerkonzentration und damit der Flächenladungsdichte auf den Influenzplatten erfolgen.

Die elektrische Feldstärke E eines Felds und die dadurch erzeugte Flächenladungsdichte σ auf einem Plattenpaar, das in das Feld gebracht wurde, sind deshalb zueinander proportional: $\sigma = \varepsilon_0 \cdot E$. Die Proportionalitätskonstante heißt elektrische Feldkonstante ε_0; sie ist fundamental für die Beschreibung der elektrischen Wechselwirkung.

Feldgleichung für den Plattenkondensator

Das homogene Feld im Inneren eines Plattenkondensators kommt dadurch zustande, dass die Platten verschiedenartig geladen sind und die Ladung Q sich gleichmäßig über die Oberfläche A der jeweiligen Platteninnenseite verteilt. Die Flächenladungsdichte $\sigma_{\text{Kond}} = Q/A$ gibt die Konzentration der Ladung auf den Kondensatorplatten an. Legt man wie in Exp. 2 eine ungeladene Probeplatte auf die Innenseite einer der Kondensatorplatten, so nimmt die Probeplatte dieselbe Flächenladungsdichte wie die Kondensatorplatten an.

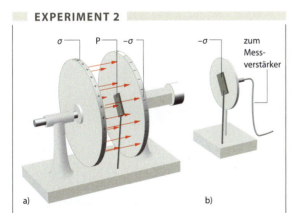

EXPERIMENT 2

Ein Plattenkondensator wird durch eine Hochspannungsquelle aufgeladen.
Die Flächenladungsdichte des Kondensators wird ermittelt, indem man mit einer isolierten, ungeladenen Platte eine der beiden Kondensatorplatten berührt (a), die Platte aus dem Kondensatorfeld entfernt und dann die Ladung der Platte über einen Messverstärker bestimmt (b).

Bringt man in das homogene Feld eines Plattenkondensators mit der Flächenladungsdichte $\sigma_{\text{Kond}} = Q/A$ ein Influenzplattenpaar, so wird sich auf diesem eine Influenzladungsdichte $\sigma = Q_i/A_i$ einstellen.

Durch das Einbringen des Influenzplattenpaars wird das elektrische Feld im Inneren des Kondensators nicht verändert. Aufgrund der Homogenität des elektrischen Felds stehen sich auf den Influenzplatten und auf den entsprechenden Arealen ΔA der Kondensatorplatten gleich viele Ladungsträger gegenüber.

Die Influenzladungsdichte σ und die Flächenladungsdichte des Kondensators σ_{Kond} sind also gleich groß, und es gilt: $\sigma_{\text{Kond}} = \sigma = \varepsilon_0 \cdot E$. Die elektrische Feldkonstante ε_0 verknüpft die felderzeugende Ladung Q des Kondensators mit der elektrischen Feldstärke des Felds zwischen seinen Platten.

Mit $E = U/d$ lässt sich die elektrische Feldkonstante ε_0 aus den geometrischen Größen des Plattenkondensators, seiner Ladung Q und der Spannung U zwischen den Kondensatorplatten bestimmen:

$$\varepsilon_0 = \frac{\sigma_{\text{Kond}}}{E} = \frac{Q \cdot d}{A \cdot U}. \tag{4}$$

Diese Gleichung gilt streng genommen ausschließlich für Felder im Vakuum (vgl. 5.9). Die elektrische Feldkonstante ε_0 heißt auch Dielektrizitätskonstante oder Permittivität des Vakuums.

AUFGABEN

1 Ein luftgefüllter Plattenkondensator besteht aus quadratischen Aluminiumplatten der Kantenlänge 20 cm. An den Platten, die einen Abstand von 5 mm besitzen, liegt eine Spannung von 100 V an. Ermitteln Sie die Flächenladungsdichte auf den Platten und die im Kondensator gespeicherte Ladung.

2 Für den Plattenkondensator aus Aufgabe 1 wurde für unterschiedliche Spannungen die Ladung ermittelt, die jeweils im Kondensator gespeichert war. Es ergaben sich folgende Messwerte:

U in V	20	50	70	100
Q in nC	1,5	3,5	5,0	7,1

a Stellen Sie die Ladung in Abhängigkeit von der Spannung grafisch dar.

b Begründen Sie, dass die Messpunkte in dem Diagramm durch eine Ursprungsgerade angenähert werden können.

c Legen Sie eine Ausgleichsgerade durch die Messpunkte fest, und bestimmen Sie anhand deren Steigung die elektrische Feldkonstante ε_0.

3 Eine Gewitterwolke mit einer Ausdehnung von 100 000 m² befindet sich mit ihrer Unterseite 600 m über dem Erdboden. Die Feldstärke, die am Boden gemessen wird, beträgt 500 kV/m.

a Geben Sie die Spannung zwischen der Wolke und dem Erdboden an.

b Berechnen Sie die elektrische Ladung, die im unteren Teil der Wolke gespeichert ist.

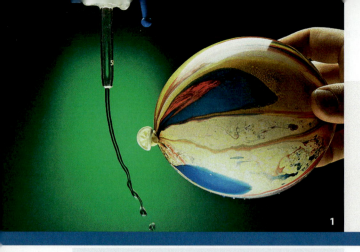

Ein aufgeladener Luftballon genügt, um einen schwachen Wasserstrahl abzulenken. Je näher dabei der Ballon dem Strahl kommt, desto stärker ist seine Wirkung.

1

5.8 Coulomb'sches Gesetz und Radialfeld

Zwischen zwei geladenen Körpern kann es zu einer Anziehung oder Abstoßung kommen. Damit unterscheidet sich die elektrische Wechselwirkung von der Gravitation, die stets zur Anziehung zwischen Körpern führt.

Zwei Kugeln mit den Ladungen Q_1 und Q_2, deren Mittelpunkte einen Abstand r voneinander haben, üben wechselseitig gleich große Kräfte aufeinander aus. Für deren Betrag gilt das Coulomb'sche Gesetz:

$$F = \frac{1}{4\pi \cdot \varepsilon_0} \cdot \frac{Q_1 \cdot Q_2}{r^2}. \qquad (1)$$

Dieses Kraftgesetz gilt auch für beliebig geformte Objekte, sofern deren Ausdehnung viel kleiner ist als der Abstand zwischen ihnen. Als Idealisierung betrachtet man oft *Punktladungen* mit vernachlässigbar kleiner Objektgröße. Die elektrostatische Kraft zwischen geladenen Teilchen wird auch Coulomb-Kraft genannt.

In der Umgebung einer Punktladung bzw. einer geladenen Kugel bildet sich ein radialsymmetrisches Feld aus. Die Feldstärke im Radialfeld beträgt:

$$E = \frac{1}{4\pi \cdot \varepsilon_0} \cdot \frac{Q}{r^2}. \qquad (2)$$

Als Bezugspunkt P_0 für die Festlegung der potenziellen Energie und des Potenzials wird im Radialfeld ein Punkt in unendlicher großer Entfernung vom felderzeugenden Körper gewählt. Für das elektrische Potenzial φ in einem Punkt im Abstand r vom Zentrum ergibt sich dann:

$$\varphi(r) = \frac{1}{4\pi \cdot \varepsilon_0} \cdot \frac{Q}{r}. \qquad (3)$$

Ein Potenzial mit dieser Abstandsabhängigkeit wird auch als Coulomb-Potenzial bezeichnet.

Feldstärke im Radialfeld

Eine Kugel mit der Ladung Q ist von einem radialsymmetrischen Feld umgeben. Wird die Kugel wie in Abb. 2 durch zwei große Halbkugelschalen mit dem Radius r umschlossen, werden auf der Innenseite und der Außenseite der Kugelschale Influenzladungen Q_i erzeugt, die sich auf den Oberflächen der Kugelschale jeweils gleichmäßig verteilen. Dadurch ändert sich die Struktur des Radialfelds jedoch nicht – weder im Inneren noch im Außenbereich. Daher müssen sich auf der zentralen Kugel und auf der inneren Oberfläche der Kugelschale gleich große Ladungen gegenüberstehen.

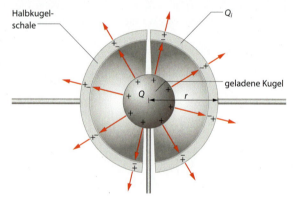

2 Influenz im Radialfeld

Die durch Influenz getrennte Ladung Q_i auf den Halbkugelschalen stimmt mit der Ladung Q der inneren Kugel überein. Die Flächenladungsdichte der Kugelschalen mit der Gesamtfläche $A = 4\pi \cdot r^2$ hat also den Wert $\sigma = Q_i/(4\pi \cdot r^2) = Q/(4\pi \cdot r^2)$.

Mit der Feldgleichung $\sigma = \varepsilon_0 \cdot E$ lässt sich daraus die Feldstärke des Radialfelds der geladenen Kugel im Abstand r vom Mittelpunkt der Kugel berechnen:

$$E = \frac{\sigma}{\varepsilon_0} = \frac{1}{4\pi \cdot \varepsilon_0} \cdot \frac{Q}{r^2}. \qquad (4)$$

Dieses Ergebnis ist unabhängig von der Größe der inneren Kugel. Es gilt für jedes radialsymmetrische Feld, sowohl bei Punktladungen als auch bei geladenen Kugeln.

Das Coulomb'sche Gesetz gleicht von seiner Struktur her exakt dem Newton'schen Gravitationsgesetz.
4.2

Coulomb-Kraft

Ein Körper mit der Ladung Q_2 erfährt im radialsymmetrischen Feld einer Ladung Q_1 die Kraft

$$F_2 = Q_2 \cdot E_1 = Q_2 \cdot \frac{1}{4\pi\cdot\varepsilon_0} \cdot \frac{Q_1}{r^2} = \frac{1}{4\pi\cdot\varepsilon_0} \cdot \frac{Q_1 \cdot Q_2}{r^2}. \quad (5)$$

Die Kraft F_1, die das elektrische Feld der Ladung Q_2 seinerseits auf den Körper mit der Ladung Q_1 ausübt, stimmt dem Betrag nach mit der Kraft F_2 überein:

$$F_1 = Q_1 \cdot E_2 = Q_1 \cdot \frac{1}{4\pi\cdot\varepsilon_0} \cdot \frac{Q_2}{r^2} = \frac{1}{4\pi\cdot\varepsilon_0} \cdot \frac{Q_1 \cdot Q_2}{r^2}. \quad (6)$$

Die Kräfte, die zwei geladene Körper aufeinander ausüben, sind auch bei unterschiedlicher Größe der Ladungen gleich groß und entgegengesetzt gerichtet. Sie sind anziehend bei ungleichnamigen Ladungen und abstoßend bei gleichnamigen Ladungen.

Das Kraftgesetz wurde erstmalig im Jahr 1785 von dem französischen Forscher CHARLES DE COULOMB durch Messungen mit einer Drehwaage experimentell nachgewiesen. Eine moderne Anordnung wird im Exp. 1 verwendet.

EXPERIMENT 1

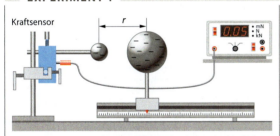

Zwei Kugeln stehen einander gegenüber. Eine der beiden Kugeln ist an einem Kraftsensor befestigt.
Die Kugeln werden gleichnamig aufgeladen; die abstoßende Kraft wird in Abhängigkeit vom Abstand der Kugelmittelpunkte gemessen.

Potenzial im Radialfeld

Die elektrische Feldstärke und damit die Kraft auf einen Testkörper mit der Probeladung q nimmt im radialsymmetrischen Feld eines Körpers mit der Ladung Q bei wachsender Entfernung proportional zu r^2 ab. Die Energieänderung beim Transport der Probeladung q in radialer Richtung ergibt sich nicht einfach als Produkt $F \cdot \Delta r$, sondern sie entspricht dem Betrag nach der Fläche unter dem Graphen $F(r)$ in Abb. 3. Es gilt:

$$|W| = \frac{q \cdot Q}{4\pi\cdot\varepsilon_0}\left(\frac{1}{r_B} - \frac{1}{r_A}\right). \quad (7)$$

Die Festlegung des Potenzials in einem Punkt P des Felds erfordert die Festlegung eines Bezugspunkts P_0. Wie im Fall des Gravitationsfelds wird der Bezugspunkt P_0 in unendlich großem Abstand $r_A \to \infty$ vom Zentralkörper festgelegt. Mit $1/r_A \to 0$ ergibt sich damit für das elektrische Potenzial in einem Punkt P im Abstand $r_B = r$ vom Zentralkörper:

$$|\varphi(r)| = \left|\frac{W_{\infty \to r}}{q}\right| = \frac{1}{4\pi\cdot\varepsilon_0} \cdot \frac{Q}{r}. \quad (8)$$

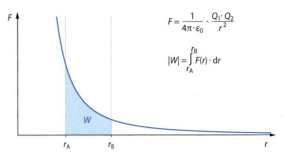

3 Energieänderung eines Körpers im Radialfeld

Das Potenzial in der Umgebung eines positiv geladenen Zentralkörpers hat positive Werte, da man Energie aufwenden muss, um einen positiv geladenen Probekörper vom unendlich fernen Bezugspunkt heranzuführen. Hat der Zentralkörper eine negative Ladung, wird der Probekörper zum Zentrum hin beschleunigt. Seine potenzielle Energie wird dabei in kinetische Energie umgewandelt (Abb. 4).

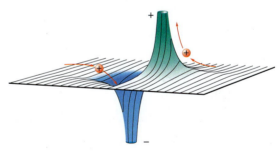

4 Potenzialberg eines positiv geladenen Zentralkörpers und Potenzialtrichter eines negativ geladenen Zentralkörpers

■ AUFGABEN

1 a Bestimmen Sie die Coulomb-Kraft zwischen dem Elektron und dem Proton in einem Wasserstoffatom unter der Annahme, dass der Abstand zwischen beiden Teilchen $0{,}53 \cdot 10^{-10}$ m beträgt.
b Vergleichen Sie die in Teil a berechnete Coulomb-Kraft mit der Gravitationskraft zwischen Elektron und Proton.

2 Geben Sie für die folgende Situation Betrag und Richtung der elektrischen Feldstärke im Punkt P an.

$Q_1 = 2 \cdot 10^{-9}$ C $\qquad\qquad\qquad Q_2 = -5 \cdot 10^{-9}$ C

$Q_1 \qquad\quad$ 20 cm $\qquad\quad$ P $\quad$ 10 cm $\quad Q_2$

Die Kabinen dieser Seilbahn haben ihre eigene Energieversorgung für Beleuchtung und Kommunikation. Bei jeder Stationsdurchfahrt werden über einen Stromschienenkontakt Superkondensatoren aufgeladen, die herkömmlichen Akkus überlegen sind, wenn es um ein schnelles Aufladen und eine hohe Leistungsabgabe geht.

5.9 Kondensator

Anordnungen aus zwei Leitern, die durch einen Isolator getrennt sind, heißen Kondensatoren. Aufgrund ihrer Fähigkeit, Ladung und Energie zu speichern, werden sie vielfältig eingesetzt. Die Kapazität C gibt an, wie viel Ladung der Kondensator bei einer bestimmten Spannung speichern kann:

$$C = \frac{Q}{U}. \qquad (1)$$

Die Einheit der Kapazität ist Farad (F); $1\,\text{F} = 1\,\frac{\text{C}}{\text{V}}$.

Die Kapazität eines idealen Plattenkondensators, der sich im Vakuum befindet, wird durch die Größe der Platten A und deren Abstand d bestimmt: $C = \varepsilon_0 \cdot A/d$. Ist der Raum zwischen den Platten mit einem Isolator ausgefüllt, erhöht sich die Kapazität um einen stoffspezifischen Faktor, die relative Permittivität ε_r:

$$C = \varepsilon_0 \cdot \varepsilon_r \cdot \frac{A}{d}. \qquad (2)$$

Der Faktor ε_r ist ein Maß für die Polarisierbarkeit des eingebrachten Stoffs. Der Wert von ε_r ist für Luft nur geringfügig größer als 1.

Kapazität von Kondensatoren

Wird ein Kondensator mit einer Ladung Q versehen, so erhalten seine beiden Leiterplatten die betragsgleichen ungleichnamigen Ladungen $+Q$ und $-Q$. Dies ist auch der Fall, wenn eine der beiden Leiterplatten wie in Exp. 1 geerdet ist. Die untere, geerdete Platte besitzt zwar Erdpotenzial, trägt jedoch nach dem Aufladevorgang auf der Innenseite eine Influenzladung $-Q$, die durch die Ladung $+Q$ auf der oberen Platteninnenseite hervorgerufen wird. Wird die obere Platte entladen, ist die Influenzladung der unteren Platte nicht mehr gebunden und fließt zur Erde ab. Der Kondensator ist dann komplett entladen.

EXPERIMENT 1

a) Ein Plattenkondensator wird mit unterschiedlich großen Spannungen aufgeladen. Nach dem Aufladen wird jeweils die Ladung über einen Messverstärker bestimmt.
b) Bei fest eingestellter Spannung wird die Ladungsmessung für unterschiedliche Plattenabstände durchgeführt.

Experiment 1 zeigt am Beispiel eines Plattenkondensators, dass die Ladung Q, die auf dem Kondensator gespeichert ist, proportional zur Spannung U zwischen den Platten ist. Mit einer Vergrößerung der Ladung Q wächst die Flächenladungsdichte σ auf den Platten. Damit wird nach der Feldgleichung $\sigma = \varepsilon_0 \cdot E$ auch eine größere Feldstärke E zwischen den Platten erzeugt. Die größere Feldstärke ihrerseits führt wegen des Zusammenhangs $U = E \cdot d$ zu einer entsprechend höheren Spannung zwischen den Platten.

Der Quotient $C = Q/U$ ist für jeden Kondensator eine konstante Größe mit einem Wert, der von seiner Bauart abhängt. Diese Konstante gibt an, wie viel Ladung auf dem Kondensator bei einer bestimmten Spannung gespeichert wird. Sie heißt Kapazität C mit der Einheit Farad (F).

1 Farad ist eine sehr große Kapazität. Kondensatoren mit dieser Kapazität können bei einer Spannung $U = 1$ V die Ladung $Q = 1$ C speichern. Kondensatoren in technischen Geräten haben oft wesentlich geringere Kapazitäten, z. B.:
$1\,\mu\text{F} = 10^{-6}\,\text{F}$; $1\,\text{nF} = 10^{-9}\,\text{F}$; $1\,\text{pF} = 10^{-12}\,\text{F}$.

Kapazität eines idealen Plattenkondensators

Die Speichermöglichkeit für die Ladung ist bei vorgegebener Spannung an einem Plattenkondensator umso größer, je größer die Plattenfläche A ist. Zum anderen bedeutet

eine Verkleinerung des Plattenabstands wegen $E = U/d$ eine Vergrößerung der elektrischen Feldstärke zwischen den Platten, die nur durch Zufuhr weiterer Ladung erreicht wird. Auch in diesem Fall vergrößert sich also die Kapazität des Kondensators.
Durch Anwenden der Feldgleichung ergibt sich:

$\sigma = \dfrac{Q}{A} = \varepsilon_0 \cdot E = \varepsilon_0 \cdot \dfrac{U}{d}.$

Daraus folgt für die Kapazität eines Plattenkondensators:

$C = \dfrac{Q}{U} = \varepsilon_0 \cdot \dfrac{A}{d}.$

Diese Gleichung gilt streng genommen nur für den *idealen Kondensator*, bei dem sich keine Materie zwischen den Platten befindet und dessen Feld vollkommen homogen ist. Inhomogenitäten des Felds an den Plattenrändern werden also vernachlässigt.

Kondensatoren mit einem Dielektrikum

Durch ein elektrisches Feld kann es in einem Isolator zu einer Polarisation kommen. Ein polarisierbares, nichtleitendes Medium wird Dielektrikum genannt. In einem elektrischen Feld werden vorhandene Dipolmoleküle ausgerichtet, oder es finden Ladungsverschiebungen innerhalb größerer Moleküle statt.

So entstehen an den Außenflächen des Isolators Oberflächenladungen, die ähnlich wie Influenzladungen ein Gegenfeld erzeugen. Dadurch wird das äußere Feld zwar geschwächt, es kann aber nicht wie bei Leitern vollständig kompensiert werden.

Die Abnahme der Feldstärke in einem Isolator wird durch die Größe ε_r beschrieben:

$E_i = \dfrac{1}{\varepsilon_r} \cdot E.$ (3)

Die Größe ε_r heißt relative Permittivität oder Dielektrizitätszahl. Sie hängt davon ab, wie leicht sich der Stoff polarisieren lässt, und ist stets größer als 1.

Permittivität einiger Stoffe

Stoff	ε_r	Stoff	ε_r
Luft	1,000 58	Benzol	2,3
Wasser	80	Quarzglas	3,8
Ethanol	26	Porzellan	6,5

Füllt man den Raum zwischen den Platten eines Plattenkondensators bei unveränderter Ladung des Kondensators wie in Exp. 2 mit einem Dielektrikum aus, bleibt die Flächenladungsdichte σ_{Kond} konstant. Für die Feldstärke im Dielektrikum gilt:

$E_i = \dfrac{1}{\varepsilon_r} \cdot E = \dfrac{1}{\varepsilon_r} \cdot \dfrac{\sigma_{\text{Kond}}}{\varepsilon_0} = \dfrac{Q}{\varepsilon_0 \cdot \varepsilon_r \cdot A}.$ (4)

Beim Einbringen eines Isolators sinkt mit der elektrischen Feldstärke wegen $U = E/d$ auch die Spannung zwischen den Platten. Dies gilt allerdings nur, wenn sich die Ladung des Kondensators nicht verändern kann, der Kondensator also, wie in Exp. 2, von der Spannungsquelle getrennt ist. Bleibt dagegen die Spannungsquelle angeschlossen, erhöht sich beim Einbringen eines Dielektrikums die Ladung Q auf dem Kondensator.

Für die Kapazität eines Plattenkondensators, der mit einem Dielektrikum gefüllt ist, ergibt sich unter Verwendung von Gl. (4):

$C = \dfrac{Q}{U} = \dfrac{Q}{E_i \cdot d} = \varepsilon_0 \cdot \varepsilon_r \cdot \dfrac{A}{d}.$

EXPERIMENT 2

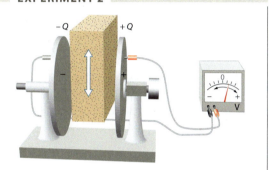

Ein Plattenkondensator wird mithilfe einer Hochspannungsquelle aufgeladen und dann von der Spannungsquelle abgeklemmt. Die Spannung zwischen den Kondensatorplatten wird gemessen. Anschließend wird ein Isolator in den Kondensator gebracht.
Die Spannung zwischen den Kondensatorplatten nimmt deutlich ab.

AUFGABEN

1 Berechnen Sie die Kapazität eines Plattenkondensators, der aus zwei einander gegenüberstehenden kreisförmigen Aluminiumplatten mit dem Radius $r = 5$ cm besteht, welche durch eine 25 μm dicke Kunststofffolie ($\varepsilon_r = 2{,}2$) voneinander getrennt sind.

2 Wie ändert sich die Kapazität eines Plattenkondensators, wenn der Plattenabstand halbiert wird? Geben Sie eine anschauliche Erklärung hierfür an.

3 Ein »Gold Cap«, eine spezielle Bauform eines Kondensators, besitzt eine Kapazität von 1 F. Er hat die Form eines Zylinders mit einem Durchmesser von 21 mm und einer Höhe von 8 mm. Berechnen Sie die Ausmaße eines luftgefüllten Plattenkondensators gleicher Kapazität, dessen Plattenabstand ebenfalls 8 mm betragen soll.

4 Ein Plattenkondensator wird geladen und von der Spannungsquelle getrennt. Erläutern Sie, wie sich die Spannung zwischen den Platten verändert, wenn sie anschließend auseinandergezogen werden.

Im Motorsport hat das Kinetic-Energy-Recovery-System (KERS) Einzug gehalten: Beim Bremsen des Fahrzeugs wandelt ein Generator einen Teil der mechanischen Schubenergie in elektrische Energie um, Kondensatoren werden mit hoher Spannung aufgeladen. Der Fahrer kann diese Energie anschließend wieder über einen Elektromotor abrufen und so die Beschleunigung des Fahrzeugs unterstützen.

1

5.10 Speicherung elektrischer Energie

Beim Aufladen wird einem Kondensator Energie übertragen. Als Träger der gespeicherten Energie ist nach dem Feldkonzept das elektrische Feld anzusehen. Beim Entladen gibt das Feld die gespeicherte Energie wieder ab. Das elektrische Feld eines Plattenkondensators mit der Kapazität C, zwischen dessen Platten die Spannung U herrscht und der die Ladung Q trägt, besitzt die elektrische Energie:

$$W = \frac{1}{2} Q \cdot U = \frac{1}{2} C \cdot U^2 = \frac{1}{2} \frac{Q^2}{C}. \quad (1)$$

Die elektrische Energie lässt sich auch mithilfe der Feldstärke $E = U/d$ ausdrücken:

$$W = \frac{1}{2} \varepsilon_0 \cdot \varepsilon_r \cdot A \cdot d \cdot E^2. \quad (2)$$

Die Kapazität und damit das Speichervermögen eines Kondensators ist umso größer,
– je größer die Fläche der Platten ist,
– je kleiner der Abstand der Platten ist,
– je größer die Permittivität des Dielektrikums ist.

Das Speichervermögen lässt sich durch das Parallelschalten von Kondensatoren erhöhen. Die Gesamtkapazität einer Parallelschaltung ergibt sich dann aus der Summe der Einzelkapazitäten:

$$C_{ges} = C_1 + C_2 + C_3 + \ldots + C_n. \quad (3)$$

Schaltet man Kondensatoren in Reihe, ist die Gesamtkapazität der Schaltung kleiner als die kleinste der Einzelkapazitäten. Die Kehrwerte der Einzelkapazitäten einer Reihenschaltung addieren sich zum Kehrwert der Gesamtkapazität:

$$\frac{1}{C_{ges}} = \frac{1}{C_1} + \frac{1}{C_2} + \frac{1}{C_3} + \ldots + \frac{1}{C_n}. \quad (4)$$

Kondensator als Energiespeicher

Zum Aufladen eines Kondensators müssen Elektronen, also negative Ladungsträger, von einer Platte zur anderen gebracht werden. Da die aufzuwendende Energie nicht vom Transportweg der Ladungsträger abhängt, lässt sich der Aufladeprozess gedanklich in Teilschritte zerlegen, in denen jeweils eine kleine Ladungsportion ΔQ von einer Platte abgelöst und auf die andere Platte gebracht wird.

Der erste Teilschritt bewirkt auf der Startseite einen Elektronenmangel mit der Ladung $+\Delta Q$ und auf der anderen Platte einen Elektronenüberschuss mit $-\Delta Q$. Der Kondensator hat dann die Ladung ΔQ gespeichert, zwischen den beiden Platten herrscht die Potenzialdifferenz $U_1 = \Delta Q/C$. Der Transport jeder neuen Teilladung erhöht die bereits vorhandene Ladung um den Betrag ΔQ und steigert die Potenzialdifferenz jeweils um $\Delta U = \Delta Q/C$ (Abb. 2).

Dieser Vorgang setzt sich fort, bis schließlich alle Ladungsportionen übertragen sind. Die bei jedem Schritt gegen das schon vorhandene elektrische Feld aufzuwendende Energie beträgt $\Delta W_i = \Delta Q \cdot U_i$ unter der Annahme, dass die Spannung U_i während des Transports von ΔQ konstant bleibt. Die Gesamtenergie für das Aufladen des Kondensators entspricht dann der Summe der Rechteckflächen in Abb. 2.

Je kleiner die Ladungsportionen sind, umso mehr nähert sich die Summe der Rechteckflächen dem Flächeninhalt des Dreiecks an. Für den Grenzfall beliebig kleiner Ladungsportionen entspricht die Gesamtenergie schließlich dem Flächeninhalt des Dreiecks: $W = 1/2 \, Q_0 \cdot U_0$.

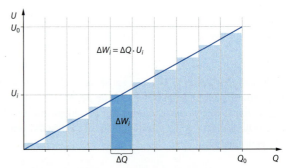

2 Spannungsaufbau und Energiespeicherung beim Aufladen eines Kondensators

Die elektrische Energie, die zum Aufladen benötigt wurde, ist als potenzielle Energie des elektrischen Felds mit der Feldstärke E gespeichert. Mit den Beziehungen $U = E \cdot d$ und $C = \varepsilon_0 \cdot \varepsilon_r \cdot A/d$ ergibt sich die Gleichung für die Energie des elektrischen Felds:

$$W = \frac{1}{2} \varepsilon_0 \cdot \varepsilon_r \cdot A \cdot d \cdot E^2.$$

Zusammenschalten von Kondensatoren

Parallelschaltung Beim Aufladen zweier parallel geschalteter Kondensatoren C_1 und C_2 fließt die Gesamtladung $Q = Q_1 + Q_2$ auf die Platten; die Spannungen sind gleich: $U_0 = U_1 = U_2 = U$, da beide Kondensatoren mit derselben Quelle verbunden sind.
Für die Gesamtkapazität gemäß Abb. 3 a gilt:

$$C_{ges} = \frac{Q}{U} = \frac{Q_1 + Q_2}{U} = \frac{Q_1}{U} + \frac{Q_2}{U} = C_1 + C_2. \quad (5)$$

Verallgemeinert bedeutet dies, dass die Kapazität einer Parallelschaltung von Kondensatoren gleich der Summe der Einzelkapazitäten ist (Gl. 3).

Reihenschaltung Die äußeren Platten P_1 und P_4 werden in Abb. 3 b von der Spannungsquelle so aufgeladen, dass die beiden Platten gleich große Ladung $Q_1 = Q_2 = Q$ tragen. Durch Influenz werden die Platten P_2 und P_3 entgegengesetzt zu P_1 bzw. P_4 geladen. Die beiden Influenzladungen auf P_2 und P_3 haben den gleichen Betrag, da die Platten P_2 und P_3 leitend miteinander verbunden sind.
Dies bedeutet, dass beide Kondensatoren anschließend die gleiche Ladung Q tragen, die von der Quelle geliefert wird. Dagegen teilt sich die Spannung U_0 in die Teilspannungen U_1 und U_2 auf: $U_0 = U_1 + U_2$.
Für die Gesamtkapazität ergibt sich:

$$\frac{1}{C_{ges}} = \frac{U_0}{Q} = \frac{U_1 + U_2}{Q} = \frac{U_1}{Q} + \frac{U_2}{Q} = \frac{1}{C_1} + \frac{1}{C_2}. \quad (6)$$

Dieses Ergebnis lässt sich verallgemeinern, sodass für mehrere in Reihe geschaltete Kondensatoren Gl. (4) gilt, nach der die Gesamtkapazität einer Reihenschaltung von Kondensatoren immer kleiner ist als jede Einzelkapazität.

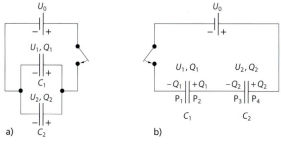

3 Parallelschaltung (a) und Reihenschaltung (b) von zwei Kondensatoren

TECHNIK

Bauformen von Kondensatoren Kondensatoren gibt es in einer Vielzahl von Größen und Formen. Als Platten dienen häufig zwei Metallstreifen, die durch dünne Isolierschichten voneinander getrennt sind und aufgewickelt werden (Abb. 4 a). Dielektrika aus Kunststoff, keramischer Masse oder einem Elektrolyten dienen zur Erhöhung der Kapazität. Ergänzend wird eine möglichst geringe Dicke des Dielektrikums, das weiterhin noch isolierend bleiben muss, angestrebt. Bei Drehkondensatoren lässt sich durch einen beweglichen Plattensatz die Kapazität variieren (Abb. 4 b). *Gold Caps* sind moderne Kondensatoren mit sehr großen Kapazitätswerten im Bereich um 1000 F. Ihre Spannungsfestigkeit beträgt jedoch maximal 5 V.

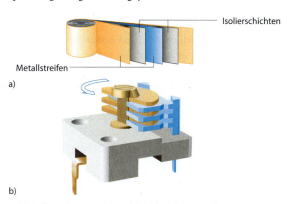

4 Wickelkondensator (a) und Drehkondensator (b)

AUFGABEN

1 Es stehen drei Kondensatoren zur Verfügung, die jeweils die Kapazität 1 μF besitzen. Durch unterschiedliches Zusammenschalten dieser drei Kondensatoren lassen sich vier verschiedene Gesamtkapazitäten erzeugen. Geben Sie die Schaltungen an, und berechnen Sie die jeweilige Gesamtkapazität.

2 Zwei Kondensatoren $C_1 = 22$ μF und $C_2 = 47$ μF sind parallel geschaltet. An ihren Enden liegt die Spannung 10 V an. Ermitteln Sie die Gesamtkapazität dieser Anordnung und die in den einzelnen Kondensatoren gespeicherten Ladungen.

3 Die Spannung zwischen den Punkten A und B beträgt in der folgenden Schaltung 9 V. Ermitteln Sie:
   a die Gesamtkapazität der Schaltung,
   b die Spannungen an den Kondensatoren,
   c die elektrischen Ladungen, die in den einzelnen Kondensatoren gespeichert sind.

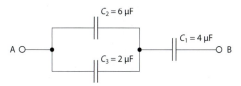

Kurzzeitaufnahmen gelingen oft nur mit präzise gesteuerten Blitzlichtanlagen. Vor jeder Aufnahme wird ein Kondensator aufgeladen, der sich dann im Moment des Auslösens über ein Leuchtmittel entlädt. Die im Kondensator gespeicherte Energie wird dabei blitzartig in Licht umgewandelt.

5.11 Auf- und Entladen eines Kondensators

Schließt man einen ungeladenen Kondensator an eine Spannungsquelle an, erfolgt die Aufladung nicht augenblicklich: Abhängig von der Größe des Widerstands in den Zuleitungen, fließt die Ladung mehr oder weniger schnell auf die Platten. Spannung und Ladung am Kondensator nähern sich asymptotisch ihrem Endwert. Auch bei der Entladung eines Kondensators klingen die Werte von Spannung und Ladung nur allmählich auf null ab.

Die Vorgänge beim Auf- und Entladen eines Kondensators sind exemplarisch für Prozesse, bei denen die Änderung der betrachteten Größe proportional ist zum Abstand ihres Momentanwerts von ihrem Endwert. Dieses Verhalten kann durch eine exponentielle Zeitfunktion beschrieben werden.

Charakteristisches Merkmal der Zeitfunktion ist die Zeitkonstante τ. Sie gibt die Zeitspanne an, in der sich der Abstand des momentanen Werts der Größe von ihrem Endwert auf das $1/e$-fache (etwa 37 %) verringert. Erfolgen Auf- bzw. Entladung eines Kondensators über einen ohmschen Widerstand R, gilt für die Zeitkonstante: $\tau = R \cdot C$.

Vorgänge beim Aufladen eines Kondensators

Zu Beginn des Aufladevorgangs in Exp. 1 ist der Kondensator mit der Kapazität C ungeladen. Nach dem Umlegen des Schalters setzt der Aufladestrom ein. Seine Stärke wird durch den Widerstand R auf den Anfangswert $I_0 = U_0/R$ begrenzt. Der Strom führt zu einem Anwachsen der Kondensatorladung Q_C und der Kondensatorspannung U_C.

Die Stromstärke I wird durch die ansteigende Spannung U_C wegen $I = (U_0 - U_C)/R$ kontinuierlich kleiner. Diese Stromstärkenverringerung bewirkt, dass mit wachsender Aufladung die Zufuhr weiterer Ladung pro Zeit immer geringer wird, Ladung und Spannung am Kondensator zwar anwachsen, aber in immer geringerem Maß.

EXPERIMENT 1

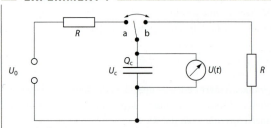

Ein Kondensator wird in Schalterstellung a aufgeladen und anschließend durch Umlegen des Schalters entladen. Die Spannung $U(t)$ wird gemessen. Der Vorgang wird mit unterschiedlichen Widerständen und Kapazitäten wiederholt.

Vorgänge beim Entladen eines Kondensators

Wird in Exp. 1 der Schalter nach der Aufladung des Kondensators in Stellung b gebracht, erfolgt die Entladung über den Widerstand R. Durch den Abfluss von Ladung sinkt die Spannung am Kondensator. Für die Stromstärke ergibt sich in diesem Entladeschaltkreis: $I = U_C/R$. Sie verringert sich synchron zur Kondensatorspannung U_C; dadurch wird auch der Ladungsabfluss von den Platten des Kondensators immer geringer.

Dies bedeutet, dass sich Ladung und Spannung am Kondensator immer weniger schnell verringern. Die Abnahme von Ladung und Spannung schreitet zwar voran, wird jedoch immer schwächer, bis schließlich keine Ladung mehr vorhanden, der Kondensator also entladen ist (Abb. 2).

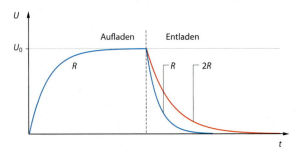

2 Spannungsverlauf beim Aufladen eines Kondensators sowie beim Entladen über unterschiedliche Widerstände

Zeitkonstante

Der zeitliche Verlauf der Kondensatorspannung entspricht beim Aufladen und beim Entladen je einer Exponentialfunktion (s. u.). Die Schnelligkeit des Ansteigens und des Abklingens der Spannung wird durch den Widerstand R und die Kapazität C geprägt. Je größer der Widerstand ist, desto kleiner ist die Anfangsstromstärke und desto langsamer erfolgt das Auf- bzw. Entladen. Gleiches gilt, wenn die Kapazität C größer wird und mehr Ladung auf den Kondensator gebracht bzw. von ihm entfernt werden muss.

Speziell beim Entladeprozess gibt die Zeitkonstante $\tau = R \cdot C$ die Zeitspanne an, nach der die Spannung und die Stromstärke jeweils auf 37 % ihres ursprünglichen Werts gesunken sind. Streng genommen wäre, bedingt durch das asymptotische Verhalten der Exponentialfunktion, eine vollständige Entladung in endlicher Zeit nicht zu erreichen. Nach der Zeit $t = 5\,\tau$ ist jedoch die Spannung auf 0,7 % ihres Anfangswerts gesunken; in den meisten praktischen Anwendungen kann der Kondensator damit als entladen betrachtet werden.

MATHEMATISCHE VERTIEFUNG

Aufladevorgang Die Spannungsquelle, der Widerstand R und der Kondensator sind in Reihe geschaltet. Es gilt:

$$U_0 = U_R + U_C$$

$$U_0 = R \cdot I(t) + \frac{Q_C(t)}{C} \qquad (1)$$

$$I(t) = \frac{U_0}{R} - \frac{Q_C(t)}{R \cdot C}. \qquad (2)$$

Die Ladung Q, die in einer bestimmten Zeit durch den Leiterquerschnitt fließt, entspricht der Ladung, die in derselben Zeit auf den Kondensator gelangt und die Kondensatorladung $Q_C(t)$ erhöht:

$$I(t) = \frac{dQ}{dt} = +\frac{dQ_C}{dt} = \dot{Q}_C(t). \qquad (3)$$

Unter Verwendung von Gl. (2) ergibt sich eine Differenzialgleichung für die Ladung $Q(t)$:

$$\dot{Q}_C(t) = \frac{U_0}{R} - \frac{1}{R \cdot C} \cdot Q_C(t). \qquad (4)$$

Die Lösung dieser Differenzialgleichung mit der Randbedingung $Q_C(0) = 0$ lautet:

$$Q_C(t) = C \cdot U_0 \left(1 - e^{-\frac{1}{R \cdot C} \cdot t}\right). \qquad (5)$$

Mit $U_C(t) = Q_C(t)/C$ ergibt sich für den zeitlichen Verlauf der Kondensatorspannung:

$$U_C(t) = U_0 \left(1 - e^{-\frac{1}{R \cdot C} \cdot t}\right). \qquad (6)$$

Entladevorgang Wird der Entladevorgang gestartet, nimmt die Ladung auf dem Kondensator kontinuierlich ab. Die Stromstärke entspricht in diesem Stromkreis der Ladung Q, die pro Zeit dem Kondensator entnommen wird und die dort vorhandene Ladung Q_C weiter verringert:

$$I(t) = \frac{dQ}{dt} = -\frac{dQ_C}{dt} = -\dot{Q}_C(t). \qquad (7)$$

Mit $U_C(t) = I(t) \cdot R$ ergibt sich:

$$U_C(t) = \frac{Q_C(t)}{C} = -\dot{Q}_C(t) \cdot R \Rightarrow \dot{Q}_C(t) = -\frac{1}{R \cdot C} \cdot Q_C(t). \qquad (8)$$

Aus dieser Differenzialgleichung ist ersichtlich, dass die Änderungsrate der Ladung proportional zur noch vorhandenen Ladung ist. Die Lösung der Differenzialgleichung lautet:

$$Q_C(t) = C \cdot U_0 \cdot e^{-\frac{1}{R \cdot C} \cdot t}. \qquad (9)$$

Hieraus ergeben sich die Funktionen:

$$U_C(t) = U_0 \cdot e^{-\frac{1}{R \cdot C} \cdot t} \quad \text{und} \quad I(t) = I_0 \cdot e^{-\frac{1}{R \cdot C} \cdot t}. \qquad (10)$$

Der Faktor $R \cdot C = \tau$ im jeweiligen Exponenten der Gleichungen (5), (6) und (10) hat die Dimension der Zeit und ist ein Maß für die Schnelligkeit des exponentiellen Anstiegs bzw. Abfalls.

AUFGABEN

1 Zeichnen Sie den zeitlichen Verlauf der Stromstärke eines Kondensators der Kapazität 47 µF für den Fall, dass dieser über einen Widerstand mit $R = 100$ kΩ aufgeladen wird und die Spannung an der Spannungsquelle 12 V beträgt. Der Kondensator trägt vor dem Aufladen keine Ladung.

2 Das Diagramm beschreibt einen Entladevorgang an einem Kondensator. Die Entladung erfolgt über einen Widerstand mit $R = 1$ MΩ.

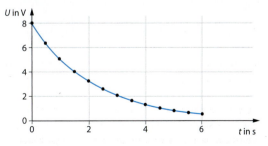

a Bestimmen Sie die Zeitkonstante τ für den Entladevorgang und die Kapazität des Kondensators.
b Berechnen Sie die Energie, die nach 3 s im Kondensator gespeichert ist.
c Berechnen Sie die Spannung für $t = 3\,\tau$ und $t = 4\,\tau$.

Abklingende Exponentialfunktionen finden sich häufig in der Physik – so auch beim radioaktiven Zerfall.

In besonders hochwertigen Hi-Fi-Anlagen finden sich noch heute Elektronenröhren zur Signalverstärkung. In ihnen werden freie Elektronen durch ein glühendes Bauelement erzeugt. Ob diese Röhren allerdings einen besseren, womöglich »wärmeren« Klang liefern als entsprechende Halbleitertransistoren – darüber können Musik- und Technikliebhaber durchaus in Streit geraten.

5.12 Freie Ladungsträger im elektrischen Feld

Gelangen freie Ladungsträger in ein elektrisches Feld, so werden sie beschleunigt. Im Fall eines homogenen Felds entsprechen ihre Bewegungen den Wurfbewegungen im Gravitationsfeld.

Die Richtung der Beschleunigung ist davon abhängig, ob die Teilchen positive oder negative Ladung tragen. Aus der Bahnform lassen sich Rückschlüsse auf die Stärke des elektrischen Felds oder auf spezifische Daten der Ladungsträger wie Ladung und Geschwindigkeit ziehen.

In verdünnten Gasen und im Vakuum können sehr hohe Geschwindigkeiten auftreten. Werden Ladungsträger mit der Ladung q und der Masse m aus der Ruhe heraus beschleunigt, beträgt ihre Endgeschwindigkeit nach Durchlaufen der Spannung U:

$$v = \sqrt{2 \cdot \frac{q}{m} \cdot U}. \qquad (1)$$

Dies gilt jedoch nur für Geschwindigkeiten weit unterhalb der Lichtgeschwindigkeit. Anderenfalls treten relativistische Effekte in Erscheinung, bei denen die zugeführte kinetische Energie eine Massenzunahme des beschleunigten Teilchens bewirkt (vgl. 19.9). Die Geschwindigkeit erhöht sich dann nur noch in reduziertem Maß.

Elektronenstrahlröhre

Das Verhalten freier Ladungsträger in einem elektrischen Feld lässt sich am einfachsten anhand von freien Elektronen untersuchen. Zur Erzeugung freier Elektronen kann der *glühelektrische Effekt* genutzt werden:
Aus heißen Metalloberflächen treten bei hinreichend hoher Temperatur Elektronen aus. Die Anzahl der abgelösten Elektronen pro Zeit hängt vom Material ab und steigt mit zunehmender Temperatur des Metalls.

In einer Elektronenstrahlröhre, die mit einem stark verdünnten Gas gefüllt ist, werden mithilfe einer geheizten Elektrode K Elektronen freigesetzt (Abb. 2). Diese Elektronen werden in einem elektrischen Feld, das durch Anlegen einer Beschleunigungsspannung U_a erzeugt wird, zur Anode A hin beschleunigt. Sie treten als Elektronenbündel durch eine zentrale Öffnung in der Anode aus dem Feld, durchlaufen das Feld eines Ablenkkondensators und treffen am Ende der Röhre auf einen Fluoreszenzschirm, wo sie einen leuchtenden Fleck erzeugen.

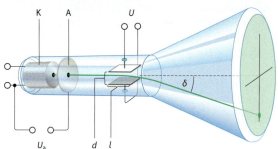

2 Aufbau einer Elektronenstrahlröhre

Die Energiezunahme eines Elektrons beim Durchlaufen der Beschleunigungsstrecke zwischen K und A beträgt (vgl. 5.5):

$$\Delta E = e \cdot (\varphi_A - \varphi_K) = e \cdot U_a. \qquad (2)$$

Daraus lässt sich die Endgeschwindigkeit v berechnen, mit der das Elektron die Anodenöffnung passiert und sich anschließend gleichförmig weiter bewegt:

$$\Delta E = E_{kin} = \tfrac{1}{2} m_e \cdot v^2 = e \cdot U_a \;\Rightarrow\; v = \sqrt{2 \frac{e}{m_e} \cdot U_a}. \qquad (3)$$

Aus Gl. (2) leitet sich die Energieeinheit Elektronenvolt (eV) ab, die in der Atom- und Kernphysik Anwendung findet. Es gilt:

$$1\text{ eV} = 1{,}602 \cdot 10^{-19}\text{ J}. \qquad (4)$$

Der Energiebetrag 1 eV entspricht der Änderung der kinetischen Energie, die ein Elektron beim Durchlaufen einer Potenzialdifferenz $U = 1$ V erfährt.

1.11 Damit die Gleichungen des schiefen Wurfs gelten, muss die Gravitationsfeldstärke g konstant sein.

Beschleunigung im elektrischen Feld

Freie Ladungsträger werden in einem elektrischen Feld stets beschleunigt. Es gilt:

$$\vec{a} = \frac{\vec{F}}{m} = \frac{q \cdot \vec{E}}{m}. \tag{5}$$

Die Beschleunigungsrichtung entspricht für positiv geladene Teilchen der Richtung der Feldstärke bzw. der Feldlinien. Negativ geladene Teilchen werden in entgegengesetzter Richtung beschleunigt.

Bewegung im Längsfeld

Bewegen sich Teilchen in einem homogenen Feld parallel zu den Feldlinien, gelten die Bewegungsgesetze der geradlinig gleichmäßig beschleunigten Bewegung (vgl. 1.7). Je nach Ladungsart der Teilchen und deren Bewegungsrichtung kommt es zu einer Geschwindigkeitszunahme oder in einem *Gegenfeld* zu einer Verzögerung. Dabei werden die Teilchen abgebremst und erfahren ggf. eine Umkehr der Bewegungsrichtung. Die Bewegung von Teilchen in einem Gegenfeld gleicht der Bewegung eines Gegenstands beim senkrechten Wurf nach oben (vgl. 1.8).

Ablenkung im Querfeld

Gelangen geladene Teilchen mit einer Geschwindigkeit v_0 senkrecht zu den Feldlinien in das homogene Feld eines Kondensators, ist deren Bahnkurve innerhalb des Kondensators eine Parabel (Abb. 3). Sie entspricht der Wurfparabel beim waagerechten Wurf im Gravitationsfeld (vgl. 1.10).

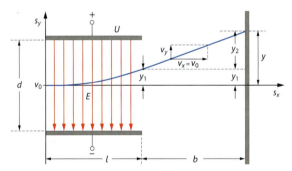

3 Bahn eines negativ geladenen Teilchens

Zur mathematischen Beschreibung kann die Teilchenbewegung aus einer geradlinig gleichförmigen Bewegung parallel zu den Kondensatorplatten und einer gleichmäßig beschleunigten Bewegung senkrecht hierzu zusammengesetzt werden. Hierfür gelten die Gleichungen:

$$s_x = v_0 \cdot t \quad \text{und} \quad s_y = \frac{1}{2} a \cdot t^2.$$

Für die Bahnkurve gilt entsprechend:

$$s_y = \frac{1}{2} \frac{a}{v_0^2} \cdot s_x^2. \tag{6}$$

Ablenkung auf dem Schirm

Die Teilchen halten sich für die Zeit $t_1 = l/v_0$ im Kondensator auf. Sie nehmen währenddessen die Geschwindigkeit $v_y = a \cdot t_1 = (a \cdot l)/v_0$ auf und verlassen den Kondensator mit der Ablenkung y_1:

$$y_1 = \frac{1}{2} a \cdot t_1^2 = \frac{1}{2} \frac{a \cdot l^2}{v_0^2} = \frac{1}{2} \frac{q \cdot l^2 \cdot U}{m \cdot d \cdot v_0^2} \tag{7}$$

Nach Verlassen des Kondensators bewegen sich die Teilchen auf einer geradlinigen Bahn gleichförmig weiter und treffen außerhalb des Kondensators nach der Laufzeit $t_2 = b/v_0$ auf den Schirm. In senkrechter Richtung legen sie dabei die folgende Strecke zurück:

$$y_2 = v_y \cdot t_2 = v_y \cdot \frac{b}{v_0} = \frac{a \cdot l}{v_0} \cdot \frac{b}{v_0} = \frac{a \cdot l \cdot b}{v_0^2}. \tag{8}$$

Insgesamt erfahren die Teilchen auf dem Schirm die Gesamtablenkung y:

$$y = y_1 + y_2 = \frac{1}{2} \frac{a \cdot l^2}{v_0^2} + \frac{a \cdot l \cdot b}{v_0^2} = \frac{q \cdot U}{m \cdot d \cdot v_0^2} \cdot l \cdot \left(\frac{l}{2} + b\right). \tag{9}$$

Sowohl die Ablenkung y_1 im Kondensator, als auch die Ablenkung y auf dem Schirm ist proportional zur Ablenkspannung U. Dies ist für die Spannungsmessung mit einem Oszilloskop von Bedeutung (vgl. 5.15).

AUFGABEN

1 In einer Elektronenstrahlröhre liegt zwischen Anode und Katode die Beschleunigungsspannung $U_a = 1\,\text{kV}$ an. Die Elektronen passieren ein Paar von Ablenkplatten ($d = 2\,\text{cm}$), zwischen denen die Spannung $U_0 = 120\,\text{V}$ herrscht. Die Ausdehnung der Platten in Strahlrichtung x beträgt $l = 3\,\text{cm}$ (Abb. 3).
a Ermitteln Sie die kinetische Energie und die Geschwindigkeit der Elektronen nach dem Durchlaufen der Strecken zwischen Katode und Anode.
b Berechnen Sie die Zeit, die die Elektronen zum Passieren der Ablenkplatten benötigen.
c Bestimmen Sie die Strecke, um die die Elektronen durch das Feld der Platten abgelenkt werden.
d Geben Sie den Ablenkwinkel δ an, in dem die Elektronen das Feld der Platten verlassen, und berechnen Sie die Ablenkung auf dem Schirm ($b = 30\,\text{cm}$).

2 Elektronen, die mit der Spannung $U_a = 1\,\text{kV}$ beschleunigt wurden, gelangen in das Längsfeld eines Plattenkondensators mit $U_L = 4\,\text{kV}$. Die Anschlüsse der Spannungsquelle sind so gewählt, dass die Elektronen eine Geschwindigkeitszunahme erfahren.
a Berechnen Sie die Geschwindigkeit, mit der die Elektronen das Längsfeld verlassen.
b Die Anschlüsse am Kondensator werden vertauscht. Wie weit dringen die Elektronen in das Gegenfeld ein, wenn der Plattenabstand 12 cm beträgt?

Herzstück jeder Digitalkamera ist ein CCD-Chip: In ihm werden Pixel für Pixel kleine Portionen elektrischer Ladung gesammelt. Die Anzahl der gespeicherten Elementarladungen steuert dabei die Helligkeit bzw. den Farbwert des jeweiligen Bildpunkts.

5.13 Bestimmung der Elementarladung

Bereits MICHAEL FARADAY entwickelte die Idee, dass die elektrische Ladung eine Eigenschaft diskreter Teilchen ist. JOSEPH JOHN THOMSON wies Ende des 19. Jahrhunderts den Teilchencharakter von Elektronen nach. Durch seine Messungen konnte er aber ihre Ladung noch nicht bestimmen, sondern nur das Verhältnis e/m, die *spezifische Ladung*.

ROBERT MILLIKAN gelang schließlich im Jahr 1910 der Nachweis, dass die elektrische Ladung eines Körpers eine gequantelte Größe ist, also aus ganzzahligen Vielfachen einer kleinsten Ladung besteht. Er konnte diese Elementarladung mit hoher Genauigkeit erstmalig ermitteln.

Die Messmethode Millikans basiert darauf, dass winzige geladene Öltröpfchen zwischen die waagerecht angeordneten Platten eines Kondensators gesprüht werden. Zur Aufladung der Öltröpfchen genügt die Selbstionisierung der Tröpfchen durch die Reibungselektrizität beim Zerstäuben. Mit einem Mikroskop wird das Verhalten der geladenen Tröpfchen im elektrischen Feld beobachtet. Ihre Geschwindigkeiten lassen sich durch eine Skala im Mikroskop und eine Stoppuhr bestimmen. Die Messungen ergaben:

> **Die elektrische Ladung ist eine gequantelte Größe:** Positiv und negativ geladene Körper enthalten ausschließlich ganzzahlige Vielfache der Elementarladung e mit dem Wert $e = 1{,}602 \cdot 10^{-19}$ C.

Grundidee des Millikan-Experiments

Gelingt es im Exp. 1, durch vorsichtige Variation der Spannung U ein Öltröpfchen in der Schwebe zu halten, so sind die elektrische Feldkraft und die Gewichtskraft gleich groß. Mit der hierfür notwendigen Spannung U_0 gilt:

$$F_e = q \cdot E = \frac{q \cdot U_0}{d} = F_G = m \cdot g. \tag{1}$$

EXPERIMENT 1

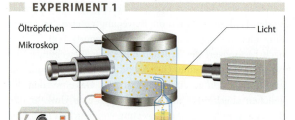

Zwischen die Platten eines luftgefüllten Kondensators werden feine Öltröpfchen gesprüht. Beim Sprühen werden die Tröpfchen ein wenig aufgeladen. Mit einem Mikroskop wird das Verhalten der Öltröpfchen beobachtet. Einige der Tröpfchen steigen, andere sinken. Durch geeignete Wahl der Spannung gelingt es, einzelne Tröpfchen in der Schwebe zu halten. Diese Spannung U_0 wird notiert.

Aus dieser Gleichung könnte man durch Messung der Masse m und der Spannung U_0 für den Schwebezustand die Ladung bestimmen:

$$q = m \cdot g \cdot \frac{d}{U_0}. \tag{2}$$

Die Massen der Tröpfchen sind jedoch so klein, dass ihre Messung mit einfachen Mitteln nicht möglich ist. Man kann zwar die Spannung abschalten und dann die sich einstellende Sinkgeschwindigkeit experimentell bestimmen, um hieraus den Radius und die Masse des Tröpfchens zu ermitteln. Jedoch bleibt die Schwierigkeit bestehen, den Schwebezustand des Öltröpfchens exakt zu erkennen und einzustellen, da das Tröpfchen den regellosen Stößen der umgebenden Luftmoleküle ausgesetzt ist.

Umpolmethode

Dieses Problem lässt sich lösen, indem zunächst eine Spannung $U > U_0$ gewählt wird, bei der ein Öltröpfchen steigt und gut zu beobachten ist. Nach Umpolen der Spannung an den Kondensatorplatten beginnt das Tröpfchen eine Sinkbewegung, die ebenfalls verfolgt wird.

Bei dieser auch *Gleichfeldmethode* genannten Vorgehensweise ist der Betrag der elektrischen Feldkraft F_e vor und nach dem Umpolen gleich groß. Die aus F_e und der Gewichtskraft F_G resultierende Kraft F_S bewirkt an dem geladenen Öltröpfchen zunächst eine Beschleunigung nach oben bzw. nach unten (Abb. 2).

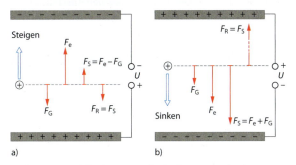

2 Elektrische Feldkraft F_e, Gewichtskraft F_G und Luftreibungskraft F_R bei unterschiedlicher Aufladung des Kondensators

Im lufterfüllten Raum wächst aber mit zunehmender Geschwindigkeit die Luftreibungskraft F_R so lange an, bis die Kraft F_S durch die Reibungskraft F_R kompensiert wird. Dadurch stellt sich eine gleichförmige Steig- bzw. Sinkbewegung der Tröpfchen ein, die dem Absinken einer Kugel in Honig ähnelt.

Nach dem Stokes'schen Reibungsgesetz (vgl. 2.15) ist die Reibungskraft proportional zur Geschwindigkeit v und dem Tröpfchenradius r. Es gilt: $F_R = 6\pi \cdot \eta \cdot r \cdot v$. Dabei ist η die Viskosität des Mediums, in dem die Bewegung stattfindet, in diesem Fall also der Luft.

Auswertung

Nach Abb. 2 ergibt sich für das Steigen das Kräftegleichgewicht $F_{R,\text{auf}} = F_e - F_G = q \cdot E - m \cdot g$ und für das Sinken $F_{R,\text{ab}} = F_e + F_G = q \cdot E + m \cdot g$. Die zugehörigen Geschwindigkeiten sind deshalb:

$$v_{\text{auf}} = \frac{q \cdot E - m \cdot g}{6\pi \cdot \eta \cdot r} \quad \text{und} \quad v_{\text{ab}} = \frac{q \cdot E + m \cdot g}{6\pi \cdot \eta \cdot r}. \quad (3)$$

Hieraus ergeben sich entkoppelte Gleichungen für die Größen q und m, in denen allerdings noch der Tröpfchenradius r auftritt. Bei Annahme einer kugelförmigen Gestalt liefert der Zusammenhang

$$m = \frac{4}{3}\pi \cdot r^3 \cdot \rho_{\text{öl}}$$

die dritte Gleichung zur Bestimmung der Größen r, m und q. Nach Einsetzen und Umformen ergibt sich:

$$q = \frac{9\pi \cdot d}{2U} \cdot \sqrt{\frac{\eta^3}{g \cdot \rho_{\text{öl}}}} \cdot (v_{\text{ab}} + v_{\text{auf}}) \cdot \sqrt{v_{\text{ab}} - v_{\text{auf}}}. \quad (4)$$

Korrekturfaktor Beim Vergleich der errechneten Geschwindigkeitswerte mit den gemessenen musste man feststellen, dass Abweichungen auftraten, die mit kleiner werdendem Radius der Öltröpfchen immer größer wurden. Die Tröpfchen sind nämlich so klein, dass die Luft nicht mehr als homogenes Medium angesehen werden kann. Das Reibungsgesetz nach STOKES muss durch einen Faktor $f(r)$ korrigiert werden: Die Viskosität η ist in den Gleichungen jeweils zu ersetzen durch:

$$\eta_{\text{Korr}} = f(r) \cdot \eta = \frac{1}{1 + \frac{8 \cdot 10^{-8}\,\text{m}}{r}} \cdot \eta. \quad (5)$$

Dieser Korrekturfaktor hat für Teilchen mit dem Radius $r = 1\,\mu\text{m}$ bereits den Wert 0,93 und beeinflusst die Berechnungen umso stärker, je kleiner die Teilchen sind.

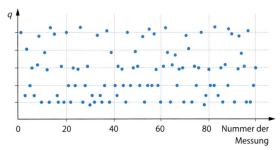

3 Messergebnisse eines Millikan-Experiments

Abbildung 3 stellt beispielhaft die Messergebnisse eines Millikan-Experiments dar. Nach häufig wiederholter Messung zeigt sich, dass die Tröpfchenladungen nicht beliebige Werte annehmen, sondern sich bei Vielfachen einer Grundladung anhäufen.

Diese Elementarladung e ist die kleinste Ladung, die in der Natur vorkommt. Nach dem Standardmodell der Elementarteilchen gibt es zwar Quarks, deren Ladungen $1/3\,e$ und $2/3\,e$ betragen, als freie Teilchen lassen sich Quarks jedoch nicht nachweisen (vgl. 17.2).

AUFGABEN

1 Ein Wattebausch soll zwischen zwei horizontal ausgerichteten Kondensatorplatten ($d = 7$ cm) schweben. Seine Masse beträgt 0,02 g und seine Ladung $5 \cdot 10^{-8}$ C.
a Berechnen Sie die Spannung, die zwischen den Platten angelegt werden muss.
b Berechnen Sie die Anfangsbeschleunigung des Wattebauschs bei einer Spannung von 300 V zwischen den Kondensatorplatten.

2 Während eines Millikan-Experiments schwebt ein Öltröpfchen der Masse $4{,}2 \cdot 10^{-15}$ kg zwischen den beiden waagerechten Platten eines Kondensators. Dessen Plattenabstand beträgt 6 mm, und zwischen den Platten liegt eine Spannung von 221 V an. Ermitteln Sie aus diesen Angaben die Anzahl der Elementarladungen, die das Öltröpfchen trägt.

Neben der elektrischen Ladung tragen manche Elementarteilchen auch noch eine »Farbladung«.

Diese Glasröhren sind mit unterschiedlichen Gasen gefüllt. Bei einer ausreichenden Spannung an den Anschlüssen entsteht ein Stromfluss, der die Gasmoleküle in ihren charakteristischen Farben leuchten lässt.

5.14 Leitungsvorgänge

Im Inneren eines Körpers, an dessen Enden eine Spannung angelegt wird, herrscht ein elektrisches Feld, das auf alle Ladungsträger innerhalb des Körpers eine Kraft $\vec{F} = q \cdot \vec{E}$ ausübt. Die beweglichen Ladungsträger erreichen jedoch nur sehr geringe Geschwindigkeiten, weil ihre Bewegung in festen und flüssigen Stoffen durch permanente Wechselwirkung mit den Atomen und Molekülen des Materials gehemmt wird. Bei einer stochastischen Bewegung der einzelnen Ladungsträger kommt es zu einer gleichförmigen, gerichteten Bewegung der elektrischen Ladung insgesamt.

Maßgeblich für die Leitfähigkeit eines Stoffs ist die Anzahl der beweglichen Ladungsträger sowie deren Beweglichkeit. In einer einfachen Modellvorstellung besteht in Metallen der Ladungsträgerstrom aus Elektronen, die sich im Mittel mit einer Driftgeschwindigkeit v_D bewegen. In Flüssigkeiten erfolgt der Ladungstransport durch verschiedenartig geladene Ionen. Gase sind normalerweise gute Isolatoren. Durch Ionisation können aber aus neutralen Gasatomen bzw. Gasmolekülen Elektronen und positive Ionen generiert werden, die im elektrischen Feld in entgegengesetzte Richtungen driften. Es kommt zu einer Gasentladung.

Elektronenleitung in Metallen

Im Jahr 1916 konnten RICHARD TOLMAN und DALE STEWART die Masse der beweglichen Ladungsträger innerhalb eines metallischen Leiters ermitteln, indem sie eine Drahtspule sehr schnell um ihre Achse rotieren ließen. Beim plötzlichen Abbremsen trat kurzfristig eine Spannung zwischen den Enden des Leiters auf (Abb. 2).

Aus der Messung der Überschussladung ergab sich eine Teilchenmasse, die darauf hinwies, dass es Elektronen gewesen sein mussten, die sich beim Abbremsen der Drahtspule weiterbewegt hatten. Diese Interpretation war möglich, da die Elementarladung e und die spezifische Ladung e/m eines Elektrons bereits von MILLIKAN bzw. THOMSON bestimmt worden waren.

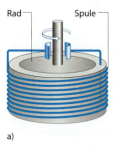 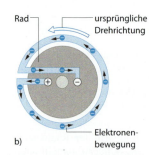

2 Tolman-Stewart-Experiment: Beim ruckartigen Abbremsen kommt es zu einer Überschussladung an den Spulenenden.

In einem einfachen Modell werden Elektronen im elektrischen Feld beschleunigt, stoßen mit Gitteratomen und anderen Elektronen zusammen und geben die vom Feld aufgenommene Energie wieder an das Atomgitter ab. Sie führen weder eine geradlinige noch eine gleichförmige Bewegung aus. Für die Beschreibung von Leitungsvorgängen genügt die Vorstellung, dass sich die zahlreichen Elektronen zwar nicht einzeln, jedoch im Mittel mit einer Driftgeschwindigkeit v_D gleichförmig im elektrischen Feld bewegen.

Fällt ein Körper durch ein viskoses Medium, so stellt sich eine zur Gravitationskraft proportionale Sinkgeschwindigkeit ein (vgl. 2.15). Analog kann man für die Driftgeschwindigkeit der Ladungsträger im Leiter schreiben: $v_D = \mu \cdot E$.

Der Proportionalitätsfaktor heißt Beweglichkeit μ der Elektronen. Sie liegt bei Metallen in der Größenordnung von 5 mm/s pro V/m. Die Driftgeschwindigkeit der Leitungselektronen in Stromkreisen ist demnach sehr klein.

Ionenleitung in Flüssigkeiten

In Exp. 1 lässt sich der Transport von Ladungsträgern in einer Flüssigkeit beispielhaft beobachten. Kaliumpermanganat dissoziert in wässriger Lösung zu K^+ und MnO_4^--Ionen. Eine solche Lösung, die bewegliche Ionen enthält, ist leitfähig und wird *Elektrolyt* genannt. Durch die angelegte Spannung zwischen den Elektroden wandern die MnO_4^--Ionen, die für die Violettfärbung verantwortlich sind, zur Anode, die K^+-Ionen wandern zur Katode.

EXPERIMENT 1

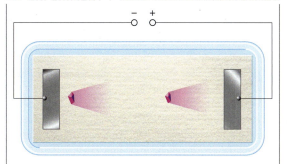

Einige Körnchen Kaliumpermanganat (KMnO$_4$) werden auf Fließpapier gegeben, das mit Leitungswasser getränkt ist. An das Papier wird eine Spannung angeschlossen. Nach einiger Zeit ist eine Ausbreitung der violetten Färbung in Richtung Pluspol zu erkennen.

Auch für die Ionen im Elektrolyten kann eine konstante mittlere Geschwindigkeit der Wanderbewegung angenommen werden. Die Beweglichkeit μ der Ionen liegt in der Größenordnung von

$10^{-4} \frac{\text{mm}}{\text{s}}$ pro $\frac{\text{V}}{\text{m}}$.

Leitung in Gasen

Neutrale Atome und Moleküle eines Gases können durch Erhitzen oder durch ionisierende Strahlung in Elektronen und positive Ionen aufgespalten werden. Befindet sich ein ionisiertes Gas in einem elektrischen Feld zwischen zwei unterschiedlich geladenen Elektroden, driften die Elektronen zur positiv geladenen Elektrode und die Ionen zur negativ geladenen Elektrode.

Die Auflagung der Elektroden nimmt dadurch ab; diese Abnahme kann aber durch Zufuhr von Ladung aus einer angeschlossenen Spannungsquelle kompensiert werden. Das Gas ist leitend geworden: Zwischen den Elektroden fließt ein elektrischer Strom. Dieser Vorgang wird als *unselbstständige Gasentladung* bezeichnet, da der Stromfluss zusammenbricht, sobald die äußeren Einflüsse, die die Ionisation verursachen, nicht mehr existieren.

Die in einem Gas schon vorhandenen bzw. neu gebildeten Ionen können in einem elektrischen Feld so stark beschleunigt werden, dass ihre kinetische Energie ausreicht, durch Stöße andere neutrale Atome bzw. Moleküle zu ionisieren. Werden durch eine solche innere *Stoßionisation* mehr Ionen generiert als durch Rekombination und Abwanderung zu den Elektroden verloren gehen, liegt eine *selbstständige Gasentladung* vor.

Ein typisches Beispiel hierfür ist die Funkenentladung (vgl. 5.6): Besteht zwischen unterschiedlich geladenen Objekten ein starkes elektrisches Feld, können die im Gas vorhandenen Elektronen im Feld so schnell werden, dass sie Luftmoleküle ionisieren oder zum Leuchten anregen. Die einsetzende Stoßionisation führt zu einer lawinenartig ansteigenden Zahl von Ladungsträgern und zu einer raschen Entladung der Objekte, verbunden mit einem Funken oder Blitz als schlagartige Leuchterscheinung. Sind die Objekte an eine Spannungsquelle angeschlossen, so kann sich eine dauerhaft leuchtende Funkenstrecke ausbilden, man spricht von einem *Lichtbogen*.

Eine Gasentladung wie in Exp. 2 erfordert neben einer hohen Betriebsspannung einen niedrigen Gasdruck. Nur unter diesen Bedingungen haben die durch Stöße erzeugten Gasionen genügend Platz zur Aufnahme von Energie, die ausreicht, weitere Ionen und Elektronen zu generieren.

Diese Prozesse sind oft mit Leuchterscheinungen verbunden, die vom Gasdruck abhängen. In Leuchtröhren stammt das Licht unmittelbar von angeregten Gasmolekülen; in Leuchtstofflampen wird die UV-Strahlung einer Quecksilbergasfüllung benutzt, um den eigentlichen Leuchtstoff, der an der Glaswand haftet, zum Leuchten anzuregen.

EXPERIMENT 2

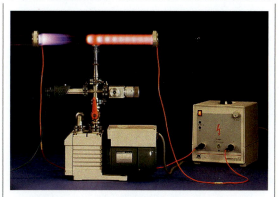

An eine Gasentladungsröhre, die zwei Elektroden enthält, wird eine Hochspannung angelegt. Mithilfe einer Vakuumpumpe wird der Druck verringert. Mit sinkendem Druck werden Leuchterscheinungen sichtbar.

AUFGABEN

1 Wird ein Gleichstromkreis mit einer Glühlampe geschlossen, leuchtet die Glühlampe ohne merkliche Verzögerung auf. Erklären Sie, dass dies möglich ist, obwohl die Driftgeschwindigkeit von Elektronen in metallischen Leitern für gewöhnlich nur wenige Millimeter je Sekunde beträgt.

2 Zwei Leiter aus Aluminium bzw. Kupfer sind jeweils 10 cm lang. Vergleichen Sie die Geschwindigkeiten der Elektronen für den Fall, dass an den Enden der Leiter eine Spannung von 0,5 V anliegt.
Hinweis: Unter den gegebenen Bedingungen beträgt die Beweglichkeit der Elektronen in Al 2,7 mm·m/(V·s), die in Cu 4,6 mm·m/(V·s).

Anders als Metalle werden Halbleiter bei zunehmender Temperatur immer leitfähiger.
15.2

TECHNIK

5.15 Anwendungen elektrischer Felder

Elektrofilter zur Rauchgasreinigung

Mit einem elektrostatischen Filter kann die Belastung von Abluft durch Staub wirksam vermindert werden. Im Filter strömt das verschmutzte Rohgas zwischen positiv geladenen Platten, den Anoden, hindurch (Abb. 1 a). In der Mitte zwischen den Anoden befinden sich negativ geladene Katodenstäbe. Zwischen den Elektroden besteht eine Spannung von mehreren Kilovolt.

Die Spannung erzeugt an den dünnen Katodenstäben eine Sprühentladung. Die freigesetzten Elektronen können sich an Moleküle der Luft anlagern (Abb. 1 b). Die entstehenden negativ geladenen Ionen treffen auf die Staubpartikel des durchströmenden Rohgases. Dort lagern sie sich ihrerseits an und ziehen die Partikel mit zur Anode. Der Staub sammelt sich an der Anode und kann durch einen Rüttelvorgang abgelöst und in einem Behälter aufgefangen werden.

a) Die Oberfläche einer Metallplatte wird mit einer Halbleiterschicht versehen, die im Dunkeln nichtleitend ist. Sie wird an der Außenseite elektrisch aufgeladen. Auf der Oberseite der Metallplatte entsteht durch Influenz eine gleich große, entgegengesetzte Ladung.
b) Das zu kopierende Original wird mit Licht auf die Oberfläche der Metallplatte projiziert.
c) Die belichteten Bereiche der Deckschicht werden leitfähig; es findet ein Ladungsträgerausgleich mit der Influenzladung auf der Metallplatte statt. An Stellen ohne Lichteinfall bleibt die ursprüngliche Auflladung erhalten.
d) Positiv geladenes schwarzes Tonerpulver, eine Mischung aus Kohlenstaub und Kunststoffteilchen, wird auf die Platte gebracht. Das Tonerpulver sammelt sich besonders an Stellen starker Auflladung.
e) Negativ geladenes Papier wird auf die Platte gepresst und zieht das Tonerpulver an; dieses wird bei der Papierentnahme zum Schmelzen gebracht und mit dem Papier verbunden.

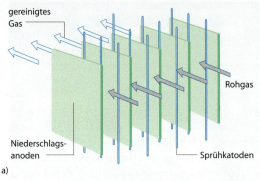

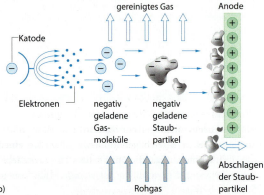

1 Schema eines elektrischen Rauchgasfilters

Fotokopierer

Abbildung 2 zeigt vereinfacht das traditionelle Verfahren zur Herstellung einer Schwarz-Weiß-Fotokopie. Ähnlich arbeiten auch heutige Laserdrucker.

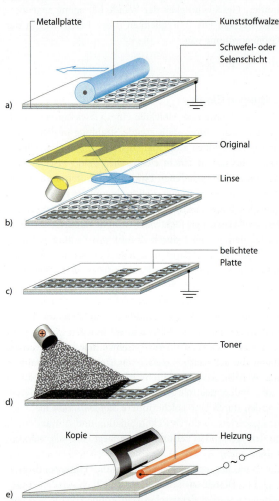

2 Vorgänge bei der Herstellung einer Fotokopie

Linearbeschleuniger

Eine einfache Möglichkeit, die Geschwindigkeit geladener Teilchen zu erhöhen, besteht darin, sie in ein elektrisches Längsfeld mit großer Spannung zu schicken, wo sie auf einer geradlinigen Bahn beschleunigt werden. Linearbeschleuniger werden sowohl zu Forschungszwecken als auch in der medizinischen Technik eingesetzt.

Ein Linearbeschleuniger besteht aus Driftröhren – zylinderförmigen Elektroden, die an eine hochfrequente Wechselspannung angeschlossen werden. Diese Elektroden werden im Takt der Wechselspannung umgepolt. Die Polbelegung der Driftröhren erfolgt alternierend (Abb. 3).

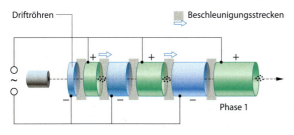

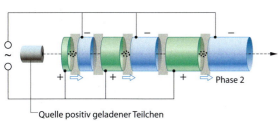

3 Driftröhren in einem Linearbeschleuniger

Zwischen den Driftröhren entstehen Felder mit alternierender Orientierung. Teilchen, die sich während der Phase 1 in einem beschleunigenden Feld befinden, bewegen sich anschließend durch den feldfreien Innenraum einer Driftröhre. Während dieser Zeit werden alle Driftröhren umgepolt. Beim Verlassen der Driftröhre gelangen die Teilchen dann erneut in ein beschleunigendes Feld (Phase 2). Der Takt, in dem die Umpolung stattfindet, ist nicht veränderbar. Da die Geschwindigkeit der Teilchen immer mehr anwächst, müssen die Driftröhren immer länger werden, damit die Teilchen nach der stets gleichen Zeitspanne in das nächste Feld gelangen.

Oszilloskop

In einer Elektronenstrahlröhre mit integriertem Kondensatorplattenpaar ist die Ablenkung des Elektronenstrahls auf dem Schirm zur Ablenkspannung am Kondensator proportional (vgl. 5.12). Dies wird in einem Oszilloskop zur Spannungsmessung und zur Aufzeichnung zeitlicher Verläufe von periodischen Spannungsänderungen genutzt.

Kernstück eines Oszilloskops ist eine Elektronenstrahlröhre, die nach ihrem Erfinder auch Braun'sche Röhre genannt wird (Abb. 4). Sie enthält zwei zueinander senkrecht angeordnete Ablenkplattenpaare, mit denen der Elektronenstrahl sowohl horizontal als auch vertikal abgelenkt werden kann.

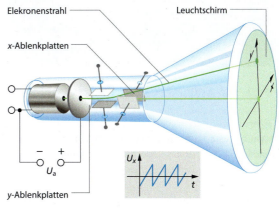

4 Braun'sche Röhre

Legt man eine Gleichspannung an die y-Ablenkplatten, verschiebt sich der Leuchtfleck auf dem Schirm entsprechend; beim Anlegen einer Wechselspannung oszilliert der Leuchtfleck zwischen den beiden Spitzenwerten.

Um den zeitlichen Verlauf einer Spannung darzustellen, wird an die x-Ablenkplatten eine mit der Zeit linear ansteigende *Sägezahnspannung* $U_x(t)$ gelegt. Dadurch bewegt sich der Leuchtfleck in horizontaler Richtung gleichförmig vom linken zum rechten Rand des Schirms und springt dann in die Ausgangsposition zurück. Kombiniert man die Sägezahnspannung an den x-Ablenkplatten mit einer Messspannung an y-Ablenkplatten, so wird die Bewegung des Leuchtflecks in y-Richtung gleichzeitig zeitproportional nach rechts versetzt: Man erhält auf dem Schirm das Bild der Zeitfunktion der Messspannung.

AUFGABEN

1 Erläutern Sie, weshalb die Formen von Anode und Katode bei einem Elektrofilter unterschiedlich sind.
2 Der Linearbeschleuniger der Stanford University SLAC wurde 1966 in Betrieb genommen. Geben Sie einen Überblick über technische Parameter dieses Linearbeschleunigers, und nennen Sie wesentliche Forschungsergebnisse, die am SLAC erzielt wurden.
3 Erläutern Sie ein Beispiel für die Anwendung von Linearbeschleunigern in der Medizin.
4 Mit einem Oszilloskop kann der zeitliche Verlauf von Spannungen sichtbar gemacht werden. Auch mit einem Computersystem, das ein Messinterface enthält, ist dies möglich. Beschreiben Sie, worin die prinzipiellen Unterschiede bestehen.

Treffen geladene Teilchen auf die Erdatmosphäre, kann es zu spektakulären Polarlichtern kommen: Die Teilchen bewegen sich durch den Einfluss des Erdmagnetfelds in die Polarregionen und regen dort Atome und Moleküle zum Leuchten an.

6.1 Magnetische Feldstärke

Körper aus Eisen, Cobalt oder Nickel können Permanentmagnete in Form von Dipolen bilden. Die Pole werden Nord- und Südpol genannt: Gleichnamige Pole stoßen einander ab, ungleichnamige ziehen einander an.

Nach dem Feldkonzept herrscht in der Umgebung eines Magneten ein Feld, das mit anderen Magneten in Wechselwirkung tritt. In homogenen Feldern besteht die Wirkung ausschließlich darin, dass auf magnetische Dipole ein Drehmoment ausgeübt wird.

Wie für das elektrische kann auch für das magnetische Feld eine Feldstärke definiert werden. Die magnetische Feldstärke B gibt an, welche Kraft an einer bestimmten Stelle des Felds auf einen elektrischen Leiter ausgeübt wird, der die Länge s hat und von einem Strom der Stärke I durchflossen wird.

$$B = \frac{F}{I \cdot s}. \qquad (1)$$

Die Einheit von B ist Tesla (T); es gilt:

$$1\,\text{T} = 1\,\frac{\text{N}}{\text{A} \cdot \text{m}}.$$

Die magnetische Feldstärke ist eine vektorielle Größe, die das Magnetfeld in jedem Punkt beschreibt.

Eine weitere Feldgröße ergibt sich aus der Betrachtung der vom Magnetfeld durchsetzten Fläche. Das Produkt aus der magnetischen Feldstärke B und der von ihr senkrecht durchsetzten Fläche A wird als magnetischer Fluss $\Phi = B \cdot A$ bezeichnet. Die Einheit von Φ ist Weber (Wb) mit $1\,\text{Wb} = 1\,\text{T} \cdot \text{m}^2 = 1\,\text{V} \cdot \text{s}$.

Nicht nur ein magnetischer Dipol, sondern auch bewegte Ladungsträger erzeugen ein magnetisches Feld. Dieses Feld wirkt wiederum auf andere *bewegte* Ladungsträger. Bewegen sich nun beide Ladungsträger in gleicher Weise, so ist zunächst keine magnetische Wechselwirkung zu erwarten. Diesen Widerspruch löst die Relativitätstheorie auf (vgl. 6.4).

Magnetfelder um stromdurchflossene Leiter

CHRISTIAN ØRSTED stellte 1820 fest, dass jeder stromdurchflossene Leiter von einem Magnetfeld umgeben ist. Dessen Wirkung kann mit einer beweglichen Magnetnadel als Probekörper ermittelt werden. Je nach Position richtet sich die Nadel in einer bestimmten Weise aus. Führt man die Nadel stets in die Richtung, in die ihr Nordpol weist, so bewegt sie sich auf kreisförmig um den Leiter verlaufenden Linien. Diese Linien können als *Feldlinien* zur Veranschaulichung eines Magnetfelds dienen (vgl. 5.4). Die Richtung magnetischer Feldlinien gibt an, wohin sich der Nordpol einer kleinen Magnetnadel an den betreffenden Stellen des Felds ausrichtet. Felder mit in sich geschlossenen Feldlinien wie in Abb. 2 bezeichnet man als *Wirbelfelder*.

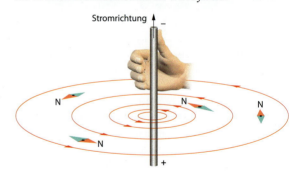

2 Magnetische Feldlinien um einen stromdurchflossenen Leiter

Den Zusammenhang zwischen der Stromrichtung und der Orientierung der Feldlinien beschreibt die Rechte-Faust-Regel (Abb. 2): Zeigt der Daumen in Stromrichtung (von plus nach minus), so geben die zur Faust geschlossenen Finger die Richtung der Feldlinien an. Stromrichtung und Feldlinien stehen senkrecht aufeinander.

Messverfahren für die magnetische Feldstärke

Um die magnetische Feldstärke B zu bestimmen, wird die Kraft F auf einen vom Strom der Stärke $I = \dot{Q}$ durchflossenen Leiterabschnitt gemessen (Exp. 1). Da die Wechselwirkung zwischen bewegten Ladungsträgern stattfindet, führt eine Verdopplung der Stromstärke auch zu einer Verdopplung der Kraft: $F \sim I$.

Aus dem gleichen Grund ist die Kraft proportional zur Leiterlänge s im Magnetfeld: $F \sim s$. Durch Zusammenfassen dieser Proportionalitäten ergibt sich $F \sim I \cdot s$ und in der Folge $F/(I \cdot s) =$ konst. Diese Konstante ist ein Maß für die Stärke des Magnetfelds.

EXPERIMENT 1

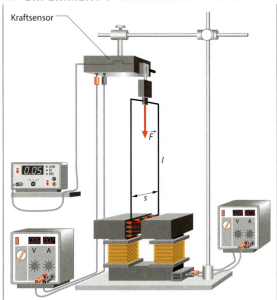

Auf einen Elektromagneten werden zwei Polschuhe aus Eisen gesetzt, zwischen denen ein annähernd homogenes Feld entsteht. Ein nichtmagnetischer Leiter wird so angeordnet, dass er senkrecht zu den Feldlinien verläuft. Die Feldstärke kann durch Veränderung der Stromstärke I_{Feld} im Elektromagneten variiert werden. Die Kraft F, die vom Magnetfeld auf den Leiter ausgeübt wird, wird gemessen. Hierzu kann ein elektronischer Kraftsensor oder eine austarierte Waage dienen. Die Messungen werden bei unterschiedlichen Stromstärken im Leiter I und bei unterschiedlichen Längen des Leiters s durchgeführt.

Magnetischer Fluss

Im Feldlinienbild ist die Dichte der Feldlinien ein Maß für die Feldstärke (vgl. 5.4). FARADAY selbst bezeichnete die Linien als »Kraftlinien« oder auch als »Flusslinien«. Die magnetische Feldstärke B wird daher auch als *magnetische Flussdichte* bezeichnet. Der magnetische Fluss Φ ist in diesem Sinne ein Maß für die Anzahl der Feldlinien, die durch eine bestimmte Fläche der Größe A treten.
Während die Feldstärke das Magnetfeld jeweils nur an einem Ort beschreibt, drückt sich im magnetischen Fluss die Feldwirkung in einem ganzen Gebiet aus. Diese Wirkung ist dann am größten, wenn die Fläche senkrecht zum Magnetfeld und damit der Normalenvektor $\vec{n}$ der Fläche A in Feldrichtung orientiert ist (Abb. 3).

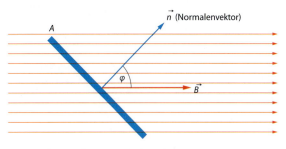

3 Zur Definition des magnetischen Flusses

In einem homogenen Feld, dessen Feldlinien senkrecht zur Fläche A verlaufen, gilt dann $\Phi = B \cdot A$. Die Schreibweise $B = \Phi/A$ drückt B als magnetische Flussdichte aus.

MATHEMATISCHE VERTIEFUNG

Die Fläche A besitzt eine Orientierung, die wie in Abb. 3 mithilfe des Normalenvektors ausgedrückt werden kann. In verkürzter Schreibweise wird A selbst als Vektor geschrieben: $\vec{A}$ besitzt die Orientierung von $\vec{n}$.
Der magnetische Fluss lässt sich damit als Skalarprodukt aus den Vektoren der magnetischen Feldstärke $\vec{B}$ und der vom Magnetfeld durchsetzten Fläche $\vec{A}$ beschreiben:

$$\Phi = \vec{B} \cdot \vec{A} = B \cdot A \cdot \cos\varphi. \qquad (2)$$

Für den allgemeinen Fall eines inhomogenen Magnetfelds und einer gekrümmten Fläche A wird diese in infinitesimal kleine Flächenelemente ΔA_i zerlegt. Im Bereich der ΔA_i kann das Magnetfeld als homogen betrachtet werden. Damit folgt dann:

$$\Phi = \sum_{i=1}^{n} \vec{B}_i \cdot \Delta \vec{A}_i. \qquad (3)$$

Der Grenzwert für kleiner werdende Flächenelemente ist also:

$$\Phi = \lim_{n \to \infty} \sum_{i=1}^{n} \vec{B}_i \cdot \Delta \vec{A}_i = \int_A \vec{B}_i \cdot d\vec{A} = \int_A B \cdot dA \cdot \cos\varphi. \qquad (4)$$

AUFGABEN

1 Führen Sie mit einfachen Mitteln das Experiment von Ørsted durch, z. B. mit einem Kompass, einer Batterie und einem Kupferdraht. Beschreiben Sie die Lage, die die Magnetnadel und der Draht zueinander haben müssen, damit die Wirkung möglichst groß ist. Erklären Sie diesen Sachverhalt anhand einer Skizze.

2 In einem homogenen Magnetfeld befindet sich ein 10 cm langer Leiter. Bei einer Stromstärke von 3,0 A wird auf ihn eine Kraft von 2 mN ausgeübt. Berechnen Sie die magnetische Feldstärke für die Fälle, dass
a der Leiter senkrecht zu den Magnetfeldlinien steht,
b der Leiter und die Feldlinien einen Winkel von 45° einschließen.

Der aktuell größte Fusionsreaktor »Wendelstein 7-X« soll den Nachweis erbringen, dass die Verschmelzung von Wasserstoff- zu Heliumkernen im Dauerbetrieb möglich ist. Zu diesem Zweck muss ein starkes Magnetfeld aus kompliziert gewundenen, supraleitenden Magnetspulen ein mehrere 100 Millionen °C heißes Plasma berührungsfrei einschließen.

6.2 Magnetfeld von Leiter und Spule

Das Magnetfeld in der Umgebung eines stromdurchflossenen Leiters hängt von dessen Form ab. Die Wirkungen einzelner Leiterabschnitte überlagern sich dabei. Für die Feldstärke im Abstand r von einem langen geraden Leiter gilt das Gesetz von BIOT und SAVART:

$$B = \mu_0 \cdot \frac{I}{2\pi \cdot r}. \qquad (1)$$

Dabei ist I die Stromstärke im Leiter und μ_0 die magnetische Feldkonstante für das Vakuum:

$$\mu_0 = 4\pi \cdot 10^{-7} \cdot \frac{V \cdot s}{A \cdot m} = 4\pi \cdot 10^{-7} \frac{N}{A^2}. \qquad (2)$$

Im Inneren einer langen Spule bildet sich ein nahezu homogenes Magnetfeld aus; es gilt:

$$B = \mu_0 \cdot \frac{N}{l} \cdot I. \qquad (3)$$

N ist die Windungsanzahl und l die Länge der Spule.

SI-Basiseinheit Ampere Werden zwei gerade, parallele Leiter von einem elektrischen Strom durchflossen, so üben sie durch ihre jeweiligen Magnetfelder Kräfte aufeinander aus. Dies ist die Grundlage zur gesetzlichen Definition der SI-Basiseinheit Ampere:
»Das Ampere ist die Stärke desjenigen zeitlich konstanten elektrischen Stroms durch zwei parallele, geradlinige, unendlich lange Leiter, die im Vakuum einen Abstand von 1 Meter haben und zwischen denen je 1 Meter Leiterlänge die Kraft von $2 \cdot 10^{-7}$ N wirkt.«

Magnetfeld eines geraden Leiters

Das Magnetfeld eines geraden stromdurchflossenen Leiters ist ein Wirbelfeld: Im Feldlinienbild ist der Leiter von kreisförmigen Feldlinien umgeben (vgl. 6.1, Abb. 1). Nach außen hin nimmt die magnetische Feldstärke B proportional zum Kehrwert des Abstands ab: $B \sim 1/r$ – genau wie die elektrische Feldstärke in der Umgebung eines elektrostatisch geladenen Drahts (vgl. 5.4). Da das Magnetfeld von der bewegten Ladung im Leiter abhängt, ist die Feldstärke proportional zur Stromstärke I; es gilt das Gesetz von Biot und Savart (Gl. 1).

Magnetfeld in einer langen Spule

Im Folgenden wird eine Spule betrachtet, die auf der Länge l eine Anzahl von N Windungen besitzt. Ihr Magnetfeld lässt sich als Überlagerung der Magnetfelder von N einzelnen Ringströmen der Stärke I auffassen (Abb. 2).

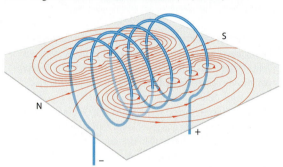

2 Feldlinienverlauf bei einer stromdurchflossenen Spule

Die magnetische Feldstärke B ist proportional zur Stromstärke und der Anzahl der Windungen pro Länge N/l: Für das Innere der Spule gilt damit $B \cdot l/(N \cdot I) =$ konst. Dieser Proportionalitätsfaktor ist bei einer langen Spule im Vakuum die magnetische Feldkonstante μ_0. Damit folgt für die magnetische Feldstärke im Inneren der Spule die Gleichung (3). Das Magnetfeld im Inneren einer langen Spule zeichnet sich dadurch aus, dass es weitgehend homogen ist, die Feldlinien also nahezu parallel verlaufen. Damit eignet es sich besonders gut für experimentelle Untersuchungen.

Definition der SI-Basiseinheit Ampere

Die Definition der magnetischen Feldstärke $B = F/(I \cdot s)$ lässt sich durch Umstellen nach F auch wie folgt interpretieren: Die Kraft auf einen stromdurchflossenen Leiter der

Länge s, der senkrecht zu den Feldlinien in einem Magnetfeld der Stärke B verläuft, beträgt:

$$F = B \cdot I \cdot s. \qquad (4)$$

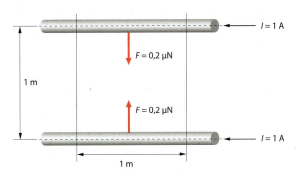

3 Zur Definition der SI-Basiseinheit Ampere

Mit dieser Kraft ziehen sich die beiden Leiter in Abb. 3 gegenseitig an. Wird Gl. (1) in Gl. (4) eingesetzt, ergibt sich:

$$F = \frac{\mu_0}{2\pi} \cdot I^2 \cdot \frac{s}{r}. \qquad (5)$$

Damit ist die elektrische Größe Stromstärke auf die mechanisch messbare Größe Kraft zurückgeführt. Mit $s/r = 1$ sowie $I = 1$ A und $F = 2 \cdot 10^{-7}$ N folgt für die magnetische Feldkonstante: $\mu_0 = 4\pi \cdot 10^{-7}$ V·s/(A·m).

MATHEMATISCHE VERTIEFUNG

Um die Homogenität des Felds im Inneren der Spule zu begründen, wird der Kreisstrom betrachtet, der in einer einzelnen Windung der Spule fließt (Abb. 4).

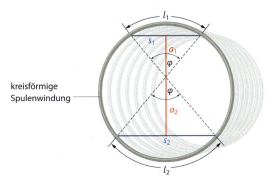

4 Zum Magnetfeld innerhalb einer Spulenwindung

Das Magnetfeld im Inneren des Kreises entsteht durch Überlagerung der Teilmagnetfelder, die durch alle Teilstromsegmente erzeugt werden: Da alle Segmente gleich weit vom Mittelpunkt entfernt sind, sind dort alle Anteile gleich groß. Betrachtet man einen Punkt außerhalb des Mittelpunkts, jedoch im Inneren des Kreises, so erscheint ein näher liegendes Segment l_1 kleiner als das gegenüberliegende Segment l_2 unter demselben Winkel φ.

Für kleine Winkel φ gilt die Proportionalität $B(a) \sim l/a$. Nach dem Strahlensatz ist $s_1/a_1 = s_2/a_2$ und für kleine Winkel $s \approx l$. Damit folgt für die Feldstärken, die durch die beiden Segmente 1 und 2 hervorgerufen werden, immer: $B_1 \approx B_2$. Dieses Ergebnis gilt unabhängig davon, wo sich die Segmente gegenüberstehen: Auch in einem Punkt außerhalb des Mittelpunkts ist die Summe der Feldstärken genauso groß wie im Mittelpunkt.

TECHNIK

Drehspulinstrumente Sehr zuverlässige Messgeräte für die Stromstärke arbeiten nach dem Drehspulprinzip: Zwischen den Polen eines starken Permanentmagneten mit zylindrisch geformten Polschuhen bewegt sich eine Drehspule, an deren Ende eine Spiralfeder befestigt ist. Im Inneren dieser Spule befindet sich ein zylindrischer Weicheisenkörper (Abb. 5). Es lässt sich zeigen, dass auf die Spule ein Drehmoment ausgeübt wird, das proportional zur Stromstärke ist, es gilt also $M \sim I$ und damit auch $\alpha \sim I$.

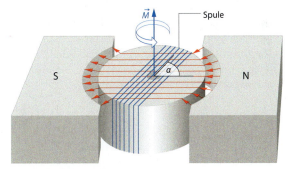

5 Schema eines Drehspulinstruments

AUFGABEN

1. Zwei vertikal aufgehängte Leiter der Länge 80 cm werden von zwei gleich großen, aber entgegengesetzt gerichteten Strömen durchflossen. Der Abstand der parallelen Leiter beträgt 3,5 cm. Die Kräfte, die sie aufeinander ausüben, betragen 2,0 mN.
   a Erklären Sie anhand einer Skizze das Auftreten und die Richtung der Kräfte.
   b Berechnen Sie die Stromstärke.
2. Ein Experimentiersatz enthält zwei Spulen von jeweils 5 cm Länge. Spule A mit 400 Windungen darf mit einer maximalen Stromstärke von 1 A betrieben werden. Die Spule B hat eine Windungszahl von 1600 und ist für eine Maximalstromstärke von 0,25 A ausgelegt. Bestimmen Sie die maximalen magnetischen Feldstärken im Inneren der Spulen. Gehen Sie davon aus, dass sich im Inneren der Spulen Luft befindet.
3. Erläutern Sie die Abhängigkeit der magnetischen Feldstärke B von den physikalischen Größen N, l und I in Gl. (3). Begründen Sie auch, dass der Spulendurchmesser nicht in die Gleichung eingeht.

In großen Beschleunigern werden die Reaktionsprodukte von Teilchenkollisionen sichtbar: Fast alle entstehenden Teilchen hinterlassen Spuren im Detektor. Durch ein Magnetfeld werden geladene Teilchen auf Kreisbahnen gelenkt, an denen sich ihre Eigenschaften ablesen lassen.

6.3 Lorentzkraft und Halleffekt

Zwischen einem Kupferdraht, in dem kein elektrischer Strom fließt, und einem Magnetfeld gibt es keine Wechselwirkung. Sobald jedoch ein Strom fließt, ist eine Wechselwirkung zu beobachten: Auf die bewegten Ladungsträger wird im Magnetfeld eine Kraft ausgeübt, die als Lorentzkraft bezeichnet wird.
Die Lorentzkraft beträgt für einen Körper mit der Ladung q, der sich mit der Geschwindigkeit $\vec{v}$ senkrecht zur magnetischen Feldstärke $\vec{B}$ bewegt:

$$F_L = q \cdot v \cdot B. \qquad (1)$$

Falls der Winkel α zwischen $\vec{v}$ und $\vec{B}$ nicht 90° beträgt, gilt: $F_L = q \cdot v \cdot B \cdot \sin\alpha$.
Für die Richtung der Lorentzkraft gilt die Drei-Finger-Regel der rechten Hand: Zeigt der Daumen der rechten Hand in Stromrichtung und der Zeigefinger in Richtung der magnetischen Feldlinien, so gibt der Mittelfinger die Kraftrichtung an. Für die Bewegung negativer Ladungsträger wie Elektronen gilt entsprechend die Drei-Finger-Regel der linken Hand.
Diese Wirkung des Magnetfelds führt in einem stromdurchflossenen Leiterstreifen zum Halleffekt: Quer zur Stromrichtung ergibt sich ein Elektronenüberschuss auf der einen und ein Elektronenmangel auf der andern Seite. Es entsteht also eine elektrische Potenzialdifferenz, die als Hall-Spannung U_H bezeichnet wird. In einem Streifen der Breite b, der von einem homogenen Magnetfeld der Stärke B durchsetzt wird, gilt:

$$U_H = b \cdot v \cdot B. \qquad (2)$$

Lorentzkraft

Die beweglichen Ladungsträger sind in einem Metall die Elektronen. Fließt ein elektrischer Strom durch einen metallischen Leiter, so wird auf die Elektronen eine Kraft ausgeübt. Um diese Kraft zu berechnen, wird ein Leiterstück der Länge Δs betrachtet, in dem sich N Elektronen in der Zeit Δt durch die Querschnittsfläche A bewegen (Abb. 2).

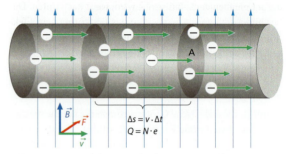

2 Bewegung von Elektronen durch ein Leiterstück

Mit $I = Q/\Delta t$ folgt für die Kraft auf das Leiterstück:

$$F = B \cdot I \cdot \Delta s = B \cdot \frac{Q}{\Delta t} \cdot \Delta s. \qquad (3)$$

$Q = N \cdot e$ ist die Ladung der N Elektronen, die sich mit der Geschwindigkeit $v = \Delta s / \Delta t$ bewegen. Also gilt:

$$F = B \cdot \frac{N \cdot e}{\Delta t} \cdot \Delta s = B \cdot N \cdot e \cdot \frac{\Delta s}{\Delta t} = B \cdot N \cdot e \cdot v. \qquad (4)$$

Damit ergibt sich für die Lorentzkraft auf ein einzelnes Elektron:

$$\frac{F}{N} = B \cdot e \cdot v. \qquad (5)$$

Allgemein gilt für einen Ladungsträger der Ladung q, der sich senkrecht zu den Feldlinien eines Magnetfelds mit der Geschwindigkeit v bewegt: $F_L = q \cdot v \cdot B$.

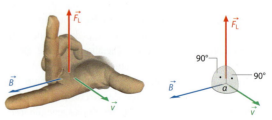

3 Drei-Finger-Regel der linken Hand

Durch eine Kraft senkrecht zu seiner Bewegungsrichtung ändert sich die kinetische Energie eines Körpers nicht.
2.10

Die Richtung der Lorentzkraft bezogen auf negative Ladungsträger kann mit der Drei-Finger-Regel der linken Hand bestimmt werden (Abb. 3). Die Kraft F_L steht sowohl senkrecht zu $\vec{B}$ als auch zu $\vec{v}$ und damit senkrecht zu der von beiden Vektoren aufgespannten Ebene. Stehen $\vec{B}$ und $\vec{v}$ nicht senkrecht zueinander, so gilt für den Betrag der Lorentzkraft:

$$F_L = q \cdot v \cdot B \cdot \sin \alpha. \tag{6}$$

Halleffekt

Abbildung 4 zeigt einen metallischen Festkörper, der sich in einem Magnetfeld befindet. Die Elektronen bewegen sich aufgrund der äußeren Spannung mit der mittleren Geschwindigkeit $\vec{v}$ von links nach rechts; die Lorentzkraft $\vec{F}_L$, die auf die Elektronen ausgeübt wird, weist nach unten. Daher bildet sich an der Unterseite des Festkörpers ein Elektronenüberschuss und an seiner Oberseite ein Elektronenmangel aus. Die entsprechende Spannung zwischen Ober- und Unterseite wird als Hall-Spannung U_H bezeichnet.

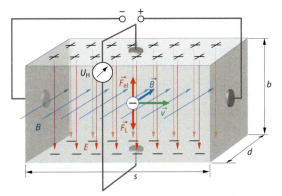

4 Hall-Spannung an einem stromdurchflossenen Festkörper in einem äußeren Magnetfeld

Im Leiter herrscht also ein elektrisches Feld, das die Kraft $\vec{F}_{el}$ auf die Elektronen ausübt. Im Kräftegleichgewicht muss gelten: $F_{el} = F_L$ und damit $e \cdot E = e \cdot v \cdot B$.
Mit b als Breite des Festkörpers ist $E = U_H / b$. Damit folgt schließlich für die Hall-Spannung:

$$U_H = b \cdot v \cdot B. \tag{7}$$

Dieser Zusammenhang $U_H \sim B$ ermöglicht die Bestimmung einer magnetischen Feldstärke durch eine Spannungsmessung (Exp. 1).

Hall-Konstante R_H Für einen Festkörper wie in Abb. 4 ergibt sich die Dichte der beweglichen Ladungsträger aus deren Anzahl N und dem betrachteten Volumen V:

$$n = \frac{N}{V} = \frac{N}{b \cdot d \cdot s}. \tag{8}$$

EXPERIMENT 1

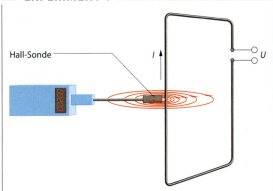

Mit einer Hall-Sonde wird die magnetische Feldstärke B in der Umgebung eines stromdurchflossenen geraden Leiters gemessen. Der Leiter ist Teil einer großen Rechteckspule, deren Abmessungen so groß sind, dass die Felder der übrigen Teile vernachlässigbar sind.
Variiert werden die Stromstärke I und der Abstand r vom Leiter. Dabei wird jeweils B bestimmt.

Für die Stromstärke I gilt bei einer mittleren Geschwindigkeit v der Ladungsträger:

$$I = \frac{Q}{t} = \frac{N \cdot e}{t} = N \cdot e \cdot \frac{v}{s}.$$

Mit Gl. (8) erhält man $v = I/(n \cdot b \cdot d \cdot e)$, weiter mit Gl. (7):

$$U_H = \frac{1}{n \cdot e} \cdot \frac{I}{d} \cdot B = R_H \cdot \frac{I}{d} \cdot B. \tag{9}$$

Die Hall-Konstante R_H ist materialabhängig. Damit kann sie zweifach genutzt werden: Ist sie bekannt, lässt sich die magnetische Feldstärke experimentell ermitteln. Ist dagegen B bekannt, kann die Ladungsträgerdichte eines Materials bestimmt werden.

AUFGABEN

1. In einer Elektronenröhre erreichen Elektronen eine Geschwindigkeit von 80 000 m/s. Sie bewegen sich mit dieser Geschwindigkeit senkrecht zu den Feldlinien eines Magnetfelds der Stärke 20 mT. Ermitteln Sie die Kraft, die auf ein einzelnes Elektron ausgeübt wird.
2. Erläutern Sie, wie man mithilfe einer Hall-Sonde die Richtung der magnetischen Feldstärke ermitteln kann.
3. In einem Experiment wurde für eine Metallfolie der Dicke $d = 25$ µm die Abhängigkeit der Hall-Spannung von der magnetischen Feldstärke B erfasst, wobei die Stromstärke stets 12,5 A betrug. Hierbei stellte sich heraus, dass das Verhältnis $U_H/B = 4{,}95 \cdot 10^{-5}$ V/T für alle Wertepaare nahezu konstant geblieben ist. Ermitteln Sie aus den experimentellen Daten die Hall-Konstante des Materials. Recherchieren Sie, um welches Material es sich gehandelt haben könnte.

H. A. Lorentz lieferte einen wesentlichen Beitrag zur Relativitätstheorie: ein System von Gleichungen, in denen die Vakuumlichtgeschwindigkeit unverändert bleibt.

KONZEPTE DER PHYSIK

6.4 Elektromagnetismus

Der Zusammenhang zwischen elektrischem und magnetischem Feld ist seit den Experimenten von AMPÈRE und ØRSTED im frühen 19. Jh. bekannt. Ihre enge Verknüpfung zeigt sich in einer Wechselwirkung, die zwischen Magneten und bewegten Ladungsträgern bzw. zwischen bewegten Ladungsträgern untereinander auftritt. Ein elektrisches Feld wirkt auf jeden ruhenden Körper, der eine Ladung q trägt. Bewegt sich der Körper mit der Geschwindigkeit v, so wird auf ihn eine zusätzliche Kraft ausgeübt, die proportional zu $q \cdot v$ ist. Diese Kraft wird als Lorentzkraft oder auch als magnetische Kraft bezeichnet.

Parallele Bewegung

Abbildung 1 zeigt ein Elektron, das sich mit der Geschwindigkeit $\vec{v}$ parallel zu einem Leiter bewegt. Dieser ruht im Bezugssystem S und wird von einem elektrischen Strom der Stärke I durchflossen. Die Elektronen in seinem Inneren sollen sich mit der Geschwindigkeit $\vec{v}$ in derselben Richtung wie das äußere Elektron bewegen. Wegen des Stromflusses ist der Leiter von einem Magnetfeld umgeben. Da sich das äußere Elektron senkrecht zu den magnetischen Feldlinien bewegt, wird es zum Draht hin beschleunigt.

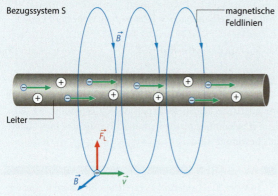

1 Bewegung eines Elektrons parallel zu einem Draht, der im Bezugssystem S ruht

Für einen Beobachter, der sich zusammen mit dem äußeren Elektron bewegt, stellt sich die Situation anders dar (Abb. 2): Er ruht im Bezugssystem S′, und für ihn ruhen auch die Elektronen im Leiter. Die positiv geladenen Atomrümpfe bewegen sich dagegen nach links.
Durch diese Ladungsbewegung entsteht auch ein Magnetfeld. Da das äußere Elektron in S′ ruht, tritt es jedoch nicht mit diesem Magnetfeld in Wechselwirkung.
Der Beobachter in S′ registriert dennoch eine Beschleunigung des Elektrons auf den Leiter zu. Da er ein ruhendes Elektron sieht, führt er die Beschleunigung auf eine *elektrische* Anziehung zwischen Leiter und Elektron zurück.

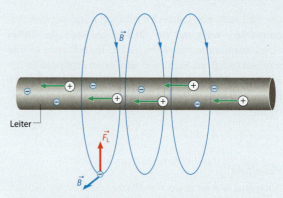

2 Das Elektron ruht im Bezugssystem S′, in dem auch die Elektronen des Leiters ruhen.

Eine Auflösung dieses Widerspruchs gelang EINSTEIN durch die Relativitätstheorie. Er postulierte einerseits die Gleichberechtigung der gleichförmig zueinander bewegten Bezugssysteme und andererseits die Unabhängigkeit der Lichtgeschwindigkeit von der Wahl des Bezugssystems (vgl. 19.2). Hieraus folgt u. a. die *Längenkontraktion*: Für einen ruhenden Beobachter erscheinen bewegte Gegenstände um einen bestimmten Faktor verkürzt. Für den in S′ ruhenden Beobachter erscheinen damit die Abstände zwischen positiven Atomrümpfen verkürzt. In einem gegebenen Volumenelement des Leiters befinden sich also mehr positive Atomrümpfe als freie Elektronen: Die Elektronen ruhen in S′, ihre Abstände erscheinen nicht verkürzt. Der bewegte Leiter erscheint also für den Beobachter in S′ positiv geladen und zieht daher das äußere Elektron an.

Senkrechte Bewegung

Bewegt sich ein äußeres Elektron senkrecht zu einem stromdurchflossenen Leiter, so ist die Lorentzkraft $\vec{F}_L$ entgegengesetzt zur Geschwindigkeit $\vec{v}$ der Elektronen im Leiter gerichtet (Abb. 3). Der Draht ruht in S, die Elektronen im Draht bewegen sich in x-Richtung.

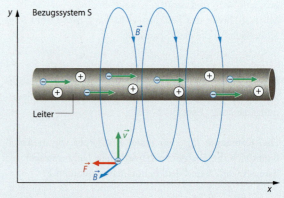

3 Bewegung eines Elektrons senkrecht zu einem Draht, der im Bezugssystem S ruht

48

Ein Beobachter im Bezugssystem S' bewege sich nun gemeinsam mit dem äußeren Elektron; beide ruhen im Bezugssystem S'. Für den Beobachter bewegen sich die positiven Atomrümpfe entgegen der y'-Achse, die Elektronen des Leiters bewegen sich schräg zu den Achsen des Koordinatensystems (Abb. 4).

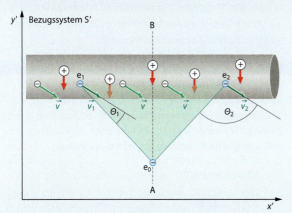

4 Das Elektron ruht im Bezugssystem S', die Elektronen des Leiters bewegen sich schräg zur x'- und y'-Achse.

Im Folgenden wird die Wechselwirkung der Elektronen innerhalb des Leiters mit dem Elektron e_0 außerhalb betrachtet. Dazu sind in Abb. 4 sind zwei symmetrisch zu $\overline{AB}$ liegende Elektronen e_1 und e_2 hervorgehoben.

Das elektrische Feld einer ruhenden Punktladung ist kugelsymmetrisch (vgl. 5.8). Bewegt sich jedoch eine Punktladung, so erscheint die Feldstärke nach der Relativitätstheorie für einen ruhenden Beobachter in der Bewegungsrichtung abgeschwächt.

Zeichnet man die Feldstärkevektoren in einem bestimmten Maßstab, so liegen ihre Spitzen im Fall einer ruhenden Punktladung auf einer Kugeloberfläche, im Fall einer bewegten Ladung dagegen auf derjenigen eines Ellipsoids, das in Bewegungsrichtung gestaucht ist (Abb. 5).

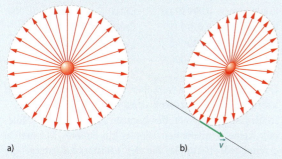

5 Feldstärkevektoren einer ruhenden (a) und einer bewegten Punktladung (b)

Die elektrische Feldstärke in der Umgebung einer bewegten Punktladung hängt damit vom Winkel Θ zwischen dem Geschwindigkeitsvektor und der direkten Verbindung zwischen den betrachteten Elektronen ab (Abb. 4). Die abstoßende Wechselwirkung zwischen e_0 und e_1 ist also nach Abb. 5 schwächer als diejenige zwischen e_0 und e_2. Das äußere Elektron wird wie in Abb. 3 entgegen der Strömungsrichtung der Elektronen im Draht beschleunigt.

Was bleibt vom Magnetfeld?

Im Experiment von Ampère wird die Wechselwirkung zweier Leiter untersucht, in denen die Ladungsträger parallel zueinander fließen (vgl. 6.2). Ørsted dagegen untersuchte die Wirkung eines geraden stromdurchflossenen Drahts auf eine Magnetnadel (vgl. 6.1). Diese Magnetnadel entspricht allerdings in ihrem magnetischen Verhalten einer Leiterschleife, in der sich die Ladungsträger senkrecht zum geraden Draht bewegen. Beide Experimente können seit Einstein auch durch die relativistische Betrachtung erklärt werden.

Zwei ruhende Ladungsträger wechselwirken über das elektrostatische Feld miteinander. Diese Wechselwirkung ändert sich, wenn die Ladungsträger sich relativ zueinander bewegen. Die Beschreibung dieser geänderten Wechselwirkung kann auf zweierlei Weise erfolgen: entweder durch das magnetische Feld und die Lorentzkraft oder aber mithilfe einer relativistischen Korrektur des elektrischen Felds. Beide Betrachtungsweisen führen zum selben Ergebnis. Da der ständige Wechsel zwischen unterschiedlichen Bezugssystemen sehr mühevoll ist, wird für gewöhnlich die Beschreibung mithilfe des Magnetfelds bevorzugt.

AUFGABEN

1 In zwei parallelen Leitern A und B fließt jeweils ein Strom.
   a Geben Sie an, wie die beiden Stromrichtungen zueinander orientiert sein müssen, damit es zu einer Anziehung bzw. Abstoßung zwischen den beiden Leitern kommt.
   b Beschreiben Sie, für beide Fälle aus Sicht der Elektronen im Leiter A die elektrische Wechselwirkung mit den Ladungsträgern im Leiter B.

2 Ein Elektron bewegt sich senkrecht auf einen positiv geladenen Stab zu.

   a Beschreiben Sie die Bewegung des Elektrons für den Fall, dass der Stab ruht.
   b Was ändert sich in dem Fall, dass sich der Stab nach rechts bewegt?

Ferrofluide sind Suspensionen von kleinen magnetischen Teilchen. Ihre magnetischen Eigenschaften sind schon in schwachen Magnetfeldern bemerkbar. Anwendung finden sie beispielsweise als Kontrastmittel in der Medizin, da sie leicht und präzise zu positionieren sind.

6.5 Materie im Magnetfeld

Jedes Material, das in ein Magnetfeld gebracht wird, erfährt dadurch eine innere Veränderung. Diese hat dann Rückwirkungen auf das Magnetfeld selbst. In ferromagnetischen Stoffen ist der Effekt besonders stark: Bringt man beispielsweise einen Eisenkern in das Innere einer stromdurchflossenen Spule, so vergrößert sich die magnetische Feldstärke innerhalb und außerhalb der Spule um ein Vielfaches.

Der Einfluss der Materie auf die magnetische Feldstärke B wird durch die stoffspezifische Permeabilität μ_r ausgedrückt. So gilt für die Feldstärke innerhalb einer materiegefüllten langen Spule:

$$B_m = \mu_r \cdot \mu_0 \cdot \frac{N}{l} \cdot I. \quad (1)$$

Die Permeabilität von Luft ist nur geringfügig größer als 1. Daher wird sie für luftgefüllte Spulen in der Regel vernachlässigt.

Je nach dem unterschiedlichen Verhalten eines Stoffs im Magnetfeld unterscheidet man:
diamagnetische Stoffe mit $\mu_r < 1$,
paramagnetische Stoffe mit $\mu_r > 1$,
ferromagnetische Stoffe mit $\mu_r \gg 1$.

Permeabilität

Mit einer Anordnung wie in Exp. 1 kann die Änderung der magnetischen Feldstärke einer langen Spule bestimmt werden. Die Permeabilität ergibt sich dabei als Quotient

$$\mu_r = \frac{B_m}{B}. \quad (2)$$

In der Tabelle rechts sind die Permeabilitätswerte einiger Stoffe aufgelistet. Diamagnetische Stoffe schwächen ein Magnetfelds ab. Paramagnetische und insbesondere ferromagnetische Stoffe verstärken ein Magnetfeld. Permanentmagnete werden aus metallischen Legierungen unter Verwendung von Eisen, Nickel, Aluminium sowie Cobalt, Mangan und Kupfer, aber auch aus keramischen Werkstoffen hergestellt. Ferromagnetische Stoffe finden wegen der großen Permeabilitätswerte in Bereichen Anwendung, wo große magnetische Feldstärken erforderlich sind.

EXPERIMENT 1

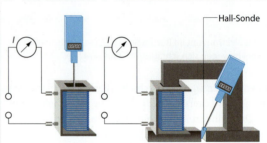

Mithilfe einer Hall-Sonde wird die magnetische Feldstärke B in einer lang gestreckten Spule zunächst ohne Eisenkern gemessen. Dann wird die Spule von beiden Seiten mit Eisenstücken gefüllt, die dicht an die Hall-Sonde heranreichen. Anschließend wird die magnetische Feldstärke B_m im Spalt zwischen den Eisenkernen gemessen.

Permeabilität μ_r einiger Stoffe

Stoff	μ_r	Stoff	μ_r
Kupfer	0,999 993 6	Eisen	300 … 10 000
Wasser	0,999 991	Ferrite	bis 15 000
Aluminium	1,000 002	Mumetall	bis 140 000
Luft	1,000 000 4	Supraleiter	0

Das unterschiedliche Verhalten der Stoffe im Magnetfeld kann mit ihrem mikroskopischen Aufbau erklärt werden: In diamagnetischen Stoffen besitzen die Atome bzw. Moleküle keine permanenten Dipole. Ein äußeres Magnetfeld erzeugt jedoch Dipole, die der Feldstärke $\vec{B}$ entgegengerichtet sind. Die Feldstärke insgesamt nimmt dadurch ab. Die Atome bzw. Moleküle paramagnetischer Stoffe enthalten permanente magnetische Dipole. In einem äußeren Magnetfeld richten sich diese parallel zur Feldstärke aus, sodass das Feld insgesamt verstärkt wird.

Das magnetische Verhalten von Stoffen geht auch in die Lichtgeschwindigkeit und damit in den optischen Brechungsindex ein.

Ferromagnetische Stoffe enthalten *Weiss'sche Bezirke*: mikrokristalline Bereiche, in denen die magnetischen Dipole jeweils einheitlich ausgerichtet sind (Abb. 2). Die Ausrichtung der Dipole in benachbarten Weiss'schen Bezirken ist jedoch unterschiedlich. Liegt kein äußeres Magnetfeld vor, sind die Ausrichtungen der Dipole über den gesamten ganzen Festkörper etwa gleich verteilt. Wird der Körper in ein Magnetfeld gebracht, können sich die Dipole benachbarter Weiss'scher Bezirke parallel ausrichten und damit das äußere Magnetfeld verstärken.

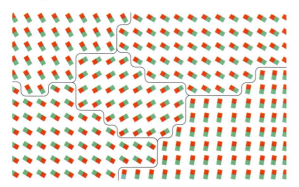

2 Weiss'sche Bezirke in einem Ferromagneten

Hysterese in ferromagnetischen Stoffen

Experiment 1 kann auch benutzt werden, um das Verhalten eines Ferromagneten bei wechselndem äußerem Magnetfeld zu untersuchen. In die lange Spule wird zunächst ein unmagnetisierter Eisenkern eingebracht. Die Stromstärke in der Spule wird schrittweise erhöht und mit der Hall-Sonde der Betrag der magnetischen Feldstärke B_m gemessen. Diese ist von der Feldstärke B der Spule ohne Eisenkern verschieden.

Die Auswertung eines solchen Experiments zeigt Abb. 3. Bei der erstmaligen Magnetisierung (schwarze Kurve) werden immer mehr magnetische Dipole in Feldrichtung gleichsinnig orientiert. Es wird schließlich eine Sättigung erreicht (Punkt A).

Nun wird durch Verringerung der Stromstärke die äußere Feldstärke reduziert. Die entsprechende Kurve verläuft durch den Punkt B. Damit bleibt ein Restmagnetismus erhalten, der als *Remanenz* bezeichnet wird. Erst ein äußeres Feld in Gegenrichtung, das durch Umpolen des Spulenstroms erreicht wird, führt zur vollständigen Abnahme der Restmagnetisierung (Punkt C). Da im weiteren Verlauf immer mehr magnetische Dipole in umgekehrter Richtung ausgerichtet werden, wird schließlich der Punkt D erreicht. Dieser Vorgang kann beliebig oft wiederholt werden. Die entstehende Kurve wird als Hysteresekurve bezeichnet.

Die Fläche, die von der Hysteresekurve eingeschlossen wird, ist ein Maß für die Energie, die für das Umorientieren der magnetischen Dipole aufgewendet werden muss. Stoffe, die sich leicht ummagnetisieren lassen, z. B. Weicheisen, zeigen eine schmale Hysteresekurve, für Stahl hingegen ergibt sich eine breite Kurve. Überall dort, wo Stoffe schnell ummagnetisiert werden müssen, ist man bestrebt, eine schmale Hysterese-Kurve zu erhalten und damit die Hystereseverluste zu minimieren.

Magnetische Anziehung

Ein homogenes Magnetfeld führt nur dazu, das kleine Probekörper sich ausrichten: Auf eine Magnetnadel wird ein Drehmoment ausgeübt, aber keine resultierende Kraft. Die im Alltag beobachtete magnetische Anziehung (Abb. 1) ist auf die Inhomogenität der jeweiligen Magnetfelder zurückzuführen: Dort erfährt jeder magnetische Dipol eine Anziehung in Richtung zunehmender magnetischer Feldstärke.

■ AUFGABEN

1 Die Spule in Exp. 1 besitzt eine Länge von 5 cm und die Windungszahl 1600. Sie wird von einem konstanten Strom der Stärke $I = 250$ mA durchflossen. Befindet sich ein Eisenkern in der Spule, so wird mit einer Hall-Sonde die magnetische Feldstärke 5,5 T gemessen.
a Welche Feldstärke herrscht in der Spule, wenn man den Kern entfernt und I unverändert bleibt?
b Berechnen Sie die Permeabilität des Eisens, aus dem der Kern besteht.

2 Für zwei verschiedene Materialien sind die prinzipiellen Hysteresekurven dargestellt:

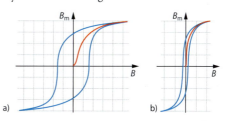

a)   b)

a Welches Material besitzt die größere Remanenz?
b Welches Material ist besser für einen Transformator geeignet und welches besser für eine Festplatte?

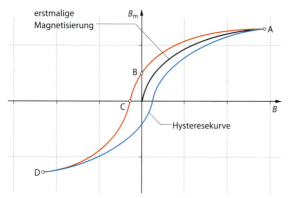

3 Hysterese beim wiederholten Ummagnetisieren eines ferromagnetischen Körpers

Bringt man Atome in ein Magnetfeld, spalten sich aufgrund des »Elektronenspins« ihre Spektrallinien auf.

Fast mit Lichtgeschwindigkeit bewegen sich die Elektronen im Magnetfeld dieses Synchrotrons auf einer Kreisbahn. Ziel ist es allerdings nicht, Geschwindigkeitsrekorde aufzustellen, sondern die entstehende Strahlung für unterschiedlichste Materialuntersuchungen zu nutzen.

6.6 Bewegung von Ladungsträgern im Magnetfeld

Freie Ladungsträger, die in ein Magnetfeld eindringen, werden dort senkrecht zu ihrer Bewegungsrichtung beschleunigt. In homogenen Magnetfeldern ergeben sich für die Teilchen Kreis- oder Spiralbahnen, in speziellen inhomogenen Feldern können die Teilchen Pendelbewegungen ausführen oder auch eingefangen werden. Da die Beschleunigung stets senkrecht zur Bewegungsrichtung ist, ändert sich die kinetische Energie der Teilchen nicht. Dies unterscheidet die Bewegung geladener Körper im Magnetfeld von derjenigen im elektrischen Feld.

Die Analyse von Teilchenbahnen in homogenen Magnetfeldern ist ein vielfach angewandtes Verfahren in der Physik. Die Bahnkrümmung hängt von der Ladung, der trägen Masse und der Geschwindigkeit der Teilchen ab. Je nachdem, welche der Größen bekannt sind, kann mit großer Genauigkeit auf die verbleibende Größe zurückgeschlossen werden.

Massenbestimmung

Bewegen sich Ladungsträger in einem Magnetfeld der Stärke B mit einer Geschwindigkeit vom Betrag v, so wird auf sie bei einer Bewegung senkrecht zu den Feldlinien die Lorentzkraft ausgeübt (vgl. 6.3):

$$F_L = q \cdot v \cdot B. \qquad (1)$$

Da sich der Geschwindigkeitsbetrag nicht ändert, bewegen sich die geladenen Teilchen auf einer Kreisbahn mit dem Radius r. Die Lorentzkraft ist diejenige Kraft, die die Teilchen auf die Kreisbahn zwingt, sie ist also gleich der Zentripetalkraft: $F_L = F_Z$. Damit gilt:

$$F_L = q \cdot v \cdot B = \frac{m \cdot v^2}{r} \qquad (2)$$

$$m = \frac{q \cdot r \cdot B}{v}. \qquad (3)$$

Mithilfe dieser Gleichung lässt sich die Masse von Ladungsträgern bestimmen, wenn die übrigen Größen durch Messungen bekannt sind.

Spezifische Ladung von Elektronen

Eine experimentelle Anordnung zur Bestimmung von Teilcheneigenschaften ist das Fadenstrahlrohr (Abb. 2). Es befindet sich in einem Paar von Helmholtz-Spulen, die ein weitgehend homogenes Magnetfeld erzeugen. Die Glasröhre selbst enthält ein Gas mit niedrigem Druck zur Sichtbarmachung der Teilchenbahn.

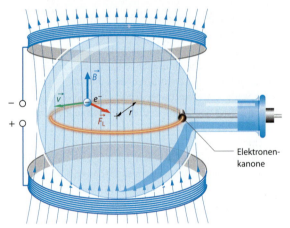

2 Fadenstrahlrohr mit kreisförmiger Elektronenbahn

Die aus der Elektronenkanone austretenden Elektronen bewegen sich senkrecht zu den Feldlinien des magnetischen Felds. Der Radius der Kreisbahn hängt von der Teilchengeschwindigkeit v und der Feldstärke B ab. Die Geschwindigkeit der Elektronen lässt sich aus der Beschleunigungsspannung berechnen (vgl. 5.12):

$$v = \sqrt{\frac{2e \cdot U_a}{m_e}}.$$

Setzt man dies in Gl. (3) ein und ersetzt q durch den Betrag der Elektronenladung e, so folgt:

$$\frac{e}{m_e} = \frac{2 U_a}{B^2 \cdot r^2}. \qquad (4)$$

3.2 Bei gleicher Umlaufdauer ist die Zentralkraft umso größer, je größer der Radius der Kreisbahn ist.

Aus der experimentellen Bestimmung der Größen U_a, B und r lässt sich also die spezifische Ladung e/m_e von Elektronen berechnen. Tabellen entnimmt man einen Referenzwert von

$$\frac{e}{m_e} = 1{,}759 \cdot 10^{11} \frac{\text{C}}{\text{kg}}.$$

Mit der bekannten Elementarladung $e = 1{,}602 \cdot 10^{-19}$ C ergibt sich für die Elektronenmasse: $m_e = 9{,}109 \cdot 10^{-31}$ kg.

Schraubenbahn

Treten geladene Teilchen nicht senkrecht, sondern schräg zu den Feldlinien in ein homogenes Magnetfeld ein, so beschreiben sie eine Schraubenbahn (Abb. 3). Die Teilchengeschwindigkeit $\vec{v}$ kann in zwei Komponenten zerlegt werden: $\vec{v_s}$ senkrecht und $\vec{v_p}$ parallel zu den Feldlinien. Zur Lorentzkraft trägt nur die zu $\vec{B}$ senkrechte Komponente bei (vgl. 6.3), und es gilt $F_L = q \cdot v_s \cdot B \cdot \sin \alpha$.

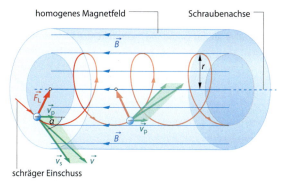

3 Bahn eines negativ geladenen Teilchens in einem homogenen Magnetfeld

Die Parallelkomponente vom Betrag v_p ist konstant, da das Magnetfeld die Bewegung in Richtung der Feldstärke $\vec{B}$ nicht beeinflusst.

TECHNIK

Magnetische Linsen Durch rotationssymmetrische Magnetfelder lassen sich von einem Punkt P ausgehende divergierende Elektronenstrahlen in einem Punkt P′ wieder vereinigen (Abb. 4).

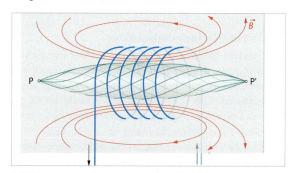

4 Wirkungsweise einer magnetischen Linse

Auf diese Weise kann bei geeigneter Beschleunigungsspannung ein Objekt punktweise abgebildet werden. Dies wird beispielsweise in Elektronenmikroskopen genutzt.

Kreisbeschleuniger Die Beschleunigung geladener Teilchen erfolgt in einem *Zyklotron* mithilfe elektrischer Wechselfelder (Abb. 5a). Durch ein zeitlich konstantes Magnetfeld werden die Teilchen auf Kreisbahnen gezwungen. Sie durchlaufen zwischen zwei Beschleunigungsphasen Halbkreise, deren Radien mit steigender Geschwindigkeit zunehmen. So entsteht die dargestellte Bahn. Im *Synchrotron* nimmt die magnetische Feldstärke zeitlich zu, sodass trotz steigender Geschwindigkeit die Teilchen auf einer Kreisbahn mit konstantem Radius geführt werden (Abb. 5b). Elektrische Felder, die immer wieder durchlaufen werden, beschleunigen die Teilchen fast auf Lichtgeschwindigkeit.

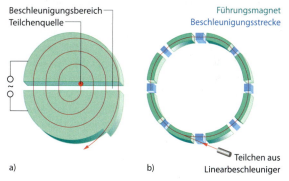

5 Teilchenbeschleuniger: Zyklotron (a) und Synchrotron (b)

AUFGABEN

1 Zur Bestimmung der spezifischen Ladung eines Elektrons wurden mit einem Fadenstrahlrohr die folgenden Messwerte aufgenommen. Die Beschleunigungsspannung betrug $U_a = 125$ V.

B in mT	1,90	1,25	0,94	0,76
r in cm	2,0	3,0	4,0	5,0

a Stellen Sie r^2 in Abhängigkeit von $1/B^2$ grafisch dar (r^2 in m^2 und $1/B^2$ in $1/\text{T}^2$). Zeichnen Sie eine Ausgleichsgerade in das Diagramm ein.
b Ermitteln Sie den Anstieg der Geraden, und berechnen Sie daraus die spezifische Ladung eines Elektrons.

2 a Erläutern Sie anhand von Abb. 5a die Funktionsweise eines Zyklotrons. Gehen Sie dabei auch auf die Form der Teilchenbahn ein.
b Berechnen Sie die Geschwindigkeit von Protonen, die das Zyklotron mit $E_{kin} = 80$ keV verlassen.
c Zeigen Sie, dass die Umlaufdauer T in einem Zyklotron nicht von der Bahngeschwindigkeit abhängt, solange die Teilchenmasse konstant ist. Berechnen Sie die Frequenz f eines Zyklotrons für Protonen bei einer magnetischen Feldstärke von 0,63 T.

In Kernfusionsreaktoren werden geladene Teilchen durch starke Magnetfelder dauerhaft von den Wänden ferngehalten.

Eisbohrkerne aus der Antarktis stellen ein umfassendes Archiv unserer Atmosphäre dar: Mehrere Kilometer lange Kerne enthalten Informationen aus einem Zeitraum von bis zu einer halben Million Jahren. Zur Untersuchung der eingeschlossenen Feststoffe werden auch Massenspektrometer eingesetzt, die eine besonders genaue Analyse ihrer Zusammensetzung ermöglichen.

6.7 Massenspektrometer und Geschwindigkeitsfilter

Zur Untersuchung von Teilcheneigenschaften oder zum Trennen von verschiedenartigen Teilchen werden Kombinationen aus elektrischen und magnetischen Feldern eingesetzt. Dabei können die Teilchen entweder nacheinander oder gleichzeitig mit den Feldern in Wechselwirkung treten. In beiden Fällen wird ausgenutzt, dass die Wechselwirkung eines Teilchens mit dem elektrischen Feld geschwindigkeitsunabhängig ist, die Wechselwirkung mit dem magnetischen Feld dagegen geschwindigkeitsabhängig.

In einem Massenspektrometer werden Ionen hinsichtlich ihres Masse-Ladungs-Verhältnisses m/q sortiert und anschließend analysiert. Ist der jeweilige Wert von q bekannt, lässt sich die Teilchenmasse mit großer Genauigkeit bestimmen. Außerdem kann aus der Häufigkeitsverteilung der Ionenmassen auch auf die Zusammensetzung einer Probe zurückgeschlossen werden.

Oft ist es für eine Untersuchung wichtig, dass Teilchen mit einer genau definierten Geschwindigkeit vorliegen. Um Teilchen mit großer Präzision nach ihrer Geschwindigkeit zu selektieren, werden Filter eingesetzt, die nach einem von WILHELM WIEN entwickelten Prinzip arbeiten. Die Selektion erfolgt dabei unabhängig von der Ladung und von der Masse der Teilchen. Wien'sche Geschwindigkeitsfilter finden beispielsweise in Massenspektrometern oder an Teilchenbeschleunigern Anwendung.

Massenspektrometer nach Aston

In einer einfachen Anordnung eines Massenspektrometers nach ASTON durchlaufen die Ionen zunächst ein elektrisches und anschließend ein magnetisches Feld (Abb. 2). Im elektrischen Feld bewegen sie sich auf Parabelbahnen, deren Form von ihrer Masse, Richtung und Geschwindigkeit abhängen. Langsame Teilchen werden im elektrischen Feld stärker abgelenkt als schnelle.

Nach dem Verlassen des elektrischen Felds treten die Teilchen in ein magnetisches Feld ein, dessen Feldlinien senkrecht zu denen des elektrischen Felds orientiert sind. Dort bewegen sie sich jeweils auf einer Kreisbahn, deren Krümmung derjenigen der Parabelbahn im elektrischen Feld entgegengerichtet ist. Bei geeignet gewählten Feldstärken lässt sich erreichen, dass alle Teilchen mit gleicher spezifischer Ladung q/m an ein und derselben Stelle des Detektors auftreffen.

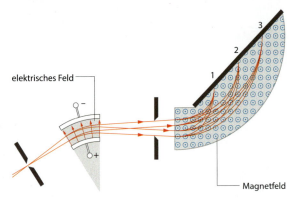

2 Schema eines Massenspektrometers nach Aston: Geladene Teilchen durchlaufen zunächst ein elektrisches Feld und anschließend ein homogenes Magnetfeld

In anderen Massenspektrometern werden die Ionen zunächst nach ihrer Geschwindigkeit selektiert. Dies geschieht beispielsweise mit dem im Folgenden beschriebenen Geschwindigkeitsfilter.

Wien'scher Geschwindigkeitsfilter

Die Teilchen treten nach Durchlaufen einer Beschleunigungsspannung in einen Bereich ein, in dem die Feldlinien von elektrischem und magnetischem Feld einander senkrecht kreuzen (Abb. 3). Das elektrische Feld übt auf die geladenen Teilchen eine geschwindigkeitsunabhängige Kraft vom Betrag $F_{el} = q \cdot E$ in Richtung von $\vec{E}$ aus. Gleichzeitig wirkt auf die Teilchen das Magnetfeld mit der geschwindigkeitsabhängigen Lorentzkraft $F_L = q \cdot v \cdot B$ senkrecht zu $\vec{v}$, also entgegengerichtet zu $\vec{E}$.

ELEKTRIZITÄT | 6 Magnetisches Feld

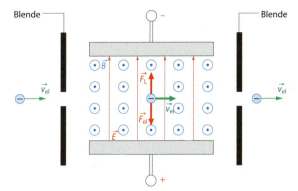

3 Kräfte auf ein Teilchen im Wien'schen Geschwindigkeitsfilter

Die Blenden des Filters sind so angeordnet, dass nur solche Teilchen den Filter wieder verlassen können, die sich auf einer geradlinigen Bahn bewegen. Die Bedingung hierfür ist, dass die Wirkungen der beiden Felder einander kompensieren. Es muss also gelten: $F_{el} = F_L$, bzw. $q \cdot E = q \cdot v \cdot B$. Damit folgt für die Geschwindigkeit:

$$v = \frac{E}{B}. \qquad (1)$$

Durch Wahl von E und B lassen sich Teilchen mit beliebiger Geschwindigkeit herausfiltern.

Massenspektrometer mit Geschwindigkeitsfilter

Geladene Teilchen treten hinter einem Geschwindigkeitsfilter senkrecht zu den Feldlinien in ein homogenes Magnetfeld ein (Abb. 4). Sie bewegen sich dort auf einer Halbkreisbahn (vgl. 6.6) mit dem Radius

$$r = \frac{m \cdot v}{q \cdot B}. \qquad (2)$$

Für die Teilchen mit gleicher Geschwindigkeit und Ladung gilt also $r \sim m$. Damit werden die Teilchen hinsichtlich ihrer Masse sortiert. Für die Teilchen mit den Massen $m_1 > m_2$ ist also $r_1 > r_2$.

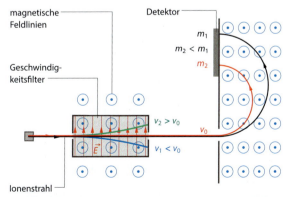

4 Massenspektrometer mit einem vorgeschalteten Geschwindigkeitsfilter

TECHNIK

Analyse von Massenspektren Abbildung 5a zeigt ein Massenspektrum von Wasser: Die gemessene Intensität ist in Abhängigkeit vom m/e-Wert aufgetragen. Da die Ladungszahl der Ionen hier 1 beträgt, kann auf der x-Achse die Massenzahl abgelesen werden.

Die Molekülmasse von Wasser beträgt 18 u, dort liegt der höchste Peak. Es werden aber auch OH-Ionen mit 17 u detektiert. Die Intensitätsskala gibt die relative Häufigkeit der Ionen an.

Die Interpretation komplexer Massenspektren wie in Abb. 5b ist recht aufwendig. Sie wird aber in der Regel erleichtert, indem Spektren von bekannten Substanzen aus Datenbanken zum Vergleich herangezogen werden.

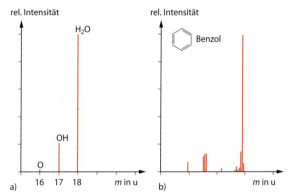

5 Massenspektren von Wasser (a) und Benzol (b)

Ein wichtiges Merkmal für ein Massenspektrometer ist sein Auflösungsvermögen $m/\Delta m$. Je größer dieser Wert ist, desto eher gelingt es, nahezu massengleiche Ionen zu unterscheiden. Das ist beispielsweise bei Dopingkontrollen oder der Analyse chemischer Kampfstoffe von Bedeutung.

AUFGABEN

1 Teilchen unterschiedlicher Ladung und unterschiedlicher Masse sind in der Lage, den Geschwindigkeitsfilter eines Massenspektrometers zu passieren. Erläutern Sie, warum das möglich ist.

2 In einem Massenspektrometer bewegen sich geladene Teilchen der Ladung q und der Masse m auf einer halbkreisförmigen Bahn mit $r = m \cdot v/(q \cdot B)$. Leiten Sie diese Gleichung her.

3 Elektronen treten mit einer Geschwindigkeit von $1,75 \cdot 10^6$ m/s senkrecht zu den Feldlinien in ein Magnetfeld der Stärke 1,2 T ein.

a Erklären Sie anhand einer Skizze, warum sich die Elektronen auf einer Kreisbahn bewegen, und ermitteln Sie den Radius dieser Kreisbahn.

b Erläutern Sie, wie sich das experimentelle Ergebnis ändert, wenn anstelle von Elektronen Protonen der gleichen Geschwindigkeit verwendet werden.

Die präzise Massenbestimmung von Atomkernen gibt Aufschluss darüber, wie fest die Protonen und Neutronen in ihnen gebunden sind.

Dieser Roboter pflegt den Rasen in einem Stadion. Drahtschleifen am Spielfeldrand begrenzen seinen Aktionsradius per Induktion: Fährt der Roboter über die Schleife, ändert sich in seinem Sensor das magnetische Feld, und es kommt zu einem elektrischen Signal, das ihn zur Umkehr bewegt.

7.1 Phänomen Induktion

Elektrische und magnetische Erscheinungen sind eng miteinander verknüpft. Ein elektrischer Stromfluss bewirkt in seiner Umgebung ein Magnetfeld. Andererseits lässt sich auch durch ein zeitlich veränderliches Magnetfeld ein elektrisches Feld und damit eine Spannung erzeugen. Dieser Vorgang wird als elektromagnetische Induktion bezeichnet

Magnetischer Fluss und elektrische Wirbelfelder
Sobald sich ein Magnetfeld zeitlich verändert, wenn sich also in einem bestimmten Raum der magnetische Fluss ändert, tritt in der Umgebung ein elektrisches Wirbelfeld auf. In einer offenen Leiterschleife kann das Wirbelfeld als Induktionsspannung nachgewiesen werden, es tritt aber auch ohne Vorhandensein einer Leiterschleife auf. Im Feldlinienmodell wird der sich ändernde magnetische Fluss von kreisförmigen elektrischen Feldlinien umgeben. Positioniert man an die Stelle der Feldlinien eine geschlossene Leiterschleife, so entsteht in der Leiterschleife ein Stromfluss.

Änderung des magnetischen Flusses Der magnetische Fluss innerhalb einer Leiterschleife kann auf vielfältige Weise geändert werden:
– Relativbewegung zwischen der Quelle eines inhomogenen Magnetfelds, z. B. eines Stabmagneten, und einer Leiterschleife,
– Veränderung des Magnetfelds einer felderzeugenden Spule z. B. durch Variation der Stromstärke oder Einführen eines Eisenkerns,
– Drehung der Leiterschleife oder Änderung der Richtung des Magnetfelds,
– Änderung des Flächeninhalts der Leiterschleife.

Unter elektromagnetischer Induktion versteht man das Auftreten eines elektrischen Wirbelfelds bei Änderung des magnetischen Flusses.

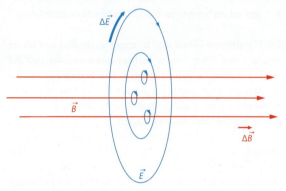

2 Induktion eines elektrischen Wirbelfelds durch ein zeitlich veränderliches magnetisches Feld

Relativbewegung von Magnet und Leiterschleife
Experiment 1 a zeigt die Wechselwirkung zwischen dem inhomogenen Magnetfeld eines Stabmagneten und einer geschlossenen Leiterschleife. Sie kommt dadurch zustande, dass im Ring ein elektrischer Stromfluss entsteht, der einem elektrischen Wirbelfeld folgt (Abb. 2).

EXPERIMENT 1

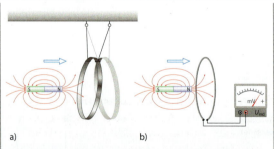

a) Ein Stabmagnet wird mit einem Pol in Richtung eines frei hängenden Aluminiumrings bewegt. Der Ring weicht dem Magneten aus, er wird abgestoßen. Wird der Magnet aus dem Ring gezogen, so folgt der Ring dem Magneten.
b) Ein Stabmagnet wird in eine offene Leiterschleife hineinbewegt und nach einigen Sekunden wieder herausgezogen. Die Spannung an den Enden der Leiterschleife wird gemessen.

Das vom Ringstrom erzeugte Magnetfeld führt beim Hineinschieben des Magneten zur Abstoßung, beim Herausziehen zur Anziehung. Die Umkehrung der Bewegungsrichtung führt also im Ring zu einer Umkehrung der Stromrichtung.

Wird ein Permanentmagnet gegenüber einer offenen Leiterschleife bewegt (Exp. 1 b), so kann die in der Leiterschleife induzierte Spannung U_{ind} gemessen werden. Ändert sich die Bewegungsrichtung des Magneten, so ändert sich auch die Polarität der Induktionsspannung.

Auch wenn statt des Magneten die Leiterschleife bewegt wird, ist derselbe Effekt zu beobachten. Ruhen jedoch Magnet und Leiterschleife relativ zueinander, tritt keine Induktionsspannung auf. Dieses Experiment kann auch in der Weise abgewandelt werden, dass statt eines Permanentmagneten ein Elektromagnet als Erzeuger eines Magnetfelds gewählt wird.

Rotation einer Leiterschleife im Magnetfeld

Eine weitere Möglichkeit zur Erzeugung einer Induktionsspannung zeigt Abb. 3: Das Magnetfeld selbst ist zeitlich konstant. Jedoch ändert sich durch die Rotation ständig der magnetische Fluss, der die Leiterschleife durchsetzt. Im Feldlinienbild bedeutet dies: Die Anzahl der Feldlinien, die durch die Schleife treten, nimmt ständig zu oder ab.

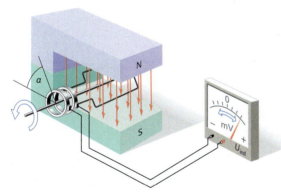

3 Eine Leiterschleife rotiert im Magnetfeld. Dadurch ändert sich ständig der magnetische Fluss, der die Leiterschleife durchsetzt.

Änderung der Fläche einer Leiterschleife

Mit Exp. 2 kann das Auftreten einer Induktionsspannung nachgewiesen werden, wenn sich der magnetische Fluss ändert. Diese Änderung bei einem konstanten und homogenen Magnetfeld wird dadurch hervorgerufen, dass die das Magnetfeld umfassende Fläche geändert wird. Je schneller sich die Fläche ändert, desto größer ist auch die gemessene Induktionsspannung.

Im Experiment kann eine schnellere Änderung der Fläche auf zweierlei Weise erreicht werden: einerseits durch eine größere Geschwindigkeit v andererseits durch eine größere Breite x der Leiterschleife.

EXPERIMENT 2

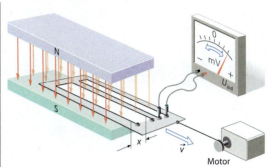

In einem Induktionsmessgerat liegt ein weitgehend homogenes Magnetfeld vor. Eine Leiterschleife, die sich auf einem Schlitten befindet, wird mithilfe eines Experimentiermotors herausgezogen. Je größer die Geschwindigkeit ist, desto größer ist auch die gemessene Induktionsspannung. Eine Vergrößerung der Schleifenbreite x führt ebenfalls zu einer Steigerung der Induktionsspannung.

Induktion ohne Bewegung

Die Änderung des magnetischen Flusses innerhalb einer Leiterschleife kann auch folgendermaßen bewirkt werden: In der Nähe der Leiterschleife befindet sich ein Elektromagnet. Beim Ein- oder Ausschalten, bei Variation der Stromstärke im Elektromagneten und beim Einführen eines Eisenkerns in den Elektromagneten ändert sich der magnetische Fluss durch die Leiterschleife. Mit einer Anordnung wie in Exp. 1 b lässt sich jeweils die Induktionsspannung messen.

AUFGABEN

1 Beschreiben Sie unterschiedliche Möglichkeiten, an den Enden einer Leiterschleife mithilfe eines Dauermagneten eine Induktionsspannung zu erzeugen.
2 Beschreiben Sie jeweils mithilfe einer Skizze zwei Möglichkeiten, in einer Spule eine Induktionsspannung zu erzeugen, ohne dass die beteiligten Bauteile relativ zueinander bewegt werden.
3 Ein Mikrofon wandelt eine Schallschwingung in eine sich ändernde Mikrofonspannung um. Erläutern Sie seine Funktionsweise anhand der Abbildung.

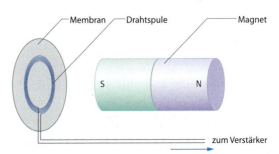

Metalldetektoren arbeiten meist mit einer ringförmigen Spule, die von einem Wechselstrom durchflossen wird. Das entstehende Magnetfeld ruft in einem metallischen Gegenstand Wirbelströme hervor. Diese erzeugen ihrerseits ein Magnetfeld, das in einer zweiten Spule des Detektors zu einem Stromfluss führt. – Damit ist das Metallstück lokalisiert.

7.2 Induktionsgesetz

Die elektromagnetische Induktion zeigt sich in einer Vielzahl von scheinbar unterschiedlichen Experimenten. Diese lassen sich jedoch einheitlich mit dem von FARADAY gefundenen Induktionsgesetz beschreiben, das die elektrische Spannung mit der magnetischen Flussänderung in Beziehung setzt.

In einer Leiterschleife wird eine Spannung induziert, wenn sich der von ihr umschlossene magnetische Fluss $\Phi = B \cdot A$ zeitlich ändert. Für den Betrag der induzierten Spannung gilt:

$$U_{ind} = \frac{\Delta \Phi}{\Delta t} \quad \text{bzw.} \quad U_{ind} = \dot{\Phi}. \tag{1}$$

Wird statt einer Leiterschleife eine Spule mit N Windungen benutzt, so erhöht sich die Induktionsspannung um den Faktor N:
$U_{ind} = N \cdot \Delta\Phi/\Delta t$ bzw. $U_{ind} = N \cdot \dot{\Phi}$.

Induktionsspannung

Die zeitliche Änderung des magnetischen Flusses, der eine Leiterschleife bzw. eine Spule durchsetzt, kann durch eine Änderung der Fläche oder eine Änderung der magnetischen Feldstärke zustande kommen (Abb. 2).

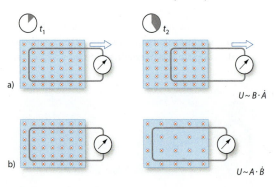

2 Änderung des magnetischen Flusses durch eine Leiterschleife: a) Änderung der Fläche; b) Änderung der Feldstärke

Ändert sich die Fläche bei zeitlich konstantem Magnetfeld (Abb. 2a), ist also $\dot{B} = 0$, so gilt für die induzierte Spannung $U_{ind} \sim B \cdot \dot{A}$ (vgl. 7.1, Exp. 2).

Ändert sich das Magnetfeld bei konstanter Fläche (Abb. 2b), ist also $\dot{A} = 0$, so gilt für die induzierte Spannung $U_{ind} \sim A \cdot \dot{B}$ (vgl. Exp. 1).

Ändern sich Fläche und Magnetfeld gleichzeitig, so folgt aus der Addition der induzierten Spannungen:

$$U_{ind} \sim B \cdot \dot{A} + A \cdot \dot{B}. \tag{2}$$

Dieser Ausdruck ergibt sich auch aus der zeitlichen Ableitung des magnetischen Flusses $\Phi = A \cdot B$. Dabei ist die Produktregel der Differenzialrechnung anzuwenden:

$$U_{ind} \sim \dot{\Phi} = \frac{d}{dt}(A \cdot B) = B \cdot \dot{A} + A \cdot \dot{B}. \tag{3}$$

EXPERIMENT 1

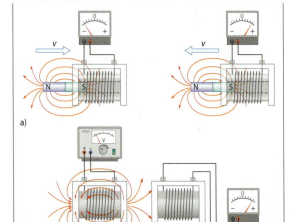

a) Ein Stabmagnet wird in eine Spule eingeführt. Die Induktionsspannung wird für unterschiedliche Geschwindigkeiten und Bewegungsrichtungen beobachtet. Auch die Windungsanzahl N der Spule wird variiert.
b) Neben einer Induktionsspule steht ein Elektromagnet. Die Stromstärke im Elektromagneten wird verändert, die entstehende Spannung in der Induktionsspule wird beobachtet.

Ähnlich wie die Geschwindigkeit entsteht die Induktionsspannung durch die zeitliche Ableitung einer anderen physikalischen Größe. 1.3

In anderer Form stellt das Induktionsgesetz eine der vier Maxwell'schen Grundgleichungen der Elektrodynamik dar. 9.18

In Exp. 1 a werden durch Variationen der Bedingungen folgende Zusammenhänge sichtbar:
– Je größer die Geschwindigkeit ist, desto größer ist die induzierte Spannung.
– Kehrt sich die Bewegungsrichtung um, so kehrt sich auch die Polung der induzierten Spannung um.
– Je größer die Windungszahl N ist, desto größer ist die induzierte Spannung.

In Exp. 1 b entsteht durch die Änderung der Stromstärke ein zeitlich sich änderndes Magnetfeld in der Induktionsspule. Bleibt das Magnetfeld konstant, geht die induzierte Spannung auf null zurück. Die Polung der induzierten Spannung ist abhängig davon, ob die magnetische Feldstärke zu- oder abnimmt.

Induktion in einem geraden Leiter

Die Entstehung einer Induktionsspannung lässt sich auch mit einem »Leiterschaukelexperiment« (Exp. 2) untersuchen. Die Bewegung der Elektronen ist in diesem Fall auf die Lorentzkraft zurückzuführen.

EXPERIMENT 2

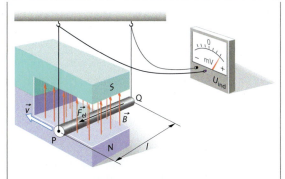

Ein Leiterstück wird quer zu den Feldlinien durch ein Magnetfeld bewegt; die Induktionsspannung wird gemessen.

Das Magnetfeld wirkt auf die Elektronen des Leiters mit der Lorentzkraft vom Betrag $F_L = e \cdot v \cdot B$. Diese Kraft führt dazu, dass sich die Elektronen innerhalb des Stabs in die dargestellte Richtung bewegen. Der Lorentzkraft entgegengerichtet ist die Kraft des elektrischen Felds zwischen den getrennten Ladungen vom Betrag $F_{el} = e \cdot E = e \cdot U_{ind} / l$. Im Kräftegleichgewicht muss gelten $F_L = F_{el}$. Daraus folgt für die Induktionsspannung $U_{ind} = B \cdot l \cdot v$.

Als Ursache der Induktionsspannung wird also in Exp. 2 die Lorentzkraft betrachtet. Andererseits kann die Induktionsspannung auch auf die Änderung einer Fläche A zurückgeführt werden: Abbildung 3 zeigt eine Anordnung, in der sich ein Metallstab mit der Geschwindigkeit v durch ein Magnetfeld bewegt. Der Stab rollt dabei auf Metallschienen, die mit einem Spannungsmessgerät verbunden sind. Bewegt sich der gerade Leiter mit der Geschwindigkeit v nach links, so verkleinert sich die vom Magnetfeld durchsetzte Fläche A. Die in der Zeit Δt auftretende Flächenänderung ist mit $v = \Delta s / \Delta t$:

$$\Delta A = l \cdot \Delta s = l \cdot v \cdot \Delta t.$$

Mit $l \cdot v = \Delta A / \Delta t$ folgt:

$$U_{ind} = B \cdot l \cdot v = B \cdot \frac{\Delta A}{\Delta t}. \qquad (4)$$

Dies ist die Beziehung, die sich aus dem allgemeinen Induktionsgesetz für B = konst. und $\dot{A} \neq 0$ ergibt.

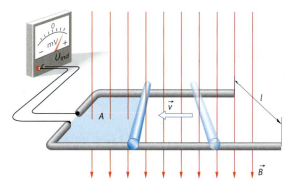

3 Verkleinern einer Leiterschleife durch Bewegen eines Stabs

AUFGABEN

1 In Exp. 1 wird auf verschiedene Arten in einer Spule eine Induktionsspannung erzeugt. Erläutern Sie für die Teilexperimente a und b, unter welchen Bedingungen der Betrag der Induktionsspannung besonders große Werte annimmt.

2 Die Leiterschaukel in Exp. 2 kann in zwei verschiedene Richtungen senkrecht zu den magnetischen Feldlinien bewegt werden: in den Magneten hinein oder aus ihm heraus. Geben Sie für beide Fälle jeweils die Polarität der Induktionsspannung des Leiterstücks an, und begründen Sie diese.

3 Die Ebene einer kreisförmigen Leiterschleife mit dem Durchmesser 6,0 cm befindet sich in einem Magnetfeld der Stärke 1,2 T. Die Feldlinien verlaufen senkrecht zur Ebene der Leiterschleife. Ermitteln Sie die mittlere Induktionsspannung an den Enden der Leiterschleife für den Fall, dass sich das Magnetfeld innerhalb von 0,01 s vollständig abbaut.

4 Ein Airbus A380, der eine Spannweite von 79,80 m besitzt, bewegt sich mit einer Geschwindigkeit von 1020 km/h. Die Vertikalkomponente des Erdmagnetfelds, die senkrecht zur Bewegungsrichtung des Flugzeugs verläuft, beträgt 40 µT.
a Bestimmen Sie die Spannung zwischen den beiden Enden der Tragflächen.
b Diskutieren Sie, ob sich diese Spannung technisch nutzen ließe.

MEILENSTEIN

7.3 *London, 29. August 1831. Michael Faraday findet einen neuen physikalischen Effekt: die elektromagnetische Induktion. Mit seinen Experimenten weist er zweifelsfrei den Zusammenhang zwischen Elektrizität und Magnetismus nach. Wie sich die Induktion technisch nutzen lässt, wird schnell erkannt. Dennoch steht für Faraday die Grundlagenforschung im Mittelpunkt, die Experimente sind für ihn vorwiegend von theoretischem Interesse. Als wesentliche Folge entwickelt er daraus seine Vorstellungen über das elektrische und das magnetische Feld.*

Faraday
entdeckt die elektromagnetische Induktion

MICHAEL FARADAY war der Sohn eines armen Hufschmieds und hatte sich als reiner Autodidakt vom Buchbinderlehrling zum Direktor der *Royal Institution* und Professor für Chemie hochgearbeitet. So beschäftigte er sich vor allem mit chemischen Experimenten, als er 1820 von einem Resultat des HANS CHRISTIAN ØRSTED erfuhr. Der dänische Physiker hatte gezeigt, dass eine Kompassnadel in der Nähe eines stromdurchflossenen Leiters abgelenkt wird: Elektrizität und Magnetismus mussten auf irgendeine Weise verwandt sein.

Ørsted gehörte zu den Vertretern der *romantischen Naturphilosophie*, die eine einheitliche Erklärung für die unterschiedlichen Wechselwirkungen in der Natur anstrebten. Seine Entdeckung gab aber nicht nur den Anhängern dieser philosophischen Strömung Auftrieb – sie beeindruckte auch den Franzosen ANDRÉ-MARIE AMPÈRE, der daraufhin begann, mit Elektrizität zu experimentieren. Ampère selbst zählte zur Schule der *Rationalisten*, die im Einfluss von NEWTON unterschiedliche Wechselwirkungen mit »fernwirkenden Fluida« zu erklären versuchten (vgl. 5.4).

Ampère fand heraus, dass zwei stromdurchflossene Drähte sich gegenseitig anziehen oder abstoßen, je nachdem, ob die Ströme in derselben oder entgegengesetzter Richtung fließen. Er schloss daraus, dass der elektrische Strom die Ursache für den Magnetismus ist. Auf welche Weise jedoch die Wirkung vermittelt wurde, war Ampère noch vollkommen unklar.

Auch andere Physiker unternahmen eine Fülle von Experimenten, um den Zusammenhang zwischen Elektrizität und Magnetismus aufzuklären. Zu ihnen gehörte Michael Faraday in England: Er stand wie Ørsted unter dem Einfluss der romantischen Naturphilosophie und war von den neuen Ergebnissen geradezu *elektrisiert*. In einem Notizbuch findet sich 1822 unter der Rubrik »Gegenstände, die weiterzuverfolgen sind« der bemerkenswerte Eintrag: »Verwandle Magnetismus in Elektrizität!«

Jedoch vergingen noch einige Jahre, bis Faraday der Induktion auf die Spur kam. Es war bekannt, dass ein elektrisch geladener Körper in einem benachbarten Körper eine Auflagung hervorrufen konnte, ohne dass es zu einem direkten Kontakt zwischen den beiden kam. Sollte es dann nicht auch möglich sein, fließende Ladung, also elektrischen Strom, zu übertragen? Dieser Frage ging Faraday in seinem Labor der *Royal Institution* in London nach.

ELEKTRIZITÄT | 7 Elektromagnetische Induktion

Faradays Experiment

Er hatte sich einen dicken Eisenring mit 15 Zentimeter Durchmesser anfertigen lassen und umwickelte eine Hälfte davon mit isoliertem Draht (A). Auf die andere Hälfte wickelte er einen zweiten isolierten Draht (B), dessen Enden er mit einem Galvanometer verband. Die Durchführung des Experiments schilderte Faraday folgendermaßen in seinem Labortagebuch: »Die Spiralen A wurden mit einer Batterie von zehn vierquadratzölligen Plattenpaaren verbunden. Das Galvanometer wurde augenblicklich ausgelenkt […]. Allein die Wirkung war bei ununterbrochenem Stromschluss keine dauernde, sondern die Nadel kehrte alsbald in ihre Ruhelage zurück.«

Faraday hatte, wie wir heute sagen würden, einen Transformator gebaut und damit das Grundprinzip der elektromagnetischen Induktion gefunden: Wenn sich die Stromstärke in einem Leiter ändert (hier: beim Ein- und Ausschalten), dann induziert das dabei entstehende, sich ebenfalls ändernde Magnetfeld in einem anderen Leiter einen elektrischen Strom.

2 Spulen, mit denen Faraday die Induktion entdeckte

Mit weiteren Experimenten fand Faraday bald heraus, dass auch ein Permanentmagnet Induktion erzeugt, wenn man ihn relativ zu einem metallischen Leiter bewegt. Damit konnte er einen Versuch von FRANÇOIS ARAGO aus dem Jahr 1824 erklären. Arago hatte festgestellt, dass eine rotierende Kupferscheibe eine darüber befindliche Kompassnadel in Rotation versetzt. Dieses *Arago'sche Rad* blieb lange Zeit unverständlich, da Kupfer keine ferromagnetischen Eigenschaften besitzt.

Faraday konnte mit eigenen Experimenten jedoch nachweisen, dass für die Wechselwirkung zwischen der Scheibe und der Kompassnadel ein Magnetfeld verantwortlich ist: Das Magnetfeld der zunächst ruhenden Nadel induziert in der rotierenden Kupferscheibe einen elektrischen Strom. Das von diesem *Wirbelstrom* hervorgerufene Magnetfeld der Scheibe führt nun dazu, dass die Nadel sich gleichsinnig mit der Scheibe zu drehen beginnt. Nach diesem Prinzip funktionieren heutige Wirbelstrombremsen (vgl. 7.7).

Die Wesensverwandtschaft von Elektrizität und Magnetismus war damit bewiesen. Andere Experimente deckten Zusammenhänge zwischen Elektrizität und Wärme auf. Später fand Faraday sogar einen Einfluss von Magnetismus auf Licht. Das bestärkte ihn in seiner Annahme, dass »alle Kräfte zusammenhängen und von einer gemeinsamen Ursache herrühren«.

Erklärung mit »Kraftlinien«

Um zu einer einheitlichen Beschreibung der zahlreichen Induktionsphänomene zu gelangen, entwickelte Faraday das Konzept der Kraftlinien – Feldlinien, wie wir heute sagen. Damalige Versuche, in denen Eisenfeilspäne den Verlauf von Magnetfeldlinien anzeigten, mögen zu dieser Vorstellung ebenso beigetragen haben wie die Erkenntnis, dass bei magnetischen und elektrischen Erscheinungen stets zwei Pole auftreten, zwischen denen sich dann »das Kraftfeld aufspannt«. Danach entsteht beispielsweise in einem Draht immer dann ein Induktionsstrom, wenn er sich quer zu den Feldlinien bewegt.

Die meisten Kollegen mochten Faraday auf diesem für sie unverständlichen Weg nicht folgen. Seiner Nichte gegenüber klagte er einmal: »Wie wenige verstehen die physikalischen Kraftlinien! Sie wollen sie nicht sehen, obwohl alle Untersuchungen die Ansicht darüber bestätigen, die ich seit vielen Jahren entwickelt habe.«

Erst drei Jahrzehnte nach Faradays Experimenten fasste JAMES CLERK MAXWELL das Konzept der Feldlinien in seinem grundlegenden Werk über Elektromagnetismus zusammen (vgl. 9.18). Hierin beschreibt er zeitlich und räumlich variierende elektrische und magnetische Felder als elektromagnetische Wellen, zu denen auch das Licht gehört.

■ AUFGABEN

1. Fertigen Sie eine Skizze zum Experiment von Ampère mit zwei stromdurchflossenen Leitern an, und erläutern Sie daran die heutige Definition von 1 Ampère als SI-Einheit.
2. Fertigen Sie eine »Nachschrift« der Seite aus Faradays Labortagebuch an. Skizzieren Sie darin das Experiment zur Induktion, gehen Sie auf die Durchführung, Beobachtung und Erklärung der Erscheinung ein.
3. Faradays Erkenntnisse führten letztlich zum Feldbegriff. Erstellen Sie eine Übersicht der Ihnen bekannten Kraftfelder. Nennen Sie Gemeinsamkeiten und Unterschiede.
4. Faraday wurde nicht nur als Experimentator, sondern auch als Vortragender berühmt. Recherchieren Sie zu seinen »Weihnachtsvorlesungen«, und berichten Sie darüber.

»Aus Bewegung Elektrizität erzeugen« – so lässt sich in der Sprache Faradays das Prinzip des Generators beschreiben. Ob in Wind-, Kohle- oder Kernkraftwerken, alle Generatoren nutzen die elektromagnetische Induktion: Leiterschleifen und Magnetfelder werden relativ zueinander in Rotation versetzt.

7.4 Wechselspannung und Generator

Durch die elektromagnetische Induktion ist es möglich, Bewegungsenergie in elektrische Energie umzuwandeln. Hierzu werden Generatoren eingesetzt, in denen sich ein Magnetfeld und elektrische Leiterspulen relativ zueinander bewegen.

Sinusförmige Wechselspannung Durch die gleichförmige Rotation einer Spule bzw. Leiterschleife in einem Magnetfeld entsteht eine Wechselspannung $U(t)$. Ihr zeitlicher Verlauf entspricht einer Sinusfunktion:

$$U(t) = U_0 \cdot \sin(\omega \cdot t). \qquad (1)$$

Die Scheitelspannung U_0 hängt dabei nicht nur von der magnetischen Feldstärke, sondern auch von der Winkelgeschwindigkeit der Rotationsbewegung ω ab. Für eine Spule der Querschnittsfläche A gilt:

$$U_0 = N \cdot B \cdot A \cdot \omega. \qquad (2)$$

Rotation einer Leiterschleife im Magnetfeld

Auch die Spannung, die bei der Drehung einer Leiterschleife bzw. Spule im Magnetfeld entsteht, wird durch das Faraday'sche Induktionsgesetz beschrieben. Im Folgenden wird die Situation in einem homogenen Feld der Stärke B betrachtet.

Der magnetische Fluss, der eine Leiterschleife bzw. Spule durchsetzt, hängt davon ab, wie die Schleife zu den Feldlinien orientiert ist. In Abb. 2 ist α der Winkel zwischen den Feldlinien und dem *Normalenvektor* $\vec{n}$. Dieser steht senkrecht auf der Fläche, die durch die Leiterschleife bzw. Spule festgelegt ist.

Für den magnetischen Fluss gilt: $\Phi = B \cdot A \cdot \cos \alpha$. Bei $\alpha = 0°$ ist die für den magnetischen Fluss *wirksame Fläche* $A \cdot \cos \alpha$ maximal, bei $\alpha = 90°$ ist sie null.

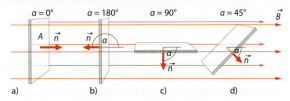

2 Der magnetische Fluss, der die Fläche A durchsetzt, hängt von der Orientierung des Normalenvektors $\vec{n}$ ab.

In Exp. 1 wird eine Leiterschleife von einem magnetischen Fluss durchsetzt; dieser lässt sich durch die Kosinusfunktion $\Phi = B \cdot A \cdot \cos \alpha$ ausdrücken. Wird die Schleife mit der Winkelgeschwindigkeit ω gedreht, so ändert sich die Orientierung der Fläche A periodisch, und es gilt: $\alpha = \omega \cdot t$. Die zeitliche Ableitung $U_{\text{ind}} = \dot{\Phi}$ ergibt eine Sinusfunktion:

$$U_{\text{ind}} = B \cdot A \cdot \frac{\mathrm{d}}{\mathrm{d}t} \cos(\omega \cdot t) = -\omega \cdot B \cdot A \cdot \sin(\omega \cdot t). \qquad (3)$$

Bei einer gleichmäßigen Drehbewegung gilt für die Umlaufzeit $T = 2\pi/\omega$. Die Frequenz der Wechselspannung beträgt dann also:

$$f = \frac{1}{T} = \frac{\omega}{2\pi}. \qquad (4)$$

EXPERIMENT 1

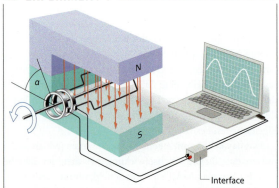

Eine Leiterschleife rotiert gleichmäßig in einem Magnetfeld. Die entstehende Spannung $U(t)$ wird von einem Messwerterfassungssystem aufgenommen.

ELEKTRIZITÄT | 7 Elektromagnetische Induktion

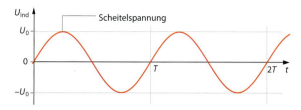

3 Sinusförmige Wechselspannung

Einfache Wechselstromgeneratoren

Die Relativbewegung zwischen Magnetfeld und Induktionsspulen wird in Generatoren anders erreicht als in Exp. 1: Die Induktionsspulen stehen fest, und zwischen ihnen rotiert ein Magnet. Beim Fahrraddynamo ist dies ein kleiner Dauermagnet, in anderen Generatoren dagegen ein Elektromagnet (Abb. 4).

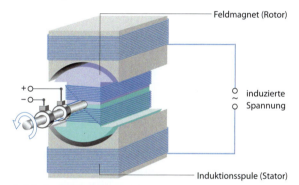

4 Prinzip des Wechselstromgenerators

TECHNIK

Drehstromnetz Unsere Haushalte werden nicht mit einer einfachen Wechselspannung versorgt, sondern sie sind an das Drehstromnetz angeschlossen: Jeder Hausanschluss besitzt drei Leitungen L_1, L_2 und L_3, die gegenüber dem Neutralleiter N eine Wechselspannung führen. Die Phasen der Wechselspannungen sind um jeweils $\Delta\varphi = 120°$ gegeneinander verschoben (Abb. 5).

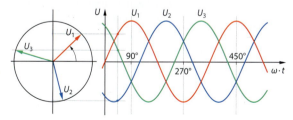

5 Spannungen in den drei Leitern des Drehstromnetzes

Das Prinzip des Drehstromnetzes zeigt Abb. 6: Im Kraftwerksgenerator bewegen sich die Pole eines rotierenden Elektromagneten an drei unabhängigen Induktionsspulen vorbei. In ihnen werden dabei die Wechselspannungen U_1, U_2 und U_3 induziert.

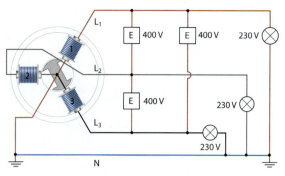

6 Drehstromgenerator und Haushaltsstromnetz. Hochspannungsstrecken und Transformatoren zwischen Generator und Haushalt sind nicht abgebildet.

Im Haushaltsnetz besteht zwischen einem Außenleiter L und dem Neutralleiter N im zeitlichen Mittel eine Spannung von 230 V. Hiermit werden die üblichen Haushaltsgeräte betrieben. Zwischen den Außenleitern L_1, L_2 und L_3 besteht jeweils eine Spannung von 400 V; auch hierbei handelt es sich um einen zeitlichen Mittelwert. Mit dieser Spannung können im Haushaltsnetz leistungsstarke Geräte wie Elektroherde oder Durchlauferhitzer versorgt werden. In technischen Betrieben wird der Dreiphasendrehstrom auch für die Motoren in kräftigen Maschinen eingesetzt.

AUFGABEN

1 a Erklären Sie mithilfe des Induktionsgesetzes und einer geeigneten Skizze, wie eine sinusförmige Wechselspannung erzeugt werden kann.
b Leiten Sie die Gleichung $U_\text{ind} = \omega \cdot N \cdot B \cdot A \cdot \sin(\omega \cdot t)$ her. Kommentieren Sie Ihr Vorgehen.
2 Eine Leiterschleife rotiert in einem Magnetfeld.

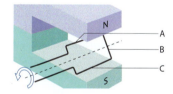

a Geben Sie an, in welche Richtung die Kräfte zeigen, die auf die Elektronen in den Leiterabschnitten A, B und C ausgeübt werden.
b Begründen Sie, dass der Leiterabschnitt B nicht zur Induktionsspannung beiträgt.
c Lässt sich die Induktionsspannung durch eine Erhöhung der Rotationsgeschwindigkeit steigern?
3 Der Rotor eines 50-Hz-Wechselstromgenerators trägt eine Spule, die eine Fläche von 0,03 m² besitzt. Sie rotiert in einem Magnetfeld der Stärke 200 mT. Ermitteln Sie die Anzahl der Windungen, die die Spule tragen muss, damit am Wechselstromgenerator eine maximale Spannung von 325 V abzugreifen ist.

Das Prinzip des Elektroschweißens ähnelt dem einer Glühlampe: Durch Stromfluss wird ein Stück Draht stark erhitzt. Zum Schmelzen eines dicken Metallstabs sind hier allerdings extreme Stromstärken von bis zu 1000 A erforderlich. Diese erreicht man mit speziellen Transformatoren schon bei niedriger Spannung.

7.5 Transformator

Nicht nur bei der Erzeugung, sondern auch bei der Übertragung elektrischer Energie wird die elektromagnetische Induktion genutzt: Im Transformator wird eine Erregerspule, die Primärspule, von einem Wechselstrom durchflossen – sie bewirkt ein Magnetfeld, das sich periodisch ändert. In einer benachbarten Spule, der Sekundärspule, wird dadurch eine Wechselspannung bzw. ein Wechselstrom erzeugt.

Wichtig für eine optimale Übertragung der Energie ist eine gute induktive Kopplung zwischen den beiden Spulen; daher werden sie auf einen geschlossenen Eisenkern gesetzt. Die magnetischen Feldlinien verlaufen im Idealfall vollständig im Eisen. Der magnetische Fluss ist dann in der Sekundärspule genauso groß wie in der Primärspule.

Für den idealen unbelasteten Transformator, bei dem auf der Sekundärseite kein Strom fließt, gilt:

$$\frac{U_2}{U_1} = \frac{N_2}{N_1}. \qquad (1)$$

Für den idealen belasteten Transformator, bei dem auf der Sekundärseite ein Strom fließt, gilt:

$$\frac{I_2}{I_1} = \frac{N_1}{N_2}. \qquad (2)$$

Sekundärspannung und Sekundärstromstärke

Einfache Transformatoren lassen sich mit zwei Spulen und einem Eisenkern aufbauen. An eine der Spulen, sie wird *Primärspule* genannt, wird eine Wechselspannung angelegt. An der anderen Spule, der *Sekundärspule*, kann die transformierte Spannung entnommen werden. Die beiden Experimente 1 und 2 lassen die Transformatorgesetze erkennen. Wird im Exp. 1 an die Primärspule die Wechselspannung U_1 angelegt, so entsteht an der Sekundärspule eine Induktionsspannung U_2 mit der gleichen Frequenz wie U_1. Je größer U_1 ist, desto größer ist auch U_2.

EXPERIMENT 1

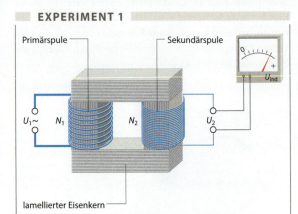

Zwei Spulen mit den Windungszahlen N_1 und N_2 werden auf einen geschlossenen Eisenkern gesetzt. An die Primärspule wird eine Wechselspannung U_1 gelegt. Die Induktionsspannung U_2 an der Sekundärspule wird in Abhängigkeit von der Primärspannung gemessen. Die Messungen werden für unterschiedliche Windungszahlverhältnisse wiederholt.

Außerdem ist U_2 umso größer, je größer N_2 und je kleiner N_1 ist. Der Betrag von U_2 hängt also vom Verhältnis der Windungszahlen N_2/N_1 ab.

Fließt in Exp. 2 durch die Primärspule der Wechselstrom I_1, so fließt durch die Sekundärspule ein Strom I_2. Je größer I_1, desto größer ist I_2. Weiterhin kann beobachtet werden, dass I_2 umso größer ist, je größer N_1 und je kleiner N_2 ist. Die Größe von I_2 hängt also vom Verhältnis der Windungszahlen ab.

Transformator und Induktionsgesetze

Durch den geschlossenen Eisenkern ist in den beiden Spulen eines idealen Transformators der magnetische Fluss Φ gleich groß. Auch die Flussänderung $\Delta\Phi$ ist daher stets in beiden Spulen gleich groß: $\Delta\Phi_1 = \Delta\Phi_2$. Damit folgt aus dem Induktionsgesetz für den Betrag der Induktionsspannung:

$$U_2 = N_2 \cdot \frac{\Delta\Phi_2}{\Delta t} = N_2 \cdot \frac{\Delta\Phi_1}{\Delta t} = N_2 \cdot \frac{U_1}{N_1}, \text{ also: } \frac{U_2}{U_1} = \frac{N_2}{N_1}. \qquad (3)$$

EXPERIMENT 2

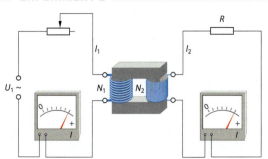

In den Primärstromkreis eines Transformators wird ein regelbarer Widerstand eingefügt. Die Stromstärken I_1 und I_2 werden für unterschiedliche Widerstandswerte gemessen. Die Messungen werden für unterschiedliche Windungszahlverhältnisse wiederholt.

Diese Gleichung gilt aber nur im Fall des unbelasteten Transformators, wenn also kein elektrischer Verbraucher an die Sekundärspule angeschlossen wird.
Im Fall eines belasteten Transformators kommt es dagegen zur Energieübertragung von der Primärspule auf die Sekundärspule. Der Wirkungsgrad von Transformatoren liegt in der Regel über 90 %. Im Idealfall einer verlustlosen Übertragung gilt für die Leistung: $P_2 = U_2 \cdot I_2 = U_1 \cdot I_1 = P_1$.
Daraus ergibt sich

$$\frac{I_2}{I_1} = \frac{U_1}{U_2} \quad \text{und mit Gl. (3)}$$

$$\frac{I_2}{I_1} = \frac{N_1}{N_2}. \tag{4}$$

Idealer und realer Transformator

Als ideal wird ein Transformator bezeichnet, wenn die elektrische Energie vollständig vom Primärstromkreis auf den Sekundärstromkreis übertragen wird. Ideale Transformatoren sind in der Praxis nicht realisierbar, da es immer zu Verlusten kommt:
– Die Kupferdrahtspulen besitzen einen elektrischen Widerstand: Der Stromfluss führt daher zu einer Erwärmung. Um die Verluste klein zu halten, müssen die Leiterquerschnitte der Spulen ausreichend dimensioniert werden.
– Im Eisenkern entstehen Wirbelströme, die ebenfalls eine Erwärmung zur Folge haben (vgl. 7.7). Um diese Wirbelströme zu begrenzen, werden in der Regel geblätterte Eisenkerne mit isolierenden Trennschichten verwendet.
– Der Eisenkern wird im Rhythmus des Wechselstroms ständig ummagnetisiert. Auch hierfür muss Energie aufgewendet werden. Am besten geeignet sind weichmagnetische Materialien, die sich leicht ummagnetisieren lassen (vgl. 6.5).

– Nicht alle Feldlinien des magnetischen Felds verlaufen im Eisenkern, es treten »Streuverluste« auf, die von der Form und dem Material des Kerns abhängen.

TECHNIK

Fernleitung elektrischer Energie Kraftwerksgeneratoren erzeugen Spannungen von 6000 bis 30 000 V. Um die Energie möglichst verlustarm über große Entfernungen zu transportieren, werden in Europa jedoch Spannungen von bis zu 400 000 V verwendet.
Jede Stromleitung hat einen ohmschen Widerstand R. Für die Verlustleistung, die dieser Widerstand verursacht, gilt: $P_V = U \cdot I = I^2 \cdot R$. Daraus lässt sich die relative Verlustleistung berechnen, also der Anteil, der bei einer bestimmten Transportleistung P verloren geht:

$$\frac{P_V}{P} = \frac{I^2 \cdot R}{U \cdot I} = \frac{I \cdot R}{U} = \frac{I \cdot U \cdot R}{U^2} = \frac{P \cdot R}{U^2}. \tag{5}$$

Ein typisches Freileitungskabel von 100 km Länge hat einen Widerstand von 10 Ω. Bei einer Übertragungsleistung von 300 MW ergeben sich sehr unterschiedliche Verluste:
$\frac{P_V}{P} = 1{,}9\,\%$ bei 400 kV und $\frac{P_V}{P} = 24{,}8\,\%$ bei 110 kV.

AUFGABEN

1 Ein idealer Transformator, der eine Leistung von 600 W aufnimmt, besitzt primärseitig 50 und sekundärseitig 100 Windungen. Die Primärspule wird an eine 115-V-Spannungsquelle angeschlossen.
   a Berechnen Sie die zur Verfügung stehende Sekundärspannung sowie die Primär- und die Sekundärstromstärke.
   b Nennen Sie Bedingungen, unter denen die verwendeten Gleichungen näherungsweise gelten.

2 Die folgende Abbildung zeigt den prinzipiellen Aufbau eines Induktionsofens. In dem rinnenförmigen Ring befindet sich Zinn. An die Primärspule mit 750 Windungen wird die Netzspannung (230 V) angeschlossen, nach kurzer Zeit schmilzt das Zinn.
   a Erklären Sie diesen Vorgang.
   b Berechnen Sie die Sekundärstromstärke für den Fall, dass die Stromstärke in der Spule 98 mA beträgt. Gehen Sie von einem idealen Transformator aus.

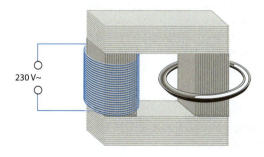

Häufig wird in elektronischen Geräten eine Gleichspannung benötigt. Die vom Transformator gelieferte Wechselspannung wird dann mit Dioden gleichgerichtet.
15.3

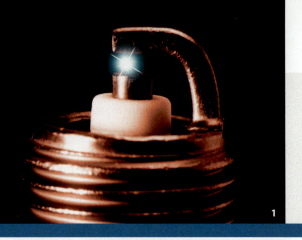

Ein Zündfunke entsteht durch den Überschlag zwischen zwei Elektroden, an denen eine hohe Spannung anliegt. Bis zu 40 000 Volt liefert eine Zündspule durch Selbstinduktion, wenn in ihr das Magnetfeld zusammenbricht.

7.6 Selbstinduktion

In einer Spule tritt eine Induktionsspannung auf, wenn sich der magnetische Fluss ändert, den die Spule umfasst. Dabei spielt es keine Rolle, ob das Magnetfeld von einem anderen Magneten oder von dem Stromfluss in der Spule selbst erzeugt wird. Ändert sich die Stromstärke in einer Spule, so ändert sich auch der magnetische Fluss – und damit entsteht in der Spule selbst eine Induktionsspannung.

Die Induktionswirkung eines Stroms auf den eigenen Leiterkreis heißt Selbstinduktion.

Wird die Stromstärke in einer Spule erhöht, so nimmt auch der magnetische Fluss in der Spule zu. Die resultierende Induktionsspannung ist dann so gerichtet, dass sie den Stromfluss hemmt: Der Aufbau des Magnetfelds wird verzögert. Die Induktionsspannung kann keine andere Polung haben, denn um den zunehmenden Stromfluss weiter zu steigern, wäre zusätzliche Energie erforderlich. Wird dagegen eine stromdurchflossene Spule von der Spannungsquelle getrennt, kommt es zu einem verzögerten Abbau der Stromstärke und des Magnetfelds in der Spule. Allgemein gilt:

Die Induktionsspannung ist stets so gerichtet, dass sie der Ursache ihrer Entstehung entgegenwirkt (Lenz'sches Gesetz).

Induktivität Der Betrag der Spannung, die durch Selbstinduktion in einer Spule hervorgerufen wird, ist proportional zur Änderungsrate der Stromstärke: $U_{\text{ind}} = -L \cdot \Delta I/\Delta t$ bzw. $U_{\text{ind}} = -L \cdot \dot{I}(t) = -\dot{\Phi}$. Die Induktivität L erfasst dabei die Eigenschaften der Spule:

$$L = \mu_0 \cdot \mu_r \cdot \frac{N^2}{l} \cdot A. \tag{1}$$

Die Einheit von L ist Henry (H): $1\,\text{H} = 1\,\text{V} \cdot \text{s}/\text{A}$.

Ein- und Ausschaltvorgang

Wird in Exp. 1 der Stromkreis geschlossen, so leuchtet die Glühlampe im Zweig mit der Induktionsspule sichtbar später auf. Beim Öffnen des Stromkreises ist dagegen kein Unterschied zwischen den Glühlampen zu erkennen.

EXPERIMENT 1

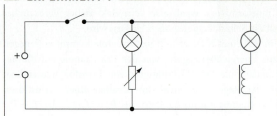

Bei zunächst geschlossenem Stromkreis wird der veränderliche Widerstand so eingestellt, dass beide Glühlampen mit gleicher Helligkeit leuchten. Anschließend wird der Schalter wiederholt geöffnet und geschlossen.

Das Einschalten bewirkt in der Spule einen zunehmenden magnetischen Fluss. Dadurch wird an den Spulenenden eine Spannung induziert, die der Quellspannung entgegengerichtet ist: Die Stromstärke nimmt in diesem Leiterzweig nur verzögert ihren endgültigen Wert an.
Nach Öffnen des Schalters nimmt der magnetische Fluss in der Spule ab. Die dadurch induzierte Spannung ermöglicht einen Ringstrom, der durch beide Zweige des Stromkreises fließt. Seine Stromstärke wird nach und nach geringer, bis sie schließlich den Wert null erreicht (Abb. 2).

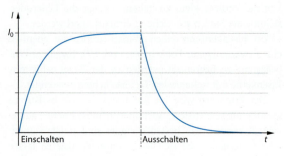

2 Stromstärke in einer Induktionsspule

Die Induktivität drückt die »Trägheit einer Spule« aus, ähnlich wie die Masse die Trägheit eines Körpers ausdrückt, der sich einer Geschwindigkeitsänderung widersetzt.

Beim Ausschalten wie in Exp. 2 nehmen Stromstärke und magnetischer Fluss in der Spule sehr schnell ab. Die starke Änderung führt zu einer Induktionsspannung, die sehr hohe Werte annehmen kann.

EXPERIMENT 2

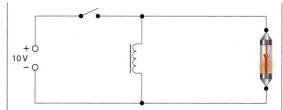

Eine Glimmlampe wird parallel mit einer Spule in einen Gleichstromkreis (U_0 = 10 V) geschaltet. Wird der Stromkreis geschlossen, leuchtet die Glimmlampe nicht. Wird er geöffnet, leuchtet sie kurz auf, obwohl die Spannung, bei der eine Glimmlampe zu leuchten beginnt, mehr als 100 V beträgt.

Induktivität L

Der Betrag der Spannung, die in einer einzelnen Spulenwindung induziert wird, lässt sich mit der Gleichung für die Feldstärke in einer Spule berechnen:
Mit $B = \mu_0 \cdot \mu_r \cdot N \cdot I/l$ gilt für die Induktionsspannung:

$$U_{ind} = \frac{d}{dt} \cdot (B \cdot A) = \mu_0 \cdot \mu_r \cdot \frac{N}{l} \cdot \frac{dI}{dt} \cdot A. \qquad (2)$$

Für den Betrag der Spannung, die in N Spulenwindungen induziert wird, gilt damit:

$$U_{ind} = \mu_0 \cdot \mu_r \cdot \frac{N^2}{l} \cdot \frac{dI}{dt} \cdot A. \qquad (3)$$

Der Faktor $L = \mu_0 \cdot \mu_r \cdot N^2/l \cdot A$ hängt nur von den Eigenschaften der Spule ab. Diese *Induktivität* gibt den Einfluss der Spule auf die Änderung der Stromstärke an.

MATHEMATISCHE VERTIEFUNG

Wächst beim Einschalten der Spannungsquelle die Stromstärke an, so ist $\dot{I} > 0$ und $U_{ind} < 0$. Damit wirkt U_{ind} der Primärspannung U_0 entgegen und verlangsamt das Anwachsen der Stromstärke.
Nimmt dagegen beim Ausschalten der Primärspannung die Stromstärke ab, ist $\dot{I} < 0$ und $U_{ind} > 0$. Damit verlangsamt U_{ind} das Abfallen der Stromstärke auf null.
Wenn Spule, Widerstand und Spannungsquelle in Reihe geschaltet sind, fällt die Primärspannung U_0 über Widerstand und Spule gemeinsam ab. Daher gilt dann:
$U_0 = I \cdot R - U_{ind} = I \cdot R + L \cdot \dot{I}$. Daraus ergibt sich als Differenzialgleichung für die Stromstärke:

$$\dot{I} + \frac{R}{L} \cdot I = \frac{U_0}{L}. \qquad (4)$$

Eine Lösung dieser Differenzialgleichung lautet für den Einschaltvorgang:

$$I(t) = \frac{U_0}{R}\left(1 - e^{-\frac{R}{L} \cdot t}\right). \qquad (5)$$

Entsprechend gilt für die Zeitabhängigkeit der Induktionsspannung an der Spule:

$$U_{ind}(t) = -U_0 \cdot e^{-\frac{R}{L} \cdot t}. \qquad (6)$$

Für den Ausschaltvorgang ergibt sich analog:

$$I(t) = \frac{U_0}{R} \cdot e^{-\frac{R}{L} \cdot t} \quad \text{und} \quad U_{ind}(t) = U_0 \cdot e^{-\frac{R}{L} \cdot t}. \qquad (7)$$

Stromstärke und Induktionsspannung nähern sich beim Ein- und Ausschalten exponentiell ihren endgültigen Werten an. Je größer die Induktivität L der Spule ist, desto langsamer erfolgt die jeweilige Annäherung.

Vorzeichen der Induktionsspannung An einer Spule mit dem Widerstand R liege eine Primärspannung U_0 an, sodass sie von einem Strom der Stärke $I_0 = U_0/R$ durchflossen wird. Bewegt man nun einen Eisenkern in die Spule, so wird eine Spannung U_{ind} induziert und eine Abnahme der Stromstärke beobachtet. Da der magnetische Fluss durch die Bewegung des Eisenkerns zunimmt, ist $\dot{\Phi} > 0$.
Die Primärspannung U_0 und U_{ind} liegen in Reihe, die Gesamtspannung beträgt $U_0 + U_{ind}$. Während der Bewegung des Eisenkerns ist $I = (U_0 + U_{ind})/R$. Wegen $I < I_0$, also $(U_0 + U_{ind})/R < U_0/R$ müssen U_{ind} und U_0 unterschiedliche Polung aufweisen. Dieser Unterschied wird im Induktionsgesetz durch das Minuszeichen berücksichtigt:

$$U_{ind} = -N \cdot \dot{\Phi}. \qquad (8)$$

AUFGABEN

1 Eine 8 cm lange Spule besitzt die Querschnittsfläche 4 cm². Die Permeabilität des Kerns beträgt μ_r = 620.
 a Ermitteln Sie die erforderliche Windungszahl der Spule, wenn die Induktivität 150 mH betragen soll.
 b Geben Sie an, wie die Windungszahl geändert werden muss, wenn bei sonst gleichen Bedingungen der Eisenkern entfernt wird und die Induktivität nach wie vor 150 mH betragen soll.

2 Eine Spule (L = 900 mH), ein offener Schalter, ein Widerstand (R = 330 Ω) und eine Gleichspannungsquelle (U_0 = 12 V) werden in Reihe geschaltet.
 a Zum Zeitpunkt $t = 0$ wird der Schalter geschlossen. Stellen Sie die Stromstärke in Abhängigkeit von der Zeit für das Zeitintervall [0 s; 20 ms] grafisch dar.
 b Die Windungszahl der Spule sei nun halb so groß wie in Teil a. Alle anderen Parameter der Spule sind unverändert. Ergänzen Sie in Ihrem Diagramm die Darstellung für diese Spule.

Die Gleichung für das Abklingen der Stromstärke entspricht von ihrer Struktur her der Gleichung für den radioaktiven Zerfall.

18.1

32 Passagiere rauschen 70 Meter in die Tiefe. – Das Abbremsen der tonnenschweren Gondel stellt hohe Anforderungen an die Sicherheit eines Freifallturms. Besonders verlässlich arbeiten hier Wirbelstrombremsen, deren Wirkung nicht auf Reibung, sondern auf Induktionsströmen beruht.

7.7 Wirbelströme

Elektromagnetische Induktion kann nicht nur in geschlossenen Leiterschleifen oder Spulen auftreten, sondern auch in massiven metallischen Körpern. In ihnen kommt es zu elektrischen Wirbelfeldern, wenn sich das magnetische Feld, von dem sie durchsetzt werden, ändert.

Wirbelströme in einer bewegten Platte Bewegt sich eine Metallplatte durch ein räumlich begrenztes Magnetfeld, so wird auf die Elektronen die Lorentzkraft ausgeübt. In den Randbereichen des Felds geraten die Elektronen in eine kreisförmige Bewegung, die den Wirbelfeldern folgt. Diese Bewegung wird auch als Wirbelstrom bezeichnet.

Richtung der Wirbelströme Die Wirbelströme erzeugen Magnetfelder, die mit dem äußeren Magnetfeld in Wechselwirkung treten. Auch in diesem Fall gilt das Lenz'sche Gesetz: Die Wirbelströme sind so gerichtet, dass sie ihrer Ursache entgegenwirken, also die Bewegung des metallischen Leiters bremsen.

Entstehung von Wirbelströmen

Abbildung 2 zeigt die Bewegung einer Metallplatte durch ein räumlich begrenztes Magnetfeld. Im Bereich des Magnetfelds unterliegt die Bewegung der Elektronen der Lorentzkraft – dieser Einfluss existiert jedoch im feldfreien Raum nicht.
Durch diesen Unterschied entsteht am Rand des Magnetfelds insgesamt eine wirbelartige Ladungsbewegung. Obwohl sich die einzelnen Elektronen in der Regel nicht auf geschlossenen Bahnen bewegen, spricht man in diesem Fall von Wirbelströmen.
Die Stärke der Wirbelströme hängt nicht nur von der magnetischen Feldstärke, sondern auch von der elektrischen Leitfähigkeit des Plattenmaterials ab: Je kleiner sein spezifischer Widerstand ist, desto stärker werden die auftretenden Wirbelströme.

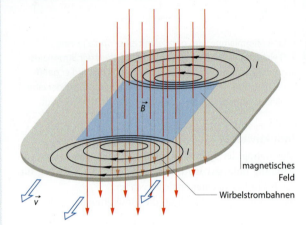

2 Bewegung einer Metallplatte durch ein Magnetfeld

Auch in einem ruhenden Metallstück können Wirbelströme entstehen: Der Wechselstrom in Exp. 1 bewirkt ein Magnetfeld, das fortwährend seine Stärke und seine Richtung ändert. Dadurch werden im massiven Eisenkern Wirbelströme erzeugt, die aufgrund des elektrischen Widerstands zu einer Erwärmung des Materials führen. Ein Aufteilen des Eisenkerns in elektrisch isolierte Schichten verhindert dagegen das Entstehen größerer Wirbelströme.

EXPERIMENT 1

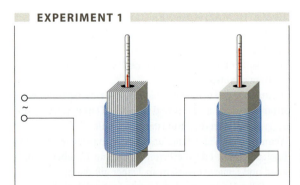

Zwei gleichartige Spulen werden mit einem massiven und einem geblätterten Eisenkern versehen. Durch die in Reihe geschalteten Spulen fließt ein Wechselstrom. Die Erwärmung der Eisenkerne wird beobachtet.

Beim freien Fall aus 70 m Höhe erreicht man eine Geschwindigkeit von über 130 km/h.

Bremswirkung von Wirbelströmen

In Exp. 2 lässt sich eine Bremswirkung von Wirbelströmen nachweisen. Auch wird darin deutlich, wie die Entstehung von Wirbelströmen unterdrückt werden kann: Wird ein massiver Körper mit Schlitzen versehen, so werden die Bewegungspfade der Elektronen unterbrochen.

EXPERIMENT 2

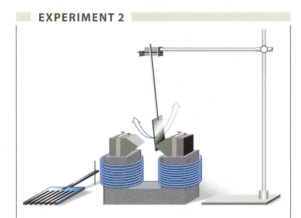

Ein Pendel mit einer Aluminiumplatte wird ausgelenkt; anschließend taucht es in das Magnetfeld eines Elektromagneten ein.
Im Magnetfeld wird das Pendel stark abgebremst. Bei Benutzung einer geschlitzten Aluminiumplatte schwingt das Pendel deutlich länger.

Die Richtung der Wirbelströme ist auch durch das Lenz'sche Gesetz bzw. den Energieerhaltungssatz vorgegeben: Die Wirbelströme sind stets so gerichtet, dass sie der Ursache ihrer Entstehung entgegenwirken, also wie in Exp. 2 die Bewegung einer Leiterplatte hemmen.

Wirbelströme und Wirbelfeld

Jedes zeitlich veränderliche Magnetfeld hat ein elektrisches Wirbelfeld mit ringförmig geschlossenen Feldlinien zur Folge. Sofern bewegliche Ladungsträger vorhanden sind, können sich aufgrund dieses Wirbelfelds ringförmige Ströme bilden, die ihrerseits ein Magnetfeld verursachen.
Aber auch wenn keine fließenden Ladungsträger vorliegen und kein Stromfluss einsetzt, entstehen in der Umgebung der zeitlich veränderlichen elektrischen Felder wiederum magnetische Felder. JAMES CLERK MAXWELL hat diese Erscheinungen in der Mitte des 19. Jahrhunderts analysiert und daraus die Existenz elektromagnetischer Wellen vorhergesagt (vgl. 9.18).

TECHNIK

Auf Schnellfahrstrecken kommen bei ICE-3-Zügen neben den konventionellen Reibungsbremsen auch Wirbelstrombremsen zum Einsatz. Sie haben den Vorteil, dass sie auch bei Schnee oder Nässe absolut zuverlässig funktionieren.

Das Magnetfeld wird in starken Elektromagneten dicht über den Schienen in den Drehgestellen des Zugs erzeugt (Abb. 3). Die Wirbelströme und die Umwandlung der Bremsenergie treten dann in den Schienen auf. Von dort kann die entstehende Wärme gut abgeleitet werden.

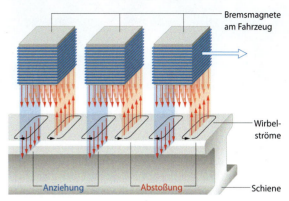

3 Funktionsweise einer Wirbelstrombremse am ICE

Der Betrieb von Achterbahnen und Freifalltürmen muss nicht nur von der Witterung, sondern auch von einem plötzlichen Stromausfall unabhängig sein. Deshalb wird hier auf den Einsatz von Elektromagneten verzichtet. Bei der Achterbahn sind unterhalb jedes Wagens *Bremsschwerter* montiert, die an den vorgesehenen Bremspunkten auf der Strecke zwischen die Pole von kräftigen Permanentmagneten geraten. Bei Freifalltürmen sind die Schwerter vertikal am Turm montiert und die Magnete an der Gondel.

AUFGABEN

1 Begründen Sie, dass die Spulenkerne in Elektromotoren und Generatoren in der Regel aus geblättertem Eisen bestehen.

2 Ein Aluminiumring sitzt locker auf einem Eisenkern, der aus einer Spule herausragt:

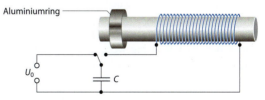

Beschreiben und erläutern Sie den Vorgang, der nach dem Betätigen des Umschalters einsetzt.

3 Eine kreisrunde Aluminiumscheibe ($r = 15$ cm) rotiert mit einer Winkelgeschwindigkeit von $1{,}05$ s^{-1} in einem homogenen Magnetfeld der Stärke $0{,}8$ T. Die magnetischen Feldlinien verlaufen parallel zu der ebenfalls aus Aluminium bestehenden Rotationsachse. Skizzieren Sie die Situation, und berechnen Sie die Spannung, die zwischen der Rotationsachse und dem Rand der Aluminiumscheibe entsteht.

Neutronensterne sind Objekte aus komprimierter Materie, die von extrem starken Magnetfeldern umgeben sind. Die Energiedichte eines Felds lässt sich mit der Gleichung $E = m \cdot c^2$ in eine Massendichte umrechnen – danach wäre ein Feld der Stärke 10^8 Tesla »schwerer als Blei«.

7.8 Energie des Magnetfelds

Jedes Feld, ob Gravitationsfeld, elektrisches Feld oder auch das Magnetfeld, besitzt Energie: Zum Aufbau eines Magnetfelds ist Energie erforderlich, beim Abbau des Felds wird seine Energie in andere Energieformen umgewandelt.

Feldenergie einer Spule Dass ein Magnetfeld Energie besitzt, wird deutlich, wenn in einem Stromkreis mit einer Spule und einem Verbraucher die Spannungsquelle abgeschaltet wird: Der Strom fließt noch eine Zeit lang weiter. Im Verbraucher wird dann noch Energie umgewandelt, die nicht mehr aus der Spannungsquelle kommt, sondern aus dem magnetischen Feld stammt. Der Betrag der Feldenergie hängt nur von den Spuleneigenschaften und der Stromstärke ab:

$$E_{\text{mag}} = \frac{1}{2} L \cdot I^2. \quad (1)$$

Abschalten eines Magnetfelds

Wenn eine stromdurchflossene Spule zusammen mit einem parallel geschalteten Verbraucher von der Spannungsquelle getrennt wird, geht die Stromstärke nicht sofort auf null zurück, sondern der Spulenstrom fließt noch für eine gewisse Zeit in derselben Richtung weiter (vgl. 7.6). Abbildung 2 zeigt den zeitlichen Verlauf der Leistung $P(t) = U_{\text{ind}}(t) \cdot I(t)$ am Verbraucher. Die Spule wird zum Zeitpunkt $t = 0$ abgeschaltet, die Leistung sinkt langsam auf null ab. Die gesamte Energie, die nach dem Abschalten im Verbraucher umgewandelt wird, stammt aus dem Magnetfeld der Spule. Sie entspricht der Fläche unter dem Graphen von $P(t)$.

Berechnung der magnetischen Energie

Zur Berechnung der magnetischen Energie wird im Folgenden eine *ideale Spule* betrachtet, deren Drähte keinerlei ohmschen Widerstand besitzen. Wird an eine solche Spule eine konstante Spannung angelegt, steigt die Stromstärke immer mehr an.

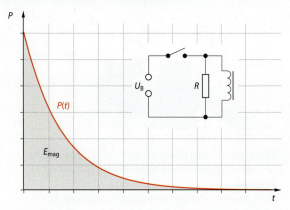

2 Leistung am Verbraucher nach dem Abschalten einer Spule

Die Batteriespannung U_B in Abb. 3 ist gleich der Spannung U_L, die über der Spule abfällt. Dies ist die Induktionsspannung, die durch Selbstinduktion zustande kommt. Für die Beträge der Spannungen gilt also:

$$U_B = U_{\text{ind}} = L \cdot \frac{\Delta I}{\Delta t}. \quad (2)$$

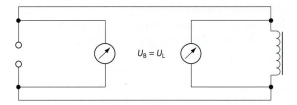

3 Spannung an einer idealen Spule

Die Batteriespannung ist zeitlich konstant (Abb. 4a). Die Stromstärke nimmt also gleichmäßig zu:

$$\frac{\Delta I}{\Delta t} = \frac{U_B}{L} = \text{konst.} \quad (3)$$

In Abb. 4b ergibt sich für den Stromstärkeverlauf $I(t)$ eine Gerade. Nach einer Zeit t beträgt die Stromstärke:

$$I_t = \frac{U_B}{L} \cdot t. \quad (4)$$

Von der Energie eines Felds zu sprechen, entspricht den Annahmen einer Nahwirkungstheorie.

ELEKTRIZITÄT | 7 Elektromagnetische Induktion

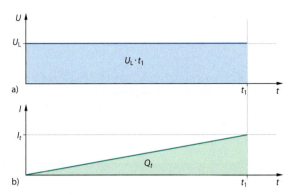

4 Konstante Batteriespannung und gleichmäßiger Stromstärkeanstieg an der idealen Spule

Während dieser Zeit ist die Ladung $Q_t = \frac{1}{2} I_t \cdot t$ durch die Spule geflossen. Die Energie, die dabei umgewandelt wurde, beträgt:

$$E = Q_t \cdot U_B = \frac{1}{2} I_t \cdot t \cdot I_t \cdot \frac{L}{t} = \frac{1}{2} L \cdot I_t^2. \qquad (5)$$

Da keine weiteren Energieumwandlungen stattgefunden haben, muss dies die Energie des magnetischen Felds sein. Die kinetische Energie der fließenden Ladungsträger ist bei diesem Prozess zu vernachlässigen.

Vergleich von Energieformen Der Ausdruck (5) für die magnetische Energie zeigt die gleiche Struktur wie die Ausdrücke für andere Energieformen:

$$E_{kin} = \frac{1}{2} m \cdot v^2; \quad E_{spann} = \frac{1}{2} D \cdot s^2; \quad E_{el} = \frac{1}{2} C \cdot U^2. \qquad (6)$$

Die jeweilige Konstante beschreibt den Widerstand eines Systems gegen Zustandsänderungen. Die Masse m drückt den Widerstand eines Körpers gegen Geschwindigkeitsänderungen aus. Die Federkonstante D gibt den Widerstand einer Feder gegen eine Längenänderung an. Die Kapazität C eines Kondensators beschreibt den Widerstand eines Kondensators gegen Spannungsänderungen. In diesem Sinne steht die Induktivität L einer Spule für den Widerstand einer Spule gegen eine Stromstärkeänderung.

TECHNIK

Magnetfelder als Energiespeicher Die Versorgung von Haushalten mit einer konstanten Netzspannung ist in aller Regel ausreichend gewährleistet: Kleinere Spannungsschwankungen führen bei Betrieb der üblichen Geräte nicht zu Problemen. Es gibt allerdings zahlreiche industrielle Fertigungsanlagen, die sehr sensibel auf Schwankungen der Stromversorgung reagieren. Um sie vor Spannungseinbrüchen und Überspannungen zu schützen, werden Puffersysteme eingesetzt, die kurzfristig Energie liefern oder abgeben können.

Als Energiespeicher werden seit Langem Bleiakkus, Kondensatoren, Druckluftbehälter oder auch Schwungräder verwendet, die alle unterschiedliche Vor- und Nachteile haben. Eine Alternative bieten neuerdings supraleitende magnetische Energiespeicher (SMEs), in denen sich eine große Spule zum Aufbau starker Magnetfelder befindet. Diese Spule besteht aus einem Material, das bei tiefen Temperaturen supraleitend wird (vgl. 15.6); bei entsprechender Kühlung kommt sie daher einer idealen, verlustfrei arbeitenden Spule sehr nahe.

Der besondere Vorteil solcher Anlagen besteht darin, dass sie Energie fast ohne zeitlichen Verzug speichern und abgeben können. Außerdem erreichen sie eine lange Lebensdauer, da sie keine mechanischen Verschleißteile enthalten. Im Gegensatz zu Kondensatoren, deren Spannung während des Entladeprozesses abnimmt, liefern SMEs auch zeitlich konstante Spannungen.

Derzeit sind solche magnetischen Speichersysteme noch verhältnismäßig teuer. Es besteht allerdings die Hoffnung, die Kosten auf das Niveau von Bleiakkus zu senken – damit wären die SMEs immerhin billiger als Schwungräder. Mit Druckluft- oder Pumpspeichern könnten sie jedoch noch nicht mithalten.

Die größten SME-Prototypen haben gegenwärtig eine Speicherkapazität von 20 MW·h. Sie können über eine Dauer von 100 Sekunden eine Leistung von 400 MW erbringen, also ein mittleres Kraftwerk ersetzen.

AUFGABEN

1 Eine Spule ohne Kern besitzt 1500 Windungen, 6,5 cm Länge und 5 cm^2 Querschnittsfläche. Sie wird von einem Strom der Stärke 620 mA durchflossen.
a Ermitteln Sie die in dem magnetischen Feld der Spule gespeicherte Energie.
b Erklären Sie, warum die Energie größer wäre, wenn die Spule einen Eisenkern hätte.

2 Gegeben ist die folgende Schaltung. Sie enthält eine Halbleiterdiode D, die bewirkt, dass die Elektronen in diesem Leiterabschnitt nur in Pfeilrichtung fließen können. Der Kondensator ist zunächst entladen.

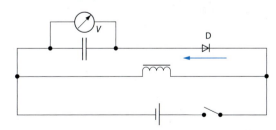

a Erklären Sie den Vorgang, der nach dem Öffnen des Schalters abläuft.
b Erläutern Sie, wie man mithilfe dieses Aufbaus die Energie des Magnetfelds bestimmen kann.

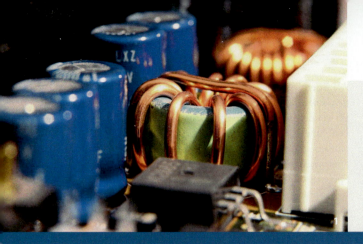

Wer alte Verstärker aufschraubt, kann auf eine Ansammlung großer Kondensatoren und Spulen stoßen. Selbst wenn diese in neuen, miniaturisierten Geräten kaum noch als solche zu erkennen sind: Kondensator und Spule bestimmen auch hier das Geschehen im Wechselstromkreis.

7.9 Kondensator und Spule im Wechselstromkreis

In einem Wechselstromkreis verhalten sich Kondensatoren und Spulen anders als im Gleichstromkreis.

Kapazitiver Widerstand Ein Kondensator besitzt im Gleichstromkreis einen unendlich großen Widerstand: Er verhindert – abgesehen vom Einschaltvorgang –, dass ein Gleichstrom fließt. Beim Anlegen einer sinusförmigen Wechselspannung kommt es dagegen zu einem Stromfluss, da der Kondensator ständig aufgeladen und wieder entladen wird. Der damit verbundene kapazitive Widerstand beträgt:

$$X_C = \frac{1}{2\pi \cdot f \cdot C} = \frac{1}{\omega \cdot C}. \qquad (1)$$

Die Einheit von X_C ist Ohm (Ω). Mit größer werdender Frequenz nimmt der kapazitive Widerstand ab: Der Kondensator wird häufiger umgeladen, es fließt also pro Zeit mehr Ladung im Stromkreis.

Induktiver Widerstand In einem Gleichstromkreis ist der ohmsche Widerstand einer idealen Spule gleich null. Fließt in der Spule jedoch ein Wechselstrom, so kommt es zur Selbstinduktion: Die Änderung der Stromstärke wird gehemmt. Der entsprechende induktive Widerstand beträgt:

$$X_L = 2\pi \cdot f \cdot L = \omega \cdot L. \qquad (2)$$

Die Einheit von X_L ist Ohm (Ω). X_L nimmt mit der Frequenz des Wechselstroms zu: Je öfter in einer bestimmten Zeit umgepolt wird, desto öfter wird auch die Selbstinduktion der Spule wirksam.

Phasenunterschiede Bei rein kapazitivem Widerstand eilt die Stromstärke der Spannung um $\pi/2$ voraus, bei rein induktivem Widerstand läuft sie der Spannung um $\pi/2$ hinterher.

Ohmscher Widerstand

Ein ohmscher Widerstand verhält sich in einem Wechselspannungskreis ähnlich wie im Gleichstromkreis: Die Behinderung der Elektronenbewegung hängt nicht von der Stromrichtung ab. Wird an ein ohmsches Bauelement eine Wechselspannung $U(t) = U_0 \cdot \sin(2\pi \cdot f \cdot t) = U_0 \cdot \sin(\omega \cdot t)$ angelegt, so beträgt mit $I = U/R$ die Stromstärke darin $I(t) = I_0 \cdot \sin(2\pi \cdot f \cdot t) = I_0 \cdot \sin(\omega \cdot t)$. Der Widerstand dieses Bauelements ist unabhängig von der Frequenz f der Wechselspannung. Auch führt ein ohmsches Bauelement nicht zu einer Phasenverschiebung zwischen $I(t)$ und $U(t)$.

Verhalten bei Gleich- und Wechselspannung

Das unterschiedliche Verhalten von Kondensator und Spule lässt sich in Exp. 1 untersuchen. Die Glühlampe wird im Teil a von einem Wechselstrom durchflossen. Im Teil b wird der Wechselstrom durch die Selbstinduktion der Spule stark behindert.

EXPERIMENT 1

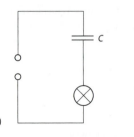
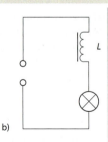

a) Ein Kondensator wird mit einer Glühlampe in Reihe geschaltet. Die Lampe leuchtet, wenn eine Wechselspannung angelegt wird, bei Gleichspannung jedoch nicht.
b) Statt des Kondensators wird eine Spule eingesetzt. Die Lampe leuchtet bei Gleichspannung hell, bei Wechselspannung erlischt sie nahezu.

Phasenbeziehung bei kapazitivem Widerstand

Ein Kondensator wird durch eine Wechselspannung fortwährend aufgeladen, entladen und anschließend mit umgekehrter Polung wieder aufgeladen. Der zeitliche Verlauf von Stromstärke und Spannung zeigt sich in Exp. 2.

EXPERIMENT 2

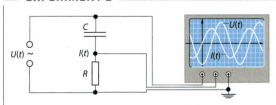

Ein Kondensator wird an eine Wechselspannungsquelle angeschlossen. Die Spannung $U(t)$ und die Stromstärke $I(t)$ werden mit einem Zweikanaloszilloskop aufgezeichnet. Die Stromstärke eilt der Spannung um eine viertel Periode ($\pi/2$) voraus.

Um den Kondensator aufzuladen, muss erst einmal ein Ladestrom fließen. Daher erreicht die Stromstärke ihren Maximalwert vor der Spannung.

Gleichung für den kapazitiven Widerstand Für die Ladung eines Kondensators gilt: $Q(t) = C \cdot U(t)$.
Mit $I = \dot{Q}$ folgt: $I = C \cdot \dot{U}$.
Liegt am Kondensator die Spannung $U(t) = U_0 \cdot \sin(\omega \cdot t)$ an, so folgt mit $(d/dt)\sin(\omega \cdot t) = \omega \cdot \cos(\omega \cdot t)$
für die zeitabhängige Stromstärke:
$I(t) = C \cdot dU/dt = \omega \cdot C \cdot U_0 \cdot \cos(\omega \cdot t)$.
Mit $\cos x = \sin(x + \pi/2)$ erhält man:
$I(t) = \omega \cdot C \cdot U_0 \cdot \sin(\omega \cdot t + \pi/2) = I_0 \cdot \sin(\omega \cdot t + \pi/2)$.
Als kapazitiver Widerstand X_C wird das Verhältnis der Scheitelwerte von Spannung und Stromstärke bezeichnet:

$$X_C = \frac{U_0}{I_0} = \frac{U_0}{\omega \cdot C \cdot U_0} = \frac{1}{\omega \cdot C} = \frac{1}{2\pi \cdot f \cdot C}. \qquad (3)$$

Nimmt die Kapazität eines Kondensators zu, so sinkt sein kapazitiver Widerstand. Dann kann bei gleicher Spannung pro Zeit mehr Ladung auf die Kondensatorplatten fließen.

Phasenbeziehung bei induktivem Widerstand
Eine Spule im Wechselstromkreis kann in gleicher Weise untersucht werden wie ein Kondensator:

EXPERIMENT 3

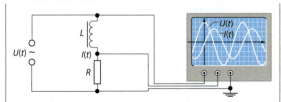

Eine Spule wird an eine Wechselspannungsquelle angeschlossen. Die Spannung $U(t)$ und die Stromstärke $I(t)$ werden mit einem Zweikanaloszilloskop aufgezeichnet. Die Stromstärke läuft der Spannung um eine viertel Periode ($\pi/2$) hinterher.

Gleichung für den induktiven Widerstand Fließt in einer Spule ein Wechselstrom mit $I(t) = I_0 \sin(\omega \cdot t)$, so wird in ihr die Spannung U_{ind} induziert. Für eine ideale Spule ohne ohmschen Widerstand gilt dann: $U(t) = -U_{ind}(t)$.
Mit $U_{ind} = -L \cdot \dot{I}$ ergibt sich:

$$U(t) = -U_{ind}(t) = L \cdot \dot{I} = \omega \cdot L \cdot I_0 \cdot \cos(\omega \cdot t). \qquad (4)$$

Für den induktiven Widerstand der Spule X_L gilt also:

$$X_L = \frac{U_0}{I_0} = \frac{\omega \cdot L \cdot I_0}{I_0} = \omega \cdot L. \qquad (5)$$

Der induktive Widerstand ist umso größer, je größer die Induktivität L ist. Denn eine große Induktivität bewirkt eine große Induktionsspannung, die den Stromfluss hemmt.

Energieumwandlungen: Wirk- und Blindwiderstand

In einem ohmschen Widerstand wird unabhängig davon, ob er von Gleich- oder Wechselstrom durchflossen wird, elektrische Energie in thermische Energie umgewandelt. Er wird deshalb als Wirkwiderstand bezeichnet.

Ein Kondensator, der an eine Wechselspannungsquelle angeschlossen ist, nimmt im ersten Viertel der Spannungsperiode Energie auf, um das elektrische Feld aufzubauen; er gibt im zweiten Viertel diese im elektrischen Feld gespeicherte Energie wieder an die Spannungsquelle ab. Sein kapazitiver Widerstand wird deshalb als Blindwiderstand bezeichnet.

Befindet sich in einem Wechselstromkreis nur eine ideale Spule mit dem ohmschen Widerstand $R = 0$, wird keine elektrische Energie in thermische Energie umgewandelt. Der Wechselstrom erzeugt in der Spule periodisch ein Magnetfeld; die in ihm gespeicherte Energie wird aber immer wieder an den Stromkreis zurückgegeben, sobald es zusammenbricht. Auch der induktive Widerstand ist daher ein Blindwiderstand.

AUFGABEN

1 Gegeben sind eine Spule mit der Induktivität 0,2 H und ein Kondensator der Kapazität 100 µF.
a Stellen Sie in einem Diagramm dar, wie der induktive Widerstand und der kapazitive Widerstand von der Frequenz f abhängen. Ermitteln Sie dazu für mindestens fünf verschiedene Frequenzen im Bereich von 10 bis 100 Hz Werte von X_L und X_C.
b Berechnen Sie diejenige Frequenz, bei der der induktive Widerstand der Spule genauso groß ist wie der kapazitive Widerstand des Kondensators. Kennzeichnen Sie Ihr Ergebnis im Diagramm zu Teil a.

2 Berechnen Sie die Blindwiderstände eines Kondensators der Kapazität $C = 20$ µF sowie einer Spule der Induktivität $L = 800$ mH für die Frequenzen $f_1 = 50$ Hz und $f_2 = 200$ kHz.

Zur sauberen Wiedergabe von Bässen und Höhen enthalten Hi-Fi-Boxen unterschiedliche Lautsprecher. Tieftöner und Hochtöner werden jeweils nur mit den Teilen des Klangsignals versorgt, für die sie optimiert sind. Die Aufteilung der Signale erfolgt in »Weichen«, die bestimmte Frequenzen sperren und andere gut hindurchlassen.

7.10 Schaltungen mit Widerstand, Spule und Kondensator

Die Wechselstromwiderstände von Spulen und Kondensatoren sind in unterschiedlicher Weise von der Frequenz abhängig: $X_L \sim \omega$ und $X_C \sim 1/\omega$. Durch Kombination von Spulen und Kondensatoren lassen sich daher gezielt bestimmte Frequenzbereiche von Wechselströmen beeinflussen. Dies wird beispielsweise in der Signalübertragung genutzt.

Der Widerstand einer Wechselstromschaltung wird als **Impedanz Z** bezeichnet. Die Impedanz ergibt sich als Quotient aus den Effektivwerten von Spannung und Stromstärke. Speziell für die Reihenschaltung gilt:

$$Z = \sqrt{R^2 + (X_L - X_C)^2} = \sqrt{R^2 + \left(\omega \cdot L - \frac{1}{\omega \cdot C}\right)^2}. \quad (1)$$

Reihenschaltung

Bei einer Reihenschaltung von Widerständen ist in einem Gleichstromkreis der Gesamtwiderstand gleich der Summe der Teilwiderstände.

EXPERIMENT 1

Im abgebildeten Reihenstromkreis werden Gesamtspannung und Teilspannungen an den einzelnen Bauelementen gemessen. Die Summe der Teilspannungen wird mit der Gesamtspannung verglichen. Die Teilwiderstände werden aus den Messwerten für U und I berechnet und mit dem Gesamtwiderstand verglichen.

Entsprechend ist die Gesamtspannung gleich der Summe der Teilspannungen, die über den einzelnen Widerständen abfällt. Im Wechselstromkreis sind die Verhältnisse jedoch anders (Exp. 1). Der Grund dafür ist die Phasenverschiebung zwischen Stromstärke $I(t)$ und Spannung $U(t)$.

Phasenunterschied Bei rein kapazitivem Widerstand eilt die Stromstärke der Spannung um $\pi/2$ voraus, bei rein induktivem läuft sie der Spannung um $\pi/2$ hinterher. Ein ohmscher Widerstand hat keinen Einfluss auf den zeitlichen Verlauf von Stromstärke und Spannung.

Für den Fall, dass die unterschiedlichen Widerstandstypen kombiniert werden, lässt sich der Phasenunterschied $\Delta\varphi$ zwischen Spannung und Stromstärke in einem Zeigerdiagramm darstellen (Abb. 2). Hieraus ergibt sich mit dem Satz des PYTHAGORAS auch die Impedanz der Schaltung, also der Betrag Z des resultierenden Gesamtwiderstands:

$$Z = \sqrt{R^2 + (X_L - X_C)^2}.$$

Für die Phasenverschiebung gilt:

$$\tan\Delta\varphi = \frac{X}{R} = \frac{X_L - X_C}{R} = \frac{\omega \cdot L - \frac{1}{\omega \cdot C}}{R}. \quad (2)$$

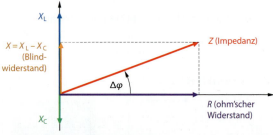

2 Zeigerdiagramm für eine Reihenschaltung von induktivem, kapazitivem und ohmschem Widerstand

Frequenzabhängigkeit im Siebkreis Aus der Gleichung für die Impedanz (1) folgt, dass für große Kreisfrequenzen ω der Blindwiderstand groß wird, weil der Term $\omega \cdot L$ groß ist, die Spule also »sperrt«. Für kleine Werte von ω wird der Blindwiderstand ebenfalls groß, weil dann $1/(\omega \cdot C)$ groß ist und der Kondensator »sperrt«.

Eine besondere Kombination von Induktivität und Kapazität stellen Radioantennen dar, mit denen elektromagnetische Wellen übertragen werden. → 9.12

Die Impedanz ist minimal, wenn der Blindwiderstand null ist, wenn also gilt: $X = \omega_0 \cdot L - 1/(\omega_0 \cdot C) = 0$. Dann ist $Z = R$. Daraus ergibt sich:

$$\omega_0 = \frac{1}{\sqrt{L \cdot C}} \quad \text{bzw.} \quad f_0 = \frac{1}{2\pi \cdot \sqrt{L \cdot C}}. \tag{2}$$

Für diesen Fall ist die effektive Stromstärke maximal. Jede Reihenschaltung von Spule und Kondensator besitzt also eine charakteristische **Eigenfrequenz** f_0, bei der die effektive Stromstärke besonders große Werte annimmt. Eine Reihenschaltung aus Spule und Kondensator ist daher in der Lage, aus einem breiten Frequenzspektrum einen Wechselstrom mit der Frequenz f_0 herauszufiltern. Daher wird diese Anordnung auch als Siebkreis oder Siebkette bezeichnet. In Abb. 3 ist außerdem zu erkennen, dass bei abnehmendem Wirkwiderstand die Stromstärke ansteigt und die Kurvenverläufe schmaler werden.

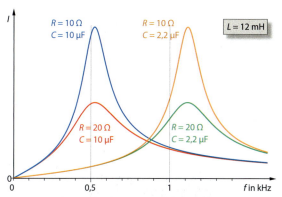

3 Frequenzabhängigkeit der Stromstärke bei einer Reihenschaltung von X_L, X_C und R

Parallelschaltung von Spule und Kondensator

Das Verhalten eines Wechselstromkreises bei einer Parallelschaltung von Spule und Kondensator zeigt Exp. 2.

EXPERIMENT 2

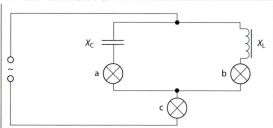

An eine Wechselspannungsquelle wird ein Parallelstromkreis aus Spule mit geschlossenem Eisenkern und Kondensator angeschlossen. Die Spannung wird so groß gewählt, dass die Glühlampen a und c hell leuchten. Dann wird der Spulenkern so weit verschoben, bis die Glühlampe c erlischt und nur noch die Glühlampen a und b hell leuchten.

Bei einer bestimmten Kombination von L und C ist der Wechselstromwiderstand der Parallelschaltung am größten, sodass nahezu kein Strom mehr durch die Glühlampe c fließt – der Strom fließt nur innerhalb des Parallelkreises.

Frequenzabhängigkeit im Sperrkreis Die Frequenzabhängigkeit des Wechselstromkreises bei einer Parallelschaltung von Spule und Kondensator zeigt Abb. 4. Bei einer bestimmten Frequenz ist die Stromstärke am kleinsten: In einem Frequenzgemisch wird die Wechselspannung mit dieser Frequenz unterdrückt. Deshalb wird diese Anordnung auch als Sperrkreis bezeichnet. Über die Größe des ohmschen Widerstands R lässt sich die Tiefe des Stromstärkeminimums steuern.

Wenn die Scheitelwerte der Stromstärke in Spule und Kondensator gleich groß sind, ist $X_L = X_C$, also $\omega_0 \cdot L = 1/(\omega_0 \cdot C)$. Für die **Sperrfrequenz** f_0 gilt also dieselbe Gleichung wie für die Eigenfrequenz des Siebkreises (Gl. 2).

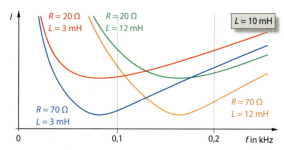

4 Frequenzabhängigkeit der Stromstärke bei einer Parallelschaltung von X_L und X_C

■ AUFGABEN

1 Ein Kondensator soll mit einer Spule der Induktivität 2,4 H in Reihe geschaltet werden. Wie groß muss seine Kapazität sein, damit bei der Frequenz 50 Hz die Stromstärke maximal wird?

2 Mit Klangreglern lässt sich beeinflussen, ob hauptsächlich tiefe oder hohe Frequenzen eines Audiosignals wiedergegeben werden. Im einfachsten Fall bestehen die Regler aus Kondensator und Widerstand:

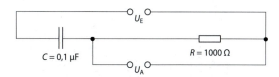

a Berechnen Sie für die Eingangsspannung $U_E = 0{,}2$ V jeweils die Ausgangsspannung U_A für $f_1 = 100$ Hz und $f_2 = 10$ kHz. Geben Sie jeweils das Verhältnis von Ausgangs- zu Eingangsspannung an.

b Der 1000-Ω-Widerstand wird durch einen veränderlichen Widerstand ersetzt. Wie lässt sich durch Änderung dieses Widerstands der Klang beeinflussen?

In Hochspannungsleitungen kommt es stets zu Energieverlusten. Je nach Spannung und Distanz werden ein paar Prozent der transportierten Energie als Wärme in die Umwelt abgegeben. Doch auch »Blindströme« belasten die Netze und tragen zu den Leitungsverlusten bei: Mehr als 10 Milliarden Kilowattstunden entschwinden auf diese Weise jedes Jahr aus Deutschlands Freileitungen.

7.11 Leistung im Wechselstromkreis

Die Leistung im Stromkreis ist als Produkt aus Spannung und Stromstärke definiert. Im Wechselstromkreis sind diese Größen nicht konstant, daher ist auch die Leistung zeitabhängig: $P(t) = U(t) \cdot I(t)$.

Effektivwerte Bei einem ohmschen Widerstand und sinusförmigem Spannungsverlauf $U(t) = U_0 \cdot \sin(\omega \cdot t)$ gilt für die mittlere Leistung:

$$\overline{P} = \frac{1}{2} \frac{U_0^2}{R} = \frac{U_{\text{eff}}^2}{R}. \tag{1}$$

Die Effektivwerte für die Spannung und die Stromstärke sind:

$$U_{\text{eff}} = \frac{U_0}{\sqrt{2}} \quad \text{und} \quad I_{\text{eff}} = \frac{I_0}{\sqrt{2}}. \tag{2}$$

Wirkleistung und Blindleistung Während bei rein ohmschem Widerstand Stromstärke und Spannung stets phasengleich verlaufen, tritt bei kapazitivem und induktivem Widerstand eine Phasenverschiebung $\Delta\varphi$ auf: Stromstärke und Spannung haben zeitweilig unterschiedliche Vorzeichen, das Produkt $U(t) \cdot I(t)$ ist dann negativ.

Als Wirkleistung wird derjenige Anteil der elektrischen Leistung bezeichnet, der vom Wechselstromkreis abgegeben wird. Die Blindleistung kann nicht der Leistungsübertragung dienen, sie belastet jedoch das Stromnetz. Blindleistungen lassen sich reduzieren, indem Kondensatoren als Phasenschieber eingesetzt werden. Es gilt:

Wirkleistung: $P_W = I_{\text{eff}} \cdot U_{\text{eff}} \cdot \cos\Delta\varphi$ (3)

Blindleistung: $P_B = I_{\text{eff}} \cdot U_{\text{eff}} \cdot \sin\Delta\varphi$ (4)

Leistung bei ohmschem Widerstand

Befindet sich in einem Wechselstromkreis lediglich ein ohmscher Widerstand, so folgt die Stromstärke dem Spannungsverlauf ohne Phasenverschiebung. Bei einer sinusförmigen Wechselspannung mit $U(t) = U_0 \cdot \sin(\omega \cdot t)$ ist daher $I(t) = U(t)/R = I_0 \sin(\omega \cdot t)$. Dabei gilt: $I_0 = U_0/R$.

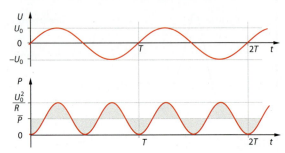

2 Verlauf von Spannung und Leistung in einem Stromkreis mit einem ohmschen Widerstand R

Für die Momentanleistung im Wechselstromkreis ergibt sich damit: $P(t) = U(t) \cdot I(t) = U_0 \cdot I_0 \cdot \sin^2(\omega \cdot t)$. Die Leistung schwankt periodisch um einen Mittelwert $\overline{P}$ (Abb. 2). Aus dem Verlauf der Funktion $P(t)$ ist zu erkennen, dass $\overline{P}$ gerade halb so groß ist wie der Maximalwert $P_0 = U_0^2/R$. Die grauen Flächen oberhalb von $P = \overline{P}$ sind genauso groß wie diejenigen unterhalb dieser Linie. Es gilt also:

$$\overline{P} = \frac{1}{2} \frac{U_0^2}{R}. \tag{5}$$

Mithilfe dieser mittleren Leistung wird die effektive Spannung definiert:

$$U_{\text{eff}}^2 = \frac{1}{2} U_0^2, \quad \text{also:} \quad U_{\text{eff}} = \frac{U_0}{\sqrt{2}}. \tag{6}$$

Sie entspricht gerade der Spannung, bei der in einem Gleichstromkreis am selben Verbraucher die gleiche Leistung umgesetzt wird (vgl. Exp. 1). Analog ergibt sich mit $\overline{P} = U_{\text{eff}} \cdot I_{\text{eff}}$ die effektive Stromstärke:

$$I_{\text{eff}} = \frac{I_0}{\sqrt{2}}. \tag{7}$$

2.10 Die Leistung kann auch als Energiestromstärke oder als Umwandlungsrate der Energie betrachtet werden.

EXPERIMENT 1

Zwei baugleiche Glühlampen werden in einen Gleichstromkreis und in einen Wechselstromkreis geschaltet. Die Spannungen werden so eingestellt, dass die Lampen gleich hell leuchten. Mithilfe eines Oszilloskops werden die Spannungen gemessen.
Um gleiche Helligkeiten zu erreichen, ist eine Wechselspannung erforderlich, deren Scheitelwert etwa um den Faktor 1,4 größer ist als der Betrag der Gleichspannung.

Die Angaben von Wechselspannungen stellen in der Regel solche Effektivwerte dar. Die übliche Netzspannung mit U_{eff} = 230 V hat also einen Scheitelwert von

$$U_0 = 230\,V \cdot \sqrt{2} \approx 325\,V. \tag{8}$$

Leistung bei kapazitivem und induktivem Widerstand

Die Momentanleistung in einem Wechselstromkreis, also das Produkt aus $U(t)$ und $I(t)$, hat bei rein ohmschem Widerstand stets positive Werte (Abb. 3a).

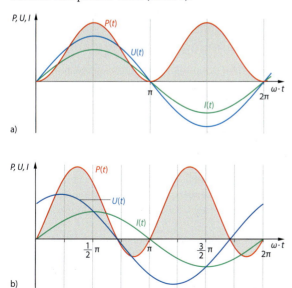

3 Momentanleistung: a) bei rein ohmschem Widerstand ($\Delta\varphi = 0$) und b) im allgemeinen Fall ($\Delta\varphi \neq 0$)

Befinden sich dagegen im Stromkreis auch induktive oder kapazitive Widerstände, so gibt es im Allgemeinen eine Phasenverschiebung zwischen Spannung und Stromstärke (Abb. 3b). In den Zeitabschnitten mit $P(t) < 0$ wird Energie von Kondensatoren bzw. Spulen an den Stromkreis zurückgegeben, die aus den elektrischen bzw. magnetischen Feldern stammt.
Die Blindleistung bezeichnet denjenigen Anteil der Leistung, der nicht nach außen abgeführt werden kann. Für sie gilt: $P_B = I_{eff} \cdot U_{eff} \cdot \sin\Delta\varphi$. Um eine optimale Leistungsübertragung zu erreichen, sollte daher $\Delta\varphi$ den Wert null haben. Die Wirkleistung $P_W = I_{eff} \cdot U_{eff} \cdot \cos\Delta\varphi$ hat dann wegen $\cos 0 = 1$ ihren maximalen Wert.

TECHNIK

Phasenschieber In jedem Stromkreis gibt es mehr oder weniger ausgeprägte kapazitive oder induktive Widerstände – selbst wenn die einzelnen Bauelemente gar nicht als Kondensator oder Spule ausgeformt sind. Sobald sich in der Umgebung von Leiterteilen elektrische oder magnetische Felder periodisch auf- und abbauen, treten Blindströme auf, die in der Regel unerwünscht sind.
Um diese Blindströme zu minimieren, werden Phasenschieber eingesetzt, die meist aus Kondensatoren bestehen. Solche Phasenschieber werden auch benötigt, wenn elektrische Energie aus Generatoren phasenrichtig ins Netz eingespeist werden soll.

AUFGABEN

1. An einem Elektromotor liegt eine Spannung von 230 V an. In den Zuleitungen wird eine Stromstärke von 4,5 A gemessen. Innerhalb von 30 min nimmt der Motor die elektrische Energie 0,435 kW·h auf.
   a Ermitteln Sie den Phasenwinkel $\Delta\varphi$ und den Leistungsfaktor $\cos\Delta\varphi$ des Motors.
   b Berechnen Sie die Blindleistung des Motors, und geben Sie die Bedeutung dieser Größe an.
2. Eine Leuchtstofflampe und eine Spule werden in Reihe geschaltet und an das Stromnetz (230 V, 50 Hz) angeschlossen. Während des Betriebs liegt an der Leuchtstofflampe eine Spannung von 52 V an, die Stromstärke beträgt 380 mA.
   a Ermitteln Sie die Induktivität der Spule sowie die Wirk- und die Blindleistung in diesem Wechselstromkreis.
   b Treffen die Aussagen über die Phasenunterschiede zwischen Stromstärke und Spannung in Kap. 7.9 für die hier beschriebene Schaltung zu? Begründen Sie Ihre Aussage.
   c Berechnen Sie den Vorwiderstand, den man anstelle der Spule einsetzen müsste, um die Leuchtstofflampe unter den genannten Bedingungen betreiben zu können. Welche Nachteile besitzt diese Lösung?

TECHNIK

7.12 Anwendungen der Induktion

Metalldetektor

Mit einem Metalldetektor können metallische Objekte lokalisiert werden. Der Detektor enthält eine spulenförmige Sonde, deren Magnetfeld auf die Objekte reagiert und ein Signal auslöst. Solche Detektoren werden häufig zur Personenkontrolle auf Flughäfen oder bei Großveranstaltungen verwendet (Abb. 1).

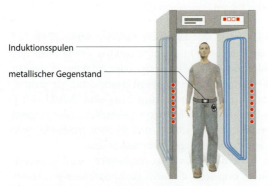

1 Personenkontrolle mit Metalldetektoren

Bei der Suche nach Metallteilen werden unterschiedliche Arten von Detektoren eingesetzt. Eine typische Anordnung mit einer Sende- und einer Suchspule zeigt Abb. 2. In der Sendespule wird durch einen Wechselstrom ein veränderliches Magnetfeld erzeugt, das von der Suchspule registriert wird. Infolge der Induktion fließt durch die Suchspule ein charakteristischer Wechselstrom.

Registriert die Suchspule einen metallischen Gegenstand, wird in ihm ein Strom induziert, der wiederum mit seinem Magnetfeld das Feld der Sendespule beeinflusst. In der Suchspule kommt es also zur Änderung des magnetischen Flusses und dadurch zu einer Induktionsspannung. Diese wird schließlich durch eine Elektronik in akustische bzw. optische Signale umgewandelt.

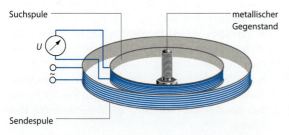

2 Bestandteile eines Metalldetektors (Very-Low-Frequency-Verfahren). Die elektrische Stromstärke in der Suchspule ändert sich, wenn der Detektor in die Nähe eines metallischen Gegenstands kommt.

Induktionskochfeld

In einem Induktionsherd werden magnetische Wechselfelder unterhalb der Glaskeramik-Kochfläche erzeugt. Wird beispielsweise ein Topf auf die Kochfläche gestellt, so erzeugen diese Wechselfelder im Topfboden Wirbelströme, die ihrerseits die zum Kochen erforderliche Wärme produzieren (Abb. 3). Zusätzlich entsteht dadurch Wärme, dass das ferromagnetische Material im Boden des Topfes ständig ummagnetisiert wird (vgl. 6.5).

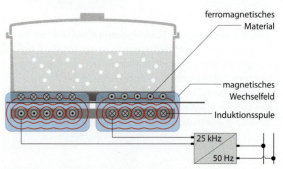

3 Wirkungsweise eines Induktionsherds

Gegenüber einem konventionellen Elektroherd, bei dem die Energie vorwiegend durch Wärmeleitung übertragen wird, ist beim Induktionsherd die Wärme sofort im Topfboden verfügbar, und die Speise wird sehr viel schneller erwärmt. Da am Herd weniger Material erwärmt wird – die Glaskeramikfläche wird nicht erhitzt –, verbraucht ein Induktionsherd bei gleicher Kochleistung weniger Energie als ein konventioneller Herd. Außerdem reagiert der Herd schneller auf Änderungen am Temperaturregler: Der Kochvorgang ist einfacher zu steuern.

Hochspannung in einer Zündanlage

Ottomotoren benötigen zur Verbrennung des Benzin-Luft-Gemischs einen Zündfunken, der durch eine Zündkerze ausgelöst wird. Die dazu erforderliche Spannung von 10 000 bis 40 000 V wird mithilfe eines Hochspannungstransformators erzeugt.

Die 12-V-Gleichspannung des Bordnetzes wird durch einen Unterbrecher »zerhackt«. Öffnet der Unterbrecher, so ändert sich schnell das Magnetfeld innerhalb der Primärspule. In der Sekundärspule, die wesentlich mehr Windungen besitzt, entsteht dadurch eine hohe Induktionsspannung (Abb. 4).

Für eine maximale Leistung bei minimalem Kraftstoffverbrauch ist es wichtig, dass die Zündung des Benzin-Luft-Gemischs im Motor genau zum richtigen Zeitpunkt erfolgt. Um stets den optimalen Zündzeitpunkt zu treffen, wird der Unterbrecher durch einen elektronisch gesteuerten Transistor realisiert.

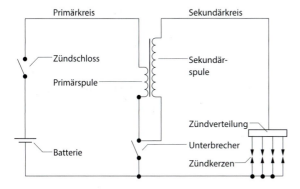

4 Prinzip der Zündanlage eines Ottomotors

Kondensatormotor

Wenn ein Elektromotor abgeschaltet wird, kommt der *Läufer*, also der rotierende Magnet, meist in einer beliebigen Stellung zum Stillstand. Bei einfachen Motoren kann es Anlaufschwierigkeiten geben, wenn der Läufer im »toten Punkt« stehen geblieben ist.

Um dies zu vermeiden, kann bei Wechselstrommotoren durch einen Kondensator eine zweite Phase erzeugt werden (Abb. 5). Eine zweite Spule erzeugt phasenverschoben zur ersten Spule ein weiteres Magnetfeld, sodass der Motor aus jeder Stellung starten kann.

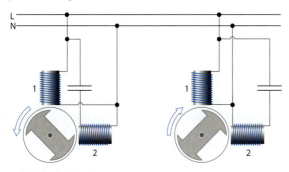

5 Prinzip des Kondensatormotors

Kleintransformatoren für Elektronikgeräte

Ladegeräte für Mobiltelefone oder Laptops bestehen in der Regel nicht aus konventionellen Transformatoren: Diese wären zu schwer und zu teuer. Stattdessen enthalten sie *Schaltnetzteile*, die einen besonders hohen Wirkungsgrad aufweisen.

In ihnen wird die 50-Hz-Wechselspannung zunächst gleichgerichtet und dann durch eine elektronische Baugruppe »zerhackt«, sodass eine Wechselspannung mit einer Frequenz im Kilohertzbereich entsteht (Abb. 6). Diese Wechselspannung wird dann typischerweise auf 3 bis 12 Volt transformiert und anschließend bei Bedarf nochmals gleichgerichtet. Hierzu werden Tiefpassfilter aus Spule und Kondensator eingesetzt (vgl. 7.10).

Der Vorteil dieses Verfahrens besteht darin, dass die hochfrequente Wechselspannung bei gleicher Leistung wesentlich weniger Spulenmaterial erfordert. Andererseits weisen diese Geräte jedoch aufgrund der Komplexität der Schaltung eine höhere Störanfälligkeit auf, zudem können sie als elektromagnetische Störquelle wirken.

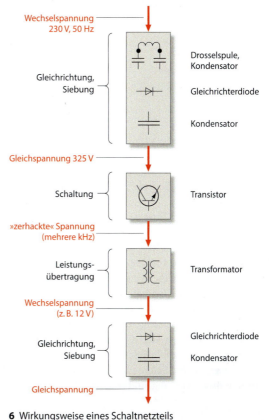

6 Wirkungsweise eines Schaltnetzteils

AUFGABEN

1. Geben Sie Einflussfaktoren an, die bei einem nach dem Very-Low-Frequency-Verfahren arbeitenden Metalldetektor die Stärke des gemessenen Signals bestimmen.
2. Wie müssen die Parameter einer Zündspule verändert werden, um die Energie zu erhöhen, die in ihr gespeichert werden kann?
3. Vergleichen Sie die Wirkungsweise einer Zündanlage eines 4-Takt-Ottomotors mit der Schaltung eines elektrischen Weidezauns.
4. Bei der Magnetresonanztomografie (MRT) sind die Patienten unter anderen einem starken statischen sowie einem zeitlich veränderlichen Magnetfeld ausgesetzt. Erläutern Sie, inwiefern diese Felder ein Gefahrenpotenzial für Patienten mit ferromagnetischen Implantaten darstellen.

TRAINING

1 a Geben Sie Beispiele für Faraday'sche Käfige an, die uns vor Blitzschlag schützen können.
b Begründen Sie, dass an aufragenden leitfähigen Gegenständen die Gefahr eines Blitzeinschlags erhöht ist, und beschreiben Sie die Wirkungsweise eines Blitzableiters.

2 Die Platten eines Kondensators haben jeweils die Fläche $A_1 = 300$ cm². Sie stehen einander im Abstand $d = 4$ cm gegenüber. Zwischen den Platten besteht die Spannung $U = 2{,}0$ kV.

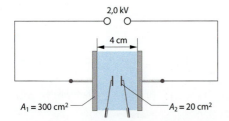

a Berechnen Sie die Feldstärke im Kondensator.
b Geben Sie die Ladung und die Flächenladungsdichte auf den Platten an.
c Berechnen Sie die Energie, die notwendig ist, um einen kleinen Probekörper mit der Ladung $q_{Pr} = 10^{-8}$ C von einer Platte zur anderen zu transportieren.
d Ändert sich diese Energie, wenn der Plattenabstand bei abgetrennter Spannungsquelle verdoppelt wird, und wenn ja, um welchen Betrag?
e In das homogene Feld des Kondensators werden zwei Metallplatten gebracht, die einander berühren. Ihre Flächen betragen jeweils $A_2 = 20$ cm². Diese Platten werden getrennt; anschließend wird mit einem Ladungsmessgerät ihre Ladung bestimmt. Nennen Sie das Ergebnis dieser Messung, und erläutern Sie es.

3 a Wird ein Körper der Masse m_{Pr} im Gravitationsfeld eines Zentralkörpers der Masse m_1 verschoben, so ändert sich seine potenzielle Energie nach der Gleichung:

$$\Delta E_{pot} = G \cdot m_{Pr} \cdot m_1 \cdot \left(\frac{1}{r_1} - \frac{1}{r_2}\right).$$

Entwickeln Sie analog dazu eine Gleichung für die Verschiebung eines Körpers mit der Probeladung q_{Pr} in einem radialen elektrischen Feld.
b Berechnen Sie hiermit die Energie, die notwendig ist, um ein Wasserstoffatom zu ionisieren. Nehmen Sie an, dass sich das Elektron zunächst $5{,}3 \cdot 10^{-11}$ m vom Proton entfernt aufhält. Geben Sie das Resultat in der Einheit eV an.

4 An einem 10-μF-Kondensator liegt die Spannung $U_0 = 5$ V an. Nachdem er von der Spannungsquelle getrennt wird, erfolgt ein Entladevorgang über einen Widerstand von 200 kΩ. Ermitteln Sie die Spannung am Kondensator und die Entladestromstärke zum Zeitpunkt $t_1 = 3$ s nach dem Beginn des Entladens.

5 Die Halbwertszeit $t_{1/2}$ beim Entladen eines Kondensators ist die Zeitspanne, in der sich die Spannung am Kondensator halbiert hat. Leiten Sie eine Gleichung zur Berechnung von $t_{1/2}$ her. Gilt diese Gleichung auch für die Stromstärke? Begründen Sie Ihre Antwort.

6 Ermitteln Sie die elektrischen Feldstärken in den Punkten A, B und C der Abbildung.

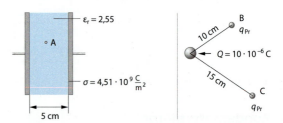

7 Eine magnetisierte Stahlnadel wird so zwischen die beiden Magnetpole eines U-förmigen Dauermagneten gebracht, dass ihre Spitze einen der Pole berührt. Lässt man die Nadel los, verbleibt sie in nahezu horizontaler Lage.

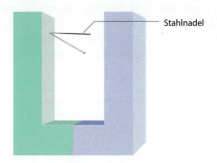

Wird die Nadel in der Flamme eines Bunsenbrenners erhitzt, so senkt sie sich ab. Entfernt man die Flamme, kühlt sich die Nadel ab und nimmt wieder die ursprüngliche Lage ein. Erklären Sie dieses Verhalten der Stahlnadel.

8 Die Horizontalkomponente der magnetischen Feldstärke des Erdmagnetfelds soll mit dem abgebildeten Aufbau bestimmt werden. Die Spule der Länge 0,5 m hat 30 Windungen. Spule und Magnetnadel werden bei geöffnetem Schalter so aufgestellt, dass die Magnetnadel im Inneren der Spule genau senkrecht zur Spulenachse steht.

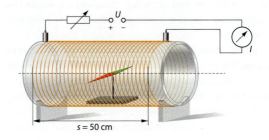

Nach dem Schließen des Schalters wird mit dem Potenziometer eine Stromstärke von 0,23 A eingestellt. Die Magnetnadel dreht sich daraufhin um 45°.

a Stellen Sie die folgenden Magnetfeldkomponenten mithilfe von Vektoren grafisch dar:
$\vec{B}_1$: Horizontalkomponente des Erdmagnetfelds
$\vec{B}_2$: Magnetfeld, das im Inneren der Spule durch den Stromfluss erzeugt wird
$\vec{B}_3$: das aus den Feldstärken $\vec{B}_1$ und $\vec{B}_2$ resultierende Magnetfeld im Inneren der Spule

b In welche Richtung dreht sich die Magnetnadel im oben dargestellten Fall? Begründen Sie Ihre Angabe.

c Berechnen Sie die Horizontalkomponente der magnetischen Feldstärke des Erdmagnetfelds.

9 Ein Stabmagnet befindet sich vor einer Ringspule mit 100 Windungen und 20 mm Radius. Die durchschnittliche magnetische Feldstärke an der Spulenfläche beträgt 50 mT.

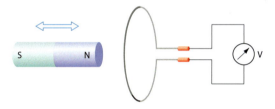

Berechnen Sie den durchschnittlichen Betrag der induzierten Spannung für den Fall, dass der Stabmagnet innerhalb von 0,5 s gleichmäßig und vollständig von der Spule entfernt wird.

10 Eine quadratische Spule mit der Windungszahl $N = 120$ und der Kantenlänge $a = 3,0$ cm wird mit der konstanten Geschwindigkeit $v = 2$ cm/s vom Punkt A bis zum Punkt B bewegt. Die Kreuze in der folgenden Abbildung stellen ein Magnetfeld der Stärke $B = 1,5$ T dar, das senkrecht in die Blattebene gerichtet ist.

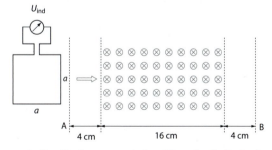

a Stellen Sie den magnetischen Fluss durch die Spule und die Induktionsspannung jeweils in Abhängigkeit von der Zeit grafisch dar. Berücksichtigen Sie bei der Berechnung der erforderlichen Größen die jeweiligen Vorzeichen. Zeichnen Sie beide Diagramme untereinander, und wählen Sie identische Einteilungen der Zeitachsen.

b Erläutern Sie den Zusammenhang der Diagramme.

c Erläutern Sie, wie sich das Zeit-Induktionsspannung-Diagramm gegenüber Teil a ändert, wenn eine Spule mit $a = 2$ cm und $N = 180$ verwendet wird, aber alle anderen Parameter unverändert bleiben.

11 Eine geschlossene quadratische Leiterschleife aus Kupfer mit der Kantenlänge 30 cm besitzt einen elektrischen Widerstand von 0,30 Ω. Die Leiterschleife befindet sich vollständig in einem homogenen Magnetfeld der Stärke 0,8 T; die Leiterschleifenebene verläuft senkrecht zu den Feldlinien. Innerhalb von 0,05 s wird nun die Leiterschleife vollständig und gleichmäßig aus dem Magnetfeld gezogen.

a Ermitteln Sie die Stromstärke in der Leiterschleife während des Vorgangs.

b Begründen Sie, dass eine Zugkraft erforderlich ist, um die Leiterschleife aus dem Magnetfeld zu ziehen, und berechnen Sie diese.

12 In einem homogenen Magnetfeld mit $B = 0,75$ T befindet sich eine Spule ($a = 3,0$ cm; $b = 5,0$ cm, $N = 100$). Die Spule rotiert mit einer konstanten Frequenz von 50 Hz um eine senkrecht zu den Feldlinien stehende Achse. Zum Zeitpunkt $t_1 = T/4$ durchläuft die Spule gerade die skizzierte Stellung.

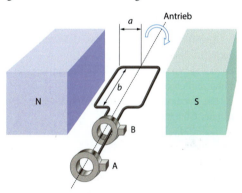

a Begründen Sie, dass zwischen A und B zum Zeitpunkt t_1 eine Spannung gemessen werden kann. Zeigen Sie mithilfe einer geeigneten Skizze, dass der zeitliche Verlauf der Spannung sinusförmig ist.

b Welcher der beiden Anschlüsse A und B ist zum Zeitpunkt t_1 positiv? Begründen Sie Ihre Antwort.

c Zeigen Sie, dass für die maximale Spannung während der Rotation $U_0 = 71$ V gilt.

d Geben Sie die Funktion $U(t)$ an, und zeichnen Sie das t-U-Diagramm für $0 \leq t \leq 0,04$ s (t-Achse: 3 cm $\widehat{=}$ 0,01 s; U-Achse: 1 cm $\widehat{=}$ 20 V). Berechnen Sie den Zeitpunkt t_2, in dem die Spannung zum ersten Mal die Hälfte ihres Maximalwerts annimmt.

e Zeichnen Sie in dasselbe Koordinatensystem die Funktion $U(t)$ für den Fall, dass die Frequenz halbiert wird. Alle anderen Parameter bleiben unverändert.

13 Ein waagerecht gehaltener Metallstab von 15 cm Länge fällt durch ein homogenes Magnetfeld der Stärke 300 mT. Der Stab und die horizontalen magnetischen Feldlinien stehen senkrecht zueinander. Zeichnen Sie ein Zeit-Induktionsspannung-Diagramm für das Intervall [0 s; 0,2 s]. Berechnen Sie dafür die Induktionsspannungen zwischen den Enden des Stabs zu den Zeitpunkten $t_1 = 0{,}05$ s; $t_2 = 0{,}1$ s; $t_3 = 0{,}15$ s; $t_4 = 0{,}2$ s.

14 Ein Kabel wird in den Punkten A und B von zwei Personen gehalten und in gleichmäßige Rotation versetzt. Dabei stellen sich die beiden so auf, dass die Strecke $\overline{AB}$ senkrecht zum Vektor des Erdmagnetfelds verläuft. Die Enden des Kabels werden mit einem Spannungsmessgerät verbunden. Die magnetische Feldstärke B_0 beträgt 0,19 mT, die Zeit t_0 für eine vollständige Rotation des Kabels 0,6 s. Die Kantenlänge eines Quadrats in der Abbildung entspricht 10 cm in der Realität.

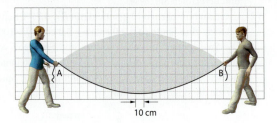

a Begründen Sie qualitativ, dass das Spannungsmessgerät eine Spannung anzeigt.
b Skizzieren Sie in einem Diagramm, wie die Spannung zeitlich verläuft.
c Die maximale Spannung an den Kabelenden kann mit der Gleichung
$$B_0 = \frac{U_{max} \cdot t_0}{2\pi \cdot A_0}$$
berechnet werden. Dabei ist A_0 die bei einer Rotation umschlossene Querschnittsfläche. Leiten Sie diese Gleichung her.
d Berechnen Sie die Spannung U_{max}. Bestimmen Sie die dazu benötigte Fläche A_0 näherungsweise aus der Abbildung.
e Bestimmen Sie mithilfe des hier vorgestellten Messprinzips die magnetische Feldstärke im Freien, und dokumentieren Sie Ihre Versuchsdurchführung und -auswertung. Variieren Sie gegebenenfalls die Parameter, um aussagekräftige Messwerte zu erhalten.

15 Eine 6-V-Glühlampe wurde mit einem unbekannten Bauelement in Reihe geschaltet und an eine 12-V-Gleichspannungsquelle angeschlossen. Unmittelbar nach dem Einschalten leuchtete die Glühlampe mit normaler Helligkeit. Nach einigen Sekunden wurde die Glühlampe immer heller und »brannte« schließlich durch. Um was für ein Bauelement könnte es sich gehandelt haben? Begründen Sie Ihre Antwort.

16 Ein zylinderförmiger Dauermagnet und ein Holzstück gleicher Form werden nacheinander durch ein senkrecht gehaltenes Kupferrohr fallen gelassen. Unter gleichen Versuchsbedingungen benötigt einer der beiden Körper deutlich mehr Zeit als der andere. Geben Sie an, um welchen Körper es sich handelt, und erklären Sie das unterschiedliche Verhalten beider Körper.

17 Gegeben ist die folgende Schaltung. Ist der Schalter S geschlossen, so leuchtet die Leuchtdiode LED$_1$, da sie in Durchlassrichtung geschaltet ist. Wird der Schalter geöffnet, erlischt LED$_1$, und LED$_2$ leuchtet kurz auf.

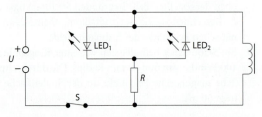

a Erklären Sie das Verhalten der Leuchtdioden unmittelbar nach dem Öffnen des Schalters. Beachten Sie, dass eine Leuchtdiode nur leuchtet, wenn sie in Durchlassrichtung betrieben wird.
b Skizzieren Sie qualitativ die zeitlichen Verläufe der Spannung an den Spulenenden $U(t)$ und der Stromstärke in der Spule $I(t)$ nach dem Schließen und nach dem Öffnen des Schalters. Berücksichtigen Sie dabei die Vorzeichen von $U(t)$ und $I(t)$.
c In der Schaltung gemäß der Abbildung wurden die Spannungen zwischen den Spulenenden und die Stromstärken in der direkten Verbindung zwischen der Spule und dem Widerstand R zu verschiedenen Zeitpunkten nach dem Öffnen des Schalters gemessen. Daraus wurden folgende Leistungswerte berechnet:

t in s	0,00	0,01	0,02	0,03	0,04
P in mW	2770	1015	225	91,3	33,6

t in s	0,05	0,06	0,07	0,08
P in mW	17,2	8,7	5,4	4,2

Stellen Sie die Leistung P in Abhängigkeit von der Zeit t in einem Diagramm dar. Wählen Sie dabei die folgenden Achseneinteilungen:
x-Achse: 1 cm $\widehat{=}$ 0,01 s
y-Achse: 1 cm $\widehat{=}$ 0,2 W

d Ermitteln Sie aus dem Flächeninhalt unterhalb des Graphen $P(t)$ im Zeitintervall [0,00 s; 0,08 s] die umgewandelte Energie ΔE.
e Da der Schalter zum Zeitpunkt $t = 0$ s geöffnet wurde, kann die in Teil d ermittelte Energie nicht direkt von der Spannungsquelle bereitgestellt worden sein. Woher stammt die Energie dann?

18 Mit der folgenden Schaltung soll die im Magnetfeld einer Spule gespeicherte Energie ermittelt werden. Dazu wird in einem elektronischen Umschalter S die Spule mit dem Motor verbunden und gleichzeitig von der Spannungsquelle getrennt, sodass der Motor sich zu drehen beginnt. Dabei wird ein Körper der Masse m an einem Faden um die Höhe h angehoben.

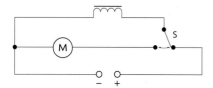

a Erläutern Sie, wie man mit diesem Experiment die im Magnetfeld der Spule gespeicherte Energie bestimmen kann. Geben Sie eine Gleichung an, und benennen Sie die Annahmen bzw. Bedingungen, unter denen sich danach die Berechnung durchführen lässt.
b Ermitteln Sie die Induktivität der Spule für den Fall, dass ein Körper mit $m = 100$ g um 30 cm angehoben wurde und die Stromstärke der Spule unmittelbar vor dem Umschalten 0,8 A betrug.
c Erläutern Sie, weshalb die tatsächliche Induktivität der Spule größer als die von Ihnen ermittelte ist.

19 Ein ohmscher Widerstand ($R = 5\,\Omega$) und ein Kondensator ($C = 50\,\mu F$) sind parallel geschaltet und an eine Wechselspannungsquelle ($U = 10$ V und $f = 200$ Hz) angeschlossen. Berechnen Sie:
a den Blindwiderstand X_C
b die Impedanz Z
c die Gesamtstromstärke I_{eff} sowie die Teilstromstärken $I_{C,eff}$ und $I_{R,eff}$
d den Phasenwinkel $\Delta\varphi$
e die Scheinleistung P_S

20 Mit folgender Schaltung soll der Klang eines Lautsprechers beeinflusst werden:

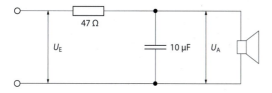

Die Eingangsspannung beträgt $U_E = 5{,}0$ V.
a Erklären Sie die Wirkungsweise dieser Schaltung.
b Berechnen Sie für fünf verschiedene Frequenzen f mit 40 Hz $\leq f \leq$ 2000 Hz die Verhältnisse U_A/U_E. Verwenden Sie die folgende Gleichung:

$$\frac{U_A}{U_E} = \frac{1}{\sqrt{1 + (2\pi \cdot f \cdot R \cdot C)^2}}.$$

c Stellen Sie Abhängigkeit des Verhältnisses U_A/U_E von der Frequenz grafisch dar.
d Entscheiden Sie anhand des Diagramms, ob mit dieser Schaltung Signale mit tiefen Frequenzen (Tiefpass) oder mit hohen Frequenzen (Hochpass) bevorzugt wiedergegeben werden.
e Leiten Sie die in Teil b angegebene Gleichung her.

21 Die folgende Abbildung zeigt schematisch ein Drehstromnetz. Zwischen den Spulen rotiert ein Magnet, der hier nicht gezeichnet ist.

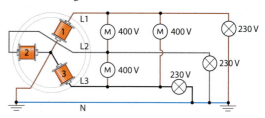

a Zeichnen Sie den Spannungsverlauf $U(t)$ für alle drei Spulen in ein Diagramm.
b Erläutern Sie die praktische Bedeutung dieser Schaltung für Haushaltsnetze.
c Begründen Sie, dass in der folgenden Schaltung von drei identischen Glühlampen die Stromstärke im Messgerät dauerhaft null ist.

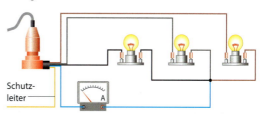

22 Elektrische Zahnbürsten bestehen aus einer Ladestation und einem Mobilteil, der eigentlichen Zahnbürste. Der Akku des Mobilteils kann aufgeladen werden, ohne dass er während des Aufladens metallisch mit einer Ladestation verbunden ist.
a Erläutern Sie, wie das prinzipiell möglich ist.
b Recherchieren Sie zum Funktionsprinzip dieser Energieübertragung konkrete Details, und stellen Sie diese vor. Beispiele: technische Parameter, Schaltungsaufbau, Wirkungsgrad, Vor- und Nachteile im Vergleich zu anderen Ladegeräten.
c Es soll experimentell geprüft werden, ob die Ladestation funktioniert. Entwickeln Sie einen Vorschlag.

23 Eine Glühlampe trägt die Aufschrift 14V/3W und soll mit ihren Betriebsdaten an eine Wechselspannungsquelle mit 230 V und 50 Hz angeschlossen werden. Dazu werden ein Kondensator und die Glühlampe in Reihe geschaltet und mit der Spannungsquelle verbunden. Bestimmen Sie die Kapazität, die der Kondensator besitzen muss.

Elektrizität

Elektrische Ladung

Ladung und Stromstärke

$I = \frac{\Delta Q}{\Delta t}$ bzw. $I = \dot{I} = \frac{dQ}{dt}$

I Stromstärke
Einheit der Stromstärke: Ampere (Basiseinheit)

Q Ladung
Einheit der Ladung: Coulomb
$1\,C = 1\,A \cdot s$

Kräfte zwischen geladenen Körpern

Coulomb'sches Gesetz

$F = \frac{1}{4\pi \cdot \varepsilon_0} \cdot \frac{Q_1 \cdot Q_2}{r^2}$

ε_0 elektrische Feldkonstante

$\varepsilon_0 = 8{,}854 \cdot 10^{-12}\,\frac{A \cdot s}{V \cdot m}$

Q_1, Q_2 Ladung zweier punktförmiger Körper oder Metallkugeln
r Abstand der Körper bzw. der Kugelmittelpunkte

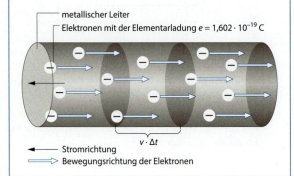

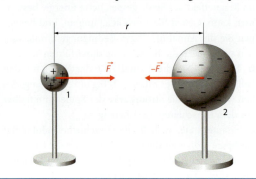

Kondensatoren

Definition der Kapazität C

$C = \frac{Q}{U}$

Einheit der Kapazität: Farad $1\,F = 1\,\frac{C}{V}$

Plattenkondensator:

$C = \varepsilon_0 \cdot \varepsilon_r \cdot \frac{A}{d}$

ε_r relative Permittivität
A Fläche der Kondensatorplatten
d Abstand der Kondensatorplatten

Entladen eines Kondensators

$U(t) = U_0 \cdot e^{-\frac{1}{R \cdot C} t}$

Aufladen eines Kondensators

$U(t) = U_0 \cdot \left(1 - e^{-\frac{1}{R \cdot C} t}\right)$

Energie des elektrischen Felds in einem Plattenkondensator:

$W = \frac{1}{2}\varepsilon_0 \cdot A \cdot d \cdot E^2$

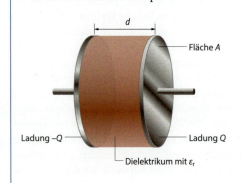

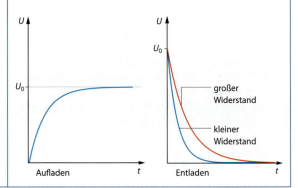

ELEKTRIZITÄT

Elektrisches Feld

Nach dem Feldkonzept wird der Raum durch den Einfluss eines geladenen Körpers verändert.

Elektrische Feldstärke $\vec{E}$

$\vec{E} = \dfrac{\vec{F}}{q_{Pr}}$

$\vec{F}$ Kraft an einem bestimmten Ort auf einen kleinen Probekörper
q_{Pr} Ladung des Probekörpers

Elektrische Feldstärke im homogenen Feld eines Plattenkondensators:

$E = \dfrac{U}{d}$

U Spannung zwischen den Kondensatorplatten
d Abstand der Kondensatorplatten

Spannung U, Energie W und elektrisches Potenzial φ

$\varphi = \dfrac{W}{q_{Pr}}$

φ elektrisches Potenzial
W potenzielle Energie eines Probekörpers

$U = \varphi_B - \varphi_A = \Delta\varphi$

Die Spannung U ist die Potenzialdifferenz zwischen zwei Punkten A und B im elektrischen Feld.

Potenzial in einem Radialfeld:

$|\varphi| = \dfrac{1}{4\pi \cdot \varepsilon_0} \cdot \dfrac{Q}{r}$

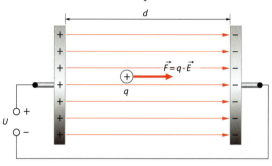

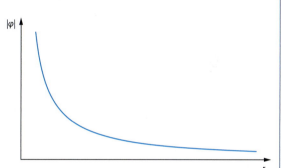

Elektrische Feldstärke im Radialfeld eines punktförmigen Körpers oder einer Metallkugel mit der Ladung Q:

$E = \dfrac{1}{4\pi \cdot \varepsilon_0} \cdot \dfrac{Q}{r^2}$

Dabei ist der Nullpunkt so gewählt, dass die Energie in unendlicher Entfernung null beträgt.

Bewegung von Ladungsträgern

Ladungsträger werden im elektrischen Feld beschleunigt:
– bei positiver Ladung in Richtung der Feldlinien
– bei negativer Ladung entgegengesetzt zur Richtung der Feldlinien

Für die Beschleunigung gilt: $\vec{a} = \dfrac{\vec{F}}{m} = \dfrac{q \cdot \vec{E}}{m}$

Bewegung im homogenen Längsfeld

$v(t) = v_0 + a \cdot t$

Bewegung im homogenen Querfeld (Feldlinien in y-Richtung) mit der Anfangsgeschwindigkeit v_0 in x-Richtung:

$s_y = \dfrac{1}{2} q \cdot \dfrac{E}{m} \cdot \dfrac{1}{v_0^2} \cdot s_x^2$ (Parabelgleichung)

Leitungsvorgänge in Flüssigkeiten und Gasen

Voraussetzungen für Stromfluss: bewegliche Ladungsträger und elektrisches Feld

Flüssigkeiten

Ionen-Strom bedeutet Materietransport.

Faraday'sche Gesetze

$m \sim Q$ $\quad Q$ transportierte Ladung
$Q = n \cdot z \cdot F$ $\quad n$ Stoffmenge
$\quad\quad\quad\quad\quad z$ Wertigkeit der Ionen
$\quad\quad\quad\quad\quad F$ Faraday-Konstante

Gase

Selbstständige Entladung: große Feldstärke, geringer Druck

Unselbstständige Entladung: große Feldstärke, starke Einwirkung von außen

Magnetisches Feld

In der Umgebung stromdurchflossener Leiter wird der Raum verändert.

Magnetische Feldstärke (Flussdichte) $\vec{B}$

$$B = \frac{F}{I \cdot s}$$

- F Kraft auf einen Leiter der Länge s, der senkrecht zu den magnetischen Feldlinien steht
- I Stromstärke in dem Leiter

Einheit der magnetischen Feldstärke: Tesla

$$1\,\text{T} = 1\,\frac{\text{N}}{\text{A} \cdot \text{m}}$$

Magnetfeld in einer materiegefüllten langen Spule

$$B_m = \mu_0 \cdot \mu_r \cdot \frac{N}{l} \cdot I$$

- μ_0 magnetische Feldkonstante

$$\mu_0 = 4\pi \cdot 10^{-7}\,\frac{\text{V} \cdot \text{s}}{\text{A} \cdot \text{m}}$$

- μ_r Permeabilität des Materials
- N Windungsanzahl
- l Länge der Spule
- I Stromstärke im Spulendraht

Lorentzkraft F_L

Kraft auf bewegte Ladungsträger im magnetischen Feld

$$F_L = q \cdot v \cdot B \cdot \sin\alpha$$

- q Ladung
- v Geschwindigkeit
- α Winkel zwischen Bewegungsrichtung und Feldlinien

Für negativ geladene Teilchen gilt die Drei-Finger-Regel der linken Hand.

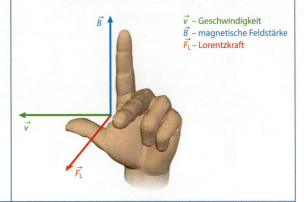

$\vec{v}$ – Geschwindigkeit
$\vec{B}$ – magnetische Feldstärke
$\vec{F}_L$ – Lorentzkraft

Halleffekt

Befindet sich ein stromdurchflossener Leiter in einem magnetischen Feld, so tritt senkrecht zur Stromrichtung die Hall-Spannung U_H auf. Bei einer Teilchenbewegung senkrecht zu den Feldlinien gilt:

$$U_H = R_H \cdot \frac{I}{d} \cdot B.$$

- R_H Hall-Konstante des Leitermaterials
- I Stromstärke
- d Ausdehnung des Leiters in Richtung der Feldlinien

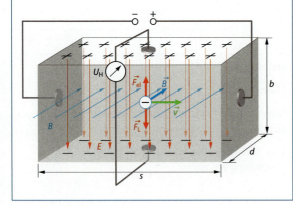

Kreisbahn elektrisch geladener Teilchen

In einem homogenen magnetischen Feld bewegen sich elektrische Teilchen auf Kreisbahnen mit dem Radius r, wenn sie senkrecht zu den Feldlinien eingeschossen werden.

$$r = \frac{m}{q} \cdot \frac{v}{B}$$

- m Masse der Teilchen
- q Ladung der Teilchen
- v Teilchengeschwindigkeit

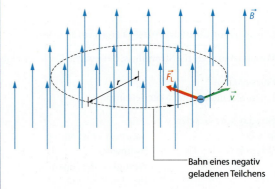

Bahn eines negativ geladenen Teilchens

ELEKTRIZITÄT

Elektromagnetische Induktion

Induktionsgesetz
Induktion einer Spannung bei Änderung des magnetischen Flusses Φ

$$U_{\text{ind}} = -N \cdot \frac{d\Phi}{dt} \quad \Phi = B \cdot A \cdot \cos\alpha$$

Lenz'sches Gesetz
Der Induktionsstrom ist so gerichtet, dass er der Ursache seiner Entstehung entgegenwirkt.

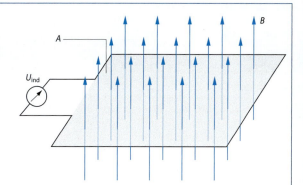

Transformator
Übersetzung von Wechselspannung bzw. Wechselstrom

Idealer unbelasteter Transformator:
$$\frac{U_2}{U_1} = \frac{N_2}{N_1}$$

Idealer belasteter Transformator:
$$\frac{I_2}{I_1} = \frac{N_1}{N_2}$$

Wechselstrommotor
Erzeugung einer Rotation durch Anlegen einer Wechselspannung

Generator
Erzeugung einer Wechselspannung durch Rotation einer Spule im Magnetfeld

Selbstinduktion
Einfluss einer Spule auf die Änderung der Stromstärke

$$U_{\text{ind}} = -L \cdot \frac{dI}{dt}$$

Induktivität
$$L = \mu_0 \cdot \mu_r \cdot \frac{N^2}{l} \cdot A$$

Wechselstromkreis

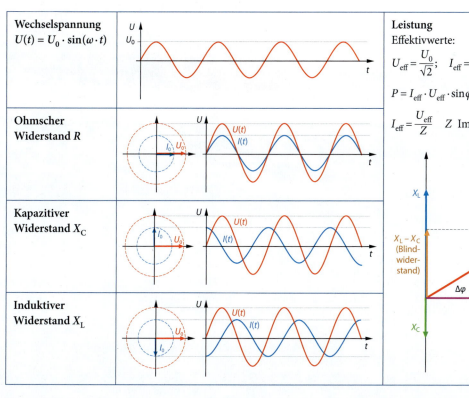

Leistung
Effektivwerte:
$$U_{\text{eff}} = \frac{U_0}{\sqrt{2}}; \quad I_{\text{eff}} = \frac{I_0}{\sqrt{2}}$$

$$P = I_{\text{eff}} \cdot U_{\text{eff}} \cdot \sin\varphi$$

$$I_{\text{eff}} = \frac{U_{\text{eff}}}{Z} \quad Z \text{ Impedanz}$$

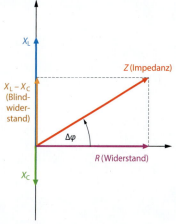

ÜBERBLICK

SCHWINGUNGEN UND WELLEN

Das Prinzip eines Wellenkraftwerks ist denkbar einfach: Das Auf und Ab der Wasseroberfläche versetzt einen Generator in Rotation, der dadurch elektrische Energie erzeugt. Neuere Forschungen im Bereich der Materialwissenschaften richten sich aber auch auf grundsätzlich andere Formen der Energieumwandlung: Mehrlagige Stapel von Silikonschichten können beispielsweise periodisch gestaucht und auseinandergezogen werden. Zwischen Ladungsträgern auf den Oberflächen der Schichten entsteht dabei eine rhythmisch variierende elektrische Spannung, die unmittelbar genutzt werden kann. Welche Technologie sich auch durchsetzen wird – das nahezu unerschöpfliche Energiereservoir der Ozeane gilt als möglicher Stützpfeiler der zukünftigen Energieversorgung.

Jedes Musikinstrument versetzt die umgebende Luft in Schwingungen – nur so können wir Musik hören. Bei Saiteninstrumenten schwingt die Saite, in Blasinstrumenten eine Luftsäule und auf einer Trommel einfach das Trommelfell. Meist erfolgen die Bewegungen jedoch so schnell, dass wir sie nicht direkt nachverfolgen können.

1

8.1 Phänomen Schwingung

Zeitlich periodische Vorgänge begegnen uns in vielfältiger Weise. Ob Schaukel, Gitarrensaite, Spannung an der Steckdose oder Blutdruck in unseren Adern, überall ändert sich eine physikalische Größe in einem bestimmten Rhythmus. Wenn eine Größe immer wieder zurück zu einem bestimmten Wert und darüber hinaus »pendelt«, spricht man von einer Schwingung oder Oszillation. Die schwingenden Objekte werden als *Oszillatoren* bezeichnet.

Schwingungen gibt es in unterschiedlichsten Größenordnungen. So schwingt z. B. die Fotosphäre der Sonne auf und ab, aber auch die Atome in einem Molekül ändern ihre Abstände periodisch. Manche Schwingungen laufen sehr langsam ab, andere sind so schnell, dass sie sich nur mit speziellen Messgeräten verfolgen lassen.

Kenngrößen einer Schwingung Wichtige Begriffe zur Beschreibung einer Schwingung sind die Amplitude und die Periodendauer bzw. Frequenz.

Die **Amplitude** y_{max} gibt die maximale Abweichung der schwingenden physikalischen Größe von ihrem Gleichgewichtswert an.

Die **Periodendauer** T gibt die Zeit an, die für eine vollständige Schwingung benötigt wird.

Die **Frequenz** f gibt an, wie viele vollständige Schwingungen in einer bestimmten Zeit durchgeführt werden. Die Einheit von f ist Hertz (Hz). Es gilt: 1 Hz = 1/s.

Harmonische Schwingung Jede Schwingung, deren Auslenkung $y(t)$ durch eine Sinusfunktion beschrieben werden kann, heißt harmonische Schwingung:

$$y(t) = y_{max} \cdot \sin(\omega \cdot t) \quad \text{mit} \quad \omega = \frac{2\pi}{T} = 2\pi \cdot f \quad (1)$$

In vielen periodischen Vorgängen ändern sich die Auslenkungen näherungsweise harmonisch.

Amplitude und Periodendauer

Von Schwingungen spricht man, wenn die entsprechende physikalische Größe um einen bestimmten Wert bzw. eine Gleichgewichtslage pendelt. Die Amplitude einer Schwingung ist die maximale Abweichung der Größe von diesem Wert während einer Periode. Experiment 1 zeigt unterschiedliche Methoden, mit denen periodische Vorgänge auf ihre Amplitude und Periodendauer untersucht werden können.

EXPERIMENT 1

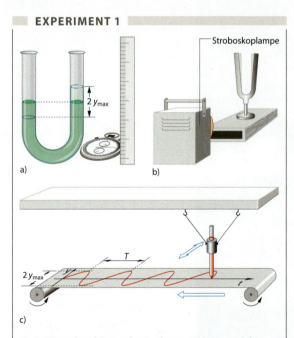

a) Mit Lineal und Stoppuhr werden am Wasserpendel Amplitude und Periodendauer gemessen.
b) Eine Stimmgabel wird stroboskopisch beleuchtet. Bei geeigneter Frequenz erscheint die Schwingung in einer bestimmten Auslenkung »eingefroren«.
c) Durch gleichmäßige Bewegung eines Papierstreifens wird bei einem schwingenden Fadenpendel aus dem zeitlichen Nacheinander ein räumliches Nebeneinander.
d) Mit dem Oszilloskop stellt man direkt den $U(t)$-Graphen einer Wechselspannung dar (ohne Abb.).

 Die Gravitationsfelder von Erde und Mond führen zu sehr langsamen rhythmischen Veränderungen an den Küsten – den Gezeiten.
4.8

Harmonische Schwingungen und Kreisbewegungen

In den Experimenten 1c und 1d wird die Veränderung der schwingenden Größe als Funktion der Zeit grafisch dargestellt. Die Wechselspannung an der Steckdose lässt sich mithilfe einer Sinusfunktion beschreiben (vgl. 7.4). Dass auch die Auslenkung eines Federpendels einer Sinusfunktion folgt, legt Exp. 2 nahe.

EXPERIMENT 2

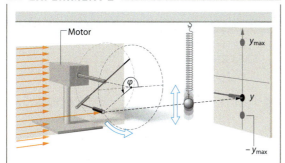

Die Schattenwürfe einer gleichförmigen Kreisbewegung und eines schwingenden Pendels werden beobachtet. Bei gleicher Periodendauer verlaufen sie zu jeder Zeit synchron.

Bei der Kreisbewegung ändern sich die Koordinaten $x(t)$ und $y(t)$ periodisch. Für $y(t)$ gilt: $y(t) = y_{max} \cdot \sin(\omega \cdot t)$ mit der Kreisfrequenz $\omega = 2\pi/T = 2\pi \cdot f$.

Wenn also die Auslenkung des Federpendels den gleichen zeitlichen Verlauf hat wie eine Kreisbewegung, lässt sich auch diese durch eine Sinusfunktion beschreiben. Tatsächlich zeigen viele Schwingungen in der Natur, zumindest näherungsweise, einen sinusförmigen Schwingungsverlauf. Solche Schwingungen werden als harmonische Schwingungen bezeichnet (vgl. 8.2).

Je nach Wahl des zeitlichen Nullpunkts kann eine harmonische Schwingung auch durch eine um $\Delta\varphi$ verschobene Sinusfunktion dargestellt werden. Bei $\Delta\varphi = \pi/2$ entspricht dies der Kosinusfunktion. Es gilt allgemein für harmonische Schwingungen:

$$y(t) = y_{max} \cdot \sin(\omega \cdot t + \Delta\varphi). \quad (2)$$

$\Delta\varphi$ wird wegen $y(0) = y_{max} \cdot \sin(\Delta\varphi)$ als *Nullphasenwinkel* bezeichnet. Bei $\Delta\varphi = \pi/2$ lässt sich $y(t)$ als Kosinusfunktion schreiben: $y(t) = y_{max} \cdot \sin(\omega \cdot t + \pi/2) = y_{max} \cdot \cos(\omega \cdot t)$.

Man spricht auch dann von harmonischen Schwingungen, wenn sich die Amplitude der Sinusschwingung beispielsweise durch eine Dämpfung mit der Zeit ändert und der Ablauf damit nicht mehr streng periodisch ist.

Zeigerdiagramm Eine gleichförmige Kreisbewegung kann man gedanklich in zwei harmonische Schwingungen gleicher Frequenz und Amplitude zerlegen, die senkrecht zueinander verlaufen. Umgekehrt kann man sich auch jede harmonische Schwingung als Projektion einer Kreisbewegung denken. Deshalb wird zur Veranschaulichung von harmonischen Schwingungen oft ein Zeigerdiagramm verwendet, in dem ein Zeiger der Länge A mit der Frequenz f um einen festen Punkt rotiert (Abb. 2).

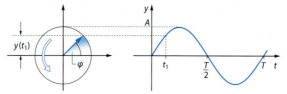

2 Zeigerdiagramm einer harmonischen Schwingung

Zeigerdiagramme werden insbesondere beim Vergleich und bei der Überlagerung von harmonischen Schwingungen verwendet (vgl. 8.8). In Abb. 3 beginnt die zweite Schwingung um die Zeitspanne t_1 zeitversetzt. Die beiden Schwingungen verlaufen um $\Delta\varphi = \omega \cdot t_1$ phasenverschoben. Der Winkel $\Delta\varphi$ zwischen den beiden rotierenden Zeigern bleibt dabei unverändert.

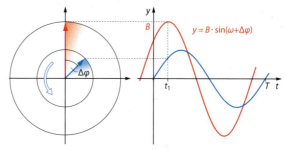

3 Phasenverschiebung im Zeigerdiagramm

AUFGABEN

1. Erklären Sie für die folgenden Schwingungen die Bedeutung der Amplitude. Bestimmen Sie Periodendauer und Frequenz.
   a Ein Kind bewegt sich auf einer Schaukel in 12 Sekunden viermal hin und her.
   b Elefanten kommunizieren mit für uns unhörbarem Infraschall. Dafür vibrieren ihre Stimmlippen weniger als 20-mal in der Sekunde hin und her.
2. Zieht man eine Stimmgabel mit Schreibnadel über eine berußte Glasfläche, so wird die Schwingung sichtbar gemacht. Zeichnen Sie eine mögliche Spur für eine Stimmgabel (100 Hz), die mit einer Geschwindigkeit von 2 m/s über das Glas gezogen wird.
3. An der Steckdose »schwingt« die Spannung mit einer Amplitude von 325 V und einer Frequenz von 50 Hz. Geben Sie eine Gleichung für den Spannungsverlauf an.
4. Beschreiben Sie detailliert, wie es in Exp. 2 gelingt, die Schatten des rotierenden Stabs und der schwingenden Kugel in Übereinstimmung zu bringen.

Gefangen in einem schräg stehenden Teller, rollt diese Murmel hin und her. Immer wieder wird sie zum untersten Punkt ihrer Bahn beschleunigt, dann rollt sie darüber hinaus, bis sich an einem Umkehrpunkt ihre Bewegungsrichtung ändert. Die für diese Schwingung notwendige periodische Kraft stellt sich ganz von selbst ein – sie erreicht ihren Maximalwert immer im Umkehrpunkt.

8.2 Mechanische harmonische Schwingung

Im Fall einer mechanischen Schwingung bewegt sich ein Körper zwischen zwei Umkehrpunkten hin und her. Zwischen diesen Punkten gibt es eine Gleichgewichtslage, also eine Position, in der keine Kraft auf den Körper ausgeübt wird.
Außerhalb der Gleichgewichtslage wird aber in der Regel eine Kraft F_r auf den Körper ausgeübt, die ihn in Richtung der Gleichgewichtslage zurücktreibt. Diese Kraft hängt davon ab, wie weit der Körper aus der Gleichgewichtslage ausgelenkt ist. Ist sie proportional zur Auslenkung, so führt der Körper eine harmonische Schwingung aus. Dies ist z. B. bei einem Federpendel der Fall, dessen Feder dem Hooke'schen Gesetz genügt.

> **Bei einer mechanischen harmonischen Schwingung ist die rückstellende Kraft F_r proportional zur Auslenkung y:**
>
> $$F_r(t) = -k \cdot y(t); \quad k = \text{konst.} \qquad (1)$$

Damit ist der zeitliche Verlauf von Auslenkung, Geschwindigkeit, Beschleunigung und Rückstellkraft festgelegt: Es handelt sich um Sinusfunktionen, die alle die gleiche Kreisfrequenz ω besitzen.
Zwischen Kraft und Bewegung kommt es zu einer Rückkopplung: Die Kraft muss nicht von außen eingestellt werden, das System steuert sich von selbst.

Analyse harmonischer Schwingungen

In Exp. 1 werden die rückstellende Kraft F_r und die Auslenkung y bei einer Federschwingung in Abhängigkeit von der Zeit gemessen. Das Experiment zeigt, dass sich Kraft und Weg auf dieselbe Weise ändern: Erreicht der Wagen seine maximale Auslenkung, so ist auch die rückstellende Kraft am größten.

EXPERIMENT 1

Ein Rollwagen wird zwischen zwei Federn eingespannt und in Schwingung versetzt. Die Werte $F(t)$ und $y(t)$ werden durch Kraft- bzw. Wegsensoren erfasst und von einem Computer aufgezeichnet.

Bei der Federschwingung kann dies als eine Folge des Hooke'schen Gesetzes $F = -D \cdot y$ angesehen werden (vgl. 8.3). Es lässt sich aber auch für beliebige harmonische Schwingungen zeigen, dass die rückstellende Kraft zu jedem Zeitpunkt proportional zur Auslenkung ist. Dazu wird der Ausdruck für die Auslenkung $y(t)$ zweimal nach der Zeit abgeleitet. Daraus ergeben sich folgende Gleichungen für die Geschwindigkeit $v(t)$ und die Beschleunigung $a(t)$:

Das Hooke'sche Gesetz gilt für jeden Körper, solange sich die Atomabstände nur geringfügig ändern.
2.8

Mithilfe von Zeigerdiagrammen lässt sich auch die Lichtintensität bei optischen Experimenten berechnen.
10.7

MECHANIK UND GRAVITATION | ELEKTRIZITÄT | SCHWINGUNGEN UND WELLEN

$$y(t) = y_{max} \cdot \sin(\omega \cdot t) \quad (2)$$

$$v(t) = \dot{y}(t) = y_{max} \cdot \omega \cdot \cos(\omega \cdot t) \quad (3)$$

$$a(t) = \ddot{y}(t) = -y_{max} \cdot \omega^2 \cdot \sin(\omega \cdot t) = -\omega^2 \cdot y(t) \quad (4)$$

Die Geschwindigkeit ist also gegenüber der Auslenkung um eine viertel Periode ($\pi/2$) phasenverschoben (Abb. 2); in den Umkehrpunkten ist sie null, in der Gleichgewichtslage ist sie maximal.

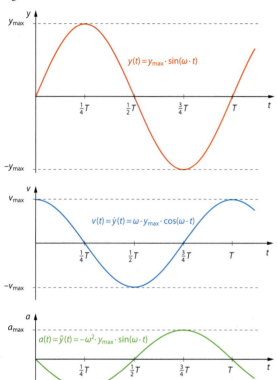

2 Auslenkung, Geschwindigkeit und Beschleunigung bei einer harmonischen Schwingung

Die Beschleunigung ist gegenüber der Auslenkung um eine halbe Periode (π) phasenverschoben. Damit ist sie und auch die Kraft auf den schwingenden Körper immer proportional zur Auslenkung $y(t)$:

$$F_r(t) = m \cdot a(t) = -m \cdot y_{max} \cdot \omega^2 \cdot \sin(\omega \cdot t) = -m \cdot \omega^2 \cdot y(t) \quad (5)$$

oder $\quad F_r(t) = -k \cdot y(t). \quad (6)$

Daraus lassen sich Ausdrücke für die Kreisfrequenz ω, die Frequenz f und die Periodendauer T gewinnen. Durch Vergleich von Gl. (5) und Gl. (6) ergibt sich:

$$\omega = \sqrt{\frac{k}{m}}, \quad f = \frac{1}{2\pi} \cdot \sqrt{\frac{k}{m}} \quad \text{bzw.} \quad T = 2\pi \cdot \sqrt{\frac{m}{k}}. \quad (7)$$

Die Konstante k in Gl. (6) legt die Stärke der rückstellenden Kraft fest und wird als Richtgröße bezeichnet. Beim Federpendel ist $k = D$.

Zeigerdiagramm Überträgt man die Kurven in ein Zeigerdiagramm, so ergeben sich aus der Phasenverschiebung jeweils rechte Winkel zwischen den Zeigern (Abb. 3). Die Zeiger rotieren alle mit derselben Kreisfrequenz ω. Die Längen der Zeiger entsprechen den Amplituden der drei unterschiedlichen physikalischen Größen; sie sind wegen der unterschiedlichen Einheiten nicht miteinander zu vergleichen.

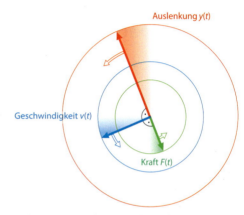

3 Zeigerdiagramm einer harmonischen Schwingung

AUFGABEN

1 a Begründen Sie, dass sich ein und dieselbe harmonische Schwingung sowohl durch die Gleichung $y(t) = y_{max} \cdot \sin(\omega \cdot t)$ als auch durch $y(t) = y_{max} \cdot \cos(\omega \cdot t)$ beschreiben lässt.
b Erläutern Sie den Unterschied zwischen den beiden Darstellungsformen.
c Leiten Sie jeweils aus $y(t)$ die zugehörigen Funktionen $v(t)$ und $a(t)$ her.

2 Angenommen, Nord- und Südpol der Erde wären durch einen geraden Tunnel verbunden und man ließe am Nordpol einen Stein in dieses Loch fallen. Unter Vernachlässigung von Reibung erhält man folgende Zeit-Ort-Funktion: $y(t) = R \cdot \cos(\omega \cdot t)$ mit $\omega = \sqrt{g/R}$ ($g = 9{,}81 \text{ m/s}^2$, $R = 6357$ km).
a Stellen Sie die Funktion grafisch dar.
b Geben Sie die Funktionen für die Geschwindigkeit $v(t)$ und die Beschleunigung $a(t)$ an. Beschreiben Sie damit die vollständige Bewegung.
c Leiten Sie die Beziehung $\omega = \sqrt{g/R}$ mithilfe der Amplitude der Funktion $a(t)$ her. Sie können dabei voraussetzen, dass es sich um eine harmonische Schwingung handelt.
d Stellen Sie die Fallbeschleunigung a entlang der gesamten Strecke dar.

In der Zeit der Französischen Revolution wurden die Einheiten Meter und Kilogramm definiert. Zunächst wollte man das Meter über die Periodendauer eines Pendels festlegen. Tatsächlich arbeiten Standuhren bis heute oft mit »Sekundenpendeln«, deren halbe Periodendauer eine Sekunde beträgt. Doch die Länge eines Sekundenpendels hängt von der geografischen Breite ab – Grund genug, die Idee für immer zu verwerfen.

8.3 Eigenfrequenzen von Feder- und Fadenpendel

Die einfachsten und zugleich wichtigsten Beispiele für mechanische Schwingungen sind die Bewegungen von Körpern, die an einer Feder oder an einem Faden schwingen. Sie haben einerseits eine große praktische Bedeutung, etwa in Fahrzeugen oder mechanischen Uhren, andererseits besitzen sie Modellcharakter für Schwingungen in anderen physikalischen Bereichen, z. B. bei chemischen Bindungen.

Feder- und Fadenpendel führen zumindest bei kleinen Auslenkungen in guter Näherung harmonische Schwingungen durch. Das bedeutet, dass die Systeme charakteristische Eigenfrequenzen f_0 besitzen, die unabhängig von der Auslenkung sind.

Federpendel:

$$f_0 = \frac{1}{2\pi} \cdot \sqrt{\frac{D}{m}}; \quad T_0 = 2\pi \cdot \sqrt{\frac{m}{D}} \qquad (1)$$

Fadenpendel:

$$f_0 = \frac{1}{2\pi} \cdot \sqrt{\frac{g}{l}}; \quad T_0 = 2\pi \cdot \sqrt{\frac{l}{g}} \qquad (2)$$

EXPERIMENT 1

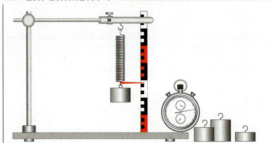

Die Periodendauer eines vertikalen Federpendels wird in Abhängigkeit von der Pendelmasse und der Amplitude bestimmt. Dazu wird jeweils die Zeit für mehrere vollständige Schwingungen gemessen.

Damit schwingt auch das vertikale Federpendel harmonisch, die Richtgröße k (vgl. 8.2) ist die Federkonstante D. Je größer D und je kleiner m ist, desto schneller wird der Körper wieder zur Gleichgewichtslage hingezogen, desto größer ist also die Kreisfrequenz des Federpendels. Es gilt:

$$\omega_0 = \sqrt{\frac{k}{m}} = \sqrt{\frac{D}{m}}. \qquad (3)$$

Hierbei wird vorausgesetzt, dass die Masse der Feder gegenüber der Masse m des Pendelkörpers vernachlässigt werden kann.

Federpendel

Die Auswertung von Exp. 1 zeigt, dass zumindest bei kleinen Amplituden die Eigenfrequenz des Pendels von der Masse des Pendelkörpers, jedoch nicht von der Amplitude der Schwingung abhängt. Die Frequenz nimmt ab, wenn die Pendelmasse erhöht wird.

Auch beim vertikalen Federpendel gilt das Hooke'sche Gesetz. Allerdings wird durch das Anhängen des Pendelkörpers die Feder zusätzlich gedehnt, sodass sich die Gleichgewichtslage ändert (Abb. 2). Die rückstellende Kraft F_r der Feder bezogen auf die neue Gleichgewichtslage ist jedoch weiterhin zu jeder Zeit proportional zur Auslenkung aus der neuen Gleichgewichtslage: $F_r(t) = -D \cdot y(t)$.

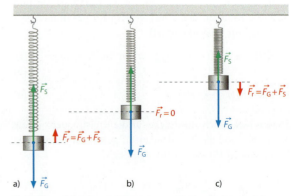

2 Kräfte auf den Pendelkörper am vertikalen Federpendel

In einem Inertialsystem bleibt die Schwingungsebene eines Fadenpendels unverändert. Léon Foucault konnte daher mit seinem langen Pendel die Erddrehung direkt nachweisen.

Fadenpendel

Experiment 2 ergibt zumindest für kleine Auslenkungen, dass die Eigenfrequenz des Pendels von Amplitude und Pendelmasse unabhängig ist. Die Frequenz nimmt jedoch ab, wenn der Faden verlängert wird.

EXPERIMENT 2

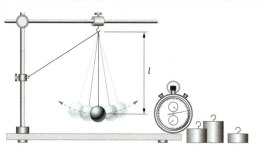

Die Periodendauer eines Fadenpendels wird bestimmt, indem die Dauer für mehrere Schwingungen gemessen wird. Nacheinander werden Pendelmasse, Amplitude und Fadenlänge variiert, die jeweils anderen Parameter werden dabei konstant gehalten.

Unter idealisierten Bedingungen gilt auch für das Fadenpendel ein lineares Kraftgesetz, sodass der Körper harmonische Schwingungen ausführt. Zu dieser Idealisierung gehört, dass die Masse des Fadens vernachlässigbar klein gegenüber der Pendelmasse und der Pendelkörper sehr klein gegenüber der Fadenlänge ist. Man spricht dann von einem *mathematischen Pendel*.

Auf diesen idealisierten Pendelkörper wird die Gewichtskraft $\vec{F}_G = m \cdot \vec{g}$ ausgeübt (Abb. 3): Die Komponente in Richtung des Fadens wird durch $\vec{F}_Z$ kompensiert, die resultierende Kraft ist die rückstellende Kraft $\vec{F}_r$. Sie steht senkrecht zu $\vec{F}_Z$ und tangential zur Bahnkurve.

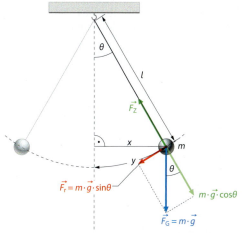

3 Kräfte auf den Pendelkörper am Fadenpendel: Die rückstellende Kraft $\vec{F}_r$ ergibt sich aus der Zerlegung der Gewichtskraft.

Es gilt: $\sin\theta = \dfrac{F_r}{F_G}$ bzw. $F_r = m \cdot g \cdot \sin\theta$. (4)

Mit $\sin\theta = \dfrac{x}{l}$ folgt $F_r = \dfrac{m \cdot g}{l} \cdot x$. (5)

Für kleine Auslenkungen sind die Strecke x und der Kreisbogen y annähernd gleich groß; daraus folgt ein lineares Kraftgesetz:

$$F_r(t) = -k \cdot y(t) \quad \text{mit} \quad k = \dfrac{m \cdot g}{l}. \quad (6)$$

Damit ergibt sich für die Kreisfrequenz des mathematischen Pendels:

$$\omega_0 = \sqrt{\dfrac{k}{m}} = \sqrt{\dfrac{g}{l}}. \quad (7)$$

Der Pendelkörper wird umso schneller zur Gleichgewichtslage zurückbewegt, je größer die Fallbeschleunigung g ist. Andererseits braucht er umso mehr Zeit zum Erreichen der Gleichgewichtslage, je größer die Fadenlänge l ist.

Mithilfe eines Pendels lässt sich sehr genau die Fallbeschleunigung bestimmen: Die Messung von g wird auf eine genaue Längenmessung des Fadens und eine Zeitmessung für eine große Anzahl von Schwingungen mit kleiner Auslenkung zurückgeführt.

AUFGABEN

1. Geben Sie qualitativ den Einfluss der Federkonstante und der Masse auf die Eigenfrequenz eines Federpendels an. Begründen Sie die beiden Abhängigkeiten.
2. Ein Probekörper schwingt an einer vertikalen Feder. Berechnen Sie die Schwingungsfrequenz für $m = 0{,}5$ kg und $D = 50$ N/m. Ändert sich die Frequenz, wenn das Experiment auf dem Mond durchgeführt wird?
3. Stoßdämpfer dienen dazu, das starke Schwingen eines Fahrzeugs zu verhindern. In ein Auto mit defekten Stoßdämpfern steigen vier Personen ein; dabei senkt sich die Karosserie um etwa 5 cm. Schätzen Sie mit geeigneten Annahmen die Frequenz der Schwingung ab, in die das Auto gerät.
4. **a** Planen Sie ein Experiment, bei dem die Fallbeschleunigung g mithilfe eines Fadenpendels möglichst genau bestimmt werden soll.
   b Diskutieren Sie Faktoren, die die Genauigkeit der Messung beschränken.
5. Beim Fadenpendel weist die rücktreibende Kraft nicht exakt in Richtung der Gleichgewichtslage. Beschreiben Sie qualitativ, wie eine große Auslenkung die Schwingungsdauer und den zeitlichen Verlauf der Auslenkung $y(t)$ beeinflusst.
6. **a** Überprüfen Sie, dass beim Sekundenpendel die Länge fast einen Meter beträgt.
   b Zeigen Sie: Hätte man das Meter mithilfe des Sekundenpendels definiert (Abb. 1), wäre $g = \pi^2$ m/s².

Die Wucht einer tonnenschweren Abrissbirne, die mit großer Geschwindigkeit auf das Mauerwerk kracht, ist gewaltig. Die kinetische Energie für ihre Pendelbewegung erhält die Birne von einem Seilbagger durch leichtes Hin- und-her-Schwenken. Ihre Geschwindigkeit und damit die Energie für die Zerstörung sind am unteren Punkt der Pendelbewegung am größten.

8.4 Energie schwingender Körper

Jedes schwingende System enthält Energie: Im Fall einer mechanischen Schwingung ändert sich fortwährend die Geschwindigkeit des schwingenden Körpers, also seine kinetische Energie. Gleichzeitig ändert sich die potenzielle Energie des Körpers durch die Lageänderung im Gravitationsfeld oder durch die Dehnung einer Feder. Im Idealfall einer reibungsfreien Bewegung bleibt die Gesamtenergie des schwingenden Systems konstant.

Bei einer reibungsfreien mechanischen Schwingung werden kinetische und potenzielle Energie periodisch ineinander umgewandelt.

Wird ein zunächst ruhender Oszillator angestoßen, so kehrt er nach einer gewissen Zeit in seine Gleichgewichtslage zurück: Er ist in einem *Potenzialtopf* gefangen. Die Gestalt des Potenzialtopfs, also die Funktion $E_{pot}(y)$, bestimmt das Schwingungsverhalten des Oszillators; ist sie parabelförmig, kommt es zu einer harmonischen Schwingung.

Energiebilanz harmonischer Schwingungen

Führt ein Körper eine periodische Bewegung durch, so müssen auch die beteiligten Energieformen einen immer wiederkehrenden, also periodischen Verlauf nehmen.
Beim horizontalen Federpendel (Abb. 2) werden ständig kinetische Energie und die potenzielle Energie, die durch die Federspannung zustande kommt, ineinander umgewandelt. Die Gesamtenergie des Systems bleibt im Idealfall ohne Reibung konstant:

$$E_{ges} = E_{kin}(t) + E_{pot}(t) = \frac{1}{2} m \cdot v(t)^2 + \frac{1}{2} D \cdot y(t)^2. \quad (1)$$

Während der Schwingung findet ein periodischer, vollständiger Energieaustausch statt.

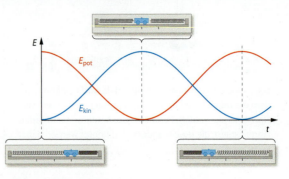

2 Potenzielle und kinetische Energie beim Federpendel

Ist die Auslenkung und damit die potenzielle Energie maximal, so ist die Geschwindigkeit und damit die kinetische Energie null. Ist dagegen die Geschwindigkeit und damit die kinetische Energie maximal, so ist das Pendel in seiner Gleichgewichtslage, und die potenzielle Energie ist null:

$$E_{ges} = \frac{1}{2} D \cdot y_{max}^2 = \frac{1}{2} m \cdot v_{max}^2. \quad (2)$$

Den Graphen der potenziellen Energie in Abhängigkeit vom Ort nennt man auch *Potenzialtopf*. Der Potenzialtopf eines harmonischen Oszillators ist parabelförmig, da die potenzielle Energie E_{pot} der gespannten Feder proportional zum Quadrat der Auslenkung y ist (Abb. 3).

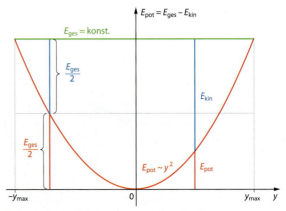

3 Parabelpotenzial eines harmonischen Oszillators

Bewegungsvorgänge mit variierenden Kräften können durch einfaches Bilanzieren einer Erhaltungsgröße beschrieben werden – dies verhalf dem Energiebegriff zum Durchbruch.
2.9

Das zeitliche Verhalten der beteiligten Energieformen ergibt sich aus den beiden Gleichungen für die Auslenkung und die Geschwindigkeit:

$y(t) = y_{max} \cdot \sin(\omega \cdot t)$ $v(t) = v_{max} \cdot \cos(\omega \cdot t)$

$E_{pot} = \frac{1}{2} D \cdot y^2$ $E_{kin} = \frac{1}{2} m \cdot v^2$

$E_{pot} = \frac{1}{2} D \cdot y_{max}^2 \cdot \sin^2(\omega \cdot t)$ $E_{kin} = \frac{1}{2} m \cdot v_{max}^2 \cdot \cos^2(\omega \cdot t)$

$E_{pot} = E_{ges} \cdot \sin^2(\omega \cdot t)$ $E_{kin} = E_{ges} \cdot \cos^2(\omega \cdot t)$

Mit der allgemeingültigen Beziehung $\sin^2 x + \cos^2 x = 1$ erhält man wiederum $E_{kin} + E_{pot} = E_{ges}$.

Annähernd harmonische Schwingungen

Zwischen zwei Atomen in einem Kristallgitter gilt anders als bei einer Hooke'schen Feder kein lineares Kraftgesetz. Beim Auseinanderziehen wird die Wechselwirkung immer schwächer, beim Zusammendrücken schnell stärker. Den zugehörigen Potenzialtopf zeigt Abb. 4.

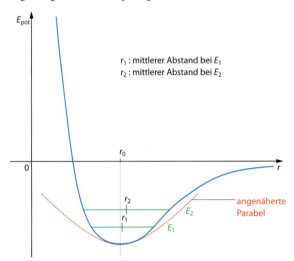

4 Potenzielle Energie für ein Atom, das im Kristallgitter einen Abstand r von seinem Nachbarn besitzt

Obwohl der Potenzialverlauf keineswegs symmetrisch ist, ähnelt er bei sehr kleinen Auslenkungen aus der Gleichgewichtslage r_0 einer Parabel. Bei niedrigen Temperaturen schwingen also die Atome im Kristallgitter näherungsweise harmonisch.
Die grünen Linien in Abb. 4 zeigen zusätzlich die Gesamtenergie der Atome bei unterschiedlichen Temperaturen an. Je höher die Temperatur der Körper ist, desto weniger ähnelt der Potenzialverlauf einer Parabel. Auch vergrößert sich durch den unsymmetrischen Verlauf der mittlere Abstand r_0 der schwingenden Atome. Wenn ein solches Potenzial vorliegt, dehnt sich also der Festkörper bei Temperaturerhöhung aus.

Nichtharmonische Schwingungen

Manche Schwingungen sind nicht einmal näherungsweise harmonisch, beispielsweise die Bewegungen der rollenden Kugel oder des über einem Magneten pendelnden Eisenkörpers in Abb. 5.

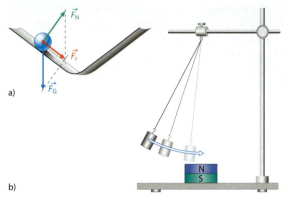

5 Beispiele für nichtharmonische Schwingungen

Während die rückstellende Kraft auf die rollende Kugel unabhängig von der Auslenkung ist, nimmt die Kraft auf den Pendelkörper bei kleiner werdendem Abstand zur Gleichgewichtslage überproportional zu.
Alle nichtharmonischen Schwingungen stimmen in den folgenden äquivalenten Eigenschaften überein:
– kein sinusförmiger Schwingungsverlauf,
– kein lineares Kraftgesetz,
– kein Parabelpotenzial,
– Abhängigkeit der Eigenfrequenz von der Amplitude.

AUFGABEN

1 Ein ungedämpftes Federpendel mit einer Masse von 3 kg und einer Schwingungsdauer von 2 s ist zum Zeitpunkt $t = 0$ um 4 cm aus der Ruhelage ausgelenkt und wird dann losgelassen.
  a Berechnen Sie die Federkonstante und die Gesamtenergie der entstehenden Schwingung.
  b Berechnen Sie die potenzielle Energie und die kinetische Energie zum Zeitpunkt $t = T/6$.
2 Beschreiben Sie qualitativ die Energieumwandlungen bei einem reibungsfreien Fadenpendel. Erläutern Sie den Unterschied zum realen Pendel.
3 a Begründen Sie, dass bei der nichtharmonischen Schwingung in Abb. 5a die Frequenz mit der Amplitude abnimmt.
  b Beschreiben Sie für die rollende Kugel qualitativ die Abweichung von einem sinusförmigen Verlauf der Auslenkung.
  c Finden Sie weitere Beispiele für nichtharmonische Schwingungen. Welcher qualitative Zusammenhang besteht jeweils zwischen der maximalen Auslenkung und der Frequenz?

Taipei 101 heißt ein 508 m hoher Wolkenkratzer in Taiwan. Zwischen seinen Etagen 87 und 92 hängt an starken Seilen eine 660 Tonnen schwere, goldlackierte Stahlkugel. Dieses Pendel soll unerwünschte Schwingungen des gesamten Hochhauses abfangen – dazu wird seine Bewegung durch ein System von Hydraulikzylindern gebremst. Die Eigenfrequenz des Pendels ist auf die der Gebäudeschwingung abgestimmt.

8.5 Gedämpfte Schwingung

In nahezu allen realen Schwingungen tritt Reibung auf. Sofern keine Energie von außen zugeführt wird, nimmt also die Amplitude der Schwingung nach und nach ab: Die Schwingung kommt irgendwann zum Erliegen. Es handelt sich dann um eine gedämpfte Schwingung.

Je nach Art der Dämpfung bzw. der Reibung nimmt die Amplitude in unterschiedlicher Weise ab. Bei kleinen Geschwindigkeiten ist die Kraft, die durch Luft- bzw. Flüssigkeitsreibung entsteht, annähernd proportional zur Geschwindigkeit des schwingenden Körpers. In diesem Fall nimmt die Amplitude *exponentiell* ab, während die Frequenz kaum beeinflusst wird. Bei extrem starker Dämpfung kommt es nicht mehr zu Schwingungen: Der Oszillator nähert sich von einer Seite her der Gleichgewichtslage und bleibt dann in Ruhe.

Konstante Kraft

Reale Pendel sind immer einer Reibung ausgesetzt, die dem System Energie entzieht. Im einfachsten Fall ist die Reibungskraft F_R zu jedem Zeitpunkt der Schwingung konstant und hängt nicht von der Geschwindigkeit des Oszillators ab. Ein Beispiel dafür zeigt Exp. 1.

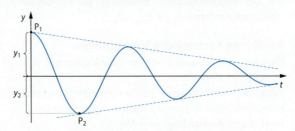

2 Abnahme der Amplitude bei konstanter Kraft

Zwischen zwei willkürlich gewählten aufeinanderfolgenden Umkehrpunkten P_1 und P_2 verliert das System die Energie $\Delta E = F_R \cdot (y_1 + y_2)$ durch Gleitreibung. Die Energiedifferenz zwischen den beiden Punkten beträgt zugleich

$$\Delta E = \tfrac{1}{2} D \cdot y_1^2 - \tfrac{1}{2} D \cdot y_2^2. \tag{1}$$

Durch Gleichsetzen und Umformen erhält man:

$$y_2 = y_1 - \frac{2 F_R}{D}. \tag{2}$$

Damit erklärt sich der Schwingungsverlauf in Abb. 2: Die Amplitude nimmt von Umkehrpunkt zu Umkehrpunkt stets um den gleichen Betrag ab.

EXPERIMENT 1

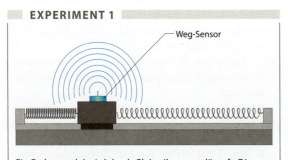

Ein Federpendel wird durch Gleitreibung gedämpft. Die Auslenkung wird über einen Weg-Sensor gemessen und am Computer ausgewertet.

EXPERIMENT 2

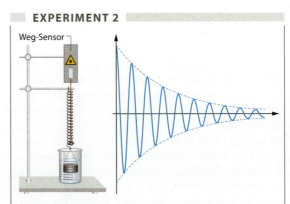

Ein Federpendel wird durch eine Flüssigkeit gedämpft. Die Auslenkung wird über einen Weg-Sensor gemessen und am Computer ausgewertet.

2.14 Jeder Kontakt zwischen Oszillator und Umgebung führt dazu, dass kinetische Energie in Wärme umgewandelt wird.

Zur Geschwindigkeit proportionale Kraft

In Exp. 2 wird eine andere Art der Dämpfung untersucht: Hier ist die Reibungskraft näherungsweise proportional zur Geschwindigkeit: $F_R = -b \cdot v$ mit der Dämpfungskonstanten b. Während des Schwingungsvorgangs nimmt die Amplitude anfangs stark, dann immer weniger ab; schließlich nähert sie sich asymptotisch dem Wert null.

Eine mathematische Funktion, die eine solche Abnahme wiedergibt, ist die Exponentialfunktion. Sie beschreibt ein Verhalten, bei dem die Amplitudenwerte von einem Umkehrpunkt zum nächsten stets um den gleichen *Bruchteil* abnehmen. Dass es im Fall einer mit $F_R \sim v$ gedämpften harmonischen Schwingung zu einer exponentiellen Abnahme kommt, lässt sich durch eine mathematische Analyse zeigen (s. u.).

Starke Dämpfung

Je größer die Reibung ist, umso schneller klingt die Schwingung ab. Solange die Dämpfung nicht zu groß ist, wird dabei die Frequenz der Schwingung wenig beeinflusst. Bei sehr starker Dämpfung schwingt das System allerdings gar nicht mehr, sondern es »kriecht« in seine Ruhelage zurück (Abb. 3). Die Grenze zwischen gedämpfter Schwingung und Kriechfall hat eine praktische Bedeutung: Der ausgelenkte Oszillator kommt hier besonders schnell wieder zur Ruhe. Dies wird z. B. bei Stoßdämpfern von Fahrzeugen angestrebt.

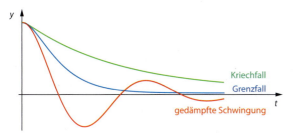

3 Verhalten bei unterschiedlich starker Dämpfung

MATHEMATISCHE VERTIEFUNG

Analyse der gedämpften Schwingung mit $F_R \sim v$

Das Kraftgesetz $F = -k \cdot y$ der ungedämpften harmonischen Schwingung entspricht der die Differenzialgleichung

$$m \cdot \ddot{y}(t) = -k \cdot y(t). \qquad (3)$$

Eine Lösungsfunktion dieser Differenzialgleichung ist die Sinus- oder Kosinusfunktion.
Ist zusätzlich eine Reibungskraft $F_R = -b \cdot v$ zu berücksichtigen, so tritt in Gl. (3) ein weiterer Term auf:

$$F = -b \cdot v - k \cdot y, \qquad (4)$$

also

$$m \cdot \ddot{y}(t) = -b \cdot \dot{y}(t) - k \cdot y(t). \qquad (5)$$

Eine Lösung für diese Differenzialgleichung ist eine Kosinusfunktion, deren Amplitude exponentiell mit der Zeit abnimmt:

$$y(t) = y_{max} \cdot e^{-\delta \cdot t} \cdot \cos(\omega \cdot t). \qquad (6)$$

Dass diese Funktion die Gleichung (5) erfüllt, lässt sich durch Einsetzen der ersten und der zweiten Ableitung zeigen ↻.
Daraus ergibt sich dann für die Dämpfungskonstante δ der Ausdruck

$$\delta = \frac{b}{2m} \qquad (7)$$

und für die Frequenz bzw. Kreisfrequenz:

$$f = \frac{1}{2\pi}\sqrt{\frac{D}{m} - \frac{b^2}{4m^2}} \quad \text{bzw.} \quad \omega = \sqrt{\frac{D}{m} - \frac{b^2}{4m^2}}. \qquad (8)$$

Damit ist die Frequenz durch die Reibung immer kleiner als bei einer ungedämpften Schwingung. Diese Lösung gilt jedoch nur, solange es auch zu einer Schwingung kommt. Ab $D/m - b^2/4m^2 \leq 0$, also mit zunehmender Dämpfung, liefert der Ausdruck keine Werte mehr für f. Das System ist dann *überkritisch* gedämpft und schwingt überhaupt nicht mehr (Abb. 3). Für diesen Kriechfall muss ein anderer Lösungsansatz der Differenzialgleichung verwendet werden.

AUFGABEN

1 a Berechnen Sie für das Pendel im Taipeh 101 mit $m = 660$ t und $l = 15$ m Eigenfrequenz und Schwingungsenergie bei einer Amplitude von 1,5 m.
b Informieren Sie sich über aktive und passive Dämpfungssysteme an Gebäuden und stellen Sie diese einander gegenüber.

2 An zwei gedämpften Pendeln A und B wurden einige Amplituden der Schwingung gemessen.
a Vervollständigen Sie die Tabelle:

Nr.	1	2	3	4	5	6	7
y_A in cm		96	77	61	49		
y_B in cm		102	83	65	46		

b Erläutern Sie, um welche Art von Reibung es sich jeweils handelt.

3 Ein gedämpfter Federschwinger mit $m = 2$ kg ist zum Zeitpunkt $t = 0$ um 3 cm aus der Ruhelage ausgelenkt. Die Federkonstante beträgt 400 N/m.
a Bestimmen Sie die Schwingungsdauer für den Fall einer ungedämpften Schwingung sowie die Gesamtenergie der Schwingung.
b Bestimmen Sie die Dämpfungskonstante b für den Fall, dass die Energie während jeder Periode um 1 % abnimmt und berechnen Sie den Energiebetrag, der im Zeitintervall $[0; 2T]$ in Wärme umgewandelt wird.

11.11 — Die ständige »Entwertung« der Energie bei einer gedämpften Schwingung beschreibt der 2. Hauptsatz der Thermodynamik.

Gläser zu zersingen ist gar nicht so einfach. Was im Comic sogar mit Panzerglasscheiben funktioniert, ist in der Realität unmöglich. Nur äußerst dünnwandige Weingläser können bei genauer Abstimmung eines leistungsstarken Lautsprechers allein durch den Schall zerbrechen.

8.6 Resonanz

Ein schwingungsfähiges System, das einmal angeregt und dann sich selbst überlassen wird, schwingt mit seiner Eigenfrequenz, bis die Bewegung abgeklungen ist. Wird es aber von außen dauerhaft mit einer bestimmten Frequenz angeregt, so kommt es zu einer Schwingung, deren Amplitude zunächst anwächst.

Der Wert der Amplitude, der sich nach einigen Schwingungen einstellt, hängt davon ab, mit welcher Frequenz die Anregung erfolgt. Im Fall der Resonanz ist die Amplitude maximal.

Anregung und schwingendes System befinden sich in Resonanz, wenn die Erregerfrequenz und die Eigenfrequenz des Systems gleich sind.

Wird ein schwach gedämpftes System dauerhaft mit seiner Eigenfrequenz angeregt, so kann die Amplitude sehr große Werte annehmen, da immer mehr Energie in das System gelangt. In der Praxis ist dies manchmal erwünscht, in anderen Fällen versucht man jedoch das Aufschaukeln einer Schwingung durch Dämpfung zu verhindern, und so eine *Resonanzkatastrophe*, also eine Zerstörung des Systems zu vermeiden.

Beispiele für mechanische Resonanz

Im Internet finden sich Videos, die zeigen, wie Weingläser »zersungen« werden. Um tatsächlich ein Weinglas allein mit der Stimme zu zerstören, ist die exakt richtige und konstant gehaltene Tonhöhe wichtiger als die reine Lautstärke. Experiment 1 zeigt, wie sich ein Weinglas mithilfe eines Tongenerators in starke Schwingungen versetzen lässt. Bei einer bestimmten Frequenz gerät das Glas in Schwingungen und verstärkt den Ton aus dem Lautsprecher. Sehr dünnwandige Weingläser können zerstört werden, wenn die passende Tonfrequenz erreicht ist.

Ein schweres Fadenpendel, das durch einen Föhn oder durch Pusten in Schwingungen versetzt werden soll (Exp. 2), dient im Folgenden als Modell für das Weinglas:

EXPERIMENT 1

Ein Lautsprecher, der von einem Tongenerator angesteuert wird, steht vor einem dünnwandigen Weinglas. Die Frequenz des Tons wird langsam variiert, bis das Glas hörbar mitschwingt (Vorsicht!).

Der Föhn verstärkt die Schwingung, wenn er in einem richtigen Rhythmus in die richtige Richtung bläst; er beschleunigt dann das Pendel immer in dessen Bewegungsrichtung. Dieser Rhythmus entspricht gerade der Eigenfrequenz des Fadenpendels. Der Oszillator ist in Resonanz mit seinem Erreger, und die Amplitude der Schwingung steigt mit der Zeit an. Bei diesem Pendel verhindert die Reibung allzu große Auslenkungen oder gar einen Überschlag des Pendelkörper.

EXPERIMENT 2

Es wird versucht, ein Fadenpendel mit großer Pendelmasse mit einem Föhn oder durch Pusten in möglichst starke Schwingungen zu versetzen.

Ein Radio kann nur dann ein Signal wiedergeben, wenn seine Resonanzfrequenz auf die Sendefrequenz eingestellt wurde.

Wird das Weinglas mit seiner Eigenfrequenz angeregt, so sorgt in ähnlicher Weise der auftreffende Schall stets im richtigen Moment für eine Beschleunigung der Wandfläche in ihrer Bewegungsrichtung.

Gekoppelte Pendel

Koppelt man zwei Pendel gleicher Länge wie in Exp. 3 und lenkt das Pendel A aus, so überträgt dieses bei jeder Schwingung etwas Energie auf das Pendel B. Die beiden Pendel haben dieselbe Eigenfrequenz und sind in Resonanz. Nach einiger Zeit hört das Pendel A auf zu schwingen, und Pendel B erreicht seine maximale Auslenkung (Abb. 2). Anschließend kehrt sich der Vorgang um, die Energie fließt zurück in das Pendel A.

EXPERIMENT 3

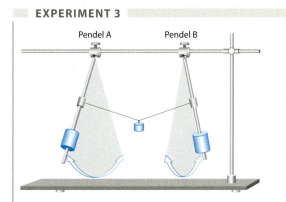

Zwei gleichartige Pendel werden durch ein kleines Wägestück miteinander gekoppelt. Das eine Pendel wird ausgelenkt, die zeitliche Entwicklung der Amplituden beider Pendel wird verfolgt.

Die Energie wandert zwischen den Pendeln hin und her, bis der Vorgang durch Reibung zum Stillstand kommt. Die Periodendauer der Energieübertragung hängt von der Kopplung der Pendel ab und nimmt bei stärkerer Kopplung, z. B. durch Vergrößerung des Wägestücks, ab.

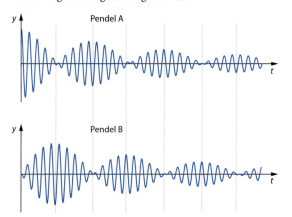

2 Schwingungen zweier gekoppelter Pendel

TECHNIK

Brücken in Resonanz Brücken können nicht völlig starr gebaut werden. Damit sind sie schwingungsfähige Systeme, die im Resonanzfall Schäden erleiden können. Bekannte Beispiele sind die *Tacoma Bridge*, die 1940 unter Windeinfluss zusammenbrach, oder eine Brücke im englischen Boughton, die 1831 durch im Gleichschritt marschierende Soldaten zum Einsturz gebracht wurde. Tatsächlich ist bis heute bei der Bundeswehr das Marschieren im Gleichschritt über Brücken prinzipiell verboten.
Die Millennium-Bridge in London (8.7, Abb. 1) besitzt z. B. eine Eigenfrequenz von etwa 1,7 Hz. Fußgänger bewegen ihre Beine zwar in diesem Frequenzbereich, allerdings tun sie dies normalerweise nicht im Gleichschritt. Schwingt die Brücke jedoch erst einmal ein wenig, versuchen die Fußgänger leicht gegenzusteuern. Dadurch geraten sie unwillkürlich in einen Rhythmus mit der Eigenschwingung der Brücke. Neu eingebaute Dämpfer verhindern eine mögliche Resonanzkatastrophe.

Hochhäuser Auch periodische Winde oder Erdbeben können Gebäude zu Schwingungen anregen. Erfolgt die Anregung in der Nähe der Resonanzfrequenz einzelner Gebäudeteile, so kann es schnell zu einer Resonanzkatastrophe kommen. In manchen Hochhäusern verlässt man sich bei der Vermeidung solcher Katastrophen nicht allein auf einfache Dämpfung z. B. durch Verstrebungen, sondern setzt zusätzlich riesige Pendel als Schwingungstilger ein (vgl. 8.5). Diese sind auf die Eigenfrequenz des Gebäudes eingestellt und nehmen bei Stürmen und Erdbeben viel Schwingungsenergie auf, die dann durch spezielle Dämpfungsvorrichtungen abgeführt wird.

AUFGABEN

1 »Auf Brücken darf nicht im Gleichschritt marschiert werden.« (StVO § 27 Abs. 6)
   a Begründen Sie die Notwendigkeit dieses Paragrafen der Straßenverkehrsordnung.
   b Recherchieren Sie im Internet nach Informationen über Brücken, die durch Resonanzkatastrophen zerstört wurden. Nennen Sie jeweils die baulichen Mängel, die dazu geführt haben.
2 Die Körper einer Gitarre oder Geige werden gelegentlich auch als Resonanzkörper bezeichnet. Diskutieren Sie diese Begriffsbildung kritisch.
3 Erläutern Sie, inwiefern es bei der Konstruktion von Fahrzeugen darauf ankommt, Resonanzen zu vermeiden.
4 In Exp. 3 wird die gesamte Energie von Pendel A nach und nach auf Pendel B übertragen. Versuchen Sie eine Erklärung dafür zu finden, dass auch dann noch Energie übertragen wird, wenn Pendel B bereits stärker schwingt als Pendel A.

Soon after the crowd streamed on to London's Millennium Bridge on the day it opened, the bridge started to sway from side to side: many pedestrians fell spontaneously into step with the bridge's vibrations, inadvertently amplifying them.
Nature 438, 43–44 (2005)

8.7 Erzwungene Schwingung

Wird ein schwingungsfähiges System von außen periodisch angeregt, so führt es erzwungene Schwingungen mit der vorgegebenen Frequenz aus. Dabei überträgt der Erreger abhängig von der Frequenz Energie auf den Oszillator.

> **Je mehr sich die Erregerfrequenz einer Eigenfrequenz des Systems nähert, desto mehr Energie pro Periode wird vom Erreger auf den Oszillator übertragen. Im Resonanzfall ist die Energieübertragung maximal.**

Um zu verhindern, dass eine Schwingung abklingt, kann die durch Dämpfung verlorene Energie periodisch von außen wieder zugeführt werden. Viele Systeme in Natur und Technik verfügen zum Erhalt ihrer Schwingung über eine solche selbstgesteuerte *Rückkopplung*, die für eine phasenrichtige Steuerung der Energiezufuhr sorgt.

Frequenzabhängigkeit der Energieübertragung

Das Pendel in Exp. 1 bewegt sich nach einer kurzen Einschwingphase mit der Frequenz des Erregers. Die Amplitude der Schwingung hängt jedoch stark von der Differenz zwischen Erregerfrequenz f_e und Eigenfrequenz der Feder f_0 sowie von der Dämpfung der Schwingung ab (Abb. 2). Es lassen sich drei Fälle unterscheiden:
– Bei sehr niedrigen Erregerfrequenzen schwingen Pendel und Erreger im Gleichtakt ($\Delta\varphi \approx 0$). Die Amplitude des schwingenden Körpers stimmt mit der Amplitude des Erregers überein: Die Bewegung ist so langsam, dass das Pendel dem Erreger zu jedem Zeitpunkt folgen kann.
– Im anderen Extremfall, bei sehr hohen Erregerfrequenzen, bewegen sich Pendel und Erreger gegenphasig ($\Delta\varphi \approx \pi$). Die Amplitude des Pendels ist sehr klein, da es der schnellen Oszillation des Erregers nicht zu folgen vermag.

– Nähert sich die Erregerfrequenz f_e der Eigenfrequenz des Pendels f_0, so steigt die Amplitude stark an. Die Energieübertragung auf das Pendel ist maximal, die Erregerschwingung eilt der Schwingung des Oszillators um eine viertel Periode voraus ($\Delta\varphi \approx \pi/2$). Es liegt Resonanz vor.

EXPERIMENT 1

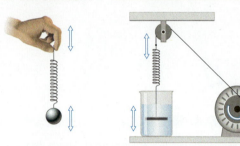

Ein Federpendel wird von Hand bzw. über den Exzenter eines Motors periodisch angeregt. Die Frequenz der Anregung wird variiert und die Amplitude der Pendelschwingung beobachtet.

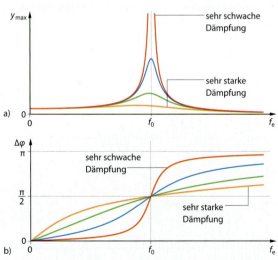

2 a) Amplitude einer erzwungenen Schwingung in Abhängigkeit von der Erregerfrequenz; b) Phasenverschiebung zwischen Erregerschwingung f_e und erzwungener Schwingung

Phasenlage im Resonanzfall

Für die Leistung, also die Energieübertragung pro Zeit, gilt:

$$P = F \cdot v \cdot \cos \alpha. \qquad (1)$$

Dabei ist α der Winkel zwischen der Kraft F und der Geschwindigkeit v im Zeigerdiagramm (vgl. 8.2, Abb. 3). Die Energieübertragung vom Erreger auf den Oszillator hängt also von der Phasendifferenz zwischen der Kraft und der Geschwindigkeit ab.

Schwingen F und v gleichphasig, zeigen also beide Zeiger zu jeder Zeit in dieselbe Richtung, so ist der Term $\cos \alpha$ stets gleich 1, und die Energieübertragung ist maximal. Da die Auslenkung y eines Oszillators seiner Geschwindigkeit v um eine viertel Periode vorauseilt (vgl. 8.2), folgt wegen der Phasengleichheit von F und v für den Resonanzfall:
Die Erregerschwingung eilt der Schwingung des Oszillators um eine viertel Periode voraus ($\Delta \varphi \approx \pi/2$). Bei allen anderen Phasenlagen ist die Energieübertragung zeitweise negativ. Das bedeutet, dass der Oszillator Energie zurück an den Erreger liefert.

Rückkopplung

Um die Amplitude einer Schwingung konstant zu halten, muss jedem realen, gedämpften System periodisch Energie zugeführt werden. Ein Kind auf einer Schaukel kann entweder regelmäßig von außen angeschubst werden oder es kann durch periodisches Aufrichten und Niederbeugen in der Eigenfrequenz der Schaukel die Schwingung aufrechterhalten.

Sowohl das schaukelnde Kind als auch der Erwachsene, der anschubst, sind in einen Rückkopplungskreis (Abb. 3) eingebunden. Während beim Schaukeln die Rückkopplung erlernt werden muss, gibt es auch selbsterregende Systeme, deren Rückkopplung automatisch durch den Oszillator gesteuert wird.

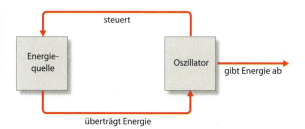

3 Rückkopplung beim Schaukeln

In Abb. 4 sind zwei Systeme dargestellt, in denen es durch Rückkopplung zu selbsterregten Schwingungen kommt. In beiden Fällen steuert der Oszillator seine Energiezufuhr selbst.
Ist bei der elektrischen Klingel der Taster gedrückt, wird der Klöppel vom Elektromagneten zur Glocke gezogen; dabei wird der Stromkreis unterbrochen.

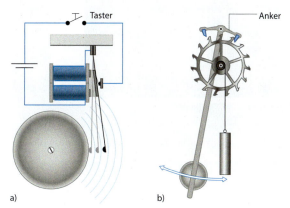

4 Selbsterregte Schwingungen an einer elektrischen Klingel (a) und einer Pendeluhr (b)

Der Elektromagnet ist dann abgeschaltet und zieht den Klöppel nicht mehr an – der Klöppel schwingt zurück und schließt den Stromkreis aufs Neue. Damit steuert das System selbst die Energiezufuhr aus dem Stromkreis als Energiequelle.
Eine Pendeluhr verliert bei jeder Schwingung etwas Energie durch Reibung. Dazu kommen Verluste durch die periodische Kopplung an das Uhrwerk. Um diese Verluste zu kompensieren, erhält der Pendelkörper bei jeder Pendelbewegung einen kleinen Stoß in Bewegungsrichtung. Dabei wird der Ankerarm durch die Zacken des Rads periodisch etwas angehoben. Der richtige Zeitpunkt für die Hebung wird durch Rückkopplung vom Pendel selbst gesteuert. Als Energiereservoir dient bei Pendeluhren oft eine gespannte Feder oder ein Gewichtsantrieb.

AUFGABEN

1. Einem Kind auf einer Schaukel soll von außen möglichst effektiv Schwung gegeben werden. Erklären Sie, welche Phasen der Bewegung hierfür besonders gut geeignet sind.
2. Verwendet man ein Mikrofon in der Nähe des Lautsprechers, so hört man unangenehm laute Geräusche. Erläutern Sie, wie es dazu kommt.
3. Eine Geigensaite gerät durch den Strich des Geigenbogens in eine erzwungene Schwingung. Beschreiben Sie die einzelnen Phasen dieses Vorgangs.
4. **a** Begründen Sie, dass im Fall sehr kleiner Anregungsfrequenzen $f_e \ll f_0$ die Phasenverschiebung $\Delta \varphi$ gegen null geht (Abb. 2 b).
   b Erläutern Sie, warum im Resonanzfall die Schwingung des Oszillators der Erregerschwingung um eine viertel Periode hinterherläuft.
5. Finden Sie weitere Beispiele für erzwungene Schwingungen aus Umwelt oder Technik. Entscheiden Sie, welche der gefundenen Beispiele auf einer Rückkopplung beruhen.

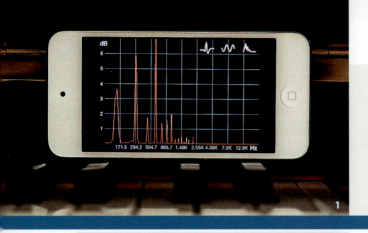

Klavier und Oboe lassen sich leicht am Klang unterscheiden, auch wenn beide ein D spielen. Eine Tonanalyse mit dem Smartphone lässt diesen Unterschied auch sichtbar werden: Viele einzelne Schwingungen mit unterschiedlichen Frequenzen machen den charakteristischen Klang eines Instruments aus.

8.8 Überlagerung harmonischer Schwingungen

Ein schwingungsfähiges System kann von mehreren Quellen gleichzeitig angeregt werden. Der Oszillator führt dann eine Schwingung aus, die in der Regel nicht harmonisch verläuft. Überlagern sich viele harmonische Schwingungen, so entstehen zunehmend komplexe Schwingungsbilder. Durch die Überlagerung von geeigneten harmonischen Schwingungen lässt sich sogar jede beliebige nichtharmonische Schwingung erzeugen. Harmonische Schwingungen dienen daher als grundlegende Bausteine bei der Synthese und der Analyse von komplexen Schwingungen:

Jeder periodische Vorgang lässt sich als Überlagerung vieler harmonischer Schwingungen mit unterschiedlichen Frequenzen und Amplituden beschreiben.

Nach diesem Prinzip arbeitet die *Fourier-Analyse*, deren Ergebnis ein Frequenzspektrum ist. Dieses gibt Auskunft über die Amplituden der einzelnen harmonischen Schwingungen, in die die untersuchte Schwingung zerlegt werden kann.
Werden zwei harmonische Schwingungen mit ähnlichen Frequenzen f_1 und f_2 überlagert, so kommt es zu einer *Schwebung*: Die Amplitude der Überlagerung schwankt mit der Frequenz $f_{sum} = |f_1 - f_2|$.

Schwebung

Schlägt man zwei identische Stimmgabeln kurz nacheinander an, so hört man nur einen Ton mit der ursprünglichen Frequenz. Auf dem Trommelfell des Ohrs addieren sich die Auslenkungen $y_1(t)$ und $y_2(t)$ zu jedem Zeitpunkt. Das Ergebnis ist eine Schwingung, die dieselbe Frequenz besitzt wie die Ausgangsschwingungen (Abb. 2). Im Zeigerdiagramm rotiert der Summenzeiger mit derselben Frequenz wie die Einzelzeiger.

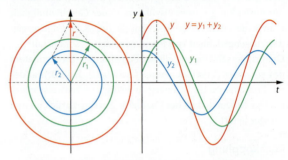

2 Die Überlagerung zweier harmonischer Schwingungen mit gleicher Frequenz führt wiederum zu einer harmonischen Schwingung derselben Frequenz.

Verstimmt man eine der beiden Stimmgabeln leicht, so hört man ein »Flattern« des Grundtons. Die Lautstärke schwillt in charakteristischer Weise an und ab: Es kommt zu einer Schwebung (Abb. 3).

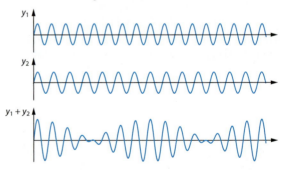

3 Schwebung: Die Überlagerung zweier Schwingungen unterschiedlicher Frequenz führt zu einem An- und Abschwellen der Amplitude.

Das An- und Abschwellen dauert umso länger, je mehr die Ausgangsfrequenzen übereinstimmen. Je dichter nämlich die Frequenzen beieinanderliegen, desto mehr Perioden vergehen, bis sich die Auslenkungen wieder gegenseitig auslöschen. Eine mathematische Analyse zeigt, dass die Amplitude der resultierenden Schwingung mit der Frequenz $f_{sum} = |f_1 - f_2|$ um den Mittelwert der Einzelfrequenzen schwankt ↻.

Die Überlagerung verschiedener Einflüsse wird auch als Superposition bezeichnet. Bei Kraftfeldern drückt sie sich in der Addition der Feldstärken aus.

Fourier-Analyse

Mit einer Fourier-Analyse der überlagerten Schwingung lassen sich die Frequenzen der beiden einzelnen, leicht verstimmten Stimmgabeln ermitteln. Das Resultat, ein Frequenz-Amplitudendiagramm, heißt Frequenzspektrum (Abb. 4).

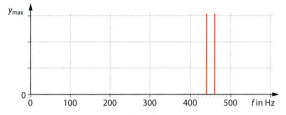

4 Frequenzspektrum einer Schwebung

Da sich jeder beliebige Schwingungsverlauf aus Sinusfunktionen zusammensetzen lässt, kann man ihm auch eindeutig ein Frequenzspektrum zuordnen. Für solche Fourier-Analysen stehen zahlreiche Computerprogramme zur Verfügung. Auch das menschliche Ohr arbeitet nach dem Prinzip der Fourier-Analyse ↻.

Abbildung 5b zeigt das Ergebnis der Fourier-Analyse einer Rechteckschwingung: Das Frequenzspektrum besteht aus diskreten Linien. Die Harmonische mit der Grundfrequenz der Rechteckschwingung heißt *Grundschwingung*, die weiteren Harmonischen sind *Oberschwingungen*, die jeweils ein Vielfaches der Grundfrequenz besitzen. Schon durch die Überlagerung der ersten fünf Harmonischen ergibt sich ein Verlauf, der der Rechteckfunktion sehr nahekommt (Abb. 5d).

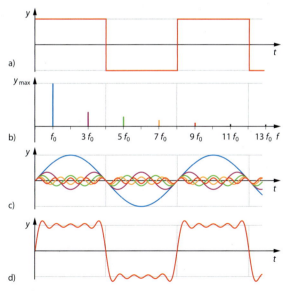

5 a) Rechteckschwingung; b) Frequenzspektrum der Rechteckschwingung; c) Verlauf der ersten fünf Harmonischen; d) Überlagerung der ersten fünf Harmonischen

Schwingungen in der Ebene

Überlagert man zwei Schwingungen, deren Bewegungsrichtungen senkrecht aufeinanderstehen, so entstehen mitunter regelmäßige Schwingungsfiguren (Exp. 1). Diese *Lissajous-Figuren* kommen genau dann zustande, wenn die Frequenzen der Einzelschwingungen im Verhältnis kleiner ganzer Zahlen stehen.

EXPERIMENT 1

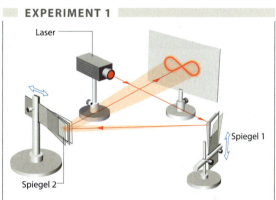

Ein Laserstrahl wird über zwei senkrecht zueinander schwingende Spiegel auf einen Schirm gelenkt. Die Frequenz der Schwingung von Spiegel 2 wird variiert.

TECHNIK

Fourier-Analysen spielen in der Akustik eine große Rolle, da der Klang eines Instruments von den Oberschwingungen abhängt. Die charakteristischen Spektren nutzt man, um Klänge im Computer neu aufzubauen; dieses Verfahren heißt *Fourier-Synthese*.

Auch bei der Kompression von Musikdaten, z. B. ins MP3-Format, werden die periodischen Signale fouriertransformiert, d. h. in ihre Einzelfrequenzen aufgespalten. Anschließend werden für Menschen unhörbare Frequenzen gelöscht, um die Datenmenge zu reduzieren ↻.

AUFGABEN

1 Nehmen Sie mit einem Smartphone oder Computer Frequenzspektren auf. Nutzen Sie dazu ein FFT-Programm *(Fast Fourier Transform)*. Vergleichen Sie:
   a gesungene Töne im Abstand einer Oktave
   b gesungene Vokale (a, e, i …) gleicher Tonhöhe
   c Musikinstrumente gleicher Tonhöhe

2 Die Fourier-Analyse einer Rechteckfunktion liefert die Funktion:
$y(t) = 4/\pi \, (\sin \omega_0 t + \frac{1}{3} \sin 3\, \omega_0 t + \frac{1}{5} \sin 5\, \omega_0 t + \dots)$.
Verwenden Sie einen Funktionsplotter oder eine Tabellenkalkulationssoftware, und zeichnen Sie die Summe der ersten 2, 3, …, 10 Summanden der Funktion.

3 Versuchen Sie, mit einem Synthesizer-Programm durch gezielte Veränderung des Frequenzspektrums Klänge von unterschiedlichen Musikinstrumenten zu erzeugen.

12.4 Auch die Temperaturkurve der Erde lässt sich mit einer Fourier-Analyse auf periodische Ursachen wie z. B. den Sonnenfleckenzyklus untersuchen.

Dieser alte Radioempfänger trägt eines seiner wichtigsten Bauteile als Schmuck: eine Spule, die zusammen mit einem Kondensator einen Schwingkreis bildet. Mit einem Regler lassen sich dessen Eigenschaften so einstellen, dass die gewünschte Frequenz empfangen wird.

8.9 Elektrischer Schwingkreis

Auch in elektrischen Schaltungen kann es zu Schwingungen kommen. Ein elektrischer Schwingkreis besteht aus einem Kondensator und einer Spule. Hier oszillieren elektrische Stromstärke, Spannung und Kondensatorladung jeweils um einen Mittelwert. Die genau abstimmbare Eigenfrequenz dieser elektrischen Schwingungen führt zu einer Vielzahl von technischen Anwendungen.

Führt man diesem einfachen System Energie zu, indem man z. B. den Kondensator auflädt, so ändern sich anschließend Stromstärke und Spannung periodisch. Die Energie befindet sich mal vollständig im elektrischen Feld des Kondensators und dann wieder im magnetischen Feld der Spule. Dieser Vorgang heißt *elektromagnetische Schwingung*.

Schwingungsgleichung Die Frequenz der Schwingung nimmt ab, wenn die Kapazität des Kondensators oder die Induktivität der Spule erhöht wird. Für die Eigenfrequenz eines Schwingkreises gilt die Thomson'sche Schwingungsgleichung:

$$f_0 = \frac{1}{2\pi \cdot \sqrt{L \cdot C}}. \qquad (1)$$

Elektromagnetische Schwingungen

Wird ein Kondensator wie in Exp. 1 über einen ohmschen Widerstand entladen, so fließt ein elektrischer Strom, dessen Stärke mit der Zeit exponentiell abfällt (Abb. 2 a, vgl. auch Kap. 5.11). Tauscht man den Widerstand gegen eine Spule, so entspricht der Stromstärkeverlauf demjenigen einer gedämpften Schwingung (Abb. 2 b).

Während sich der Kondensator in einem Schwingkreis entlädt, beginnt in der Spule ein elektrischer Strom zu fließen. Durch Selbstinduktion wird dieser Vorgang behindert, die Stromstärke steigt nur verzögert an.

EXPERIMENT 1

Ein Kondensator wird mithilfe einer Gleichspannungsquelle aufgeladen (Schalterstellung 1). Dann wird der Kondensator über einen ohmschen Widerstand entladen (Schalterstellung 2), die Stromstärke wird beobachtet.

Ist der Kondensator vollständig entladen ($U = 0$), so erreicht die Stromstärke in der Spule ihr Maximum und beginnt zu sinken (Abb. 3). Durch den Abbau des Magnetfelds in der Spule wird nun wieder eine Spannung induziert, die den Strom weiter in dieselbe Richtung fließen lässt. Der Kondensator wird erneut, jedoch nun mit umgekehrter Polung geladen und der Vorgang wiederholt sich.

Während die Energie zu Beginn im elektrischen Feld des Kondensators gespeichert ist, befindet sie sich bei maximaler Stromstärke im Magnetfeld der Spule und pendelt dann zurück in das elektrische Feld des Kondensators.

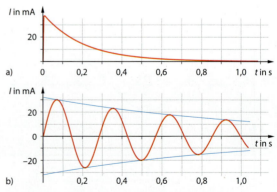

2 Verlauf der elektrischen Stromstärke beim Entladen eines Kondensators: a) über einen ohmschen Widerstand, b) über eine Spule

> 5.10 Durch Parallelschalten mehrerer Kondensatoren kann die Kapazität und damit die Energie im Schwingkreis erhöht werden.

Jede elektromagnetische Schwingung in einer realen Schaltung verläuft gedämpft, da ein Teil der Energie in den unvermeidlichen ohmschen Widerständen in Wärme umgewandelt wird ⟳.

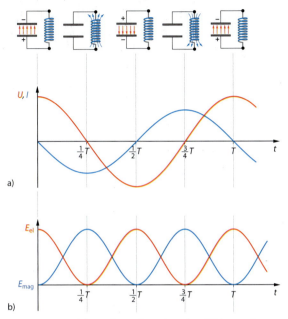

3 Vorgänge im Schwingkreis ohne ohmschen Widerstand

■ MATHEMATISCHE VERTIEFUNG ■
Herleitung der Thomson'schen Schwingungsgleichung
Wie die harmonischen mechanischen Schwingungen werden auch die elektromagnetischen Schwingungen durch eine Differenzialgleichung beschrieben (vgl. 8.5). Da zu jeder Zeit die Spannung an der Spule bis auf das Vorzeichen genau der Spannung am Kondensator gleicht, gilt:

$$L \cdot \dot{I} = -\frac{Q}{C}. \quad \text{Mit } I = \dot{Q} \quad \text{folgt} \quad L \cdot \ddot{Q} = -\frac{1}{C} \cdot Q. \quad (2)$$

Diese Gleichung entspricht formal genau dem linearen Kraftgesetz der mechanischen harmonischen Schwingung; sie führt also wie diese zu einer Sinus- oder Kosinusfunktion. Ersetzt man L durch m, $1/C$ durch k und Q durch y, so ergeben sich die folgenden Ausdrücke für die Periodendauer bzw. die Kreisfrequenz (vgl. auch 8.2):

$$m \cdot \ddot{y} = -k \cdot y \quad \Rightarrow \quad T = 2\pi \cdot \sqrt{\frac{m}{k}}; \quad \omega = \sqrt{\frac{k}{m}} \quad (3)$$

$$L \cdot \ddot{Q} = -\frac{1}{C} \cdot Q \quad \Rightarrow \quad T = 2\pi \cdot \sqrt{L \cdot C}; \quad \omega = \frac{1}{\sqrt{L \cdot C}} \quad (4)$$

Mit $f = 1/T$ folgt daraus die Thomson'sche Schwingungsgleichung (1) für die Eigenfrequenz des Schwingkreises. Sie entspricht genau der Eigenfrequenz von Sperr- und Siebkreis (vgl. 7.10). Die Analogie zwischen mechanischen und elektrischen Schwingungen zeigt Abb. 4.

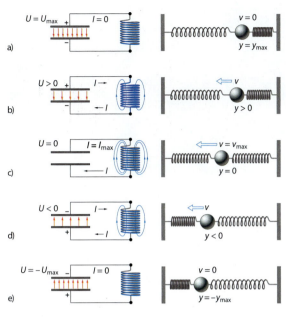

4 Vergleich von Schwingkreis und Federschwinger

Eine Lösung der Differenzialgleichung (4) ist die Funktion $Q(t) = Q_0 \cdot \cos(\omega \cdot t)$ mit der Kondensatorladung Q_0 zum Zeitpunkt $t = 0$. Aus $Q = C \cdot U$ ergibt sich damit für den Spannungsverlauf am Kondensator:

$$U(t) = U_{max} \cdot \cos(\omega \cdot t). \quad (5)$$

Durch Ableiten der Funktion $Q(t) = Q_0 \cdot \cos(\omega \cdot t)$ erhält man analog eine Funktion für die Stromstärke im Schwingkreis: $\dot{Q}(t) = I(t) = -I_{max} \cdot \sin(\omega \cdot t)$.

■ AUFGABEN ■

1 a Die Eigenfrequenz eines Schwingkreises verkleinert sich mit steigender Induktivität und steigender Kapazität. Erklären Sie diese Aussage.
  b Sowohl die Induktivität als auch die Kapazität in einem Schwingkreis werden verzehnfacht. Wie verändert sich die Eigenfrequenz dadurch?
  c Für den Bau eines Schwingkreises steht ein Kondensator mit $C = 100$ pF zur Verfügung. Welche Induktivität muss die Spule besitzen, damit die Eigenfrequenz 2,8 MHz beträgt?

2 Ein einfacher Schwingkreis enthält nur eine Spule und einen Kondensator. Beschreiben Sie zwei Möglichkeiten, dem Schwingkreis von außen Energie zuzuführen.

3 In einem Schwingkreis ohne ohmschen Widerstand liegt am Kondensator zum Zeitpunkt $t = 0$ die maximale Spannung an. Geben Sie die Gesetze für den zeitlichen Verlauf der elektrischen und der magnetischen Feldenergie an und weisen Sie nach, dass die Gesamtenergie der Schwingung stets konstant ist.

Die Differenzialgleichung, die den elektrischen Schwingkreis beschreibt, lässt sich auch auf Quantenobjekte anwenden.

Winzige RFID-Chips erlauben eine automatische Registrierung der Ankunft von Sammelbienen an ihrem Heimatstock, nachdem sie in mehr als 10 Kilometer Entfernung freigelassen worden sind. Es zeigt sich, dass die Bienen trotz der fremden Umgebung nach Hause finden, dafür aber bis zu zwei Tage benötigen.

8.10 Anregung elektrischer Schwingkreise

Einem schwingenden mechanischen Oszillator wird ständig durch Reibung Energie entzogen. Analog kommt es in einem Schwingkreis zu einem Energieverlust durch den ohmschen Widerstand, der zu einer Dämpfung der elektromagnetischen Schwingung führt.

Um die Dämpfung auszugleichen und eine Schwingung mit konstanter Amplitude zu erhalten, muss einem Schwingkreis also periodisch Energie zugeführt werden. Hierfür gibt es verschiedene Möglichkeiten: Der Schwingkreis wird durch eine feste Wechselspannung periodisch angeregt, sodass er eine erzwungene Schwingung ausführt. Stimmt die Erregerfrequenz mit der Eigenfrequenz des Schwingkreises überein, so liegt Resonanz vor, und es reicht ein Minimum an Leistung, um die Schwingung aufrechtzuerhalten. Die Resonanz wird beispielsweise in Radio- und Fernsehgeräten zur Abstimmung der Empfängerfrequenz verwendet.

Eine andere Art der Anregung kann durch Rückkopplung geschehen. Hierbei verläuft die Schwingung mit der Eigenfrequenz des Schwingkreises; eine spezielle Schaltung sorgt dafür, dass immer wieder Energie aus einem äußeren Speicher in den Schwingkreis gelangt.

Gedämpfte Schwingungen

In Exp. 1 wird die Dämpfung eines Schwingkreises untersucht. Die Amplitude der Schwingung nimmt exponentiell mit der Zeit ab. Für die Spannung am Kondensator gilt:

$$U_C(t) = U_{max} \cdot e^{-\delta \cdot t} \cdot \cos(\omega \cdot t) \tag{1}$$

mit der Dämpfungskonstante $\delta = R/2L$. Die Dämpfung ist also umso stärker, je größer der ohmsche Widerstand ist, aber sie ist umso kleiner, je größer die Induktivität der Spule ist. Denn eine große Induktivität bedeutet, dass sich die Stromstärke nur langsam ändern kann, das System also langsamer reagiert.

EXPERIMENT 1

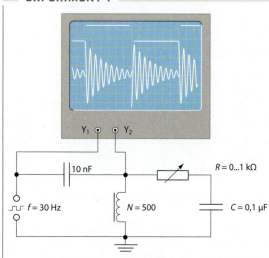

Der Kondensator in einem Schwingkreis wird periodisch mit einer Rechteckspannung angeregt. Dadurch wird das Schwingungsbild auf dem angeschlossenen Oszilloskop immer wieder neu dargestellt. Die Dämpfung der Schwingung wird durch den regelbaren Widerstand verändert.

MATHEMATISCHE VERTIEFUNG

Die Gleichung (1) ist wie im Fall der gedämpften mechanischen Schwingung die Lösung einer Differenzialgleichung. Zur Analogiebetrachtung können die gleichen Ersetzungen vorgenommen werden wie in Kap. 8.9: $m \leftrightarrow L$, $k \leftrightarrow 1/C$ und $y \leftrightarrow Q$. In der Reihenschaltung ist die Induktionsspannung an der Spule U_{ind} immer gleich der Summe der Spannungen am Kondensator U_C und am ohmschen Widerstand $U_R = R \cdot I = R \cdot \dot{Q}$. Es gilt also:

$$U_L = U_R + U_C \tag{2}$$

$$-L \cdot \ddot{Q} = R \cdot \dot{Q} + \frac{1}{C} \cdot Q \tag{3}$$

$$-m \cdot \ddot{y} = b \cdot \dot{y} + k \cdot y \tag{4}$$

Wie bei den mechanischen Schwingungen bewirkt die Dämpfung auch bei den elektromagnetischen Schwingungen eine kleine Abnahme der Eigenfrequenz ↻.

Auch in Hochspannungsleitungen können elektrische Schwingungen auftreten. Blindströme lassen sich mit Phasenschiebern unterdrücken.

Anregung durch Resonanz

Elektromagnetische Schwingungen lassen sich aufrechterhalten, indem man dem Schwingkreis jeweils zum richtigen Zeitpunkt die verlorene Energie wieder zuführt. Die einfachste Möglichkeit besteht darin, das System von außen mit seiner Eigenfrequenz anzuregen, sodass es zu einer Resonanz kommt.
Experiment 2 zeigt, dass die Amplitude der Schwingung in der Nähe der Eigenfrequenz stark ansteigt.

EXPERIMENT 2

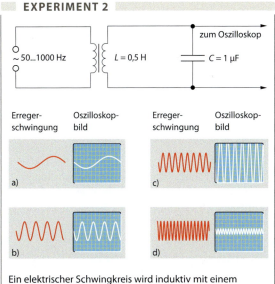

Ein elektrischer Schwingkreis wird induktiv mit einem Frequenzgenerator gekoppelt, der eine sinusförmige Wechselspannung erzeugt. Die Frequenz der anregenden Wechselspannung wird nach und nach verändert. Dabei werden mithilfe eines Oszilloskops immer wieder die Amplituden der Schwingkreisspannung gemessen.

Dieses Verhalten wird z. B. beim Radioempfang dafür verwendet, aus einem Gemisch von vielen Trägerfrequenzen den gewünschten Sender herauszufiltern, indem man den Schwingkreis auf die Senderfrequenz abstimmt.
Die Abhängigkeit der Schwingungsamplitude von der Erregerfrequenz zeigt die Resonanzkurve (Abb. 2a). Analog zur mechanischen Resonanz kann es auch hier zu extrem großen Werten kommen, wenn die Dämpfung, also hier der ohmsche Widerstand, sehr klein ist.

Phasenbeziehung

Wenn bei einer erzwungenen mechanischen Schwingung Resonanz vorliegt, läuft die Oszillatorschwingung der Schwingung des Erregers um eine viertel Periode hinterher. Das Gleiche gilt auch für die erzwungenen elektromagnetischen Schwingungen: Im Resonanzfall läuft die Spannung am Kondensator der Stromstärke um eine viertel Periode hinterher (vgl. auch 7.9); es gilt dann: $\Delta\varphi = \pi/2$.

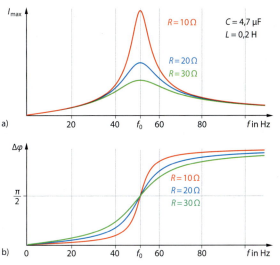

2 a) Amplitude einer erzwungenen Schwingung in Abhängigkeit von der Erregerfrequenz; b) Phasendifferenz zwischen anregender Spannung und Spannung an Spule und Kondensator

Genau für diesen Fall ist die übertragene Leistung, also das Produkt aus Stromstärke und Spannung, minimal. Dem Schwingkreis wird zur Aufrechterhaltung seiner Schwingung nur minimal Energie zugeführt, die Energieübertragung ist optimal. Bei allen anderen Phasenbeziehungen muss mehr Energie zugeführt werden, um die Schwingung aufrechtzuerhalten.

AUFGABEN

1 Beschreiben Sie, wie man ungedämpfte elektromagnetische Schwingungen erzeugen kann.
2 Bei folgender Schaltung wird die Wechselspannung zunächst so groß gewählt, dass die Glühlampen a und c aufleuchten. Danach wird der Eisenkern der Spule verschoben, bis a und b gleich hell leuchten. – Die Lampe c leuchtet dann nicht mehr. Erläutern Sie dies.

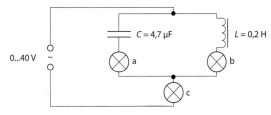

3 Die Verwendung von RFID-Chips (Abb. 1) wird häufig kontrovers diskutiert.
a Recherchieren Sie die Funktionsweise von RFID-Chips und stellen Sie sie dar.
b Finden Sie weitere Beispiele für den Einsatz von RFID-Chips und diskutieren Sie für Ihre Beispiele mögliche Probleme beim uneingeschränkten Einsatz dieser Technologie.

TECHNIK

8.11 Rückkopplungsschaltung und Taktgeber

Dreht man eine Spule in einem Magnetfeld, so wird an ihren Enden eine Wechselspannung induziert (vgl. 7.4). Ein solcher Generator ist jedoch nicht die einzige Möglichkeit, Wechselspannungen hervorzurufen. Gerade hochfrequente Wechselspannungen werden häufig mithilfe von Rückkopplungsschaltungen erzeugt.

Rückkopplungsschaltung

Elektrische Schwingungen finden in vielen elektronischen Geräten Anwendung. Damit die Amplituden der einmal angeregten Schwingungen nicht allmählich kleiner werden, muss den elektrischen Schwingkreisen periodisch Energie zugeführt werden. Dies kann durch Anlegen einer von außen angelegten Wechselspannung mit der Eigenfrequenz des Schwingkreises geschehen. Einfacher ist es jedoch in vielen Fällen, die Energiequelle durch eine Rückkopplung mit dem Schwingkreis im jeweils richtigen Moment einzuschalten.

Rückkopplungsschaltungen ähneln sich in ihrem prinzipiellen Aufbau, auch wenn dieser technisch sehr unterschiedlich aussehen kann (Abb. 1). Die Rückkopplung wird durch einen Verstärker als Schalter gesteuert, der im richtigen Moment dem Schwingkreis Energie zuführt. Während früher dafür Röhrenverstärker üblich waren, verwendet man heute meist Transistoren.

Abbildung 2 zeigt die klassische Meißner'sche Rückkopplungsschaltung. Als Schalter arbeitet hier ein Transistor, die Rückkopplung erfolgt induktiv durch eine zweite Spule L_R. Schaltet man die Betriebsspannung ein, so lädt sich der Kondensator auf, und der Schwingkreis wird zu einer gedämpften Schwingung angeregt. Durch die induktive Kopplung der beiden Spulen wird in der Spule L_R eine Wechselspannung mit derselben Frequenz induziert.

Diese Spannung ist mit der Spannung am Kondensator in Phase und kann nun, bei richtiger Einstellung des regelbaren Widerstands R, den Transistor schalten. Ist der Transistor leitend, erhöht sich die Spannung am Schwingkreis, und die Ladung des Kondensators wird durch einen kurzen Gleichspannungspuls wieder auf ihren ursprünglichen Wert gebracht. Durch diese Rückkopplung kann eine ungedämpfte, stabile Schwingung erzeugt werden.

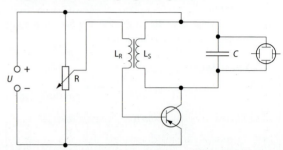

2 Aufbau der Meißner'schen Rückkopplungsschaltung. Eine Rückkopplungsspule ist induktiv mit einer Schwingkreisspule gekoppelt. Nach dem Einschalten der Spannung setzen elektromagnetische Schwingungen ein.

Nach der Erfindung der Rückkopplungsschaltungen zu Beginn des 20. Jahrhunderts wurde es erstmals möglich, hochfrequente elektromagnetische Schwingungen für Radiosender zu erzeugen.

Schwingquarze als Taktgeber

In der Mikroelektronik wird es immer wichtiger, hochfrequente Taktgeber mit präzisen Eigenschaften einzusetzen. Beispielsweise verwenden CD-Spieler eine feste Taktfrequenz von 44,1 kHz. Statt eines elektromagnetischen Schwingkreises wird hier jedoch als Frequenzgeber ein schwingender Quarzkristall verwendet. Dafür wird der piezoelektrische Effekt (Abb. 3) ausgenutzt:

Wird auf den Quarzkristall von zwei Seiten eine Kraft ausgeübt, so kommt es zu einer Verlagerung der Ladung im Kristall und damit zu einer elektrischen Spannung zwischen den Grenzflächen. Umgekehrt verformt sich der Kristall auch durch das Anlegen einer elektrischen Spannung.

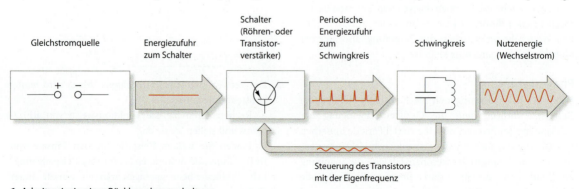

1 Arbeitsprinzip einer Rückkopplungsschaltung

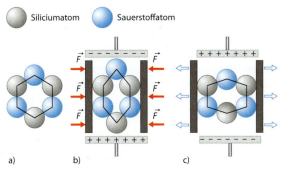

3 Piezoelektrischer Effekt: a) entspannter Zustand; b) elektrische Spannung als Folge äußeren Drucks; c) Verformung infolge einer angelegten elektrischen Spannung

Der piezoelektrische Effekt findet in der Technik viele Anwendungen, z. B. in kleinen Lautsprechern, verschleißfreien Kraftsensoren oder Feuerzeugen.
Ein Piezokristall besitzt die Möglichkeit, Schwingungen durchzuführen. In speziellen Bauformen hängt die Frequenz der Kristallschwingung nur von den Dimensionen des Quarzes ab. Diese Frequenz lässt sich sehr präzise einstellen, außerdem ist sie vergleichsweise unempfindlich gegenüber äußeren Einflüssen wie Temperaturschwankungen. Wird ein solcher Schwingquarz in eine Rückkopplungsschaltung eingebaut, kann er den Schwingkreis als Taktgeber ersetzen.
Moderne Computer arbeiten mit einer Taktfrequenz von einigen Gigahertz (GHz). Dieser Arbeitstakt wird von einem Quarzkristall vorgegeben, der sich in einem Gehäuse in der Nähe des Prozessors befindet. Der Quarzkristall kann mit einer Rückkopplungsschaltung zum Schwingen angeregt werden.
Schwingquarze werden auch in Quarzuhren als Taktgeber eingesetzt. Hier verwendet man einen stimmgabelförmigen Schwingquarz der mit Präzisionsinstrumenten so geschnitten wird, dass seine Eigenfrequenz möglichst genau 2^{15} Hz = 32 768 Hz beträgt. Elektronische Frequenzteiler teilen die Frequenz immer wieder durch 2 und generieren schließlich Pulse im Sekundentakt. Mit diesen wird dann über einen Schrittmotor der Sekundenzeiger oder die Anzeige gesteuert (Abb. 4).

Schwingungen in Sendeanlagen

Elektrische Oszillatoren, die durch Rückkopplung ungedämpft schwingen, strahlen bei hoher Frequenz elektromagnetische Wellen ab (vgl. 9.12). Soll ein Sender eine große Reichweite erzielen, müssen in der Sendeantenne starke elektromagnetische Schwingungen angeregt werden.
Dazu wird zunächst durch Rückkopplung eine ungedämpfte Schwingung z. B. mit einem Schwingquarz erzeugt und deren Frequenz durch elektronische Frequenzteilung oder -vervielfachung auf den gewünschten Wert eingestellt. Die Schwingung aus der Rückkopplungsschaltung wird anschließend in mehreren Stufen verstärkt. Hierbei kommen immer noch Röhrenverstärker zum Einsatz, mit denen sich besonders große Stromstärkewerte erreichen lassen.
In der Verstärkerendstufe eines 500-kW-Mittelwellensenders fließen bei einer Betriebsspannung von 20 kV Ströme von 25 A; der Schwingkreis muss mit entsprechend robusten Bauelementen ausgestattet sein. Daher werden sehr große Kondensatorplatten parallel geschaltet und die Spulen mit leistungsfähigen Kühlsystemen versehen.
Moderne Transistor-Verstärkerstufen erreichen maximal eine Leistung von einigen Kilowatt. Schaltet man Hunderte solcher Verstärker parallel, so lässt sich ein Sender mit gleicher Gesamtleistung bauen, der mit vielen, aber vergleichsweise kleinen Bauteilen in den Schwingkreisen auskommt.

AUFGABEN

1 a Nennen Sie fünf Geräte, in denen Schwingkreise verwendet werden.
b Stellen Sie dar, was sich in Ihrem Leben ändern würde, wenn es von einem Tag auf den anderen keine Schwingkreise mehr gäbe.
2 Berechnen Sie das Produkt $L \cdot C$ für einen Mittelwellensender (f = 1000 kHz). Konstruieren Sie hiermit einen realistischen Schwingkreis, dessen Kondensatoren eine Kapazität von je 10 nF haben. Seine Spule soll aus wassergekühlten Kupferrohren (d = 1,5 cm) bestehen. Geben Sie die Dimensionen der Spule und die Anzahl der parallel geschalteten Kondensatoren an.
3 Die Abbildung unten zeigt vereinfacht eine Rückkopplungsschaltung.
a Erläutern Sie ihre Funktionsweise und beschreiben Sie die auftretenden Energieumwandlungen.
b Nennen Sie Argumente dafür und dagegen, den Vorgang als »ungedämpfte Schwingung« zu bezeichnen.

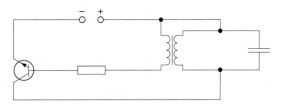

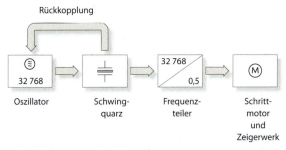

4 Funktionsprinzip einer Quarzuhr

Kann der Flügelschlag eines Schmetterlings in Brasilien einen Tornado in Texas auslösen? Schon kleinste Änderungen in den Anfangsbedingungen können eine computergenerierte Wettervorhersage umstürzen. In realen Systemen ist eine genaue Vorhersage über längere Zeiträume nicht möglich, da die Startparameter niemals mit beliebiger Genauigkeit bekannt sind. Dies bringt der »Schmetterlingseffekt« bildhaft zum Ausdruck.

8.12 Chaotische Schwingungen

Schwingungen werden seit Jahrhunderten für präzise Zeitmessungen verwendet. So wird auch die Sekunde, die SI-Einheit der Zeit, letztlich auf eine Schwingungsdauer zurückgeführt (vgl. 2.2). Kennt man die Auslenkung und die Geschwindigkeit eines harmonischen Pendels, so kann man mit großer Genauigkeit vorhersagen, wie sich das Pendel in der Zukunft verhalten wird. In einem solchen Fall liegt *starke Kausalität* vor:

Das Verhalten eines harmonischen Oszillators ist durch seinen Anfangszustand determiniert und langfristig vorhersagbar.

Aus dem Determinismus eines physikalischen Systems folgt jedoch keine sichere Vorhersagbarkeit. Auch nichtlineare Systeme sind durch ihre Anfangsbedingung determiniert. Trotzdem ist es in vielen Fällen auch mit größtem Rechenaufwand unmöglich, ihr Verhalten langfristig zu prognostizieren. Denn schon kleinste Änderungen in ihren Anfangsbedingungen können zu vollkommen anderem Verhalten führen. Solche Systeme zeigen *schwache Kausalität*:

Selbst einfache nichtlineare Systeme zeigen mitunter eine Empfindlichkeit gegenüber ihrem Anfangszustand, die eine langfristige Vorausberechnung unmöglich macht.

Ein nichtlineares System liegt beispielsweise dann vor, wenn die Kraft auf einen Oszillator nicht exakt der linearen Gleichung $F = -D \cdot x$ genügt. Zudem gilt:
– Je mehr Energie sich in einem nichtlinearen System befindet, desto eher wird sein Verhalten chaotisch.
– Je komplexer ein System ist, desto mehr schwindet die Möglichkeit einer exakten Vorhersage, sein Verhalten wird chaotisch.

Kausalität

Lässt man ein einfaches Fadenpendel mehrmals an derselben Stelle los, so verlaufen die Bahnkurven des Pendelkörpers sehr ähnlich. Von oben betrachtet, stellt die Spur des Körpers stets eine Gerade dar; das Pendel folgt dem Prinzip der starken Kausalität.

Wird aber das Potenzial, in dem das Fadenpendel schwingt, wie in Exp. 1 geändert, so ergibt sich ein völlig anderes Schwingungsverhalten: Auch wenn man versucht, das Pendel immer wieder genau vom selben Startpunkt loszulassen, weichen seine Bahnen oft stark voneinander ab.

EXPERIMENT 1

Ein magnetischer Pendelkörper schwingt über einigen Magneten. Er vollzieht eine komplexe, scheinbar regellose Bewegung. Es gelingt nicht, einen Bahnverlauf exakt zu reproduzieren.

Das System reagiert an einigen Stellen äußerst empfindlich auf seine Anfangsbedingungen: Das Potenzial, in dem der Pendelkörper schwingt, enthält kleine Berge mit lokalen Maxima.

An diesen Stellen existieren instabile Gleichgewichtssituationen: Ein ruhender Körper würde sich aus einer solchen Lage durch eine kleinste Beeinflussung nach der einen oder nach der anderen Seite bewegen. Sein Verhalten entspricht dem der schwachen Kausalität.

Aus der Mechanik Newtons folgt für viele nichtlineare Systeme die Empfindlichkeit gegenüber den Anfangsbedingungen.
2.7

Deterministisches Chaos

Eine Pendelbewegung wie in Exp. 1 ist keineswegs *unberechenbar*: Analysiert man die nichtlinearen Bewegungsgleichungen, so kann man zumindest numerisch, also mit einem Computer, den zukünftigen Ort des Pendelkörpers genau berechnen; das System ist in seinem Verhalten durchaus determiniert. Allerdings müssen bei der Berechnung die Anfangsbedingungen exakt vorgegeben werden. Andererseits kann schon die Verschiebung des Startpunkts um nur einen Atomdurchmesser einen völlig anderen Pendelverlauf erzeugen. Auch dieser ist wiederum determiniert und berechenbar. Da sich aber in der Realität niemals derart exakte Startbedingungen festlegen lassen, spricht man in solchen Fällen auch vom *deterministischen Chaos*.

Der Einfluss von kleinen Änderungen der Startbedingungen zeigt sich in vielen alltäglichen Beispielen: Schon der Versuch, einen Würfel aus größerer Höhe zweimal exakt gleich fallen zu lassen, ist zum Scheitern verurteilt. Beim Billard ist nach wenigen Karambolagen keine Vorhersage mehr möglich – letztlich kann schon die Gravitationswechselwirkung zwischen den Kugeln und dem Spieler die Bahnverläufe beeinflussen.

Bei komplexeren Phänomenen wie dem Wetter versagt die Vorhersagbarkeit aus einem weiteren Grund: Hier ist es die zusätzliche Komplexität des Systems, die eine vollständige Berechenbarkeit der weiteren Entwicklung unmöglich macht. Allein das Verhalten aller einzelnen Luftmoleküle über Deutschland nur einen kurzen Augenblick zu simulieren, übersteigt jede auf der Erde auch in Zukunft denkbare Rechenleistung. So verlaufen die Flugrouten der Luftballons bei einem Luftballonwettbewerb chaotisch, gehorchen allerdings zu jeder Zeit den physikalischen Gesetzen und sind in diesem Sinne deterministisch (Abb. 2).

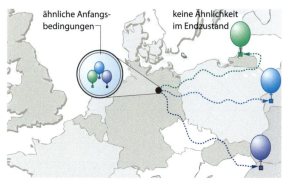

2 Trotz fast identischer Anfangsbedingungen sind die Ergebnisse bei Luftballonwettbewerben äußerst unterschiedlich.

Laplace'scher Dämon Der Franzose PIERRE-SIMON DE LAPLACE hat vor etwa 200 Jahren eine übermenschliche Intelligenz erdacht, die bei Kenntnis des gegenwärtigen Zustands des Universums jeden späteren Zustand sicher errechnen könnte. Nach den Regeln der klassischen Mechanik wäre dies auch im Prinzip denkbar. Allerdings müsste tatsächlich jeder Körper und jedes Teilchen zu einem Zeitpunkt hinsichtlich seines Orts und seines Impulses mit *absoluter Genauigkeit* bekannt sein.

Schon die kleinste Ungenauigkeit, die kleinste Abweichung in den Anfangsbedingungen, macht die Rechnung des Dämons zunichte. EDWARD LORENZ überspitzte diesen Zusammenhang mit seiner Frage nach dem *Schmetterlingseffekt*: "Does the flap of a butterfly's wings in Brazil set off a tornado in Texas?"

Hinzu kommt, dass es nach der Unschärferelation der Quantenmechanik prinzipiell nicht möglich ist, Ort und Impuls auch nur eines Elektrons gleichzeitig absolut genau zu kennen. So bleibt der Laplace'sche Dämon schon in den einfachsten Systemen mit schwacher Kausalität ein reines Gedankenexperiment.

Energie in chaotischen Systemen

Schon beim Würfeln, aber erst recht bei komplexen Phänomenen wie dem Wetter fällt eine weitere allgemeingültige Gesetzmäßigkeit auf: Im Bereich niedriger Energie herrscht auch in nichtlinearen und komplexen Systemen mitunter noch recht starke Kausalität vor. Je mehr Energie aber in das System fließt, desto eher verliert es seine starke Kausalität und wird unvorhersehbar:

– Lässt man das Magnetpendel in der Nähe eines Magneten los, so ist sein Verhalten noch eindeutig voraussehbar.

– Beim Würfeln aus geringen Wurfhöhen gelingt es oft, das Ergebnis zu reproduzieren, aus großen Höhen jedoch kaum.

– Lange Schönwetter- oder Schlechtwetterperioden können recht stabil über Wochen vorhergesagt werden. Kippt die Wetterlage, so sind längerfristige Vorhersagen immer wieder völlig falsch.

AUFGABEN

1 a Stellen Sie einen Bleistift auf seine Spitze und versuchen Sie vorherzusagen, in welche Richtung er kippt. Variieren Sie das Experiment so, dass die Vorhersage sicherer wird.

b Lassen Sie eine Spielkarte oder Münze immer wieder aus derselben Ausgangsposition fallen und notieren Sie, auf welcher Seite sie liegen bleibt. Ermitteln Sie die Höhe, bei der sich der Ausgang des Experiments mit großer Wahrscheinlichkeit (z. B. 90 %) vorhersagen lässt.

2 Eine Kugel wird zwischen zwei weiteren feststehenden Kugeln hin- und herreflektiert. Begründen Sie, dass eine langfristige Vorhersage der Bewegung unmöglich ist.

3 Warum ist es nicht möglich, ein mechanisches System so von seiner Umgebung abzuschirmen, dass diese keinerlei Einfluss auf dessen Bewegung ausübt? Geben Sie Beispiele für Einflüsse an, die sich dem experimentellen Zugriff entziehen.

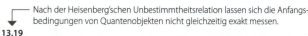

Nach der Heisenberg'schen Unbestimmtheitsrelation lassen sich die Anfangsbedingungen von Quantenobjekten nicht gleichzeitig exakt messen.

Dieses von einem Computer berechnete Muster zeigt, über welchem von drei farbigen Magneten ein schwingendes Eisenpendel letztlich zur Ruhe kommt: Jeder Punkt im Bild stellt eine Startposition dar; seine Farbe entspricht der Endposition des Pendels. In der chaotischen Bewegung kommt es auf diese Weise zu einer wiederkehrenden Ordnung.

8.13 Ordnung im Chaos

Auch in den Bewegungsbahnen von chaotisch schwingenden Körpern finden sich bei entsprechender Darstellung eine Ordnung und selbstähnliche Strukturen. Zur Untersuchung dieser Ordnung eignen sich Phasenraum- und Feigenbaum-Diagramme. Schon einfache Experimente zeigen, dass der Weg ins Chaos oft über Periodenverdopplung verläuft; diese wird auch als Bifurkation bezeichnet.

Die Selbstähnlichkeit kommt meistens erst zur Geltung, wenn eine chaotische Bewegung mit einem Computer berechnet wird. Dabei stellt man fest, dass schon einfache mathematische Gleichungen chaotische, selbstähnliche Strukturen implizieren. Bei vollständiger Determiniertheit sind die Funktionswerte stark empfindlich gegenüber den Anfangsbedingungen und damit nur begrenzt vorauszuberechnen.

Phasenraumdiagramme

Zur genaueren Untersuchung von chaotischen Vorgängen verwendet man Phasenraumdiagramme. Der Phasenraum eines Systems besteht aus allen Punkten eines Satzes von Größen, der ausreicht, um das System vollständig zu beschreiben.

Für die Bewegung eines Balls durch den dreidimensionalen Raum braucht man sechs Phasenraumdimensionen: neben den drei Ortskoordinaten auch noch die drei Geschwindigkeitskoordinaten. Bei einem einfachen Pendel reichen dagegen Auslenkung und Geschwindigkeit, hier ist der Phasenraum zweidimensional. Zeichnet man nun für jeden Zeitpunkt einen Punkt ins Phasendiagramm, so erhält man eine Bahn, die *Trajektorie*.

In Exp. 1 wird die Bewegung eines Doppelpendels untersucht. Der Phasenraum eines Doppelpendels ist vierdimensional und damit für uns schwer vorstellbar. Daher wird jeweils der Phasenraum von nur einem Pendel betrachtet.

Besitzt das Doppelpendel nur wenig Energie, so führt jedes einzelne Pendel eine einfache Schwingung aus, und im Phasenraum entsteht eine Ellipse. Wenn die Bewegung durch Reibung gehemmt wird, sinken sowohl der Auslenkungswinkel φ als auch die Winkelgeschwindigkeit ω, und die Ellipse wird zu einer Spirale, die schließlich im Ursprung des Phasenraumdiagramms endet (Abb. 2).

EXPERIMENT 1

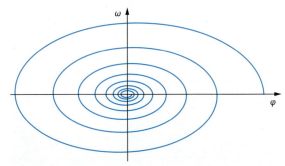

Ein Doppelpendel wird immer wieder in Bewegung gesetzt und bis zum Stillstand beobachtet.
Alternativ finden sich im Internet und im Zusatzmaterial Simulationen eines Doppelpendels ⟳.

2 Phasendiagramm einer harmonischen Schwingung mit Reibung

Chaotische Schwingungen im Phasenraum

Gibt man dem Pendel genügend Energie, so verhält es sich zunächst völlig chaotisch. Dabei ist es sensitiv gegenüber den Anfangsbedingungen: Benachbarte Bahnkurven im Phasendiagramm laufen schnell auseinander. Bei geringer

114

In den Saturnringen sind durch nichtlineare gravitative Rückkopplung fraktale Lücken entstanden.

MECHANIK UND GRAVITATION | ELEKTRIZITÄT | SCHWINGUNGEN UND WELLEN

SCHWINGUNGEN UND WELLEN | 8 Schwingungen

Reibung oder in Simulationen bildet sich aber mit der Zeit ein Muster (Abb. 3).

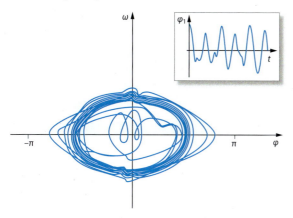

3 Phasenraumdiagramm eines Doppelpendels

Im vierdimensionalen Phasenraum handelt es sich um eine blätterteigähnliche, immer wiederkehrende Struktur, der sich die Kurve zunehmend nähert. Diese Kurve nennt man den *seltsamen Attraktor*. Seltsame Attraktoren sind unendlich lang und trotzdem nicht periodisch. Sie tragen aber eine besondere Ordnung in sich, die *Selbstähnlichkeit*: Bei beliebiger Vergrößerung ähneln die kleineren Muster den großen. Selbstähnliche bzw. *fraktale* Strukturen entstehen, weil sich die Trajektorien einer chaotischen Schwingung nie schneiden, aber im Verlauf der Bewegung der gesamte Phasenraum ausgefüllt wird.

Feigenbaum-Diagramme und Bifurkation

Bei vielen Systemen beginnt der Weg ins Chaos mit einer Bifurkation: Steigert man in Abb. 4 die Kraft über einen kritischen Punkt hinaus, so wird das System instabil, das Lineal biegt nach links oder rechts durch. Eine solche Aufspaltung eines stabilen Zustands in zwei stabile Zustände und einen instabilen Zustand heißt Bifurkation.

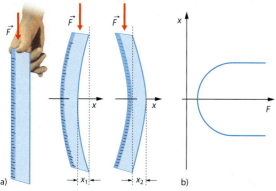

4 a) Auf ein senkrecht aufgestelltes Kunststofflineal wird von oben eine Kraft ausgeübt. b) Qualitative Abhängigkeit der Verbiegung vom Betrag der Kraft

Abbildung 5 zeigt das Verhalten eines angetriebenen Drehpendels in einem Feigenbaum-Diagramm. Wird die Dämpfung des Pendels reduziert, so kommt es erst zu Bifurkationen in mehrere Schwingungen, und dann plötzlich treten chaotische Schwingungen auf.

Ähnlich wie in den Phasenraumdiagrammen finden sich auch in dieser Darstellungsweise innerhalb der chaotischen Regionen komplexe, selbstähnliche Strukturen. In der Mathematik führen einfache nichtlineare Gleichungen zu denselben fraktalen Strukturen, sie können leicht mit dem Computer untersucht werden ↻.

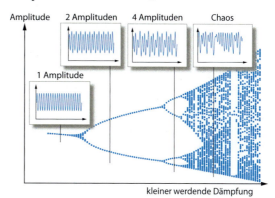

5 Feigenbaum-Diagramm einer Drehpendelschwingung

■ AUFGABEN

1 Die Abb. zeigt eine Bahn, auf der eine Kugel reibungslos rollen kann. Skizzieren Sie für die Starthöhen h_1, h_2 und h_3 jeweils ein Phasenraumdiagramm (x-v-Diagramm).

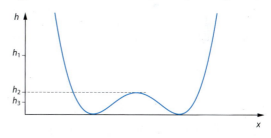

2 Untersuchen Sie mithilfe einer Tabellenkalkulation die »logistische Gleichung« $x_{n+1} = r(x_n - x_n^2)$. Die Startwerte x_0 sollen immer zwischen 0 und 1 liegen. Variieren Sie r im Bereich von 2,5 bis 4.

a Versuchen Sie Bereiche zu finden, in denen die Werte der Folgenglieder für große n eindeutig konvergieren bzw. zwischen zwei Zahlen oder zwischen vier Zahlen hin- und herspringen.

b Versuchen Sie auch den Wert für r zu finden, ab dem ein chaotisches Verhalten einsetzt.

c Wählen Sie $r = 4$ und variieren Sie den Startwert x_0 nur geringfügig, also beispielsweise: 0,300 000; 0,300 001; 0,300 002. Beschreiben Sie den Einfluss, den die kleinen Änderungen in x_0 auf den Wert x_{20} haben.

Auch die Modelle zur weiteren Entwicklung unseres Kosmos sind extrem sensibel gegenüber einem einzigen Parameter.

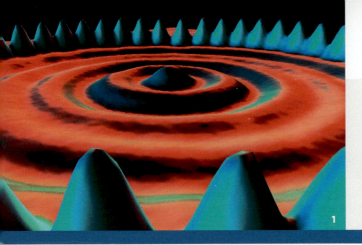

Wellenphänomene kommen in unterschiedlichsten Größenordnungen vor. Diese Aufnahme stammt von einem Rastertunnelmikroskop und zeigt ein einzelnes eingesperrtes Elektron. Berge und Täler sind kreisförmig um das Zentrum angeordnet – wie die Kreiswellen, die von einem ins Wasser geworfenen Stein ausgehen.

9.1 Wellenphänomene

Eine Wasserwelle zeigt sich als wiederholte Auf- und Abbewegung, die sich auf der Wasseroberfläche ausbreitet. Allgemein ist eine Welle die Ausbreitung der zeitlichen Veränderung einer physikalischen Größe durch eine Anordnung von Oszillatoren. Diese Veränderung wird auch als Störung bezeichnet.

Wellen begegnen uns bei der Radio- und Fernsehübertragung, als Erdbebenwellen, als Wasserwellen und in der Akustik; schließlich lässt sich in der Quantenphysik auch die Ausbreitung materieller Teilchen mithilfe eines Wellenmodells beschreiben. Die Gleichungen, die zur Beschreibung von Wellen dienen, haben in den unterschiedlichsten Gebieten der Physik immer dieselbe Gestalt.

Mit einer Welle wird keine Materie transportiert – durch das Fortschreiten der Störung aber Energie. So vermag etwa eine Wasserwelle, einen schwimmenden Körper in Bewegung zu versetzen.

Damit eine Welle entstehen kann, müssen die Oszillatoren untereinander gekoppelt sein. Schwingen zwei benachbarte Oszillatoren nicht phasengleich, so übt der eine Oszillator auf den anderen eine Kraft aus, und es kommt zur Energieübertragung.

Eine Welle ist die Ausbreitung einer Störung im Raum. Durch die Kopplung der beteiligten Oszillatoren wird mit einer Welle Energie stets transportiert.

Wellen werden nach der Schwingungsrichtung der Oszillatoren unterschieden:

Bewegen sich die Oszillatoren quer zur Ausbreitungsrichtung, wird die Welle als Transversal- oder Querwelle bezeichnet, bewegen sie sich längs der Ausbreitungsrichtung als Longitudinal- bzw. Längswelle.

Kopplung

Wenn Oszillatoren miteinander in Verbindung stehen, kann sich eine Welle durch sie ausbreiten; die Oszillatoren werden zum Wellenträger. Besonders gut lässt sich die Wellenausbreitung an einer Reihe von Fadenpendeln erkennen, die miteinander gekoppelt sind (Exp. 1).

EXPERIMENT 1

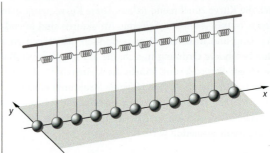

Mehrere Fadenpendel werden mit schwachen Spiralfedern gekoppelt. Wird eines der Pendel seitlich um die Strecke y_{max} ausgelenkt und anschließend losgelassen, breitet sich diese Störung durch die Pendelreihe aus.

Ohne Kopplung würde das am Anfang ausgelenkte Fadenpendel alleine eine annähernd harmonische Schwingung ausführen. Wäre die Kopplung dagegen völlig starr, so würden alle Pendel im Gleichtakt schwingen. Die Oszillatoren sind aber nicht starr, sondern durch eine Feder miteinander gekoppelt. Dadurch kommt es zu einer Phasenverschiebung zwischen den Schwingungen benachbarter Pendel. Der Betrag der Kraft, die ein Pendel auf seinen Nachbarn ausübt, hängt von den Auslenkungen der beiden Pendel ab. Durch die Kopplung kommt es zur Übertragung von Energie in Richtung der Störungsausbreitung.

Eine solche fortlaufende Störung ist eine Welle. Die Schwingung eines Oszillators kann nach kurzer Zeit beendet sein oder aber länger andauern, wenn der erste Oszillator über längere Zeit angeregt wird. Regt die vorbeilaufende Welle einen Oszillator nur zu wenigen Schwingungen an, heißt sie auch *Wellenzug*.

Bei der Ausbreitung von Licht wird Energie transportiert, ohne dass Materie bewegt wird. Dies beschreibt das Wellenmodell des Lichts.

10.3

SCHWINGUNGEN UND WELLEN | 9 Wellen

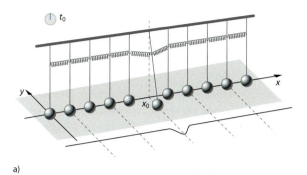
a)

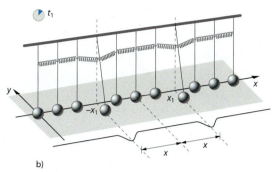
b)

2 a) Das Pendel am Ort $x_0 = 0$ wird zum Zeitpunkt $t_0 = 0$ um y_{max} ausgelenkt. b) Zum Zeitpunkt t_1 hat sich die Auslenkung nach beiden Seiten um x fortgepflanzt. In einer langen Kette von Pendeln breitet sich eine Auslenkung nach beiden Seiten aus.

Ausbreitung einer Störung

Abbildung 2a zeigt eine Reihe von Fadenpendeln, die durch Federn miteinander gekoppelt sind. Wird ein Pendel um y_{max} ausgelenkt, so breitet sich diese Störung in beide Richtungen aus. Die Auslenkung kann daher als Funktion von Zeit t und Ort x längs der Pendelreihe beschrieben werden:

$$y(x, t) = y_{max} \cdot f(x, t). \qquad (1)$$

Den rein zeitlichen Verlauf der Auslenkung eines Pendels beschreibt die Funktion

$$y(t) = y_{max} \cdot f(t). \qquad (2)$$

Wenn die Störung mit der Ausbreitungsgeschwindigkeit c in positiver x-Richtung läuft, benötigt sie die Zeit t_x, um den Ort x zu erreichen. Die Störung am Ort x nimmt den Zustand ein, den sie am Ort 0 zur Zeit $t - t_x$ hatte (Abb. 2b):

$$y(x, t) = y_{max} \cdot f(t - t_x). \qquad (3)$$

Mit der Ausbreitungsgeschwindigkeit $c = x/t_x$ ergibt sich:

$$y(x, t) = y_{max} \cdot f\left(t - \frac{x}{c}\right). \qquad (4)$$

Eine nach links laufende Welle wird beschrieben, indem für x negative Werte eingesetzt werden.

Wellenarten

In einer Pendelkette sind die Oszillatoren gut zu unterscheiden. Breitet sich die Störung dagegen in einer gespannten Feder aus (Exp. 2), so sind die Oszillatoren selbst Abschnitte dieser Feder und nicht mehr einzeln zu identifizieren. Bewegen sich die Federbestandteile quer zur Ausbreitungsrichtung, wird die Welle als Transversal- oder Querwelle bezeichnet, bewegen sie sich längs der Ausbreitungsrichtung als Longitudinal- bzw. Längswelle.

Auch bei zweidimensionalen Wasserwellen und bei Schallwellen, die sich dreidimensional in Luft ausbreiten, sind die Oszillatoren kontinuierlich verteilt. Schallwellen erreichen das Ohr als periodische Luftdruckschwankungen, sie sind daher bei ihrer Ausbreitung in Luft immer Longitudinalwellen: Ein Teil eines Luftvolumens gibt seine Druckschwankung an benachbarte Teilvolumina weiter. Für Transversalwellen ist dagegen immer eine Zugkraft quer zur Ausbreitungsrichtung erforderlich, wie sie z. B. in Festkörpern auftreten kann.

Radiowellen breiten sich wie Schall im Raum aus, ohne dass hierfür materielle Oszillatoren notwendig sind. In diesem Fall bewegt sich eine Störung des elektrischen und magnetischen Felds fort.

EXPERIMENT 2

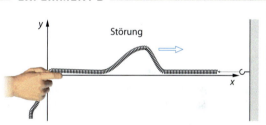

An einer gespannten Schraubenfeder wird das Fortlaufen einer Störung beobachtet. Der Federanfang kann dabei entweder kurz in Federrichtung oder quer dazu bewegt werden.

AUFGABEN

1 Erläutern Sie die Begriffe Transversalwelle und Longitudinalwelle. Geben Sie jeweils zwei Beispiele an.

2 **a** Beschreiben Sie, wie man mit einem kleinen Hammer und einem massiven Stahlstab Transversal- und Longitudinalwellen erzeugen kann.
b Recherchieren Sie, mit welcher Geschwindigkeit sich Störungen in Stahl ausbreiten. Welche Faktoren beeinflussen die Ausbreitungsgeschwindigkeit?

3 Mechanische Wellen lassen sich mithilfe von Diagrammen veranschaulichen. Erläutern Sie, worin die prinzipiellen Unterschiede gegenüber der Darstellung von mechanischen Schwingungen bestehen.

Oft erfordert die Ausbreitung von Materieteilchen die Beschreibung durch ein Wellenmodell – wenngleich sich die Teilchen keineswegs auf Schlangenlinien bewegen.

Beim Rope Workout kommen lange, schwere Seile zum Einsatz: Die Enden werden rhythmisch in Bewegung versetzt, und es entstehen nahezu sinusförmige Wellen, die auf den Seilen fortlaufen.

9.2 Harmonische Welle

Im idealisierten Fall einer harmonischen Welle führen die Oszillatoren dauerhaft sinusförmige Schwingungen aus und übertragen ihre Energie verlustfrei auf gleichartige Nachbarn. Viele in der Natur vorkommende Wellen zeigen näherungsweise dieses Verhalten.

– Eine harmonische Welle hat im Raum einen sinusförmigen Verlauf. Sie wird zu einem bestimmten Zeitpunkt als Momentaufnahme beschrieben durch

$$y = y_{max} \cdot \sin\left(-2\pi \cdot \frac{x}{\lambda}\right).$$

– Die Wellenlänge λ ist der Abstand zweier gleichphasig schwingender Oszillatoren in Ausbreitungsrichtung, also z. B. der Abstand zweier Wellenberge zu einem bestimmten Zeitpunkt.
– Jeder Oszillator einer harmonischen Welle schwingt mit $y = y_{max} \cdot \sin(\omega \cdot t)$.
– Die Frequenz $f = \omega/(2\pi)$ einer Welle ist die Frequenz ihrer Oszillatoren; sie ist gleich dem Kehrwert der Schwingungsperiode: $f = 1/T$.

> **Die Wellenfunktion beschreibt den räumlichen und den zeitlichen Verlauf einer eindimensionalen harmonischen Welle:**
>
> $$y(x,t) = y_{max} \cdot \sin\left(\omega \cdot t - 2\pi \cdot \frac{x}{\lambda}\right). \quad (1)$$
>
> **Für die Ausbreitungsgeschwindigkeit c gilt:**
>
> $$c = \lambda \cdot f. \quad (2)$$

Ausbreitungsgeschwindigkeit

Die Auslenkung eines harmonischen Oszillators verändert sich mit der Zeit gemäß einer Sinusfunktion (vgl. 8.2):

$$y(t) = y_{max} \cdot \sin\left(2\frac{\pi}{T} \cdot t\right) = y_{max} \cdot \sin(\omega \cdot t). \quad (3)$$

Dabei ist T die Periodendauer und ω die Kreisfrequenz der Schwingung mit $\omega = 2\pi/T$.

Wird der erste einer Reihe harmonisch schwingender Oszillatoren nicht nur einmal ausgelenkt, sondern dauerhaft angeregt, so breitet sich die Schwingung nach und nach auf die anderen Oszillatoren aus. Die Geschwindigkeit, mit der sich eine Störung längs einer Reihe gekoppelter Pendel fortpflanzt, ergibt sich aus dem zurückgelegten Weg x und der hierfür benötigten Zeit t_x:

$$c = \frac{x}{t_x}. \quad (4)$$

Bei der Ausbreitung einer harmonischen Welle entspricht dies der Geschwindigkeit, mit der sich ein bestimmter Schwingungszustand, etwa ein Maximum oder ein Minimum, ausbreitet. Da der Schwingungszustand auch als *Phase* der Welle bezeichnet wird, spricht man auch von der *Phasengeschwindigkeit c*.

Die Strecke längs der Ausbreitungsrichtung zwischen zwei Oszillatoren, die denselben Schwingungszustand besitzen, ist die Wellenlänge λ. Während einer Schwingungsperiode T bewegt sich ein bestimmter Schwingungszustand gerade um eine Wellenlänge λ weiter. Für die Phasengeschwindigkeit ergibt sich daher mit Gl. (4):

$$c = \frac{\lambda}{T} \quad \text{bzw.} \quad c = \lambda \cdot f. \quad (5)$$

Die Ausbreitungsgeschwindigkeit einer Welle hängt von der Stärke der Kopplung der Oszillatoren ab. Werden beispielsweise in einer Pendelreihe Federn mit größerer Federkonstante verwendet, so breitet sich die Welle mit größerer Geschwindigkeit aus: Stärkere Federn können die jeweiligen Nachbarpendel mit größerer Kraft beschleunigen. Die Geschwindigkeit einer Welle in einer Kette mechanischer Oszillatoren ist außerdem umso größer, je geringer die Masse der einzelnen Oszillatoren ist.

Wellenfunktion

Bei einer gleichmäßigen Verteilung der Oszillatoren schwingen benachbarte Oszillatoren jeweils mit der gleichen Phasendifferenz. Dadurch ergibt sich für die gesamte Welle selbst ein sinusförmiger Verlauf. Ihre Form lässt sich beispielsweise in Experiment 1 erkennen.

2.8 — Die Oszillatoren einer harmonischen Welle unterliegen wie ideale elastische Federn einem linearen Kraftgesetz.

EXPERIMENT 1

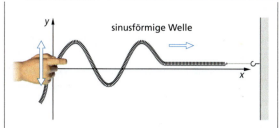

Eine lange Schraubenfeder wird an einem Ende mit einem Haken an einer Wand befestigt und am anderen mit der Hand kurzzeitig zu einer Schwingung angeregt. Die Form der kurzen Welle bleibt erhalten. Bei dauerhafter Anregung können mehrere Wellenberge und -täler beobachtet werden. Das Bild wird allerdings durch die Reflexion der Welle am Federende gestört (vgl. 9.4).

Die Wellenfunktion (Gl. 1)

$$y(x,t) = y_{max} \cdot \sin\left(\omega \cdot t - 2\pi \cdot \frac{x}{\lambda}\right)$$

beschreibt die Ausbreitung einer eindimensionalen Welle: Zum Zeitpunkt $t = 0$ beginnt die Schwingung am Ort $x = 0$ mit der Auslenkung $y = 0$. Wird die Welle dagegen gestartet, nachdem der erste Oszillator um y_{max} ausgelenkt wurde, so gilt:

$$y(x,t) = y_{max} \cdot \cos\left(\omega \cdot t - 2\pi \cdot \frac{x}{\lambda}\right)$$

bzw. $y(x,t) = y_{max} \cdot \sin\left(\omega \cdot t - 2\pi \cdot \frac{x}{\lambda} + \frac{\pi}{2}\right)$.

Der Nullphasenwinkel beträgt in diesem Fall $\pi/2$. Für beliebige Nullphasenwinkel $\Delta\varphi$ hat die Wellenfunktion die Form:

$$y(x,t) = y_{max} \cdot \sin\left(\omega \cdot t - 2\pi \cdot \frac{x}{\lambda} + \Delta\varphi\right). \quad (6)$$

Interpretation des Schwingungsbilds einer Welle

Abbildung 2a zeigt den Verlauf einer Welle im Raum zum Zeitpunkt $t_0 = 0$; der Nullphasenwinkel ist $\Delta\varphi = 0$, wenn der Oszillator A seine Sinusschwingung mit $y = 0$ beginnt. Gleichung (6) beschreibt zum Zeitpunkt $t_0 = 0$ die Ortsabhängigkeit der Welle in der Form:

$$y(x,0) = y_{max} \cdot \sin\left(0 - 2\pi \cdot \frac{x}{\lambda}\right).$$

Der beispielhaft markierte Oszillator B befindet sich im Abstand von $x_1 = 3/4\,\lambda$ vom Oszillator A entfernt, sodass für seine Auslenkung zum Zeitpunkt t_0 gilt:

$$y(x_1, t_0) = y_{max} \cdot \sin\left(0 - 2\pi \cdot \frac{3}{4}\frac{\lambda}{\lambda}\right) = y_{max} \cdot \sin\left(-\frac{6}{4}\pi\right) = y_{max}.$$

Abbildung 2b zeigt im Hintergrund erneut die Momentaufnahme dieser Welle. Der zeitliche Verlauf der Schwingung des Oszillators B ist nun im Vordergrund dargestellt.

Er befindet sich zu Beginn des Beobachtungszeitraums gerade im Maximum. Seine Schwingung wird durch die allgemeine Wellenfunktion (Gl. 6) beschrieben, indem für x der feste Wert $x_1 = 3/4\,\lambda$ eingesetzt wird:

$$y(x_1, t) = y_{max} \cdot \sin\left(\omega \cdot t - 2\pi \cdot \frac{3}{4}\frac{\lambda}{\lambda}\right)$$

$$= y_{max} \cdot \sin\left(\omega \cdot t - \frac{3\pi}{2}\right)$$

$$= y_{max} \cdot \sin\left(\omega \cdot t + \frac{\pi}{2}\right) = \cos(\omega \cdot t).$$

Der Oszillator führt also eine Schwingung aus, die sich bei dem gewählten zeitlichen Nullpunkt als Kosinusfunktion darstellen lässt.

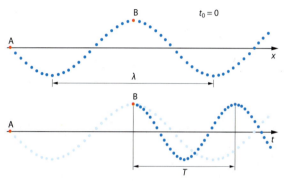

2 a) Momentaufnahme einer sich ausbreitenden Welle; b) zeitlicher Verlauf der Schwingung eines Oszillators

AUFGABEN

1 Ein Oszillator einer Transversalwelle schwingt gemäß der Gleichung $y(t) = 5\,\text{cm} \cdot \sin(\omega \cdot t)$ mit $\omega = 2\pi/T$ und $T = 2\,\text{s}$. Die Welle breitet sich mit $2\,\text{m/s}$ linear aus.
a Ermitteln Sie die Amplitude, die Periodendauer, die Frequenz und die Wellenlänge der Welle.
b Wie lautet die Gleichung dieser Welle?
c Stellen Sie die Welle in einem y-t-Diagramm und in einem y-x-Diagramm dar.

2 Die folgenden Diagramme beschreiben eine Welle:

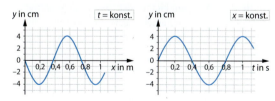

a Ermitteln Sie die Frequenz und die Ausbreitungsgeschwindigkeit der Welle.
b Geben Sie die Wellengleichung an.

3 Bestimmen Sie die Ausbreitungsgeschwindigkeit einer Wasserwelle, die entsteht, wenn ein Stein senkrecht in ruhendes Wasser fällt, z. B. in einen See oder eine Pfütze. Dokumentieren Sie Planung, Durchführung und Auswertung Ihres Experiments.

Zwei kreisförmige Wasserwellen, die an unterschiedlichen Stellen entstehen, breiten sich nach und nach aus. Sie durchdringen einander, ohne sich jedoch dauerhaft zu stören. Nur im Überschneidungsbereich der Ringsysteme kommt es zu einer sichtbaren Überlagerung von Wellenbergen oder -tälern.

9.3 Überlagerung von Wellen

Auf einem Wellenträger können sich gleichzeitig mehrere Wellen ausbreiten, die von verschiedenen Stellen ausgehen. Dies hat Auswirkungen auf die Auslenkung der Oszillatoren.

> **Superpositionsprinzip:** Die Auslenkung an der Stelle, an der mehrere Wellen zusammentreffen, ist die Summe der Einzelauslenkungen.

Begrenzte Wellenzüge beeinflussen einander aber nicht dauerhaft, sondern laufen in ursprünglicher Richtung und Form weiter.

Zwei- und dreidimensionale Wellen sind durch ihre Wellenfronten charakterisiert: Oszillatoren einer Welle, die quer zur Ausbreitungsrichtung benachbart sind, besitzen dieselbe Schwingungsphase und bilden gemeinsam eine Wellenfront.

> Die Wellenfronten stehen senkrecht zur Ausbreitungsrichtung der Welle. Diese wird daher auch als Wellennormale bezeichnet.

Falls eine Welle ein kleines Zentrum hat, so breitet sie sich kreisförmig auf einer Fläche oder kugelförmig im Raum aus. In sehr großem Abstand von diesem Zentrum verlaufen die Wellenfronten geradlinig bzw. als ebene Flächen im Raum. Solche *ebenen Wellen* entstehen auch, wenn der Wellenerreger geradlinig ausgedehnt ist. Die Form der aktuellen Wellenfront geht aus der Form in der Vergangenheit hervor:

> **Huygens'sches Prinzip:** Jeder Punkt einer Wellenfront ist als Ausgangspunkt neuer Elementarwellen zu betrachten. Deren Einhüllende ergibt die neue Wellenfront zum nächsten Zeitpunkt.

Durchdringung von Wellen

Wellen können einander durchdringen, ohne sich in ihrer Ausbreitung zu stören; das ist an mehreren Wasserwellen zu erkennen, die gleichzeitig über die Wasseroberfläche laufen (Abb. 1). Jede für sich behält dabei ihre kreisförmigen Wellenfronten.

Ebenso können wir Schallsignale aus einer bestimmten Richtung wahrnehmen, während sich quer dazu Schall von einer weiteren Quelle ausbreitet: Die ursprünglichen Schallsignale erreichen uns ungestört.

Überlagerung von Wellen

An den beiden Enden einer gespannten Feder werden zwei kurze Wellenzüge erzeugt; sie laufen aufeinander zu, durchdringen einander und laufen danach weiter (Abb. 2). Jede Welle für sich betrachtet bleibt dabei ungestört. An der Stelle, an der sie einander durchdringen, kommt es jedoch zu einer Überlagerung, einer *Superposition*: An jeder Stelle im Bereich der Überlagerung ist die Auslenkung der Oszillatoren jeweils die Summe der einzelnen Auslenkungen.

Streng genommen ist hierfür ein lineares Kraftgesetz Voraussetzung: Eine doppelt so große auslenkende Kraft bewirkt dann eine doppelte Auslenkung des Oszillators.

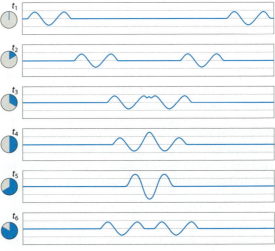

2 Überlagerung zweier aufeinander zulaufender Wellen

1.11 Eine komplizierte Bewegung lässt sich zumeist als Überlagerung einzelner, voneinander unabhängiger Bewegungen beschreiben.

Streuung

Trifft eine Welle auf ein Hindernis, so kann hier eine neue Welle entstehen. Beispielhaft zeigt dies Exp. 1 a, wo sich zunächst eine Kreiswelle ausbreitet. Ein solcher Vorgang wird Streuung genannt.

EXPERIMENT 1

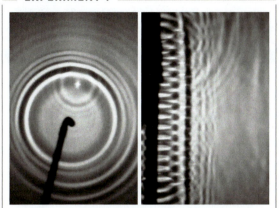

a) In einer Wasserwellenwanne wird durch rhythmisches Eintauchen eines Stabs eine harmonische Kreiswelle erzeugt. Beim Auftreffen der Wellenfronten auf ein Hindernis entsteht eine neue Kreiswelle.
b) Beim rhythmischen Eintauchen einer Reihe von Stäben entstehen einzelne phasengleiche Kreiswellen, die sich zu einer geraden Welle zusammensetzen.

Huygens'sches Prinzip

Durch die Überlagerung von Einzelwellen, die die gleiche Frequenz besitzen, entsteht eine neue Wellenfront (Exp. 1b). Umgekehrt kann man sich jeden Teil einer Wellenfront als Ausgangspunkt von neuen Wellen vorstellen. Diese Elementarwellen überlagern einander, und in größerer Entfernung entsteht nach dem Huygens'schen Prinzip als Einhüllende die neue Wellenfront.
In Abb. 3 erzeugt ein kleiner Erreger eine kreisförmige Welle. Oszillatoren, die auf einem Kreis um diesen Erreger angeordnet sind, werden gleichzeitig zur Schwingung angeregt. Diese Oszillatoren können wiederum als Ausgangspunkte neuer Elementarwellen betrachtet werden, die dieselbe Wellenlänge wie die Ausgangswelle besitzen. Die Überlagerung der Elementarwellen ergibt eine neue kreisförmige Wellenfront.

Gerade Welle

Ist der Wellenerreger ausgedehnt und geradlinig, so geht von ihm eine Welle mit gerader Wellenfront aus (Abb. 4). Wie bei einer Kreiswelle lässt sich die nächste Wellenfront aus den Elementarwellen einer vorhergehenden Wellenfront zusammensetzen; auch in diesem Fall behält die sich ausbreitende Welle ihre Form bei.

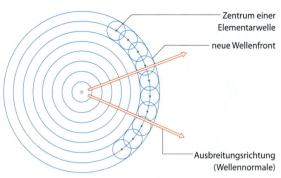

3 Wellenfronten einer Kreiswelle mit Elementarwellen und der resultierenden Wellenfront. Rot dargestellt ist beispielhaft die Ausbreitungsrichtung.

Eine Kreiswelle kann man in großem Abstand vom Zentrum durch eine gerade Welle annähern, entsprechend eine Kugelwelle durch eine ebene Welle. In allen Fällen ist die Ausbreitungsrichtung der Welle im Raum senkrecht zu den Wellenfronten. Diese relative Orientierung wird als *normal* bezeichnet, die Ausbreitungsrichtungen einer Welle sind daher *Wellennormale*.

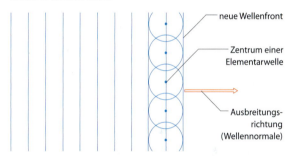

4 Wellenfronten einer geraden Welle mit Elementarwellen und der resultierenden Wellenfront

AUFGABE

1 Zwei Wellen bewegen sich aufeinander zu. Sie sind jeweils durch folgende Gleichung zu beschreiben:

$$y(x,t) = y_{max} \cdot \sin\left(\frac{2\pi}{\lambda} \cdot (x - v \cdot t)\right).$$

Welle 1 $y_{max,1} = 3$ cm $T_1 = 2$ s $\lambda_1 = 2$ m $v_1 = 1$ m/s
Welle 2 $y_{max,2} = 5$ cm $T_2 = 3$ s $\lambda_2 = 3$ m $v_2 = -1$ m/s

Zum Zeitpunkt $t_0 = 0$ hat die Welle 1 den Punkt $x = -5$ m erreicht, die Welle 2 den Punkt $x = 5$ m. An beiden Stellen ist die Auslenkung $y(t_0) = 0$.
a Nach welcher Zeit beginnt die Überlagerung?
b Stellen Sie mithilfe einer Tabellenkalkulation die Auslenkungen y_1 und y_2 beider Wellen sowie deren Summe zum Zeitpunkt $t_0 = 0$ in einem y-x-Diagramm dar. Zeichnen Sie weitere Darstellungen für die Zeitpunkte $t_1 = 5$ s und $t_2 = 8$ s. Beziehen Sie sich in den drei Diagrammen auf das Intervall -7 m $\leq x \leq 8$ m.

Zum Orten ihrer Beute sendet eine Fledermaus kurze Ultraschallrufe aus – mit ihren empfindlichen Ohren registriert sie dann den reflektierten Schall. Aus der Laufzeit des Schallsignals schließt die Fledermaus auf die Entfernung und die Richtung eines möglichen Beuteobjekts, aus der Stärke des reflektierten Signals auf dessen Größe.

9.4 Reflexion

Wellen breiten sich auf einem homogenen Wellenträger geradlinig aus. An einem Hindernis dagegen werden sie reflektiert: Die Ausbreitungsrichtung ändert sich und damit auch die Richtung des Energietransports.

Das Reflexionsgesetz, nach dem Einfallswinkel und Reflexionswinkel gleich groß sind, lässt sich mit dem Huygens'schen Prinzip erklären: Bei der Reflexion von Wellen an einem Hindernis ergibt sich die neue Ausbreitungsrichtung durch die Überlagerung der Elementarwellen.

Trifft eine Welle auf die Grenzfläche zu einem anderen Gebiet, in dem sie eine andere Ausbreitungsgeschwindigkeit besitzt, so wird ein Teil dieser Welle an der Grenzfläche reflektiert. Liegt hinter der Grenzfläche eine größere Ausbreitungsgeschwindigkeit vor, so wird ein Wellenberg als Wellenberg reflektiert. Liegt dort jedoch eine geringere Ausbreitungsgeschwindigkeit vor, wird ein Wellenberg als Wellental reflektiert: Die reflektierte Teilwelle erfährt dann einen Phasensprung von $\Delta\varphi = \pi$.

Partielle Reflexion

In einer Kette gleicher Oszillatoren, die auf jeweils dieselbe Weise miteinander gekoppelt sind, breitet sich eine Welle ungehindert aus. Gibt es dagegen in dieser Kette von Oszillatoren einen Bereich, in dem die Kopplung oder die Masse der Oszillatoren eine andere ist, so gilt dies nicht mehr. Die Ausbreitungsgeschwindigkeit ist dann in den beiden Bereichen unterschiedlich. Läuft die Welle von dem einen in den anderen Bereich hinein, wird am Übergang zwischen den beiden Bereichen ein Teil der Welle reflektiert (Exp. 1).

Ausbreitungsmedien Sind bei einer Wellenausbreitung die einzelnen Oszillatoren nicht erkennbar, spricht man statt von Bereichen auf einem Wellenträger oft auch von unterschiedlichen *Medien*, in denen die Welle jeweils eine spezifische Ausbreitungsgeschwindigkeit besitzt.

EXPERIMENT 1

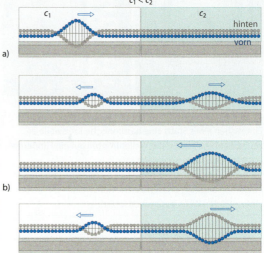

Eine Wellenmaschine ist eine Kette von horizontalen Klöppeln, die elastisch miteinander gekoppelt sind. Im linken Bereich dieser Wellenmaschine hat eine Welle eine geringere Ausbreitungsgeschwindigkeit als im rechten.
a) Links wird eine Störung erzeugt. Sie läuft zum Teil in den rechten Bereich hinein; da sie dort eine höhere Geschwindigkeit besitzt, wird sie dabei breiter. Der andere Teil der Störung wird am Übergang zwischen den beiden Bereichen reflektiert und läuft in gleicher Breite zurück.
b) Wird rechts eine Störung erzeugt, die nach links läuft, so kommt es bei der Reflexion zu einem Phasensprung: Der Wellenberg kehrt als Wellental zurück.

Bei Wasserwellen ist dieses Medium das Wasser; die Ausbreitungsgeschwindigkeit hängt hier von der Wassertiefe ab. Beim Schall ist es beispielsweise die uns umgebende Luft oder auch ein fester Körper; die Ausbreitungsgeschwindigkeit hängt wesentlich von der Festigkeit des Materials ab. Licht breitet sich in transparenten Medien wie Glas oder Wasser mit unterschiedlichen Geschwindigkeiten aus. Oszillatoren sind für die Lichtausbreitung allerdings nicht nötig, sie findet auch im Vakuum statt.

Für elastische Stöße von materiellen Körpern mit einer Wand gilt der Impulserhaltungssatz – und damit das Reflexionsgesetz.
2.11

MECHANIK UND GRAVITATION | ELEKTRIZITÄT | SCHWINGUNGEN UND WELLEN

Phasensprung Bei der Reflexion an der Grenze zu einem Bereich mit einer höheren Ausbreitungsgeschwindigkeit wird ein Wellenberg auch als Wellenberg reflektiert (Exp.1). Im umgekehrten Fall, bei Reflexion an der Grenze zu einem Bereich mit niedrigerer Ausbreitungsgeschwindigkeit, findet ein Phasensprung von π statt: Ein einlaufender Wellenberg wird hier als Wellental reflektiert.

Auch am Ende einer Kette von Oszillatoren bzw. am Ende des Wellenträgers, etwa einer langen Spiralfeder, kommt es zur Reflexion (Abb. 2). An einem festen Ende, wenn also der letzte Oszillator fest eingespannt ist, entsteht dabei ebenfalls ein Phasensprung um π. An einem losen Ende dagegen wird die Welle wie an einem Übergang in einen Bereich mit höherer Ausbreitungsgeschwindigkeit reflektiert, nämlich ohne Phasensprung. In beiden Fällen der Reflexion am Ende eines Wellenträgers bleibt die Amplitude der Störung unverändert: Im Idealfall wird keine Energie auf die feste Stange übertragen, es wird nur die Richtung des Energietransports umgekehrt.

Der Grund für das Auftreten des Phasensprungs liegt in der starren Befestigung des letzten Oszillators: Der vorletzte Oszillator läuft durch die Gleichgewichtslage weiter, die Welle wird mit umgekehrter Auslenkung reflektiert (Abb. 2 a). Am losen Ende dagegen vollzieht der letzte Oszillator die Schwingung mit (Abb. 2 b). Er gibt seine Energie so an den vorletzten Oszillator zurück, wie er sie an den nächsten weitergeben würde, wenn der Wellenträger an dieser Stelle nicht zu Ende wäre.

ten lässt sich mit dem Huygens'schen Prinzip erklären. In Abb. 3 fällt eine gerade Welle schräg auf ein Hindernis. Eine Wellenfront trifft zunächst im Punkt A auf die Oberfläche. Kurz danach haben sich die von A ausgehenden Elementarwellen schon weiter ausgebreitet als diejenigen, die von den Punkten rechts neben A ausgehen. Es bildet sich als Einhüllende der Elementarwellen, die zur selben erzeugenden Wellenfront $\overline{CD}$ gehören, eine reflektierte gerade Welle, die nach oben läuft. Da die Wellenlänge vor und nach der Reflexion gleich groß ist, sind auch Einfallswinkel und Reflexionswinkel gleich groß.

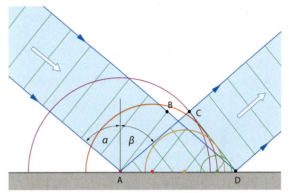

3 Reflexion einer geraden Welle nach dem Huygens'schen Prinzip. Die Normalen der einfallenden und der ausfallenden Welle nehmen zum Lot auf der reflektierenden Gerade oder Fläche denselben Winkel ein.

■ AUFGABEN

1 Erklären Sie das Phänomen Reflexion mithilfe des Huygens'schen Prinzips.

2 Ein Schiff fährt an einer Hafeneinfahrt vorbei. Ein Beobachter, der sein Boot im Hafenbecken festgemacht hat, stellt fest, dass die Wellen im Hafenbecken teilweise größere Amplituden besitzen als direkt in der Nähe des Schiffs. Erklären Sie das Phänomen.

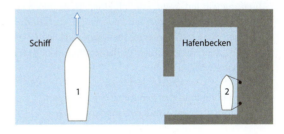

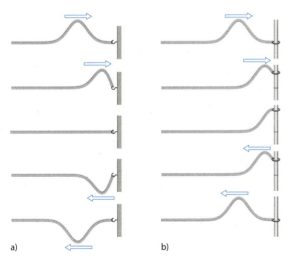

2 Reflexion einer Störung: a) an einem festen, b) an einem losen Ende

Reflexionsgesetz

Die Reflexion von Wasserwellen und anderen zwei- oder dreidimensionalen Wellen wird mit dem Reflexionsgesetz beschrieben: Die Wellennormalen besitzen vor und nach der Reflexion den gleichen Winkel zum Lot. Dieses Verhal-

3 Die Reflexion von Schallwellen kann sich auf die Akustik in Kirchen und Konzerthallen positiv oder auch negativ auswirken. Erläutern Sie Beispiele.

4 Beschreiben Sie das Verhalten einer Welle, die sich auf einem begrenzten Wellenträger ausbreitet, für die beiden Fälle, dass der Wellenträger am Ende frei beweglich bzw. fest eingespannt ist.

Auch wenn der Wind nicht vom Meer her bläst, schmiegen sich die Wellenfronten der Küstenlinie an: Die Geschwindigkeit der Wasserwellen wird mit abnehmender Tiefe geringer, daher laufen sie an einer flachen Küste immer nahezu senkrecht auf den Strand zu.

9.5 Brechung und Beugung

Die Beschreibung einer Wellenausbreitung mithilfe von Elementarwellen erweist sich nicht nur bei der Reflexion, sondern auch bei anderen Wellenphänomenen als erfolgreich.

Brechung Ändert sich beim Eindringen einer Welle in ein anderes Medium ihre Ausbreitungsgeschwindigkeit, so ändert sich dabei auch ihre Ausbreitungsrichtung. Dies gilt allerdings nur, wenn die Welle schräg gegen die Grenze läuft.

Die Richtungsänderung kann mithilfe von Elementarwellen konstruiert werden. Dabei ist zu berücksichtigen, dass die Wellenlängen in den beiden Medien unterschiedlich groß sind. Es gilt das Brechungsgesetz:

$$\frac{\sin\alpha}{\sin\beta} = \frac{c_1}{c_2}. \quad (1)$$

Hierbei ist α_1 der Einfalls- und β der Brechungswinkel zum Lot, c_1 und c_2 sind die Ausbreitungsgeschwindigkeiten der Welle in den beiden Medien.

Beugung Eine andere Beeinflussung der Wellenausbreitung tritt auf, wenn ein Teil einer Welle durch ein Hindernis blockiert wird, ein anderer Teil das Hindernis aber passiert. Dann ergeben sich zusätzlich zur ursprünglichen Ausbreitung Wellenfronten von Kreis- bzw. Kugelwellen:

Wellen können in den geometrischen Schattenraum hinter einem Hindernis eindringen.

Brechung

In Exp. 1 wird die Ausbreitung einer Wasserwelle untersucht. Beim Übergang der Welle in den Bereich geringerer Wassertiefe nimmt die Geschwindigkeit ab, die Ausbreitungsrichtung ändert sich. Da die Frequenz der Welle konstant bleibt, nimmt ihre Wellenlänge gemäß $\lambda = c/f$ ab.

EXPERIMENT 1

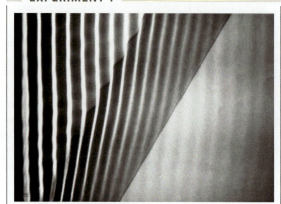

Mit einem langen Erreger wird eine gerade Wasserwelle erzeugt. Durch Einlegen einer Kunststoffplatte wird die Wassertiefe in einem Teil der Wellenwanne verringert. An der Grenze zwischen beiden Bereichen kommt es zur Brechung.

Die Änderung der Ausbreitungsrichtung lässt sich mithilfe von Elementarwellen konstruieren (Abb. 2). Im Bereich mit der geringeren Ausbreitungsgeschwindigkeit ergeben sich Wellenfronten als Einhüllende der Elementarwellen an der Mediengrenze. Ihre Wellennormalen schließen mit dem Lot auf die Grenzfläche einen kleineren Winkel ein als die Wellennormalen der einfallenden Welle.

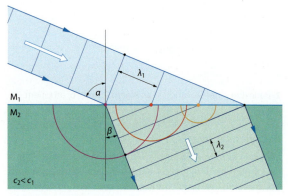

2 Brechung einer geraden Welle

Das Fermat'sche Prinzip führt die Reflexion und die Brechung von Licht auf dieselbe Ursache zurück: Das Licht nimmt den schnellsten Weg zwischen zwei Punkten.

10.2

MECHANIK UND GRAVITATION | ELEKTRIZITÄT | SCHWINGUNGEN UND WELLEN

Aus der Konstruktion ergibt sich für die Richtungsänderung der Wellennormalen:

$$\frac{\sin\alpha}{\sin\beta} = \frac{\lambda_1}{\lambda_2}. \qquad (2)$$

Daraus folgt mit $c = \lambda \cdot f$ das Brechungsgesetz (Gl. 1).

Beugung

Ein anderes Phänomen zeigt sich, wenn einer ebenen Welle ein ausgedehntes Hindernis mit einer kleinen Öffnung in den Weg gestellt wird (Exp. 2). Die Welle durchdringt das Hindernis an der Öffnung – jedoch breitet sie sich dahinter nicht nur in ihrer ursprünglichen Richtung aus, sondern es entstehen kreisförmige Wellenfronten, in deren Zentrum die kleine Öffnung liegt. Dieses Phänomen wird Beugung genannt.

EXPERIMENT 3

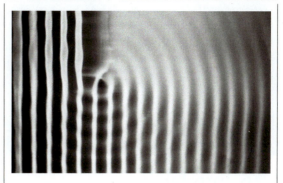

In einer Wellenwanne treffen gerade Wellenfronten auf ein Hindernis mit einer Kante. Dahinter breitet sich eine kreisförmige Welle aus.

EXPERIMENT 2

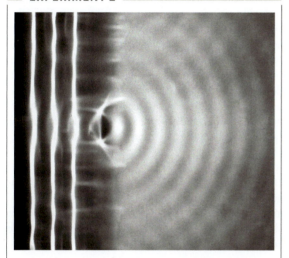

In einer Wellenwanne treffen gerade Wellenfronten auf ein breites Hindernis, das eine schmale Öffnung besitzt. Dahinter breitet sich eine kreisförmige Welle aus.

Die Beugung lässt sich ebenfalls mit dem Huygens'schen Prinzip erklären: Die auftreffende Welle regt in der kleinen Öffnung eine Elementarwelle an. Diese breitet sich anschließend kreisförmig aus.

Auch an der Kante eines Hindernisses kann es zur Beugung kommen: Experiment 3 zeigt, wie kreisförmige Wellenfronten in den Bereich hinter einem Hindernis eindringen. Nach dem Huygens'schen Prinzip erzeugen die vom Hindernis ungestörten Bereiche der geraden Wellen kreisförmige Elementarwellen, die sich wieder zu einer geraden Wellenfront vereinigen (vgl. 9.3, Abb. 4). Hinter dem Hindernis fehlen dagegen die entsprechenden Elementarwellen, sodass die Erregung an der Kante dort zur Ausbreitung kreisförmiger Wellen führt.

Der Bereich hinter dem Hindernis, in das diese kreisförmigen Wellen eindringen, heißt auch *geometrischer Schattenraum*: Nach den Gesetzen der Strahlenoptik würde dieser bei Beleuchtung mit parallelem Licht im Schatten liegen. Allerdings ist bei geeigneten Lichtquellen ein Eindringen von Licht in den geometrischen Schattenraum zu beobachten (vgl. 10.3). Dies ist ein Hinweis darauf, dass auch Licht Welleneigenschaften besitzt.

AUFGABEN

1. Eine Erdbebenwelle breitet sich mit 6,4 km/s in einer bestimmten Gesteinssorte aus und trifft unter einem Winkel von 20° auf eine zweite Gesteinssorte. Die Welle wird an der Grenzschicht gebrochen, wobei der Brechungswinkel 24° beträgt.
   a Berechnen Sie die Geschwindigkeit der Welle in der zweiten Gesteinssorte.
   b Stellen Sie die Richtungsänderung der Erdbebenwelle in einer Zeichnung dar.

2. Ändert sich beim Übergang einer Welle von einem Medium in ein anderes die Frequenz der Welle? Begründen Sie Ihre Antwort.

3. Erläutern Sie, wie die Entstehung eines Tsunamis mit der Ausbreitungsgeschwindigkeit von Wellen zusammenhängt. Beziehen Sie dabei die Erklärung von Abb. 1 mit ein.

4. Eine Schallwelle trifft bei 20 °C mit der Geschwindigkeit 343 m/s unter einem Einfallswinkel α auf eine 0 °C kalte Luftschicht, in der sich der Schall nur noch mit 331 m/s ausbreitet.
   a Stellen Sie die Abhängigkeit des Brechungswinkels β vom Einfallswinkel α für das Intervall $5° \leq \alpha \leq 40°$ in einem Diagramm dar.
   b Wie ändert sich der Brechungswinkel β, wenn der Winkel α immer weiter erhöht wird? Erklären Sie diesen Zusammenhang.

Eine Biene schlägt mit beiden Flügeln rhythmisch auf eine Wasseroberfläche. Es entstehen Kreiswellen, die einander überlagern – auf der Wasseroberfläche bildet sich ein streifenförmiges Muster aus. Obwohl die Wellenberge und -täler sich bewegen, bleibt dieses Muster stabil.

9.6 Interferenz

Zwei oder mehr Wellen können einander so überlagern, dass ein stabiles Muster entsteht. Die resultierende Amplitude, mit der die einzelnen Oszillatoren schwingen, ist dann abwechselnd minimal und maximal. Die Bedingung hierfür ist, dass diese Wellen an jedem Ort im Raum mit gleichbleibender Phasendifferenz zusammentreffen. Dazu müssen die Wellenerreger mit derselben Frequenz schwingen.

Die Überlagerung der Wellen von zwei oder mehr Erregern, die mit derselben Frequenz schwingen, heißt Interferenz.

Die Auslenkung an einer Stelle ergibt sich als Summe der Auslenkungen, die durch die unterschiedlichen Erreger hervorgerufen werden.

Konstruktive und destruktive Interferenz Treffen zwei Wellen an einer Stelle gleichphasig aufeinander, kommt es zu einer gegenseitigen Verstärkung, zur *konstruktiven Interferenz*. Treffen sie gegenphasig aufeinander, so schwächen sie sich gegenseitig, dies wird *destruktive Interferenz* genannt.

Die Amplitude ergibt sich aus der Phasendifferenz $\Delta\varphi$, mit der die Wellen am Oszillator eintreffen, sie hängt also vom Entfernungsunterschied zu den beiden Erregern Δx ab. Schwingen die beiden Erreger gleichphasig, gilt:

Konstruktive Interferenz tritt bei Wegdifferenzen von $\Delta x = n \cdot \lambda$ auf, destruktive Interferenz bei $\Delta x = (n + 1/2)\lambda$; dabei ist n eine ganze Zahl.

Überlagern sich zwei Wellen mit gleicher Frequenz und Amplitude, so ist die resultierende Amplitude bei konstruktiver Interferenz doppelt so groß wie die der einzelnen Wellen. Bei destruktiver Interferenz dagegen ist sie null – der Oszillator bleibt dauerhaft in Ruhe.

Schwebung

Die Überlagerung der Wellen zweier Erreger führt im allgemeinen Fall nicht zu einem stabilen Zustand, sondern zu einem scheinbar regellosen Schwingen der einzelnen Oszillatoren im Raum. Liegen aber die Frequenzen der beiden Erreger nahe beieinander, so kommt es zur Schwebung (vgl. 8.8): An jedem Ort schwankt die Amplitude zeitlich zwischen einem Maximalwert und einem Minimalwert; die Schwebungsfrequenz beträgt $f_{sum} = |f_1 - f_2|$.

Nähern sich die Frequenzen der beiden Erreger weiter an, so nimmt die Schwebungsfrequenz, mit der die resultierende Amplitude variiert, ab. Die Schwebung kommt schließlich zum Erliegen, wenn beide Erreger mit derselben Frequenz schwingen: Aus der Schwebung ist dann eine räumlich und zeitlich stabile Interferenz entstanden.

Interferenz

Häufig wird auch die Überlagerung von Wellen mit beliebiger Frequenz als Interferenz bezeichnet. Im Folgenden wird aber nur eine solche Situation Interferenz genannt, bei der sich zwei Wellen gleicher Frequenz überlagern und sich ein zeitlich stabiles Muster im Raum ausbildet (Exp. 1).

EXPERIMENT 1

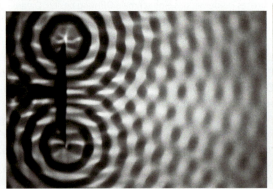

In einer Wellenwanne berühren zwei Stäbe im selben Rhythmus die Wasseroberfläche. Die sich ausbreitenden Wasserwellen bilden ein stabiles Interferenzmuster aus Bereichen, die in Bewegung sind, und solchen, die nahezu ruhen.

Treffen an einem bestimmten Ort zwei Wellen mit gleichgerichteter Auslenkung zusammen, also etwa Wellenberg auf Wellenberg und Wellental auf Wellental, so verstärken sie einander. Treffen dagegen an einem Ort Wellen mit entgegengesetzt gerichteter Auslenkung zusammen, also Wellenberg auf Wellental, so kommt es zu einer verminderten Auslenkung, bei gleichen Amplituden sogar zur vollständigen Auslöschung.

Die resultierende Auslenkung (Abb. 2) ist vom betrachteten Zeitpunkt abhängig, denn sie schwankt an einem Maximum beispielsweise zwischen dem Wert der Amplitude y_{max} in negativer und positiver Richtung. Die Amplitude selbst ist nicht zeitabhängig; für ihre Berechnung ist also der Zeitpunkt ohne Bedeutung.

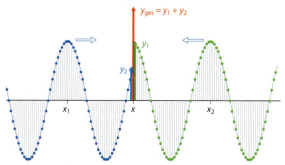

2 Momentaufnahme eines Oszillators am Ort x, der von zwei Wellen getroffen wird. Die resultierende Auslenkung ist die Summe der einzelnen Auslenkungen.

Orte konstruktiver und destruktiver Interferenz

Die Amplitude, mit der ein Oszillator an einem bestimmten Ort schwingt, hängt von der Phasendifferenz $\Delta\varphi$ der beiden Wellen ab. Der Oszillator befinde sich am Ort x, die beiden Erreger in den Entfernungen x_1 und x_2 davon. Wenn die Erreger phasengleich schwingen, gilt:

$$\Delta\varphi = \frac{2\pi}{\lambda} \cdot (x_2 - x_1) = \frac{2\pi}{\lambda} \cdot \Delta x. \qquad (1)$$

Von Bedeutung ist also nur der Wegunterschied Δx, den die beiden Wellen am jeweils beobachteten Ort haben.

Für einen Wegunterschied $\Delta x = n \cdot \lambda$ tritt konstruktive Interferenz auf; n ist eine ganze Zahl. In diesem Fall wird $\Delta\varphi$ ein Vielfaches von 2π, und es trifft stets Wellenberg auf Wellenberg und Wellental auf Wellental.

Destruktive Interferenz ergibt sich dagegen für einen Wegunterschied von $\Delta x = (n + 1/2)\lambda$. Dann ist $\Delta\varphi$ ein ungeradzahliges Vielfaches von π, und auf einen Wellenberg trifft stets ein Wellental.

Für den Fall, dass die beiden Erreger zwar mit gleicher Frequenz, aber nicht gleichphasig schwingen, muss in Gl. (1) eine zusätzliche Anfangsphasendifferenz berücksichtigt werden. Der Betrag der resultierenden Auslenkung liegt dann zwischen null und $y_{max,1} + y_{max,2}$.

MATHEMATISCHE VERTIEFUNG

Werden die Orte, an denen Interferenzmaxima auftreten, oder die, an denen Minima auftreten, miteinander verbunden, so stellen die entstehenden Kurven Hyperbeln dar (Abb. 3): Eine Hyperbel ist die Menge aller Punkte, deren Wege zu zwei gegebenen Punkten A und B einen konstanten Wegunterschied aufweisen. Dieser beträgt für die Verbindungslinie zwischen den Maxima ein geradzahliges Vielfaches von λ, für die Linie zwischen den Minima ein ungeradzahliges Vielfaches von λ.

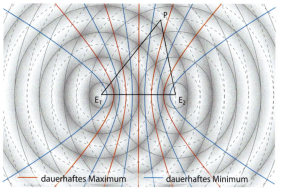

3 Kurven von Minima und Maxima der Amplituden bei der Interferenz zweier Wellen

AUFGABEN

1 Zwei Schallquellen erzeugen sinusförmige Signale mit den Amplituden $y_{max,1} = 0{,}02$ mm und $y_{max,2} = 0{,}1$ mm sowie den Frequenzen $f_1 = 200$ Hz und $f_2 = 180$ Hz.

a Berechnen Sie die Frequenz der Schwebung und beschreiben Sie, wie diese wahrgenommen wird.

b Stellen Sie mithilfe einer Tabellenkalkulationssoftware für einen beliebigen Ort die Auslenkungen y_1 und y_2 beider Wellen in einem Diagramm dar – jeweils mindestens fünf Perioden.

c Stellen Sie in einem weiteren Diagramm $y_1 + y_2$ als Funktion der Zeit dar und veranschaulichen Sie im Diagramm die Periodendauer der Schwebung. Berechnen Sie daraus die Schwebungsfrequenz, und vergleichen Sie das Ergebnis mit dem aus Teil a.

d Hat eine Veränderung der Amplituden einen Einfluss auf die Schwebungsfrequenz?

2 Zwei Lautsprecher befinden sich im Abstand x voneinander und senden ein sinusförmiges Signal gleicher Frequenz und Phase aus. Die Wellenlänge beträgt 5 cm. Geben Sie Werte für x an, bei denen in P ein Lautstärkeminimum bzw. -maximum auftritt.

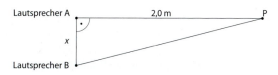

METHODEN

9.7 Darstellung von Wellen mit Zeigern

Die Überlagerung von Wellen führt an unterschiedlichen Orten im Raum zu Schwingungen mit unterschiedlicher Amplitude. Diese Amplitude lässt sich Punkt für Punkt aus den jeweiligen Entfernungen zu den Erregerzentren berechnen. Dazu eignet sich eine grafische Methode: der Zeigerformalismus.

Zeigerformalismus

Die Auslenkung einer Welle an einem bestimmten Punkt wird durch einen rotierenden Zeiger dargestellt. Seine Komponente in y-Richtung gibt die Auslenkung der Welle an. Er dreht sich einmal vollständig im Uhrzeigersinn, wenn die Welle einen Weg s zurücklegt, der so groß ist wie ihre Wellenlänge λ. Der Drehwinkel des Zeigers ist:

$$\alpha = -2\pi \cdot \frac{s}{\lambda}, \quad (1)$$

wenn die Drehung bei »3 Uhr« startet. Es wird also von einer sinusförmigen Welle ausgegangen, die am Ort $s = 0$ und zur Zeit $t = 0$ die Auslenkung $y = 0$ aufweist:

$$y(x) = y_{max} \cdot \sin\left(-2\pi \frac{s}{\lambda}\right). \quad (2)$$

Der Drehwinkel des Zeigers ist damit der Phasenwinkel der Welle.

Darstellung mithilfe eines Computers

Um die Überlagerung von mehreren zweidimensionalen Wellen darzustellen, werden für einen Empfängerpunkt E die Zeiger für alle Wellen gezeichnet und anschließend grafisch bzw. rechnerisch addiert. Im Fall dreidimensionaler Wellen wird nur eine Ebene zur Darstellung ausgewählt. Um das ausgedehnte Interferenzbild zu erhalten, muss für eine Vielzahl von Empfängerpunkten jeweils der resultierende Zeiger ermittelt werden. Für jeden Punkt werden also zunächst aus seinen Entfernungen zu den Erregern die Drehwinkel der Zeiger und dann der resultierende Zeiger berechnet.

Diese Berechnung lässt sich mithilfe eines Computers durchführen. Abb. 1 zeigt eine Simulation, wie sie mit einer dynamischen Geometriesoftware erstellt werden kann ↻. Für die Berechnung werden zunächst die Quellpunkte P_1 und P_2 sowie der zu untersuchende Empfängerpunkt E in ein Koordinatensystem eingefügt. Außerdem werden die beiden Wege, die die Wellen zu E zurücklegen, eingezeichnet. Diese Wege sind zugleich die Normalen auf den Wellenfronten der Kreiswellen, die von P_1 und P_2 ausgehen.

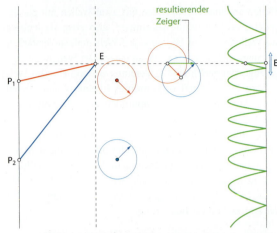

1 Die grafische Addition der beiden Zeiger gibt die Lage der Minima und Maxima im Interferenzmuster wieder.

Die Berechnung der Drehwinkel der zugehörigen Zeiger wird von der Software dynamisch bei jeder Veränderung vorgenommen, anschließend werden die beiden Zeiger mit ihrem jeweiligen Drehwinkel gezeichnet. Schließlich erfolgt die vektorielle Addition der beiden Zeiger zu dem resultierenden grünen Zeiger. Dessen Länge ist proportional zur resultierenden Amplitude der beiden überlagerten Wellen.

In Abb. 1 wurde schließlich für die Berechnung eines Schnitts durch das Wellenfeld der Punkt E längs der senkrechten Linie verschoben. Die grüne Kurve gibt den Betrag der durch die Interferenz entstandenen resultierenden Amplitude längs dieser Linie an.

Der Vorteil dieser Berechnungsmethode liegt darin, dass sie unmittelbar das zeitlich stabile Interferenzmuster, also die Größe der Amplitude an verschiedenen Empfängerorten, liefert: Das Ergebnis hängt nur vom relativen Drehwinkel der beiden Zeiger zueinander ab (Abb. 1). Würde man dagegen die Auslenkungen der beiden Wellen am Empfängerort mit der Wellenfunktion (vgl. 9.2) berechnen und addieren, so erhielte man als Ergebnis den *Schwingungszustand*, also die Auslenkung am Empfängerort zu einem bestimmten Zeitpunkt (Abb. 2). Meistens ist man jedoch an dem Interferenzmuster interessiert.

Die Berechnung von Interferenzbildern mithilfe des Zeigerformalismus kann leicht der zu untersuchenden Situation angepasst werden. So kann beispielsweise ein dritter Quellpunkt hinzugefügt werden: Es ergibt sich ein schwächeres Maximum entlang der Achse quer zur Anordnung der Quellpunkte (Abb. 3a).

Sehr viele, eng zusammenliegende Quellpunkte ergeben dagegen ein sehr breites Maximum (Abb. 3b). Quer zur Ausbreitungsrichtung variiert die Wellenamplitude in der Nähe der Achse nur noch geringfügig: Diese Erreger senden wie ein Stab eine gerade Welle mit nahezu konstanter Amplitude aus.

128

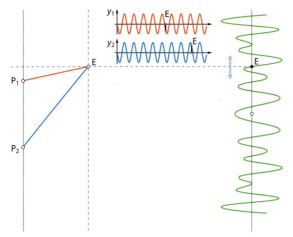

2 Die Addition der Auslenkungen der beiden Wellen ergibt die momentane Auslenkung; sie kann zu einem bestimmten Zeitpunkt null sein, obwohl die resultierende Amplitude (vgl. Abb. 1) nicht null ist.

Zeigerlänge

Die Länge eines Zeigers gibt die Amplitude der Welle an einem bestimmten Ort an. Diese Länge kann in einem beliebigen Maßstab dargestellt werden; wichtig ist lediglich, dass die relative Stärke der Erreger berücksichtigt wird.
Die Amplitude einer Welle nimmt in der Regel mit der Entfernung von den Erregern ab; der Beitrag einer Welle zur resultierenden Schwingung an einem Ort ist also auch von ihrer Weglänge abhängig.
Bei Berechnungen mit dem Zeigerformalismus wird dagegen allen Zeigern die gleiche Länge zugewiesen: Es wird also vorausgesetzt, dass sich die Entfernungen vom Empfängerpunkt E zu den einzelnen Quellen nicht stark unterscheiden und dass die Wellen mit etwa gleicher Amplitude angeregt werden.

Energie

Ist die Schwingungsamplitude, die durch zwei Erreger hervorgerufen wird, gleich groß, so kommt es zu einer besonderen Situation: In den Maxima ist die Amplitude genau doppelt so groß wie diejenige, die im Fall eines einzelnen Erregers entstünde. Dabei ist die Energie einer Schwingung proportional zum Quadrat der Auslenkung des Oszillators. In den Minima verschwindet die resultierende Amplitude vollständig; dementsprechend ist auch die Energie der Schwingungen an diesen Stellen immer null.

Beispiel Die beiden miteinander interferierenden Wellen haben im zeitlichen Mittel genauso viel Energie wie die beiden einzelnen, wenn sie nicht interferieren würden. Dies zeigt exemplarisch die folgende Rechnung:

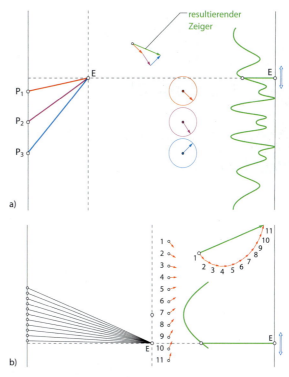

3 Berechnung der Interferenzbilder von 3 Punktquellen (a) und einer Reihe von Punktquellen (b)

Amplituden und Energien der einzelnen Wellen:

$y_{max,1} = 3$ cm $\qquad y_{max,2} = 3$ cm
$E_1 = 9$ J $\qquad E_2 = 9$ J

Amplitude in einem Maximum bzw. Minimum:

$y_{max} = 3$ cm $+ 3$ cm $= 6$ cm $\qquad y_{min} = 3$ cm $- 3$ cm $= 0$

Energie in einem Maximum bzw. Minimum:

$E_{max} = (3+3)^2$ J $= 36$ J $\qquad E_{min} = 0$

$E_{mittel} = \dfrac{(36\,\text{J} + 0)}{2} = 18$ J $= 9$ J $+ 9$ J

AUFGABE

1 Die Lautsprecher L_1 und L_2 senden in gleicher Phase eine Schallwelle mit $\lambda = 7{,}5$ cm und $y_{max} = 2$ mm aus. Zeichnen Sie für den Punkt E die Zeiger der von L_1 und L_2 ausgehenden Wellen sowie den daraus resultierenden Zeiger. Wählen Sie zur sinnvollen Darstellung der Zeigerlänge einen geeigneten Maßstab.

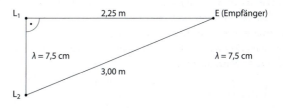

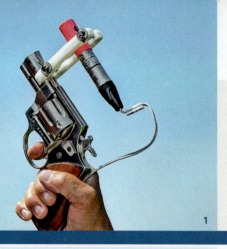

Der Pistolenschuss dient bei Wettkämpfen als Startsignal, über ein Mikrofon wird zeitgleich die Uhr gestartet. Damit auch die Sportler sofort das Signal erhalten, sind direkt an ihren Startpositionen Lautsprecher angebracht, die den Schuss ohne Verzögerung übertragen.

9.8 Schall und Schallwellen

Eine schwingende Saite, eine Lautsprechermembran und andere Schallquellen regen in ihrer Umgebung Schallwellen an, die dann von unseren Ohren oder anderen Empfängern wahrgenommen werden können. Schallwellen sind in Gasen Longitudinalwellen von Druckschwankungen. In Festkörpern können sie sich dagegen auch als Transversalwellen ausbreiten.

Schallwellen sind in einem Frequenzbereich von etwa 20 Hz bis 20 000 Hz vom menschlichen Ohr wahrnehmbar.

Die Ausbreitungsgeschwindigkeit von Schallwellen in Luft beträgt etwa 340 m/s; in flüssigen und festen Medien ist sie meist erheblich größer.
Eine Stimmgabel gibt einen nahezu »reinen« Ton ab: Ihre Zinken führen in etwa eine sinusförmige Schwingung aus. Ein Klang, wie ihn ein Musikinstrument erzeugt, kann als Überlagerung mehrerer sinusförmiger Schwingungen unterschiedlicher Frequenz beschrieben werden.

Eigenschaften von Schallwellen

Führt eine Schallquelle, beispielsweise eine Lautsprechermembran, eine Schwingung aus, so bewirkt sie in ihrer Umgebung eine Luftdruckschwankung. Diese Druckschwankung breitet sich dann als Welle aus.
Die Ausbreitungsgeschwindigkeit einer Schallwelle in Luft kann wie in Exp. 1 bestimmt werden. Sie nimmt sowohl bei steigender Temperatur als auch bei steigendem Luftdruck zu: In beiden Fällen stoßen die Gasmoleküle häufiger miteinander, die Kopplung zwischen benachbarten Volumenelementen wird dadurch stärker.
Auch in Flüssigkeiten und Festkörpern findet eine Schallausbreitung statt: Wale und Delfine verständigen sich über große Entfernungen unter Wasser mit ihren »Gesängen«; Schienen in einem Bahnhof kündigen häufig das Herannahen eines Zugs an.

EXPERIMENT 1

Ein kurzes Geräusch wird mit zwei Mikrofonen im Abstand von $\Delta s = 1$ m registriert. Beide Mikrofone und der Ort der Schallerzeugung liegen dabei auf einer Geraden. Mit der elektronischen Uhr wird die Laufzeit des Schalls Δt zwischen den beiden Mikrofonen gemessen.

Die Schallgeschwindigkeiten in flüssigen und festen Stoffen liegen deutlich höher als in Gasen, weil in ihnen die Kopplung zwischen benachbarten Volumenelementen stärker ist. In Festkörpern kann es bei der Schallausbreitung nicht nur zu Longitudinalwellen kommen, bei denen benachbarte Bereiche abwechselnd gestaucht und gestreckt werden, sondern auch zu Transversalwellen mit einer wechselseitigen Scherung benachbarter Bereiche (Abb. 2).

Schallgeschwindigkeiten in einigen Stoffen

Stoff	c in m/s
Luft bei 0 °C	331
Luft bei 20 °C	343
Kohlenstoffdioxid bei 20 °C	260
Wasserstoff bei 0 °C	1400
Wasser bei 20 °C	1484
Öl	1500
Eis bei −4 °C	3230
Blei	1230
Beton	3800
Stahl	5100
Holz	4000

Im Gegensatz zum Schall kann sich Licht auch ohne einen materiellen Träger ausbreiten – und besitzt dann die höchste Ausbreitungsgeschwindigkeit überhaupt.

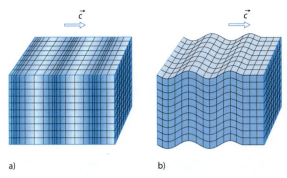

2 Ausbreitung a) einer Longitudinalwelle, b) einer Transversalwelle in einem Festkörper

Als Schallwellen werden üblicherweise mechanische Wellen mit Frequenzen von 20 Hz bis 20 kHz bezeichnet. Bei höheren Frequenzen schließt sich der *Ultraschall* an, bei niedrigeren der *Infraschall*.

Ton – Klang – Geräusch

Für den Schall unterschiedlicher Schallquellen haben wir in unserer Sprache verschiedenste, oft lautmalerische Bezeichnungen: Summen, Quietschen, Knallen usw. Auch in der Physik lassen sich die Signale unterschiedlicher Schallquellen kategorisieren. Dazu wird ihr Schwingungsverhalten untersucht, das durch Schallwellen an ein Mikrofon übertragen wird.

Um dieses Schwingungsverhalten darzustellen, gibt es zwei Möglichkeiten: einerseits die unmittelbare Aufzeichnung einer $y(t)$-Kurve und andererseits die Erzeugung eines Frequenzspektrums mithilfe einer computergestützten Fourier-Analyse (vgl. 8.8).

Abbildung 3 zeigt typische Schwingungsformen: Eine Stimmgabel führt eine nahezu reine Sinusschwingung aus (Abb. 3 a). Die Sinusschwingung wird daher in der Akustik als Ton bezeichnet; ein Ton kann auch mit elektronischen Geräten erzeugt werden.

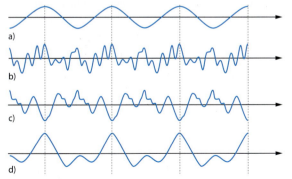

3 Aufzeichnung eines Mikrofonsignals: a) Ton mit der Frequenz 880 Hz; b) Klang einer Gitarrensaite mit demselben Grundton; c) Klang eines gesungenen Vokals »a«; d) Klang eines gesungenen Vokals »o«

Das Schwingungsbild eines Musikinstruments zeigt eine nicht sinusförmige, aber periodische Form (Abb. 3 b). Die Schwingung kann als eine Überlagerung mehrerer Töne in einem bestimmten Frequenzverhältnis gedeutet werden.
Kommunikation durch gesprochene Sprache nutzt die Fähigkeit der Stimme, den Klang zu variieren. Die Vokale »a« und »o« können mit derselben dominierenden Tonhöhe gesprochen oder gesungen werden und weisen dabei ungleiche Schwingungsverläufe auf (Abb. 3 c und d). Ein Geräusch dagegen verursacht ein nichtperiodisches Schwingungsbild. Beispiele für Frequenzspektren, die mit einem Computerprogramm aus einem Schallsignal berechnet wurden, zeigt Abb. 4.

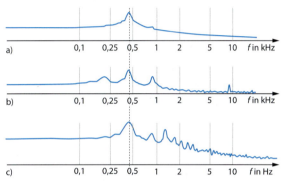

4 Frequenzspektren, die mithilfe einer Smartphone-App aufgenommen wurden: a) Stimmgabel; b) Gitarrensaite; c) gesungener Ton

■ AUFGABEN

1 Geben Sie Belege dafür an, dass durch Schallwellen Energie übertragen wird.

2 In Exp. 1 wurde eine Zeit von 2,95 ms gemessen. Ermitteln Sie die Lufttemperatur, wenn Folgendes angenommen wird: Der Zusammenhang zwischen Ausbreitungsgeschwindigkeit und Lufttemperatur ist linear. Bei 0 °C beträgt die Ausbreitungsgeschwindigkeit 331 m/s, bei 20 °C sind es 344 m/s.

3 Menschen können im Allgemeinen in einem Frequenzbereich von 20 Hz bis 20 000 Hz hören. Geben Sie den entsprechenden Wellenlängenbereich an.

4 In einem Raum eines Freizeitbads befindet sich ein Entspannungsbecken. Sowohl im Raum als auch unter Wasser gibt es Lautsprecher, die ein und dasselbe Musiksignal aussenden. Eine Person im Entspannungsbecken ist 10 m von einem Raumlautsprecher und 6 m von einem Unterwasserlautsprecher entfernt. Erläutern Sie, was die Person wahrnimmt:
a wenn sich beide Ohren vollständig unter Wasser befinden,
b wenn sich ein Ohr über Wasser und ein Ohr unter Wasser befindet. Ergänzen Sie Ihre Aussage durch eine quantitative Betrachtung.

Mit den 88 Tasten eines Konzertflügels werden Saiten angeschlagen, die in bestimmten, festgelegten Intervallen gestimmt sind. Der tiefste Ton A_2 besitzt eine Frequenz von 27,50 Hz, der höchste Ton c^5 hat 4186 Hz. Das menschliche Ohr ist jedoch in der Lage, noch wesentlich feinere Abstufungen in der Tonhöhe – und außerdem sehr geringe Lautstärkeunterschiede – wahrzunehmen.

9.9 Schallwahrnehmung

Schallwellen transportieren wie alle Wellen bei ihrer Ausbreitung Energie. Das menschliche Gehör ist nicht nur in der Lage, sehr kleine Energieströme wahrzunehmen, sondern es kann auch Wellen mit sehr unterschiedlichen Intensitäten verarbeiten.

Die Intensität I einer Welle gibt an, wie viel Energie E pro Zeit durch eine Fläche A tritt:

$$I = \frac{E}{A \cdot t} = \frac{P}{A}. \tag{1}$$

Die Einheit der Intensität ist W/m².

Strahlt eine kleinere Quelle nach allen Richtungen gleichmäßig Energie ab, so nimmt die Intensität nach einem quadratischen Abstandsgesetz ab: $I \sim 1/r^2$.

Im menschlichen Ohr wird der Schall durch das Trommelfell und die Gehörknöchelchen in das Innenohr übertragen. Dort erregt der Schall Haarzellen, die Nervenimpulse abgeben. Bei großer Lautstärke können diese Haarzellen geschädigt werden.

Schallintensität

Die Intensität einer Welle beschreibt, wie viel Energie pro Zeit durch eine Fläche transportiert wird, die senkrecht zur Ausbreitungsrichtung steht: $I = E/(A \cdot t)$.

Aus großer Entfernung kann eine kleine Schallquelle als punktförmig angesehen werden. Die Energie, die in einem kurzen Zeitintervall von einer solchen Quelle abgestrahlt wird, wird mit der Geschwindigkeit c gleichmäßig in alle Richtungen transportiert. Sie durchtritt also nach und nach immer größere Kugelschalen.

Die Kugeloberflächen A nehmen mit größer werdendem Abstand r immer mehr zu:

$$A = 4\pi \cdot r^2. \tag{2}$$

$$\text{Mit } I \sim \frac{1}{A} \text{ gilt daher: } I \sim \frac{1}{r^2}. \tag{3}$$

Bei einer Verdopplung des Abstands nimmt die Intensität auf ein $\frac{1}{4}$ ab, bei einer Verzehnfachung auf $\frac{1}{100}$.

Das menschliche Ohr

Das menschliche Ohr besteht aus dem äußeren Ohr, dem Mittelohr und dem Innenohr (Abb. 2). Die Muschel des äußeren Ohrs sammelt den Schall und leitet ihn in den leicht trichterförmigen Gehörgang, an dessen Ende er auf das Trommelfell trifft. Durch diese Bündelung verdoppelt sich die Schallamplitude, die Intensität vervierfacht sich demnach (vgl. 8.4).

Das Mittelohr besitzt die Aufgabe, das Schallsignal aus dem luftgefüllten Gehörgang auf das flüssigkeitsgefüllte Innenohr zu übertragen. Dies geschieht mit den Gehörknöchelchen, einem Hebelwerk aus Hammer, Amboss und Steigbügel. Der Steigbügel überträgt das Signal auf das *ovale Fenster* des Innenohrs. Durch die Hebelübersetzung der Gehörknöchelchen ändert sich dabei wiederum die Amplitude der Schallschwingung.

Im Innenohr, das wie ein Schneckengehäuse geformt ist, erregt der Schall Haarzellen, die infolge der Schwingungen Nervenimpulse an das Gehirn abgeben. Diese Haarzellen befinden sich auf einer Membran, die mit dem Schall schwingt. Ihre Größe und Steifigkeit verändert sich längs der Membran so, dass sich ihre Eigenfrequenz um den Faktor 1000 ändert.

Die Lage der jeweils angeregten Haarzellen lässt damit auf die Frequenz des Schallsignals schließen. Auf diese Weise kann ein gesundes junges Ohr Töne zwischen 20 Hz und 20 000 Hz wahrnehmen.

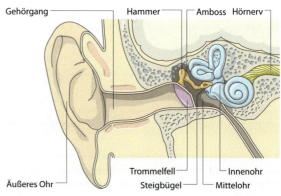

2 Aufbau des menschlichen Ohrs

Lautstärke

Das menschliche Ohr ist in der Lage, Schall wahrzunehmen, dessen Intensität den weiten Bereich von 13 Zehnerpotenzen umspannt. Unsere Wahrnehmung ist dabei so eingerichtet, dass die Änderung der Empfindungsstärke von der *relativen* Änderung der Intensität abhängt. Bei kleinen Intensitäten werden Änderungen empfindlicher wahrgenommen als bei großen: Der Lautstärkeunterschied zwischen ein oder zwei Posaunen ist derselbe wie zwischen ein oder zwei Geigen. Dagegen wird eine Erhöhung der Schallintensität um den gleichen Faktor, also der Wechsel von einer auf zwei auf vier Posaunen, nicht wie jeweils eine Verdopplung, sondern als jeweils gleich große Stufe wahrgenommen: Der Unterschied von einer zu zwei Posaunen wird nicht gleich wahrgenommen wie der zwischen zwei und drei, sondern wie der zwischen zwei und vier.

Diesen Sachverhalt beschreibt das empirisch gefundene *Gesetz von Weber und Fechner*. Die subjektiv empfundene Lautstärke L_s steht in einem logarithmischen Zusammenhang zur Schallintensität:

$$L_s \sim \lg \frac{I}{I_0}. \qquad (4)$$

Dabei ist I_0 die geringste Intensität, die gerade noch eine Empfindung auslöst. Dies wird bei der Definition der physikalischen Größe Schallintensitätspegel L mit der Einheit Dezibel (dB) berücksichtigt. Es gilt:

$$L = 10 \lg \frac{I}{I_0} \, dB. \qquad (5)$$

Als Wert für die akustische Wahrnehmungsschwelle (Hörschwelle) wurde $I_0 = 10^{-12}$ W/m² festgelegt.

Die folgende Tabelle zeigt typische Werte für Schallintensität und die zugehörige Lautstärke. Die Einheit Phon beschreibt die Schallwahrnehmung im Ohr und berücksichtigt dabei neben dem Schallintensitätspegel auch das Frequenzspektrum und das zeitliche Verhalten des Schallsignals. Für einen Ton von 1000 Hz ist 1 Phon = 1 dB.

Intensität und Schallintensitätspegel von Schallereignissen

Schallquelle	I in W/m²	I/I_0	dB
Hörschwelle	10^{-12}	10^0	0
Flüstern (5 m entfernt)	10^{-9}	10^3	30
normales Gespräch (1 m)	10^{-6}	10^6	60
stark befahrene Straße	10^{-5}	10^7	70
lautes Konzert, Disco	10^{-2}	10^{10}	100
Martinshorn (10 m)	10^{-1}	10^{11}	110
Düsenflugzeug (60 m), Schmerzschwelle	10	10^{13}	130
Airbag-Entfaltung (30 cm)	10^{-4}	10^{16}	160

Die Schmerzschwelle des menschlichen Ohrs liegt im Bereich zwischen 120 und 140 dB. Wird das Ohr auch nur kurzzeitig einem solchen Schallintensitätspegel ausgesetzt, kann es zu dauerhaften Schäden kommen. Abbildung 3 zeigt die Frequenzabhängigkeit der Hörschwelle bei einem gesunden und einem geschädigten Gehör.

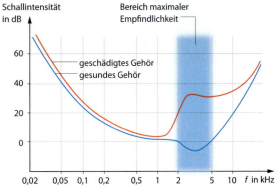

3 Verlauf der Hörschwelle beim Menschen

AUFGABEN

1. Warum wird bei der Beschreibung von Schallereignissen häufig der Schallintensitätspegel in Dezibel (dB) und nicht die Intensität in W/m² angegeben?

2. Ein Lautsprecher einer Alarmanlage gibt im aktivierten Zustand ein Signal mit einem Schallintensitätspegel von 105 dB ab. Um wie viel Dezibel erhöht sich der Pegel, wenn in unmittelbarer Nähe ein baugleicher zweiter Lautsprecher aktiviert wird?

3. Berechnen Sie die Schallintensität in W/m² bei einem Schallintensitätspegel von 12,5 dB.

4. **a** Drei unterschiedliche Schallsignale haben Schallintensitätspegel von 20 dB, 40 dB und 80 dB. Geben Sie an, wie groß diese Intensitäten in Bezug auf die Hörschwelle sind.
   b Erläutern Sie den Unterschied zwischen den Einheiten Dezibel und Phon.

5. Lärm kann zu einer Schädigung des Gehörs mit vorübergehendem oder dauerndem Hörverlust oder auch zu Ohrgeräuschen (Tinnitus) führen.
   a Geben Sie mithilfe geeigneter Recherchen einen Überblick, bei welchen Schallintensitätspegeln derartige Schädigungen auftreten können. Illustrieren Sie Ihre Aussagen durch konkrete Beispiele.
   b Erstellen Sie eine Liste mit Tipps zur Erhaltung des Hörvermögens.
   c Eine Studie hat ergeben, dass die heutigen Musikhörgewohnheiten von Jugendlichen bei etwa 10 % von ihnen nach zehn Jahren zu einem nachweisbaren Hörverlust von 10 dB oder mehr führen werden. Verdeutlichen Sie einen solchen Umfang des Hörverlusts anhand eines Beispiels.

Das Rubens'sche Flammenrohr macht Druckunterschiede in einem Gas sichtbar: Es besitzt an seiner Oberseite viele kleine Öffnungen, durch die das Gas ausströmt. Wird an einem Ende die Tonschwingung eines Lautsprechers eingekoppelt, bilden sich bei einer geeigneten Tonfrequenz ortsfeste Minima und Maxima aus, die an der Flammenhöhe zu erkennen sind.

9.10 Stehende Welle

Wird eine Welle am Ende eines Wellenträgers reflektiert, so bildet sie mit der ursprünglichen Welle ein stabiles Interferenzmuster aus Minima und Maxima. Dieses Muster sieht wie die Momentaufnahme einer Welle aus und wird als stehende Welle bezeichnet. Die Orte maximaler Auslenkung heißen Schwingungsbäuche, die Orte minimaler Auslenkung Schwingungsknoten.

> **Eine stehende Welle besitzt feststehende Schwingungsbäuche und Schwingungsknoten. Der Abstand zwischen zwei Bäuchen beträgt $\lambda/2$.**

Die Wellenlänge der stehenden Wellen hängt davon ab, ob die Enden des Wellenträgers fest oder frei sind. An einem beidseitig festen und an einem beidseitig freien Wellenträger der Länge L gilt:

$$\lambda_n = \frac{2L}{n}, \quad \text{am einseitig festen: } \lambda_n = \frac{4L}{2n+1}.$$

Dabei ist n eine ganze Zahl.

Stehende Welle durch Reflexion

Zwei Wellen mit gleicher Frequenz, die auf demselben linearen Wellenträger mit entgegengesetzter Ausbreitungsrichtung aufeinander zulaufen, bilden ein stabiles Interferenzmuster. Ein solches System aus zwei Wellen lässt sich durch Reflexion einer Welle am Ende des Wellenträgers erzeugen (Exp. 1).
Die Minima einer stehenden Welle werden Schwingungsknoten genannt, die Bereiche maximaler Auslenkung Schwingungsbäuche. Benachbarte Schwingungsknoten haben einen Abstand von $\lambda/2$, denselben Abstand besitzen auch benachbarte Schwingungsbäuche. Die Interferenzminima haben eine resultierende Amplitude von null, wenn die überlagerten Wellen die gleiche Amplitude besitzen, wenn also bei der Reflexion die Amplitude unverändert bleibt. Nur dann kommt es zur Ausbildung von Knoten, an denen die Oszillatoren in Ruhe bleiben.

EXPERIMENT 1

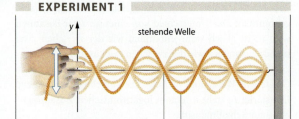

Ein Seil oder eine lange Feder wird an einem Ende befestigt und am anderen zu einer Transversalschwingung angeregt. Durch Anpassen der Anregungsfrequenz kann eine stehende Welle erzeugt werden.

In vielen Fällen wird die stehende Welle nur durch einmaliges Anregen des Wellenträgers, etwa einer Saite, erzeugt. Sie bleibt durch fortwährende Reflexion an beiden Enden erhalten, bis sie ihre Energie abgegeben hat.

Saitenschwingung

Eine gespannte Saite kann durch Anzupfen oder Anschlagen zu einer Schwingung angeregt werden, worauf sie mit einer dominierenden Frequenz schwingt (vgl. 9.8). Diese Eigenschwingung kann als stehende Welle interpretiert werden: Die dreieckige Auslenkung der Saite zu Beginn ist demnach eine Überlagerung von Wellen unterschiedlicher Wellenlängen. Von diesen bleiben nach der mehrmaligen Reflexion nur diejenigen erhalten, die sich dauerhaft durch Interferenz verstärken. Dazu müssen ihre Wellenlängen in einem bestimmten Verhältnis zur Länge L der Saite stehen. Eine Saite ist beidseitig fest eingespannt; die Reflexion an beiden Enden erfolgt also mit einem Phasensprung (vgl. 9.4), und die stehende Welle besitzt dort jeweils einen Schwingungsknoten (Abb. 2a). Die Grundschwingung hat daher die Wellenlänge $\lambda_1 = 2L$. Die Wellenlänge $\lambda_2 = L$ entspricht der ersten Oberschwingung, $\lambda_3 = 2/3\,L$ der dritten. Allgemein gilt für die Wellenlängen $\lambda_n = 2L/n$.
Tatsächlich führt eine Saite diese und weitere Oberschwingungen zugleich aus. Die Überlagerung nehmen wir als Klang wahr (vgl. 9.8).

SCHWINGUNGEN UND WELLEN | 9 Wellen

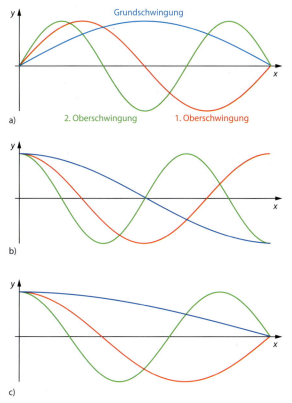

2 Stehende Welle auf einer Saite durch Reflexion an zwei festen Enden (a), an zwei losen Enden (b) und an einem festen und einem losen Ende (c)

Orgelpfeifen

Auch die Tonerzeugung in Orgelpfeifen und Blasinstrumenten beruht auf dem Anregen stehender Wellen: Die Tonerzeugung kommt im Wesentlichen durch die Eigenschwingung der Luftsäule in einem langgestreckten Hohlraum zustande. Die Seite des Hohlraums, an der die Luftsäule angeblasen wird, stellt ein geschlossenes Ende dar; hier ist die Auslenkung null, die stehende Welle wird mit einem Phasensprung wie die Welle auf einer Saite reflektiert (vgl. 9.4). Am offenen Ende des Hohlraums findet ebenfalls eine Reflexion der Welle statt, allerdings ohne Phasensprung. Die resultierenden Formen solcher stehender Wellen zeigt Abb. 2 c.

Auch die Luftsäule in einem beidseitig geschlossenen Hohlraum, z. B. einer Flasche, kann zu Eigenschwingungen angeregt werden. In diesem Fall stellt sich an beiden Enden bei der Reflexion ein Phasensprung ein, und es kommt zu stehenden Wellen wie in Abb. 2 a. Hierdurch ergeben sich die gleichen Wellenlängen wie im Fall der beidseitig eingespannten Saite. In einem beidseitig offenen Hohlraum bildet sich eine stehende Welle mit Schwingungsbäuchen an beiden Enden aus. Auch hierbei entsprechen die Wellenlängen denen der eingespannten Saite.

Sichtbarmachung stehender Wellen

In einem einseitig verschlossenen Glasrohr kann mit einer Schallquelle die Luft zum Mitschwingen angeregt werden (Exp. 2). Im Rohr entsteht dabei eine stehende Welle, deren Knoten und Bäuche man durch eingestreutes Korkmehl sichtbar machen kann.

Mit diesem *Kundt'schen Rohr* lässt sich auch die Schallgeschwindigkeit $c = \lambda \cdot f$ bestimmen, wenn die Frequenz des erzeugten Tons bekannt ist. Die Wellenlänge kann dann aus dem Abstand benachbarter Schwingungsknoten d mit $\lambda = 2\,d$ berechnet werden.

EXPERIMENT 2

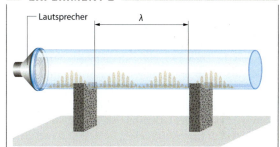

In einem Glasrohr wird Korkmehl oder feiner Sand verteilt. Durch einen Lautsprecher am offenen Ende werden in der Luftsäule im Rohr stehende Wellen angeregt. Die dominierende Welle zeigt Auswirkungen auf die sich einstellende Verteilung des Korkmehls: An den Auslenkungsbäuchen werden die feinen Partikel bewegt, an den Knoten bleiben sie in Ruhe.

AUFGABEN

1. Erklären Sie, weshalb man einen Ton hören kann, wenn man über die Öffnung einer Flasche bläst, und weshalb die Tonhöhe von der Flüssigkeitsmenge in der Flasche abhängt.
2. Eine Orgelpfeife ist 2,40 m lang. Bestimmen Sie die Frequenzen der Grundschwingung sowie der 1. und 2. Oberschwingung für den Fall, dass die Orgelpfeife:
   a an beiden Seiten offen ist,
   b an einem Ende geschlossen ist.
3. In einem Kundt'schen Rohr beträgt der zweier Knoten 45 cm. Bestimmen Sie die Schallfrequenz.
4. Der Gehörgang des menschlichen Ohrs ist 24 mm lang, auf der einen Seite offen und auf der anderen durch das Trommelfell begrenzt (vgl. 9.9, Abb. 2).
   a Berechnen Sie die Frequenzen f_0, f_1 und f_2 stehender Wellen im Gehörgang.
   b Erläutern Sie den Zusammenhang zwischen der Frequenz f_0 und Abb. 3 in Kap. 9.9.
5. Begründen Sie, dass die Beschallung eines Raums mit einer Musikanlage durch das Auftreten stehender Wellen beeinträchtigt werden kann.

Direkt an der Strecke nehmen die Zuschauer das Motorgeräusch eines herankommenden Wagens als ein hohes Heulen wahr. Kaum ist das Fahrzeug vorbei, tönt es deutlich tiefer.

9.11 Dopplereffekt

Bewegt sich ein Wellenerreger in einem Medium, so nimmt ein ruhender Beobachter eine veränderte Frequenz wahr. Diese Frequenzänderung heißt Dopplereffekt; sie ist oft an Schallwellen zu beobachten, die von einer bewegten Schallquelle ausgesandt werden.
Bewegt sich eine Quelle Q, die eine Welle der Frequenz f_0 aussendet, mit der Geschwindigkeit v_Q auf den Beobachter B zu bzw. von ihm weg, so nimmt dieser die Welle mit folgender Frequenz wahr:

$$f_B = \frac{f_0}{1 \mp \frac{v_Q}{c}}. \qquad (1)$$

Zu einer ähnlichen Frequenzverschiebung kommt es, wenn sich ein Beobachter relativ zu einer ruhenden Quelle bewegt. Nähert sich der Beobachter mit der Geschwindigkeit v_B der Quelle bzw. entfernt er sich von ihr, so gilt für die beobachtete Frequenz:

$$f_B = f_0 \cdot \left(1 \pm \frac{v_B}{c}\right). \qquad (2)$$

Das jeweils obere Rechenzeichen gilt, wenn sich Quelle und Beobachter aufeinander zubewegen.

Bewegte Quelle

Bewegt sich eine Quelle, also ein Wellenerreger, in dem Medium, in dem sie eine Welle bewirkt, so wird der Abstand der Wellenfronten in Bewegungsrichtung verkürzt. Dieser Vorgang ist nach CHRISTIAN DOPPLER benannt. Die Quelle regt das Medium periodisch mit der Frequenz f_0 an. Während einer Schwingung bewegt sie sich aber ein kleines Stück vorwärts. In Bewegungsrichtung der Quelle verkürzt sich daher die Wellenlänge, entgegen der Bewegungsrichtung verlängert sie sich.
Abbildung 2a zeigt die Ausbreitung einer Kreiswelle, die von einer ruhenden Quelle Q ausgeht. Der Beobachter B nimmt den zeitlichen Abstand der Wellenfronten mit derselben Frequenz f_0 wahr, wie sie von der Quelle ausgesandt wurden. Bewegt sich dagegen die Quelle, so wird der Abstand der Wellenfronten verkürzt (Abb. 2 b). Da die Ausbreitungsgeschwindigkeit c der Welle sich nicht ändert, nimmt der Beobachter diese schnellere Abfolge der Wellenfronten als erhöhte Frequenz f_B wahr.
Dieses Phänomen zeigt sich beispielsweise, wenn ein Motorrad oder ein Rettungsfahrzeug an einem Beobachter vorbeifährt: Der wahrgenommene Ton des Signals ändert sich auffällig in dem Moment, in dem das Fahrzeug den Beobachter passiert. Beim Herannahen wird der Ton höher wahrgenommen als bei einem ruhenden Fahrzeug, beim Entfernen dagegen tiefer.

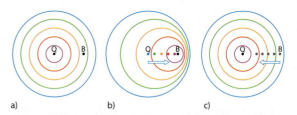

2 Von einer Quelle Q wird eine Welle ausgesandt, deren Wellenfronten hier mit unterschiedlichen Farben markiert sind:
a) ruhende Quelle und ruhender Beobachter B. b) Q bewegt sich auf den ruhenden Beobachter zu. c) B bewegt sich auf die ruhende Quelle Q zu.

Während einer Periodendauer T bewegt sich die Quelle um die Strecke:

$$\Delta x = v_Q \cdot T = \frac{v_Q}{f_0}. \qquad (3)$$

In Bewegungsrichtung verkürzt sich für einen Beobachter B die Wellenlänge λ_0 daher um Δx auf λ_B:

$$\lambda_B = \lambda_0 - \Delta x = \frac{c}{f_0} - \frac{v_Q}{f_0} = \frac{c - v_Q}{f_0}. \qquad (4)$$

Für die vom Beobachter wahrgenommene Frequenz f_0 ergibt sich damit:

$$f_B = \frac{c}{\lambda_B} = \frac{f_0 \cdot c}{c - v_Q} = \frac{f_0}{1 - \frac{v_Q}{c}}. \qquad (5)$$

Entgegen der Beobachtungsrichtung wird die Wellenlänge um Δx gestreckt:

$$\lambda_B = \lambda_0 + \Delta x = \frac{c}{f_0} + \frac{v_Q}{f_0} = \frac{c + v_Q}{f_0}. \quad (6)$$

Daher verringert sich für den Beobachter B die Frequenz f_B:

$$f_B = \frac{c}{\lambda_B} = \frac{f_0 \cdot c}{c + v_Q} = \frac{f_0}{1 + \frac{v_Q}{c}}. \quad (7)$$

Bewegter Beobachter

Bewegt sich der Beobachter mit der Geschwindigkeit v_B auf den ruhenden Wellenerreger zu, so durchquert er die Folge der kreisförmigen Wellenfronten schneller als im ruhenden Zustand (Abb. 2c). Die Wellenlänge ist in diesem Fall nicht verändert. Die Geschwindigkeit c_B, mit der er sich gegenüber den Wellenfronten bewegt, ist jedoch größer als die Phasengeschwindigkeit der Welle c:

$$c_B = c + v_B. \quad (8)$$

Daher nimmt er die Welle mit der erhöhten Frequenz f_B wahr:

$$f_B = \frac{c_B}{\lambda} = \frac{c + v_B}{\lambda} = (c + v_B) \cdot \frac{f_0}{c} = f_0 \left(1 + \frac{v_B}{c}\right). \quad (9)$$

Für den sich entfernenden Beobachter verringert sich die Frequenz wegen $c_B = c - v_B$ dagegen auf:

$$f_B = \frac{c_B}{\lambda} = \frac{c - v_B}{\lambda} = (c - v_B) \cdot \frac{f_0}{c} = f_0 \cdot \left(1 - \frac{v_B}{c}\right). \quad (10)$$

Rolle des Mediums

In beiden betrachteten Fällen wurde das Medium, in dem sich die Wellen ausbreiten, als ruhend angenommen. Wenn das Medium nicht ruht, also z. B. starker Wind herrscht, bewegen sich die Wellenfronten zusätzlich zu ihrer ursprünglichen Ausbreitungsrichtung. In diesem Fall müssen erweiterte Gleichungen angewendet werden ↻.

Überschallknall

Bewegt sich die Quelle mit der Ausbreitungsgeschwindigkeit c der Welle, so überlagern sich vor ihm alle Wellen gleichphasig (Abb. 3a). In dieser Stoßfront kommt es durch die Überlagerung zu einer sehr großen Amplitude.
Bewegt sich die Quelle mit einer Geschwindigkeit, die größer ist als die der Welle im Medium, so kommt es zu einer Überlagerung, die im Raum die Form eines Kegels hat (Abb. 3b). Ein Flugzeug, das mit Überschallgeschwindigkeit fliegt, bildet einen solchen Schallkegel aus. Ein Beobachter am Boden hört vom Herannahen dieses Flugzeugs zunächst nichts, nimmt dann den Schallkegel als Überschallknall und danach das normale Geräusch des Flugzeugs wahr.

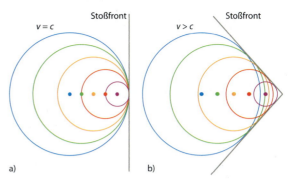

3 Wellenfronten einer Quelle, die sich mit der Geschwindigkeit v bewegt

■ TECHNIK

Doppler-Ultraschallmessung Wird eine Ultraschallwelle von bewegten Körperstrukturen wie dem schlagenden Herzen reflektiert, so ändert sich ihre Frequenz. Aus dem reflektierten Signal lassen sich dann Rückschlüsse über die Bewegung der reflektierenden Gefäßwand ziehen.
Auch strömendes Blut kann mithilfe von Ultraschall untersucht werden, da die Blutkörperchen die Schallsignale reflektieren. Strömt das Blut dem Ultraschall entgegen oder von ihm weg, so ist die Frequenz des Echos erhöht bzw. verringert. Je stärker die Frequenz des Echos verändert ist, umso größer ist die Strömungsgeschwindigkeit. So kann man beispielsweise erkennen, ob das Blut im Bauch einer schwangeren Frau schnell genug durch die Nabelschnur fließt und das ungeborene Kind ausreichend versorgt wird.

■ AUFGABEN

1 Vergleichen Sie die von einem Beobachter B wahrgenommenen Frequenzen f_B mit der Frequenz f_0 einer Schallquelle Q. Tragen Sie Ihre Aussagen in eine Tabelle ein:

	Q ruht		B ruht
B kommt näher		Q kommt näher	
B entfernt sich		Q entfernt sich	

2 Ein Polizeiauto mit eingeschaltetem Warnsignal der Frequenz 950 Hz fährt mit 85 km/h an einem Fußgänger vorbei. Ermitteln Sie die vom Fußgänger wahrgenommenen Frequenzen beim Annähern und beim Entfernen des Polizeiautos. Die Schallgeschwindigkeit beträgt 340 m/s.

3 Ein Passagierflugzeug, das eine Geschwindigkeit von 850 km/h besitzt, und ein sich mit 1400 km/h bewegendes Militärflugzeug überfliegen im Abstand von 10 min einen Beobachter. Erklären Sie, was er beim Annähern und Entfernen der Maschinen wahrnimmt.

4 Konstruieren Sie einen Schallkegel wie in Abb. 3b für den Fall, dass sich die Schallquelle mit dreifacher Schallgeschwindigkeit bewegt.

Entfernt sich eine Lichtquelle mit großer Geschwindigkeit, so erscheint für einen ruhenden Beobachter das optische Spektrum ins Rot verschoben.

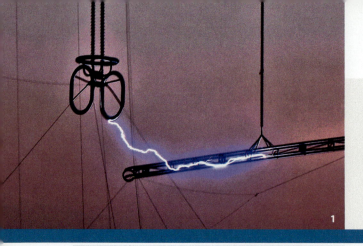

Begriffe wie Rundfunk, Mobilfunk oder Funkantenne gehen auf dasselbe Phänomen zurück: Bei hoher Spannung zwischen zwei Metallteilen schlägt ein Funke über, und es kommt zu einer Störung des elektrischen Felds. Diese Störung breitet sich durch den Raum aus und ist noch in einiger Entfernung mit einer Empfangsantenne nachzuweisen.

1

9.12 Entstehung elektromagnetischer Wellen

Die hochfrequente Schwingung von Ladungsträgern in einer Antenne führt dazu, dass sich eine elektromagnetische Welle in den Raum ausbreitet. Eine Antenne kann als ein besonders einfacher elektrischer Schwingkreis betrachtet werden, bei dem sowohl Spule als auch Kondensator stabförmig ausgebildet sind.
Für die Eigenfrequenz eines solchen Dipols gilt:

$$f_0 = \frac{1}{2\pi} \cdot \sqrt{\frac{1}{L \cdot C}}. \tag{1}$$

L und C haben im Fall einer Antenne sehr kleine Werte, sodass ihre Eigenfrequenz sehr groß ist.
Für die Ausbreitung elektromagnetischer Wellen ist kein Medium notwendig, sie breiten sich auch im Vakuum aus. Die Wellen können durch eine weitere Antenne empfangen werden und bewirken in dieser ebenfalls eine elektromagnetische Schwingung.

> Eine elektromagnetische Welle breitet sich als Schwingung des elektrischen und des magnetischen Felds aus.

Hertz'scher Dipol

In einem elektrischen Schwingkreis (Abb. 2 a) ändern sich das elektrische Feld eines Kondensators und das magnetische Feld einer Spule periodisch. Die Eigenfrequenz des Schwingkreises hängt sowohl von der Kapazität des Kondensators als auch von der Induktivität der Spule ab. Die geringste Induktivität erhält man, wenn die Spule lediglich durch einen einfachen Draht repräsentiert wird (Abb. 2 b). Reduziert man den Plattenkondensator auf die Enden des Drahts (Abb. 2 c), verringert sich auch die Kapazität. Beides erhöht die Eigenfrequenz des Schwingkreises. Schließlich kann der Draht gerade gebogen werden, wodurch ein einfacher gerader Leiter entsteht (Abb. 2 d). Dies ist ein offener Schwingkreis, ein Hertz'scher Dipol.

Die Schwingung in diesem Dipol kann am einfachsten erregt werden, indem kurzzeitig an den Enden eine Hochspannung angelegt wird. Nach dem Abtrennen der Spannungsquelle baut sich das Ladungsungleichgewicht ab, anschließend kommt es aufgrund der Selbstinduktion zu einer erneuten, aber umgekehrten Aufladung.
Um im Dipol eine dauerhafte Schwingung anzuregen, kann dieser induktiv an einen Erregerschwingkreis gekoppelt werden (Abb. 2 e). Die durch Abstrahlung entstehenden Energieverluste werden dann immer wieder ausgeglichen.

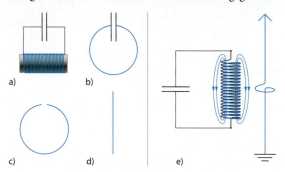

2 Aus einem elektrischen Schwingkreis entsteht ein Dipol.

Stehende Welle

Wie in einer Luftsäule bildet sich im angeregten Dipol eine stehende Welle aus (vgl. 9.10). Bei der Grundschwingung entspricht die Wellenlänge der doppelten Dipollänge l:

$$\lambda = 2l. \tag{2}$$

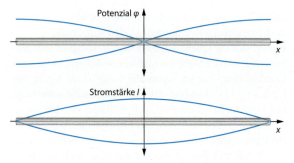

3 Potenzial und Stromstärke bei einer Dipolschwingung

6.4 Das Feld bewegter Ladungsträger in einem Draht erscheint von außen »gestaucht«. So entsteht die Lorentzkraft.

An den Enden des Dipols liegen während der Schwingung Potenzialbäuche, zwischen ihnen ändert sich also die Spannung maximal (Abb. 3). In der Mitte liegen dagegen Stromstärkebäuche.

Die einzelnen Ladungsträger im Dipol legen allerdings während der Schwingung nicht den gesamten Weg von einem Ende bis zum anderen zurück. Stattdessen wird ihre ungeordnete Bewegung im Leiter von einer Schwingung mit vergleichsweise kleiner Amplitude überlagert.

Energieübertragung

Die elektrische Feldstärke eines konstant geladenen Dipols nimmt stark mit der Entfernung ab, ebenso die magnetische Feldstärke um den im Dipol fließenden elektrischen Strom. Abbildung 4a zeigt einen solchen Verlauf unter der Annahme, dass die Feldstärke auch im Fall einer Schwingung in gleicher Weise abnimmt.

Tatsächlich aber können noch in einigem Abstand vom Dipol in einer zweiten Antenne Schwingungen angeregt werden (Exp. 1). Eine solche Energieübertragung könnte nicht stattfinden, wenn die Feldstärke den in Abb. 4a gezeigten Verlauf hätte.

Stattdessen pflanzen sich die Feldänderungen als elektromagnetische Welle im Raum fort. Ihre Feldstärke erreicht in größerer Entfernung wesentlich höhere Werte als die Feldstärke einer konstanten Ladungsverteilung (Abb. 4b). Im Dipol selbst macht sich die Ausbreitung der elektromagnetischen Welle durch eine starke Dämpfung bemerkbar, sofern von außen keine Energie eingekoppelt wird.

Die Stromstärke- und Potenzialverteilung an einem angeregten Dipol (vgl. Abb. 3) lässt sich in Exp. 2 beobachten.

EXPERIMENT 2

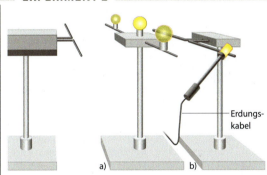

a) In einen Dipol werden drei Glühlampen eingeschaltet. Beim Anregen der stehenden Welle leuchtet die Glühlampe in der Mitte des Dipols heller als die beiden äußeren.
b) Ein an den Dipol herangeführter Tastkopf leuchtet dagegen an den Dipolenden stark auf. Er zeigt die Orte mit der größten Potenzialdifferenz gegenüber der Erde an.

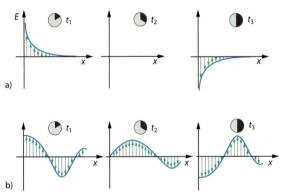

4 Elektrische Feldstärke in der Nähe eines Dipols, der sich längs der y-Achse erstreckt. a) Annahme einer Feldverteilung wie im statischen Fall; b) Ausbildung einer elektromagnetischen Welle, die sich in Form von Wellenberg und Wellental in den Raum ausbreitet

EXPERIMENT 1

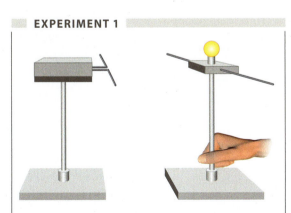

Ein Empfangsdipol wird in die Nähe eines Sendedipols gebracht. Die übertragene Energie reicht aus, um die Glühlampe zwischen die beiden Dipolhälften zum Leuchten zu bringen.

AUFGABEN

1 Die Ausbreitung von Wellen ist stets mit der Ausbreitung von Energie verknüpft. Woran lässt sich festmachen, dass von einem Hertz'schen Dipol tatsächlich Energie in den Raum ausgesandt wird?

2 a Beschreiben Sie, wie sich in Abb. 2 a – d die Induktivität L, die Kapazität C und die Eigenfrequenz f_0 der Anordnung entwickeln.
   b Erläutern Sie, wie es in der in Abb. 2e gezeigten Situation zu der notwendigen Übertragung von Energie in die Antenne kommt.

3 In Exp. 1 wird die Energie in einem Empfangsdipol genutzt, um eine Glühlampe zum Leuchten zu bringen. Auch in der Nähe starker Radiosender könnte man genügend Energie empfangen, um eine Glühlampe zu betreiben; dies ist jedoch verboten. Beurteilen Sie, ob der Sendebetrieb durch eine solche Nutzung einen Verlust erleiden würde.

Manche elektromagnetischen Wellen werden nach allen Richtungen gleichmäßig abgestrahlt, andere aber auch gezielt zur nächsten Empfangsstation. Dass sich im Raum viele Wellen unterschiedlicher Frequenz überlagern, stört die Empfänger in der Regel nicht – eher wird die Ausbreitung durch Gebäude oder Hügel behindert. Antennenanlagen finden sich daher vorzugsweise auf Hügeln, Dächern oder hohen Masten.

9.13 Ausbreitung elektromagnetischer Wellen

Anders als andere Wellen benötigen elektromagnetische Wellen für ihre Ausbreitung kein Medium. Bei ihrer Ausbreitung schwingen lediglich das elektrische und das magnetische Feld.

Beide Felder erzeugen sich wechselseitig: Eine Änderung des elektrischen Felds ruft ein magnetisches Feld hervor. Umgekehrt ruft eine Änderung des magnetischen Felds ein elektrisches Feld hervor.

Wellen, die von einer Antenne ausgesandt werden, sind transversal: Die Schwingungsrichtungen der Feldstärkevektoren stehen senkrecht zur Ausbreitungsrichtung. Außerdem nimmt die Amplitude mit dem Abstand zur Antenne ab.

In unmittelbarer Nähe zur Antenne wechseln sich elektrische und magnetische Felder im Raum ab; dagegen sind sie in einiger Entfernung phasengleich.

Elektromagnetische Wellen sind Transversalwellen. In der elektromagnetischen Welle stehen die Vektoren der elektrischen und der magnetischen Feldstärke senkrecht aufeinander.

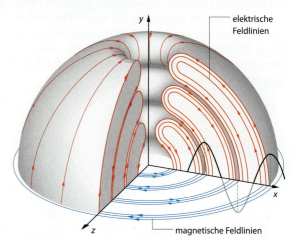

2 Schnittbild einer sich im Raum ausbreitenden elektromagnetischen Welle in geringem Abstand vom Dipol. Die Beträge der elektrischen und der magnetischen Feldstärke sind jeweils durch die Dichte der Feldlinien wiedergegeben.

Fortpflanzung einer elektromagnetischen Welle

Ein Hertz'scher Dipol strahlt in seine Umgebung ein sich periodisch änderndes elektrisches Feld und ein magnetisches Feld ab. Diese beiden Felder speisen sich nach ihrer Ablösung vom Dipol gegenseitig. Im Feldlinienbild ist der Dipol von jeweils geschlossenen elektrischen und magnetischen Feldlinien umgeben (Abb. 2).

Die Grundlage hierfür ist einerseits, dass ein sich änderndes magnetisches Feld eine Spannung und damit ein elektrisches Feld induziert (vgl. 7.1). Ein sich änderndes elektrisches Feld andererseits ist wie ein elektrischer Strom von einem magnetischen Feld umgeben (Exp. 1). Die in der Nähe des Dipols auftretenden Felder besitzen geschlossene Feldlinien und werden daher als Wirbelfelder bezeichnet.

EXPERIMENT 1

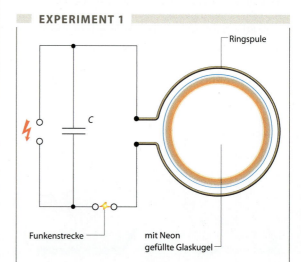

In einer mit Neon gefüllten Glaskugel wird durch eine Ringspule ein hochfrequentes magnetisches Feld erzeugt. Hierdurch entsteht ein elektrisches Feld mit geschlossenen Feldlinien, das die Gasfüllung zum Leuchten anregt.

In der Elektrostatik gehen die elektrischen Felder stets auf Ladungsträger zurück. Bei den elektromagnetischen Wellen ist das nicht so.

Experiment 2 zeigt, dass elektromagnetische Wellen Transversalwellen sind (Exp. 2). Die Vektoren der elektrischen und der magnetischen Feldstärke stehen senkrecht aufeinander (vgl. 7.1).

EXPERIMENT 2

Ein Empfangsdipol zeigt mit einer Glühlampe die Stärke der angeregten elektromagnetischen Schwingungen an. Diese nimmt stark ab, wenn man den Empfangsdipol vom Sendedipol entfernt oder den Empfangsdipol um die Ausbreitungsrichtung der Welle dreht.

Fernfeld

Auch im Abstand von einigen Wellenlängen vom Sendedipol stehen die Vektoren der elektrischen und magnetischen Feldstärke jeweils senkrecht aufeinander. Anders als im Nahfeld (Abb. 2) schwingen beide Felder nun aber phasengleich. Die Veränderung der elektrischen Feldstärke ΔE während des Fortlaufens der elektromagnetischen Welle zeigt Abb. 3 a. Durch Überlagerung der magnetischen Felder wird die magnetische Feldstärke jeweils an den Stellen besonders groß, an denen auch die elektrische Feldstärke am größten ist.

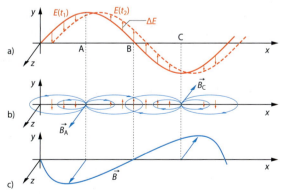

3 Änderung der elektrischen Feldstärke beim Durchlaufen der elektromagnetischen Welle zwischen den Zeitpunkten t_1 und t_2. Die magnetische Feldstärke schwingt genau in Phase mit der elektrischen.

Ebene Wellen

Im Fernfeld stehen elektrische und magnetische Feldstärke phasengleich senkrecht aufeinander. Eine elektromagnetische Welle entspricht damit wie andere Wellen in großem Abstand von der Quelle einer ebenen Welle. Dies zeigt Abb. 4, in der kurze Abschnitte der Feldlinien dargestellt sind. Die Feldstärke ist an der Dichte dieser Feldlinien abzulesen; sie nimmt in Ausbreitungsrichtung zunächst ab und dann in umgekehrter Richtung wieder zu.

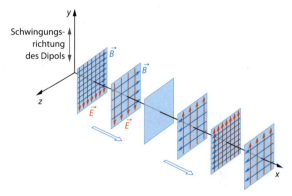

4 Ausschnitte der Feldlinien bei einer elektromagnetischen Welle in großer Entfernung von der Sendeantenne

AUFGABEN

1 Berechnen Sie die Wellenlänge einer ebenen fortschreitenden elektromagnetischen Welle für den Fall, dass die elektrische Feldstärke zum Zeitpunkt $t = 0$ gleich null und zur Zeit $t = T/5$ im Abstand 10 cm von der »Quelle« gleich der halben Amplitude ist.

2 Vergleichen Sie die Ausbreitung elektromagnetischer Wellen im Nahbereich und im Fernbereich eines schwingenden Dipols. Gehen Sie dabei auch auf die Lage der Feldvektoren und auf Phasenbeziehungen ein.

3 Die folgende Abbildung zeigt die Strahlungscharakteristik eines Hertz'schen Dipols. Die Länge der Pfeile entspricht der Intensität der Strahlung, die der Dipol in der jeweiligen Richtung aussendet.

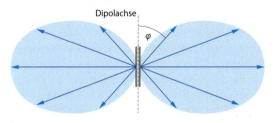

a Beschreiben Sie die Strahlungscharakteristik des Dipols in Worten.
b Nennen Sie Argumente dafür, dass von einem Hertz'schen Dipol entlang der Dipolachse keine Strahlung ausgesandt wird.

Beschleunigte Ladungsträger senden stets Strahlung aus – dies bereitete lange Zeit Schwierigkeiten beim Verständnis der Elektronen in der Atomhülle.

MEILENSTEIN

9.14 *Karlsruhe, Frühjahr 1888.* Heinrich Hertz experimentiert im großen Hörsaal der Technischen Hochschule Karlsruhe mit elektromagnetischen Wellen, die später nach ihm benannt werden. Die Ergebnisse bestätigen die damals noch sehr umstrittene Theorie des Elektromagnetismus von James Clerk Maxwell. Zugleich öffnen Sie das Tor zur modernen, auf Radiowellen basierenden Kommunikationstechnik.

Heinrich Hertz

weist die elektromagnetischen Wellen nach

HEINRICH HERTZ war ein überdurchschnittlich begabter Schüler und Student. Nachdem er sich anfangs für eine Ausbildung in einem Frankfurter Baubüro entschieden hatte, sattelte er 1877 um und begann das Studium von Mathematik und Physik an der Universität München. Nach dem Wechsel an die Berliner Universität wurde er Assistent im Labor von HERMANN VON HELMHOLTZ. Dieser befasste sich mit den damals kursierenden Theorien der Elektrodynamik, die vor allem von WILHELM EDUARD WEBER und JAMES CLERK MAXWELL stammten. Weber nahm an, dass die elektrische Wechselwirkung instantan, also ohne Zeitverlust zwischen zwei Körpern, zustande kommt. Als eine solche *zeitlose Fernwirkung* wird in der Newton'schen Physik die Gravitation betrachtet (vgl. 5.4). Maxwell hingegen war der Meinung, dass sich eine elektromagnetische Wirkung mit Lichtgeschwindigkeit ausbreitet.

Im Rahmen seiner theoretischen Untersuchungen schrieb Helmholtz Preisfragen aus. So stellte er 1879 die Aufgabe, die von Maxwell vorhergesagten Verschiebungsströme (vgl. 9.18) nachzuweisen. Hertz schlug zwar experimentelle Lösungen vor, beschränkte sich jedoch zunächst darauf, die Fragen zur Elektrodynamik theoretisch zu behandeln. Dennoch ließ ihn das Problem nicht los – einige Jahre später griff er es wieder auf und wies dabei die elektromagnetischen Wellen nach.

Zuvor hatte sich Hertz so intensiv mit Maxwells Theorie der Elektrodynamik auseinandergesetzt wie kaum ein anderer zuvor. Durch einige mathematische Kunstgriffe brachte er die ursprünglichen Gleichungen Maxwells in eine andere, symmetrische Form und reduzierte ihre Anzahl auf vier. Diese leichter verständliche Form der Maxwell'schen Gleichungen wird noch heute verwendet.

Die Experimente von Hertz

Im Frühjahr 1885 erhielt Hertz einen Ruf an die Technische Hochschule Karlsruhe, wo er mit seinen Experimenten zum Nachweis der von Maxwell vorhergesagten elektromagnetischen Wellen begann. Hierfür verwendete er einen drei Meter langen Draht, an dessen Enden er je eine Konduktorkugel mit 30 cm Durchmesser befestigte. In der Mitte war der Draht durchbrochen – dort schloss er mit zwei kleineren Metallkugeln ab, die einander gegenüberstanden. Der Luftspalt zwischen ihnen war knapp einen Zentimeter breit. Wurden die beiden Drähte an eine Hochspannungsinduktionsspule angeschlossen, kam es zwischen den kleinen Kugeln in regelmäßiger Folge zu Funkenüberschlägen. Diese Anordnung diente Hertz als der Sender der Wellen.

Als Empfänger verwendete Hertz einen einfachen 75 cm langen Kupferdraht, den er zu einem Kreis bog. Zwischen dessen beiden Enden blieb ebenfalls ein kleiner Luftspalt offen. In einer Entfernung von bis zu 2 m zum Sender konnte Hertz zwischen den beiden Drahtenden dieses Empfängers eine Funkenentladung erzeugen.

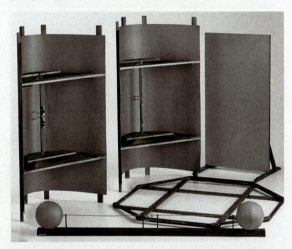

2 Nachbildung einiger von Hertz verwendeter Instrumente

Damit war allerdings noch nicht erwiesen, dass die Energie für die Funkenentladung tatsächlich durch elektromagnetische Wellen übertragen wurde. Dieser Nachweis gelang Hertz mit weiteren Experimenten. Wenn die Funkenentladung – so Hertz' Überlegung – elektromagnetische Wellen emittiert, dann müssten diese auch von bestimmten Materialien reflektiert und gebrochen werden; auch Interferenz sollte auftreten.

Im März 1888 brachte Hertz an einer Wand ein 4 m hohes und 2 m breites Zinkblech an, das die vermuteten Wellen reflektieren sollte. Nachdem er den Funkeninduktor eingeschaltet hatte, ging er mit dem Empfänger im Raum umher. Dabei registrierte er, dass sein Empfänger an einigen Stellen die Wellen empfing und an anderen nicht. Auf diese Weise zeigte er, dass sich im Raum stehende Wellen mit Schwingungsknoten ausgebildet hatten. Hertz ermittelte aus deren Abstand eine Wellenlänge von 9,6 m.

Anschließend unternahm er eine Reihe von ähnlichen Experimenten mit Hohlspiegeln aus Blech, wobei er durch Änderungen am Funkinduktor Wellen mit höherer Frequenz, also kleinerer Wellenlänge von 66 Zentimetern, erzeugen konnte. Mit ihnen fand er heraus, dass sich die Wellen ebenso fokussieren ließen wie Licht mit Spiegeln. Im Dezember 1888 konnte er sogar zeigen, dass die Wellen in einem 1,5 Meter hohen und 600 Kilogramm schweren Prisma aus Hartpech gebrochen wurden wie Licht in einem Glasprisma. Auch die Polarisation der Wellen konnte er demonstrieren.

Folgen der Experimente

Hertz interpretierte seine Messungen in einer theoretischen Arbeit im Rahmen der Maxwell'schen Theorie. Er zeigte damit, dass elektrische Schwingungen höchster Frequenz elektrische und magnetische Schwingungen erzeugen, die sich wellenförmig im Raum ausbreiten. Diese Wellen besitzen die gleichen Eigenschaften wie Licht, doch sind ihre Wellenlängen rund eine Million Mal größer. Sie breiten sich mit der gleichen Geschwindigkeit aus wie das Licht. Hertz verhalf damit der von vielen Kollegen angefeindeten Feldtheorie des schottischen Physikers zum Durchbruch.

Die Experimente erregten weltweit große Aufmerksamkeit und wurden in vielen Laboratorien wiederholt. Hertz selbst erhielt für seine Arbeiten zahlreiche Auszeichnungen und Preise. Neben den fundamentalen Beiträgen zur Physik hatte er die Grundlage für den Rundfunk mit Radiowellen geschaffen.

Hertz selbst erlebte deren technischen Siegeszug jedoch nicht mehr – er starb 1894 im Alter von nur 36 Jahren. Die Anwendung der elektromagnetischen Wellen wurde von anderen Technikern und Erfindern vorangetrieben, allen voran GUGLIELMO MARCONI. Ihm gelang es 1901 erstmals, Signale über den Atlantik zu senden. Danach gab es keine Grenzen mehr für die revolutionäre Technik.

■ AUFGABE

1 Die Ausbreitung elektromagnetischer Wellen war von Maxwell vorhergesagt worden, konnte jedoch längere Zeit nicht nachgewiesen werden.
a Auf welche Weise löste Hertz die technischen Probleme bei der Erzeugung und beim Nachweis elektromagnetischer Wellen?
b Nennen Sie Argumente der Kritiker, die vor den Experimenten Hertz' die Richtigkeit der Maxwell'schen Vorhersage angezweifelt hatten.
c Welches Experiment von Hertz halten Sie in diesem Zusammenhang für besonders überzeugend?

1960 wurde der passive Kommunikationssatellit »Echo 1« in einer Höhe von 1500 km auf eine Umlaufbahn um die Erde gebracht. Der Satellit, ein Ballon aus einer metallisch beschichteten Kunststofffolie, hatte bei voller Ausdehnung einen Durchmesser von 30 m und diente als Reflektor für Telefon-, Radio- und Fernsehsignale. Nach acht Jahren verglühte er in der Erdatmosphäre.

9.15 Eigenschaften elektromagnetischer Wellen

Bei der Ausbreitung elektromagnetischer Wellen sind ähnliche Phänomene zu beobachten wie bei Wasser- oder Schallwellen. Es gelten dabei auch die gleichen physikalischen Gesetze.

Am Übergang zwischen zwei Medien, in denen die Wellen unterschiedliche Ausbreitungsgeschwindigkeit besitzen, werden sie zum Teil reflektiert und zum Teil gebrochen. Für die Richtungsänderung gilt jeweils das Reflexions- bzw. das Brechungsgesetz.

Wellen, die von einem Sendedipol ausgesandt werden, sind polarisiert: Der Vektor der elektrischen Feldstärke schwingt nicht in allen Richtungen senkrecht zur Ausbreitungsrichtung, sondern nur längs des Dipols.

Die Ausbreitungsgeschwindigkeit elektromagnetischer Wellen beträgt im Vakuum $2{,}998 \cdot 10^8$ m/s.

In Medien ist sie geringer, weil dort Atomelektronen zu erzwungenen Schwingungen angeregt werden.

Mikrowellen

Einige der Eigenschaften elektromagnetischer Wellen hängen stark von der Wellenlänge ab; hierzu gehört etwa das Streuverhalten an Oberflächen oder auch die Durchdringung von Materialien. In anderen Eigenschaften verhalten sich die elektromagnetischen Wellen unterschiedlicher Wellenlängenbereiche vollkommen gleich. Beispielhaft werden im Folgenden Mikrowellen mit einer Wellenlänge von wenigen Zentimetern betrachtet.

Durchdringungsvermögen

Mikrowellen können nichtmetallische Körper durchdringen, werden aber schon durch dünne Metallfolien abgeschirmt (Exp. 1 a). Für die Abschirmung der Strahlung kann auch ein metallisches Netz verwendet werden, solange die Drahtabstände deutlich kleiner sind als die Wellenlänge.

EXPERIMENT 1

Für Experimente mit Mikrowellen wird ein Sender und ein Empfänger verwendet. Das Signal des Empfängers wird mit einem Oszilloskop oder einem empfindlichen Messgerät ausgewertet. Dabei ist Folgendes zu beobachten:
a) Dielektrika werden durchdrungen, metallische Körper dagegen nicht.
b) An einer Metallplatte werden Mikrowellen reflektiert.
c) In einem Prisma aus Kunststoff werden sie gebrochen.
d) An einem Drahtgitter werden Mikrowellen reflektiert, wenn die Gitterstäbe parallel zum Vektor der elektrischen Feldstärke stehen. Stehen die Gitterstäbe senkrecht zum Feldvektor, werden sie durchgelassen.

Reflexion

Mikrowellen werden an metallischen Flächen reflektiert wie Licht an einem Spiegel (Exp. 1 b). Es gilt dabei das Reflexionsgesetz, nach dem der Einfallswinkel gleich dem Reflexionswinkel ist (vgl. 9.4).

Entscheidend für die Ausbreitungsgeschwindigkeit in einem Medium sind dessen elektrische Eigenschaften, also seine Permittivität ε_r.

Die beweglichen Elektronen an der Oberfläche des metallischen Körpers werden von einer auftreffenden elektromagnetischen Welle zum Mitschwingen angeregt; sie strahlen wie die beschleunigten Ladungsträger eines Dipols selbst wieder eine gleichartige elektromagnetische Welle ab. Deren Wellenfront lässt sich wie bei der Reflexion mechanischer Wellen mithilfe des Huygens'schen Prinzips konstruieren.

Brechung

Dringen Mikrowellen in ein anderes Medium ein, so werden sie an der Grenzfläche gebrochen (Exp. 1 c). Dabei gilt das Brechungsgesetz (vgl. 9.5):

$$\frac{\sin\alpha_1}{\sin\alpha_2} = \frac{c_1}{c_2}. \qquad (1)$$

Die Ausbreitungsgeschwindigkeiten elektromagnetischer Wellen sind in allen Stoffen kleiner als im Vakuum. In einem Medium regt eine elektromagnetische Welle die Atomelektronen zu Schwingungen an. Diese strahlen darauf selbst eine elektromagnetische Welle aus, die jedoch gegenüber der erregenden phasenverschoben ist. Aufgrund dieser Phasenverschiebung wird die Ausbreitung der gesamten Welle verzögert. Der Betrag der Phasenverschiebung hängt davon ab, wie stark sich die Frequenz der erregenden Welle von der Eigenfrequenz der Dipole unterscheidet.

Polarisation

Mikrowellen sind polarisiert: Der Vektor der elektrischen Feldstärke besitzt genau eine Richtung senkrecht zur Ausbreitungsrichtung. Ein Empfänger mit einem Dipol kann zur Detektion der Polarisationsrichtung verwendet werden (vgl. 9.13, Exp. 2). Im Experiment nimmt die angezeigte Intensität bei Drehung um 90° von einem anfänglichen Maximalwert auf null ab.

Die Polarisation der Mikrowellen zeigt sich auch, wenn man ein Gitter aus Drahtstäben zwischen Sender und Empfänger bringt (Exp. 1 d). Stehen die Gitterstäbe parallel zum Vektor der elektrischen Feldstärke, so erreicht den Empfänger kein Signal. Die einfallende Welle erregt in diesem Fall in den Stäben eine Schwingung der Elektronen, die allerdings der erregenden Welle um π nachläuft, da die Eigenfrequenz der Schwingung im Stab weit unter der Frequenz der einfallenden Schwingung liegt. Die von dieser Schwingung angeregte elektromagnetische Welle überlagert sich mit der ursprünglichen hinter dem Gitter, es kommt zu destruktiver Interferenz. Dagegen lässt sich vor dem Gitter die reflektierte Mikrowelle beobachten.

Ein Gitter, das senkrecht zum Vektor der elektrischen Feldstärke orientiert ist, wird von der Welle durchdrungen: Die Ausdehnung der Stäbe in Richtung des elektrischen Feldstärkevektors ist sehr klein, sodass auch die Amplituden der Schwingungen gering bleiben.

Ausbreitungsgeschwindigkeit

Die Ausbreitungsgeschwindigkeit von Mikrowellen kann mithilfe von Exp. 2 bestimmt werden: Wird eine *Lecher-Leitung*, die aus zwei parallelen Stäben besteht, kurzzeitig an eine Spannungsquelle angeschlossen, so beginnt ein Strom zu fließen, der die Leitung wie einen Kondensator auflädt. Dieser Strom ist von einem Magnetfeld umgeben, das während des Vorgangs eine Gegenspannung induziert und den Stromfluss dadurch verzögert. Die Ausbreitung dieser Störung vollzieht sich als elektromagnetische Welle weiter. Sie verläuft in den beiden Leitern gegenphasig.

Die Ausbreitungsgeschwindigkeit lässt sich ermitteln, indem die Lecher-Leitung mit einem hochfrequenten Oszillator erregt wird. Durch Reflexion an den Enden kommt es dabei zu einer stehenden Welle. Mit der Frequenz f des Sendeoszillators und dem Abstand zweier Schwingungsbäuche als halber Wellenlänge $\lambda/2$ erhält man die Ausbreitungsgeschwindigkeit $c = \lambda \cdot f$.

EXPERIMENT 2

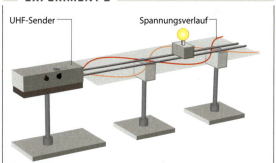

Zwei parallele Leiter werden mit einem Sender verbunden. Am offenen Ende entstehen ein Spannungsbauch und ein Stromstärkeknoten. Die Lage der Spannungsbäuche kann mit einer Glühlampe untersucht werden, die eine hohe Potenzialdifferenz zwischen den beiden Leitern anzeigt.

AUFGABEN

1 In Exp. 1 c verläuft der Strahl symmetrisch durch ein gleichseitiges Prisma ($c = 1{,}875 \cdot 10^8$ m/s). Wie groß ist der gesamte Ablenkwinkel des Strahls?

2 Eine polarisierte Mikrowelle trifft auf ein Gitter von Metallstäben. Der Vektor der elektrischen Feldstärke schließt mit den Stäben den Winkel φ ein.

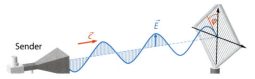

Begründen Sie, dass bei $\varphi = 0°$ hinter dem Gitter keine Intensität nachzuweisen ist, bei $\varphi = 90°$ dagegen keine Schwächung der Welle auftritt.

Das Mikrofon wandelt ein akustisches Signal in ein elektrisches um. Von der Radiostation geht dieses Signal dann allerdings nicht direkt auf den Sender, sondern es wird benutzt, um eine harmonische hochfrequente Welle zu verändern. Diese veränderte Welle wird abgestrahlt und schließlich vom Empfänger wieder in ein akustisches Signal zurückverwandelt – so kommt bei den Radiohörern die Sprache des Moderators an.

9.16 Modulation

Informationen, die in Sprache oder Musik enthalten sind, können nicht unmittelbar durch elektromagnetische Wellen übertragen werden: Der Frequenzbereich von wenigen Kilohertz würde sehr lange Antennen erfordern, und die Ausbreitung der Wellen wäre sehr störanfällig.

Daher werden die Wellen zur Informationsübertragung moduliert: Das zu übertragende Signal wird der elektromagnetischen Trägerwelle aufgeprägt.

Bei der *Amplitudenmodulation* (AM) wird eine hochfrequente Trägerschwingung mit der Auslenkung einer niederfrequenten Signalschwingung überlagert. Die Amplitude der Trägerwelle variiert dann mit der Frequenz des Signals. Im Empfänger wird die elektromagnetische Welle demoduliert, sodass lediglich die Signalschwingung verstärkt und über einen Lautsprecher hörbar wird. Auf diese Weise werden Radioprogramme in Kurz-, Mittel- und Langwelle übertragen.

Bei der *Frequenzmodulation* (FM) wird mit der Signalwelle die Frequenz der Trägerwelle moduliert. Dieses Verfahren wird bei der Übertragung von Radioprogrammen auf Ultrakurzwelle (UKW) und im analogen Satellitenfernsehen angewandt.

Informationsübertragung durch Wellen

Eine Wasserwelle trägt beispielsweise die Information mit sich, dass ein Stein ins Wasser geworfen wurde – zwei Wellenzüge zeigen an, dass zwei Steine hineingefallen sind. Ein andauernd schwingender Oszillator verursacht dagegen eine Welle mit unendlicher Ausdehnung, die keine Information außer der Amplitude und der Frequenz des Erregers überträgt. Das Ein- und Ausschalten einer Welle ist die deutlichste Form einer Modulation; hiermit kann eine Informationsübertragung auf eine zuvor vereinbarte Weise kodiert werden, etwa mit dem Morse-Alphabet.

Um ein Sprach- oder Musiksignal mit einer elektromagnetischen Welle zu übertragen, wird die Schwingung der Luft durch ein Mikrofon in eine elektromagnetische Schwingung umgewandelt. Die Stromstärke variiert dabei mit der Frequenz des Tonsignals. Diese Schwingung könnte verstärkt und direkt einer Sendeantenne zugeführt werden, die dann eine elektromagnetische Welle abstrahlt.

Die Wellenlänge einer solchen Welle beträgt bei der für ein Tonsignal typischen Frequenz $f = 1000$ Hz:

$$\lambda = \frac{c}{f} = \frac{3 \cdot 10^8 \, \frac{\text{m}}{\text{s}}}{1000 \text{ Hz}} = 3 \cdot 10^5 \text{ m}.$$

Ein Sendedipol strahlt dann mit maximaler Leistung ab, wenn seine Länge gleich einer halben Wellenlänge ist (vgl. 9.12). Ein Sendemast für die Abstrahlung von 1000-Hz-Wellen müsste also 150 km hoch sein – dies ist nicht realisierbar. Akustische Informationssignale werden daher einer hochfrequenten Trägerwelle aufgeprägt. Dadurch wird mit technisch realisierbaren Antennen eine ausreichend große Reichweite erzielt.

Amplitudenmodulation

Bei der Amplitudenmodulation wird die Trägerwelle so beeinflusst, dass sich ihre Amplitude mit der niederfrequenten Signalschwingung verändert (Abb. 2). Ein Ton mit der Frequenz 440 Hz moduliert die Amplitude der Trägerwelle mit eben dieser Frequenz. Eine größere Lautstärke des ursprünglichen Signals führt hierbei zu einer stärkeren Amplitudenveränderung, eine höhere Frequenz zu einer schneller wechselnden Amplitude des Sendesignals.

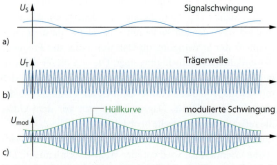

2 Amplitudenmodulation: Die Amplitude der Trägerwelle wird mit der Signalschwingung moduliert. Die hierdurch entstehende Welle transportiert das Signal.

Amplitudenmodulation wird zur Übertragung von Rundfunksignalen in den Frequenzbereichen Kurzwelle, Mittelwelle und Langwelle verwendet, also bei Trägerfrequenzen von 150 kHz bis 30 MHz.

Einfacher Rundfunkempfänger

Ein Rundfunkempfänger enthält im einfachsten Fall neben der Antenne einen elektrischen Schwingkreis aus einer Spule und einem Kondensator mit veränderlicher Kapazität. Zusätzlich werden eine Diode und ein empfindlicher Kopfhörer benötigt (Exp. 1).

EXPERIMENT 1

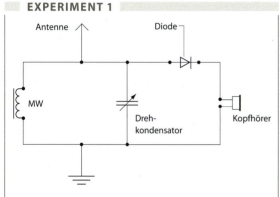

Mit einer Antenne, einer Spule, einem Kondensator und einer Diode wird ein Radioempfänger aufgebaut. Durch Verändern der Kapazität wird der Schwingkreis auf einen Radiosender der Umgebung abgestimmt.

In der Antenne regen amplitudenmodulierte Wellen Schwingungen an, wenn die Eigenfrequenz des Schwingkreises den »passenden« Wert hat. Die in der Antenne empfangene Leistung allein reicht aus, um ohne Verstärkung – also ohne zusätzliche Energieversorgung – eine Tonschwingung im Ohrhörer hervorzurufen. Dieser kann der hochfrequenten Trägerschwingung nicht folgen, sondern nur der niederfrequenten Signalschwingung.

Die Signalschwingung muss allerdings mit der Diode beschnitten werden, sodass nur positive oder nur negative Spannungswerte entstehen. Denn die Hüllkurve des amplitudenmodulierten Signals (Abb. 2) zeigt symmetrische Ausschläge nach beiden Richtungen mit dem Mittelwert null.

Frequenzmodulation

Bei der Frequenzmodulation wird statt der Amplitude die Frequenz der Trägerwelle verändert. Dabei führt eine größere Lautstärke des Ausgangssignals zu einer höheren Frequenz des Sendesignals und eine höhere Frequenz des Ausgangssignals zu einem schnelleren Wechsel zwischen höheren und tieferen Frequenzen im Sendesignal (Abb. 3). Dies ermöglicht eine insgesamt störungsärmere Übertragung. Frequenzmodulation wird für UKW-Rundfunk verwendet, mit dem die meisten analog arbeitenden Radiosender ausstrahlen. Die Frequenzen in diesem Bereich liegen zwischen 88 und 108 MHz.

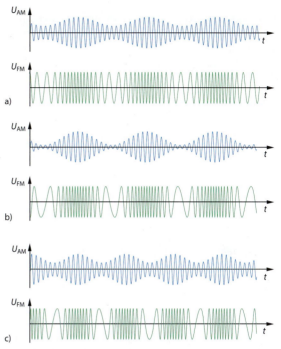

3 Amplituden- und Frequenzmodulation: a) Ton mit mittlerer Lautstärke und mittlerer Frequenz; b) lauter Ton mit mittlerer Frequenz; c) Ton mit mittlerer Lautstärke und hoher Frequenz

AUFGABEN

1 Auch für unsere Sprache verwenden wir Modulation: Erläutern Sie Ähnlichkeiten und Unterschiede bei Amplituden- und Frequenzmodulation.

2 Erklären Sie, weshalb zur Wiedergabe eines amplitudenmodulierten Signals eine Diode erforderlich ist. Erläutern Sie dazu das Verhalten eines Lautsprechers für den Fall, dass keine Diode benutzt würde.

3 Begründen Sie, dass zur Übertragung von UKW-Rundfunk nicht genau eine Frequenz pro Sendesignal ausreicht, sondern eine bestimmte Bandbreite vereinbart werden muss.

4 **a** Vergleichen Sie die folgende Schaltung mit derjenigen in Exp. 1. Erklären Sie die Funktion und das Zusammenwirken der einzelnen Bauelemente.

b Erläutern Sie, woher die Energie zum Betrieb des Lautsprechers stammt.

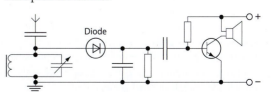

Eine modulierte Lichtintensität erreicht uns von Pulsaren.

TECHNIK

9.17 Anwendung elektromagnetischer Wellen

Das wichtigste Anwendungsgebiet der elektromagnetischen Wellen ist die Informationsübertragung: Radio, Fernsehen, Mobiltelefonie, WLAN oder Satellitennavigation sind Beispiele hierfür.

Antennen

Radiowellen entstehen an Dipolen, also an Metallstäben oder Drähten, die als Antennen bezeichnet werden. Die Effizienz der Abstrahlung hängt von der Dipollänge ab. Ein Sendedipol strahlt dann mit maximaler Leistung ab, wenn seine Länge gleich einer halben Wellenlänge ist (vgl. 9.12): Die Länge einer Antenne gibt also Auskunft über ihren Einsatzbereich.

UKW-Dipol UKW-Radiosender strahlen ihre Programme im Frequenzbereich von 87,5 bis 108,0 MHz aus. Zum Empfang eignet sich besonders ein Schleifendipol oder eine Wurfantenne, deren Länge etwa 1,5 m beträgt.

WLAN-Router Um in allen Räumen einer Wohnung oder eines ganzen Hauses das Internet zu nutzen, werden in der Regel drahtlose Funknetzwerke verwendet (WLAN steht für *Wireless Local Area Network*). Ein Router nimmt Datensignale aus einer Datenleitung auf und sendet sie über eine Antenne als elektromagnetische Welle aus. Die Dipolantenne hat eine Länge von etwa 6 cm, die Frequenz der abgestrahlten Wellen beträgt 2,4 GHz.

Satellitenantenne Die Übertragung von Informationen mithilfe von Satelliten ist sehr effizient. Sehr viele Radio- und Fernsehprogramme, Telefongespräche und Datensignale können damit gleichzeitig über große Entfernungen übertragen werden. Die Kommunikationssatelliten befinden sich auf einer geostationären Umlaufbahn: Sie umkreisen die Erde auf einer festen Position 36 000 km über dem Äquator. Aufgrund der großen Distanz sind die Signale sehr schwach. Zur Signalübertragung werden Mikrowellen mit einer Wellenlänge von etwa 2,5 cm genutzt, die die Atmosphäre nahezu ungehindert durchdringen. Elektromagnetische Wellen mit anderen Wellenlängen werden dort sehr stark reflektiert bzw. absorbiert.

Mikrowellen haben ähnliche Eigenschaften wie das Licht. Sie lassen sich z.B. mithilfe von Parabolspiegeln gut bündeln und ausrichten: Befindet sich der Sender im Brennpunkt des Hohlspiegels der Sendeantenne (Abb. 1), entsteht ein paralleles Bündel. Bei einer Empfangsantenne sitzt der Empfänger im Brennpunkt eines Hohlspiegels, sodass die eintreffende Energie optimal genutzt wird.

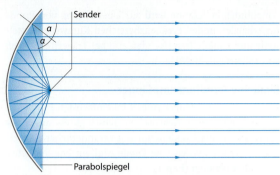

1 Bündelung von Wellen im Hohlspiegel

Digitale Informationsübertragung

Radio und Fernsehen wurden lange Zeit analog übertragen (vgl. 9.16). Die analoge Modulation einer Trägerschwingung, beispielsweise Amplituden- oder Frequenzmodulation, ist jedoch störanfällig gegen Einflüsse auf dem Übertragungsweg. Daher werden heute Signale zunehmend digital übertragen.

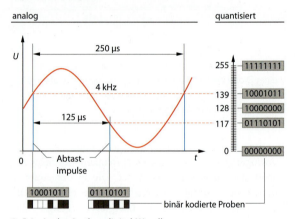

2 Prinzip der Analog-digital-Wandlung

Die Digitalisierung eines analogen Signals übernimmt ein Schaltkreis, der *Analog-digital-Wandler*. Sie geschieht in drei Schritten (Abb. 2):

1. In konstanten Zeitabständen wird die Spannung des analogen Signals gemessen, im Beispiel alle 125 μs. Ein analoges Signal muss mindestens zweimal pro Periode abgetastet werden, damit es der Empfänger wiederherstellen kann.
2. Die abgetasteten Spannungswerte werden *quantisiert*. Dazu wird eine Skala verwendet, deren Stufenanzahl eine Zweierpotenz darstellt, z. B. $2^8 = 256$. Jedem abgetasteten Spannungswert wird dann eine Stufe zugeordnet, in Abb. 2 sind das die Stufen 139 und 117.
3. Die zugeordnete Stufennummer wird binär kodiert. Bei 256 Stufen handelt es sich um einen 8-Bit-Code: Jeder Code besteht aus acht Nullen oder Einsen, die übertragen werden.

Ein besonderer Vorteil der digitalen Informationsübertragung liegt in ihrer Störsicherheit: Störungen, die während der Übertragung auftreten, wirken sich meistens nicht aus, da der Empfänger nur erkennen muss, ob der Wert oberhalb oder unterhalb von 0,5 liegt.

Zusätzlich lassen sich durch mitgesandte Prüfbits Fehler erkennen und korrigieren. In Abb. 3 sind vier »Wörter« $W1$ bis $W4$ eines mit 4 Bit kodierten Signals zu einem Datenblock zusammengefasst. Mit den Daten werden jeweils vier Zeilen- und vier Spaltenprüfbits übertragen, deren Wert davon abhängt, ob in der Zeile oder Spalte die Anzahl der Nullen und Einsen gleich ist oder nicht. Wenn der Empfänger anhand der Zeilen- und Spaltenprüfbits einen Fehler feststellt, braucht er nur den entsprechenden Wert im Datenblock zu ändern.

Unverfälschter Datenblock vom Sender			Datenblock mit Bitfehler am Empfänger		
	Daten	Prüfbit		Daten	Prüfbit
W_1	1 0 1 1	1	W_1	1 0 1 1	1
W_2	0 1 0 1	0	W_2	0 1 0 1	0
W_3	1 1 0 0	0	W_3	1 1 1 0	0
W_4	0 1 0 0	1	W_4	0 1 0 0	1
Prüfbit	0 1 1 0		Prüfbit	0 1 1 0	

3 Fehlererkennung mithilfe von Prüfbits

Mikrowellenherd

In einem Mikrowellenherd lassen sich Speisen erwärmen, die Wasser enthalten. Wassermoleküle stellen elektrische Dipole dar, die durch Mikrowellen zu hochfrequenten Schwingungen angeregt werden können. Die Wassermoleküle führen untereinander und mit anderen Molekülen Stöße aus, die Temperatur der Speise nimmt zu.

Die Mikrowellen dringen in die Speise ein und erhitzen sie gleichmäßig im gesamten Inneren. Beim herkömmlichen Kochen oder Braten gelangt dagegen die Energie nur vergleichsweise langsam über die äußere Kontaktfläche in das Innere der Speise.

Herzstück eines Mikrowellenherds ist das *Magnetron*, das elektromagnetische Wellen mit einer Frequenz von 2,5 GHz, also einer Wellenlänge von 12 cm, erzeugt. Es handelt sich dabei um eine Vakuumröhre mit zwei Elektroden (Abb. 4). Als Anode dient ein Hohlzylinder aus massivem Kupfer, in dessen Mantel 8 bis 12 achsenparallele Hohlräume eingearbeitet sind. In der Mittelachse des Zylinders befindet sich die Glühkatode. Zwischen Anode und Katode wird eine Hochspannung von etwa 4000 V angelegt, sodass die von der Katode emittierten Elektronen im elektrischen Feld radial nach außen beschleunigt werden. Gleichzeitig wirkt aber auf die Elektronen das axial gerichtete Magnetfeld eines Permanentmagneten, das sie auf Kurvenbahnen zwingt. Durch die Überlagerung der Felder entstehen Zonen größerer und kleinerer Elektronendichte, es bilden sich kleine »Pakete« von Elektronen, die rhythmisch in die Nähe der Anode geraten. Bewegen sich die Elektronen an einer Zunge vorbei, so kommt es in ihr kurzzeitig zur Influenz. Diese Zunge wird dann positiv, die benachbarten Zungen negativ geladen. Die kreisförmigen Wandungen in den Hohlzylindern bilden also Schwingkreise: Jeder Bogen entspricht einer Spule mit einer dreiviertel Windung, die Bogenenden stellen einen Kondensator dar. Da sowohl die Induktivität als auch die Kapazität sehr klein sind, ist die Frequenz der Schwingungen sehr groß.

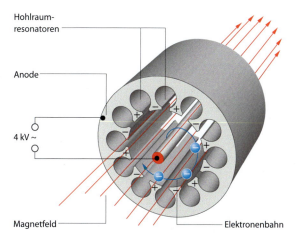

4 Magnetron zur Erzeugung von Mikrowellen

In den zylinderförmigen Hohlräumen, den *Hohlraumresonatoren*, entstehen elektromagnetische Wellen, die über einen Hohlleiter in den Garraum geführt werden.

AUFGABEN

1 Ein UKW-Radiosender sendet auf 102,4 MHz.
  a Berechnen Sie die Radiowellenlänge.
  b Schlagen Sie physikalisch begründete Längen für eine Autoantenne zum Empfang dieses Senders vor.
  c Begründen Sie, dass auch mit anderen Antennenlängen der Sender empfangen werden kann.

2 a Beschreiben Sie den Vorteil einer digitalen Signalübertragung gegenüber einer analogen.
  b Erläutern Sie die Möglichkeit, fehlerhafte Daten mithilfe von Prüfbits zu korrigieren.

3 Im Mikrowellenherd werden Speisen erhitzt.
  a Stellen Sie die Funktionsweise des Geräts dar. Erläutern Sie dabei, worauf die Temperaturerhöhung der Speisen zurückzuführen ist.
  b Können sich in einem Mikrowellenherd stehende Wellen ausbilden ($f = 2,5$ GHz)? Begründen Sie Ihre Antwort.

KONZEPTE DER PHYSIK

9.18 Maxwell'sche Theorie

In der Mitte des 19. Jahrhunderts entdeckte der britische Physiker JAMES CLERK MAXWELL, dass sich die bereits bekannten Gesetze der Elektrizitätslehre und des Magnetismus systematisieren und zusammenfassen lassen. Er nahm dabei Bezug auf FARADAYS Feldlinienkonzept und erhielt ein System von Gleichungen, die nach ihm benannt wurden. Aus diesen Gleichungen schloss Maxwell auf die Existenz elektromagnetischer Wellen, die später in Experimenten von HEINRICH HERTZ bestätigt wurde (vgl. 9.14). Die Maxwell'schen Gleichungen gelten als einer der Höhepunkte der klassischen Physik – nicht nur, weil sie den Zusammenhang zwischen elektrischen und magnetischen Feldern umfassend beschreiben, sondern auch weil sie mathematisch besonders elegant formuliert sind.

Die vier Maxwell'schen Gleichungen

Es gibt unterschiedliche Möglichkeiten, die vier Gleichungen zu formulieren. Im Folgenden wird eine besondere Art des Integralzeichens verwendet, welches anzeigt, dass das Integral über eine geschlossene Kurve oder eine geschlossene Oberfläche auszuführen ist.

$$\oint E \cdot dA = \frac{1}{\varepsilon_0} \cdot Q \quad (1)$$

Eine elektrische Ladung (rechts) ist die Quelle eines elektrischen Felds, das durch seine Feldstärke E gekennzeichnet ist (links). Durch die Oberfläche A eines abgeschlossenen Volumens treten die Feldlinien des Felds der eingeschlossenen Ladung Q (Abb. 1). Hieraus kann auf die Größe der Ladung geschlossen werden. In dem Fall, dass sich innerhalb des Volumens keine Ladung befindet, sondern nur in seiner Nähe, dringen ebenso viele Feldlinien in das Volumen ein wie aus ihm heraus treten.

$$\oint B \cdot dA = 0 \quad (2)$$

Anders als ein elektrisches Feld hat ein magnetisches Feld (links) keine Quellen (rechts). Dies bedeutet auch, dass es keine magnetischen Monopole, also keine magnetischen »Ladungsträger«, gibt. Ein statisches magnetisches Feld geht immer auf einen magnetischen Dipol zurück, der einen Nordpol und einen Südpol besitzt. Durch die geschlossene Oberfläche A eines Volumens treten daher immer genauso viele Feldlinien in das Volumen hinein wie aus ihm heraus. Dies gilt auch, wenn sich ein magnetischer Dipol teilweise innerhalb des Volumens befindet (Abb. 2).

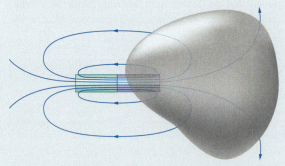

2 Ein Magnet stellt keine Quelle von Feldlinien dar.

$$\oint E \cdot dl = -\frac{d}{dt} \int B \cdot dA \quad (3)$$

Ein sich zeitlich änderndes magnetisches Feld (rechts) erzeugt ein elektrisches Feld (links). Diese Gleichung ist eine andere Formulierung des Faraday'schen Induktionsgesetzes (vgl. 7.2): Die Änderung des magnetischen Flusses durch eine Fläche A induziert in einem Leiter, der dieses Feld umfasst, eine Spannung. Diese Spannung ist gleich dem Linienintegral der elektrischen Feldstärke längs dieses Leiters; sie ist auch messbar, wenn kein Leiter da ist, in dem die Spannung induziert wird. Weil immer längs einer geschlossenen Schleife die Spannung induziert wird, also die Gesamtänderung der Feldstärke relevant ist, spricht man von einem elektrischen Wirbelfeld (Abb. 3).

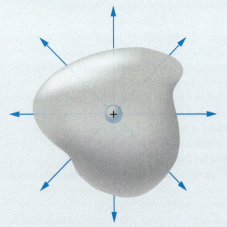

1 Feldlinien einer positiven elektrischen Ladung treten durch eine geschlossene Oberfläche.

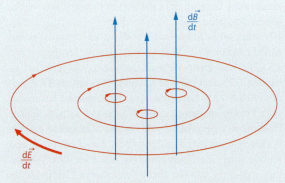

3 Die Änderung des Magnetfelds erzeugt ein elektrisches Wirbelfeld.

4. $\oint \vec{B} \cdot d\vec{l} = \mu_0 \cdot I + \mu_0 \cdot \varepsilon_0 \cdot \dfrac{d}{dt} \cdot \int \vec{E} \cdot d\vec{A}$ \hfill (4)

Dies ist das Ampere'sche Durchflutungsgesetz, das den umgekehrten Fall beschreibt: Die Änderung des elektrischen Felds durch eine Fläche A und der fließende Strom (rechts) bewirken ein magnetisches Feld (links). Seine Feldstärke ergibt sich aus dem Linienintegral längs der geschlossenen Umrandung der Fläche. Sowohl der in einem Leiter fließende Strom als auch das sich ändernde elektrische Feld sind also von einem magnetischen Feld umgeben. Hierbei handelt es sich ebenfalls um ein Wirbelfeld: Die magnetischen Feldlinien stellen konzentrische Kreise um den Leiter dar. Auch wenn kein Strom fließt, sondern lediglich eine Änderung der elektrischen Feldstärke stattfindet, entsteht dieses Wirbelfeld (Abb. 4).

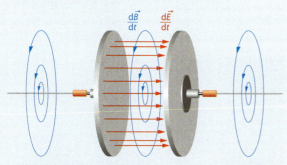

4 Beim Entladen eines Kondensators sind sowohl die stromführenden Zuleitungen als auch das sich ändernde elektrische Feld zwischen den Kondensatorplatten von einem Magnetfeld umgeben.

Entstehung elektromagnetischer Wellen

MAXWELL erkannte, dass die Gleichungen (3) und (4) magnetische und elektrische Felder auf ähnliche Weise miteinander verknüpfen: Ein sich zeitlich änderndes magnetisches Feld ruft einerseits ein elektrisches Feld hervor und ein sich zeitlich änderndes elektrisches Feld andererseits ein magnetisches. Hieraus folgerte er, dass sich analog zu den mechanischen Wellen aus dem Zusammenspiel der beiden Felder eine elektromagnetische Welle ergeben muss. Durch Vergleich mit der Wellengleichung für mechanische Wellen erhielt er für die Ausbreitungsgeschwindigkeit

$$c = \dfrac{1}{\sqrt{\varepsilon_0 \cdot \mu_0}} \,. \hfill (5)$$

Die beiden Feldkonstanten, die Permittivität ε_0 und die Permeabilität μ_0, waren schon zuvor experimentell bestimmt worden. Es ergibt sich damit:

$$c = \dfrac{1}{\sqrt{8{,}85 \cdot 10^{-12} \,\tfrac{A \cdot s}{V \cdot m} \cdot 4\pi \cdot 10^{-12} \,\tfrac{V \cdot s}{A \cdot m}}} = 3{,}0 \cdot 10^{8} \,\tfrac{m}{s} \hfill (6)$$

Dieser Wert entspricht der Ausbreitungsgeschwindigkeit des Lichts im Vakuum. Aus den Maxwell'schen Gleichungen folgt also, dass elektrische und magnetische Felder nicht einfach in den Raum hinausreichen, sondern dass sie sich, einmal angestoßen durch eine zeitliche Änderung, in Form von Wellen mit der Lichtgeschwindigkeit c ausbreiten.

Dass die rechnerisch gefundene Ausbreitungsgeschwindigkeit der elektromagnetischen Wellen der bereits bekannten Lichtgeschwindigkeit gleicht, konnte aus Maxwells Sicht kein Zufall sein. Stattdessen bestätigt dieser Zusammenhang das Wellenmodell des Lichts und gibt Auskunft über die Art dieser Wellen: Licht kann als Ausbreitung elektromagnetischer Wellen verstanden werden.

Äther Viele Physiker waren überzeugt, dass die elektromagnetischen Wellen genau wie die mechanischen einen materiellen Träger benötigen. Dieses Medium, der Äther, sollte mehrere nur schwer miteinander vereinbare Eigenschaften besitzen, nämlich eine geringe Dichte und hohe Elastizität, um die hohe Ausbreitungsgeschwindigkeit zu erlauben. Zugleich sollte er alle Körper durchdringen, in denen sich elektromagnetische Wellen ausbreiten, also etwa auch massive aus transparentem Material. Wegen dieser Allgegenwart würde er im Raum ein absolutes Bezugssystem darstellen, das jedoch zu Widersprüchen führt (vgl. 19.2 und 19.3).

Grenzen der Maxwell'schen Theorie

Die Maxwell'schen Gleichungen beschreiben die Ausbreitung elektromagnetischer Wellen. Bei vergleichsweise niedrigen Frequenzen, also großen Wellenlängen, werden auch die Entstehung und der Empfang der Wellen durch Antennen korrekt wiedergegeben. Bei höheren Frequenzen dagegen, also etwa bei Licht, lässt sich die Wechselwirkung mit Materie nicht mehr zufriedenstellend mit einem Wellenmodell beschreiben: Die Energie wird hier in kleinen diskreten Portionen ausgetauscht, den Photonen.

▇ AUFGABEN

1 Zwei gleich große ungleichnamige elektrische Ladungen bilden einen elektrischen Dipol. Begründen Sie, dass das Feld in einem Volumen, das beide Ladungen umschließt, quellenfrei ist.

2 Recherchieren Sie, was ein Zangen-Amperemeter ist: Wie misst es Wechsel- und Gleichströme? In welchem Zusammenhang steht das Messprinzip mit der vierten Maxwellgleichung?

3 Maxwell stellte eine Analogie zu mechanischen Wellen her. Welche Größen der Welle auf einer gespannten Stahlfeder entsprechen der elektrischen bzw. der magnetischen Feldstärke der elektromagnetischen Welle?

Die Lichtgeschwindigkeit im Vakuum lässt sich sehr genau messen, sie dient daher als Basiseinheit. Schickt man Laserpulse zu diesem Spiegel auf dem Mond, so kann aus der Laufzeit für Hin- und Rückweg die Entfernung des Monds bis auf wenige Zentimeter genau bestimmt werden.

10.1 Messung der Lichtgeschwindigkeit

Da die Ausbreitungsgeschwindigkeit des Lichts sehr groß ist, war es lange Zeit umstritten, ob sich das Licht einer Quelle überhaupt mit einer endlichen Geschwindigkeit ausbreitet oder ob es den umgebenden Raum *instantan* ausfüllt. Seit dem 17. Jh. ist es jedoch möglich, die Lichtgeschwindigkeit zu messen.

Später stellte sich heraus, dass es sich bei der Vakuumlichtgeschwindigkeit um eine sehr gut reproduzierbare Naturkonstante handelt; ihr Wert wurde daher auf 299 792 458 m/s festgelegt und dient seit 1983 zur Definition des Meters.

Diesen Wert berechnete MAXWELL auch für die Ausbreitungsgeschwindigkeit elektromagnetischer Wellen (vgl. 9.18). Er folgerte daraus, dass die Lichtausbreitung als Ausbreitung elektromagnetischer Wellen verstanden werden kann.

In Medien breitet sich das Licht mit geringerer Geschwindigkeit aus: In Wasser beträgt sie 3/4 und in Glas etwa 2/3 des Werts im Vakuum. In Luft ist die Lichtgeschwindigkeit nahezu so groß wie im Vakuum.

Messung von Rømer

Einen Hinweis auf die Endlichkeit der Lichtgeschwindigkeit erhielt der Däne OLE RØMER, der im 17. Jahrhundert die regelmäßige Verfinsterung des Jupitermonds Io beobachtete (Abb. 2). Ausgehend von dem Rhythmus, der in Position A beobachtet wird, lässt sich vorausberechnen, wann an einem bestimmten Tag mehrere Monate später ein weiterer Austritt des Monds aus dem Jupiterschatten zu erwarten ist.

Rømer stellte nun fest, dass sich der Austritt des Monds während der Phase, in der sich die Erde vom Jupiter entfernt, zunehmend verspätet. Er führte dies darauf zurück, dass das Licht in einer jupiterfernen Beobachtungsposition (B) im Vergleich zu einer nahen (A) zusätzlich einen Teil des Erdbahndurchmessers durchlaufen muss. Da Jupiter selbst sich vergleichsweise langsam bewegt, kann seine Positionsveränderung während dieser Zeit vernachlässigt werden. Die Verzögerung beträgt je nach Abstand der Positionen A und B mehrere Minuten. Mit den damaligen Abschätzungen des Erdbahndurchmessers ergibt sich für die Lichtgeschwindigkeit ein Wert von etwa 200 000 km/s.

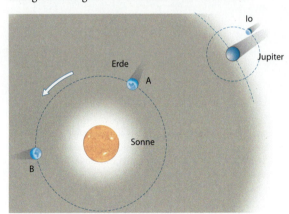

2 Bestimmung der Lichtgeschwindigkeit nach Rømer

Erdgebundene Messung

Die Geschwindigkeit des Lichts konnte später auch in zahlreichen Experimenten auf der Erde gemessen werden. Hierzu erzeugt man in der Regel ein sehr kurzes Lichtsignal und bestimmt dessen Laufzeit über eine bekannte Strecke. Wegen der Größe der Lichtgeschwindigkeit ist hierfür jedoch keine herkömmliche Uhr zu benutzen.

Bei Strecken, die auf der Erde realisierbar sind, dienen daher besonders schnelle Prozesse zur Zeitmessung. In zwei berühmt gewordenen historischen Experimenten wurde hierfür ein schnell rotierender Spiegel bzw. ein Zahnrad mit sehr vielen Zahn-Schlitz-Wechseln wie in Abb. 3 verwendet.

Auch moderne Oszilloskope können wie in Exp. 1 zur präzisen Zeitmessung eingesetzt werden. Das vom Spiegel S_2 reflektierte Signal trifft am Detektor etwa 67 ns später ein als das vom Referenzspiegel S_1 reflektierte Signal. Für die Lichtgeschwindigkeit c ergibt sich damit:
$c = 20 \text{ m}/67 \cdot 10^{-9} \text{ s} = 3{,}0 \cdot 10^8 \text{ m/s}.$

Das System der Jupitermonde wurde von Galilei entdeckt und trug zum heliozentrischen Weltbild bei.

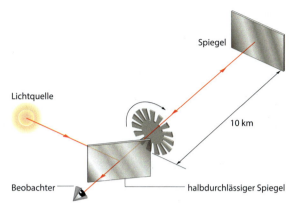

3 Zahnradmethode: Die Rotationsgeschwindigkeit des Zahnrads wird nach und nach erhöht, bis das reflektierte Lichtbündel nicht mehr durch die ursprüngliche Lücke gelangt, sondern auf den nachfolgenden Zahn trifft.

EXPERIMENT 1

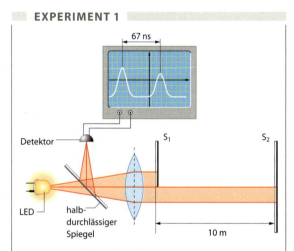

Eine Leuchtdiode wird zum Aussenden kurzer Lichtpulse angeregt, die an zwei Spiegeln reflektiert werden. Die zurückkommenden Lichtpulse werden registriert und zur Bestimmung der Laufzeit mit einem Oszilloskop dargestellt.

Im Laufe der Zeit wurden die Methoden zur Bestimmung der Lichtgeschwindigkeit immer genauer. Die Ergebnisse, die mit unterschiedlichen Verfahren erzielt wurden, zeigten nur äußerst geringe Abweichungen voneinander. Daher wird seit 1983 die Vakuumlichtgeschwindigkeit zur Bestimmung der SI-Basisgröße Meter verwendet (vgl. 2.2):
»Ein Meter ist die Strecke, die das Licht im Vakuum in 1/299 792 458 Sekunden zurücklegt.«

Lichtgeschwindigkeit in Medien

Für die Lichtgeschwindigkeit im Vakuum gilt (vgl. 9.18):

$$c = \frac{1}{\sqrt{\varepsilon_0 \cdot \mu_0}} = 2{,}997\,924\,58 \cdot 10^8 \, \frac{m}{s} \, . \tag{1}$$

Die Lichtgeschwindigkeit in Luft ist nur geringfügig kleiner als im Vakuum. In der Praxis rechnet man daher häufig mit $c_{\text{Luft}} \approx 3{,}0 \cdot 10^8$ m/s.

Allgemein wird die Ausbreitungsgeschwindigkeit elektromagnetischer Wellen in Medien durch die relative Permittivität ε_r und Permeabilität μ_r bestimmt. Es gilt:

$$c_r = \frac{1}{\sqrt{\varepsilon_0 \cdot \mu_0 \cdot \varepsilon_r \cdot \mu_r}} \, . \tag{2}$$

Da für die meisten Materialien, in denen sich Licht ausbreitet, $\mu_r \approx 1$ gilt (vgl. 6.5), ist im Allgemeinen ε_r der für die Lichtgeschwindigkeit entscheidende Parameter.

In einem einfachen Modell kann die Ausbreitung der elektromagnetischen Welle als Schwingung der Ladungswolken in Atomen, Ionen und Molekülen betrachtet werden: Die Ladungsträger schwingen je nach Eigenfrequenz mit einer bestimmten Phasenverschiebung zur einfallenden Welle. Diese Phasenverschiebung bewirkt eine verzögerte Weitergabe der Schwingung und damit eine geringere Ausbreitungsgeschwindigkeit. Sowohl die Lichtgeschwindigkeit als auch das Absorptions- und Reflexionsvermögen sind damit Stoffeigenschaften, die vom Schwingungsverhalten der Oszillatoren bestimmt werden.

Transparente Medien wie Glas oder Wasser absorbieren sichtbares Licht kaum und reflektieren es an ihrer Oberfläche nur zu einem kleinen Teil. Infrarotes Licht dagegen wird wegen seiner geringeren Frequenz fast vollständig an Glas reflektiert. An Metallen werden nahezu alle elektromagnetischen Wellen reflektiert (vgl. 9.15).

AUFGABEN

1 In einem Experiment wird die Lichtgeschwindigkeit nach der Pulsmethode bestimmt (Exp. 1). Als Messgerät dient dabei ein Oszilloskop dessen Zeitablenkung 0,1 µs/cm beträgt und dessen Bildschirm eine effektive Breite von 10 cm besitzt.
a Jeder Lichtpuls hat eine Dauer von 40 ns. Geben Sie an, in welcher Breite er auf dem Bildschirm des Oszilloskops dargestellt wird.
b Damit die beiden von den Spiegeln reflektierten Pulse auf dem Bildschirm noch getrennt wahrgenommen werden, müssen ihre Maxima einen Abstand von mindestens 6 mm haben. In welchem Abstand müssen die Spiegel hierfür stehen?

2 Dank eines auf dem Mond zurückgelassenen Spiegels kann die Lichtgeschwindigkeit bei bekanntem Abstand zwischen Mond und Erde bestimmt werden.
a Berechnen Sie die im Mittel zu erwartende Laufzeit des Lichts von der Erde zum Mond.
b Welchen Durchmesser d hat das auf den Spiegel auftreffende Laserlichtbündel, wenn es beim Austritt aus dem Laser als punktförmig angenommen werden darf und einen Öffnungswinkel von $\varphi = 0{,}02°$ besitzt?

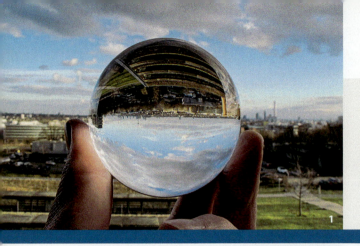

Die Ausbreitung von Licht lässt sich mithilfe gerader Lichtstrahlen beschreiben, die an Grenzflächen gebrochen und reflektiert werden. Dieses einfache Modell ist die Grundlage der geometrischen Optik und erklärt beispielsweise, weshalb uns beim Blick durch eine Glaskugel die Welt kopfstehend und seitenverkehrt erscheint.

10.2 Geometrische Optik

Der Verlauf von Lichtwegen oder Lichtstrahlen ist umfassend mit dem *Fermat'schen Prinzip* zu beschreiben. In vereinfachter Form lautet dieses:

Das Licht breitet sich auf dem Weg aus, für den es die geringste Zeit benötigt.

Der einfachste Fall tritt in einem homogenen Medium auf: Dort breitet sich das Licht geradlinig aus. Trifft das Licht auf einen Spiegel, so wird es reflektiert. Aus dem Fermat'schen Prinzip folgt das Reflexionsgesetz: Einfallswinkel und Reflexionswinkel sind gleich groß.
An der Grenze zweier Medien, in denen das Licht die unterschiedlichen Ausbreitungsgeschwindigkeiten c_1 bzw. c_2 besitzt, kommt es zur Brechung: Mit den Brechzahlen n_1 und n_2 lautet das Brechungsgesetz:

$$\frac{\sin\alpha_1}{\sin\alpha_2} = \frac{c_1}{c_2} = \frac{n_2}{n_1}. \tag{1}$$

Dabei sind α_1 und α_2 die gegen das Lot auf die Grenzfläche gemessenen Winkel der Ausbreitungsrichtung.

Grundlage der geometrischen Optik

Die geometrische Optik umfasst den Teil der Optik, für den das einfachste der Modelle des Lichts ausreicht. In diesem Modell wird das Licht mithilfe von Lichtstrahlen oder Lichtwegen beschrieben, die die Richtung der Lichtausbreitung angeben. Der Verlauf dieser Lichtwege lässt sich mit einem Prinzip beschreiben, das von dem Franzosen PIERRE DE FERMAT gefunden wurde. Danach nimmt das Licht zwischen zwei Punkten A und B den Weg, für den es die geringste Zeit benötigt.
Fermat wurde oft der Vorwurf gemacht, der Lichtausbreitung eine Zielgerichtetheit zuzusprechen, das Licht »wüsste« danach stets, welchen Weg es auszuwählen habe. Es lässt sich jedoch zeigen, dass seine Formulierung im Einklang mit dem Wellenmodell des Lichts steht (vgl. 10.3).

Im einfachsten Fall befindet sich zwischen zwei Punkten A und B weder ein Hindernis noch eine Grenzfläche. Dann ist der Weg mit der geringsten Laufzeit der gerade Weg.

Reflexion

Ein Spiegel verändert die Ausbreitungsrichtung des Lichts. Für den Weg des Lichts von einem Punkt A zu einem Punkt B sind unterschiedliche Wege denkbar (Abb. 2). Der Weg, den das Licht tatsächlich nimmt, ist der mit der kürzesten Laufzeit. Zugleich ist er der geometrisch kürzeste ↻.

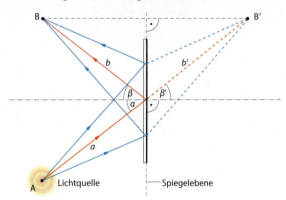

2 Für den kürzesten Weg von A nach B über den Spiegel gilt das Reflexionsgesetz: $\alpha = \beta$.

Punkt B und sein Spiegelbild B′ sind gleich weit von der Spiegelebene entfernt. Daher ist auch $b = b'$; die Strecke $a + b'$ ist also immer gleich der Strecke $a + b$. Da der kürzeste Weg von A nach B′ eine Gerade ist, stellt die Länge $a + b$ den kürzesten Weg zwischen A und B über den Spiegel dar. Weiter ist $\alpha = \beta'$; damit ergibt sich das Reflexionsgesetz $\alpha = \beta$.

Brechung

Die Ausbreitungsrichtung des Lichts ändert sich auch bei einem Übergang zwischen zwei transparenten Medien, wie etwa zwischen Luft und Glas. Der Grund für die Richtungsänderung ist, dass die Ausbreitungsgeschwindigkeit des Lichts in unterschiedlichen Medien unterschiedliche Werte besitzt. In Luft ist sie etwa so groß wie im Vakuum, wäh-

---

Seit 1983 ist die Ausbreitungsgeschwindigkeit des Lichts im Vakuum die Grundlage für die Definition der SI-Basiseinheit Meter.
2.2

rend sie beispielsweise in Glas nur rund $2 \cdot 10^8$ m/s beträgt. Der Weg K in Abb. 3 ist deshalb zwar der geometrisch kürzeste zwischen den Punkten A und B – er ist aber nicht derjenige, für den das Licht die geringste Zeit benötigt.

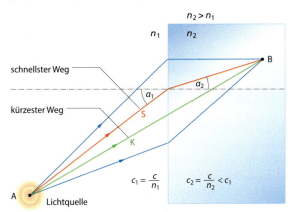

3 Der geometrisch kürzeste Weg ist hier nicht der schnellste.

Die insgesamt benötigte Zeit ist für den Weg S geringer, da das Licht hier einen größeren Anteil im Medium mit der höheren Geschwindigkeit zurücklegt. Aus dem Fermat'schen Prinzip ergibt sich dadurch auch das Brechungsgesetz für den Übergang zwischen zwei Medien wie Luft und Glas, in denen sich Licht mit unterschiedlichen Geschwindigkeiten ausbreitet ⟳:

$$\sin \alpha_{\text{Luft}} \cdot c_{\text{Glas}} = \sin \alpha_{\text{Glas}} \cdot c_{\text{Luft}}. \qquad (2)$$

Brechzahl n In der geometrischen Optik werden zur Beschreibung der Lichtausbreitung auch Brechzahlen verwendet. Die Brechzahlen zweier unterschiedlicher Medien verhalten sich umgekehrt wie deren Ausbreitungsgeschwindigkeiten (Gl. 1). So beträgt die Brechzahl für Luft etwa 1,0, für Glas ungefähr 1,5 und für Wasser 1,33.

Brechzahlen und Lichtgeschwindigkeiten

Stoff	n	c in 10^8 m/s
Luft	1,000 29	2,997 06
Wasser	1,33	2,25
Glas	1,5	2,0
Diamant	2,42	1,24
(Vakuum)	1	2,997 924 58

Sammellinsen

Für die optische Abbildung von Gegenständen werden Linsen eingesetzt, also Glaskörper mit meist sphärisch geformten Oberflächen. An beiden Oberflächen wird das Licht gebrochen.
Mit einer Sammellinse kann das von einem achsennahen Punkt A kommende Licht in einem anderen Punkt B gesammelt werden. Eine solche Linse ist im Bereich der optischen Achse dicker als am Rand, sodass das Licht dort einen größeren Weg in dem Medium mit der geringeren Ausbreitungsgeschwindigkeit zurücklegt (Abb. 4).

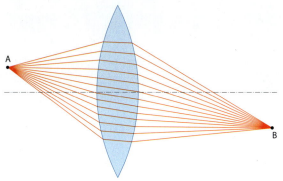

4 Lichtwege an einer Sammellinse

Bei geeigneter Formgebung werden alle Lichtwege zwischen den beiden Punkten in derselben Zeit durchlaufen. Licht von A gelangt dann hinter der Linse nur in den Punkt B; dieser stellt ein reelles Bild von A dar, das aufgefangen werden kann. Diese Abbildungsbedingung wird auch auch für Punkte erfüllt, die sich in der Nähe von A befinden: Eine Sammellinse kann also auch ausgedehnte Gegenstände Punkt für Punkt abbilden. Das entstehende Bild des Gegenstands erscheint kopfstehend und seitenverkehrt.

AUFGABEN

1 Für Licht, das über einen Spiegel von einer Quelle zu einem Empfänger gelangt, stehen bei der Reflexion unterschiedliche Wege zur Verfügung. Begründen Sie, dass derjenige Weg, für den das Reflexionsgesetz gilt, der kürzeste ist.

2 Die Brechzahl in einer bestimmten Glassorte beträgt für rotes Licht $n_{\text{rot}} = 1{,}51$ und für blaues Licht $n_{\text{blau}} = 1{,}52$. Auf ein Prisma, dessen Grundfläche ein gleichseitiges Dreieck ist, fällt ein schmales Lichtbündel mit einem Einfallswinkel von 45°. Das Licht wird auf einem 2 m entfernten Schirm aufgefangen. Berechnen Sie den Abstand zwischen dem blauen und dem roten Bereich im Spektrum auf dem Schirm.

3 Ein Rettungsschwimmer A befindet sich am Strand in einiger Entfernung von der Wasserlinie. Er will einer in Not geratenen Person B im Wasser möglichst schnell zu Hilfe eilen.
a Durch welche Parameter wird der schnellste Weg des Rettungsschwimmers bestimmt?
b Setzen Sie sich kritisch mit folgender Aussage auseinander: »Das Licht ›weiß‹ in einer Situation wie in Abb. 3, welcher Weg der schnellste ist. Es nimmt daher auch nur den rot eingezeichneten Wegs.«

Leuchtende Gegenstände zeigen manchmal Farberscheinungen, die lange Zeit nicht verstanden und eher als störend empfunden wurden. Dahinter steckt aber ein grundlegendes Phänomen: Licht kann gebeugt werden. Im einfachsten Fall zeigt sich die Beugung beim Blick auf eine Kerzenflamme durch einen engen Spalt zwischen zwei Daumen: Die Flamme erscheint verbreitert und von weiteren hellen Bereichen umgeben.

1

10.3 Beugung von Licht

Licht verhält sich hinter einem Hindernis nicht so, wie es nach der geometrischen Optik zu erwarten wäre, sondern es tritt in den Schattenraum ein. Dieses Phänomen ist charakteristisch für die Ausbreitung von Wellen und wird Beugung genannt (vgl. 9.5).

Auf einem Schirm hinter einem schmalen Spalt, der von einer kleinen Lichtquelle beleuchtet wird, erscheint ein Muster von hellen und dunklen Bereichen: den Beugungsmaxima und -minima. Hinter einem Spalt der Breite b entsteht das n-te Minimum im Winkel α_n neben der optischen Achse. Es gilt:

$$\sin\alpha_n = n \cdot \frac{\lambda}{b}. \qquad (1)$$

Zwischen diesen Minima liegen Maxima mit:

$$\sin\alpha_n = \left(n + \frac{1}{2}\right) \cdot \frac{\lambda}{b}. \qquad (2)$$

Beugung am Einfachspalt

Die Beugung von Licht ist im Alltag nicht auffällig, sie zeigt sich jedoch, wenn das Licht durch einen hinreichend schmalen Spalt tritt (Abb. 1): Neben der Kerzenflamme sind weitere, schwächere Bilder der Flamme zu beobachten.

EXPERIMENT 1

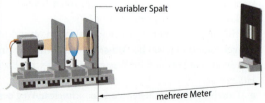

Ein schmaler Spalt wird mit weißem Licht beleuchtet und durch eine Sammellinse auf einen Schirm abgebildet. Hinter der Sammellinse wird ein Spalt mit veränderbarer Breite b in den Lichtweg gestellt.

In Exp. 1 gelangt das Licht hinter einem Spalt auf einen Schirm, auf dem sich helle und dunkle Streifen zeigen (Abb. 2). Die hellen Streifen werden auch als Maxima n-ter Ordnung bezeichnet, das Hauptmaximum im Zentrum ist danach das Maximum nullter Ordnung.

Je enger der Spalt ist, desto deutlicher sind die Beugungsmaxima neben dem Hauptmaximum zu erkennen. Auch der Abstand und die Breite der Maxima nehmen zu.

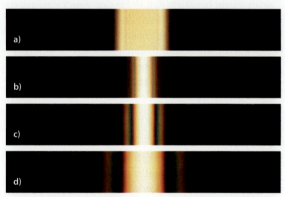

2 Beugungsbild eines Einzelspalts bei verschiedenen Spaltbreiten b. Die Spaltbreite wird von oben nach unten geringer.

Lage der Minima

Um das erste Minimum neben dem Hauptmaximum mit dem Wellenmodell zu erklären, kann der Spalt gedanklich in zwei Bereiche aufgeteilt werden (Abb. 3). Beide enthalten eine größere Anzahl äquidistanter Lichtwege w_i.

Es wird angenommen, dass Lichtquelle und Schirm weit von der Spaltebene entfernt sind. In diesem Fall verlaufen sämtliche Lichtwege vor dem Spalt und hinter dem Spalt jeweils nahezu parallel zueinander. Nur in diesem Fall entstehen die charakteristischen Beugungsbilder wie in Abb. 1; man bezeichnet dies als *Fraunhofer-Beugung*.

Das erste Minimum des Beugungsbilds tritt unter dem Winkel α_1 auf. Zwischen den Lichtwegen w_1 und w_{41} besteht gerade ein Weglängenunterschied von $\Delta s = \lambda/2$. Die Lichtwege w_2 und w_{42} usw. besitzen jeweils dieselbe Längendifferenz: Zu jedem Lichtweg aus der ersten Hälfte gibt es also genau einen Lichtweg aus der zweiten Hälfte mit diesem Weglängenunterschied. Damit löscht sich das Licht unter dem Winkel α_1 aus. Es gilt:

$$\sin\alpha_1 = \frac{\Delta s}{\frac{b}{2}} = \frac{\frac{\lambda}{2}}{\frac{b}{2}} = \frac{\lambda}{b}. \quad (3)$$

a)

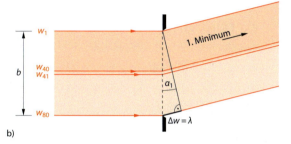

b)

3 Entstehung des ersten Minimums bei Beugung am Spalt

Um die Lage des zweiten Minimums zu bestimmen, wird der Spalt gedanklich in vier Abschnitte mit je 20 Wegen geteilt (Abb. 4). Besteht nun für einen Winkel α_2 ein Längenunterschied von λ zwischen dem ersten und dem 41. Lichtweg, so beträgt der Unterschied zwischen dem ersten und dem 21. Lichtweg gerade $\lambda/2$. Dann interferiert jeweils ein Lichtweg des ersten Viertels mit einem Lichtweg des zweiten Viertels destruktiv. Das Gleiche gilt für jeweils einen Lichtweg des dritten und des vierten Spaltabschnitts. Analog zu Gl. (3) ergibt sich für das zweite Minimum:

$$\sin\alpha_2 = \frac{\Delta s}{\frac{b}{2}} = 2\frac{\lambda}{b}. \quad (4)$$

Allgemein gilt für das n-te Minimum Gl. (1).

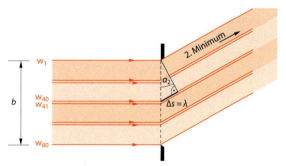

4 Entstehung des zweiten Minimums bei Beugung am Spalt

Lage der Maxima

Zwischen den Minima liegen die Maxima, deren Position berechnet wird, indem man den Spalt gedanklich in eine ungerade Anzahl von Teilspalten zerlegt (Abb. 5). Bei einer Zerlegung in drei Teile findet sich zu jedem Lichtweg im ersten Teilbündel ein Lichtweg im zweiten Teilbündel, der um $\Delta s = \lambda/2$ länger ist. So interferieren das erste und zweite Teilbündel destruktiv; aus dem Licht des dritten Teilbündels ergibt sich die Intensität des ersten Maximums. Für den Winkel, unter dem dieses zu beobachten ist, gilt:

$$\sin\alpha_1 = \frac{\Delta s}{\frac{b}{3}} = \frac{3}{2}\frac{\lambda}{b}. \quad (5)$$

Allgemein ergibt sich für das n-te Maximum Gl. (2).

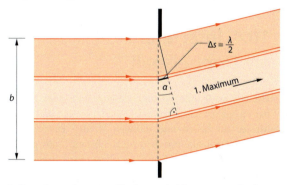

5 Entstehung des ersten Maximums bei Beugung am Spalt

Das Auftreten der Maxima und Minima ist also durch die Interferenz des Lichts, das mehrere Wege nimmt, zu erklären. Daher werden die beiden Begriffe Beugung und Interferenz oft nicht streng voneinander getrennt. Auf dem Schirm erscheinen die Maxima und Minima an der Stelle x, für die gilt: $\tan\alpha = x/y$.

■ AUFGABEN

1. Erläutern Sie, inwiefern Beugungsexperimente die Grenzen der geometrischen Optik aufzeigen.
2. Berechnen Sie den Winkel, unter dem das 3. Beugungsminimum hinter einem Spalt der Breite 0,3 mm bei Beleuchtung mit rotem Laserlicht ($\lambda = 630$ nm) entsteht.
3. Abbildung 2 zeigt die Beugungsmaxima bei Beleuchtung eines Spalts mit weißem Licht. Angenommen, der Spalt ist 0,5 mm breit und wird mit einem parallelen Lichtbündel beleuchtet. Der Schirm befinde sich 2 m hinter dem Spalt.
   Berechnen Sie für diesen Fall die Positionen des 1. Maximums im roten Bereich ($\lambda = 650$ nm) und des 1. Maximums im blauen Bereich ($\lambda = 450$ nm). Geben Sie die Abstände zur optischen Achse an.
4. Nach dem Babinet'schen Prinzip gleichen sich die Beugungsbilder eines Spalts und eines Drahts derselben Breite. Schildern Sie ein Experiment, in dem die Dicke von Haaren mithilfe von rotem Laserlicht ($\lambda = 630$ nm) bestimmt werden kann. Schätzen Sie die Abstände zweier Minima auf einem Schirm ab, der sich 2 m hinter einem beleuchteten Haar befindet.

Wird die Spaltbreite verringert, vergrößert sich die Breite des zentralen Maximums. Eine ähnliche Komplementarität findet sich auch bei anderen Paaren von Größen.

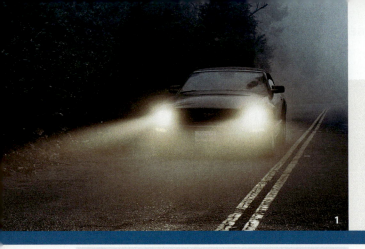

Das Licht zweier Autoscheinwerfer überlagert sich im Raum. Käme es zur Interferenz, wären die Scheinwerfer von manchen Positionen aus nicht zu sehen: Ihr Licht würde sich gegenseitig auslöschen. Da die Quellen aber unabhängig voneinander leuchten, sind sie von jedem Punkt aus zu beobachten.

10.4 Interferenz am Doppelspalt

Hinter einer Blende mit zwei sehr engen, dicht benachbarten Spalten kann sich das Licht überlagern und ein Muster aus hellen und dunklen Streifen entstehen. Werden die Spalte mit dem Mittenabstand d aus großer Entfernung mit Licht der Wellenlänge λ beleuchtet, erscheint das n-te Maximum unter dem Winkel α_n neben der optischen Achse. Es gilt:

$$\sin\alpha_n = n \cdot \frac{\lambda}{d}. \qquad (1)$$

Zwischen den Maxima liegen Minima. Für sie gilt:

$$\sin\alpha_n = \left(n - \frac{1}{2}\right) \cdot \frac{\lambda}{d}. \qquad (2)$$

EXPERIMENT 1

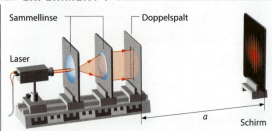

Das Lichtbündel eines roten Lasers wird zu einem breiteren parallelen Bündel aufgeweitet, um damit eine Blende mit zwei schmalen, eng benachbarten Spalten zu beleuchten. Auf dem Schirm hinter dem Doppelspalt ist ein breites Muster mit hellen und dunklen Bereichen sichtbar. Die Abstände x_i der hellen und dunklen Bereiche zur Mitte des Interferenzbilds werden vermessen.

Lage der Minima und Maxima

Im Wellenmodell des Lichts entsteht das Muster auf dem Schirm hinter einem Doppelspalt durch Interferenz: Die beiden Spalte senden danach Wellen aus, die im zweidimensionalen Schnittbild Kreiswellen darstellen. Der Doppelspalt entspricht damit zwei punktförmigen Erregern, die in eine Wasseroberfläche eintauchen (vgl. 9.6).

Für eine genauere Untersuchung können enge Spalte mit einem bekannten Mittenabstand d verwendet und mit dem Licht eines Lasers oder einer schmalen Lichtquelle beleuchtet werden (Exp. 1). Wenn die Doppelspaltblende mit einem parallelen Lichtbündel beleuchtet wird, erreichen die Wellenfronten beide Spalte zeitgleich, und die beiden Elementarwellen, die von den beiden Spalten ausgehen, sind phasengleich. Die Helligkeit in einem bestimmten Punkt P auf dem Schirm wird dann durch den Wegunterschied Δs bestimmt (Abb. 2). Beträgt dieser ein ganzzahliges Vielfaches der Wellenlänge λ, so kommt es zu konstruktiver Interferenz. Das Maximum n-ter Ordnung erscheint also unter der Bedingung:

$$\Delta s = n \cdot \lambda \quad \text{mit} \quad n = 0, 1, 2, 3 \ldots \qquad (3)$$

Für Wegdifferenzen, die ein ungeradzahliges Vielfaches von $\lambda/2$ sind, ergibt sich ein Minimum:

$$\Delta s = \left(n - \frac{1}{2}\right) \cdot \lambda. \qquad (4)$$

Die Wege von den beiden Spaltöffnungen zum Zentrum des Interferenzbilds sind gleich lang, sodass dort kein Wegunterschied vorliegt. Es entsteht dort das Maximum nullter Ordnung.

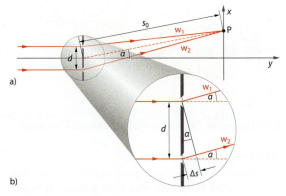

2 Zur Berechnung der Lage von Minima und Maxima

Ist der Schirm weit von der Spaltblende entfernt, so verlaufen die beiden Lichtwege w$_1$ und w$_2$ nahezu parallel zueinander. In diesem Fall gilt für den Winkel α, unter dem das Interferenzmaximum erscheint:

$$\sin\alpha = \frac{\Delta s}{d}. \qquad (5)$$

Mit Gl. (3) ergibt sich daraus die Bedingung für das Auftreten von Maxima (Gl. 1). Für die Lage der Minima folgt auf gleiche Weise die Gleichung (2).

Auf dem Schirm im Abstand y von der Spaltblende erscheinen Minima und Maxima an der Stelle x, für die gilt:

$$\tan\alpha = \frac{x}{y}. \qquad (6)$$

Durch eine Messung der Lage der Interferenzmaxima lässt sich also bei bekanntem Schirmabstand y auch die Wellenlänge λ des verwendeten Lichts bestimmen.

Intensität an den Interferenzmaxima

Die Breite b der beiden Spalte macht sich in der Intensität des Schirmbilds bemerkbar: Einerseits wird die Intensität der Maxima umso größer, je breiter die Spalte sind, je mehr Licht also hindurchtreten kann. Andererseits sind die Spalte mit zunehmender Breite auch nicht mehr als Punktlichtquellen zu betrachten.

Nur durch die Beugung an den Spaltöffnungen kommt es dazu, dass das Licht hinter einem Doppelspalt Interferenz zeigt. Hinter jedem Spalt ist die Lichtintensität winkelabhängig moduliert (vgl. 10.3). Es ergibt sich eine Intensitätsverteilung wie in Abb. 3: Das Interferenzbild eines Doppelspalts hat nur dort eine große Intensität, wo die Beugungsmaxima der beiden Einzelspalte liegen.

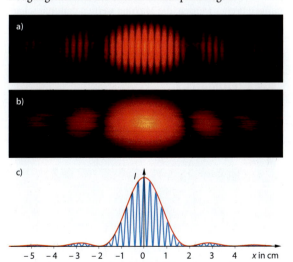

3 a) Interferenzmuster eines Doppelspalts mit d = 0,6 mm und b = 0,08 mm, Schirmabstand s$_0$ = 2,67 m; b) Beugungsmuster eines Einzelspalts mit b = 0,08 mm; c) berechnete Intensität

Kohärenz

Damit zwei Wellen ein stabiles Interferenzmuster im Raum bilden, müssen ihre Phasenbeziehungen zueinander konstant sein, sie müssen *kohärent* sein. Bei Wasserwellen ist das leicht zu realisieren (vgl. 9.6).

Zwei nebeneinander aufgestellte Lichtquellen ergeben jedoch kein Interferenzmuster (Abb. 1). Der Grund hierfür ist, dass das von einer einfachen Lichtquelle, wie etwa einer Glühlampe, ausgesendete Licht das Ergebnis vieler einzelner atomarer Prozesse ist. Bei jedem dieser Prozesse entsteht nach dem Wellenmodell ein kurzer Wellenzug. Das von zwei unterschiedlichen Lichtquellen oder von zwei Punkten einer ausgedehnten Lichtquelle kommende Licht hat keine feste Phasenbeziehung und ist daher normalerweise nicht interferenzfähig.

Die Öffnungen eines Doppelspalts stellen zwei kohärente Lichtquellen dar, weil die von ihnen ausgehenden Elementarwellen von derselben Lichtquelle angeregt werden. Hierfür muss allerdings gewährleistet sein, dass nicht verschiedene, voneinander unabhängige Bereiche einer ausgedehnten Lichtquelle die beiden Spalte zugleich beleuchten. Die Doppelspaltblende muss daher mit einer schmalen Lichtquelle beleuchtet werden. Alternativ lässt sich Laserlicht verwenden, das als Folge seines Entstehungsprozesses über den gesamten Bündelquerschnitt kohärent ist.

AUFGABEN

1 Beschreiben Sie die Effekte, die sich ergeben, wenn bei einem variablen Doppelspalt
   a der Spaltmittenabstand vergrößert wird und
   b die Breite der einzelnen Spalte vergrößert wird.

2 Durch einen Doppelspalt fällt paralleles rotes Licht. Auf einem 3 m entfernten Schirm treten Interferenzerscheinungen auf. Der Abstand zwischen dem 0. und 1. Maximum beträgt 4 mm. Der Spaltabstand beträgt d = 0,5 mm. Bestimmen Sie die Wellenlänge des Lichts.

3 a Welchen Mittenabstand d müssen die Spalte eines Doppelspalts besitzen, sodass bei Beleuchtung mit parallelem Licht der Wellenlänge 630 nm auf einem 3 m entfernten Schirm das 3. Minimum in x = 2 mm Abstand neben dem 0. Maximum erscheint?
   b Welche Breite b müssen die Spalte jeweils besitzen, wenn das 3. Minimum mit dem ersten Beugungsminimum zusammenfallen soll?
   c Entwickeln Sie eine Gleichung, die angibt, wie breit die Spalte sein müssen, damit bei bekanntem Spaltmittenabstand d das n$_d$-te Doppelspaltinterferenzminimum mit dem n$_b$-ten Beugungsminimum zusammenfällt.

4 Wie müssten Autoscheinwerfer prinzipiell konstruiert sein, um ein Interferenzmuster auf der Straße zu erzeugen? In welchem Bereich müsste die Wellenlänge des Lichts ungefähr liegen, damit überhaupt ein Muster sichtbar würde?

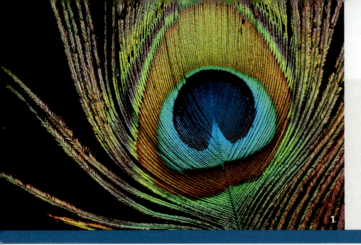

Eine Pfauenfeder schimmert je nach Blickwinkel farbig. Das Material der Feder selbst besitzt diese Farben nicht – sie entstehen durch Interferenz des Lichts an der regelmäßigen mikroskopischen Struktur der Feder.

10.5 Optisches Gitter

Sehr viele gleichartige äquidistante Spalte bilden ein optisches Gitter. Im Vergleich zum Doppelspalt entstehen hinter einem Gitter hellere und schärfere Interferenzmaxima, die von breiten Minima getrennt werden. Der Abstand der Gitteröffnungen wird Gitterkonstante g genannt. Maxima entstehen hinter einem Gitter bei:

$$\sin\alpha_n = n \cdot \frac{\lambda}{g} \quad \text{mit} \quad n = 0, 1, 2 \ldots \quad (1)$$

Röntgenstrahlung kann durch die Netzebenen von Kristallen zur Interferenz gebracht werden. Fällt sie unter einem bestimmten Winkel α auf die Netzebenen mit dem Abstand d, so wird sie unter dem gleichen Winkel partiell reflektiert. Dieser Winkel muss der *Bragg'schen Bedingung* genügen:

$$\sin\alpha_n = n \cdot \frac{\lambda}{2d} \quad \text{mit} \quad n = 0, 1, 2 \ldots \quad (2)$$

Interferenz am Gitter

Wird neben einem Doppelspalt ein weiterer Spalt im selben Spaltmittenabstand angebracht, so trifft an jedem Maximum auf dem Schirm weiteres Licht auf. Dieses hat dieselbe Phasenbeziehung zum Licht aus dem Doppelspalt wie das Licht der beiden Spalte des Doppelspalts untereinander. Die Maxima eines Dreifachspalts liegen also an denselben Stellen wie die des Doppelspalts, sind jedoch heller.

Eine Spaltblende mit sehr vielen äquidistanten Spalten ist ein optisches Gitter. Die Winkel, unter denen die Maxima entstehen, hängen vom Abstand der Spaltmitten, der Gitterkonstante g, ab. Beträgt der Wegunterschied des von den Gitteröffnungen kommenden Lichts ein ganzzahliges Vielfaches der Wellenlänge λ, so kommt es zu konstruktiver Interferenz (Abb. 2). Das Maximum n-ter Ordnung erscheint also unter der Bedingung

$$\Delta s = n \cdot \lambda \quad \text{mit} \quad n = 0, 1, 2, 3 \ldots \quad (3)$$

Das Maximum entsteht daher unter dem Winkel:

$$\sin\alpha = \frac{\Delta s}{g}. \quad (4)$$

Auf dem Schirm im Abstand y vom Gitter erscheinen die Maxima an der Stelle x mit $\tan\alpha = x/y$ (vgl. 10.4, Abb. 2).

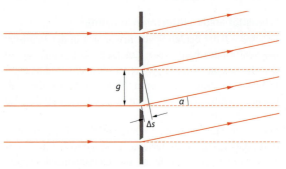

2 Das optische Gitter als Mehrfachspalt

Die Maxima hinter einem optischen Gitter werden durch Minima getrennt, die mit zunehmender Zahl der Gitteröffnungen breiter werden; die Maxima werden dadurch schärfer. Gitter sind daher geeignet, die spektrale Zusammensetzung des Lichts zu untersuchen. Die Lichtquelle kann auch direkt durch das Gitter beobachtet werden (Exp. 1).

EXPERIMENT 1

Eine Glühlampe wird direkt durch ein optisches Gitter betrachtet. Man sieht kontinuierliche Farbspektren (a). Eine Leuchtstofflampe dagegen, parallel zu den Gitteröffnungen gehalten, liefert ein nicht kontinuierliches Spektrum (b).

Reflexionsgitter

Das Interferenzmuster eines optischen Gitters kann auch auf der Seite beobachtet werden, von der das Gitter beleuchtet wird. In diesem Fall kommt das von den Gitterstrichen zurückgestreute Licht zur Interferenz. Auch andere regelmäßige Oberflächenstrukturen zeigen Gitterinterferenz, sofern sie eng genug sind (Abb. 1).
Für die Lage der Maxima im reflektierten Licht gilt dieselbe Beziehung wie im Fall der Transmission (Gl. 1). Mit geringer werdendem Abstand g zwischen den Gitterstrichen erscheinen die Maxima weiter voneinander getrennt. Schließlich wird der Winkel α so groß, dass nur noch das nullte Interferenzmaximum beobachtet werden kann, das Licht also direkt reflektiert wird.
Bei schräger Beleuchtung eines Gitters unter einem Winkel α ergibt sich ein gleich großer Reflexionswinkel für das nullte Maximum. Ein hinreichend enges Gitter reflektiert das Licht also wie ein Spiegel.

Röntgenbeugung

Im Vergleich zu sichtbarem Licht durchdringt Röntgenstrahlung Materie relativ ungestört. Wird ein Salzkristall (z. B. NaCl oder LiF) mit einem engen Bündel durchstrahlt, so wird jedoch ein Teil der Röntgenstrahlung unter bestimmten Winkeln abgelenkt (Exp. 2).

EXPERIMENT 2

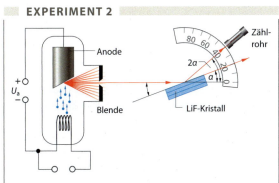

Die von einer Röntgenröhre erzeugte Strahlung trifft unter einen Winkel α auf die Netzebenen eines LiF-Kristalls, der drehbar gelagert ist. Mit einem Zählrohr wird die Intensität der vom Kristall gebeugten Strahlung registriert.

An den Gitterpunkten der Netzebenen im Kristall wird die Röntgenstrahlung gestreut (Abb. 3). Da die Gitterpunkte sehr dicht nebeneinanderliegen, kommt es zu einer Reflexion ähnlich wie an einem Reflexionsgitter: Für das nullte Maximum gilt das Reflexionsgesetz. Zu einer merklichen Gesamtintensität führt die Reflexion jedoch nur dann, wenn die von den einzelnen Netzebenen reflektierte Strahlung konstruktiv miteinander interferiert, wenn also die Weglängendifferenz Δs gleich der Wellenlänge λ oder einem ganzzahligen Vielfachen davon ist.

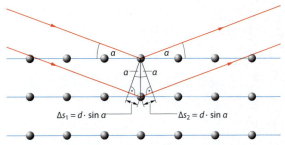

3 Weglängendifferenzen bei Reflexion an den Netzebenen in einem Kristall

Die Weglängendifferenz setzt sich dabei aus zwei Teilbeträgen zusammen. Mit dem Netzebenenabstand d gilt:

$$\Delta s = \Delta s_1 + \Delta s_2 = 2\,d \cdot \sin\alpha. \tag{5}$$

Zu konstruktiver Interferenz kommt es also, wenn die folgende Bedingung erfüllt ist:

$$n \cdot \lambda = 2\,d \cdot \sin\alpha. \tag{6}$$

Für die Winkel, unter denen Röntgenstrahlung registriert werden kann, gilt dann Gl. (2).
Der Unterschied in den Gleichungen (1) und (2) kommt dadurch zustande, dass α bei der Interferenz am optischen Gitter den Ablenkwinkel gegenüber der ursprünglichen Ausbreitungsrichtung bezeichnet (Abb. 2). Bei der Röntgenbeugung wird dagegen üblicherweise der Winkel zwischen einfallender Strahlung und Netzebene α genannt (Abb. 3). Der Ablenkwinkel der Strahlung beträgt also hier insgesamt 2α.

AUFGABEN

1 a Geben Sie die Gleichungen an, mit denen die Maxima hinter einem Doppelspalt und hinter einem optischen Gitter berechnet werden.
b Beschreiben Sie die qualitativen Abhängigkeiten, die diese Gleichungen ausdrücken.
c Begründen Sie, dass die Gleichungen strukturell die gleiche Form haben.
d Beschreiben Sie, wodurch sich das Schirmbild hinter einem Vierfachspalt von dem eines Doppelspalts unterscheidet, wenn gleiche Spaltbreiten und gleiche Spaltabstände vorliegen.

2 Auf einer CD wird das Tonsignal digital in einer spiralförmigen Spur kodiert. Diese Spur wirkt als optisches Reflexionsgitter. Bestimmen Sie den Abstand der Linien, indem Sie die CD mit einem Laserpointer beleuchten und das reflektierte Interferenzmuster auf einem Blatt Papier vermessen.

3 Begründen Sie, dass bei der Interferenz hinter einem Gitter die Intensität im Maximum 10 000-fach größer wird, wenn das Gitter 1000 statt 10 Öffnungen besitzt. Verwenden Sie hierzu Aussagen aus Kap. 9.7.

Gravitationswellen von stellaren Ereignissen bewirken bei uns minimale Änderungen der Raumstruktur. Um sie nachzuweisen, gibt es Anlagen mit 4 km langen Armen, in denen das Licht auf unterschiedliche Wege geschickt wird, am Ende jeweils reflektiert und schließlich zur Interferenz gebracht wird. Eine Gravitationswelle müsste sich unterschiedlich auf die Lichtwege auswirken und so zu einer Änderung des Interferenzmusters führen.

10.6 Interferometer

Licht kann Interferenz zeigen, wenn zwei Teilbündel aus einer Wellenfront verwendet werden. Dies geschieht z. B. an einem Doppelspalt. Das Licht einer Quelle kann aber auch an einem teildurchlässigen Spiegel aufgespalten werden. Dieser lässt die eine Hälfte des auftreffenden Lichts passieren, die andere Hälfte wird reflektiert. Werden die beiden Teilbündel später wieder überlagert, kommt es zur Interferenz.

In einem typischen Interferometer wird eintreffendes Licht in zwei Teilbündel aufgespalten, die getrennte Wege durchlaufen, um anschließend wieder überlagert zu werden. Das hierbei entstehende Interferenzmuster ist in hohem Maße sensibel gegenüber Veränderungen der Länge eines der beiden Lichtwege bzw. gegenüber der Geschwindigkeit des Lichts auf den beiden einzelnen Wegen.

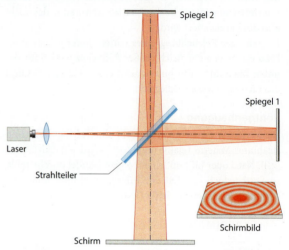

2 Lichtwege am Michelson-Interferometer. Die Brechung am Glas des Strahlteilers ist nicht dargestellt.

Michelson-Interferometer

Die partielle Reflexion an einer Glasplatte kann durch eine Verspiegelung, also durch eine aufgedampfte dünne Metallschicht, verstärkt werden. Bei geeigneter Wahl dieser Verspiegelung wird genau die Hälfte des einfallenden Lichts reflektiert. Der Amerikaner ALBERT A. MICHELSON nutzte dies, um das Lichtbündel einer Quelle zu teilen und die beiden Teilbündel dann wieder zu überlagern.

In der modernen Form eines Michelson-Interferometers wird das aufgeweitete Lichtbündel eines Lasers auf eine halbdurchlässig verspiegelte Glasplatte gerichtet, die als Strahlteiler dient (Abb. 2). Die Hälfte des Lichts durchdringt den Strahlteiler und erreicht den Spiegel 1, während die andere Hälfte hinter dem Strahlteiler den Spiegel 2 erreicht. Das Licht gelangt auf beiden Wegen dann wieder zurück zum Strahlteiler und trifft schließlich auf den Schirm. Falls die beiden Lichtwege gleich lang sind oder sich um ein Vielfaches von λ unterscheiden, interferiert das Licht im Zentrum der Lichtbündel konstruktiv; falls der Weglängenunterschied Δs einer halben Wellenlänge entspricht, kommt es zu destruktiver Interferenz.

Um den zentralen Punkt auf dem Schirm bildet sich ein ringförmiges Interferenzmuster aus. Die Ringe entstehen gerade dort, wo sich zwei Kugelwellen gleicher Wellenlänge, die dicht nebeneinander starten, gleichphasig überlagern. Ein Ring ist damit der geometrische Schnittbereich zweier Kugeloberflächen mit unterschiedlichen Zentren (Abb. 3).

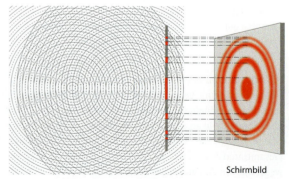

3 Die Interferenz zweier Kugelwellen auf einem Schirm führt zu Maxima in den Bereichen, in denen die beiden Wellen dieselbe Phase aufweisen.

Das Interferometer lässt sich zur Messung kleinster Weglängenänderungen einsetzen; auch die Wellenlänge des Lichts kann damit bestimmt werden. Hierzu wird die Position eines der beiden Spiegel mit einer Mikrometerschraube verstellt. Oft wird dabei die Mikrometerschraube noch mit einer Untersetzung gedreht. Beim Ändern der Spiegelposition durchläuft das Zentrum des Schirmbilds eine Folge von Maxima und Minima, die abzuzählen ist ↻.

Brechzahl von Luft

Ein Michelson-Interferometer kann benutzt werden, um die Brechzahl von Luft zu bestimmen, die nur wenig vom Wert 1,0 abweicht (Exp. 1). Hierzu wird zwischen den Strahlteiler und einen der beiden Spiegel ein mit Luft gefüllter Behälter gebracht. Beim Evakuieren des Behälters nimmt die Wellenlänge in diesem Bereich zu. Obwohl die Wellenlängenänderung sehr klein ist, verschieben sich die Maxima des Interferenzmusters auf dem Schirm deutlich.

EXPERIMENT 1

In einen der beiden Lichtwege eines Michelson-Interferometers wird ein Behälter der Länge s_B eingebracht. Auf dem Schirm wird ein Maximum markiert und anschließend der Behälter langsam evakuiert. Das Maximum verschiebt sich, die Verschiebung wird beobachtet.

Die Länge s_B des Behälters entspricht bei Luft unter Normaldruck gerade k Wellenlängen: $s_B = k \cdot \lambda_{\text{Luft}}$. An einer bestimmten Stelle des Schirms erscheint ein Maximum, wenn die Phasendifferenz der beiden Lichtbündel null ist, also $\Delta s = n \cdot \lambda$ gilt. Wird nun der Behälter langsam evakuiert, verändert sich die Phase des Lichtbündels 1. Bei einem bestimmten Druck ist die Phase wieder die gleiche wie im Ausgangszustand. Auf dem Schirm hat sich dann das Interferenzmuster um ein Maximum verschoben. Hieraus kann die Brechzahl der Luft bestimmt werden ↻.

Mach-Zehnder-Interferometer

Für manche Experimente wird ein Interferometer benötigt, bei dem das Licht jede Strecke nur einmal durchläuft. Im Mach-Zehnder-Interferometer wird das Licht in einem ersten teildurchlässigen Spiegel aufgespalten und durchläuft dann zwei getrennte Wege, bevor es durch einen zweiten teildurchlässigen Spiegel wieder überlagert wird (Abb. 4).

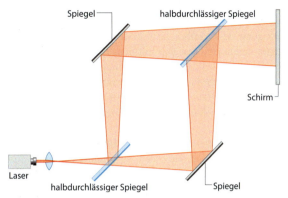

4 Mach-Zehnder-Interferometer: Das Licht durchläuft jede Strecke nur einmal.

Mit einem Mach-Zehnder-Interferometer kann die Änderung der Brechzahl eines Mediums auf einer größeren Fläche sichtbar gemacht werden. Dann werden zum Beispiel die optischen Weglängen in einem Bündel durch das Einbringen einer Kerzenflamme verändert und als Interferogramm abgebildet.

AUFGABEN

1 Für manche Messungen mit dem Michelson-Interferometer wird in den Lichtweg vor Spiegel 1 (Abb. 2) eine Glasplatte eingefügt. Diese hat dieselbe Dicke wie der verwendete Spiegel und wird parallel zu diesem aufgestellt. Begründen Sie, dass dies notwendig ist, wenn die beiden Arme genau dieselbe optische Länge, also dieselben Lichtlaufzeiten, besitzen sollen.

2 Die Kammer in Experiment 1 wird vollständig evakuiert; dabei wird die Anzahl der durchlaufenden Maxima bestimmt. Dadurch erhält man das Verhältnis der Wellenlängen des verwendeten Lichts $\lambda_{\text{Luft}}/\lambda_{\text{Vakuum}}$. Beschreiben Sie, wie sich daraus die Brechzahl der Luft bestimmen lässt.

3 Erläutern Sie die Funktionsweise eines Interferometers, das lediglich aus zwei Spiegeln mit dickem Glas besteht.

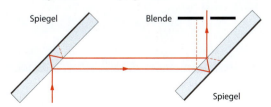

METHODEN

10.7 Intensitätsberechnung mit Zeigern

Beugungsformen

Das Wellenmodell des Lichts erklärt Phänomene wie Interferenz und Beugung, die von den Gesetzen der geometrischen Optik nicht erfasst werden. Der einfachste Fall der Beugung, dass nämlich Licht in den geometrischen Schattenraum eintritt, lässt sich mit dem *Huygens'schen Prinzip* beschreiben (vgl. 9.3). Danach genügt es beispielsweise, hinter einer sehr kleinen Öffnung nur die Ausbreitung einer einzelnen Elementarwelle zu berücksichtigen. Von einem sehr schmalen, beleuchteten Spalt geht eine Zylinderwelle aus.

Tatsächlich zeigt sich bei der Beleuchtung eines Spalts, dass es im Schattenraum außerdem zu Intensitätsminima und -maxima kommt. Der Grund hierfür ist, dass auch ein sehr schmaler Spalt immer noch vergleichsweise groß gegen die Wellenlänge des Lichts ist. Die entstehende Aufhellung bildet das 0. Maximum, daneben gibt es Minima und Maxima. Sie können nicht durch die Betrachtung einer einzelnen Huygens'schen Elementarwelle erklärt werden, stattdessen sind sie nach den Regeln der *Fraunhofer-Beugung* zu berechnen. In diesem Fall wird davon ausgegangen, dass der Spalt zwar groß im Vergleich zur Wellenlänge des Lichts ist, aber klein im Vergleich zum Abstand zwischen Lichtquelle und Spaltblende einerseits und zwischen Spaltblende und Empfängerpunkt auf dem Schirm andererseits. Hierfür wird der Spalt in Bereiche eingeteilt, deren Licht miteinander interferiert (vgl. 10.3).

Ein *breiter* Spalt zeigt dagegen Beugungserscheinungen, die noch stärker von der geometrischen Optik abweichen: Dieser Fall wird auch als *Fresnel-Beugung* bezeichnet. Abbildung 1 zeigt, dass Bereiche, die nach der geometrischen Optik beleuchtet sein sollten, auch ein Beugungsminimum aufweisen können. Zur Berechnung der Intensitätsverteilung hinter dem Spalt kann der Zeigerformalismus verwendet werden (vgl. 9.7).

1 Beugungsbild hinter dem schmalen Spalt eines Messschiebers: In der Spaltmitte zeigt sich ein Intensitätsminimum.

Fresnel-Beugung: Berechnung mit dem Zeigerformalismus

Um die Intensität eines Beugungsbilds hinter einem breiten Spalt zu berechnen, wird dieser als ausgedehntes Objekt angesehen, von dessen gesamter Fläche Licht den Schirm erreicht. Für die Berechnung mit dem Zeigerformalismus werden hierzu Lichtwege von der Lichtquelle Q zu einem Empfängerpunkt E auf dem Schirm so gezeichnet, dass sie in der Spaltebene gleichmäßig verteilt sind (Abb. 2).

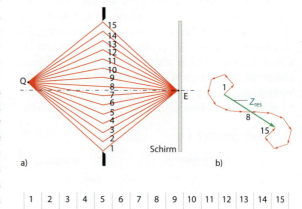

2 Lichtwege und Zeigeraddition bei der Beugung an einem breiten Spalt

Weiter wird für jeden Lichtweg ein Phasenzeiger gezeichnet und durch die Addition dieser Zeiger die Intensität für den Empfängerpunkt berechnet. Diese Vorgehensweise wird für viele Empfängerpunkte, die sich auf einem Schirm befinden, wiederholt. Dabei gelten folgende Regeln:

1. Für alle Lichtwege werden Zeiger mit gleicher Länge gezeichnet.
2. Ein Zeiger wird entsprechend der Länge des jeweiligen Lichtwegs im Uhrzeigersinn gedreht. Er startet in der Position »3 Uhr« und erfährt genau eine Drehung, wenn das Licht einen Weg seiner Wellenlänge λ zurücklegt.
3. Schließlich werden alle Zeiger wie Vektoren addiert. Das Quadrat der resultierenden Zeigerlänge ergibt die Intensität des Lichts am Empfängerpunkt.

Auf diese Weise ergibt sich die Intensitätsverteilung auf dem Schirm. Die Berechnung ist umso genauer, je mehr Lichtwege einbezogen werden.

Da die wirkliche Leistung der Lichtquelle nicht in die Berechnung eingeht, wird die Länge jedes Zeigers auf einen beliebigen Wert, z. B. gleich 1, gesetzt. Für eine sehr genaue Rechnung müssten sich die Beiträge unterschiedlich langer Lichtwege unterscheiden. Die vereinfachte Vorgehensweise ist jedoch für eine Kalkulation der Intensitätsunterschiede in einem Beugungsmuster ausreichend.

In Abb. 2b wird die Drehung der Zeiger für die 15 Lichtwege deutlich. Hier repräsentiert Zeiger 8 den Lichtweg, der am kürzesten ist; er ist folglich am wenigsten weit gedreht. Die Zeiger der anderen Lichtwege sind umso weiter gedreht, je weiter außen sie liegen. Werden alle Zeiger wie Vektoren addiert, ergibt sich eine geschwungene Kurve, die für einen noch breiteren Spalt zu einer Doppelspirale, der *Cornu-Spirale* wird.

Darstellung mithilfe eines Computers Die Berechnung der Intensität für eine Vielzahl von Empfängerpunkten auf dem Schirm ist sehr aufwendig; es bietet sich daher an, sie mit einem Computer durchzuführen. Abbildung 3 zeigt eine Simulation, die mit einer dynamischen Geometriesoftware erstellt wurde ↻. Lichtquelle, Spalte und Schirm werden in ein Koordinatensystem eingefügt; die Längen w_i der Lichtwege werden bestimmt und mit ihnen die Phasenwinkel α_i der Zeiger:

$$\sin \alpha_i = 2\pi \frac{w_i}{\lambda}.$$

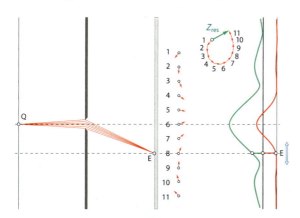

3 Zeigeraddition für die Beugung am schmalen Spalt. Die grüne Kurve gibt die Länge des resultierenden Zeigers an, die rote Kurve das Quadrat dieser Länge, also die Lichtintensität auf dem Schirm.

Diese Berechnung muss für viele dicht nebeneinanderliegende Punkte auf dem Schirm wiederholt werden. Die jeweilige Zeigerlänge und ihr Quadrat werden dann wie in Abb. 3 rechts aufgezeichnet.
Die Anzahl der berücksichtigten Empfängerpunkte ist dann ausreichend, wenn sich durch eine Steigerung keine Veränderung des Beugungsmusters ergibt. Das Gleiche gilt für die Anzahl der im Spalt berücksichtigten Lichtwege: Diese ist eigentlich unendlich groß. Es genügt aber, eine bestimmte Anzahl gleichmäßig verteilter Lichtwege zu verwenden, die so groß ist, dass sich bei weiterer Erhöhung kein anderes Beugungsbild ergibt.
Ein Beugungsbild wie in Abb. 1 lässt sich beispielsweise mit einer Anordnung erzeugen, wie sie in Abb. 4a dargestellt ist. Zur Berechnung der Intensität muss eine sehr große Anzahl von Lichtwegen einbezogen werden. Mit der Geometriesoftware kann das sehr mühsam sein. Einfacher ist es, Programme zu benutzen, die speziell für Intensitätsberechnungen ausgelegt sind ↻.

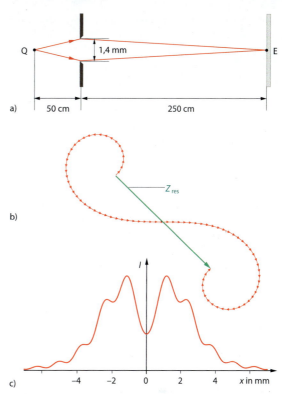

4 a) Anordnung zur Erzeugung eines Beugungsbilds mit einem Intensitätsminimum im Zentrum; b) Zeigeraddition und berechnete Intensität

Das Ergebnis einer solchen Berechnung zeigt Abb. 4b. Zur Intensität in einem Punkt trägt nicht nur der nach der geometrischen Optik zu erwartende Lichtweg bei, sondern in merklichem Ausmaß auch die ihm benachbarten: Es kommt zur konstruktiven Interferenz. Die weiter außen liegenden Lichtwege bewirken hier jedoch eine Verkürzung des resultierenden Zeigers für den Empfängerpunkt E auf der optischen Achse: Die Intensität ist dort geringer als in benachbarten Bereichen auf dem Schirm (Abb. 4c).

■ AUFGABEN

1 Ein Spalt der Breite $b = 0{,}3$ mm wird mit parallelem Licht der Wellenlänge $\lambda = 550$ nm beleuchtet. In welchem Abstand x von der optischen Achse entsteht das zweite Beugungsminimum auf dem $y = 3$ m entfernten Schirm?

2 Die Breite des Spalts in Abb. 4a wird verringert. Weshalb nimmt dabei die Intensität auf der optischen Achse zu?

Ein Regenbogen ist zu sehen, wenn man mit der Sonne im Rücken auf eine Regenwand schaut. Das Licht wird in den Tropfen gebrochen und reflektiert. Je nach Beobachtungswinkel erscheinen dann die Tropfen in einer charakteristischen Farbe.

10.8 Farben und Spektren

Weißes Licht von der Sonne oder von einer Glühlampe wird bei der Brechung in seine Bestandteile zerlegt. Der Grund hierfür ist, dass die Ausbreitungsgeschwindigkeit des Lichts in Medien wie Wasser oder Glas von seiner Frequenz abhängt. Damit ist auch die Brechzahl frequenzabhängig. In den meisten transparenten Medien nimmt die Brechzahl mit der Frequenz zu: Blaues Licht wird stärker gebrochen als rotes.

Eine spektrale Zerlegung des Lichts ist auch durch Interferenz hinter einem Doppelspalt oder einem Gitter möglich, da die Lage der Minima und Maxima von der Wellenlänge abhängt.

Unterschiedliche Lichtquellen senden Licht mit unterschiedlicher spektraler Zusammensetzung aus: Die Intensität der einzelnen Bestandteile, also der Spektralbereiche, lässt auf die Art der Lichtquelle schließen. Sie kann mit einem Spektralapparat, der ein Prisma oder ein Gitter enthält, untersucht werden.

Bei der visuellen Wahrnehmung werden bestimmten Frequenzbereichen Farbempfindungen zugeordnet. In der Netzhaut unserer Augen befinden sich Rezeptoren, die auf unterschiedliche Frequenzbereiche reagieren.

Spektrum des Lichts

Licht einer bestimmten Wellenlänge wird monochromatisch genannt; bei der visuellen Wahrnehmung erscheint es in nur einer Farbe. Das weiße Licht der Sonne oder einer Glühlampe ist dagegen nicht monochromatisch, sondern besitzt ein Spektrum (Abb. 2). Das Licht selbst ist in diesem Sinne nicht farbig, je nach Frequenz bzw. Wellenlänge entsteht aber im Auge ein bestimmter Farbeindruck.

Spektrale Zerlegung

Im Vakuum ist die Geschwindigkeit des Lichts von der Frequenz unabhängig. Dies gilt annähernd auch für die Ausbreitung in Luft. In Medien wie Wasser oder Glas hängt die Ausbreitungsgeschwindigkeit und damit die Brechzahl jedoch etwas von der Frequenz ab. So beträgt in einer typischen Glassorte die Brechzahl für rotes Licht 1,514, für blaues Licht dagegen 1,528. Daher nimmt das Licht je nach Frequenz bei der Brechung an der Grenzfläche zwischen Luft und Glas einen leicht unterschiedlichen Weg; an einem Prisma kommt es zur Aufspaltung des weißen Lichts. Einfarbiges Licht lässt sich durch das Ausblenden der anderen Spektralbereiche oder aber unmittelbar durch besondere Lichtquellen wie Laser erzeugen.

Mit einem Prismenspektralapparat ähnlich wie in Exp. 1 kann die Zusammensetzung des Lichts untersucht werden.

EXPERIMENT 1

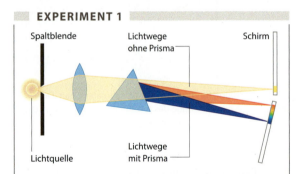

Mit einem Prisma wird weißes Licht in seine Spektralfarben zerlegt. Hierzu wird ein beleuchteter Spalt mit einer Sammellinse auf einen Schirm abgebildet. Anschließend wird ein Prisma in das Lichtbündel eingebracht. Dieses verschiebt das Bild des Spalts, und zwar je nach Farbe unterschiedlich weit.

| 750 THz | 667 THz | 600 THz | 545 THz | 500 THz | 460 THz | 428 THz | 400 THz |
| 400 nm | 450 nm | 500 nm | 550 nm | 600 nm | 650 nm | 700 nm | 750 nm |

2 Spektrum des sichtbaren Lichts mit Angabe der Vakuumwellenlängen und zugehörigen Frequenzen

Die höchste Frequenz im sichtbaren Spektrum unterscheidet sich etwa um einen Faktor 2 von der niedrigsten. Der höchste Ton, den wir hören, hat dagegen die 1000-fache Frequenz des tiefsten.

MECHANIK UND GRAVITATION | ELEKTRIZITÄT | SCHWINGUNGEN UND WELLEN

Farbwahrnehmung im Auge

Der Farbreiz im Auge hängt davon ab, welche Frequenzbereiche im Spektrum des Lichts vorhanden sind. Unser Auge hat allerdings nicht für jede Frequenz eigene Rezeptoren, sondern es reichen drei Arten von Zapfen auf der Netzhaut aus, um das gesamte Spektrum wahrzunehmen. Je eine dieser Zapfenarten ist im roten, grünen bzw. blauen Bereich empfindlich, wobei sich diese Bereiche überlagern. Rot, Grün und Blau sind damit die Primärfarben der *additiven Farbmischung*. Durch Überlagerung von Licht dieser Grundfarben lassen sich auch alle weiteren Farbeindrücke erleben (Abb. 3). Der Farbeindruck gelb kann z. B. durch gelbes Licht einer bestimmten Wellenlänge oder – vom Auge nicht zu unterscheiden – durch die Überlagerung von rotem und grünem Licht hervorgerufen werden. Als weitere Sekundärfarben der additiven Farbmischung erscheinen Magenta und Cyan.

also gelb (Abb. 4). Fällt dieses Licht auf einen cyanfarbigen Filter, so wird erneut die Komplementärfarbe, in diesem Fall der rote Anteil, entfernt. Dem Gesamtspektrum fehlen also Blau und Rot – der Farbeindruck ist grün.

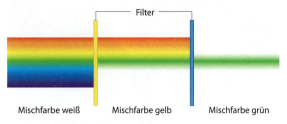

4 Subtraktive Farbmischung mit Filtern

Da drei Grundfarben zum Hervorrufen einer Farbwahrnehmung ausreichen, lässt sich allgemein jeder Farbeindruck in einem dreidimensionalen Farbraum beschreiben. Am Computer kann die Farbe durch Eingeben von Zahlenwerten (0 bis 255) für Rot, Grün und Blau erzeugt werden. Bei gleicher Einstellung für Rot und Grün wird so die Fläche in Gelb dargestellt. Bei geringeren Werten bleibt der Farbton erhalten, die Intensität aber sinkt. Das Beimischen von Blau dagegen verringert die Sättigung, der Farbton wird dem weißen oder grauen Reiz ähnlicher. Die so gefärbte Fläche lässt sich auch durch Angabe von Farbton (engl. *hue*), Sättigung (*saturation*) und Helligkeit (*lightness*) darstellen (Abb. 5).

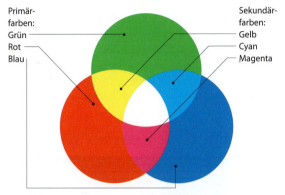

3 Additive Farbmischung durch Überlagerung von Licht. Die Sekundärfarben der additiven Farbmischung sind die Primärfarben der subtraktiven Farbmischung.

Eine farbige Fläche auf einem Computer oder Fernsehbildschirm wird ganz ähnlich erzeugt. Hier entsteht der Farbeindruck jedoch durch kleine Leuchtpunkte, die so dicht nebeneinanderliegen, dass unser Auge sie nicht zu trennen vermag.

Werden farbige Substanzen miteinander gemischt, kommt es zur *subtraktiven Farbmischung*. Wenn ein farbig bedrucktes oder bemaltes Blatt Papier mit weißem Licht beleuchtet wird, absorbiert die Farbe einen Teil des Spektrums. Das entsprechende Restspektrum gelangt in unser Auge und erzeugt dort den Farbeindruck.

Die Sekundärfarben der additiven Farbmischung sind zugleich die Primärfarben der subtraktiven Farbmischung. Beim Hintereinanderlegen von zwei Filtern oder beim Mischen von zwei Wasserfarben fehlen dem Licht die spektralen Anteile, die von mindestens einem der beiden Filter oder Wasserfarben »abgezogen« worden sind. In einem gelben Farbfilter wird z. B. blaues Licht absorbiert, und das transmittierte Licht erscheint in der Komplementärfarbe,

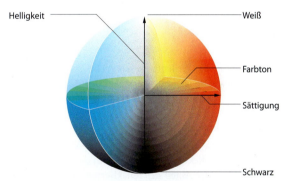

5 Dreidimensionaler Farbraum im HSL-Modell

AUFGABEN

1. Erläutern Sie den Zusammenhang zwischen Frequenzen elektromagnetischer Strahlung und Farben.
2. Das Licht einer Glühlampe wird mit einem Prisma bzw. mit einem Gitter spektral zerlegt. Beschreiben Sie die Unterschiede der beiden Spektren.
3. Stellen Sie am Computer ein Rechteck dar, z. B. mit einer Textverarbeitungssoftware. Färben Sie das Rechteck blau, gelb und rosa. Stellen Sie Vermutungen über den RGB-Wert (Rotanteil, Grünanteil, Blauanteil) der Fläche an und vergleichen Sie diese mit den in den Eigenschaften des Objekts angezeigten Werten.

13.13 Laserlicht hat eine besonders geringe Frequenzbandbreite und ist damit nahezu ideal monochromatisch.

Seifenlösung ist farblos wie Wasser – eine Seifenblase jedoch zeigt bei Beleuchtung kräftig schillernde Farben. Das Licht, das auf die dünne Seifenhaut trifft, wird an deren Vorder- und Rückseite reflektiert. Bei der Überlagerung der Lichtbündel werden einzelne Farbbestandteile ausgelöscht, andere bleiben übrig.

10.9 Interferenz an dünnen Schichten

An der Grenzfläche zweier transparenter Medien wird Licht teilweise reflektiert und teilweise gebrochen. Das Licht, das in eine dünne Schicht eines Mediums eintritt, kann im Inneren einmal oder mehrfach reflektiert werden, bevor es wieder austritt.

Bei der Überlagerung dieses Lichts kommt es auch zu destruktiver Interferenz bestimmter Frequenzbereiche. Je nach Einfalls- und Beobachtungswinkel ändert sich dadurch die Zusammensetzung des Restspektrums und damit auch der Farbeindruck.

Destruktive Interferenz an einer Schicht der Dicke d entsteht, wenn gilt:

$$d = (k-1) \cdot \frac{\lambda_M}{2}, \ k = 1, 3, 5 \ldots \qquad (1)$$

Dabei ist λ_M die Wellenlänge des Lichts im betreffenden Medium; sie ist i. Allg. geringer als in Luft.

Partielle Reflexion

An der Oberfläche eines transparenten Mediums wird Licht zum Teil reflektiert und zum Teil in das Medium hineingebrochen. Der Anteil des reflektierten Lichts ist umso größer, je stärker sich die beiden Brechzahlen der Medien unterscheiden und je größer der Einfallswinkel ist. Für den Übergang von Luft in Glas beträgt er bei senkrechtem Einfall 4 %.

An einer Glasscheibe entstehen so zwei Spiegelbilder einer Lichtquelle: eines an der Vorder- und eines an der Rückseite. Genau genommen entstehen durch Mehrfachreflexion im Inneren noch mehr Spiegelbilder, die aber schwieriger zu erkennen sind, da ihre Helligkeit geringer ist.

Farben an Seifenblasen

Auch in einer Seifenblase sind Spiegelbilder von Lichtquellen oder von hellen Gegenständen zu erkennen. Wie an einer Glasplatte wird ein Teil des Lichts an der Vorderseite reflektiert. Das an der Vorderseite der Seifenhaut hindurchgelassene Licht wird anschließend auch an der Rückseite partiell reflektiert. Wegen der geringen Dicke der Seifenhaut sind die Bilder von Vorder- und Rückseite jedoch nicht getrennt wahrnehmbar.

Eine senkrecht aufgespannte Seifenhaut zeigt bei geeigneter Beleuchtung die Farben der Seifenblasen in streifenförmiger Anordnung (vgl. Aufg. 3). Wird diese Seifenlamelle dagegen mit einfarbigem Licht beleuchtet, so erscheinen anstelle der farbigen Streifen, abhängig von der Wellenlänge, helle und dunkle Bereiche (Exp. 1). Dies ist eine Folge der Interferenz des an Vorder- und Rückseite reflektierten Lichts.

EXPERIMENT 1

Ein großer Ring mit einer Seifenhaut wird mit unterschiedlich ausgedehnten Lichtquellen beleuchtet. Die Lichtquellen lassen sich durch farbige Flächen, die von einer starken Lampe angestrahlt werden, erzeugen.

Ein dunkler Streifen im roten Licht entsteht dabei an den Stellen der Seifenhaut, die gerade so dick sind, dass das rote Licht von Vorder- und Rückseite destruktiv interferiert. Ebenso gibt es bestimmte Stellen, die gerade so dick sind, dass dort das grüne Licht ausgelöscht wird. Da die Dicke der Seifenhaut von oben nach unten zunimmt, entstehen horizontale Streifen (Abb. 2).

Der Farbeindruck einer Seifenblase resultiert aus dem Mischen von Licht unterschiedlicher Frequenzen – so wie ein Klang aus unterschiedlichen Tönen zusammengesetzt ist.

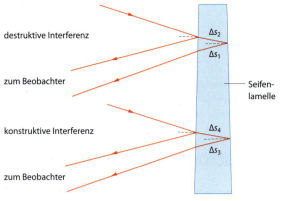

2 Die Reflexion führt je nach Dicke der Seifenhaut zu konstruktiver oder destruktiver Interferenz.

Die Farbigkeit der Seifenhaut im weißen Licht ist darauf zurückzuführen, dass an bestimmten Stellen bestimmte Farben des Spektrums ausgelöscht werden. Das Auge des Beobachters nimmt dann den Farbton des verbleibenden Spektrums wahr. Dieser Farbton ist die Komplementärfarbe zu der Farbe des ausgelöschten Lichts.

Zur Berechnung des durch Interferenz an der Seifenlamelle ausgelöschten Farbtons wird je ein Lichtweg von der Vorder- und von der Rückseite betrachtet. Vereinfachend wird nahezu senkrecht einfallendes Licht gewählt, sodass die Brechung beim Eindringen des Lichts zu vernachlässigen ist. Destruktive Interferenz für Licht einer bestimmten Farbe findet statt, wenn die gesamte *optische* Wegdifferenz Δs gerade der Hälfte der Wellenlänge λ_M dieses Lichts entspricht oder einem ungeradzahligen Vielfachen davon. Dabei muss berücksichtigt werden, dass λ_M von der Brechzahl des Mediums abhängt:

$$\lambda_M = \frac{\lambda}{n}.$$

Weiter erfährt das Licht bei der Reflexion an der Vorderseite der Seifenhaut einen Phasensprung von π (vgl. 9.4): Die optische Weglänge nimmt dadurch um $\lambda_M/2$ zu. Bei einer Schichtdicke d entsteht daher insgesamt ein Unterschied in der optischen Weglänge von

$$\Delta s = 2d + \frac{\lambda_M}{2}. \tag{2}$$

Es kommt zur Auslöschung, wenn gilt:

$$\Delta s = \left(k - \frac{1}{2}\right) \cdot \lambda_M, \quad k = 1, 2 \ldots$$

Aus (2) folgt:

$$2d + \frac{\lambda_M}{2} = \left(k - \frac{1}{2}\right) \cdot \lambda_M$$

$$2d = \left(k - \frac{1}{2}\right) \cdot \lambda_M - \frac{\lambda_M}{2} = (k-1) \cdot \lambda_M. \tag{3}$$

Für $k = 2$ ergibt sich so:

$$d = \frac{\lambda_M}{2}.$$

Bei $k = 1$ handelt es sich um eine Schicht mit verschwindender Dicke d. An ihr wird kein Licht mehr reflektiert, sie erscheint schwarz.

Verstärkung findet dagegen statt, wenn

$$\Delta s = k \cdot \lambda_M \text{ und damit}$$

$$2d + \frac{\lambda_M}{2} = k \cdot \lambda_M$$

$$\Rightarrow 2d = k \cdot \lambda_M - \frac{\lambda_M}{2} = \left(k - \frac{1}{2}\right) \cdot \lambda_M$$

Für $k = 1$ ergibt sich die dünnste Schichtdicke, die Licht der Wellenlänge λ noch reflektiert:

$$d = \frac{1}{2} \cdot \frac{\lambda_M}{2} = \frac{\lambda_M}{4}.$$

AUFGABEN

1 Die Oberfläche einer Objektivlinse mit dem Brechungsindex $n_{Glas} = 1{,}53$ soll reflexmindernd vergütet werden, sodass gelbgrünes Licht der Wellenlänge $\lambda = 550$ nm in der Reflexion destruktiv interferiert. Der Brechungsindex der Vergütung ist $n_V = 1{,}35$. Berechnen Sie die Dicke d der Schicht.

2 Die folgende Abbildung zeigt die Reflexion von Licht an mehreren Schichten des Minerals Glimmer. Erklären Sie, dass es auf dem Schirm oberhalb der Quelle Q zu einem Ringmuster kommt.

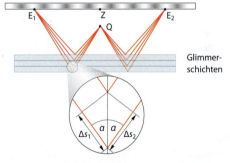

3 Der oberste farbige Streifen einer vertikal aufgespannten Seifenhaut ist meist gelb. Erklären Sie dieses Phänomen.

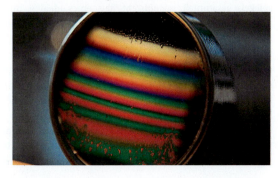

Rote Blutkörperchen auf Zellstoff. Dieses Bild wurde nicht mit einem Licht-, sondern mit einem Elektronenmikroskop aufgenommen. Elektronenstrahlen besitzen eine Wellenlänge, die viel geringer ist als die des sichtbaren Lichts. Dadurch lassen sich auch solche mikrometergroße Strukturen noch detailreich abbilden.

10.10 Auflösungsvermögen optischer Instrumente

Fast alle optischen Instrumente dienen dazu, Bilder von Objekten zu erzeugen. Hierfür wird Licht, das von einem Gegenstandspunkt ausgeht, in einem Bildpunkt gebündelt. Jedoch kann auch eine perfekt gefertigte Sammellinse nicht das gesamte von einer punktförmigen Lichtquelle kommende Licht in einem idealen Bildpunkt konzentrieren. Der Grund hierfür ist, dass eine Sammellinse, ebenso wie eine Blendenöffnung, nur eine begrenzte Größe hat und es daher zu Beugungseffekten kommt.

Das Auflösungsvermögen eines optischen Instruments beschreibt die Fähigkeit, zwei eng benachbarte Objekte noch getrennt darzustellen. Je größer der Durchmesser d der Öffnung des Instruments ist, umso besser ist das Auflösungsvermögen. Der Winkelabstand α, den zwei Punkte haben müssen, um getrennt abgebildet zu werden, hängt auch von der Wellenlänge des verwendeten Lichts ab. Es gilt:

$$\sin\alpha \approx \frac{\lambda}{d}. \tag{1}$$

Beugung

Tritt Licht durch eine einfache große Öffnung, so ist die Auswirkung der Beugung zunächst nicht zu bemerken. Wird aber das Licht mithilfe einer Linse oder eines Hohlspiegels gesammelt, so entsteht statt eines idealen Bildpunkts das Beugungsbild der verwendeten Öffnung. Während eine Spaltblende ein streifenförmiges Beugungsbild hervorruft, bewirkt eine kreisförmige Öffnung ein Beugungsscheibchen. Der Durchmesser dieses Beugungsscheibchens entspricht etwa der Breite des nullten Maximums hinter einem entsprechenden Spalt. Das Scheibchen ist von weiteren ringförmigen Maxima umgeben.

Zwei nebeneinanderliegende Gegenstandspunkte werden gerade noch getrennt wahrgenommen, wenn das erste Minimum des einen Bildpunkts mit dem nullten Maximum des zweiten zusammenfällt (Abb. 2). In diesem Fall können die beiden Beugungsscheibchen gerade noch voneinander unterschieden werden. Die Beugungsscheibchen sind umso kleiner, je größer die Blendenöffnung ist. Das Auflösungsvermögen eines optischen Geräts ist daher besser, wenn seine Linsen bzw. Spiegel einen großen Durchmesser haben.

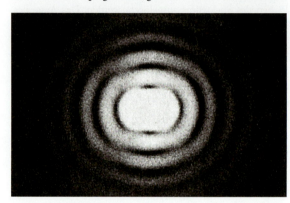

2 Zusammenfallen des ersten Minimums und des nullten Maximums zweier Beugungsmuster

Abbildung 3 zeigt zwei Sterne 1 und 2, deren Licht durch ein Teleskop mit dem Objektivdurchmesser d auf einen Schirm fällt. Die Sterne können gerade noch aufgelöst werden, wenn das erste Minimum von Stern 1 im Hauptmaximum von Stern 2 liegt.

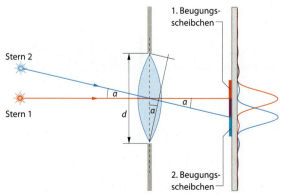

3 Beugungsscheibchen bei der Abbildung zweier Sterne

Bei der Beugung am Spalt mit der Breite b erscheint das erste Minimum unter einem Winkel α, für den die folgende Beziehung gilt:

$$\sin \alpha = \frac{\lambda}{b}. \tag{2}$$

Das Licht zweier Punktquellen kann also hinter einem Spalt noch getrennt wahrgenommen werden kann, wenn ihr Winkelabstand dieser Beziehung genügt. Dieser Wert gilt in etwa auch für eine kreisförmige Öffnung mit dem Durchmesser d wie die Pupille des Auges oder ein Fernrohr. Eine genaue Betrachtung ergibt die Gleichung:

$$\sin \alpha = 1{,}22 \frac{\lambda}{d}. \tag{3}$$

Objekte, die unter einem kleineren Winkel erscheinen, werden nicht mehr getrennt abgebildet.

Auflösungsvermögen des menschlichen Auges

Die Eintrittspupille des menschlichen Auges besitzt je nach Beleuchtungssituation einen Durchmesser d von 1,5 mm bis 8 mm. Sie ist bei Dunkelheit am größten, daher erreicht auch das Auge sein maximales Auflösungsvermögen bei Dunkelheit.

Bei einem Durchmesser von 2 mm, also bei guter Helligkeit, ergibt sich für das theoretisch erreichbare Auflösungsvermögen bei Licht mit der Wellenlänge $\lambda = 550$ nm ein Winkel von

$\alpha = \arcsin\left(1{,}22 \frac{\lambda}{d}\right) = \arcsin\left(1{,}22 \frac{550 \text{ nm}}{2 \text{ mm}}\right) = 0{,}02°.$

Dies ist etwa eine Bogenminute.

Bei einer Länge des Augapfels von etwa 25 mm entspricht das Auflösungsvermögen einem Abstand von etwa 8 μm auf der Netzhaut. In etwa diesem Abstand liegen auch die Rezeptoren auf der Netzhaut nebeneinander. In der deutlichen Sehweite von 25 cm können also zwei Objekte noch getrennt wahrgenommen werden, wenn sie um den Betrag $0{,}25 \text{ m} \cdot \sin 0{,}02° \approx 0{,}1$ mm auseinanderliegen.

4 Der Große Wagen mit dem Paar Alkor und Mizar

Beim Blick in den Nachthimmel ist die Pupille des Auges kleiner, das Auflösungsvermögen entsprechend größer. Alkor, der Begleiter von Mizar, einem Deichselstern des Großen Wagens, kann als Augenprüfer dienen (Abb. 4): Die beiden Sterne, deren Abstand voneinander etwa drei Lichtjahre beträgt, erscheinen unter einem Winkel von 12 Bogenminuten und sind von einem gesunden Auge sehr deutlich zu trennen.

Lochkamera Ohne jede Linse bildet eine Lochblende helle Gegenstände auf einem Schirm ab, und zwar umso schärfer, je kleiner der Durchmesser d des Lochs ist. Kurzsichtige Menschen können ihre Sehschärfe in der Ferne etwas erhöhen, wenn sie ihre Pupille etwas verkleinern, indem sie durch ein kleines Loch schauen (Exp. 1).

Ein kleiner Blendendurchmesser sorgt beim Fotografieren in gleicher Weise dafür, dass nicht nur der Bereich scharf abgebildet wird, auf den fokussiert wurde. Andererseits darf der Lochdurchmesser nicht zu klein sein, da sonst Beugungseffekte auftreten. Für die Schärfe der Abbildung gibt es also bei einer Lochkamera einen optimalen Lochdurchmesser.

EXPERIMENT 1

Durch den Lochkameraeffekt kann die Sehschärfe für Kurzsichtige erhöht werden: Man blickt durch ein kleines Loch, das mit einer Nadel in einen schwarzen Karton gestochen wurde. Wer nicht kurzsichtig ist, kann die Sehschwäche nachstellen, indem er die Brille einer weitsichtigen Person aufsetzt.

AUFGABEN

1. Begründen Sie, dass wir bei hellerer Beleuchtung nicht nur Kontraste deutlicher erkennen können, sondern auch schärfer sehen.

2. Die Winkelauflösung des helladaptierten menschlichen Auges beträgt etwa 0,02°. Mit dieser Auflösung werden Einzelheiten der Mondoberfläche wahrgenommen (auch bei dunklem Nachthimmel wird das Auge bei Vollmond nicht dunkeladaptiert). Die größten gut erkennbaren Krater auf der Mondoberfläche haben Durchmesser von etwa 100 km. Kann man sie mit dem bloßen Auge erkennen? Das Auge muss dafür gegenüberliegende Kraterkanten getrennt auflösen.

3. Das Radioteleskop Effelsberg ist ein Spiegelteleskop, das für astronomische Erkundungen in einem Wellenlängenbereich von $\lambda = 3{,}5$ mm bis $\lambda = 900$ mm ausgelegt ist. Der Spiegel besitzt einen extrem großen Durchmesser von $d = 100$ m, um möglichst viel Strahlung einzufangen. Begründen Sie, dass es auch für das Auflösungsvermögen des Teleskops von Vorteil ist, dass der Spiegel so groß ist.

TECHNIK

10.11 Holografie

Ein Gegenstand erscheint auf einem herkömmlichen Foto zweidimensional: Man sieht ihn genau so, wie die Kamera ihn zu einem bestimmten Zeitpunkt aufgenommen hat, und ein Wechsel des Beobachtungsorts ist nachträglich nicht mehr möglich. Ein Hologramm dagegen ist die fotografische Aufnahme eines Gegenstands, die eine Beobachtung innerhalb eines gewissen Winkelbereichs ermöglicht. Dabei verändert sich beispielsweise – wie in einer realen Situation – das Ausmaß der Abdeckung eines Gegenstands im Hintergrund durch einen anderen, der weiter vorn steht.

Abbildung mit einer Sammellinse

Ein dreidimensionales Bild eines Gegenstands erscheint deshalb räumlich, weil es einen Wechsel des Beobachtungswinkels erlaubt. Hierdurch wird es möglich, den Gegenstand frontal oder aber etwas versetzt von einer Seite zu betrachten. Schon das reelle Bild, das eine Sammellinse von einem Gegenstand entwirft, ist räumlich. Es gibt die laterale Verteilung der Bildpunkte wieder, wobei das Bild kopfstehend und seitenverkehrt ist (Punkte 1 und 2 in Abb. 1). Aber auch die dritte Dimension spielt eine Rolle: Ein Bildpunkt entsteht in größerer Entfernung von der Linse, wenn der Gegenstandspunkt näher an die Sammellinse heranrückt (Punkt 3 in Abb. 1).

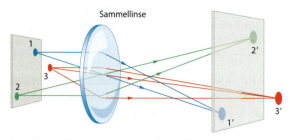

1 Optische Abbildung durch eine Sammellinse

Die Information über die Anordnung der Bildpunkte senkrecht zur Linsenebene geht in einem Foto allerdings verloren, da eine herkömmliche fotografische Aufnahme in einer bestimmten Bildebene gemacht wird. Für eine dreidimensionale Wiedergabe mit diesem Verfahren müsste eine Vielzahl von Belichtungen in verschiedenen Bildebenen erfolgen. Anschließend könnten diese wie bei einer computertomografischen Röntgenaufnahme räumlich zusammengesetzt werden.

Entstehung eines Hologramms

Bei der Holografie wird eine dreidimensionale Struktur des Gegenstands dagegen in nur einer fotografischen Aufnahme, dem Hologramm, gespeichert. Hierfür beleuchtet man den Gegenstand mit einem aufgeweiteten Laserlichtbündel (Abb. 2a). Das gestreute Licht wird anschließend mit dem ursprünglichen Lichtbündel zur Interferenz gebracht. Mit dem entstehenden Interferenzmuster wird dann eine fotografische Schicht belichtet.

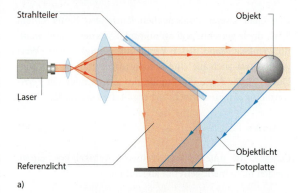

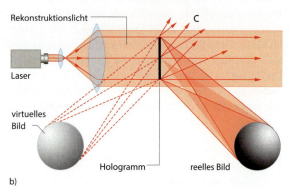

2 a) Entstehung eines Hologramms. Auf der Fotoplatte interferiert das Objektlicht mit dem Referenzlicht. b) Rekonstruktion des Objekts aus dem Hologramm. Durch Beugung am Hologramm entstehen ein reelles und ein virtuelles Bild.

Da nicht das Objekt selbst, sondern sein Interferenzmuster aufgenommen wird, muss zur Beleuchtung kohärentes Licht verwendet werden (vgl. 10.4). Zur Rekonstruktion des Objekts wird das Hologramm mit Licht aus derselben Quelle beleuchtet (Abb. 2 b). Es entsteht dann ein reelles Bild, das in einem trüben Medium, beispielsweise Nebel, aufgefangen werden kann, und ein virtuelles Bild, das sich unmittelbar beobachten lässt. Beide zeigen die räumliche Struktur des Objekts.

Kodierung der Bildinformation im Interferenzmuster
Das Interferenzmuster enthält zum einen die Information über die laterale Lage eines Bildpunkts, also die Lage des Punkts in der Ebene senkrecht zur Lichtausbreitung. Anders als bei einer herkömmlichen fotografischen Aufnahme ist aber auch die Entfernung des Objektpunkts von der Bildebene gespeichert.

Im einfachsten Fall wird das Hologramm eines einzelnen Objektpunkts erzeugt, wenn die ursprüngliche Welle und das Streulicht ohne Umlenkung durch einen Strahlteiler miteinander interferieren. Wird der Objektpunkt mit einer ebenen Lichtwelle beleuchtet, so sendet er Kugelwellen aus (Abb. 3 a). Diese erzeugen durch Überlagerung mit der Referenzwelle in der Bildebene ein Interferenzmuster aus konzentrischen Ringen; die eingebrachte Fotoplatte wird nur dort belichtet und damit geschwärzt, wo die beiden Wellen konstruktive Interferenz zeigen (Abb. 3 b).

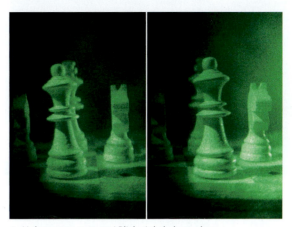

4 Hologramm, aus zwei Blickwinkeln betrachtet

Weißlichtholografie

Die meisten im Handel erhältlichen holografischen Aufnahmen sind Weißlichthologramme. Um sie zu betrachten, ist keine kohärente Lichtquelle erforderlich: Auch unter dem weißen Licht einer Glühlampe oder unter Sonnenlicht entsteht ein dreidimensionaler Eindruck. Zur Herstellung ist jedoch wie bei einem herkömmlichen Hologramm ein Laserlichtbündel notwendig. Dieses durchleuchtet einen Glasträger mit einer Fotoschicht, bevor es auf das abzubildende Objekt trifft. Von dem Objekt wird das Licht zurückgestreut, um anschließend mit dem ursprünglichen Licht in der Fotoschicht zu interferieren.

Das Interferenzmuster wird dabei nicht nur zweidimensional, sondern im gesamten Volumen der Fotoschicht aufgezeichnet, deren Dicke deutlich größer als die Lichtwellenlänge ist. Die entstehende Schichtstruktur reflektiert bei der Wiedergabe das eingestrahlte weiße Licht nach der Bragg'schen Bedingung (vgl. 10.5), wodurch die passende Wellenlänge für die Rekonstruktion ausgewählt wird. Ein Weißlichthologramm verändert daher seine Farbe je nach Blickwinkel.

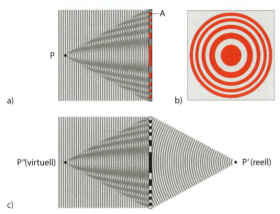

3 a) Ebene Wellen und Kugelwellen eines streuenden Punkts P; b) Interferenzmuster der beiden Wellen in der Schnittebene A. c) Die ebene Welle fällt auf das ringförmige Muster, es entsteht durch Interferenz der reelle Bildpunkt P′. Zugleich scheint auch Licht vom virtuellen Punkt P″ zu kommen.

Wird die Positivkopie der belichteten Fotoplatte erneut mit einer ebenen Lichtwelle beleuchtet, so wird das Licht gerade so gebeugt, als käme es vom ursprünglichen Objektpunkt; man sieht also das virtuelle Bild des Objektpunkts hinter dem Hologramm oder ein reelles Bild vor dem Hologramm (Abb. 3 c).

Andere Objektpunkte erzeugen eigene Ringsysteme, deren Zentren an jeweils anderen Orten liegen. Ein Objektpunkt mit einem anderen Abstand erzeugt dagegen ein Ringmuster, das sich mit dem Abstand vom Zentrum schneller oder langsamer ändert. Ein ausgedehnter Körper ergibt das Interferenzbild sehr vieler Objektpunkte. Das dadurch entstehende Muster ist sehr detailliert bis in die Größenordnung der verwendeten Lichtwellenlänge. Daher muss für die fotografische Aufnahme spezielles Filmmaterial verwendet werden.

Ein Hologramm gibt einen Gegenstand in nur einem Bild räumlich wieder. Je nach Blickwinkel auf das Hologramm erhält man so einen veränderten Blick auf den Gegenstand. Für Abb. 4 wurde ein und dasselbe Hologramm mit grünem Laserlicht beleuchtet und aus zwei unterschiedlichen Kamerapositionen fotografiert – auf den zweidimensionalen Bildern ändern die Schachfiguren ihre Positionen.

AUFGABEN

1 a Wie ändert sich das Ringmuster in Abb. 3 b, wenn der Abstand des Objektpunkts P zur Schnittebene vergrößert wird?
b Beschreiben Sie das Ringmuster, das bei der Beleuchtung zweier Objektpunkte entsteht, die sich in unterschiedlichem Abstand von der Schnittebene nebeneinander befinden.

2 Begründen Sie, dass ein Hologramm Informationen über alle drei Dimensionen eines räumlich ausgedehnten Objekts enthält.

3 Nennen Sie die Eigenschaften, die das Licht haben muss, das aus einem Hologramm ein sichtbares Bild entstehen lässt.

Ein und dasselbe Motiv wurde hier zweimal aus der gleichen Position fotografiert. Einziger Unterschied: Bei der rechten Aufnahme befand sich ein Polarisationsfilter vor der Kamera. Das helle Licht des Himmels wird an Glasscheiben reflektiert und dabei teilweise polarisiert. Durch den Filter lassen sich daher unerwünschte Spiegelungen unterdrücken.

10.12 Polarisation des Lichts

Nach dem Wellenmodell des Lichts ist die Ausbreitung von Licht eine Ausbreitung von Transversalwellen. Im Licht der Sonne oder einer Glühlampe sind alle transversalen Schwingungsrichtungen des elektrischen und des magnetischen Feldvektors in gleichem Ausmaß vorhanden: Solches Licht ist unpolarisiert.

Nach der Reflexion an transparenten Medien und nach dem Passieren spezieller Filter ist Licht jedoch linear polarisiert: Der elektrische und der magnetische Feldvektor schwingen dann jeweils nur noch in einer Richtung.

Beim Durchleuchten eines Polarisationsfilters wird die Hälfte des unpolarisierten Lichts absorbiert, die andere Hälfte transmittiert. Ein zweiter Polarisationsfilter, der in derselben Richtung wie der erste orientiert ist, lässt das gesamte Licht, das ihn erreicht, hindurch; eine Anordnung aus zwei senkrecht gekreuzten Filtern lässt dagegen kein Licht passieren.

Für beliebige Winkeldifferenzen θ zwischen zwei Filtern ist die Intensität I_t des transmittierten Lichts gegenüber der Intensität I_e des eingestrahlten Lichts durch das Gesetz von MALUS gegeben:

$$I_t = I_e \cdot \cos^2 \theta. \qquad (1)$$

Polarisation elektromagnetischer Wellen

Elektromagnetische Wellen sind Transversalwellen, die Vektoren der elektrischen und der magnetischen Feldstärke stehen senkrecht zur Ausbreitungsrichtung (vgl. 9.13). Die von einer Antenne ausgesandte Welle besitzt nur eine Schwingungsrichtung, sie ist polarisiert. Durch Überlagerung der Wellen mehrerer Antennen mit unterschiedlicher Richtung im Raum kann in der Summe unpolarisierte Strahlung erzeugt werden. Als Polarisationsrichtung einer elektromagnetischen Welle wird dabei die Richtung des Vektors der elektrischen Feldstärke bezeichnet.

Auch das Licht einer Glühlampe ist unpolarisiert. Es entsteht durch eine Vielzahl von atomaren Prozessen, die jeweils einen kurzen Lichtwellenzug bewirken. Jeder dieser Wellenzüge ist zwar polarisiert; da die Einzelprozesse aber voneinander unabhängig sind, ist jeder Wellenzug in anderer Richtung polarisiert, und alle gemeinsam überlagern sich zu unpolarisiertem Licht.

EXPERIMENT 1

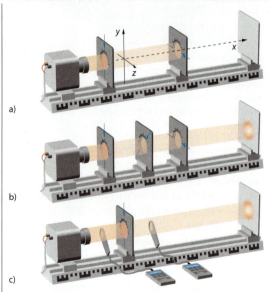

a)

b)

c)

a) Auf einer optischen Bank werden hintereinander eine Lampe und zwei Polarisationsfilter mit senkrecht zueinander stehenden Transmissionsrichtungen montiert. Das Licht der Lampe, das vom vorderen Polarisationsfilter hindurchgelassen wird, wird vom hinteren Filter absorbiert.
b) Ein dritter Polarisationsfilter mit einer Durchlassrichtung von 45° zu den beiden anderen wird zwischen diese gestellt. Auf dem Schirm hinter den Polarisationsfiltern erscheint daraufhin ein heller Fleck.
c) Mit einem Luxmeter wird die Intensität der Lichtstrahlung einer Lampe vor und hinter einem Polarisationsfilter gemessen. Die Intensität des transmittierten Lichts ist etwa halb so groß wie die des Lichts vor dem Filter.

Polarisationsfilter

In Exp. 1 wird Licht mithilfe von speziellen Filtern polarisiert. Zwei derartige Filter hintereinander gehalten lassen je nach Drehstellung zueinander mehr oder weniger Licht passieren. Jeder Polarisationsfilter hat eine bestimmte Transmissionsrichtung. Licht mit einer Schwingungsrichtung parallel zu dieser Transmissionsrichtung passiert den Filter ungehindert, Licht mit einer Schwingungsrichtung senkrecht dazu wird absorbiert.

Bei Verwendung von drei Polarisationsfiltern zeigt sich, dass das Licht hinter einem Filter vollständig dessen Transmissionsrichtung besitzt (Exp. 1 b). Hinter dem ersten Filter liegt die Schwingungsrichtung in einer bestimmten Richtung, etwa in y-Richtung.

Der zweite, zum ersten um 45° gedrehte Filter lässt einen Teil des Lichts passieren. Hinter diesem Filter hat der Schwingungsvektor damit sowohl eine Komponente in y- als auch z-Richtung. Deswegen passiert ein Teil des Lichts nun auch einen dritten Filter mit Transmissionsrichtung entlang der z-Achse.

Intensität hinter einem Polarisationsfilter

Da im unpolarisierten Licht die Schwingungsrichtungen gleichmäßig verteilt sind, schwächt ein Polarisationsfilter die Intensität von solchem Licht um die Hälfte (Exp. 1 c): Ein Filter, der in y-Richtung orientiert ist, lässt von allen Schwingungsanteilen nur die y-Komponenten passieren, die z-Komponenten werden absorbiert. Aufgrund der symmetrischen Verteilung der Schwingungsrichtungen ist die Summe der y-Komponenten genau gleich der Summe der z-Komponenten.

Malus'sches Gesetz   In einer Anordnung aus zwei Polarisationsfiltern wird der zweite auch als Analysator bezeichnet. Mit ihm lässt sich die Polarisationsrichtung des auf ihn einfallenden Lichts bestimmen. Die Lichtintensität hinter dem Analysator hängt davon ab, wie groß der Winkel θ zwischen der Transmissionsrichtung des Analysators und der Schwingungsrichtung des einfallenden Lichts ist (Exp. 1 c). Bei einer Intensität I_e des einfallenden polarisierten Lichts gilt für die Intensität I_t hinter dem Polarisationsfilter das Malus'sche Gesetz (Gl. 1). Die Amplitude nimmt hinter dem zweiten Filter um den Faktor $\cos\theta$ ab. Die Intensität einer Welle ist jedoch proportional zum Quadrat der Amplitude, daher nimmt sie um den Faktor $\cos^2\theta$ ab.

Polarisation durch Reflexion

Trifft ein Lichtbündel aus Luft auf ein anderes transparentes Medium, z. B. Glas, so wird ein Teil des Lichts in dieses Medium gebrochen und der Rest reflektiert. Das reflektierte Licht wird bei diesem Vorgang teilweise polarisiert, sodass die unterschiedlichen Schwingungsrichtungen nicht mehr mit gleicher Intensität in dem Lichtbündel vertreten sind.

Bei einem bestimmten Einfallswinkel ist das reflektierte Licht vollständig polarisiert. Dieser Winkel zeichnet sich dadurch aus, dass die Ausbreitungsrichtung des gebrochenen und des reflektierten Lichts senkrecht aufeinanderstehen (Abb. 2).

Das auftreffende Licht führt an der Glasoberfläche zu Schwingungen mit unterschiedlichen Schwingungsvektoren (blau und grün). Auf diese Schwingungen geht die weitere Ausbreitung des Lichts im Glas und in der Luft zurück. Schwingungsrichtungen längs der Ausbreitungsrichtung des reflektierten Lichts (grün) können aber nicht mehr im reflektierten Licht vorhanden sein, da dieses sonst eine Longitudinalwelle darstellen würde.

Der Winkel, bei dem das reflektierte Licht vollständig polarisiert wird, heißt *Brewster-Winkel* α_B. Für ihn gilt:

$$\tan\alpha_B = n. \qquad (2)$$

Dies folgt aus dem Brechungsgesetz mit $n_{\text{Luft}} \approx 1$ und $\beta = 90° - \alpha_B$:

$$n = \frac{\sin\alpha_B}{\sin\beta} = \frac{\sin\alpha_B}{\sin(90° - \alpha_B)} = \frac{\sin\alpha_B}{\cos\alpha_B} = \tan\alpha_B.$$

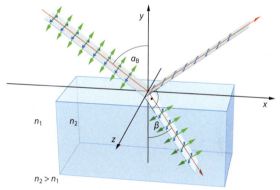

2 Polarisation von Licht durch Reflexion an einer Glasoberfläche: Nach der Reflexion enthält das Lichtbündel nur noch Schwingungsvektoren senkrecht zur Einfallsebene.

AUFGABEN

1 In ein Lichtbündel, das von einer Glühlampe ausgeht, werden zwei Polarisationsfilter P_1 und P_2 gebracht.
   a Beschreiben Sie die Wirkung, die ein Polarisationsfilter auf das Licht der Glühlampe hat.
   b Skizzieren Sie, wie P_1 und P_2 orientiert sein müssen, damit das Lichtbündel ausgelöscht wird.

2 Bienen nutzen die Polarisation des Himmelslichts. Recherchieren Sie, wie das Sonnenlicht an der Atmosphäre gestreut wird und wie es dabei zur Polarisation kommt.

3 Licht wird durch Reflexion an einer Glasscheibe polarisiert. Begründen Sie, dass auch der transmittierte Anteil teilweise polarisiert ist.

KONZEPTE DER PHYSIK

10.13 Elektromagnetisches Spektrum

Elektromagnetische Wellen besitzen je nach der Art ihrer Entstehung sehr unterschiedliche Frequenzen bzw. Wellenlängen. Das Spektrum reicht von den Längst- und Rundfunkwellen über das sichtbare Licht bis hin zur Röntgen- und Gammastrahlung. Die Frequenzen nehmen dabei Werte zwischen 10^2 und 10^{24} Hz an.

Im Vakuum breiten sich alle diese Wellen mit derselben Geschwindigkeit aus: $c = \lambda \cdot f = 2{,}997\,924\,58 \cdot 10^8$ m/s.

Entstehen von Strahlung

Beschleunigung von Ladungsträgern Nach der Maxwell'schen Theorie gehen elektromagnetische Wellen auf beschleunigte Ladungsträger zurück (vgl. 9.18). In einer Sendeantenne schwingt elektrische Ladung mit einer bestimmten Frequenz hin und her. Dabei wird eine Welle abgestrahlt, die die gleiche Frequenz besitzt.

Auch wenn Ladungsträger keine periodischen Schwingungen ausführen, sondern nur in einer Richtung beschleunigt werden, entsteht elektromagnetische Strahlung. Dies geschieht etwa beim Abbremsen von Elektronen in einer Röntgenröhre: Während der starken Geschwindigkeitsänderung im Anodenmaterial wird ein ganzes Spektrum elektromagnetischer Strahlung ausgesandt, die *Bremsstrahlung*. In einem Synchrotron bewegen sich geladene Teilchen mit hoher Geschwindigkeit im Kreis. Sie werden also permanent zum Zentrum der Bahn hin beschleunigt. Auch hierbei entsteht ein kontinuierliches Spektrum elektromagnetischer Strahlung. Um die Intensität und die Frequenz der Strahlung zu erhöhen, werden in die Strecke oft noch starke Magnete eingebaut, die eine besonders starke Bahnkrümmung und damit eine besonders heftige Änderung der Teilchengeschwindigkeit bewirken.

Quantenprozesse Die Elektronen in der Hülle eines Atoms oder Moleküls können nur bestimmte Energieniveaus annehmen (vgl. 13.8). Beim Wechsel von einem höheren Energieniveau auf ein niedrigeres wird elektromagnetische Strahlung einer bestimmten, für die Atomsorte charakteristischen Frequenz ausgesendet. Findet dieser Wechsel in der äußeren Atomhülle statt, kommt es zu infraroter, sichtbarer oder ultravioletter Strahlung. Sind dagegen die inneren Elektronen beteiligt, wird charakteristische Strahlung im Röntgenbereich ausgesandt.

Auch die Bausteine innerhalb eines Atomkerns können nur bestimmte Energieniveaus annehmen (vgl. 16.7). Beim Wechsel der Energieniveaus kann hochfrequente Gammastrahlung entstehen.

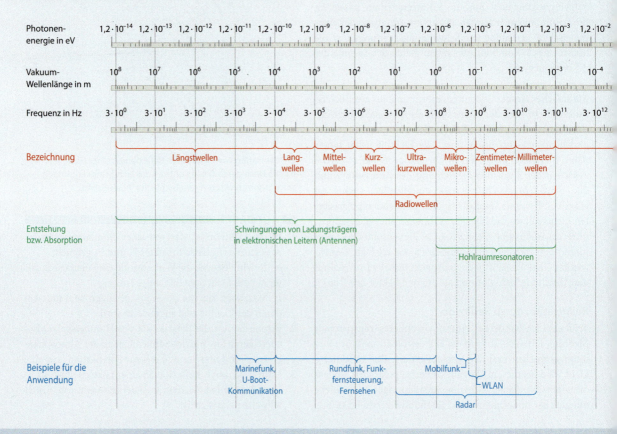

176

Diese quantenhaften Prozesse sind nicht mit dem Modell oszillierender oder linear beschleunigter Ladungsträger zu erklären. Das Gleiche gilt für die Entstehung der Wärmestrahlung: Ein Körper, der einen Verband von Atomen darstellt, sendet permanent ein Spektrum elektromagnetischer Wellen aus. Je höher seine Temperatur ist, desto höher ist die mittlere Frequenz dieses Spektrums. Aus dem Intensitätsmaximum lässt sich nach dem Planck'schen Strahlungsgesetz die Temperatur des strahlenden Körpers ablesen (vgl. 12.1).

Ein weiterer Prozess, bei dem elektromagnetische Strahlung entsteht, ist die Paarvernichtung: Trifft beispielsweise ein Elektron mit seinem Antiteilchen, einem Positron, zusammen, können die beiden sich gegenseitig auslöschen und dabei Gammastrahlung erzeugen (vgl. 17.2).

Wechselwirkung mit Materie

Zu jedem Entstehungsprozess der elektromagnetischen Wellen lässt sich auch ein entsprechender Absorptionsprozess angeben: Trifft die Strahlung auf Materie, so können dort je nach Frequenz unterschiedliche Energieumwandlungen hervorgerufen werden.

– Die niederfrequenten Radiowellen werden in Empfangsantennen registriert; dort kommt es zu einer Schwingung, die derjenigen in der Sendeantenne entspricht.

– Wird Wärmestrahlung von einem Körper aufgenommen, erhöht sich dessen innere Energie: Seine Temperatur steigt oder es kommt zu Phasenumwandlungen, sodass er beispielsweise schmilzt oder verdampft.

– Die Hüllen von Atomen bzw. Molekülen können durch elektromagnetische Strahlung *angeregt* werden, also in höhere Energiezustände gelangen. Voraussetzung hierfür ist, dass die eintreffende Welle eine geeignete Frequenz besitzt. Bei der Resonanzfluoreszenz wird die Energie dann nach kurzer Zeit wieder als Strahlung abgegeben (vgl. 13.12).

– Strahlung ausreichender Frequenz kann außerdem Elektronen aus der Atomhülle lösen, die elektromagnetischen Wellen wirken dann ionisierend und können fotochemische Reaktionen auslösen. Ähnliches gilt für Atomkerne: Hochfrequente Gammastrahlung kann zu Kernumwandlungen und zum Ablösen einzelner Kernteilchen führen.

– Der Umkehrprozess zur Paarvernichtung ist die Paarerzeugung: Trifft hochfrequente Gammastrahlung auf Materie, können dabei beispielsweise Paare von Elektronen und Positronen entstehen.

AUFGABE

1 Stellen Sie die Entstehungs- und Absorptionsprozesse elektromagnetischer Strahlung tabellarisch gegenüber. Geben Sie auch typische Wellenlängen- und Frequenzbereiche an.

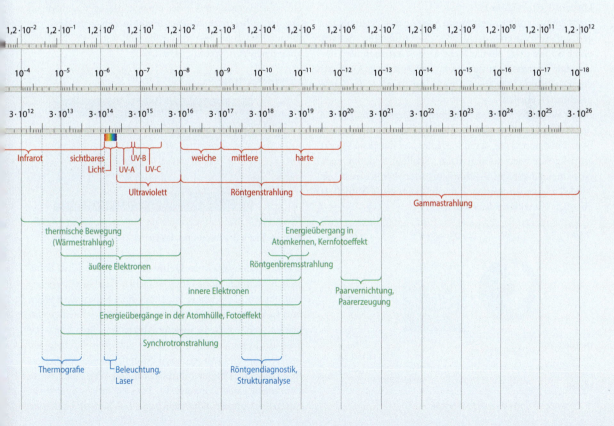

KONZEPTE DER PHYSIK

10.14 Modelle in der Physik – Vorstellungen vom Licht

Modelle in der Physik

Um Phänomene wie die Polarisation und die Interferenz von Licht zu beschreiben, wird das Wellenmodell verwendet. Allerdings wäre es falsch zu formulieren, dass das Licht tatsächlich aus Wellen »bestehe«. Der Grund hierfür sind Experimente, die sich nicht mit dieser Darstellung vertragen.

Die Ausbreitung eines Schwingungszustands auf einer Wasseroberfläche und der damit verbundene Energietransport lässt sich mit dem Verhalten einer einfachen Wasserwelle und entsprechenden mathematischen Funktionen widerspruchsfrei beschreiben – was sich auf der Oberfläche ausbreitet, »ist« daher eine Wasserwelle. Bei Licht dagegen verhält es sich anders. Die Lichtwelle bildet nur einen Teilbereich der Wirklichkeit ab, sie stellt ein Modell dar.

Häufig werden in der Physik Modelle als vereinfachte Abbildungen von Objekten eingesetzt. Unwichtige oder zu komplexe Sachverhalte werden dabei bewusst ausgeblendet. Im Alltag nutzen wir häufig *deskriptive Modelle*, die vorrangig die Gestalt eines Objekts wiedergeben. Ein Beispiel hierfür ist ein Globus, der ein verkleinertes Abbild des Erdkörpers darstellt (Abb. 1).

Der Globus kann nur bestimmte Aspekte des Originals zeigen, andere – wie etwa den Aufbau des Erdinneren – jedoch nicht. So wie jedes physikalische Modell hat auch der Globus eine begrenzte Aussagekraft. Beispielsweise kann aus der Darstellung von Städten nicht auf deren reale Größe geschlossen werden.

In der Wissenschaft werden zumeist *erklärende Modelle* wie das Wellenmodell verwendet, die einen Ausschnitt der Realität abbilden und aus deren Verhalten auf das reale Objekt zurückgeschlossen werden kann. Schließlich kann auch eine mathematische Beschreibung der Wirklichkeit als Modell angesehen werden. Ein solches formales Modell ist ebenfalls ein erklärendes Modell.

Lichtmodelle

Für das Licht gibt es unterschiedliche Modelle: das Lichtstrahl- bzw. Lichtwegmodell, das Wellenmodell und das Photonen- bzw. Quantenmodell. Sie alle sind Modelle, in denen jeweils nur ein Teilaspekt des Verhaltens von Licht beschrieben wird. Dass mehrere Modelle zur Beschreibung eines Sachverhalts nebeneinander bestehen, ist in der Physik nicht ungewöhnlich. Oft wird je nach Situation einfach das am besten passende Modell ausgewählt.

Die Ursache für das Nebeneinander mehrerer Modelle kann die unterschiedliche Komplexität dieser Modelle sein. So lassen sich z. B. alle Aussagen der geometrischen Optik auch in dem übergeordneten Wellenmodell verstehen – es ist aber in vielen Fällen gar nicht notwendig, die schwierigere Vorgehensweise des Wellenmodells anzuwenden.

Das Verhältnis von Wellenmodell und Photonenmodell ist dagegen ein anderes: Hier ist nicht das eine Modell Bestandteil des zweiten. Stattdessen beschreibt das Wellenmodell die Ausbreitung des Lichts und das Photonenmodell die Wechselwirkung des Lichts mit Materie, also das Aussenden und Empfangen von Licht. Beide Modelle betreffen unterschiedliche Aspekte des Lichts, die im jeweils anderen Modell nicht erfasst werden können. Ein solcher Zustand wird in der Regel als unbefriedigend angesehen, denn ein wesentliches Ziel der Physik ist es, möglichst alle Aspekte eines Sachverhalts mit einer einzigen, in sich schlüssigen Theorie zu beschreiben. Dies leistet in Bezug auf das Licht die mathematisch anspruchsvolle und wenig anschauliche Quantenelektrodynamik (Abb. 2).

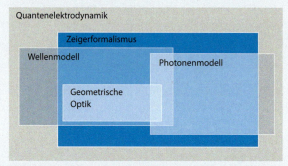

2 Modelle zur Beschreibung des Lichts

Das Zusammenspiel von Lichtwelle und Photon darf dabei jedoch nicht im Sinne eines einfachen *Dualismus* verstanden werden: Das Licht ist nicht in einem Experiment Welle und in einem anderen Photon, sondern es ist keines von beiden: Wir haben in unserer Vorstellung kein einfaches Bild für dieses Verhalten. So kann man sich durchaus die Interferenz von Licht in einem Photonenmodell vorstellen; jedes einzelne Photon nimmt dann den Weg durch beide Öffnungen eines Doppelspalts. Dies entspricht aber nicht unserer gewohnten Vorstellung von Teilchen, und daher ist

Objekt	Erde	Wasserwelle	Licht
Deskriptives Modell	Globus	–	Lichtweg/ Lichtstrahl
Erklärendes Modell		Wellenfunktion	

1 Deskriptive und erklärende Modelle

es sinnvoll, gar nicht erst klassische Teilchen zu assoziieren und auch nicht vom Weg zu sprechen, den sie nehmen. Legitim ist es dagegen, Lichtwege zu benennen, die das Phänomen als Ganzes erfassen.

Oft ist es schwierig, bei der Beschreibung von Phänomenen ständig zwischen zwei Modellen mit einander widersprechenden Teilaspekten hin- und herzuspringen. Ein Ausweg kann dann in einem Modell bestehen, das Verknüpfungen zu klassischen Vorstellungen weitgehend vermeidet. Ein solches formales Modell ist der Zeigerformalismus (vgl. 10.7): Dieser erklärt nicht, wie man sich das Licht anschaulich vorzustellen hat, also beispielsweise als Welle oder als Teilchen. Mit ihm können Interferenz- und Beugungsprobleme dargestellt und berechnet werden, zugleich aber kann der Formalismus das Registrieren am Empfänger gemäß der Wechselwirkung von Licht mit Materie beschreiben.

Während Eigenschaften des Modells aus dem realen Objekt abgeleitet werden, lässt sich mit einem erklärenden Modell auch auf das – möglicherweise noch unbekannte – Verhalten der Realität schließen. Das gilt auch für den Zeigerformalismus, der zunächst für den einfachen Sachverhalt der Interferenz zweier Quellen verwendet werden kann (9.7). Daraufhin lassen sich auch zunächst unerwartete Sachverhalte auffinden, die anschließend experimentell untersucht werden können.

Poisson'scher Fleck Ein Beispiel hierfür ist die Entstehung eines Beugungsmaximums im Schatten hinter einer kleinen Kugel. Abbildung 3 stellt die Zeiger eines Lichtbündels auf der optischen Achse dar. Für die Berechnung der Intensität werden die Zeiger kreisförmiger Zonen ermittelt und addiert; die äußeren Zeiger gehören dabei zum Inneren des Bündels (vgl. 10.7, Abb. 2). Werden die inneren Lichtwege durch einen kleinen Schattengeber ausgeblendet, verbleibt dennoch ein resultierender Zeiger Z_{res} – in der Mitte des Schattens sollte also unter geeigneten Bedingungen ein Intensitätsmaximum zu beobachten sein. Dies ist auch der Fall, einen solchen Poisson'schen Fleck zeigt Abb. 4.

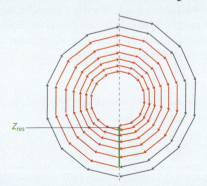

3 Zeigeraddition beim Ausblenden einiger Lichtwege eines Bündels

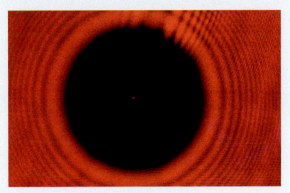

4 Poisson'scher Fleck hinter einer Stahlkugel

Verhältnis von Modell und Theorie

Im alltäglichen Sprachgebrauch ist eine Theorie eine rein abstrakte Anschauung eines Sachverhalts, oft auch eine Vermutung, deren Zusammenhang mit der Wirklichkeit noch ungeklärt ist. In den Naturwissenschaften ist unter einer Theorie dagegen ein System begründeter Aussagen zu verstehen, das zur Beschreibung von Phänomenen und experimentellen Ergebnissen dient. Die Aussagen sind dabei meist Gesetze, die bereits bestätigt sind; es kann sich aber auch um reine Hypothesen handeln. Theorien müssen sich fortwährend empirisch bewähren; Bestandteile, die bei der Überprüfung falsifiziert werden, werden bei der Weiterentwicklung der Theorie ersetzt. Unter Umständen wird auch die Theorie als Ganzes fallen gelassen und durch eine andere abgelöst. Ein Beispiel hierfür ist der Wechsel von der stofflichen Theorie der Wärme zur kinetischen Theorie.

Die hier aufgeführten Begriffe werden allerdings nicht eindeutig verwendet, zuweilen besteht eine Überschneidung zwischen dem, was man unter einer Theorie und einem Modell versteht. Im Allgemeinen aber ist eine Theorie ein größerer Komplex von Aussagen. Ein Modell ist dagegen eine kleinere Struktur, die die Sätze einer Theorie erfüllt. Gase lassen sich z. B. mit dem Modell des idealen Gases beschreiben; das Modell selbst erfüllt die Sätze der kinetischen Gastheorie (vgl. 11.13).

In diesem Sinne ist das Wellenmodell des Lichts einerseits Bestandteil der elektromagnetischen Wellentheorie, zugleich aber gemeinsam mit Photonenmodell und Zeigerformalismus ein Modell der übergreifenden Quantenelektrodynamik (Abb. 2).

AUFGABEN

1. Begründen Sie, dass das Lichtstrahlmodell ein deskriptives und kein erklärendes Modell ist.
2. Diskutieren Sie, ob das das Huygens'sche Prinzip dem Wellenmodell des Lichts untergeordnet ist: Erfasst das Wellenmodell alle Aussagen dieses Prinzips? Geht es über die Aussagen des Huygens'schen Prinzips hinaus?

1 a Der Federschwinger in Kap. 8.3, Abb. 2 hat in der Position a seine maximale Auslenkung erreicht. Beschreiben Sie die einzelnen Zustände der Schwingung. Gehen Sie auch auf Richtung und Betrag von Geschwindigkeit und Beschleunigung ein.
b Begründen Sie, dass die Eigenfrequenz eines vertikalen Federpendels nicht von der Fallbeschleunigung g abhängt.
c Begründen Sie, dass die Eigenfrequenz eines Fadenpendels nicht von der Masse m des schwingenden Körpers abhängt.

2 a Berechnen Sie die Länge, die ein Pendel mit der Periodendauer $T = 2$ s am Nordpol ($g = 9{,}83$ m/s^2) bzw. am Äquator ($g = 9{,}78$ m/s^2) besitzen muss.
b Belegen Sie durch eine Rechnung, dass eine Präzisionspendeluhr, die für Mitteleuropa hergestellt wurde ($g = 9{,}81$ m/s^2), am Äquator bereits nach zwei Stunden um etwa elf Sekunden nachgeht.
c Recherchieren Sie, wie sich mithilfe von Pendeln Inhomogenitäten in der Erdkruste, also z. B. Erzlagerstätten, aufspüren lassen. Stellen Sie diese Methode zusammenfassend dar.

3 a Erklären Sie, weshalb die Schwingung eines Fadenpendels nur für kleine Ausschlagwinkel näherungsweise harmonisch ist.
b Untersuchen Sie mithilfe einer Tabellenkalkulation die Güte der Näherung $\alpha \approx \sin\alpha \approx \tan\alpha$ in folgender Darstellungsform:

α in Grad	α in rad	$\sin\alpha$	$\tan\alpha$	Abweichung in %
0,1				
0,5				
1				
…				
20				

4 Ein Motor mit Exzenter regte über ein Seil ein bestimmtes Federpendel zu Schwingungen an. Dabei ergaben sich die unten stehenden Messwerte für die Amplitude in Abhängigkeit von der Kreisfrequenz der Anregung.
a Stellen Sie die Messwerte grafisch dar.
b Ermitteln Sie anhand der Grafik die Resonanzfrequenz.
c Berechnen Sie daraus die Eigenschwingungsdauer des verwendeten Federpendels.
d Erklären Sie, wie es zu den unterschiedlichen Messreihen bei ein und derselben Feder kommen konnte.

e Ermitteln und vergleichen Sie die *Halbwertsbreiten* der drei Graphen. Darunter versteht man die Breite auf halber Höhe des Maximums.
f Nennen Sie Anwendungsbereiche, bei denen Resonanz erwünscht bzw. unerwünscht ist.

5 Für eine Schwingung ist folgende Gleichung gegeben:
$$y(t) = 0{,}3 \text{ m} \cdot \sin\left(\frac{2}{\text{s}} \cdot t + \frac{\pi}{6}\right).$$
a Bestimmen Sie daraus die maximale Auslenkung, die Schwingungsdauer und die Frequenz.
b Formulieren Sie die Funktionsgleichungen für $v(t)$ und $a(t)$. Berechnen Sie die jeweiligen Funktionswerte zum Zeitpunkt $t = 10$ s.

6 Voraussetzung für eine harmonische Schwingung ist ein lineares Kraftgesetz.
a Geben Sie dieses Gesetz für eine Federschwingung und für eine Pendelschwingung an. Erläutern Sie die auftretenden Größen.
b Leiten Sie aus einem Kräfteansatz die Differenzialgleichung für die ungedämpfte Schwingung eines Federpendels her.
c Leiten Sie die Gleichung für die potenzielle Energie des harmonischen Schwingers aus dem Kraftgesetz und der Definition der Energie her.

7 An einem Fadenpendel der Länge 2,0 m hängt eine schwingende Stimmgabel, die mit der Frequenz $f_0 = 440$ Hz schwingt. Das Pendel wird so ausgelenkt, dass der Faden und die Vertikale einen Winkel von 20° einschließen. Danach wird es losgelassen.
a Erläutern Sie, wie sich eine Person relativ zur Schwingungsebene positionieren muss, um eine möglichst große Frequenzänderung wahrzunehmen.
b Geben Sie die Geschwindigkeit der Stimmgabel im tiefsten Punkt der Pendelbewegung an.
c Berechnen Sie daraus die maximale wahrgenommene Frequenz beim Annähern der Stimmgabel. Um welchen Betrag ändert sich die Wellenlänge der Schallwelle dabei?
Hinweis: Die Schallgeschwindigkeit beträgt 343 m/s.

8 Zwei Schwingungen A und B werden einander überlagert. Erzeugen Sie mithilfe einer geeigneten Software (z. B. mit einem Tabellenkalkulationsprogramm) Graphen für die beiden folgenden Fälle:
a $f_A = 100$ Hz, $f_B = 110$ Hz
b $f_A = 100$ Hz, $f_B = 101$ Hz
c Beschreiben Sie die Unterschiede zwischen den Graphen, und erklären Sie diese.

ω in Hz	0,4	0,6	0,8	1,0	1,2	1,4	1,6	1,8	2,0	2,2	2,4	2,6	2,8	3,0
1 y_{max} in cm	1,0	1,2	2,1	4,0	6,2	9,1	15	20	13	8,2	5,2	3,0	2,1	1,5
2 y_{max} in cm	0,5	0,8	1,1	3,1	5,0	7,5	10	11,5	9,3	6,2	3,0	1,5	1,1	0,8
3 y_{max} in cm	0,2	0,5	0,7	1,7	2,8	3,9	4,9	5,5	4,7	3,3	1,7	0,8	0,5	0,3

9 Zwei Körper werden in eine große Wanne mit Wasser gesetzt und schwimmen. Werden sie nach unten gedrückt und losgelassen, setzt jeweils eine Schwingung in vertikaler Richtung ein.

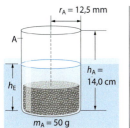
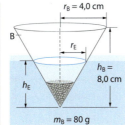

a Skizzieren Sie die Kräfte, die auf einen schwimmenden Körper in der Ruhelage ausgeübt werden. Stellen Sie in einer weiteren Skizze die Kräfte für den Fall dar, dass der Körper um die Strecke Δy tiefer heruntergedrückt wird.
b Berechnen Sie die jeweiligen Eintauchtiefen h_E für den Fall, dass beide Körper in Wasser schwimmen ($\rho_{Wasser} = 1{,}0$ g/cm³). *Hinweis:* Ein schwimmender Körper taucht stets so tief in eine Flüssigkeit ein, dass die Gewichtskraft der verdrängten Flüssigkeit denselben Betrag hat wie seine eigene Gewichtskraft.
c Zeigen Sie, dass der Körper A harmonisch schwingt, wenn er um die Strecke Δy nach unten ausgelenkt und losgelassen wird, und dass für die Richtgröße $D = \rho \cdot \pi \cdot g \cdot r_A^2$ gilt. Leiten Sie die Gleichung her.
d Begründen Sie, dass der Körper B nicht harmonisch schwingt.
e Ein Körper, der die Form des Körpers A hat, besitze eine solche Masse m, dass er in der Ruhelage bis zur Hälfte seiner Gesamtlänge l eintaucht. Zeigen Sie, dass dann die Periodendauer T für den um die Ruhelage schwingenden Körper nach der folgenden Gleichung berechnet werden kann: $T = 2\pi \cdot \sqrt{\dfrac{l}{2g}}$.

10 a Geben Sie die Gleichung für eine fortschreitende Welle an.
b Tragen Sie die Auslenkungen der Oszillatoren einer in x-Richtung fortschreitenden Welle ($y_{max} = 2$ cm) in eine Tabelle ein:

	$x = 0$	$x = \dfrac{\lambda}{4}$	$x = \dfrac{\lambda}{2}$	$x = \dfrac{3\lambda}{4}$	$x = \lambda$	$x = \dfrac{5\lambda}{4}$
$t = 0$	$y = ...$	$y = ...$	$y = ...$	$y = ...$	$y = ...$	$y = ...$
$t = T/4$	$y = ...$	$y = ...$	$y = ...$	$y = ...$	$y = ...$	$y = ...$

c Fertigen Sie eine Skizze der Welle zu den beiden Zeitpunkten an.

11 An Schnellstraßen und Bahntrassen, die durch Wohnviertel führen, gibt es häufig Lärmschutzwände. Begründen Sie, dass der Lärmschutz hinter der Wand meistens am effektivsten ist, während Anwohner, die einige Hundert Meter von der Lärmschutzwand entfernt wohnen, die Geräusche relativ laut wahrnehmen.

12 In manchen Kirchen gibt es noch Beschallungssysteme in *Mono*. Diese arbeiten mit zwei Lautsprechern, die neben dem Altar aufgestellt sind. Vor allem ältere Besucher haben häufig Stammplätze und beschweren sich, dass sie, wenn sie mit einem anderen Platz vorliebnehmen müssen, dort nicht alles verstehen können. Erklären Sie dieses Phänomen anhand einer geeigneten Skizze.

13 Aus den geöffneten Fenstern einer Tischlerwerkstatt dringt der Ton einer Fräse mit der Frequenz $f = 500$ Hz. Die beiden schmalen Fenster liegen im Abstand von 4 m nebeneinander. Ein Wanderer, der auf einem 20 m entfernten, parallel zu diesen Fenstern verlaufenden Weg geht, stellt Maxima und Minima der Lautstärke fest.

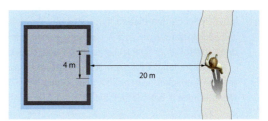

a Erklären Sie dieses akustische Phänomen.
b Skizzieren Sie die Situation im Maßstab 1:100, und ermitteln Sie aus Ihrer Darstellung die Minima und Maxima bis zur 2. Ordnung.
c Vergleichen Sie die Lage der Minima und Maxima für den Fall, dass der Fensterabstand vergrößert bzw. verkleinert wird.

14 Ein Krankenwagen sendet unter anderem einen 400-Hz-Ton aus.
a Berechnen Sie die Frequenzen der Töne, die ein stehender Beobachter wahrnimmt, wenn der Krankenwagen zunächst mit 54 km/h auf ihn zu- und dann von ihm wegfährt.
b Was können Sie als Beobachter über die Geschwindigkeit des Krankenwagens aussagen, wenn Sie einen 440-Hz-Ton wahrnehmen?

15 Die Doppler-Sonografie arbeitet mit Ultraschallwellen, die in den Körper geschickt werden, um die Strömungsgeschwindigkeit des Bluts zu messen. Die Schallwellen werden dabei an Blutkörperchen reflektiert, die die Geschwindigkeit v_b besitzen.
a Leiten Sie die folgende Gleichung her:
$\Delta\lambda = \lambda_{Sender} \cdot v_b / c$.
b Berechnen Sie $\Delta\lambda$ für eine Sendefrequenz von 5 MHz und eine Strömungsgeschwindigkeit des Bluts von 10 cm pro Sekunde. Verwenden Sie als Ausbreitungsgeschwindigkeit $c_{Wasser} = 1500$ m/s.

16 Voraussetzung für eine harmonische Schwingung ist ein lineares Kraftgesetz.
a Geben Sie dieses Gesetz für ein Federpendel und für ein Fadenpendel an. Erläutern Sie die auftretenden Größen.
b Übertragen Sie dieses Gesetz auf die Verhältnisse in einem elektrischen Schwingkreis. Erläutern Sie auch hier die Größen.

17 a Nennen Sie für gedämpfte mechanische Schwingungen typische Geschwindigkeitsabhängigkeiten der Reibungskraft $F_R(v)$.
b Welche dieser Abhängigkeiten gleicht formal dem Ohm'schen Gesetz für den Fall der elektromagnetischen Schwingungen? Geben Sie an, welche Größen einander entsprechen.

18 Ein Schwingkreis enthält folgende Bauelemente:
– einen Kondensator mit quadratischen Platten von 10 cm Seitenlänge, die einen Abstand von 1 mm haben. Zwischen den Platten befindet sich Porzellan mit der Dielektrizitätszahl $\varepsilon_r = 7$. Anfangs wurde der Kondensator mit einer Spannung von 24 V aufgeladen.
– eine 7 cm lange Spule mit 3600 Windungen und einer quadratischen Innenfläche der Kantenlänge 3 cm. Der Eisenkern hat hierbei die mittlere Permeabilität $\mu_r = 500$.
a Berechnen Sie die Maximalwerte für die elektrische Feldstärke, die Ladung des Kondensators und die Energie des elektrischen Felds.
b Berechnen Sie die Maximalwerte für die Energie des magnetischen Felds, die Stromstärke und die magnetische Feldstärke.
c Berechnen Sie die Eigenfrequenz des Schwingkreises; nehmen Sie dazu an, dass die Schwingung ungedämpft verläuft.

19 a Ermitteln Sie für die beiden folgenden Grafiken jeweils die Schwingungsdauer T, und vergleichen Sie die Werte mit den Ergebnissen aus der Thomson'schen Schwingungsgleichung.
b Geben Sie für die zweite Grafik den Spannungsverlauf $U(t)$ konkret an, und leiten Sie daraus einen Ausdruck für den Stromstärkeverlauf $I(t)$ her.

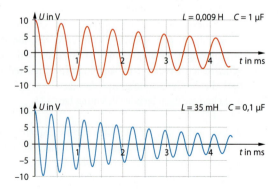

20 Nikola Tesla entwickelte um 1900 den nach ihm benannten Tesla-Transformator. Damit gelingt die Erzeugung hochfrequenter Hochspannung von mehr als 100 kV. Tesla koppelte zwei elektrische Schwingkreise wie in folgender Abbildung.

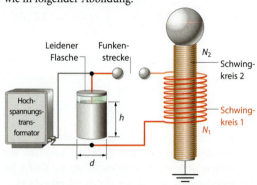

Schwingkreis 1 besteht bei geschlossener Funkenstrecke aus einer Leidener Flasche als Kondensator und einer Spule mit einer Windungszahl $N_1 = 10$. Schwingkreis 2 besteht nur aus einer Spule mit der Windungszahl $N_2 = 3000$. Im Betrieb wird die Leidener Flasche durch den Hochspannungstransformator aufgeladen, bis die Funkenstrecke zündet. In diesem Moment entstehen dann gedämpfte elektrische Schwingungen im Schwingkreis 1.
a Am Schwingkreis 1 liegt auch noch die Sekundärspule des Hochspannungstransformators parallel zur ersten Spule. Begründen Sie, dass die Eigenfrequenz des ersten Schwingkreises praktisch nur von N_1 abhängt.
b Berechnen Sie mithilfe der angegebenen Werte die Eigenfrequenz des ersten Schwingkreises. Für die Leidener Flasche gilt: $h = 25$ cm; $d = 12$ cm; Wandstärke 3 mm. Spule 1 hat einen Durchmesser von 12 cm und eine Länge von 15 cm.
c Der zweite Schwingkreis besitzt dieselbe Eigenfrequenz und ist daher mit dem ersten in Resonanz. Seine Kapazität ist die Eigenkapazität der Spule 2 mit der aufgesetzten Kugel. Berechnen Sie diese unter der Annahme, dass Spule 2 den halben Durchmesser und die achtfache Länge von Spule 1 besitzt.

21 Mit einem Klystron werden Mikrowellen erzeugt.
a Skizzieren Sie ein Experiment, mit dem man aus den Mikrowellen stehende Wellen erzeugt.
b Erklären Sie, wie man in dem Experiment die Wellenlänge der Mikrowellen bestimmt.
c Aus einem Experiment ergibt sich eine Wellenlänge von $\lambda = 3{,}2$ cm. Berechnen Sie die zugehörige Frequenz.

22 Mikrowellen treffen auf einen Doppelspalt. Die Spaltmitten haben einen Abstand von 9 cm. Der Empfänger wird im Abstand von 70 cm zum Doppelspalt um die

Mitte zwischen den Spaltmitten bewegt. Das Messergebnis ist in der folgenden Abbildung dargestellt. Bestimmen Sie aus der Intensitätsverteilung die Wellenlänge der verwendeten Mikrowellen.

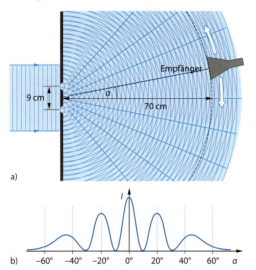

a)

b)

23 Die Mobilfunknetze benutzen Frequenzen von 0,45 GHz bis 1,9 GHz. Die Sendeleistung von Mobiltelefonen liegt bei ca. ein bis zwei Watt. Diese Leistung reicht aus, um ein kleines Glühlämpchen zum Leuchten zu bringen. Stellen Sie Informationen über die Einflüsse dieser Strahlung auf den menschlichen Körper zusammen, und erörtern Sie vor diesem Hintergrund die Nutzung von Mobilfunkgeräten.

24 Experiment 1 in Kap. 9.16 zeigt die Schaltung eines einfachen Detektorempfängers mit Kopfhörer. In diesem Aufbau wird die Energie zur Bewegung der Kopfhörermembran aus der empfangenen elektromagnetischen Welle entnommen. Zum Betrieb mit einem Lautsprecher muss das niederfrequente Signal noch verstärkt werden. Dazu ist zusätzliche Energie notwendig.

a Bauen Sie nach folgendem Schaltbild einen Detektorempfänger mit Verstärker auf.

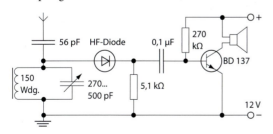

b Erklären Sie die Notwendigkeit der einzelnen Bauelemente und ihr Zusammenwirken.

c Erläutern Sie, woher die Energie zum Betrieb des Lautsprechers stammt.

25 Monochromatisches Licht fällt durch ein optisches Gitter mit 250 Linien pro Zentimeter. Auf einem 3,0 m entfernten Schirm treten Interferenzerscheinungen auf. Die Tabelle stellt die Abstände der Intensitätsmaxima vom Hauptmaximum (0. Ordnung) dar.

Ordnung	1.	2.	3.
Abstand in cm	8,7	17,8	26,4

Bestimmen Sie daraus die Wellenlänge des verwendeten Lichts.

26 a Zeichnen Sie qualitativ die Cornu-Spirale für den Schirmpunkt auf der optischen Achse hinter einem breiten Spalt. Zeichnen Sie auch den größtmöglichen resultierenden Zeiger ein.

b Ein Spalt wird mit parallelem Licht der Wellenlänge $\lambda = 630$ nm beleuchtet. Berechnen Sie die Breite des Spalts, bei der die Intensität im Zentrum des Beugungsbilds auf einem 2 m entfernten Schirm maximal ist.

27 Auf einem Schirm hinter einem beleuchteten Spalt entsteht ein Beugungsmuster. Im Bild sind vier Varianten zu sehen. Erläutern Sie daran den Übergang von der Fraunhofer- zur Fresnel-Beugung.

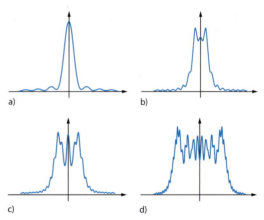

28 Diskutieren Sie, wie am ehesten ein erkennbarer Poisson'scher Fleck im Zentrum eines Kugelschattens zu erreichen ist. Berücksichtigen Sie die Entfernung der Kugel zur Lichtquelle und zum Schirm sowie den Durchmesser der Kugel.

29 a Begründen Sie, dass es zur Berechnung der Intensität hinter einem Spalt ausreicht, eine endliche Anzahl von Lichtwegen zu betrachten.

b Wie lässt sich überprüfen, dass bei einer Berechnung die betrachtete Anzahl der Lichtwege hinreichend groß gewählt wurde?

30 Ein dünner Ölfilm auf einer Regenpfütze erscheint bei senkrechter Betrachtung blassblau. Erklären Sie dieses Phänomen, und schätzen Sie daraus die Mindestdicke des Ölfilms ab.

ÜBERBLICK

Schwingungen und Wellen

Harmonische Schwingung

Federpendel		Schwingkreis	
Lineares Kraftgesetz $F = -D \cdot y$	**Differenzialgleichung** $\ddot{y}(t) = -\frac{D}{m} \cdot y(t)$	**Zusammenhang zwischen Spannung und Ladung** $U = -\frac{1}{C} \cdot Q$	**Differenzialgleichung** $\ddot{Q}(t) = -\frac{1}{L \cdot C} \cdot Q(t)$
Sinusförmiger Verlauf $y(t) = y_{max} \cdot \sin \omega \cdot t$ 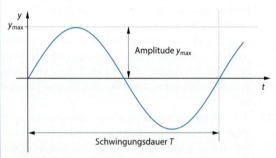		**Sinusförmiger Verlauf** $I(t) = I_{max} \cdot \sin \omega \cdot t$ 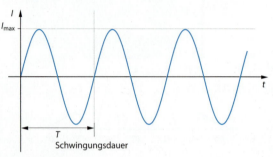	
Eigenfrequenz $f_0 = \frac{1}{2\pi} \cdot \sqrt{\frac{D}{m}}$ Fadenpendel: $f_0 = \frac{1}{2\pi} \cdot \sqrt{\frac{g}{l}}$		**Eigenfrequenz** $f_0 = \frac{1}{2\pi} \cdot \sqrt{\frac{1}{L \cdot C}}$	
Potenzielle Energie $E_{pot} = \frac{1}{2} D \cdot y^2$		Elektrische Feldenergie $E_{el} = \frac{1}{2} \frac{1}{C} \cdot Q^2$	
Kinetische Energie $E_{kin} = \frac{1}{2} m \cdot v^2$		Magnetische Feldenergie $E_{mag} = \frac{1}{2} L \cdot I^2$	
Auslenkung des Körpers y		Ladung des Kondensators Q	
Geschwindigkeit des Körpers $v = \dot{y}$		Stromstärke $I = \dot{Q}$	
Träge Masse des Körpers m		Induktivität der Spule L	
Federkonstante D		Kehrwert der Kapazität $\frac{1}{C}$	

Gedämpfte Schwingung

Spezialfall: Dämpfung proportional zur Geschwindigkeit
$F_R = -b \cdot v$ $\quad b$ Dämpfungskonstante
$U_R = -R \cdot I$ $\quad R$ ohmscher Widerstand

Exponentiell abklingende Schwingung
$$y(t) \approx y_{max} \cdot \cos(\omega \cdot t) \cdot e^{-\frac{b}{2m} \cdot t}$$
$$I(t) \approx I_{max} \cdot \sin(\omega \cdot t) \cdot e^{-\frac{R}{2L} \cdot t}$$

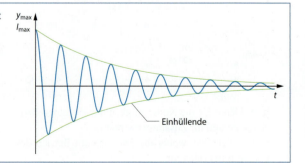

SCHWINGUNGEN UND WELLEN

Erzwungene Schwingung und Resonanz

Anregung durch periodische Energiezufuhr

Maximaler Energieübertrag bei

$f_e = f_0$ f_e Frequenz der Erregerschwingung
            f_0 Eigenfrequenz des Systems

Phasendifferenz zwischen Erregerschwingung und erzwungener Schwingung bei Resonanz: $\Delta\varphi = \dfrac{\pi}{2}$

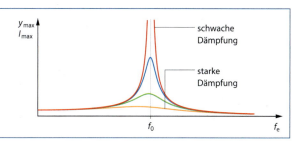

Mechanische Wellen

Ausbreitung einer Schwingung im Raum

$y(x,t) = y_{max} \cdot \sin\left(\omega \cdot t - 2\pi \cdot \dfrac{x}{\lambda}\right)$

Ausbreitungsgeschwindigkeit: $c = f \cdot \lambda = \dfrac{\lambda}{T}$

Energietransport
Die Phasenverschiebung zwischen benachbarten Oszillatoren bewirkt eine Energieübertragung. Ein Materietransport findet dabei nicht statt.

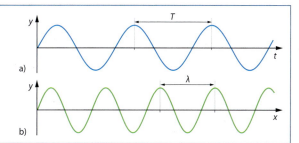

Transversalwelle
Oszillatoren schwingen quer zur Ausbreitungsrichtung.

Longitudinalwelle
Oszillatoren schwingen längs der Ausbreitungsrichtung.

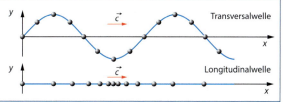

Überlagerung von Wellen
Superpositionsprinzip: Wird ein Oszillator von mehreren Wellen erreicht, addieren sich zu jedem Zeitpunkt die Auslenkungen.

Stehende Welle
Überlagerung von zwei entgegengesetzt laufenden Wellen: Ausbildung von ortsfesten Schwingungsknoten und -bäuchen

Interferenz
Überlagerung zweier Wellen gleicher Frequenz
Konstruktive Interferenz: An bestimmten Punkten kommt es zu maximaler gegenseitiger Verstärkung:
$\Delta x = n \cdot \lambda; \quad n = 0, 1, 2, \ldots$
Destruktive Interferenz: An bestimmten Punkten kommt es zu maximaler gegenseitiger Abschwächung:
$\Delta x = \left(n + \dfrac{1}{2}\right) \cdot \lambda; \quad n = 0, 1, 2, \ldots$

Huygens'sches Prinzip
Jeder Punkt einer Wellenfront ist als Ausgangspunkt neuer Elementarwellen zu betrachten. Deren Einhüllende ergibt die neue Wellenfront zum nächsten Zeitpunkt.

Reflexion
Einfallswinkel und Reflexionswinkel sind gleich groß: $\alpha = \beta$.

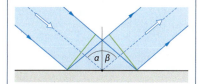

Brechung
Übergang in ein anderes Medium
$\dfrac{\sin\alpha}{\sin\beta} = \dfrac{c_1}{c_2}$

Beugung
Eindringen von Wellen in den geometrischen Schattenraum hinter einer Barriere

ÜBERBLICK

Akustik

Hörbereich des Menschen
Frequenzen: 16 Hz bis 20 kHz
Hörschwelle: $I = I_0 = 10^{-2}$ W/m² ≙ 0 dB
Schmerzgrenze: $I = 1$ W/m² ≙ 120 dB

Töne und Klänge
Ton: reine Sinusschwingung
Klang: Überlagerung von Sinusschwingungen
Klangfarbe von Musikinstrumenten: Intensität der Obertöne von Eigenschwingungen

Akustischer Dopplereffekt
Annähern von Schallquelle und Beobachter: Wahrnehmen einer höheren Frequenz
Entfernen von Schallquelle und Beobachter: Wahrnehmen einer niedrigeren Frequenz
Da die Schallausbreitung an ein Medium gekoppelt ist, spielt es auch eine Rolle, ob jeweils die Schallquelle in dem Medium ruht oder der Beobachter.

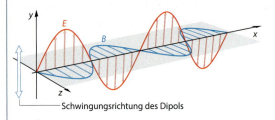

Elektromagnetische Wellen

Entstehung
- Hochfrequente Schwingung von Ladungsträgern, z. B. in einem Dipol
- Ablösung von Feldbereichen mit geschlossenen Feldlinien

Ausbreitung
$c = \lambda \cdot f$

$c = \dfrac{1}{\sqrt{\varepsilon_0 \cdot \mu_0 \cdot \varepsilon_r \cdot \mu_r}}$

Im Vakuum: $c = \dfrac{1}{\sqrt{\varepsilon_0 \cdot \mu_0}} \approx 3\,000\,000$ km/s

Dipolstrahlung breitet sich als eine polarisierte Transversalwelle aus. Für die Ausbreitung ist kein Medium erforderlich.

Eigenschaften
- Reflexion an metallischen Flächen
- Beugung an Hindernissen
- Interferenz

Frequenz- und Wellenlängenbereiche

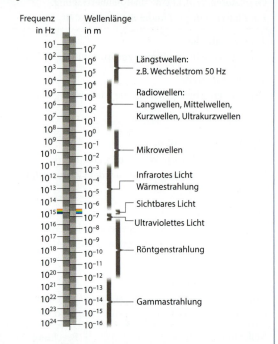

Informationsübertragung

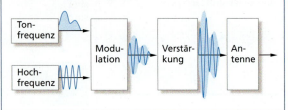

SCHWINGUNGEN UND WELLEN

ÜBERBLICK

Strahlenoptik

Die Lichtgeschwindigkeit im Vakuum ist als Grundgröße festgelegt auf den Wert $c = 2{,}997\,924\,58 \cdot 10^8$ m/s.
Fermat'sches Prinzip: Das Licht breitet sich zwischen zwei Punkten auf dem Weg aus, für den es die geringste Zeit benötigt.

Reflexion

Bei der Reflexion am Spiegel verlaufen die Wege des einfallenden und des ausfallenden Lichts in einer Ebene. Einfallswinkel und Ausfallswinkel sind gleich groß.

Brechung

Beim Übergang des Lichts von einem Medium 1 in das Medium 2 gilt:
$$\frac{\sin\alpha_1}{\sin\alpha_2} = \frac{n_2}{n_1}. \quad n_1, n_2: \text{Brechzahlen der Medien}$$

$c_1 = \frac{c}{n_1}$

$c_2 = \frac{c}{n_2} < c_1$

Für das Vakuum gilt: $n = 1$.

Wellenerscheinungen des Lichts

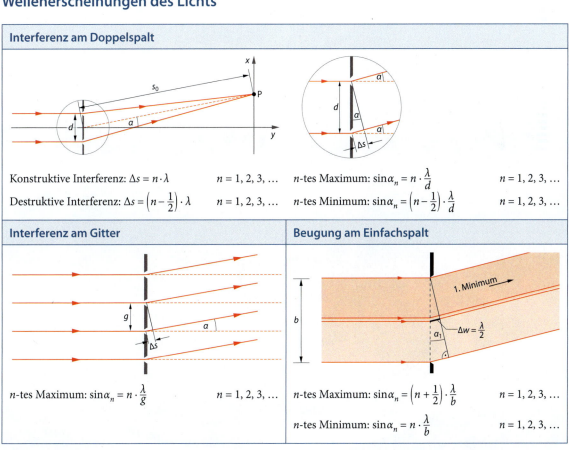

Interferenz am Doppelspalt

Konstruktive Interferenz: $\Delta s = n \cdot \lambda$ $\quad n = 1, 2, 3, \ldots$
Destruktive Interferenz: $\Delta s = \left(n - \frac{1}{2}\right) \cdot \lambda$ $\quad n = 1, 2, 3, \ldots$

n-tes Maximum: $\sin\alpha_n = n \cdot \frac{\lambda}{d}$ $\quad n = 1, 2, 3, \ldots$
n-tes Minimum: $\sin\alpha_n = \left(n - \frac{1}{2}\right) \cdot \frac{\lambda}{d}$ $\quad n = 1, 2, 3, \ldots$

Interferenz am Gitter

n-tes Maximum: $\sin\alpha_n = n \cdot \frac{\lambda}{g}$ $\quad n = 1, 2, 3, \ldots$

Beugung am Einfachspalt

n-tes Maximum: $\sin\alpha_n = \left(n + \frac{1}{2}\right) \cdot \frac{\lambda}{b}$ $\quad n = 1, 2, 3, \ldots$
n-tes Minimum: $\sin\alpha_n = n \cdot \frac{\lambda}{b}$ $\quad n = 1, 2, 3, \ldots$

STRUKTUR
DER MATERIE

In jedem Kabel, das elektrische Energie leitet, entstehen mehr oder weniger große Verluste – es sei denn, es besteht aus supraleitendem Material. Was lange Zeit unmöglich erschien, wird jetzt zur Versorgung von Innenstädten getestet. Anstatt die Verluste durch Einsatz von Hochspannung gering zu halten, werden hier die drei Leitungskabel in eine isolierte Röhre geschoben und gut gekühlt: Das Material verliert daraufhin jeglichen elektrischen Widerstand. An der Erforschung dieses quantenphysikalischen Effekts wird intensiv gearbeitet, auch um neue supraleitende Materialien entwickeln zu können.

MEILENSTEIN

13.1 **Berlin, 14. Dezember 1900.** *Im Physikalischen Institut hält Max Planck einen Vortrag zur Wärmestrahlung. Er stellt dabei eine Gleichung vor, die das Strahlungsverhalten eines Schwarzen Körpers in Abhängigkeit von dessen Temperatur exakt beschreibt. Planck muss hierfür jedoch annehmen, dass die Teilchen dieses Körpers die Strahlungsenergie nicht in beliebigen Mengen aufnehmen und abgeben können, sondern stets nur in kleinsten, nicht weiter teilbaren »Paketen«. Heute gilt dieser Vortrag vom Jahr 1900 als die Geburtsstunde der Quantenphysik.*

Max Planck

findet das Strahlungsgesetz

Strahlung eines Schwarzen Körpers

Das Strahlungsgesetz hatte die Physiker bereits seit Mitte des 19. Jahrhunderts beschäftigt. GUSTAV KIRCHHOFF hatte entdeckt, dass die Intensität der Wärmestrahlung, die ein Körper abgibt, von dessen Material völlig unabhängig ist. Sie hängt lediglich von seiner Temperatur und der betrachteten Frequenz ab. Das Phänomen war allseits bekannt: Erhitzt man ein Stück Eisen, so wird es mit steigender Temperatur erst rot glühend, dann gelblich und schließlich leuchtet es weiß-blau. Zerlegt man das Licht in seine Spektralanteile, so erkennt man, dass mit steigender Temperatur die relative Intensität zum Blau hin zunimmt. Jedes Material verhält sich so, nicht nur Eisen.

Um das allgemeine Strahlungsgesetz zu finden, untersuchte man nicht die ausgesandte Strahlung erhitzter Körper, sondern man baute Hohlraumstrahler – Öfen, deren Wände auf eine bestimmte Temperatur gebracht werden. Diese erwärmen die Luft im Inneren, die nach einiger Zeit dieselbe Temperatur besitzt wie die Wände: Es entsteht ein Strahlungsgleichgewicht, und die Anordnung verhält sich annähernd wie ein *Schwarzer Körper*. Ein verschwindend kleiner Teil der Wärmestrahlung verlässt den Ofen durch ein kleines Loch, sodass er aufgefangen und analysiert werden kann (Abb. 2).

Im Jahr 1893 hatte WILHELM WIEN einen Aspekt dieses Strahlungsverhaltens mit seinem Verschiebungsgesetz beschrieben. Demnach verlagert sich die Strahlungsdichte eines Schwarzen Körpers mit steigender Temperatur zu kleineren Wellenlängen. Drei Jahre später verallgemeinerte Wien seine Ergebnisse zu einer Strahlungsformel, die einen Zusammenhang zwischen der Temperatur und der ausgesandten Strahlungsenergie herstellt.

Zu Beginn des Jahres 1900 stießen jedoch HEINRICH RUBENS und FERDINAND KURLBAUM an der Technischen Hochschule in Berlin-Charlottenburg mit einer verbesserten Messtechnik bei größeren Wellenlängen auf deutliche Abweichungen von der Wien'schen Strahlungsformel. Dies war für MAX PLANCK der Anlass, nach einer neuen Gleichung zu suchen, die für hohe Frequenzen die Ergebnisse von Wien wiedergibt und für niedrige Frequenzen die neuen Messungen von Rubens und Kurlbaum.

Was Planck an dieser Frage faszinierte, war nicht nur die Suche nach einem neuen Gesetz. Vielmehr vermutete er, dahinter ein allgemeingültiges Prinzip zu entdecken. Aus experimentellen Daten »das Absolute, Allgemeingültige, Invariante herauszufinden« und »die großen allgemeinen Gesetze, die für sämtliche Naturvorgänge Bedeutung besitzen, unabhängig von den Eigenschaften der an den Vorgängen beteiligten Körper« zu entdecken, dies war seit seiner frühen Jugend sein innigstes Bestreben. Im Strahlungsgesetz schien eine solche »absolute Wahrheit« zu liegen.

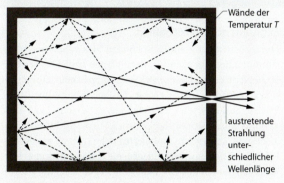

2 Modell eines Hohlraumstrahlers

Der 1858 in Kiel geborene Max Planck war ein brillanter Schüler. Aus gutbürgerlichem Hause stammend, spielte er zudem Klavier. Er selbst sagte später, er hätte genauso gut Musik wie auch Altphilologie studieren können. Dass es die Physik wurde, verdankte er dem faszinierenden Unterricht seines Mathematiklehrers. Als er zu Beginn seines Studiums seinem Physikprofessor Philipp von Jolly an der Universität München von dem Entschluss berichtete, sich der theoretischen Physik widmen zu wollen, kommentierte dieser lakonisch: »Theoretische Physik, das ist ja ein ganz schönes Fach, obwohl es gegenwärtig keine Lehrstühle dafür gibt. Aber grundsätzlich Neues werden Sie darin kaum mehr leisten können.« Jolly sah – wie viele seiner Zeitgenossen – die Entwicklung der Physik als weitgehend abgeschlossen an.

Weg zum Strahlungsgesetz

Als Planck sich mit dem Strahlungsgesetz auseinandersetzte, stellte er sich die strahlenden Teilchen als schwingende Oszillatoren oder Resonatoren vor, ähnlich winzigen Spiralfedern, an deren Enden jeweils eine elektrische Ladung sitzt, die beim Schwingen Strahlung abgeben und aufnehmen kann. Außerdem wandte er eine von Ludwig Boltzmann entwickelte Theorie an, die das Verhalten von Teilchen in einem Gas mit statistischen Methoden beschrieb. Diese ließ sich auf das Problem der Hohlraumstrahlung anwenden, wenn man die Strahlung als einen Strom von Teilchen betrachtete. Dann nämlich entsprachen die Oszillatoren und die Strahlungspartikel einem Gas, in dem die Teilchen unablässig miteinander zusammenstoßen.

Als Planck um 1899 mit diesen Überlegungen begann, sahen die Physiker – und auch Planck selbst – die Strahlung jedoch als elektromagnetische Welle und nicht als Partikel an. Umso erstaunlicher ist es, dass er die Boltzmann'schen Überlegungen auf sein Problem übertrug, zumal er ein Gegner von dessen atomistischer Physik war. Später kommentierte Planck diese Vorgehensweise als »Akt der Verzweiflung«.

Um zu seinem Strahlungsgesetz zu gelangen, unternahm er letztlich noch einen bedeutenden Schritt: Er musste annehmen, dass ein jeder Oszillator nicht beliebige Energien besitzen kann. Stattdessen teilte er die Energie in kleinste »Energieelemente« auf, deren Größe ausschließlich von der Frequenz abhängt, mit der ein Oszillator schwingt. Der Oszillator kann danach also nur bestimmte Energieportionen aufnehmen oder abgeben. Die Konstante, mit der sich aus der Frequenz die Größe der Energieelemente berechnen ließ, nannte Planck das *Wirkungsquantum h*.

Das war höchst ungewöhnlich. Zu Plancks Zeit war die Energie eine beliebig teilbare, kontinuierliche Größe. Planck gestand später selbst, was ihn zur Einführung der Energieelemente gebracht hatte: »Das war eine rein formale Annahme, und ich dachte mir eigentlich nicht viel dabei, sondern nur eben das, dass ich unter allen Umständen, koste es, was es wolle, ein positives Resultat herbeiführen wollte.« Er hatte also nach einer Formel gesucht, die die Messergebnisse exakt wiedergab – und hierfür war die Quantisierung der Energie nötig.

Planck glaubte zunächst selbst nicht daran, dass die Natur Sprünge macht. Später schrieb er: »Die Natur der Energieelemente blieb ungeklärt. Durch mehrere Jahre hindurch machte ich immer wieder Versuche, das Wirkungsquantum irgendwie in das System der klassischen Physik einzubauen. Aber es ist mir das nicht gelungen. Vielmehr blieb die Ausgestaltung der Quantenphysik bekanntlich jüngeren Kräften vorbehalten.« Und dies sollten neben Albert Einstein, Niels Bohr und dessen Schüler sein.

Planck hatte 1900 die Revolution in der klassischen Physik eingeleitet, obwohl er »seiner Natur nach ein ausgesprochen konservativer Denker war«, wie Werner Heisenberg später sagte. Man nennt Planck deshalb auch einen Revolutionär wider Willen.

AUFGABEN

1 a Beschreiben Sie, wie Max Planck sich zunächst die Natur der Wärmestrahlung vorgestellt hatte.
b Inwiefern vertrug sich das von ihm gefundene Strahlungsgesetz dann nicht mit dieser Vorstellung?
2 Recherchieren Sie, welche beiden Strahlungsgesetze durch das Planck'sche Gesetz zusammengeführt wurden, und geben Sie die zugehörigen Gleichungen an.

Für Fotosensoren gibt es die unterschiedlichsten Einsatzbereiche. Hier wird mit einem Geodimeter die Entfernung zwischen zwei Punkten gemessen. Ein moduliertes Lasersignal durchläuft die Messstrecke hin und zurück; das zurückkehrende Signal wird von einem Fotodetektor erfasst und mit dem ursprünglichen Signal in Beziehung gesetzt. Damit lässt sich die Distanz auf wenige Tausendstel Prozent genau bestimmen.

13.2 Fotoeffekt

Fällt Licht auf eine Metallplatte, so kann es dort Elektronen auslösen. Die Energie des auftreffenden Lichts wird dabei teilweise in kinetische Energie von Elektronen umgewandelt. Dieses Phänomen wird als äußerer Fotoeffekt oder als Hallwachs-Effekt bezeichnet.
Die genauere Untersuchung des Fotoeffekts zeigt folgende Resultate:

Einfluss der Lichtfrequenz   Erst oberhalb einer materialabhängigen Grenzfrequenz f_G des Lichts werden Elektronen ausgelöst. Die maximale kinetische Energie der ausgelösten Elektronen steigt, wenn die Frequenz des eingestrahlten Lichts erhöht wird.

Einfluss der Lichtintensität   Bei höherer Intensität des Lichts werden mehr Elektronen ausgelöst. Die maximale kinetische Energie der ausgelösten Elektronen hängt jedoch nicht von der Lichtintensität ab.

Photonen   Diese Beobachtungen können mit der klassischen Wellentheorie des Lichts kaum erklärt werden. Eine elektromagnetische Welle höherer Intensität besitzt eine größere Amplitude der elektrischen Feldstärke. Daher sollte sie auch die Elektronen stärker beschleunigen und folglich Elektronen höherer kinetischer Energie auslösen.
ALBERT EINSTEIN lieferte eine Erklärung für den Fotoeffekt, indem er davon ausging, dass das Licht seine Energie nur in Form von separaten Portionen an die Elektronen abgeben kann (vgl. 13.3). Die einzelnen Energieportionen sind umso größer, je höher die Frequenz f des eingestrahlten Lichts ist. Diese Portionen werden Lichtquanten oder Photonen genannt. Mit der Planck'schen Konstante $h = 6{,}626 \cdot 10^{-34}$ J·s beträgt die Energie eines einzelnen Photons:

$$E_{Ph} = h \cdot f \qquad (1)$$

Experiment zum Fotoeffekt
Durch Bestrahlung mit Licht können Elektronen unter bestimmten Bedingungen aus Metallplatten ausgelöst werden. So beginnt beispielsweise eine negativ geladene Zinkplatte sich zu entladen, sobald sie mit UV-Licht bestrahlt wird. Das Herauslösen von Elektronen mit sichtbarem Licht lässt sich mit einer Fotozelle untersuchen (Exp. 1). Eine Fotozelle besteht aus einem evakuierten Glaskolben, an dessen Rückwand sich eine Metallfläche, die Katode, befindet. Der Katode gegenüber ist ein Metallring angebracht: die Anode der Fotozelle.

EXPERIMENT 1

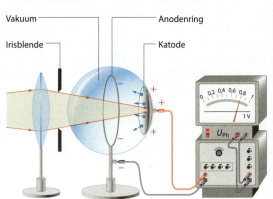

Das Licht einer Quecksilberdampflampe wird mit einem Prisma spektral zerlegt. Es entstehen vier sichtbare Linien, die schmalen Frequenzbändern entsprechen. Das Licht jeweils einer Spektrallinie fällt auf eine Fotozelle. Die Spannung zwischen Anodenring und Katode wird mit einem Messverstärker gemessen.

Die gemessene Spannung an der Fotozelle ist umso höher, je größer die Frequenz des eingestrahlten Lichts ist (siehe folgende Tabelle). Schwächt man das auf die Fotozelle auftreffende Licht durch Graufilter ab, zeigt sich, dass die jeweils erreichte Spannung von der Lichtintensität unabhängig ist. Die Spannung wird also ausschließlich durch die Frequenz des einfallenden Lichts festgelegt.

Spannungen an der Fotozelle bei unterschiedlichen Lichtfrequenzen

Farbe	λ in nm	f in 10^{14} Hz	U_{Ph} in V	$E_{kin,max}$ in eV
gelb	578	5,19	0,13	0,13
grün	546	5,50	0,27	0,27
blau	436	6,88	0,81	0,81
violett	405	7,41	1,02	1,02

Deutung des Fotoeffekts nach Einstein

Im Modell Einsteins setzt sich Licht aus Energiepaketen, den Photonen, zusammen. Je höher die Frequenz des Lichts ist, desto größer ist die Energie der zugehörigen Photonen. Trifft nun ein Photon auf eine Metalloberfläche wie die Katode einer Fotozelle, so kann es seine Energie E_{Ph} an ein Elektron im Metall abgeben. Um Elektronen aus der Katode freizusetzen, ist zunächst ein vom Material abhängiger Energiebetrag E_A, die *Austrittsenergie*, notwendig. Ein auftreffendes Photon muss mindestens diese Austrittsenergie besitzen, um ein Elektron aus der Metallfläche zu lösen. Ist die Energie des Photons größer, kann die überschüssige Energie in kinetische Energie des Elektrons umgewandelt werden:

$$E_{kin,max} = E_{Ph} - E_A. \tag{2}$$

Die ausgelösten Elektronen können auf den Anodenring der Fotozelle gelangen; zwischen ihm und der Katode baut sich dann ein elektrisches Feld auf. Die Spannung zwischen Anodenring und Katode erreicht einen Maximalwert U_{Ph}, wenn keine weiteren Elektronen mehr überwechseln können. Dies ist der Fall, wenn die zur Überführung eines Elektrons benötigte Energie $e \cdot U_{Ph}$ gerade mit der kinetischen Energie der schnellsten Elektronen übereinstimmt:

$$e \cdot U_{Ph} = E_{kin,max}. \tag{3}$$

Energie der Photonen

In der Tabelle oben sind die Werte für die Spannungen an der Fotozelle angegeben, die bei Bestrahlung der Katode mit dem Licht der verschiedenen Quecksilberlinien gemessen wurden. Aus den Spannungswerten wurden die maximalen Energien der ausgelösten Elektronen berechnet. In Abb. 2 sind die ermittelten maximalen Energien der Elektronen gegen die Lichtfrequenz aufgetragen.
Nach Gl. (1) ist die Photonenenergie proportional zur Lichtfrequenz. Damit gilt:

$$E_{kin,max} = E_{Ph} - E_A = h \cdot f - E_A. \tag{4}$$

Im Diagramm entspricht die Planck'sche Konstante h damit der Steigung der Geraden. Sie ist eine für die moderne Physik zentrale Naturkonstante und wird auch als Planck'sches Wirkungsquantum (vgl. 13.1) bezeichnet.

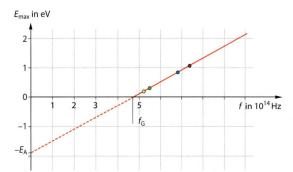

2 Maximalenergien der ausgelösten Elektronen bei unterschiedlichen Lichtfrequenzen

Der Wert der Planck'schen Konstante ist inzwischen sehr genau bekannt; er beträgt:

$$h = 6,626 \cdot 10^{-34} \, \text{J} \cdot \text{s}. \tag{5}$$

Neben der Konstante h liefert eine grafische Auswertung des Experiments 1 noch die Grenzfrequenz f_G für die Freisetzung von Elektronen sowie die Austrittsenergie E_A. Ihre Werte sind charakteristisch für das Katodenmaterial der verwendeten Fotozelle (siehe folgende Tabelle). Nach der Geradengleichung (4) entspricht E_A dem Achsenabschnitt der Geraden.

Austrittsenergien und Grenzfrequenzen einiger Materialien

Material	E_A in eV	E_A in 10^{-19} J	f_G in 10^{14} Hz
Caesium	1,94	3,11	4,7
Natrium	2,28	3,65	5,5
Zink	4,27	6,84	10,3
Silber	4,70	7,53	11,4

AUFGABEN

1 Eine weiße Lichtquelle, deren kontinuierliches Spektrum Wellenlängen von 400 bis 800 nm umfasst, strahlt in jeder Mikrosekunde eine Billion Photonen aus. Schätzen Sie die Lichtleistung der Quelle ab.

2 Blaues Licht der Wellenlänge 460 nm fällt auf eine Vakuumfotozelle. Das Katodenmaterial der Zelle weist für Elektronen eine Ablösearbeit von $3,24 \cdot 10^{-19}$ J auf. An die Fotozelle wird ein hochohmiges Voltmeter angeschlossen.

a Geben Sie die kinetische Energie und die Geschwindigkeit der schnellsten ausgelösten Elektronen direkt nach Verlassen des Katodenmaterials an.

b Berechnen Sie die Fotospannung, die sich nach kurzer Zeit einstellt.

c Das Experiment wird wiederholt, nachdem man die Intensität des einfallenden Lichts halbiert hat. Beschreiben und erklären Sie, was man bei dieser erneuten Durchführung des Versuchs beobachtet.

MEILENSTEIN

13.3 *Bern, im Jahr 1905. Ein nahezu unbekannter 26-jähriger Physiker, der Patentamtsangestellte Albert Einstein, veröffentlicht in dichter Folge fünf Artikel zu grundlegenden Fragen der Physik. Später wird dieses Jahr als das* Annus mirabilis, *das Wunderjahr Einsteins, bezeichnet werden. Obwohl Einsteins Name heute vornehmlich mit der Relativitätstheorie in Verbindung gebracht wird, hat er mit seiner Arbeit zum Fotoeffekt maßgeblich die Entstehung einer weiteren Theorie beeinflusst, die die Physik am Anfang des 20. Jahrhunderts revolutionierte: die Quantentheorie.*

Albert Einstein

interpretiert den Fotoeffekt mit Lichtquanten

Vorgeschichte

Gegen Ende des 19. Jahrhunderts bestand hinsichtlich der Natur des Lichts kaum ein Zweifel. Optische Phänomene wie Brechung und Beugung ließen sich im Wellenmodell präzise beschreiben und erklären. Im Rahmen der Maxwell'schen Theorie aus den 1860er Jahren war Licht in das detailliert erforschte Gebiet der elektrodynamischen Erscheinungen eingebunden.

Entscheidende Entdeckungen, die ALBERT EINSTEIN später dazu brachten, über das Wellenmodell hinauszugehen, reichen ebenfalls weit in das 19. Jahrhundert zurück. ALEXANDRE BECQUEREL hatte erstmals 1839 die Freisetzung von Ladungsträgern durch Lichteinwirkung beobachtet. WILHELM HALLWACHS zeigte in den 1880er Jahren, dass eine Metallplatte durch Bestrahlung mit Licht geladen werden kann. Daher wird der Fotoeffekt auch als Hallwachs-Effekt bezeichnet.

PHILIPP LENARD untersuchte diese Erscheinung 1899 im Hochvakuum und wies nach, dass es sich bei den dabei freigesetzten Ladungsträgern um Elektronen handelte. Er stellte fest, dass die maximale kinetische Energie der Elektronen nicht von der Intensität des eingestrahlten Lichts abhängt. Diese Beobachtung ließ sich mit der klassischen Wellentheorie des Lichts nicht in Einklang bringen.

Einsteins neuer Blick auf das Licht

Zur Quantentheorie lieferte Einstein 1905 seinen ersten Beitrag, der unter dem Titel »Über einen die Verwandlung und Erzeugung des Lichts betreffenden heuristischen Gesichtspunkt« erschien. In dieser Veröffentlichung lieferte er unter anderem eine Deutung des Fotoeffekts, für die er im Jahr 1922 mit dem Nobelpreis für Physik des Jahres 1921 ausgezeichnet wurde.

Diese Deutung führt zu einer neuartige Auffassung von der Natur des Lichts. In den einleitenden Passagen seines Artikels weist Einstein auf gegensätzliche Betrachtungsweisen der zeitgenössischen Physik hin:
– Der Zustand von Körpern wird auf das Verhalten einer großen, aber endlichen Zahl einzelner Teilchen, aus denen er besteht, zurückgeführt.
– Dagegen werden die elektrodynamischen Phänomene, und dazu zählt auch das Licht im Rahmen der Wellentheorie, durch kontinuierlich im Raum existierende Größen beschrieben.

Einstein dehnt die diskontinuierliche Betrachtungsweise von Körpern auf das Licht aus. Wohl räumt er der Wellentheorie eine dauerhafte Bedeutung zur Erklärung von Lichtphänomenen ein, weist aber gleichzeitig auf ihre Unzulänglichkeit bei der Beschreibung der Lichterzeugung und bei der Interpretation des Fotoeffekts hin. Die optischen Phänomene, die sich im Wellenmodell gut beschreiben lassen, sind nach dieser Interpretation Einsteins als zeitliche Mittelwerte zu verstehen:

> »Es ist jedoch im Auge zu behalten, dass sich die optischen Beobachtungen auf zeitliche Mittelwerte, nicht aber auf Momentanwerte beziehen, und es ist trotz der vollständigen Bestätigung der Theorie der Beugung, Reflexion, Brechung, Dispersion etc. durch das Experiment wohl denkbar, dass die mit kontinuierlichen Raumfunktionen operierende Theorie des Lichtes zu Widersprüchen mit der Erfahrung führt, wenn man sie auf die Erscheinungen der Lichterzeugung und Lichtverwandlung anwendet.«

Zur Erklärung insbesondere der »Lichtverwandlung«, wie sie beim Fotoeffekt stattfindet, scheint Einstein die Annahme nützlicher, die Lichtenergie sei diskontinuierlich im Raum verteilt:

> »Nach der hier ins Auge zu fassenden Annahme ist bei Ausbreitung eines von einem Punkte ausgehenden Lichtstrahles die Energie nicht kontinuierlich auf größer und größer werdende Räume verteilt, sondern es besteht dieselbe aus einer endlichen Zahl in Raumpunkten lokalisierten Energiequanten, welche sich bewegen, ohne sich zu teilen, und nur als Ganze absorbiert und erzeugt werden können.«

Ausgehend davon, dass jedes Energiequant des auf eine Metallpatte treffenden Lichts unabhängig von den anderen auf Elektronen übertragen wird, lässt sich nach Einstein die Beobachtung Lenards verstehen: Die maximale Energie der Elektronen hängt nur von der Energie der einzelnen auslösenden Lichtquanten ab.

Die Energie des Lichtquants erhält man als Produkt aus der Planck'schen Konstante und der Lichtfrequenz: $E = h \cdot f$. Das Wort *Photon* für ein Energiequant des Lichts wird von Einstein 1905 allerdings noch nicht verwendet, dieser Begriff bürgert sich erst ab 1926 ein.

Skeptische Haltung zu Einsteins Sicht

MAX PLANCK hatte vor Einstein bereits im Jahre 1900 eine Quantenhypothese aufgestellt. Planck ging es darum, die bestehenden experimentellen Erkenntnisse über die Strahlung Schwarzer Körper durch eine mathematische Gleichung wiederzugeben. Dies gelang ihm, indem er annahm, dass die Wände des Schwarzen Körpers ihre Energie nur portionsweise in Form von elektromagnetischer Strahlung abgeben können.

Planck sah darin eher einen mathematischen Trick und glaubte nicht, dass er damit eine wichtige physikalische Erkenntnis ans Licht gefördert hatte (vgl. 13.1). Schon gar nicht ging Planck davon aus, dass die Energie, nachdem sie von einem Körper abgegeben wurde, im Strahlungsfeld immer noch gequantelt vorliegt.

Einstein aber forderte mit seinen Lichtquanten genau dies und schoss damit in den Augen von Planck über das Ziel hinaus. Allgemein wurden die von Einstein eingeführten Lichtquanten mit großer Skepsis betrachtet. Entsprechend erfuhr auch NIELS BOHR Ablehnung, als er 1913 in seinem Atommodell die Emission von Lichtquanten beim Übergang von einem höheren auf ein niedrigeres Energieniveau postulierte.

Durch neuartige Experimente wurde jedoch in den folgenden Jahren die Einstein'sche Auffassung glänzend bestätigt. Dies gilt für die 1914 von ROBERT MILLIKAN durchgeführten Präzisionsmessungen zum Fotoeffekt bei Verwendung unterschiedlicher Lichtfrequenzen und für ARTHUR COMPTONS Messungen zur Streuung von Röntgenstrahlung an Elektronen im Jahre 1922.

AUFGABEN

1 a Beschreiben Sie die Natur des Lichts nach der Maxwell'schen Theorie der Elektrodynamik.
b Nennen Sie Experimente, die darauf hindeuten, dass sich Licht wie eine Welle verhält.
c Begründen Sie, dass der Fotoeffekt sich nicht mit dem Verhalten einer klassischen Welle erklären lässt.
2 Einsteins Interpretation des Fotoeffekts stieß bei den meisten Physikern auf Ablehnung.
a Nennen Sie Gründe dafür, dass es zu Beginn des 20. Jahrhunderts schwerfiel, der Vorstellung von Lichtquanten zu folgen.
b Geben Sie weitere Beispiele aus der Wissenschaftsgeschichte an, in denen eine bahnbrechende Theorie erst nach langer Zeit akzeptiert wurde.

Röntgenstrahlung durchdringt die meisten Gegenstände, wird dabei aber abgeschwächt. Aus der Intensitätsminderung kann man auf das Material des Körpers zurückschließen. Im Röntgenscanner am Flughafen wird das Gepäck mit einem breiten, aufgefächerten Röntgenstrahl durchleuchtet und die transmittierte Strahlung registriert. Hieraus wird ein Falschfarbenbild erstellt, das vom Personal zu interpretieren ist.

1

13.4 Röntgenstrahlung

In einer Röntgenröhre werden Elektronen durch eine Hochspannung U_a beschleunigt, anschließend prallen sie mit hoher Geschwindigkeit auf eine massive Anode aus Metall. Beim Abbremsen in der Anode wird eine hochfrequente elektromagnetische Strahlung freigesetzt, die Röntgenstrahlung.

Die Energie eines Röntgenphotons $E = h \cdot f$ ist maximal so groß wie die kinetische Energie des Elektrons, das die Entstehung des Photons bewirkt hat. Es gilt also:

$$E_{\max} = E_{\text{kin}} = e \cdot U_a. \qquad (1)$$

Durch diese Bedingung ergibt sich eine Höchstfrequenz für die Bremsstrahlung:

$$f_{\max} = e \cdot \frac{U_a}{h}. \qquad (2)$$

Ein Röntgenspektrum enthält neben der Bremsstrahlung auch noch scharfe Intensitätsmaxima, deren Frequenz vom Material der Anode abhängig ist. Diese Maxima werden als charakteristische Strahlung bezeichnet; ihr liegt allerdings ein anderer Effekt zugrunde als der Bremsstrahlung (vgl. 14.7).

Röntgenstrahlung durchdringt unterschiedliche Materialien unterschiedlich gut. Daraus ergeben sich wichtige Anwendungen, beispielsweise in der Medizin.

Entstehung und Spektrum der Röntgenstrahlung

Röntgenstrahlung kann durch schnelle Elektronen in einer Röntgenröhre erzeugt werden (Abb. 2). Die Beschleunigungsspannungen in einer solchen Röhre haben üblicherweise Werte im Bereich von einigen Hundert Volt bis zu 200 Kilovolt.

Die Elektronen treffen auf eine Anode, die in der Regel aus einem Metall mit mittlerer oder hoher Ordnungszahl Z besteht. Typische Anodenmaterialien sind Kupfer ($Z = 29$), Molybdän ($Z = 42$) und Wolfram ($Z = 74$).

Ein Teil der Röntgenstrahlung entsteht dadurch, dass die Elektronen stark abgebremst werden. Er wird daher als Bremsstrahlung bezeichnet. Das Entstehen von hochfrequenten elektromagnetischen Wellen ist mit der klassischen Theorie des Elektromagnetismus zu erklären (vgl. 9.12): Wenn Ladungsträger stark beschleunigt werden, kommt es zur Aussendung von elektromagnetischen Wellen.

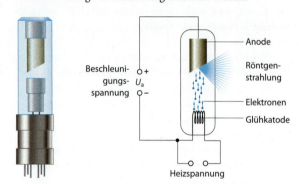

2 Aufbau einer Röntgenröhre

Andererseits gibt es für die Röntgenstrahlung eine Grenzfrequenz $f_{\max}$, die von der Beschleunigungsspannung der Elektronen abhängt. Dies ist mit der klassischen Theorie nicht zu erklären, wohl aber mithilfe des Quantenmodells. Danach entstehen durch das Abbremsen der Elektronen einzelne Photonen. Die beobachtete Grenzfrequenz entspricht nach der Beziehung $E = h \cdot f$ der maximalen kinetischen Energie der Elektronen. Dies lässt darauf schließen, dass ein Photon bei seiner Entstehung nicht die Energie mehrerer Elektronen »aufsammelt«, sondern jedes Photon auf das Abbremsen eines Elektrons zurückzuführen ist.

Für die Grenzfrequenz ergibt sich mit $e \cdot U_a = h \cdot f$ der Maximalwert $f_{\max} = e \cdot U_a / h$. Entsprechend dieser Grenzfrequenz besitzt Röntgenstrahlung auch eine Grenzwellenlänge $\lambda_{\min}$. Mit $c = f \cdot \lambda$ gilt:

$$\lambda_{\min} = \frac{c}{f_{\max}} = \frac{c \cdot h}{e \cdot U_a}. \qquad (3)$$

Bei einer Beschleunigungsspannung von $U_a = 200$ V entsteht Röntgenstrahlung mit einer Maximalfrequenz von

$5 \cdot 10^{16}$ Hz und einer Mindestwellenlänge von $6 \cdot 10^{-9}$ m. Bei einer Spannung von 200 kV dagegen ist $f_{max} = 5 \cdot 10^{19}$ Hz und $\lambda_{min} = 6 \cdot 10^{-12}$ m.

Neben der Bremsstrahlung entsteht noch die charakteristische Strahlung: Im Spektrum einer Röntgenröhre ist sie in Form einzelner Intensitätsmaxima zu erkennen. Die Frequenzen dieser Maxima sind charakteristisch für das Material, aus dem die Anode besteht (vgl. 14.7). Typische Röntgenspektren zeigt Abb. 3: Das Bremsspektrum verläuft kontinuierlich bis zur Grenzfrequenz f_{max}. Die Maxima der charakteristischen Strahlung überlagern das Bremsspektrum. Eine Variation der Beschleunigungsspannung bewirkt eine Verschiebung der Grenzfrequenz, nicht aber der charakteristischen Linien.

Röntgenspektren können durch Beugung an Kristallen aufgenommen werden (vgl. 10.5): Durch Drehung des Kristalls wird für unterschiedliche Wellenlängen die Bragg'sche Bedingung erfüllt. Die Intensität auf einem Schirm oder in einem Detektor erscheint dann als Funktion des Ablenkwinkels und damit der Frequenz.

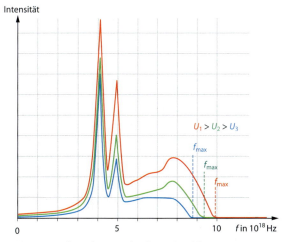

3 Röntgenspektren bei verschiedenen Beschleunigungsspannungen

Eigenschaften von Röntgenstrahlung

Röntgenstrahlung besitzt die Fähigkeit, Materie zu durchdringen. Die Absorption der Strahlung hängt stark von der Elektronendichte und damit von der Ordnungszahl Z der Atome im durchstrahlten Material ab: Material, das überwiegend Wasserstoff ($Z = 1$) und Kohlenstoff ($Z = 6$) besitzt, absorbiert die Röntgenstrahlung nur schwach, Metalle wie Blei ($Z = 82$) dagegen absorbieren die Strahlung sehr stark.

Bei der Durchstrahlung eines Körperteils zu medizinischen Zwecken können beispielsweise Knochen durch das Gewebe sichtbar werden: Sie absorbieren die Strahlung stärker als das umgebende Gewebe. In Exp. 1 a zeigt sich modellhaft die Materialabhängigkeit der Absorption.

EXPERIMENT 1

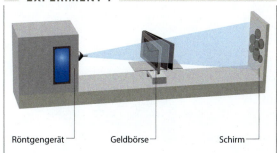

a) In den Strahlengang einer Röntgenröhre wird eine mit Münzen gefüllte Geldbörse eingebracht und das entstehende Schattenbild beobachtet. Die Münzen erscheinen als dunkle Schatten auf dem Fluoreszenzschirm. Ein Abbild des Portemonnaies erscheint nicht.

b) In den Strahlengang der Röntgenröhre wird eine gasgefüllte Ionisationskammer gebracht, in der sich zwei Elektroden befinden. Bei angelegter Spannung zwischen den Elektroden setzt ein Stromfluss ein, sobald die Röntgenröhre eingeschaltet wird.

In Exp. 1 b wird deutlich, dass Röntgenstrahlung die Fähigkeit besitzt, Gase zu ionisieren. Den Ionisationsprozess kann man sich so vorstellen, dass jeweils ein Röntgenphoton seine Energie an ein gebundenes Elektron abgibt und dieses aus dem Atom herausschlägt.

Die Ionisation von Gasen lässt sich zur Detektion von Röntgenquanten nutzen: Die Leitfähigkeit des Gases hängt von der Anzahl der Ionen ab (vgl. 16.2).

AUFGABEN

1 a Erläutern Sie, in welchen Aspekten Röntgenstrahlung und sichtbares Licht einander ähneln und in welchen sie sich unterscheiden.

b Begründen Sie, dass zur Beschreibung der ionisierenden Wirkung von Röntgenstrahlung das Photonenmodell anzuwenden ist.

2 Eine Röntgenröhre wird mit einer Anodenspannung von 80 kV betrieben.

a Berechnen Sie die kurzwellige Grenze der emittierten Strahlung.

b Begründen Sie, dass keine Strahlung mit kleinerer Wellenlänge entsteht.

3 a Beschreiben Sie, wie sich mit Röntgenstrahlung der Netzebenenabstand in Kristallen bestimmen lässt.

b In einem Experiment soll die unbekannte Struktur eines Kristalls untersucht werden. Dazu steht die charakteristische monochromatische Röntgenstrahlung einer Kupferanode mit einer Wellenlänge von $\lambda = 154$ pm zur Verfügung. Bestimmen Sie den Wertebereich für mögliche Netzebenenabstände, bei denen eine Messung mit dieser Röntgenstrahlung erfolgreich sein kann.

Eine Alternative zum Raketenantrieb im Weltraum stellen Sonnensegel dar: Wenn ihre Segelfläche ausreichend groß ist, führt der Strahlungsdruck des Lichts über einen langen Beschleunigungszeitraum zu brauchbaren Geschwindigkeitsänderungen. So könnten beispielsweise Satelliten am Ende ihrer Einsatzzeit aus dem Orbit in die Erdatmosphäre abgelenkt und zum Verglühen gebracht werden.

1

13.5 Impuls von Photonen

Mithilfe von Photonen lässt sich die Energieübertragung bei der Wechselwirkung von Licht mit Materie beschreiben: Jedes Photon überträgt eine Energie, die nach der Beziehung $E = h \cdot f$ von der Frequenz des Lichts abhängt.

Das Experiment von Arthur H. Compton aus dem Jahr 1922 belegt, dass Photonen neben der Energie auch sinnvoll eine Masse und ein Impuls zugesprochen werden kann. Für die Masse des Photons ergibt sich:

$$m = \frac{h \cdot f}{c^2}. \tag{1}$$

Der Impuls eines Photons beträgt:

$$p = \frac{h \cdot f}{c} = \frac{h}{\lambda}. \tag{2}$$

Die Beziehungen für die Masse und für den Impuls sind geeignet, elastische Stöße von Photonen mit Elektronen korrekt zu beschreiben. Bei solchen Stößen gelten sowohl der Energie- als auch der Impulserhaltungssatz.

Compton-Effekt Wird bei dem Stoß Energie auf das Elektron übertragen, ändert sich die Frequenz des Photons und damit auch die zugehörige Wellenlänge. Dieses Phänomen wird als Compton-Effekt bezeichnet. Für die auftretende Vergrößerung der Wellenlänge gilt:

$$\Delta\lambda = \frac{h}{m_e \cdot c} \cdot (1 - \cos\theta). \tag{3}$$

Dabei ist h die Planck'sche Konstante, m_e die Elektronenmasse, c die Lichtgeschwindigkeit und θ der Winkel, um den das Photon aus seiner ursprünglichen Richtung durch den Stoß abgelenkt wird.

Teilchencharakter von Photonen

Nach Einsteins Deutung des Fotoeffekts lässt sich die Ausbreitung des Lichts als Bewegung von Photonen interpretieren: Diskrete Energiepakete bewegen sich mit Lichtgeschwindigkeit c durch den Raum, jedes dieser Pakete transportiert dabei die Energie $E = h \cdot f$.

Nach den Aussagen der Speziellen Relativitätstheorie gibt es eine Äquivalenz von Masse und Energie (vgl. 19.10), die sich in Einsteins bekannter Gleichung ausdrückt:

$$E = m \cdot c^2. \tag{4}$$

Danach entspricht jeder Energieportion eine bestimmte Masse. Für die Masse eines Photons ergibt sich also:

$$m = \frac{E}{c^2} = \frac{h \cdot f}{c^2}. \tag{5}$$

Aus der Definitionsgleichung des Impulses $p = m \cdot v$ folgt mit der Photonengeschwindigkeit $v = c$ die Gleichung (2).

Diese Ergebnisse für die Masse und den Impuls stimmen mit experimentellen Befunden wie dem Compton-Effekt überein. Photonen besitzen demnach Masse und Impuls, jedoch unterscheiden sie sich deutlich von klassischen Teilchen: Sie existieren ausschließlich bei Lichtgeschwindigkeit – auch ihre Masse und ihr Impuls haben daher nur bei dieser Geschwindigkeit eine Bedeutung.

Compton-Streuung

Dass es sinnvoll ist, Photonen einen Impuls zuzuschreiben, hat Compton 1922 gezeigt. Bei Stößen von Röntgenphotonen mit Elektronen hat er die auftretenden Impulsänderungen untersucht.

Den prinzipiellen Aufbau seines Experiments zeigt Abb. 2: Röntgenphotonen werden an einem Graphitkörper gestreut, und die gestreuten Photonen werden in Abhängigkeit vom Streuwinkel θ auf ihre Wellenlänge hin untersucht. Dies wird am dargestellten Aufbau durch Bragg-Reflexion an einem Drehkristall und die Registrierung in einem Zählrohr erreicht (vgl. 10.5).

Die Energie der Röntgenphotonen ist sehr groß im Vergleich zur Energie, die notwendig ist, um die Elektronen aus dem Graphit zu lösen: Röntgenphotonen haben Ener-

Die erste Form des Impulserhaltungssatzes geht auf Christiaan Huygens zurück.
2.4

gien im Bereich einiger keV, die Austrittsenergie beträgt dagegen nur wenige eV. Deswegen kann man die auftretenden Stoßvorgänge in guter Näherung als Stöße von Photonen mit freien Elektronen betrachten.

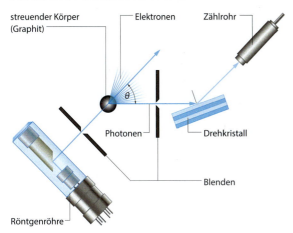

2 Aufbau des Compton-Experiments

Die Wellenlänge der an den Elektronen gestreuten Photonen kann unter verschiedenen Winkeln θ gegenüber der Einfallsrichtung analysiert werden. Dabei ergibt sich für die unter einem Winkel $\theta \neq 0°$ gestreuten Photonen eine Verschiebung zu höheren Wellenlängen (Abb. 3). Die gestreuten Photonen haben also eine niedrigere Frequenz als die eintreffenden Photonen, die Photonen haben beim Stoß Energie an die beteiligten Elektronen abgegeben. Die Größe der Wellenlängenverschiebung $\Delta\lambda$ steigt mit dem Streuwinkel an.

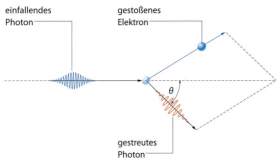

3 Beim Stoß mit einem Elektron ändert das Photon seine Ausbreitungsrichtung um den Winkel θ, seine Wellenlänge nimmt dabei zu.

Wellenlängenänderung beim Stoßprozess

Der Stoß zwischen einem Photon und einem Elektron kann als elastischer Stoß beschrieben werden. Bei der Berechnung der entsprechenden Größen ist daher sowohl der Impuls- als auch der Energieerhaltungssatz anzuwenden. Um die Gleichung (3) für die Wellenlängenänderung herzuleiten, ist außerdem zu berücksichtigen, dass die auftretenden Elektronengeschwindigkeiten wegen der hohen Energie der Röntgenphotonen sehr groß sind. Das macht eine relativistische Berechnung erforderlich ↻.

Aus Gl. (3) ist abzulesen, dass der Betrag der Wellenlängenverschiebung nicht von der Wellenlänge der eintreffenden Photonen abhängt. Entscheidend ist dagegen der Streuwinkel θ: Je stärker das Photon abgelenkt wird, desto größer ist die Wellenlängenänderung. Die größte Wellenlängenänderung tritt für *Rückwärtsstreuung* bei $\theta = 180°$ auf: $\cos(180°) = -1$. Der Betrag des Ausdrucks in der Klammer hat dann den Maximalwert 2.

Compton-Wellenlänge Der Term $h/(m_e \cdot c)$ in Gl. (3) heißt als die Compton-Wellenlänge λ_C des Elektrons:

$$\lambda_C = \frac{h}{m_e \cdot c} = 0{,}002\,43 \text{ nm}. \tag{6}$$

Da die Wellenlängenänderung höchstens so groß ist wie das Doppelte der Compton-Wellenlänge, fällt sie nur bei Photonen sehr geringer Wellenlänge, also sehr hoher Energie, ins Gewicht. Photonen im sichtbaren Bereich mit $E \approx 2$ eV geben bei einem Stoß aufgrund ihrer geringen Energie und damit geringen Masse nur einen verschwindend geringen Energiebetrag an ein freies Elektron ab.

AUFGABEN

1 Der Impulsübertrag eines Photons auf ein Elektron ist dann am größten, wenn das Photon dieselbe Masse besitzt wie ein Elektron. Berechnen Sie für ein solches Photon die zugehörige Wellenlänge, und vergleichen Sie das Ergebnis mit der Compton-Wellenlänge.

2 Die Flügelblätter einer »Lichtmühle« sind auf einer Seite mattschwarz und auf der anderen silbrig glänzend. Die Mühle dreht sich bei intensiver Bestrahlung so, dass sich die schwarzen Seiten von der Lichtquelle weg- und die glänzenden auf sie zubewegen.

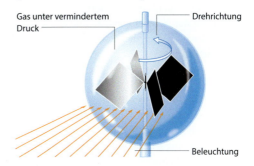

a Zeigen Sie, dass die beobachtete Drehrichtung gerade *nicht* zu der Idee passt, dass die Drehung durch den Impulsübertrag der auf die Flügel eintreffenden Photonen verursacht wird.

b Suchen Sie nach einer Erklärung für die beobachtete Drehrichtung.

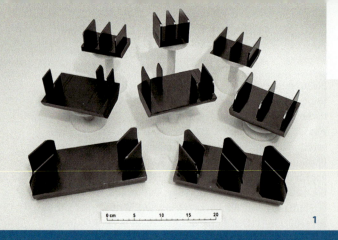

Neutroneninterferometer sehen aus wie simple Büroartikel, sind aber absolute Präzisionsinstrumente. Sie werden mit Diamantsägen aus perfekten Siliciumkristallen herausgetrennt und anschließend mit Ätzverfahren von sämtlichen noch so kleinen Verspannungen befreit. Gelingt die Herstellung, können sie für Experimente mit Neutronen eingesetzt werden, um deren wellenartiges Verhalten zu untersuchen.

13.6 Materiewellen

Da die Photonen nicht nur Energie, sondern auch Impuls besitzen, tragen sie den Charakter von Teilchen. Der Franzose LOUIS DE BROGLIE entwickelte 1924 die Idee, umgekehrt solchen Objekten, die bislang als Teilchen betrachtet worden waren, auch Wellencharakter zuzuschreiben. Elektronen oder Protonen können demnach mithilfe einer Materiewelle beschrieben werden, deren Wellenlänge sich aus ihrem Impuls p ergibt:

$$\lambda = \frac{h}{p}. \qquad (1)$$

Sie wird auch als *De-Broglie-Wellenlänge* bezeichnet. Tatsächlich lassen sich beispielsweise mit Elektronen, Protonen oder Neutronen Interferenzerscheinungen nachweisen, wenn man sie durch einen Doppelspalt oder ein Gitter treten lässt. Daher werden alle diese Objekte – wie die Photonen auch – als *Quantenobjekte* bezeichnet.

Die Materiewelle ist ein mathematisches Modell, mit dem sich das Verhalten von Quantenobjekten beschreiben lässt. Werden diese in einem Detektor nachgewiesen, so findet stets ein lokalisierter Energie- und Impulsübertrag statt. Quantenobjekte sind also keineswegs als wellenartig über den Raum »verschmierte« Materie zu betrachten.

Eine Physik für Licht und Materie

De Broglie bekam für sein Konzept der Materiewellen 1929 den Physik-Nobelpreis zugesprochen. In der Rede anlässlich der Preisverleihung schildert er die Trennung der Physik, die bis zum 20. Jh. bestand: *"Physics was hence divided into two: firstly the physics of matter based on the concept of corpuscles and atoms which were supposed to obey Newton's classical laws of mechanics, and secondly radiation physics based on the concept of wave propagation in a hypothetical continuous medium, i. e. the light ether or electromagnetic ether."*

Der Fotoeffekt zeigte, dass zum Verständnis des Lichts diese Trennung nicht aufrechtzuerhalten ist. Diesen Gedanken erweiterte de Broglie auf Materieteilchen: Zur Erfassung der Natur eines Teilchens mit dem Impuls p ist danach eine Welle der Wellenlänge $\lambda = h/p$ miteinzubeziehen.

Größenordnung der Wellenlänge

Wesentliches Merkmal von Wellen ist das Auftreten von Interferenzerscheinungen. Die De-Broglie-Wellenlänge für Elektronen, die mit einer Spannung von wenigen Kilovolt beschleunigt wurden, ist jedoch sehr klein.

Für geladene Teilchen der Masse m und der Ladung q, die eine Beschleunigungsspannung U_a durchlaufen haben, gilt (vgl. 5.12):

$$E_{\text{kin}} = q \cdot U_a = \frac{p^2}{2m}. \qquad (2)$$

Auflösen nach p und Einsetzen in Gl. (1) ergibt die De-Broglie-Wellenlänge:

$$\lambda = \frac{h}{\sqrt{2q \cdot U_a \cdot m}}. \qquad (3)$$

Für Elektronen, die mit einer Spannung $U_a = 2{,}0$ kV beschleunigt wurden, ist $\lambda = 2{,}7 \cdot 10^{-11}$ m. Diese Wellenlänge ist etwa 20 000-fach kleiner als die des Lichts. Um Interferenz bei solchen Wellenlängen nachzuweisen, sind sehr kleine Strukturen bzw. sehr feine Messmethoden nötig.

Interferenz von Elektronen

Der erste experimentelle Nachweis von Elektroneninterferenz gelang DAVISSON und GERMER 1927: Die Oberfläche eines Nickelkristalls wurde so geschliffen, dass sie auf eingestrahlte Elektronen als Reflexionsgitter wirkte (vgl. 10.5). Die Winkel, unter denen konstruktive bzw. destruktive Interferenz zu beobachten war, stimmten mit den nach Gl. (3) berechneten Werten für die Wellenlänge gut überein.

Um Elektronen an einem Doppelspalt zur Interferenz zu bringen, muss der Elektronenstrahl mithilfe magnetischer Felder gut fokussiert werden können. Dies gelingt allerdings nur bei schnellen Elektronen mit dementsprechend kleiner De-Broglie-Wellenlänge. Daher sind zum Interferenzexperiment sehr enge Spalte mit kleinem Spaltabstand nötig. CLAUS JÖNSSON publizierte 1961 erstmals ein Experiment, bei dem er zwei 0,5 μm breite Spalte im Abstand von 2,0 μm und mit 50 kV beschleunigte Elektronen verwendet hatte. Um das Interferenzmuster (Abb. 2) beobachten zu können, wurde zwischen Spalt und Schirm eine Elektronenoptik eingebaut, die eine 100-fache Vergrößerung bewirkte.

2 Interferenzbild von Elektronen hinter einem Doppelspalt

Experimente mit größeren Quantenobjekten

Schon bald nach der Entdeckung des Neutrons im Jahr 1932 wurde dessen Interferenzfähigkeit durch Beugung an Kristallgittern nachgewiesen. Bis heute wird die Neutronenbeugung vielfach zur Analyse von Kristallstrukturen eingesetzt (vgl. 15.1).

Mit fortschreitender Messtechnik wurden und werden immer größere Objekte für Interferenzversuche verwendet. Ein Beispiel für ein verhältnismäßig großes Quantenobjekt ist das Fulleren C_{60}, ein fußballförmiges Molekül aus 60 Kohlenstoffatomen (Abb. 3). Bei Interferenzexperimenten mit C_{60} werden die Moleküle von einem Ofen mit einer Geschwindigkeit von rund 200 m/s ausgesendet. Die Moleküle haben eine Masse von 720 atomaren Einheiten, also $1,2 \cdot 10^{-24}$ kg. Ihre Wellenlänge beträgt damit etwa $2,75 \cdot 10^{-24}$ m. Sie ist deutlich kleiner als das Molekül selbst, das einen Durchmesser von etwa 1 nm besitzt. Die Interferenz dieser Moleküle wurde an einem Gitter mit einer Gitterkonstante von 100 nm beobachtet.

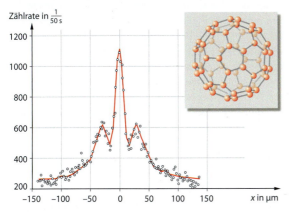

3 Intensitätsverteilung bei der Interferenz von C_{60}-Molekülen an einem Gitter

Im Jahr 2011 konnten für organische Moleküle, bestehend aus bis zu 400 Atomen, die von de Broglie postulierten Welleneigenschaften bestätigt werden. Die Frage, bis zu welcher Größe der Objekte der experimentelle Nachweis ihrer Wellennatur gelingen kann, ist offen und Bestandteil aktueller Forschung.

Materiewellen als historischer Zwischenschritt

Aus Sicht der heutigen theoretischen Physik stellt das Modell der Materiewellen – ebenso wie das Bohr'sche Atommodell (vgl. 13.10) – lediglich einen wegweisenden Zwischenschritt in der Entwicklung physikalischer Theorien dar. Zwar können mit beiden Modellen einzelne mikroskopische Phänomene rechnerisch erfasst bzw. untermauert werden, fundamentale, widerspruchsfreie Theorien, deren Gültigkeitsbereich sich auf den gesamten Mikrokosmos erstreckt, stellen sie jedoch nicht dar. Diese herausragende Stellung ist der übergreifenden Quantentheorie vorbehalten, deren Grundkonzepte in den Jahren 1925/26 von WERNER HEISENBERG und ERWIN SCHRÖDINGER ausformuliert wurden (vgl. 13.14).

AUFGABEN

1 a Berechnen Sie den Impuls, die Geschwindigkeit und die kinetische Energie von Elektronen, deren De-Broglie-Wellenlänge 16 pm beträgt.

b Mit welcher Spannung müssten Protonen beschleunigt werden, sodass ihre De-Broglie-Wellenlänge 16 pm wäre? Welche Spannung wäre für $\lambda = 1,6$ pm und welche für $\lambda = 0,16$ pm nötig?

2 Davisson und Germer verwendeten in einem Experiment Elektronen, die mit einer Spannung von 54 V beschleunigt wurden. Die beschossene Kristalloberfläche wirkte für die Elektronenbestrahlung wie ein Reflexionsgitter mit 4650 Strichen je μm.

a Zeigen Sie, dass die De-Broglie-Wellenlänge der Elektronen $1,67 \cdot 10^{-10}$ m ist.

b Berechnen Sie den Reflexionswinkel, also den Winkel zum Einfallslot, unter dem nach de Broglies Materiewellen-Annahme das erste Maximum der Elektronenstrahlintensität zu erwarten war.

3 In einem Interferenzexperiment mit Elektronen betrug der Spaltenmittenabstand 2,0 μm.

a Berechnen Sie die Wellenlänge von 50-keV-Elektronen mithilfe von Gl. (3).

b Der Schirm befand sich in einem Experiment 350 mm hinter dem Spalt. Wie weit hätten benachbarte Maxima auf dem Schirm voneinander entfernt gelegen, wenn keine vergrößernden Instrumente verwendet worden wären? Schätzen Sie anhand dieser Berechnung ab, um welchen Faktor das Muster insgesamt vergrößert werden musste, damit seine Struktur mit bloßen Augen aufgelöst werden konnte.

De Broglies Ansatz, unterschiedliche Phänomene auf gemeinsame Ursachen zurückzuführen, ist typisch für die Physik.

KONZEPTE DER PHYSIK

13.7 Frühe Atommodelle

Schon weit vor den grundlegenden Experimenten und den theoretischen Entwicklungen zu Beginn des 20. Jahrhunderts gab es in der Geschichte der Naturwissenschaften eine ganze Reihe von Modellvorstellungen über Atome als Bausteine aller Materie. Sie entstammen sehr unterschiedlichen Herangehensweisen:

Die Atomvorstellungen aus der griechischen Antike sind das Resultat allgemeiner philosophischer Betrachtungen. JOHN DALTON dagegen wertete die zu seiner Zeit vorliegenden Kenntnisse über chemische Reaktionen und Verbindungen aus. JOSEPH JOHN THOMSON schließlich baute die von ihm selbst zuerst nachgewiesenen Elektronen in sein Modell ein.

Griechische Atomisten

Die frühesten uns bekannten Atomvorstellungen entstanden in der griechischen Antike. In dieser Epoche war die Physik bzw. die Beschäftigung mit Naturphänomenen ein Teil der Philosophie. Damit handelte es sich in der Antike bei der Physik nicht um eine empirische Wissenschaft, die sich im Wechselspiel mit Experimenten entwickelte und sich an diesen messen musste. Vielmehr war Physik das Ergebnis einer intellektuellen Auseinandersetzung mit natürlichen Erscheinungen und Vorgängen.

Die Idee der Atome wurde im 5. Jh. v. Chr. von den Philosophen LEUKIPP und DEMOKRIT begründet. Über Leukipp weiß man nur sehr wenig, von seinem Schüler Demokrit sind bruchstückhafte Schriften bekannt – der Atombegriff der beiden Philosophen ist hauptsächlich durch das Werk späterer Autoren wie ARISTOTELES überliefert.

1 Demokrit

Das griechische Wort *átomos* bedeutet »das Unteilbare«. Ausgangspunkt für die Atomvorstellung der griechischen Antike war die Frage, was geschehen würde, wenn man einen Körper in immer kleinere Teile zerlegte: Würde bei unendlicher Fortsetzung der Teilungsprozesse schließlich nichts mehr übrig bleiben? Und wie sollte aus diesem Nichts wieder ein Körper zusammengesetzt werden können? Die Annahme von Atomen als kleinsten, unteilbaren Bausteinen setzt der Teilung und damit dem Streben ins Nichts eine Schranke.

Eine wichtige Eigenschaft, die allen Atomen zugesprochen wurde, war deren ewige Existenz. Atome wurden im Rahmen des Weltbilds von Leukipp und Demokrit weder geschaffen noch konnten sie vergehen. Alles Seiende bestand nach Ansicht der beiden Philosophen aus Atomen, neben den in unserem Sinne materiellen Gegenständen auch die Götter und die menschliche Seele. Alles Entstehen und Vergehen erfolgt durch das Zusammenschließen und Trennen von Atomen. Die unterschiedlichen Eigenschaften der Materie sollten durch die Form und die Masse ihrer jeweiligen Atome zu erklären sein.

Der griechische Naturphilosoph Aristoteles lehnte die Vorstellung von Atomen im Sinne von Leukipp und Demokrit ab. Er vertrat eine Naturtheorie, die auf den vier Grundelementen Feuer, Wasser, Erde und Luft beruhte. Da die Schriften von Aristoteles viele Anhänger fanden und über Jahrhunderte weiter gelehrt wurden, spielte die Atomvorstellung in der Wissenschaftsgeschichte über einen langen Zeitraum kaum eine Rolle.

Atome bei John Dalton

In der Neuzeit jedoch gab es dann konkrete Hinweise für die Existenz von Atomen. Grundlage waren systematische und quantitative Untersuchungen von chemischen Reaktionen. John Dalton stellte fest, dass sich verschiedene Elemente nur in bestimmten, auf einfache Weise zusammenhängenden Massenverhältnissen vollständig miteinander verbinden. Gibt es für zwei Elemente A und B unterschiedliche resultierende Verbindungen, so stehen die zugehörigen Massenverhältnisse, mit denen Element A bezogen auf Element B auftritt, zueinander in einer Beziehung kleiner ganzer Zahlen. Diese Aussage wird als Daltons *Gesetz multipler Proportionen* bezeichnet.

Dalton deutete dieses Gesetz mit der Annahme, dass sich jedes Element aus unteilbaren Teilchen, den Atomen, mit einer für das Element typischen Masse zusammensetzt. Eine bestimmte chemische Verbindung kommt auf der atomaren Ebene durch die Beteiligung einer festen Anzahl von Atomen der Reaktionspartner zustande. Unterschiedliche Verbindungen zwischen identischen Reaktionspartnern bedeuten dann verschiedene Zahlenverhältnisse der bindenden Atome. In seinem Werk »A New System of Chemical Philosophy« hat Dalton für eine Reihe elementarer Atome mögliche Kombinationsmöglichkeiten zu Molekülen symbolisch dargestellt (Abb. 2).

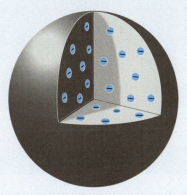

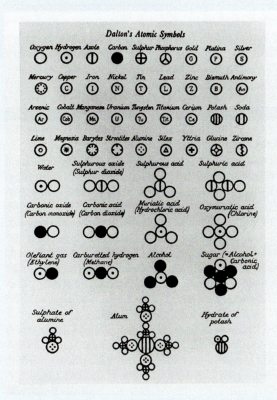

2 Daltons Darstellung der Atome und einiger Verbindungen. Symbole und Bezeichnungen mit Buchstaben werden hier noch parallel verwendet.

3 Thomsons Atommodell: Elektronen in einem ausgedehnten, positiv geladenen Körper

Atomaufbau nach J. J. Thomson

Gegen Ende des 19. Jahrhunderts experimentierten viele Physiker mit Katodenstrahlröhren. In ihnen wird an Glühkatoden Strahlung erzeugt, die beispielsweise ein verdünntes Gas im Inneren der Röhre zum Leuchten anregen kann. Joseph John Thomson wies im Jahr 1897 nach, dass die Katodenstrahlen aus negativ geladenen Teilchen bestehen. Dieser erste experimentelle Nachweis der Elektronen und die anschließende Erforschung ihrer Eigenschaften waren entscheidend für die Entwicklung der modernen Atommodelle.

Thomson konnte das Verhältnis der Ladung zur Masse der Elektronen e/m durch Untersuchung ihrer Bahnen in Magnetfeldern ermitteln. Er ging davon aus, dass die Elektronen nicht erst beim Abstrahlen von der Katode entstehen, sondern bereits zuvor als Bestandteile von Atomen des Katodenmaterials existieren. Auf dieser Grundlage entwickelte er ein Atommodell, das als Plumpudding- oder Rosinenkuchenmodell des Atoms bezeichnet wird.

Danach sind die negativ geladenen Elektronen in den Körper des ansonsten positiv geladenen Atoms eingebettet (Abb. 3). Ursprünglich nahm Thomson an, dass die Masse des Atoms aus der Summe der Massen der Elektronen resultierte. Dies hätte schon für das Wasserstoffatom eine hohe Anzahl von Elektronen bedeutet. Legt man die heute bekannte Elektronenmasse zugrunde, enthielte es mehr als 1800 Elektronen. Eigene experimentelle Untersuchungen führten ihn jedoch später zu der Erkenntnis, dass die Elektronenanzahl deutlich geringer sein muss.

Unabhängig von der genauen Anzahl seiner Elektronen hatte das Atom im Thomson'schen Modell seine ursprüngliche Eigenschaft der »Unteilbarkeit« schon verloren: Es besitzt innere Struktur und einige seiner Teile, die Elektronen, können von Glühkatoden abgestrahlt werden. Ernest Rutherford zeigte allerdings bald, dass die Verteilung der positiv geladenen Materie im Atom – anders als von Thomson angenommen – sehr ungleichmäßig verteilt ist (vgl. 13.9).

AUFGABEN

1. Betrachten Sie einmal die griechische Überlegung zum atomaren Aufbau der Welt aus heutiger Sicht und überlegen Sie als Gedankenexperiment, wie oft man einen Stab der Länge 1 cm halbieren müsste, um eine Scheibe zu erhalten, die nur noch eine Lage »moderner Atome« enthielte. Verwenden Sie als typischen Atomdurchmesser 10^{-10} m.

2. Die heute als Atome bezeichneten Bausteine der chemischen Elemente haben nicht die von den Griechen geforderten Eigenschaften der ewigen Existenz und Unteilbarkeit. Beschäftigen Sie sich mit der Frage, ob diese Eigenschaften in der heutigen Physik auf andere Teilchen zutreffen oder zutreffen könnten. Recherchieren Sie, welche Teilchen hierfür am ehesten infrage kämen.

3. Suchen Sie nach Beispielen für Daltons Gesetz multipler Proportionen. Verwenden Sie bei Ihrer Recherche beispielsweise ein Chemiebuch.

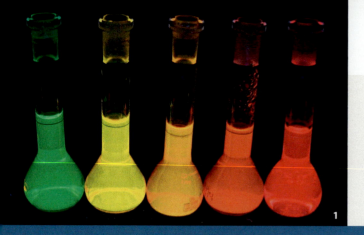

Durch Zugabe von bestimmten Fremdatomen lassen sich die Eigenschaften kleiner Halbleiterpartikel verändern. Solche Quantenpunkte können dann beim Anlegen einer Spannung Licht spezifischer, schmaler Frequenzbereiche aussenden. Das Spektrum dieses Lichts ähnelt den Linienspektren, die von Gasen ausgehen.

13.8 Linienspektren

Elementare Gase können durch starkes Erhitzen oder in speziellen Lampen zum Leuchten angeregt werden. Erzeugt man mit einem Prisma oder einem Gitter ein Spektrum des ausgestrahlten Lichts, so ergibt sich bei einem Gas unter niedrigem Druck eine Abfolge diskreter Linien. Das Gas sendet also nur Licht bei einzelnen Frequenzen bzw. Wellenlängen aus.

Die zu beobachtende Abfolge von Wellenlängen ist typisch für das jeweilige Element. Daher lässt sich ein Gasgemisch spektroskopisch auf das Vorhandensein eines enthaltenen chemischen Elements hin untersuchen.

Balmer-Formel Bei Wasserstoff sind im Bereich des sichtbaren Lichts vier Linien zu beobachten. Für die entsprechenden Wellenlängen fand JOHANN JAKOB BALMER 1884 einen einfachen mathematischen Zusammenhang – eine physikalische Theorie über die Entstehung der Linien war zu der Zeit jedoch noch nicht entwickelt.

Die ursprüngliche Formel von Balmer wurde später erweitert, nachdem zusätzliche Wasserstofflinien im infraroten und ultravioletten Bereich entdeckt worden waren. In dieser Form stellt sie sämtliche Wellenlängen des Wasserstoffspektrums dar:

$$\frac{1}{\lambda} = R \cdot \left(\frac{1}{n_1^2} - \frac{1}{n_2^2} \right). \qquad (1)$$

Dabei sind n_1 und n_2 natürliche Zahlen mit $n_2 > n_1$ und R ist die *Rydberg-Konstante* mit

$$R = 1{,}0973732 \cdot 10^7 \, \text{m}^{-1}. \qquad (2)$$

Die Wellenlängen der vier sichtbaren Wasserstofflinien ergeben sich aus der Gleichung (1) für $n_1 = 2$ und $n_2 = 3, 4, 5, 6$.

Spektralanalyse von Gasen

In Gasen lässt sich durch Anlegen einer Hochspannung ein Stromfluss erzeugen (vgl. 5.14). Zu Beginn werden dabei zufällig vorhandene Ionen im elektrischen Feld beschleunigt. Durch Stöße kommt es dann zur Bildung weiterer positiver Ionen und freier Elektronen. Die Ionen bewegen sich in Richtung der Katode, die Elektronen in Richtung der Anode der Spannungsquelle. Dabei können durch Stöße weitere Ionen und freie Elektronen erzeugt werden. Bildet sich ein Gleichgewichtszustand aus, so entsteht ein kontinuierlicher Stromfluss. Der Gasentladungsstrom wird durch ein Leuchten des Gases begleitet.

Die Zusammensetzung des ausgesandten Lichts ist jeweils für das leuchtende Gas charakteristisch. Man kann das Licht beispielsweise mit einem Spektroskop, also unter Verwendung eines Prismas oder eines optischen Gitters, genauer analysieren (Exp. 1). So erhält man das Emissionsspektrum des Gases.

EXPERIMENT 1

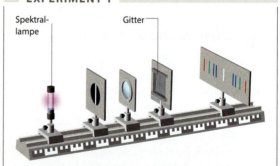

Im Inneren einer Spektrallampe befindet sich ein Gas unter niedrigem Druck, das durch eine Hochspannung zum Leuchten angeregt wird. Durch Beugung an einem Gitter wird das Emissionsspektrum auf einem Schirm sichtbar.

Im Fall eines einatomigen Gases unter geringem Druck ergibt die Spektralanalyse eine Abfolge feiner, diskreter Linien (Abb. 2). Bei höherem Druck werden die abgestrahlten Wellenlängen unschärfer, die Spektrallinien verbreitern sich und gehen allmählich in Bänder über (vgl. auch 15.2).

STRUKTUR DER MATERIE | 13 Quanten

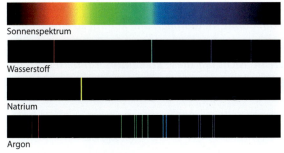

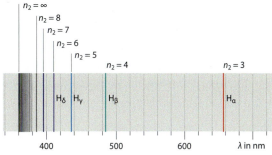

2 Kontinuierliches Spektrum und Spektren einiger Gase, die zum Leuchten angeregt wurden

3 Balmer-Serie des Wasserstoffspektrums mit der kurzwelligen Grenze für $n_2 \to \infty$

An der Abfolge der Spektrallinien ist jedes Element eindeutig zu erkennen: Man spricht daher auch vom *spektroskopischen Fingerabdruck* eines Elements. Eine Probe unbekannter Zusammensetzung lässt sich spektroskopisch auf das Vorhandensein eines chemischen Elements hin untersuchen. GUSTAV KIRCHHOFF und ROBERT BUNSEN ist es beispielsweise gelungen, mithilfe der Spektroskopie die bis dahin unbekannten Elemente Caesium und Rubidium aufzuspüren.

Balmer-Formel für das Wasserstoffatom

Die genaue Untersuchung des Emissionsspektrums des einfachsten chemischen Elements, des Wasserstoffs, war für die Entwicklung der Physik besonders wichtig (vgl. 14.3 und 14.4). Im sichtbaren Bereich findet man im Emissionsspektrum von Wasserstoff vier Linien:

Sichtbare Linien des Wasserstoffspektrums

Linie	n_2	Frequenz f in 10^{14} Hz	Wellenlänge λ in nm
H_α (rot)	3	4,568	656
H_β (grün)	4	6,167	486
H_γ (blau)	5	6,907	434
H_δ (violett)	6	7,309	410

Der Schweizer Johann Jakob Balmer fand durch systematisches Probieren eine Formel, die die experimentell gefundenen Wellenlängen der vier sichtbaren Wasserstofflinien in einen relativ einfachen mathematischen Zusammenhang stellt:

$$\lambda = 3{,}6456 \cdot 10^{-7}\,\text{m} \cdot \left(\frac{n^2}{n^2 - 2^2}\right). \quad (3)$$

Die Wellenlängen der sichtbaren Linien ergeben sich bei Einsetzen der Zahlen 3, 4, 5 und 6. Für höhere Werte von n erhält man Wellenlängen des Wasserstoffspektrums, die im ultravioletten Bereich liegen. Die Gesamtheit der so berechneten Wellenlängen wird als Balmer-Serie bezeichnet (Abb. 3).

Das ganze Spektrum des Wasserstoffatoms

Im infraroten und im ultravioletten Spektralbereich finden sich noch viele Linien, die sich nicht aus der Balmer-Formel (Gl. 3) ergeben. Zur Berechnung aller Wellenlängen des Spektrums lässt sich jedoch eine umfassende Gleichung angeben, die die Balmer-Formel als Spezialfall mit $n_1 = 2$ enthält (Gl. 1).

Neben der Balmer-Serie können mit dieser Formel die Wellenlängen der Lyman-Serie ($n_1 = 1$) im ultravioletten Spektralbereich sowie die Wellenlängen der Paschen- ($n_1 = 3$), Bracket- ($n_1 = 4$) und der Pfund-Serie ($n_1 = 5$) im infraroten Spektralbereich berechnet werden. Diese Serien wurden jeweils nach ihren Entdeckern benannt.

Mit der Beziehung $c = \lambda \cdot f$ erhält man aus der Gleichung für das Wellenlängenspektrum eine Gleichung für die zugehörigen Lichtfrequenzen:

$$f = R \cdot c \cdot \left(\frac{1}{n_1^2} - \frac{1}{n_2^2}\right) = f_R \cdot \left(\frac{1}{n_1^2} - \frac{1}{n_2^2}\right) \quad \text{mit } n_2 > n_1. \quad (4)$$

Die darin auftretende Konstante $f_R = R \cdot c$ wird als *Rydberg-Frequenz* bezeichnet:

$$f_R = 3{,}289\,84 \cdot 10^{15}\,\text{Hz}. \quad (5)$$

AUFGABEN

1. Die Wellenlängen der Lyman-Serie ergeben sich für $n_1 = 1$ aus der erweiterten Balmer-Gleichung. Bestimmen Sie die zwei größten Wellenlängen der Lyman-Serie.

2. Die höchsten Frequenzen für die einzelnen Wasserstoffserien erhält man, wenn man jeweils die Grenzfrequenz für $n_2 \to \infty$ ermittelt. Berechnen Sie auf diese Weise die höchsten Frequenzen der Balmer- und der Lyman-Serie.

3. Balmer hat seine Formel zur Berechnung der sichtbaren Wellenlängen des Wasserstoffspektrums durch mathematisches Probieren, ohne die Kenntnis zugrunde liegender physikalischer Prinzipien gefunden. Recherchieren Sie nach vergleichbaren Erkenntnisprozessen in der Physikgeschichte.

MEILENSTEIN

13.9 *Manchester, Frühjahr 1909. Ernest Rutherford entwickelt ein Experiment, mit dem er den Aufbau von Atomen ergründen will. Dabei schießt er Alphateilchen auf dünne Metallfolien und kommt zu einem überraschenden Ergebnis: Die Atome sind überwiegend leer. In ihrem Zentrum sitzt nur ein winziger Kern, der allerdings fast die gesamte Masse des Atoms in sich vereint. Nicht nur diese Erkenntnis, sondern auch die von Rutherford entwickelte Methode sind von grundlegender Bedeutung: Streuexperimente werden bis heute zur Untersuchung kleinster Teilchen angewandt.*

Ernest Rutherford

stößt auf den Atomkern

Ernest Rutherford kam am 30. August 1871 in Neuseeland zur Welt. Er wuchs unter bescheidenen Verhältnissen auf, erwies sich jedoch als überdurchschnittlich begabt. Ausgestattet mit einem Stipendium, gelangte er zu J. J. Thomson an das Cavendish-Laboratorium der Universität Cambridge, wo er sich bald mit radioaktiven Substanzen und den von ihnen ausgehenden »Strahlen« beschäftigte. Bald unterschied er zwischen Alpha- und Betastrahlung, von denen wir heute wissen, dass sie aus schnellen Heliumkernen bzw. Elektronen bestehen.

Nach einem Wechsel an die McGill-Universität in Kanada entdeckte er dort zusammen mit Frederick Soddy die Kernumwandlung des radioaktiven Elements Thorium und fand das Gesetz des radioaktiven Zerfalls. Im Jahr 1907 kam er an die Universität in Manchester, wo er im Frühjahr 1909 sein bahnbrechendes Experiment ausführte.

Experimente mit Alphastrahlung

Rutherford hatte herausgefunden, dass Radium beim radioaktiven Zerfall Alphateilchen mit hoher Geschwindigkeit aussendet. Wie er bereits ein Jahr zuvor zeigen konnte, handelt es sich hierbei um zweifach positiv geladene Helium-Ionen. Er kam nun auf die Idee, diese Alphateilchen als Sonden für die Mikrowelt zu benutzen.

Mit dieser Aufgabe beauftragte er Ernest Marsden und Hans Geiger, der später das Zählrohr erfand. In einem dunklen Kellerlabor platzierten die beiden neben einer starken Radiumquelle extrem dünne Folien aus Blei, Gold oder Aluminium. Um diese Anordnung herum stellten sie Zinksulfidschirme auf, die beim Auftreffen eines Alphateilchens aufblitzten. Auf diese Weise konnten sie die Bahnen der Teilchen rekonstruieren.

Die weitaus meisten durchquerten die Folien nahezu ungehindert. Aber eines von etwa 8000 Alphateilchen wurde stark abgelenkt und schoss im Extremfall sogar in die Ausgangsrichtung zurück. »Es war bestimmt das unglaublichste Ergebnis, das mir je in meinem Leben unterkam«, erinnerte sich Rutherford später. »Es war fast so unglaublich, als wenn jemand eine 15-Zoll-Granate auf ein Stück Seidenpapier abgefeuert hätte und diese zurückgekommen wäre und ihn getroffen hätte.«

Bis zu einer befriedigenden Erklärung dieses überraschenden Ergebnisses vergingen jedoch noch anderthalb Jahre, denn anfangs konnte sich Rutherford auf die Resultate keinen Reim machen. Schließlich versuchte er, die Streuung der geladenen Alphateilchen im Coulomb-Feld einer Punktladung zu berechnen.

Dazu nutzte er dieselbe Methode, mit der ISAAC NEWTON die Bahnkurven von Körpern im Gravitationsfeld bestimmt hatte. Auf diese Weise gelangte Rutherford zu seiner Streuformel, die beschreibt, mit welcher Wahrscheinlichkeit Teilchen in einem Coulomb-Potenzial um einen bestimmten Winkel abgelenkt werden. Umgehend beauftragte er Geiger mit weiteren Experimenten, um seine Formel zu überprüfen. Diese fanden sich in guter Übereinstimmung mit der Theorie.

Zu Beginn des Jahres 1911 hatte er schließlich eine Erklärung für die Ergebnisse der Streuversuche gefunden. Voller Begeisterung rief er Hans Geiger zu: »Ich weiß jetzt, wie ein Atom aussieht!«

Atommodell Nach Rutherfords Interpretation der Streuexperimente mussten die Atome weitgehend leer sein. Im Zentrum vermutete er einen kleinen, kompakten Kern, der in großen Abständen von den vergleichsweise leichten Elektronen umkreist wird. Die allermeisten Alphateilchen waren demnach nahezu ungehindert durch die Metallfolien gesaust. Nur wenn ein Partikel in die Nähe des Atomkerns kam, wurde es in dessen starkem elektrischem Feld umgelenkt oder, wie Physiker sagen, gestreut (vgl. 2.13).

Eine kurze Notiz der Versuche erschien im März 1911, eine ausführliche Darstellung zwei Monate später. Jedoch fand diese Arbeit zunächst kaum Beachtung. Selbst auf dem ersten Solvay-Kongress, einer Art Gipfeltreffen der Physiker, an dem Rutherford teilnahm, diskutierten die Wissenschaftler hierüber nicht – die Tragweite der neuen Erkenntnis blieb seinen Kollegen verborgen.

Rutherfords Modell vom Atom ähnelte in gewisser Weise dem Planetensystem: Ein kompakter Kern wird von Elektronen umkreist, ähnlich der Sonne, die von den Planeten umrundet wird. Dieses Modell warf aber ein entscheidendes Problem auf: Nach den bekannten Gesetzen der Elektrodynamik sendet ein elektrisch geladenes Teilchen auf einer Kreisbahn Strahlung aus. Dadurch verliert es Energie und nähert sich auf einer Spiralbahn dem Kern. Schnell war klar: Wenn Rutherford recht hätte, müssten alle Elektronen in Bruchteilen einer Sekunde in ihre Kerne hineinstürzen – es gäbe überhaupt keine stabilen Atome.

Drei Jahre später versuchte einer von Rutherfords Schülern das Rätsel auf radikale Weise zu lösen. NIELS BOHR behauptete, die Elektronen würden nicht auf beliebigen Bahnen um den Kern laufen. Vielmehr seien ihnen bestimmte Bahnen zugewiesen, auf deren Umlauf sie keine Strahlung aussenden (vgl. 13.10).

Nobelpreis Rutherford hatte bereits im Jahr 1908 für seine Untersuchungen zur Radioaktivität den Chemie-Nobelpreis erhalten. Später, bis 1937, wurde er von vielen Physikern immer wieder für den Physik-Nobelpreis vorgeschlagen, doch stets wurde mit unterschiedlichen Argumenten ein anderer vorgezogen. Eine Begründung war, dass einige Komiteemitglieder Bedenken hatten, einer Person den Nobelpreis zweimal zu verleihen. So war es beispielsweise Niels Bohr, der 1922 den Physik-Nobelpreis erhielt und nicht der gleichzeitig mit ihm vorgeschlagene Rutherford. In den Jahren 1919 und 1920 waren Rutherford weitere bahnbrechende Entdeckungen gelungen. Beim Beschuss von Stickstoff mit Alphateilchen erzeugte er die erste künstliche Kernreaktion. Zudem schloss Rutherford aus seinen Experimenten auf die Existenz von neuen Teilchen, den Neutronen. Diese wies 1932 JAMES CHADWICK nach und bekam dafür den Nobelpreis zugesprochen – Rutherford ging erneut leer aus.

Rutherfords Erbe

Rutherford hat mit seinem Experiment die Grundlage für Streuversuche aller Art gelegt, mit der Physiker bis heute den Aufbau der Materie untersuchen. In der Materialforschung nutzt man hierfür vor allem Elektronen und Neutronen. In der Elementarteilchenforschung setzt man beispielsweise Protonen ein, wie am LHC des CERN in Genf, oder auch Antiprotonen.

In Rutherfords Experiment waren die Teilchen relativ groß und ihre Geschwindigkeiten klein. Außerdem hing die »Schussrate« von der Aktivität der radioaktiven Quelle ab. Dies alles änderte sich mit dem Bau von Teilchenbeschleunigern. Elektrisch geladene Partikel lassen sich in elektrischen Feldern beschleunigen, während Magnetfelder sie auf eine gewünschte Bahn zwingen. Außerdem kann man die Teilchen in der Größe variieren und auf die Fragestellung zuschneiden. Mit steigender Teilchengeschwindigkeit, also höherer Energie, sondieren die Streuexperimente immer kleinere Abstände und offenbaren immer feinere Details (vgl. 17.1). Heute nutzen Physiker diese Geräte sogar, um die Eigenschaften von Quarks im Inneren der Protonen zu ergründen. Damit war das Rutherford'sche Streuexperiment nicht nur ein Meilenstein auf dem Weg zur heutigen Atomphysik, sondern es lieferte auch die Grundlage für das moderne Bild vom Aufbau der Materie.

■ AUFGABE

1 a Schildern Sie die Erwartungen, die Rutherford auf der Basis des Thomson'schen »Rosinenkuchenmodells« an seine Streuexperimente stellte.
b Nennen Sie die experimentellen Ergebnisse, die Rutherford schließlich zwangen, ein neues Atommodell zu entwickeln.

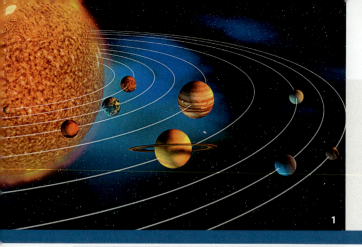

Die Planeten unseres Sonnensystems bewegen sich stabil auf nahezu kreisförmigen Bahnen um die Sonne. In einem einfachen Atommodell ähneln die Elektronenbewegungen um den Atomkern den Planetenbahnen. – Jedoch hat dieses Bild seine Tücken.

13.10 Bohr'sches Atommodell

Das von NIELS BOHR entwickelte Atommodell berücksichtigt die Erkenntnisse aus dem Streuexperiment von RUTHERFORD und liefert zugleich eine Basis für die Erklärung des Wasserstoff-Linienspektrums. Prinzipiell neu ist an diesem Modell die Einschränkung der Bewegung der Elektronen auf bestimmte Bahnen mit diskreten Energieniveaus.

Es wird durch folgende Postulate charakterisiert:

1) Das negativ geladene Elektron kreist nach den Regeln der klassischen Mechanik um den positiv geladenen Atomkern. Dabei sind nur bestimmte, diskrete Bahnen für die stabile Bewegung möglich.

2) Die Bewegung eines Elektrons auf einer stabilen Bahn um den Kern findet ohne Strahlung statt. Beim Übergang des Elektrons von einer Bahn mit höherer Energie E_2 auf eine mit niedrigerer Energie E_1 wird jedoch ein Photon der folgenden Frequenz emittiert:

$$f = \frac{E_2 - E_1}{h}. \qquad (1)$$

3) Für die Bahnen, auf denen sich das Elektron stabil bewegen kann, gilt der Zusammenhang:

$$m_e \cdot v \cdot r = \frac{n \cdot h}{2\pi}; \quad n = 1, 2, 3, \ldots \qquad (2)$$

Dabei bezeichnet m_e die Elektronenmasse, v die Geschwindigkeit und r den Bahnradius.

Die Forderung, dass sich Elektronen strahlungslos um den Kern bewegen, steht im Widerspruch zur klassischen Elektrodynamik. Denn danach muss ein beschleunigter Ladungsträger ständig elektromagnetische Strahlung aussenden. Im Rahmen des Bohr'schen Modells ist diese Forderung aber notwendig: Nach der klassischen Physik müsste das Elektron in kurzer Zeit in den Atomkern stürzen, da die abgestrahlte Energie zulasten der Bewegungsenergie des Elektrons ginge.

Rutherfords Streuexperiment

Ernest Rutherford hat aus Streuexperimenten mit Alphateilchen an dünnen Metallfolien grundlegende Erkenntnisse über die Verteilung von Materie im Atom gewonnen (vgl. 13.9): Der größte Teil des von den Atomen beanspruchten Raums ist nahezu »leer«, die Masse ist fast vollständig in einem sehr kleinen Volumen im Zentrum des Atoms konzentriert, im positiv geladenen Atomkern. Die negativ geladenen Elektronen befinden sich in der Umgebung des Atomkerns und bewirken, dass das Atom insgesamt elektrisch neutral ist.

Lichtemission

Bohr baute bei der Entwicklung seines Atommodells auf Rutherfords Ergebnissen auf. Er machte zusätzlich Aussagen über das Verhalten der Elektronen und lieferte damit Erklärungen für die beobachteten Lichtfrequenzen in den Spektren der elementaren Gase, insbesondere des Wasserstoffs.

Danach kann ein Elektron im Wasserstoffatom nur ganz bestimmte Bahnenergien besitzen: Das Atom ist also durch bestimmte, diskrete Energieniveaus gekennzeichnet. Licht wird immer dann emittiert, wenn das Elektron von einem höheren Energieniveau E_{n2} auf ein niedrigeres Energieniveau E_{n1} wechselt.

Die von Bohr dem Wasserstoff zugesprochenen Energieniveaus ergeben sich formal, wenn man die Gleichung für die beobachteten Lichtfrequenzen mit der Planck'schen Konstante h multipliziert:

$$f = f_R \cdot \left(\frac{1}{n_1^2} - \frac{1}{n_2^2}\right) \qquad (3)$$

$$\Delta E = h \cdot f = h \cdot f_R \cdot \left(\frac{1}{n_1^2} - \frac{1}{n_2^2}\right) = \frac{h \cdot f_R}{n_1^2} - \frac{h \cdot f_R}{n_2^2} = E_{n2} - E_{n1} \qquad (4)$$

In diesen Gleichungen ist f_R die Rydbergfrequenz mit dem Wert $3{,}29 \cdot 10^{15}$ Hz. Die Energie der ausgesandten Photonen entspricht nach dem Bohr'schen Atommodell gerade der Energiedifferenz $\Delta E = E_{n2} - E_{n1}$ beim Übergang eines Elektrons vom Niveau E_{n2} zum Niveau E_{n1} (Abb. 2).

Der Weg zu den Kepler'schen Ellipsenbahnen der Planeten war sehr mühevoll – allerdings hat dieses Bild bis heute Bestand.

STRUKTUR DER MATERIE | 13 Quanten

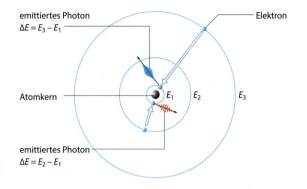

2 Emission eines Photons beim Übergang eines Elektrons von einer Bahn höherer Energie auf eine Bahn niedrigerer Energie

Strahlungslose Elektronenbahnen

Im Bohr'schen Atommodell gehört zu jedem Energieniveau eine stabile Bahn um den Atomkern. Im Widerspruch zur klassischen Elektrodynamik ging Bohr davon aus, dass die Elektronen keine Strahlung aussenden, solange sie sich auf einer solchen Bahn bewegen. Dieser Widerspruch zur klassischen Physik war Bohr natürlich bewusst – er konnte ihn aber innerhalb seines Modells nicht lösen.

Bedingung für stabile Elektronenbahnen

Um zu erreichen, dass das Atommodell nur die beobachtbaren Lichtfrequenzen zulässt, schränkte Bohr die Kreisbahnen durch die Bedingungsgleichung (2) ein. Berechnet man damit in Abhängigkeit von n die zu den Kreisbahnen gehörigen Gesamtenergien der Elektronen als Summe ihrer potenziellen und kinetischen Energie, so erhält man die in Gl. (4) auftretenden Energieniveaus ↻:

$$E_n = -\frac{h \cdot f_R}{n^2}. \tag{5}$$

Da der Ausdruck $m_e \cdot v \cdot r$ den Bahndrehimpuls des Elektrons beschreibt, werden durch die von Bohr gesetzte Bedingung (Gl. 2) die möglichen Bahndrehimpulse der Elektronen auf ganzzahlige Vielfache von $h/(2\pi)$ eingeschränkt.

Bohr'scher Radius

Unter Verwendung der Bedingungsgleichung (2) für die stabilen Elektronenbahnen lassen sich deren Radien bestimmen: Bewegt sich ein Elektron auf einer Kreisbahn um den positiv geladenen Kern eines Wasserstoffatoms, so tritt die Coulomb-Kraft als Zentripetalkraft auf: $F_Z = F_C$.

$$\frac{m_e \cdot v^2}{r} = \frac{e^2}{4\pi \cdot \varepsilon_0 \cdot r^2} \tag{6}$$

Für v gilt nach Gl. (2):

$$v = \frac{n \cdot h}{2\pi \cdot m_e \cdot r}. \tag{7}$$

Damit ergibt sich:

$$\frac{m_e \cdot n^2 \cdot h^2}{4\pi^2 \cdot m_e^2 \cdot r^3} = \frac{e^2}{4\pi \cdot \varepsilon_0 \cdot r^2} \tag{8}$$

$$r = \frac{\varepsilon_0 \cdot h^2}{\pi \cdot m_e \cdot e^2} \cdot n^2 \tag{9}$$

Der Radius der innersten Bahn, also der Bahn mit $n = 1$, und der niedrigsten Energie wird als Bohr'scher Radius a_0 bezeichnet:

$$a_0 = 5{,}291\,77 \cdot 10^{-11} \text{ m}. \tag{10}$$

Grenzen des Bohr'schen Atommodells

Das Modell von Bohr liefert für das Wasserstoffatom sehr genaue quantitative Ergebnisse. Die Verknüpfung der Emissionsspektren mit diskreten Energieniveaus hat darüber hinaus für alle Atomsorten Bestand.

Brauchbare quantitative Ergebnisse gibt es jedoch nicht für Atome mit mehreren Elektronen. Ein prinzipielles Problem des Modells bleibt die im Widerspruch zur klassischen Elektrodynamik postulierte Strahlungslosigkeit von Elektronen auf stabilen Kreisbahnen. Zudem wird der Begriff der Bahn eines Elektrons im Atom in der weiteren Entwicklung der Quantenmechanik grundsätzlich infrage gestellt.

■ AUFGABEN

1 Geben Sie an, ob der Abstand benachbarter Energieniveaus mit zunehmender Bahnnummer n steigt oder sinkt.

2 a Der Bohr'sche Radius a_0 ist der Bahnradius der innersten Elektronenbahn im Wasserstoffatom mit $n = 1$. Wie groß ist im Bohr'schen Modell der Radius der Bahn mit der Nummer $n = 10$?
b Bestimmen Sie im Rahmen des Bohr'schen Modells für das Wasserstoffatom die Bahngeschwindigkeit eines Elektrons auf der Bahn mit $n = 10$. Um welchen Faktor unterscheidet sich diese Geschwindigkeit von der eines Elektrons auf der innersten Bahn?

3 Diskutieren Sie, ob es sinnvoll wäre, die Gravitation im Bohr'schen Atommodell zusätzlich zu berücksichtigen. Vergleichen Sie dazu den Betrag der Coulomb-Kraft mit dem der Gravitationskraft zwischen dem Kern und dem Elektron eines Wasserstoffatoms, das diesen im Abstand $a_0 = 0{,}053$ nm umkreist.

4 a Niels Bohr selbst war bei der Formulierung seines Modells schon bewusst, dass dieses keine vollständig befriedigende Beschreibung der Atome bieten kann. Nennen Sie den Hauptgrund dafür.
b Begründen Sie, dass ein freies Wasserstoffatom nach dem Bohr'schen Atommodell die Gestalt einer flachen Scheibe hätte.

Anders als in Leuchtstoffröhren, die oft fälschlich als »Neonröhren« bezeichnet werden, leuchtet hier tatsächlich Neon in einem charakteristischen Rot. Die separaten Leuchtzonen ähneln zwar auf den ersten Blick Interferenzphänomenen von Licht, sie haben jedoch eine ganz andere Ursache: Die Neonatome werden von beschleunigten Elektronen zum Leuchten angeregt.

13.11 Franck-Hertz-Experiment

Durch Stöße mit bewegten Elektronen können Atome angeregt, also in Zustände höherer Energie überführt werden. Die Elektronen müssen dazu allerdings eine ausreichende kinetische Energie besitzen.

Dies wurde erstmals in einem grundlegenden Experiment gezeigt, das JAMES FRANCK und GUSTAV HERTZ in den Jahren 1911 bis 1914 entwickelten. Die Ergebnisse des Experiments lassen sich folgendermaßen interpretieren:

Das Atom ist nicht in der Lage, beliebige Energiebeträge aufzunehmen. Beim Stoß mit einem Elektron absorbiert es stattdessen stets einen bestimmten Betrag und gerät dadurch in einen angeregten Zustand.

Eine solche quantisierte Aufnahme von Energie bezeichnet man auch als *Quantensprung*.

Ein wichtiger Anstoß zur Deutung des Franck-Hertz-Experiments in dieser Weise kam von NIELS BOHR. Nach seinem Atommodell können die Elektronen eines Atoms nur zwischen bestimmten voneinander getrennten Energieniveaus wechseln. Bohr selbst erkannte in den Ergebnissen des Experiments eine Bestätigung des von ihm im Jahr 1913 veröffentlichten Atommodells.

Aufbau und Durchführung

Franck und Hertz beschäftigten sich mit den Phänomenen, die in Gasentladungsröhren auftreten. Ihr Interesse galt den Stoßprozessen zwischen beschleunigten Elektronen und Atomen. Experiment 1 zeigt den prinzipiellen Aufbau, mit dem sie die Energieübertragung bei solchen Stoßprozessen untersuchen konnten.

Die Röhre wird geheizt, um einen für das Experiment optimalen Gasdruck zu erzeugen. Dann wird von 0 V ausgehend allmählich die Spannung U_a zwischen der Katode und dem Gitter erhöht. Die gemessene Stromstärke steigt zunächst kontinuierlich an, fällt aber bei Erreichen einer gewissen Spannung wieder deutlich ab. Bei weiterem Erhöhen der Spannung steigt die Stromstärke erneut auf ein lokales Maximum und fällt dann wieder. Diese Vorgänge wiederholen sich in regelmäßigen Abständen (Abb. 2).

EXPERIMENT 1

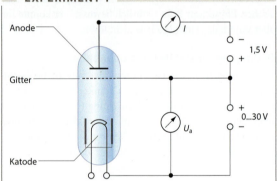

In einer beheizbaren Röhre befindet sich Quecksilberdampf. In einem elektrischen Feld zwischen einer Glühkatode und einem Gitter werden Elektronen beschleunigt; die Spannung zwischen Katode und Gitter lässt sich kontinuierlich verändern.

Zwischen dem Gitter und der Anode der Röhre wird eine kleine Gegenspannung von etwa 1 bis 2 V angelegt. Die Anodenstromstärke wird mithilfe eines Messverstärkers in Abhängigkeit von der Beschleunigungsspannung gemessen.

Interpretation

Mit der Anodenstromstärke I misst man die Rate derjenigen Elektronen, deren Energie am Gitter ausreicht, um die Gegenspannung zwischen Gitter und Anode zu überwinden. Diese Rate steigt zunächst mit der Erhöhung der Beschleunigungsspannung an. Sie sinkt aber bei weiterem Erhöhen der Spannung wieder ab, weil Elektronen bei Stößen mit den Quecksilberatomen so viel Energie verlieren, dass ihre kinetische Energie nicht mehr zum Erreichen der Anode genügt.

Auch in Gasentladungsröhren werden Atome durch Stöße mit Elektronen zum Leuchten angeregt.

5.14

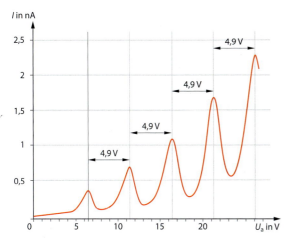

2 Bei Erhöhen der Beschleunigungsspannung in der Franck-Hertz-Röhre nimmt die Anodenstromstärke zunächst zu, dann fällt sie wieder ab. Dieses Verhalten wiederholt sich in gleichmäßigen Spannungsintervallen.

Beim Stoßprozess kann es sich nicht um einen Vorgang handeln, bei dem die Summe der kinetischen Energien von Elektron und Atom erhalten bleibt. Denn bei einem elastischen Stoß würde ein Elektron an dem Quecksilberatom, das eine um den Faktor 365 000 größere Masse besitzt, wie an einer Wand »abprallen«: Seine kinetische Energie wäre nach dem Stoß unverändert. Außerdem wäre für den Fall eines elastischen Stoßes kaum zu begründen, dass ab einer bestimmten Beschleunigungsspannung die Energieübertragung stark zunimmt.

Als Ursache des abnehmenden Anodenstroms erweisen sich vielmehr unelastische Stöße, bei denen kinetische Energie der Elektronen von den Quecksilberatomen aufgenommen wird. Ein möglicher Anregungszustand von Quecksilber hat eine um einen festen Betrag größere Energie als der Grundzustand. Entsprechend muss die kinetische Energie eines Elektrons mindestens diesen Wert besitzen, damit das Elektron bei einem Stoß einen Übergang des Atoms aus dem Grundzustand in den angeregten Zustand bewirken kann. Dies ist der Grund für die deutliche Abnahme der Anodenstromstärke ab dem ersten Spannungsschwellwert. Hier geben immer mehr Elektronen einen großen Anteil ihrer Energie an Quecksilberatome ab und können anschließend die Gegenspannung zwischen Gitter und Anode nicht mehr überwinden.

Erhält ein Elektron auf der Beschleunigungsstrecke mehrfach die benötigte Anregungsenergie, so kann es bei Stößen mit verschiedenen Quecksilberatomen jeweils diese Energie übertragen. Damit ist zu erklären, dass die Anodenstromstärke in gleichmäßigen Spannungsabständen immer wieder abnimmt.

Besondere Evidenz erhält die Deutung des Experiments durch den Nachweis einer Linie bei $\lambda = 254$ nm im Emissionsspektrum von Quecksilber. Diese entspricht gerade einem Übergang zwischen zwei Zuständen mit einer Energiedifferenz von 4,9 eV.

Das erste Maximum der Anodenstromstärke tritt erst etwas oberhalb von 4,9 V auf, da Katode und Anode aus unterschiedlichen Metallen bestehen: Die Elektronen müssen auf dem Weg zwischen Anode und Katode die *Kontaktspannung* überwinden, die durch die Metallkombination gegeben ist. Die genaue Lage des ersten Maximums wird außerdem noch von der Anfangsenergie der Elektronen nach Austritt aus der Glühkatode beeinflusst.

Franck-Hertz-Experiment mit Neon

Führt man das Franck-Hertz-Experiment mit einer Neonfüllung statt mit Quecksilber durch, so verhält sich die Anodenstromstärke ähnlich wie in Abb. 2. Allerdings beträgt der Abstand zwischen den zu beobachtenden Maxima etwa 19 V.

Bei Spannungen, die hoch genug sind, um die Neonatome durch Elektronenstöße in einen angeregten Zustand zu bringen, ist beim Experiment mit Neon ein Leuchten in der Röhre zu beobachten (Abb. 1). Reicht die Spannung für mehrfache Anregung aus, so kann man auch eine Unterteilung in eine Abfolge verschiedener leuchtender Bereiche erkennen. Das Leuchten stammt jedoch nicht von direkten Übergängen in den Grundzustand – dies wäre wegen der hohen Energiedifferenz nicht sichtbar –, sondern von Übergängen in Zwischenzustände.

AUFGABEN

1 Das folgende Diagramm zeigt den Verlauf eines Franck-Hertz-Experiments mit Helium anstelle von Quecksilber.

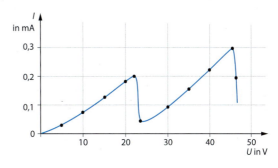

a Erläutern Sie den Aufbau des Franck-Hertz-Experiments.
b Deuten Sie den Verlauf der Stromstärke im Diagramm.
c Ermitteln Sie aus dem Diagramm die Energie, die zur Anregung der Heliumatome benötigt wird. Geben Sie sie in der Einheit Joule an.

2 Erläutern Sie, inwieweit die Ergebnisse des Franck-Hertz-Experiments das Bohr'sche Atommodell stützen.

Zur Kontaktaufnahme mit Partnerinnen sendet dieser männliche Käfer ein kräftiges Licht aus. Ihn als »Glühwürmchen« zu bezeichnen, wäre allerdings verfehlt: Das Licht stammt nicht von einem stark erhitzten Körperteil, sondern wird durch eine chemische Reaktion hervorgerufen. Bei dieser Art des Leuchtens spricht man auch von Chemolumineszenz.

13.12 Resonanzabsorption und Lumineszenz

Bei Bestrahlung mit weißem Licht wird ein Atom von Photonen unterschiedlichster Frequenz bzw. Energie getroffen. Das Atom kann ein Photon nur dann absorbieren, wenn dessen Energie genau der Differenz zwischen zwei atomaren Energieniveaus E_1 und E_2 entspricht. Es muss also gelten:

$$E_{Ph} = h \cdot f = E_2 - E_1. \quad (1)$$

Dieser Vorgang wird Resonanzabsorption genannt. Nach der Absorption speichert das angeregte Atom die Energie des Photons für eine gewisse Zeit. Anschließend kann es beim Übergang in einen niedrigeren Energiezustand wieder ein Photon abstrahlen. Dieser Vorgang heißt Lumineszenz.

Erfolgt der Übergang direkt wieder in das ursprüngliche Energieniveau E_1, so hat das abgestrahlte Photon dieselbe Energie und damit auch dieselbe Frequenz wie das zuvor absorbierte Photon. Bei anderen Übergängen kann es jedoch auch dazu kommen, dass die Frequenz des abgestrahlten Photons niedriger oder – in seltenen Fällen – höher ist.

Fluoreszenz und Phosphoreszenz Der angeregte Zustand eines Atoms zwischen der Absorption und Emission eines Photons kann unterschiedlich lange andauern. Je nach mittlerer Dauer unterscheidet man bei der Lumineszenz zwischen Fluoreszenz und Phosphoreszenz. Die Fluoreszenz erfolgt sehr rasch innerhalb von 10^{-8} s. Ist die mittlere Dauer deutlich größer, spricht man von Phosphoreszenz.

Emission, Absorption und Fluoreszenz

Eine Natriumentladungslampe leuchtet intensiv gelb. Analysiert man das emittierte Licht mit einem Gitter, findet man eine Spektrallinie mit $\lambda = 589$ nm. Bei hoher Auflösung stellt sich diese Linie übrigens als Doppellinie heraus.

Licht genau derselben Wellenlänge, wie es das Natriumgas bei Anlegen einer Hochspannung unter Gasentladung emittiert, absorbiert es auch, wenn es von weißem Licht durchstrahlt wird (Exp. 1). Diesen Vorgang nennt man Resonanzabsorption. Ein Elektron in einem Natriumatom wird dabei durch ein Photon der passenden Energie von einem niedrigeren Energieniveau auf ein höheres Energieniveau angehoben. Das Photon selbst existiert nach der Absorption nicht mehr, nur noch seine Energie ist in dem atomaren Anregungszustand vorhanden.

Nach der Absorption kann das Elektron wieder unter Aussenden eines Photons in den niedrigeren Energiezustand wechseln. Wenn dies ohne äußere Einwirkung erfolgt, spricht man von *spontaner Emission*.

EXPERIMENT 1

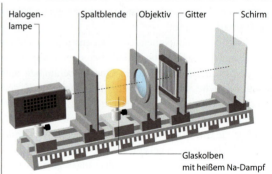

Zunächst wird das kontinuierliche Spektrum einer Halogenlampe auf einem Beobachtungsschirm erzeugt. Bringt man in den Strahlengang eine mit Natriumgas gefüllte Glasröhre, so zeigt sich im gelben Bereich des Spektrums eine dunkle Linie. Eine genaue Messung ergibt, dass diese bei $\lambda = 589$ nm liegt.

Das Leuchten einer Substanz, das durch Lichteinstrahlung und kurzzeitige Zwischenspeicherung der Energie zustande kommt, wird als Fluoreszenz bezeichnet. In Exp. 1 nehmen die Gasatome Licht, das aus einer bestimmten Richtung kommt, auf. Kurz darauf senden sie Licht gleicher Wellenlänge in beliebige Raumrichtungen wieder aus. Daher wird nur noch ein sehr geringer Teil der Energie in der Richtung der ursprünglich absorbierten Photonen emittiert, und im Spektrum auf dem Schirm entsteht an der entsprechenden Stelle eine Lücke.

Fraunhofer-Linien Im Sonnenspektrum findet sich eine Vielzahl von dunklen Absorptionslinien, die nach Joseph von Fraunhofer benannt sind. Das in der Fotosphäre der Sonne emittierte Licht muss auch die umgebende Sonnenatmosphäre und schließlich noch die Erdatmosphäre passieren. Photonen, die dabei auf Atome mit passenden Energielücken treffen, können absorbiert werden. Die Linien geben daher Aufschluss über die chemische Zusammensetzung der Sonnenatmosphäre. Außerdem enthalten sie Informationen über die Anregungszustände der Atome und damit auch über die Temperatur der vom Licht passierten Gasschichten.

Frequenzänderung bei der Fluoreszenz

Im Fall des Natriums kommt es zur *Resonanzfluoreszenz*: Das emittierte Licht hat dieselbe Frequenz wie das absorbierte Licht (Abb. 2).

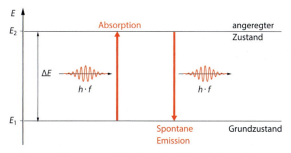

2 Resonanzfluoreszenz: Ein Photon wird absorbiert und seine Energie wird kurzzeitig im Atom gespeichert. Anschließend wird ein Photon gleicher Frequenz emittiert.

EXPERIMENT 2

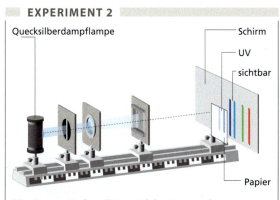

Mit einem optischen Gitter wird das Linienspektrum von Quecksilber auf einer Mattscheibe erzeugt. Auf einem weißen Blatt Papier kann man Linien erkennen, die auf der Mattscheibe unsichtbar sind.

Bei Fluoreszenzprozessen kann es aber auch zu einer Veränderung der Frequenz kommen. In Exp. 2 sind die Linien im UV-Bereich auf dem Schirm zunächst unsichtbar. Sichtbar werden sie erst, weil optische Aufheller im Schreibpapier zur Fluoreszenz im sichtbaren Bereich angeregt werden.
Im absorbierenden Molekül eines solchen Materials bleibt ein Teil der Energie zurück, daher werden Photonen mit kleinerer Frequenz emittiert. Nach Anregung durch Absorption eines UV-Photons erfolgt beispielsweise zunächst ein strahlungsloser Übergang eines Elektrons in ein Zwischenniveau (Abb. 3). Bei Rückkehr aus dem Zwischenniveau in den Ausgangszustand wird schließlich ein Fluoreszenzphoton mit entsprechend kleinerer Energie abgestrahlt.

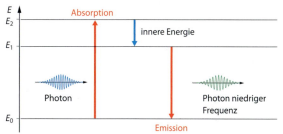

3 Ein strahlungsloser Übergang in ein Zwischenniveau kann bewirken, dass das abgestrahlte Photon eine geringere Energie hat als das absorbierte. Die Differenz verbleibt im Material.

Fluoreszenz und Phosphoreszenz

Von Fluoreszenz spricht man nur, wenn die Aussendung eines Photons bis zu 10^{-8} s, also sehr kurz nach der Anregung, erfolgt. Schaltet man die anregende Lichtquelle ab, so kann das menschliche Auge kein Nachleuchten wahrnehmen. Es gibt jedoch auch Stoffe, bei denen die Elektronen nach der Anregung in *metastabile Zustände* gelangen, in denen sie deutlich länger verweilen können. Das Leuchten beim Abbau der metastabilen Zustände kann mehrere Stunden andauern. Man spricht im Fall dieser längeren Leuchtzeiten von Phosphoreszenz. Phosphoreszenz zeigen z. B. die in Kinderzimmern beliebten Leuchtsterne oder nachleuchtende Zifferblätter von Armbanduhren.

▌ AUFGABEN

1. Wird die Fluoreszenz eines Stoffs durch eingestrahltes Licht angeregt, so ist die Frequenz des Fluoreszenzlichts in der Regel geringer als die des eingestrahlten Lichts. Erläutern Sie diesen Sachverhalt.
2. Nach einer Resonanzabsorption strahlt ein Atom ein Photon ab, das dieselbe Frequenz besitzt wie das zuvor absorbierte. Begründen Sie, dass das Absorptionsspektrum des atomaren Gases an der entsprechenden Stelle trotzdem eine dunkle Linie aufweist.
3. Atome können sowohl durch Photonen als auch durch Elektronen angeregt werden. Stellen Sie die entsprechenden Wechselwirkungen gegenüber.

Laserlicht hoher Leistungsdichte lässt sich zum Schneiden von starken Platten oder auch von dreidimensionalen Objekten einsetzen. Es handelt sich dabei um thermische Schneidverfahren, bei denen das Material geschmolzen oder verdampft wird.

13.13 Laser

Laser produzieren Licht mit sehr spezifischen Eigenschaften, die sie von allen übrigen Lichtquellen abheben: Das Licht ist auf einen sehr engen Frequenzbereich beschränkt, es ist nahezu monochromatisch. Außerdem weist das Licht eine hohe Kohärenz auf und verlässt seine Quelle als Bündel hoher Intensität.

Diese Eigenschaften sind je nach Lasertyp unterschiedlich stark ausgeprägt, das Grundprinzip der Lichterzeugung, das sich hinter der Buchstabenfolge L-A-S-E-R verbirgt, ist jedoch bei allen Lasern gleich: *Light Amplification by Stimulated Emission of Radiation*. Licht wird im Laser durch einen Prozess erzeugt, der stimulierte Emission genannt wird.

Die stimulierte Emission findet in einem zentralen Bereich des Lasers, im *laseraktiven Medium*, statt. Atome oder Moleküle dieses Mediums werden zunächst zu einem großen Anteil in einen elektronisch angeregten Zustand versetzt. Passiert nun ein Photon ein angeregtes Atom und entspricht seine Energie genau der Energiedifferenz des angeregten Zustands zu einem niedrigeren Energieniveau, so kann das Photon einen Übergang des Atoms bzw. Moleküls in den niedrigeren Zustand bewirken.

Die stimulierte Emission kann also als Umkehrung der Resonanzabsorption aufgefasst werden: Beim Übergang emittiert das Atom ein Photon, das mit dem ursprünglichen Photon in Frequenz, Richtung und Phase übereinstimmt. Anschließend existieren also zwei Photonen, die auf ihrem Weg durch das laseraktive Medium weitere angeregte Atome zum Aussenden von Photonen stimulieren können.

Um eine hohe Rate gleichartiger Photonen zu erzielen, werden an beiden Enden des laseraktiven Mediums Spiegel angebracht. Diese bewirken, dass die Photonen das Medium mehrfach durchlaufen und die Emission weiterer Photonen anregen, bis sie den Laser schließlich durch einen der Spiegel, der teildurchlässig ist, verlassen.

Stimulierte Emission

Auf die prinzipielle Möglichkeit einer stimulierten Emission hat ALBERT EINSTEIN bereits im Jahr 1916 hingewiesen. Heute gibt es viele Arten von Lasern, die sich hinsichtlich des Frequenzbereichs des abgegebenen Lichts, in Bezug auf die Leistung sowie die eingesetzten Materialien und Technologien unterscheiden. Es gibt Laser, die nur extrem kurze Lichtpulse erzeugen, während andere kontinuierlich leuchten. Die Lichterzeugung findet bei einigen Lasern wie beim Helium-Neon-Laser in Gasen, bei anderen in Farbstofflösungen und im Fall der sehr weit verbreiteten Diodenlaser in Festkörpern statt.

Für alle Laser verbindend ist jedoch die Lichterzeugung nach dem Prinzip der stimulierten Emission. Damit dieser Prozess auftreten kann, ist zunächst ein angeregtes Atom oder Molekül notwendig. Ein Atom habe z. B. zwei Zustände mit den Energien E_1 und E_2 und befinde sich im angeregten Zustand mit der höheren Energie E_2. Es könnte nun unter Aussendung eines Photons spontan in den Zustand mit der Energie E_1 zurückfallen. Trifft aber vorher ein Photon, das gerade die Differenzenergie $E_{Ph} = h \cdot f = E_2 - E_1$ besitzt, auf das angeregte Atom, so kann dieses zu einem Übergang in den niedrigeren Energiezustand E_1 stimuliert werden. Dabei sendet es ein weiteres Photon aus, das mit dem auslösenden Photon in Frequenz, Bewegungsrichtung und Phase genau übereinstimmt (Abb. 2).

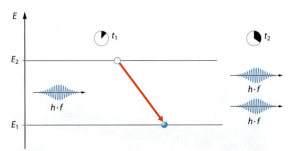

2 Ein Photon trifft auf ein Atom im Anregungszustand E_2. Da die Energie des Photons genau der Energielücke zum darunter liegenden Atomniveau E_1 entspricht, kann es das Atom zur Emission eines weiteren Photons mit identischen Eigenschaften anregen.

Besetzungsinversion

Für die Funktion des Lasers muss nun erreicht werden, dass im Inneren durch stimulierte Emission Photonen entstehen und dass diese wiederum lawinenartig möglichst viele Photonen mit gleichen Eigenschaften erzeugen. Im laseraktiven Medium, das ein Gas, eine Farbstofflösung oder ein Festkörper sein kann, muss dazu ein Zustand hergestellt werden, den man als Besetzungsinversion bezeichnet. Normalerweise befinden sich mehr Atome oder Moleküle im Grundzustand als in einem angeregten Zustand. Je höher die Energie eines Zustands ist, desto geringer ist seine Besetzungswahrscheinlichkeit. Bei der Wechselwirkung von Photonen mit den Atomen kommt es dann häufiger zur Absorption als zur stimulierten Emission, die Anzahl der Photonen nimmt also ab. Will man Lichtverstärkung durch stimulierte Emission erreichen, muss man daher die Verhältnisse umkehren und die Mehrheit der Atome in das höhere Energieniveau befördern. Zur Realisierung der Besetzungsinversion wurden unterschiedliche Methoden der Energiezufuhr entwickelt, die man als *Pumpen* bezeichnet. Beim ersten funktionierenden Laser, dem Rubinlaser aus dem Jahr 1960, erzielte man die Besetzungsinversion z. B. durch optisches Pumpen: Der verwendete Rubinkristall wurde dabei mit sehr leistungsfähigen Blitzlampen bestrahlt. Die durch die Absorption des Blitzlampenlichts erzielte Besetzungsinversion konnte dann für die Erzeugung eines Laserpulses von wenigen Millisekunden Dauer genutzt werden.

Beim Helium-Neon-Laser befindet sich in einer Röhre ein Gemisch aus Helium und Neon. Durch die Elektronenstöße während einer Gasentladung (vgl. 5.14) werden die Heliumatome in einen angeregten Zustand versetzt. Die Heliumatome übertragen dann ihre Anregungsenergie und zusätzlich Bewegungsenergie auf die Neonatome. Ist die Stoßrate hoch genug, wird bei den Neonatomen eine Besetzungsinversion erreicht, die bei anhaltender Gasentladung aufrechterhalten bleibt und so einen kontinuierlichen Laserbetrieb ermöglicht.

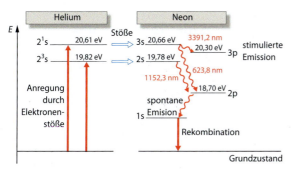

3 Im He-Ne-Laser übertragen angeregte Heliumatome Energie bei Stößen auf Neonatome. Die angeregten Neonatome stehen dann für die stimulierte Emission bereit. (Zur Bezeichnung der Energiezustände vgl. 14.5.)

Der Prozess kann nur ablaufen, weil eine wichtige Voraussetzung erfüllt ist: Die oberen Laserniveaus sind relativ langlebig, also metastabil; ihre Besetzung wird daher nicht vorzeitig durch spontane Übergänge abgebaut. Die unteren Niveaus leeren sich dagegen schnell, die Laserstrahlung wird daher nicht zu stark durch Absorption geschwächt. Da der 3s-Zustand von Neon langlebig und der 2p-Zustand kurzlebig ist, kommt es zur Ausbildung der sichtbaren Laserstrahlung bei 632,8 nm (Abb. 3).

Resonator

Um mit jedem Photon, das die erwünschten Eigenschaften hat, eine möglichst hohe Anzahl von gleichartigen Photonen durch stimulierte Emission zu erzeugen, befindet sich das laseraktive Medium in einem Resonator, der durch zwei einander gegenüberstehende Spiegel gebildet wird (Abb. 4).

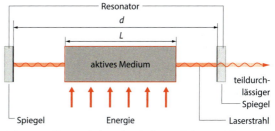

4 Lasermedium zwischen den exakt parallel ausgerichteten Spiegeln eines Resonators

Die Photonen durchlaufen den Resonator dann im Mittel mehrfach und können so weitere Photonen generieren, bevor sie den Resonator durch den teildurchlässigen Austrittsspiegel verlassen. Dabei muss die Photonendichte im laseraktiven Medium so hoch sein, dass die noch in Konkurrenz stattfindenden spontanen Emissionsvorgänge vernachlässigt werden können. Der Resonator selektiert außerdem das Licht nach Richtung und Wellenlänge. Er bevorzugt und verstärkt durch Vervielfachung solche Photonen, die sich genau parallel zu seiner Achse bewegen und deren Wellenlänge die Ausbildung einer stehenden Welle erlaubt. Dadurch entsteht die hohe Kohärenz.

AUFGABEN

1 Nennen Sie besondere Charakteristika von Laserlicht. Erläutern Sie, wie diese durch die besondere Art der Lichterzeugung im Laser entstehen.

2 Es gibt Laser, die in der Lage sind, sehr kurze Lichtblitze mit einer Dauer von 100 fs bei einer durchschnittlichen Leistung von 10 TW zu erzeugen.
  a Vergleichen Sie die Leistung des Lasers mit der eines Großkraftwerks, und bestimmen Sie die Energie eines einzelnen Laserblitzes.
  b Welche Geschwindigkeit hätte ein Körper von 1 g, der den gleichen Impuls besäße wie ein solcher Blitz?

MEILENSTEIN

13.14 *Helgoland, Frühsommer 1925. Von Heuschnupfen geplagt, hat sich der 24-jährige Physiker Werner Heisenberg aus Göttingen auf die Nordseeinsel zurückgezogen. Dort formuliert er seine fundamentalen Gedanken zur Messbarkeit von physikalischen Eigenschaften kleinster Teilchen. Bald darauf, im Januar 1926, veröffentlicht der in Zürich tätige Erwin Schrödinger seine Ideen einer schlüssigen mathematischen Theorie der Quantenphänomene. Später sollte sich zeigen, dass Heisenberg und Schrödinger die beiden Seiten derselben Medaille betrachteten. Fortan trug diese den Namen Quantenmechanik – sie gilt bis heute als die erfolgreichste physikalische Theorie in der Wissenschaftsgeschichte.*

Heisenberg, Schrödinger

und die Entstehung der Quantenmechanik

Die Krise der frühen Quantentheorie

Die von MAX PLANCK präsentierte Annahme, dass die Energie eines Oszillators keine beliebig teilbare, kontinuierliche Größe ist, sondern nur gewisse, von der Eigenfrequenz abhängige, diskrete Werte annehmen kann, gilt als Geburtsstunde der Quantenphysik. ALBERT EINSTEIN fügte 1905 mit seiner Erklärung des Fotoeffekts ein wesentliches Element hinzu, und das 1913 von NIELS BOHR entworfene, später von ARNOLD SOMMERFELD erweiterte Atommodell war erfolgreich in der Erklärung der Spektrallinien des Wasserstoffatoms. LOUIS DE BROGLIE schließlich lieferte 1923 durch die Einführung der Materiewellen eine erste Deutungsmöglichkeit für die aus klassischer Sicht nicht nachvollziehbaren *Bohr-Sommerfeld'schen Quantenbedingungen*, die dem Atommodell zugrunde lagen.

Dennoch war selbst den Begründern der frühen Quantenphysik klar, das diese der klassischen Physik quasi willkürlich aufgesetzten Zusatzforderungen nicht dem Anspruch einer schlüssigen physikalischen Theorie genügten, zumal das Bohr-Sommerfeld-Atommodell bereits bei der Erklärung des Heliumspektrums scheiterte. Zusammenfassend beschrieb MAX BORN, der Leiter des Göttinger Instituts für theoretische Physik, 1924 in einem Buch die Krise der frühen Quantenphysik. Im Vorwort formuliert er, dass ein Folgeband mit einer »höheren Annäherung an die endgültige Atommechanik« wohl noch einige Jahre ungeschrieben sein wird. Doch dies sollte sich als Irrtum erweisen.

Heisenbergs Matrizenmechanik

Borns junger Assistent WERNER HEISENBERG hatte sich bereits an der Münchener Universität den Ruf eines fähigen und vielversprechenden Physikers erarbeitet. Auf Helgoland konkretisiert er seinen entscheidenden Ausgangspunkt: Größen, die nicht unmittelbar zu beobachten sind – z. B. eine Bahn und eine Umlaufzeit eines Elektrons um den Kern –, darf auch keine mathematische Realität zugeschrieben werden. Nur beobachtbare Größen – also etwa die Frequenz abgegebener Strahlung eines Atoms – dürfen in die Theorie eingehen. Er versucht »Grundlagen zu gewinnen für eine quantentheoretische Mechanik, die ausschließlich auf Beziehungen zwischen prinzipiell beobachtbaren Größen basiert ist«. Schnell wird ihm klar, so den Durchbruch geschafft zu haben. Später schreibt er über diesen Moment: »… da bin ich auf einen Felsen gestiegen und habe den Sonnenaufgang gesehen und war glücklich.«

Seine Veröffentlichung dieser Gedanken blieb jedoch für viele Physiker schwer verständlich, sie wurde bisweilen als »Hexeneinmaleins« tituliert. Auch Heisenberg selbst bezweifelte, dass die von ihm angewandten Methoden eine befriedigende Darstellung bieten.

Die fehlende mathematische Fundierung gelang jedoch im November 1925 gemeinsam mit Max Born und PASCUAL JORDAN. Darin werden physikalische Größen durch Matrizen repräsentiert, die Darstellung wird als *Matrizenmechanik* bezeichnet. Eine wesentliche Besonderheit dieser Methode besteht darin, dass das Kommutativgesetz bei der Multiplikation bestimmter physikalischer Größen nicht mehr gilt: Der Ort eines klassischen Teilchens und sein Impuls entlang der x-Achse werden durch zwei reelle Größen x und p beschrieben, für die selbstverständlich $p \cdot x - x \cdot p = 0$ gilt. In der Matrizenmechanik müssen jedoch die beiden Größen durch Matrizen X und P repräsentiert werden, für die $PX - XP \neq 0$ ist.

Schrödingers Wellenmechanik

Unabhängig von den Göttinger Entwicklungen verfolgte der in Wien geborene ERWIN SCHRÖDINGER in Zürich einen anderen Weg, um zur Formulierung einer allgemeinen Theorie des Verhaltens von Quantenobjekten zu gelangen. Großen Einfluss auf Schrödingers Schaffen hatten dabei die Arbeiten von WILLIAM HAMILTON, in denen sowohl die geometrische Optik als auch Lösungen von Problemstellungen der klassischen Mechanik aus formal analogen *Variationsprinzipien* abgeleitet wurden. Zudem ist Schrödinger von de Broglies Konzept der Materiewellen überzeugt und deutet Korpuskel »als eine Art Schaumkamm auf einer den Weltgrund bildenden Wellenstrahlung«.

Schließlich gelingt es ihm, eine Gleichung für diesen Wellenuntergrund von Quantenobjekten aufzustellen und daraus, quasi als erfolgreichen Test, die bekannten Energieniveaus des Wasserstoffatoms zu gewinnen. Der Ende Januar 1926 eingereichten ersten Veröffentlichung folgen drei weitere, womit die *Wellenmechanik* begründet war. Neben der Matrizenmechanik lag nun eine weitere, in sich stimmige mathematische Formulierung der Quantenmechanik vor, die fortan als *Quantenmechanik* bezeichnet wurde.

Kopenhagener Interpretation

Sowohl mit der Matrizen- als auch mit der Wellenmechanik konnten experimentell beobachtete Fakten konkreter Systeme theoretisch hergeleitet werden. Die Methode Schrödingers zeigte sich jedoch als mathematisch zugänglicher und einfacher in der Handhabung. Sie wurde daher in den Fachkreisen rascher und erfolgreicher aufgenommen.

Eine kurze Zeit wurden beide Modelle als voneinander unabhängige Alternativen zur Erklärung des mikroskopischen Geschehens angesehen, bis Schrödinger selbst, wenige Monate nach seiner ersten Veröffentlichung, die mathematische Äquivalenz der beiden Ansätze nachweisen konnte. So kam es, dass auch Born, Mitbegründer der Matrizenmechanik, sich der Wellenmechanik zuwandte, als er Streuprozesse quantenmechanisch analysierte. Hierbei kam er 1927 zu der Schlussfolgerung: »Man bekommt keine Antwort auf die Frage: *Wie ist der Zustand nach dem Zusammenstoße?*, sondern nur auf die Frage: *Wie wahrscheinlich ist ein vorgegebener Effekt des Zusammenstoßes?*« In Erweiterung dieses Gedankens wurde so die wahrscheinlichkeitstheoretische Deutung der Wellenfunktion des Schrödinger-Bilds geboren, die die ursprüngliche Vorstellung Schrödingers von einem irgendwie gearteten Materiekontinuum völlig fallen lässt. Der Gehalt der Wellenfunktion ist vielmehr, dass sie »die Wahrscheinlichkeit von diskreten Elementarakten bestimmt«. Diese Interpretation bildet den Kern der Kopenhagener Interpretation der Quantenmechanik.

Anhaltender Diskurs

Der überwältigende Erfolg der Quantenmechanik zur Erklärung experimenteller Fakten ist unumstritten und wird von sämtlichen Wissenschaftlern anerkannt. Ob allerdings die Kopenhagener Deutung – so weit verbreitet sie auch ist – »der wahre Jakob ist« (Albert Einstein), wird seit jeher angezweifelt, auch von Schrödinger selbst. Alternative, den üblichen Rahmen erweiternde Ansätze existieren und sind Gegenstand aktueller Forschungen. Sie zielen vor allem darauf, das *Messproblem*, also das Rätsel um den aus objektiver Sicht paradox erscheinenden Einfluss des Beobachters auf die Realität, zu lösen.

■ AUFGABE

1 Heisenberg erkannte, dass bei gewissen Operationen mit physikalischen Größen das Kommutativgesetz nicht gilt. In Schrödingers Wellenmechanik zeigt sich diese *Nicht-Vertauschbarkeit* beim Operieren mit Wellenfunktionen.
Verwenden Sie im Folgenden die Bezeichnungen:
M – Multiplikation des Terms einer Funktion mit x
A – Ableitung der Funktion nach x
a Testen Sie am Beispiel $f(x) = \sin(k \cdot x)$: Was ergibt sich, wenn mit f erst M und dann A durchgeführt wird? Kehren Sie die Reihenfolge der Operationen um. Vergleichen Sie die Resultate.
b Wiederholen Sie die Schritte aus Teil a mit der Funktion $g(x) = 2 \cos(k \cdot x)$.

Auch wenn ein Detektiv nicht gesehen hat, durch welche Tür eine Person diesen Raum betrat, kann er diese Information noch durch Fingerabdrücke oder Trittspuren beschaffen. Er kann ihren Weg damit zweifelsfrei feststellen. Bei Quantenobjekten ist das anders: Ohne ihr typisches Verhalten nachhaltig zu stören, ist es prinzipiell nicht feststellbar, welchen Weg sie nehmen.

13.15 Interferenz und Weginformation

In der Entwicklung der Quantenphysik diente eine sehr einfache Situation immer wieder als Testfall für Theorie und Experiment: der Doppelspalt. Die Phänomene, die auftreten, wenn Quantenobjekten wie Photonen, Elektronen usw. zwei Wege von der Quelle zum Schirm zur Verfügung stehen, sind exemplarisch für viele Bereiche der Quantenphysik.

– Der Auftreffort eines einzelnen Quantenobjekts am Schirm bzw. in einem Detektor ist zufällig, er lässt sich nicht vorhersagen.

– Je mehr Objekte in die Auswertung eingehen, desto deutlicher bilden sich Interferenzmuster heraus. Die mathematische Beschreibung der Muster kann daher als ein Wahrscheinlichkeitsmaß für das Auftreten eines einzelnen Quantenobjekts gedeutet werden.

– Besteht jedoch irgendeine Möglichkeit zu entscheiden, durch welchen der beiden Spalte ein einzelnes Quantenobjekt gegangen ist, tritt keine Interferenz mehr auf.

Dieses Verhalten ist charakteristisch für Quantenobjekte; sie unterscheiden sich damit grundsätzlich von klassischen Teilchen.

> **Wenn einem Quantenobjekt mehrere Wege von A nach B zur Verfügung stehen, können Interferenzphänomene auftreten. In diesem Fall lässt sich nicht entscheiden, auf welchem der möglichen Wege es von A nach B gelangt.**

Wie sich ein Quantenobjekt zwischen seiner Aussendung und seiner Detektion genau verhält, entzieht sich unserer Kenntnis. Die Vorstellung, dass sich Quantenobjekte zu jeder Zeit an einem bestimmten Ort befinden, ist nicht haltbar: Das klassische Konzept einer exakten Bewegungsbahn ist im Mikrokosmos nicht anzuwenden.

Experimente mit einzelnen Quantenobjekten

Um dem außergewöhnlichen Verhalten von Quantenobjekten näherzukommen, hat sich seit den Anfängen der Quantenphysik eine einfache Fragestellung und deren experimentelle Umsetzung als fruchtbar erwiesen: Einzelne, identisch präparierte Quantenobjekte werden nacheinander durch einen Doppelspalt geschickt und dahinter mit Detektoren oder Filmschichten einzeln und ortsabhängig registriert.

Solche Experimente können mit einzelnen Photonen, Elektronen, Atomen und sogar mit Molekülen durchgeführt werden. Die theoretischen Vorhersagen, die größtenteils schon in den Anfängen der Quantenphysik bis 1930 getroffen wurden, finden darin ausnahmslos Bestätigung.

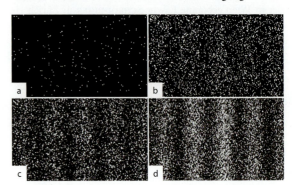

2 Ergebnisse von Doppelspaltexperimenten mit einzelnen Quantenobjekten: a) 200, b) 6000, c) 40 000, d) 140 000 registrierte Elektronen

In allen Fällen zeigt sich: Der Auftreffort des einzelnen Quantenobjekts ist zufällig, er kann nicht vorhergesagt werden. Abbildung 2 zeigt die Auftrefforte einzeln ausgesandter Elektronen: Erst nach Detektion einer großen Anzahl von Objekten ergibt sich eine Häufigkeitsverteilung, die einem Interferenzmuster gleicht. Die Übereinstimmung ist umso besser, je mehr Objekte registriert werden; die Lage der Minima und Maxima lässt sich mithilfe der De-Broglie-Wellenlänge berechnen (vgl. 13.6).

Auf ein einzelnes Objekt bezogen kann daher die mathematische Funktion, die das Interferenzmuster beschreibt, als Wahrscheinlichkeitsmaß angesehen werden. In Bereichen mit großen Funktionswerten ist es wahrscheinlicher, das Objekt anzutreffen, an den Nullstellen wird nie ein Quantenteilchen nachzuweisen sein.

Beobachtung des Spaltdurchgangs

Zahlreiche theoretische und experimentelle Analysen der Quantenphysiker setzen sich mit folgender Frage auseinander: Lässt sich über ein einzelnes Objekt sagen, durch welchen Spalt es zum Schirm gelangt bzw. gelangt ist?

In einem 1991 vorgeschlagenen und wenige Jahre später realisierten Experiment werden dazu Atome, die zwei Energiezustände annehmen können, verwendet. Anfänglich sind alle Atome im angeregten Zustand, und vor jedem der beiden Spalte wird ein *Resonator* platziert (Abb. 3). Durchquert ein angeregtes Atom einen der Resonatoren, geht das Atom in den Grundzustand über und hinterlässt die abgegebene Energie als Photon. Da das Atom sehr viel massereicher als das hinterlassene Photon ist, bleibt der Impuls des Atoms davon praktisch unbeeinflusst. Das Atom hat also eine Information über seinen Spaltdurchgang hinterlassen, unabhängig davon, ob durch weitere Messungen tatsächlich auch festgestellt wird, in welchem Resonator sich das Photon befindet.

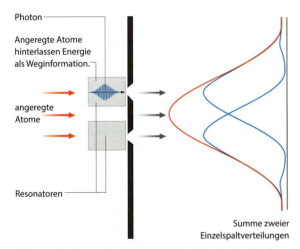

3 Doppelspaltexperiment mit Weginformation: In der Detektorenebene wird nicht das typische Interferenzmuster sichtbar, sondern lediglich die Summe zweier Einzelspaltverteilungen (rote Kurve).

Wird das Experiment so durchgeführt, treten keine Interferenzmuster auf! Dieses Phänomen ist fundamental für alle Quantenobjekte – es tritt bei allen entsprechend durchgeführten *Zwei-Wege-Experimenten* auf: Falls auf irgendeine Art und Weise entschieden werden könnte, auf welchem Weg die Objekte jeweils zum Detektionsbereich gelangt sind, verhindert diese Information das Auftreten eines Interferenzmusters.

Informationslöschung – Quantenradierer

Moderne Experimente klärten die Frage, ob Interferenz auftritt, wenn die zwischenzeitlich gespeicherte Weginformation wieder gelöscht wird, ohne sie zuvor ausgewertet zu haben. In einem Experiment wie in Abb. 3 kann dies realisiert werden, indem die beiden Resonatoren nur durch Verschlüsse voneinander getrennt sind. Durch Öffnen der Verschlüsse nach dem Durchgang des Atoms kann nun das hinterlassene Photon die Resonatoren wechseln. Damit ist die Weginformation unwiederbringlich gelöscht – und zwar unabhängig davon, ob die Öffnung vor oder nach dem Auftreffen des Atoms am Schirm stattfindet. Tatsächlich zeigen sich bei Experimenten dieser Durchführungsart wieder Interferenzmuster.

Quantenobjekte als nicht klassische Teilchen

Das Verhalten von Quantenobjekten am Doppelspalt ist exemplarisch für deren ungewöhnliches Verhalten, das dem klassischen Ideal einer exakten Bewegungsbahn widerspricht: Es ist nicht mit experimentellen Befunden vereinbar, sich Quantenobjekte als jederzeit in einem Punkt lokalisiert vorzustellen. Möglichen Auftrefforten der einzelnen Objekte können lediglich Wahrscheinlichkeiten zugeordnet werden.

Spuren, die Quantenobjekte in Messapparaturen hinterlassen, z. B. Elektronen im Fadenstrahlrohr (vgl. 6.6), sind zwar klassischen Bahnen sehr ähnlich, im Vergleich zur Größe der Objekte sind sie jedoch riesige Strukturen, die keine Information über das mikroskopische Verhalten der Objekte innerhalb der Spur enthalten.

AUFGABE

1 Ein Elektron kann im Raum prinzipiell nachgewiesen werden, wenn es mit Licht der Wellenlänge λ beleuchtet wird. Je kleiner λ ist, desto genauer kann der Ort gemessen werden. Wird ein Photon vom Elektron entgegengesetzt zur Einfallsrichtung reflektiert, erhält das Elektron näherungsweise den Impulsübertrag $\Delta p = 2h/\lambda$.

a Begründen Sie die Gleichung $\Delta p = 2h/\lambda$, und berechnen Sie den Wert Δp für $\lambda = 500$ nm.

b Begründen Sie die Aussage: Je genauer das Elektron durch die Messung lokalisiert wird, desto größer ist der Impulsübertrag bei der Messung.

c Berechnen Sie den Impuls p_{vorher} eines mit der Spannung $U_a = 1,5$ kV beschleunigten Elektrons. Wie groß ist der Ablenkwinkel α, den es durch einen seitlichen Photonentreffer ($\lambda = 500$ nm) erfährt?

d Berechnen Sie den Winkel β, unter dem das erste Maximum zu beobachten wäre, wenn die Elektronen – unbeobachtet – durch einen Doppelspalt mit dem Spaltmittenabstand $d = 500$ nm treten würden. Vergleichen Sie β mit α, und diskutieren Sie das Resultat im Hinblick auf Ortsmessung und Interferenzfigur.

Ein erfahrener Tierfotograf kennt die Orte, an denen sich häufig besonders viele Tiere aufhalten – z. B. dort, wo Wasserlöcher sind. Physiker sind in gewisser Weise ähnlich: Sie verwenden ihr Wissen, ihre Methoden und ihre mathematischen Werkzeuge, um zu berechnen, an welchen Orten sich Quantenobjekte unter gegebenen Bedingungen mit großer Wahrscheinlichkeit befinden.

13.16 Zustandsfunktion und Aufenthaltswahrscheinlichkeit

Solange keine Messung durchgeführt wird, können den möglichen Aufenthaltsorten eines Quantenobjekts nur Wahrscheinlichkeiten zugeordnet werden. In die Beschreibung des Objekts muss daher der ganze mögliche Aufenthaltsbereich einbezogen werden.

Die Quantenphysik erfasst Systeme mit dem Begriff des *Zustands*, der durch eine *Zustandsfunktion* Ψ ausgedrückt wird. Ψ wird oft auch Wellenfunktion genannt. In der Zustandsfunktion sind die möglichen Aussagen über das System zusammengefasst, man sagt auch: *kodiert*. Für viele Größen wie Ort und Geschwindigkeit eines einzelnen Objekts können aus der Zustandsfunktion meist nur Wahrscheinlichkeitsaussagen abgeleitet werden.

Der Zustand eines Quantensystems kann sich mit der Zeit verändern. Wird es sich selbst überlassen, so hängt die zeitliche Entwicklung seines Zustands eindeutig und einzig vom Anfangszustand ab.

Zustandsfunktionen selbst sind nicht direkt messbar. Besondere Bedeutung hat jedoch das *Betragsquadrat* der Zustandsfunktion:

Die Wahrscheinlichkeit, dass ein Quantenobjekt in einem gewissen Ortsbereich nachgewiesen wird, ist proportional zum Betragsquadrat $|\Psi|^2$ der Zustandsfunktion in diesem Bereich.

Zustandsfunktionen

Zustandsfunktionen sind i. Allg. *komplexwertig*: Ihre Funktionswerte sind nicht reelle, sondern *komplexe Zahlen*. Diese lassen sich durch Ursprungspfeile in einer Koordinatenebene veranschaulichen. Sie setzen sich also aus zwei Komponenten zusammen, die man *Realteil* und *Imaginärteil* nennt (Abb. 2).

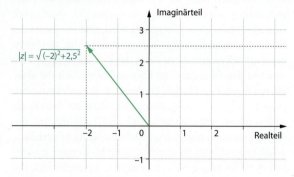

2 Komplexe Zahl mit Realteil −2 und Imaginärteil 2,5

Die Länge des Pfeils nennt man *Betrag* der komplexen Zahl. Wird die komplexe Zahl mit z bezeichnet, so gilt für das Quadrat ihres Betrags: $|z|^2 = \text{Realteil}^2 + \text{Imaginärteil}^2$.

Abbildung 3a zeigt die Momentaufnahme einer Zustandsfunktion Ψ, die von der Ortskoordinate x und von der Zeit abhängt: Ψ kann durch Pfeile dargestellt werden, die jeweils an der Koordinatenachse x beginnen. Alternativ kann man auch Real- und Imaginärteil von Ψ sowie das Betragsquadrat $|\Psi|^2$ gemeinsam in ein normales Koordinatensystem einzeichnen (Abb. 3b).

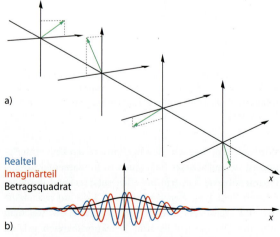

3 Unterschiedliche Darstellungen der Zustandsfunktion eines freien Quantenobjekts zu einem bestimmten Zeitpunkt

Zeiger bzw. komplexe Zahlen sind nur eine Möglichkeit, Wellen im Raum zu beschreiben. In der Quantenmechanik sind sie jedoch ein notwendiger Kern der mathematischen Theorie.

Aus der Zustandsfunktion können Wahrscheinlichkeitsaussagen über den Ausgang von Messungen physikalischer Größen berechnet werden. Abbildung 4 zeigt beispielhaft die Wahrscheinlichkeitsverteilung $f(p)$ des Impulses, die aus der Zustandsfunktion Ψ in Abb. 3 berechnet wurde. Die zwischen den beiden Impulswerten p_1 und p_2 unter dem Graphen liegende Fläche ist ein Maß für die Wahrscheinlichkeit, bei einer Messung Impulswerte zwischen p_1 und p_2 zu erhalten.

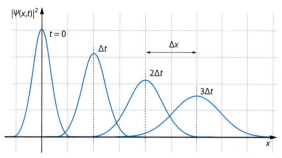

5 Freies Quantenobjekt: zeitliche Entwicklung von $|\Psi(x,t)|^2$

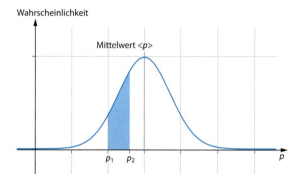

4 Wahrscheinlichkeitsverteilung für die Ergebnisse einer Impulsmessung

Werden die Messungen wiederholt durchgeführt, so werden sich die Häufigkeitsverteilungen der Messergebnisse den abgeleiteten Wahrscheinlichkeitsverteilungen mehr und mehr annähern.

Die *Aufenthaltswahrscheinlichkeit* eines Quantenobjekts wird durch das Betragsquadrat der Zustandsfunktion Ψ bestimmt: Je größer $|\Psi(x,t)|^2$ ist, desto wahrscheinlicher ist es, das Objekt zum Zeitpunkt t in der Umgebung von x anzutreffen.

Zeitentwicklung

Die zeitliche Entwicklung von Zustandsfunktionen ergibt sich aus einer Gleichung, die 1926 von ERWIN SCHRÖDINGER formuliert wurde. Die physikalischen Gegebenheiten eines Systems zum Zeitpunkt $t = 0$ werden durch die Zustandsfunktion $\Psi(x,0)$ erfasst. Die *Schrödingergleichung* legt dann die Zustandsfunktion $\Psi(x,t)$ für alle zukünftigen Zeitpunkte eindeutig fest.

Im Beispiel eines freien Quantenobjekts (Abb. 3), das also keiner äußeren Wechselwirkung unterliegt, entwickelt sich das Betragsquadrat der Zustandsfunktion wie in Abb. 5: In jedem Zeitintervall Δt wandert das Maximum der Aufenthaltswahrscheinlichkeit um einen konstanten Betrag Δx nach rechts. Dies entspricht einer Bewegung mit konstanter Geschwindigkeit $v = \Delta x/\Delta t$. Die Wahrscheinlichkeit, das Quantenobjekt zunehmend weiter weg vom stochastischen *Erwartungswert* anzutreffen, nimmt dabei zu: Mit fortschreitender Zeit ist das Objekt immer weniger genau lokalisiert.

Impuls eines freien Quantenobjekts Für jeden Zeitpunkt t kann die zugehörige Wahrscheinlichkeitsverteilung $f(p,t)$ des Impulses berechnet werden.

Freie Objekte besitzen ausschließlich kinetische Energie, die unmittelbar mit ihrem Impuls verknüpft ist. Da die Energieerhaltung auch in der Quantenmechanik ein fundamentales Prinzip ist, ergibt sich stets die ursprüngliche Form der Wahrscheinlichkeitsverteilung (Abb. 4). Der Erwartungswert hat den konstanten Betrag:

$$<p> = m \cdot \frac{\Delta x}{\Delta t} = m \cdot v. \qquad (1)$$

Während also die Aufenthaltswahrscheinlichkeit des Quantenobjekts *zerfließt* (Abb. 5), bleibt die Wahrscheinlichkeitsverteilung des Impulses konstant.

Zustandsfunktionen und Mathematik

Eine strenge Definition von Zustandsfunktionen, die Ableitung physikalischer Aussagen aus gegebenen Zuständen sowie das Lösen der zugehörigen Schrödingergleichung erfordern einen mathematischen Formalismus, der zu großen Teilen erst gemeinsam mit der Quantenphysik im 20. Jahrhundert entwickelt wurde. Er ist das zentrale Werkzeug der Quantenphysiker und geht bereits bei den einfachsten Beispielen weit über die Methoden der Schulmathematik hinaus.

■ AUFGABE

1 Das Betragsquadrat einer Zustandsfunktion sei durch die folgende Funktion gegeben:

$$|\Psi(x,t)|^2 = \frac{0{,}5642}{\sqrt{1+t}} \cdot e^{\frac{-(x-2t)^2}{1+t}}.$$

a Zeichnen Sie mithilfe eines geeigneten Programms die Graphen für $t = 0$, 1, 2 und 3. Lesen aus den Bildern jeweils ein x-Intervall ab, innerhalb dessen das Quantenobjekt mit einer Wahrscheinlichkeit von über 90 % anzutreffen ist.

b Berechnen Sie den Hochpunkt von $|\Psi(x,t)|^2$ in Abhängigkeit von t, und deuten Sie Ihr Resultat physikalisch.

METHODEN

13.17 Energiezustände

Die Bestimmung der Zustandsfunktionen von stationären Zuständen und das Auffinden der zugehörigen Energiewerte ist eine zentrale Methode in der Quantenphysik.

Grundlagen und Begriffe

Zeitentwicklung und Energieerhaltung Aus Zustandsfunktionen können Wahrscheinlichkeitsaussagen über physikalische Variablen eines Systems berechnet werden. Es ist eine Konsequenz der Schrödingergleichung, dass alle Zustandsfunktionen zeitabhängig sind. Trotzdem bleibt die Gesamtenergie eines abgeschlossenen Systems konstant. Egal, zu welchem Zeitpunkt sie betrachtet wird – es liegt stets die gleiche Wahrscheinlichkeitsverteilung $f(E)$ vor, die bereits durch die Zustandsfunktion zum Zeitpunkt $t = 0$ festgelegt ist. Diese Verteilung gibt an, welche Resultate sich bei einer Messung der Gesamtenergie in diesem Zustand ergeben könnten und mit welcher Wahrscheinlichkeit diese Resultate eintreten. Für andere Größen wie Ort und Impuls sind die zugehörigen Wahrscheinlichkeitsverteilungen nur in besonderen Zuständen zeitlich konstant.

Sonderfall: Stationärer Zustand Zu jedem Quantensystem gibt es Zustandsfunktionen mit einer besonderen Eigenschaft. Ihre Abhängigkeit von der Zeit ist von so spezieller Art, dass sich aus ihnen gleichbleibende Wahrscheinlichkeitsverteilungen für alle Variablen des Systems ableiten lassen (s. u.: *Energiewerte und Frequenzen*).
Alle physikalischen Eigenschaften des Systems sind dann zeitunabhängig – insbesondere die durch $|\Psi(x,t)|^2$ bestimmte Aufenthaltswahrscheinlichkeit. Wird der Zustand eines Quantensystems durch eine Zustandsfunktion mit dieser Eigenschaft erfasst, so befindet sich das System in einem stationären Zustand.

Stationäre Zustände und Energiewerte Befindet sich ein Quantensystem in einem stationären Zustand, so verschwindet der statistische Charakter der Gesamtenergie. Sie kann dann nur noch einen einzig möglichen, durch den stationären Zustand genau bestimmten Wert E annehmen. Auch der Umkehrschluss ist möglich: Wenn sich die Wahrscheinlichkeitsverteilung der Gesamtenergie zu irgendeinem Zeitpunkt auf einen einzigen Wert E reduziert, wenn sich also in Messungen immer wieder der gleiche Wert für E_{ges} ergibt, so muss sich das System in einem stationären Zustand befinden. Ein stationärer Zustand wird daher auch als *Energiezustand zum Energiewert E* bezeichnet.
Jedes Quantensystem hat seine eigenen Paare von Energiezuständen und Energiewerten, oft sind es unendlich viele. Auch der Fall, dass zu verschiedenen Energiezuständen derselbe Energiewert gehört, tritt auf.

Energiewerte und Frequenzen Liegt zu einem stationären Zustand mit dem Energiewert E eine Zustandsfunktion $\Psi(x,0)$ zur Zeit $t = 0$ vor, so bedingt die Schrödingergleichung, dass sich die Pfeile, die die komplexen Funktionswerte von $\Psi(x,t)$ darstellen, wie der Zeiger einer Uhr drehen. Für die gemeinsame Drehfrequenz gilt dabei:

$$f = \frac{E}{h}. \qquad (1)$$

Weder die Länge der Pfeile noch deren relative Lage zueinander verändert sich. Die Zeitabhängigkeit ist jedoch rein mathematischer Natur. Sie ist nicht beobachtbar – das Betragsquadrat $|\Psi(x,t)|^2$ ist zeitlich konstant.

Freies Quantenobjekt

Zu jedem positiven Wert E der Energie gibt es für freie Objekte stationäre Zustände, beschrieben durch Zustandsfunktionen $\Psi_E(x,t)$. Sie entsprechen den De-Broglie-Materiewellen. Alle Funktionspfeile sind gleich lang: $|\Psi_E(x,t)|^2$ ist für alle Wertr von x und t gleich groß. Die Wahrscheinlichkeit, das Objekt anzutreffen, ist also jederzeit überall gleich. Werden in einer Momentaufnahme die Pfeilspitzen verbunden, ergeben sich unendlich ausgedehnte Schraubenlinien (Abb. 1).

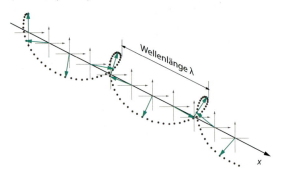

1 Momentaufnahme der Zustandsfunktion eines freien Quantenobjekts in einem stationären Zustand

Bei freien Objekten ist die Gesamtenergie E ausschließlich kinetische Energie. Für ein Materieteilchen der Masse m ist dadurch auch der Impuls eindeutig festgelegt:

$$p = \sqrt{2E \cdot m}. \qquad (2)$$

Auf einer Länge von

$$\lambda = \frac{h}{p} \qquad (3)$$

wiederholt sich das räumliche Muster. Sie wird als *Wellenlänge des Objekts* bezeichnet. Mit der durch Gl. (1) gegebenen Frequenz drehen sich alle Pfeile mit der Zeit um die zentrale Achse. Je größer die Energie E ist, desto kleiner ist die Wellenlänge und desto schneller rotieren die Pfeile.

Harmonischer Oszillator

In der mikroskopischen Physik werden mit dem Modell des harmonischen Oszillators Schwingungsvorgänge in Molekülen und Festkörpern beschrieben.

Ein klassischer eindimensionaler harmonischer Oszillator ist ein Körper, der beispielsweise an eine Feder mit der Federkonstante D gekoppelt ist. Für die potenzielle Energie des Systems gilt: $E_{pot}(x) = \frac{1}{2} D \cdot x^2$. Die Amplitude ist dann:

$$x_{max} = \sqrt{\frac{2E}{D}}. \qquad (4)$$

Der Körper kann sich nur begrenzt von der Ruhelage $x = 0$ entfernen, er schwingt zwischen den Punkten $-x_{max}$ und x_{max} hin und her.

Stationäre Zustände Die quantenphysikalische Betrachtung eines mikroskopischen Oszillators zeigt: Nur für gewisse Energiewerte $0 < E_0 < E_1 < \ldots < E_n < \ldots$ gibt es stationäre Zustände. Ein Beispiel ist in Abb. 2 dargestellt.

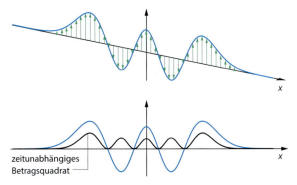

2 Momentaufnahme der Zustandsfunktion eines harmonischen Oszillators im stationären Zustand zu E_4

Die Funktionspfeile der zugehörigen $\Psi_n(x,t)$ sind stets parallel zueinander und drehen sich nach Gl. (1) gemeinsam mit der Frequenz $f_n = E_n/h$. Das Betragsquadrat ist für alle stationären Zustände zeitlich konstant. Abbildung 3 zeigt die potenzielle Energie des harmonischen Oszillators mit $|\Psi_n(x)|^2$ für $n = 0, 1, \ldots, 4$. Die horizontalen Achsen, bezüglich derer die Betragsquadrate aufgetragen sind, liegen auf der Höhe der jeweiligen Energie E_n. Rot markiert sind jeweils die Grenzen $\pm x_{max}$, zwischen denen ein klassisches Teilchen mit der Energie E_n schwingen würde. Es ist zu erkennen, dass alle $|\Psi_n(x)|^2$ auch in Ortsbereichen $|x| > x_{max}$ nicht null sind. Es besteht also eine Wahrscheinlichkeit, das System jenseits der klassischen Amplitude vorzufinden. Die rechnerische Durchführung der Methode liefert die Energiewerte:

$$E_0 = \frac{h}{4\pi} \sqrt{\frac{D}{m}} \quad \text{und} \quad E_n = (2n + 1) E_0. \qquad (5)$$

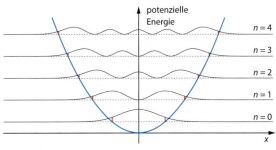

3 $|\Psi_n(x)|^2$ für die Werte $n = 0, 1, \ldots, 4$

Überlagerungszustände Mit den Zustandsfunktionen $\Psi_n(x,t)$ der verschiedenen stationären Zustände können Summen gebildet werden, indem für jeden x-Wert und zu jeder Zeit die Pfeile der $\Psi_n(x,t)$ geometrisch addiert werden. Jede mögliche Summenfunktion $S(x,t)$ beschreibt dann wiederum einen ganz bestimmten Zustand, in dem sich das System befinden kann. Solche Zustände sind i. Allg. nicht stationär und werden *Überlagerungszustände* genannt.

Da die Drehfrequenzen f_n der Summanden unterschiedlich sind, bleiben die Pfeile der Summenfunktion $S(x,t)$ nicht parallel zueinander. Ihr Betragsquadrat $|S(x,t)|^2$ verändert sich daher mit der Zeit (Abb. 4).

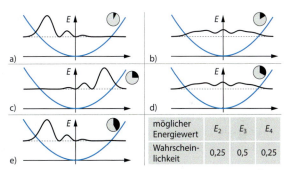

4 Periodische Zeitentwicklung des Betragsquadrats $|S(x,t)|^2$ einer Kombination S aus Ψ_2, Ψ_3 und Ψ_4. Die Tabelle gibt die zugehörige Wahrscheinlichkeitsverteilung der Energie in diesem nicht stationären Zustand an.

Aus jeder Verteilung der Energie auf die Energiewerte E_n ergibt sich durch die entsprechende Überlagerung ein bestimmter Zustand des Systems. Insbesondere können so alle denkbaren Zustände dargestellt werden. Es ist also gleichbedeutend, vom Zustand oder von der Verteilung der Gesamtenergie auf die Energiewerte E_n zu sprechen.

AUFGABEN

1. Erläutern Sie die physikalischen Besonderheiten von Energiezuständen.
2. Begründen Sie die herausragende Bedeutung der zu einem Zustand gehörenden Wahrscheinlichkeitsverteilung auf die Energiewerte $E_0, E_1, \ldots$

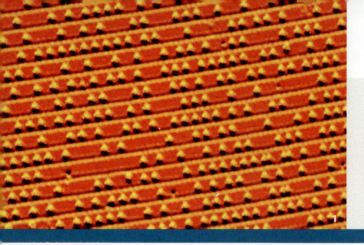

Die Zeilenstruktur auf der Oberfläche eines Siliciumkristalls lässt sich als digitales Speichermedium verwenden. Die hellen Flecke hier sind einzelne hervorstehende Atome. Das Auslesen einer Bitreihe geschieht mit einem Rastertunnelmikroskop: Von einer feinen Nadelspitze fließt darin ein elektrischer Strom auf die Probe, weil die Elektronen eine Potenzialbarriere »durchtunneln« können.

13.18 Barrieren für Quantenobjekte

Jeder Punkt im möglichen Aufenthaltsbereich eines klassischen Teilchens ist durch die Energie gekennzeichnet, die man benötigt, um es von einem festgelegten Bezugsniveau aus dorthin zu bringen. Diese Energie wird als potenzielle Energie $E_{pot}(x)$ bezeichnet.

Potenzialschwelle und Potenzialbarriere Wenn in zwei Regionen 1 und 2 die potenzielle Energie jeweils konstant die Werte E_1 bzw. E_2 aufweist, stellt der Übergangsbereich eine *Potenzialschwelle* der Höhe $\Delta E = E_2 - E_1$ dar. Von einer *Barriere* spricht man, wenn E_{pot} zunächst auf einen Wert E_{max} ansteigt und dahinter wieder auf den ursprünglichen Wert abfällt.

Klassische Teilchen und Quantenobjekte Trifft ein klassisches Teilchen aus der Region 1 auf eine Potenzialschwelle oder eine Barriere, so kann es nicht in die Region 2 eindringen, wenn seine Energie kleiner ist als E_2 bzw. E_{max}; es bleibt dann in der Region 1. Anderenfalls überwindet es zuverlässig die Schwelle bzw. die Barriere. Quantenobjekte dagegen zeigen an Schwellen und Barrieren ein vollkommen anderes Verhalten:
– Quantenobjekte in Zuständen mit $E_1 < E < E_2$ können nicht nur in Region 1, sondern nahe der Schwelle auch in Region 2 angetroffen werden.
– Quantenobjekte mit $E < E_{max}$ werden durch eine Barriere nicht in eine Region eingesperrt. Sie können die Barriere mit einer gewissen Wahrscheinlichkeit überwinden und sich in der anderen Region wie freie Objekte verhalten. Dieses Phänomen heißt *Tunneleffekt*. Die Tunnelwahrscheinlichkeit hängt von der Höhe und von der Breite der Barriere ab.
– Treffen Quantenobjekte mit $E > E_2$ bzw. $E < E_{max}$ auf eine Schwelle bzw. eine Barriere, so werden sie mit einer gewissen Wahrscheinlichkeit reflektiert und verbleiben in ihrer ursprünglichen Region.

Getrennte Aufenthaltsbereiche

Wenn zwischen zwei metallischen Elektroden eine Spannung angelegt wird, besteht zwischen ihnen eine Potenzialdifferenz. In der einen Elektrode hat die potenzielle Energie für Elektronen den Wert E_1, in der anderen den Wert E_2. Innerhalb der Elektroden ist das Potenzial jeweils konstant: Die Elektronen können sich dort quasi frei bewegen. Zwischen den räumlich getrennten Elektroden befindet sich eine Potenzialschwelle (Abb. 2a). Befindet sich zwischen zwei Regionen mit identischer potenzieller Energie ein Übergangsbereich größerer potenzieller Energie, so liegt eine Potenzialbarriere vor (Abb. 2b).

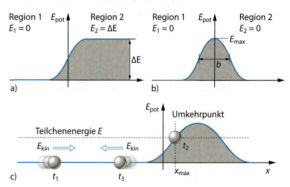

2 Potenzialschwelle (a) und Potenzialbarriere (b) sowie Bewegungsumkehr eines klassischen Teilchens an einer Barriere (c)

Verhalten eines klassischen Teilchens Nach den Regeln der klassischen Physik verhält sich ein aus Region 1 eintreffendes Teilchen der Energie E folgendermaßen: Ist $E < E_2$, so erreicht das Teilchen den Ort x_{max}, an dem $E_{pot} = E$ gilt; dort ändert es seine Bewegungsrichtung und kehrt in Region 1 zurück (Abb. 2c). Ist dagegen $E > E_2$, so wird das Teilchen im Übergangsbereich einer Schwelle abgebremst und tritt mit verminderter Geschwindigkeit in Region 2 über. An einer Barriere wird ein Teilchen mit $E > E_{max}$ bis zum Ort, an dem $E_{pot}(x)$ gleich E_{max} ist, gebremst, überschreitet dann die Barriere und wird auf der anderen Seite auf die ursprüngliche Geschwindigkeit beschleunigt. Klassische Teilchen mit ausreichender Energie wechseln also an Schwellen und Barrieren die Region.

Quanteneffekte

Eindringen in einen verbotenen Bereich Abbildung 3 zeigt das Betragsquadrat der Zustandsfunktion zu einem Energiezustand an einer Schwelle. In diesem Fall ist $|\Psi_E(x)|^2$ von der Zeit unabhängig, und die Energie des Quantenobjekts hat einen eindeutigen Wert $E < E_2$. Nach der klassischen Physik wäre also ein Eindringen in die Region 2 verboten.

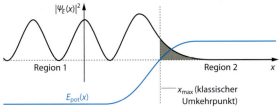

3 Zustandsfunktion an einer Schwelle

Die Zustandsfunktion erstreckt sich bis in den energetisch verbotenen Bereich $x > x_{max}$. Es besteht also jederzeit eine gewisse Wahrscheinlichkeit, das Quantenobjekt an Orten anzutreffen, an denen die potenzielle Energie größer als die Teilchenenergie ist. Die *Eindringtiefe*, bis zu der $|\Psi_E(x)|^2$ in die Region 2 hineinragt, hängt vom Verhältnis der Energie E des Objekts zur Höhe ΔE der Schwelle ab: Je größer dieses Verhältnis ist, desto tiefer dringt das Quantenobjekt ein.

Tunneleffekt In Abb. 4 ist die zeitliche Entwicklung einer Zustandsfunktion dargestellt, die ein von links auf eine Barriere treffendes Quantenobjekt beschreibt. Das Objekt befindet sich in einem Überlagerungszustand verschiedener Energiezustände: Die Energie des Objekts hat keinen eindeutigen Wert. Es liegt lediglich eine Wahrscheinlichkeitsverteilung mit dem Mittelwert <E> vor, der kleiner als die Barrierenhöhe E_{max} ist. Nach einer gewissen Zeit erstreckt sich $|\Psi_E(x,t)|^2$ auf beide Seiten der Barriere. Ohne eine Messung durchzuführen, kann nicht entschieden werden, auf welcher Seite das Objekt nun ist.

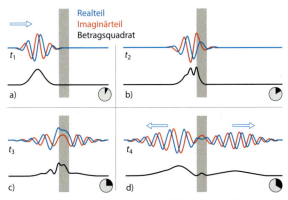

4 Zeitliche Entwicklung einer Zustandsfunktion an einer Potenzialbarriere

Alternativ können von links einfallende Objekte auch durch Energiezustände, also mit eindeutiger Energie E und einer zeitunabhängigen Funktion $|\Psi_E(x)|^2$, beschrieben werden (Abb. 5). Die Schwankung von $|\Psi_E(x)|^2$ auf der linken Seite ergibt sich aus der Überlagerung der beiden Möglichkeiten, ein *einfallendes* und ein *reflektiertes* Objekt anzutreffen. Der konstante, positive Wert von $|\Psi_E(x)|^2$ auf der rechten Seite bedeutet, dass das Objekt auch im Fall $E < E_{max}$ die Regionen wechseln und sich in Region 2 wie ein freies Objekt verhalten kann.

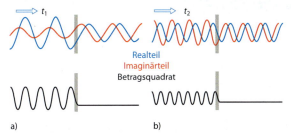

5 Momentaufnahmen von Zustandsfunktionen an einer Potenzialbarriere: a) $E < E_{max}$; b) $E > E_{max}$

Da die Barriere von klassischen Teilchen mit $E < E_{max}$ nicht überwunden werden kann, hat sich für diesen Effekt die Bezeichnung *Tunneleffekt* etabliert. Die Wahrscheinlichkeit für einen Seitenwechsel wird *Tunnelwahrscheinlichkeit* genannt. Sie ist umso kleiner, je größer die Breite b der Barriere ist und je kleiner das Verhältnis der Zustandsenergie E zur Höhe E_{max} der Barriere ist.

Reflexion trotz großer Energie In Abb. 5 b ist zu erkennen, dass auch Objekte, die eine Energie $E > E_{max}$ besitzen, mit einer gewissen Wahrscheinlichkeit an der Barriere reflektiert werden können. Denn nur dadurch können die Interferenz auf der linken Seite und der konstante Wert von $|\Psi_E(x)|^2$ auf der rechten zustande kommen. Auch an Schwellen tritt dieser Effekt für $E > E_2$ auf.

AUFGABE

1 Ist der Graph von $E_{pot}(x)$ einer Barriere ein breites, hohes Rechteck der Breite b, so gilt für die Wahrscheinlichkeit p, dass ein einfallendes Quantenobjekt der Energie E die Barriere durchdringt, annähernd:

$$\ln(p) = \frac{-4\pi \cdot b}{h} \sqrt{2m(E_{max} - E)}.$$

a Berechnen Sie die Durchdringungswahrscheinlichkeit p für Elektronen mit $E = 0{,}5$ eV bzw. $E = 2$ eV bei einer Barriere mit $E_{max} = 10$ eV und $b = 0{,}5$ nm.

b Für welche Energie der Elektronen ergibt sich $p = 3{,}5 \cdot 10^{-7}$? Wie viele Elektronen müssten in diesem Fall pro Sekunde auf die Barriere treffen, damit sich ein Tunnelstrom der Stärke 2 nA einstellt?

Ohne den Tunneleffekt wäre es auf der Erde dunkel: Das Verschmelzen von Protonen in der Sonne wäre so gut wie ausgeschlossen.

Außerhalb der Atmosphäre schwirren nur noch einzelne Gasteilchen durchs All. Weit hinter diesem Astronauten sinkt die Teilchendichte quasi auf null ab. Doch ist ein perfektes Vakuum ganz ohne Teilchen wirklich leer? Die Quantenphysik gibt eine klare Antwort: Nein, das Vakuum ist überall durchsetzt von Energiefluktuationen, die zu einem ständigen Werden und Vergehen virtueller Teilchen führen.

13.19 Heisenberg'sche Unbestimmtheitsrelation

Ein Quantenobjekt befindet sich jederzeit in einem gewissen Zustand, in dem alle möglichen Wahrscheinlichkeitsaussagen über seinen Aufenthaltsort x und seinen Impuls in x-Richtung p_x festgelegt sind. Dazu gehören die Mittelwerte $<x>$ und $<p_x>$ sowie die *Standardabweichungen* Δx und Δp_x, die man auch als Ortsunbestimmtheit und Impulsunbestimmtheit bezeichnet. Sie sind ein Maß dafür, wie sehr die Größen um ihre Mittelwerte streuen.

Ort und Impuls Bei Veränderungen des Zustands verändern auch Δx und Δp_x ihre Werte. Wenn Δx kleiner wird, nimmt Δp_x zu – und umgekehrt. Es gilt die Heisenberg'sche Unbestimmtheitsrelation:

$$\Delta x \cdot \Delta p_x \geq \frac{h}{4\pi} \approx 5{,}3 \cdot 10^{-35}\,\text{J}\cdot\text{s}. \quad (1)$$

Je genauer die eine Größe in einem Zustand festgelegt wird, desto unbestimmter wird dadurch die andere. Ähnliche Ungleichungen gelten für die Standardabweichungen weiterer Paare von Größen, deren Produkt die Einheit J·s hat.

Energie und Zeit Eine Sonderstellung nimmt die Energie-Zeit-Unschärfe ein. Sie enthält die Zeit, die nicht in gleicher Weise als Beobachtungsgröße wie Ort oder Impuls angesehen werden kann:

$$\Delta E \cdot \Delta t \geq \frac{h}{4\pi}. \quad (2)$$

Diese Ungleichung erfasst unter anderem den Zusammenhang zwischen der mittleren Lebensdauer angeregter Atomzustände und der Energieverteilung emittierter Photonen.

Impuls- und Ortsinformation für freie Objekte

Angenommen, man könnte einen Strahl gleichartiger Quantenobjekte so präparieren, dass bei einer Messung jedes Mal exakt der gleiche Impuls p_x angezeigt wird, so wären sie im *Zustand zum Impuls* p_x. Ihre Zustandsfunktionen könnten durch unendlich ausgedehnte De-Broglie-Wellen der Wellenlänge $\lambda = h/p_x$ beschrieben werden, die auch *Energiezustände* freier Objekte enthalten (Abb. 2). Das bedeutet, dass auch eine Energiemessung stets zum gleichen Resultat E führen wird. Das Betragsquadrat solcher Zustandsfunktionen ist räumlich und zeitlich konstant. Daher muss allen gleich großen Raumbereichen dieselbe Aufenthaltswahrscheinlichkeit des Quantenobjekts zugeordnet werden – es ist völlig *delokalisiert*.

Die Wellenfunktion enthält keine Information über den Ort, dafür jedoch absolut präzise Information über den Impuls. Die Standardabweichung des Orts, die *Ortsunbestimmtheit* Δx, ist unendlich groß, die *Impulsunbestimmtheit* Δp_x ist gleich null. In der Praxis ergeben sich jedoch selbst bei sorgfältiger identischer Präparation mehr oder weniger breit um einen Mittelwert $<p_x>$ verteilte Messergebnisse. Nach quantenphysikalischer Interpretation befindet sich jedes Objekt in einer *Überlagerung verschiedener Impulszustände*: Ihm werden mehrere De-Broglie-Wellen mit unterschiedlichen Wellenlängen zugeordnet (Abb. 3).

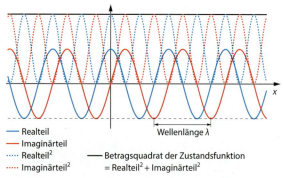

2 Momentaufnahme der Zustandsfunktion für Objekte mit eindeutigem Impuls $p_x = h/\lambda$: Realteil und Imaginärteil der Funktionswerte sowie deren Quadrate. Als Summe der Quadrate ergibt sich die schwarze Gerade.

STRUKTUR DER MATERIE | 13 Quanten

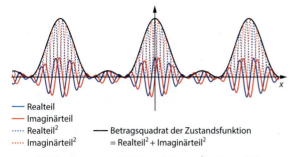

3 Momentaufnahme der Summe dreier De-Broglie-Wellen zu den Impulsen <p_x> sowie 0,85<p_x> und 1,15<p_x>. Die resultierende Zustandsfunktion hängt periodisch vom Ort ab und erstreckt sich über alle Raumbereiche.

Die Überlagerung wird durch Bildung einer Summe oder eines Integrals berechnet und als *Wellenpaket* bezeichnet (Abb. 4). Je mehr Impulse eingehen bzw. je größer der Impulsbereich ist, über den sich das Integral erstreckt, desto stärker konzentriert sich die Aufenthaltswahrscheinlichkeit um einen zentralen Bereich (Abb. 5). Je größer also die Unbestimmtheit Δp_x des Impulses ist, desto geringer ist die Unbestimmtheit Δx des Orts. Im Extremfall völliger Ungewissheit bezüglich des Impulses wäre das Objekt genau an einem eindeutigen Ort. In der Regel verändert sich allerdings ein Wellenpaket mit der Zeit so, dass der in ihm enthaltene Informationsgehalt bezüglich des Orts abnimmt (vgl. 13.16, Abb. 5).

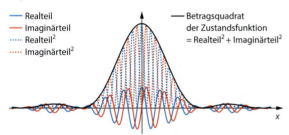

4 Durch Bildung eines Integrals über alle Impulse zwischen 0,85<p_x> und 1,15<p_x> ergibt sich ein Wellenpaket: Weit weg vom Zentrum beträgt die resultierende Zustandsfunktion quasi null.

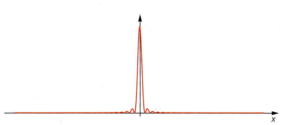

5 Momentaufnahme der Überlagerung aller Impulse von −3<p_x> bis 5<p_x>. Nur das Betragsquadrat ist aufgetragen und die Ordinate (Hochachse) im Vergleich zu Abb. 4 stark gestaucht skaliert. Das Objekt ist in diesem Moment sehr scharf lokalisiert.

Die mathematische Erfassung des Wechselspiels zwischen Impuls- und Ortsinformation geht auf WERNER HEISENBERG zurück, der im Jahre 1927 die Unbestimmtheitsrelation (Gl. 1) formulierte.

Allgemein nennt man Größenpaare, bei denen die genauere Betrachtung der einen Größe stets mit einer größeren Unbestimmtheit der anderen verbunden ist, *komplementär* zueinander. Nur Größen, deren Produkt die Einheit J·s hat, können zueinander komplementär sein. Sie müssen es aber nicht zwangsläufig sein, z. B. können Ort und Impuls entlang unterschiedlicher Achsen durchaus gleichzeitig beliebig genau bestimmt werden.

Energie-Zeit-Unschärfe

Für die Größen Energie und Zeit gilt eine ähnliche Relation wie für Ort und Impuls. Befindet sich z. B. ein Quantensystem in einem angeregten Zustand, so ist der mögliche Übergang zum Grundzustand ein Einzelereignis. Der Zeitpunkt des Übergangs ist damit prinzipiell nicht vorherzusagen. Dem angeregten Zustand kann aber eine *mittlere Lebensdauer* Δt zugeschrieben werden.

Auch die emittierte Energie wird nicht bei jedem Übergang exakt gleich sein, sondern sie unterliegt Schwankungen, deren Ausprägung durch ΔE erfasst wird. Nach Gl. (2) gilt: Je kürzer die mittlere Lebensdauer Δt ist, desto größer ist die ΔE und damit auch die Breite Δf der beobachteten Spektrallinien.

Darüber hinaus folgt aus dieser Relation, dass die in einem bestimmten Raum enthaltene Energie nicht über eine ganze Zeitspanne Δt hinweg konstant null betragen kann. Denn damit wäre die Schwankung $\Delta E = 0$ und somit Gl. (2) verletzt. Für sehr kurze Zeitspannen Δt kann es daher zu *Vakuumfluktuationen* der Energie kommen: Es entstehen quasi dem Nichts Paare von Teilchen und Antiteilchen (vgl. 17.2), die sofort wieder zerfallen. In diesem Sinne ist auch das Vakuum nicht völlig leer.

AUFGABEN

1 Das Wasserstoffatom hat ein Ausdehnung von etwa 10^{-10} m. Verwenden Sie diese Länge als Ortsunbestimmtheit des Elektrons in der Hülle, um abzuschätzen, wie groß dessen Impulsunbestimmtheit ist. Welche Unbestimmtheit der Geschwindigkeit ergibt sich?

2 In bestimmten Molekülen können sich Elektronen entlang einer Kohlenstoffkette quasi frei bewegen. Die Enden der Kette der Länge L sind für sie jedoch unüberwindlich. Liegt über den Ort der Elektronen keine weitere Information vor, so kann man im Modell von einer Ortsunbestimmtheit $\Delta x \approx 0{,}3 \cdot L$ ausgehen.

a Begründen Sie, dass den Elektronen kein eindeutiger Impuls zugeordnet werden kann.

b Berechnen Sie die untere Grenze für die Impulsunbestimmtheit Δp_x für $L = 2{,}6$ nm.

Zur sicheren Informationsübertragung wurden einst Maschinen wie diese »Enigma« verwendet, die man an Sender und Empfänger verteilte. Heute dienen zur Codierung Datensätze, die getrennt von der eigentlichen Übertragung auszutauschen sind. Die Quantenphysik bietet eine Lösung, bei der Code-Informationen unter Verwendung verschränkter Zustände versendet werden. Falls ein Spion sie liest, bleibt dies nicht unbemerkt.

1

13.20 Verschränkung und Nichtlokalität

Mit raffinierten Experimenten kann seit einigen Jahren ein quantenphysikalisches Phänomen nachgewiesen werden, dessen Existenz lange umstritten war. Hierbei werden miteinander verschränkte Objekte untersucht, die aufgrund ihres Entstehungsprozesses nicht als individuelle Einzelobjekte angesehen werden dürfen. Stattdessen müssen sie als eine Gesamtheit mit einer gemeinsamen Zustandsfunktion beschrieben werden.

Für verschränkte Objekte O_1 und O_2 gilt:
Eine Messung an O_1 hat im gleichen Moment Auswirkungen auf O_2, selbst wenn beide weit voneinander entfernt sind.

Diese Beobachtung scheint den Aussagen der Relativitätstheorie zu widersprechen, nach der sich Informationen nur mit einer endlichen Geschwindigkeit ausbreiten. Jedoch wird zwischen den Objekten durch die Messung keine Information ausgetauscht.

Strahlteiler und Polarisation von Photonen

Bevor an einem Quantenobjekt eine Messung ausgeführt wird, liegt der Messwert in der Regel nicht eindeutig fest. Bei Kenntnis des Objektzustands können den möglichen Ausgängen des Experiments allerdings Wahrscheinlichkeiten zugeordnet werden. Erst im Moment der Messung wird dann eine der Möglichkeiten zur Realität. Im einfachsten Fall gibt es nur zwei sich gegenseitig ausschließende Ausgänge.
Eine solche Situation ist an einem teildurchlässigen Spiegel gegeben, auf den Photonen im Winkel von 45° treffen. Ein Photon kann den Strahlteiler entweder durchdringen und im Detektor T nachgewiesen werden. Oder es wird um 90° abgelenkt und im Detektor R nachgewiesen. Spezielle Strahlteiler wirken polarisierend: Transmittierte Photonen sind in einer Richtung polarisiert, reflektierte senkrecht dazu (Abb. 2). Ein Photon ist in einer Richtung polarisiert, wenn es einen in dieser Richtung ausgerichteten Polarisationsfilter mit einer Wahrscheinlichkeit von 100 % durchdringt. In den Detektoren werden also nur dann alle eingestrahlten Photonen auch nachgewiesen, wenn die Filter passend ausgerichtet sind. Werden beide Filter um 45° verdreht, so wird nur noch die Hälfte aller Photonen in den Detektoren ankommen, die andere Hälfte wird von den Filtern absorbiert. Bei Verdrehung beider Filter um 90° werden gar keine Photonen in den Detektoren registriert.

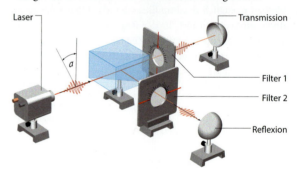

2 Experiment mit polarisierten Photonen

Im Folgenden seien die Filter passend auf vollständigen Durchlass der Photonen eingestellt. Bezeichnet man mit $P(T)$ bzw. $P(R)$ die Wahrscheinlichkeiten dafür, dass ein auf den Teiler gelangtes Photon bei T bzw. R ankommt, so gilt in dieser Situation $P(T) + P(R) = 1 \triangleq 100\,\%$. Wie sich Anteile auf $P(T)$ und $P(R)$ verteilen, hängt von der Polarisationsrichtung des einfallenden Photons ab. Ist es vertikal polarisiert, so ist $P(T) = 1$. Man sagt, es ist im Zustand Ψ_T. Ist es horizontal polarisiert, so ist $P(R) = 1$ und das Photon befindet sich im Zustand Ψ_R.
Ist ein Photon in einer Richtung polarisiert, die um einen beliebigen Winkel α gegen die Vertikale geneigt ist, steht nicht fest, wo das Photon eintreffen wird. Es befindet sich in einem durch α festgelegten *Überlagerungszustand* aus Ψ_T und Ψ_R, und es ergeben sich die in Abb. 3 dargestellten Wahrscheinlichkeiten $P(T) = \cos^2\alpha$ und $P(R) = \sin^2\alpha$. Die größte Ungewissheit bezüglich einer Photonendetektion

Für die Lichtintensität hinter einem Polarisationsfilter gilt das klassische Gesetz von Malus.

10.12

bei T oder R herrscht für die Polarisationsrichtung $\alpha = 45°$. Man spricht in diesem Fall auch von einer *gleichmäßigen Überlagerung der Möglichkeiten* T und R.

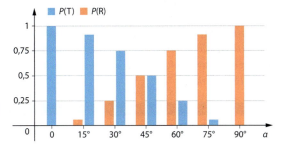

3 Wahrscheinlichkeitsverteilungen für verschiedene Polarisationsrichtungen der einfallenden Photonen

Experimente mit Photonenpaaren

Ein weiterführendes Experiment zeigt Abb. 4. Die Apparatur besteht aus zwei Polarisationsstrahlteilern, vier Detektoren T_1, R_1, T_2, R_2 und einer zentralen Quelle Q, die mit einer gewissen Rate Paare von Photonen aussendet, je eins nach links und eins nach rechts. Alle Photonen sind in einer Richtung polarisiert, die um den Winkel α bez. der Vertikalen geneigt ist. Durch Drehen der Quelle kann der Winkel α beliebig variiert werden.

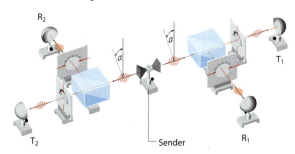

4 Experiment mit Photonenpaaren

Bei jedem Photonenpaar sind in diesem Aufbau vier verschiedene Ereignisse bei der Detektion möglich: $[T_1, T_2]$, $[R_1, R_2]$, $[R_1, T_2]$ und $[R_2, T_1]$. Wird das Experiment mit $\alpha = 0°$ durchgeführt, tritt immer nur $[T_1, T_2]$ auf, bei $\alpha = 90°$ stets $[R_1, R_2]$. Für $\alpha = 45°$ ist zunächst auf jeder Seite für sich genommen der Ausgang völlig zufällig, es gilt: $P(T_i) = P(R_i) = 0{,}5$. Wenn sich zudem die beiden Photonen eines Paares nach ihrer Aussendung unabhängig voneinander verhalten, treten alle vier möglichen Detektionsereignisse ein, für $\alpha = 45°$ alle mit der Wahrscheinlichkeit 0,25.

Verschränkung

Mithilfe besonderer Quellen ist es möglich, jeweils zwei miteinander verschränkte Photonen zu erzeugen. Beide Photonen eines solchen Paars befinden sich im Moment ihrer Entstehung in einem gemeinsamen Zustand. Sie stellen ein Quantensystem dar, das durch eine gemeinsame Zustandsfunktion beschrieben wird. Der gemeinsame Zustand kann beispielsweise bedeuten: »Zu jeder Zeit sind beide Photonen des Paars in der gleichen Richtung polarisiert.« Diese Eigenschaft des Quantensystems bleibt auch für den Fall erhalten, dass sich die Photonen bereits weit voneinander entfernt haben.

Sind die Photonen eines Paars in diesem Sinne verschränkt, werden bei der Detektion nur die Varianten $[T_1, T_2]$ und $[R_1, R_2]$ beobachtet. Reale Experimente werden meist mit $\alpha = 45°$ durchgeführt. Auf jeder Seite herrscht so vor dem Nachweis völlige Ungewissheit. Wenn aber durch die Messung bei 1 aus der anfangs vorliegenden Überlagerung der Möglichkeiten T_1 und R_1 eine der beiden zur Realität wird, findet gleichzeitig auch bei 2 eine Auswahl statt – und zwar unabhängig davon, ob die Messung bei 2 überhaupt ausgeführt wird.

Dabei wird allerdings keine Information von 1 zu 2 übertragen: Die Information »gleiche Polarisation« lag bereits zu Anfang vor. Das Grundpostulat »keine Information kann sich schneller als das Licht ausbreiten« (vgl. 19.2) gilt auch für Quantensysteme. Moderne Experimente können Verschränkung selbst dann noch nachweisen, wenn die Photonen mehr als 100 km voneinander entfernt sind. Experimente mit Atomen sind im Prinzip ähnlich aufgebaut. Es gelang bereits, Paare von verschränkten Atomen über eine Strecke von ca. 1 m zu beobachten. Die über prinzipiell unbegrenzte Distanzen reichende Verschränkung spiegelt die *Nichtlokalität* der Quantenphysik wider: Die Messung an einem Ort legt gleichzeitig die Realität am anderen Ort fest.

Gegenentwürfe zur Nichtlokalität

Ausgehend von EINSTEINS Zweifeln an der prinzipiellen Ungewissheit in der Quantenphysik, wurden immer wieder Theorien mit zusätzlichen, *verborgenen Parametern* entworfen. Sie bauen auf der Vorstellung auf, dass den Photonen des Paars bereits bei ihrer Entstehung alle nötigen Eigenschaften mitgegeben werden, die die Resultate der späteren Messung festlegen. Die Unsicherheit bezüglich der Einzelresultate wird also auf die Unkenntnis von existierenden physikalischen Variablen zurückgeführt. Jedes Objekt trägt danach alle Eigenschaften an sich gebunden – also *lokal* – mit sich. Experimente zeigen jedoch stets, dass diese alternativen Theorien im Widerspruch zu den Beobachtungen stehen. Die Unvorhersagbarkeit von Einzelereignissen einerseits und die Nichtlokalität von Quantenobjekten andererseits sind fester Bestandteil der Naturgesetze.

■ AUFGABE

1 Ein ruhendes Teilchen zerfällt in zwei Quantenobjekte, die entgegengesetzt auseinanderstreben. Begründen Sie, dass die Gültigkeit des Impulserhaltungssatzes zur Verschränkung der beiden Objekte führt.

Die Blüten der Kornblume verdanken ihre Farbigkeit dem Farbstoff Cyanidin. Darin gibt es Elektronen, die keinem Atom zugehörig sind; stattdessen können sie sich nahezu frei entlang einer Kohlenstoffkette bewegen – von einem Ende bis zum anderen. Das Verhalten dieser delokalisierten Elektronen hängt von der Länge der Kohlenstoffkette ab und ist mit einem einfachen quantenphysikalischen Modell zu beschreiben.

14.1 Unendlich tiefer eindimensionaler Potenzialtopf

Die Quantenphysik dient der Beschreibung mikroskopisch kleiner Objekte, beispielsweise der Elektronen in der Hülle von Atomen. Wegen ihrer anziehenden elektrischen Wechselwirkung mit dem positiv geladenen Kern sind sie keine freien Objekte: Der Bereich, in dem sie sich aufhalten können, ist beschränkt. Das Gleiche gilt für die Neutronen und Protonen im Atomkern.

Ein sehr einfaches, übergreifendes Modell für solche *gebundenen Objekte* ist der eindimensionale, unendlich tiefe Potenzialtopf. Darin können sich die Quantenobjekte nur entlang einer Richtung x im Bereich $0 < x < L$ frei aufhalten. In alle anderen Bereiche können sie nicht eindringen.

Diese Einschränkung führt zur Diskretisierung der Energie – die Energie eines im Topf lokalisierten Quantenobjekts der Masse m kann nur einen der folgenden Werte annehmen:

$$E_n = \frac{h^2}{8\,m \cdot L^2} \cdot n^2; \quad n = 1, 2, \ldots \qquad (1)$$

Damit ist auch ausgeschlossen, dass die Energie des Objekts gleich null ist.

Potenzielle Energie und Potenzialtopf

Jeder Punkt P im Raum ist für ein Quantenobjekt durch die potenzielle Energie $E_{pot}(P)$ charakterisiert. Steigt beispielsweise E_{pot}, von P_0 ausgehend, in alle Richtungen auf einen Maximalwert E_{max} an, so sind Objekte, deren Energie kleiner als E_{max} ist, in der Umgebung von P_0 gefangen.
Eine eindimensionale Darstellung dieser Situation zeigt Abb. 2 (a–c). Stellt man sich vor, dass E_{max} unbegrenzt anwächst und die Übergangsbereiche, in denen $E_{pot}(x)$ von 0 auf E_{max} ansteigt, beliebig schmal werden, gelangt man zum Modell des unendlich tiefen Potenzialtopfs (Abb. 2 d).

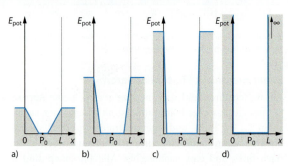

2 Potenzielle Energie eines Objekts in Abhängigkeit vom Ort x und Übergang zum unendlich tiefen Potenzialtopf

Randbedingungen und Energiezustände

Würde man das Quantenobjekt außerhalb des Topfs antreffen, so hätte es eine unendlich große Energie – dies ist selbst quantenphysikalisch unmöglich. Daher sind die Werte der Zustandsfunktionen außerhalb des unendlich tiefen Topfs null. Der mathematische Formalismus der Quantenphysik verbietet außerdem, dass Zustandsfunktionen sprunghaft ihre Werte ändern. Sie müssen daher auch an den Grenzen $x = 0$ und $x = L$ gleich null sein.

Zustandsfunktionen Wird das Quantenobjekt durch die Energiezustandsfunktionen Ψ_n beschrieben, so hat es mit Sicherheit die Energie E_n. Energiezustandsfunktionen von Objekten, die in einem Bereich entlang einer Dimension gebunden sind, haben eine besondere Eigenschaft: Alle Pfeile, die die komplexen Funktionswerte der zeitabhängigen Zustandsfunktionen $\Psi_n(x,t)$ darstellen, ändern ihre Länge nicht und liegen in einer Ebene, die mit der Frequenz $f_n = E_n/h$ rotiert. Verbindet man die Pfeilspitzen, entsteht in dieser Ebene der Graph einer reellwertigen Funktion $\varphi_n(x)$, die nicht von der Zeit abhängt (Abb. 3). Ihr Quadrat $\varphi_n^2(x)$ stimmt mit dem zeitunabhängigen Betragsquadrat $|\Psi_n(x)|^2$ der Zustandsfunktionen überein.

Energiewerte E_n Innerhalb des Potenzialtopfs sind die $\varphi_n(x)$ oszillierende Funktionen, deren Nullstellen *Knoten* genannt werden. Je kleiner deren Abstand d ist, desto größer ist die Energie des Objekts, das durch $\varphi_n(x)$ beschrieben wird. Zur Berechnung der Energie kann die für freie Objekte gültige Beziehung verwendet werden:

$$E = \frac{p^2}{2m} = \frac{h^2}{\lambda^2 \cdot 2m}. \quad (2)$$

Dabei ist anstelle der Wellenlänge λ des freien Objekts der doppelte Abstand $2d$ zweier Knoten einzusetzen.

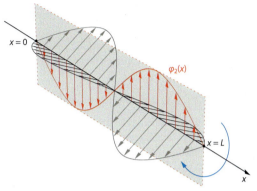

3 Energiezustandsfunktion; die rote Linie wird durch einen reellwertigen Funktionsterm $\varphi_2(x)$ beschrieben.

Wegen der Randbedingungen $\varphi_n(0) = \varphi_n(L) = 0$ kommen für d jedoch nur Werte mit $L = n \cdot d$ infrage. Es gibt daher nur zu den folgenden diskreten Energiewerten Energiezustandsfunktionen:

$$E_n = \frac{n^2 \cdot h^2}{8 m \cdot L^2} = n^2 \cdot E_1 \quad \text{mit} \quad E_1 = \frac{h^2}{8 m \cdot L^2}. \quad (3)$$

Der Zustand, in dem die Energie den kleinstmöglichen Wert E_1 hat, heißt *Grundzustand*.

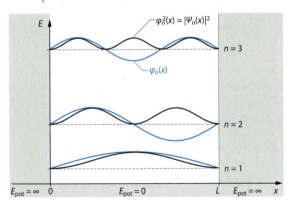

4 $\varphi_n(x)$ und $\varphi_n^2(x) = |\Psi_n(x)|^2$ für $n = 1, 2, 3$. Bei $n + 1$ Knoten beträgt der Knotenabstand L/n.

Gebundene Objekte und Unbestimmtheit

Ein im Topf gebundenes Objekt ist örtlich lokalisiert. Sein Impuls ist daher in jedem Zustand um einen Mittelwert herum verteilt (vgl. 13.16), ebenso die kinetische Energie. Je enger der Topf ist, desto wahrscheinlicher werden größere Werte für E_kin. Dass die Werte E_1 und alle anderen E_n umso größer sind, je kleiner L ist (Gl. 3), entspricht also der Aussage der Unbestimmtheitsrelation (13.19).

MATHEMATISCHE VERTIEFUNG

Stationäre Schrödingergleichung und Energiewerte

Zur Bestimmung der Funktionen $\varphi_n(x)$ und der Energiewerte E_n kann eine reduzierte Form der Schrödingergleichung angewendet werden, die *stationäre Schrödingergleichung*. Für ein Quantenobjekt, betrachtet entlang einer Raumrichtung x, lautet diese:

$$\varphi_n''(x) = \frac{8\pi^2 \cdot m}{h^2} \cdot \left[E_\text{pot}(x) - E_n \right] \cdot \varphi_n(x). \quad (4)$$

Dabei ist $E_\text{pot}(x)$ der vorgegebene Term der potenziellen Energie, m die Masse des Teilchens und h die Planck'sche Konstante. $\varphi_n(x)$ und E_n sind die gesuchten Größen. Innerhalb des Potenzialtopfs ist $E_\text{pot}(x) = 0$, sodass sich dort Gl. (4) reduzieren lässt:

$$\varphi_n''(x) = -k_n^2 \cdot \varphi_n(x) \quad \text{mit} \quad k_n^2 = \frac{8\pi^2 \cdot m}{h^2} \cdot E_n. \quad (5)$$

Lösungen dieser Differenzialgleichung unter der Randbedingung $\varphi_n(0) = 0$ sind zunächst Sinusfunktionen:

$$\varphi_n(x) = \sin(k_n \cdot x) \quad \text{für} \quad 0 < x < L, \quad \varphi_n(x) = 0 \quad \text{sonst}. \quad (6)$$

Die Bedingung $\varphi_n(L) = \sin(k_n \cdot L) = 0$ ist nur dann erfüllt, wenn $k_n \cdot L$ ein ganzzahliges Vielfaches von π ist:

$$k_n \cdot L = n \cdot \pi, \quad \text{also} \quad k_n = \frac{n \cdot \pi}{L}. \quad (7)$$

Aus der Beziehung zwischen k_n und E_n (Gl. 5) folgt damit die Gleichung (3) für die möglichen Energiewerte E_n. Für die Zustandsfunktionen gilt schließlich:

$$\varphi_n(x) = \sin\left(\frac{n \cdot \pi}{L} \cdot x\right) \quad \text{für} \quad 0 < x < L, \quad \varphi_n(x) = 0 \quad \text{sonst}. \quad (8)$$

AUFGABE

1 Die Kohlenstoffkette, entlang der sich delokalisierte π-Elektronen des Cyanidin-Moleküls frei bewegen können, ist ca. 1,3 nm lang.
a Berechnen Sie den Wert von E_1, und geben Sie die physikalische Bedeutung von E_1 an.
b Mit welcher Frequenz rotieren die Zeiger der Zustandsfunktion Ψ_1, Ψ_2 und Ψ_3?
c Wie viel Energie wird frei, wenn ein π-Elektron vom Zustand $n = 5$ zum Zustand $n = 4$ wechselt?
d Bei welchen Übergängen von einem Zustand der Energie E_m zu einem direkt darunterliegenden Zustand der Energie E_{m-1} werden Photonen ausgesendet, die zum sichtbaren Licht gehören?

METHODEN

14.2 Numerische Berechnungen

Der unendlich tiefe Potenzialtopf ist das einfachste Modell für gebundene Zustände. Andere Modelle bilden die Realität besser ab, jedoch ist schon bei relativ einfach erscheinenden Systemen eine exakte mathematische Lösung äußerst schwierig. Quantenphysikalische Modelle werden daher oft mithilfe mathematischer Näherungsmethoden behandelt. Eine bestimmte Vorgehensweise nennt man dabei *numerisches Verfahren*.

Einfache Modelle

Das einfachste aller Atome ist das Wasserstoffatom mit nur einem Elektron in der Hülle. Beschränkt man sich auf die Betrachtung des Abstands x von Kern und Elektron, kann man eindimensionale Modelle verwenden; winkelabhängige Aspekte werden dabei außer Acht gelassen.

Da x als Abstand zu deuten ist, muss $x \geq 0$ sein; in den Modellen wird dies durch $E_{pot} = \infty$ für $x < 0$ berücksichtigt. Möchte man die Möglichkeit der Ionisation miteinbeziehen, muss das Modell eine charakteristische Energie E_{max} enthalten: Ist die Energie des Elektrons $E < E_{max}$, so ist es an den Kern gebunden. Für $E > E_{max}$ ist es frei und kann sich beliebig weit von ihm entfernen.

Im Fall eines *Kastenmodells* springt $E_{pot}(x)$ an der Stelle $x = L$ von null auf den Wert E_{max} (Abb. 1a). Während die Objekte innerhalb des Kastens keiner Wechselwirkung ausgesetzt sind, tritt am Rand $x = L$ eine starke, nach innen gerichtete Kraft auf. Im Modell des *Zackens* (Abb. 1b) wird durch das lineare Ansteigen von $E_{pot}(x)$ für $0 < x < L$ eine in diesem Bereich konstante, nach innen gerichtete Kraft modelliert.

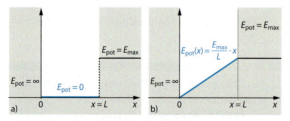

1 Einfache Modelle für die potenzielle Energie gebundener Teilchen: a) Kastenmodell; b) Zackenmodell

Stationäre Schrödingergleichung

Der charakteristische Verlauf von $E_{pot}(x)$ geht in die stationäre Schrödingergleichung ein:

$$\varphi_n''(x) = \frac{8\pi^2 \cdot m}{h^2} \cdot \left[E_{pot}(x) - E_n\right] \cdot \varphi_n(x). \quad (1)$$

Die Paare der Funktionen $\varphi_n(x)$ mit den zugehörigen Energiewerten E_n, die diese Gleichung erfüllen, beschreiben die möglichen Energiezustände. Aus deren Kenntnis ergeben sich dann die physikalischen Eigenschaften des Quantensystems.

Atomare Einheiten

Da die Verwendung der Einheiten Meter und Joule auf atomarer Ebene zu winzigen Zahlen führt, ist es sinnvoll, *atomare Einheiten* zu verwenden. Dann wird z. B. die Energie $E = w \cdot 1 \text{ eV}$ in Vielfachen w von 1 eV angegeben und die Länge $x = s \cdot x_0$ in Vielfachen s von

$$x_0 = \frac{h}{2\pi} \cdot (2m \cdot 1 \text{ eV})^{-\frac{1}{2}} \quad (\approx 1{,}95 \cdot 10^{-10} \text{ m für Elektronen}).$$

An die Stelle der ursprünglich gesuchten $\varphi_n(x)$ treten damit Funktionen, die von s abhängig sind: $f_n(s)$. Die Schrödingergleichung (1) hat dann eine elementare Form, die zur Analyse mithilfe von Computern geeignet ist:

$$f_n''(s) = \left[w_{pot}(s) - w_n\right] \cdot f_n(s). \quad (2)$$

Die Ausdrücke s, w_n, $w_{pot}(s)$ und $f_n(s)$ sind darin reelle Zahlen anstelle physikalischer Größen mit Einheiten.

Da die Potenzialwand am Ort $s = 0$ unendlich hoch ist, müssen die gesuchten Funktionen $f_n(s)$ dort gleich null sein:

$$f_n(0) = 0. \quad (3)$$

Funktionen im Computer – Stützpunkte

Die Definitionsmenge der gesuchten Funktionen $f_n(s)$ umfasst alle reellen Zahlen $s \geq 0$, und ihre Graphen bestehen aus den unendlich vielen Punkten $(s \mid y)$ mit $y = f_n(s)$. Ein Computer kann den Graphen der Funktion nur durch endlich viele Punkte annähern. Die Anzahl N dieser *Stützpunkte* und der größte s-Wert s_{max}, bis zu dem die Funktion erfasst werden soll, wird vom Programmierer festgelegt (Abb. 2). Die Differenz Δs der s-Werte zweier benachbarter Stützpunkte beträgt bei gleichmäßiger Unterteilung:

$$\Delta s = \frac{s_{max}}{N - 1}.$$

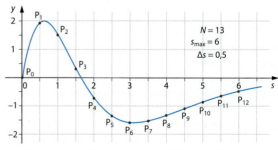

2 Stützpunkte zur Erfassung eines Funktionsgraphen

Die Differenzialrechnung liefert Gleichungen, die Beziehungen zwischen den Stützpunkten ausdrücken. Sind z.B. zwei benachbarte Punkte P_0 $(s_0|y_0)$ und P_1 $(s_1|y_1)$ sowie die zweite Ableitung $y''(s_1)$ in P_1 gegeben, so gilt für den nächsten Punkt P_2 $(s_2|y_2)$:

$$s_2 = s_1 + \Delta s, \quad y_2 \approx y''(s_1) \cdot \Delta s^2 + 2y_1 - y_0. \quad (4)$$

Der erste Punkt der Graphen zu den gesuchten Funktionen $f_n(s)$ ist nach Gl. (3) P_0 (0|0). Die s-Koordinate des zweiten Punkts ist $s_1 = \Delta s$; seine y-Koordinate $y_1 = f_n(s_1)$ ist unbestimmt und muss willkürlich vorgegeben werden. Durch die Schrödingergleichung (2) ist nun die zweite Ableitung $y''(s_1)$ im Punkt P_1 bestimmt:

$$y''(s_1) = [w_{pot}(s_1) - w_n] \cdot y_1. \quad (5)$$

Allerdings geht hier der ebenfalls unbekannte Energiewert w_n mit ein. Um das Verfahren durchführen zu können, muss daher auch ein Wert w für w_n vorgegeben werden. Damit sind alle Zahlen bekannt, die benötigt werden, um die Koordinaten $(s_2|y_2)$ von P_2 mit Gl. (4) näherungsweise zu berechnen.

Nach dem gleichen Schema können nun aus den Koordinaten von P_1 und P_2 diejenigen von P_3 berechnet werden, die von P_4 aus P_2 und P_3 usw. Alle Stützpunkte zusammen repräsentieren schließlich einen Graphen, dessen Verlauf von der Wahl der Koordinate y_1 und von w abhängt.

Kasten- und Zackenpotenzial Führt man dieses Programm an einem einfachen Modell aus, so zeigt sich:
- y_1 hat quasi keinen Einfluss auf den Graphen. Wird y_1 um einen bestimmten Faktor geändert, so ändern sich alle y-Koordinaten um den gleichen Faktor.
- Für $w > w_{max}$ entstehen oszillierende Graphen (Abb. 3 a). Diese Funktionen beschreiben freie Objekte, die zwar der Wechselwirkung im Zentralbereich unterliegen, sich aber beliebig weit von diesem entfernt aufhalten können.

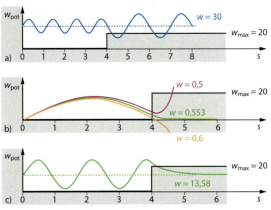

3 Zustandsfunktionen für das Kastenpotenzial: a) $w > w_{max}$; b) und c) $0 < w < w_{max}$. Da jeweils 1000 Punkte berechnet und gezeichnet wurden, entstehen durchgehende Graphen.

- Für $0 < w < w_{max}$ streben fast alle Graphen gegen $+\infty$ oder $-\infty$ (Abb. 3 b). Solche Lösungen haben keine physikalische Bedeutung. Denn obwohl das Objekt an den Zentralbereich gebunden ist, wäre die Wahrscheinlichkeit, es weit draußen anzutreffen, unendlich groß.
- Nur für wenige, ganz spezielle Werte w_n treten Graphen auf, die sich der Horizontalen annähern (Abb. 3 b und c). Die Funktionen mit genau diesen w_n beschreiben die möglichen Energiezustände.

Abbildung 4 zeigt die Ergebnisse für einen Potenzialzacken mit $w_{pot}(s) = 5\,s$ für $0 \leq s \leq 4$ und $w_{pot}(s) = 20$ für $s > 4$. Durch fortwährendes Probieren gelangt man zu vier Lösungspaaren aus w_n und $f_n(s)$.

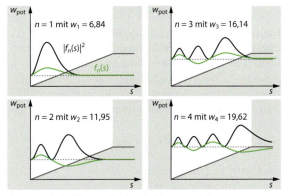

4 Zustandsfunktionen für das Zackenpotenzial

Die Funktionen, die die gebundenen Energiezustände im Zackenpotenzial beschreiben, oszillieren nicht so gleichmäßig wie die des Kastenpotenzial (Abb. 3 c). Je größer der Energiewert, desto weiter außen liegen die höchsten Maxima. Dies deckt sich mit der Vorstellung, dass sich energiereiche Elektronen meist weiter weg vom anziehenden Atomkern aufhalten.

AUFGABEN

1 Abbildung 3 zeigt einen Potenzialtopf für Elektronen. Ein solcher Topf der Länge $4x_0$ mit $E_{max} = 20$ eV besitzt weitere Energiezustände mit den Energiewerten $E_2 = 2{,}209$ eV, $E_3 = 4{,}955$ eV, $E_4 = 8{,}766$ eV und $E_6 = 19{,}12$ eV.
   a Geben Sie die Länge des Topfs in m an.
   b Markieren Sie auf einer vertikalen Energieachse die genannten Werte. Tragen Sie links daneben die ersten 6 Energiewerte eines unendlich tiefen Potenzialtopfs der gleichen Länge und rechts daneben die möglichen Energiewerte des Zackens aus Abb. 4 ein.

2 Betrachten Sie die Nullstellen der Zustandsfunktionen zu $n = 3$ und $n = 4$ des Zackens (Abb. 4). Vervollständigen Sie den Satz: »In Bereichen größerer potenzieller Energie liegen benachbarte Nullstellen ...« Welches weitere Bild kann Ihren Satz ebenfalls belegen?

Um das Jonglieren zu erlernen, beginnt man am besten mit ganz wenigen Bällen – mit zweien oder gar nur mit einem. Hat man diese Grundlage gemeistert, besteht die Hoffnung, eines Tages drei, vier oder noch mehr Bälle durch die Luft wirbeln zu können. Auch die Quantenphysik hat klein angefangen. Zum Testen der Theorie wurde immer wieder das einfachste aller Atome verwendet: Wasserstoff.

14.3 Energiewerte des Wasserstoffatoms

Zu den ersten großen Erfolgen der Quantenphysik zählte die Herleitung der vollständigen Zustandsfunktionen für das Wasserstoffatom. Dieses enthält zwar nur ein einziges Elektron, das an den Kern gebunden ist, dennoch kann es als Modellsystem für alle anderen Atome angesehen werden.

Die Energiewerte, die zu den Zustandsfunktionen gehören, stimmen sehr gut mit bekannten experimentellen Daten zu Linienspektren des Wasserstoffs überein. Außerdem liefern sie realistische Abschätzungen für die Ausdehnung der Elektronenhülle in unterschiedlichen angeregten Zuständen.

Da dem Elektron drei Raumrichtungen zur Verfügung stehen, hängen die Zustandsfunktionen des Elektrons von drei Raumkoordinaten x, y und z ab. Die potenzielle Energie des Elektrons im Feld des Kerns hängt jedoch nur von seinem Abstand r zum Kern ab. Daher ist es sinnvoll, *Kugelkoordinaten* zu verwenden, bei denen ein Punkt im Raum durch zwei Winkel θ und φ sowie die Entfernung r zum Zentrum festgelegt wird. Zur Bestimmung der Energiewerte E_n muss dann nicht die dreidimensionale Schrödingergleichung für Zustandsfunktionen Ψ, die von x, y und z abhängen, verwendet werden, sondern es genügt, eine stark vereinfachte Gleichung zu betrachten. Deren Analyse liefert die Energiewerte:

$$E_n = -\frac{m \cdot e^4}{8 h^2 \cdot \varepsilon_0^2} \cdot \frac{1}{n^2}. \qquad (1)$$

Vereinfachung durch Kugelkoordinaten

Die Lage eines Punkts im Raum kann neben der Angabe der drei Koordinaten x, y und z auch durch die beiden Winkel θ und φ sowie die Entfernung $r = \sqrt{x^2 + y^2 + z^2}$ zum Ursprung beschrieben werden (Abb. 2 a).

Die potenzielle Energie eines Elektrons im Zentralfeld des Atomkerns hängt nicht von den Raumwinkeln θ und φ, sondern nur vom Abstand r ab. Die Zustände in solchen Systemen können durch Funktionen Ψ beschrieben werden, die jeweils ein Produkt aus einem von θ und φ abhängigen Faktor $Y(\theta,\varphi)$ und einer von r abhängigen *Radialfunktion* $u(r)$ sind:

$$\Psi(r,\theta,\varphi) = u(r) \cdot Y(\theta,\varphi). \qquad (2)$$

Dadurch lassen sich winkelabhängige Effekte weitgehend separat von entfernungsabhängigen Phänomenen untersuchen. Mit $u(r)$ kann die Wahrscheinlichkeit berechnet werden, das Elektron irgendwo in einer Kugelschale mit dem Radius r und der Dicke Δr anzutreffen (Abb. 2 b). Sie entspricht dem Verhältnis des markierten Flächenstücks zur Gesamtfläche unter dem Graphen von $|u(r)|^2$.

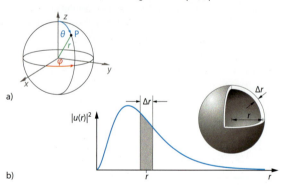

2 a) Kugelkoordinaten r, θ und φ; b) Aufenthaltswahrscheinlichkeit eines Elektrons in einer Kugelschale der Dicke Δr

Radialgleichung und Wasserstoffeinheiten

Alle Energiewerte des dreidimensionalen Systems können bereits hergeleitet werden, indem man nur die Energiezustände betrachtet, die durch kugelsymmetrische Funktionen zu beschreiben sind. Bei diesen ist die Funktion $Y(\theta,\varphi)$ konstant, und die Radialfunktionen $u_n(r)$ genügen der folgenden Gleichung:

$$u_n''(r) = \frac{8\pi^2 \cdot m}{h^2} \cdot \left[\frac{-e^2}{4\pi \cdot \varepsilon_0} \cdot \frac{1}{r} - E_n \right] \cdot u_n(r). \qquad (3)$$

Wie das Coulomb-Potenzial des geladenen Atomkerns hat auch das Gravitationspotenzial einen 1/r-Verlauf.

Sie entspricht formal der stationären Schrödingergleichung für ein Quantenobjekt, das sich im Coulomb-Potenzial mit der Energie $E_{pot}(r) \sim 1/r$ entlang einer Dimension bewegen kann. Der Energienullpunkt ist dabei so gewählt, dass Elektronen mit $E < 0$ an den Kern gebunden sind. Die Einschränkung auf $r > 0$ kann durch $E_{pot} = \infty$ für $r \leq 0$ modelliert werden. Daraus ergibt sich, dass $u_n(0) = 0$ sein muss. Sehr hilfreich ist dabei die Verwendung angepasster Längen- und Energieeinheiten (vgl. 14.2). Im Wasserstoffatom ist die Vergleichslänge

$$r_0 = \frac{\varepsilon_0 \cdot h^2}{\pi e^2 \cdot m_e} \approx 0{,}529 \cdot 10^{-10}\,m \quad (4)$$

und die Vergleichsenergie

$$E_0 = \frac{m_e \cdot e^4}{8h^2 \cdot \varepsilon_0^2} \approx 2{,}18 \cdot 10^{-18}\,J = 13{,}6\,eV. \quad (5)$$

Misst man Längen in Vielfachen s von r_0 und Energien in Vielfachen w von E_0 und nennt die nun von s abhängigen Radialfunktionen $f_n(s)$, so ergibt sich:

$$f_n''(s) = -\left(\frac{2}{s} + w_n\right) \cdot f_n(s). \quad (6)$$

Für gebundene Zustände muss die Wahrscheinlichkeit, das Elektron in sehr großer Entfernung vom Kern anzutreffen, gegen null gehen, also:

$$\lim_{s \to \infty} f_n(s) = 0. \quad (7)$$

Dies ist neben $f_n(0) = 0$ die zweite, zur Auswahl der Energiewerte entscheidende *Randbedingung*.

Energiewerte und Atomgröße

Die Bestimmung der Energiewerte gelingt u. a. mit der numerischen Methode (vgl. 14.2). Nur für ganz bestimmte Werte w_n ergeben sich aus Gl. (3) nicht divergierende Graphen, die auch die Bedingung (7) erfüllen (Abb. 3). Das Schema der Energiewerte w_n, die auf zulässige Radialfunktionen $f_n(s)$ führen, lautet:

$$w_n = -\frac{1}{n^2}, \text{ also } E_n = w_n \cdot E_0 = -\frac{E_0}{n^2} = -\frac{m \cdot e^4}{8h^2 \cdot \varepsilon_0^2} \cdot \frac{1}{n^2}. \quad (8)$$

Tatsächlich ist dies die korrekte und vollständige Gleichung zur Berechnung der Energiewerte für das Elektron im Wasserstoffatom. Aus den Radialfunktionen $f_n(s)$ lässt sich für jede Zahl n eine mittlere Entfernung $<r_n>$ des Elektrons zum Kern bestimmen. Sie wird *Erwartungswert* genannt und kann als Maß für die Atomgröße gedeutet werden. Für $n = 0$ ist $<r>_0 = 1{,}5\,r_0$, je größer n, desto größer ist $<r>_n$. Abgesehen von einem Faktor 1,5 konnte die Abschätzung der Atomgröße schon aus dem Bohr'schen Atommodell gewonnen werden, ebenso die Gl. (8) für die Energiewerte. Diese wurde dann im Nachhinein durch die quantenphysikalische Herleitung bestätigt.

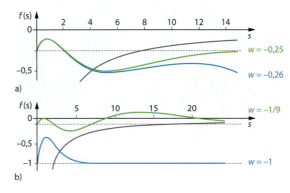

3 Numerisch berechnete Lösungen von Gl. (6): a) Der Graph zu $w = -0{,}26$ fällt nach $-\infty$ ab, für $w = -0{,}25$ tritt der Sonderfall der Konvergenz nach Gl. (7) auf. b) Radialfunktionen zu $w = -1$ und $w = -1/9$

Entartung Da sich das Elektron gleichberechtigt in alle Raumrichtungen bewegen kann, kommt es zur Entartung: Zu allen Energiewerten außer E_1 gibt es mehrere verschiedene Zustände. Die Kenntnis von E_n und der zugehörigen Radialfunktionen reicht also nicht aus, um das Wasserstoffatom vollständig zu beschreiben (vgl. 14.4).

AUFGABEN

1 a Zeichnen Sie ein Energieniveauschema für das Wasserstoffatom mit den Energieniveaus E_2 bis E_8. Für die Energieachse soll gelten: 5 cm entspricht 1 eV.
b Welches praktische Problem tritt auf, wenn weitere Energieniveaus mit $n \geq 9$ dargestellt werden sollen?
c Wie viele Zentimeter unterhalb von E_2 müsste E_1 eingezeichnet werden?
d Berechnen Sie für $n \leq 8$ die Energie und Wellenlänge von Photonen, die beim Übergang vom Zustand n in den Zustand $n - 1$ abgegeben werden. Welche dieser Photonen gehören zum sichtbaren Spektrum?

2 a Warum bietet es sich an, bei der Betrachtung des Wasserstoffatoms Kugelkoordinaten zu verwenden?
b Erläutern Sie, welcher Informationsgehalt in den Radialfunktionen steckt.

3 Betrachten Sie die Funktion $f(s) = 2s \cdot e^{-s}$.
a Bestimmen Sie die zweite Ableitung $f''(s)$. Für welchen Wert w gilt

$$f''(s) = -\left(\frac{2}{s} + w\right) f(s)?$$

Geben Sie an, um welche der Radialfunktionen f_n es sich demzufolge handelt.
b Zeichnen Sie den Graphen von $p(s) = [f(s)]^2$, und bestimmen Sie das Maximum von p. Deuten Sie das Resultat anschaulich.
c Für welchen Wert a hat das Dreieck mit den Eckpunkten $(0|0)$, $(1|p(1))$ und $(a|0)$ den Flächeninhalt 1? Zeichnen Sie dieses Dreieck mit in das Bild ein.

Eine zunächst kugelförmige Seifenblase verändert hier periodisch ihre Form: Sie schwingt je nach Anregung mit einer festen Frequenz und folgt damit einer bestimmten Symmetrie. Die mathematische Beschreibung solcher elementarer Schwingungen gelingt mithilfe von Kugelflächenfunktionen. Die gleichen Funktionen verbergen sich auch in der Struktur atomarer Elektronenhüllen.

14.4 Orbitale des Wasserstoffatoms

Die stationären Energiezustände des Elektrons im Wasserstoffatom werden durch Zustandsfunktionen ψ beschrieben, die man Orbitale nennt. Sie sind aus Radialfunktionen, die die Abstandsabhängigkeit erfassen, und aus *Winkelfunktionen*, die die Richtungsabhängigkeit beschreiben, aufgebaut.

Ein Ordnungsschema aller Orbitale ergibt sich, indem drei *Quantenzahlen* zu deren Kennzeichnung verwendet werden. Die *Nebenquantenzahl l* und die *Magnetquantenzahl m* geben an, welche Winkelfunktionen zum Aufbau des Orbitals verwendet werden. Die *Hauptquantenzahl n* bestimmt zusammen mit l die Radialfunktion.

Der Energiewert der Wasserstofforbitale ist allein durch n bestimmt. Zu jedem Wert E_n gibt es n^2 verschiedene Orbitale. Mögliche Kombinationen der drei Quantenzahlen sind:

			Anzahl
$n=1$	$l=0$	$m=0$	1
$n=2$	$l=0$	$m=0$	$2^2=4$
	$l=1$	$m=-1; m=0; m=1$	
$n=3$	$l=0$	$m=0$	$3^2=9$
	$l=1$	$m=-1; m=0; m=1$	
	$l=2$	$m=-2; m=-1; m=0; m=1; m=2$	
…	…	…	…

Winkelabhängigkeit und Kugelflächenfunktionen

Obwohl die Coulomb-Energie des Elektrons im Wasserstoffatom nur vom Abstand r zum Kern abhängt, liefert eine auf r reduzierte Betrachtung nur wenige, spezielle Zustandsfunktionen. Um die Winkelabhängigkeiten der Zustandsfunktionen zu beschreiben, verwendet man *Kugelflächenfunktionen*, die jedem durch zwei Winkel gegebenen Punkt auf der Oberfläche einer Kugel einen komplexen Funktionswert zuweisen.

Ähnlich wie jede beliebige periodische Schwingung aus Sinusfunktionen bestimmter Frequenzen zusammengesetzt werden kann (vgl. 8.8), so kann jede winkelabhängige Struktur aus Kugelflächenfunktionen $Y_{l,m}$ aufgebaut werden. Die Menge dieser Funktionen ist zwar unendlich, aber jedes Element kann durch die Angabe zweier l und m genannter ganzer Zahlen eindeutig charakterisiert werden. Nicht alle denkbaren Kombination von l und m kommen dabei vor: l muss größer oder gleich null sein ($l \geq 0$), und für m gilt die Bedingung: $|m| \leq l$ (Abb. 2).

$l=0$	$l=1$	$l=2$
$(l\mid m)$	$(l\mid m)$	$(l\mid m)$
(0|0)	(1|−1) (1| 0) (1|+1)	(2|−2) (2|−1) (2| 0) (2|+1) (2|+2)

2 a) Kennzeichnungsschema der Kugelflächenfunktionen; b) Darstellung der Funktion mit $l = 6$ und $m = 3$. Die Länge und die Richtung der komplexen Wertepfeile ist farblich codiert; schwarz bedeutet: Der Funktionswert ist null.

Für $m = 0$ haben die Kugelflächenfunktionen reelle Zahlen als Funktionswerte. $Y_{0,0}$ ordnet jedem Punkt der Kugeloberfläche den gleichen Wert zu, $Y_{1,0}$ teilt die Kugeloberfläche symmetrisch in je eine Hälfte mit positiven und negativen Funktionswerten ein. Bei $Y_{2,0}$ sind es drei, bei $Y_{3,0}$ vier Bereiche (Abb. 3).

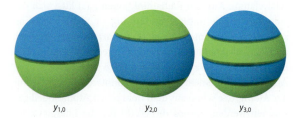

3 Die Kugelflächenfunktionen $Y_{1,0}$, $Y_{2,0}$ und $Y_{3,0}$: Grün entspricht positiven, blau negativen Funktionswerten.

Orbitale und Quantenzahlen

Die vollständigen räumlichen Zustandsfunktionen Ψ, die die stationären Zustände des Elektrons beschreiben, nennt man *Orbitale des Wasserstoffatoms*. Jedes Orbital ist das Produkt aus einer Kugelflächenfunktion $Y_{l,m}$ und einer Radialfunktion $u(r)$, die die Abhängigkeit vom Abstand des Elektrons zum Kern erfasst. Je nach Zusammensetzung gehört es zu einem der Energiewerte:

$$E_n = -\frac{m_e \cdot e^4}{8h^2 \cdot \varepsilon_0^2} \cdot \frac{1}{n^2} \approx -\frac{13{,}6\text{ eV}}{n^2}. \quad (1)$$

Durch die Angabe von n, l und m ist das Orbital eindeutig festgelegt. Diese drei Zahlen heißen Quantenzahlen:
- An der *Hauptquantenzahl* n erkennt man den zugehörigen Energiewert.
- Die *Nebenquantenzahl* l bestimmt im Wesentlichen die räumliche Struktur. Durch l ist auch der Betrag des mit der Elektronenbewegung verknüpften Drehimpulses eindeutig bestimmt; l wird daher auch *Bahndrehimpulsquantenzahl* genannt wird. Der Verlauf der Radialfunktion hängt von n und l ab.
- In der *Magnetquantenzahl* m schließlich drückt sich die Orientierung des Orbitals bezüglich der Raumachsen aus.

Neben den oben genannten Bedingungen für l und m kommt hinzu, dass $n > l$ sein muss.

Einfache Orbitale: Bezeichnungen und Darstellung

s-Orbitale Für Orbitale mit $l = 0$ ist notwendigerweise auch $m = 0$. Sie sind kugelsymmetrisch und heißen s-Orbitale. Ihr Radialteil ist durch die bei der Berechnung der Energiewerte auftretenden Funktionen $u_n(r)$ bestimmt. Die Hauptquantenzahl n legt in diesem einfachen Fall also nicht nur die Energie des Zustands fest, sondern auch die Abstandsabhängigkeit der Aufenthaltswahrscheinlichkeit.

In Abb. 4a sind die Betragsquadrate der Radialfunktionen zweier s-Orbitale $|u_1(s)|^2$ und $|u_2(s)|^2$ dargestellt. Die Wahrscheinlichkeit, das Elektron innerhalb von Kugeln mit R_1 bzw. R_2 anzutreffen, entspricht dem Anteil des markierten Flächeninhalts unter den Graphen und beträgt jeweils 95 %.

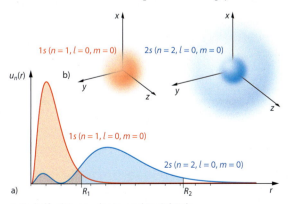

4 Radialfunktionen der 1s- und 2s-Orbitale

Eine räumliche Darstellung des Bereichs, in dem sich das Elektron mit einer Wahrscheinlichkeit von 95 % aufhält, zeigt Abb. 4b. Die Information über die Aufenthaltswahrscheinlichkeit in den Kugeln drückt sich hier in der Intensität der Farbgebung aus.

p-Orbitale Orbitale mit $l = 1$ werden p-Orbitale genannt. Da m bei ihnen die Werte -1, 0 oder 1 annehmen kann, gibt es zu jedem Energiewert E_n mit $n \geq 2$ drei verschiedene p-Orbitale, also drei p-Zustände: p_{-1}, p_0 und p_1. Das p_0-Orbital wird auch p_z-Orbital genannt.

Das Elektron kann sich auch in einem Zustand befinden, der eine Überlagerung z. B. von p_{-1} und p_1 darstellt. Da die beiden zum selben Energiewert E_n gehören, sind auch deren Überlagerungen Energiezustände zu diesem Energiewert E_n. Spezielle Überlagerungen führen zu den häufig dargestellten p_x- und p_y-Orbitalen (Abb. 5).

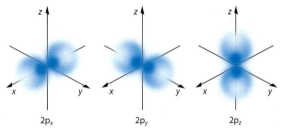

5 p-Orbitale zu $n = 2$, veranschaulicht wie in Abb. 4b. Die vorangestellte Zahl 2 gibt die Hauptquantenzahl an.

Sprechweisen Die weitverbreitete Veranschaulichung von Orbitalen durch Raumbereiche, in dem die Aufenthaltswahrscheinlichkeit des Elektrons einen gewissen Wert übersteigt – beispielsweise 95 % –, hat dazu geführt, dass oft die Raumbereiche selbst als die Orbitale angesehen werden. Obwohl mit dieser stark reduzierten Orbitalvorstellung einige Phänomene erklärbar sind, muss bedacht werden, dass der physikalische Orbitalbegriff mit Quantenzuständen und ihren beschreibenden Funktionen $\Psi(x,y,z)$ verbunden ist.

■ AUFGABEN

1 a Geben Sie an, wie viele Orbitale mit $E < -0{,}5$ eV das Wasserstoffatom besitzt. Wie viele davon haben die Nebenquantenzahl 2?

b Geben Sie eine Energie E_max an, für die mindestens 200, jedoch nicht mehr als 300 Orbitale mit $E < E_\text{max}$ existieren.

2 Zeichnen Sie einen Verzweigungsbaum für mögliche Wasserstofforbitale mit $n \leq 3$. In der obersten Ebene soll dabei nach der Hauptquantenzahl unterschieden werden, in der nächsten Ebene nach der Nebenquantenzahl, in der dritten und letzten Ebene nach der Magnetquantenzahl.

Auch wenn der Kanuverleih nur maximal zwei Personen pro Boot erlaubt, kann diese Regel im Verlauf einer Tour vielleicht einmal unterwandert werden. Beim Pauli-Prinzip, das für die Elektronen in einem Orbital gilt, ist das anders: Noch nie wurden mehr als zwei Elektronen im selben Orbital beobachtet.

14.5 Mehrelektronenatome

Ein Quantensystem aus mehreren Objekten, die einander gegenseitig beeinflussen, stellt eine Einheit dar: Für die genaue Beschreibung aller beteiligten Objekte muss eine Gesamtzustandsfunktion gefunden werden, die schon bei einem System aus zwei Objekten äußerst kompliziert ist.

Um das Verhalten der Elektronen in einem Mehrelektronenatom zu beschreiben, ist jedoch folgende Näherung möglich: Jedes Elektron wird für sich betrachtet, der Einfluss aller anderen Elektronen wird in einem zusätzlichen radialsymmetrischen Feld zusammengefasst. Die *Ein-Elektronen-Zustandsfunktionen* zur Beschreibung der einzelnen Elektronen sind damit den Orbitalen des Wasserstoffatoms sehr ähnlich.

> Die Energiezustände eines Atoms mit N Elektronen können mithilfe von Orbitalen für die einzelnen Elektronen beschrieben werden. Die Orbitale ähneln denen des Wasserstoffs und sind durch je drei Quantenzahlen n, l und m charakterisiert.

Pauli-Prinzip Aus der Beschreibung von Quantenobjekten durch Zustandsfunktionen ergibt sich ein weiteres Grundgesetz der Quantenphysik: das *Pauli-Prinzip*. Allgemein besagt es, dass zwei Elektronen in einem Quantensystem niemals die gleiche Zustandsfunktion zugeschrieben werden kann. Bezogen auf Mehrelektronenatome bzw. auf den Aufbau von Gesamtzustandsfunktionen aus einzelnen Orbitalen für jedes Elektron gilt:

> Höchstens zwei Elektronen kann dasselbe Orbital zugeordnet werden.

Zwei Elektronen mit demselben Orbital unterscheiden sich in ihrem *Spin* – einer quantenphysikalischen Größe, für die im Fall ihrer Messung nur zwei verschiedene Ergebnisse möglich sind.

Vereinfachende Annahmen

Eine exakte Bestimmung der stationären Energiezustände ist für ein Atom mit drei oder mehr Elektronen nicht mehr möglich; daher müssen vereinfachende Modelle verwendet werden. Bei einem Atom mit N Elektronen kann man davon ausgehen, dass sich jedes einzelne Elektron in einem radialsymmetrischen elektrischen Feld befindet. In ihm sind die Wirkungen der Kernladung und der übrigen $N-1$ Elektronen zusammengefasst.

In diesem Modell kann jedes Elektron für sich durch eine separate Zustandsfunktion beschrieben werden, und seine Energiezustände lassen sich mit ähnlichen Methoden wie beim Wasserstoffatom bestimmen (vgl. 14.3). Bei der Kennzeichnung der stationären Zustände für jedes Elektron treten daher jeweils drei zugehörige Quantenzahlen n, l und m auf, die den gleichen Bedingungen wie im Wasserstoffatom genügen (vgl. 14.4): $n > l$ und $l \geq |m|$.

Atomzustände und Bezeichnungen

Ein stationärer Gesamtzustand eines N-Elektronenatoms wird also durch $3N$ Quantenzahlen beschrieben. Die Magnetquantenzahl m ist von geringster physikalischer Bedeutung und wird daher oft nicht aufgeführt (Abb. 2).

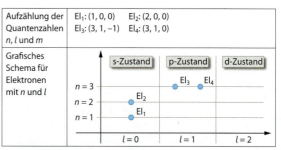

2 Zwei Varianten einen Zustand eines 4-Elektronenatoms anzugeben. Unten wird auf die Angabe von m verzichtet.

Der Wert von l wird mithilfe von Buchstaben angegeben:

	$l=0$	$l=1$	$l=2$	$l=3$	$l=4$	...
Zustand	s	p	d	f	g	...

Die Abschirmung elektrischer Felder bedeutet in einem einfachen Bild, dass Feldlinien in der Regel auf Ladungsträgern enden.

Schalen Die Werte der Hauptquantenzahl n werden auch durch Schalen bezeichnet: Zustände mit $n = 1$ gehören zur K-Schale, Zustände mit $n = 2$ zur L-Schale usw. Innerhalb dieser Schalen werden Zustände mit gleicher Nebenquantenzahl l zu *Unterschalen* zusammengefasst, die durch n und dem zum l-Wert gehörigen Buchstaben bezeichnet werden.

Die 3d-Unterschale ist beispielsweise die Menge aller Zustände mit $n = 3$ und $l = 2$. In diesem Fall gibt es fünf verschiedene Werte für m, nämlich −2, −1, 0, 1 und 2; die 3d-Unterschale umfasst also fünf Orbitale.

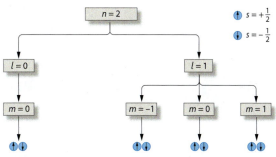

3 Zustände in der L-Schale mit $n = 2$

Pauli-Prinzip und gefüllte Schalen

Befindet sich ein Elektron im 1s-Zustand mit $n = 1$ und $l = 0$, so hat es die geringstmögliche Energie. Gäbe es keine Einschränkungen, so wäre ein N-Elektronenatom im Zustand geringster Energie, wenn alle Elektronen im 1s-Zustand wären. Diese Möglichkeit tritt in der Natur jedoch nicht auf. Befinden sich mehrere durch einzelne Zustandsfunktionen beschriebene Elektronen in einem Quantensystem, so treten nur Gesamtzustände auf, die dem Pauli-Prinzip genügen.

Es besagt, dass zwei Elektronen in einem Quantensystem nicht die gleiche Zustandsfunktion zugeordnet werden darf. Dass mit einem Orbital dennoch zwei Elektronen beschrieben werden können, ist auf den *Spin* der Elektronen zurückzuführen. Er spielt vor allem bei der Wechselwirkung mit Magnetfeldern eine Rolle und kann bezüglich einer Achse entweder *up* oder *down* gerichtet sein. Im Fall von *up* ist die *Spinquantenzahl* s gleich $+\frac{1}{2}$, bei *down* $-\frac{1}{2}$. Verläuft ein homogenes Magnetfeld in Richtung der gewählten Achse, so hat ein Elektron mit $s = +\frac{1}{2}$ eine geringere Energie als mit $s = -\frac{1}{2}$.

Ohne Verletzung des Pauli-Prinzips können sich zwei Elektronen in Zuständen mit gleichen Quantenzahlen n, l und m befinden, eines mit Spin *up* und das andere mit Spin *down*. Beide Elektronen des Heliumatoms können also den 1s-Zustand annehmen, die K-Schale ist damit gefüllt.

Enthält ein Atom drei oder mehr Elektronen, müssen – bei geringstmöglicher Energie – auch Zustände mit $n = 2$ angenommen werden. Davon gibt es vier Stück, auch von ihnen darf jedes höchstens zweifach besetzt sein. In der L-Schale können sich also maximal 8 Elektronen befinden (Abb. 3). Für beliebige Werte von n gilt, dass die n-te Hauptschale maximal $2n^2$ Elektronen aufnehmen kann.

Energieniveauschema bei mehreren Elektronen

Das Energieniveauschema der Zustände einzelner Elektronen in einem Mehrelektronenatom ähnelt demjenigen des Wasserstoffatoms. Allerdings entstehen durch die Berücksichtigung des zusätzlichen elektrischen Felds, das durch die anderen Elektronen zustande kommt, auch qualitative Unterschiede (Abb. 4).

Die Energie der einzelnen Elektronenzustände hängt im Mehrelektronenatom nicht nur von n, sondern auch von der Nebenquantenzahl l ab. Die Berechnung des Schemas zu einer Atomsorte erfordert stets mathematische Näherungsverfahren.

Der Grundzustand eines Atoms ergibt sich durch »Auffüllen« der Ein-Elektronen-Zustände von unten nach oben im Energieniveauschema. Zum Grundzustand gehört also ein oberstes, zuletzt besetztes Niveau. In einem *angeregten* Zustand des Atoms nimmt mindestens ein Elektron einen Zustand oberhalb dieses Niveaus an. Befinden sich mehrere Elektronen in Zuständen oberhalb von diesem Niveau, so sind ebenso viele unterhalb liegende Zustände unbesetzt.

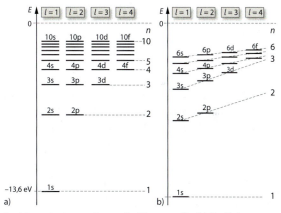

4 a) Energieniveauschema des Wasserstoffs; b) Ein-Elektronen-Zustände eines Mehrelektronenatoms (qualitativ)

AUFGABE

1 Jedes Kästchen des folgenden Schemas repräsentiert eine Unterschale. Tragen Sie in jede Zelle ein, wie viele Elektronen eines Mehrelektronenatoms höchstens zu der entsprechen Unterschale gehören können.

	s	p	d	f
$n = 1$				
$n = 2$				
$n = 3$				
$n = 4$				

Es gibt auch Teilchen, für die das Pauli-Prinzip nicht gilt: Bosonen, die einen ganzzahligen Spin tragen.

Ein Haufen Spielkarten sieht aus wie das reinste Chaos. Werden die Karten aber in einer Matrix angeordnet – gleiche Farben in einer Zeile, gleiche Symbole in einer Spalte –, so kommt das Ordnungssystem des Kartensatzes voll zur Geltung. Die über 100 Elemente der Natur lassen sich auch in ein Ordnungsschema bringen; allerdings sind hierfür die komplizierten Verhältnisse der Mehrelektronensysteme zu berücksichtigen.

14.6 Periodensystem der Elemente

Listet man die Elemente nach ihrer Ordnungszahl, also ihrer Kernladungszahl Z, auf, so wechseln ihre physikalischen und chemischen Eigenschaften periodisch. Werden Elemente mit ähnlichen Eigenschaften untereinander angeordnet, entsteht das Periodensystem der Elemente (PSE), das eine Darstellung sämtlicher bekannter Elemente liefert.

Diese empirisch gefundene Ordnung der Elemente wird durch das quantenphysikalische Atommodell untermauert: Die Kombinationsmöglichkeiten der Quantenzahlen erklären die Gruppenstruktur des PSE.

tem der Elemente. Elemente mit ähnlichen physikalisch-chemischen Eigenschaften stehen darin in Gruppen angeordnet untereinander (Abb. 3). Eine Zeile des PSE wird Periode genannt.

Periode	\multicolumn{8}{c}{Hauptgruppen}
	I	II	III	IV	V	VI	VII	VIII
1 (K)	1 H							2 He
2 (L)	3 Li	4 Be	5 B	6 C	7 N	8 O	9 F	10 Ne
3 (M)	11 Na	12 Mg	13 Al	14 Si	15 P	16 S	17 Cl	18 Ar
4 (N)	19 K	20 Ca	31 Ga	32 Ge	33 As	34 Se	35 Br	36 Kr
5 (O)	37 Rb	38 Sr	49 In	50 Sn	51 Sb	52 Te	53 I	54 Xe
6 (P)	55 Cs	56 Ba	81 Tl	82 Pb	83 Bi	84 Po	85 At	86 Rn
7 (Q)	87 Fr	88 Ra	104 Rf					

3 Einfaches Periodensystem mit Angabe der Ordnungszahl Z

Zwischen Ca und Ga sowie zwischen Sr und In (roter Balken) fügen sich jeweils 10 Nebengruppenmetalle ein. Auf Ba folgt das Übergangsmetall Lanthan, danach die 14 Lanthaniden (blauer Balken) und dann wiederum 10 Nebengruppenelemente, neben Ra liegt das Metall Actinium, gefolgt von den 14 Actiniden und weiteren 10 Elementen.

Periodizität der Elementeigenschaften

Die Ionisierungsenergie gibt die untere Grenze dafür an, wie viel Energie einem Atom zugeführt werden muss, um ein Elektron aus der Hülle zu entfernen. Trägt man sie gegen die Ordnungszahl Z auf, treten periodische Schwankungen zutage (Abb. 2).

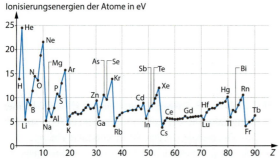

2 Abhängigkeit der Ionisierungsenergie von der Ordnungszahl Z der Elemente

Viele weitere Eigenschaften, z. B. das Atomvolumen, zeigen ganz ähnliche Abhängigkeiten von Z. Die Periodizität der Eigenschaften der Elemente war bereits im 19. Jh. bekannt und führte zur Darstellung der Elemente im Periodensys-

Unterschalen und ihre energetische Anordnung

In einem vereinfachten Modell eines Mehrelektronenatoms wird jedes Elektron separat betrachtet und der schwache Einfluss des Elektronenspins auf die Energiewerte vernachlässigt. Der Zustand jedes Elektrons wird dann durch drei Quantenzahlen n, l, m und einen *up* oder *down* gerichteten Spin beschrieben (vgl. 14.5). Die Energie des Elektrons hängt in dieser Betrachtungsweise nur von den beiden Quantenzahlen n und l ab, also davon, in welcher Unterschale es sich befindet.

Die energetische Anordnung der Unterschalen, die im Folgenden auch mit Niveaus bezeichnet werden, ist für alle Elemente qualitativ ähnlich (vgl. 14.5, Abb. 4). Die 3d- und 4s-Niveaus liegen für viele Elemente sehr nahe beieinander; welche energetisch höher liegen, hängt vom Einzelfall ab. Gleiches gilt für 4d- und 5s-Niveaus, sowie für die 4f-, 5d- und 6s-Niveaus. Eine typische Reihenfolge der Niveaus eines Elements mit kleinerer Ordnungszahl zeigt Abb. 4.

STRUKTUR DER MATERIE | 14 Quantenphysikalisches Atommodell

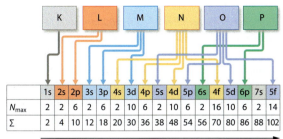

4 Energieniveaus in den Unterschalen. N_{max} gibt die Anzahl der Zustände der Niveaus an, Σ die Gesamtzahl der Zustände bis zur Energie der Unterschale.

Grundzustand eines Atoms und Periode

Jeder Zustand eines Atoms ist dadurch festgelegt, wie viele Elektronen sich in welcher Unterschale befinden. Im Grundzustand hat die Elektronenhülle ihre niedrigste Gesamtenergie; die zugehörige Verteilung der Elektronen auf die Niveaus nennt man auch *Elektronenkonfiguration des Elements*. Die *Besetzungszahlen* der Niveaus, also die Anzahl der Elektronen in den Niveaus, werden dabei als Hochzahl angegeben (Abb. 5 und PSE im Buchumschlag).

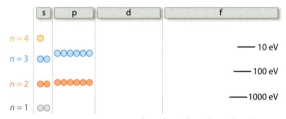

5 Elektronenkonfiguration $(1s)^2 (2s)^2 (2p)^6 (3s)^2 (3p)^6 (4s)^1$ von Kalium. Das 4s-Niveau ist das höchste und nur teilweise gefüllt.

Abbildung 6 zeigt beispielhaft für Elemente mit größerem Z die Elektronenkonfiguration von Wolfram: Die 6s-Niveaus liegen etwas höher als die 5d-Niveaus – dennoch ist dies der Grundzustand der Wolframatome. Wären die beiden 6s-Elektronen in einem 5d-Zustand, würden sich die Energiewerte so verschieben, dass ein energetisch ungünstigerer Gesamtzustand entstünde.

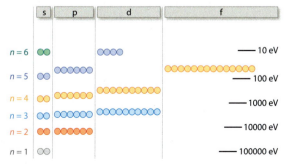

6 Elektronenkonfiguration von Wolfram

Elektronenkonfiguration und Gruppen

Hat die Elektronenkonfiguration eines Elements nur ganz gefüllte bzw. ganz leere Unterschalen, so ist die Gruppenzugehörigkeit durch die Art des höchsten besetzten Niveaus bestimmt. Bei Elementen der II. Haupt- und Nebengruppe liegt eine s-Unterschale am höchsten. Dies ist auch bei Helium der Fall, welches aber zur VIII. Hauptgruppe, den Edelgasen, zählt. Bei allen anderen Edelgasen liegt ein vollständig gefülltes p-Niveau am höchsten.

Die meisten Elemente haben Konfigurationen, bei denen genau ein Niveau nur zum Teil gefüllt ist, z. B. alle Elemente der Hauptgruppen I und III bis VII. Für diese gilt eine strenge Regel: Das teilweise gefüllte Niveau ist gleichzeitig das energetisch höchste, und die Anzahl der Elektronen darin legt eindeutig die Gruppenzugehörigkeit fest (Abb. 7).

teilgefülltes Niveau	s ($l=0$)	p ($l=1$)				
Elektronen darin	1	1	2	3	4	5
Nebengruppe	I	III	IV	V	VI	VII

teilgefülltes Niveau	d ($l=2$)					
Elektronen darin	1	2	3	4	5	6, 7, 8
Nebengruppe	III	IV	V	VI	VII	VIII

7 Zuordnung für Elemente mit teilweise gefüllter Unterschale

Bei weiteren Elementen liegen oft die oberen Niveaus energetisch sehr nahe beieinander oder sind sogar miteinander vermischt. Wie im Wolfram (Abb. 6) bleiben häufig im zweithöchsten Niveau Zustände frei. Bei den Übergangsmetallen ist dies ein d-Niveau, bei den Lanthaniden und Actiniden ein f-Niveau. Für Übergangsmetalle, bei denen außer dem d-Niveau alle Unterschalen gefüllt bzw. leer sind, gilt die Zuordnung aus Abb. 7.

Es gibt aber auch Ausnahmen, z. B. bei Übergangsmetallen der 5. Periode: Hier treten Konfigurationen mit zwei teilgefüllten Niveaus auf. Solche Elemente werden einfach gemäß ihrer Ordnungszahl ins PSE eingereiht.

Auffüllen der Niveaus Folgt man der Elektronenkonfiguration der Elemente mit wachsendem Z, so werden, bildhaft ausgedrückt, die Niveaus nach und nach von Elektronen *gefüllt*. Die Reihenfolge des Auffüllens stimmt mit der Reihenfolge der Energieniveaus eines Elements kleiner Ordnungszahl überein (Abb. 5). In diesem Sinne spiegelt das PSE die Energiestruktur einzelner Atome wider.

AUFGABEN

1 a Belegen Sie anhand des PSE die Besonderheiten der Zahlen 2, 6, 8, 10 und 14.
b Inwiefern entspringen diese Zahlen dem quantenphysikalischen Atommodell?
2 Welches Element besitzt die Elektronenkonfiguration $(1s)^2 (2s)^2 (2p)^6 (3s)^2 (3p)^6 (4s)^2 (3d)^{10} (4p)^2$?

Auch die Stabilität von Atomkernen folgt »magischen Zahlen«. Statt 2, 10, 18, … lauten diese: 20, 28, 50, …

Einzigartige Kulturgüter wie die 3600 Jahre alte Himmelsscheibe von Nebra dürfen bei der Untersuchung ihrer Zusammensetzung nicht angegriffen werden. Bei der schonenden Röntgenfluoreszenzanalyse versetzt man die Atome der Probe in angeregte Zustände. Kehren sie anschließend in den Grundzustand zurück, senden sie Photonen aus, die Rückschlüsse auf die vorhandenen Elemente erlauben.

14.7 Charakteristische Röntgenstrahlung

In einer Röntgenröhre werden die Atome des Anodenmaterials durch die kinetische Energie der eintreffenden Elektronen angeregt. Dabei kann ein Elektron der Atomhülle so viel Energie von einem eingeschossenen Elektron aufnehmen, dass es die Hülle ganz verlässt. Wenn auf diese Weise ein Zustand in der K-Schale ($n = 1$) frei wird, kann ein Elektron von einer höheren Schale mit $n = 2$ oder $n = 3$ in diesen Zustand wechseln. Dabei wird dann ein energiereiches Photon ausgesandt, und im Spektrum der Röntgenstrahlung entstehen ausgeprägte Linien, die für das Anodenmaterial charakteristisch sind.

Wechselt ein Elektron in einem beliebigen Element der Ordnungszahl Z in die K-Schale, so kann die Energie des dabei abgestrahlten Photons nach dem Moseley-Gesetz berechnet werden:

$$E_{\text{Photon}} = \Delta E \approx \left(1 - \frac{1}{n^2}\right) \cdot 13{,}6 \text{ eV} \cdot (Z-1)^2. \quad (1)$$

Hierbei ist n die Hauptquantenzahl des Ausgangszustands. Je größer Z ist, desto weiter verschiebt sich die Photonenenergie in den hochenergetischen Bereich.

Freie Elektronenzustände und Übergänge

Die Übergänge von einem Energiezustand der Hülle zu einem anderen können als Zustandswechsel eines Elektrons gedeutet werden. Die Zustände der einzelnen Elektronen sind durch drei Quantenzahlen (n, l, m) und den Spin charakterisiert. Ausgeschlossen ist, dass sich zwei Elektronen in Zuständen mit gleichen Quantenzahlen und gleichem Spin befinden (vgl. 14.5).

Befindet sich das Atom im Grundzustand, so kann kein Elektron in einen Zustand geringerer Energie wechseln – diese sind alle von den anderen Elektronen besetzt. Wird dem Atom Energie zugeführt, kann ein Elektron in einen energetisch höheren Zustand gelangen und einen freien Zustand der Energie $E_{\text{freier Platz}}$ hinterlassen. Dieser kann anschließend vom selben oder von einem anderen Elektron wieder besetzt werden, das zuvor in einem Zustand höherer Energie war. Die entsprechende Energiedifferenz wird als Photon abgegeben. Bezeichnet man die Energie des Elektrons vor dem Wechsel in den freien Zustand mit E_A, gilt also: $E_{\text{Ph}} = \Delta E = E_A - E_{\text{freier Platz}}$.

Nicht jeder vorstellbare Zustandswechsel eines Elektrons innerhalb der Hülle findet in der Natur auch statt. Es gibt *Auswahlregeln*, in denen die erlaubten Übergänge zusammengefasst sind. Zentral ist die Drehimpulsregel: Es sind nur solche Übergänge erlaubt, bei denen sich die Neben- bzw. Drehimpulsquantenzahlen l von Ausgangs- und Endzustand um den Wert 1 unterscheiden $\Delta l = \pm 1$.

K-Strahlung

Beim Übergang von einem höheren Niveau mit der Hauptquantenzahl n in die K-Schale ist die Energiedifferenz umso größer, je größer n ist. Im Fall von $n = 2$ spricht man von einem K_α-, im Fall von $n = 3$ von einem K_β-Übergang.

Ein Beispiel zur K-Strahlung, die an einer Wolframanode entsteht, zeigt Abb. 2. Die Intensität der Strahlung wird häufig in Abhängigkeit von der Wellenlänge aufgetragen, da diese in Beugungsexperimenten unmittelbar zugänglich ist. Die Umrechnung in Energiewerte $E = h \cdot f$ erfolgt über die Beziehung $f = c/\lambda$.

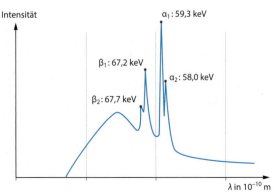

2 Röntgenspektrum von Wolfram

Das Auftreten von jeweils zwei charakteristischen Photonenenergien beim K$_\alpha$- sowie beim K$_\beta$-Übergang zeigt, dass die zugehörigen Ausgangsniveaus 2p bzw. 3p eine energetische *Feinstruktur* aufweisen: Die jeweils sechs 2p- bzw. 3p-Zustände haben nicht alle den gleichen Energiewert.
Die zur charakteristischen Strahlung führenden Zustandsänderungen können im Energieniveauschema veranschaulicht werden (Abb. 3).

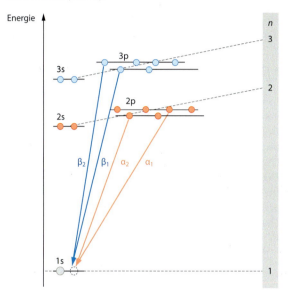

3 K-Übergänge im Energieniveauschema. Gemäß der Auswahlregel $\Delta l = \pm 1$ können nur Elektronen aus einer p-Unterschale ($l = 1$) auf das 1s-Niveau ($l = 0$) wechseln.

Näherungsformel: Moseley-Gesetz

Durch ein eingeschossenes Elektron wird in der Regel nur ein Elektron aus der Hülle eines Anodenatoms herausgeschlagen. In einer Näherung kann man davon ausgehen, dass sich das Elektron, das auf den freien Zustand wechselt, zunächst in einem Coulomb-Feld mit der zentralen Ladung $Q_{\text{Zentrum}} = Z_{\text{eff}} \cdot e$ befindet. Dieses stellt eine Überlagerung des Kernfelds und des Felds der übrigen Hüllenelektronen dar. Z_{eff} ist eine effektive Kernladungszahl, die kleiner als Z ist, da das Kernfeld durch die übrigen Elektronen abgeschwächt wird. In einem solchen Feld hängen die Energiewerte der einzelnen Elektronenzustände nur von der Hauptquantenzahl n ab und lassen sich exakt angeben. Für die Energiewerte des Wasserstoffatoms gilt nach 14.3:

$$E_n = -Q_{\text{Zentrum}}^2 \cdot Q_{\text{Elektron}}^2 \frac{m}{8 h^2 \cdot \varepsilon_0^2} \cdot \frac{1}{n^2}. \quad (2)$$

Verallgemeinert man dies auf die Energie von Elektronen in einem Zentralfeld mit $Q_{\text{Zentrum}} = Z_{\text{eff}} \cdot e$, so gilt:

$$E_n = -Z_{\text{eff}}^2 \cdot \frac{e^4 \cdot m}{8 h^2 \cdot \varepsilon_0^2} \cdot \frac{1}{n^2} \approx -Z_{\text{eff}}^2 \cdot \frac{13{,}6\ \text{eV}}{n^2}. \quad (3)$$

Bei einem Übergang des Elektrons vom Niveau n_A zum Niveau $n_B < n_A$ wird also die folgende Energie abgegeben:

$$E_{\text{Photon}} = \Delta E(n_A \rightarrow n_B) \approx Z_{\text{eff}}^2 \cdot 13{,}6\ \text{eV} \cdot \left(\frac{1}{n_B^2} - \frac{1}{n_A^2} \right). \quad (4)$$

Ein Übergang auf die K-Schale ist möglich, wenn diese nur einfach besetzt ist. In diesem Fall wird für die Elektronen der äußeren Schalen die Kernladung Z vor allem durch das verbliebene 1s-Elektron abgeschwächt. Für K-Übergänge kann daher $Z_{\text{eff}} = Z - 1$ als Näherungswert für die effektive Kernladungszahl dienen. Dies drückt sich in Gl. (1) aus, auf die HENRY MOSELEY bei der Auswertung von Röntgenspektren im Jahre 1913 stieß.

Vergleich mit Experimenten Abbildung 4 zeigt einen Vergleich experimenteller Daten mit den Photonenenergien, die sich nach dem Moseley'schen Gesetz für die K$_\alpha$- und die K$_\beta$-Strahlung ($n = 2$ und $n = 3$) ergeben. Die Abweichung ist bei den K$_\beta$-Übergängen etwas größer, da hier die abschirmende Wirkung der Elektronen der L-Schale einen größeren Einfluss hat. Die Feinstruktur ist in diesem Maßstab nicht sichtbar.

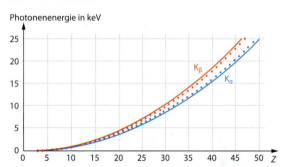

4 Messwerte und nach dem Moseley-Gesetz berechnete Photonenenergien der charakteristischen Röntgenstrahlung

AUFGABEN

1 Begründen Sie ohne Verwendung von Formeln die folgenden Aussagen:

a Gerade bei K$_\alpha$-Übergängen kann der Einfluss der anderen Hüllenelektronen (mit Ausnahme des 1s-Elektrons) in guter Näherung vernachlässigt werden.

b Je größer die Ordnungszahl eines Elements, desto kurzwelliger ist die charakteristische K$_\alpha$-Strahlung.

2 Auch eine Probe, die von einem Protonenstrahl getroffen wird, kann in der Folge charakteristische Röntgenstrahlung aussenden.

a Geben Sie die Wellenlänge der K$_\alpha$-Strahlung und der K$_\beta$-Strahlung einer Kupferprobe an.

b Welche Elemente enthält eine Probe, wenn im Spektrum der Röntgenstrahlung die Wellenlängen 0,19 nm, 0,057 nm und 0,050 nm charakteristische Linien darstellen?

Kinetische Energie und Impuls hängen voneinander ab. Die Feinstruktur innerhalb von Unterschalen ist u.a. eine Folge des relativistischen Zusammenhangs dieser Größen.

FORSCHUNG

15.1 Strukturbestimmung von Festkörpern

Als Festkörper werden im weiteren Sinne alle Gegenstände, die im festen Aggregatzustand vorliegen, bezeichnet. Unter ihnen gibt es viele, die eine *kristalline* Struktur besitzen, in denen also die Atome in einer wiederkehrenden Ordnung aufzufinden sind. Festkörper, in denen dies nicht der Fall ist, heißen *amorph*.

Zur Strukturbestimmung von Festkörpern werden elektromagnetische Wellen oder die Teilchenstrahlung als Werkzeuge benutzt; ihre Wellenlängen liegen meistens in der Größenordnung von Atomdurchmessern, also $\lambda \approx 0{,}1$ nm, oder auch darunter. Bei ihrer Wechselwirkung mit den zu untersuchenden Festkörpern ergeben sich Beugungsmuster, die Rückschlüsse auf deren innere Struktur zulassen.

Röntgenstrukturanalyse

Bei der Strukturbestimmung von Kristallen sind zumeist die Gitterstruktur und die lokale Anordnung der Atome von Interesse. Zur Untersuchung wird im einfachsten Fall Strahlung benutzt, die in einer Röntgenröhre entsteht. In großem Maßstab werden aber auch Elektronenspeicherringe eingesetzt, von denen die sehr intensive kurzwellige *Synchrotronstrahlung* ausgeht.

Trifft die Röntgenstrahlung auf einen Kristall, so kommt es zu einer Streuung an der periodischen Struktur und damit zu Beugungs- und Interferenzeffekten (vgl. 10.5). Interferenzmaxima von Röntgenstrahlung der Wellenlänge λ sind unter bestimmten Winkeln α_n zu beobachten, die der Bragg'schen Gleichung genügen:

$$n \cdot \lambda = 2d \cdot \sin \alpha_n. \tag{1}$$

Dabei ist d der Netzebenenabstand und n eine natürliche Zahl: $n = 1, 2, 3, \ldots$

Aus den Messwerten für α_n ergeben sich bei bekannter Wellenlänge die Netzebenenabstände und damit die Ausdehnungen der periodisch wiederkehrenden Struktur in verschiedenen Raumrichtungen.

Elementarzelle Die periodische Struktur eines Kristalls lässt sich mithilfe von Elementarzellen beschreiben: Jeder Kristall besitzt eine kleinste Einheit, die sich in immer gleicher Gestalt wiederholt. Im einfachsten Fall ist dies ein Würfel mit Atomen an den Ecken, es gibt aber auch andere Formen wie Quader oder Rhomboeder. Die Elementarzelle eines einfachen Salzkristalls ist in Abb. 1 dargestellt. Lithium- und Fluor-Ionen wechseln in allen drei Raumrichtungen periodisch. Die Intensität der Bragg-Reflexe lässt Rückschlüsse auf die lokale Umgebung und das Schwingungsverhalten der Atome im Kristall zu.

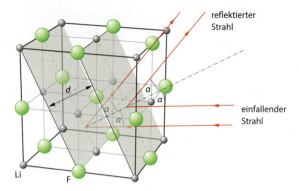

1 Elementarzelle von LiF mit typischen Netzebenen

Laue-Verfahren Ein typisches Beugungsmuster, das durch Bestrahlung eines Kristalls entsteht, zeigt Abb. 2. Der Kristall wird dabei so ausgerichtet, dass die Strahlung entlang einer Symmetrieachse seiner inneren Struktur einfällt. Dadurch entsteht auf der fotografischen Schicht bzw. im Detektor hinter dem Kristall ein symmetrisches Punktmuster. Die Punkte weiter außen entsprechen dabei Beugungsmaxima höherer Ordnung.

Eine solche Untersuchung von Kristallen wird als Laue-Verfahren bezeichnet. Die eingesetzte Strahlung ist hierbei in der Regel nicht monochromatisch.

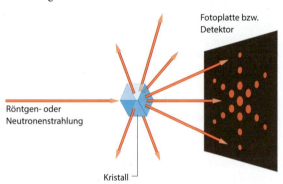

2 Symmetrische Muster, das beim Laue-Verfahren entsteht

Debye-Scherrer-Verfahren Häufig sind Kristalle für die Analyse mit Röntgenstrahlen zu klein, und sie liegen nur als Pulver vor. Das Pulver kann dann aber zu einem Zylinder gepresst und von monochromatischem Röntgenlicht durchstrahlt werden. Da die vielen kleinen Kristalle des Pulvers unregelmäßig orientiert sind, gibt es unter ihnen stets einige, deren Netzebenen für die einfallende Strahlung die Bragg'sche Reflexionsbedingung erfüllen. Die Interferenzmaxima liegen dann auf Strahlungskegeln (Abb. 3). Auf einer Fotoplatte, die senkrecht zum einfallenden Strahl steht, ergeben sich aus dem Schnitt der Strahlungskegel Kreise mit unterschiedlicher Schwärzung. Für eine Auswertung der Debye-Scherrer-Ringe werden ihre Radien sowie ihre relativen Intensitäten bestimmt.

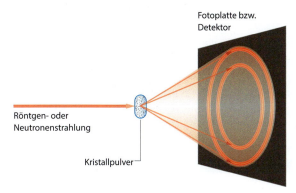

3 Beim Debye-Scherrer-Verfahren entstehen Strahlungskegel.

Strukturanalyse mit Elektronen und Neutronen

Neben Röntgenstrahlung können zur Strukturanalyse auch Elektronen- und Neutronenstrahlung eingesetzt werden, sofern deren Wellenlänge hinreichend klein ist. Um eine Wellenlänge von 0,1 nm zu erreichen, müssen Elektronen eine Energie von etwa 150 eV besitzen. Neutronen haben eine etwa 1836-mal größere Masse als Elektronen. Sie haben daher bei gleicher Wellenlänge eine sehr viel kleinere Energie: Schon bei 80 meV ergibt sich für Neutronen $\lambda \approx 0{,}1$ nm.

Da Elektronen nur wenige Nanometer in Kristalle eindringen, wird die Elektronenbeugung vorwiegend für die Untersuchung von Oberflächen benutzt. Die Wechselwirkung von Neutronen mit den Atomen des Kristalls ist dagegen vergleichsweise schwach. Neutronen durchdringen Kristalle in der Regel sogar leichter als Röntgenstrahlen.

Im Gegensatz zur Röntgenstrahlung treten Neutronen vorwiegend mit den Atomkernen und nicht mit den Elektronen des Festkörpers in Wechselwirkung. Atome mit kleiner Ordnungszahl, speziell Wasserstoff mit $Z = 1$, sind für Röntgenstrahlung nahezu »unsichtbar«. Die Wechselwirkung von Wasserstoffkernen mit Neutronen ist dagegen verhältnismäßig stark. Deswegen ist die Neutronenstrukturanalyse besonders zur Positionsanalyse der Wasserstoffatome in organischen Substanzen geeignet. Die Erzeugung von freien Neutronen zur Strukturuntersuchung ist allerdings nicht in einfachen Labors möglich; hierzu werden Kernreaktoren oder *Spallationsquellen* benötigt, in denen schwere Atomkerne durch Beschuss mit hochenergetischen Teilchen zertrümmert werden (vgl. 18.6).

Rastertunnelmikroskopie

Ein grundsätzlich anderes Verfahren zur Strukturbestimmung beruht darauf, die Oberfläche eines Festkörpers abzutasten, um ein Bild der atomaren Anordnung zu erhalten. Bei dieser Art der Mikroskopie wird eine feine Spitze über die zu untersuchende Festkörperoberfläche geführt (Abb. 4). Der Abstand zwischen Spitze und Oberfläche bewegt sich im Nanometerbereich.

Nach Anlegen einer Spannung von einigen Volt fließt zwischen der Spitze und der Oberfläche ein vom Abstand abhängiger Strom: Die Elektronen müssen zum Verlassen der Nadel eine Potenzialbarriere überwinden. Diese Barriere wird durch das Anlegen einer Spannung so weit gesenkt, dass die Wellenfunktion der Elektronen auch hinter der Barriere deutlich von null verschiedene Werte annimmt (vgl. 13.18). Einzelne Elektronen können dann die Barriere »durchtunneln«.

Mithilfe von Piezokristallen lässt sich die Spitze in zweierlei Weise über die Oberfläche führen: Entweder wird der Abstand zur Oberfläche oder aber die Tunnelstromstärke konstant gehalten. Die Spitze wird zeilenweise über die Oberfläche bewegt – so entsteht auf einem Monitor ein Bild der Oberfläche, auf dem unter Umständen sogar einzelne Atome zu erkennen sind.

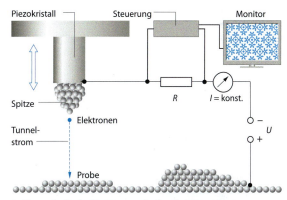

4 Messprinzip der Rastertunnelmikroskopie

AUFGABEN

1 Monochromatische Röntgenstrahlung der Wellenlänge $\lambda = 71$ pm trifft auf einen Kristall mit dem Netzebenenabstand $d = 315$ pm. Berechnen Sie den Winkel α des ersten Bragg'schen Beugungsmaximums.

2 Eine Strahlung soll die Wellenlänge $\lambda = 0{,}1$ nm besitzen. Berechnen Sie die Teilchenenergien für die drei Fälle, dass es sich um Röntgen-, Elektronen- bzw. Neutronenstrahlung handelt.

3 Begründen Sie, dass kristalline biologische Strukturen in der Regel mit Neutronen- und nicht mit Röntgenstrahlung untersucht werden.

4 Die Strahlung einer Röntgen- oder Neutronenquelle ist in der Regel nicht monochromatisch.

a Begründen Sie, dass es für die Bestimmung von Gitterabständen notwendig ist, Strahlung nur einer Wellenlänge zu verwenden.

b Beschreiben Sie eine Methode zur Erzeugung monochromatischer Strahlung.

Silicium ist ein nahezu unerschöpflicher Rohstoff, der in Sand- und Gesteinsschichten enthalten ist. Um ihn für die Halbleiterindustrie nutzbar zu machen, werden aus einer Schmelze große, nahezu perfekte Kristalle gezüchtet, die frei von Verunreinigungen sein müssen. Anschließend werden je nach Bedarf Fremdatome »eingebaut«, um die gewünschten elektrischen Eigenschaften zu erzielen.

15.2 Halbleiter

Die elektrische Leitfähigkeit eines Festkörpers hängt davon ab, wie viele bewegliche Ladungsträger in seinem Inneren vorhanden sind. In Metallen stehen freie Elektronen für den Stromtransport zur Verfügung, in Halbleitern wie Germanium oder Silicium dagegen sind nahezu alle Elektronen an die Atome gebunden. Jedoch kann ihre elektrische Leitfähigkeit durch äußere Parameter wie Temperatur, Belichtung oder Druck beeinflusst werden. Außerdem werden Halbleitermaterialien häufig *dotiert*: Es werden Fremdatome eingebaut, um nach Bedarf ein bestimmtes Leitungsverhalten zu realisieren.

Leitungsmechanismen In Halbleitern kann die elektrische Leitfähigkeit auf zweierlei Weise zustande kommen: Die *Eigenleitung* erfolgt in reinen Halbleitern durch Elektronen, die beispielsweise durch Zufuhr von thermischer Energie aus ihren Bindungen befreit wurden. Zur *Störstellenleitung* kommt es, wenn durch Einbau von Fremdatomen in das Kristallgitter reiner Halbleiter zusätzliche Ladungsträger bereitgestellt werden. Als Ladungsträger kommen dabei nicht nur Elektronen infrage, sondern auch Elektronenlücken, die kurz *Löcher* genannt werden. Elektronen und Löcher sind bis auf das Vorzeichen ihrer Ladung als gleichwertig zu behandeln.

Bändermodell Bilden freie Atome einen kristallinen Festkörper, so spalten die diskreten Energieniveaus der freien Atome zu eng beieinanderliegenden Gruppen von Niveaus auf. Diese bilden zusammen die Energiebänder. Für die elektrische Leitfähigkeit sind die Bänder mit den höchsten Energieniveaus von Bedeutung: das mit Elektronen aufgefüllte *Valenzband* und das nur teilweise besetzte *Leitungsband*. Letzteres liegt energetisch oberhalb des Valenzbands und ist durch eine Energielücke von ihm getrennt.

Eigen- und Störstellenleitung

In einem reinen Halbleiter wie Silicium (Si) bestehen kovalente Bindungen zwischen jedem Atom und seinen vier Nachbarn: Die vier Valenzelektronen des Si sind in Paarbindungen lokalisiert, es existieren keine freien Elektronen, und daher kann kein elektrischer Strom fließen. Dies gilt streng genommen jedoch nur für $T = 0$ K.

Wird die Temperatur erhöht, so können Elektronen aus den Paarbindungen entweichen und zu freien Elektronen werden. Damit stehen sie als Ladungsträger für den elektrischen Strom zur Verfügung. An einer frei gewordenen Stelle, an der sich vorher ein Elektron befand, fehlt nun ein Elektron. Diese Stelle wird als Loch oder auch Defektelektron bezeichnet – ihr wird eine positive Ladung zugeschrieben. Nach Anlegen einer Spannung bewegen sich die Elektronen zum Pluspol und die Löcher zum Minuspol (Abb. 2). Dieser Mechanismus, bei dem die Leitfähigkeit nur von der Temperatur abhängt, heißt Eigenleitung.

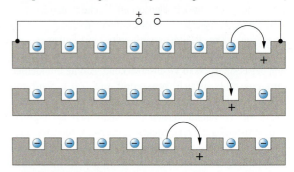

2 Löcherleitung im Modell

Durch Dotieren, also den Einbau von Fremdatomen in einen reinen Halbleiter, lässt sich die Anzahl von Elektronen oder von Löchern erhöhen (Abb. 3). Die Leitfähigkeit kann sich dabei erheblich ändern; man spricht in diesem Fall von einer Störstellenleitung.

n-Leitung und p-Leitung Dotiert man Silicium mit einem Element der V. Hauptgruppe des Periodensystems, z. B. As, so geben die eingebauten Atome, Donatoren genannt, jeweils ein Valenzelektron als freies Elektron ab. Es entsteht n-leitendes Silicium. Dotiert man es dagegen mit einem Element der III. Hauptgruppe des Periodensystems, z. B. Ga, so können diese Atome Elektronen aufnehmen; sie werden als Akzeptoren bezeichnet. Auf diese Weise entsteht p-leitendes Silicium.

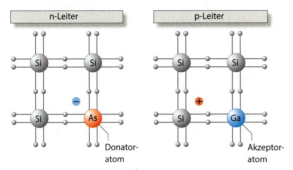

3 Schematische Darstellung von n- und p-leitendem Silicium

Bei Anlegen einer Gleichspannung an n-leitendes Silicium kommt der Ladungstransport durch die Elektronen zustande. Legt man dagegen an das p-leitende Silicium eine Gleichspannung an, so bilden die Löcher als Ladungsträger den elektrischen Strom: Jedes Loch transportiert eine positive Elementarladung (Abb. 2).

Bändermodell

In einem Einzelatom besetzen Elektronen nur bestimmte, diskrete Energieniveaus. Werden einem Atom weitere Atome hinzugefügt, so ist jeweils eine Aufspaltung der Energieniveaus zu beobachten. Für einen aus N Atomen bestehenden Festkörperkristall erfolgt schließlich eine Aufspaltung in N dicht benachbarte Energieniveaus. Dieses System nennt man *Energieband* (Abb. 4).

Das höchste voll besetzte Energieband ist das Valenzband, das darüber angeordnete, das leer oder nur teilweise besetzt ist, ist das Leitungsband. Die beiden Bänder sind bei Halbleitern und Isolatoren durch eine Bandlücke E_g voneinander getrennt, die auch als *Gap* bezeichnet wird.

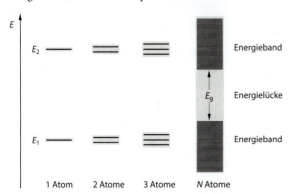

4 Aufspaltung der Energieniveaus einzelner Atome bei der Wechselwirkung von N Atomen

Betrachtet man die Energiezustände eines Festkörpers bei $T = 0$ K, so kann man sich diese bei der niedrigsten Energie beginnend lückenlos angeordnet vorstellen. Die Grenzenergie, bis zu der die Elektronen aufgefüllt sind, nennt man *Fermi-Energie* E_F. Ein voll besetztes Energieband kann nicht zur Stromleitung beitragen: Wenn nämlich Elektronen in einem voll besetzten Band zur Stromleitung beitrügen, würden sie beschleunigt. Sie erhielten kinetische Energie und würden dabei auf geringfügig höhere Energieniveaus angehoben. Da die nächsthöher liegenden Energiezustände jedoch bereits besetzt sind, ist eine solche Beschleunigung nicht möglich. Ist dagegen das höchste Band nur teilweise gefüllt, so können die entsprechenden Elektronen zur Leitfähigkeit beitragen.

Bei Metallen liegt E_F innerhalb eines Energiebands. Hier genügt eine kleine Energiezufuhr, um Ladungsträger zu bewegen. Liegt jedoch E_F innerhalb der Energielücke, so können nur solche Elektronen zur Leitfähigkeit beitragen, die die Energielücke überwunden haben (Abb. 5).

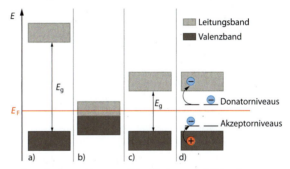

5 Energieniveauschemata für: a) Isolatoren, b) Metalle, c) Halbleiter, d) dotierte Halbleiter mit Störstellenniveaus

Ist E_g nicht zu groß, so können bei Energiezufuhr Elektronen in das Leitungsband gelangen und zum Stromtransport beitragen. Dies erklärt z. B. die Abnahme des Widerstands von Halbleitern bei Zunahme der Temperatur.

In Abb. 5 d liegen die Donatorniveaus knapp unterhalb der unteren Leitungsbandkante. Der Abstand entspricht der Energie, die notwendig ist, um ein Elektron vom Donator zu trennen. Entsprechendes gilt für die Lage der Akzeptorniveaus. Da die Abstände der Niveaus zu den Bandkanten klein sind, kann es zu einer p-Leitung im Leitungsband und zu einer n-Leitung im Valenzband kommen.

AUFGABEN

1 Vergleichen Sie die Temperaturabhängigkeit des Widerstands von Metallen und Halbleitern. Wieso werden Metalle auch als *Kaltleiter* bezeichnet?

2 Begründen Sie anhand von Abb. 2, dass bei der Berechnung von elektrischen Stromstärken stets die Summe der Stromstärken von negativen und positiven Ladungsträgern zu bilden ist.

Möglichst flach, möglichst leicht und im Idealfall auch noch biegsam: Dies sind die Anforderungen an neue Materialien für Computer- und TV-Bildschirme. Eine der vielen Technologien basiert dabei auf OLEDs, Halbleiterdioden aus organischem Material. Treffen positive und negative Ladungsträger zwischen unterschiedlichen Bereichen der Diode aufeinander, kommt es zu einem kurzen Lichtblitz.

1

15.3 p-n-Übergang

Die Grenzschicht zwischen einem p-dotierten und einem n-dotierten Halbleiter wird p-n-Übergang genannt. In solchen Grenzschichten laufen die physikalischen Prozesse ab, die für die Funktionsweise vieler Bauelemente – z. B. Dioden und Transistoren – entscheidend sind.

Raumladungszone Springt ein freies Elektron bei seiner Bewegung innerhalb der Grenzschicht in ein Loch – wird es also wieder zu einem Bindungselektron –, so spricht man von einer *Rekombination*. Durch Rekombination verringert sich sowohl die Anzahl der Elektronen als auch die der Löcher. In unmittelbarer Nähe der Grenzfläche entsteht eine Raumladungszone: Im p-Leiter fehlen zum Ladungsausgleich Löcher, im n-Leiter fehlen Elektronen. Zwischen n- und p-Gebiet baut sich ein elektrisches Feld auf.

p-n-Übergang mit Spannung Durch Anlegen einer Spannung an den p-n-Übergang ändert sich die Breite der Raumladungszone: Werden der Pluspol mit dem p-Gebiet und der Minuspol mit dem n-Gebiet verbunden, leitet der p-n-Übergang. Wenn die Polung vertauscht wird, sperrt er. Dieses Verhalten kann auf vielfältige Weise technisch genutzt werden.

Zustand ohne äußere Spannung

Bei einem p-n-Übergang grenzt ein homogen p-dotierter Halbleiter, z. B. Si, unmittelbar an einen homogen n-dotierten Halbleiter. In den beiden Gebieten gibt es jeweils einen großen Überschuss an beweglichen Ladungsträgern: Löcher im p-Leiter und Elektronen im n-Leiter. Durch thermische Bewegung diffundieren im Grenzbereich ständig Löcher in das n- und Elektronen in das p-Gebiet. Aufgrund der Rekombination von Elektronen und Löchern verarmt der Grenzbereich an beweglichen Ladungsträgern, und der elektrische Widerstand der Schicht wird sehr groß. Diese wird daher auch als Sperrschicht bezeichnet (Abb. 2).

Wegen der Verarmung der Löcher im p-Gebiet der Grenzschicht werden die negativen Ladungen der Akzeptoren nicht mehr ausgeglichen – dieses Gebiet wird so negativ geladen. Analog ist das n-Gebiet positiv geladen: Die Sperrschicht stellt eine Raumladungszone dar, in der ein elektrisches Feld vorliegt. Das Feld verhindert, dass weitere Ladungsträger in die jeweiligen Gebiete diffundieren. Dieser statische Zustand eines elektrischen Gleichgewichts wird der stromlose Fall eines p-n-Übergangs genannt.

Bändermodell Das Feld führt zu einer Potenzialdifferenz U_D, die in Abb. 2 als Potenzialschwelle zu erkennen ist. Viele freie Elektronen im Leitungsband des n-Leiters befinden sich in der Nähe der unteren Bandkante. Sie können nicht in das energetisch höher liegende Leitungsband des p-Leiters wechseln. Umgekehrt können die Löcher im Valenzband des p-Leiters nicht in den n-Leiter wechseln. Im thermodynamischen Gleichgewicht, also im stromlosen Zustand, stellt das Fermi-Niveau eine horizontale Gerade dar, die innerhalb der Bandlücke verläuft.

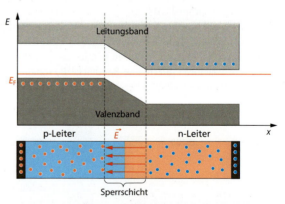

2 Stromloser p-n-Übergang: Bändermodell und Teilchenbild

Zustände bei angelegter Spannung

Wird an den p-n-Übergang eine Spannung wie in Abb. 3 angelegt, so werden die jeweils im Überschuss vorhandenen Ladungsträger von den entsprechenden Polen der Spannungsquelle angezogen. Die Sperrschicht verbreitert sich, der elektrische Widerstand wächst weiter an, und da

↳ In Netzgeräten wird eine Wechselspannung zunächst mit einer Diode
7.12 gleichgerichtet und anschließend »zerhackt«, bevor sie transformiert wird.

kein thermodynamisches Gleichgewicht mehr herrscht, liegt das Fermi-Niveau in der Kontaktzone nicht mehr auf konstanter Höhe. Die Fermi-Energie ist im n-Halbleiter um den Wert $e \cdot U$ abgesenkt, der p-n-Übergang ist in Sperrrichtung gepolt.

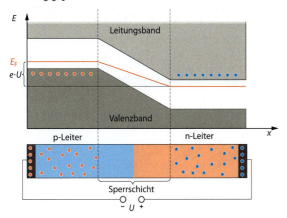

3 p-n-Übergang bei Polung in Sperrrichtung

Bei umgekehrter Polung der Spannungsquelle werden die im Überschuss vorhandenen Ladungsträger verschoben (Abb. 4). Die Breite der Sperrschicht nimmt ab, und der elektrische Widerstand wird kleiner. Wächst die angelegte Spannung so weit, dass das elektrische Feld in der Sperrschicht kompensiert wird, fließt ein Rekombinationsstrom aus den im Überschuss vorhandenen Elektronen, der auch als Durchlassstrom bezeichnet wird.

Die in das n-Gebiet fließenden Löcher treffen dort auf eine große Anzahl von Elektronen und rekombinieren. Von der Spannungsquelle werden ständig Elektronen nachgeliefert, sodass sich die Rekombination fortsetzt. Entsprechendes gilt für die Elektronen im p-Gebiet. Das p-n-Gebiet ist in *Durchlassrichtung* gepolt. Das Bändermodell zeigt, dass die im Überschuss vorhandenen Ladungsträger ohne zusätzliche Energiezufuhr die Grenzschicht überwinden können, da die Potenzialstufe reduziert ist.

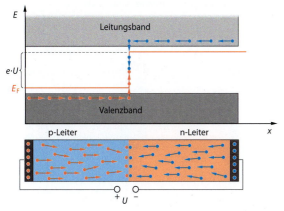

4 p-n-Übergang bei Polung in Durchlassrichtung

Durchbruch Wird bei einem in Sperrrichtung gepolten p-n-Übergang die angelegte Spannung ständig vergrößert, so lösen sich neben thermisch erzeugten Ladungsträgern weitere aus ihren Bindungen. Sie können die Sperrschicht überschwemmen, sodass ihr elektrischer Widerstand schlagartig sinkt und es zu einer Zerstörung des p-n-Übergangs kommt. Die Spannung, bei der dieser Prozess einsetzt, wird als Durchbruchspannung bezeichnet.

Dioden

Elektrische Bauelemente mit zwei elektrischen Anschlüssen, die den elektrischen Strom in nur einer Richtung durchlassen, heißen Dioden. Die Anschlüsse einer Halbleiterdiode werden wie in Abb. 5 durch zwei Symbole gekennzeichnet: Das Dreieck markiert den p-Halbleiter, der zur Stromrichtung senkrechte Strich den n-Halbleiter.

Das elektrische Verhalten des p-n-Übergangs wird beispielsweise zur Gleichrichtung von Wechselstrom genutzt. Je nach Polung des p-n-Übergangs kann eine Halbwelle des Wechselstroms den p-n-Übergang passieren. In diesem Fall liegt eine *Einweggleichrichtung* vor. Werden vier Dioden in der dargestellten Brückenschaltung angeordnet, spricht man von einer *Zweiweggleichrichtung*. Beide Halbwellen des Wechselstroms passieren den Verbraucher in gleicher Richtung, man spricht von einem pulsierenden Gleichstrom.

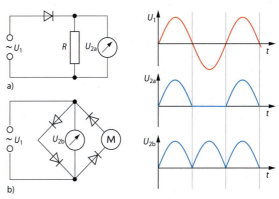

5 a) Einweggleichrichtung, b) Zweiweggleichrichtung mit Halbleiterdioden

■ AUFGABE

1 a Benennen Sie jeweils die beweglichen und die ortsfesten Ladungsträger in einem p-Leiter und in einem n-Leiter.

b Begründen Sie, dass sich beim Kontakt zwischen einem p-Leiter und einem n-Leiter eine Sperrschicht ausbildet. Beschreiben Sie die Situation in der Sperrschicht für den Fall, dass keine Spannung anliegt.

c Erläutern Sie jeweils das Verhalten einer Diode bei zunehmender Spannung in Sperrrichtung und in Durchlassrichtung.

Unter geeigneten Voraussetzungen kann ein p-n-Übergang Laserstrahlung emittieren. **13.13**

Solarzellen sind vielfältig einsetzbar, sie arbeiten geräuschlos und umweltfreundlich. Eine 1 µm dünne Siliciumschicht reicht, um die Energie des Sonnenlichts einzufangen und umzuwandeln. Steht ein geeigneter Speicher zur Verfügung, kann die Energie auch nachts genutzt werden.

15.4 Solarzelle und bipolarer Transistor

Eine Solarzelle ist eine Halbleiterdiode, in der Strahlungsenergie direkt in elektrische Energie umgewandelt wird: Photonen bewirken in der Raumladungszone eine Trennung von Ladungsträgern. An den Elektroden der Solarzelle entsteht eine Spannung.

In einem npn-Bipolartransistor gibt es zwei gegeneinander geschaltete p-n-Übergänge; die mittlere p-Schicht heißt *Basis*. Durch eine Spannung wird ein p-n-Übergang, der *Emitter-Basis-Übergang*, in Durchlassrichtung geschaltet: Elektronen fließen vom Emitter zur Basis. Da die Basis sehr dünn ist, gelangen die Elektronen noch vor einer Rekombination mit den Löchern in den in Sperrrichtung gepolten zweiten p-n-Übergang, den *Basis-Kollektor-Übergang*. Sie bilden den Kollektorstrom.

Ein Transistor kann als Schalter und als Verstärker verwendet werden. Bei Verwendung als Verstärker steuert eine kleine Spannung zwischen Basis und Emitter einen großen Kollektorstrom.

Solarzelle

Fällt auf einen p-n-Übergang Sonnenlicht, wirkt der p-n-Übergang als Spannungsquelle: Vor einer Lichteinstrahlung sind die Ladungsträgerdichten der Elektronen und Löcher in der Raumladungszone gleich groß. Die eintreffenden Photonen erzeugen in der Raumladungszone zusätzliche Elektron-Loch-Paare, die im vorhandenen elektrischen Feld getrennt werden (Abb. 2). Die Ladungsträger sammeln sich auf den Metallelektroden.

Die Spannung zwischen den Polen einer Solarzelle ist durch die Potenzialdifferenz innerhalb der Raumladungszone limitiert. Für die technische Nutzung stehen in der Regel bis zu 0,5 V zur Verfügung, größere Spannungen werden durch Reihenschaltung mehrerer Solarzellen erreicht. p-n-Übergänge können in ähnlicher Funktion als Strahlungsdetektoren Anwendung finden; Beispiele sind Fotodioden.

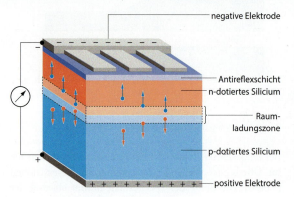

2 Schematischer Aufbau einer Solarzelle

Transistor

Zwei p-n-Übergänge bilden einen Transistor. Abbildung 3 zeigt den Aufbau eines bipolaren npn-Transistors. Sind die p- und n-Gebiete jeweils vertauscht, liegt ein pnp-Transistor vor. Beide Typen arbeiten analog. Im Folgenden wird nur der npn-Transistor beschrieben – die Aussagen lassen sich entsprechend auf den pnp-Transistor übertragen.

Der npn-Transistor besteht aus unterschiedlich dotierten Halbleiterschichten. Der linke p-n-Übergang ist in Durchlass- und der rechte in Sperrrichtung gepolt. Die vom Emitter (E) ausgesandten Elektronen werden durch die Basis (B) vom Kollektor (C) abgesaugt. Da die Basis sehr dünn ist, kommt es dort kaum zu Rekombinationen.

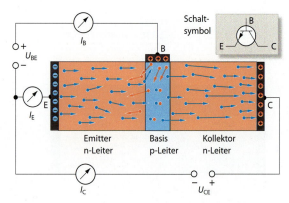

3 npn-Transistor in Emitterschaltung mit Schaltsymbol

250

MECHANIK UND GRAVITATION | ELEKTRIZITÄT | SCHWINGUNGEN UND WELLEN

STRUKTUR DER MATERIE | 15 Eigenschaften von Festkörpern

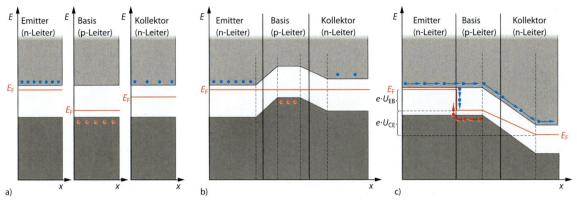

4 Bändermodell für einen npn-Transistor mit Leitungs- und Valenzbändern: a) einzelne p- und n-Gebiete; b) spannungsloser Zustand; c) Zustand mit anliegenden Spannungen U_{BE} und U_{CE}

Mit der in Exp. 1 verwendeten Schaltung lässt sich eine U_{BE}-I_C-Kennlinie aufnehmen. Es sind drei Bereiche zu unterscheiden:

I) Bleibt die Spannung U_{BE} unter einem Schwellenwert, der vom benutzten Transistor abhängt, so fließt kein Kollektorstrom. Damit ist $I_C = 0$, der Transistor sperrt.

II) Beim Überschreiten einer ersten Schwellenspannung für U_{BE} beginnt ein Kollektorstrom zu fließen, damit wird der Widerstand des Transistors kleiner. Über einen weiten Bereich steigt I_C linear an: $I_C \sim U_{BE}$.

III) Beim Überschreiten einer weiteren Schwellenspannung für U_{BE} stiegt I_C nicht weiter an, der Transistor ist leitend.

Im Bereich II fließt auch ein Basisstrom I_B, der wesentliche kleiner ist als I_C. Hier ist $I_B \sim U_{BE}$, die Kollektorstromstärke hängt also linear mit der Basisstromstärke zusammen. Dies wird als Transistoreffekt bezeichnet.

EXPERIMENT 1

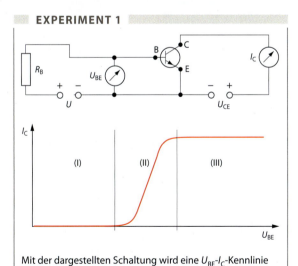

Mit der dargestellten Schaltung wird eine U_{BE}-I_C-Kennlinie aufgenommen. Im Kollektor-Emitter-Kreis fließt dann ein Kollektorstrom, wenn ein Basisstrom I_B fließt.

Aus der Kennlinie ergeben sich zwei technische Anwendungen für Transistoren:

1. Bei geeigneter Wahl von U_{BE} kann ein Transistor als Schalter benutzt werden. Er kann die Zustände »0« und »1« für Sperren und Leiten annehmen.
2. Im Bereich II kann der Transistor als Verstärker benutzt werden. Eine kleine Änderung der Eingangsgröße U_{BE} führt zu einer großen Änderung der Ausgangsgröße I_C.

Bändermodell Abbildung 4 zeigt das Bändermodell für die Vorgänge im Transistor. Beim Zusammenfügen der n- und p-Gebiete gleichen sich jeweils die Fermi-Niveaus an – die Valenz- und Leitungsbänder werden verschoben. Den Leitungsbandelektronen des Emitters steht die Energiebarriere zur Basis gegenüber, die sie nicht überwinden können (Abb. 4 b). Erst die angelegte Basis-Emitter-Spannung U_{BE} senkt diese Barriere (Abb. 4 c), sodass es zu einem Basisstrom I_B kommt. Damit gelangen die Elektronen durch die sehr dünne Basis in den energetisch günstigen Bereich des Kollektors, wo durch die Spannung $U_{CE} > U_{BE}$ die Energieniveaus abgesenkt sind.

AUFGABEN

1. Ein npn-Transistor soll als Schalter benutzt werden. Fertigen Sie eine Schaltskizze an, und bezeichnen Sie jeweils den Steuer- und den Arbeitsstromkreis.
2. Für Sensoren zur Erfassung physikalischer Größen verwendet man u. a. Halbleiterbauelemente. Geben Sie zwei Beispiele hierfür an, und erklären Sie jeweils das Messprinzip.
3. Typische Solarzellen liefern, unabhängig von ihrer Größe, eine Spannung von ca. 0,5 V. Erläutern Sie Möglichkeiten, wie einer Vielzahl von Solarzellen durch geeignete Schaltungen größere Spannungen bzw. Stromstärken entnommen werden können.
4. Recherchieren Sie Vor- und Nachteile von Solarzellen aus mono- bzw. polykristallinem Silicium.

TECHNIK

15.5 Anwendungen von Halbleitern

MOSFET

Eine technische Alternative zum Bipolartransistor stellt der *metal-oxide-semiconductor field-effect transistor*, kurz MOSFET, dar: Er kann besonders kostengünstig produziert werden und sehr kleine Abmessungen besitzen. Auf einem p-leitenden Halbleiter sind zwei n-dotierte Gebiete eingebracht. Damit entstehen zwei p-n-Übergänge (Abb. 1). Einer der beiden ist unabhängig von der an den n-Gebieten anliegenden Spannung stets in Sperrrichtung gepolt.

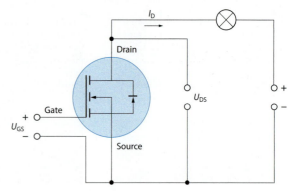

2 Schaltung zur Steuerung einer Glühlampe mit einem MOSFET. Das Schaltsymbol des MOSFET unterscheidet sich von dem eines Bipolartransistors.

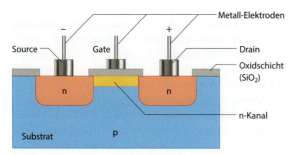

1 Aufbau eines n-Kanal-MOSFET-Bauelements

Die beiden n-Gebiete sind durch einen *Kanal* verbunden, der durch Anlegen einer Spannung leitfähig gemacht werden kann. Kanal und *Gate* sind durch eine Isolierschicht, z. B. aus SiO_2, voneinander getrennt. Wird eine Spannung zwischen *Source* und Gate angelegt, sodass die Gate-Elektrode auf positivem Potenzial liegt, so werden die Elektronen durch das elektrische Feld aus dem p-Gebiet in Richtung Gate gezogen: Unterhalb der Isolierschicht entsteht eine Zone erhöhter Ladungsträgerkonzentration, ein leitender n-Kanal.

Liegt nun zwischen Source und *Drain* eine Spannung an, kann der Drain-Strom fließen. Die SiO_2-Schicht isoliert so gut, dass das positiv geladene Gate auch dann seine Ladung beibehält, wenn die Spannungsquelle zwischen Source und Gate abgeschaltet wird. Mit MOSFETs, die man häufig den bipolaren Transistoren vorzieht, können Speicherzellen gebaut werden. In Abb. 1 ist ein n-Kanal-MOSFET, der einem npn-Transistor entspricht, dargestellt – analog zu diesem gibt es auch einen p-Kanal-MOSFET, der ein Pendant zum pnp-Transistor darstellt.

Ein MOSFET kann wie ein bipolarer Transistor auch zur Stromsteuerung benutzt werden (Abb. 2): Durch Variation der Source-Gate-Spannung U_{GS} kann die Größe der Drain-Stromstärke I_D gesteuert werden. Aus der dargestellten Schaltung kann auch das Schaltsymbol für einen MOSFET entnommen werden. Die Schwellenspannung für den hier eingesetzten MOSFET liegt zwischen 2 und 4 V.

Fotodiode

Eine Fotodiode ist eine lichtempfindliche Diode, deren p-n-Übergang in Sperrpolung geschaltet ist (Abb. 3). Bei Lichteinfall setzt ein Stromfluss ein, dessen Stärke etwa proportional zur Beleuchtungsintensität ist. Das Arbeitsprinzip einer Fotodiode beruht auf dem *inneren Fotoeffekt*: Photonen, die mit einer Energie $h \cdot f$ auf den p-n-Übergang fallen, heben Elektronen aus dem Valenzband in das Leitungsband. Bei anliegender Spannung fließen die Elektronen zum Plus-, die Löcher zum Minuspol.

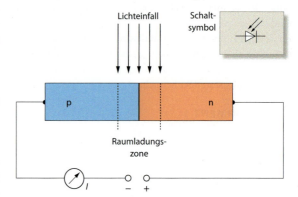

3 Aufbau einer Fotodiode

Fotodioden reagieren nicht nur auf sichtbares Licht. Mit ihnen können auch höherenergetische Photonen der UV- oder Röntgenstrahlung sowie Teilchen der Kernstrahlung registriert werden.

CCD-Sensor

Die Abkürzung CCD steht für *charge-coupled device* und bedeutet »ladungsgekoppeltes Bauteil«. Dieses elektronische Bauelement ist in der Lage, elektrische Ladungen zu transportieren.

252

Bei der herkömmlichen Fotografie gibt es einen lichtempfindlichen Film, auf den eine Optik ein Bild projiziert. In der Digitalfotografie ersetzt ein CCD-Sensor den Film. Dieser Sensor besteht aus einer zweidimensionalen Anordnung, einem *Array* von Fotodioden, in denen das auffallende Licht Elektronen aus ihren Bindungen löst und für einen Ladungstransport bereitstellt.

Diese Elektronen werden in Form von Ladungspaketen auf kleinen Kondensatoren gesammelt (Abb. 4a). Die Größe der Ladung hängt dabei von der Lichtintensität und von der Belichtungsdauer ab.

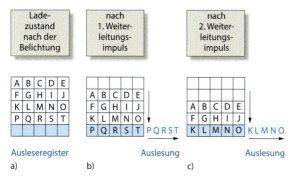

4 Prinzipielle Arbeitsweise eines CCD-Sensors

Auslesen des Sensors Die Ladungspakete, die in den einzelnen Zellen des Sensors gespeichert sind, lassen sich von Zelle zu Zelle verschieben. In Abb. 4b sind sämtliche Ladungspakete um eine Zeile nach unten verschoben worden. Innerhalb der untersten Zeile, der Registerzeile, werden die Pakete mit einer sehr hohen Taktfrequenz nach rechts auf einen Analog-Digital-Wandler gebracht. Dort wird die »analoge« Ladung eines Pakets bestimmt und in einen digitalen Code umgewandelt. Ist eine Zeile abgearbeitet, können die nächsten Ladungspakete in die Registerzeile nachrücken (Abb. 4c). Die Steuerelektronik für das Auslesen der Pakete arbeitet mit Frequenzen im Bereich von einigen 10 MHz.

Abbildung 5 zeigt schematisch, wie die Verschiebung der Ladungspakete in einem CCD-Sensor funktioniert: Eine Steuerelektronik sorgt durch Veränderung der Spannungen dafür, dass die Ladungspakete zum richtigen Zeitpunkt in die gewünschte Richtung wandern; in der Abbildung wandern die Elektronen nach rechts.

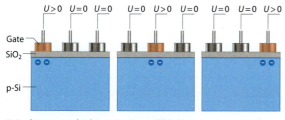

5 Ladungsverschiebung in einem CCD-Sensor

Farbfotografie Die Fotodioden des CCD-Sensors sind nicht in der Lage, Farben zu unterscheiden. Um diese für die Digitalfotografie unentbehrliche Fähigkeit zu erbringen, wird mit einer Filtertechnik zunächst für jede Grundfarbe, Rot, Grün und Blau, ein Einzelbild erzeugt. Die Einzelbilder werden dann codiert und für den Betrachter in RGB-Form ausgegeben.

Miniaturisierung

Eine Voraussetzung für die Entwicklung kompakter elektronischer Geräte ist die Herstellung immer kleinerer Transistoren. Damit gelingt es, die Computerchips bei zunehmender Leistungsfähigkeit immer weiter zu verkleinern. Lange Zeit galt hierfür, dass sich die Dichte der Transistoren auf einem Chip in einem festen Zeitraum von etwa zwei Jahren immer verdoppelt.

Abbildung 6 zeigt beispielhaft, wie die Dichte von Transistoren erhöht werden kann: In einem 3D-Tri-Gate-Transistor stehen die Halbleiterbahnen hochkant. Ein Vorteil besteht zusätzlich darin, dass die Wege der Ladungsträger hier kürzer und dadurch höhere Taktraten zu erreichen sind. Außerdem steht dem Stromfluss durch die dreidimensionale Anordnung ein größeres Leitervolumen zur Verfügung; dies führt zu einem geringeren elektrischen Widerstand, also zu kleineren Energieverlusten.

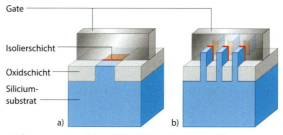

6 Planartransistor (a) und 3D-Tri-Gate-Transisitor (b)

AUFGABEN

1. Charakterisieren Sie wesentliche Unterschiede zwischen einem bipolaren Transistor und einem MOSFET. Erläutern Sie eine Schlussfolgerung, die sich daraus für ihren praktischen Einsatz ergibt.
2. In Abb. 4 ist die Arbeitsweise eines CCD-Sensors bei der Erfassung von Graustufenbildern schematisch dargestellt. Erläutern Sie, wie sich im Unterschied dazu Farbbilder aufnehmen lassen.
3. Sowohl Solarzellen als auch Fotodioden reagieren auf Licht. Beschreiben Sie die Unterschiede in der Wirkungsweise der beiden Bauelemente.
4. Recherchieren Sie die Aussage des *Moore'schen Gesetzes* zur Miniaturisierung von Bauelementen. Begründen Sie, dass dieses Gesetz vermutlich nicht mehr lange gültig sein wird.

Ein kleiner Magnet schwebt dauerhaft über einer gekühlten Platte: Sie ist supraleitend und verdrängt jegliches Magnetfeld aus ihrem Inneren. Supraleitung ist ein quantenmechanischer Effekt, der heute besonders in der Forschung genutzt wird; möglicherweise kann er aber eines Tages auch beim verlustlosen Speichern und Transportieren von Energie Bedeutung erlangen.

15.6 Supraleitung

Der elektrische Widerstand vieler Festkörper fällt sprunghaft auf null, wenn sie auf eine ausreichend tiefe Temperatur abgekühlt werden. Dieser Effekt heißt Supraleitung. Die Sprungtemperatur T_C liegt bei Elementen unterhalb von 10 K, allerdings gibt es spezielle Verbindungen, *Hochtemperatur-Supraleiter*, mit T_C-Werten von über 100 K.

Das völlige Verschwinden des elektrischen Widerstands bei sehr tiefen Temperaturen erklärt die BCS-Theorie: Je zwei Elektronen bilden danach Cooper-Paare, die sich gemeinsam durch das Gitter des Festkörpers bewegen.

Meißner-Ochsenfeld-Effekt Ein Supraleiter kann ein Magnetfeld aus seinem Inneren verdrängen. Er verhält sich damit wie ein perfekter Diamagnet.

Temperaturabhängigkeit des Widerstands

Die Temperaturabhängigkeit des elektrischen Widerstands R kann in weiten Temperaturbereichen näherungsweise durch eine lineare Gleichung beschrieben werden:

$$R(T) = R_0 \cdot (1 + \alpha \cdot \Delta T). \qquad (1)$$

Darin ist T die absolute Temperatur, R_0 der elektrische Widerstand bei 293 K und α der Temperaturkoeffizient.

Der Widerstand eines Leiters hängt von seiner Länge l und seiner Querschnittsfläche A ab: $R = \rho \cdot l/A$. Im spezifischen Widerstand ρ drücken sich die Materialeigenschaften aus: $\rho(T)$ ist proportional zu $R(T)$.

Der Temperaturverlauf des spezifischen Widerstands von Blei ist in Abb. 2 dargestellt. Er entspricht über einen großen Temperaturbereich der Gleichung (1). Zum Vergleich enthält die Abbildung die $\rho(T)$-Kurve einer supraleitenden YBaCuO-Verbindung, die ein ganz anderes Verhalten zeigt. Gemeinsam ist aber beiden Substanzen der sprunghafte Rückgang des spezifischen Widerstands auf null unterhalb einer bestimmten Temperatur. Blei zeigt diesen Sprung bei 7,2 K, die YBaCuO-Verbindung bei 90 K.

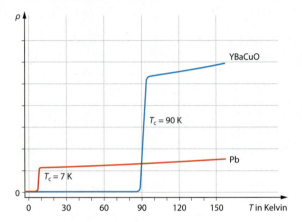

2 Spezifischer Widerstand von Blei und einer YBaCuO-Verbindung in Abhängigkeit von der Temperatur

Entdeckt wurde dieses Phänomen vom Niederländer HEIKE KAMERLINGH ONNES. Er untersuchte 1911 die Leitfähigkeit von Quecksilber in der Nähe des absoluten Nullpunkts. Seine Untersuchungen ergaben für Quecksilber eine Sprungtemperatur des Widerstands von etwa 4 K.

Inzwischen gelingt es, Hochtemperatur-Supraleiter mit Sprungtemperaturen von bis zu 140 K herzustellen. Daraus ergeben sich neben der verlustlosen Stromleitung vielfältige Anwendungsmöglichkeiten wie die Erzeugung starker Magnetfelder oder die Konstruktion von Magnetlagern und Schwungrad-Energiespeichern.

BCS-Theorie

Der elektrische Widerstand in Festkörpern kommt nach einfachen Modellen dadurch zustande, dass die beweglichen Ladungsträger mit dem Ionengitter in Wechselwirkung treten. Die Wechselwirkung wird bei zunehmender Temperatur intensiver.

Das sprunghafte Abnehmen des Widerstands auf den Wert null können solche einfachen Modelle jedoch nicht erklären, und so blieb die Supraleitung lange Zeit ein rätselhaftes Phänomen. Erst eine Theorie von BARDEEN, COOPER und SCHRIEFFER aus dem Jahr 1957, die BCS-Theorie, konnte den Effekt deuten:

Supraleitende Spulen sind als Speichermedien für magnetische Feldenergie geeignet. → 7.8

Ein Leitungselektron zieht benachbarte positiv geladene Gitterionen an und erzeugt so eine lokale Kontraktion des Gitters. Bewegt sich nun das Elektron durch das Gitter, so wird durch die leicht gestiegene Konzentration der positiven Gitterionen ein weiteres Elektron angezogen (Abb. 3). Beide Elektronen bilden zusammen ein *Cooper-Paar*, das sich widerstandsfrei durch das Gitter bewegen kann.

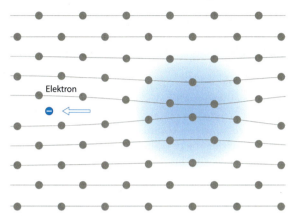

3 Das bewegte Elektron hinterlässt eine Verdichtung von positiven Gitterionen, die ein weiteres Elektron anzieht.

Die beiden Elektronen eines Cooper-Paars befinden sich in einem Zustand, in dem die potenzielle Energie etwas abgesenkt ist – sie befinden sich in benachbarten Potenzialmulden. Der maximale Abstand, den die Elektronen voneinander haben können, beträgt etwa 10 bis 100 nm, also einige Hundert Atomabstände.

Cooper-Paare als Bosonen Ein Elektron des Cooper-Paars hat einen Spin von $+\frac{1}{2}$, das andere einen Spin von $-\frac{1}{2}$; einzeln betrachtet sind die Elektronen Fermionen (vgl. 14.5). Mit dieser antiparallelen Spinausrichtung wird ein Zustand minimaler potenzieller Energie erreicht. Ein Cooper-Paar hat den Gesamtspin 0; es gehört damit zur Klasse der Bosonen, für die das Pauli-Prinzip nicht gilt: Bosonen können sich in großer Zahl gleichzeitig im selben Energiezustand befinden.

Bei entsprechend niedriger Temperatur befinden sich in einem Supraleiter die Elektronen als Cooper-Paare in einem energetisch niedrigen Niveau des Leitungsbands. Wird nun an einen Leiter mit diesen Ladungsträgern ein äußeres elektrisches Feld angelegt, werden alle Cooper-Paare beschleunigt. Ein Paar allein kann nicht mit dem Ionengitter wechselwirken und mit ihm Impuls oder Energie austauschen, ohne aus dem Verband auszubrechen und seine Eigenschaft als Boson zu verlieren. Das aber hat zur Konsequenz, dass keines der Paare mit dem Gitter wechselwirken kann, wenn nicht die Energie zum Aufbrechen der Paare bereitgestellt wird: Es erfolgt ein verlustfreier Ladungstransport durch das Gitter.

Grenzen der BCS-Theorie Die Bindung zwischen den Elektronen eines Cooper-Paars ist relativ schwach, sie kann durch Temperaturerhöhung oder äußere Felder leicht zerstört werden. Da im Bereich von 100 K keine Cooper-Paare mehr existieren können, lässt sich das Verhalten der Hochtemperatur-Supraleiter nicht im Rahmen der BCS-Theorie erklären.

Supraleitung und Magnetfeld

Der Meißner-Ochsenfeld-Effekt tritt auf, wenn man einen im Magnetfeld befindlichen Supraleiter auf eine Temperatur unterhalb seiner Sprungtemperatur abkühlt. Das Magnetfeld wird dann aus dem Inneren des Supraleiters verdrängt. Dies ist darauf zurückzuführen, dass in einer dünnen Schicht an der Oberfläche durch das äußere Magnetfeld verlustfreie Wirbelströme erzeugt werden. Diese erzeugen ihrerseits ein dem äußeren Magnetfeld entgegengerichtetes Magnetfeld, das zur beobachteten Abstoßung in Abb. 1 führt. Der Effekt kann für supraleitende Magnetlager technisch genutzt werden.

Josephson-Effekt Cooper-Paare sind ähnlich wie Einzelelektronen in der Lage, Potenzialbarrieren zu durchtunneln (vgl. 13.18). Eine solche Barriere kann darin bestehen, dass zwei Supraleiter durch eine dünne Isolierschicht bzw. eine nichtsupraleitende Schicht voneinander getrennt sind.

Eine technische Anwendung des Effekts besteht in höchst empfindlichen Magnetfelddetektoren, die SQUIDs genannt werden: *Superconducting Quantum Interference Devices*. Ein SQUID besteht aus einem ringförmigen Supraleiter, der an zwei Stellen durch dünne normal leitende Bereiche unterbrochen ist. Der magnetische Fluss, der das SQUID durchsetzt, ist quantisiert, eine Änderung des Flusses ist nur um ganzzahlige Vielfache eines Flussquants möglich. Mit einem SQUID können solche kleinen Änderungen und auch extrem schwache Magnetfelder, etwa bis zu $3 \cdot 10^{-15}$ T, nachgewiesen werden.

AUFGABEN

1 Begründen Sie, dass die Untersuchung von Hochtemperatur-Supraleitern einen aktuellen Forschungsschwerpunkt darstellt.

2 Ein 5,0 m langer Aluminiumleiter hat eine kreisförmige Querschnittsfläche ($d = 1{,}0$ mm). Für Aluminium ist die Sprungtemperatur $T_C = 1{,}2$ K, der Temperaturkoeffizient $\alpha = 0{,}0043$ K^{-1} und der spezifische elektrische Widerstand $\rho = 2{,}7 \cdot 10^{-8}$ $\Omega \cdot$m (bei $T_0 = 293$ K).

a Stellen Sie den elektrischen Widerstand R des Leiters in Abhängigkeit von der Temperatur T im Intervall [250 K; 350 K] grafisch dar.

b Ist die in Teil a verwendete Gleichung auch zur Berechnung von Widerständen geeignet, wenn die Temperatur in der Nähe der Sprungtemperatur liegt?

»Der Mann mit dem Goldhelm« zählt zu den herausragenden Werken Rembrandts. Jedoch führte eine Neutronen-Autoradiografie des Bilds, also die Untersuchung seiner Atomkerne, zu einem verblüffenden Ergebnis: Es stammt nicht vom Meister selbst, sondern vermutlich aus der Hand eines unbekannten Mitarbeiters seiner Werkstatt.

16.1 Aufbau von Kernen

Aus den Experimenten von ERNEST RUTHERFORD folgte, dass Atome aus einem positiv geladenen Kern und einer negativ geladenen Elektronenhülle bestehen. Später stellte sich heraus, dass in den Atomkernen neben den positiv geladenen Protonen auch Neutronen anzutreffen sind, die nicht elektromagnetisch wechselwirken.

Die Anzahl der Nukleonen, also der Protonen und der Neutronen, bestimmt die Eigenschaften des Kerns. Um einen Kern zu charakterisieren, wird die Schreibweise ^A_Z*Element* verwendet. Darin stehen A für die Gesamtanzahl der Nukleonen und Z für die Ordnungszahl, auch *Kernladungszahl*, des Elements. Sie gibt die Anzahl der Protonen im Kern an.

Eine verkürzte Schreibweise ist *Element-A*. Auch sie ist eindeutig, da Z mit der Angabe des Elements festgelegt ist. In einem neutralen Atom befinden sich Z Protonen im Kern und ebenso viele Elektronen in der Hülle.

Kerne mit einer bestimmten Zusammensetzung werden als *Nuklide* bezeichnet. Nuklide gleicher Ordnungszahl gehören zum selben chemischen Element. Auch wenn Atome bei gleicher Ordnungszahl Z eine unterschiedliche Neutronenanzahl N besitzen, sind sie chemisch nahezu identisch. Solche *Isotope* können sich aber physikalisch deutlich unterscheiden. Zu fast jedem Element gibt es natürliche Isotope.

Atomare Masseneinheit u Als Grundgröße wird in der Atomphysik die atomare Masseneinheit u *(atomic mass unit)* verwendet. Dieser Wert entspricht $\frac{1}{12}$ der Masse eines Kohlenstoffatoms C-12 (oder $^{12}_6$C):

$$1\,\text{u} = \frac{m_{\text{C-12}}}{12} = \frac{12\,\text{g}\cdot\text{mol}^{-1}}{12\cdot 6{,}022\cdot 10^{23}\,\text{mol}^{-1}}$$

$$1\,\text{u} = 1{,}660\,539\cdot 10^{-27}\,\text{kg} \qquad (1)$$

Die Masse freier Protonen und Neutronen beträgt:
$m_\text{p} = 1{,}007\,276$ u   bzw. $m_\text{n} = 1{,}008\,665$ u.

Nuklidkarte

Das stabile Proton stellt den Kern des Wasserstoffatoms dar, es ist Träger einer positiven Elementarladung (vgl. 5.2). Zusammen mit einem Neutron bildet es den Kern des stabilen Wasserstoffisotops Deuterium $^2_1$H; mit einem weiteren Neutron entsteht das instabile Tritium $^3_1$H.

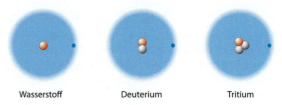

2 Die drei Isotope des Wasserstoffs

Zwei Protonen und zwei Neutronen bilden den Kern des Heliumatoms $^4_2$He. Diese Reihe setzt sich fort bis zur schwersten stabilen Kernart, dem Bleinuklid Pb-208. In der Natur gibt es etwa 270 stabile und 70 radioaktive Nuklide. Weit mehr als 2000 meist radioaktive Nuklide können künstlich erzeugt werden.

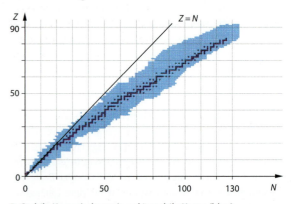

3 Stabile Kerne (schwarz) und instabile Kerne (blau)

Die Nuklidkarte bietet eine Darstellung sämtlicher vorkommenden Nuklide (Abb. 3): Hier sind die Ordnungszahl Z und die Neutronenzahl N gegeneinander aufgetragen. Die Anzahl N der Neutronen ist die Differenz der Nukleonenzahl A und der Ordnungszahl Z, es gilt also: $N = A - Z$.

Auf der Nuklidkarte ist zu erkennen, dass im Bereich leichter Kerne die Anzahl der Neutronen ungefähr gleich der Anzahl der Protonen ist. Bei schwereren Kernen überwiegt die Anzahl der Neutronen.

Einen Ausschnitt der Nuklidkarte zeigt Abb. 4: Hier finden sich genauere Angaben zur durchschnittlichen Masse der Atome eines Elements sowie zur Häufigkeit der natürlich vorkommenden Isotope.

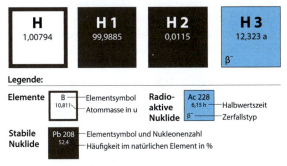

4 Ausschnitt aus der Nuklidkarte

Neutronen

Entdeckung Mithilfe der Massenspektroskopie wurden schon 1912 genaue Untersuchungen an Atomkernen durchgeführt. Dabei stellte sich heraus, dass die spezifische Ladung, also das Verhältnis von Ladung und Masse, bei den Atomkernen kleiner ist als bei einem Proton.

Anfangs wurde angenommen, dass sich neben den bekannten Protonen im Kern noch Elektronen befinden, die die positive Ladung teilweise neutralisieren. Aus der Heisenberg'schen Unbestimmtheitsrelation (vgl. 13.19) folgt jedoch, dass der Aufenthalt für Elektronen im Kern äußerst unwahrscheinlich, quasi unmöglich ist.

Bereits 1920 schlug Rutherford ein neutrales Nukleon vor, um die Nukleonenzahlen der Kerne zu erklären. 1932 wies dann JAMES CHADWICK die Existenz der Neutronen durch präzise Vermessung der Teilchenbahnen bei Stoßprozessen in Nebelkammeraufnahmen nach.

Eigenschaften Da die Neutronen nicht der elektromagnetischen Wechselwirkung unterliegen, kann ihre Masse nicht wie im Fall geladener Teilchen mithilfe von Massenspektrometern bestimmt werden. Die Massenbestimmung gelingt nur indirekt durch genaues Betrachten der Energiebilanzen bei Kernreaktionen. Freie Neutronen sind nicht stabil, sie zerfallen mit einer Halbwertszeit von 10 min in ein Elektron und ein Proton.

Da sie keine elektromagnetische Wechselwirkung zeigen, besitzen die Neutronen außerdem eine hohe Durchdringungsfähigkeit: Die Wahrscheinlichkeit von Stößen mit den Atomkernen sowie die Wahrscheinlichkeit von Kernreaktionen ist relativ gering; beide Wahrscheinlichkeiten hängen von der Geschwindigkeit der Neutronen ab.

FORSCHUNG

Untersuchungen mit Neutronenstrahlen sind oft geeignet, Röntgenmethoden zu ergänzen (vgl. 15.1). Langsame Neutronen aus Forschungsreaktoren eignen sich zur Strukturuntersuchung von Festkörpern und zur zerstörungsfreien Materialuntersuchung beispielsweise von Metallen und Kunststoffen. Fast alle Metalle sind für Neutronen durchlässig, eine 10 cm dicke Aluminiumschicht schwächt einen Neutronenstrahl nur um etwa ein Drittel. Die Neutronen werden aber an den Wasserstoffkernen der Kunststoffe in elastischen Stößen gestreut.

Im Rahmen einer Funktionsprüfung kann ein Neutronenstrahl beispielsweise einen Aluminiummotorblock durchleuchten, um die Verteilung des Schmiermittels im laufenden Betrieb sichtbar zu machen. In der Medizin erlauben Neutronenstrahlen Untersuchungen an dünnwandigen Gefäßsystemen mit hohem Wasserstoffanteil und werden in der Tumorbekämpfung eingesetzt.

Bei der Neutronenautoradiografie von Gemälden (Abb. 1) wird das Objekt mit Neutronen bestrahlt, einige Atomkerne der Farbpigmente werden daraufhin radioaktiv: Sie zerfallen anschließend unter Aussendung charakteristischer Strahlung. So kann etwa durch Schwärzung eines aufgelegten Films die ursprüngliche räumliche Verteilung der Farben auch nach Übermalungen sichtbar gemacht werden. Dies erlaubt wiederum Rückschlüsse auf die Entstehungsgeschichte des Werks.

AUFGABEN

1 a Erläutern Sie die Bedeutung der Schreibweise $^{14}_{6}C$.
b Wie viele Elektronen kann ein C-14-Atom bei vollständiger Ionisierung abgeben?
c Bestimmen Sie die Anzahl der C-14-Atome in einem Kilomol und in einem Kilogramm.

2 Für Kernumwandlungen wird oft eine Darstellung der beteiligten Nuklide in einem *A-Z*-Diagramm gewählt.
a Geben Sie an, wodurch sich Isotope eines Elements im Aufbau des Atoms unterscheiden.
b Woran erkennt man die Isotope eines Elements in einem *A-Z*-Diagramm?
c Zeichnen Sie in ein solches Diagramm die bekannten Isotope von Wasserstoff, Helium und Lithium sowie das Neutron ein.
d Nuklide mit gleicher Neutronenzahl heißen Isotone. Woran erkennt man diese im *A-Z*-Diagramm?

3 Recherchieren Sie anhand einer Nuklidkarte:
a Von welchen Elementen gibt es die meisten stabilen bzw. instabilen Isotope?
b Wie viele stabile Nuklide gibt es, die gleich viele Protonen und Neutronen enthalten?
c Zeigen Sie, dass sich für die schwereren Elemente ein Verhältnis von Neutronen- zu Protonenanzahl von etwa 1,6 zu 1 einstellt.

TECHNIK

16.2 Nachweis ionisierender Strahlung

Eine wesentliche Eigenschaft der radioaktiven Strahlung besteht darin, dass sie beim Auftreffen auf Materie stark ionisierend wirkt: Geladene Teilchen und hochenergetische Photonen können Elektronen aus den Atomen freisetzen. Aber auch ungeladene Teilchen wie Neutronen können durch Stöße mit Wasserstoffkernen freie Ladungsträger erzeugen.

Fotografische Detektoren In einer empfindlichen Schicht lösen die eintreffenden Teilchen eine chemische Reaktion aus, die zu einer Schwärzung führt. Die Schwärzung hängt von Art und Intensität der Strahlung ab. Je nach Intensität der Schwärzung kann nach dem Messzeitraum auf die Energie und die Gefährlichkeit der registrierten Strahlung rückgeschlossen werden.
Die anfangs verwendete Fotoplatte lebt in den heutigen *Filmdosimetern* fort: Dünne, lichtdicht verpackte Filmstücke mit einer lichtempfindlichen Schicht werden eingesetzt, um die Belastung beruflich strahlenexponierter Personen zu kontrollieren.

Ionisationsdetektoren Die ionisierende Wirkung von Teilchenstrahlung lässt sich bereits mit einem einfachen Elektroskop nachweisen: Nähert man einem geladenen Elektroskop ein radioaktives Präparat, so ionisiert seine Strahlung die Moleküle der Luft. Die dabei entstehenden Elektronen und Ionen neutralisieren die Ladung des geladenen Elektroskops: Der Zeigerausschlag geht zurück.
Bereits die CURIES verwendeten bei der Entdeckung des Poloniums und Radiums eine *Ionisationskammer*. In einer abgeschlossenen Kammer befinden sich ein radioaktives Präparat sowie Luft oder ein anderes Füllgas.

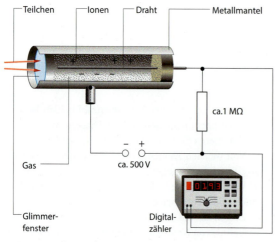

1 Geiger-Müller-Zählrohr

Zwischen dem Gehäuse als Außenelektrode und einer innen liegenden Elektrode wird eine Hochspannung angelegt. Die Strahlung ionisiert das Füllgas, es bilden sich Ionen und Elektronen. Diese Ladungsträger bewegen sich zu den Elektroden, sodass die Stromstärke zwischen den Elektroden gemessen werden kann (vgl. 13.4).
Eine Weiterentwicklung der Ionisationskammer, mit der die einzelnen Impulse ionisierender Strahlung gezählt werden können, stellt das Geiger-Müller-Zählrohr dar (Abb. 1). In einem geerdeten Metallzylinder befinden sich eine isolierte Drahtelektrode und ein Füllgas unter geringem Druck; das Eintrittsfenster besteht aus strahlungsdurchlässigem Glimmer.
Auch hier erzeugt die Strahlung Ionen, die durch die angelegte Hochspannung zur Außen- bzw. Drahtelektrode gelangen. Eine Auswertelektronik kann dann die Impulse in einem Zählwerk sichtbar oder über einen Lautsprecher hörbar machen.
Bei geringer Spannung nehmen die erzeugten Ionen die Elektronen wieder auf: Die Ladungsträger rekombinieren und gelangen nicht zu den Elektroden. Durch Erhöhung der Spannung treffen aber mehr und mehr Ionen auf die Elektroden; bei einer bestimmten Spannung ändert sich die Stromstärke wiederum nicht mehr, da alle erzeugten Ionen die Elektroden erreichen (Abb. 2).

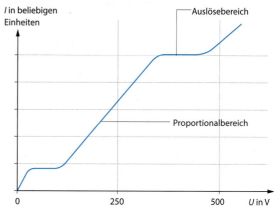

2 Charakteristik eines Geiger-Müller-Zählrohrs

Wird die Spannung weiter gesteigert, können die ursprünglich erzeugten Elektronen so stark beschleunigt werden, dass sie durch Stöße weitere Ionen im Füllgas erzeugen. Die Anzahl dieser Sekundärionen ist proportional zur Anzahl der primär gebildeten Ionen und auch proportional zur Energie der Strahlungsteilchen. Damit kann ein Zählrohr in diesem *Proportionalbereich* die Energie der Strahlungsteilchen messen. Bei weiterer Erhöhung der Spannung löst jede Primärladung eine Ionenlawine aus, die unabhängig von der ursprünglichen Teilchenenergie ist. In diesem *Auslösebereich* kann nur noch die Anzahl der eintreffenden Strahlungsimpulse gezählt werden.

258

Zählrate und Nullrate Bei Messungen mit dem Geiger-Müller-Zählrohr gibt die Zählrate an, wie viele Teilchen vom Detektor pro Zeit registriert werden. Die Nullrate wird von Höhenstrahlung und Umgebungsstrahlung aus Baustoffen und Untergrund verursacht. Bei Messungen an Präparaten muss die Nullrate von der gemessenen Zählrate abgezogen werden.

Nebelkammer Einen Detektor zur Sichtbarmachung von Bahnspuren stellt die Nebelkammer dar (Abb. 3). Die Strahlung erzeugt entlang ihrer Bahn Ionen in einem übersättigten Dampf, z. B. Wasserdampf oder Alkohol. An diesen Ionisationskeimen kondensiert der Dampf zu einer Spur kleiner Nebeltröpfchen. Fotografische Aufnahmen der Teilchenspur erlauben eine hohe Ortsauflösung. Wird die Kammer zusätzlich von einem homogenen Magnetfeld durchsetzt, so kann aus den durch die Lorentzkraft gekrümmten Bahnen die Energie geladener Teilchen bestimmt werden.

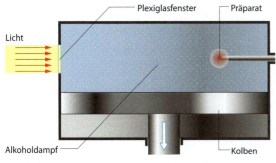

3 Nebelkammer: Durch Druckverminderung wird zunächst ein übersättigter Dampf erzeugt. Einfallendes Licht macht die Spuren der Teilchen sichtbar.

Szintillationsdetektor Kristalle wie Zinksulfid senden beim Eintreffen von ionisierender Strahlung Fluoreszenzlichtblitze aus, die *Szintillationen*. Die Lichtblitze lösen wiederum Elektronen aus einer Fotokatode (Abb. 4). Diese werden im elektrischen Feld eines *Photomultipliers* beschleunigt und lösen beim Auftreffen auf weiteren Elektroden erneut Elektronen aus.

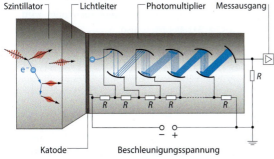

4 Szintillationsdetektor mit Photomultiplier

Es entsteht eine lawinenartige Vervielfachung des Elektronenstroms, dessen Stärke als Messgröße dient. Die Anzahl der ursprünglich ausgelösten Fotoelektronen und damit die gemessene Stromstärke sind bei diesem Messverfahren proportional zur Energie der einfallenden Teilchen.

Halbleiterdetektor Hochenergetische Strahlungsteilchen können auch in Halbleitern detektiert werden. Dazu werden geeignet dotierte p-n-Dioden in Sperrrichtung betrieben (vgl. 15.3). Tritt nun ionisierende Strahlung in die Raumladungszone der Grenzschicht ein, so bilden sich längs der Ionisationsspur Elektron-Loch-Paare. Diese werden durch eine angelegte Spannung abgeführt, und die entsprechende Stromstärke wird gemessen (Abb. 5). Die Anzahl der erzeugten Elektron-Loch-Paare ist proportional zur Energie der absorbierten Teilchen.

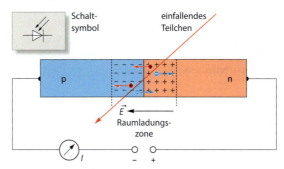

5 Erzeugung von Elektron-Loch-Paaren im Halbleiterdetektor

Von Vorteil ist besonders die geringe Baugröße dieser Detektoren: Auf kleinem Raum können viele Dioden angeordnet werden. Neben ihrer Energieauflösung besitzen Halbleiterdetektoren damit auch eine hohe Ortsauflösung für die eintreffende Strahlung.

AUFGABEN

1 Erläutern Sie, wie ein Geiger-Müller-Zählrohr sowohl die Anzahl als auch die Energie ionisierender Strahlung messen kann. Stellen Sie dabei jeweils den Vorgang der Ionisation dar.

2 Die folgende Abbildung zeigt die Spiralbahn eines Teilchens in einer Nebelkammer. Die magnetischen Feldlinien zeigen senkrecht in die Blattebene.
  a Ist das Teilchen positiv oder negativ geladen?
  b Begründen Sie, dass das Teilchen auf einer Spiralbahn läuft, obwohl das Magnetfeld homogen ist.

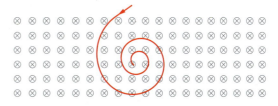

Der Ausspruch »Das Ganze ist mehr als die Summe seiner Teile« wird Aristoteles zugeschrieben. Genaue Messungen an Atomkernen zeigen aber, dass hier das Umgekehrte gilt: Ein Heliumkern, der aus zwei Protonen und zwei Neutronen zusammengesetzt ist, bringt weniger auf die Waage als die vier einzelnen Nukleonen.

16.3 Massendefekt und Bindungsenergie

Beim Zusammenschluss von Nukleonen zu einem Atomkern ist die Summe der Ausgangsmassen der einzelnen freien Teilchen stets größer als die Masse des zusammengesetzten Kerns. Dieser Unterschied wird als Massendefekt Δm bezeichnet:

$$\Delta m = m_{\text{Nukleonen}} - m_{\text{Kern}} \qquad (1)$$

Dabei ist $m_{\text{Nukleonen}}$ die berechnete Massensumme der freien Nukleonen. Im Verhältnis zur Kernmasse liegt Δm im Bereich weniger Promille.

Der Massendefekt lässt sich nach der Masse-Energie-Äquivalenz als umgewandelte Bindungsenergie E_B der Nukleonen interpretieren (vgl. 19.10): Durch die Bindung aneinander senken die Nukleonen ihre potenzielle Energie um den Betrag $|E_B| = \Delta m \cdot c^2$ ab. Umgekehrt muss dieser Energiebetrag bei einer Zerlegung des Kerns wieder aufgewendet werden.

Bindungsenergie pro Nukleon Teilt man die gesamte Bindungsenergie durch die Nukleonenzahl A, erhält man die mittlere Bindungsenergie pro Nukleon $|E_B|/A$. Ihr Betrag, der in der Größenordnung von 8 MeV liegt, ist ein Maß für die Stabilität des Kerns.

Q-Wert Die Bindungsenergie pro Nukleon nimmt von Nuklid zu Nuklid unterschiedliche Werte an. Reaktionen zwischen Kernen können daher exotherm oder endotherm verlaufen: Bei exothermen Reaktionen wird Energie frei, für endotherme Reaktionen muss Energie aufgewendet werden.
Der Energieunterschied $\Delta E = E_{\text{Ausgangskerne}} - E_{\text{Endkerne}}$ wird als Q-Wert einer Kernumwandlung bezeichnet. Nach der Masse-Energie-Äquivalenz entspricht $Q = \Delta E$ der Differenz der gesamten Ruhemassen von Ausgangs- und Endprodukten.

Berechnung von Bindungsenergien

Jedes gebundene System von Teilchen weist einen Massendefekt auf und enthält damit Bindungsenergie. Präzisionsexperimente in Massenspektrometern können Massendefekte mit einer Genauigkeit von einem Milliardstel u nachweisen (vgl. 6.7). Hieraus lassen sich die Bindungsenergien von Atomkernen berechnen.

Bindungsenergie des Alphateilchens Mit den Massenwerten der Nukleonen wird im Folgenden die Zusammensetzung eines Alphateilchens aus je zwei Protonen und Neutronen bilanziert.
Für die freien Teilchen gilt:
$2 \cdot (m_P + m_N) = 2 \cdot (1{,}008\,665 + 1{,}007\,276)$ u
$\qquad\qquad\qquad\, = 4{,}031\,882$ u
Andererseits ist:
$m_{\text{Alpha}} = 4{,}001\,506$ u.
Damit beträgt der Massendefekt:

$$\Delta m = 0{,}030\,376 \text{ u}. \qquad (2)$$

Die dieser Massendifferenz entsprechende Energie beträgt:
$\Delta E = -\Delta m \cdot c^2$
$\quad\; = -0{,}030\,376 \text{ u} \cdot c^2$
$\quad\; = -0{,}030\,376 \cdot 1{,}660\,539 \cdot 10^{-27}$ kg $\cdot \left(299\,792\,458\,\tfrac{\text{m}}{\text{s}}\right)^2$
$\quad\; = -4{,}533\,369 \cdot 10^{-12}$ J $\qquad (3)$

$\quad\; = -\dfrac{4{,}533\,369 \cdot 10^{-12} \text{ eV}}{1{,}602\,177 \cdot 10^{-19}} = -28{,}295$ MeV $\qquad (4)$

Oft ist eine Rechnung einfacher, wenn anstelle der Masse das entsprechende Energieäquivalent verwendet wird. Es gilt: $E = \text{u} \cdot c^2 = 931{,}494$ MeV, also

$$1 \text{ u} \,\hat{=}\, 931{,}494 \text{ MeV}. \qquad (5)$$

Aus Gl. (2) folgt damit unmittelbar für die Bindungsenergie des Alphateilchens:

$$E_B = -0{,}030\,376 \cdot 931{,}494 \text{ MeV} = -28{,}295 \text{ MeV}. \qquad (6)$$

Der Q-Wert der hypothetischen Reaktion, bei der aus den vier Nukleonen ein Atomkern fusionieren würde, wäre entsprechend $Q = 28{,}295$ MeV.

Präzise Bestimmungen von Atommassen sind mit Massenspektrometern möglich.
6.7

Bindungsenergie pro Nukleon

Durch Vergleich der Massensumme der freien Kernbausteine mit der Masse des gebildeten Kerns kann die Bindungsenergie jedes Atomkerns bestimmt werden. Daraus lässt sich der Energieaufwand bzw. -gewinn bei Kernreaktionen berechnen.

Teilt man die gesamte Bindungsenergie eines Kerns durch die Anzahl der Nukleonen, so erhält man ein Maß für die Stabilität des Kerns. Bei leichten Kernen nimmt der Betrag der Bindungsenergie pro Nukleon mit steigender Massenzahl zu, um bei den Eisennukliden Fe-56 bis Fe-58 sowie Ni-62 seine höchsten Werte zu erreichen (Abb. 2).

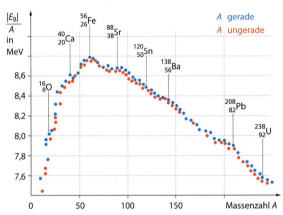

2 Betrag der mittleren Bindungsenergie pro Nukleon

Bindungsenergie von Fe-56 In der folgenden Rechnung wird die durchschnittliche Atommasse des Eisenkerns Fe-56, wie sie einer Nuklidkarte entnommen werden kann, zugrunde gelegt. Sie enthält auch die Masse der Elektronen. Streng genommen muss darüber hinaus der durch die Elektronenbindung hervorgerufene Massendefekt berücksichtigt werden. Da aber die Bindungsenergien der Elektronen in der Hülle gegenüber denen der Nukleonen sehr klein sind, wird dieser Anteil meist vernachlässigt.

$|\Delta E| = (m_{\text{Nukleonen}} + m_{\text{Elektronen}} - m_{\text{Atom}}) \cdot c^2 = \Delta m \cdot c^2$
$= (26 m_p + 30 m_n + 26 m_e - m_{\text{Fe-56}}) \cdot c^2$
$= (26 \cdot 1{,}007\,276 + 30 \cdot 1{,}008\,665 + 26 \cdot 0{,}000\,4858$
$\quad - 55{,}934\,937) \text{ u} \cdot c^2$

$|\Delta E| = 0{,}526\,8198 \cdot 931{,}494 \text{ MeV} = 490{,}729 \text{ MeV}$

Die Division durch die Anzahl der Nukleonen ergibt pro Nukleon eine Bindungsenergie von 8,76 MeV, deutlich mehr als 7,07 MeV beim Alphateilchen.

Größere Kerne Bei größeren Kernen nimmt der Wert $|E_B|/A$ wieder ab. Bis zum Eisen hin kann aus der Synthese zu schwereren Kernen Energie gewonnen werden. Bei größeren Kernen lässt sich dagegen durch eine Spaltung in leichtere Kerne Energie gewinnen. Die unterschiedlichen Werte der Bindungsenergien der verschiedenen Kerne lassen sich je nach Kernmodell im Einzelnen interpretieren.

Q-Wert bei Kernreaktionen

Die Berechnung der Massendifferenz der Ausgangs- und Endprodukte dient zur Bestimmung des Q-Werts der Reaktion. Bei einer exothermen Reaktion ist der Q-Wert positiv. Zusätzlich zur vorhandenen kinetischen Energie der Ausgangskerne wird Bindungsenergie in kinetische Energien der Endkerne oder auch in Form von Gammastrahlung umgesetzt.

Beispiel für eine exotherme Fusionsreaktion In Fusionsreaktoren sollen Kerne der beiden Wasserstoffisotope Deuterium und Tritium zu Helium unter Freisetzung eines Neutrons miteinander verschmelzen. Dazu sind extreme Temperatur- und Druckverhältnisse erforderlich (vgl. 18.9).

$${}^{2}_{1}\text{H} + {}^{3}_{1}\text{H} \rightarrow {}^{4}_{2}\text{He} + {}^{1}_{0}\text{n}. \tag{7}$$

$\Delta m = (m_{\text{Deuterium}} + m_{\text{Tritium}}) - (m_{\text{Helium}} + m_{\text{Neutron}})$
$= (2{,}014\,1018 + 3{,}016\,0493) \text{ u} - (4{,}002\,6032 + 1{,}008\,6649) \text{ u}$
$= 0{,}018\,883 \text{ u}$

$Q = \Delta m \cdot c^2 = 0{,}018\,883 \cdot 931{,}494 \text{ MeV} = 17{,}589 \text{ MeV}$

Von der umgesetzten Bindungsenergie erhält das frei werdende Neutron 14,1 MeV, der Rest verbleibt beim Heliumkern als kinetische Energie.

AUFGABEN

1 Ein Nickelkern ${}^{62}_{28}\text{Ni}$ hat die Masse 61,912 985 u.
  a Berechnen Sie den Massendefekt und die mittlere Bindungsenergie pro Nukleon.
  b Vergleichen Sie die Werte mit denen von ${}^{16}_{8}\text{O}$, das eine Masse von 15,990 526 u aufweist.

2 a Berechnen Sie die Massenbilanz für die Kernreaktionsgleichung ${}^{235}_{92}\text{U} + {}^{1}_{0}\text{n} \rightarrow {}^{139}_{56}\text{Ba} + {}^{95}_{36}\text{Kr} + 2\,{}^{1}_{0}\text{n}$. Verwenden Sie für die Bindungsenergien pro Nukleon E_B/A die folgenden Werte: 7,5 MeV für ${}^{235}_{92}\text{U}$; 8,4 MeV für ${}^{139}_{56}\text{Ba}$; 8,6 MeV für ${}^{95}_{36}\text{Kr}$.
  b Berechnen Sie die Energie, die nach dieser Reaktionsgleichung bei der Spaltung von einem Gramm ${}^{235}_{92}\text{U}$ umgewandelt würde.

3 Kann die folgende Kernreaktion durch thermische Neutronen mit einer kinetischen Energie von 0,025 eV ausgelöst werden? ${}^{64}_{Z}\text{Zn} + {}^{1}_{0}\text{n} \rightarrow {}^{A}_{Z}\text{Cu} + {}^{1}_{1}\text{p}$
Begründen Sie Ihre Aussage.

4 Erklären Sie, ob der spontane Zerfall von ${}^{210}_{94}\text{Pu}$ in der folgenden Reaktion möglich ist. ${}^{240}_{94}\text{Pu} \rightarrow {}^{128}_{50}\text{Sn} + {}^{110}_{44}\text{Ru}$

5 Näherungsweise kann die Kernmasse eines Nuklids auch aus der Atommasse bestimmt werden. Erläutern Sie die Abschätzung, und begründen Sie die auftretende Abweichung.

6 Zeigen Sie mithilfe der Nuklidkarte jeweils anhand eines Beispiels, dass in der Regel
  a die Fusion zweier leichter Elemente oder
  b die Spaltung eines schweren Elements in zwei Teile einen positiven Q-Wert hat.

Von Dingen, die wir nicht sehen können, machen wir uns Bilder. Nachdem sich herausgestellt hatte, dass Atome nicht unteilbar sind, stellte sich beim Atomkern erneut das Problem einer Modellbildung: Soll man sich den Kern eher homogen wie einen Wassertropfen vorstellen, in Schalen aufgebaut wie eine Zwiebel oder zusammengesetzt aus einzelnen Nukleonen wie eine Beere?

1

16.4 Starke Wechselwirkung und Tröpfchenmodell

Die Ergebnisse der Rutherford'schen Streuexperimente legen es nahe, den Atomkern als einen kompakten Verbund der insgesamt positiv geladenen Nukleonen zu betrachten. Diese sind auf einen Raum von unter 10^{-14} m Ausdehnung vereint. Zwischen den positiv geladenen Protonen im Kern kommt es jedoch zu einer Abstoßung aufgrund der Coulomb-Wechselwirkung. Eine Wechselwirkung, die diese Abstoßung kompensiert, war zunächst nicht bekannt.

GEORGE GAMOW stellte als Lösung dieses Problems 1930 das Tröpfchenmodell des Kerns vor. Danach verhalten sich die Nukleonen wie Wassertröpfchen, die sich nur in unmittelbarer Nachbarschaft bzw. im direkten Kontakt untereinander anziehen: Die Nukleonen werden im Kern durch die *starke Wechselwirkung* zusammengehalten. Diese ist jedoch, anders als die Coulomb-Wechselwirkung, extrem kurzreichweitig. Sie herrscht nur im Inneren des Atomkerns und selbst da nur zwischen benachbarten Nukleonen.

CARL FRIEDRICH VON WEIZSÄCKER und HANS BEHTE erweiterten ab 1935 das Tröpfchenmodell. Die durch den Massendefekt messbare Bindungsenergie setzt sich danach aus mehreren Anteilen zusammen: Für alle Nukleonen gibt es einen Anteil, der proportional zu A ist; er wird *Volumenenergie* genannt. Ein weiterer Anteil, die *Oberflächenenergie*, ist proportional zu $A^{2/3}$. Da sich die Protonen abstoßen, vermindert sich der Betrag der Bindungsenergie um den *Coulomb-Anteil*, der proportional zur Protonenanzahl Z ist. Zusätzlich gibt es einen Anteil der Bindungsenergie, der davon abhängt, in welchem Zahlenverhältnis Protonen und Neutronen zueinander stehen und ob z. B. Protonen- und Neutronenanzahl gerade oder ungerade sind. Die Proportionalitätsfaktoren in den jeweiligen Anteilen sind empirisch gefunden und haben keine physikalische Begründung im Modell.

Tröpfchenmodell

In den Tröpfchen einer Flüssigkeit werden die Teilchen untereinander nur durch die in unmittelbarer Nachbarschaft wirksamen Van-der-Waals-Kräfte gebunden. Diese entstehen durch die ungleichmäßigen Ladungsverteilungen innerhalb ihrer Elektronenhüllen. Eine weitere typische Eigenschaft von Flüssigkeiten ist die konstante Dichte der Tröpfchen.

George Gamow übernahm dieses Modell für die Atomkerne (Abb. 2). Die im Kern vorhandenen Protonen stoßen sich aufgrund ihrer positiven Ladung gegenseitig ab, die ungeladenen Neutronen können dabei allenfalls den Abstand der Protonen vergrößern, die elektrische Abstoßung aber nicht aufheben. Die Gravitation zwischen den Nukleonen ist viel zu gering, um den Zusammenhalt der Kerne zu bewirken. Es muss daher eine weitere fundamentale Wechselwirkung geben, die die Nukleonen zusammenhält.

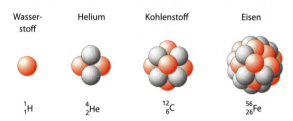

2 Nukleonen als dicht gepackte Kugeln im Tröpfchenmodell

Starke Wechselwirkung

Nach dem Tröpfchenmodell gibt es eine anziehende Wechselwirkung, die nur auf sehr kurze Distanz zwischen den Nukleonen herrscht. Diese starke Wechselwirkung besteht zwischen Protonen und Neutronen gleichermaßen. Das Tröpfchenmodell liefert damit auch eine Erklärung für die Bindungsenergie der Nukleonen und erlaubt eine Abschätzung zur Dichte im Kern.

Dichte der Kernmaterie

Aus Streuexperimenten konnte die empirische Formel für die Kerngröße abgeleitet werden:

$$r_{\text{Kern}} \approx r_0 \cdot \sqrt[3]{A} \quad \text{mit } r_0 \approx 1{,}4 \cdot 10^{-15} \text{ m}. \tag{1}$$

Bei kugelförmiger Gestalt eines Kerns gilt für das Volumen:

$V = \frac{4}{3}\pi \cdot r^3$.

Daraus ergibt sich die von A unabhängige Dichte des Kerns:

$$\varrho \approx \frac{A \cdot 1\,\text{u}}{\frac{4}{3}\pi \cdot r_0^3 \cdot A} = \frac{1\,\text{u}}{\frac{4}{3}\pi \cdot r_0^3} \approx 1{,}4 \cdot 10^{17}\,\frac{\text{kg}}{\text{m}^3}. \qquad (2)$$

Zusammensetzung der Bindungsenergie

Volumenanteil Ein Atomkern lässt sich gedanklich nach und nach aus einzelnen Nukleonen zusammensetzen. Da die mittlere Bindungsenergie pro Nukleon ungefähr gleich ist, sie beträgt ca. 8 MeV, ist die gesamte Bindungsenergie des Kerns etwa proportional zur Anzahl seiner Nukleonen, also zur Massenzahl A bzw. seinem Volumen:

$$E_V \sim A \quad \text{bzw.} \quad \frac{E_V}{A} = \text{konst.} \qquad (3)$$

Oberflächenanteil Die Nukleonen im Außenbereich eines Atomkerns können nicht so viele Nachbarn haben wie die im Inneren. Daher reduziert sich die Bindungsenergie um einen Anteil, der proportional zur Oberfläche O des Kerns ist:

$$O = 4\pi \cdot r^2 = 4\pi \cdot r_0^2 \cdot \left(\sqrt[3]{A}\right)^2 \sim A^{2/3} \qquad (4)$$

$$E_O \sim A^{2/3} \quad \text{bzw.} \quad \frac{E_O}{A} \sim A^{-1/3} \qquad (5)$$

Coulomb-Anteil Weiterhin ist die elektrostatische Abstoßung der Protonen untereinander zu berücksichtigen. Die Z Protonen besitzen die Ladung $Q = Z \cdot e$. Bei den leichteren stabilen Kernen liegt ein Protonen-Neutronen-Verhältnis von etwa 45:55 vor.
Damit ist $Q \approx 0{,}45\,A \cdot e$, und es gilt:

$$E_C \sim \frac{Q^2}{r} = \frac{(0{,}45\,A \cdot e)^2}{\left(r_0 \cdot \sqrt[3]{A}\right)} \qquad (6)$$

$$E_C \sim \frac{A^2}{\sqrt[3]{A}} = A^{5/3} \quad \text{bzw.} \quad \frac{E_C}{A} \sim A^{2/3} \qquad (7)$$

Symmetrie- und Paarungsanteil Der Symmetrieanteil berücksichtigt, dass die Bindungsenergie bei gleicher Protonen- und Neutronenanzahl am größten ist, überzählige Neutronen sind also weniger stark gebunden.
Der Anteil der Paarungsenergie beschreibt die Unterschiede von Kernen mit geraden (g) oder ungeraden (u) Protonen- bzw. Neutronenanzahlen. So haben *uu*-Kerne die geringsten Bindungsenergien, gefolgt von *gu*- und *ug*-Kernen, während *gg*-Kerne große Bindungsenergien aufweisen. Die Paarungsenergie aus der Anzahl der Paare geht positiv (*gg*), negativ (*uu*) oder gar nicht (*gu*, *ug*) in die Gesamtbilanz ein, je nachdem, welche Kernart vorliegt.

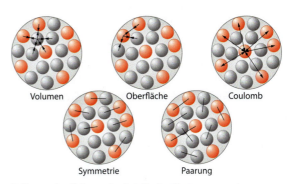

3 Veranschaulichung der Anteile der Bindungsenergie

Gesamtbindungsenergie pro Nukleon Insgesamt ergibt sich nach Weizsäcker und Bethe die folgende Gleichung:

$$\frac{E_B}{A} = \frac{E_V}{A} - \frac{E_O}{A} - \frac{E_C}{A} - \frac{E_{\text{Symm}}}{A} \pm \frac{E_{\text{Paar}}}{A}. \qquad (8)$$

Bei leichten Kernen kommt es zu erheblichen Schwankungen, die auf den verhältnismäßig starken Einfluss der Symmetrie und Paarungsanteile zurückzuführen sind. Außerdem liegen bei leichten Kernen verhältnismäßig viele Nukleonen an der Oberfläche des Kerns, die Bindungsenergie pro Nukleon ist daher bei diesen Kernen eher klein. Die Reichweite der starken Wechselwirkung ist jedoch auf unmittelbar benachbarte Nukleonen beschränkt. Bei größeren Kernen gewinnt die längerreichweitige Coulomb-Abstoßung der Protonen an Bedeutung: Die Bindungsenergie pro Nukleon nimmt wieder ab, und sehr große Kerne werden instabil.

Erfolg und Grenzen des Tröpfchenmodells

Das Tröpfchenmodell kann keine Aussage darüber machen, wie groß die einzelnen Anteile der Bindungsenergie sind. Die entsprechenden Faktoren werden jeweils empirisch bestimmt. Das Modell kann auch die Abhängigkeit der Bindungsenergien von der Massenzahl der Kerne (vgl. 16.3, Abb. 2) nicht erklären. Ebenso wenig kann es eine Aussage über die Ursachen oder den Verlauf des radioaktiven Zerfalls machen. Hierzu war die Entwicklung weiterer Kernmodelle erforderlich.

AUFGABEN

1 a Zeigen Sie: Falls jedes Nukleon mit jedem Nukleon eine Bindung einginge, betrüge die Anzahl der Nukleonenbindungen im Kern $\frac{1}{2}A \cdot (A-1)$.
b Inwieweit wird diese Annahme durch den Kurvenverlauf der Bindungsenergie pro Nukleon E_B/A widerlegt (vgl. 16.3, Abb. 2)?
2 In der Gleichung für die Bindungsenergie haben die Terme des Oberflächen- und des Coulomb-Anteils gegenläufige Auswirkungen. Daher ergibt sich ungefähr bei $A = 60$ ein Maximalwert. Erläutern Sie dies.

MEILENSTEIN

16.5 *Paris, Februar 1896: Die Nachricht über »eine neue Art von Strahlen«, die Wilhelm Röntgen kurz zuvor entdeckte, hat sich wie ein Lauffeuer um die Welt verbreitet. Viele Physiker beginnen, seine Experimente zu wiederholen und zu variieren. In der Pariser Akademie der Wissenschaften untersucht Henri Becquerel phosphoreszierende Uransalze. Zufällig findet er, dass dieses Material auch ohne vorherige Belichtung durch die Sonne eine durchdringende Strahlung aussendet. Ohne es zu ahnen, begründet er damit einen völlig neuen Zweig der Physik: die Kernphysik.*

Becquerel, die Curies

… und die Entdeckung der Radioaktivität

Zufallsentdeckung durch Becquerel

Henri Becquerel hatte eine große experimentelle Erfahrung mit phosphoreszierenden Mineralien und besaß in seinem Pariser Labor eine umfangreiche Sammlung von ihnen. Nach ausgiebiger Bestrahlung im Sonnenschein legte er die verschiedenen phosphoreszierenden Mineralien auf lichtdicht verpackte Fotoplatten und fand einzig bei den Uransalzen eine Belichtung der Platten, wie sie auch bei Röntgenstrahlung zu beobachten war. Die Ursache hierfür vermutete er in einer besonderen Form der Phosphoreszenz.

Einmal jedoch hatte Becquerel Uransalz, das nicht zuvor von der Sonne bestrahlt worden war, auf eine Fotoplatte gelegt und diese anschließend entwickelt. Zu seiner Überraschung war die Fotoplatte in gleicher Weise belichtet worden wie im Fall einer vorangehenden Bestrahlung der Salzkristalle. Bald darauf stellte er fest, dass alle verwendeten Uransalze verpackte Fotoplatten selbst durch Aluminiumbleche hindurch schwärzten, unabhängig davon, ob sie zuvor der Sonne ausgesetzt worden waren oder nicht. Über die wahre Natur der Strahlung konnte er jedoch ebenso wenig aussagen wie Röntgen über die Entstehung seiner »X-Strahlen«. Becquerel hielt wie die meisten seiner Kollegen an der Phosphoreszenz als Ursache der Strahlung fest. In der Folgezeit führte er noch weitere Experimente aus, wie sie auch mit den Röntgenstrahlen und den von J. J. THOMSON entdeckten »Kanalstrahlen« gemacht wurden: Auch Becquerels Strahlen konnten Gase ionisieren und elektrisch geladene Metallkugeln entladen. Eine Ablenkung im Magnetfeld blieb jedoch erfolglos, da Becquerels Quellen zu schwach und die Strahlung nicht ausreichend gebündelt waren.

Bis Ende 1898 konnte Becquerel dann keine neuen Erkenntnisse mehr erzielen, und seine Entdeckung schien unbedeutend im Vergleich zu den Röntgenstrahlen, deren großer technischer und medizinischer Nutzen offensichtlich war. Das wissenschaftliche Interesse wandte sich erst wieder dem Thema zu, als GERHARD SCHMIDT in Erlangen und MARIE CURIE in Paris 1898 bei Thorium eine vergleichbare Strahlung entdeckten.

Arbeiten der Curies

Marie Curie, in Polen als Maria Skłodowska geboren, kam im Jahr 1891 nach Paris, um dort Physik und Mathematik zu studieren. Ihren ersten Abschluss in Physik machte sie bereits nach zwei Jahren, und zwar als Jahrgangsbeste. Bald lernte sie den Physiker PIERRE CURIE kennen, die beiden heirateten 1895. Ein Jahr danach erhielt sie die Lehrerlaubnis für höhere Schulen.

Marie Curie studierte weiter Physik, und als Doktorandin von Becquerel beschäftigte sie sich ab 1897 mit dessen neuen Strahlen. Mithilfe eines eigens entwickelten Elektrometers konnten die Curies die Ionisationsfähigkeit und damit die Intensität der Strahlung besonders genau untersuchen.

Gefördert durch die Akademie der Wissenschaften, gelang es ihnen, in einer Probe von 100 g Uranoxid, auch *Pechblende* genannt, zwei neue Elemente zu entdecken und deren Atommasse zu bestimmen. Beide Elemente senden eine ähnliche Strahlung aus wie Uran und Thorium. Sie nannten das eine nach Marie Curies Heimatland *Polonium* und das andere wegen seiner besonders intensiven Strahlung *Radium*.

Es wurde klar, dass die Strahlungseigenschaft eine Besonderheit der schwersten Elemente ist. Auch zeigten die Untersuchungen der Curies eindeutig, dass die Strahlung von den Atomen kommt und unabhängig von deren chemischen Bindungen oder von äußeren Parametern wie Druck, Temperatur und elektromagnetischen Feldern ausgesandt wird. In ihrer Arbeit *Sur une nouvelle substance fortement radio-active contenue dans la pechblende* prägten sie den Begriff für das neue Phänomen.

1899 extrahierte Marie Curie aus mehreren Tonnen Abraummaterial einer Uranerzmine chemisch die neuen Elemente. Nach drei Jahren Arbeit konnte sie insgesamt 100 mg Radium isolieren, Pierre führte dabei die Messungen zur Bestimmung der Atommasse und der Strahlung durch. Außerdem gelang den Curies die Ablenkung von Betastrahlen im Magnetfeld und damit der Nachweis, dass sie aus Elektronen besteht.

Ernste gesundheitliche Probleme überschatteten Marie Curies weiteren Erfolg. Nach heutiger Erkenntnis verursachte ihr Umgang mit den radioaktiven Stoffen bereits sehr früh erste Strahlenschäden, vor allem an den Händen.

Anerkennung der Leistungen Marie und Pierre Curie erhielten 1903 zusammen mit Henri Becquerel den Nobelpreis für Physik. Ihm folgte 1911 der Chemie-Nobelpreis für Marie Curie, die damit zu den wenigen Forschern mit zwei Nobelehrungen zählt. Nachdem Pierre Curie 1906 bei einem Verkehrsunfall gestorben war, übertrug die Leitung der Pariser Sorbonne Marie die Fortführung seiner Lehrtätigkeit; 1908 erhielt sie dort als erste Frau die Professur für Physik.

Elementumwandlungen

ERNEST RUTHERFORD hatte bereits 1902 die These gewagt, dass die Aussendung der radioaktiven Strahlung mit einer Atomumwandlung einherginge; dies schien jedoch für viele undenkbar – erinnerte es doch an die mittelalterlichen Vorstellungen der Alchemisten. Während die Curies durch die wissenschaftliche Autorität Rutherfords motiviert waren weiterzuforschen, blieb Becquerel hartnäckig bei seiner Idee der phosphoreszierenden Metalle – später brach er den Kontakt zu den Curies ab. Die Idee einer spontanen Umwandlung von Atomen passte nicht in sein physikalisches Weltbild, demzufolge die Naturwissenschaften bis auf ein paar Randerscheinungen abgeschlossen waren. Diese Sichtweise deckte sich mit derjenigen vieler Naturwissenschaftler zu Beginn des 20. Jahrhunderts.

Im Jahr 1908 gelang es Rutherford jedoch, die Natur der Alphastrahlung aufzuklären. Er fing die Strahlung einer Radiumprobe über lange Zeit in einer zuvor evakuierten Glasröhre auf. Nach wenigen Tagen hatte sich in dem Behälter ausreichend Helium angesammelt, um alle bekannten Linien dieses Elements nachweisen zu können. Damit war die Entstehung und Umwandlung von Elementen beim radioaktiven Zerfall nicht mehr zu widerlegen.

■ AUFGABEN

1 Informieren Sie sich, welche Isotope der von Marie und Pierre Curie entdeckten Elemente Polonium und Radium vorlagen, und geben Sie deren Zerfallsgleichungen an.
2 Stellen Sie wesentliche Gemeinsamkeiten und Unterschiede der von Röntgen und Becquerel entdeckten Strahlen dar.

Ein Hirntumor erfordert eine besonders schonende Strahlentherapie. Hier wird sie mit einem »Gamma Knife« durchgeführt: Die Patientin trägt dazu einen Helm mit zweihundert Kobalt-60-Quellen, deren Strahlen sich gut bündeln lassen. Das umliegende Gewebe wird dabei nur gering bestrahlt, die Energie der Gammastrahlung wird zur Therapie auf den Ort des Tumors fokussiert.

16.6 Radioaktive Strahlung

Schon bald nach ihrer Entdeckung gab es keinen Zweifel, dass die Radioaktivität mit der Umwandlung von Atomkernen und daher meistens auch mit der Umwandlung chemischer Elemente einhergeht.

Bei der Alphastrahlung verlässt ein Heliumkern das Nuklid, die Ordnungszahl Z nimmt also um den Wert 2 ab – das Nuklid fällt in der Nuklidkarte um zwei Plätze zurück. Bei der Beta-minus-Strahlung verlässt ein Elektron den Kern, die Kernladungszahl steigt also um den Wert 1 – das Nuklid rückt in der Nuklidkarte um einen Platz nach oben. Lediglich bei der Gammastrahlung bleibt sowohl die Anzahl der Protonen als auch die der Neutronen unverändert.

Alphastrahlung besteht aus Heliumkernen, Beta-minus-Strahlung aus Elektronen und Gammastrahlung aus hochenergetischen Photonen.

Die drei Strahlungsarten zeigen unterschiedliches Verhalten im Magnetfeld: Je nach elektrischer Ladung werden die Teilchen in die eine oder andere Richtung bzw. gar nicht abgelenkt. Zusätzlich unterscheiden sie sich aber auch hinsichtlich ihrer Spektren:

Während die Teilchenenergien der Betastrahlung kontinuierlich verteilt sind, haben die Teilchenenergien der Alpha- und Gammastrahlung bei jeder Kernumwandlung einen festen Wert.

Unterscheidung der Strahlungsarten

Die Strahlung, die aus Kernumwandlungen resultiert, wird zur ionisierenden Strahlung gezählt (vgl. 16.2). Ihre Unterscheidung erfolgt im Experiment über ihr Ionisierungsvermögen und damit über ihre Reichweite in Materie, ihr Durchdringungsvermögen oder auch über ihre Ablenkbarkeit in elektrischen und magnetischen Feldern. Ein Beispiel für das Ablenken von Betastrahlung zeigt Exp. 1.

EXPERIMENT 1

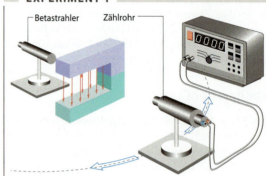

Die Strahlungsintensität eines radioaktiven Präparats, z. B. Sr-90, wird mithilfe der Zählrate bestimmt. Anschließend wird ein Dauermagnet so vor das Präparat gebracht, dass die Strahlung dessen Feld senkrecht zu den Feldlinien durchquert. Das Zählrohr wird dann auf einem Kreis bewegt, um das verschobene Intensitätsmaximum zu finden.

Für die Ablenkung von Alphateilchen in elektrischen und magnetischen Feldern sind aufgrund ihrer großen Masse sehr starke Felder notwendig. Abbildung 2 zeigt schematisch das Verhalten der unterschiedlichen Strahlungsarten in einem homogenen Magnetfeld. Dargestellt ist auch die Beta-plus-Strahlung, die aus *Positronen*, den Antiteilchen der Elektronen, besteht.

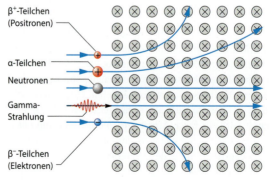

2 Verhalten von Alpha-, Beta-, Gamma- und Neutronenstrahlung im Magnetfeld

Gemessen an der Breite des elektromagnetischen Spektrums sind die Spektren der radioaktiven Strahlung sehr schmalbandig.

Insbesondere bei künstlichen Kernumwandlungen kommt es auch zu Strahlung, die aus anderen Teilchen besteht. Besonders wichtig sind hierbei die Neutronen (vgl. 16.2).

Spektrum der Alphastrahlung

Die Energiezustände von Ausgangs- und Endkern sind beim Alphazerfall eindeutig festgelegt. Die kinetische Energie der Alphateilchen im radioaktiven Zerfall und ihre Reichweite sind damit für ein Präparat einheitlich (Abb. 3); die Energie liegt im Bereich weniger MeV.

3 Nebelkammeraufnahme eines Alphastrahlers

Spektrum der Betastrahlung

Um das Spektrum eines Beta-minus-Strahlers, z. B. Kr-85, zu untersuchen, kann eine Anordnung wie in Abb. 4 dienen: Ein dünner Strahl wird durch ein starkes homogenes Magnetfeld abgelenkt und mit einem Zählrohr registriert.

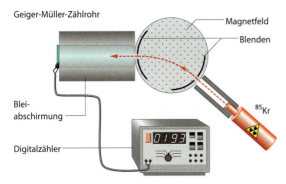

4 Anordnung zur Untersuchung von Betastrahlung

Die Zählrate wird in Abhängigkeit vom Ablenkwinkel gemessen. Aus diesem lässt sich der Radius des Kreisbahnabschnitts im Magnetfeld berechnen. Da die Ladung und die Masse der Teilchen bekannt sind, kann aus dem Radius auf ihre Geschwindigkeit geschlossen werden. Allerdings sind aufgrund der großen Geschwindigkeiten relativistische Effekte zu berücksichtigen.
Die Auswertung eines solchen Experiments zeigt, dass sich in der Strahlung des Präparats Elektronen mit unterschiedlicher Geschwindigkeit, also unterschiedlicher Energie, befinden (Abb. 4). Kontinuierliche Spektren der Energieverteilung werden bei allen Betastrahlern angetroffen.

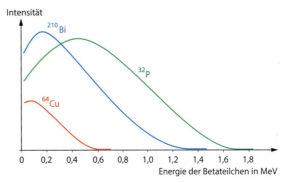

5 Spektren mehrerer Betastrahler

Wechselwirkung mit Materie

Aufgrund ihrer großen Masse sind die Alphateilchen nicht sehr schnell, daher ist die jeweilige Wechselwirkungsdauer mit anderen Teilchen beim Durchgang durch Materie verhältnismäßig lang. Die Alphateilchen verlieren schnell an Energie und wirken auf ihrer nur kurzen Flugbahn stark ionisierend. In Nebelkammeraufnahmen sind es die kurzen, dicken Bahnspuren der Alphastrahlung, die auf die starke Ionisierung schließen lassen.
Die Elektronen der Betastrahlung haben eine ähnliche Maximalenergie wie die Alphateilchen, sind aber aufgrund ihrer deutlich geringeren Masse schneller. Sie ionisieren daher längs ihrer Bahn weniger intensiv und haben eine größere Reichweite in Materie. Es treten Ionisationseffekte, Bremsstrahlung bei der Ablenkung und eine Anregung getroffener Atome auf.

AUFGABE

1 Das folgende Diagramm zeigt die Reichweite von Alphastrahlung in unterschiedlichen Materialien. Als Reichweite ist dabei diejenige Strecke definiert, nach der die Intensität der Strahlung in dem jeweiligen Material auf die Hälfte zurückgegangen ist. Nennen Sie Konsequenzen aus diesem Diagramm für die Auswirkungen von Alphastrahlung auf den menschlichen Körper. Unterscheiden Sie zwischen Strahlungsquellen innerhalb und außerhalb des Körpers.

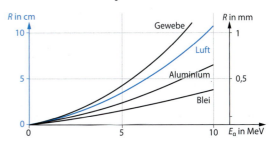

Jedes Modell stellt einen anderen Aspekt des Atomkerns in den Vordergrund. Ähnlich wie Elektronen in der Atomhülle können auch die Nukleonen des Kerns je nach Energieniveau zu Schalen zusammengefasst werden. In jeder Schale ist dann Platz für eine festgelegte Anzahl von Teilchen.

16.7 Schalen- und Potenzialtopfmodell

Schalenmodell Genaue Massenbestimmungen von Atomen haben ergeben, dass es bei bestimmten Werten für die Neutronen- und für die Protonenanzahl zu Besonderheiten kommt. Diese *magischen* Zahlen lauten 20, 28, 50 und 82. Ist die Anzahl der Neutronen eine dieser Zahlen, gibt es besonders viele stabile Isotope, während Kerne mit einer entsprechenden Anzahl von Protonen außergewöhnlich hohe Bindungsenergien aufweisen. Dies motiviert die Vorstellung einer Schalenstruktur im Kernaufbau, ähnlich wie sie bei den Elektronen der Atomhülle anzutreffen ist: Wird eine bestimmte Anzahl von Nukleonen erreicht, ist die Schale aufgefüllt und damit besonders stabil.

Mit der Einführung von Quantenzahlen werden die Nukleonen durch Zustände charakterisiert, die sie unter Aufnahme bzw. Abgabe festgelegter Energiebeträge ändern können. Damit sind die diskreten Energien der Alphateilchen und Gammaquanten zu erklären.

Potenzialtopfmodell Für eine quantenmechanische Beschreibung der Nukleonen im Atomkern ist eine Aussage über deren potenzielle Energie erforderlich. Das einfachste Modell für gebundene Zustände ist wie im Fall der Elektronenhülle ein linearer Potenzialtopf (vgl. 14.1). Hierbei ist das Potenzial innerhalb des Kerns konstant und außerhalb des Kerns gleich null. Wie die Elektronen besitzen auch die Nukleonen einen Spin mit dem Wert $+\frac{1}{2}$ oder $-\frac{1}{2}$. Nach dem Pauli-Prinzip können sich daher im Kern maximal zwei Nukleonen derselben Sorte im selben Zustand befinden; diese beiden haben dann unterschiedlichen Spin.

Zusätzlich gibt es zwischen den Protonen die Coulomb-Abstoßung. Ihr Potenzialtopf ist daher weniger tief als derjenige der Neutronen. Die Coulomb-Abstoßung existiert auch noch außerhalb des Kerns, sie führt zu einem *Potenzialwall*.

Schalenmodell

Die Anzahl stabiler Isotope eines Elements variiert nach Nukleonenanzahl in auffälliger Weise: Bei den Neutronenanzahlen 20, 28, 50 und 82 gibt es besonders viele stabile Isotope. Bei denselben Protonenanzahlen besitzen die Kerne eine hohe Bindungsenergie, sie sind daher sehr stabil (Abb. 2). Ein ähnliches Verhalten führt in der Chemie bzw. in der Physik der Atomhülle zum Begriff der Elektronenschalen. Die *magischen* Zahlen sind dort die Elektronenanzahlen in den »abgeschlossenen Schalen« der Edelgasatome: 2, 10, 18, 36, 54, ...

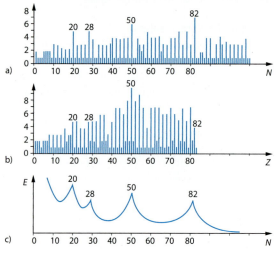

2 Anzahl stabiler Isotope in Abhängigkeit von der Neutronenanzahl (a) und von der Protonenanzahl (b) sowie Anregungsenergien (qualitativ, c)

Auch dem Atomkern kann durch die Einführung von Quantenzahlen eine Schalenstruktur zugeschrieben werden. Ähnlich wie den Elektronen in der Atomhülle befinden sich die Kernbausteine in diskreten Energiezuständen. Die Energiebeträge, die bei der Änderung eines Kernzustands aufgenommen oder abgegeben werden, entsprechen stets den Differenzen der Energieniveaus. Das Schalenmodell des Atomkerns erklärt damit die diskreten Energien der Alphateilchen und der Gammaquanten (vgl. 16.6).

Potenzialtopfmodell

Wie in der Physik der Atomhülle kann eine solche Teilchenanordnung mithilfe eines Potenzialansatzes beschrieben werden. Den einfachsten Fall der Beschreibung stellt dabei ein unendlich hohes Kastenpotenzial dar. Abbildung 3 zeigt eine nicht maßstäbliche Vorstellung dieses Potenzialverlaufs. Im Inneren des Kerns ist das Potenzial der starken Wechselwirkung konstant, außerhalb des Kerns null; es wird also angenommen, dass der Kern einen scharfen Rand besitzt. Die Tiefe des Potenzialtopfs beträgt für leichte Kerne ungefähr 50 MeV.

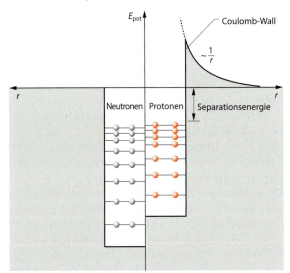

3 Potenzialtopf mit Coulomb-Wall für die Protonen

Im Fall der Atomhülle ist die Energiedifferenz des obersten besetzten Niveaus zur Nulllinie gerade die Ionisationsenergie, also diejenige Energie, die erforderlich ist, um ein Elektron aus der Hülle zu lösen. Bei Atomkernen wird diese Energiedifferenz vom obersten besetzten Nukleonenniveau bis zur Nulllinie auch *Separationsenergie* genannt. Sie ist für Protonen und Neutronen unterschiedlich und variiert von Nuklid zu Nuklid von etwa 8 bis zu 20 MeV. Die Variation im Verlauf der Werte stützt wiederum das Schalenmodell.

Coulomb-Wall Das elektrische Potenzial, das durch die Abstoßung der Protonen untereinander zustande kommt, existiert auch außerhalb des Kerns: Das Coulomb-Potenzial einer Punktladung oder einer geladenen Kugel nimmt mit $1/r$ ab (vgl. 5.8). Auf der Protonenseite des Kernpotenzials schließt sich daher noch ein positiver Bereich an, der Coulomb-Wall genannt wird. Aufgrund der Coulomb-Abstoßung ist auch der Potenzialtopf der Protonen nicht so tief wie derjenige der Neutronen: Innerhalb des Kerns dominiert die anziehende starke Wechselwirkung der Nukleonen – die Gesamtwechselwirkung wird um den geringen Betrag der Coulomb-Abstoßung der Protonen vermindert.

Zum Modellcharakter

Für das Tröpfchenmodell ist die Reichweite der Wechselwirkung der Nukleonen untereinander entscheidend. Das Schalenmodell dagegen trifft hierüber gar keine Aussagen, sondern hebt nur die magischen Zahlen und die diskreten Energiezustände hervor. Das Tröpfchenmodell kann gut die Bindungsenergie des Kerns und Kernreaktionen erklären, das Schalenmodell dagegen Stabilität und Energiestruktur der Kerne.

Ein verallgemeinertes Kernmodell muss alle Aspekte der Quantenmechanik mit der anziehenden starken Wechselwirkung und der abstoßenden Coulomb-Wechselwirkung sowie die Kernumwandlungen mit ihren Zerfallswahrscheinlichkeiten in Einklang bringen. Das einfachste Beispiel hierfür ist das Potenzialtopfmodell mit Kastenpotenzial, weitere Beispiele für mathematisch anspruchsvollere Potenzialverläufe zeigt Abb. 4.

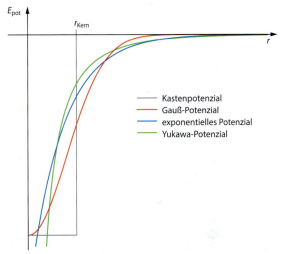

4 Unterschiedliche Verläufe der potenziellen Energie für Nukleonen im Kern nach unterschiedlichen Kernmodellen

AUFGABEN

1. Der Potenzialtopf stellt eine abstrakte Beschreibung des Kerns dar.
   a Erläutern Sie, welche physikalische Größe die Tiefe des Topfs beeinflusst.
   b Beschreiben Sie die Bedeutung, die der Potenzialwall hat. Welche Größe beeinflusst die Höhe des Walls am Rand des Kerns?
   c Begründen Sie, dass es sinnvoll ist, zwei unterschiedliche Potenzialtöpfe für Protonen und Neutronen zu entwerfen.
   d Stellen Sie die Vor- und Nachteile von Potenzialtopf-, Tröpfchen- und Schalenmodell des Kerns dar.
2. Schalenmodelle gibt es sowohl für die Elektronen der Atomhülle als auch für die Nukleonen des Kerns. Erläutern Sie Gemeinsamkeiten und Unterschiede.

In Ionisationsrauchmeldern wird eine kleine Luftmenge durch einen Alphastrahler ionisiert, sodass zwischen zwei Elektroden ein schwacher elektrischer Strom fließt. Beim Eindringen von Rauchteilchen nimmt der elektrische Widerstand zu, weil sich ein Teil der Gas-Ionen an die Partikel anlagert. Die Stromstärke sinkt dann ab – bei Unterschreitung einer kritischen Grenze wird Alarm ausgelöst.

16.8 Alphazerfall

Bei zunehmender Kernladungszahl gewinnt die Coulomb-Abstoßung der Kernprotonen gegenüber der starken Wechselwirkung an Bedeutung. Schwere Kerne mit Atommassen größer als 190 u können spontan ein Alphateilchen emittieren. Eine Voraussetzung dafür, dass diese Zerfallsart eine hohe Wahrscheinlichkeit besitzt, ist u. a. ein positiver Q-Wert.

Die Umwandlungsgleichung für einen Kern X mit der Ordnungszahl Z und der Nukleonenzahl A lautet:

$$^{A}_{Z}X \rightarrow {}^{A-4}_{Z-2}X' + {}^{4}_{2}\text{He}. \quad (1)$$

Die Aussendung einzelner Protonen oder Neutronen aus dem Kern ist sehr unwahrscheinlich, da für diese Fälle stets $Q < 0$ ist.

Das Alphateilchen besteht aus zwei Protonen und zwei Neutronen und ist aufgrund seiner symmetrischen Struktur vergleichsweise stabil; seine Bindungsenergie pro Nukleon beträgt etwa 7 MeV. Die spontane Spaltung eines schweren Kerns in noch größere Teilstücke könnte zwar theoretisch mehr Energie freisetzen, jedoch besitzt eine solche Kernumwandlung eine verschwindend geringe Wahrscheinlichkeit.

Die Energie der Alphastrahlung ist charakteristisch für das jeweilige Nuklid. Typische Energien von Alphateilchen liegen im Bereich von 2 bis 10 MeV.

Energiebilanzen

Bei schweren Kernen mit einer Nukleonenzahl $A > 190$ wie beispielsweise U-233 sind verschiedene Kernreaktionen denkbar. Die Bilanzierung der Atommassen und damit der Q-Werte zeigt aber, dass nur die Abspaltung eines Heliumkerns energetisch möglich ist.

$$^{233}_{92}\text{U} \rightarrow {}^{229}_{90}\text{Th} + {}^{4}_{2}\text{He} \quad (2)$$

$\Delta m = m_{\text{U-233}} - (m_{\text{Th-229}} + m_{\text{He-4}})$
$ = 233{,}039\,635\text{ u} - (229{,}031\,762 + 4{,}002\,603)\text{ u}$
$ = 0{,}005\,260\text{ u}$

Dies entspricht einem positiven Q-Wert von 4,91 MeV. Hingegen hätte die Abspaltung zweier Deuteriumkerne einen negativen Q-Wert zur Folge:

$$^{233}_{92}\text{U} \rightarrow {}^{229}_{90}\text{Th} + 2\,{}^{2}_{1}\text{H} \quad (3)$$

$\Delta m = m_{\text{U-233}} - (m_{\text{Th-229}} + 2\,m_{\text{H-2}})$
$ = 233{,}039\,635\text{ u} - (229{,}031\,762 + 2 \cdot 2{,}014\,102)\text{ u}$
$ = -0{,}020\,331\text{ u} < 0$

Diese und andere denkbare Reaktionen sind von der Energiebilanz her nicht möglich bzw. aus Sicht der Quantenmechanik äußerst unwahrscheinlich.

Der Massendefekt ist beim Alphateilchen verhältnismäßig groß, bei der Bildung eines Alphateilchens kann also relativ viel Bindungsenergie in kinetische Energie umgewandelt werden. Deswegen kann das Alphateilchen in sehr kurzer Zeit den Kern verlassen, und dieser kann mit hoher Wahrscheinlichkeit in einen energetisch günstigeren Zustand gelangen.

Alphazerfall im Potenzialtopfmodell

Im Kernmodell des Potenzialtopfs verbinden sich zwei Protonen und zwei Neutronen der jeweils obersten Niveaus zu einem Heliumkern, der anschließend den Atomkern verlässt (Abb. 2).

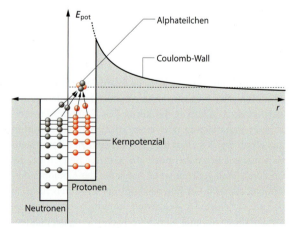

2 Alphazerfall: Zwei Protonen und zwei Neutronen verlassen als Alphateilchen den Kern.

Das ausgesandte Alphateilchen bewegt sich mit einer für das Nuklid charakteristischen kinetischen Energie von bis zu 10 MeV fort. Diese Energie resultiert aus der Coulomb-Abstoßung des zweifach positiv geladenen Alphateilchens durch den Kern.

Die abstoßende Coulomb-Wechselwirkung stellt für Alphateilchen außerhalb des Kerns ein Hindernis dar. Innerhalb des Kerns vermindert sie die Bindungsenergie der Nukleonen.

Klassische Abschätzung des Kernradius

Alphateilchen, die aus dem Zerfall von U-233 stammen, besitzen eine Energie von 4,91 MeV. Dieser Energiebetrag erlaubt eine Rückrechnung auf einen Abstand r vom Zentrum des Coulomb-Potenzials, von dem aus das Alphateilchen gestartet sein müsste:

$$E_{kin} = E_{Coulomb}$$

$$E_{kin} = \frac{Z \cdot e \cdot 2e}{4\pi \cdot \varepsilon_0 \cdot r} \quad (2)$$

$$r = \frac{Z \cdot e \cdot 2e}{4\pi \cdot \varepsilon_0 \cdot E_{kin}} \quad (3)$$

Mit $Z = 92 - 2 = 90$ für den Restkern und $E_{kin} = 4{,}91$ MeV ergibt sich $r = 5{,}27 \cdot 10^{-14}$ m.

Aus den Rutherford'schen Streuversuchen ist jedoch bekannt, dass die Kernradien deutlich kleiner als der oben berechnete Wert sind. Ein solcher kleinerer Radius hätte nach der klassischen Betrachtung einen wesentlich höheren Energiebetrag als $E_{kin} = 4{,}91$ MeV zur Folge. Das Alphateilchen müsste also mehr Energie besitzen, um der starken Wechselwirkung des Kerns zu entkommen. Dieser Widerspruch lässt sich nur quantenmechanisch lösen.

Tunneleffekt beim Alphazerfall

George Gamow konnte 1928 den Alphazerfall mithilfe der Quantenmechanik als Tunneleffekt deuten: Dem Alphateilchen innerhalb des Potenzialtopfs wird eine Wellenfunktion zugeordnet; die Aufenthaltswahrscheinlichkeit des Teilchens ist dem Quadrat der Funktionswerte proportional.

Die Wellenfunktion nimmt aber am Rand des Potenzialtopfs nicht den Wert null an: Auch außerhalb des Potenzialwalls besitzt sie noch von null verschiedene Werte (vgl. 13.18). Mit einer entsprechenden Wahrscheinlichkeit kann das Teilchen den Potenzialwall *durchtunneln* (Abb. 3). Die Wahrscheinlichkeit für ein solches nach der klassischen Physik unmögliches Ereignis hängt von der Höhe und von der Breite des Walls ab.

Dies bestätigt auch den von Geiger und Nuttal empirisch gefundenen Zusammenhang zwischen der Wahrscheinlichkeit und der Energie eines Alphazerfalls: Je energiereicher die Alphastrahlung eines radioaktiven Kerns ist, desto höher ist die Wahrscheinlichkeit für seinen Zerfall.

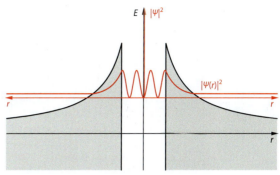

3 Aufenthaltswahrscheinlichkeit von Alphateilchen

AUFGABEN

1 Beim radioaktiven Zerfall eines Kerns wird ein Alphateilchen emittiert. Nehmen Sie zu folgenden Aussagen begründet Stellung:
   a Das Alphateilchen war schon vorher als Ganzes im Kern vorhanden und wird deshalb auch als Ganzes emittiert.
   b Das Alphateilchen war vorher nicht als Ganzes im Kern vorhanden, sondern die vier Nukleonen werden erst im Moment ihrer Emission zusammengefügt.

2 Die Abbildung zeigt die Anzahl der gebildeten Ionenpaare in Abhängigkeit von der in Luft zurückgelegten Strecke bei Alphastrahlung.

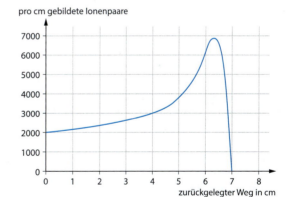

   a Erläutern Sie anhand der Abbildung, wie Alphastrahlung ihre Energie an die Umgebung abgibt.
   b Was passiert nach 7 cm am Ende der Bahn?

3 Das Polonium-Isotop ^{210}Po unterliegt einem Alphazerfall.
   a Geben Sie die Zerfallsgleichung an.
   b Stellen Sie den Zerfall im Potenzialtopfmodell dar.
   c Ermitteln Sie den Q-Wert der Reaktion. Verwenden Sie dazu die folgenden Atommassen:
   ^{210}Po: 209,982 88 u; Tochterkern ^{206}Pb: 205,974 47 u.
   d Berechnen Sie nichtrelativistisch die maximale kinetische Energie des Alphateilchens; nehmen Sie an, dass der Ausgangskern ruht.

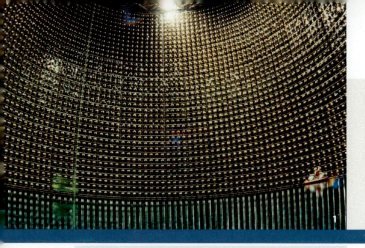

Dieses unterirdische Schwimmbecken mit 55 Millionen Liter reinstem Wasser befindet sich einen Kilometer unter der Erdoberfläche. In ihm sollen sich Neutrinos verfangen, die nur schwach mit anderen Teilchen in Wechselwirkung treten. Forscher kontrollieren hier im noch nicht ganz gefüllten Tank die über 11 000 einzelnen Fotozellen, die die extrem seltenen Reaktionen der Teilchen registrieren werden.

16.9 Betazerfall

Der Betazerfall stellt eine Kernumwandlung dar, bei der keine Nukleonen den Kern verlassen, sondern Elektronen bzw. deren Antiteilchen, die Positronen. Die Zerfallsgleichungen lauten:

Beta-minus-Zerfall: $\quad ^{A}_{Z}X \rightarrow\, ^{A}_{Z+1}X' +\, ^{0}_{-1}e + \bar{\nu}$ (1)

Beta-plus-Zerfall: $\quad ^{A}_{Z}X \rightarrow\, ^{A}_{Z-1}X' +\, ^{0}_{1}e + \nu$ (2)

Sind die Besetzungsniveaus der Potenzialtöpfe für Protonen und Neutronen nicht in gleicher Höhe aufgefüllt, so kann sich ein Nukleon der einen Art in eines der anderen Art umwandeln und damit dessen Niveau auffüllen. Beim Beta-minus-Zerfall wird ein Neutron zu einem Proton, beim Beta-plus-Zerfall wird umgekehrt ein Proton zu einem Neutron.
Obwohl sich die beteiligten Protonen oder Neutronen jeweils in diskreten Energieniveaus befinden, erhalten die Elektronen des Betazerfalls unterschiedliche kinetische Energien. Die Betastrahlung besitzt daher ein kontinuierliches Energiespektrum, das bis zu einem Höchstwert von wenigen MeV reicht.
Dass die Elektronen bzw. Positronen beliebige Beträge an Impuls und Energie aufnehmen können, lässt sich nur mit der Bildung weiterer Elementarteilchen, der Neutrinos $\bar{\nu}$ bzw. ν, erklären. Diese Teilchen nehmen entsprechende Beträge auf, sodass Energie und Impuls bei der Kernumwandlung erhalten bleiben.

K-Einfang Eine weitere Kernumwandlung kann bei schweren Atomen mit großem Kernradius stattfinden: Die inneren Elektronen der Atomhülle – die Elektronen der K-Schale – besitzen eine hohe Aufenthaltswahrscheinlichkeit in Kernnähe. Ein Elektron der Hülle kann sich mit einem Proton des Kerns zu einem Neutron umwandeln. Dieser Vorgang wird als K-Einfang oder EC-Prozess *(electron capture)* bezeichnet.

Betazerfall im Potenzialtopfmodell

Die beiden Arten des Betazerfalls lassen sich mit dem Potenzialtopfmodell des Atomkerns erklären. Nach diesem Modell bestehen innerhalb des Kerns Energieniveaus, die von je zwei Neutronen bzw. Protonen besetzt werden können (vgl. 16.7).
In Abb. 2a ist der Beta-minus-Zerfall schematisch dargestellt: Auf der Protonenseite befindet sich unterhalb des obersten besetzten Neutronenniveaus noch ein nicht voll besetztes Niveau. Daher kann sich ein Neutron unter Aussendung eines Elektrons und eines Antineutrinos in ein Proton umwandeln (Gl. 1).

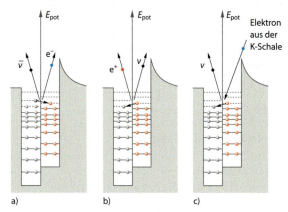

2 a) Beta-minus-Zerfall, b) Beta-plus-Zerfall und c) K-Einfang im Potenzialtopfmodell

Im umgekehrten Fall (Abb. 2b) befindet sich ein nicht voll besetztes Neutronenniveau unterhalb eines besetzten Protonenniveaus. Das Neutronenniveau kann besetzt werden, indem sich ein Proton unter Aussendung eines Positrons und eines Neutrinos in ein Neutron umwandelt (Gl. 2).
In beiden Fällen muss der Übergang nicht sofort in den Grundzustand des Atomkerns münden: Es können anschließend noch Umwandlungen unter Aussendung von Gammastrahlung auftreten (vgl. 16.10). Die Energie der ausgesandten Elektronen bzw. Positronen folgt einer kontinuierlichen Verteilung mit einem für das betreffende Nuklid charakteristischen Maximum (vgl. 16.6).

Neutrino

Die Tatsache, dass die Teilchen der Betastrahlung bis zu einem Höchstwert alle möglichen Energien annehmen können, blieb lange Zeit rätselhaft. Aufgrund der diskreten Ausgangs- und Endenergien der beteiligten Kerne lag die Erwartung nahe, dass die emittierten Betateilchen wie die Alphateilchen eine feste, einheitliche Energie besäßen. 1930 löste WOLFGANG PAULI mit der Einführung eines neuen hypothetischen Teilchens das Dilemma. Der Italiener ENRICO FERMI schlug damals vor, das neue Teilchen wegen seiner geringen Masse *Neutrino (kleines Neutron)* zu nennen. Sein Symbol ist der griechische Buchstabe ν (»nü«).

Nachweis Der experimentelle Nachweis des zunächst nur theoretisch postulierten Neutrinos gelang erst 1956 anhand des *inversen Betazerfalls*. Die Gleichung für diese Umwandlung lautet:

$$_{1}^{1}p + \bar{\nu} \rightarrow {_{0}^{1}}n + {_{1}^{0}}e^{+}. \quad (3)$$

Neutrinos aus einem Kernreaktor treten in einem Tank mit Cadmiumchloridlösung ein. Hier kann mit sehr geringer Wahrscheinlichkeit ein Proton mit einem Antineutrino zu einem Neutron und einem Positron reagieren. Das Positron trifft nach kurzer Wegstrecke auf ein Elektron – dabei kommt es zur *Paarvernichtung* (vgl. 17.2): Die beiden Elementarteilchen löschen sich gegenseitig aus, es entstehen zwei hochenergetische Photonen, die in entsprechenden Detektoren registriert werden. Das Neutron wird nach etwa 1 ms von einem Cadmiumkern eingefangen:

$$_{48}^{113}Cd + {_{0}^{1}}n \rightarrow {_{48}^{114}}Cd + \gamma. \quad (4)$$

Dabei werden wieder Gammaquanten frei, die ein Detektor registriert. Die zeitliche Abfolge, in der zunächst die Photonen aus der Paarvernichtung und dann diejenigen aus dem Cadmiumübergang registriert werden, ist charakteristisch für die Neutrinoreaktion.

K-Einfang

Abbildung 2c zeigt einen Prozess, bei dem ein Hüllenelektron aus der K-Schale von einem Proton des Atomkerns »eingefangen« wird. Das Proton wird bei einem solchen *K-Einfang* zu einem Neutron. Auch bei dieser Reaktion wird ein Neutrino emittiert, nur dann ist der Impulserhaltungssatz erfüllt.

Beispielhaft für einen K-Einfang ist der Prozess:

$$_{19}^{40}K + {_{-1}^{0}}e \rightarrow {_{18}^{40}}Ar + \gamma + \nu. \quad (5)$$

Da das anfangs neutrale Atom ein Elektron der Hülle und ein Proton des Kerns verliert, bleibt es nach außen hin neutral. Allerdings ist seine Elektronenhülle in einem angeregten Zustand – ein Elektron der L- oder einer höheren Schale füllt die Lücke der K-Schale auf. Dabei entsteht charakteristische Röntgenstrahlung (vgl. 14.7).

Ob nun bei einem Nukild mit Protonenüberschuss im Kern ein Beta-plus-Zerfall oder ein K-Einfang stattfindet, hängt von der Energie- und Massenbilanz ab. Reicht die Energie aus dem Massendefekt zur Erzeugung des Positrons, so erfolgt mit hoher Wahrscheinlichkeit der Beta-plus-Zerfall, wenn nicht, geschieht ein K-Einfang.

MEDIZIN

Positronenemissionstomografie (PET) Der Beta-plus-Zerfall bestimmter Nuklide wird in der Medizin zur Erzeugung von Schnittbildern durch den Körper angewandt. Dem Patienten wird dazu ein kurzlebiges radioaktives Präparat wie Gallium-68 in die Venen gespritzt, das sich dann über die Blutbahn im Körper verteilt.

Jedes von dem Präparat ausgesandte Positron trifft nach sehr kurzer Zeit auf ein Elektron, sodass es zur Paarvernichtung kommt. Die beiden entstehenden Photonen bewegen sich entgegengesetzt und werden nahezu zeitgleich von zwei einander gegenüberliegenden Detektoren registriert. Aus der Anzahl der Zerfallsereignisse pro Zeit sowie deren räumlicher Verteilung kann dann rückgeschlossen werden, mit welcher Konzentration sich das Präparat an den verschiedenen Stellen des Körpers angesammelt hat.

AUFGABEN

1 Beschreiben Sie die anfänglichen Interpretationsprobleme der Ergebnisse beim Betazerfall und deren Lösung.

2 Die natürlich vorkommenden Isotope ^{40}Ka und ^{14}C von Kalium und Kohlenstoff unterliegen dem Betazerfall.

  a Geben Sie die Zerfallsgleichungen an, und bestimmen Sie aus den jeweiligen Atommassen die maximale kinetische Energie der emittierten Elektronen.

  b ^{40}Ka kann auch einen Beta-plus-Zerfall oder einen K-Einfang durchführen. Geben Sie auch hierfür die entsprechenden Gleichungen an.

  c Begründen Sie rechnerisch, dass sich in beiden Fällen eine höhere kinetische Energie der emittierten Teilchen ergibt.

3 Das in der PET-Diagnostik häufig verwendete ^{18}F wird in einem Zyklotron durch Beschuss von ^{18}O mit Protonen hergestellt. Nach Injektion einer Zuckerlösung mit dem radioaktiven Marker ^{18}F wird dessen Beta-plus-Zerfall registriert.

  a Geben Sie die Gleichungen der Kernreaktionen bei Erzeugung und Zerfall von ^{18}F an.

  b Ein weiterer radioaktiver Marker in der PET-Diagnostik ist ^{15}O. Bestimmen Sie für ^{18}F und ^{18}O die maximale Positronenenergie.

  c Neben ^{18}F eignen sich Verbindungen von ^{11}C und ^{13}N als Markersubstanzen. Recherchieren Sie, warum aber in der Diagnostik bevorzugt ^{18}F eingesetzt wird.

  d Skizzieren Sie den Zerfall des Nuklids ^{18}F im Potenzialtopfmodell.

13.1 Die Verzweiflung, die Pauli zur Vorhersage des Neutrinos trieb, ähnelte derjenigen, mit der Planck sein »Wirkungsquantum« einführte.

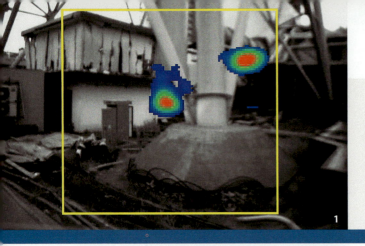

Eine Kamera, die auf Gammastrahlung reagiert, macht nach dem Reaktorunfall in Fukushima verstrahlte Stellen in der Umgebung sichtbar. Diese Hotspots müssen unter strengen Sicherheitsvorkehrungen gereinigt werden, das verstrahlte Material wird abgetragen und auf lange Zeit von der Umwelt isoliert aufbewahrt.

16.10 Gammastrahlung

In der Regel befinden sich die Nukleonen der Restkerne nach einer Kernumwandlung nicht in ihrer energetisch günstigsten Besetzungsanordnung, sondern in angeregten Zuständen. Die Nukleonen gehen anschließend in eine energetisch günstigere Anordnung über, und die dabei umgewandelte Bindungsenergie wird durch die Aussendung von Gammaquanten abgestrahlt. Hierbei verlässt nur Energie in Form von elektromagnetischer Strahlung den Kern, während sich Neutronen- und Protonenanzahl des Kerns nicht ändern. In der Umwandlungsgleichung eines solchen Prozesses wird das angeregte Nuklid durch einen Stern gekennzeichnet:

$$^{A}_{Z}X^* \rightarrow {^{A}_{Z}}X + \gamma. \qquad (1)$$

Die Gammaquanten besitzen große Durchdringungsfähigkeit und nahezu unendliche Reichweite in Luft. Zur Abschirmung sind massive Bleiplatten nötig.
Bei der Wechselwirkung von Gammastrahlung mit Materie treten mit zunehmender Photonenenergie die folgenden vier Prozesse auf:
- *Fotoeffekt*: Auslösen von kernnahen Elektronen aus der Atomhülle
- *Compton-Effekt*: Abgabe eines Teils der Quantenenergie an Elektronen
- *Paarerzeugung*: Bildung neuer Paare von Elektronen und Positronen.
- *Kernfotoeffekt*: Auslösen von Nukleonen

Angeregte Zustände

Nach der Umwandlung oder Aussendung von Nukleonen befindet sich der betroffenen Kern oft in einem angeregten Zustand. Dies bedeutet, dass niedrigere Energieniveaus zwischenzeitlich unbesetzt blieben. Es erfolgt eine Umbesetzung in einen energetisch günstigeren Zustand. Dabei ändern sich auch die mittleren Abstände der Nukleonen untereinander, die Bindungen werden im Durchschnitt fester. Die umgewandelte Bindungsenergie wird dann in Form von hochenergetischer elektromagnetischer Strahlung abgegeben. Es handelt sich hierbei also nicht um einen Zerfall im eigentlichen Sinn, sondern nur um eine Umwandlung der Konfiguration im Kern.

Beispiel für eine Gamma-Emission Das Nuklid Po-212 kann entweder direkt unter Alphazerfall in den Grundzustand des Pb-208 übergehen, oder es emittiert zunächst Gammaquanten und zerfällt dann von einem niedrigeren Energiezustand aus zum Endkern Blei (Abb. 2).

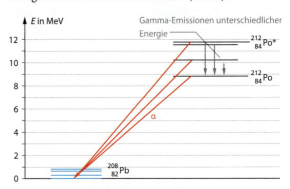

2 Energieschema des Zerfalls von Po-212

Wechselwirkung mit Materie

Fotoeffekt mit kernnahen Elektronen Bei diesem Wechselwirkungsprozess wird ein Teil der Quantenenergie zum Ablösen eines Elektrons aus der inneren Hülle des Absorberatoms benötigt – der Rest verbleibt als kinetische Energie beim abgelösten Elektron. Da anschließend Energieniveaus in Kernnähe unbesetzt sind, wechseln Elektronen äußerer Schalen nach innen, und es entsteht sekundäre charakteristische Röntgenstrahlung.

Compton-Effekt Ist die Energie des Gammaquants wesentlich größer als die Bindungsenergie der Elektronen in der Atomhülle, kann es auch zu einem anderen Wechselwirkungsmechanismus kommen: Das Gammaquant überträgt auch hier Energie auf ein Elektron, das daraufhin die Elektronenhülle verlässt. Aber anders als beim Fotoeffekt existiert das Photon nach dem Stoßvorgang weiter, allerdings besitzt es eine andere Bewegungsrichtung und eine verminderte Frequenz (vgl. 13.5).

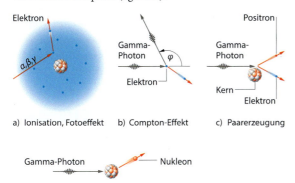

3 Wechselwirkung von Gammastrahlung mit Materie

Paarerzeugung Die Ruhemasse von Elektronen und Positronen entspricht nach der Masse-Energie-Äquivalenz $E = m \cdot c^2$ jeweils einer Energie von 511 keV. Ab 1,022 MeV ist die Energie eines Photons daher ausreichend für die Erzeugung eines Elektron-Positron-Paars. Zur Paarbildung ist die Nähe eines weiteren Teilchens, z. B. eines Kerns, erforderlich, das Energie bzw. Impuls aufnehmen kann.

Die beiden Elementarteilchen bewegen sich nach ihrer Entstehung mit der verbleibenden Energie auseinander. Das Positron trifft allerdings in der Regel nach kurzer Wegstrecke wieder auf ein anderes Elektron – es kommt zur Paarvernichtung unter Aussendung zweier entgegengesetzt gerichteter 511-keV-Photonen.

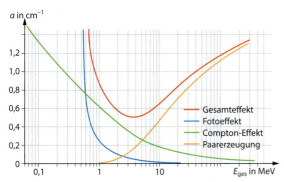

4 Energieabhängigkeit der Absorptionskonstante für Gammastrahlung am Beispiel von Blei

Kernfotoeffekt In Anlehnung an die Physik der Atomhülle wird die Ablösung eines oder mehrerer Nukleonen durch Einfang eines Gammaquants als Fotoeffekt des Kerns bezeichnet. Dieser Prozess setzt erst ab einer stoffabhängigen Mindestenergie der Photonen ein: Die Bindungsenergie der am schwächsten gebundenen Nukleonen liegt in der Regel bei mehr als 2 MeV.

Abschirmung von Gammastrahlung

Unter der Annahme, dass jede Schicht des homogenen Absorbers die gleiche relative Schwächung hervorruft, nimmt die Intensität I von Gammastrahlung exponentiell mit der Dicke d des durchstrahlten Materials ab:

$$I(d) = I_0 \cdot e^{-\alpha \cdot d}. \tag{2}$$

Die Absorptionskonstante α ist vom Material und von der Photonenenergie abhängig. Die Energieabhängigkeit der drei Absorptionsprozesse zeigt Abb. 4. Die Absorptionskonstante nimmt zunächst stark ab, steigt aber bei hohen Energien wieder an, wenn die Paarerzeugung dominiert.

Beispiel für ein Gammaspektrum

Das Nuklid Cs-137 sendet Gammaquanten mit einer Energie von 0,622 MeV aus. Entsprechend registriert ein Szintillationszähler einen deutlichen Peak, der durch den Fotoeffekt mit den Kristallatomen zustande kommt (rechts in Abb. 5). Die emittierte Gammastrahlung wechselwirkt aber auch mit der Materie in der unmittelbaren Umgebung ihres Entstehungsorts und mit dem Zählermaterials. Dadurch entsteht aus der ursprünglich scharfen Linie ein ganzes Spektrum aus unterschiedlichen Komponenten. So ist die Compton-Kante bei 0,477 MeV erkennbar. Sie markiert den maximalen Energie- und Impulsübertrag an die Elektronen bei der Rückwärtsstreuung des Gammaquants. Bei 32 keV tritt die K_α-Linie des im Präparat enthaltenen Zerfallsprodukts Ba-137 auf.

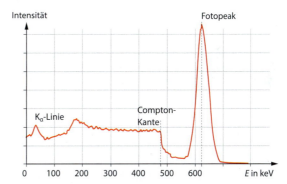

5 Spektrum der 0,622-MeV-Strahlung von Cs-137

AUFGABEN

1 a Bei dem in Abb. 2 skizzierten Alphazerfall treten Alphateilchen mit den Energien 8,95 MeV und 11,8 MeV auf. Bestimmen Sie die mögliche Gammaenergie und die entsprechende Wellenlänge der Strahlung.

b Berechnen Sie unter Verwendung der Atommasse von Po-212 (211,988 868 u) die Atommasse des Tochternuklids Pb-208.

2 Erläutern Sie das Zustandekommen der roten Kurve in Abb. 4, und gehen Sie dabei auf die Bedeutung des Minimums ein.

> Ähnlich wie das Fluoreszenzlicht aus der Atomhülle geben die Gammaphotonen Auskunft über die diskreten Energieniveaus im Kern.

13.12

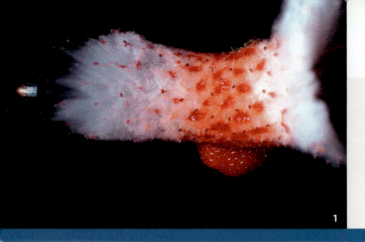

Wer das Innere einer Erdbeere erforschen will, schneidet sie auf oder beißt ein Stück von ihr ab. Teilchenphysikern steht diese Methode nicht zur Verfügung. Sie müssen ihre winzigen Objekte mit schnellen Geschossen zertrümmern, um aus den Bahnen der Bruchstücke auf die Verhältnisse im Inneren zurückzuschließen. – Bei einer Erdbeere würde dies allerdings zur Not auch gelingen.

17.1 Strukturuntersuchung mit schnellen Teilchen

In einem Lichtmikroskop sind nur Objekte erkennbar, deren Abmessungen mindestens in der Größenordnung der Lichtwellenlänge liegen. Diese Aussage gilt analog auch für andere Streuexperimente: Die verwendete Wellenlänge darf maximal in der Größenordnung der Objektabmessungen liegen. Im Fall von Teilchenstrahlung ist die Wellenlänge durch die De-Broglie-Beziehung gegeben:

$$\lambda = \frac{h}{p} = \frac{h \cdot c}{E}. \tag{1}$$

Um Atomkerne oder Nukleonen zu untersuchen, sollte die Auflösung 10^{-15} m oder kleiner sein. Damit ist der Energiebereich der zu verwendenden Strahlung festgelegt. Elektronen mit beispielsweise 1 GeV Gesamtenergie besitzen bei einer Geschwindigkeit von mehr als 99 % der Lichtgeschwindigkeit eine De-Broglie-Wellenlänge von $1{,}2 \cdot 10^{-15}$ m.

Prinzip von Streuexperimenten

ERNEST RUTHERFORD hatte seine Experimente zur Struktur der Atome mit Alphateilchen aus einer radioaktiven Quelle durchgeführt (Abb. 2 a). Die Tatsache, dass nur wenige Teilchen abgelenkt wurden, konnte er mit der Streuung der positiven Alphateilchen an verhältnismäßig kleinen positiven Atomkernen erklären (vgl. 13.9).

Um das Innere von Atomkernen oder gar von Nukleonen zu untersuchen, müssen deutlich energiereichere Projektile verwendet werden. Auch bei solchen Experimenten erlaubt die richtungsabhängige Intensität der gestreuten Teilchen eine Rückrechnung auf die Größe der Streuobjekte und auf die Art der Wechselwirkung bei der Streuung. Bevorzugt werden hierbei Elektronen, Protonen oder andere Teilchen verwendet, denen in Beschleunigern ausreichend Energie zugeführt werden kann. Abbildung 2 b zeigt Elektronen, die an den Bestandteilen eines Protons gestreut werden.

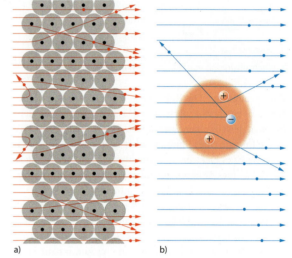

2 Streuung von Alphateilchen an Atomkernen (a) und Elektronenstreuung an den Bestandteilen des Protons (b)

Wellenlänge von Teilchen in Streuexperimenten

Wenn man kleine Strukturen beobachten will, muss die Wellenlänge der verwendeten Strahlung kleiner sein als die Abmessungen der Objekte. Zur Untersuchung der Ladungsverteilung im Inneren eines Protons werden beispielsweise Elektronen mit extrem hoher Geschwindigkeit auf Protonen geschossen.

Mit den Ergebnissen der Relativitätstheorie lässt sich der Impuls eines Elektrons berechnen, dessen Gesamtenergie sehr viel größer ist als seine Ruheenergie (vgl. 19.10):

$$p = \frac{E}{c}. \tag{2}$$

Aus Gl. (1) ergibt sich für die Materiewellenlänge eines hochenergetischen Elektrons mit $E = 1$ GeV:

$$\lambda = \frac{6{,}62 \cdot 10^{-34}\,\text{J} \cdot \text{s} \cdot 3{,}0 \cdot 10^8\,\frac{\text{m}}{\text{s}}}{1{,}0 \cdot 10^9\,\text{V} \cdot 1{,}6 \cdot 10^{-19}\,\text{A} \cdot \text{s}} = 1{,}2 \cdot 10^{-15}\,\text{m}. \tag{3}$$

Mit Elektronen, die eine Energie von über 1 GeV besitzen, können also Strukturen innerhalb von Nukleonen aufgelöst werden.

2.13 Ernest Rutherford machte sein grundlegendes Streuexperiment mit Alphastrahlung. Zur Interpretation musste er die Physik der Streuprozesse heranziehen.

Moderne Methoden

Die moderne Teilchenphysik untersucht nicht nur Nukleonen, sondern sie erzeugt auch neue, teils exotische Teilchen. Dazu werden geladene Teilchen beschleunigt und entweder auf ruhende neutrale Objekte gelenkt oder auf gegenläufigen Bahnen zur Kollision gebracht. Wenn sich im Forschungszentrum CERN am *Large Hadron Collider* (LHC) am Kreuzungspunkt der Teilchenstrahlen zwei Protonen mit einer Energie von jeweils 4 TeV ($\lambda = 3,1 \cdot 10^{-19}$ m) treffen, wird ein ganzer Schauer neuer Teilchen erzeugt. Mithilfe unterschiedlicher Nachweistechniken können dann im ATLAS-Detektor die Bahnspuren der Teilchen verfolgt werden (Abb. 3).

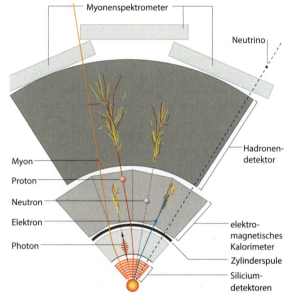

3 Aufbau des ATLAS-Detektors

Im Innersten der schalenartigen Struktur befinden sich wenige Zentimeter bis zu 1,2 m vom Protonenstrahl entfernt streifenförmige Siliciumdetektoren, die von einem 2 Tesla starken Magnetfeld durchsetzt sind. Drei verschiedene Halbleiterdetektoren registrieren bei einer Ortsauflösung von 14 μm mit 6 Millionen Messpunkten den Durchgangspunkt ionisierender Teilchen. Anhand der Bahnkrümmung wird auf die Ladung und den Impuls der ursprünglichen Teilchen geschlossen.

Im mittleren Bereich dienen zwei Kalorimeter der Energiemessung geladener Teilchen mit elektromagnetischer oder starker Wechselwirkung. Schnelle Elektronen, Positronen, Protonen und Neutronen erzeugen in massiven Stahl- und Bleiplatten Schauer von Elektron-Positron-Paaren, die von den elektrischen Feldern der Detektoratome abgelenkt werden. Im inneren dieser beiden Detektoren dient flüssiges Argon zum Nachweis, im äußeren Hadronendetektor erzeugen die Teilchen Szintillationen in seinen Kunststoffplatten. Dabei entsteht jeweils wieder Strahlung, und so kommt es zu einer Kaskade eines Teilchenschauers mit millionenfacher Verstärkung.

Schließlich weisen im Abstand von 11 m zum Strahlrohr zwei Detektoren entstehende Myonen nach. Myonen sind schwere, negativ geladene Teilchen, die aus der Höhenstrahlung bekannt sind. Sie können neben den Neutrinos als einzige alle Detektoren bis nach außen durchqueren.

Mehrere Ringe von insgesamt 350 000 Driftkammern, aufgebaut wie Geiger-Müller-Zählrohre und gefüllt mit einem Argon-Kohlenstoffdioxid-Gemisch, bilden diese äußerste Detektorschale. Die Myonen wechselwirken in einem Detektor mit den Gasatomen und werden dabei mit hoher Auflösung anhand ihrer Bahnspuren nach Ort und Impuls analysiert; im anderen Detektor werden die genauen Messzeitpunkte der Myonendurchgänge festgehalten. Das besondere Interesse galt Myonen einer bestimmten Energie- und Impulskombination, bei deren Entstehung das Higgs-Teilchen eine Rolle spielt (vgl. 17.5). Ohne Nachweis verlassen nur die Neutrinos den Detektor.

Der gesamte Detektor ist 45 m lang, mehr als 25 m hoch und hat eine Masse, die derjenigen des Eiffelturms entspricht: 7000 Tonnen.

Alle 25 Nanosekunden findet eine Kollision statt, bis zu 1600 geladene Teilchen befinden sich dann in den einzelnen Bereichen des Detektors. Auf diese Weise fällt eine Datenmenge von 100 Terabytes an. Dies entspricht etwa 20 000 DVDs pro Sekunde. Die Computersoftware muss daraus in Echtzeit die etwa zehn wirklich interessanten Ereignisse in jeder Sekunde erkennen und zur weiteren Auswertung abspeichern.

AUFGABEN

1 Vergleichen Sie die Nachweismethoden und die Signalverstärkung im Teilchendetektor ATLAS mit der Arbeitsweise der in 16.2 dargestellten klassischen Strahlungsdetektoren.

2 Mithilfe von Streuexperimenten kann man Strukturen von Kernen und ihren Bausteinen untersuchen. Die Ausdehnung von Atomen beträgt ca. 10^{-10} m, die von Nukleonen ca. 10^{-15} m.
   a Zeigen Sie, dass Rutherford zur Untersuchung des Atoms erfolgreich mit Alphateilchen experimentieren konnte.
   b Bestimmen Sie die Energie, die Elektronen mindestens besitzen müssen, um die Struktur der Kernbausteine aufzulösen.

3 Protonen, die eine kinetische Energie von 590 MeV besitzen, sollen zur Strukturanalyse von Atomkernen eingesetzt werden.
   a Bestimmen Sie die Wellenlänge der Protonen.
   b Beurteilen Sie, ob diese Wellenlänge prinzipiell für derartige Experimente geeignet ist.

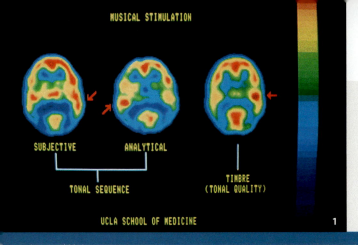

Musik wird von Laien vorwiegend in der rechten »intuitiven« Gehirnhälfte verarbeitet – bei Musikern hingegen wird eher die linke »logische« Hälfte aktiv. Eine entsprechend erhöhte Stoffwechselreaktion im Gehirn wird in der Positronen-Emissions-Tomografie durch einen schwachen Beta-plus-Strahler sichtbar gemacht: Die Positronen treffen auf ihre Antiteilchen, die Elektronen; sie vernichten sich gegenseitig, und es entstehen Gammaquanten.

17.2 Quarks, Materie und Antimaterie

Nukleonen bestehen aus Quarks, die gedrittelte Elementarladungen besitzen. Diese Quarks stellen nach heutigem Stand der Theorie die fundamentalen Bausteine der Natur dar. Als freie Teilchen können sie nicht beobachtet werden, wohl aber lassen Streuversuche mit hochenergetischen Elektronen eine Ladungsverteilung in den Nukleonen erkennen.

PAUL DIRAC erkannte bei der Verbindung der Quantenmechanik mit der Einstein'schen Relativitätstheorie, dass es zu jedem geladenen Teilchen ein Antiteilchen geben muss. Dieses trägt bei gleicher Masse und gleichem Spin die entgegengesetzte Ladung. So existiert zu jedem Quark auch das entsprechende Antiquark:

		Bezeichnung	Ladung
Quark	u	up	$\frac{2}{3}e$
	d	down	$-\frac{1}{3}e$
Antiquark	$\bar{u}$	anti-up	$-\frac{2}{3}e$
	$\bar{d}$	anti-down	$\frac{1}{3}e$

Ein Teilchen und sein Antiteilchen vernichten sich beim Aufeinandertreffen gegenseitig. Dabei wird Energie in Form von Gammaquanten umgesetzt, oder es entstehen neue Teilchen.

Quarks

So wie RUTHERFORD 1911 durch Streuexperimente die innere Struktur des Atoms aufdeckte, zeigten spätere Streuexperimente mit hochenergetischen Elektronen an Nukleonen, dass die Ladung im Inneren eines Protons nicht gleichmäßig verteilt ist. Stattdessen gibt es drei Ladungszentren (Abb. 2): Zwei von ihnen tragen $\frac{2}{3}$ einer positiven Elementarladung (up), das dritte trägt $\frac{1}{3}$ einer negativen Elementarladung (down). Zusammen ergibt sich die positive Elementarladung des Protons:

$$2 \cdot \frac{2}{3}e - \frac{1}{3}e = 1\,e.$$

Diesen Ladungsträgern gab MURRAY GELL-MANN nach einer Textzeile aus *Finnigan's Wake* von JAMES JOYCE den Namen Quarks.

Auch das nach außen elektrisch neutrale Neutron weist eine diskrete Ladungsverteilung im Inneren auf – die Gesamtladung addiert sich in diesem Fall jedoch zu null. Die Quarks sind dabei als nahezu punktförmige Zentren der Ladungsverteilung anzusehen. Ein einzelnes, isoliertes Quark ist jedoch nach der gegenwärtigen Theorie grundsätzlich nicht beobachtbar (vgl. 17.3).

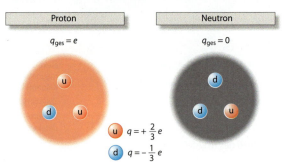

2 Aufbau von Proton und Neutron aus jeweils 3 Quarks (Schema)

Materie und Antimaterie

Paul Dirac versuchte im Jahre 1928, eine Verbindung zwischen der Quantenmechanik mit der Relativitätstheorie zu schaffen. Er stieß dabei auf eine Lösung, die »positiv geladene Elektronen« erlaubte, Teilchen also mit einer Masse und einem Spin wie die negativ geladenen Elektronen, jedoch mit positiver Ladung. Diese *Positronen* wurden 1932 in der Höhenstrahlung entdeckt, sie entstehen aber auch beim radioaktiven Zerfall bestimmter Nuklide (vgl. 16.9).

Die mathematischen Lösungen von Dirac lassen zu allen Grundbausteinen der Materie *Antiteilchen* zu. So gibt es im Quarkmodell auch zu jedem Quark ein Antiteilchen. Deren Kombinationen ergeben entsprechend die Antiteilchen von Proton und Neutron. Diese Teilchen wurden in den 1950er Jahren ebenfalls experimentell nachgewiesen.

Durch die Einführung der Quarks wird Millikans Elementarladung zwar gedrittelt – die Ladung des Elektrons bleibt aber eine fundamentale Einheit.

Inzwischen ist es auch möglich, aus einem Antiproton und einem Positron ein Antiwasserstoffatom zu erzeugen. Dauerhaft stabil ist solche Antimaterie jedoch nicht, da sie sofort vernichtet wird, wenn sie auf gewöhnliche Materie trifft.

Paarvernichtung von Teilchen und Antiteilchen

Der Nachweis der Antiteilchen erfolgt am einfachsten über ihre Paarvernichtung. Treffen Teilchen und Antiteilchen aufeinander, so wird ihre Energie in Form von Gammaquanten frei. Deren Energie entspricht der gesamten Ruhemasse der beiden Ausgangsteilchen, sofern keine neuen Teilchen gebildet werden.

Abbildung 3 zeigt schematisch die Paarvernichtung eines Elektrons und eines Positrons, die jeweils mit der kinetischen Energie E_{kin} aufeinandertreffen. Energie- und Impulserhaltung erfordern es, dass bei der Paarvernichtung zwei gleichartige Photonen entstehen, die sich in entgegengesetzter Richtung bewegen. In seltenen Fällen können auch drei Photonen entstehen. Ihre Energie entspricht jeweils der Ruhemasse des Elektrons bzw. Positrons zuzüglich der kinetischen Energie.

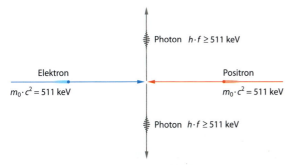

3 Paarvernichtung von Elektron und Positron

Kombinationen von Quarks

Zusammenschlüsse aus mehreren Quarks werden als Hadronen bezeichnet. Es gibt zwei wesentliche Familien von Hadronen: die Baryonen und die Mesonen.

Baryonen Die »schweren« Kernteilchen Proton und Neutron mit einer Ruheenergie von etwa 940 MeV zählt man zur Gruppe der Baryonen (griech. *barys*: schwer). Sie sind aus drei Quarks bzw. ihre Antiteilchen aus drei Antiquarks aufgebaut:

Nukleon		Zusammensetzung	Elementarladungen
p	Proton	u u d	$2 \cdot \frac{2}{3} - \frac{1}{3} = 1$
$\bar{p}$	Antiproton	$\bar{u}\,\bar{u}\,\bar{d}$	$2 \cdot \left(-\frac{2}{3}\right) + \frac{1}{3} = -1$
n	Neutron	u d d	$\frac{2}{3} - 2 \cdot \frac{1}{3} = 0$
$\bar{n}$	Antineutron	$\bar{u}\,\bar{d}\,\bar{d}$	$-\frac{2}{3} + 2 \cdot \frac{1}{3} = 0$

Zu dieser Teilchenfamilie gehören auch die Deltateilchen ($m_0 \cdot c^2 = 1232$ MeV), die als kurzlebige angeregte Zustände von Proton und Neutron theoretisch 1961 vorhergesagt und in den Jahren danach in Teilchenbeschleunigern nachgewiesen werden konnten.

Deltateilchen		Zusammensetzung	Elementarladungen
Δ^+	-plus	u u d	$2 \cdot \frac{2}{3} - \frac{1}{3} = 1$
Δ^-	-minus	d d d	$3 \cdot \left(-\frac{1}{3}\right) = -1$
Δ^0	-null	u d d	$\frac{2}{3} - 2 \cdot \frac{1}{3} = 0$
Δ^{++}	-plus-plus	u u u	$3 \cdot \frac{2}{3} = 2$

Mesonen Diese mittelschweren Teilchen (griech. *mesos*: mittel) bestehen aus nur zwei Quarks, genauer: aus einem Quark-Antiquark-Paar. Die leichtesten Mesonen besitzen eine Ruheenergie von etwa 140 MeV, es gibt aber auch welche, die deutlich höhere Werte aufweisen. Mesonen kommen in der kosmischen Strahlung vor, können aber auch in Teilchenbeschleunigern künstlich erzeugt werden.

Meson		Zusammensetzung	Elementarladungen
π^+	pos. Pion	$u\bar{d}$	$\frac{2}{3} + \frac{1}{3} = 1$
π^-	neg. Pion	$\bar{u}d$	$-\frac{2}{3} - \frac{1}{3} = -1$
π^0	neutr. Pion	$u\bar{u}$	$\frac{2}{3} - \frac{2}{3} = 0$

AUFGABEN

1 Bestimmen Sie die Energie, die umgewandelt wird, wenn ein Proton und ein Antiproton sich gegenseitig vernichten. Geben Sie an, in welcher Form die Energie anschließend vorliegt.

2 Recherchieren Sie über Entstehung und Zerfall von Pionen in der Höhenstrahlung.

3 In Teilchenbeschleunigern wie am CERN werden Protonen mit hoher Energie auf eine Metallfolie geschossen. Die in den Kernreaktionen entstehenden Antiprotonen werden anschließend in Speicherringen zur weiteren Verwendung gesammelt.
a Stellen Sie den inneren Aufbau von Proton und Antiproton im Quarkmodell dar.
b Bei der Paarvernichtung eines Proton-Antiproton-Paars werden die Teilchen vollständig in Energie umgewandelt. Vereinfachend kann angenommen werden, dass beide Teilchen vor der Zerstrahlung ruhen. Zeigen Sie, dass bei der Paarvernichtung mehr als ein Gammaquant entstehen muss.

4 In einer maßstäblichen Vergrößerung eines Atoms haben Protonen einen Durchmesser von 1 cm. Schätzen Sie ab, wie groß in diesem Maßstab ein Atom, ein Elektron und ein Quark wären.

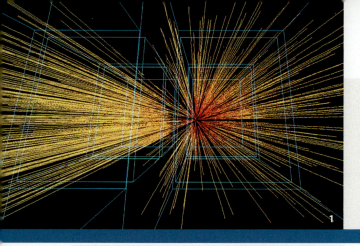

Mithilfe der Magie wollte Goethes Figur Faust vor 200 Jahren herausfinden, »was die Welt im Innersten zusammenhält«. – An Experimente wie dieses hat er dabei sicher nicht gedacht: Protonen und schwere Ionen prallen mit hoher Energie im Large Hadron Collider aufeinander. Ein Schauer von neuen Elementarteilchen entsteht aus einem Quark-Gluonen-Plasma, ihre Bahnen erlauben Rückschlüsse auf die Urbausteine der Materie.

17.3 Wechselwirkungen und ihre Austauschteilchen

Die Beobachtung von Teilchen und die Untersuchung ihrer Eigenschaften sind nur durch die Wechselwirkungen der Teilchen untereinander bzw. mit den Atomen in einem Detektor möglich. Änderungen von Betrag und Richtung der Geschwindigkeit sind in der Newton'schen Sichtweise auf Wechselwirkungen zurückzuführen. Diese Beschreibung umfasst alle bekannten Wechselwirkungsarten. Sie werden durch den Austausch andersartiger nachweisbarer Teilchen beschrieben.

Kernphysikalisch von Bedeutung sind in abnehmender Stärke:

– die starke Wechselwirkung, die ausschließlich zwischen den Quarks und den aus ihnen zusammengesetzten Teilchen wie Protonen oder Neutronen auftritt. Ihre Reichweite ist auf das Kernvolumen beschränkt. Austauschteilchen sind die Gluonen.

– die elektromagnetische Wechselwirkung zwischen geladenen Teilchen. Sie reicht auch über den Kern hinaus. Austauschteilchen sind die Photonen.

– die schwache Wechselwirkung, die alle Teilchenarten miteinander verknüpft. Sie bewirkt bei sehr kleiner Reichweite die Umwandlung eines Teilchens in ein anderes. Austauschteilchen sind die Photonen. Beim Beta-minus Zerfall wird beispielsweise ein Neutron in ein Proton umgewandelt. Dabei wird aus einem d-Quark ein u-Quark:

Neutron (udd) → Proton (uud) + Elektron.

– Nur im makroskopischen Bereich spielt die verhältnismäßig schwache Gravitationswechselwirkung eine Rolle.

Austausch von Wechselwirkungsteilchen

In der kovalenten chemischen Bindung zweier Atome bewegt sich ein Elektron im Bereich zwischen den beiden Atomkernen: Es vermittelt die Wechselwirkung zwischen den beiden Atomen. In ähnlicher Weise kann jede Wechselwirkung zweier Materieteilchen untereinander durch den Austausch von andersartigen Teilchen beschrieben werden.

Reichweite und Wechselwirkungsdauer Mithilfe der Heisenberg'schen Unbestimmtheitsrelation $\Delta E \cdot \Delta t \geq h/(4\pi)$ lässt sich ein Zusammenhang zwischen der Reichweite und der Wechselwirkungsdauer herstellen. Die Abschätzung der Reichweite R ergibt sich aus der Strecke, die das Teilchen während der Wechselwirkungsdauer Δt maximal zurückgelegt hat. Da sich das Teilchen nach den Postulaten der Relativitätstheorie höchstens mit Lichtgeschwindigkeit bewegen kann (vgl. 19.2), ist folgende Abschätzung möglich:

$$R \approx c \cdot \Delta t \approx c \cdot \frac{h}{4\pi \cdot \Delta E} = c \cdot \frac{h}{4\pi \cdot \Delta m \cdot c^2} = \frac{h}{4\pi \cdot \Delta m \cdot c}. \quad (1)$$

ΔE und Δm stellen die Energie bzw. Masse des hier betrachteten Austauschteilchens dar.

Coulomb- und Gravitationswechselwirkung

Die Gravitations- und die Coulomb-Wechselwirkung nehmen proportional zu $1/r^2$ ab. Sie werden zwar immer schwächer, besitzen aber im Prinzip eine unendliche Reichweite. Daher besitzen ihre Austauschteilchen, das Photon und das experimentell noch nicht gefundene *Graviton*, jeweils die Ruhemasse null.

Starke Wechselwirkung

Vor Einführung des Quarkmodells bezeichnete man mit dem Begriff *starke Wechselwirkung* die Wechselwirkung der Nukleonen untereinander. Inzwischen wird er für den Zusammenhalt der Quarks, der Grundbausteine im Nukleon, verwendet.

Innerhalb eines Nukleons können sich die Quarks relativ frei bewegen, da bei sehr kleinen Abständen die starke Wechselwirkung nur gering ist. Wird der Abstand aber größer, so nimmt auch die Wechselwirkung zu; sie verhindert, dass freie Quarks entstehen können. Diese Eigenschaft wird als *Confinement* oder Einschließung bezeichnet. Zur echten Trennung der Quarks wäre eine immer größere

STRUKTUR DER MATERIE | 17 Elementarteilchen

Kraft erforderlich. Irgendwann wird aber die aufzuwendende Energie so groß, dass sie zur Entstehung eines Quark-Antiquark-Paars ausreicht. Es entstehen dann zwei neue Teilchen, sodass sich zwei Paare von Quarks bilden können (Abb. 2).

Für Abstände, die wesentlich größer als die Kernradien von 10^{-15} m sind, wird die starke Wechselwirkung verschwindend gering. Als Folge davon kann die anziehende Wechselwirkung der Nukleonen nur auf kleinsten Abständen die Coulomb-Abstoßung der Protonen aufheben. Extrem große Kerne haben damit nicht mehr den nötigen Zusammenhalt und zerfallen.

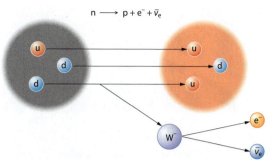

3 Auftreten eines Weakons bei der Umwandlung eines Neutrons in ein Proton

Die Austauschteilchen treten also auch als reale Teilchen auf, deren Erzeugung und Zerfälle in den Detektoren der Teilchenbeschleuniger beobachtet werden. Beispiel hierfür ist die Umwandlung eines Elektron-Positron-Paars zu einem W^+-W^--Paar mit anschließendem Zerfall zu zwei Quark-Antiquark-Paaren.

Feynman-Diagramme

Eine anschaulichen Darstellung solcher Wechselwirkungen sind die von RICHARD FEYNMAN eingeführten Ort-Zeit-Diagramme, in denen die Umwandlung eines Teilchens längs einer aufsteigenden Linie verläuft (Abb. 4). Durch den beständigen Austausch von Gluonen wechseln die Quarks ihre Farbladung (vgl. 17.4) und halten so zusammen.

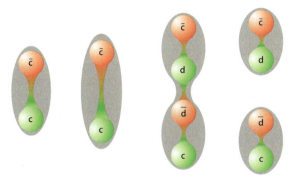

2 Confinement: Beim Versuch, zwei Quarks zu trennen, entstehen neue Teilchen. Es bilden sich Paare.

Gluonen Das elektrisch neutrale Austauschteilchen für die Wechselwirkung zwischen Quarks wird Gluon genannt (engl. *to glue*: kleben). Eine mathematische Beschreibung der Gluonen wird dadurch kompliziert, dass sie sowohl mit den Quarks als auch untereinander selbst wechselwirken können. Eine umfassende Theorie dazu liefert das Standardmodell (vgl. 17.4).

Schwache Wechselwirkung

Die schwache Wechselwirkung bewirkt keine Bindung von Teilchen, sie tritt aber in Erscheinung, wenn Teilchen ineinander umgewandelt werden. Abbildung 3 zeigt einen Beta-minus-Zerfall, bei dem aus einem Neutron ein Proton entsteht. Im Neutron wandelt sich ein d-Quark in ein u-Quark um, wobei Proton und Weakon entstehen. Dieses W-Boson bewirkt die Umwandlung des d- in ein u-Quark und nimmt dabei die negative Ladung mit. Es zerfällt nach 10^{-25} s in ein Elektron und dessen Antineutrino.

Insgesamt gibt es drei unterschiedliche Austauschteilchen der schwachen Wechselwirkung, die Weakonen W^- und W^+, die beide eine elektrische Ladung tragen, sowie das neutrale Z-Teilchen *(zero charge)*.

Im Gegensatz zu Photonen und Gluonen besitzen diese jeweils eine Ruhemasse: $m_0 \cong 80{,}4$ GeV für W^- und W^+ sowie $m_0 \cong 91{,}2$ GeV für Z. Entsprechend klein ist ihre Reichweite von etwa 10^{-17} m.

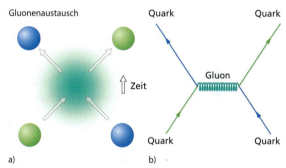

4 a) Darstellung einer Quarkumwandlung, b) zugehöriges Feynman-Diagramm

■ **AUFGABEN**

1 Skizzieren Sie analog zu Abb. 3 den Beta-plus-Zerfall. Beachten Sie dabei, dass das dabei entstehende Positron anschließend mit einem Elektron der Paarvernichtung unterliegt.

2 Der erste Nachweis eines Neutrinos gelang bei der Reaktion $\bar{v}_e + p \rightarrow n + e^+$.
Das Positron zerstrahlt mit einem Elektron in zwei Gammaquanten, die gleichzeitig registriert werden. Das Neutron wird etwas später von einem Kern eingefangen, wobei ein drittes Gammaquant festgestellt wird. Zeichnen Sie das Feynman-Diagramm dieser Reaktion.

Wenn ausreichend Bausteine zur Verfügung stehen, lassen sich ganze Landschaften, Städte mit Gebäuden, Fahrzeugen und Lebewesen zusammensetzen. Dies gelingt auch, wenn man nur wenige unterschiedliche Typen von Steinen benutzt. Sie können in immer wechselnden Kombinationen verschiedenste Funktionen einnehmen – und am Ende werden sie wieder zerlegt und stehen für ein neues Projekt zur Verfügung.

17.4 Standardmodell

Sämtliche Grundbausteine der Materie mithilfe einer einzigen, in sich schlüssigen Theorie zu erklären ist ein lang gehegtes Ziel der Physiker. Dieses Ziel wird zu einem gewissen Grad durch das Standardmodell der Elementarteilchen erreicht. Es erklärt alle natürlichen – oder in Beschleunigern erzeugten – Teilchen als Elementarteilchen oder als Kombinationen davon. Auch die Wechselwirkungen zwischen den Teilchen sowie Teilchenumwandlungen sind Bestandteil dieses Modells.

Sowohl in der theoretischen Entwicklung als auch in der experimentellen Überprüfung stellte sich nach und nach heraus, dass es 12 Elementarteilchen – zuzüglich der jeweiligen Antiteilchen – geben muss. Diese Teilchen werden historisch in drei Generationen von je 2 Quarks und 2 Leptonen unterteilt. Unsere materielle Welt besteht nach dem Standardmodell also aus Quarks und Leptonen.

Die gravitative Wechselwirkung nimmt eine Sonderstellung ein. Die Schwere und die Trägheit der Materie wird mit dem Higgs-Teilchen erklärt (vgl. 17.5).

Entwicklung des Standardmodells

Ab 1930 wurden in der Höhenstrahlung mehr und mehr neue Teilchen entdeckt. Auf der Suche nach weiteren Teilchen, die durch Kollision anderer, hochenergetischer Teilchen entstehen, wurden seither immer größere Beschleunigeranlagen gebaut und laufend neue »Elementarteilchen« beobachtet. Um 1960 kannte man etwa 200 solcher Teilchen, sodass die Physiker von einem »Teilchenzoo« sprachen und Zweifel an ihrer »Elementarität« aufkamen.

So lag es nahe, die Vielfalt der Elementarteilchen und ihre Umwandlungen ineinander wieder durch eine Kombination weniger fundamentaler Bausteine zu deuten. Ordnung brachte erst das Standardmodell der heutigen Teilchenphysik, das im Wesentlichen 1964 durch die Quarktheorie von Murray Gell-Mann und die Arbeiten von Kazuhiko Nishijima beschrieben wurde.

Zweite Generation der Quarks

Nach erfolgreicher Vorstellung der Quarktheorie für Baryonen und Mesonen musste das Modell jedoch noch erweitert werden. In der Höhenstrahlung und bei Experimenten mit Teilchenkollisionen in Beschleunigern waren schon vorher die Sigmateilchen (Σ) entdeckt worden, deren Masse und Ladung alleine mit u- und d-Quarks nicht erklärt werden konnten. Gell-Mann schlug dazu die Einführung eines Strange-Quarks (s) vor. Die Entdeckung des Ω^--Teilchens (sss) im Jahre 1964 bestätigte dieses Postulat der Quarktheorie. Zehn Jahre später wurde dazu noch das bereits vorhergesagte Charm-Quark (c) gefunden.

Dritte Generation der Quarks

Im Jahre 1977 wurde wiederum ein neues Teilchen entdeckt, das ein weiteres bislang unbekanntes Quark enthalten musste, das Bottom-Quark (b). Aufgrund von Symmetriebetrachtungen fehlte damit noch das Top-Quark (t), das schließlich 1995 nachgewiesen wurde. Damit lassen sich alle bekannten Baryonen und Mesonen durch Zweier- und Dreierkombinationen dieser Quarks erklären. Allerdings schienen die aus drei gleichen Quarks aufgebauten Ω^--, Δ^-- und Δ^{++}-Teilchen das Pauli-Prinzip zu verletzen: Fermionen, also Teilchen mit halbzahligem Spin, können nicht in allen Quanteneigenschaften übereinstimmen (vgl. 14.5).

Farbladung

Zur Lösung dieses Problems wurde eine weitere Quanteneigenschaft eingeführt, die Farbladung. Durch die Bezeichnungen Rot, Grün und Blau werden die drei Quarks gleichen Typs unterscheidbar und ihr gemeinsamer Aufenthalt im Nukleon möglich. Das Nukleon selbst hat nach außen hin keine Farbladung, da sich die »Farben« Rot, Grün und Blau wie bei der additiven Farbmischung zu »Weiß« neutralisieren. Um die Farbneutralität der Mesonen zu erklären, führte man neben den drei Farben ihre jeweiligen Gegenfarben »Antirot«, »Antigrün« und »Antiblau« ein. Farbladung und Gegenfarbladung neutralisieren sich. Auch den Gluonen wird damit im Rahmen der Wechselwirkungen in der Quarktheorie die Eigenschaft »Farbladung« zugeschrieben, die sich jeweils aus einer Farbe und

STRUKTUR DER MATERIE | 17 Elementarteilchen

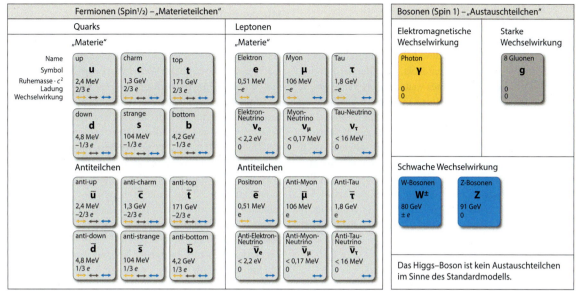

2 Materieteilchen und Austauschteilchen nach dem Standardmodell der Elementarteilchenphysik

einer anderen Antifarbe zusammensetzt. Wird in einem Teilchen zwischen zwei Quarks ein Gluon ausgetauscht, so ändert sich die Farbladung der beteiligten Quarks. Das Gluon trägt jeweils eine Antifarbladung zur Kompensation der ursprünglichen Farbladung sowie die Farbladung des neuen Quarks. Um alle Farbübergänge zu kombinieren, sind im Standardmodell acht verschiedene Gluonen nötig.

Neben dem Elektron, seinem Antiteilchen, dem Positron, und den jeweiligen Neutrinos der 1. Generation wurden in der Höhenstrahlung das Myon der 2. Generation und 1975 das Tauon der 3. Generation bei einer Elektron-Positron-Kollision entdeckt. Obwohl diese keine »leichten Teilchen« mehr sind, werden sie aufgrund ihrer Eigenschaften den Leptonen zugerechnet.

Die jeweils zugeordneten Neutrinos besitzen kaum Masse und wechselwirken höchst selten mit Materie. Ihr Nachweis ist daher äußerst schwierig (vgl. 16.9).

Baryonen (3 Quarks)

	Symbol	Zusammensetzung	Ladung in e	Masse in MeV/c^2	Lebensdauer in s
Proton	p	uud	1	938,3	stabil (?)
Neutron	n	udd	0	939,6	886
Λ-Baryon	Λ	uds	0	1115,7	$2,6 \cdot 10^{-10}$
Σ-Baryon	Σ$^+$	uus	1	1189,4	$8,0 \cdot 10^{-11}$
Σ-Baryon	Σ^0	uds	0	1192,6	$7,4 \cdot 10^{-20}$
Σ-Baryon	Σ$^-$	dds	−1	1197,4	$1,5 \cdot 10^{-10}$
Ξ-Baryon	Ξ^0	uss	0	1314,9	$2,9 \cdot 10^{-10}$
Ξ-Baryon	Ξ$^+$	dss	−1	1321,7	$1,6 \cdot 10^{-10}$
Ω-Baryon	Ω$^-$	ssb	−1	6165	$1,1 \cdot 10^{-12}$
Δ-Baryon	Δ^{++}	uuu	2	1232	$5,6 \cdot 10^{-24}$
Δ-Baryon	Δ$^-$	ddd	−1	1232	$5,6 \cdot 10^{-24}$

3 Baryonen haben halbzahligen Spin ($\pm\frac{1}{2}$ oder $\pm\frac{3}{2}$). Es sind $5^3 = 125$ Kombinationen denkbar – nicht 6^3, da das Top-Quark schnell zerfällt. 36 sind aktuell (2014) nachgewiesen.

Leptonen

Zu den sechs Quarks und ihren Antiteilchen, aus denen die Hadronen (also Baryonen und Mesonen) bestehen, existieren noch die leichten Leptonen (griech. *leptos*: leicht). Die Leptonen stellen wie die Quarks Teilchen ohne innere Struktur dar, sie sind kleiner als 10^{-18} m.

Mesonen (1 Quark, 1 Antiquark)

	Symbol	Zusammensetzung	Ladung in e	Masse in MeV/c^2	Lebensdauer in s
Pion	π$^+$	u$\bar{\text{d}}$	1	140,6	$2,6 \cdot 10^{-8}$
η-Meson	η$_c$(1S)	c$\bar{\text{c}}$	0	2980,3	$3,4 \cdot 10^{-21}$
η-Meson	η$_b$(1S)	b$\bar{\text{b}}$	0	9390,9	$2,3 \cdot 10^{-23}$

4 Mesonen haben ganzzahligen Spin (0 oder ±1). Es sind 25 Kombinationen sowie einige Überlagerungszustände möglich.

AUFGABEN

1 a Erklären Sie, wodurch sich ein elektrisch ungeladenes Δ^0-Baryon (udd) von dem ebenfalls ungeladenen Neutron unterscheidet.
b Das Δ^0-Baryon zerfällt in ein positiv geladenes Proton und ein negativ geladenes Pion. Stellen Sie diesen Zerfall im Quarkmodell dar.
2 Skizzieren Sie den Zerfall des positiv geladenen Pions zu einem ebenfalls positiven Myon und seinem Neutrino unter der schwachen Wechselwirkung in einem Feynman-Diagramm.

FORSCHUNG

17.5 Higgs-Teilchen

Im Jahr 2000 wurde das Tau-Neutrino als letztes fehlendes Materieteilchen des Standardmodells am Forschungszentrum Fermilab in den USA entdeckt. Das Standardmodell setzte jedoch die Existenz eines weiteren Teilchens voraus, das bereits 1964 von PETER HIGGS theoretisch beschrieben worden war. Dieses Higgs-Teilchen, auch Higgs-Boson genannt, ist weder ein Materieteilchen noch ein Austauschteilchen. Mit der Idee von Higgs, auf die fast zeitgleich auch andere Forscher kamen, kann erklärt werden, wie die Elementarteilchen ihre Masse erhalten. Die experimentelle Suche nach dem Higgs-Teilchen wurde mit einem beispiellosen Aufwand betrieben. Erst 2012 konnte es nachgewiesen werden – unmittelbar darauf erhielten 2013 Peter Higgs und FRANÇOIS ENGLERT den Nobelpreis.

Masse von W- und Z-Bosonen

Das Problem, das Higgs und andere Forscher mit ihrer Theorie gelöst haben, betrifft die Masse der Austauschteilchen der schwachen Wechselwirkung. Da die Reichweite der schwachen Wechselwirkung mit etwa 10^{-17} m sehr gering ist, sollten ihre Austauschteilchen W und Z relativ große Ruhemassen haben:

Die Austauschteilchen sind virtuelle Teilchen, sie entstehen ohne äußere Energiezufuhr aus dem Vakuum. Die dafür benötigte Energie von mindestens $m_0 \cdot c^2$ muss vom Vakuum kurzzeitig »geliehen« werden. Nach der Unbestimmtheitsrelation für Energie und Zeit $\Delta E \cdot \Delta t \geq h/(4\pi)$ kann die Energieerhaltung für eine verschwindend geringe Zeitspanne verletzt werden, die umso kürzer ist, je größer die Ruhemasse des virtuellen Austauschteilchens ist. Je kürzer aber die Zeit ist, in der das Austauschteilchen existiert, desto kürzer ist die Strecke, die es zurücklegt. Diese Strecke entspricht der Reichweite seiner Wechselwirkung (vgl. 17.3).

Experimentell hat man dann tatsächlich Ruhemassen bestimmt, die mit knapp 100 GeV die Ruhemasse des Protons um fast das 100-Fache übertreffen. Zunächst fügten die Physiker diese Massen einfach den Gleichungen hinzu, mit denen sie die Wahrscheinlichkeiten für Teilchenreaktionen berechneten, die durch die schwache Wechselwirkung verursacht werden.

Bei diesen Rechnungen ergab sich jedoch immer wieder der Wert »unendlich«, der physikalisch nicht zu interpretieren ist. Der von Higgs postulierte Mechanismus liefert vermutlich die einzig denkbare Lösung dieses Problems. Daher war die Beobachtung des mit dieser Theorie verbundenen Higgs-Teilchens für die Teilchenphysiker von so großer Bedeutung. In der Öffentlichkeit wird für das Higgs-Teilchen gelegentlich der Begriff »Gottesteilchen« benutzt, den die meisten Wissenschaftler jedoch als irreführend ablehnen.

Higgs-Feld und Masse

Nach der Theorie befindet sich überall im Universum ein Higgs-Feld. Ohne dieses Feld hätten alle Teilchen die Ruhemasse null. Die Stärke der Wechselwirkung des Higgs-Felds mit den Teilchen ist jedoch unterschiedlich. Photonen, die nicht mit dem Higgs-Feld wechselwirken, bleiben ohne Ruhemasse und bewegen sich stets mit Lichtgeschwindigkeit. Teilchen, die stark mit dem Higgs-Feld wechselwirken, werden dadurch besonders schwer bzw. träge. Ein Beispiel hierfür ist das Top-Quark mit $m_0 \cdot c^2 = 171$ GeV. Wenn Teilchen nur schwach mit dem Higgs-Feld in Wechselwirkung treten, erhalten sie auch nur eine geringe Ruhemasse wie z. B. Elektronen mit $m_0 \cdot c^2 = 0{,}0005$ GeV.

Schwere bzw. Trägheit sind also nicht Eigenschaften, die die Teilchen an sich besitzen, sondern sie entstehen erst durch das Zusammenspiel zwischen Teilchen und Higgs-Feld. Warum aber einige Teilchen stark »an das Higgs-Feld koppeln«, andere nur wenig und die Photonen wiederum gar nicht, wird durch die Theorie nicht beantwortet.

Cocktailparty-Analogie Zur Veranschaulichung der Wirkungsweise des Higgs-Felds kann folgendes Bild helfen. Auf einer Cocktailparty erscheint eine bekannte Person, z. B. eine Schauspielerin. Sie kann sich nur sehr schwerfällig durch den Raum bewegen, da sie ständig von einer Menschentraube umgeben ist. Sie erhält also durch die »Wechselwirkung« mit den anderen Gästen eine »Trägheit«, die die schnelle Änderung ihrer Bewegungsrichtung oder ihres Geschwindigkeitsbetrags verhindert. In diesem Bild steht die Schauspielerin für ein Teilchen, das durch die Wechselwirkung mit den Gästen – diese repräsentieren das Higgs-Feld – eine große Ruhemasse bekommt. Ein unbekannter Besucher wird von den anderen Gästen hingegen ignoriert, so wie ein Teilchen ohne Ruhemasse nicht mit dem Higgs-Feld wechselwirkt.

Elektroschwache Vereinheitlichung Das Higgs-Feld hat eine sehr ungewöhnliche Eigenschaft: Bei hohen Energien (> 100 GeV) ist es nicht vorhanden. Folglich haben dann *alle* Teilchen die Ruhemasse null.

Eine weitere wichtige Konsequenz ist, dass der Unterschied zwischen elektromagnetischer und schwacher Wechselwirkung aufgehoben ist. Dieser beruht im Wesentlichen darauf, dass das Photon, das Austauschteilchen der elektromagnetischen Wechselwirkung, keine Ruhemasse hat, während die drei Austauschteilchen der schwachen Wechselwirkung aufgrund der Wechselwirkung mit dem Higgs-Feld sehr große Ruhemassen erhalten. Aus dem Massenunterschied ergeben sich beispielsweise die unterschiedlichen Reichweiten. Die Reichweite der elektromagnetischen Wechselwirkung ist unendlich, die der schwachen liegt bei nur einem Hundertstel des Protonendurchmessers.

Bei Energien oberhalb von ca. 100 GeV gibt es daher keinen Unterschied mehr zwischen den Wechselwirkungen, und man spricht von der *elektroschwachen* Wechselwirkung. Abbildung 1 zeigt diese Vereinheitlichung anhand von Messdaten, die am DESY gewonnen wurden: Bei geringem Abstand ist die Häufigkeit für Teilchenreaktionen, die über die schwache Wechselwirkung ablaufen, genauso groß wie die von Teilchenreaktionen, die aufgrund der elektromagnetischen Wechselwirkung stattfinden.

Die Schlussfolgerung vom Abstand auf die Energie der beteiligten Teilchen ist mithilfe der Heisenberg'schen Unbestimmtheitsrelation möglich: Kleine Abstände zwischen den Teilchen entsprechen großen Impulsen und damit auch hohen Energien.

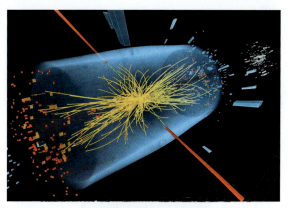

2 Beim Zusammenprall zweier Protonen entsteht ein Higgs-Teilchen, das in zwei hochenergetische Photonen (rote Linien) zerfällt.

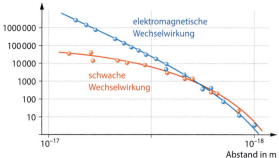

1 Elektroschwache Vereinheitlichung: Bei kleinen Abständen, also hohen Energien, verschwindet der Unterschied zwischen elektromagnetischer und schwacher Wechselwirkung.

Suche nach dem Higgs-Teilchen

Peter Higgs hatte gezeigt, dass die Existenz des Higgs-Felds mit einem neuen Teilchen verbunden ist. Allerdings konnte die genaue Masse des Higgs-Teilchens nicht durch die Theorie vorausgesagt werden.

Nachdem man mit beträchtlichem Aufwand in großen Beschleunigerexperimenten in Europa und den USA vergeblich nach dem Higgs-Teilchen gesucht hat, gelang dann 2012 mit dem großen Hadronenbeschleuniger LHC am europäischen Elementarteilchenforschungszentrum CERN der Durchbruch: Ganz selten wird bei den hochenergetischen Protonenkollisionen auch ein Higgs-Teilchen erzeugt, das quasi sofort – nach ca. 10^{-22} s – in andere Teilchen zerfällt, z. B. in zwei Photonen. Diese Teilchen wurden dann in den riesigen Detektoren ATLAS und CMS nachgewiesen (Abb. 2). Beim Zusammenprall zweier Protonen entsteht ein Higgs-Teilchen, die entstehenden Photonen werden detektiert. Die durch ein magnetisches Feld gekrümmten Spuren gehören zu geladenen Teilchen, die ebenfalls bei der Kollision entstehen. Anhand der gewonnenen Messdaten konnte so die Masse des Higgs-Teilchens bestimmt werden. Es ergab sich ein Wert von ca. 126 GeV.

Higgs-Feld und Kosmologie Nach dem Standardmodell der Kosmologie waren im ganz frühen Universum, Sekundenbruchteile nach dem Urknall, Temperatur und Energiedichte unvorstellbar hoch. Das Higgs-Feld war daher nicht vorhanden, demnach gab es eine vereinheitlichte elektroschwache Wechselwirkung. Durch die rasche Ausdehnung des Universums kam es zu einer Abkühlung, bis dann etwa 10^{-12} s nach dem Urknall das Higgs-Feld erscheint. In diesem Moment kam es zur Trennung der elektromagnetischen von der schwachen Wechselwirkung, wie wir sie heute beobachten (vgl. 17.7).

AUFGABEN

1 a Geben Sie die Masse des Higgs-Teilchens in Kilogramm an, und berechnen Sie das Massenverhältnis von Higgs-Teilchen und Kohlenstoffatom ^{12}C.
b Diskutieren Sie: Woher erhält das Higgs-Teilchen seine Masse?

2 Im Standardmodell erhalten die Quarks durch die Wechselwirkung mit dem Higgs-Feld ihre Ruhmassen. Weniger als 5 % der Ruhmasse des Protons kann durch die Masse seiner drei Quarks erklärt werden. Deuten Sie diesen Sachverhalt.

3 a Stechmücken haben eine Masse von 2 bis 2,5 mg und bewegen sich mit einer Geschwindigkeit von 1,5 bis 2,5 km/h. Geben Sie einen typischen Wert für die kinetische Energie einer fliegenden Stechmücke an, und vergleichen Sie diesen mit der Kollisionsenergie der Teilchen im LHC (14 TeV).
b Diskutieren Sie, wieso man den LHC dennoch als »Urknallmaschine« bezeichnen könnte.

4 Ein Zusammenhang zwischen der Reichweite R einer Wechselwirkung und der Masse m ihrer Austauschteilchen ist durch Gl. (1) in 17.3 gegeben. Schätzen Sie damit die Masse der Weakonen ab, und vergleichen Sie Ihr Ergebnis mit den experimentell ermittelten Werten.

KONZEPTE DER PHYSIK

17.6 Symmetrie

Symmetrie (griech. *symmetria*: Ebenmaß) ist ein Wort, das viele Menschen mit Kunst, Architektur oder eventuell mit Musik verbinden. Dieser Begriff nimmt in der heutigen Physik eine zentrale Stellung ein.

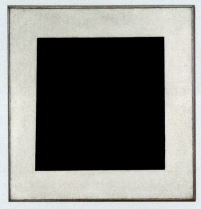

1 Das schwarze Quadrat von Kasimir Malewitsch (um 1915, Tretjakow-Galerie, Moskau)

In Mathematik und Physik ist der Begriff der Symmetrie exakt definiert. Dreht man das Quadrat in Abb. 1 um eine Achse, die durch seinen Mittelpunkt verläuft, um 90°, so sieht danach alles aus wie vor der Drehung: Das Quadrat hat eine Drehsymmetrie bezüglich einer Drehung um 90°. Ein Kreis hat dagegen eine Drehsymmetrie für beliebige Drehwinkel.
Ebenso kann man das Quadrat an einer Diagonale spiegeln – auch dann ändert sich nichts: Es ist spiegelsymmetrisch bezüglich der Spiegelung an einer Diagonale. Allgemein gilt: Führt man an einem Objekt eine Transformation – z. B. eine Drehung – aus, in deren Folge sich keine Änderung ergibt, dann liegt eine Symmetrie vor. Man spricht auch von einer *Invarianz* gegenüber dieser Transformation.
In der modernen Physik gehören Symmetrieüberlegungen zu den Standardmethoden. Allerdings sind die betrachteten Transformationen meist sehr abstrakt und nicht so anschaulich wie die Drehungen oder Spiegelungen eines Quadrats.

Galilei- und Lorentz-Invarianz

In einem Inertialsystem S_0 gibt man den Ort eines Punkts P durch seine Koordinaten $P(x_0|y_0|z_0)$ an. Ein anderes Inertialsystem S bewege sich relativ zu S_0 mit der Geschwindigkeit v (Abb. 2). Dann gibt ein Beobachter, der in S ruht, nach der klassischen Mechanik folgende Koordinaten für $P(x|y|z)$ an:

$$x = x_0 - v \cdot t; \quad y = y_0; \quad z = z_0. \tag{1}$$

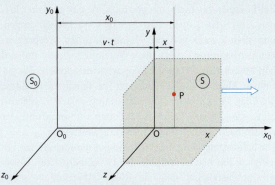

2 Das Inertialsystem S bewegt sich relativ zu S_0 mit der Geschwindigkeit v entlang der x-Achse.

In der klassischen Mechanik nimmt man dabei wie selbstverständlich an, dass die Zeit *absolut*, also in beiden Bezugssystemen gleich ist:

$$t = t_0. \tag{2}$$

Die Gleichungen (1) und (2) werden zusammen als Galilei-Transformation bezeichnet.
Wenn nun der Punkt P entlang der x-Achse beschleunigt wird, beobachtet man im System S_0 eine Beschleunigung a_0. Sie ist die zweite Ableitung des Orts nach der Zeit:

$$a_0 = \frac{d^2 x_0}{dt_0^2}. \tag{3}$$

Die Beschleunigung a, die ein Beobachter in S misst, ergibt sich aus der Galilei-Transformation:

$$a = \frac{d^2 x}{dt^2} = \frac{d^2(x_0 - v \cdot t_0)}{dt_0^2} = \frac{d^2 x_0}{dt_0^2} - \frac{d^2(v \cdot t_0)}{dt_0^2}$$
$$= a_0 - 0 = a_0. \tag{4}$$

Die Beschleunigung ist also für beide Beobachter gleich. Die Masse ist in der klassischen Physik ebenso wie die Zeit nicht relativ, also nicht vom Bezugssystem abhängig: $m_0 = m$. Daher gilt: $m_0 \cdot a_0 = m \cdot a$. Es liegt demnach eine Symmetrie vor: die Invarianz des Newton'schen Grundgesetzes gegenüber der Galilei-Transformation.
In der Speziellen Relativitätstheorie beschreibt man den Wechsel des Bezugssystems durch die Lorentz-Transformation, bei der im Gegensatz zur klassischen Mechanik die Lichtgeschwindigkeit invariant, also in allen Inertialsystemen gleich ist. In der modernen Physik fordert man daher, dass die Naturgesetze bzw. die zugehörigen Gleichungen sich unter einer Lorentz-Transformation nicht ändern, also *lorentzinvariant* sind. Die Gesetze der klassischen Mechanik, z. B. das Newton'sche Grundgesetz, sind galileiinvariant, jedoch nicht lorentzinvariant. Die Maxwell'sche Theorie des Elektromagnetismus ist lorentzinvariant. Einsteins Idee war es, auch die Mechanik so zu verändern, dass die Galilei-Invarianz durch die Lorentz-Invarianz ersetzt wird.

Symmetrien und Erhaltungssätze

Im Jahr 1918 stellte die Mathematikerin EMMY NOETHER einen Zusammenhang zwischen Symmetrien und Erhaltungssätzen her. Nach dem Noether-Theorem gehört zu jeder Symmetrie eines physikalischen Systems eine physikalische Erhaltungsgröße.

So ist beispielsweise der Energieerhaltungssatz mit der Invarianz der Naturgesetze unter zeitlichen Verschiebungen verknüpft. Dies bedeutet, dass sich die Naturgesetze im Laufe der Zeit nicht verändern.

In einem Gedankenexperiment kann man annehmen, dass es nicht so wäre, sondern dass sich z. B. die Gravitationskonstante G innerhalb eines Tages verändern würde: In der ersten Tageshälfte sei G nur halb so groß wie in der zweiten. Dann könnte man vormittags ein Gewicht mit einem Motor heben, der mit einem Akkumulator betrieben wird. Am Abend lässt man dann das Gewicht herab, sodass über einen Dynamo der Akkumulator aufgeladen wird. Da Gravitationskonstante G und damit die Fallbeschleunigung g am Abend doppelt so groß wie am Vormittag sein sollen, erhält der Akkumulator beim Herabsenken des Gewichts mehr Energie, als er beim Heben abgegeben hat.

Damit hätte man aber ein Perpetuum mobile konstruiert und auf diese Weise den Energieerhaltungssatz verletzt. Wenn sich also die Naturgesetze im Laufe der Zeit ändern würden – die Naturgesetze also nicht invariant unter zeitlichen Verschiebungen wären –, gälte der Energieerhaltungssatz nicht.

Weiterhin folgt aus der Invarianz gegenüber räumlichen Verschiebungen der Impulserhaltungssatz und aus der Invarianz gegenüber räumlichen Drehungen der Drehimpulserhaltungssatz.

Supersymmetrie (SUSY)

Die Elementarteilchenphysik kennt viele Symmetrien, die allerdings in der Natur meist nur annähernd realisiert sind. Von großer Bedeutung ist dabei die Supersymmetrie. In SUSY-Modellen wird jedem bekannten Elementarteilchen ein »Superpartner« zugeordnet.

Zu jedem bekannten Fermion, also einem Teilchen mit halbzahligem Spin wie einem Elektron oder Quark, gibt es danach ein Teilchen mit ganzzahligem Spin. Dieses wird im Fall des Elektrons Selektron genannt, im Fall eines Quarks Squark.

In gleicher Weise gibt es zu jedem bekanntem Boson, also einem Teilchen mit ganzzahligem Spin wie dem Photon oder Gluon, einen fermionischen Superpartner. Beispiele hierfür sind das Photino und das Gluino. Auch für das Higgs-Boson existiert danach ein fermionischer Partner, das Higgsino. Die Anzahl der Elementarteilchen wird also im Rahmen der SUSY-Modelle verdoppelt (Abb. 3).

Die SUSY-Teilchen konnten allerdings bislang nicht beobachtet werden. Daher müssen ihre Ruhemassen relativ groß sein, vermutlich liegen sie im TeV-Bereich.

Wenn die SUSY in der Natur realisiert sein sollte, kann es sich nicht um eine exakte Symmetrie handeln. Sonst müssten z. B. Elektron und Selektron identische Massen haben. Man sagt daher: Die Symmetrie ist gebrochen. Da die Bausteine der Materie – also Quarks und Elektronen – Fermionen sind, die Austauschteilchen von Wechselwirkungen wie Photonen und Gluonen jedoch Bosonen, stellt SUSY eine Symmetrie zwischen Materie- und Wechselwirkungsteilchen her.

Derzeit gehen die meisten Kosmologen aufgrund verschiedener Beobachtungen davon aus, dass ca. 27 % des Energieinhalts des Universums aus Dunkler Materie bestehen, einer bisher unbekannten Art von Materie (vgl. 20.15). Diese Dunkle Materie könnte aus SUSY-Teilchen bestehen. Da viele Physiker von der Existenz der Supersymmetrie überzeugt sind, sucht man zurzeit intensiv nach SUSY-Teilchen, beispielsweise unter dem Gran Sasso in Mittelitalien und mit dem LHC am Forschungszentrum CERN.

3 Die bisher bekannten Elementarteilchen und ihre hypothetischen supersymmetrischen Partner

AUFGABEN

1 Für die Situation in Abb. 2 lauten die Gleichungen der Lorentz-Transformation:
$$x = k \cdot (x_0 - v \cdot t_0); \quad y = y_0; \quad z = z_0$$
$$t = k \cdot \left(t_0 - \frac{v}{c^2} \cdot x_0\right) \quad \text{mit} \quad k = \frac{1}{\sqrt{1 - \left(\frac{v}{c}\right)^2}}$$
Zeigen Sie, dass das Raum-Zeit-Intervall: $(c \cdot t)^2 - x^2$ lorentzinvariant ist.

2 Vergrößert man den Bildausschnitt einer Küstenlinie, so sieht der vergrößerte Ausschnitt aus wie das ursprüngliche Bild. Diese Selbstähnlichkeit kann man auch beobachten, wenn man immer weiter hineinzoomt. Erläutern Sie, wieso auch hier eine Form von Symmetrie vorliegt.

3 Präsentieren Sie fünf eigene Beispiele für Symmetrien in verschiedenen Bereichen (z. B. Kunst, Naturwissenschaft, Literatur, …).

KONZEPTE DER PHYSIK

17.7 Vereinheitlichung von Theorien

In der Natur können vier Wechselwirkungen unterschieden werden: die schwache, starke, elektromagnetische und Gravitationswechselwirkung. In der Physik strebt man danach, Theorien zu vereinheitlichen, also Phänomene auf gemeinsame Ursachen zurückzuführen.

Von der Antike bis zu Einstein

Die Mehrheit der heutigen Physiker geht von einigen Grundannahmen aus, die Menschen zumindest im Prinzip schon vor mehreren Tausend Jahren hatten. Diese beobachteten sehr unterschiedliche Phänomene in ihrer Umwelt und vermuteten bereits, dass sie nur scheinbar verschieden voneinander sind. Letztlich könne alles auf einen »Urgrund«, einen »Urstoff« oder eine »Urkraft« zurückgeführt werden. Über solche Fragen spekulierten besonders die frühen griechischen Philosophen. ANAXIMANDER zum Beispiel sah den Ursprung allen Seins in etwas, das er *Apeiron* (das Unbegrenzte) nannte.

Noch bis in die frühe Neuzeit ging man jedoch davon aus, dass auf der Erde andere Gesetzmäßigkeiten herrschten als im Himmel. Erst ISAAC NEWTON gelang im 17. Jh. eine erste vereinheitlichende physikalische Theorie: Danach ist für das Fallen eines Apfels auf der Erde dieselbe Wechselwirkung verantwortlich, die dafür sorgt, dass sich der Mond um die Erde bewegt (vgl. 4.4).

Im 19. Jh. konnten Physiker zeigen, dass die Erscheinungen der Elektrizität, des Magnetismus und des Lichts eng miteinander verknüpft sind. JAMES CLERK MAXWELL fasste diese Erkenntnis in einem System von Gleichungen zusammen, das die elektromagnetischen Phänomene umfassend beschreibt (vgl. 9.18). Nach der Relativitätstheorie EINSTEINS schließlich geht der Magnetismus auf die Wechselwirkung von Ladungsträgern zurück, die sich in unterschiedlichen Bezugssystemen befinden (vgl. 6.4 und 19.1).

Glashow-Weinberg-Salam-Theorie

Obwohl schwache und elektromagnetische Wechselwirkung auf den ersten Blick wenig gemeinsam haben, gelang es in den 1960er Jahren, diese beiden theoretisch zur *elektroschwachen Wechselwirkung* zu vereinheitlichen. 1979 erhielten SHELDON GLASHOW, STEVEN WEINBERG und ABDUS SALAM hierfür den Physik-Nobelpreis.

Die Entdeckung der Austauschteilchen der schwachen Wechselwirkung (W$^-$-, W$^+$- und Z^0-Teilchen) im Jahr 1983 wird als ein experimenteller Beleg für die Glashow-Weinberg-Salam-Theorie gewertet. Diese erfordert außerdem die Existenz eines Higgs-Felds, das sich überall im Universum befindet und das den Elementarteilchen Masse verleiht (vgl. 17.5). Die Beobachtung des Higgs-Teilchens 2012 kann daher als eine weitere Bestätigung der Theorie aufgefasst werden.

Grand Unified Theory (GUT)

Nachdem die elektroschwache Vereinheitlichung gelungen war, richtete sich die Aufmerksamkeit der theoretischen Physiker auf eine mögliche Vereinigung von elektroschwacher und starker Wechselwirkung. Diese wird große Vereinheitlichung oder Grand Unified Theory (GUT) genannt. 1974 stellten Sheldon Glashow und HOWARD GEORGI eine solche Theorie vor.

Stabilität des Protons Eine Voraussage, die sich aus der Theorie von Georgi und Glashow ableiten ließ, ist der Zerfall des Protons, das man bis dahin als stabiles Teilchen betrachtet hatte. Allerdings sollte die mittlere Lebensdauer eines Protons etwa 10^{30} Jahre betragen. Zum Vergleich: Das Alter des Universums wird derzeit auf etwa $1,4 \cdot 10^{10}$ Jahre geschätzt.

In den frühen 1980er Jahren begannen mehrere Experimente, in denen eine große Menge Materie mit 10^{30} oder mehr Protonen, also z. B. Tausende Kubikmeter Wasser, über viele Jahre beobachtet wurden. Ein Zerfall des Protons konnte dabei nicht nachgewiesen werden. Dies spricht gegen die Theorie von Georgi und Glashow; es gelang bis heute jedoch nicht, eine mit Beobachtungen übereinstimmende GUT zu formulieren.

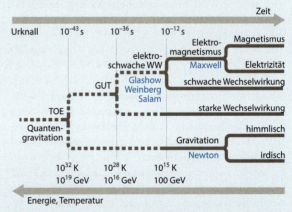

2 Vereinheitlichung der fundamentalen Wechselwirkungen

Theory of Everything (TOE)

Die »Theorie von allem«, TOE, übertrifft den Anspruch der großen Vereinheitlichung: In ihr sollen alle bekannten Wechselwirkungen vereinheitlicht sein. Eine besondere Schwierigkeit liegt allerdings darin, die Gravitation miteinzubeziehen.

Die maximale Vereinheitlichung aller Wechselwirkungen wird auch als Quantengravitation bezeichnet, für die zurzeit mehrere Ansätze existieren. Größere Bekanntheit erlangte eine Richtung, die unter dem Namen Stringtheorie zusammengefasst und seit Ende der 1960er Jahre entwickelt wird. In dieser stellen Elementarteilchen keine punktförmigen Elementarteilchen, sondern Schwingungszustände winziger Fäden – *Strings* – von etwa 10^{-35} m Länge dar.

Kritik an der Vereinheitlichung Ein Problem der Quantengravitationstheorien besteht darin, dass sie sich auf Energie- und Längenskalen beziehen, die im Experiment voraussichtlich nie erreicht werden können. Damit entziehen sich diese Theorien in den Augen der Kritiker einer möglichen experimentellen Widerlegung. Zudem enthält z. B. die Stringtheorie einen enormen Abstraktionsgrad: Zur Beschreibung der Strings genügen keineswegs die klassischen drei Raumdimensionen, stattdessen sind hierfür bis zu 10 räumliche Dimensionen nötig. Die zusätzlichen Dimensionen unterscheiden sich dadurch, dass sie »aufgerollt« sind. So wie ein Gartenschlauch von Weitem eindimensional aussieht und sich erst von Nahem als dreidimensionales Objekt erweist, so sollen die Zusatzdimensionen nur bei sehr kleinen Abständen beobachtbar sein.

Kopplungskonstanten

Die Gravitationskraft $F_G = G \cdot m_1 \cdot m_2 / r^2$ hängt von den beteiligten Massen, dem Abstand r und der Gravitationskonstante G ab. Diese ist ein Maß für die Stärke der gravitativen Wechselwirkung. Die Stärke der anderen Wechselwirkungen kann in ähnlicher Weise durch die Kopplungskonstanten a_W, a_S und a_{EM} für die schwache, die starke und die elektromagnetische Wechselwirkung angegeben werden.
Es zeigt sich, dass die Werte für die Kopplungskonstanten davon abhängen, welche Energie die Teilchen im Moment der Wechselwirkung besitzen. Verändert man beispielsweise die Energie, mit der Teilchen in einem Beschleunigerexperiment miteinander kollidieren, so ist zu beobachten, dass die Kopplungskonstanten bei unterschiedlichen Kollisionsenergien unterschiedliche Werte annehmen.
Aus der beobachteten Energieabhängigkeit lassen sich unter geeigneten Annahmen Kopplungskonstanten für einen Energiebereich berechnen, der weit jenseits der Leistungsfähigkeit heutiger Beschleuniger liegt. Danach scheinen sich die Kopplungskonstanten in einem gemeinsamen Wert zu treffen (Abb. 2). Möglicherweise sind daher bei einer Energie von der Größenordnung 10^{15} GeV schwache, starke und elektromagnetische Wechselwirkung gleich stark. Dies kann als ein Hinweis darauf gewertet werden, dass es kurz nach dem Urknall, als die Energiedichte des Universums extrem groß war, nur eine einzige Form der Wechselwirkung gab.

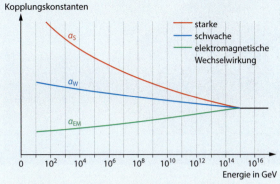

2 Energieabhängigkeit unterschiedlicher Kopplungskonstanten

Teilchenphysik und Kosmologie

Man erwartet die Vereinigung der Kräfte bei bestimmten Größenordnungen von Energie bzw. Temperatur: bei der GUT im Bereich von 10^{24} eV bzw. 10^{28} K, im Fall der TOE bei 10^{28} eV bzw. 10^{32} K (Abb. 1). Der Zusammenhang zwischen Energie und Temperatur kann über die Beziehung $E = k \cdot T$ abgeschätzt werden; darin ist $k = 1{,}38 \cdot 10^{-23}$ J/K die Boltzmann-Konstante.
Kurz nach dem Urknall waren Energiedichte und Temperatur des Universums extrem hoch (vgl. 20.14), sodass möglicherweise bis etwa 10^{-43} Sekunden nach dem Urknall nur eine einzige Wechselwirkung existierte, die sich dann in Gravitation und GUT-Wechselwirkung aufgespalten hat. Etwa 10^{-36} Sekunden nach dem Urknall trennten sich elektroschwache und starke Wechselwirkung, und nach 10^{-12} Sekunden teilte sich die elektroschwache in elektromagnetische und schwache Wechselwirkung auf.
Die Bedingungen, die unmittelbar nach dem Urknall herrschten, wird man in Teilchenbeschleunigern niemals herstellen können. Antworten auf teilchenphysikalische Fragen wie die nach der Vereinheitlichung sämtlicher Wechselwirkungen sollten daher in der Erforschung des frühen Universums gesucht werden. Umgekehrt können Experimente in Teilchenbeschleunigern helfen, das Universum und damit unseren eigenen Ursprung zu verstehen. So könnte die Entdeckung der hypothetischen SUSY-Teilchen in Beschleunigern klären, woraus die geheimnisvolle Dunkle Materie besteht. Die Untersuchung des Kleinsten und des Größten – Teilchenphysik und Kosmologie – sind auf diese Weise untrennbar miteinander verbunden.

AUFGABE

1 Konstruieren Sie aus den fundamentalen Konstanten h (Planck'sche Konstante), G (Gravitationskonstante) und c (Vakuumlichtgeschwindigkeit) durch Wurzelziehen, Division und Multiplikation eine Größe, die die Einheit einer Länge hat. Zeigen Sie, dass es sich dabei um die Planck-Länge (ca. 10^{-35} m) handelt.

In einer gewissen Zeit zerfällt in einem radioaktiven Präparat die Hälfte aller Atomkerne. Doch ob ein bestimmter Kern in dieser Zeit betroffen sein wird, lässt sich weder vorhersagen noch von außen beeinflussen: Der genaue Zeitpunkt seines Zerfalls ist nicht bekannt. Nur dass in dem Präparat eine Anzahl von Zerfällen stattfinden wird, ist nach den Regeln der Stochastik sehr wahrscheinlich.

18.1 Aktivität und Zerfallsgesetz

Genaue Messungen belegen, dass es sich beim radioaktiven Zerfall eines Präparats um einen spontanen, statistischen Prozess der Kerne handelt. Die einzelnen Kerne sind ununterscheidbare Teilchen: Jeder noch nicht zerfallene Kern hat eine festgelegte Wahrscheinlichkeit, sich in einer vorgegebenen Zeitspanne umzuwandeln. Für die Anzahl der noch vorhandenen Kerne zum Zeitpunkt t gilt das Zerfallsgesetz:

$$N(t) = N(0) \cdot e^{-\lambda \cdot t}. \qquad (1)$$

Dabei ist λ die für das jeweilige Nuklid charakteristische Zerfallskonstante mit der Einheit $1/s = 1\,s^{-1}$.
Die Aktivität A eines Präparats gibt an, wie viele Kerne in einer Zeitspanne zerfallen. Die Einheit der Aktivität ist Becquerel (Bq): 1 Bq = 1 Zerfall pro Sekunde.

$$A(t) = -\frac{dN}{dt} \qquad (2)$$

Die Anzahl $N(t)$ der unzerfallenen Kerne nimmt mit der Zeit ab. Da die Aktivität eines Präparats proportional zur Anzahl der unzerfallenen Kerne ist, stellt auch sie eine zeitabhängige Größe dar.

Halbwertszeit Die Halbwertszeit $T_{1/2}$ gibt an, nach welcher Zeit die Aktivität eines Präparats auf die Hälfte des Ausgangswerts abgesunken ist:

$$T_{1/2} = \frac{\ln(2)}{\lambda}. \qquad (3)$$

Nach Ablauf einer Halbwertszeit halbiert sich auch die Anzahl der unzerfallenen Kerne. Eine hohe Aktivität eines Präparats geht daher bei gleicher Ausgangsstoffmenge mit einer kurzen Halbwertszeit einher.

Zeitabhängigkeit der Aktivität

Jeder Zerfall ist eine Kernumwandlung eines einzelnen Kerns. Die Anzahl der unzerfallenen Kerne in der Ausgangssubstanz nimmt also nach und nach ab, sodass gilt: $\Delta N = N(t_2) - N(t_1) < 0$.
Die Aktivität ist die Zerfallsrate

$$A(t) = -\frac{\Delta N}{\Delta t} \quad \text{bzw.} \quad A(t) = \dot{N}(t) = -\frac{dN}{dt}. \qquad (4)$$

Da es sich beim Kernzerfall um einen Zufallsprozess handelt, ist die Anzahl der Zerfälle, die in einer Zeitspanne stattfinden, proportional zur Gesamtzahl der Kerne $N(t)$:

$$A(t) = -\frac{dN}{dt} = \lambda \cdot N(t). \qquad (5)$$

Die für das jeweilige Präparat charakteristische Proportionalitätskonstante wird Zerfallskonstante λ genannt. Eine Lösung dieser Differenzialgleichung (5) ist das Zerfallsgesetz (Gl. 1), die Anzahl der nicht zerfallenen Kerne nimmt exponentiell mit der Zeit ab.
Aus der Proportionalität $A(t) \sim N(t)$ folgt, dass auch die Aktivität eines Präparats exponentiell abklingt:

$$A(t) = A(0) \cdot e^{-\lambda \cdot t}. \qquad (6)$$

EXPERIMENT 1

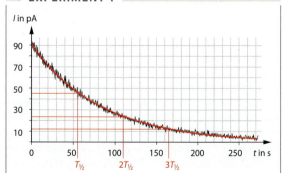

Gasförmiges Radon wird in eine Ionisationskammer gepumpt. Die Ionisationsstromstärke wird gemessen und in einem Diagramm aufgetragen.

5.11 Eine konstante Halbwertszeit gibt es auch beim Entladen eines Kondensators.

Experiment 1 zeigt, wie die ionisierende Strahlung eines radioaktiven Präparats nach und nach schwächer wird. Der Graph zeigt neben der kontinuierlichen Abnahme der Ionisationsstromstärke auch statistischen Charakter. Die Zählrate schwankt um eine Idealkurve. Der Verlauf dieser geglätteten durchgezeichneten Linie kann durch eine abnehmende Exponentialfunktion beschrieben werden.

Der Aussendung der ionisierenden Strahlung liegt ein Alphazerfall des Radons Rn-220 zu Po-216 mit einer Halbwertzeit von 56 s zugrunde. Das Po-216 zerfällt nach sehr kurzer Zeit ($T_{1/2} = 0{,}15$ s) zum stabileren Pb-212. Unter der Annahme, dass bei jedem Zerfall eines Radon- und eines Poloniumkerns die gleiche Anzahl Ionen in der Kammer erzeugt wird, ist die Stärke des Ionisationsstroms proportional zur Anzahl der zerfallenden Kerne. Es zerfallen also immer weniger Kerne, da immer weniger unzerfallene vorhanden sind. In gleichen Zeitabständen Δt zerfällt jedoch stets der gleiche Anteil der noch unzerfallenen Kerne. Die Darstellung der Messdaten in halblogarithmischer Skalierung ergibt eine Gerade (Abb. 2).

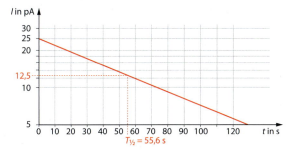

2 Zeitlicher Verlauf der Ionisationsstromstärke in halblogarithmischer Darstellung

Diese wird durch die folgende Gleichung beschrieben:

$$\ln(I) = -\lambda \cdot t + \ln(I_0). \tag{7}$$

Der Steigungsfaktor λ beschreibt die Abnahme der Stromstärke und wird als Zerfallskonstante bezeichnet. Sie gibt an, wie schnell die Strahlungsintensität abnimmt.

Halbwertszeit

Die Halbwertszeit $T_{1/2}$ gibt an, nach welcher Zeit die Aktivität eines Präparats auf die Hälfte des ursprünglichen Werts abgesunken ist. Nach Ablauf einer Halbwertszeit hat sich also die Anzahl der unzerfallenen Kerne halbiert. Es gilt daher:

$$N(T_{1/2}) = \tfrac{1}{2} N(0) = N(0) \cdot e^{-\lambda \cdot T_{1/2}}. \tag{8}$$

Daraus folgt:

$\tfrac{1}{2} = e^{-\lambda \cdot T_{1/2}}$, also $\ln\left(\tfrac{1}{2}\right) = -\lambda \cdot T_{1/2}$

und damit die Gleichung (3).

Das Zerfallsgesetz kann daher auch in der folgenden Form geschrieben werden:

$$N(t) = N(0) \cdot e^{-\frac{\ln(2)}{T_{1/2}} \cdot t} \quad \text{bzw.} \tag{9}$$

$$A(t) = A(0) \cdot e^{-\frac{\ln(2)}{T_{1/2}} \cdot t} \tag{10}$$

Die zeitliche Abnahme der Aktivität eines Präparats ist jedoch bei langlebigen radioaktiven Stoffen schwer messbar. Durch eine Messung der Aktivität $A(t)$ und Bestimmung der Anzahl $N(t)$ der Atome eines Präparats zum Zeitpunkt t kann die Halbwertszeit berechnet werden.
Mit $\lambda = A(t)/N(t)$ folgt:

$$T_{1/2} = \ln(2) \cdot \frac{N(t)}{A(t)}. \tag{11}$$

Umgekehrt kann mit Bestimmung der Aktivität auf das Alter des Präparats geschlossen werden. Bei den natürlichen Radionukliden variiert die Halbwertszeit zwischen Mikrosekunden und Milliarden Jahren. Sie ist unabhängig von der Zerfallsart und der Vorgeschichte des Präparats. Gleiches gilt für die Zerfallswahrscheinlichkeit eines einzelnen Kerns. Sie beträgt stets 0,5 für den Zeitraum $\Delta t = T_{1/2}$.

Halbwertszeiten und Zerfallsarten einiger Nuklide

Nuklid	$T_{1/2}$	Zerfallsart
$^{220}_{86}\text{Rn}$	55,6 s	α
$^{210}_{84}\text{Po}$	139 d	α
$^{22}_{11}\text{Na}$	2,6 a	β$^+$
$^{60}_{27}\text{Co}$	5,3 a	β$^-$
$^{235}_{92}\text{U}$	$6{,}5 \cdot 10^8$ a	α

AUFGABEN

1 Ein radioaktives Präparat befindet sich in einer Ionisationskammer. In einem Experiment wurde die Ionisationsstromstärke gemessen. Es ergaben sich folgende Messwerte für die Stromstärke. Bestimmen Sie Zerfallskonstante und Halbwertszeit des Präparats.

t in s	0	51	100	170	200	250
I in pA	90	45	26	11	8	2

2 Sie sollen auf einer entfernten Raumstation ein Energiepaket installieren. Die Energie wird in Form radioaktiver Strahlung genutzt. Sie haben zwei Möglichkeiten, wobei die Massen der Präparate gleich sind. In willkürlichen Einheiten gilt:
Präparat A: Aktivität = 1, Halbwertszeit = 0,5
Präparat B: Aktivität = 0,5, Halbwertszeit 1
Diskutieren Sie, unter welchen Voraussetzungen die Präparate A bzw. B den längeren Betrieb ermöglichen.

Elemente ineinander umzuwandeln, um am Ende echtes Gold herzustellen – dies war der Traum der mittelalterlichen Alchemisten. Dass in der Natur von selbst Elementumwandlungen stattfinden, war damals undenkbar. Inzwischen werden durch künstliche Kernumwandlungen sogar neue, in der Natur nicht vorkommende Elemente im Labor erzeugt. Die Produktion von Gold ist allerdings nicht rentabel.

1

18.2 Zerfallsreihen und künstliche Nuklide

Während der Entstehung unseres Planetensystems vor mehr als 4 Milliarden Jahren bildete sich aus einer Staub- und Gaswolke mit dem damals vorliegenden Gemisch von Nukliden die junge Erde. Die radioaktiven Nuklide zerfallen seit dieser Zeit. Dabei entstehen oftmals Kerne, die wiederum nicht stabil sind, sondern weiter zerfallen.

Die Beta- und Gammaumwandlungen lassen die Nukleonenzahl A des jeweiligen Nuklids unverändert, alleine beim Alphazerfall wird A um 4 vermindert. Die Nukleonenzahlen der Anfangs-, Zwischen- und Endnuklide einer Reihe weisen daher immer den gleichen Rest bei Teilung durch 4 auf. Ein Wechsel zwischen den Reihen ist ausgeschlossen.

Auf diese Weise kommt es zu den drei natürlichen Zerfallsreihen, an deren Ende jeweils stabile Bleinuklide stehen:

	Ausgangsnuklid	Endnuklid
Thorium-Reihe: ($A = 4n$)	Th-232	Pb-208
Uran-Radium-Reihe: ($A = 4n + 2$)	U-238	Pb-206
Uran-Actinium-Reihe: ($A = 4n + 3$)	U-235	Pb-207

Die vierte mögliche Reihe ($A = 4n + 1$) kommt nicht mehr in der Natur vor, da die Halbwertszeit des Ausgangsnuklids Neptunium-237 mit 2 Millionen Jahren im Vergleich zum Erdalter sehr klein ist.

Außerhalb dieser Zerfallsreihen der schweren Ausgangskerne gibt es zu allen leichteren und mittelschweren Elementen natürliche bzw. technisch erzeugte radioaktive Nuklide mit sehr unterschiedlich langen Halbwertszeiten.

Natürliche Zerfallsreihen

Ausgehend von den Nukliden, die bereits bei der Entstehung der Erde vorhanden waren, werden die natürlichen Zerfallsreihen unterschieden.

Im Verlauf der Thorium-Reihe ($A = 4n$) gibt es beim Nuklid Bismut-212 zwei Zerfallsmöglichkeiten mit unterschiedlichen Wahrscheinlichkeiten: In 65 % der Fälle erfolgt zuerst ein Beta-minus-Zerfall zum Polonium-212 und anschließend ein Alphazerfall zum stabilen Blei-208 (Abb. 2). Das Nuklid Bismut-212 kann sich aber auch mit einer Wahrscheinlichkeit von 35 % durch einen Alphazerfall in Thallium-208 umwandeln und danach durch einen Beta-minus-Zerfall in das Endprodukt Blei-208.

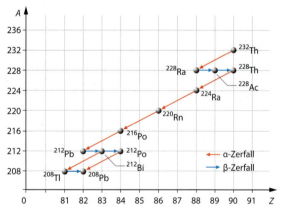

2 Thorium-Zerfallsreihe

Auch in den anderen natürlichen Zerfallsreihen gibt es solche Aufspaltungen mit unterschiedlichen Zerfallswahrscheinlichkeiten für Alpha- und Betazerfall.

Im ursprünglichen Nuklidgemisch der Erde sind die am meisten verbreiteten und langlebigsten natürlichen radioaktiven Nuklide Kalium-40 und Cadmium-113 mit Halbwertszeiten von 1,3 Milliarden bzw. 10^{16} Jahren. Auch werden außerhalb der Zerfallsreihen mit ihren zahlreichen Tochternukliden durch die eintreffende Höhenstrahlung ständig weitere radioaktive Kerne gebildet. Ein typischer Vertreter davon ist das radioaktive Kohlenstoffisotop C-14 mit einer Halbwertszeit von 5730 Jahren (vgl. 18.3).

STRUKTUR DER MATERIE | 18 Radioaktivität und Kerntechnik

Ordnungszahl	Name	Symbol	Herkunft des Namens	Entdeckung/ Ofizielle Anerkennung
107	Bohrium	Bh	Niels Bohr, dänischer Physiker	1981/1997
108	Hassium	Hs	Bundesland Hessen (GSI)	1984/1997
109	Meitnerium	Mt	Lise Meitner, österreichische Physikerin	1982/1997
110	Darmstadtium	Ds	Darmstadt, Standort der GSI	1994/2003
111	Roentgenium	Rg	Wilhelm Conrad Röntgen, deutscher Physiker	1994/2004
112	Copernicium	Cn	Nikolaus Kopernikus, Astronom	1996/2010

Künstliche radioaktive Nuklide

Neben den rund 70 natürlichen gibt es mehr als 2000 künstlich hergestellte radioaktive Nuklide. Sie werden mithilfe von Kernumwandlungen erzeugt, die durch einen Beschuss mit Protonen, Neutronen, Alphateilchen oder anderen Atomkernen angeregt werden. Auch die Bestrahlung mit hochenergetischen Gammaquanten kann zu radioaktiven Nukliden führen, wenn es zum Kernfotoeffekt, also zur Ablösung eines Nukleons aus dem Atomkern, kommt.

Zu Beginn des 20. Jahrhunderts experimentierte man bevorzugt mit Alphateilchen radioaktiver Strahler. Nach der Umwandlung von N-14 zu O-17 durch RUTHERFORD (1919) und von Al-27 über P*-30 zu Si-30 durch das Ehepaar JOLIOT-CURIE (1934) gelang es in den folgenden Jahren auch weiteren Wissenschaftlern, künstliche Radionuklide herzustellen. Ziel der Forschungen war es, schwerere, vielleicht stabile Elemente jenseits des Urans zu erzeugen.

Von kommerziellem Interesse sind heute die in der Radiomedizin zur Diagnostik und Behandlung eingesetzten künstlichen Nuklide, die vornehmlich in Zyklotronanlagen hergestellt werden. Protonen oder Deuteronen werden auf nahezu Lichtgeschwindigkeit beschleunigt, treffen auf die jeweilige Zielsubstanz und wandeln diese anwendungsspezifisch zu radioaktiven Nukliden um.

Transurane Im Jahr 1939 experimentierte die Gruppe um OTTO HAHN mit dem Isotop U-238, aus dem sich durch Neutronenanlagerung U-239 erzeugen ließ:

$$^{238}_{92}U + ^{1}_{0}n \rightarrow ^{239}_{92}U \xrightarrow{\beta^-} ^{239}_{93}\text{Element}.$$

Eine chemische Analyse des Elements 93 glückte aber zunächst nicht. Erst 1940 gelang in Berkeley (USA) der Nachweis des neuen, Neptunium (Np, $T_{1/2}$ = 2 Tage) genannten Elements. Es handelt sich hierbei um ein ebenfalls radioaktives Isotop des auf der Erde kaum noch vorhandenen Np-237. Da Neptunium-239 als Betastrahler zerfällt, konzentrierte man sich anschließend auf die Suche nach dem Element 94, das Plutonium (Pu, $T_{1/2}$ = 24 110 Jahre) genannt wurde. Dessen Nachweis gelang 1946 durch die Reaktionskette:

$$^{238}_{92}U + ^{1}_{0}n \rightarrow ^{239}_{92}U \xrightarrow{\beta^-} ^{239}_{93}Np \xrightarrow{\beta^-} ^{239}_{94}Pu \xrightarrow{\alpha} ^{235}_{92}U + ^{4}_{2}He.$$

Da die Halbwertszeiten der Transurane, gemessen am Alter der Erde, relativ kurz sind, kommen sie mit Ausnahme des Pu-244 in der Natur nicht mehr vor. Die Erzeugung von Transuranen und die Untersuchung ihrer Zerfälle dienen zur Überprüfung der Theorien von Kernaufbau und -stabilität.

Die Elemente Einsteinium und Fermium mit den Ordnungszahlen 99 und 100 wurden erstmals 1952 in den Überresten einer thermonuklearen Explosion entdeckt. Inzwischen sind die Eigenschaften der Elemente bis Ununoctium-118 bekannt. Von diesen Elementen werden jedoch in Kernforschungsanlagen immer nur sehr wenige Atome produziert. Daher vergehen oft mehrere Jahre vom erstmaligen Nachweis bis zur offiziellen internationalen Anerkennung (siehe Tabelle). Im Fall des Ununoctium-118 gelang erst 2006 der Nachweis von insgesamt drei Atomen.

AUFGABEN

1 Vervollständigen Sie die natürliche Zerfallsreihe von Uran-238. Entnehmen Sie die jeweilige Zerfallsart einer Nuklidkarte.

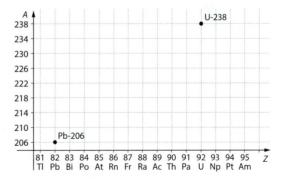

2 Atome des Transurans Einsteinium können durch Beschuss von Californium mit Neutronen erzeugt werden. Nach Anlagerung eines Neutrons wandelt sich das Cf-252 in einem Betazerfall zu Es-253.

a Geben Sie die beiden Reaktionsgleichungen an.

b Nach Einfang eines weiteren Neutrons durch das Es-253 und einem erneuten Betazerfall entsteht ein weiteres nächstes Transuran. Stellen Sie auch diese Reaktionen dar.

Die Echtheit des Turiner Grabtuchs, einer Ikone der katholischen Überlieferung, gibt immer wieder Anlass zu Spekulationen. Es zeigt in Vorder- und Rückenansicht das stark verblasste Bild eines Menschen. Die verwendeten Farbpigmente und eine Altersbestimmung mit der Radiokarbonmethode deuten auf eine Entstehung im frühen 14. Jahrhundert hin.

18.3 Altersbestimmung

Zur Altersbestimmung von Gesteins- und Gewebeproben können radioaktive Isotope im Material benutzt werden. Dazu ist es nötig, die Aktivität und die Mengenverhältnisse von Mutter- und Tochternukliden in der Probe genau zu kennen.

Grundannahme aller Datierungsmethoden ist, dass das Mengenverhältnis von Mutter- und Tochterkernen ungestört von außen nur durch den radioaktiven Zerfall entstanden ist.

Radiokarbon- oder C-14-Methode In den oberen Atmosphärenschichten werden unter dem Einfluss der Höhenstrahlung Stickstoffkerne durch Neutroneneinfang umgewandelt:

$$^{14}_{7}N + ^{1}_{0}n \rightarrow ^{14}_{6}C^{*} + ^{1}_{1}p. \tag{1}$$

Im Gleichgewicht dazu steht der Zerfall des radioaktiven Kohlenstoffisotops C-14 mit einer Halbwertszeit von 5730 Jahren wieder zu Stickstoff:

$$^{14}_{6}C^{*} \rightarrow ^{14}_{7}N + ^{0}_{-1}e^{-} + \overline{\nu}. \tag{2}$$

Lebewesen bauen die C-14-Atome wie normale C-12-Atome in ihren Organismus ein. Mit ihrem Tod endet der Gleichgewichtszustand von Aufnahme und Zerfall der C-14-Kerne. Es kommen keine neuen C-14-Kerne mehr hinzu, sodass das Massenverhältnis von C-14 zu C-12 immer kleiner wird.

Radiokarbonmethode (C-14-Methode)
Energiereiche Höhenstrahlung kann beim Auftreffen auf Atome Neutronen freisetzen, welche dann von Stickstoffkernen eingefangen werden (Abb. 2). Die so entstehenden C-14-Kerne wandeln sich dann durch einen Beta-minus-Zerfall wieder zu Stickstoff um. Wichtig für eine Datierung mit der Radiokarbonmethode ist die Grundannahme, dass Neubildung und Zerfall von C-14 einander ausgleichen und damit die C-14-Konzentration in der Atmosphäre zeitlich konstant bleibt.

Die C-14-Atome reagieren wie gewöhnliche C-12-Atome mit Sauerstoff zu Kohlenstoffdioxid, das von Pflanzen aufgenommen wird. Über die Nahrungskette gelangt daher das C-14 schließlich in die Körper von Tieren und Menschen. Solange ein Organismus am Leben ist, liegt in ihm also ein konstantes Verhältnis von radioaktivem C-14 und stabilem C-12 vor. Auf ein C-14-Atom kommen etwa $8{,}3 \cdot 10^{11}$ C-12-Atome. Erst mit dem Tod des Organismus erfolgt kein Austausch mit der Biosphäre mehr und der Startpunkt für die Datierung ist gegeben.

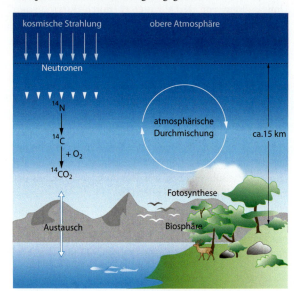

2 Bildung und Zerfall von C-14 in der Biosphäre

Nach der Zeit t gilt für das Verhältnis von Tochter- zu Mutterkernen:

$$\frac{N_T(t)}{N_M(t)} = \frac{N_0 - N(t)}{N(t)}. \tag{3}$$

Setzt man für $N(t)$ den Term aus dem Zerfallsgesetz ein, so erhält man:

$$\frac{N_0 - N(t)}{N(t)} = \frac{N_0 - N_0 \cdot e^{-\lambda \cdot t}}{N_0 \cdot e^{-\lambda \cdot t}} = \frac{1}{e^{-\lambda \cdot t}} - 1. \tag{4}$$

STRUKTUR DER MATERIE | 18 Radioaktivität und Kerntechnik

Also ist:

$$e^{\lambda \cdot t} = 1 + \frac{N_\mathrm{M}(t)}{N_\mathrm{T}(t)}. \tag{5}$$

Auflösen nach t ergibt die gesuchte Zeit, die seit dem Ende des Kohlenstoffaustauschs in der Probe vergangen ist:

$$t = \frac{1}{\lambda} \cdot \ln\left(1 + \frac{N_\mathrm{M}(t)}{N_\mathrm{T}(t)}\right). \tag{6}$$

Genauigkeit der Methode In Massenspektrometern können auch kleine Proben in kurzer Zeit untersucht werden. Die Genauigkeit beträgt bei einer 8000 Jahre alten Probe etwa 40 Jahre. Voraussetzung dafür ist aber die Kenntnis des C-14-Anteils zu Lebzeiten des Organismus. Hierin liegt die größte Schwierigkeit.

Da die Bildung des C-14 von der Stärke der kosmischen Strahlung abhängt, führen Schwankungen des Erdmagnetfelds und der Sonnenaktivität zu unterschiedlichen Ausgangssituationen. Vor 10 000 Jahren war der C-14-Anteil um 10 % höher als heute; dann sank er nach und nach ab, seit 150 Jahren nimmt er aber wieder zu. Die fortschreitende Industrialisierung führt zu einer verstärkten Verbrennung fossiler Energieträger, die dadurch freigesetzten C-14-Mengen verfälschen die natürlichen Abweichungen. Durch die atmosphärischen Kernwaffentests von 1945 bis 1963 wurde der C-14-Anteil durch Neutronenschauer in der Atmosphäre etwa verdoppelt. Bis heute ist die Konzentration von C-14 noch nicht wieder auf den Stand vor 1945 zurückgegangen.

Für Zeiträume bis 10 000 Jahre vor Christi Geburt erfolgt eine Korrektur der Messdaten durch die Dendrochronologie, die Einordnung von Holzproben mithilfe der Jahresringe der Bäume. Für die Zeit davor können Proben aus Eisbohrkernen die Kalibrierung der Radiokarbonmethode unterstützen; sie erlauben Datierungen historischer Fundstücke in einem Zeitfenster von 300 bis zu 50 000 Jahren.

FORSCHUNG

Uran-Blei-Methode Für längere Zeiträume werden die Zerfallsreihen von Uran-238 und U-235 zu den Bleiisotopen Pb-206 bzw. Pb-207 benutzt. Da die Zwischenprodukte in den beiden Zerfallsreihen nur relativ kurze Halbwertszeiten besitzen, genügt die Betrachtung der Ausgangs- und Endkerne, für die nach Umformung der Zerfallsgleichung jeweils gilt:

$$N(\text{Pb-206}) = N(\text{U-238}) \cdot \left(e^{\lambda(\text{U-238})\cdot t} - 1\right) \tag{7}$$

und

$$N(\text{Pb-207}) = N(\text{U-235}) \cdot \left(e^{\lambda(\text{U-235})\cdot t} - 1\right) \tag{8}$$

Auch hier kann wieder durch eine Bestimmung der Konzentrationsverhältnisse auf das Alter der Probe zurückgerechnet werden. Da in der Regel in einer Probe beide Uran- und Bleiisotope vorliegen, sollten die beiden Ergebnisse übereinstimmen. Durch Kombination der beiden Zerfallsgleichungen erhält man:

$$\frac{N(\text{Pb-207})}{N(\text{Pb-206})} = \frac{N(\text{U-235})}{N(\text{U-238})} \cdot \frac{e^{\lambda(\text{U-235})\cdot t} - 1}{e^{\lambda(\text{U-238})\cdot t} - 1}. \tag{9}$$

Da es in einem Massenspektrometer günstiger ist, nahe beieinanderliegende Isotope eines Elements zu untersuchen als Kerne, die sich um 30 u unterscheiden, können die jeweiligen Verhältnisse der Blei- bzw. Urankonzentrationen untereinander gut bestimmt werden. Trägt man die beiden Blei-Uran-Verhältnisse der zwei Ausgangsnuklide gegeneinander auf, so ergibt sich im Idealfall einer unveränderten Probe eine Kurve, die aus den unterschiedlichen Halbwertszeiten der beiden Zerfälle resultiert. Jeder Punkt dieser Idealkurve steht dabei für einen bestimmten Zeitpunkt ab Zerfallsbeginn ↻.

Für Gesteinsproben, in denen bereits anfänglich Blei vorhanden oder durch chemische Prozesse später abhandengekommen ist, muss dies bei Auswertung der Isotopenverhältnisse entsprechend berücksichtigt werden. Ansonsten würde ein falsches Alter der Probe aus dem Idealdiagramm unterstellt werden.

Ausgehend von der Blei-Uran-Methode gab Clair C. Patterson 1953 das Alter der Erde mit 4,55 Milliarden Jahren an. Dieser Wert hat bis heute Gültigkeit.

AUFGABEN

1 Bei Ausgrabungen fand man Holz, dessen Alter mithilfe der Radiokarbonmethode bestimmt werden soll. Dazu wurde eine Probe entnommen, die genau 1,0 g Kohlenstoff enthält. An dieser Probe wurden 9,9 Zerfälle pro Minute gemessen.
  a Bestimmen Sie das ungefähre Alter des Holzes und schätzen Sie die Genauigkeit der Altersangabe.
  b Beschreiben Sie zwei unterschiedliche Verfahren, um den C-14-Anteil einer Probe zu bestimmen.
  c Unter welchen Voraussetzungen ist das Ergebnis aussagekräftig?
  d Recherchieren Sie, mit welchen weiteren Methoden es verifiziert werden kann.

2 In einer Erdschicht werden Mineralien gefunden, bei denen eine genaue Untersuchung ein Massenverhältnis von Pb-206 zu U-238 den Wert 0,18 ergab.
  a Berechnen Sie das Alter der Mineralienprobe.
  b Welche Faktoren können das Ergebnis verfälschen?
  c Für eine Mineralienprobe aus einer anderen Schicht wird ein Alter von 1,3 Milliarden Jahre erwartet. Welches Massenverhältnis von U-238 zu Pb-206 müsste hier festgestellt werden?
  d Erläutern Sie, warum diese Messmethode nicht sehr praktikabel in der Auswertung ist.

11.6 Werden die zerfallenden Kerne in einem System stets durch neu hinzukommende kompensiert, liegt ein Gleichgewicht vor – allerdings nicht unbedingt ein thermodynamisches.

Dreißig Jahre nach dem Reaktorunfall von Tschernobyl ist gerade eine Halbwertszeit des in die Umwelt gelangten Cs-137 vergangen. Waldpilze aus dieser Region sind immer noch stark belastet. Der radioaktive Stoff kann direkt mit dem Pilz oder über andere Nahrungsketten in den menschlichen Körper gelangen.

18.4 Biologische Wirkungen der Radioaktivität

Radioaktive Strahlung kann aufgrund ihrer ionisierenden Wirkung biologische Systeme schädigen. Abhängig von der Strahlendosis werden dabei zwei Arten von Wirkungen unterschieden:
Oberhalb eines Dosisschwellenwerts treten die *deterministischen* Wirkungen sofort auf. Auf längere Sicht treten die *stochastischen* Wirkungen mit einer dosisabhängigen Wahrscheinlichkeit auf.
Ein Maß für die Wirkung der Strahlung stellt die Energie dar, die bei der Wechselwirkung vom Gewebe absorbiert wird. Die *Energiedosis D* ist definiert als:

$$D = \frac{\Delta E_{\text{abs}}}{\Delta m}. \qquad (1)$$

Die Einheit von D ist Gray (Gy). Es gilt: 1 Gy = 1 J/kg.
Die verschiedenen Arten der Strahlung verursachen im biologischen Gewebe unterschiedlich starke Effekte, außerdem hängen ihre langfristigen Wirkungen auf den Organismus von der bestrahlten Gewebeart ab. Beides wird durch Wichtungsfaktoren berücksichtigt: Der Faktor q gewichtet die Art der Strahlung in der *Äquivalentdosis*, und der Faktor q' gewichtet die Empfindlichkeit des Gewebes in der *effektiven Dosis*.

Äquivalentdosis = $q \cdot$ Energiedosis
effektive Dosis = Summe der mit q' gewichteten Äquivalentdosen

Zur Unterscheidung von der Energiedosis bezeichnet man sowohl die effektive als auch die Äquivalentdosis mit der Einheit Sievert (Sv). Es gilt: 1 Sv = 1 J/kg.

Strahlendosis

Die Wechselwirkung von Strahlung aus Kernprozessen beruht immer auf ihrer ionisierenden Wirkung. Die *Ionendosis I* gibt an, wie groß die Ladung ΔQ der erzeugten Ionenpaare in einer bestimmten Masse Δm ist:

$$I = \frac{\Delta Q}{\Delta m}. \qquad (2)$$

Die Einheit von I ist C/kg.
Die biologische Wirkung auf eine lebende Zelle und damit auf den Gesamtorganismus hängt jedoch von der Strahlenart, der Teilchenenergie und dem Gewebetyp ab. Ionen- und Energiedosis sind durch die Gesamtladung der gebildeten Ionenpaare in der durchstrahlten Materie und der dabei vom Gewebe absorbierten Energie definiert.
Ausgehend von diesen physikalisch messbaren Größen, erfolgt eine Gewichtung zur Bestimmung der Äquivalentdosis abhängig von der Strahlenart gemäß den Empfehlungen der Internationalen Strahlenschutzkommission ICRP. Zuletzt sind 2007 die aktualisierten Wichtungsfaktoren q festgelegt worden.

Strahlungswichtungsfaktoren

Strahlungsart	Wichtungsfaktor q
Alpha, Schwerionen	20
Beta	1
Gamma	1
Protonen, Pionen	2

Der Wichtungsfaktor für Neutronen ist energieabhängig: Neutronen mit einigen MeV, die direkt aus Kernprozessen kommen, sind gefährlicher als abgebremste Neutronen, die in Kernreaktoren verwendet werden (Abb. 2).

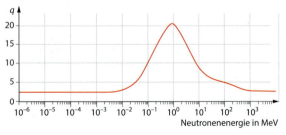

2 Strahlungswichtungsfaktor für Neutronen

Bei gleicher Energiedosis geben inkorporierte Alphastrahler wegen der kurzen Reichweite ihrer Strahlung die gesamte Energie bereits nach wenigen Zelldurchgängen an das Gewebe ab. Daher haben die schweren Teilchen der Alphastrahlung wie auch Schwerionen eine wesentlich größere biologische Wirkung als Beta- oder Gammastrahlung, die ihre Energieabgabe auf längere Strecken, also eine größere Masse, verteilen. Neutronen können je nach Geschwindigkeit den wasserstoffhaltigen Molekülen der Zellen hohe Energiebeträge übergeben; freigesetzte Protonen wirken dabei wiederum auf kurzer Distanz stark ionisierend.

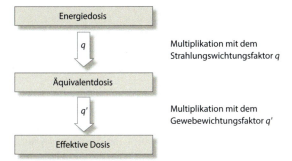

3 Zusammenhang zwischen Energiedosis, Äquivalentdosis und effektiver Dosis

Effektive Dosis

Die Eintrittswahrscheinlichkeiten für längerfristige biologische Wirkungen sind bei gleicher Äquivalentdosis für die verschiedenen Gewebearten des Körpers unterschiedlich hoch. Daher muss zur Bestimmung der effektiven Dosis auf das Körpergewebe mit gewebeabhängigen Faktoren q' gewichtet werden:

Gewebewichtungsfaktoren

Gewebe	Wichtungsfaktor q'
Haut, Knochen (Oberfläche)	je 0,01
Blase, Brust, Leber, Speiseröhre, Schilddrüse	je 0,05
Magen, Lunge, Dickdarm, Knochenmark	je 0,12
Keimdrüsen	je 0,20
übrige Organe und Gewebe	je 0,05

Aufsummiert erhält man den Wert 1 für den ganzen Körper. Die Summe der gewichteten Äquivalentdosen ergibt die effektive Dosis. Solange die effektiven Dosiswerte übereinstimmen, bleibt das stochastische biologische Risiko gleich groß, wenn der ganze Körper bestrahlt oder einzelne Organe der Strahlung ausgesetzt werden.

Dosisleistung Die Dosisleistungen werden durch den Bezug der Dosiswerte auf eine Zeitspanne ermittelt: Dosisleistung = $D/\Delta t$. Einheiten der Dosisleistung sind z. B. Gy/h, Sv/h oder für die Jahresdosisleistung Sv/a.

Schädigung von Zellen

Durch ionisierende Strahlung und anregende Stoßvorgänge können im biologischen Gewebe Veränderungen an Molekülverbindungen auftreten. Ebenso entstehen freie Radikale, die z. T. toxische Verbindungen bilden. Diese schädigen wichtige Funktionseinheiten wie DNA oder Proteine. Damit arbeiten die betroffenen Zellen nicht mehr in ihrer vorgesehenen Funktion. Der Organismus kann solche Schäden bis zu einem gewissen Grad ausgleichen, indem er geschädigte Zellen erkennt und den normalen Zustand wiederherstellt.

Die Höhe der Dosis und die Dosisleistung sind bei diesen deterministischen Schäden entscheidend. Eine bestimmte Dosis kann innerhalb kurzer Zeit eine Vielzahl von Zellen schädigen und den Reparaturmechanismus des Körpers überfordern. Wird die gleiche Dosis aber über einen längeren Zeitraum verteilt, so kann der Organismus die entstehenden Schäden meist besser verarbeiten.

Bei Dosiswerten über 100 mSv besteht eine erhöhte Wahrscheinlichkeit für deterministische Wirkungen und ein signifikantes Krebsrisiko. Der Schwellenwert, ab dem bei akuter Bestrahlung des ganzen Körpers im Blutbild feststellbare Schäden eintreten, liegt bei 500 mSv. Eine akute Bestrahlung von 5 Sv führt unbehandelt zum Tod.

Die stochastischen Wirkungen treten erst nach Jahren auf. Die Höhe der Dosis beeinflusst hier die Wahrscheinlichkeit, mit der sich Schäden am Erbgut der Zellen später auswirken können. Wird eine derart geschädigte Zelle nicht repariert, so kann die Veränderung weitervererbt werden. Für Körperzellen bedeutet dies, dass aus ihnen Krebszellen entstehen können, für Keimzellen, dass genetische Veränderungen weitergegeben werden. Krebszellen können aber durch eine gezielte Strahlentherapie auch abgetötet werden.

■ AUFGABEN

1 Im Rahmen einer Strahlentherapie der Schilddrüse erhält ein Patient in mehreren Anwendungen eine Dosis von insgesamt 60 Gy durch Gammastrahlung aus Co-60. Bestimmen Sie die effektive Dosis.

2 Tumorzellen kann man durch Strahlen ionisieren, um sie zu zerstören. In der Abbildung ist die Absorption von Röntgen- (a) und von Ionenstrahlen (b) im Umfeld eines Tumors gezeichnet. Die Farbabstufungen von Rot zu Gelb zeigen abnehmende Ionisierungsdichten an. Erläutern Sie die Unterschiede bei der Verwendung von Röntgen- und Ionenstrahlen.

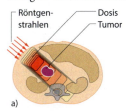
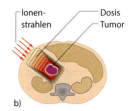

a)   b)

UMWELT

18.5 Strahlenschutz

Grenzwerte der Strahlenschutzverordnung

Um eine Gefährdung möglichst gering zu halten, gelten nach den Empfehlungen der ICRP in Deutschland die Bestimmungen der Strahlenschutzverordnung. Eine zusätzliche effektive Ganzkörperdosis von 1 mSv pro Jahr neben der natürlichen und medizinischen Belastung sollte demnach nicht überschritten werden.

Für beruflich strahlenexponierte Personen gelten jedoch höhere Grenzwerte als für die übrige Bevölkerung. Zu diesem Personenkreis gehört neben den Beschäftigten in kerntechnischen Anlagen auch das Personal in medizinischen Einrichtungen und in Flugzeugen. Für sie gelten als Grenzwert 20 mSv pro Jahr bzw. 400 mSv bezogen auf die gesamte Lebenszeit.

Orientierung an natürlicher Belastung Grundlage für diese Grenzwerte sind Langzeitstudien über die Folgen der medizinischen Anwendung ionisierender Strahlung und die Beobachtung der Atombombenopfer von Hiroshima und Nagasaki ab 1945. Von Bedeutung für die Festlegung der Grenzwerte ist ferner der Vergleich der zivilisatorisch bedingten mit der natürlichen Strahlenexposition. Diese variiert nach Wohnort von 1 bis 5 mSv/a aus Höhenstrahlung und terrestrischer Strahlung. Berufliche Tätigkeiten, medizinische Untersuchungsmethoden und die Nutzung der Kernspaltung haben ihren Anteil an der zivilisatorisch bedingten Strahlendosis von etwa 2 mSv/a. Solange eine Gesamtbelastung mit einer effektiven Dosis bzw. Dosisleistung in der Schwankungsbreite der natürlichen radioaktiven Strahlung von 1 bis 5 mSv/a liegt, ist die Wahrscheinlichkeit einer weiteren Gefährdung gering.

AAAA-Prinzip

Die Gefahr und die Belastung, die von einer Strahlenquelle ausgehen, lassen sich durch die Beachtung einiger einfacher Grundregeln eingrenzen (Abb. 1):

Abstand Die radioaktive Strahlung kleiner Quellen genügt wie jede andere Strahlung von Punktquellen näherungsweise einem dem quadratischen Abstandsgesetz:

$$I(r) = I_0 \cdot \frac{1}{r^2}. \qquad (1)$$

Die Intensität der Strahlung nimmt quadratisch mit dem Abstand ab, bereits eine Verdreifachung des Abstands reduziert die Intensität auf ein Neuntel. Die Einhaltung eines möglichst großen Abstands von einer Strahlenquelle ist die einfachste Vorsichtsmaßnahme.

Abschirmung Ist dies nicht möglich, so kann eine geeignete Abschirmung helfen, eine Strahlendosis zu minimieren. Dazu verwendete Abschirmmaterialien bestehen in der Regel aus Stoffen hoher Dichte mit Atomen von hoher Ordnungszahl (vgl. 16.10).

Für die meisten Strahlenarten gilt näherungsweise ein exponentielles Schwächungsgesetz bei der Durchdringung von Materieschichten der Dicke d:

$$I(d) = I_0 \cdot e^{-\mu \cdot d}. \qquad (2)$$

Der Schwächungskoeffizient μ hängt vom Absorbermaterial und von der Strahlungsart ab. Nach diesem Gesetz verringert sich die Intensität beim Zurücklegen gleich langer Strecken jeweils um einen bestimmten Anteil.

Aufenthaltsdauer Beim Umgang mit radioaktiver Strahlung sollte weiterhin die Aufenthaltsdauer im Bereich der Strahlungsquelle möglichst klein gehalten werden: Je geringer die Dauer der Exposition ist, desto geringer ist auch die Möglichkeit zur Wechselwirkung der Strahlung mit Materie.

Aktivität Außerdem ist bei allen Anwendungen eine Strahlungsquelle mit möglichst geringer Aktivität auszuwählen.

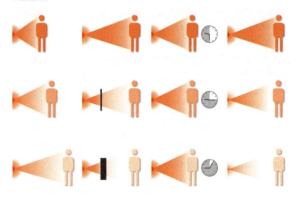

Abstand halten — Abschirmung verwenden — Aufenthaltsdauer beschränken — Aktivität gering halten

1 Zum AAAA-Prinzip

Natürliche Strahlungsquellen

Die mittlere Dosis von 0,7 mSv pro Jahr durch externe Strahlenexposition in Deutschland ist stark ortsabhängig. Sie wird zu gleichen Teilen durch die kosmische und die terrestrische Strahlung verursacht. Die aus dem Weltall eintreffende kosmische Strahlung besteht aus sehr schnellen Teilchen und aus energiereichen Gammaquanten. Die geladenen Teilchen, zu 90 % Protonen, werden durch das Magnetfeld der Erde zu den Polen hin abgelenkt und durch die

Atmosphäre teilweise absorbiert. Auf Meereshöhe ergibt sich durch die kosmische Strahlung in unseren Breiten eine *jährliche* effektive Dosis von 0,3 mSv, die mit zunehmender Höhe ansteigt. In 11 km Höhe, also auf der Reiseflughöhe von Verkehrsflugzeugen, beträgt die Belastung bereits 0,008 mSv/h.

Abhängig vom geologischen Untergrund gelangt aus dem Erdboden die terrestrische Strahlung der radioaktiven Gesteine an die Oberfläche. Regional unterschiedlich sind dafür die Nuklide Thorium-232, Uran-238 und Uran-235 sowie Kalium-40 verantwortlich. Zusätzlich dringt das radioaktive Edelgas Radon-222 aus dem Boden in Gebäude und in die bodennahe Atmosphäre.

Neben den externen Strahlungsquellen belastet hauptsächlich das Kalium-40 durch die Nahrungsaufnahme den menschlichen Körper. Es ist zu 0,012 % in natürlichem Kalium enthalten. Durch den vermehrten Einsatz von Düngemitteln mit Kalium steigt auch der K-40-Anteil in unseren Lebensmitteln. Zusammen mit Spuren anderer radioaktiver Nuklide sammelt sich so in einem Erwachsenen eine Aktivität von etwa 8 kBq an.

Die resultierende jährliche effektive Dosis im menschlichen Körper beträgt damit 0,3 mSv. Abhängig von den örtlichen Gegebenheiten sowie Ernährungs- und Lebensgewohnheiten des Einzelnen beträgt die natürliche Strahlendosis in Deutschland jährlich im Mittel 2,1 mSv, vereinzelt bis zu 10 mSv.

Natürliche Strahlenbelastung

Ursache	Dosisleistung in mSv/a
Kosmische Strahlung	
in Meereshöhe	0,3
auf der Zugspitze	1,1
Terrestrische Strahlung	
Boden	bis zu 0,2
Baumaterialien	bis zu 0,1
Nahrungsmittel	bis zu 0,3
Radon	bis zu 1,1

Zivilisatorische Strahlenquellen

Die zivilisatorische Belastung hängt stark von den individuellen Lebensumständen ab, ihr Mittelwert von 1,9 mSv pro Jahr liegt in etwa so hoch wie die natürliche Strahlendosis. Der weitaus größte Anteil der zivilisatorischen Belastung ist auf medizinische Anwendungen zurückzuführen. Diese können im Rahmen einer Untersuchung oder einer Behandlung ein Vielfaches der natürlichen Exposition erreichen.

So erfährt ein Patient bei einer Röntgenaufnahme des Brustkorbs eine Strahlendosis von 0,1 mSv, etwa die gleiche Strahlenbelastung ergibt sich bei einem Transatlantikflug nach Amerika und zurück durch den Einfluss der Höhenstrahlung. Frauen werden bei einer Mammografie mit 0,2 bis 0,3 mSv belastet, bei einer Computertomografie (Brustkorb-CT) können dagegen bis zu 10 mSv anfallen. Besonders hohe Dosen werden Krebspatienten zugemutet, wenn eine Behandlung mit einer Bestrahlung oder mit radioaktiven Arzneimitteln notwendig ist.

Bei allen medizinischen Untersuchungen und Therapien wird immer eine Abwägung zwischen Nutzen und möglicher Gefährdung erfolgen.

Reaktorunfälle Die anfängliche zusätzliche Dosisleistung von 0,07 mSv/a durch den Reaktorunfall 1986 in Tschernobyl ist in Mitteleuropa 20 Jahre später auf 0,015 mSv/a zurückgegangen. Hier ist es hauptsächlich das radioaktive Caesiumisotop Cs-137, das mit einer Halbwertszeit von 30 Jahren auch weiterhin eine Rolle spielen wird. Für die auf den Unfall folgenden 50 Jahre, also bis 2036, wird insgesamt eine effektive Dosis für die Bevölkerung Mitteleuropas von 1 mSv errechnet. Der Reaktorunfall in Fukushima 2011 trug außerhalb Japans mit weniger als 0,001 mSv/a zur weltweiten Belastung bei. In Japan selbst wurde der Grenzwert für Schulkinder dieser Region auf 20 mSv/a erhöht. Dieser Wert gilt sonst für beruflich strahlenexponierte Personen.

AUFGABEN

1 a Bestimmen Sie in einer groben Abschätzung die jährliche Strahlenbelastung, der Vielflieger wie Piloten und Flugbegleiter ausgesetzt sind.
 b Vergleichen Sie diesen Wert mit der Belastung, die durch eine einzelne Röntgenaufnahme hervorgerufen wird.

2 Ein Co-60-Präparat mit einer Aktivität von 500 Bq soll in einem Schrank gelagert werden. Es befindet sich in einem Behälter aus Aluminium mit einer Wandstärke von 5,0 mm. Der Schrank besteht aus 3,0 mm dickem Eisenblech. Eine Person sitzt durchschnittlich an 200 Tagen im Jahr 6 Stunden lang in einem Abstand von 2,0 m dem Schrank gegenüber.

Erläutern Sie anhand einer Abschätzung, ob bei dieser Lagerung des Präparats die Strahlenschutzverordnung erfüllt wird. Verwenden Sie dazu die Ergebnisse des folgenden Absorptionsexperiments bei 2,0 mm Materialstärke.

Material	(ohne)	Al	Fe
Zählrate in min^{-1}	348	308	285

3 In Zigarettentabak sind die radioaktiven Substanzen Ka-40 und Po-210 zu finden. Recherchieren Sie, inwieweit sich hierdurch für Raucher eine zusätzliche Gesundheitsbelastung ergibt.

Die Schneemassen auf einem hohen Berg besitzen eine gewaltige potenzielle Energie. Ein einzelner Skifahrer, das Knattern eines Helikopters, die geringfügige Erwärmung durch Sonneneinstrahlung – ein kleiner Auslöser genügt, um durch eine Kettenreaktion eine zerstörerische Lawine in Bewegung zu setzen.

18.6 Kernspaltung und Kettenreaktion

Schwere Urankerne können durch Neutronenbeschuss zur Spaltung in zwei leichtere Kerne angeregt werden. Stets hat dabei der größere Teilkern eine Nukleonenzahl von ca. 140, der kleinere eine von ca. 90. Die Spaltprodukte sind in der Regel aufgrund ihres Neutronenüberschusses nicht stabil, sondern wandeln sich durch Beta-minus-Zerfälle weiter um. Zusätzlich entstehen zwei oder drei Neutronen, die wiederum weitere Kerne spalten können.

Energiebilanz Bei der Anlagerung eines Neutrons wird Bindungsenergie frei. Bei U-235 und U-233 sowie beim Pu-239 reicht die umgewandelte Bindungsenergie durch den Einfang eines Neutrons aus, um eine Spaltung des Kerns zu bewirken. Die dabei freiwerdenden Neutronen haben in der Regel eine hohe kinetische Energie von einigen MeV.

Kritische Masse Damit eine Kettenreaktion von alleine beginnt, muss eine Mindestmasse an Spaltmaterial vorhanden sein; sie wird als kritische Masse bezeichnet. Nur so können die freiwerdenden Neutronen auch wieder auf spaltbares Material treffen und neue Kernreaktionen auslösen. Die kritische Masse ist erreicht, wenn die Spaltung eines Kerns wieder mindestens eine weitere Kernspaltung induziert.

Entdeckung der Kernspaltung

Im Jahr 1938 arbeiteten Otto Hahn, Lise Meitner und Fritz Strassmann an der Erzeugung von Elementen mit höheren Ordnungszahlen als Uran, den Transuranen. Dazu beschossen sie Uran mit Neutronen. Die Urankerne sollten die Neutronen einfangen und anschließend durch Betazerfall in Transurane übergehen. Nach dem Neutronenbeschuss befanden sich allerdings auch völlig andere Elemente in ihrer Experimentieranordnung. Aufwendige chemische Analysen ergaben, dass es sich dabei um die mittelschweren Elemente Barium und Krypton handelte. In ihrer theoretischen Arbeit kamen Lise Meitner und Otto Frisch im Januar 1939 zu dem Schluss, dass sich die Urankerne in zwei Kerne ungefähr gleicher Massenzahl aufspalten lassen.

Prozesse bei der Kernspaltung

Bei der Spaltung von U-235 können unterschiedliche Isotope von Barium und Krypton entstehen:

$$^{235}_{92}U + ^{1}_{0}n \rightarrow ^{139}_{56}Ba + ^{95}_{36}Kr + 2\,^{1}_{0}n \quad (1)$$

$$^{235}_{92}U + ^{1}_{0}n \rightarrow ^{139}_{56}Ba + ^{94}_{36}Kr + 3\,^{1}_{0}n \quad (2)$$

Auch andere Kombinationen mittelschwerer Spaltprodukte wie Xenon/Strontium oder Caesium/Rubidium können auftreten (Abb. 2). Neben den beiden Spaltkernen, die ungefähr ein Massenverhältnis von 140 zu 90 aufweisen, werden immer zwei oder drei Neutronen frei. Im weiteren Verlauf der Reaktion bauen die Kerne ihren Neutronenüberschuss durch Beta-minus-Zerfälle ab.

Die Berechnung der Q-Werte aus den Nuklidmassen und den kinetischen Energien der Reaktionspartner bestätigt

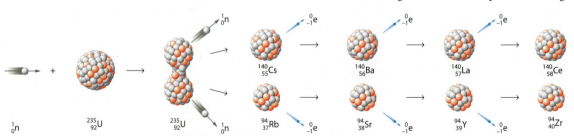

2 Spaltung eines U-235-Kerns in Cs-140 und Rb-94 mit anschließendem radioaktivem Zerfall

für diese Reaktionen, dass die Spaltung exotherm verläuft, dass also die Nukleonen insgesamt in einen energetisch günstigeren Zustand gelangen (vgl. 16.3).

Kettenreaktion

Sehr früh erkannte man, dass die Erzeugung von zwei oder drei Neutronen pro Kernspaltung die Voraussetzung für eine Kettenreaktion darstellt (vgl. 18.7). Die entstehenden Neutronen treffen auf andere Urankerne und können diese ihrerseits zur Spaltung anregen (Abb. 3). Eine Kettenreaktion kann allerdings nur in Gang kommen, wenn die umgesetzte Bindungsenergie für ein angelagertes Neutron höher ist als die zur Spaltung nötige Energie.

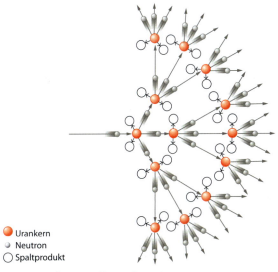

● Urankern
· Neutron
○ Spaltprodukt

3 Kettenreaktion von Kernspaltungen

Die bei einer Spaltung freigesetzten schnellen Neutronen können nur mit geringer Wahrscheinlichkeit weitere Uran-235-Kerne spalten. Erst wenn die Neutronen durch Stöße auf geringe Geschwindigkeiten abgebremst werden, erhöht sich die Wahrscheinlichkeit für die Spaltung.

Natürliches Uran besitzt nur einen Anteil von 0,7 % an spaltfähigem U-235. In ihm kann keine dauerhafte Kettenreaktion stattfinden, weil die meisten Neutronen von U-238 und den Spaltprodukten absorbiert werden. Das Isotop U-238 wird nach der Anlagerung eines Neutrons nicht gespalten – hierzu fehlt ein Energiebetrag von 1,5 MeV.

Kritische Masse Damit eine Kettenreaktion von alleine beginnt, muss eine Mindestmasse an Spaltmaterial vorhanden sein. Anderenfalls entweichen zu viele der entstehenden Neutronen, ohne eine weitere Spaltung angeregt zu haben. Für reines Uran-235 beträgt die kritische Masse etwa 50 kg. Durch Kompression des Materials, Reflexion oder Abbremsen der Neutronen kann die kritische Masse eines Stoffs allerdings deutlich herabgesetzt werden.

Weitere spaltfähige Kerne Durch Neutronenanlagerung kann U-238 zu Np-239 und Pu-239 umgewandelt werden. Dieses ist aber auch wie das U-235 durch Beschuss mit langsamen Neutronen gut zu spalten. Dabei werden wiederum weitere Neutronen freigesetzt, und so ist eine Kettenreaktion möglich. Insgesamt gibt es damit vier Nuklide, die für eine Kettenreaktion infrage kommen: U-233 und U-235 sowie Pu-239 und Pu-241. Bei allen anderen schweren Kernen entstehen nicht genügend Neutronen mit geeigneter Energie.

Spallation

Bei der Spallation (engl. *to spall*: abspalten) beschießt man ein Target mit hochenergetischen Teilchen, $E_{kin} > 100$ MeV. Diese dringen zuerst in den Kern ein und wechselwirken mit seinen Nukleonen. Es entsteht daraufhin eine ganze Teilchenkaskade: Zunächst verlassen einzelne Nukleonen den Kern mit hoher Energie. Der zurückbleibende hochangeregte Kern »dampft« dann Protonen, Neutronen, mit geringer Wahrscheinlichkeit auch Alphateilchen und größere Bruchstücke mit Energien bis 10 MeV ab. Zurück bleibt ein meist radioaktiver Restkern. Die erste Reaktionsstufe dauert dabei nur 10^{-22} s. In dieser Zeit durchfliegt das Projektil den Targetkern. Die anschließende »Auflösung« geschieht in etwa 10^{-16} s.

Wechselwirkungen der hochenergetischen kosmischen Strahlung mit Materie laufen wegen der hohen Teilchenenergien häufig als Spallation ab. Technisch wird die Spallation zur Erzeugung von Neutronen in Forschungseinrichtungen genutzt (vgl. 15.1).

AUFGABEN

1 Im Lauf der Kettenreaktionen kann aus Uran-235 durch Neutroneneinfang und anschließende Spaltung auch Cerium-140 und Zirconium-94 entstehen (Abb. 2).
a Geben Sie die Reaktionsgleichung an.
b Berechnen Sie den Q-Wert der Reaktion mithilfe folgender Angaben: $m(Zr-94) = 93,9063152$ u; $m(Ce-140) = 139,9054387$ u; $m(U-235) = 235,0439299$ u.

2 In Kernwaffen wird als Spaltmaterial oft Pu-239 verwendet. Die in jeder Spaltungsgeneration freigesetzten Neutronen erzeugen im Mittel 1,6 weitere Spaltungen. Nach n Spaltungsgenerationen sind $1,6^n$ Atome gespalten.
a Schätzen Sie die Anzahl der Generationen, nach deren Ablauf 1 kg Pu-239 gänzlich gespalten ist. Verwenden Sie den Wert $m(Pu-239) = 239,0521634$ u.
b In diesem Prozess vergehen von Generation zu Generation 2,5 ns. Bestimmen Sie die Zeit, nach der 1 kg Pu-239 gespalten ist.
c Bei einem Kernspaltungsprozess wird eine Energie von etwa 200 MeV frei. Vergleichen Sie die Leistung bei der Spaltung von 1 kg Pu-239 mit der thermischen Leistung eines Kernkraftwerks.

MEILENSTEIN

18.7 *Washington, 19. Oktober 1942. Dem 36-jährigen Physiker Julius Robert Oppenheimer wird die wissenschaftliche Leitung eines gigantischen Projekts anvertraut: die Entwicklung der amerikanischen Atombombe. Drei Jahre lang sollten bis zu 120 000 Personen unter Hochdruck und strenger Geheimhaltung in 37 Großanlagen und einem eigens eingerichteten Forschungszentrum arbeiten. Im Sommer 1945 findet der erste Bombentest statt, kurz darauf werden die japanischen Städte Hiroshima und Nagasaki durch zwei Atombomben zerstört. Der Zweite Weltkrieg ist damit zwar beendet – die Grausamkeit dieser Waffen versetzt die Welt jedoch in Schrecken.*

Robert Oppenheimer

und das Manhattan Project

Seit 1938 war klar, dass bei der Spaltung von Atomkernen viel Energie frei wird. Einige prominente Physiker, darunter ALBERT EINSTEIN, warnten 1939 den amerikanischen Präsidenten FRANKLIN D. ROOSEVELT vor der Gefahr einer Atombombe: Im nationalsozialistischen Deutschland würde bereits an der Entwicklung von Kernwaffen gearbeitet.

Die Reaktion des Präsidenten war zunächst verhalten. Nachdem aber Deutschland 1940 die amerikanischen Verbündeten in Europa angriff, war absehbar, dass auch die USA in den Krieg hineingezogen würden. Zwei Monate vor dem japanischen Überfall auf Pearl Harbor 1941 beschloss Roosevelt den Bau der Atombombe.

Nach einer Bestandsaufnahme der einzelnen Programme stellten sich zwei Schwerpunkte heraus: die Herstellung geeigneter Mengen an spaltbarem Material und die Entwicklung eines geeigneten Verfahrens zum Zünden der Kettenreaktion in der Bombe. Beide Fragen, die wissenschaftliche und die technische, mussten parallel bearbeitet werden. Im März 1943 richteten sich die ersten Wissenschaftler in Los Alamos (New Mexico) ein. Es wurden vier Abteilungen geschaffen, zu denen auch eine Arbeitsgruppe »Theoretische Physik« gehörte: Bei diesem Projekt handelte es sich nicht einfach um eine Anwendung physikalischen Wissens, sondern zur Entwicklung der Bombe waren auch noch grundlegende Fragen der Physik zu klären.

Entwicklung der Bombe

Spaltbares Material Einerseits war U-235 als Spaltmaterial geeignet, dessen Anteil im natürlichen Uran auf mindestens 7 % angereichert werden musste. Seine kritische Masse würde etwa 15 kg betragen. Zur Gewinnung von U-235 wurden zwei Verfahren eingesetzt: Die elektromagnetische Trennung arbeitet ähnlich wie ein Massenspektrometer; die Diffusionstrennung nutzt aus, dass Teichen unterschiedlicher Masse mit ungleichen Geschwindigkeiten durch eine poröse Trennwand diffundieren.

Als zweites Material kam Pu-239 in Betracht, seine kritische Masse würde 5 kg betragen. Die Gewinnung war eventuell einfacher als die des Uranisotops. Durch Kettenreaktionen in einem eigens dazu errichteten Kernreaktor in Hanford (Washington) sollte das Plutonium »erbrütet« werden. Über den Spaltmechanismus war jedoch noch wenig bekannt.

In den USA entstanden an verschiedenen Orten industrielle Anlagen, die auf der Basis der unterschiedlichen Verfahren parallel an der Gewinnung des spaltbaren Materials arbeiteten. Sehr früh stellte sich heraus, dass ohne einen entsprechenden Mantel um das Spaltmaterial weniger als 1 % des Urans vollständig gespalten würde. Durch die schnelle Ausdehnung des Materials würde die Kettenreaktion gestoppt. Deswegen sollte die Bombe mit einem Mantel aus etwa 1 t natürlichem Uran umgeben werden.

Zündung der Reaktion Die ersten Überlegungen gingen davon aus, unterkritische Massen mittels eines umgebauten Geschützes zusammenzuschießen. Sehr bald war aber klar, dass die Vereinigungszeit zu lang sein würde, sodass die Spaltungsreaktion schon vor dem kompletten Zusammenschuss beginnt. Es wurden deshalb auch andere Möglichkeiten einer plötzlichen Vereinigung untersucht, und auch über die Verwendung eines Initiators (Ra + Be oder Po + Be) als Neutronenquelle nachgedacht.

Parallel dazu entstand die Idee einer Implosionstechnik: Die bei einer Implosion erzeugten Stoßwellen sollten das Material synchron kugelsymmetrisch zusammenpressen. Dazu waren aber noch theoretische Fragestellungen der dazugehörigen Hydrodynamik zu beantworten. Dies erforderte wiederum sehr umfangreiche numerische Berechnungen, für die JOHN VON NEUMANN zunächst gemeinsam mit IBM eine geeignete Rechentechnik entwickeln musste.

Rolle Oppenheimers Gleich nach Roosevelts Beschluss zum Bau der Bombe war an der Universität Chicago eine Gruppe zur Bearbeitung theoretischer Fragen zusammengestellt worden, zu deren führendem Kopf ROBERT OPPENHEIMER wurde. Wesentlich für den Erfolg des Projekts war sein Führungsstil: Er verstand es, die Diskussionen effizient zu leiten und immer wieder neu zu entfachen.

EDWARD TELLER erinnerte sich 1983: »Während der Kriegsjahre wusste Oppie im Detail, was sich in jedem einzelnen Laboratorium abspielte. Er war von unglaublich rascher Auffassungsgabe bei der Analyse menschlicher wie technischer Probleme. Von den mehreren Tausend Leuten, die schließlich in Los Alamos arbeiteten, stand Oppie mit mehreren Hundert auf vertrautem Fuß … Er verstand, zu organisieren, zu schmeicheln, den Leuten ihren Willen zu lassen, zu beschwichtigen – eben wirksame Führung auszuüben, ohne sich diesen Anschein zu geben. Er war ein Muster an Hingabe, ein Held, der nie das Menschliche vergaß. Ihn zu enttäuschen, hätte irgendwie den Beigeschmack des Im-Unrecht-Seins gehabt … Der erstaunliche Erfolg von Los Alamos erwuchs aus der Brillanz, der Begeisterung und dem Charisma von Oppenheimers Führung.«

Test und Einsatz der Bombe

Am 16. Juli 1945 fand der erste Test – genannt »Trinity« – etwa 240 km südlich von Los Alamos statt. Die Nervosität unter allen Beteiligten war groß, nicht zuletzt wegen der unsicheren Wettersituation. Der Gouverneur von New Mexico wurde kurz vorher gewarnt, dass er evtl. gezwungen sein könnte, den Notstand auszurufen. Um 5:29 Uhr wurde die Bombe gezündet. Die Wirkung war für alle Beobachter überwältigend und erschreckend. Der Leiter des Trinity-Versuchs, KENNETH BAINBRIDGE, sagte darüber: »Keiner, der ihn gesehen hat, könnte ihn vergessen; eine widerliche und Ehrfurcht gebietende Vorführung.«

Parallel zum Test waren die Vorbereitungen für den Abwurf zweier Bomben auf Japan in Gang gesetzt worden. Vier Stunden nach dem gelungenen Test stach das Schiff mit den Montageteilen von *Little Boy* in See, um sie zum Bomberstützpunkt Tinian zu bringen. Am 6. August wurde diese Bombe über Hiroshima abgeworfen und am 9. August *Fat Man* über Nagasaki.

Oppenheimer war danach verbittert und verzweifelt. Er stellte fest, in Los Alamos »haben die Physiker die Sünde kennengelernt. Und diese Erfahrung können Sie nicht mehr loswerden«. Bei einem Empfang im Weißen Haus soll er ausgerufen haben: »Mister President, an meinen Händen klebt Blut.«

In einem Vortrag vor amerikanischen Beamten und Militärs stellt er 1947 die Frage: »Werden wir die Kraft, Einsicht, Weisheit und Selbstzucht aufbringen, um die atomaren Bemühungen der gesamten Welt in geordnete Bahnen zu lenken?« Dies zeigt die Zerrissenheit eines Mannes, der seine Tätigkeit in Los Alamos nie infrage gestellt hatte und zum Helden der Vereinigten Staaten stilisiert worden war. Zu seinem 50. Geburtstag im Jahr 1954 schließlich fand sich Oppenheimer auf der Anklagebank des McCarthy-Ausschusses für *unamerican activities* wieder, weil er die weitere atomare Rüstung, insbesondere den Bau der Wasserstoffbombe, strikt ablehnte.

AUFGABE

1 Auch in Deutschland gab es während des Zweiten Weltkriegs Anstrengungen zum Bau der Atombombe.
 a Recherchieren Sie, wie die am deutschen Atombombenprojekt beteiligten Physiker auf die Nachricht des Abwurfs der amerikanischen Bomben reagierten.
 b Stellen Sie dar, in welcher Form die beteiligten Wissenschaftler nach Abwurf der amerikanischen Atombomben ihre Verantwortung wahrnahmen.
 c Berichten Sie über Albert Einsteins Rolle im amerikanischen Atombombenprojekt.

Dieser Eisbrecher dient dem Freihalten der Nordostpassage und der Versorgung von Forschungsstationen in der Arktis. Angetrieben wird er nicht von einem Dieselmotor, sondern von einem kleinen Kernreaktor. Der Vorteil: eine enorme Schubkraft, ohne dass große Treibstoffmengen mitgeführt werden müssen.

18.8 Kernreaktoren

Bei der Spaltung eines Uran-235-Kerns wird eine Energie von etwa 210 MeV freigesetzt. Damit entspricht die Energie, die bei der Spaltung von einem einzigen Gramm Uran umgewandelt wird, ungefähr dem 10-Jahres-Bedarf eines Haushalts an elektrischer Energie. Die Nutzung dieser enormen Energiequelle in Kernreaktoren ist jedoch umstritten: Kernreaktoren enthalten große Mengen stark radioaktiven Materials, und die sichere Endlagerung der radioaktiven Abfälle über Tausende von Jahren ist bislang ungeklärt. Zudem steht der Ausgangsstoff Uran nicht unbegrenzt zur Verfügung.

In den Reaktoren läuft die Spaltung von Urankernen in Form einer kontrollierten Kettenreaktion ab. Wichtig sind hierfür:

Spaltmaterial Natürliches Uran enthält für eine Kettenreaktion nicht genügend spaltfähiges U-235. Daher muss durch geeignete Trennverfahren das U-235 *angereichert* werden.

Moderator Die schnellen Spaltneutronen müssen durch Stöße abgebremst werden, um die Wahrscheinlichkeit für weitere Reaktionen zu erhöhen. Geeignete Stoßpartner sind leichte Atomkerne, die keine Neutronen einfangen, wie Wasser, schweres Wasser ($_1^2\text{H}_2\text{O}$) und Graphit (Kohlenstoff).

Kühlmittel Um die kinetische Energie der Spaltprodukte abzuführen, werden je nach Reaktortyp normales oder schweres Wasser, flüssiges Natrium oder auch Gase wie Helium und CO_2 eingesetzt.

Steuerung Der Fortgang der Kettenreaktion hängt von der Konzentration der reaktionsfähigen Neutronen ab. Regelstäbe aus neutroneneinfangenden Materialien wie Bor oder Cadmium können die Kettenreaktion gerade am Laufen halten oder notfalls stoppen.

Energiebilanz bei der Kernspaltung

Die bei der Spaltung eines schweren Kerns umgewandelte Bindungsenergie übertrifft bei Weitem die Energie, die bei chemischen Prozessen der Atomhüllenelektronen genutzt werden kann. Die mittlere Bindungsenergie pro Nukleon E_B/A beträgt bei Uran-235 etwa 7,5 MeV (vgl. 16.3), bei den Spaltkernen etwa 8,4 MeV. Insgesamt steht damit für die 235 Nukleonen ein Energiebetrag von 235 · 0,9 MeV, also rund 210 MeV, zur Verfügung.

Dieser Betrag verteilt sich folgendermaßen:

E_{kin} der Spaltkerne	165 MeV
E_{kin} der Spaltneutronen	7 MeV
E_γ (sofort)	7 MeV
E_β der weiteren Zerfälle	5 MeV
E_γ der Spaltkerne im weiteren Zerfall	6 MeV
$E_{\bar{\nu}}$ der Antineutrinos	10 MeV

Damit sind rund 200 MeV der Energie auf die Spaltprodukte verteilt. Für die technische Nutzung der Kernspaltung beim Betrieb eines Reaktors sind neben den sofort freiwerdenden Spaltneutronen noch die Neutronenemissionen der Spaltprodukte von Bedeutung. Die beiden Spaltkerne besitzen zu Anfang einen Neutronenüberschuss, der auch durch die Emission von Neutronen abgebaut werden kann.

Spaltmaterial

Der Anteil des Nuklids U-235 im natürlichen Uran liegt bei lediglich 0,7 %. Da dies für eine dauerhafte Kettenreaktion nicht ausreicht, muss das U-235 angereichert werden. Die Isotopentrennverfahren, die zu reinem U-235 führen, sind jedoch technisch aufwendig und sehr teuer. Deswegen beschränkt man sich darauf, für Kernkraftwerke den U-235-Anteil auf einige Prozent anzureichern.

Eine grundsätzliche Alternative besteht darin, aus Thorium-232 und Uran-238 durch Neutroneneinfang spaltfähiges Uran-233 oder Plutonium-239 zu erzeugen:

$$^{232}_{90}\text{Th} + ^{1}_{0}\text{n} \rightarrow ^{233}_{90}\text{Th} \xrightarrow{\beta^-} ^{233}_{91}\text{Pa} \xrightarrow{\beta^-} ^{233}_{92}\text{U} \quad \text{und}$$

$$^{238}_{90}\text{U} + ^{1}_{0}\text{n} \rightarrow ^{239}_{92}\text{U} \xrightarrow{\beta^-} ^{239}_{93}\text{Np} \xrightarrow{\beta^-} ^{239}_{94}\text{Pu}.$$

Dieses aufwendige Verfahren, das auch als »Brüten« bezeichnet wird, birgt jedoch für die zivile Nutzung der Kern-

2.10 Kernkraftwerke erzeugen wie Kohlekraftwerke heißen Dampf. Ihr Wirkungsgrad liegt damit in der gleichen Größenordnung.

energie einige Sicherheitsrisiken. Daher ist es auch wirtschaftlich gegenwärtig nicht von Interesse.

Das Ausgangsmaterial Uranhexafluorid (UF_6) wird chemisch zu Urandioxid umgewandelt und zu Pellets gepresst, mit denen die Brennstäbe gefüllt werden. Mehrere Brennstäbe werden dann zu einem Brennelement unterkritischer Masse zusammengefasst (Abb. 2).

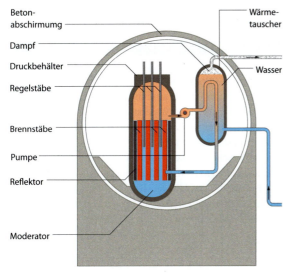

2 Schema eines Kernreaktors

Die technische Herausforderung der Kernenergienutzung besteht darin, die Kettenreaktion kontrolliert aufrechtzuerhalten und die thermische Energie effizient umzusetzen. Letztlich wird wie bei einem konventionellen Verbrennungskraftwerk thermische in elektrische Energie umgewandelt.

Sinkt der Anteil an spaltfähigem Material nach der Betriebszeit so weit ab, dass eine Kettenreaktion nicht mehr aufrechterhalten werden kann, befinden sich neben dem verbleibenden Kernbrennstoff die radioaktiven Spaltprodukte in den Brennstäben. Oft werden die Brennstäbe nach einer Zwischenlagerung in Wiederaufbereitungsanlagen gebracht. Dort werden unter besonderen Sicherheitsbedingungen die noch verwertbaren Urananteile der Brennelemente (etwa 10 %) und die in den Kernreaktionen entstandenen Substanzen wie Plutonium (1 %) chemisch von dem nicht mehr nutzbaren Rest getrennt. Die schwach, mittel und stark radioaktiven Abfälle müssen dann unterschiedlich lange gelagert werden, bevor sie einem Endlager zugeführt werden können.

Moderator und Reflektor

Die Spaltneutronen sollen ihre Energie durch Stöße so weit an das Moderatormedium abgeben, bis die Wahrscheinlichkeit für weitere Kernreaktionen hoch genug ist. Ideal sind dafür Stoßpartner etwa gleicher Masse, die jedoch keine Neutronen einfangen dürfen. Zum Einsatz kommen Wasser, schweres Wasser, Beryllium oder auch Graphit (Kohlenstoff).

Damit nicht unnötig viele Neutronen den Reaktionsbereich ohne weitere Wechselwirkung verlassen, werden die Brennelemente mit einem Reflektor umgeben. Wie bei den Moderatoren werden hier Materialien verwendet, in denen die Neutronen durch Streuung wieder zurückgeworfen werden. Dadurch verringert sich die kritische Masse des Spaltmaterials deutlich: Es stehen dann mehr Neutronen zur Verfügung.

Steuerung

Durch das Ein- oder Ausfahren von neutroneneinfangenden Regelstäben kann die Kettenreaktion im Reaktionsbereich gehalten werden. Auch eine Schnellabschaltung kann durch Unterbrechung des Neutronenflusses durch das Herabfallen der Stäbe aus Bor oder Cadmium erfolgen.

Kühlmittel

Zur Nutzung der kinetischen Energie der Spaltprodukte in Form von Wärme werden je nach Reaktortyp normales oder schweres Wasser, flüssiges Natrium oder Gase eingesetzt. Die Energieübertragung erfolgt wie im Moderatormaterial durch Stöße. Die verwendeten Stoffe sollten allerdings die Neutronen nicht absorbieren, damit sich die Neutronenbilanz nicht wieder verschlechtert.

In älteren Siedewasserreaktoren wird das als Moderator- und Kühlmittel benutzte Wasser in einem Kreislauf direkt zu den Dampfturbinen geleitet. In Druckwasserreaktoren (Abb. 2) erhöht ein Sekundärkreislauf die Sicherheit.

AUFGABEN

1 Schätzen Sie ab, wie viel Uran U-235 pro Jahr in einem Kernkraftwerk mit einer thermischen Leistung von 3,5 GW verbraucht wird.

2 Erläutern Sie die Anforderungen, die an folgende Komponenten eines Kernkraftwerks gestellt werden. Gehen Sie dabei auch auf Sicherheitsaspekte ein.
  a Moderatormaterial
  b Kühlmittel
  c Steuerstäbe

3 a Begründen Sie, dass Wasser bei sehr hohen Temperaturen nicht mehr als Moderator wirken kann.
  b Erläutern Sie anhand dieser Tatsache den Unterschied zwischen den Vorgängen in einem Reaktor und einer Atombombe.

4 Nukleare Kettenreaktionen können auch in der Natur vorkommen. Recherchieren Sie dazu über den Naturreaktor in Oklo und stellen Sie seinen Spaltungszyklus dar.

5 In der Kernenergietechnik wird der Begriff »Brennstoffkreislauf« verwendet. Recherchieren Sie über diesen Begriff und stellen Sie seine Bedeutung dar.

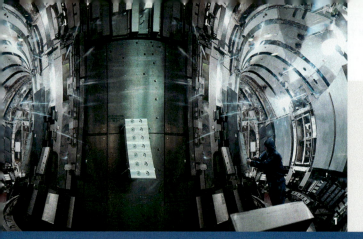

Im Fusionsforschungsreaktor JET (Joint European Torus) in Großbritannien forschen Wissenschaftler an der kontrollierten Kernfusion, um uns nach dem Vorbild der Sonne diese Energiequelle zu erschließen. Am 9. November 1991 gelang es ihnen erstmals, eine kontrollierte Kernfusion für wenige Sekunden aufrechtzuerhalten. Von einer wirtschaftlichen Nutzung dieser unerschöpflichen Quelle ist man aber immer noch weit entfernt.

18.9 Kernfusion

Um großtechnisch nutzbare Energie aus der Kernfusion zu gewinnen, müssen Verhältnisse wie im Inneren eines Sterns auf der Erde realisiert werden. Dafür sind in einem Reaktor drei wesentliche Bedingungen zu erfüllen:

– Die Temperatur muss sehr hoch sein, damit die Reaktionspartner vollständig ionisiert vorliegen und die geladenen Teilchen entgegen ihrer elektrostatischen Abstoßung einander nahe genug kommen.
– Es müssen viele Teilchen vorhanden sein, um eine hinreichende Reaktionswahrscheinlichkeit zu gewährleisten.
– Die Reaktionen müssen über eine längere Zeit aufrechterhalten werden.

Proton-Proton-Zyklus In der Fusionszone im Inneren unsere Sonne liegt ein Wasserstoffplasma bei einer Temperatur von weit über 10 Millionen Kelvin vor. Dort fusionieren in Fusionszyklen jeweils vier Protonen zu einem Alphateilchen He-4. Während eines Zyklus wird eine Energie von 26 MeV umgewandelt. Bei höheren Temperaturen können He-3- und He-4-Kerne weiterfusionieren.

In den Forschungsreaktoren auf der Erde wird an der Fusion von Deuterium (H-2) und Tritium (H-3) bei 100 Millionen Kelvin gearbeitet.

Voraussetzung für die Kernfusion

Neben der Spaltung schwerer Kerne ist auch die Verschmelzung oder Fusion leichter Kerne zur Energiegewinnung denkbar: Die Bindungsenergie pro Nukleon nimmt bis hin zum Eisen zu, die Fusion von leichten Kernen ist also eine exotherme Reaktion (vgl. 16.3). Damit allerdings eine solche Reaktion stattfinden kann, müssen die Kerne ihre Coulomb-Abstoßung überwinden. Eine Abschätzung der Energie zur Überwindung der Coulomb-Abstoßung zweier Protonen im Mittelpunktsabstand eines Kerndurchmessers ergibt ungefähr 1 MeV.

Proton-Proton-Zyklus

Im Inneren von Sternen sind die Bedingungen für Fusionsreaktionen erfüllt. Die Wasserstoffatome liegen im Plasmazustand vor, sie sind bei Temperaturen von 15 Millionen Kelvin vollständig ionisiert.

Die Wahrscheinlichkeit für ein Aufeinandertreffen von Protonen geeigneter Geschwindigkeit ist groß genug, um die Fusion zu ermöglichen. Der einfachste der in Sternen ablaufenden Fusionsprozesse ist der vierstufige Proton-Proton-Zyklus (Abb. 2).

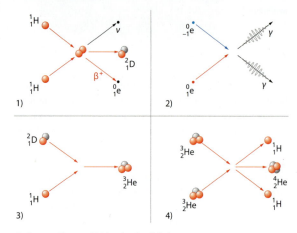

2 Proton-Proton-Zyklus in vier Schritten

Im ersten Schritt verschmelzen zwei Protonen unter Aussendung eines Positrons und eines Neutrinos zu einem Deuteriumkern:

$$_{1}^{1}H + {}_{1}^{1}H \rightarrow {}_{1}^{2}D + {}_{1}^{0}e + \nu + 0{,}42 \text{ MeV}. \quad (1)$$

Das Positron und ein Elektron des Plasmas setzen bei der sofortigen Paarvernichtung eine Energie von 1,022 MeV in Form von Gammaquanten frei:

$$_{1}^{0}e + {}_{-1}^{0}e \rightarrow 2\gamma. \quad (2)$$

Nach etwa einer Sekunde fusioniert der Deuteriumkern mit einem weiteren Proton zu He-3:

$$_{1}^{2}D + {}_{1}^{1}H \rightarrow {}_{2}^{3}He + 5{,}49 \text{ MeV} \quad (3)$$

Nun dauert es im Sterninneren aufgrund der geringen Reaktionswahrscheinlichkeit eine Million Jahre, bis zwei He-3-Kerne unter Aussendung zweier Protonen zu einem He-4-Kern reagieren: Die Konzentration an He-3 ist sehr gering, und selbst wenn zwei Teilchen aufeinandertreffen, führt längst nicht jeder Stoß zu einer Reaktion.

$$^{3}_{2}He + ^{3}_{2}He \rightarrow ^{4}_{2}He + 2\,^{1}_{1}H + 12{,}86 \text{ MeV}. \qquad (4)$$

Die gesamte Reaktion bildet letztlich aus vier Protonen ein Alphateilchen. Dafür sind zwei Durchgänge von (1) bis (3) und anschließend Schritt (4) nötig. Die Gesamtenergiebilanz lautet damit:

$$\Delta E = 2 \cdot (0{,}42 + 1{,}02 + 5{,}49) \text{ MeV} + 12{,}86 \text{ MeV}$$
$$= 26{,}72 \text{ MeV}$$

Davon ist die Energie der beiden Neutrinos, die den Stern nahezu ohne Wechselwirkungen verlassen können, abzuziehen: 0,26 MeV je Reaktion. Es ergibt sich also ein Energiegewinn von 26,2 MeV pro Zyklus.

Neben der in Abb. 2 dargestellten Proton-Proton-Reaktion (1) finden bei höheren Temperaturen auch noch zwei weitere Protonenreaktionen im Inneren von Sternen statt. Bei diesen Proton-Proton-Reaktionen entstehen aus mehreren He-3- und He-4-Kernen über Zwischenschritte wiederum Alphateilchen.

Fusionsreaktoren

Ein Kraftwerk, das wie die Sonne Energie aus der Verschmelzung leichter Atomkerne gewinnen soll, ist das Fernziel der Fusionsforschung. Am einfachsten gelingt eine Fusion von Helium aus den Wasserstoffisotopen Deuterium und Tritium. Ein Gramm Wasserstoff könnte dabei so viel Energie liefern wie 11 Tonnen Kohle.

Damit die Deuterium- und Tritiumkerne miteinander fusionieren können, müssen auch hier die Kerne im Plasma ihre gegenseitige elektrische Abstoßung überwinden. Um die dazu nötige Temperatur zu erreichen, wird das Plasma aufgeheizt. Dies geschieht mithilfe von Mikrowellen oder durch das Einschießen schneller Teilchen, die ihre Energie durch Stöße an die Plasmateilchen abgeben. Letztlich ist das Produkt aus Teilchenanzahl und Einschlusszeit im Vergleich zur nötigen Temperatur für die Aufrechterhaltung der Reaktion entscheidend.

Da die Teilchen elektrisch geladen sind, können sie in einen »Magnetfeldkäfig« eingeschlossen und so von den Gefäßwänden ferngehalten werden. Ein Magnetfeld lenkt Ionen und Elektronen auf Spiralbahnen um die Feldlinien: Quer zum Feld bindet die Lorentzkraft die Teilchen auf Kreisbahnen an die Feldlinien, in Längsrichtung können sie sich frei bewegen. Damit das Magnetfeld das Plasma vollständig einschließt, müssen die Feldlinien innerhalb des ringförmigen Plasmagefäßes geschlossene, ineinandergeschachtelte Flächen aufspannen (Abb. 3).

Zu vermeiden sind nach außen weisende Feldkomponenten, die die Teilchen auf die Wände führen würden. Vom heißen Zentrum nehmen Dichte und Temperatur des Plasmas nach außen hin sehr schnell ab. Auf nur 2 Meter Entfernung werden so Temperaturunterschiede von mehr als 100 Millionen Kelvin möglich.

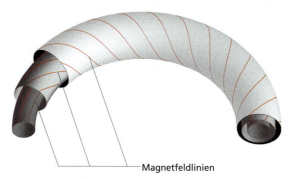

3 Magnetischer Einschluss im Fusionsreaktor

Energie in einem Reaktor freizusetzen gelang erstmals 1997 am JET (Joint European Torus) in Großbritannien, wo kurzzeitig eine Fusionsleistung von 16 MW erreicht wurde. Eine Nettoenergieausbeute konnte mit seinem 80-m³-Plasma jedoch nicht erzielt werden: Nur 65 % der zur Plasmaheizung aufgewandten Leistung wurde per Fusion zurückgewonnen. Der neue internationale Experimentalreaktor ITER in Frankreich dagegen soll nach 2020 mit seinem zehnfach größeren Plasma voraussichtlich 500 MW Fusionsleistung erzeugen – zehnmal mehr, als zum Aufheizen nötig ist.

Risiken Die Gefahr, dass es bei einer Fusionsreaktion in einem Reaktor zu einer unkontrollierten Kettenreaktion kommt, besteht nicht: Bei einem denkbaren Defekt der einschließenden Magnetfelder kommt das Plasma mit den Reaktorwänden in Berührung und kühlt dadurch sofort ab. Von Bedeutung im laufenden Betrieb wäre allerdings neben der thermischen Beanspruchung der Bauteile der ständige Neutronenfluss. Dieser führt zu lokalen Nuklidumwandlungen und angeregten Kernen im Baumaterial.

AUFGABEN

1. Stellen Sie die beiden anderen Reaktionszyklen der p-p-Reaktion dar.
2. Informieren Sie sich, wie der Bethe-Weizsäcker-Zyklus abläuft. Stellen Sie einen Vergleich mit dem Proton-Proton-Zyklus an; gehen Sie dabei auf die Energiebilanz ein.
3. Vervollständigen Sie die Gleichung $^{6}_{3}Li + ^{1}_{0}n \rightarrow ^{4}_{2}He + ?$ und stellen Sie die zugehörige Energiebilanz auf.
4. Schätzen Sie die für die Überwindung der Coulomb-Abstoßung notwendige kinetische Energie zweier Protonen ab. Welcher Temperatur entspricht sie?

TRAINING

1 Die Leistungsdichte der Sonnenstrahlung im Bereich der Erde, also in einem Abstand von 150 Millionen km von der Sonne, beträgt außerhalb der Erdatmosphäre 1,37 kW/m². Dieser Wert wird als Solarkonstante bezeichnet.

a Schätzen Sie die Anzahl der Photonen ab, die in jeder Sekunde auf eine Fläche von 1 m² fallen, welche in Erdnähe senkrecht zur Sonnenstrahlung ausgerichtet ist.

b Berechnen Sie daraus einen Schätzwert für den Gesamtimpuls der pro Sekunde auf einen Quadratmeter eintreffenden Photonen ab. Welche Kraft erführe in Erdnähe ein senkrecht zur Sonneneinstrahlung ausgerichtetes Sonnensegel mit einer Fläche von 1000 m²?

c Ermitteln Sie die Gesamtlichtleistung der Sonne.

d Welche Masse verliert die Sonne jährlich aufgrund der Lichtabstrahlung? Verwenden Sie zur Berechnung die Beziehung $\Delta E = \Delta m \cdot c^2$. Bestimmen Sie den Anteil an der Gesamtmasse von $1,99 \cdot 10^{30}$ kg, den die Sonne innerhalb von 5 Milliarden Jahren durch eine gleichmäßige Lichtabstrahlung verliert.

2 Chemische Reaktionen, die bei Zuführung von Anregungsenergie durch Licht ablaufen, werden fotochemische Reaktionen genannt. Eine spezielle fotochemische Reaktion wird in einem Experiment erfolgreich durch Anregung mit dem weißen Licht einer Halogenlampe veranlasst. Anschließend führt man das Experiment auf unterschiedliche Weisen abgewandelt erneut durch:
– Erst wird die Lampe mit einem Rotfilter versehen.
– Danach wird sie mit einem Blaufilter versehen.

a Die Reaktion läuft nur bei Verwendung des Blaufilters ab. Deuten Sie diese Beobachtung.

b Auch der gleichzeitige Einsatz beliebig vieler Halogenlampen mit Rotfilter löst die chemische Reaktion nicht aus. Erläutern Sie, inwieweit diese Beobachtung dem Wellenmodell des Lichts widerspricht.

3 In einem evakuierten Behälter wird Natrium verdampft. Die Natriumatome treten durch eine Blendenöffnung und treffen dann im Punkt P auf einen Schirm.

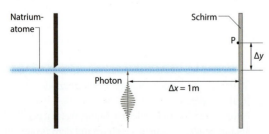

Berechnen Sie, um welche Strecke Δy ein Natriumatom der Geschwindigkeit 500 m/s auf dem Weg zum Schirm abgelenkt wird, wenn es 1 m vor dem Schirm ein senkrecht zur Flugrichtung eintreffendes Photon der Wellenlänge 592 nm absorbiert. *Hinweis:* Die Masse eines Na-Atoms beträgt $3,82 \cdot 10^{-26}$ kg.

4 Im Jahr 1991 wurde ein Doppelspaltexperiment mit Heliumatomen durchgeführt. Der Spaltmittenabstand betrug 8 µm, der Abstand Doppelspalt–Detektor 64 cm und die Geschwindigkeit der Atome 1 km/s.

a Berechnen Sie den Impuls sowie die kinetische Energie der Heliumatome, und zeigen Sie, dass ihre De-Broglie-Wellenlänge 0,10 nm beträgt.

b Berechnen Sie die Winkel, unter denen die ersten drei Maxima der Häufigkeitsverteilung der nachgewiesenen Heliumatome erscheinen. Wie weit liegt das 1. Maximum von der Mitte entfernt, wie weit liegen das 1. und das 2. Maximum auseinander?

c Welchen Impuls und welche Energie hat ein Photon mit $\lambda = 0{,}10$ nm? Vergleichen Sie die Masse eines solchen Photons mit der Ruhemasse eines Elektrons.

d Mit welcher Spannung U_a müssen Elektronen beschleunigt werden, damit ihre De-Broglie-Wellenlänge 0,10 nm ist? Wie groß ist deren mittlere Geschwindigkeit (Angabe in km/s)?

e Angenommen, der Aufbau präpariert die Geschwindigkeit der Heliumatome bis auf eine Unbestimmtheit (Standardabweichung) von $\Delta v = 80$ m/s. Wie groß ist in diesem Fall die minimale Ortsunbestimmtheit in Richtung der Geschwindigkeit? Vergleichen Sie diese Unbestimmtheit mit dem Durchmesser eines Heliumatoms von ungefähr 0,031 nm.

f Wie entwickeln sich die Impulsunbestimmtheit und die Ortsunbestimmtheit eines freien Quantenobjekts mit der Zeit?

5 Ein Einfachspalt der Breite $b = 0{,}09$ mm wird in x-Richtung mit Laserlicht der Wellenlänge 633 nm beleuchtet. Auf dem Schirm, 6,0 m hinter dem Spalt, treffen die meisten Photonen in einem einige Zentimeter breiten Bereich auf.

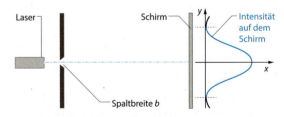

a Welchen Impuls p_x haben die Photonen in x-Richtung? Wie groß ist ihre Energie?

b Begründen Sie die vertikale Aufweitung des Lichts mit der Unbestimmtheitsrelation.

c Berechnen Sie die Impulsunbestimmtheit Δp_y im Moment des Spaltdurchgangs. Verwenden Sie dabei die halbe Spaltbreite als vertikale Ortsunbestimmtheit Δy. Welche Energie hätte ein Photon mit $p = \Delta p_y$?

d Ein Photon trifft 1,4 cm oberhalb der Mitte auf den Schirm. Interpretieren Sie den Weg des Photons vom Spalt zum Schirm wie eine klassische Teilchenbewegung mit einem gewissen Impuls. Berechnen Sie den Winkel α und die Impulskomponente p_y.

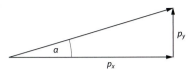

e Begründen Sie die vertikale Aufweitung des Lichts mit der Wellentheorie des Lichts. Berechnen Sie mit diesem Ansatz die Breite des zentralen Maximums.

6 Aus der Geschichte der Quantenmechanik stammt folgendes Gedankenexperiment: Durch einen Zerfall entstehen zwei gleichartige Quantenobjekte O_1 und O_2, die in entgegengesetzter Richtung auseinanderlaufen. Sie sind verschränkt in dem Sinne, dass der Schwerpunkt der beiden Objekte bei $x = 0$ ruht.

a Wie nennen Quantenphysiker den Vorgang, bei dem aus einer Überlagerung verschiedener Zustände einer ausgewählt, also sozusagen zur Realität wird?

b Was lässt sich – solange keine Messung durchgeführt wird – über den Ort x und den Impuls p der einzelnen Objekte aussagen?

c O_1 wird am Ort x_1 detektiert. Was lässt sich über den Ort von O_2 aussagen?

d An O_2 wird der Impuls p_2 gemessen. Was lässt sich über den Impuls von O_1 aussagen?

e Erläutern Sie, warum verschränkte Zustände die Nichtlokalität der Quantenphysik widerspiegeln.

7 Das Nuklid $^{232}_{92}U$ zerfällt in der Regel durch Aussendung eines Alphateilchens.

a Stellen Sie diesen Zerfall mithilfe einer Skizze im Modell des Potenzialtopfs dar.

b Geben Sie die zugehörige Zerfallsgleichung an.

c Das Uranisotop kann statt über einen Alphazerfall auch durch eine *super-asymmetrische Spaltung* zerfallen, bei der ein Neonkern der Massenzahl 24 und das Nuklid X entstehen. Geben Sie hierfür die Zerfallsgleichung und das Nuklid X an.

d Berechnen Sie den Massendefekt dieser Reaktion sowie die gesamte dabei umgesetzte Energie (Angabe in MeV). Verwenden Sie dabei die folgenden Atommassen: $m(^{24}Ne) = 23{,}993\,615$ u; $m(X) = 207{,}976\,67$ u; $m(^{232}U) = 232{,}037\,146$ u.

e Das Nuklid $^{232}_{92}U$ kann sich auch durch Alpha- und Betazerfälle in das gleiche Endprodukt X umwandeln. Wie viele Alpha- und wie viele Betazerfälle sind hierzu notwendig?

8 Durch Beschuss mit Deuteronen können jeweils zwei Neutronen an die Nuklide ^{24}Mg und ^{26}Mg angelagert werden. Hieraus entstehen dann zwei radioaktive Isotope des Natriums, die sich zur Tumor-Markerdiagnostik einsetzen lassen.

a Stellen Sie die zugehörigen Reaktionsgleichungen der Synthesevorgänge auf.

b Das Nuklid ^{22}Na wandelt sich bevorzugt in einem Beta-plus-Zerfall zu Neon um, kann aber auch einen Elektroneneinfang durchführen. Bei beiden Prozessen wird Gammastrahlung freigesetzt. Geben Sie die beiden möglichen Zerfallsgleichungen an, und berechnen Sie jeweils den Q-Wert der Reaktion. Verwenden Sie für die Atommassen:
$m_{Na22} = 21{,}994\,4369$ u und $m_{Ne} = 21{,}991\,3858$ u.

c Bestimmen Sie die maximal mögliche Energie der entstehenden Positronen.

d Erläutern Sie die Vorgänge im Potenzialtopf- und im Quarkmodell des Kerns.

e In der überwiegenden Anzahl der Fälle führt der Zerfall zunächst auf einen sehr kurzlebigen angeregten Zustand von Neon. Von dort aus erfolgt dann der Übergang in den Grundzustand unter Emission eines 1275-keV-Gammaphotons. Stellen Sie die Zerfallsmöglichkeiten in einem Energieschema dar.

f Die folgende Abbildung zeigt einen Ausschnitt des Gammaspektrums von ^{22}Na.

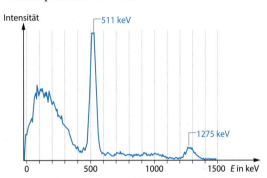

Erläutern Sie den Kurvenverlauf, gehen Sie dabei besonders auf den Peak bei 511 keV ein.

g Die Zerfallskonstante von ^{22}Na beträgt $8{,}439 \cdot 10^{-9}$ s^{-1}. Bestimmen Sie die Halbwertszeit und die Aktivität einer Probe der Masse 1,0 mg.

9 180 Minuten nach der Herstellung wird einem Versuchstier in einer Kochsalzlösung radioaktives ^{24}Na mit einer Halbwertszeit von 14,959 Stunden injiziert. Die Aktivität des Präparats betrug zum Zeitpunkt der Synthese $1{,}10 \cdot 10^7$ Bq.

a Bestimmen Sie die Masse und Anzahl der ^{24}Na-Atome zum Zeitpunkt der Injektion.

b Nach 120 Minuten wird die Menge des vom Körper aufgenommenen ^{24}Na mithilfe eines Geiger-Müller-Zählrohrs bestimmt. Berechnen Sie, welche Aktivität zu diesem Zeitpunkt und welche nach weiteren 24 Stunden noch vorlag.

c Erläutern Sie die Wirkungsweise des Geiger-Müller-Zählrohrs beim Nachweis der Betastrahlung.

Quantenobjekte und Quantenmechanik

Lichtquanten

Bei der Wechselwirkung zwischen Licht und Materie wird die Energie stets in kleinen Portionen übertragen. Diese nennt man Photonen oder auch Lichtquanten.

Photonenenergie: $E = h \cdot f$ Planck'sche Konstante: $h = 6{,}626 \cdot 10^{-34}$ J·s

Impuls des Photons: $p = \dfrac{h}{\lambda} = h \cdot \dfrac{f}{c}$

Fotoeffekt	Compton-Streuung
Photonen lösen Elektronen aus einer Oberfläche aus: 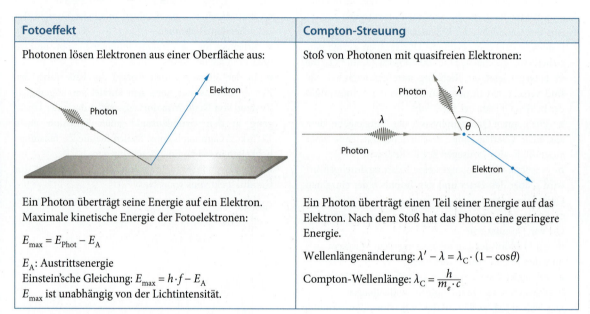 Ein Photon überträgt seine Energie auf ein Elektron. Maximale kinetische Energie der Fotoelektronen: $E_{max} = E_{Phot} - E_A$ E_A: Austrittsenergie Einstein'sche Gleichung: $E_{max} = h \cdot f - E_A$ E_{max} ist unabhängig von der Lichtintensität.	Stoß von Photonen mit quasifreien Elektronen: Ein Photon überträgt einen Teil seiner Energie auf das Elektron. Nach dem Stoß hat das Photon eine geringere Energie. Wellenlängenänderung: $\lambda' - \lambda = \lambda_C \cdot (1 - \cos\theta)$ Compton-Wellenlänge: $\lambda_C = \dfrac{h}{m_e \cdot c}$

Interferenz

Elektronen, Protonen, Neutronen, Atome und Moleküle können hinter einem Doppelspalt Interferenz zeigen.

Berechnung der Intensitätsverteilung:

Den Teilchen wird die De-Broglie-Wellenlänge zugeordnet:

$\lambda = \dfrac{h}{p}$ p Impuls des Teilchens

Intensitätsmaxima unter den Winkeln α_n:

$\sin\alpha_n = n \cdot \dfrac{\lambda}{d}$

Weginformation und Interferenz schließen sich gegenseitig aus:
Ist für jedes Quantenobjekt prinzipiell zu entscheiden, durch welchen Spalt es gegangen ist, tritt keine Interferenz auf.

STRUKTUR DER MATERIE

Energiestufen der Atomhülle

Energieabsorption durch Stöße mit Elektronen	Resonanzabsorption und Fluoreszenz
Franck-Hertz-Experiment – Absorption genau bestimmter Energiebeträge ΔE – Übergang vom Grundzustand in einen angeregten, nicht stabilen Zustand – Nach kurzer Zeit Rückkehr des Atoms in den Grundzustand, Aussendung eines Photons der Energie $\Delta E = h \cdot f_0$	– Absorption von Photonen genau bestimmter Energie $h \cdot f_0$ – Übergang vom Grundzustand in einen angeregten, nicht stabilen Zustand – Fluoreszenz: Rückkehr des Atoms in den Grundzustand nach kurzer Zeit, Aussendung eines Photons der Energie $h \cdot f_0$
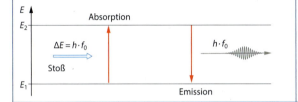	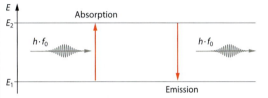

Quantenmechanik

Beobachtbare Größen	Zustandsfunktion	Besondere Zustände
Die Quantenmechanik bricht mit der Vorstellung, dass sich ein Quantenobjekt entlang einer Bahnkurve $x(t)$ mit einer jederzeit definierten Geschwindigkeit $v(t)$ bewegt. Auch alle anderen Größen, die nicht unmittelbar zu beobachten sind, kommen in den Gesetzen der Quantenmechanik nicht vor.	Möglichen Einzelereignissen werden komplexe Zahlen zugeordnet. Die Wahrscheinlichkeit für das Eintreten des Einzelereignisses ist proportional zum Betragsquadrat der komplexen Zahl. Die maximal mögliche Information über ein Quantenobjekt bzw. ein Quantensystem ist in der komplexwertigen und zeitabhängigen Zustandsfunktion $\Psi(x,t)$ codiert. Die Wahrscheinlichkeit, ein Quantenobjekt in einem Raumbereich um x_0 in einem gewissen Zeitintervall um t_0 anzutreffen, ist proportional zum Betragsquadrat $|\Psi(x_0,t_0)|^2$.	Befindet sich ein Quantensystem in einem stationären Zustand, so sind die aus den zugehörigen Zustandsfunktionen berechenbaren Wahrscheinlichkeitsaussagen über physikalischen Größen nicht von der Zeit abhängig. Die Gesamtenergie ist in einem stationären Zustand eindeutig festgelegt.

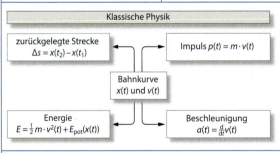

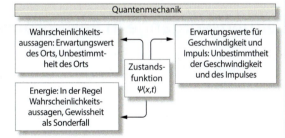

Heisenberg'sche Unbestimmtheitsrelation

Je genauer die Information ist, die über den Ort eines Quantenobjekts aus Zustandsfunktionen gewonnen werden kann, desto ungenauer ist die erreichbare Information über den Impuls in derselben Richtung.

$\Delta x \cdot \Delta p_x \geq \dfrac{h}{4\pi}$ $\quad\quad\quad \Delta x \quad$ Ortsunbestimmtheit (Standardabweichung)

$\quad\quad\quad\quad\quad\quad\quad\quad\quad\quad \Delta p_x \quad$ Impulsunbestimmtheit (Standardabweichung)

Quantenphysikalisches Atommodell

Elektronen in der Atomhülle sind gebundene Quantenobjekte.

Potenzielle Energie im Coulomb-Potenzial des positiv geladenen Kerns:

$$E_{pot} = -\frac{e^2}{4\pi \cdot \varepsilon_0 \cdot r}$$

Diskrete Energiewerte für das Wasserstoffatom:

$$E_n = -\frac{h \cdot f_R}{n^2} = -\frac{m_{El} \cdot e^4}{8h^2 \cdot \varepsilon_0^2} \cdot \frac{1}{n^2}$$

$f_R = 3{,}29 \cdot 10^{15}$ Hz (Rydberg-Frequenz)

Orbitale des Wasserstoffatoms

Energiezustandsfunktionen zur Beschreibung des Elektrons, unterschieden durch drei Quantenzahlen:

Hauptquantenzahl: $n = 1, 2, 3, \ldots$ kennzeichnet das Energieniveau.
Nebenquantenzahl: $l = 1, 2, 3, \ldots n-1$ kennzeichnet die Orbitalform.
Magnetquantenzahl: $-l \leq m \leq l$ kennzeichnet die Orientierung.

Mehrelektronenatome

Der Zustand des gesamten Atoms wird durch Orbitale für die einzelnen Elektronen beschrieben, die denen des Wasserstoffs ähnlich sind.
Pauli-Prinzip: Höchstens zwei Elektronen mit unterschiedlichem Spin können durch das gleiche Orbital beschrieben werden.
Der Energiewert eines Orbitals hängt von der Hauptquantenzahl n und der Nebenquantenzahl l ab.

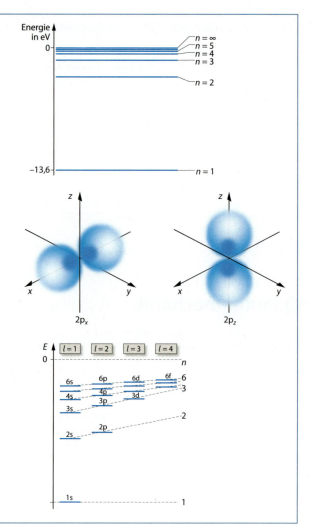

Leitungsvorgänge in Festkörpern

p-n-Übergang (Diode)

Sperrschicht
Verarmung an Ladungsträgern durch Rekombination

Spannung in Sperrrichtung
breitere Sperrschicht, kein Stromfluss

Spannung in Durchlassrichtung
schmalere Sperrschicht, Rekombinationsstrom

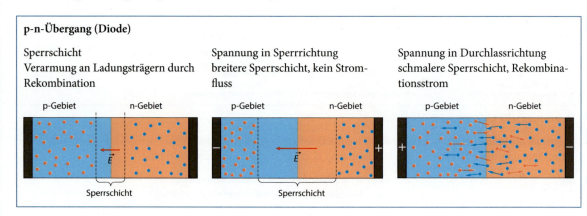

STRUKTUR DER MATERIE

Atomkerne

Kernbausteine (Nukleonen)

Proton: Masse $m_p = 1{,}672\,622 \cdot 10^{-27}$ kg
Neutron: Masse $m_n = 1{,}674\,927 \cdot 10^{-27}$ kg

- Z Kernladungszahl; Anzahl der Protonen im Kern
- A Massenzahl
- $A-Z$ Anzahl der Neutronen

Atomare Masseneinheit u

$1\,\text{u} = \frac{1}{12} \cdot m(^{12}_{6}\text{C}) = 1{,}660\,539 \cdot 10^{-27}$ kg $\hat{=}$ 931,494 MeV

Massendefekt

Die Masse eines Kerns ist stets um einen Betrag Δm kleiner als die Summe der entsprechenden Nukleonenmassen im freien Zustand.

Bindungsenergie

$$E_B = -\Delta m \cdot c^2 = -(m_{\text{Kern}} - m_{\text{Nukleonen}}) \cdot c^2$$

$\left|\frac{E_B}{A}\right|$: mittlere Bindungsenergie pro Nukleon

Sie ist ein Maß für die Stabilität der Kerne und den Energiegewinn bzw. -aufwand bei Kernreaktionen.

Starke Wechselwirkung

- hält die Kernbausteine gegen die Coulomb-Abstoßung zusammen
- besteht zwischen Protonen und Neutronen gleichermaßen
- ist auf unmittelbar benachbarte Nukleonen beschränkt

Potenzialtopfmodell

- Das Potenzial ist innerhalb des Kerns konstant, außerhalb null.
- Nukleonen nehmen im Potenzialtopf nur bestimmte Energiezustände ein.
- Für die Nukleonen gilt das Pauli-Prinzip.
- Wegen der Coulomb-Abstoßung der Protonen ist ihr Potenzialtopf nicht so tief wie der der Neutronen.
- Auf der Protonenseite schließt sich außerhalb ein Potenzialwall an.

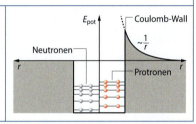

Arten radioaktiver Strahlung

Alphastrahlung	Betastrahlung	Gammastrahlung
Zweifach ionisierte Heliumatome: $^{4}_{2}\text{He}^{++}$	β^-: schnelle Elektronen β^+: Positronen; wie Elektronen, aber positiv geladen	Hochenergetische Photonen
Typische Energien: 2–10 MeV	Energiespektrum von 0 bis zu mehreren MeV	Typische Energien: bis zu mehreren MeV
Abschirmung: Blatt Papier	Abschirmung: dünne Metallplatte	Abschirmung: Dicke Bleiplatten schwächen die Intensität.

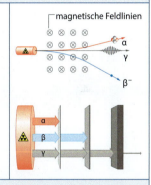

Aktivität und Zerfallsgesetz

Aktivität

Die Aktivität A gibt an, wie viele radioaktive Zerfälle pro Zeit in einem Präparat stattfinden.

$A = -\frac{\Delta N}{\Delta t}$ bzw. $A = -\frac{dN}{dt}$

N: Anzahl der unzerfallenen Kerne im Präparat
Einheit: Becquerel: 1 Bq = 1 s^{-1}

Zerfallsgesetz

$N(t) = N(0) \cdot e^{-\lambda \cdot t}$ bzw. $A(t) = A(0) \cdot e^{-\lambda \cdot t}$

Zerfallskonstante

Die Zerfallskonstante λ gibt an, wie schnell die Strahlungsintensität abnimmt.
Einheit: 1 s^{-1}

Halbwertszeit

Die Halbwertszeit $T_{1/2}$ gibt an, nach welcher Zeit die Aktivität bzw. die Anzahl der unzerfallenen Kerne eines Präparats auf die Hälfte des ursprünglichen Werts abgesunken ist:

$N(T_{1/2}) = \frac{1}{2} N(0)$ $T_{1/2} = \frac{\ln 2}{\lambda}$

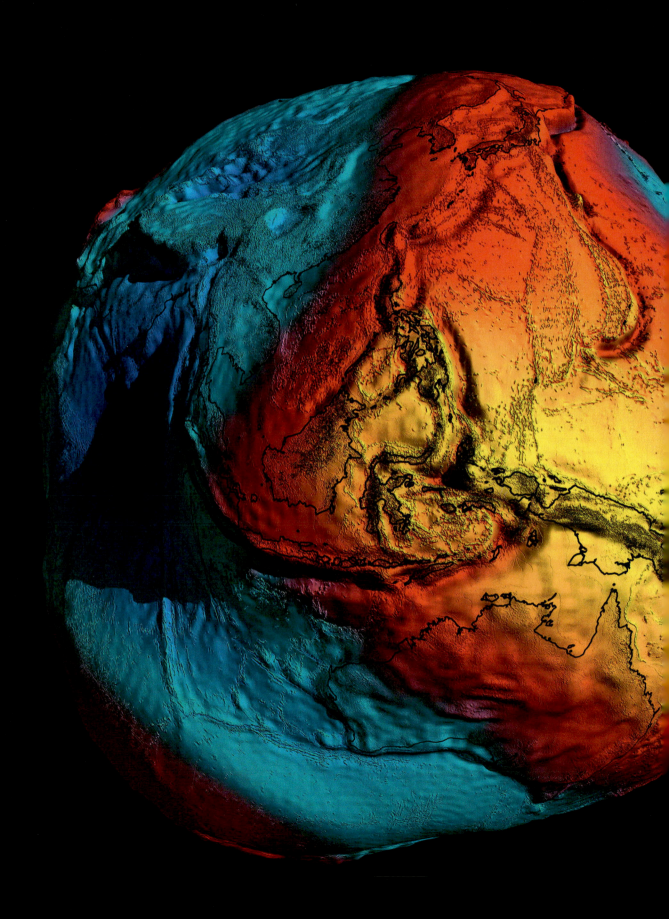

RELATIVITÄT UND ASTROPHYSIK

Eine genaue Vermessung der Erde ist für viele Anwendungen von Bedeutung. Sie reichen von der Plattentektonik über die Erkundung von Rohstofflagerstätten bis hin zur Klimaprognose. Fast immer spielt dabei die unregelmäßige Struktur des Gravitationsfelds eine Rolle.
Unterschiede in der Gravitationsfeldstärke führen dazu, dass Uhren unterschiedlich schnell gehen. Inzwischen gelingt es, mithilfe präziser Atomuhren winzige Unregelmäßigkeiten aufzuspüren: Solche Uhren detektieren bereits eine Abnahme der Gravitationskraft, wenn sie nur um wenige Millimeter angehoben werden.

MEILENSTEIN

19.1 *In seinem »Wunderjahr« 1905 veröffentlicht der junge Albert Einstein fünf Aufsätze, von denen jeder für sich Physikgeschichte schrieb. In der Arbeit »Zur Elektrodynamik bewegter Körper« entwickelt er die Spezielle Relativitätstheorie. Er löst darin einen grundlegenden Widerspruch innerhalb der klassischen Physik – doch hat dies seinen Preis: Die traditionellen Vorstellungen von Raum und Zeit können nicht bestehen bleiben.*

Einsteins
Elektrodynamik bewegter Körper

Widersprüche in der klassischen Physik

ALBERT EINSTEINS berühmte Veröffentlichung »Zur Elektrodynamik bewegter Körper« beginnt mit dem Satz: »Dass die Elektrodynamik Maxwells – wie dieselbe gegenwärtig aufgefasst zu werden pflegt – in ihrer Anwendung auf bewegte Körper zu Asymmetrien führt, welche den Phänomenen nicht anzuhaften scheinen, ist bekannt.«

Die Asymmetrie, die Einstein beschreibt, zeigt sich im folgenden Beispiel: Eine Kugel und ein Stab sind ungleichnamig geladen (Abb. 2 a). In der Umgebung des Stabs existiert also ein elektrisches Feld der Feldstärke E. Auf die Kugel mit der Ladung Q wird vom Stab eine anziehende Coulomb-Kraft mit dem Betrag $F_C = Q \cdot E$ ausgeübt.

Bewegt man nun den Stab von oben nach unten mit der Geschwindigkeit v, so werden die darin befindlichen Ladungsträger auch bewegt: Es fließt ein elektrischer Strom, und um den Stab bildet sich ein zeitlich konstantes Magnetfeld. Solange die Kugel ruht, tritt keine Lorentzkraft auf. Wird die Kugel aber parallel zum Stab mit derselben Geschwindigkeit bewegt, so bewegt sie sich durch ein Magnetfeld: Es tritt eine abstoßende Lorentzkraft F_L auf (Abb. 2 b).

Wechselt man nun aber das Bezugssystem, indem man die Bewegung aus der Sicht der Kugel beschreibt, kommt es nicht mehr zu einer Lorentzkraft, denn der Stab ist dann in Bezug auf die Kugel in Ruhe. In den jeweiligen Bezugssystemen würden also unterschiedliche Kräfte auftreten.

Diese Asymmetrie bedeutet eine Verletzung des Relativitätsprinzips von GALILEI (vgl. 17.6), nach dem es keine Unterschiede zwischen den Bewegungsabläufen in ruhenden und sich gleichförmig bewegenden Systemen gibt. Zur Lösung dieses Widerspruchs wurden Ende des 19. Jahrhunderts unterschiedliche Möglichkeiten diskutiert:

– Das Galilei'sche Relativitätsprinzip gilt zwar für die Mechanik, nicht aber für die Elektrodynamik. In der Elektrodynamik gibt es dann ein bevorzugtes Bezugssystem, einen *absoluten Raum*, aus dessen Sicht entschieden werden könnte, ob sich ein Körper bewegt oder in absoluter Ruhe ist. Für eine Entscheidung müsste sich dieses bevorzugte Bezugssystem, der *Äther*, also experimentell nachweisen lassen.

– Das Relativitätsprinzip gilt sowohl für die Mechanik als auch für die Elektrodynamik. Dann wären die Gesetze der Elektrodynamik, wie sie MAXWELL formuliert hat, nicht richtig, und es müssten Experimente möglich sein, die Abweichungen von den Vorhersagen ergeben.

– Das Relativitätsprinzip gilt sowohl für die Mechanik als auch für die Elektrodynamik, aber die Gesetze der Mechanik, wie sie Newton formuliert hat, wären unvollständig, und es müssten Experimente möglich sein, die Abweichungen von den Newton'schen Gesetzen ergeben.

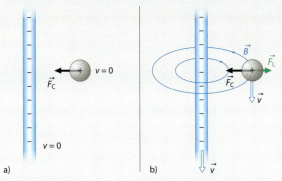

2 Ein Widerspruch innerhalb der klassischen Elektrodynamik: Sind Stab und Kugel in Ruhe, tritt nur die Coulomb-Kraft auf (a). Bewegt sich die Kugel im Magnetfeld eines bewegten Stabs, tritt die Lorentzkraft hinzu – auch wenn beide Körper gleich schnell sind (b).

Einsteins Leistung

Einstein war von der Richtigkeit der Maxwell'schen Theorie überzeugt. Also richtete er seine Überlegungen auf die Vorstellung von Raum und Zeit. Er versuchte dabei, die Ungereimtheit unter der Annahme zu lösen, dass es keine absolute Ruhe gibt und damit prinzipiell nicht entschieden werden kann, ob sich in einer Situation wie in Abb. 2 der geladene Stab und die geladene Kugel bewegen oder beide in Ruhe sind.

Eine Grundannahme Einsteins war, dass sich das Licht unabhängig vom Bezugssystem stets mit derselben Geschwindigkeit ausbreitet, denn wenn sowohl die Überlegungen von Galilei als auch die Maxwell'schen Gleichungen richtig sind, folgt automatisch, dass sich Licht unabhängig von der Wahl des Bezugssystems mit

$$c = \frac{1}{\sqrt{\varepsilon_0 \cdot \mu_0}}. \qquad (1)$$

ausbreitet. So, wie sich diese Annahme und die Schlussfolgerungen daraus in der Folgezeit als vernünftig erwiesen, mussten die Vorstellungen von einem absoluten Raum und einer absoluten Zeit verändert werden. Raum und Zeit existieren demnach nicht unabhängig voneinander.

In der konsequenten Art, Schlussfolgerungen aus seinen Annahmen abzuleiten, zeigt sich die Genialität dieses Physikers. Er formulierte: »Die Einführung eines *Lichtäthers* wird sich insofern als überflüssig erweisen, als nach der zu entwickelnden Auffassung … (kein) mit besonderen Eigenschaften ausgestatteter *absoluter Raum* eingeführt … wird.«

Die grundlegenden physikalischen Größen der klassischen Mechanik – Zeit, Länge und Masse – sind in der Folge nicht mehr als absolut anzusehen, sondern sie sind *relativ*: Ihr Wert hängt davon ab, aus welchem Bezugssystem sie beobachtet werden.

Bewegt sich beispielsweise ein sehr schneller Zug gegenüber einem ruhenden Beobachter, so erscheinen diesem Beobachter die physikalischen Größen im Zug verändert:

Die im Zug ablaufende Zeit erscheint »gestreckt« – die Uhren dort gehen langsamer als seine eigene Uhr. Die Länge der Gegenstände im Zug erscheint dagegen verkürzt, aber ihre Masse hat zugenommen.

Dass die Masse eines Körpers – also auch die eines einzelnen Atoms oder Elektrons – von seiner Geschwindigkeit abhängt, führt zu einer weiteren fundamentalen Aussage: Ändert sich die Energie E des Körpers, so ändert sich seine Masse m, Energie und Masse sind äquivalent und nur durch die fundamentale Konstante c miteinander verknüpft:

$$E = m \cdot c^2. \qquad (2)$$

Anerkennung der Theorie Diese Konsequenzen, die sich aus der Vermeidung des absoluten Raums ergaben, mussten natürlich zunächst absurd erscheinen. Außerdem träten im Beispiel des bewegten Zugs messbare Effekte erst bei unrealistisch hohen Geschwindigkeiten auf. Dies war nur einer der Gründe, der die Akzeptanz von Einsteins Überlegungen erschwerte. Hinzu kam, dass Einstein als junger Patentamtsangestellter in der wissenschaftlichen Gemeinschaft noch über keinerlei Reputation verfügte.

Dennoch stellte sich bald heraus, dass seine Theorie in sich schlüssig war und auch durch Experimente mit schnellen Elektronen gestützt werden konnte. Vor allem aber bot sie eine elegante Erklärung des Elektromagnetismus: Die »magnetische Wechselwirkung« konnte fortan als relativistischer Effekt verstanden werden, die Lorentzkraft ist danach eine Folge der Relativbewegung von Ladungsträgern (vgl. 6.4).

Als Weiterentwicklung dieser Theorie entstand im Jahr 1915 die Allgemeine Relativitätstheorie. Einstein selbst wurde 1919 weltberühmt, als seine Vorhersagen zur Lichtablenkung im Gravitationsfeld der Sonne experimentell bestätigt werden konnten.

AUFGABEN

1 Im Jahr 1905 veröffentlichte Einstein fünf wichtige Aufsätze. Recherchieren Sie, welche dies waren. Stellen Sie dar, welche Bereiche der Physik dadurch ebenfalls grundlegend vertieft wurden.

2 Die Vertreter der »Deutschen Physik«, unter ihnen der Nobelpreisträger Philipp Lenard, haben die Relativitätstheorie vehement abgelehnt. Beschreiben Sie deren Motive.

Die Geschwindigkeit eines Passagierflugzeugs beträgt etwa 1000 km/h. Das Licht seiner Scheinwerfer »fliegt« vor ihm her und erreicht kurz darauf den Tower eines Flughafens. Kommt das Licht dieses Flugzeugs schneller am Tower an als das Licht einer ruhenden Quelle?

19.2 Postulate der Speziellen Relativitätstheorie

Die Beschreibung von relativ zueinander bewegten Ladungsträgern führt im Rahmen der klassischen Physik je nach Wahl des Bezugssystems zu unterschiedlichen Phänomenen (vgl. 19.1). ALBERT EINSTEIN zeigte, dass sich die Widersprüche auflösen lassen, indem man von zwei Postulaten ausgeht:

1. Postulat (Relativitätsprinzip)
Alle Inertialsysteme sind gleichberechtigt: Identische Experimente in unterschiedlichen Inertialsystemen liefern die gleichen Ergebnisse.

Dies bedeutet, dass auch die physikalischen Gesetze, mit denen die Experimente in den unterschiedlichen Inertialsystemen beschrieben werden, identisch sein müssen.

2. Postulat (Konstanz der Lichtgeschwindigkeit)
Die Vakuumlichtgeschwindigkeit ist in allen Inertialsystemen gleich groß. Sie ist unabhängig von der Relativbewegung der Lichtquelle und von der Ausbreitungsrichtung des Lichts.

Mit diesem Postulat tritt die absolute Lichtgeschwindigkeit an die Stelle des absoluten Raums und der absoluten Zeit.

Inertialsysteme und Relativitätsprinzip

Ein Bezugssystem, in dem der Newton'sche Trägheitssatz gilt, heißt Inertialsystem (vgl. 2.6). In ihm bewegt sich ein kräftefreier Körper geradlinig gleichförmig.
Jedes andere Bezugssystem, das sich relativ zu einem Inertialsystem geradlinig gleichförmig bewegt, ist ebenfalls ein Inertialsystem. Ein »absolutes Ruhesystem« gibt es nicht: Kein Inertialsystem ist gegenüber anderen Inertialsystemen besonders ausgezeichnet.

Ein Beispiel für das Relativitätsprinzip ist das Induktionsgesetz. Eine Spannung wird induziert, wenn sich eine Spule und ein Magnet relativ zueinander bewegen. Dabei spielt es keine Rolle, ob die Spule oder der Magnet in Ruhe ist – bei gleicher Relativgeschwindigkeit ist die gemessene Spannung stets die gleiche.

Lichtgeschwindigkeit

In den 1860er Jahren schuf JAMES C. MAXWELL eine umfassende Feldtheorie des Elektromagnetismus (vgl. 9.18). Sie erklärte nicht nur alle bekannten elektrischen und magnetischen Effekte, sondern fügte auch das Licht in das Spektrum elektromagnetischer Wellen ein. Nach der Maxwell'schen Theorie breiten sich alle elektromagnetischen Wellen im Vakuum mit derselben Geschwindigkeit c aus (vgl. 9.15). Diese Vakuumlichtgeschwindigkeit ist eine Naturkonstante, sie beträgt:

$$c = 299\,792\,458\,\tfrac{\mathrm{m}}{\mathrm{s}}. \tag{1}$$

Für die Verknüpfung der Vakuumlichtgeschwindigkeit mit den Naturkonstanten des Elektromagnetismus gilt:

$$c = \frac{1}{\sqrt{\varepsilon_0 \cdot \mu_0}}. \tag{2}$$

Schon als Schüler hatte sich Einstein mit der Frage beschäftigt, wie es wäre, wenn man »auf einem Lichtstrahl reiten« könnte (Abb. 2). Für den Reiter würde das Licht stillstehen:

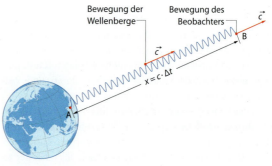

2 Was sähe ein Beobachter, der sich mit Lichtgeschwindigkeit bewegt?

Die Relativgeschwindigkeit zwischen dem Lichtsignal und dem Beobachter wäre null. Das würde bedeuten, dass dem Beobachter die elektromagnetischen Wellen des Lichts »eingefroren« erscheinen müssten. Dies wäre jedoch ein Widerspruch zur Maxwell'schen Theorie des Elektromagnetismus, nach der die elektromagnetischen Wellen unabhängig von jedem Beobachter ihre Welleneigenschaften beibehalten.

Einsteins Auflösung dieses Widerspruchs mit der Theorie des Elektromagnetismus besteht darin, die Konstanz der Lichtgeschwindigkeit zu postulieren. Dieses Postulat, nach dem die Lichtgeschwindigkeit von der Wahl des Bezugssystems unabhängig ist, widerspricht den Regeln der klassischen Mechanik. Nach diesen Regeln müsste der Beobachter in Abb. 3 das Licht aus der bewegten Quelle früher wahrnehmen als das Licht aus der ruhenden Quelle: Das Licht aus der bewegten Quelle würde ihn mit der Geschwindigkeit $v + c$ erreichen. Nach dem Einstein'schen Postulat erreichen ihn aber beide Lichtsignale mit der Lichtgeschwindigkeit, nämlich c.

bar sind: In der Newton'schen Physik gibt es keine Obergrenze für Geschwindigkeitsbeträge. Nach dem zweiten Postulat ergeben sich andere Rechenregeln für die Addition von Geschwindigkeiten (vgl. 19.7): Angenommen, der Reiter auf dem Lichtstrahl würde eine Lampe mit sich führen, die ihrerseits Licht nach vorn aussendet: Auch dieses Signal hätte aus Sicht des Beobachters auf der Erde nur die Lichtgeschwindigkeit c und nicht etwa $2c$.

Einsteins Leistung besteht u. a. darin, dass er durch reine Gedankenexperimente zu seinem zweiten Postulat kam. Erst 1913, also acht Jahre nach seiner Publikation, konnte seine Gültigkeit durch Beobachtungen an Doppelsternsystemen experimentell belegt werden (Abb. 4).

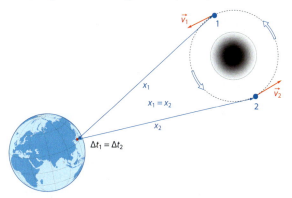

4 Während sich ein Stern von der Erde wegbewegt und der andere auf sie zu, erreicht das Licht von beiden Sternen bei gleichem Abstand die Erde zur gleichen Zeit.

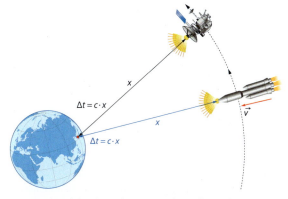

3 Eine ruhende und eine bewegte Lichtquelle senden ein kurzes Lichtsignal aus. Beide Lichtsignale erreichen den Beobachter zur gleichen Zeit.

Die Ausbreitungsgeschwindigkeit von Licht ist also unabhängig davon, ob man sich gegenüber der Lichtquelle in Ruhe oder in Bewegung befindet. Egal, mit welcher Geschwindigkeit v sich ein Beobachter gegenüber einer Lichtquelle bewegt, er registriert immer dieselbe Geschwindigkeit des Lichts c.

Vakuumlichtgeschwindigkeit als maximale Geschwindigkeit

Aus der Konstanz der Lichtgeschwindigkeit ergibt sich eine wichtige Konsequenz: Die Vakuumlichtgeschwindigkeit c stellt die obere Grenze für die Bewegung von Körpern dar. Auch für die Geschwindigkeit von Energie- und Informationsübertragungen ist c der maximal erreichbare Wert. Hierin zeigt sich erneut, dass die Einstein'schen Postulate mit den Vorstellungen der klassischen Physik nicht verein-

■ AUFGABEN

1 Vom Mast eines Segelboots wird ein Stein fallen gelassen. Drei Personen beobachten die Fallbewegung: A befindet sich auf dem Mast, B im Boot, C am Ufer.
a Beschreiben Sie die Flugbahn des Steins aus Sicht der drei Personen für den Fall, dass das Boot stillsteht.
b Geben Sie an, wie sich die Bewegungsbahnen ändern, wenn sich das Boot gegenüber dem Ufer gleichförmig bewegt.

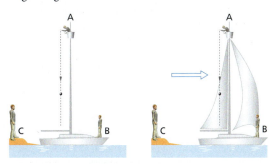

2 Erstellen Sie eine Übersicht der Möglichkeiten zur Messung zur Lichtgeschwindigkeit. Gehen Sie dabei detailliert auf die Zahnradmethode von Fizeau ein.

Ein einfaches Experiment mit einem überraschenden Ausgang – hier ein Nachbau der Originalinstrumente von 1881. Die Frage war: Bewegt sich die Erde auf ihrem Weg durchs All in einem geheimnisvollen Medium, dem Äther? Dann müssten sich quer und längs zur ihrer Bewegungsrichtung unterschiedliche Lichtgeschwindigkeiten messen lassen.

19.3 Experiment von Michelson und Morley

Mechanische Wellen breiten sich nur in einem Trägermedium aus, etwa in Wasser oder in Luft. Die meisten Physiker des 19. Jahrhunderts waren davon überzeugt, dass auch für die Ausbreitung des Lichts bzw. der elektromagnetischen Wellen ein Trägermedium notwendig ist.

Diesem hypothetischen Medium, dem Äther, mussten ungewöhnliche Eigenschaften zugeschrieben werden: Einerseits sollten sich die Erde und andere Himmelskörper reibungsfrei durch den Äther bewegen können. Andererseits breiten sich die elektromagnetischen Wellen als Transversalwellen mit großer Geschwindigkeit aus, dies spräche dann für einen Äther als ein »hartes« Medium mit starker Kopplung zwischen seinen Oszillatoren.

So wie Bewegungen der Luft die Ausbreitungsgeschwindigkeit des Schalls im Raum verändern, müsste eine Bewegung des Äthers auch die Lichtgeschwindigkeit verändern. Nach der Äthertheorie bewegt sich die Erde mit großer Geschwindigkeit durch das ruhende Ausbreitungsmedium des Lichts. Im Bezugssystem der Erde würde also der Äther an uns vorbeiströmen. Es müssten sich demnach unterschiedliche Ausbreitungsgeschwindigkeiten für das Licht feststellen lassen, je nachdem, ob sich das Licht parallel, entgegengesetzt oder senkrecht zum strömenden Äther bewegt. Diese Unterschiede zu messen war das Ziel der Experimente von Michelson und Morley.

Jedoch ergaben die Experimente innerhalb der Messgenauigkeiten weder einen Hinweis auf die Existenz eines hypothetischen Äthers noch auf eine Bewegung der Erde relativ zu ihm. Daher ist das Postulat der Konstanz der Lichtgeschwindigkeit plausibel – selbst wenn Einstein sich bei der Entwicklung seiner Theorie nicht explizit auf diese Ergebnisse stützte.

Gedankenexperiment

Zwei gleich schnelle Schwimmer sollen in einem Fluss, der mit der Geschwindigkeit v fließt, eine Strecke von 2 mal 100 m schwimmen. Der Schwimmer A soll die Strecke flussabwärts und dann wieder flussaufwärts zurücklegen, der Schwimmer B schwimmt senkrecht zur Strömung ans andere Ufer und zurück (Abb. 2). Es lässt sich zeigen, dass der Schwimmer B als erster wieder am Startpunkt ist ↻.

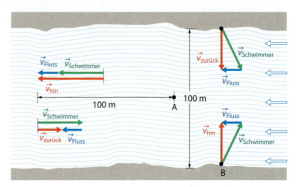

2 Zwei Schwimmer in einem strömenden Fluss. Schwimmer B kehrt als erster zum Startpunkt zurück.

Bewegt sich der Schwimmer A in Strömungsrichtung des Flusses, so addieren sich die Geschwindigkeitsbeträge des Schwimmens und der Strömung, schwimmt er gegen die Strömung zurück, ist er entsprechend langsamer.

Der Schwimmer B dagegen muss in beiden Richtungen schräg gegen die Querströmung anschwimmen und benötigt letztlich für die gleiche Strecke insgesamt weniger Zeit als Schwimmer A.

Experiment zum Lichtäther

Die Idee des Michelson-Morley-Experiments folgt dem geschilderten Gedankenexperiment: Wenn es einen Äther gibt, dann befindet sich die Erde in diesem Medium, das mit großer Geschwindigkeit an ihr vorbeiströmt. Dann müsste also die Geschwindigkeit des Lichts von der Raumrichtung abhängen: Das Licht in zwei senkrecht zueinander stehenden, aber gleich langen Strecken sollte unterschiedliche Laufzeiten benötigen.

Die Annahme eines Äthers findet sich nicht explizit in den Maxwell'schen Gleichungen.
9.18

Allerdings wären aufgrund der großen Lichtgeschwindigkeit nur sehr kleine Zeitdifferenzen zu erwarten. Ab 1881 führten ALBERT A. MICHELSON und EDWARD W. MORLEY Präzisionsmessungen zum Nachweis der Existenz des »Ätherwinds« durch.

Die senkrecht zueinander stehenden Lichtwege wurden durch die Arme eines Michelson-Interferometers realisiert (vgl. 10.6). In einem solchen Interferometer wird ein monochromatisches Lichtbündel durch einen halbdurchlässigen Spiegel S in zwei Teile zerlegt (Abb. 3). Das erste Bündel wird vom Spiegel S$_1$ reflektiert und gelangt durch den Spiegel S in ein Fernrohr. Das zweite Bündel wird am Spiegel S$_2$ reflektiert, bevor es ins Fernrohr gelangt. Dort kommt es zur Interferenz der beiden Lichtbündel, es entsteht ein Ringmuster. Wird nun die Laufzeit des einen Lichtbündels geringfügig geändert, so vergrößern oder verkleinern sich die einzelnen Interferenzringe.

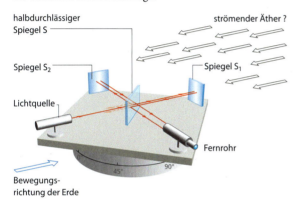

3 Michelson-Interferometer im »Ätherwind«

Für gleich lange Interferometerarme der Länge d sind die Laufzeitunterschiede folgendermaßen zu berechnen:
Nimmt man an, dass sich in der Ausgangssituation das Bündel 1 parallel zur Strömungsrichtung des Äthers befindet, dann gilt mit der Strömungsgeschwindigkeit v für die beiden zurückgelegten Wege:
$\overrightarrow{S_1 S} = d = (c + v) \cdot t_1$ und $\overrightarrow{SS_1} = d = (c - v) \cdot t_1$.
Die Gesamtzeit beträgt dementsprechend:

$$t_\parallel = \frac{d}{c-v} + \frac{d}{c+v} = \frac{2d}{c} \cdot \frac{1}{1-\frac{v^2}{c^2}}. \qquad (1)$$

Analog erhält man für die Bewegung senkrecht zur Bewegungsrichtung des Äthers:

$$t_\perp = \frac{2d}{c} \cdot \frac{1}{\sqrt{1-\frac{v^2}{c^2}}}. \qquad (2)$$

Das von Michelson und Morley verwendete Interferometer war so konstruiert, dass zunächst ein Interferenzmuster erzeugt und anschließend die gesamte Anordnung um 90° gedreht werden konnte. Wenn es einen Laufzeitunterschied gibt, der auf das Vertauschen der Wege senkrecht bzw. parallel zum »Ätherwind« zurückzuführen ist, dann muss er sich in einer Veränderung des Interferenzmusters bemerkbar machen.

Um den Laufzeitunterschied zu erhöhen, haben Michelson und Morley den Lichtweg im Interferometer durch Mehrfachreflexion verlängert, der Lichtweg in jedem Interferometerarm betrug 11 m (Abb. 4). Zur Vermeidung von Vibrationen stand das gesamte Interferometer auf einer drehbaren Steinscheibe, die schwimmend auf Quecksilber gelagert wurde.

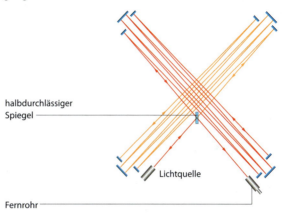

4 Verlängerung der Lichtwege durch mehrere Spiegel im Michelson-Morley-Interferometer

Das Ergebnis war für viele Physiker überraschend: Es gibt keine Verschiebungen der Interferenzstreifen, obwohl der Versuch an unterschiedlichen Tageszeiten und auch zu unterschiedlichen Jahreszeiten wiederholt wurde. Dies lässt nur eine Schlussfolgerung zu: Es gibt keinen Hinweis auf die Bewegung der Erde relativ zu einem Äther.

AUFGABEN

1 Stellen Sie eine Analogie zwischen der Situation in Abb. 2 – Schwimmer im Fluss – und dem Experiment von Michelson und Morley her:
a Welche Bedeutung haben in dieser Analogie der »Schwimmer« und das »strömende Wasser«?
b Beschreiben Sie anhand einer Skizze, wie sich die vier unterschiedlichen Vektordiagramme der Geschwindigkeitsaddition im Michelson-Morley-Experiment realisieren lassen. Wie groß ist »v_Fluss«?
c Berechnen Sie anhand der Gleichungen (1) und (2) Laufzeiten für die Bewegung senkrecht und parallel zum strömenden Äther. Der Lichtweg d im Interferometer soll dabei 11 m betragen.

2 Ein Experiment zur Überprüfung der Äthertheorie wurde von TROUTON und NOBLE 1903 mithilfe von Plattenkondensatoren durchgeführt. Schildern Sie das Experiment und seine Ergebnisse.

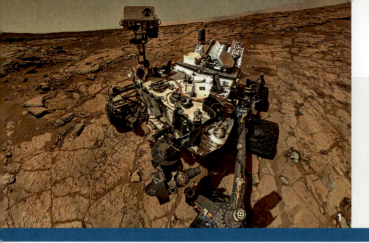

Der Marsrover wird mit Funksignalen von der Erde aus gesteuert, allerdings geschieht dies nicht ganz »in Echtzeit«: Zum einen brauchen die Funksignale ein paar Minuten für das Überwinden der Distanz, zum anderen bewegen sich Erde und Mars auch mit großer Geschwindigkeit relativ zueinander.

19.4 Relativität der Gleichzeitigkeit

Um Bewegungen zu beschreiben, wird auch im Rahmen der Relativitätstheorie auf Zeit- und Ortsmessungen in festgelegten Bezugssystemen zurückgegriffen. Von zentraler Bedeutung ist dabei die Frage, wodurch die Gleichzeitigkeit zweier Ereignisse charakterisiert ist. Eine Möglichkeit zur Definition der Gleichzeitigkeit besteht darin, die Laufzeiten von Lichtsignalen zu verwenden:

> Ereignisse an zwei Orten A und B in einem Inertialsystem sind gleichzeitig, wenn sich die von ihnen ausgesandten Lichtsignale genau in der Mitte zwischen A und B treffen.

Bewegt sich ein Beobachter während der Laufzeit der Lichtsignale, so treffen diese Signale i. Allg. nicht gleichzeitig bei ihm ein, obwohl das Licht im ruhenden System von den Orten A und B gleichzeitig gesendet wurde. Damit ist die Gleichzeitigkeit stets von der Wahl des Bezugssystems abhängig: Die Gleichzeitigkeit ist relativ.
Nur bei einer Bewegung senkrecht zur Verbindung von A und B tritt das Phänomen nicht auf. Sonst gilt:

> Zwei Ereignisse, die in einem Inertialsystem S gleichzeitig stattfinden, werden in einem relativ zu S bewegten Inertialsystem nicht als gleichzeitig registriert.

Relativbewegungen
Die Angabe einer Geschwindigkeit erfordert stets auch die Angabe eines Bezugssystems: Für eine Person in einem fahrenden Zug ruht eine andere Person, die im selben Zugabteil sitzt. Für einen Beobachter, der an einem Bahnübergang steht, bewegen sich hingegen beide (Abb. 2). Im Bezugssystem des Pkw, der neben dem Zug herfährt, ergeben sich unterschiedliche Geschwindigkeiten.

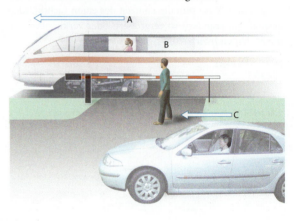

Geschwindigkeit	A	B	C
vom Zug aus	0	−100	−40
vom Bahnübergang aus	100	0	60
vom Pkw aus	40	−60	0

2 Geschwindigkeiten für drei unterschiedliche Beobachter

Schon GALILEO GALILEI formulierte ein allgemeingültiges Prinzip zur Beschreibung von Bewegungen: Es gibt keine Unterschiede zwischen den Bewegungsabläufen in ruhenden und sich gleichförmig bewegenden Systemen. Daher findet sich zu jeder Bewegung ein ruhendes Bezugssystem: Jede Bewegung ist relativ.
Bei Beobachtern in relativ zueinander bewegten Bezugssystemen führt das zweite Einstein'sche Postulat jedoch dazu, dass ein und dasselbe Ereignis zu unterschiedlichen Zeitpunkten wahrgenommen wird.

Einstein-Synchronisation
Um an zwei verschiedenen Orten Zeiten messen und vergleichen zu können, müssen zwei Uhren synchronisiert werden. In einem Inertialsystem kann diese Synchronisation mithilfe eines Lichtblitzes aus der Mitte zwischen den beiden Orten realisiert werden. Beim Eintreffen der Lichtsignale starten die Uhren, sie sind synchron. Umgekehrt

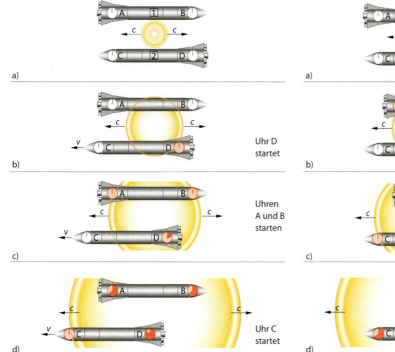
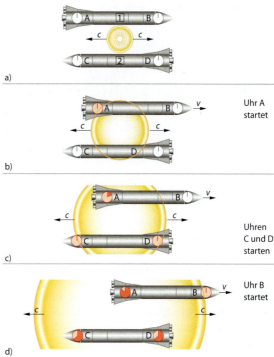

3 Zwei Raketen fliegen aneinander vorbei: Betrachtung im Inertialsystem der Rakete 1

4 Zwei Raketen fliegen aneinander vorbei: Betrachtung im Inertialsystem der Rakete 2

bedeutet dies: Ereignisse an zwei Orten A und B in einem Inertialsystem sind gleichzeitig, wenn sich die von ihnen ausgesandten Lichtsignale in der Mitte zwischen A und B treffen.

Das folgende Gedankenexperiment zeigt, welche Schwierigkeiten die Synchronisation von Uhren in zwei zueinander bewegten Inertialsystemen bereitet:

Zwei lange Raketen bewegen sich mit einer Relativgeschwindigkeit von $v = 0{,}5\,c$ aneinander vorbei. Am Anfang und am Ende der Raketen ist jeweils eine Uhr angebracht. Diese vier Uhren sollen synchronisiert werden. Dazu nutzt man zuerst die Idee der Einstein-Synchronisation: In dem Augenblick, in dem die Raketen auf gleicher Höhe sind, wird ein Lichtsignal in der Mitte beider Raketen ausgesendet (Abb. 3).

Die Rakete 1 ruht in ihrem Bezugssystem, die Lichtsignale kommen gleichzeitig am Anfang und am Ende der Rakete an: Die Uhren laufen synchron zueinander. Die zweite Rakete hat sich aber in der Zwischenzeit weiterbewegt, sodass der Lichtblitz das Ende dieser Rakete schon früher erreicht hat. Die Uhren der zweiten Rakete werden also aus Sicht der ersten Rakete nicht synchron gestartet.

Nach dem Relativitätsprinzip muss eine Betrachtung im Inertialsystem der zweiten Rakete gleichberechtigt sein (Abb. 4). Aus Sicht der Rakete 2 laufen die eigenen Uhren synchron, nicht aber die in Rakete 1.

AUFGABEN

1 Ein Ausflugsschiff auf dem Rhein (Strömungsgeschwindigkeit $v_R = 2$ m/s) bewegt sich flussabwärts mit einer konstanten Geschwindigkeit von $v_A = 6$ m/s gegenüber dem Wasser. Am Ort A stürzt ein Passagier über Bord, und sofort wird ein Rettungsring hinterhergeworfen. Eine Minute danach wendet das Schiff und kehrt zur Unglücksstelle zurück. (Die Zeit für das Wenden wird vernachlässigt.) Stellen Sie in je einem Ort-Zeit-Diagramm Folgendes dar:

a die Bewegung des Schiffs und des Verunglückten im System des Orts A

b die Bewegung des Orts A und des Schiffs im System des Verunglückten

c die Bewegung des Orts A und des Verunglückten im System des Schiffs

d Wie groß ist die Entfernung des Schiffs vom Verunglückten mit dem Rettungsring und vom Ort A nach 90 Sekunden?

e Ermitteln Sie, wann das Schiff den verunglückten Passagier wieder erreicht.

2 Der Abstand der Uhren A und B (bzw. C und D) in Abb. 3 betrage 100 m, die Relativgeschwindigkeit $v = 0{,}5\,c$. Geben Sie die angezeigten Zeiten aller vier Uhren in den Situationen a–d an. Die Raketen sollen sich auf einer gemeinsamen Achse bewegen.

Das Zwillingsparadoxon beschreibt ein altes Gedankenexperiment, das inzwischen genau überprüft wurde: Eine Atomuhr wurde in ein Flugzeug gebracht, eine andere blieb am Boden. Dann flog das Flugzeug von Frankfurt nach Boston und gleich wieder zurück. Nach der Landung wurden die Uhren verglichen: Die Uhr im Flugzeug ging 28 milliardstel Sekunden nach. Eine bestimmte Zeitspanne ist also nicht immer gleich lang.

19.5 Zeitdilatation

Aus dem zweiten Einstein'schen Postulat, nach dem die Lichtgeschwindigkeit unabhängig von der Wahl des Bezugssystems ist, ergibt sich eine fundamentale Konsequenz: Die Dauer ein und desselben Vorgangs erscheint unterschiedlich lang, wenn sie aus unterschiedlichen Bezugssystemen beobachtet wird. Dies bedeutet auch: Identische Uhren laufen unterschiedlich schnell, sobald sie sich relativ zueinander bewegen. Dieser Effekt heißt Zeitdilatation:

Jede relativ zu einem Beobachter bewegte Uhr geht aus dessen Sicht langsamer. Es gilt:

$$\Delta t = \frac{\Delta t_0}{\sqrt{1 - \frac{v^2}{c^2}}}. \qquad (1)$$

Dabei ist v die konstante Relativgeschwindigkeit zwischen den beiden Bezugssystemen; Δt_0 ist die Dauer eines bestimmten Vorgangs im ruhenden System, Δt die Dauer desselben Vorgangs vom bewegten System aus gemessen.
Inertialsysteme sind einander gleichberechtigt: Befinden sich zwei Bezugssysteme relativ zueinander in Bewegung, so geht aus Sicht von beiden Systemen die Uhr im jeweils anderen langsamer.

Klassische Mechanik als Grenzfall Die Zeitdilatation spielt bei der Beschreibung von Bewegungsabläufen nur für große Geschwindigkeiten eine Rolle. Bei Bewegungen des Alltags, also bei $v \ll c$, ist dieser Effekt so gut wie nicht beobachtbar.
Die Relativitätstheorie stellt damit eine umfassende Beschreibung von Bewegungen dar, in der die klassische Kinematik als Grenzfall enthalten ist: Für sehr kleine Geschwindigkeiten v geht Gl. (1) in den Ausdruck $\Delta t \approx \Delta t_0$ über. Die Zeit ist dann unabhängig von der Bewegung.

Gedankenexperiment zur Lichtuhr

Abbildung 2 zeigt ein Gedankenexperiment mit Lichtuhren, das den Effekt der Zeitdilatation deutlich macht. Eine Lichtuhr besteht aus einem Zylinder, in dessen Deckel sich ein Zählwerk mit einer Blitzlampe befindet und an dessen Boden ein Spiegel montiert ist.

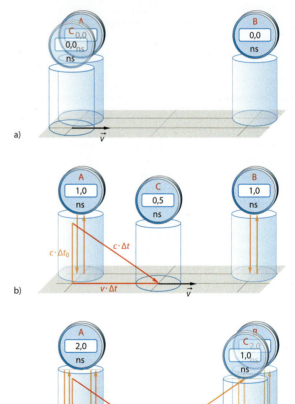

2 Die Lichtuhren A und B ruhen im Inertialsystem S_0, die Uhr C ruht im Inertialsystem S, das sich relativ zu S_0 bewegt.

Im ruhenden System S_0 befinden sich zwei Lichtuhren A und B (Abb. 2a). Die Uhren werden durch einen Lichtblitz

---

Auch Galilei musste sich Gedanken über eine präzise Zeitmessung machen. Die Dilatation spielte bei seinen Experimenten allerdings keine Rolle.

synchron gestartet. Sie senden dann selbst jeweils einen Lichtblitz aus, der vom Spiegel am Boden reflektiert wird und anschließend am Deckel wieder einen neuen Lichtblitz auslöst. Dabei wird das Zählwerk um eine Einheit weitergestellt. Der Zeittakt ist also durch die Höhe des Zylinders definiert. Wenn diese $h = 0{,}15$ m beträgt, ergibt sich für den Zeittakt $T = 2h/c = 1 \cdot 10^{-9}$ s $= 1$ ns. Für eine Uhr ist also immer dann eine Zeit von 1 ns vergangen, wenn der Lichtblitz wieder den Deckel erreicht.

Zu Beginn des Experiments wird eine weitere Lichtuhr C, die sich mit dem System S bewegt, synchron gestartet. Sie befindet sich zur Zeit $t = 0$ am selben Ort wie A und bewegt sich dann gleichförmig zur Uhr B.

Im System S_0 der ruhenden Uhren hat das Licht der Uhr C einen längeren Weg zurückzulegen, bis es den Boden des Zylinders erreicht; denn in der Zeit Δt_0 hat sich die Uhr um die Strecke $s = v \cdot \Delta t_0$ fortbewegt. Wird die Geschwindigkeit v gerade so gewählt, dass das Licht in der Uhr C unten ankommt, wenn es in der Uhr A bereits einmal vollständig hin- und zurückgelaufen ist, dann zeigt die Uhr A die Zeit 1 ns an (Abb. 2 b). Die Uhr C zeigt dann 0,5 ns an. Lässt man den Vorgang weiterlaufen, bis die Uhr A die Zeit 2 ns anzeigt, ist in der Uhr C schließlich 1 ns vergangen (Abb. 2 c).

Mit Abb. 2 b lässt sich die Zeitdilatation, also die Beziehung zwischen den Zeitspannen Δt_0 und Δt, in unterschiedlichen Bezugssystemen berechnen: Im System S_0 hat das Licht nach der Zeit Δt_0 die Strecke $h = c \cdot \Delta t_0$ durchlaufen. Die Uhr hat sich währenddessen um $s = v \cdot \Delta t$ weiterbewegt. Das Licht hat also die Strecke $c \cdot \Delta t$ zurückgelegt. Mit dem Satz des PYTHAGORAS gilt dann:

$$(c \cdot \Delta t_0)^2 + (v \cdot \Delta t)^2 = (c \cdot \Delta t)^2. \qquad (2)$$

Auflösen nach Δt ergibt die Gleichung (1).

Die Anwendung des Relativitätsprinzips führt zu einer zusätzlichen Folgerung: Aus Sicht des Inertialsystems S gehen die Uhren A und B langsamer als die Uhr C. Denn aus Sicht von S ist S_0 ein bewegtes Bezugssystem.

Auswirkungen der Zeitdilatation

Der Nachweis der Zeitdilatation wurde vielfach erbracht, u. a. durch JOSEPH C. HAFELE und RICHARD E. KEATING: Vier Caesium-Atomuhren wurden in Linienflügen einmal in westliche Richtung und einmal in östliche Richtung um die Erde transportiert. Dabei wurde der Zeitverlauf aufgezeichnet. Die Ergebnisse der Flüge bestätigten die Vorhersagen: In Ostrichtung gingen die vier Uhren um einige Nanosekunden nach. In Westrichtung gingen die Uhren dagegen um mehrere Nanosekunden vor.

Auch bei der Verarbeitung von GPS-Signalen spielt die Zeitdilatation eine wesentliche Rolle: Die Satelliten, die die Signale senden und empfangen, befinden sich gegenüber der Erdoberfläche in schneller Bewegung.

Zwillingsparadoxon Auf eine vielfach als paradox empfundene Schlussfolgerung, die sich aus der Zeitdilatation ergibt, hat EINSTEIN im Jahr 1911 hingewiesen: Ein Zwillingspaar wird getrennt. Ein Zwilling geht mit einer sehr schnellen Rakete auf eine Reise, der andere Zwilling bleibt auf der Erde zurück. Nach einigen Jahren kehrt der reisende Zwilling zur Erde zurück – und tatsächlich ist er weniger gealtert als der daheimgebliebene. Für den reisenden ist weniger Zeit vergangen als für den zu Hause gebliebenen Zwilling.

Paradox erscheint diese Situation, weil die Gleichberechtigung der beiden Bezugssysteme verletzt ist: Denn der Zwilling in der Rakete könnte ja auch sagen: »Die Erde hat sich fortbewegt und kam dann zu mir zurück.« Tatsächlich aber sind die Bezugssysteme in diesem Fall nicht gleichberechtigt. Der Zwilling in der Rakete verlässt nämlich bei der Umkehr sein Inertialsystem S und »springt« in ein anderes, S'. Danach bewegt er sich gleichförmig auf die Erde zu. In der Mitte der Reise vollführt der Zwilling quasi einen »Zeitsprung«: Er ist dann gleichzeitig im System S und S'. In dem Moment, wo er wieder auf der Erde ankommt, macht sich der Systemwechsel bemerkbar. Die Zeitdilatation führt also hier zu einem bleibenden Effekt: Wer zu Hause bleibt, altert schneller.

■ AUFGABEN

1. Alpha Centauri, der zur Erde nächstgelegene Fixstern, ist 4,5 Lichtjahre von uns entfernt.
   a Berechnen Sie, wie lange eine Rakete mit $v = 0{,}5\,c$ für den Hin- und Rückweg zur Erde benötigen würde.
   b Welche Zeit würde während der gesamten Reise an Bord der Rakete vergehen?
   c Mit welcher Geschwindigkeit müsste sich die Rakete bewegen, damit an Bord nur ein Jahr vergeht.

2. Der Astronaut A fliegt mit seiner Rakete mit der Geschwindigkeit von $0{,}6\,c$ in Bezug zur Erde, wo sein Zwillingsbruder B zurückbleibt. Für den Hinweg braucht A nach seiner eigenen Zeitmessung 4 Jahre. Anschließend kehrt er wieder zur Erde mit dem gleichen Geschwindigkeitsbetrag zurück.
   a Wie lange dauert die gesamte Reise von B von der Erde aus betrachtet?
   b Wie weit war A aus Sicht von B maximal entfernt?

Computersimulationen geben einen Eindruck von den relativistischen Effekten bei großen Geschwindigkeiten. Je sportlicher man sich auf einem extrem schnellen Fahrrad durch eine Stadt bewegt, desto stärker ändert sich die Wahrnehmung von Längen – schlimmer noch: Was zuvor gerade war, erscheint immer mehr gekrümmt.

1

19.6 Längenkontraktion

Eine weitere Folge aus den Einstein'schen Postulaten ergibt sich für die Längenmessung in bewegten Bezugssystemen: Mithilfe der Relativgeschwindigkeit v zweier Systeme S_0 und S kann die Längenmessung auf die Messung einer Laufzeit zurückgeführt werden. Aufgrund der Zeitdilatation ist daher die Länge ein und desselben Gegenstands in den beiden Systemen unterschiedlich. Dieser Effekt heißt Längenkontraktion.

Die Länge eines bewegten Gegenstands nimmt ein ruhender Beobachter in Bewegungsrichtung verkürzt wahr. Es gilt:

$$\Delta x = \Delta x_0 \cdot \sqrt{1 - \frac{v^2}{c^2}}. \qquad (1)$$

Dabei ist Δx_0 die Länge eines Körpers in dem System, in dem er ruht; Δx ist die Länge desselben Körpers, die von einem System aus gemessen wird, in dem sich der Körper bewegt. Senkrecht zur Richtung der Relativbewegung tritt keine Längenkontraktion auf.
Auch bei der Längenkontraktion gilt das Einstein'sche Relativitätsprinzip: Für einen Beobachter, der im System S_0 ruht, erscheinen die Gegenstände im System S verkürzt und umgekehrt.
Wie die Zeitdilatation ist auch die Längenkontraktion bei kleinen Relativgeschwindigkeiten mit $v \ll c$ nicht unmittelbar zu beobachten.

Lorentzfaktor Sowohl die Zeitdilatation als auch die Längenkontraktion lassen sich mit dem Lorentzfaktor k ausdrücken:

$$k = \frac{1}{\sqrt{1 - \frac{v^2}{c^2}}} \qquad (2)$$

$$\Delta t = k \cdot \Delta t_0 \quad \text{und} \quad \Delta x = \frac{1}{k} \cdot \Delta x_0 \qquad (3)$$

Längenmessung in bewegten Bezugssystemen

Abbildung 2 zeigt eine Rakete, die mit großer Geschwindigkeit v an einem Beobachter B auf der Erde vorbeifliegt. Die Rakete besitzt in dem Inertialsystem, in dem sie ruht, die Länge Δx_0.
Sowohl in der Rakete als auch auf der Erde wird eine Uhr auf null gesetzt, wenn der Anfang der Rakete am Beobachter B vorbeikommt. Beide Uhren werden angehalten, wenn das Ende der Rakete bei B ist.

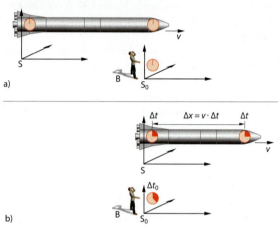

2 Längenmessung in zwei Bezugssystemen anhand von Zeitmessungen: Dem Beobachter B im Bezugssystem S_0 erscheint die vergangene Zeit kürzer. Daher nimmt er auch die Länge $v \cdot \Delta t$ als verkürzt wahr.

Für den Beobachter auf der Erde vergeht während des Vorbeifliegens die Zeit Δt_0. Diese Zeit ist aufgrund der Zeitdilatation länger als die Zeit Δt, die in der Rakete vergangen ist: In der Rakete gehen die Uhren langsamer.
Im System S_0 erscheint dem Beobachter daher die Länge der Rakete verkürzt: Im System S der Rakete beträgt die Länge $\Delta x_0 = v \cdot \Delta t$. Im System S_0 des Beobachters beträgt die Länge dagegen $\Delta x = v \cdot \Delta t_0$. Mit

$$\Delta t_0 = \Delta t \cdot \sqrt{1 - \frac{v^2}{c^2}}$$

folgt daraus die Gleichung (1) für die Längenkontraktion.

326

Nicht nur die Länge, sondern auch die Feldstärke bewegter Systeme erscheint gestaucht. So entsteht die Lorentzkraft.
6.4

MECHANIK UND GRAVITATION | ELEKTRIZITÄT | SCHWINGUNGEN UND WELLEN

Myonen

Bei der Erforschung der Sonneneruptionen spielt eine besondere Teilchensorte eine zentrale Rolle, die Myonen (vgl. 17.4). Sie entstehen laufend und in großer Zahl etwa 10 km über der Erdoberfläche, wenn die Teilchen der kosmischen Strahlung mit den Molekülen der Lufthülle kollidieren. Allerdings haben die Myonen eine sehr kurze Lebensdauer: Nur zwei Millionstel Sekunden, nachdem sie entstanden sind, zerfallen sie schon wieder in Neutrinos und Elektronen. Dass die Myonen dennoch auf dem Erdboden ankommen, ist mit der Längenkontraktion bzw. der Zeitdilatation zu erklären.

Die Myonen bewegen sich mit 99,95 Prozent der Lichtgeschwindigkeit. Bei einer mittleren Lebenszeit von $2 \cdot 10^{-6}$ s würden sie gemäß $s = v \cdot t$ bereits nach ca. 600 m zerfallen. Doch aufgrund ihres hohen Tempos nahe der Lichtgeschwindigkeit erscheint in ihrem Inertialsystem die 10 km lange Strecke vom Entstehungsort zur Erdoberfläche stark verkürzt, nämlich auf eine Länge von ca. 300 m. – Aus der Sicht eines Beobachters auf der Erde dagegen erscheint die Zeit, die im Inertialsystem der Myonen vergeht, deutlich länger als $2 \cdot 10^{-6}$ s.

Wahrnehmung schnell bewegter Objekte

Die Längenkontraktion bezieht sich nur auf die Ausdehnung eines Körpers längs der Bewegungsrichtung. Die Ausdehnung quer zur Bewegungsrichtung ändert sich nicht. Allerdings nimmt ein ruhender Beobachter noch ein weiteres Phänomen wahr, wenn ein schnell bewegter Körper an ihm vorüberfliegt: Bewegt sich ein Objekt wie beispielsweise ein Würfel mit großer Geschwindigkeit schräg an einem Beobachter vorbei, so bekommt der Beobachter auch dessen Rückseite zu sehen.

Abbildung 3 zeigt einen Würfel, der mit 95 % der Lichtgeschwindigkeit an einer Reihe ruhender Würfel vorbeifliegt, die genauso ausgerichtet sind wie er selbst. Das Licht, das vom Würfel ausgesandt wird, stammt von unterschiedlichen Orten auf dem Würfel und braucht dementsprechend unterschiedliche Laufzeiten bis zum Beobachter.

3 a) Scheinbare Drehung eines Würfels, der sich mit $v = 0{,}95\ c$ bewegt; b) zum Vergleich eine Reihe ruhender Würfel

Dass es möglich ist, sogar die Rückseite eines schnell bewegten Körpers zu sehen, zeigt Abb. 4. Die undurchsichtige Platte bewegt sich mit der Geschwindigkeit v in x-Richtung. Zum Zeitpunkt t_0 wird am Ort A Licht nach allen Richtungen ausgesandt. Zum Zeitpunkt t_1 hat sich die Platte um die Strecke $\Delta x = v \cdot \Delta t$ weiterbewegt. Das Licht hat sich in derselben Zeit um $c \cdot \Delta t$ weiterbewegt, die Platte behindert die Lichtausbreitung jedoch erst am Ort x_1. Zum Zeitpunkt t_2 ist die Platte wiederum ein Stück weitergerückt, sodass eine ungestörte Lichtausbreitung von A zum Beobachter B möglich wird.

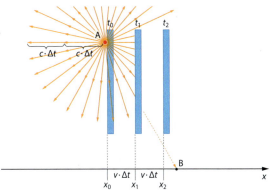

4 Wenn die Platte sich schnell genug bewegt, gelangt Licht von ihrer Rückseite zum Beobachter B.

Der Beobachter nimmt eine Würfelkante wahr, weil alle Punkte dieser Kante Licht aussenden. Er nimmt in einem Moment jedoch nicht das Licht wahr, das alle Punkte zur selben Zeit ausgesandt haben, denn die Laufzeiten sind unterschiedlich. Das Bild, das beim Beobachter zu einem bestimmten Zeitpunkt entsteht, stammt also von Signalen, die die Punkte zu unterschiedlichen Zeiten während ihrer Bewegung ausgesandt haben. Dies ist der Grund für die Verzerrungen in Abb. 3 und Abb. 1.

■ AUFGABEN

1. Wie schnell fliegt eine Rakete an der Erde vorbei, wenn ihre von der Erde aus gemessene Länge die Hälfte der Eigenlänge beträgt?
2. Myonen entstehen in etwa 10 km Höhe und bewegen sich mit einer typischen Geschwindigkeit von $0{,}9995\ c$ auf die Erde zu. Bestätigen Sie anhand einer Rechnung, dass trotz ihrer kurzen mittleren Lebensdauer von $2 \cdot 10^{-6}$ s sehr viele Myonen die Erdoberfläche erreichen können.
3. Zwei Raketen nähern sich mit sehr großer Geschwindigkeit einem Asteroiden. Der Asteroid bewegt sich aus der Sicht der Rakete A mit $0{,}4\ c$, aus Sicht der Rakete B mit $0{,}2\ c$. Die Länge des Asteroiden beträgt aus Sicht der schnelleren Rakete 350 m. Geben Sie an, welche Länge die Besatzung der anderen Rakete misst.

Eine riesige Gaswolke, die von einem Schwarzen Loch mit Geschwindigkeiten bis zu 400 km/s umhergewirbelt wird. Die Farbe ihres Lichts, hängt davon ab, in welche Richtung sich die Materie bewegt: Entfernt sie sich von uns, erscheint es rotverschoben, kommt sie näher, erscheint es blauverschoben. Ursache ist der Dopplereffekt, der in ähnlicher Form bei akustischen Signalen zu beobachten ist.

19.7 Dopplereffekt und Geschwindigkeitsaddition

Beim akustischen Dopplereffekt erscheint die Frequenz einer Schallquelle verändert, wenn diese sich relativ zum Empfänger bewegt. In ähnlicher Weise ändert sich auch die Frequenz des Lichts, wenn sich die Lichtquelle relativ zum Beobachter bewegt. Im Ruhesystem S_0 eines Beobachters ergibt sich für das Frequenzverhältnis der bewegten zur ruhenden Quelle:

$$\frac{f_0}{f} = \sqrt{\frac{1-\frac{v}{c}}{1+\frac{v}{c}}}. \tag{1}$$

Wenn sich die Lichtquelle vom Beobachter entfernt, ist die Geschwindigkeit v positiv: Die von ihm wahrgenommene Frequenz des Lichts wird kleiner. Dieser Effekt heißt Doppler-Rotverschiebung.

Relativgeschwindigkeit Bewegen sich zwei Körper auf einer Linie in entgegengesetzter Richtung, so ist ihre Relativgeschwindigkeit nach den Gesetzen der klassischen Physik durch einfache Addition zu berechnen: Sie ist die Summe der Einzelgeschwindigkeiten. Wäre eine solche Geschwindigkeitsaddition auch bei großen Geschwindigkeiten möglich, so hätten zwei Raketen, die sich jeweils mit 0,75 c bewegen, eine Relativgeschwindigkeit von 1,5 c. Dies stände im Widerspruch zum zweiten Einstein-Postulat.
Für die relativistische Geschwindigkeitsaddition gilt stattdessen:

$$u_0 = \frac{u+v}{1+\frac{u\cdot v}{c^2}}. \tag{2}$$

Dabei ist u_0 die Geschwindigkeit im System S_0, u die Geschwindigkeit im System S und v die Relativgeschwindigkeit von S_0 und S.

Licht von einer bewegten Quelle

Die Lichtfrequenz f einer Quelle kann als Kehrwert einer Schwingungsdauer T betrachtet werden. Diese Schwingungsdauer unterliegt bei einer bewegten Quelle der Zeitdilatation. Bei Annäherung einer Quelle kommt es daher zu einer höheren, bei Entfernung einer Quelle zu einer niedrigeren Frequenz (Abb. 2).

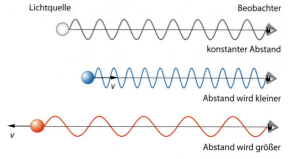

2 Blau- bzw. Rotverschiebung aufgrund der Relativbewegung zwischen Lichtquelle und Beobachter

In der Akustik ist es von Bedeutung, ob sich die Quelle oder der Empfänger gegenüber dem Ausbreitungsmedium bewegt (vgl. 9.11). Da das Licht jedoch kein Ausbreitungsmedium benötigt, kommt es hier nur auf die Relativbewegung von Quelle und Empfänger an.

■ MATHEMATISCHE VERTIEFUNG ■

Angenommen, eine Quelle, die Strahlung der Frequenz f aussendet, entfernt sich mit der Geschwindigkeit v von einem Beobachter. Für die Frequenz f_0, die der Beobachter wahrnimmt, gilt dann die klassische Gleichung (vgl. 9.11):

$$f_0 = f \cdot \frac{1}{1+\frac{v}{c}}. \tag{3}$$

Aufgrund der Zeitdilatation wird im ruhenden System die Schwingungsdauer um den Faktor k vergrößert wahrgenommen:

$$k = \frac{1}{\sqrt{1-\frac{v^2}{c^2}}}. \tag{4}$$

Beim akustischen Dopplereffekt spielt das Ausbreitungsmedium eine Rolle: Auch der Wind kann die Frequenz verändern.
9.11

Die Frequenz, die im System S des ruhenden Beobachters wahrgenommen wird, verkleinert sich also um den Faktor $1/k$, sodass gilt:

$$f_0 = f\sqrt{1 - \frac{v^2}{c^2}} \cdot \frac{1}{1+\frac{v}{c}}. \tag{5}$$

Mit der binomischen Formel

$$1 - \frac{v^2}{c^2} = \left(1 - \frac{v}{c}\right)\cdot\left(1+\frac{v}{c}\right) \tag{5}$$

folgt daraus die Gl. (1):

$$f_0 = f\frac{\sqrt{(1+\frac{v}{c})\cdot(1-\frac{v}{c})}}{1+\frac{v}{c}} = f\frac{\sqrt{(1+\frac{v}{c})\cdot(1-\frac{v}{c})}}{\sqrt{(1+\frac{v}{c})^2}} = f\sqrt{\frac{1-\frac{v}{c}}{1+\frac{v}{c}}}. \tag{7}$$

Hierbei wurde für v ein positiver Wert verwendet. Bei Annäherung der Lichtquelle muss ein negativer Wert eingesetzt werden.

Addition von Geschwindigkeiten

Aus Gl. (2) für die relativistische Geschwindigkeitsaddition folgt, dass die Lichtgeschwindigkeit die Obergrenze für die Relativgeschwindigkeit zweier Körper ist (Abb. 3). Setzt man $u = v = c$, so erhält man:

$$u_0 = \frac{c+c}{1+\frac{c\cdot c}{c^2}} = \frac{2c}{2} = c. \tag{8}$$

Sind u und v sehr klein im Vergleich zu c ($u, v \ll c$), dann gilt die klassische Form der Addition von Geschwindigkeiten:

$$u_0 = \frac{u+v}{1+\frac{u\cdot v}{c^2}} \approx \frac{u+v}{1+0} = u+v \tag{9}$$

Damit enthält die Relativitätstheorie auch hier die klassische Mechanik als Grenzfall und gerät nicht in Konflikt mit den alltäglichen experimentellen Befunden.

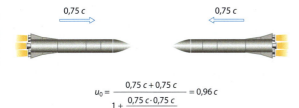

3 Für die Relativgeschwindigkeit u_0 stellt die Lichtgeschwindigkeit c die Obergrenze dar.

Beispiel für eine Rotverschiebung

Mithilfe der Frequenzverschiebungen von Spektrallinien werden in der Astrophysik Relativgeschwindigkeiten von Himmelskörpern bestimmt (vgl. 20.9). Ein Beispiel, das für große Aufmerksamkeit sorgte, ist der 1963 entdeckte Quasar 3C273. Ein Quasar ist eine punktförmige Lichtquelle, die im sichtbaren Bereich wie ein Stern erscheint. Er ist der Kern einer aktiven Galaxie.

Bei der Auswertung der Spektren des Quasars 3C273 wurde festgestellt, dass die charakteristischen Linien des Wasserstoffs weit ins Rot, also hin zu kleineren Frequenzen, verschoben sind.

Für die H_β-Linie erhielt man eine Rotverschiebung von $f/f_0 = 1{,}158$. Damit lässt sich errechnen, dass sich diese Lichtquelle von der Erde als Empfänger mit etwa 43 800 km/s entfernt, also mit mehr als einem Zehntel der Vakuumlichtgeschwindigkeit. Die Frequenzverschiebung wird zusätzlich von der gravitativen Rotverschiebung überlagert, die durch die allgemeine Relativitätstheorie beschrieben wird (vgl. 19.13).

AUFGABEN

1 Eine Rakete fliegt mit einer Geschwindigkeit von $0{,}8\,c$ von der Erde zu einem Stern und wieder zurück. Während des Flugs sendet die Bodenstation auf der Erde Funksignale der Frequenz f. Berechnen Sie die Frequenz, die ein Astronaut auf dem Hin- bzw. auf dem Rückflug registriert.

2 An einem ruhenden Beobachter auf der Erde bewegt sich mit großer Geschwindigkeit eine Rakete vorbei. Der Astronaut in der Rakete spannt einen Bogen und schießt vom Ende der Rakete zur Spitze einen Pfeil mit einer Geschwindigkeit von 25 000 km/s ab.

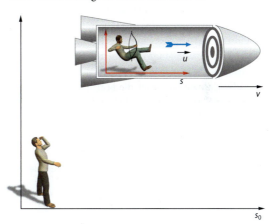

Berechnen Sie für die beiden folgenden Geschwindigkeiten der Rakete jeweils die beobachtete relativistische Geschwindigkeit des Pfeils:
a $v_{Pfeil} = 15\,000$ km/s
b $v_{Pfeil} = 150\,000$ km/s

3 a Stellen Sie Gemeinsamkeiten und Unterschiede von akustischem und optischem Dopplereffekt dar.
b Welche Frequenzen würden empfangen werden, wenn sich Sender und Empfänger mit Schall- bzw. Lichtgeschwindigkeit parallel zueinander oder voneinander weg bewegen würden?

METHODEN

19.8 Minkowski-Diagramm

Die Spezielle Relativitätstheorie hat ein neues Verständnis von Raum und Zeit geschaffen. Durch die Einstein'schen Postulate ergeben sich folgende Konsequenzen:
1. Gleichzeitigkeit ist eine relative Größe. Ob zwei Ereignisse als gleichzeitig angesehen werden, hängt von der Wahl des Bezugssystems ab.
2. Die Wahrnehmung von Raum und Zeit hängt vom Bezugssystem ab: Jedes Bezugssystem hat seine Eigenzeit und Eigenlänge.
3. Zeit und Ort hängen voneinander ab, sie bilden die vierdimensionale Raumzeit. Eine Längenmessung bedeutet, Anfang und Ende des betreffenden Körpers gleichzeitig (synchron) zu messen.
4. Die Zeit und die Länge sind relative Größen. Sie hängen vom Bewegungszustand des Beobachters ab. Trotzdem ändert sich die *Reihenfolge* zweier aufeinanderfolgender Ereignisse am gleichen Ort aus Sicht unterschiedlicher Bezugssysteme nicht. Damit ist die Kausalität nicht gestört. »Reisen durch die Zeit«, die Geschehenes ungeschehen machen, sind demnach nicht möglich.

Koordinatenachsen

Zur Darstellung von Bewegungen entwickelte der Mathematiker HERMANN MINKOWSKI ein geometrisches Modell. Dieses gestattet u. a. eine Veranschaulichung der Phänomene von Zeitdilatation und Längenkontraktion.
Die Einteilung der Achsen in einem Minkowski-Diagramm entspricht den Größenordnungen der Lichtgeschwindigkeit. Anders als in den üblichen Darstellungen von Zeit-Weg-Diagrammen wird hier die horizontale Achse für die Raumkoordinate und die vertikale Achse für die Zeitkoordinate verwendet (Abb. 1).

Die Achseneinteilung wird so gewählt, dass einer Sekunde auf der Zeitachse gerade eine Lichtsekunde (Ls) auf der Ortsachse entspricht. Dabei gilt $1 \text{ Ls} = c \cdot 1 \text{ s} \approx 3 \cdot 10^8$ m. Mit dieser Einteilung beschreibt die Winkelhalbierende der Achsen die Ausbreitung des Lichts im System S_0. Sie wird *Lichtgerade* genannt. Bewegt sich nun das zweite Inertialsystem S gegenüber S_0 mit einer Geschwindigkeit v, dann wird die Bewegung des Koordinatenursprungs von S im System S_0 zur neuen Zeitachse t.
Auch im System S gilt das Einstein'sche Postulat der Konstanz der Lichtgeschwindigkeit. Daher muss bei entsprechender Achseneinteilung auch hier die Lichtgerade die Winkelhalbierende des Koordinatensystems darstellen. Deswegen ergibt sich analog zum System S_0 die x-Achse als Spiegelung der t-Achse an der Lichtgeraden.
Mithilfe der Längenkontraktion lässt sich die Achseneinteilung der Minkowski-Diagramme für zwei zueinander bewegte Inertialsysteme konstruieren. Bei einer Geschwindigkeit von beispielsweise $0,6\,c$ beträgt der Lorentzfaktor $k = 1,25$. Eine Länge von 1 Ls im System S_0 entspricht dann einer Länge von $1/1,25$ Ls = 0,8 Ls im System S.
Aufgrund des Relativitätsprinzips, also der Gleichberechtigung der Bezugssysteme, entspricht auch 1 Ls in S einer Länge von 1,25 Ls in S_0. Eine Parallele zur Zeitachse durch den Punkt $(0|k)$ im System S_0 liefert den Einheitsmaßstab für das System S (Abb. 2).

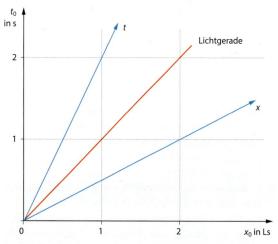

1 Lage der Koordinatenachsen zweier zueinander bewegter Inertialsysteme

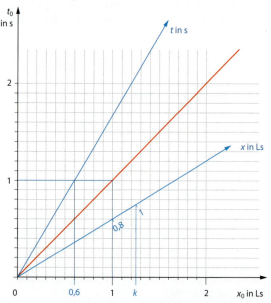

2 Konstruktion eines Maßstabs im Minkowski-Diagramm

Bei der Betrachtung von gleichzeitigen Ereignissen am gleichen Ort im System S ergibt sich auch der Maßstab der Zeitachse. Durch diese Konstruktion ist es möglich, für ein beliebiges Ereignis die Orts- und Zeitkoordinaten bezüglich beider Systeme anzugeben.

Beispiel Garagenparadoxon

In Ruhe haben ein Auto und seine Garage die gleiche Länge. Das Auto fährt mit sehr großer Geschwindigkeit in die Garage. Zur Sicherheit ist an der Rückwand eine zweite Tür als Ausfahrt geöffnet (Abb. 3).

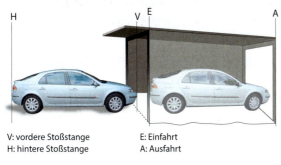

V: vordere Stoßstange E: Einfahrt
H: hintere Stoßstange A: Ausfahrt

3 Passt das Auto auch bei hoher Geschwindigkeit in eine Garage gleicher Länge?

- Aus der Sicht eines an der Garage ruhenden Beobachters besitzt das Auto eine Geschwindigkeit v und ist deshalb verkürzt, es passt also in die Garage.
- Aus der Sicht des Autofahrers bewegt sich jedoch die Garage mit der Geschwindigkeit $-v$ auf ihn zu, die Garage ist verkürzt, und das Auto passt nicht hinein.

Mithilfe eines Minkowski-Diagramms lässt sich die Situation klären (Abb. 4): Aus Sicht des Bezugssystems S_0 Garage und aus Sicht des Autofahrers im System S entstehen unterschiedliche zeitliche Abfolgen der Ereignisse, die sich entlang der Parallelen zur x_0- bzw. x-Achse ablesen lassen:
- VE, das Auto fährt in die Garage ein.
- HE, die hintere Stoßstange passiert die Einfahrt.
- VA, die vordere Stoßstange passiert die Ausfahrt.

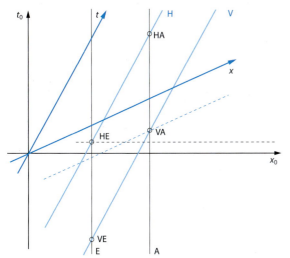

4 Minkowski-Diagramm: Die zeitliche Abfolge der Ereignisse wird mithilfe von Parallelen zur x_0- bzw. zur x-Achse ermittelt.

Im System S_0 passt das Auto vollkommen in die Garage hinein, denn erst nach den Ereignissen VE und HE folgen die Ereignisse VA und HA. Aus Sicht von S ist das Auto zu keinem Zeitpunkt vollständig in der Garage, denn das Ereignis HE folgt kurze Zeit nach dem Ereignis VA.

Lichtkegel und Kausalität

Wird in einem Minkowski-Diagramm das Ereignis P festgehalten, so kann man hierzu zwei Lichtkegel zeichnen, die durch die Lichtgeschwindigkeit festgelegt sind (Abb. 5). Die Weltlinie ist die Linie im Minkowski-Diagramm, die die Bewegung eines Körpers in Raum und Zeit beschreibt.
Der Vergangenheitslichtkegel enthält alle Ereignisse, die P beeinflusst haben können. Der Zukunftslichtkegel enthält alle Ereignisse, die noch von P beeinflusst werden können. Alle Punkte außerhalb der beiden Lichtkegel sind »anderswo«: Sie stehen in keinem kausalen Zusammenhang zu P. Diese Bereiche können nicht erreicht werden, weil Uhren nicht rückwärtslaufen können.

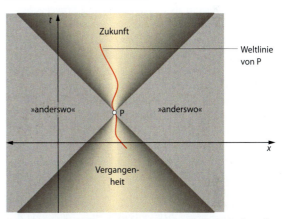

5 Lichtkegel für Vergangenheit und Zukunft des Ereignisses P

■ AUFGABEN

1 Von einer Rakete wird ein Lichtsignal zu einer zweiten Rakete ausgesandt, die sich mit $v = 0{,}6\,c$ bewegt. Das Signal wird an ihr reflektiert und zum Sender zurückgeschickt. Dort wird der Vorgang wiederholt. Konstruieren Sie dazu ein Minkowski-Diagramm.

2 Ein Astronaut fliegt mit $v = 0{,}6\,c$ an der Erde vorbei. Dabei synchronisiert er seine Uhr mit der Erdzeit auf 6.00 Uhr. Um 7.00 Uhr Erdzeit passiert er eine Weltraumstation, deren Uhren mit denen auf der Erde synchron sind. Beantworten Sie die beiden folgenden Fragen jeweils anhand einer Rechnung und anhand eines Minkowski-Diagramms:

a Wie spät ist es im Raumschiff, wenn der Astronaut die Weltraumstation passiert?
b Wie weit ist die Weltraumstation von der Erde in den Systemen Erde bzw. Raumschiff entfernt?

Ein ungleiches Rennen: Während die Protonen im Speicherring des LHC jede Sekunde über 11 000 Runden drehen, schafft dieser Mitarbeiter in derselben Zeit nur wenige Meter entlang der 27 km langen Strecke. Wäre er genauso schnell unterwegs wie seine Konkurrenten, würde allerdings auch seine Masse erheblich zunehmen: Er wöge dann statt 75 kg mehr als 500 Tonnen.

19.9 Relativistische Masse und relativistischer Impuls

Die Masse beschreibt zwei Eigenschaften eines Körpers, nämlich träge und schwer zu sein. Die Eigenschaft der Schwere äußert sich in der gravitativen Wechselwirkung mit anderen Körpern; die Eigenschaft der Trägheit kann als Widerstand eines Körpers gegen eine beschleunigende Wirkung aufgefasst werden.

Jede Wechselwirkung ruft eine Impulsänderung hervor, die zu einer Beschleunigung der beteiligten Körper führt. Die Beschleunigung eines Körpers in einem bewegten System erscheint jedoch in einem ruhenden System wegen der Längenkontraktion bzw. der Zeitdilatation vermindert. Dagegen gilt der Impulserhaltungssatz, der sich aus dem Wechselwirkungsprinzip ableiten lässt, unabhängig von der Wahl des Bezugssystems. Die verminderte Beschleunigung ist durch eine Zunahme der Masse zu erklären. Es gilt:

$$m(v) = \frac{m_0}{\sqrt{1 - \frac{v^2}{c^2}}} \quad \text{bzw.} \quad m(v) = k \cdot m_0. \tag{1}$$

Dabei wird m_0 als Ruhemasse und $m(v)$ als dynamische Masse oder Impulsmasse im System des ruhenden Beobachters bezeichnet.

Aus Gl. (1) ergibt sich mit der Definition des Impulses:

$$p(v) = m(v) \cdot v = \frac{m_0}{\sqrt{1 - \frac{v^2}{c^2}}} \cdot v. \tag{2}$$

Gedankenexperiment zur Masse

Auf zwei in x-Richtung verlaufenden Gleisen befindet sich jeweils ein Eisenbahnwagen (Abb. 2). Ein Wagen ruht im System S_0 des Bahnsteigs, der andere im System S, das sich mit der Geschwindigkeit v am Bahnsteig vorbeibewegt.

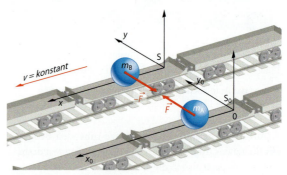

2 Zwei Körper, die sich gegenseitig anziehen und sich in unterschiedlichen Inertialsystemen befinden

Auf den beiden Wagen befinden sich zwei Körper der Massen m_A und m_B. In dem Augenblick, in dem die Wagen auf gleicher Höhe sind, sollen diese Körper eine Anziehungskraft vom Betrag F aufeinander ausüben und dadurch jeweils eine geringfügige Impulsänderung in y-Richtung erfahren. Die Geschwindigkeitskomponenten in y-Richtung sind allerdings dabei sehr klein.

Da die Wechselwirkung zwischen den beiden Körpern gleich groß ist, sind auch die Impulskomponenten in y-Richtung gleich groß. Dies gilt sowohl aus Sicht von S_0 als auch aus Sicht von S:

$$|m_A \cdot v_{yA}| = |m_B \cdot v_{yB}|. \tag{3}$$

$$\frac{m_B}{m_A} = \frac{|v_{yA}|}{|v_{yB}|} \tag{4}$$

Die Massen m_A und m_B sind dann gleich groß, wenn v_{yA} und v_{yB} gleich groß sind. Die Geschwindigkeitskomponenten in y-Richtung v_{yA0} von S_0 aus gesehen und v_{yB} von S aus gesehen sind dann ebenfalls gleich groß:

$$v_{yA0} = v_{yB}, \quad \text{also} \quad \frac{\Delta y_0}{\Delta t_0} = \frac{\Delta y}{\Delta t} \Leftrightarrow \frac{\Delta y}{\Delta y_0} = \frac{\Delta t_0}{\Delta t}. \tag{5}$$

Die Längenkontraktion in y-Richtung spielt keine Rolle, da die Bewegung in y-Richtung sehr langsam ist: $\Delta y_0 = \Delta y$. Andererseits ist die Zeitdilatation aufgrund der hohen Relativgeschwindigkeit zwischen S_0 und S zu berücksichtigen:

In einem Spektrometer zur Analyse der Teilchenmasse muss die relativistische Korrektur berücksichtigt werden – denn man möchte ja die Ruhemasse bestimmen.

$$\Delta t_0 = \frac{\Delta t}{\sqrt{1 - \frac{v^2}{c^2}}}. \quad (6)$$

Mit Gl. (4) gilt also:

$$\frac{m_B}{m_A} = \frac{v_{yB}}{v_{yB0}} = \frac{\Delta t_0}{\Delta t} = \frac{1}{\sqrt{1 - \frac{v^2}{c^2}}}. \quad (7)$$

Für $v = 0$ sind also die Massen gleich. Für größere Geschwindigkeiten sind sie abhängig von der Wahl des Bezugssystems (Gl. 1).

Bei sehr großen Geschwindigkeiten wie in Teilchenbeschleunigern muss die relativistische Massenzunahme immer berücksichtigt werden. Werden beispielsweise Protonen auf eine Energie von 400 GeV beschleunigt, so wären diese nach der klassischen Mechanik etwa mit dem 30-Fachen der Lichtgeschwindigkeit unterwegs. Tatsächlich erreichen die Protonen jedoch nur knapp über 99,9 % der Lichtgeschwindigkeit. Um die Protonen auf Lichtgeschwindigkeit zu beschleunigen, wäre unendlich viel Energie notwendig.

Experimente mit schnellen Elektronen

Die erste experimentelle Bestätigung der von EINSTEIN theoretisch begründeten Massenzunahme schnell bewegter Körper gelang im Jahr 1909 dem Physiker ALFRED BUCHERER. Er nutzte für seine Experimente energiereiche Elektronen, die beim Zerfall von Radium entstehen. Ein Kondensator wurde so in ein magnetisches Feld eingebracht, dass elektrische und magnetische Feldlinien senkrecht aufeinander standen (Abb. 3).

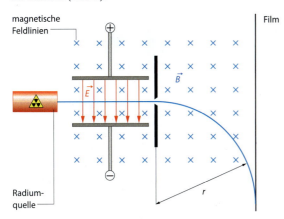

3 Experimenteller Aufbau zur Untersuchung schneller Elektronen in einem Magnetfeld

Eine solche Anordnung stellt einen Geschwindigkeitsfilter für die Elektronen dar: Nur Elektronen mit einer bestimmten Geschwindigkeit können den Kondensator auf einer geradlinigen Bahn passieren (vgl. 6.7). Die Geschwindigkeit der Elektronen, die den Filter passieren, lässt sich über die elektrische und die magnetische Feldstärke steuern. Hinter dem Filter bewegen sie sich auf einer Kreisbahn, deren Radius proportional zur ihrer Masse m_e ist.

In den Experimenten von Bucherer zeigte sich, dass die Masse der Elektronen gemäß Gl. (1) zunimmt. Dieses Ergebnis wurde in den folgenden Jahren von weiteren Experimentatoren mit zunehmender Genauigkeit bestätigt (Abb. 4). Die Experimente hatten eine große Bedeutung für die Anerkennung der Speziellen Relativitätstheorie.

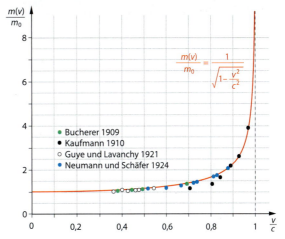

4 Experimentelle Ergebnisse zur Massenzunahme bei Annäherung an die Lichtgeschwindigkeit

AUFGABEN

1 a Berechnen Sie die relativistische Impulsmasse einer Rakete, die eine Ruhemasse von 2 Millionen kg hat, für Relativgeschwindigkeiten von 15 000 km/s und 150 000 km/s.

b Begründen Sie anhand der verwendeten Gleichung, dass die Rakete sich nicht mit Lichtgeschwindigkeit durch das Ruhesystem eines beliebigen Beobachters bewegen kann.

2 Elektronen werden von einer Katode zu einer Anode beschleunigt. Die Beschleunigungsspannung betrage in einem Fall 10^4 V, in einem anderen 10^6 V.

a Berechnen Sie die Geschwindigkeiten für beide Fälle nach den Gesetzen der klassischen Physik.

b Berechnen Sie die Geschwindigkeiten für beide Fälle relativistisch.

3 Ein Elektron bewegt sich mit der kinetischen Energie 1,5 MeV in einem homogenen magnetischen Feld, das die Feldstärke $5 \cdot 10^{-3}$ T besitzt.

a Berechnen Sie den Bahnradius zunächst klassisch, dann relativistisch.

b Begründen Sie den Unterschied der in Teil a ermittelten Werte.

4 Bei welcher Geschwindigkeit haben Elektronen die gleiche Masse wie ruhende Protonen?

Das Lager eines Steinkohlekraftwerks mit 200 000 Tonnen Brennmaterial, aus der Luft fotografiert. Die Kohle wird verbrannt, Kohlenstoffatome verbinden sich dabei mit Sauerstoff. Gelänge es dagegen in einem anderen Prozess, Materie vollständig in nutzbare Energie umzuwandeln, würde schon weniger als 1/10 Gramm reichen, um dieselbe Wärme zu erzeugen wie der Kohleberg.

19.10 Masse-Energie-Beziehung

Wird ein Körper beschleunigt, erhöht sich seine träge Masse. Will man die Geschwindigkeit eines Körpers nach und nach um immer den gleichen Betrag erhöhen, so wird jeweils immer mehr Energie dafür benötigt: Ein Teil dieser Energie muss für die Beschleunigung, ein anderer muss für die Massenzunahme aufgewendet werden. Um schließlich die Lichtgeschwindigkeit zu erreichen, wäre die aufzuwendende Energie unendlich groß.

Jede Energieänderung entspricht einer Massenänderung und umgekehrt. Jede Massenänderung Δm ist der Energieänderung $\Delta m \cdot c^2$ äquivalent:

$$\Delta E = \Delta m \cdot c^2. \tag{1}$$

Die Gleichung zeigt, dass eine kleine Massenänderung einer großen Energiedifferenz entspricht. Jedem Teilchen, das die Ruhemasse m_0 besitzt kann demzufolge eine Ruheenergie E_0 zugeschrieben werden:

$$E_0 = m_0 \cdot c^2 \tag{2}$$

Alle physikalischen Objekte, denen wir eine Energie zuschreiben, besitzen demnach eine Masse, auch das elektrische Feld in einem Kondensator oder das Gravitationsfeld eines Himmelskörpers. Ebenso bedeutet das Erwärmen eines Körpers eine Energiezunahme und damit eine Massenzunahme, auch wenn seine Teilchen dieselben bleiben.

Unelastischer Stoß zweier Körper

Obwohl die Vakuumlichtgeschwindigkeit die obere Grenze für die Geschwindigkeit eines Körpers darstellt, kann auch einem sehr schnellen Körper immer mehr kinetische Energie zugeführt werden. Die Ursache hierfür liegt in dem Zusammenhang zwischen Masse und Energie. Auf diesen Zusammenhang lässt auch das folgende Gedankenexperiment schließen:

Zwei Kugeln mit einer Ruhemasse von jeweils m_0 bewegen sich mit den Geschwindigkeiten $\vec{v}$ und $-\vec{v}$ aufeinander zu (Abb. 2). Sie besitzen aus Sicht des ruhenden Schwerpunktsystems jeweils die Masse:

$$m(v) = \frac{m_0}{\sqrt{1 - \frac{v^2}{c^2}}}. \tag{3}$$

Diese Gleichung gilt dann für die Impulsmassen beider Kugeln gleichermaßen.

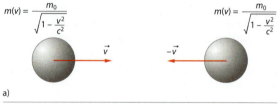

2 Unelastischer Stoß zweier Kugeln, die die gleiche kinetische Energie und die gleiche Ruhemasse m_0 besitzen

Wenn die Kugeln vollkommen unelastisch zusammenstoßen, sind sie nach dem Stoß in Ruhe. Demnach muss sich die Masse jeder Kugel um den Betrag $\Delta m = m(v) - m_0$ ändern.

Durch den unelastischen Stoß erhöht sich die innere Energie bzw. die Temperatur der Kugeln. Die Massenänderung Δm entspricht einer Energieänderung ΔE. Wird ein Körper der Ruhemasse m_0 aus der Ruhe auf die Geschwindigkeit v beschleunigt, so beträgt seine Massenzunahme:

$$\Delta m = m(v) - m_0 = \frac{m_0}{\sqrt{1 - \frac{v^2}{c^2}}} - m_0. \tag{4}$$

Dieser Ausdruck lässt sich mithilfe eines mathematischen Näherungsverfahrens – genauer: der *binomischen Reihe* – berechnen. Näherungsweise gilt danach:

$$\Delta m \approx \frac{1}{2} m_0 \cdot v^2 \cdot \frac{1}{c^2} = E_{\text{kin}} \cdot \frac{1}{c^2}. \tag{5}$$

Die dem Körper zugeführte Energie ist äquivalent zur Erhöhung der trägen Masse:

$$\Delta E = \Delta m \cdot c^2. \tag{6}$$

Es entspricht also auch jeder Massenänderung Δm eine Energieänderung $\Delta m \cdot c^2$. Masse und Energie sind verschiedene Formen ein und derselben Sache. EINSTEIN drückte diese Äquivalenz von Masse und Energie in seiner wohl bekanntesten Formel aus:

$$E = m \cdot c^2. \tag{7}$$

Energieerhaltungssatz

Aufgrund der Äquivalenz von Masse und Energie kann auch der Energieerhaltungssatz umfassender interpretiert werden. In einem abgeschlossenen System ist die Gesamtenergie $E = m(v) \cdot c^2$ konstant. Da die Vakuumlichtgeschwindigkeit c ihrerseits eine Konstante ist, stellt der Energieerhaltungssatz also einen Erhaltungssatz für die Impulsmasse dar.

In einem abgeschlossenen System ist die Impulsmasse $m(v)$ konstant. Für die Gesamtenergie gilt:

$$E_{\text{ges}} = m(v) \cdot c^2 = m_0 \cdot c^2 + E_{\text{kin}}. \tag{8}$$

Die Relativitätstheorie fasst also die Aussagen der Mechanik über die Energieerhaltung und die Massenerhaltung zu einem einzigen Erhaltungssatz zusammen.

Die Abhängigkeit der kinetischen Energie von der Geschwindigkeit zeigt Abb. 3. Auch hier wird deutlich, dass für $v \ll c$ die klassisch berechneten Werte mit den relativistisch berechneten übereinstimmen.

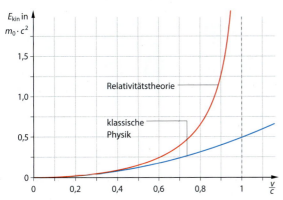

3 Relativistische und klassisch berechnete kinetische Energie als Funktion von v/c. Die Abweichungen werden umso größer, je mehr sich v dem Wert c annähert.

Energie-Impuls-Beziehung

Impuls und Energie sind zwei fundamentale Erhaltungsgrößen der Physik. Auch aus Sicht zweier relativ zueinander bewegter Inertialsysteme bleiben diese Größen stets erhalten.

Energie und Impuls sind aber auch miteinander verknüpft. Für den relativistischen Impuls eines Körpers mit der Geschwindigkeit v gilt die Gleichung:

$$p(v) = m(v) \cdot v = \frac{m_0 \cdot v}{\sqrt{1 - \frac{v^2}{c^2}}}. \tag{9}$$

Die Gesamtenergie des Körpers ist:

$$E = m(v) \cdot c^2. \tag{10}$$

Aus beiden Gleichungen erhält man durch Quadrieren und Addieren die Energie-Impuls-Beziehung:

$$E^2 = p^2 \cdot c^2 + E_0^2. \tag{11}$$

Diese Gleichung gibt den Zusammenhang zwischen Energie und Impuls eines Körpers wieder. Nach Umformung gilt auch $E_0^2 = E^2 - p^2 \cdot c^2$.
E_0^2 ist das Quadrat der Gesamtenergie im Ruhesystem. Dieser Term ist konstant. Daher ist auch der Term $E^2 - p^2 \cdot c^2$ in jedem Inertialsystem konstant.

▌ BEISPIELE

Die Äquivalenz von Masse und Energie ist inzwischen durch viele experimentelle Ergebnisse belegt. Besonders deutlich tritt sie in der Kernphysik zutage, etwa beim Massendefekt: Die Ruhemasse eines Heliumkerns ist kleiner als die Gesamtruhemasse von zwei freien Protonen und zwei freien Neutronen (vgl. 16.3).

Jedem Teilchen, das eine Ruhemasse besitzt, kann demzufolge eine Energie zugeschrieben werden. Gelänge es beispielsweise, einen Stein der Masse 1 kg in nutzbare Energie umzuwandeln, könnte man hiermit 250 000 gewöhnliche Haushalte ein Jahr lang versorgen.

▌ AUFGABEN

1 a Berechnen Sie den Massenzuwachs einer Wassermenge von 1000 t für den Fall, dass sie um 50 K erwärmt wird.
b Erläutern Sie den Zusammenhang zwischen der Massenzunahme und der zunehmenden Bewegung der Wassermoleküle.

2 Die Ionisierungsenergie eines Wasserstoffatoms im Grundzustand beträgt 13,6 eV. Berechnen Sie die prozentuale Massenänderung bei der Ionisierung aus der Summe der Ruhemassen des Protons und des Elektrons.

3 Äußern Sie sich kritisch zu der folgenden Formulierung: »Die Gleichung $E = m \cdot c^2$ sagt aus, dass sich Masse in Energie umwandeln lässt.«

Auf Parabelflügen erreicht man den Zustand der Schwerelosigkeit, obwohl die Gravitationskraft in 8000 m Höhe kaum schwächer ist als am Boden. Nach der Allgemeinen Relativitätstheorie können die Passagiere tatsächlich nicht unterscheiden, ob sie gerade frei fallen oder ob die Erde aufgehört hat, an ihnen zu ziehen.

19.11 Postulate der Allgemeinen Relativitätstheorie

Die Spezielle Relativitätstheorie macht nur Aussagen über Bezugssysteme, die sich mit konstanter Geschwindigkeit bewegen. Die Allgemeine Relativitätstheorie erweitert die Spezielle, indem sie auch Aussagen über beschleunigte Systeme enthält.
ALBERT EINSTEIN stellte diese Theorie im Jahr 1915 erstmals der Öffentlichkeit vor. Ähnlich wie in der Speziellen Relativitätstheorie geht er auch hier von zwei grundlegenden Postulaten aus:

1. Postulat (Relativitätsprinzip)
Physikalische Gesetze müssen so beschaffen sein, dass sie in beliebigen Bezugssystemen gelten.

2. Postulat (Äquivalenzprinzip)
Es gibt keinen lokal messbaren Unterschied zwischen der Wirkung eines Gravitationsfelds und der Wirkung einer Beschleunigung.

Der Begriff »lokal« bedeutet hierbei, dass nur ein kleiner Ausschnitt von Raum und Zeit betrachtet wird: Die Äquivalenz gilt nur in einem homogenen Gravitationsfeld.
Eine andere Formulierung des Äquivalenzprinzips lautet: In jedem frei fallenden Bezugssystem gelten die gleichen physikalischen Gesetze, die auch in der gravitationsfreien Physik gelten, also in der Physik, die durch die Spezielle Relativitätstheorie beschrieben wird.

Beschleunigte Bezugssysteme

Das folgende Gedankenexperiment macht die Verhältnisse in einem beschleunigten Bezugssystem deutlich: In einer frei fallenden Kapsel befindet sich ein Beobachter, der während des Fallens ein Taschentuch und eine Uhr loslässt (Abb. 2a). Für einen Beobachter außerhalb der Experimentierkapsel fallen Taschentuch und Uhr mit der gleichen Beschleunigung, da diese ja von der Masse unabhängig ist. Da auch die Kapsel frei fällt, ändert sich der Abstand der beiden Gegenstände zum Boden nicht. Die Ursache der beschleunigten Bewegung sieht dieser Beobachter im Gravitationsfeld der Erde.

Für den Beobachter innerhalb der Kapsel bleiben Taschentuch und Uhr genau dort, wo er sie losgelassen hat. Die Gegenstände werden innerhalb der Kapsel nicht beschleunigt, es werden also keine Kräfte auf sie ausgeübt. Sie ruhen so, als befänden sie sich in einem Inertialsystem, und verhalten sich so, wie es nach dem Trägheitsgesetz erwartet wird. Der Beobachter innerhalb der Kapsel, der nichts vom Gravitationsfeld weiß, nimmt an, dass die Kapsel ruht.

Wenn nun die Kapsel abgebremst wird und auf dem Boden landet, kehren sich die Verhältnisse um: Der Beobachter außen nimmt die Kapsel und die Gegenstände in ihr als ruhend wahr, sie befinden sich im Kräftegleichgewicht (Abb. 2b). Der Beobachter in der Kapsel stellt dagegen fest, dass sich zunächst der Boden seinen Füßen nähert. Nach der Landung übt der Boden eine konstante Kraft von unten auf die Füße aus. Auch auf Uhr und Taschentuch wird vom Boden eine Kraft ausgeübt, die nach oben gerichtet ist. Der Beobachter nimmt daher an, dass seine Kapsel nach oben beschleunigt wird (Abb. 2c).

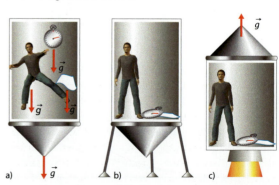

2 Situation in einer Raumkapsel: a) Die Kapsel befindet sich im freien Fall. b) Die Kapsel befindet sich in Ruhe auf der Erde. c) Die Kapsel befindet sich außerhalb eines Gravitationsfelds und wird beschleunigt.

Galilei war der Erste, der sowohl Gedankenexperimente als auch realen Experimenten zum freien Fall unternahm.

Das Gravitationsfeld existiert nur für den Außenbeobachter, der Beobachter in der Kapsel weiß davon nichts. Zur Erklärung der Beobachtungen in der ruhenden Kapsel gibt es also zwei gleichberechtigte Möglichkeiten: Entweder ist die Kapsel dem Gravitationsfeld der Erde ausgesetzt, oder sie wird durch eine konstante Kraft nach oben beschleunigt. Die Unterscheidung beider Möglichkeiten ist durch den Beobachter in der Kapsel nicht möglich.

Schwere und träge Masse

Das Äquivalenzprinzip bedeutet, dass das Phänomen der Trägheit nicht von der Gravitationswechselwirkung unterschieden werden kann. Daraus lässt sich schlussfolgern, dass die schwere Masse m_s, die vom Newton'schen Gravitationsgesetz beschrieben wird, und die träge Masse m_t, die durch das zweiten Newton'sche Axiom festgelegt ist, ein und dasselbe sind. Dies gilt in jedem gleichmäßig beschleunigten Bezugssystem: $m_s = m_t$.

Während also in der Newton'schen Mechanik die Trägheit »Scheinkräfte« hervorruft, sind nach der Einstein'schen Allgemeinen Relativitätstheorie Trägheit und Schwere wesensgleich.

■ FORSCHUNG

Experimente zum Äquivalenzprinzip Die Gleichheit von träger und schwerer Masse wurde u.a. vom ungarischen Physiker Loránd Eötvös 1909 mit einer Torsionswaage untersucht. Bis heute werden immer genauere Messverfahren angewendet.

Eine Verletzung des Äquivalenzprinzips wurde dabei bislang nicht festgestellt. Stattdessen zeigen die Experimente, dass der relative Unterschied zwischen träger und schwerer Masse sehr klein sein muss, sofern er überhaupt existiert.

Hier setzt z.B. die Weltraummission MICROSCOPE an: Bei diesem Experiment könnte eine Verletzung des Äquivalenzprinzips mit einer Genauigkeit von 10^{-15} erkannt werden. Nach erfolgreichem Abschluss von Vortests im Bremer Fallturm des Zentrums für angewandte Raumfahrttechnologie und Mikrogravitation (ZARM) ist für 2016 der Start der Mission an Bord eines französischen Forschungssatelliten geplant.

Messprinzip von MICROSCOPE Zwei ineinanderliegende Hohlzylinder aus unterschiedlichen Materialien werden innerhalb eines Satelliten installiert, der sich auf einer Kreisbahn um die Erde bewegt. Auf den Satelliten und seinen Inhalt wird – im rotierenden Bezugssystem – gleichermaßen die Zentrifugalkraft und die Gravitationskraft im Feld der Erde ausgeübt. Durch das Kräftegleichgewicht befinden sich die Objekte innerhalb des Satelliten also in permanentem freiem Fall.

Hohlzylinder werden verwendet, damit die Massenmittelpunkte der beiden Körper exakt an einem Ort liegen. Die angestrebte extrem hohe Messgenauigkeit erfordert außerdem, dass die beiden Zylinder sehr präzise gefertigt sind und ihre jeweilige Dichte genau bekannt ist.

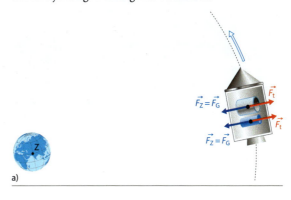

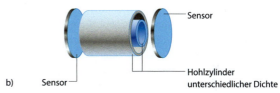

3 Freier Fall zweier Zylinder innerhalb eines Satelliten: a) Kräftegleichgewicht im rotierenden Bezugssystem; b) Anordnung der beiden Hohlzylinder

Mit diesem Aufbau soll nun überprüft werden, ob unterschiedliche Materialien unterschiedlich auf die Wirkung von Trägheit und Gravitation reagieren, also eine Abweichung vom Äquivalenzprinzip existiert. Bleibt jedes Paar der Hohlzylinder perfekt zum anderen ausgerichtet, wäre dies eine Bestätigung des Äquivalenzprinzips.

Die Dichten der Materialien werden sehr unterschiedlich gewählt. Sollte die schwere Masse eine Eigenschaft sein, die von der Zusammensetzung des Materials abhängt, müssten sich die Zylinder nach einiger Zeit gegeneinander verschieben bzw. einen unterschiedlichen Druck auf die Sensoren ausüben; die schwere Masse wäre dann nicht länger mit der »trägen Masse« gleichzusetzen.

■ AUFGABE

1 Für sein Experiment zur Gleichheit von träger und schwerer Masse verwendete Eötvös eine präzise Torsionswaage.

a Recherchieren Sie den Aufbau, die Durchführung und die Ergebnisse seines Experiments.

b Erläutern Sie das Messprinzip einer Torsionswaage, und geben Sie andere Beispiele für den Einsatz einer solchen Waage an.

c Welche relative Genauigkeit konnte Eötvös in seinem Experiment erzielen?

d Wofür stand bis ca. 1970 die physikalische Einheit Eötvös?

Los Angeles liegt auf der geografischen Breite von Marokko, also viel weiter südlich als Mitteleuropa. Während eines Transatlantikflugs nach Kalifornien wundert sich daher mancher Passagier, wenn plötzlich Grönland unter ihm auftaucht. – Der kürzeste Weg auf dem Globus ist eben nicht derjenige, den man auf einer flachen Landkarte als Luftlinie einzeichnen würde.

19.12 Krümmung der Raumzeit

Gravitationswechselwirkungen sind nach dem Äquivalenzprinzip nicht von Trägheitsphänomenen zu unterscheiden. EINSTEIN schlussfolgerte daraus, dass die Gravitation keine Wechselwirkung wie alle anderen ist. Das Trägheitsprinzip muss demnach modifiziert werden, um die Gravitation zu erklären.

Frei fallende Körper und Körper außerhalb eines Gravitationsfelds bewegen sich in der Raumzeit entlang von Geodäten. Dies sind die kürzesten Kurven in der Raumzeit.

Die vierdimensionale Raumzeit umfasst in diesem Sinne die eindimensionale Zeit und den dreidimensionalen Raum. Nach Einstein beeinflusst die Gravitation die Geometrie der Raumzeit: Die Verteilung von Masse und Energie im Raum bewirkt eine Verzerrung der Raumzeit und gibt den Verlauf der Geodäten vor. Ein gravitationsfreier Raum dagegen ist nicht gekrümmt, die Geodäten sind hier Geraden.

Nach der Speziellen Relativitätstheorie kommt es durch Relativbewegung zweier Systeme zu Zeitdilatation und Längenkontraktion. Nach der Allgemeinen Relativitätstheorie ergeben sich zusätzliche Effekte durch die Gravitation:

Durch die Gravitation werden Maßstäbe in allen drei Raumdimensionen verkürzt, und Uhren gehen verlangsamt.

Die Bewegungslinien der im Raum befindlichen Körper entsprechen den Geodäten. Dadurch ändert sich die Lage der Körper aber ein wenig, und so wird auch die Geometrie eine andere. In diesem Wechselspiel von Geometrie und Materie bzw. Energie entwickelt sich das Universum.

Darstellung der Raumzeit-Krümmung

In der Speziellen Relativitätstheorie hängen Zeit und Ort voneinander ab, sie bilden die vierdimensionale Raumzeit, die durch ein Minkowski-Diagramm dargestellt werden kann (vgl. 19.8). Der Minkowski-Raum ist ein dreidimensionales Koordinatensystem mit einer darin ruhenden Uhr. Die physikalischen Größen Masse und Energie spielen hier keine Rolle. In den drei Raumebenen ist die kürzeste Entfernung zwischen jeweils zwei Punkten immer eine Gerade: Der Raum ist flach.

Die Gravitationswechselwirkung hat jedoch Einfluss auf Maßstäbe und Uhren, sie verändert damit die Geometrie der Raumzeit. Man sagt: Der Raum wird durch Massen und Energien gekrümmt.

In der Mathematik lassen sich Räume mit beliebig vielen Dimensionen konstruieren. In einem zweidimensionalen Raum ist beispielsweise die Position eines Körpers durch die Koordinaten x_1 und x_2 festgelegt, in einem dreidimensionalen durch x_1, x_2 und x_3. Die Anzahl der Dimensionen eines Raums ergibt sich aus der Anzahl der Größen, die zur eindeutigen Bestimmung einer Position im Raum notwendig sind. Räume mit mehr als drei Dimensionen lassen sich aber nicht mehr unmittelbar anschaulich visualisieren. Zur bildlichen Darstellung wird daher immer auf eine oder mehrere Dimensionen verzichtet.

2 Eine gekrümmte Oberfläche kann nicht mit ebenen Quadraten bedeckt werden. Auf diesem Spiegel erscheinen die geraden Linien des Pflasters gekrümmt.

Stellt man sich die gekrümmte vierdimensionale Raumzeit als beliebig geformte Oberfläche z. B. eines Felsens vor, so ist es unmöglich, diese Oberfläche mit gleich großen Quadraten lückenlos zu belegen (Abb. 2). Erst bei der Verwendung eines verzerrten Koordinatensystems, ähnlich den Gitterlinien auf der gewölbten Spiegeloberfläche, ist dies möglich. Zur vereinfachten Darstellung der gekrümmten vierdimensionalen Raumzeit werden häufig zweidimensionale Modelle gewählt, in denen eine Raum- und die Zeitdimension vernachlässigt werden.

Ein ähnliches Beispiel für eine gekrümmte Fläche zeigt Abb. 3: Die Kanten des markierten Dreiecks sind gebogen. Die Winkelsumme des Dreiecks beträgt nicht mehr 180°, sondern 270°. Die Mathematik, die zur Beschreibung solcher Verhältnisse anzuwenden ist, wird auch als nichteuklidische Geometrie bezeichnet.

Wenn Flugzeuge an den Punkten A und B auf dem Äquator parallel zueinander starten und sich auf der gekrümmten Fläche »immer geradeaus« nach Norden bewegen, treffen sie letztlich am Nordpol senkrecht aufeinander.

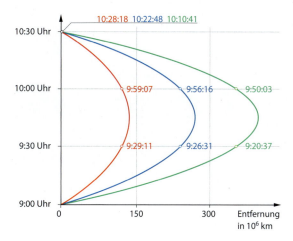

4 Zeitmessungen bewegter Uhren zwischen zwei Ereignissen. Die Uhr der schwarzen Weltlinie ruht.

Zeitmessung im Gravitationsfeld

Vergleicht man den Gang zweier zunächst synchronisierter Uhren auf der Erdoberfläche und an der Spitze eines sehr hohen Turms, so stellt man fest, dass die Uhr auf dem Turm etwas schneller läuft als die Uhr am Boden. Je stärker das Gravitationsfeld ist, desto langsamer geht eine Uhr. Es gilt:

$$\Delta t_0 \approx \Delta t \cdot \left(1 + \frac{\Delta V}{c^2}\right). \qquad (1)$$

Dabei ist ΔV die Differenz des Gravitationspotenzials zwischen den zwei Punkten im Raum. Dieser Effekt ist beispielsweise für die Satellinavigation (GPS) von Bedeutung. Hier wird allerdings der Effekt des verringerten Gravitationspotenzials durch die Zeitdilatation in bewegten Bezugssystemen teilweise kompensiert.

Vollständig lautet also das modifizierte Newton'sche Grundgesetz: Alle Körper bewegen sich auf Geodäten, wenn sie keiner Wechselwirkung außer der Gravitationswechselwirkung unterliegen. Damit wird auch berücksichtigt, dass sich Materie nicht schneller als mit Lichtgeschwindigkeit bewegen kann.

3 Die Erdoberfläche als Beispiel für eine gekrümmte Fläche: Linien, die am Äquator parallel verlaufen, schneiden sich am Pol.

Trödelprinzip

Schließt man auch die vierte Dimension, die Zeit, in diese Betrachtungsweise ein, so ist eine zeitliche Geodäte stets diejenige Weltlinie in der Raumzeit, auf der eine mitbewegte Uhr die maximale Zeitspanne zwischen zwei Ereignissen misst.

Frei fallende Körper folgen in der Relativitätstheorie dem Trödelprinzip. Es besagt, dass entlang der Weltlinie eines kräftefreien Körpers zwischen zwei Ereignissen auf einer mitbewegten Uhr ein Maximum an Zeit vergeht (Abb. 4). Das Trödelprinzip ist die relativistische Formulierung des Trägheitsprinzips und eine Folge der Längenkontraktion und der Zeitdilatation.

Gravitationswellen Nach der Theorie werden durch die Bewegungen massereicher Körper Änderungen des Gravitationsfelds bzw. der Raumzeitkrümmung verursacht. Eine periodische Stauchung und Dehnung des Raums müsste sich dann als Gravitationswelle ausbreiten. Der Nachweis solcher Wellen ist allerdings bislang noch nicht gelungen (vgl. 10.6).

AUFGABE

1 Der Nachweis von Gravitationswellen hat Konsequenzen für unser Bild vom Gravitationsfeld. Entscheiden Sie, ob durch diesen Nachweis eine Fern- oder eine Nahwirkungstheorie gestützt wird.

Ein solcher Trichter verbindet den Spieltrieb mit dem guten Zweck, Spenden zu sammeln. Werden Geldstücke entsprechend aufgesetzt, lässt sich ihr erstaunlich langer Weg auf auf der gekrümmten Innenfläche des Trichters verfolgen. Die Krümmung des Trichters sorgt dafür, dass die Gravitation das Geldstück nicht einfach senkrecht nach unten rollen lässt. Dasselbe Prinzip gilt auch für kräftefreie Körper im Universum, die sich durch die Raumzeit bewegen.

19.13 Licht im Gravitationsfeld

Den Photonen kann eine träge Masse zugeschrieben werden, die von ihrer Energie und damit von der Frequenz des entsprechenden Lichts abhängt. Da träge und schwere Masse identisch sind, kommt es zwischen Licht und Gravitationsfeldern zu Wechselwirkungen. Nach dem Äquivalenzprinzip können diese Wechselwirkungen von Wechselwirkungen in beschleunigten Systemen nicht unterschieden werden. Diese sind insbesondere bei starken Gravitationsfeldern, also in der Astrophysik, beobachtbar.

Das Steigen oder Fallen eines Photons im Gravitationsfeld eines sehr massereichen Objekts der Masse M führt zu einer Änderung seiner potenziellen Energie. Da die Gesamtenergie des Photons aber konstant bleibt, kommt es zu einer Frequenzänderung Δf.

Steigt ein Photon der Frequenz f_0 in einem Gravitationsfeld um die Höhe $\Delta r = r_2 - r_1$ auf, so nimmt seine potenzielle Energie zu, die Frequenz nimmt dabei um den Betrag Δf ab. In einem Radialfeld gilt:

$$\frac{\Delta f}{f_0} = \frac{M \cdot G}{c^2} \cdot \left(\frac{1}{r_1} - \frac{1}{r_2} \right). \qquad (1)$$

Dabei ist G die Gravitationskonstante.

Licht in einem beschleunigten System

Sendet ein Astronaut in einer kräftefreien Rakete ein schmales Lichtbündel auf die gegenüberliegende Wand, so wird er feststellen, dass das Licht geradlinig die Wand erreicht. Beschleunigt allerdings die Rakete nach oben, so wird der Astronaut im Inneren feststellen, dass das Licht um eine gewisse Strecke nach unten abgelenkt wird. Nach dem Äquivalenzprinzip muss sich der gleiche Effekt auch ergeben, wenn die Rakete in einem Gravitationsfeld ruht, denn dem Photon lässt sich entsprechend seiner Energie eine schwere Masse zuordnen, sodass es der Gravitationswechselwirkung unterliegt.

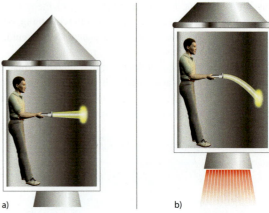

2 Lichtausbreitung: a) in einer kräftefreien Rakete; b) in einer Rakete, die beschleunigt wird oder sich in einem Gravitationsfeld befindet

Abbildung 3 zeigt modellhaft, wie sich zwei Photonen in der Raumzeit bewegen, die durch den Einfluss eines massereichen Körpers gekrümmt ist. Die gewölbte Fläche dient dabei als vereinfachtes zweidimensionales Modell der Raumzeit (vgl. 20.12). Die »frei fallenden« Photonen bewegen jeweils sich entlang einer Geodäte.

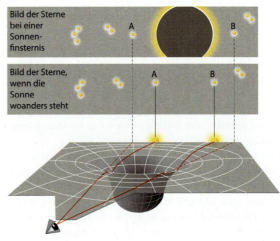

3 Bewegung zweier Photonen in der gekrümmten Raumzeit

Beobachtungen der Lichtablenkung

Der erste experimentelle Beleg, der geeignet war, die Voraussagen der Allgemeinen Relativitätstheorie zu bestätigen, gelang 1919 ARTHUR S. EDDINGTON. Während einer Sonnenfinsternis wurde das Licht eines Sterns beobachtet, der sich von der Erde aus gesehen hinter der Sonne befand, also etwa an Position A in Abb. 3. Durch die Lichtablenkung im Gravitationsfeld der Sonne erschien der Stern an einer veränderten Position.

Mit den Gleichungen der Allgemeinen Relativitätstheorie hatte EINSTEIN einen doppelt so großen Ablenkwinkel α vorausgesagt, wie man ihn nach der Speziellen Relativitätstheorie erwartet hätte, nämlich 1,75 statt 0,88 Bogensekunden, also $4{,}861 \cdot 10^{-4}$ statt $2{,}444 \cdot 10^{-4}$ Grad. Im Rahmen der Messgenauigkeit konnte Eddington diesen höheren Wert bestätigen und damit einen großen Beitrag zur Anerkennung von Einsteins Theorie leisten (vgl. 19.1).

Gravitationsrotverschiebung

Beim Aufsteigen in starken Gravitationsfeldern nimmt die Frequenz von Licht ab. Dieser Effekt heißt Gravitationsrotverschiebung (Abb. 4). Die Rotverschiebung spielt vor allem bei extrem massereichen Sternen eine Rolle. Für einen der hellsten Quasare, 3C273, ist die Rotverschiebung mit dem Wert 0,158 besonders groß. Allerdings überlagert sich hier die Gravitationsrotverschiebung mit derjenigen Rotverschiebung, die durch den Dopplereffekt zustande kommt (vgl. 19.7).

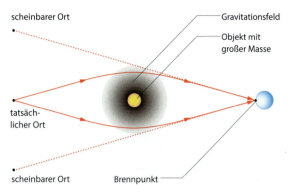

5 Durch starke Lichtablenkungen entstehen zwei Bilder einer Lichtquelle: Das Gravitationsfeld wirkt wie eine Linse.

Ist die Ablenkung so stark, dass die Photonen dem Gravitationsfeld nicht mehr entkommen, sondern ins Gravitationszentrum »hineinfallen«, handelt es sich hierbei um ein *Schwarzes Loch* (vgl. 20.7). Im Zentrum eines Schwarzen Lochs wird die Krümmung der Raumzeit unendlich groß. Kein Teleskop kann Informationen aus diesem Bereich des Universums empfangen. Man geht davon aus, dass Schwarze Löcher mit Massen, die mehr als millionenfach größer sind als die Masse unserer Sonne, die Zentren der meisten Galaxien bilden.

Einstein-Ringe wie in Abb. 6 entstehen, wenn weit entfernte Lichtquellen ihr Licht an einer massereichen Galaxie im Vordergrund vorbei in Richtung Erde senden. Man sieht das entfernte Objekt mehrfach, weil das Licht unterschiedliche Wege zurücklegt. Die Galaxie wirkt dabei als Gravitationslinse.

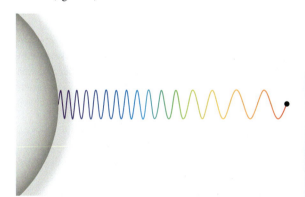

4 Rotverschiebung in einem starken Gravitationsfeld

Gravitationslinsen

Eine besondere Ablenkung des Lichts durch starke Gravitationsfelder wurde 1979 beobachtet. Aufgrund einer Gravitationslinse sah man zwei Bilder von einem Quasar (Abb. 5). Als Gravitationslinsen bezeichnen Astrophysiker Objekte, die aufgrund ihrer großen Masse vergleichsweise starke Lichtablenkungen hervorrufen. In der Praxis lässt sich ein Linseneffekt allerdings nur bei massereichen Galaxienhaufen oder Ansammlungen von *Dunkler Materie* beobachten (vgl. 20.15).

6 Einstein-Ring, der mit dem Hubble-Weltraumteleskop aufgenommen wurde

AUFGABE

1 Recherchieren Sie zum Pound-Rebka-Experiment aus dem Jahr 1960, das den Nachweis der gravitativen Rotverschiebung im Gravitationsfeld der Erde erbrachte. Stellen Sie das Ergebnis für die relative Frequenzänderung und die erzielte Genauigkeit dar.

Gibt es Leben auf dem Mars? – Diese Frage hat immer wieder die Fantasie von Astronomen und Laien beflügelt. Auch wenn es auf unserem Nachbarplaneten heute sehr unwahrscheinlich ist, so gab es doch vor langer Zeit in den großen Canyons wie dem »Valles Marineris« kräftige Wasserströme – und damit wenigstens eine Voraussetzung für Leben.

20.1 Sonnensystem

Unser Sonnensystem, in dem sich Planeten auf elliptischen Bahnen um einen Stern bewegen, kann als ein Modell für ähnliche Systeme im Universum aufgefasst werden. Tatsächlich wurden in den letzten Jahren immer mehr Sternsysteme mit *Exoplaneten* entdeckt.

Als Entfernungsmaßstab dient in unserem System die astronomische Einheit: Die mittlere Entfernung der Erde zur Sonne beträgt 1 AE = $1{,}496 \cdot 10^{11}$ m.

Durch die optische Vermessung der Bahnen und Fernerkundung der Oberflächen mithilfe von Teleskopen und Raumsonden stellt sich folgendes Bild dar: Im sonnennahen Bereich bis 2 AE befinden sich die kleinen, erdähnlichen Planeten mit fester Gesteinsoberfläche Merkur, Venus, Erde und Mars. Im äußeren Bereich, in einer Entfernung bis 30 AE, halten sich die Gasplaneten Jupiter, Saturn, Uranus und Neptun auf. Sie besitzen z. T. große Mond- und Ringsysteme.

Erforschung unseres Planetensystems

Die Sichtweise auf unsere nähere kosmische Umgebung ist von den technischen Möglichkeiten der jeweiligen Zeitepoche geprägt. Bis zur Erfindung des Fernrohrs erlaubte nur eine präzise Beobachtung mit dem bloßen Auge die Bahnbestimmung der sonnennäheren fünf Planeten.

GALILEO GALILEI erkannte 1610 in der Bewegung der größeren Jupitermonde ein Modell für das gesamte Planetensystem. Mithilfe des Newton'schen Gravitationsgesetzes konnte später aus der Bahnbeobachtung der Monde eines Planeten auf die Planetenmasse und aus den Planetenbewegungen auf die Sonnenmasse geschlossen werden. Radarabstandsmessungen und die Bahnverfolgung von Raumsonden liefern heute präzise Daten für die Berechnung der Planetenmassen (vgl. 4.3).

Ab dem 17. Jh. konnten auch Oberflächendetails beobachtet werden, die jedoch zu Trugschlüssen verleiteten. Scheinbare Linien auf dem Mars, die vermutlich auf Beugungseffekte in den verwendeten Teleskopen zurückgingen, wurden als wasserführende Kanäle interpretiert. Die strukturlose Wolkenhülle der Venus wurde als Indiz für ein tropisches Regenwaldklima gewertet. Erst die Erforschung der Planeten durch unbemannte Raumsonden setzte Spekulationen über wasserstraßenbauende Marsbewohner und Saurier im Venusdschungel ein Ende.

Erdähnliche Gesteinsplaneten

Auf dem innersten, atmosphärelosen Gesteinsplaneten Merkur heizt die solare Strahlung die Oberfläche tagseitig auf über 400 °C auf. Auf der sonnenabgewandten Nachtseite herrscht dagegen eine Temperatur von ca. −170 °C. Die Bahnbewegung Merkurs ist mit dem Gravitationsgesetz und der Mechanik von NEWTON nicht vollständig zu beschreiben, der genaue Verlauf konnte erst mit der Allgemeinen Relativitätstheorie befriedigend erklärt werden.

Die nächsten drei größeren Planeten besitzen jeweils eine Atmosphäre, die durch die Sonne erwärmt wird. Die Atmosphäre der Venus besteht jedoch vorwiegend aus Kohlenstoffdioxid mit 3,5 % Stickstoff und Wolken aus Schwefelsäuretröpfchen. Dies führt zu einem starken Treibhauseffekt: Raumsonden mit Landekapseln übermittelten Oberflächentemperaturen von über 450 °C bei einem Atmosphärendruck von 90 bar. Diese extremen Bedingungen erschweren die Erforschung durch Raumsonden sehr.

Unsere Erde ist der größte der inneren Planeten mit einer Atmosphäre aus Stickstoff und Sauerstoff, die mittleren Oberflächentemperaturen erlauben das Auftreten von Wasser in allen Aggregatzuständen.

Mars hingegen hat nur etwa ein Zehntel der Erdmasse und damit ein schwaches Gravitationsfeld. Entsprechend dünn ist seine Atmosphäre, die zu über 95 % aus Kohlenstoffdioxid und zu 2,7 % aus Stickstoff besteht. Forschungsmissionen mit Raumsonden haben immer wieder das Ziel, Spuren von früherem Leben auf dem Mars nachzuweisen.

Asteroidengürtel

Zwischen den erdähnlichen Planeten und den Gasplaneten befindet sich eine Ansammlung unterschiedlich großer Objekte, die überwiegend aus Gestein bestehen, aber z. T. auch Eis enthalten. Das größte Objekt ist Ceres mit einem Durchmesser von annähernd 1000 km.

Die Vorhersage der Planetenbewegung gelang bereits mit dem ptolemäischen Modell sehr genau – wenn sie auch etwas kompliziert war.

RELATIVITÄT UND ASTROPHYSIK | 20 Astrophysik

Planet	Merkur	Venus	Erde	Mars	Jupiter	Saturn	Uranus	Neptun
Mittlerer Abstand in AE ($1{,}496 \cdot 10^{11}$ m)	0,39	0,72	1,00	1,52	5,20	9,54	19,19	30,07
Umlaufdauer in Erdjahren	0,24	0,62	1,00	1,88	11,86	29,43	83,76	163,75
Numerische Exzentrizität	0,21	0,01	0,02	0,09	0,05	0,06	0,05	0,01
Masse in Erdmassen ($5{,}98 \cdot 10^{18}$ kg)	0,06	0,82	1,00	0,11	317,82	95,16	14,37	17,15
Äquatordurchmesser in Erddurchmessern (12 756 km)	0,38	0,95	1,00	0,53	11,21	9,45	4,01	3,88
Mittlere Dichte in kg/dm³	5,43	5,24	5,51	3,93	1,33	0,69	1,27	1,64
Hauptbestandteile der Atmosphäre	–	CO_2	N_2, O_2	CO_2	H_2, He	H_2, He	H_2, He	H_2, He
Mittlere Oberflächentemperatur in °C	167	464	15	−65	−110	−140	−195	−200
Schwerebeschleunigung an der Oberfläche in m/s²	3,7	8,9	9,8	3,7	23,1	9,0	8,7	11,0

Gasplaneten

Jupiter besitzt mit seiner großen Masse ein starkes Gravitationsfeld, das die Bildung eines weiteren Planeten in seiner Nähe verhinderte. Sein fester Kern und seine ausgedehnte Gashülle bestehen wie die Sonne aus Wasserstoff und Helium. Allerdings reicht der Gravitationsdruck nicht aus, um im Inneren der Hülle eine Kernfusion wie in einem Stern einzuleiten. Die Planetenmissionen der Voyager-Sonden in den 1970er Jahren zeigten aber, dass die großen Gasplaneten mehr Energie ins Weltall abgeben, als sie von der Sonne erhalten. Ihr Kern kühlt sich allmählich ab. Außerdem wird fortwährend Gravitationsenergie umgewandelt; der Durchmesser der Gashülle nimmt dabei – wenn auch sehr langsam – ab.

Saturn, Uranus und Neptun komplettieren die Reihe der äußeren Gasplaneten. Alle besitzen ein mehr oder weniger ausgeprägtes Ringsystem aus Staub und Gesteinsbrocken sowie Monde. Der Saturnmond Titan und der Jupitermond Ganymed sind sogar größer als der Planet Merkur.

Außenbereiche des Sonnensystems und Kometen

Jenseits der Gasplaneten bis zu einer Entfernung von 50 AE befinden sich die Kuipergürtel-Objekte. Der Zwergplanet Pluto wird zusammen mit Kleinkörpern aus der Entstehungszeit des Sonnensystems dieser Gruppe zugerechnet. Darüber hinaus sind in der Oort'schen Wolke bis in 60 000 AE, also knapp 1 Lichtjahr Entfernung in den äußersten Bereichen unseres Sonnensystems Bruchstücke und weitere Überreste der Planetenbildung anzutreffen.

Ihre Bahnen weisen zumeist eine sehr große Exzentrizität auf, und sie sind empfindlich gegenüber Gravitationseinflüssen der äußeren großen Gasplaneten. Auch vorbeiziehende Objekte außerhalb des Sonnensystems können zerbrechende Eis- und Gesteinsbrocken als Kometen ins innere System schleudern. Bei Sonnenannäherung taut je nach Zusammensetzung deren äußere Hülle auf.

Der *Sonnenwind*, ein Teilchenstrom von der Sonne, bewirkt an den Kometen zunächst, dass Partikel aus der Oberfläche gelöst werden. Abgelöste bzw. durch Verdampfung freigesetzte Teilchen werden außerdem durch den Sonnenwind vom Kometen weggeblasen: Es entstehen lange Gas- und Staubfahnen, die als Kometenschweif sichtbar sind.

■ AUFGABEN

1. Geben Sie eine Gleichung an, die den Zusammenhang zwischen dem mittleren Abstand eines Planeten zur Sonne und seiner Umlaufdauer beschreibt.
2. Bestimmen Sie die mittlere Dichte des Sonnensystems unter der Annahme, dass dieses die Gestalt einer Kugel mit dem Radius $r = 30$ AE besitzt und sich seine Gesamtmasse aus den Massen der Sonne und der Planeten zusammensetzt. Deuten Sie das Ergebnis.

In unserer Milchstraße werden immer mehr Sterne identifiziert, die von einem oder mehreren Planeten begleitet werden – bislang sind es schon über 1100. Damit steigt auch die Wahrscheinlichkeit, dass es noch irgendwo anders ähnlich lebensfreundliche Bedingungen gibt wie auf der Erde.

20.2 Entstehung von Planetensystemen

Enthält eine sich kontrahierende Gas- und Staubwolke neben Wasserstoff und Helium auch schwerere Elemente, so kann es zur Ausformung von Planeten kommen. Im Fall unseres Sonnensystems betrug der Anteil von Elementen mit einer Ordnungszahl $Z \geq 3$ ungefähr 2 %. Dies genügte bereits zur Bildung von Gesteinsplaneten.

Zusammenstoßende Gas- und Staubmoleküle haften nach Kollisionen aneinander und bilden Kondensationskeime für leichte Elemente. Durch gravitative Aziehung formen sich Eis- und Gesteinsbrocken in Kilometergröße als Kerne der Protoplaneten.

Nach den derzeitigen Theorien verdichtet sich so in der rotierenden *Akkretionsscheibe* des Protosterns (vgl. 20.6) die Materie innerhalb von mehreren Millionen Jahren zu mond- bis erdgroßen Gesteinsplaneten sowie den großen Gasplaneten. Diese sammeln durch ihre starken Gravitationsfelder weitere kleine Gesteinsbrocken aus dem inneren Bereich des Systems ein.

Habitable Zone Ein langes Lebensalter des Zentralsterns, ausreichende Leuchtkraft und Oberflächentemperatur sowie eine stabile Planetenbahn sind Grundvoraussetzung für die Ausbildung einer habitablen Zone, in der prinzipiell Leben möglich ist. In unserem Sonnensystem kann in einem Bereich von etwas unter 1 AE bis zu 2 AE in auf geeigneten Planeten oder Monden der äußeren Gasriesen Wasser in flüssiger Form vorliegen. Dies wird vielfach als eine notwendige Bedingung für Leben angesehen.

Protoplaneten

Beim gravitativen Kollaps einer Gas- und Staubwolke entsteht in der Regel eine rotierende Scheibe, deren Teilchen sich ungeordnet bewegen. Die Ausbildung solcher Systeme lässt sich mithilfe der Infrarotastronomie beobachten.

Bei der Entstehung von Planeten spielen mehrere Vorgänge eine Rolle (Abb. 2):

Die Wolke kühlt sich aufgrund ihrer Energieabstrahlung im Infrarotbereich ab, sodass es zur *Kondensation* der Gase kommt: Es bilden sich erste mikroskopisch kleine Partikel, die sich relativ zueinander bewegen.

Bei der *Akkretion* bleiben größere Körner aneinander haften: Die elektrostatische Wechselwirkung hält die Partikel zusammen, sie verklumpen zu kleinen Brocken, den Vorläufern der Protoplaneten. Sie sammeln dann durch ihre immer stärker werdende Gravitation weitere Materie an und wachsen zu Planetengröße heran. Die entstandenen Protoplaneten bewegen sich innerhalb der Materiescheibe um den jungen Stern und nehmen dabei weiter an Masse zu. Im Wechselspiel untereinander und mit der restlichen Materie wird ihre endgültige Bahn bestimmt.

Durch die *Ausdifferenzierung* der schwereren Bestandteile, die unter Gravitationseinfluss in der Schmelze nach innen sinken, wird ein Gesteinskern gebildet.

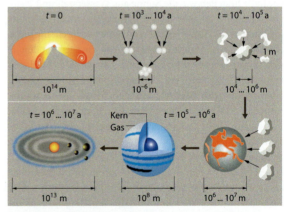

2 Phasen der Planetenentstehung

Zu den Bedingungen der Planetenentstehung gibt es gerade nach der Entdeckung von Exoplaneten um entfernte Sonnen noch viele offene Fragen, die sich vorwiegend auf den zeitlichen Ablauf und die Differenzierung in Gas- und Gesteinsplaneten beziehen. Antworten hierauf werden derzeit mithilfe aufwendiger Computersimulationen gesucht.

Entdeckung von Exoplaneten

Planeten um ferne Sonnen können meist nur indirekt nachgewiesen werden, da das von ihnen reflektierte Licht von dem des Zentralgestirns bei Weitem überstrahlt wird. Trotzdem ist es bereits gelungen, mit satellitengestützten Infrarotteleskopen oder erdgebundenen adaptiven Teleskopoptiken Planeten mit mehreren Jupitermassen im Abstand von rund 100 AE um Sterne in 25 bis 100 Lj Entfernung als kleine Lichtpunkte direkt zu beobachten.

In der Regel erfolgt der Nachweis aber über kleinste periodische Änderungen in der Position, Helligkeit oder Frequenz der Spektrallinien des Zentralsterns. Angesichts der Vielzahl der entdeckten Systeme scheint das Vorhandensein eines Planetensystems die Regel und unser System nicht die Ausnahme im All zu sein.

System Erde–Mond

Für die Entstehung des Systems Erde–Mond wird nach heutiger Theorie eine Kollision vor 4,5 Milliarden Jahren verantwortlich gemacht: Danach prallte ein Objekt, das etwa ein Zehntel der Erdmasse besaß, auf die Erde – große Mengen Gestein der beiden Körper wurden dadurch aufgeschmolzen und in eine Erdumlaufbahn geworfen. Nach Abkühlung der Schmelze und den letzten großen Asteroideneinschlägen vor 3 Milliarden Jahren entstand so die heutige Gestalt des Monds. Die Existenz des Erdmonds mit seiner stabilisierenden Wirkung auf die Drehachse der Erde wird als unterstützend bei der Entstehung von Leben auf unserem Planeten angesehen.

Bedingungen für Leben

Eine wichtige Voraussetzung für die Entstehung von Leben auf Planeten ist eine relativ konstante mittlere Oberflächentemperatur. Sie hängt wesentlich vom Abstand des Zentralgestirns und dessen Strahlungsleistung sowie von der Zusammensetzung der Atmosphäre auf dem Planeten ab (vgl. 12.3).

Der Abstandsbereich der habitablen Zone, in der Leben möglich ist, liegt bei unserer Sonne derzeit zwischen 0,7 AE und 1,4 AE (Abb. 3). Diese Zone schrumpft jedoch, da die Strahlungsleistung der Sonne ständig abnimmt.

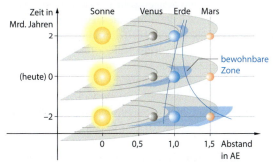

3 Habitable Zone in unserem Sonnensystem

Wäre ein Gesteinsplanet vor etwa 1 Milliarde Jahren noch auf der Marsbahn bewohnbar gewesen, könnte es in etwa 3 Milliarden Jahren gar keine bewohnbare Zone in der Umgebung der Sonne mehr geben.

Als eine Grundvoraussetzung für Leben in unserem Sinne wird die Existenz von Wasser als Lösungsmittel in komplexen biochemischen Prozessen angesehen. Diese Notwendigkeit schränkt den Temperatur- und Druckbereich in der Atmosphäre, den oberen Bodenschichten oder unter einer Wasseroberfläche ein. Auch die Beschaffenheit der Planetenatmosphäre mit einem möglichen Treibhauseffekt spielt eine große Rolle.

Als äußere Energiequelle kommen neben der Strahlung des Zentralgestirns die Zerfallswärme radioaktiver Stoffe im Inneren des Planeten, in Wärme umgesetzte Gravitationsenergie bei Kontraktion wie bei Jupiter oder Gezeitenkräfte wie bei seinen Monden infrage.

Damit Lebewesen dauerhaft bestehen können, müssen sie ausreichend vor hochenergetischer Strahlung geschützt sein. Diesen Schutz gewährleisten eine Atmosphäre oder eine Wasserschicht. Vor schnellen geladenen Teilchen schützt zusätzlich ein Magnetfeld – das Erdmagnetfeld lenkt beispielsweise eintreffende Ladungsträger in die Polregionen ab.

Zunächst kommen daher für die Bildung von Leben nur die inneren Gesteinsplaneten infrage, denn auf Gasplaneten kann kein flüssiges Wasser existieren. Andererseits könnten auch die großen Monde der Gasplaneten diese Bedingungen erfüllen.

Ein bewohnbarer Planet muss an der Oberfläche abgekühlt sein, aber noch einen flüssigen Kern besitzen. Nur dann können die bei Vulkanausbrüchen austretenden Gase auf Dauer das Abdriften von Teilchen ins All ausgleichen. Außerdem rufen nur Ladungsströme im flüssigen ferromagnetischen Planeteninneren ein Magnetfeld hervor.

■ AUFGABEN

1 Erläutern Sie, was man unter einer habitablen Zone versteht, und begründen Sie, dass die Erde nicht für unbegrenzte Zeit bewohnbar sein wird.

2 **a** Bei der Suche nach Exoplaneten spielt u. a. die Transitmethode eine Rolle. Erläutern Sie diese Methode unter Einbeziehung einer *Lichtkurve*, also einer grafischen Darstellung der Helligkeit in Abhängigkeit von der Zeit.
b Wodurch wird die direkte Beobachtung von Exoplaneten erschwert bzw. verhindert?

3 Was versteht man unter einer Akkretionsscheibe, und weshalb bewegt sich darin die Materie in Richtung des Drehzentrums?

4 Erläutern Sie, was man unter der mittleren Oberflächentemperatur eines Planeten versteht, und geben Sie an, durch welche Faktoren diese Temperatur vornehmlich beeinflusst wird.

Was wie nächtliches Feuerwerk über einer Stadt aussieht, sind extrem heiße Plasmaströme, die im Magnetfeld der Sonne hochgeschleudert werden und dann wieder zur kühleren, hier dunklen Sonnenoberfläche zurückfließen. Bei sehr energiereichen Ausbrüchen erreichen die Plasmawolken sogar die Erdbahn und stören bei uns den Funkverkehr.

20.3 Aufbau der Sonne

In die Modellrechnungen über die Verhältnisse im Inneren der Sonne gehen zahlreiche Messergebnisse ein: Neben unmittelbarer optischer Beobachtung finden Messungen in allen Spektralbereichen der elektromagnetischen Strahlung sowie die Detektion von Teilchenstrahlung Eingang in die Modelle. Die resultierenden Aussagen beziehen sich auf Größen wie Druck, Temperatur, Dichte oder magnetische Feldstärke.

Danach liegt die Materie im Inneren der Sonne als Plasma vor. In der *Kernfusionszone* entsteht bei 14 Millionen Kelvin durch Fusion der Protonen Strahlungsenergie. In der *Strahlungstransportzone* gelangt die Energie weiter nach außen.

Nach außen hin sinken Druck, Temperatur und Dichte stark ab, Atomkerne und Elektronen des Plasmas rekombinieren hier zu neutralen Atomen. Anschließend erfolgt der Energietransport in der *Konvektionszone* durch das Aufsteigen heißer Gasmassen bis zur Sonnenoberfläche, wo eine Temperatur von ca. 5800 K herrscht.

Die beobachtbare *Fotosphäre* stellt den inneren Rand der Sonnenatmosphäre dar. Außen schließen sich *Chromosphäre* und die extrem heiße *Korona* an. Aus ihnen entweicht beständig ein Strom geladener Teilchen, der Sonnenwind, ins Weltall.

Die Sonne besitzt im Inneren ein starkes, sich andauernd veränderndes Magnetfeld. Dieses kann *Protuberanzen* hervorrufen – Plasmabögen, die weit über die Sonnenatmosphäre hinausreichen.

Beobachtungsdaten

Durch die direkte visuelle Beobachtung der scheinbaren Sonnenbahn und der Größenverhältnisse bei Finsternissen hatte man schon vor der Erfindung des Fernrohrs eine grobe Vorstellung über die Größenordnungen im Sonnensystem. Mit dem Newton'schen Gravitationsgesetz konnte dann die Sonnenmasse M aus dem Erdbahnradius $R = 1$ AE und der Umlaufdauer $T = 1$a abgeschätzt werden (vgl. 4.3):

$$F_Z = F_{Grav}$$

$$m \cdot R \cdot \omega^2 = G \cdot \frac{m \cdot M}{R^2} \quad (1)$$

$$M = R^3 \cdot \frac{4\pi^2}{G \cdot T^2} \quad (2)$$

Beobachtungen beim *Venustransit*, also beim Vorbeiziehen der Venus an der Sonnenscheibe, liefern genaue Werte für die astronomische Einheit und damit für die Sonnenmasse: Setzt man die Zahlenwerte in Gl. (2) ein, so erhält man eine Masse von: $M = 1{,}99 \cdot 10^{30}$ kg. Nach einer Abschätzung des Radius folgt daraus auch ein Wert für ihre mittlere Dichte. Ferner liefert eine Beobachtung der Sonnenflecken eine Aussage über die Rotation der Sonne.

Heute gelten folgende Werte als gesichert:
Sonnenradius: $r_S = 6{,}957 \cdot 10^8$ m
Mittlere Dichte: $\rho = 1{,}41$ kg/dm^3
Umlaufdauer am Sonnenäquator: 25,4 d

Diese Werte sagen wenig über den inneren Aufbau der Sonne aus. Fest steht jedoch, dass aufgrund der großen Masse des Gaskörpers der Gravitationsdruck und damit die Teilchendichte zwischen den äußeren sichtbaren Gebieten und dem Kern um Größenordnungen variieren müssen.

Die Temperatur der Sonnenoberfläche lässt sich abschätzen, indem das ausgesandte elektromagnetische Spektrum analysiert wird. Die Sonne wird dabei als annähernd Schwarzer Körper betrachtet, es ergibt sich eine Temperatur von etwa 5800 K (vgl. 12.2).

Weitere Informationen lassen sich aus den Fraunhofer'schen Absorptionslinien im Sonnenspektrum entnehmen. Diese geben Aufschluss über die vorkommenden Elemente, deren Anregungsgrad und damit über Temperatur und Druck in der äußeren Schicht der solaren Materie (vgl. 13.12).

Beginnend mit den Helios-Missionen im Jahr 1974 liefern bis heute Raumsonden umfangreiche Daten von Beobachtungen in allen Bereichen der ausgesandten Strahlung. Die Zusammensetzung der Teilchenströme des Sonnenwinds und die Vermessung der solaren Magnetfelder ergänzen unser Bild der Sonne.

Präzise Vermessungen der Spektrallinien zeigen Schwingungen des Gasballs. Wie in der Seismografie auf der Erde

 Teilchenstrahlen können von inhomogenen Magnetfeldern gebündelt werden – ähnlich wie das Licht von einer Sammellinse.

liefern die unterschiedlichen Ausbreitungsgeschwindigkeiten der Sonnenbebenwellen Informationen über die Beschaffenheit der Dichtezonen unter der Oberfläche.
Diese Daten bestimmen die Grundannahmen für Modellberechnungen. Deren Ergebnisse müssen dann wiederum anhand weiterer Messdaten überprüft werden.

Zonen innerhalb der Sonne

Im inneren Kern wird bei der Fusion von Wasserstoffkernen sehr viel Energie umgewandelt. Diese wird durch Stöße der Reaktionspartner und zum geringen Teil durch die Neutrinos abgeführt. In der den Kern umgebenden Strahlungszone wird die Energie in Form von elektromagnetischer Gammastrahlung durch fortgesetzte Streuung, Anregung der Atome und erneute Emission weitergeleitet. Bei diesem Energietransport dauert es statistisch sehr lange, bis die Energie eines Fusionsprozesses im Kern an die Sonnenoberfläche gelangt.

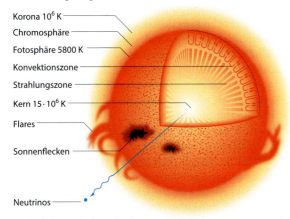

2 Modell vom Aufbau der Sonne

Außerhalb von 0,9 Sonnenradien sinken Druck und Teilchendichte so weit ab, dass freie Elektronen und Kerne im Plasma rekombinieren können. Die Materie wird damit für die Strahlung undurchlässig. Der Energietransport geschieht nun durch Konvektion: Heiße Gaszellen geringerer Dichte steigen zur Sonnenoberfläche auf, kühlen sich dabei ab und sinken wieder zurück. Durch diese Bewegungen werden Schallwellen ausgelöst, die zu einer Doppler-Verschiebung der Spektrallinien führen.
Die unterschiedlichen Rotationsgeschwindigkeiten in der Strahlungs- und in der Konvektionszone bewirken auch eine unterschiedliche Rotation der Gashülle in den verschiedenen Breiten. Sie werden als ursächlich für den 11-jährigen Aktivitätszyklus der Sonne angesehen. In diesem Zeitraum polen sich die solaren Magnetfelder einmal um.
Die äußere Schicht der Sonne bilden die sichtbare Fotosphäre und weiter außen die heißere Chromosphäre. Hier werden die kühleren Sonnenflecken beobachtet: Materie heißer Gaszellen strömt aufwärts, kühlere Bereiche sinken ab. Starke Magnetfelder beeinflussen die Gasströme und heizen die äußere Atmosphärenschicht, die Korona, auf über 1 Million Kelvin auf. Welche physikalischen Prozesse dabei dominieren, ist allerdings noch nicht im Detail geklärt.
Auswürfe großer Gasmassen in Form von Protuberanzen sind hier keine Seltenheit. Das ionisierte Plasma bewegt sich bei hoher Temperatur längs der Magnetfeldlinien und sendet eine intensive Strahlung aus, die das gesamte elektromagnetische Spektrum umfasst. Spektakuläre Gasexplosionen der Korona, *Flares* genannt, gehen mit der Umwandlung magnetischer Feldenergie einher und führen auf der Erde zu erhöhter UV-Strahlung. Bei solchen Ausbrüchen kommt es auch zu einer verstärkten Abstrahlung von Elektronen, die auf der Erde die Funksysteme beeinflussen und ausgeprägte Polarlichter erzeugen.
Auch in Zeiten geringer Sonnenaktivität verlässt ein steter Strom geladener Teilchen, der Sonnenwind, die Korona und sorgt so für ein verwirbeltes Magnetfeld. Die Heliopause, der Einflussbereich des Sonnenwinds, erstreckt sich bis in eine Entfernung von über 100 AE, wo er auf das interstellare Gas trifft.
Aktuelle Modellrechnungen liefern Druck-, Dichte- und Temperaturverteilungen wie in Abb. 3.

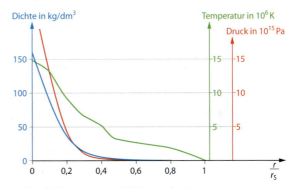

3 Druck, Temperatur und Dichte in der Sonne

AUFGABEN

1 Die kleinsten Strukturelemente in der Sonnenfotosphäre haben Durchmesser von rund 1000 km. Unter welchem Winkel erscheint eine Strecke von 1000 km auf der Sonne einem Beobachter auf der Erde?

2 Beschreiben Sie ein Verfahren, mit dem man von der Erde aus die mittlere Dichte der Sonne ermitteln kann. Geben Sie an, wie man die notwendigen Ausgangsgrößen erhält.

3 Die Sonne erscheint als nahezu gleichmäßig helle Scheibe mit dunklem Rand, weil die Fotosphäre und die tieferen Schichten der Sonne praktisch undurchsichtig sind. Beschreiben Sie, was zu beobachten wäre, wenn die Sonne aus durchsichtigem Gas bestünde.

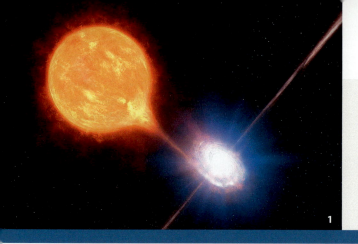

Das All wird bevölkert von Roten Riesen und Weißen Zwergen – Einzelgängern und Kannibalen in Doppelsternsystemen, bei denen ein Stern von seinem Begleiter Gas abzieht. All diese Sterne entstehen aus Wasserstoff, dem Urbaustein der Materie. Ihre Größe, ihr Entwicklungsstand und ihre Entfernung bestimmen dann aber unseren Eindruck von Helligkeit und Farbe.

20.4 Helligkeit und Spektren von Sternen

Aufgrund der großen interstellaren Entfernungen stammen alle unsere Informationen über die Sterne lediglich aus der Beobachtung der ausgesandten elektromagnetischen Strahlung bzw. der emittierten Teilchen wie den Neutrinos. Richtung und Intensität der Strahlung geben Aufschluss über den Ort des Sterns, das Spektrum der Strahlung über seine Temperatur und chemische Zusammensetzung.

Die *Leuchtkraft L* ist die gesamte Strahlungsleistung der elektromagnetischen Strahlung eines Sterns. Sie wird häufig in Vielfachen der Sonnenleuchtkraft L_S angegeben: $L_S = 3{,}85 \cdot 10^{26}$ W.

Die Zuordnung zu einer *Spektralklasse* erfolgt nach der visuellen Beobachtung der Absorptionslinien im Spektrum des Sternlichts. Aus diesen kann auch die Fotosphärentemperatur des Sterns abgeleitet werden.

Grundeinheit für Entfernungsangaben im Kosmos ist das *Lichtjahr* (Lj): 1 Lj = $9{,}46 \cdot 10^{15}$ m. Ein weiteres Längenmaß ist das Parsec (pc). Es gilt: 1 pc = 3,26 Lj.

Kosmische Entfernungen

Bereits für die Entfernungsangabe zu den sonnennächsten Sternen ist die Einheit AE recht unhandlich. Daher werden interstellare Entfernungen in der Regel in Lichtjahren angegeben: Ein Lichtjahr ist die Strecke, die das Licht im Vakuum innerhalb eines Jahrs zurücklegt.

Ein Blick in die Tiefen des Alls ist stets ein Blick in die Vergangenheit. Die Astronomie beobachtet also nicht in Echtzeit, stattdessen beziehen sich sämtliche Informationen auf bereits Vergangenes. Das sonnennächste Sternsystem Proxima Centauri ist bereits 4,2 Lichtjahre entfernt.

Scheinbare und absolute Helligkeit

Seit Nutzung der Fotografie ab 1840 kann das Licht schwacher und entfernter Objekte über einen längeren Belichtungszeitraum gesammelt und anschließend im Detail untersucht werden. Satellitengestützte Fernrohre wie das *Hubble Space Telescope* und Beobachtungen in allen Wellenlängenbereichen elektromagnetischer Strahlung erweitern heute den Wissensstand über den Kosmos (vgl. 20.9).

Abhängig von Entfernung und Leuchtkraft nehmen wir einen Stern in seiner *scheinbaren Helligkeit m* wahr. Ihre Festlegung erfolgte historisch in sechs Größenklassen: Die hellsten Sterne besitzen danach die Größenklasse 1^m; Sterne, die mit bloßem Auge gerade noch sichtbar sind, werden der Größenklasse $+6^m$ zugeordnet.

Nach der logarithmischen Helligkeitsskala in Magnituden (^{m} oder mag) ist ein Stern erster Größe mit $m = 1^m$ genau 100-mal so hell wie ein Stern mit 6^m. Demzufolge entspricht ein Unterschied von $1^m - 6^m = -5^m$ einem Helligkeitsverhältnis von 100 zu 1. Ein Stern ist jeweils um den Faktor $\sqrt[5]{100} = 10^{2/5}$ heller als ein Stern der nächsten Größenklasse. Die Einheit ^{m} bzw. mag wird bei Rechnungen oft weggelassen, so schreibt man etwa $m = 1$.

Sterne gleichen Typs und gleicher Leuchtkraft erscheinen uns in unterschiedlicher Entfernung mit verschiedenen Helligkeiten. Die scheinbare Helligkeit entspricht der auf der Erde gemessenen Strahlungsintensität. Ist die Entfernung des Sterns aus anderen Messungen bekannt, so kann die scheinbare Helligkeit m nach dem quadratischen Abnahmegesetz für die Lichtintensität einer Punktquelle auf die *absolute Helligkeit M* umgerechnet werden. Die Angabe der absoluten Helligkeit bezieht sich dabei stets auf die Intensität, die ein Beobachter in einer Entfernung von 10 pc = 32,6 Lj registrieren würde. Bei der Umrechnung von relativer in absolute Helligkeit ist allerdings auch die Intensitätsverteilung des Lichts über den sichtbaren Spektralbereich zu berücksichtigen.

Entfernungsmodul

Ist andererseits die absolute Helligkeit M eines Sterns aufgrund seiner spektralen Einordnung bestimmbar, so kann aus der scheinbaren Helligkeit m seine Entfernung r berechnet werden. Für die Differenz der Helligkeiten folgt mit der logarithmisch definierten Skala:

$$m - M = -10^{2/5} \lg\left(\frac{\text{Strahlungsdichte in Entfernung } r}{\text{Strahlungsdichte in 32,6 Lj}}\right) = 10^{2/5} \lg\left(\frac{r}{32{,}6 \text{ Lj}}\right)^2.$$

Stern	Spektralklasse	Spektrum	Farbe des Lichts	Fotosphärentemperatur
Spica	B		bläulich	25 000 K
Sirius	A		weiß	10 000 K
Prokyon	F		gelbweiß	7 000 K
Sonne	G		gelblich	6 000 K
Arktur	K		rötlich, gelb	4 700 K
Beteigeuze	M		rötlich	3 300 K

2 Spektrum und Spektralklasse einiger Sterne

Dieser Helligkeitsunterschied wird als Entfernungsmodul bezeichnet. Mit $10^{2/5} \cdot 2 \approx 5$ ergibt sich:

$$m - M \approx 5 \cdot \lg\left(\frac{r}{32{,}6\,\text{Lj}}\right). \quad (1)$$

Beispiel Das Sternsystem χ-Orionis im Sternbild Orion enthält einen sonnenähnlichen Hauptstern der scheinbaren Helligkeit $m = 4{,}4$. Sein Spektrum zeigt die gleiche Linienstruktur wie unsere Sonne. Damit sollte auch seine Strahlungsleistung ungefähr so groß wie die der Sonne sein. 1990 lieferte eine große Himmelsdurchmusterung des Hipparcos-Satelliten Entfernungsdaten von mehr als 100 000 näheren Sternen. Auch die Entfernung von χ-Orionis konnte über eine präzise Parallaxenbestimmung zu 28,3 Lj bestimmt werden.
Die Berechnung mithilfe des Entfernungsmoduls ergibt für χ-Orionis eine absolute Helligkeit, die tatsächlich mit derjenigen unserer Sonne vergleichbar ist ($M_S = 4{,}8$):

$$M = m - 5 \cdot \lg\left(\frac{r}{32{,}6\,\text{Lj}}\right) = 4{,}4 - 5 \cdot \lg\left(\frac{28{,}3}{32{,}6}\right) = 4{,}7.$$

Spektralklasse und Leuchtkraft

Aus den Absorptionslinien in einem Sternspektrum ergeben sich wie bei den Fraunhofer-Linien im Sonnenspektrum Rückschlüsse auf die in der Sternatmosphäre vorkommenden Elemente. Die jeweiligen Anregungsstufen der Atome und die unterschiedlich starke Ausprägung der Spektrallinien sind unmittelbar mit der Temperatur der heißen Gase korreliert. In Sternen mit sehr hoher Oberflächentemperatur treten nur die Absorptionslinien der ionisierten oder hochangeregten Helium- und der Wasserstoffatome auf. Mit fallender Temperatur treten diese Linien in den Hintergrund, dafür werden Metalle und schließlich Metalloxide nachweisbar.
Diese Temperaturbestimmung der Sternatmosphäre erlaubt eine Einteilung der meisten Sterne in eine der Spektralklassen (Abb. 2). Die historisch erfolgte Reihung nach fallender Temperatur wird noch durch eine feinere Unterteilung von 0 bis 9 ergänzt. Die Sonne ist danach ein G2-Stern, neben den Wasserstofflinien treten Linien von ionisiertem Calcium und neutralen Metallen auf.
Die Breite der unscharfen Absorptionslinien im Spektrum ist bei einem kleineren Stern wegen des höheren Drucks der kernnäheren Fotosphäre größer als bei einem großen Stern. Bei diesen treten eher scharfe Linien auf. Diese indirekte Schlussfolgerung erlaubt eine Abschätzung der Leuchtkraft und des Radius eines Sterns. Hieraus lassen sich auch Rückschlüsse auf seine Masse ziehen (vgl. 20.9).
Alle Einzelinformationen ergeben ein Bild der Vielfalt der Sterne, die zugrunde gelegten Modelle für ihre Erklärung benutzen stets die bekannten physikalischen Gesetzmäßigkeiten. Die Interpretation der Messdaten dient der Weiterentwicklung von Theorien der Sternentwicklung und damit dem Verständnis der Entwicklung des Kosmos.

AUFGABEN

1 a Erläutern Sie, warum es erforderlich ist, zwischen absoluter und scheinbarer Helligkeit zu unterscheiden.
 b Die absolute Helligkeit eines Sterns ist kleiner als seine scheinbare. Welche Schlussfolgerung kann man daraus bezüglich seiner Entfernung ziehen?
 c Erklären Sie den Unterschied von scheinbarer und absoluter Helligkeit am Beispiel einer Straßenlampe.
2 Der Polarstern (Alpha Ursae Minoris) besitzt eine scheinbare Helligkeit von $m = 2$, seine Entfernung beträgt 431,4 Lj. Berechnen Sie aus diesen Angaben seine absolute Helligkeit.
3 Der von der Erde aus betrachtete Vollmond besitzt bei einer Entfernung von 384 400 km eine scheinbare Helligkeit von $m = -12{,}5$. Mit bloßem Auge lassen sich Himmelsobjekte bis zu einer scheinbaren Helligkeit von $m = 6$ beobachten. Der Mars ist zwischen 50 und 400 Millionen km vom Mond entfernt. Könnten Marsbewohner den Erdmond sehen?
4 a Erläutern Sie eine Möglichkeit, Absorptionsspektren von Sternen zu erzeugen.
 b Welche Bedeutung haben diese Spektren für die Erforschung von Sternen?

13.12 Eine Lücke in einem Farbspektrum lässt sich am einfachsten durch Anregung von Natriumatomen erzeugen.

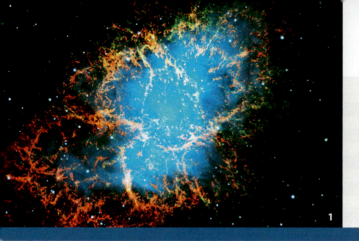

Bevor ein großer Stern in einer Supernovaexplosion seine Materie ins All hinausschleudert, hat er in vielen Kernprozessen seinen Wasserstoffvorrat in schwerere Elemente umgewandelt. Alle bestehenden Elemente wurden in immer gleicher Weise in Sternen fusioniert und verteilen sich wieder im All wie hier beim Krebsnebel im Sternbild Stier.

20.5 Kernprozesse in Sternen

In Sternen, die mindestens 10 % der Sonnenmasse enthalten, fusionieren leichte Elemente unter Energieabstrahlung. Eine unter ihrem eigenen Gravitationseinfluss kollabierende Materiewolke erzeugt genügend hohe Teilchendichten und Temperaturen, um die Fusion von Wasserstoffkernen zu starten.

In Sternen von etwa einer Sonnenmasse dominiert bei einer Temperatur von 10 bis 14 Millionen Kelvin der Proton-Proton-Zyklus, der auch »p-p-Reaktion I« genannt wird. In ihm fusionieren insgesamt vier Protonen zu einem Heliumkern. Pro Gesamtreaktion wird dabei eine Energie von 26,7 MeV umgewandelt.

Bei Vorhandensein von Kohlenstoff als Katalysator setzen ab 14 Millionen Kelvin die Reaktionen des CNO-Zyklus ein. Auch hier werden letztlich vier Protonen zu einem ^{4}He-Kern fusioniert, der Zyklus kann aber in kürzerer Zeit durchlaufen werden. Er stellt die Hauptenergiequelle für massereiche Sterne mit höherer Kerntemperatur dar. Wenn der Wasserstoffanteil infolge der Fusion stark abgesunken ist, kommen diese Reaktionen zum Erliegen.

Ab einer Temperatur von 100 Millionen Kelvin und entsprechender Teilchendichte können ^{4}He-Kerne in immer kürzerer Zeit zu Beryllium, Kohlenstoff, Sauerstoff und letztlich ab 5 Milliarden Kelvin zu Eisen fusionieren. Sehr massereiche Sterne explodieren am Ende ihrer Entwicklung in einer Supernova. Durch den Einfang der dabei freiwerdenden Neutronen entstehen dann schwerere Elemente.

Energiequelle der Sterne

Vor der Entdeckung des Atomkerns gab es keine schlüssige Erklärung für die starke Energieabstrahlung der Sonne. Im 18. und 19. Jh. wurden chemische Verbrennungsprozesse und gravitative Kontraktion diskutiert, jedoch müsste in beiden Fällen die Sonne nach kurzer Zeit verlöschen.

Hans A. Bethe und Carl F. von Weizsäcker stellten 1938 einen Kernprozess vor, in dem vier Protonen unter Umwandlung einer Energie von 26,7 MeV zu einem Heliumkern fusionieren (Abb. 2 a). Diese als CNO-Zyklus bezeichnete Prozesskette läuft vor allem im Inneren von massereichen Sternen bei hohen Temperaturen ab. In kleineren, nicht so heißen Sternen wie der Sonne dominiert der später entdeckte, langsamere Proton-Proton-Zyklus (vgl. 18.9). Auch hier werden 26,7 MeV der Bindungsenergie pro Gesamtreaktion in Strahlungsenergie umgewandelt.

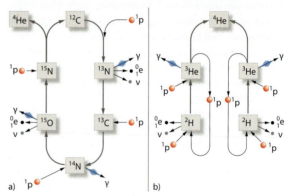

2 CNO- und Proton-Proton-Zyklus

p-p-Reaktionen

Startreaktion für alle Prozesse ist die Bildung von Deuterium (^{2}H) unter Aussendung eines Positrons und eines Neutrinos. Das Positron unterliegt sofort der Paarvernichtung, das Neutrino entweicht ungehindert aus dem Sterninneren. Aber auch bei den Temperaturen im Inneren unserer Sonne reicht nach der klassischen Physik die kinetische Energie der Protonen für das Einsetzen dieser Reaktion nicht aus: Die Coulomb-Abstoßung zwischen den Protonen verhindert, dass sie einander nahe genug kommen. Nach quantenmechanischer Rechnung kann aber die Potenzialbarriere mit einer kleinen Wahrscheinlichkeit überwunden werden (vgl. 13.18): Ein einzelnes Proton kann unter den vorliegenden Bedingungen einmal in 10^{10} Jahren mit einem anderen reagieren. Die Vielzahl der Reaktionspartner ermöglicht damit die Kernfusion in großem Ausmaß.

Im Anschluss bildet der Deuteriumkern innerhalb weniger Sekunden mit einem weiteren Proton ³He. Je nach Temperatur fusionieren nun mit geringerer Wahrscheinlichkeit zwei ³He-Kerne direkt zu einem ⁴He-Kern (p-p-Reaktion I) oder über Zwischenschritte mit Beryllium, Lithium oder Bor in den Reaktionstypen II und III. Diese Typen spielen bei der Energieumwandlung in der Sonne keine große Rolle, sie lassen sich jedoch anhand der von der Sonne ausgesandten Neutrinos nachweisen.

CNO-Zyklus

In der Sonne trägt der CNO-Zyklus nur zu 1,5 % der Energieumwandlung bei, für massereichere Sterne ist er aber bedeutend. Die Reaktionsschritte sind:

$^{12}C + {}^{1}H \rightarrow {}^{13}N + \gamma + 1{,}94$ MeV
$^{13}N \rightarrow {}^{13}C + e^{+} + \nu + 1{,}20$ MeV
$^{13}C + {}^{1}H \rightarrow {}^{14}N + \gamma + 7{,}55$ MeV
$^{14}N + {}^{1}H \rightarrow {}^{15}O + \gamma + 7{,}29$ MeV
$^{15}O \rightarrow {}^{15}N + e^{+} + \nu + 1{,}74$ MeV
$^{15}N + {}^{1}H \rightarrow {}^{12}C + {}^{4}He + 7{,}96$ MeV

Dies ist im Ergebnis die gleiche Umwandlung wie beim p-p-Zyklus. Allerdings verlassen die Neutrinos den Stern weitgehend ohne Wechselwirkung und tragen daher ihre Energie mit fort. Im Fall der p-p-Reaktionen sind dies 0,52 MeV, beim CNO-Zyklus 2,7 MeV.

Ursprung der Elemente höherer Ordnungszahl

In Sternen, die mehr Masse enthalten als unsere Sonne, kann bei großem Gravitationsdruck und höherer Temperatur das »Heliumbrennen« beginnen. Dabei fusionieren zwei ⁴He-Kerne zu ⁸B, anschließend mit einem weiteren ⁴He zu ¹²C, und so weiter zu ¹⁶O bis hin zu ⁴⁰Ca. In großen Sternen gibt es nach außen hin in den schalenartig aufgebauten Fusionsbereichen je nach Temperatur und Druck verschiedene Fusionszonen (Abb. 3).

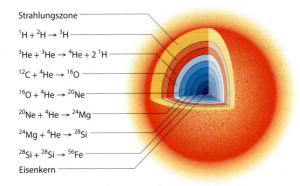

3 Fusionszonen in einem Riesenstern mit vereinfachenden Gleichungen für die Kernreaktionen

Auch das »Kohlenstoffbrennen« ist dort möglich: Zwei ¹²C-Kerne reagieren zu ²⁰Ne und ⁴He oder unter Abgabe eines Protons zu ²³Na. Schließlich können im »Siliciumbrennen« Kerne unter Energieabgabe bis hin zu Eisen fusionieren. Zwei ²⁸Si-Kerne fusionieren dabei zu ⁵⁶Ni, nach Elektroneneinfang entsteht das stabile ⁵⁶Fe.

Entstehung schwerer Elemente

In Sternen mit mehr als 1,4 Sonnenmassen werden im letzten Stadium ihrer Entwicklung durch Neutroneneinfang auch schwerere Elemente gebildet. Im langsamen s-Prozess *(slow)* durchdringen Neutronen nahezu ungehindert die Fusionsschalen des Sterns und können unterwegs mit Kernen reagieren. Diese bauen ihren Neutronenüberschuss meist durch Betazerfall wieder ab, bevor ein weiteres Neutron angelagert werden kann. Im Spektrum solcher Riesensterne konnten Elemente höherer Ordnung wie das kurzlebige Technetium ($Z = 43$) bereits nachgewiesen werden.

Im schnellen r-Prozess *(rapid)* bei einer Supernovaexplosion werden neutronenreiche Materieschichten ins All geschleudert. In kurzer Zeit bilden sich bei hohen Temperaturen und Teilchendichten Kerne mit Neutronenüberschuss. Auch diese unterliegen wieder dem Betazerfall und erzeugen Elemente mit höheren Ordnungszahlen.

Aufgrund der Elementverteilung im Sonnensystem und der Beobachtungshäufigkeit dieser Explosionen nimmt man aber an, dass solche Ereignisse nur selten auftreten. Oberhalb von Wasserstoff und Helium treten Elemente mit Nukleonenzahlen, die ein ganzzahliges Vielfaches von 4 darstellen, bis hin zu Eisen besonders häufig auf. Ausnahme ist Lithium, das in den p-p-Reaktionen zu zwei He-4 oder weiter zu Beryllium reagiert.

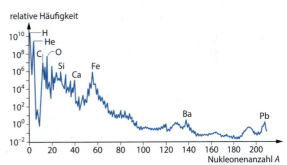

4 Relative Häufigkeit der Elemente im Sonnensystem

AUFGABEN

1 Bei der Bildung eines Heliumkerns aus Protonen wird eine Energie von $4{,}2 \cdot 10^{-12}$ J frei. Bestimmen Sie aus der beobachteten Leuchtkraft die Anzahl der Heliumkerne, die an einem Tag in der Sonne gebildet werden müssten, und berechnen Sie den Massenverlust der Sonne, der auf diese Prozesse zurückgeht.

2 Wodurch ist es möglich, dass die Strahlungsleistung bestimmter Sterne über einen großen Zeitraum nahezu konstant ist?

Die Sterne unterschiedlicher Größe im offenen Sternhaufen der Plejaden M45 sind alle zur gleichen Zeit vor 100 Millionen Jahren entstanden, können heute aber in verschiedenen Phasen ihrer Entwicklung beobachtet werden. Die Überreste explodierender Sterne reichern am Ende den Kosmos mit schwereren Elementen an, sodass sich im nächsten Zyklus auch Planetensysteme bilden können.

20.6 Sternentstehung

Eine Gas-Staub-Wolke der interstellaren Materie kann sich unter dem Einfluss von Gravitation oder Strahlungsdruck zum Vorläufer eines Sterns, einem *Protostern*, verdichten. Gravitationsenergie wird dabei in thermische Energie umgewandelt, die zur Abgabe von Wärmestrahlung im Infrarotbereich führt.

Eine Rotation der kollabierenden Wolke bewirkt in vielen Fällen die Bildung von Mehrfachsternsystemen oder Planeten: Im Randbereich finden sich schwere Bestandteile, die sich dort weiter verdichten.

Sobald nach mehreren Millionen Jahren durch fortgesetzte Kontraktion der Wolke die Masse in der Zentralregion auf ca. ein Zehntel der Sonnenmasse angestiegen ist, setzt dort die Kernfusion ein – die Materie beginnt zu leuchten und ist damit zu einem Stern geworden. Die weitere Entwicklung des jungen Sterns wird im Wesentlichen von seiner Masse bestimmt.

Sonnenähnliche Sterne durchlaufen während der nächsten 10^{10} Jahre eine stabile Phase der Kernfusion von Wasserstoff zu Helium und dann zu schwereren Elementen.

Massereiche Sterne verbrauchen ihren Wasserstoffvorrat viel schneller als massearme. Ihr größerer Gravitationsdruck führt zu höherer Temperatur und größerer Teilchendichte im Zentrum, mithin zu einer höheren Fusionswahrscheinlichkeit der Atomkerne.

Masse-Leuchtkraft-Beziehung Sterne mit gleichem Aufbau und gleicher Temperatur, aber größerer Leuchtkraft besitzen eine größere Oberfläche, also einen größeren Radius und eine größere Masse. Für ihre Masse und ihre Leuchtkraft gilt im Verhältnis zu den entsprechenden Größen der Sonne eine empirisch gefundene Beziehung:

$$\frac{L}{L_S} \approx \left(\frac{m}{m_S}\right)^{3,5}. \qquad (1)$$

Entwicklung von Sternen

Modelle der Sternentwicklung gehen davon aus, dass die Sterne in einem Sternhaufen aus dem ursprünglichen Vorrat an Wasserstoff, Helium und wenigen anderen Elementen zur gleichen Zeit entstanden sind. Je mehr Wasserstoff zur Verfügung steht, desto schneller laufen die Kernfusionsprozesse im Sterninneren ab, desto schneller durchläuft also der Stern seine Entwicklung.

Die physikalischen Größen eines beobachteten Sterns erlauben es, diesen in ein Schema einzuordnen, das auf das aktuelle Stadium seiner Entwicklung schließen lässt (vgl. 20.8). Auch das weitere Schicksal der massenabhängigen Entwicklung von Sternen zu einem langsamen Verlöschen oder einem explosionsartigen Ende ist mit den Beobachtungsdaten verschiedener Sterntypen sowie den entsprechenden physikalischen Modellen zu erklären.

Beginn der Evolution

Ausgangspunkt ist eine Gas-Staub-Wolke mit einer Dichte von 10^{-22} kg/dm³, das sind etwa 50 Millionen Teilchen pro Kubikmeter, und einer Temperatur von unter 50 K. Stoßwellen explodierender Sterne in der Umgebung, Gravitationseinflüsse in den rotierenden Spiralarmen oder auch zufällige lokale Verdichtungen sind die Anfangsvoraussetzungen der einsetzenden Entwicklung.

Ab einer Gesamtmasse von etwa 300 Sonnenmassen kann das eigene Gravitationsfeld der Gas-Staub-Wolke genügen, um durch fortgesetzte Kontraktion die Sternentwicklung einzuleiten. Im Anfangsstadium beträgt die Ausdehnung einige Lichtjahre, ein Protostern hat dann etwa die Größe des Sonnensystems.

Bei der Kontraktion wird durch das Hineinstürzen der Teilchen Gravitationsenergie in thermische Energie umgewandelt: Die Temperatur der Wolke nimmt zu. Im weiteren Verlauf spalten sich bei steigender Temperatur die Wasserstoffmoleküle auf, sowohl die Wasserstoff- als auch die Heliumatome werden ionisiert, und die Staubpartikel verdampfen.

Kollabieren größere rotierende Wolken, so kann es zufällig zur Ausbildung von Verdichtungen innerhalb einer entstehenden rotierenden Scheibe kommen. Diese lokalen Instabilitäten führen oft zur Bildung von Doppel- oder Mehrfachsternsystemen sowie später zu Planeten. Ausgedehnte große Wolken sind die »Geburtsstätten« von ganzen Sternhaufen wie den Plejaden (Abb. 1).

2 Sternentstehungsgebiet im Adlernebel M16 (Falschfarbendarstellung). Das Objekt hat eine Ausdehnung von etwa 1 Lj.

Protosterne

Die Wolke mit den Protosternen in ihren lokalen Dichtezentren ist erstmals im infraroten Strahlungsspektrum beobachtbar (Abb. 2). Nach einer Million Jahren ist die Wolke so weit kollabiert, dass ihre Strahlung auch im sichtbaren Bereich erkennbar wird. Weitere 10 Millionen Jahre später können dann ab einer Masse von 10 % der Sonnenmasse im Inneren erste Kerne fusionieren.

Stabile Phase der Kernfusion

In vergleichsweise kleinen Objekten mit unter 1 % der Sonnenmasse reichen Teilchendichte und Temperatur trotz weiterer Kontraktion nicht für eine beständige Wasserstofffusion zu Helium aus. In ihnen finden zwar Kernreaktion von Lithium oder Deuterium statt, trotzdem kühlen sie langsam als *Braune Zwerge* aus.

In Sternen aus dem Massenbereich von 0,8 bis 15 Sonnenmassen sind der Gravitations- und Gasdruck des heißen Sterninneren im Gleichgewicht. Eine größere Masse erzeugt einen größeren Gravitationsdruck. Daraus resultieren dann eine höhere Temperatur und Teilchendichte und damit aufgrund verstärkter Fusionstätigkeit eine größere Leuchtkraft des Sterns. In den jungen Sternen fusioniert nun Wasserstoff zu Helium, und massenabhängig laufen weitere Fusionsreaktionen zu Elementen höherer Ordnung hin ab (vgl. 20.5).

Abhängig von seiner Größe verbleibt der Stern dann für den längsten Teil seiner Entwicklung in einem stabilen Stadium: Über viele Millionen bis hin zu einigen Milliarden Jahren wird die durch Kernfusion freigesetzte Energie ins All abgestrahlt.

Masse-Leuchtkraft-Beziehung

Bereits 1926 hat ARTHUR S. EDDINGTON in seinem Buch über den inneren Aufbau der Sterne ohne Kenntnis der Kernfusion ein Zusammenhang zwischen Masse und Leuchtkraft der Sterne postuliert. Voraussetzung für die Anwendbarkeit dieser Beziehung ist der ähnliche Aufbau der betrachteten Sterne in der stabilen Phase der Wasserstofffusion. In einem doppellogarithmischen Diagramm von Leuchtkraft zu Masse ergibt sich näherungsweise eine Gerade (Abb. 3). Aus deren Steigung lässt sich die mit der Proportionalität $L \sim m^{3,5}$ ablesen (Gl. 1).

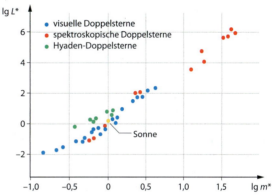

3 Leuchtkraft und Masse; die Werte sind jeweils auf die Sonne bezogen, es ist also $L^* = L/L_{Sonne}$ und $m^* = m/m_{Sonne}$.

Ein Stern mit doppelter Sonnenmasse leuchtet damit 10-mal so hell wie die Sonne, verbraucht aber aufgrund der höheren Temperatur seinen Wasserstoffvorrat in etwa einem Fünftel der Zeit. Die Bestimmung der Sternmassen gelingt am besten bei typischen Vertretern des jeweiligen Sterntyps in Doppelsternsystemen (vgl. 20.9).

AUFGABE

1 a Folgende Leuchtkräfte wurden an Sternen bestimmt: Beteigeuze; $55 \cdot 10^3 \, L_S$, Alpha Centauri A: $1,5 \, L_S$ und Wega: $37 \, L_S$. Berechnen Sie die Massen der Sterne, vergleichen Sie sie mit der Sonne.

b Kennt man Masse und Leuchtkraft eines Sterns, so lässt sich daraus seine mittlere spezifische Energiefreisetzung (in W/kg) ermitteln. Berechnen Sie die mittlere spezifische Energiefreisetzung der drei Sterne und der Sonne, und interpretieren Sie Ihr Ergebnis anhand des folgenden Diagramms.

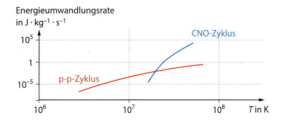

Die Zeiträume, in denen sich Sterne verändern, überdecken in der Regel viele Millionen Jahre. Hier allerdings konnten die Astronomen einmal im Stundentakt die Geschehnisse eines 168 000 Lichtjahre entfernten Sterns »live« beobachten. Seine Entwicklung zur Supernova 1987A bescherte einem unscheinbaren Stern in der Magellan'schen Wolke für kurze Zeit ein spektakuläres Finale.

20.7 Erlöschen von Sternen

Jeder Stern verfügt nur über eine begrenzte Wasserstoffmenge. So wird in etwas mehr als 10 Milliarden Jahren auch unsere Sonne ihren Vorrat im Zentrum aufgebraucht haben und in ihre letzte Entwicklungsphase eintreten.

Im Vergleich zur stabilen Phase ist die Endphase eines Sterns recht kurz. Ihr Verlauf ist im Wesentlichen durch die Masse des Sterns bestimmt:

$m < 0{,}3\ m_S$ – Der Stern kühlt langsam aus.

$0{,}3\ m_S < m < 1{,}4\ m_S$ – Der Stern kontrahiert als Folge der Gravitation. Dabei heizt er sich auf, expandiert wieder und wird zum *Roten Riesen*. Dieser stößt immer wieder Teile der äußeren Gashülle ab, bis schließlich ein kleiner Kern übrig bleibt, der zu einem *Weißen Zwerg* abkühlt.

$m > 1{,}4\ m_S$ – Die Endphase verläuft zunächst ähnlich, jedoch kann der Kern dieser Roten Überriesen der Gravitation zuletzt nicht mehr standhalten: Er kollabiert zu einem *Neutronenstern* hoher Dichte. Der Zusammenbruch erfolgt so schnell, dass es zu einer *Supernovaexplosion* kommt, bei der viel Materie weggeschleudert wird. Verbleibt danach eine Restmasse vom mehr als $2{,}5\ m_S$, so entsteht ein *Schwarzes Loch*. Dessen Gravitationsfeld ist so stark, dass auch elektromagnetische Strahlung die unmittelbare Umgebung des Körpers nicht mehr verlassen kann.

Rote Riesen und planetarische Nebel

Ist im Kern eines Sterns mit mehr als 0,3 Sonnenmassen der Wasserstoff überwiegend zu Helium fusioniert, so beginnt dort verstärkt die Fusion von Helium zu höheren Elementen. Die Fusion von verbliebenem Wasserstoff setzt sich aber in einer äußeren Schale noch weiter fort.

Im Inneren starten nach und nach Fusionsprozesse zu immer höheren Elementen (vgl. 20.6). Diese Prozesse laufen im Vergleich zur Wasserstofffusion schnell ab, dadurch steigen die Temperatur und der Druck: Der Stern dehnt sich immer mehr aus – er wird zum Roten Riesen.

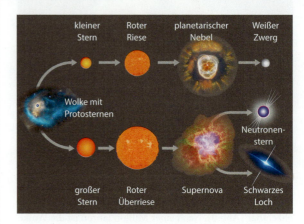

2 Unterschiedliche Endphasen von Sternen

Die Beobachtung von Sternen in dieser Phase zeigen periodische Helligkeitsschwankungen, die folgendermaßen zu erklären sind: Der erhöhte Strahlungsdruck bläht den Stern auf; die Oberfläche, von der die Energie abgestrahlt wird, vergrößert sich, die Temperatur sinkt dadurch ab. Die niedrigere Temperatur zeigt sich in einer typischen rötlichen Farbe. Anschließend beginnt der Stern aufgrund des abnehmenden Innendrucks wieder zu schrumpfen, um sich dabei erneut aufzuheizen. Auch die Fusionsrate nimmt daraufhin wieder zu, sodass sich bald darauf der Zyklus wiederholt.

Während der mehrere Hunderttausend Jahre andauernden instabilen Kontraktions- und Ausdehnungsphasen wird die äußere Hülle des Sterns nach und nach weggeblasen. In den ersten Fernrohren erschienen diese Gaswolken ähnlich den Planeten als verwaschene Lichtscheibchen (Abb. 3). Zu dieser Zeit wurde für sie der Begriff *planetarischer Nebel* geprägt, obwohl die expandierenden Gaswolken nichts mit einer Planetenbildung in Sternsystemen zu tun haben.

Nach wenigen Zehntausend Jahren sind die rasch expandierenden Gaswolken im sichtbaren Bereich nicht mehr zu erkennen. Im Zentrum verbleibt der Stern als Weißer Zwerg – ein ausgekühlter Restkern, der überwiegend aus Sauerstoff und Kohlenstoff besteht und weiter an Temperatur verliert, bis er schließlich unsichtbar wird.

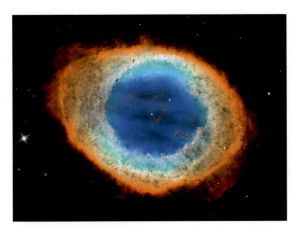

3 Planetarischer Nebel

Supernova

In massereichen Sternen liegen aufgrund der starken Gravitation Temperatur- und Dichteverhältnisse vor, die eine Fusion von Kohlenstoff bis hin zu Eisen ermöglichen. Beim Element Eisen endet allerdings die Möglichkeit, durch Kernfusion zu schwereren Elementen Bindungsenergie zu gewinnen (vgl. 16.3). Im Inneren des Sterns bildet sich dann eine schalenartige Struktur aus (vgl. 20.5, Abb. 3): Von außen nach innen fusionieren temperatur- und druckabhängig schichtweise Wasserstoff, Helium, Kohlenstoff, Neon, Sauerstoff und Silicium bis zum Eisen. Die Dauer der Fusionsprozesse verkürzt sich dabei von Millionen Jahren bei Wasserstoff bis zu Zeiträumen von nur einer Woche bei der Fusion zu Eisen.

Übersteigt die Masse des Sterns die *Chandrasekhar-Grenze* von ca. 1,5 m_S, tritt der Gravitationskollaps ein: Schlagartig zerreißt die freigesetzte Gravitationsenergie durch den Strahlungsdruck unter Neutrinoaussendung die äußere Hülle in einer Supernovaexplosion. Die wechselwirkungsarmen Neutrinos durchdringen dabei die Hülle noch vor der sichtbaren Strahlung.

Ein solches Ereignis konnte 1987 erstmals in der Magellan'schen Wolke beobachtet werden (Abb. 1). Drei Stunden bevor ein bereits bekannter heißer Überriese mit der Bezeichnung Sk −69° 202 nach 20 Millionen Jahren Lebensdauer in einer gewaltigen Supernovaexplosion der Helligkeit $m = +3$ (bzw. 3^m) aufleuchtete, registrierten Teilchenphysiker auf der Erde unabhängig voneinander in vier Neutrinodetektoren einen Anstieg der Aktivität. Die gewonnenen Messdaten dieses Ereignisses stützen die Modelle für die Endphase der Sternentwicklung.

Neutronensterne und Schwarze Löcher

Die Materie, die nach einer Supernovaexplosion übrig bleibt, stürzt zusammen, und es entsteht ein Objekt extrem großer Dichte: Die Elektronen werden in die Atomkerne »gedrückt«. Sie wandeln sich mit den Protonen unter Aussendung von Neutrinos zu Neutronen um – es entsteht ein Neutronenstern von typischerweise 20 km Durchmesser, dessen Massendichte derjenigen der Atomkerne gleichkommt: $\rho \approx 10^{15}$ g/cm^3.

Der Schrumpfungsprozess führt aufgrund der Drehimpulserhaltung zu einer sehr hohen Rotationsfrequenz des Sterns. Da er ein starkes Magnetfeld besitzt, sendet er elektromagnetische Strahlung aus, die einen weiten Frequenzbereich überdeckt. Bei geeigneter Lage der Rotationsachse wird diese Strahlung als pulsierend – ähnlich dem Licht eines Leuchtturms – beobachtet. Man spricht daher in solchen Fällen auch von *Pulsaren*.

Ab einer verbleibenden Masse von mehr als 2,5 m_S auf kleinstem Raum ist die Gravitationsfeldstärke so groß, dass selbst Licht die Umgebung des Reststerns nicht mehr verlassen kann: Es entsteht ein Schwarzes Loch, das nicht mehr direkt beobachtet werden kann.

In Mehrfachsternsystemen lassen jedoch die beobachtbaren Bewegungen der Begleiter mithilfe des Gravitationsgesetzes Rückschlüsse auf die Zentralmasse des Schwarzen Lochs zu. In anderen Fällen kann auch Materie von einem Begleitstern in das Loch hineingezogen werden – die entstehende Strahlung im Röntgenbereich verrät dabei das unsichtbare massive Objekt.

Schwarzschild-Radius Schwarze Löcher befinden sich nach heutiger Erkenntnis in allen sternreichen Zentralregionen der Galaxien (vgl. auch 19.13). Etwas vereinfacht kann für ein massives ruhendes Objekt der Masse m der Radius r seines *Ereignishorizonts* angegeben werden. KARL SCHWARZSCHILD veröffentlichte in seinen Arbeiten zur Relativitätstheorie die Abschätzung des nach ihm benannten Radius, innerhalb dessen kein Ereignis für einen außenstehenden Beobachter sichtbar ist. Danach gilt mit der Gravitationskonstante G:

$$r \approx 2\,\frac{G \cdot m}{c^2}. \tag{1}$$

AUFGABEN

1 Die Nuklearzeit eines Sterns bezeichnet die Zeitspanne, in der ein Stern seinen gesamten Wasserstoff in Helium umwandeln würde.
a Bestimmen Sie für die Sonne ($L_S = 3{,}8 \cdot 10^{26}$ W) und für Beteigeuze ($L = 55\,000\, L_S$) die jeweilige Nuklearzeit. Gehen Sie bei Ihrer Berechnung davon aus, dass pro entstehendes Heliumatom $4{,}2 \cdot 10^{-12}$ J Energie umgesetzt werden.
b Begründen Sie, dass die Nuklearzeit eines Sterns größer ist als seine tatsächliche Lebensdauer.

2 a Erläutern Sie, für welche Objekte der Schwarzschild-Radius von Bedeutung ist.
b Berechnen Sie die Schwarzschild-Radien von Sonne und Erde, und interpretieren Sie die beiden Werte.

Im Vergleich zu unserer Lebensspanne haben Schmetterlinge einen sehr kurzen Entwicklungsweg von der Raupe über die Puppe zum Falter. Ein Stern wie die Sonne dagegen »lebt« etwa 10 Milliarden Jahre – menschliche Zeitspannen sind viel zu kurz, um seine Entwicklung in Gänze zu verfolgen. Der Blick in den Nachthimmel aber zeigt uns Objekte in allen Größen und Entwicklungsstufen gleichzeitig.

20.8 Hertzsprung-Russel-Diagramm

Die absolute Leuchtkraft von Sternen und ihre Fotosphärentemperatur – und damit ihre Spektralklasse – sind anhand von Spektralanalysen gut zu ermitteln. Stellt man diese beiden Größen in einem Diagramm dar, so werden charakteristische Häufungen sichtbar. In einem Hertzsprung-Russel-Diagramm (HRD) befindet sich der überwiegende Teil der Sterne in der Nähe einer Diagonalen, der *Hauptreihe*. Für sie gilt: Je höher die Fotosphärentemperatur ist, desto höher ist ihre Leuchtkraft und damit auch ihre Masse – aber desto kürzer ist auch ihre Lebensdauer.

Die Sonne befindet sich bei entsprechender Skalierung im Mittelfeld der Hauptreihensterne. Oberhalb der Hauptreihe treten im HRD Rote Riesen und vereinzelt Überriesen mit geringer Oberflächentemperatur, aber immensen Leuchtkräften auf. Auf der anderen Seite der Hauptreihe finden sich heiße, aber leuchtschwache kleine Sterne, die Weißen Zwerge.

Die Abfolge der Entwicklungsstadien eines Sterns führt im HRD zu charakteristischen Linien. Für einen sonnenähnlichen Stern beginnt mit der Wasserstofffusion seine Entwicklung auf der Hauptreihe. Er verlässt diese erst nach 10^{10} Jahren bei Einsetzen der Heliumfusion in Richtung der Riesensterne und endet nach mehreren Zwischenstadien bei den Weißen Zwergen.

Sehr massereiche Sterne sind bei höheren Temperaturen auf der Hauptreihe angesiedelt und verweilen dort verhältnismäßig kurz, da sie ihren Wasserstoffvorrat schneller verbrauchen. Sie verlassen die Hauptreihe auch weiter oben und entwickeln sich zu Überriesen.

Die Einordnung eines entfernten Sterns im HRD durch den Vergleich mit bekannten Sternen seines Typs erlaubt Rückschlüsse auf das Alter und den Entwicklungsstand des Sterns. So können anhand des HRD auch die Modellrechnungen zur Sternentwicklung geprüft werden.

Entstehung des HRD

In den Jahren um 1910 untersuchte der dänische Chemiker und Astronom EJNAR HERTZSPRUNG den Zusammenhang von Farbe, Temperatur und Leuchtkraft verschiedener Sterntypen. Aus der Überarbeitung und Veröffentlichung dieser Untersuchungen durch den amerikanischen Astronomen HENRY RUSSELL 1913 ging das Hertzsprung-Russel-Diagramm hervor. Die Leuchtkraft eines Sterns wird aus der absoluten Helligkeit bestimmt; sie steht in Zusammenhang mit seiner Entfernung (vgl. 20.4). Damit ist es möglich, viele Sterne in ein Temperatur-Leuchtkraft-Diagramm einzuordnen. Da aus der Temperatur eines Sterns aber auch seine Spektralklasse hervorgeht, entspricht das HRD einem Spektralklasse-Leuchtkraft-Diagramm.

Um die Häufungen zu erkennen, muss eine sehr große Anzahl von Sternen analysiert werden. Die Gegenüberstellung der beiden Beobachtungsgrößen Temperatur (in logarithmischer Teilung) und Leuchtkraft zeigt Abb. 2. Historisch bedingt wird die Abszisse nach aufsteigender Spektralklasse, also fallender Temperatur angeordnet.

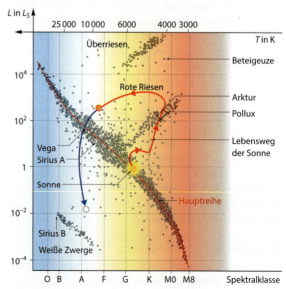

2 HRD mit Angabe der Spektralklassen und der zu erwartenden Entwicklungslinie der Sonne

Hauptreihe

Die Diagonale der Hauptreihe erstreckt sich von kühleren, lichtschwächeren Sternen rechts unten bis zu den heißen, hellen Sternen links oben. Bei diesen geht eine hohe Oberflächentemperatur von bis zu 40 000 K mit einer großen Leuchtkraft einher, allerdings fusionieren sie daher auch ihren Wasserstoffvorrat schnell. Sie leuchten in der kurzen stabilen Phase der Kernfusion von ca. 10 Millionen Jahren heiß und bläulich. Gelbliche, sonnenähnliche Sterne des G-Typs mit einer kühleren Oberflächentemperatur von 6000 K im unteren Drittel der Hauptreihe verbleiben etwa 10 Milliarden Jahre in diesem Entwicklungsstadium an ihrem Platz im HRD.

Rote Riesen, Überriesen und Weiße Zwerge

Sterne, die trotz niedriger Temperatur mit hoher Strahlungsleistung rötlich leuchten, müssen über eine große Oberfläche zur Energieabstrahlung verfügen. Sie ordnen sich als Rote Riesen und Überriesen rechts oben im HRD ein. Im Gegensatz zu ihnen strahlen die Weißen Zwerge trotz hoher Oberflächentemperatur nur schwach, es handelt sich hierbei also um relativ kleine Objekte.

Folgerungen aus dem HRD

Für typische Vertreter eines Sterntyps in unserer Milchstraße können scheinbare Helligkeit und Spektralklasse direkt aus der Beobachtung gewonnen werden. Für weiter entfernte Sterne außerhalb unserer Galaxis sollten aber die gleichen physikalischen Gesetze gelten. Damit liefern die Bestimmung ihres Spektraltyps und ihre Einordnung im HRD den Grundbaustein im Puzzle der Sterntypen.

Nach der Masse-Leuchtkraft-Beziehung steigt die Masse der Sterne auf der Hauptreihe von unten nach oben an (vgl. 20.6). Je größer Masse und Radius eines Sterns sind, desto größer ist auch seine Leuchtkraft. Unter der Annahme, dass dieser Zusammenhang für alle Sterne auf der Hauptreihe gilt, lassen sich durch die Einordnung auch für weiter entfernte Sterne im HRD physikalische Daten wie die Masse und ihre Entfernung aus gemessener scheinbarer und absoluter Helligkeit entsprechend ihrer Einordnung im Diagramm gut abschätzen (Abb. 3 a).

Entwicklungslinie eines Sterns im HRD

Die Besetzungsdichte im Diagramm spiegelt auch die Verweildauer der Sterne in ihrer jeweiligen Entwicklungsphase wider. Da die Sterne einen Großteil ihrer Entwicklungszeit im Hauptreihenstadium verbringen, ist die Hauptreihe dicht besetzt. Die Lage des Diagrammpunkts und die Verweildauer an dieser Stelle sind aber abhängig von der Menge des Wasserstoffs im Stern.

Gegen Ende seiner Entwicklung setzt die Fusion der höheren Elemente ein, der Stern wird zum Roten Riesen und verlässt damit die Hauptreihe. Massenabhängig durchläuft er mehrere Stadien im Gebiet der Riesen und erlischt schließlich in seiner Abkühlungsphase als Weißer Zwerg. Die Übergangsdauer in das Endstadium als veränderlicher Riesenstern ist mit wenigen Millionen Jahren vergleichsweise kurz. Es gibt also zu einem festen Zeitpunkt nicht so viele Sterne in diesem Stadium, das Diagramm ist hier nur dünn besetzt.

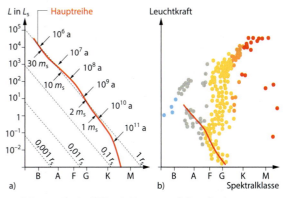

3 a) Hauptreihe im HRD mit Massen und Alter der Sterne; b) HRD eines Kugelsternhaufens

Im HRD erscheint zudem eine Lücke zwischen den Hauptreihensternen und den Riesen. Überriesen sind aufgrund ihrer großen Masse und der entsprechend kurzen Entwicklungsdauer ebenfalls seltener vertreten.

Die vergleichsweise langlebigen Weißen Zwerge müssten demnach sehr häufig anzutreffen sein, jedoch sind sie aufgrund ihrer geringen Leuchtkraft schlechter zu beobachten. Die Besetzungsdichte im HRD hängt also von mehreren Faktoren ab: der tatsächlichen Häufigkeit der unterschiedlichen Sterntypen, der Verweildauer in diesem Entwicklungsstadium und ihrer Beobachtbarkeit.

Für Sternhaufen, deren Sterne alle zur gleichen Zeit entstanden sind, kann aus der Besetzungslücke in der Hauptreihe, dem »Abknicken«, auf das gemeinsame Alter seiner Sterne geschlossen werden (Abb. 3 b). Je mehr Sterne bereits im Stadium der Roten Riesen sind und damit auf der Hauptreihe fehlen, desto älter ist der Haufen.

AUFGABEN

1. Stellen Sie dar, welche Informationen das HRD über unsere Sonne liefert.
2. Die Sonne befindet sich derzeit im Hauptreihenstadium. Leiten Sie daraus eine Aussage über einen Stern von 0,5 Sonnenmassen ab, der gleichzeitig mit der Sonne entstanden ist.
3. Der Wasserstoffvorrat für die Kernfusion ist bei großen, massereichen Sternen erheblich größer als bei kleinen, massearmen. Dennoch verbleiben Sterne großer Masse kürzere Zeit im Hauptreihenstadium als Sterne geringer Masse. Lösen Sie diesen Widerspruch.

FORSCHUNG

20.9 Untersuchungsmethoden der Astrophysik

Sämtliche Informationen über weit entfernte Sterne verdanken wir der Strahlung, die von ihnen ausgeht. Die Astrophysik nutzt heute das gesamte elektromagnetische Spektrum – von der Radio- bis hin zur Gammastrahlung. Dabei gibt es grundsätzlich drei unterschiedliche Messgrößen: die Richtung, aus der die Strahlung eintrifft, ihre Intensität und die spektrale Verteilung der Intensität.

Radioastronomie

Neben der unmittelbaren Beobachtung von Sternen oder Strahlungsausbrüchen auf der Sonne liefert die Radioastronomie Informationen über große Gaswolken im Kosmos: Neutraler Wasserstoff sendet eine charakteristische 21-cm-Linie aus. Die Doppler-Verschiebung dieser Strahlung erlaubt Rückschlüsse über die Rotationsgeschwindigkeit der Wolken. Um trotz der großen Wellenlängen eine gute Auflösung zu erreichen, bündeln große Parabolantennen die schwache Radiostrahlung (vgl. 10.10); teilweise werden auch mehrere Teleskope zusammengeschaltet.

Infrarotastronomie

Die infrarote Strahlung kann Gas- und Staubwolken durchdringen. Daher werden in der Infrarotastronomie junge Sterne sowie schwach leuchtende oder kühle Objekte wie Braune Zwerge und Planeten erforscht.
Die erdgebundene Infrarotastronomie ist auf die Frequenzbereiche beschränkt, für die die Atmosphäre durchlässig ist. Eine Alternative stellen daher Weltraumteleskope dar. Wie im optischen Bereich bündeln Linsen die Strahlung auf CCD-Detektoren (vgl. 15.5).

Optische Astronomie

Entfernungsbestimmung Die unmittelbare Beobachtung der scheinbaren Bewegung eines nahen Sterns vor dem ruhenden Fixsternhimmel ermöglicht für Sterne die Abstandsbestimmung (Abb. 1).

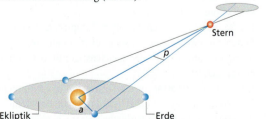

1 Aus der Beobachtung des Parallaxenwinkels p und dem Bahnradius der Erde a ergibt sich die Entfernung r des Sterns.

Für die Entfernungsbestimmung weit entfernter Sterne sind vor allem der Entfernungsmodul (vgl. 20.4) und die *Cepheiden-Methode* von Bedeutung. Hierbei wird die absolute Helligkeit eines Riesensterns bestimmt, die in einer festen Relation zur Periodendauer seiner Helligkeitsschwankung steht.

Temperatur Die Oberflächentemperatur von Sternen kann mithilfe des Planck'schen Strahlungsgesetzes, also anhand der Vergleichsspektren schwarzer Strahler abgeschätzt werden (vgl. 12.2). Weiteren Aufschluss über die Temperatur erlauben die Absorptionslinien von Metallen und ihren Oxiden: Die Beträge der Photonenenergien und die relative Ausprägung im Spektrum sind mit der herrschenden Temperatur korreliert.
Bei hohen Temperaturen liegen die Atome stark ionisiert vor. In solchen Fällen sind also nur wenige Energieniveauübergänge möglich. Eine kleine Anzahl von Spektrallinien deutet damit auf eine hohe Temperatur hin. Aus den beobachteten Linien ergibt sich dann die Einordnung in die Spektralklassen.

Druck Wie die Temperatur beeinflusst auch der Druck den Ionisierungsgrad der Atome und damit das Lichtspektrum. Je höher der Druck im Gas der Sternatmosphäre ist, desto häufiger kommt es zu Stößen zwischen den Teilchen und damit zu einer Verbreiterung der Spektrallinien.

Radius Liegt eine Abschätzung über den Druck vor, so ist auch eine Aussage über den Radius des Sterns möglich: Je kleiner der Stern ist, desto höher ist der Gravitationsdruck in seiner Fotosphäre und desto breiter werden die Absorptionslinien in seinem Spektrum. Aus dem Sternradius ergibt sich bei bekannter Oberflächentemperatur eine Aussage über die Leuchtkraft.

Masse Die Masse und der Radius eines Sterns bestimmen seine mittlere Dichte und damit den Gravitationsdruck. Diese Informationen werden wiederum zum Abgleich der vorher genannten Ergebnisse bei Einzelsternen gleichen Typs verwendet.
In den Spektren der häufig anzutreffenden Doppel- und Mehrfachsternsysteme kommt es zu messbaren Verschiebungen der Spektrallinien aufgrund des Dopplereffekts. Diese Verschiebungen lassen Rückschlüsse auf die jeweiligen Bahngeschwindigkeiten zu. Sofern die Einzelsterne getrennt beobachtet werden können, liefert ihre Bewegung um den gemeinsamen Schwerpunkt präzise Informationen über ihre Massenverhältnisse.
Aus der Vielzahl der Messungen ergibt sich empirisch die Masse-Leuchtkraft-Beziehung (vgl. 20.6). Bei derselben Oberflächentemperatur hat ein größerer, also massereicherer Stern gleicher Zusammensetzung mehr Leuchtkraft.

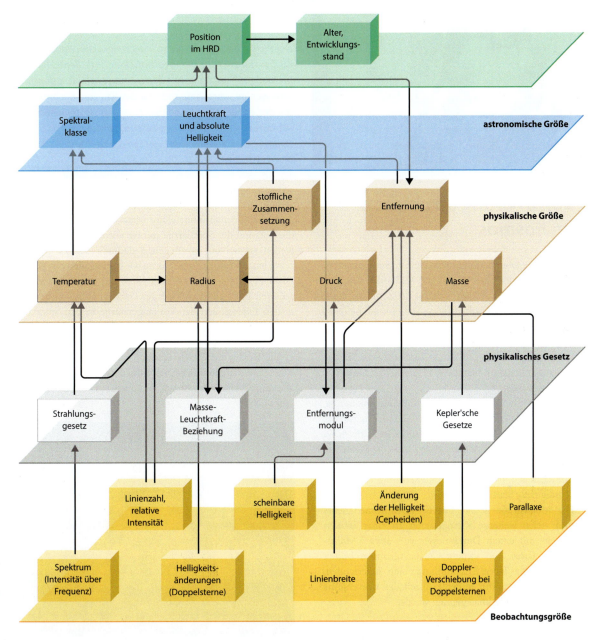

Hertzsprung-Russel-Diagramm Die Einordnung vieler Sterntypen in ein Temperatur-Leuchtkraft-Diagramm gibt Auskunft über die Energieumsetzung in den Sternen und das Stadium ihrer Entwicklung.

Röntgen- und Gammaastronomie

Hochenergetische Photonen entstehen beispielsweise beim Zusammenstürzen von Materie in kompakten Doppelsternsystemen oder Galaxiekernen. Auch bei Kollisionen und Supernovae kommt es zu einer starken Abstrahlung von Röntgen- und Gammastrahlung.

Durch die Detektion dieser Strahlung aus entfernten Galaxien werden Prozesse sichtbar, die schon sehr weit zurückliegen. Eine Beobachtung im Röntgenbereich ist allerdings wegen der Absorption durch die Erdatmosphäre nur über Satelliten möglich.

■ AUFGABEN

1 Erläutern Sie, inwieweit die Dichte und Größe eines Sterns seine weiteren Eigenschaften bestimmen.
2 Skizzieren Sie, welche Methoden zur Entfernungsbestimmung von Sternen es gibt. Geben Sie dabei auch den jeweiligen Entfernungsbereich an.

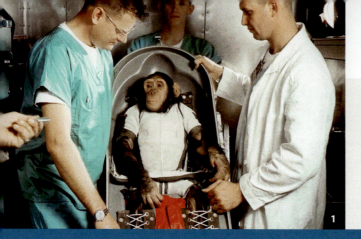

Der Weltraumpionier Ham war als erster Schimpanse im All. Sein kurzer Flug, der medizinischen Tests diente, fand im Jahr 1961 statt. Damals dachte man noch nicht daran, dass wenige Jahrzehnte später unser Bild vom Kosmos durch die Ergebnisse Hunderter Forschungssatelliten und die Experimente auf einer von Menschen bewohnten Raumstation revolutioniert werden würde.

20.10 Große Strukturen im Kosmos

Gravitativ gebunden umkreist unser Sonnensystem zusammen mit mehreren Hundert Milliarden weiteren Sternen das etwa 26 000 Lj entfernte Zentrum einer Spiralgalaxie, der Milchstraße. Die Sonne befindet sich, wie die meisten Sterne, in der scheibenförmigen Anordnung der Spiralarme und umrundet in 230 Millionen Jahren die kugelförmige Zentralregion. Im galaktischen Zentrum befindet sich ein extrem massereiches Schwarzes Loch.

Die Spiralarme mit ihren Sternen und Gaswolken führen eine *differenzielle Rotation* aus: Die Umlaufdauer der einzelnen Elemente hängt von deren Entfernung zum Zentrum ab. Dadurch ändert sich die Form der Spiralarme ständig, sodass die Gas- und Staubwolken immer neuen gravitativen Einflüssen unterliegen und ständig neue Sterne entstehen.

Die Milchstraße gehört mit dem Andromedanebel und vielen weiteren Kleingalaxien zu einer *lokalen Gruppe* mit einem Durchmesser von etwa 5 Millionen Lj. Diese und weitere Galaxiengruppen bilden dann in einer losen Ansammlung einen *Superhaufen*, dessen Großstruktur in der Frühzeit des Universums kurz nach dem Urknall geprägt wurde.

Milchstraße

Der Blick in den nächtlichen Sternhimmel zeigt das Sternenband der Milchstraße zusammen mit den dunklen Bereichen der Staub- und Gaswolken. Die Geschwindigkeits- und Entfernungsbestimmung der Sterne in der näheren Umgebung und der Vergleich mit den Erscheinungsformen anderer Galaxien prägt die Vorstellung unserer Position im Kosmos.

Das Sonnensystem befindet sich danach im inneren Viertel eines Spiralarms einer scheibenförmigen Galaxie. Der Scheibendurchmesser beträgt etwa 100 000 Lj, die Dicke der Scheibe etwa 3000 Lj.

Neben Sternsystemen enthalten die Spiralarme auch gas- und staubförmige interstellare Materie. Diese wird durch die Rotation der Spiralarme immer wieder an bestimmten Stellen verdichtet: Es entstehen dadurch nahezu gleichzeitig leuchtkräftige junge Sterne wie die Plejaden (vg. 20.6). Diese *Population-I-Haufen* enthalten nur Sterne aus einer späteren Entwicklungsphase der Galaxis, nachdem bereits in den Explosionen der Vorgängersterne in den Spiralarmen schwerere Elemente gebildet wurden.

Außerhalb der Spiralarme sind dagegen nur noch wenige, gering leuchtende Sterne zu beobachten. Die mit bloßem Auge erkennbaren dunklen Regionen der Milchstraße sind allerdings lichtabsorbierende Staubwolken unseres Spiralarms.

2 Eine Spiralgalaxie ähnlich unserer Milchstraße

Aus der Relativgeschwindigkeit der Sonne und ihrer Entfernung zum Kern der Milchstraße ergibt sich eine Umlaufdauer von 230 Millionen Jahren; seit ihrer Entstehung umrundete sie also knapp 20-mal das galaktische Zentrum. Mithilfe der Kepler'schen Gesetze kann die Gesamtmasse der Materie abgeschätzt werden, die sich innerhalb der Sonnenbahn befindet: Man kommt auf knapp 200 Milliarden Sonnenmassen. Der größte Teil davon hält sich in der kugelförmigen Zentralregion der Milchstraße mit 16 000 Lj Durchmesser auf.

Die Berechnung der Bewegung vieler Körper, die untereinander wechselwirken, ist kompliziert – selbst bei dreien müssen schon numerische Methoden herhalten.

Galaktisches Zentrum Das im optischen Bereich von unserem Standort aus nicht sichtbare Zentrum der Milchstraße, Sagittarius A*, liegt im Sternbild Schütze, seine Strahlung wird seit 1930 im Radiobereich, seit 1960 im Infraroten und heute auch im Röntgenbereich beobachtet. Die Messergebnisse deuten darauf hin, dass sich dort ein Schwarzes Loch von 4,3 Millionen Sonnenmassen befindet. Kurze Röntgenblitze sind das letzte Zeichen von Materie, die in das Schwarze Loch stürzt (vgl. 20.7).

Halo und Sternhaufen der Population II

Die Milchstraßenscheibe ist von einem kugelförmigen Halo aus Einzelsternen und Sternhaufen aus der Frühzeit der Galaxis, den *Population-II-Haufen*, umgeben. Deren ältere Sterne zeigen in ihren Linienspektren kaum schwerere Elemente, da es zu ihrer Entstehungszeit noch keine Supernovae gab, in denen solche Elemente gebildet worden wären.
Die Milchstraßenscheibe ist von einem kugelförmigen Halo aus älteren Sternen und Sternhaufen aus der Frühzeit der Galaxis umgeben. Modellrechnungen mit den Rotationsdaten der äußeren Sterne ergeben aber, dass die beobachtbare Materie bei Weitem nicht genügt, um die beobachtete Rotation zu erklären (vgl. 20.15).

Lokale Gruppe und Virgo-Superhaufen

Am Südsternhimmel befinden sich in unmittelbarer Nachbarschaft unserer Milchstraße zwei Kleingalaxien, die beiden Magellan'schen Wolken. Der in Abb. 3 rot hervorgehobene Wasserstoffschweif von mehreren Hunderttausend Lj Länge verbindet die Wolken und reicht bis zur Milchstraße. Ebenfalls in unserer kosmischen Nachbarschaft befindet sich der Andromedanebel M31, das mit rund 2,7 Millionen Lj Abstand am weitesten entfernte Objekt des Nachthimmels, das noch mit bloßem Auge zu erkennen ist.
Die Magellan'schen Wolken, der Andromedanebel M31 und über 50 weitere kleinere Zwerggalaxien bilden in einem Umkreis von gut 5 Millionen Lj die lokale Gruppe unserer Milchstraße. Dieser gravitativ gebundene Verband ist zusammen mit über 100 weiteren Galaxiengruppen in bis zu 70 Millionen Lj. Entfernung in eine größere Struktur eingebettet, die als Virgo-Superhaufen bezeichnet wird.

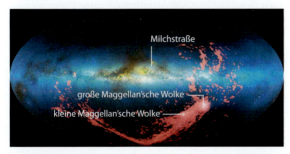

3 Gaswolken aus Wasserstoff (rot) verbinden die Magellan'schen Wolken mit der Milchstraße.

Einteilung der Galaxien

Seit EDWIN HUBBLE 1923 nachwies, dass der Andromedanebel eine eigenständige Galaxie außerhalb unseres Milchstraßensystems ist, gelingt es durch immer leistungsfähigere Teleskope, tiefer in das Weltall vorzustoßen. Damit ist aber auch ein Rückblick auf die Entstehung von Galaxien und ihre Klassifizierung möglich.

Aus lokalen Dichteschwankungen in der Frühzeit des Universums entwickelten sich anfangs meist irreguläre Systeme ohne innere Struktur mit vielen jungen Sternen. Durch die gravitative Zusammenballung der hauptsächlich aus Wasserstoff bestehenden Gaswolken bildeten sich aufgrund der Drehimpulserhaltung oft rotierende, *spiralförmige Galaxien* aus. In ihren Spiralarmen entstehen junge, heiße Sterne; in der Zentralregion umkreisen häufig ältere Sterne ein Schwarzes Loch. *Elliptische Galaxien* dagegen enthalten wenig gas- und staubförmige Materie, also finden dort kaum neue Sternbildungen statt.

Im Laufe der Entwicklung des jungen Universums kam es oft zu Kollisionen und Durchdringungen von Galaxien. Auch dies führte zu zahlreichen irregulären Großstrukturen im Kosmos.

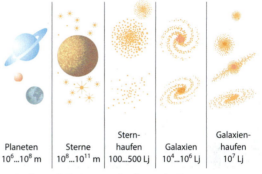

Planeten $10^6...10^8$ m | Sterne $10^8...10^{11}$ m | Sternhaufen $100...500$ Lj | Galaxien $10^4...10^6$ Lj | Galaxienhaufen 10^7 Lj

4 Größenverhältnisse von Strukturen im Kosmos

AUFGABEN

1 a Vergleichen Sie die mittlere Dichte des Sonnensystems und der Milchstraße. Nehmen Sie dazu als Begrenzung jeweils eine Kugelschale mit entsprechendem Radius an.

b Bestimmen Sie die durchschnittliche Anzahl der Sterne in einer Kugel von 50 Lj Durchmesser. Vergleichen Sie diesen Wert mit dem galaktischen Zentrum, wo sich in einem gleich großen Volumen etwa 10 Milliarden Sonnenmassen befinden.

2 Wodurch unterscheiden sich Sternhaufen der Population I und II im Hinblick auf das HRD?

3 Bestimmen Sie die Bahngeschwindigkeit der Sonne auf ihrem Umlauf in der Milchstraße.

4 Vergleichen Sie nach einer Recherche die Objekte der lokalen Gruppe mit unserer Milchstraße im Hinblick auf Größe, Struktur und Zusammensetzung.

MEILENSTEIN

20.11 *Mount-Wilson-Observatorium, Kalifornien, 29. Januar 1929. Edwin Hubble reicht bei einer Fachzeitschrift eine Veröffentlichung ein, in der er beschreibt, dass fast alle Galaxien von uns fortstreben. Mehr noch: Ihre Geschwindigkeit wächst mit der Entfernung. Diese bahnbrechende Erkenntnis führt gemeinsam mit Ergebnissen der Allgemeinen Relativitätstheorie zu einem neuen Weltbild, in dem das Universum im Urknall entstanden ist und seitdem expandiert.*

Edwin Hubble

und der expandierende Kosmos

EDWIN HUBBLE war außerordentlich begabt in Physik und Mathematik, beugte sich aber nach der Schule dem Willen seines Vaters und studierte Jura. Er arbeitete jedoch nie als Anwalt, sondern ging auf eigene Faust ans Yerkes-Observatorium der Universität Chicago. Dort erhielt er 1917 den Doktortitel.

Neue Dimensionen

Im Jahr 1919 wechselte er an das Mount-Wilson-Observatorium, wo er mit neuen Beobachtungen in die *Große Debatte* eingriff. Zur damaligen Zeit diskutierten viele Astronomen die Frage, worum es sich bei den *Nebeln* handelt, die man bis dahin mit Teleskopbeobachtungen gefunden hatte. Einige von ihnen weisen eine Spiralstruktur mit einem hellen Kern auf. Die eine Forscherfraktion meinte, es handle sich um Nebel innerhalb unserer Milchstraße, in denen neue Sterne entstehen. Diese Idee basierte auf einer Theorie des Philosophen PIERRE-SIMON DE LAPLACE. Sein Kollege IMMANUEL KANT hingegen war der Ansicht, dass es sich um ferne Sternsysteme ähnlich unserer Milchstraße handelt. Er nannte dies die *Welteninselhypothese*.

Die beiden Auffassungen hatten zwei extrem ungleiche Weltbilder zur Folge. Nach Laplace bestände das Universum ausschließlich aus der Milchstraße. Nach Kant wäre es viel größer, denn es enthielte eine große, vielleicht sogar unendliche Zahl an Milchstraßensystemen. Dieser Disput ließ sich nur entscheiden, indem man die Entfernungen zu diesen Nebeln bestimmte. Das gelang Edwin Hubble im Jahr 1923.

Hubble hatte die Möglichkeit bekommen, das damals größte Fernrohr der Erde zu benutzen: Das *Hooker-Teleskop* verfügte über einen Hauptspiegel mit 2,5 m Durchmesser (Abb. 2). Am 6. Oktober 1923 gelang ihm eine denkwürdige Aufnahme: In den Außenbereichen des Andromedanebels entdeckte er ein veränderliches Objekt vom Typ der Delta-Cepheiden. Diese pulsierenden Sterne verändern periodisch ihre Helligkeit, wobei die Dauer der Periode mit der absoluten Helligkeit der Sterne zusammenhängt. Misst man die Pulsationsdauer sowie die scheinbare Helligkeit, so lässt sich die Entfernung der Objekte bestimmen. Voraussetzung ist allerdings die Kenntnis ihrer absoluten Helligkeit. Um diese zu ermitteln, müssen die scheinbaren Helligkeiten an nahen Delta-Cepheiden mit bekannter Entfernung kalibriert werden. Diese Kalibrierung verläuft im Prinzip so, als würde man aus der gemessenen scheinbaren Helligkeit einer Standardglühlampe, deren tatsächliche Helligkeit man im Labor gemessen hat, ihre Entfernung im Freien berechnen.

Damit gelang es Hubble, die Entfernung des Andromedanebels zu bestimmen: Sie betrug nach seiner Messung eine Million Lichtjahre. Es musste sich also um ein riesiges Sternsystem handeln, eine Galaxie ähnlich unserer Milchstraße. Hubble hatte auf diese Weise Kants Welteninselhypothese bestätigt.

Als Erstem berichtete er seinem Kollegen und Widersacher HARLOW SHAPLEY von seiner grandiosen Entdeckung. Als dieser den Brief gelesen hatte, sagte er einer Doktorandin: »Hier ist der Brief, der mein Universum zerstört hat!« Shapley war davon überzeugt gewesen, dass es sich bei den nebulösen Objekten um Teile der Milchstraße handelt. In einigen Fällen, wie dem Orionnebel, trifft dies auch zu. Die spiralförmigen Gebilde, wie der Andromedanebel, sind jedoch ferne Galaxien.

Hubble brauchte nicht lange, um die Astronomen von der neuen Erkenntnis zu überzeugen. Bis 1926 gelang es ihm, auch in zwei weiteren Nebeln, nämlich einem Wölkchen mit der Bezeichnung NGC 6822 und dem Spiralnebel M 33 im Sternbild Dreieck, Delta-Cepheiden aufzuspüren. Nach damaliger Einschätzung betrug ihre Entfernung 870 000 Lichtjahre. Hubble war nun berühmt als der Mann, der die Weiten des Universums neu ausgelotet hatte.

Ausdehnung des Kosmos

Bereits vor Hubbles Entfernungsmessung waren andere Astronomen der Frage nachgegangen, ob sich die Nebel relativ zur Erde bewegen. Das lässt sich herausfinden, indem man Spektrallinien vermisst und die Wellenlängenänderung bestimmt, die durch den Dopplereffekt zustande kommt. In Straßburg bemerkte der Astronom CARL WIRTZ, dass sich die Spiralnebel vom Sonnensystem entfernen. Lediglich der Andromedanebel macht eine Ausnahme. 1922 stellte Wirtz fest, dass die Geschwindigkeit der Nebel umso größer ist, je lichtschwächer diese erscheinen. Er vermutete daher, dass die Nebel auch umso weiter entfernt sind, je lichtschwächer sie erscheinen. KNUT LUNDMARK veröffentlichte 1924 ein Diagramm, das diesen Effekt ebenfalls andeutet. Doch die Datenlage war noch nicht überzeugend, vor allem mangelte es an gesicherten Messwerten, aus denen eindeutig die Entfernungen hervorgingen.

Dieses Problem überwand Hubble durch die Beobachtung von weiteren Delta-Cephei-Sternen. Als er 1929 die Ergebnisse von mehr als 40 Galaxien veröffentliche, war die Überraschung groß: Fast alle Galaxien scheinen von unserer Milchstraße fortzustreben, und je weiter sie von uns entfernt sind, desto größer ist ihre »Fluchtgeschwindigkeit«.

2 Hooker-Teleskop am Mount-Wilson-Observatorium

Diese neue Erkenntnis vermittelt den Eindruck, wir befänden uns im Zentrum des Universums, und alle Galaxien würden von uns »wegfliegen«. Doch ist diese Interpretation der Messergebnisse nicht korrekt. Man versteht sie nur richtig im Rahmen der Ende 1915 von ALBERT EINSTEIN vollendeten Allgemeinen Relativitätstheorie.

Danach beruht die *Galaxienflucht* nicht auf einer Bewegung der Sternsysteme im All, sondern sie ist das sichtbare Zeichen für einen expandierenden Raum. Die Galaxien zeigen diese Expansion an, weil sie sich in dem sich aufblähenden Raum mitbewegen müssen. Man kann sich dieses Verhalten etwa so veranschaulichen: In einem aufquellenden Hefeteig entfernen sich darin eingebettet Rosinen voneinander. Sie tun dies nicht, weil sie sich selbst im Teig fortbewegen, sondern weil der Teig aufquillt. Mithilfe einer einfachen geometrischen Überlegung lässt sich in diesem Modell dann auch begründen, dass die Fluchtgeschwindigkeit der Objekte mit ihrer Entfernung von der Milchstraße zunimmt. Hubble hatte damit auch die Grundlage für das Urknallmodell geliefert – von dem er selbst indes nie überzeugt war.

■ AUFGABEN

1 Informieren Sie sich über die Entfernungsbestimmung mithilfe der Cepheiden-Methode, und stellen Sie die wesentlichen Annahmen und Aspekte dar.

2 a Ordnen Sie folgende Systeme nach ihrer Sternanzahl: Lokale Gruppe – Sternhaufen – Galaxienhaufen – Sonnensystem – Milchstraßensystem.

b Ordnen Sie nach der Entfernung von der Erde: Zentrum der Galaxis – Sonne – Quasar – Andromedagalaxie.

Die Bäume im Wald stehen unregelmäßig und locker verteilt. Wenn man versucht, durch einen tiefen Wald zu schauen, steht jedoch immer irgendwo ein Baum im Lichtweg. In Analogie dazu müsste unser Nachthimmel eigentlich hell sein, denn in allen Richtungen müsste unser Blick irgendwann auf einen Stern treffen.

20.12 Hubble-Beziehung

Bewegt sich ein Stern vom Beobachter weg oder auf ihn zu, so verändert sich die wahrgenommene Wellenlänge des ausgesandten Lichts. Aus der Wellenlängenverschiebung bekannter Spektrallinien lässt sich die Eigengeschwindigkeit eines Sterns bestimmen. Nahezu alle weiter entfernten Galaxien weisen eine spektrale Rotverschiebung auf; dies kann so gedeutet werden, dass sie sich von uns wegbewegen.

EDWIN HUBBLE stellte fest, dass die Geschwindigkeit v, mit der sich eine Galaxie von uns entfernt, zu ihrer aktuellen Entfernung d proportional ist. Die Hubble-Beziehung lautet:

$$v = H_0 \cdot d. \qquad (1)$$

Der Wert des Hubble-Parameters H_0 hat sich im Verlauf der Entwicklung des Universums verändert und liegt heute nach neuesten Messungen im Bereich von $22 \text{ km}/(\text{s} \cdot \text{MLj})$.

Für die am weitesten entfernten beobachtbaren Objekte kann damit auch abgeschätzt werden, wie lange sie bereits unterwegs sind, wenn sie von einem hypothetischen gemeinsamen Ausgangspunkt gestartet sind. Es ergibt sich eine Dauer von 13,8 Milliarden Jahren. Dieser Wert wird allgemein als Weltalter angenommen.

Olbers-Paradoxon

Am Anfang des 19. Jahrhunderts beschränkten sich quantitative Vorstellungen in der Astronomie im Wesentlichen auf das Sonnensystem. In Bezug auf größere Entfernungen außerhalb des Sonnensystems oder gar das Alter des Universums war man auf bloße Spekulationen angewiesen. Vielfach wurde angenommen, das Universum sei unendlich ausgedehnt und bestehe schon ewig.

HEINRICH OLBERS formulierte 1826 ein bekanntes Problem neu: Warum ist eigentlich der Nachthimmel dunkel? In allen Blickrichtungen müsste doch irgendwo ein Stern stehen, dessen Licht uns irgendwann erreichen sollte. Unter den Voraussetzungen, dass ein statisches Universum mit unendlich vielen ewigen Sternen unendlich ausgedehnt sei, müsste also bereits unendlich viel Licht die Erde erreicht haben, der Nachthimmel müsste gleichmäßig hell sein.

Dopplereffekt

CHRISTIAN DOPPLER wendete 1842 in seiner Veröffentlichung »Über das farbige Licht der Doppelsterne« erstmalig den später nach ihm benannten Effekt der Frequenzverschiebung bei bewegten Objekten auf das Licht an. Er erklärte darin den unterschiedlichen Farbeindruck von roten, weißen und bläulichen Sternen durch ihre Relativbewegung zur Erde.

Diese Erklärung war zwar falsch, da die Farbe eines Sterns durch seine Oberflächentemperatur bestimmt wird, aber die charakteristischen Spektrallinien, die an atomare Energieniveaus gekoppelt sind, weisen tatsächlich unterschiedliche Wellenlängenverschiebungen für unterschiedliche Sterne oder Galaxien auf. Um sie zu beobachten, ist allerdings eine hohe spektrale Auflösung erforderlich.

Von 1912 bis 1932 untersuchte VESTO SLIPHER am Lowell-Observatorium in Flagstaff (USA) die Spektren naher Galaxien auf diesen Effekt. Fast alle Galaxienspektren weisen danach eine Rotverschiebung auf, was im Sinne Dopplers auf eine zunehmende Entfernung vom Beobachter auf der Erde hinweist.

Geschwindigkeit und Entfernung von Galaxien

Zur gleichen Zeit arbeitete Edwin Hubble am Mount-Wilson-Observatorium an der Entfernungsbestimmung von Cepheiden in Sternnebeln (vgl. 20.11). Bis 1929 gelang es ihm, neben dem Andromedanebel über 20 weitere Nebel als eigenständige Galaxien außerhalb unserer Milchstraße zu identifizieren und ihre Entfernung zu bestimmen.

Im Vergleich mit den Messdaten von Slipher stieß er dabei auf einen Zusammenhang zwischen der Entfernung einer Galaxis und deren spektraler Rotverschiebung z. Diese ist definiert als:

$$z = \frac{\lambda_{\text{beob}}}{\lambda_0} - 1. \qquad (2)$$

Beim akustischen Dopplereffekt kommt es zu unterschiedlichen Beobachtungen, je nachdem, ob sich die Quelle oder der Beobachter bewegt.
9.11

Dabei ist λ_0 die Wellenlänge der nicht rotverschobenen Spektrallinie im Ruhesystem. Für Werte von $z < 0{,}1$ entspricht die Geschwindigkeit eines Objekts näherungsweise dem Betrag:

$$v \approx c \cdot z. \qquad (3)$$

Hubble erkannte nun, dass die Entfernungsgeschwindigkeit v einer Galaxis proportional zu ihrer Entfernung d ist (Gl. 1). Dies gilt aber nur für vergleichsweise nahe Objekte unserer lokalen Gruppe. Für weiter entfernte Objekte überwiegt der durch die Expansion des Raums bedingte Effekt der Linienverschiebung (vgl. 20.13). Unter Berücksichtigung dieses Effekts und mit relativistischer Berechnung (vgl. 19.7) ergibt sich:

$$\frac{f_0}{f_{\text{beob}}} = \sqrt{\frac{c+v}{c-v}} = \frac{\lambda_{\text{beob}}}{\lambda_0} = z + 1 \qquad (4)$$

und damit:

$$z = \sqrt{\frac{c+v}{c-v}} - 1. \qquad (5)$$

Die Rotverschiebung z beschreibt hier keine Geschwindigkeit mehr, sondern sie ist ein Maß für den Abstand und den Beobachtungszeitpunkt der Objekte.

Während die Werte für z spektroskopisch sehr genau zu bestimmen sind, gestaltet sich eine genaue Entfernungsbestimmung schwierig. Durch mehrere satellitengestützte Beobachtungsmissionen konnte jedoch der Wert von H_0 inzwischen auf $21{,}8 \pm 0{,}39$ km/(s · MLj) eingegrenzt werden.

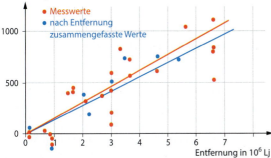

2 Zusammenhang zwischen Geschwindigkeit und Entfernung von Galaxien aus Hubbles Originalveröffentlichung

Auflösung des Olbers-Paradoxons

Hubbles Erkenntnis erweiterte nicht nur erneut die Größenvorstellung des Weltalls, sondern sie löste auch das Olbers-Paradoxon auf. Durch die fortwährende Expansion des Universums verteilt sich auch die Strahlungsenergie auf einen immer größer werdenden Raum. Sowohl die Lebensdauer von Sternen als auch der beobachtbare Teil des Universums sind begrenzt, es gibt nicht unendlich viele Sterne, deren Licht uns erreichen müsste.

Alter des Kosmos

Ebenso lässt die Hubble-Beziehung auch einen Rückschluss auf das Weltalter zu. Dabei wird angenommen, dass die Galaxien sich mit einer konstanten Geschwindigkeit von einem hypothetischen Ausgangspunkt entfernt haben, um ihre jetzige Position zu erreichen:

$$\Delta t = \frac{d}{v} = \frac{1}{H_0} = \frac{1 \cdot 10^6 \, \text{Lj}}{21{,}8 \cdot 10^3 \, \text{m/s}} \approx 13{,}8 \text{ Milliarden Jahre.} \qquad (6)$$

Hubble selbst war vorsichtig mit der Folgerung eines expandierenden Kosmos, er sprach anfangs von einer »scheinbaren« Geschwindigkeit.

Die *Extreme-Deep-Field*-Aufnahme (Abb. 3) des Hubble-Weltraumteleskops von der Größe eines Zwanzigstels des Monddurchmessers ist aus 2000 Aufnahmen der letzten 10 Jahre bei einer Gesamtbelichtungszeit von 23 Tagen zusammengesetzt. Darauf sind über 5000 Galaxien in ihrem frühen Entwicklungsstadium von bis zu 13,2 Millionen Lj Entfernung zu sehen. Diese Galaxien am Rand des beobachtbaren Universums weisen eine Rotverschiebung von $z = 10$ auf. Dies ergäbe eine Entfernungsgeschwindigkeit von $0{,}98 \, c$, die allerdings mit der Expansion des Raums erklärt werden muss.

3 Aufnahme des Hubble-Weltraumteleskops von extrem weit entfernten Objekten

AUFGABEN

1 a Berechnen Sie die Radialgeschwindigkeit v einer Galaxie mit der Rotverschiebung $z = 2$, und geben Sie den Abstand der Galaxie zur Erde an.

b Begründen Sie, dass in diesem Fall relativistisch gerechnet werden muss.

c Bei welcher Wellenlänge wäre in diesem Fall die Wasserstofflinie H_α ($\lambda = 656$ nm) zu beobachten?

2 a Bestimmen Sie den Mittelwert des Hubble-Parameters aus den Originaldaten (Abb. 2).

b Berechnen Sie damit den Wert für das Weltalter.

c Erläutern Sie die Schwierigkeiten bei der Bestimmung der Größen zur Berechnung von H_0.

Die Rosinen in einem aufgehenden Hefeteig bewegen sich voneinander weg, und zwar umso schneller, je weiter sie ursprünglich voneinander entfernt waren. Hier ist das Treibmittel die Freisetzung von Kohlenstoffdioxid. Wodurch in ähnlicher Weise die Galaxien in unserem Kosmos auseinandergetrieben werden, ist eine der großen offenen Fragen der Astrophysik.

1

20.13 Expansion des Kosmos

Die Beobachtungen von HUBBLE ließen sich mit einer allgemeinen Expansion des Kosmos mit der Erde im Mittelpunkt der Bewegung erklären. Nach einer grundlegenden Annahme über die Gestalt des Kosmos, dem kosmologischen Prinzip, aber sollte das Universum von jedem Punkt aus den gleichen Anblick bieten, die Erde also kein bevorzugter Platz im All sein.

Die Erklärung für diesen scheinbaren Widerspruch liegt in der Expansion des Raums: Alle Objekte scheinen sich infolge der Ausdehnung des Raums voneinander wegzubewegen. Je weiter entfernt dabei die Objekte sind, desto schneller bewegen sie sich relativ zum Beobachter und relativ zueinander.

Das langfristige Ausdehnungsverhalten des Universums wird von seiner Materiedichte bestimmt. Oberhalb eines als *kritische Dichte* bezeichneten Werts von wenigen Protonenmassen pro Kubikmeter expandiert der Kosmos unumkehrbar. Neueste Messungen geben Anlass zu der Vermutung, dass das Universum beschleunigt expandiert.

Kosmologisches Prinzip

Das antike Weltbild, nach dem die Erde eine besondere Stellung im Weltall hat, wurde bereits mit der kopernikanischen Wende aufgegeben (vgl. 4.1). Etwas allgemeiner geht man heute vom kosmologischen Prinzip aus. Danach sollte das Universum von jedem Punkt aus und in jeder Blickrichtung prinzipiell gleich erscheinen, es ist also *homogen und isotrop*.

Seit Hubbles Beobachtungen schieben Teleskope auf der Erde und in Satelliten die sichtbaren Grenzen des Alls immer weiter hinaus. Aufnahmen in allen Raumrichtungen zeigen Galaxien im Frühstadium ihrer Entwicklung, die sich in einer Entfernung von über 13 Millionen Lj mit nahezu Lichtgeschwindigkeit von uns zu entfernen scheinen.

Da die Erde nicht das Zentrum dieser Expansion sein kann, muss dieser Effekt seine Ursache in der Ausdehnung des Raums selbst haben. Dieses Erklärungsmodell lässt sich mit einem aufgehenden Kuchenteig vergleichen: In ihm befinden sich Rosinen, die die Galaxien darstellen. Durch das Aufgehen des Teigs vergrößern sich während des Backens die Abstände der Rosinen untereinander. Damit scheinen sich von jeder Rosine aus betrachtet alle anderen umso schneller wegzubewegen, je weiter sie von ihr entfernt sind (Abb. 2).

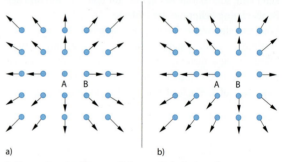

2 Expansion des Kosmos: links von Galaxie A, rechts von Galaxie B aus betrachtet

Die messbare Rotverschiebung zur Bestimmung der *Fluchtgeschwindigkeit*, mit der die Galaxien auseinanderstreben, entspricht aber nur formal der Doppler-Rotverschiebung. Tatsächlich vergrößert sich der Raum mit seinem Maßstab und damit die Wellenlänge des ausgesandten Lichts. Ein Beleg dafür ist die Wellenlängenzunahme der kosmischen Hintergrundstrahlung (vgl. 20.14).

Standardmodell der Kosmologie

Dieses dreidimensionale Modell ist auf das vierdimensionale Raumzeit-Kontinuum der Allgemeinen Relativitätstheorie zu erweitern. Nachdem EINSTEIN 1916 noch von einem statischen Universum ausging, gelang dies ALEXANDER FRIEDMANN und unabhängig von ihm GEORGES LEMAÎTRE. In ihrem dynamischen Modell ist die Expansion des Kosmos vom Wert des kritischen Dichteparameters ρ_{krit} abhängig.

RELATIVITÄT UND ASTROPHYSIK | 20 Astrophysik

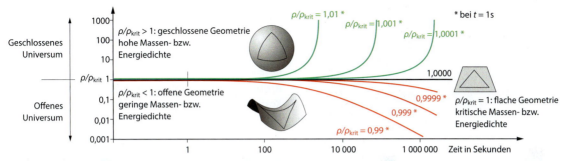

3 Die zeitliche Entwicklung des Universums ist abhängig vom Wert des Dichteparameters ρ.

In einer stark vereinfachenden Darstellung wird dazu die Fluchtgeschwindigkeit im Gravitationsfeld mit der Hubble-Konstante verknüpft:

$$v = \sqrt{\frac{2\,G \cdot M}{r}} \quad \text{und} \quad v = H_0 \cdot d. \tag{1}$$

Das bis zur Entfernung d beobachtbare Universum bildet dabei eine Kugel mit dem Radius $r = d$, dem Volumen $\frac{4}{3}\pi \cdot r^3$ und der gesamten Masse M des Universums mit der durchschnittlichen Dichte ρ.

Daraus ergibt sich:

$$\rho = \frac{3\,H_0^2}{8\pi \cdot G}. \tag{2}$$

Mit den derzeit bekannten Werten für den Hubble-Parameter H_0 und der Gravitationskonstante G ergibt sich der als *kritische Dichte* bezeichnete Wert:

$$\rho_{krit} \approx 10^{-26}\,\frac{\text{kg}}{\text{m}^3}. \tag{3}$$

Hätte die Materiedichte des Universums genau diesen Wert, so würde die Expansion in einem als »flach« bezeichneten Universum irgendwann zum Stillstand kommen, aber nicht umkehrbar sein (Abb. 3).
Für einen größeren Dichtewert $\rho > \rho_{krit}$ hätte sich die Expansion in einem »geschlossenen« Universum nach einer bestimmten Zeit umgekehrt. Die »Lebenszeit« dieses Universums hätte in diesem Fall aber nicht ausgereicht, um Sterne und Galaxien oder gar uns selbst hervorzubringen.
Im dritten Fall $\rho < \rho_{krit}$ würde sich das Universum stetig ausdehnen, seine Dichte dadurch aber beständig abnehmen. Das Weltall wäre hier viel zu schnell expandiert, die Materie zu weit verstreut. In der zur Verfügung stehenden kurzen Zeit genügender Materiedichte hätten sich auch die uns bekannten Strukturen nicht ausbilden können.

Bestimmung der Materiedichte

Die Überprüfung aller Parameter weist nach aktuellem Stand tatsächlich in vielen Aspekten auf ein flaches Universum hin, Messungen an Supernovaexplosionen lassen aber den Schluss auf ein beschleunigt expandierendes Universum zu. Für eine Klärung wird neben einer genauen Bestimmung des Hubble-Parameters und seiner zeitlichen Entwicklung in der Vergangenheit auch eine Abschätzung der Materiedichte unumgänglich sein.
Die Anzahl der Sterne in unserer Galaxis und ihre Gesamtmasse lässt sich aus Himmelsdurchmusterungen und den beobachteten gravitativen Wirkungen abschätzen. Gleiches gilt für die außerhalb gelegenen Zwerggalaxien der lokalen Gruppe, die nach einer Kollision unserer Milchstraße mit einer anderen Galaxis in der Frühzeit entstanden sind.
Für die Massenbestimmung entfernter Galaxien wird die Rotationsgeschwindigkeit herangezogen, die sich aus der Doppler-Verschiebung der Spektrallinien ergibt. Daraus kann dann mithilfe des Gravitationsgesetzes die Masse abgeschätzt werden.
Auf gleiche Weise werden auch die interstellare Gaswolken im Radiobereich vermessen. Mit aufwendigen Computersimulationen wird die Entwicklung des Universums aus geringfügig unregelmäßigen Dichteverteilungen hin zu den heute beobachtbaren und damit in der Vergangenheit angelegten Strukturen nachgestellt. Ihre Überprüfung anhand neuester Satellitenmessdaten sollte eine Bestätigung des derzeit gültigen kosmologischen Standardmodells liefern.

■ AUFGABEN

1 Leiten Sie die Gleichung (1) zur Bestimmung der Fluchtgeschwindigkeit im Gravitationsfeld her.
2 Vergleichen Sie den Wert der kritischen Dichte mit der durchschnittlichen Materiedichte von 2,7 Sonnenmassen in einem Würfel von 10 Lj Kantenlänge.
3 **a** Erläutern Sie die Schwierigkeiten bei der Bestimmung der Materiedichte im Weltall.
  b Die mittlere Dichte der interstellaren Materie beträgt etwa 10^{-24} g/cm³. Wie viel interstellare Materie befindet sich in einem Volumen, das so groß ist wie das Volumen der Erde?
4 Zur Abschätzung der Materiedichte dient auch die Auswertung von Himmelsdurchmusterungen, in denen *Gravitationslinsen* und *Einstein-Ringe* gefunden wurden. Recherchieren Sie zu diesen Begriffen, und erläutern Sie die entsprechende Methode.

Nach der biblischen Darstellung der Genesis wurden am ersten Schöpfungstag Licht und Finsternis getrennt. In gewisser Weise lebt diese Vorstellung in der modernen Astrophysik wieder auf: Kurz nach der Entstehung des Kosmos trennen sich Materie und Antimaterie, später Materie und Strahlung und schließlich Galaxien und der leere Raum dazwischen.

20.14 Urknalltheorie

Die Annahme einer Expansion des Kosmos führt unweigerlich auf die Frage nach dem räumlichen und zeitlichen Beginn der Ausdehnung. Die entfernungsabhängigen Bewegungen der Galaxien erlauben die Rückrechnung auf einen zeitlichen Ausgangspunkt der Bewegung: Vor 13,8 Milliarden Jahren begann danach die Entwicklung des Kosmos. Das Standardmodell der Kosmologie, das von einem solchen Urknall ausgeht, kann folgende Beobachtungen erklären:
– die nahezu gleichmäßige Hintergrundstrahlung, die der Strahlung eines Schwarzen Körpers bei 2,7 K entspricht
– kleinste Unregelmäßigkeiten dieser Strahlung, die als Dichteschwankungen im frühen Universum gedeutet werden
– die Häufigkeit der ersten leichten Elemente

Erste Phasen nach dem Urknall Nach der Urknalltheorie lassen sich folgende Phasen der Entstehung des Kosmos unterscheiden:
bis 10^{-43} s: Aus einer Singularität heraus entsteht in unvorstellbar kurzer Zeit das Universum.
bis 10^{-35} s: Antimaterie und eine geringfügig größere Menge an normaler Materie entstehen.
bis 10^{-32} s: Der Kosmos dehnt sich schlagartig, »inflationär«, aus.
bis 1 s: Aus Leptonen und Quarks bilden sich die ersten zusammengesetzten Teilchen.
bis 100 s: Die ersten leichten Elemente entstehen; weiterhin findet eine gegenseitige Vernichtung von Materie und Antimaterie unter Aussendung von Strahlung statt.
bis 380 000 Jahre: Die Materie wird für Strahlung durchlässig, es verbleibt die Hintergrundstrahlung.
bis 200 Millionen Jahre: In dieser »dunklen Epoche« entsteht keine neue Strahlung, da sich noch keine Sterne gebildet haben.
bis 3 Milliarden Jahre: Galaxien entstehen.

Weg zur Urknalltheorie

Hubbles Entdeckung der „Fluchtbewegung" aller Galaxien stellte die Theorie eines unveränderlichen Universums von Fred Hoyle aus den 1920er Jahren infrage. Aus der Allgemeinen Relativitätstheorie und Interpretation der Friedmann-Lemaître-Modelle folgerten 1946 Ralph Alpher und George Gamow sowie unabhängig von ihnen 1964 Robert Dicke und James Peebles für die Entstehung der ersten Elemente einen extrem heißen Ursprung des Universums. Hoyle prägte dafür 1949 den Begriff *Big Bang*, Urknall.
Dieser ist als die plötzliche Entstehung von Raum, Zeit und Materie aus einer Anfangssingularität aufzufassen. Für einen solchen »Anfangspunkt« ist weder eine Raum- noch eine Zeitskala anzugeben: Fragen nach dem Davor oder der Umgebung sind in diesem Modell nicht sinnvoll.

Kosmische Hintergrundstrahlung

Nach 380 000 Jahren wurde der Kosmos für elektromagnetische Strahlung durchlässig, die durchschnittliche Temperatur betrug zu dieser Zeit etwa 3000 K. Die entsprechende Strahlung sollte inzwischen gleichmäßig verteilt sein. Für ein Ereignis aus dieser Zeit ergibt sich bei heutiger Betrachtung eine Rotverschiebung von $z \approx 1100$ (vgl. 20.12). Tatsächlich beträgt die Temperatur, die der heute messbaren Hintergrundstrahlung entspricht 3000 K : 1100 $\approx$ 2,7 K.
Diese Hintergrundstrahlung wurde 1963 von Robert Wilson und Arno Penzias mit ihrem Radioteleskop gemessen. Anfangs hielten sie die Strahlung für ein störendes Rauschen ihrer Apparatur, da sie nichts von der Vorhersage dieser Strahlung wussten. Erst bei einem zufälligen Treffen mit Forscherkollegen erhielten sie 1964 den entscheidenden Hinweis, mit dem sie Messung und Theorie in Einklang bringen und unser heutiges Weltbild mitgestalten konnten. Eine erste umfassende Kartierung in diesem Frequenzbereich fand 1989 durch den Satelliten COBE *(Cosmic Background Explorer)* statt.
Nach Abzug der Strahlung aus lokalen Quellen verbleibt eine nahezu gleichförmige Verteilung über alle Himmelsregionen hinweg (Abb. 2). Gebiete, in denen die Hintergrundstrahlung bis zu 10 Mikrokelvin über der Temperatur

von 2,725 Kelvin liegen, sind rot eingefärbt, Blau steht für Werte darunter. Die Tatsache, dass die Abweichungen von einer isotropen Verteilung äußerst gering sind, lässt auf einen gemeinsamen Ursprung der Strahlung schließen. Eine noch präzisere Vermessung durch die Satelliten WMAP 2001 und Planck 2009 stützen die Urknallhypothese.

Die kleinsten Unregelmäßigkeiten werden als Dichteschwankungen im frühen Universum gedeutet. Sie sind der Ausgangspunkt der heute beobachtbaren Großstrukturen in der Galaxienverteilung im Kosmos.

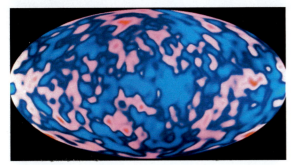

2 Die kosmische Hintergrundstrahlung weicht nur wenig von einer gleichmäßigen Verteilung ab.

Entstehung vor 13,8 Milliarden Jahren

Aufgrund dieser Daten und den Theorien der Elementarteilchenphysik und der Elemententstehung stellt sich die Entwicklung des Universums aus dem Urknall heraus, nach einer unvorstellbar kurzen Entstehungszeit von 10^{-43} s, wie in Abb. 3 dar.

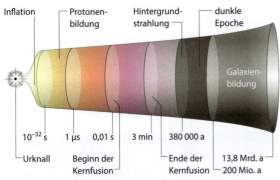

3 Entwicklung des Kosmos nach dem Standardmodell

Bis 10^{-35} s nach dem Urknall existieren Materie und Antimaterie mit einem kleinen Überhang an normaler Materie gleichberechtigt nebeneinander. Inflationsartig dehnt sich bis zum Zeitpunkt 10^{-32} s das Universum viel schneller aus als heute: Es ist zunächst kleiner als ein Elektron und wächst währenddessen bis zur Größe eines Fußballs heran. In der Anfangssekunde entstehen in der Quark- und Leptonenepoche neben den Elektronen aus den Quarks die ersten Protonen, Neutronen und weitere Teilchen.

Während der ersten drei Minuten fusionieren Protonen und Neutronen zu den leichten Atomen Deuterium, Helium und Lithium in der heißen Materie. In den nächsten 380 000 Jahren vernichten sich Materie und Antimaterie gegenseitig – übrig bleibt nur der kleine Überhang an unserer normalen Materie, den es von Anfang an gegeben haben muss.

Durch die weitere Expansion kühlt das heiße Plasma ab. Bei Unterschreiten von 3000 K können sich dauerhaft Elektronen und Protonen zu Atomen verbinden, die Materie wird erst dadurch für Strahlung durchlässig.

Aufgrund der Abkühlung können jedoch in der nun einsetzenden *dunklen Epoche* keine neuen Atome unter Strahlungsaussendung mehr fusionieren. Erst mit dem Aufleuchten der ersten Sterne, die sich nach 200 Millionen Jahren aus Gaswolken bilden, und den ersten Sternsystemen und Galaxien entwickelt sich das Universum zu dem, was wir heute beobachten können. Nachweisbare Relikte aus dieser Zeit sind die weit entfernten Quasare mit einer Rotverschiebung von $z > 7$. Dies entspricht einer Zeit von 700 Millionen Jahren nach dem Urknall. Es handelt sich hierbei um aktive Galaxienkerne mit enormer Leuchtkraft: Schwarze Löcher mit der Gravitation von Millionen Sonnenmassen saugen Materie an, die unter Aussendung von Strahlung verschlungen wird.

Modellrechnungen zur Entstehung der leichten Elemente, der ersten Sterne und Galaxien benutzen die Urknalltheorie als Grundlage zur Erklärung unseres heutigen Weltbilds. Jede alternative Entstehungstheorie müsste diese Faktoren erst zufriedenstellend erklären können.

Die Urknalltheorie beschreibt nur die Evolution unseres sichtbaren Universums, erklärt aber nicht seine Entstehung aus dem Nichts oder aus dem uns Verborgenen. Inzwischen geht die Diskussion allerdings so weit, auch die Frage nach dem »Davor« zu stellen.

■ AUFGABEN

1. Bestimmen Sie mithilfe des Wien'schen Verschiebungsgesetzes die Wellenlänge der Hintergrundstrahlung.
2. Eine weit entfernte Galaxie befindet sich in einem Abstand von 344 ± 34 MLj. Für ihre Rotverschiebung ergibt sich $z = 0{,}021 \pm 0{,}003$. Bestimmen Sie daraus die Bandbreiten der Werte für den Hubble-Parameter.
3. Zum Zeitpunkt, in dem das Universum durchsichtig wurde, entsprach die Strahlung einer Temperatur von $T_0 = 3000$ K. Bestätigen Sie mithilfe des folgenden Zusammenhangs zwischen Rotverschiebung und Temperatur den Wert für z.

$$\frac{T_{\text{jetzt}}}{T_0} = 1 + z$$

4. Geben Sie die Größe des beobachtbaren Universums zu Beginn der dunklen Epoche an.

Geschützt von 1400 m Felsgestein der Abruzzen unter dem Gran-Sasso-Massiv warten Teilchendetektoren auf die nur sehr schwach wechselwirkenden exotischen WIMPs. Sie wären mögliche Kandidaten für die noch fehlende »Dunkle« Materie, mit der unter anderem die Bildung und die Bewegung großer Strukturen in unserem Universum erklärt werden kann.

20.15 Dunkle Materie und Dunkle Energie

In der heute üblichen Beschreibung des kosmologischen Standardmodells sind die Physik der Elementarteilchen im Kleinsten, die Allgemeine Relativitätstheorie (ART) und die Astrophysik im Großen vereint. Wesentliche Pfeiler des Modells sind die Erklärung der Entstehungsverhältnisse leichter Elemente, der Mikrowellenhintergrundstrahlung ($T = 2{,}7$ K) und der großräumigen Galaxienverteilung.

Bestätigungen, aber auch Widersprüche ergeben sich in Computersimulationen zur Verteilung der Galaxienhaufen und aus der Beobachtung bestimmter Supernovae vom Typ Ia in fernen Galaxien.

Die Großstrukturen des Universums wurden bereits kurz nach dem Urknall durch kleine Unregelmäßigkeiten in der homogenen Materieverteilung angelegt. Die weitere Entwicklung zu dem heute beobachteten Kosmos ist allerdings nicht widerspruchsfrei erklärbar. Zum einen ist die Rotationsgeschwindigkeit von Galaxien mit der beobachtbaren Massenverteilung in ihnen nicht in Einklang zu bringen. Die fehlende, noch nicht beobachtete Masse in ihren Randgebieten wird als *Dunkle Materie* bezeichnet.

Außerdem ist die aufgrund der neuesten Messergebnisse als beschleunigt anzusehende Expansion des Universums nicht erklärbar. Dies wird durch die Einführung einer *Dunklen Energie* gelöst.

Die Bezeichnung »dunkel« bedeutet in diesem Zusammenhang, dass die Ursachen der vermuteten Wechselwirkungen derzeit weder eindeutig noch direkt gemessen werden können.

Widersprüchliche Messergebnisse

Schon 1932 wies JAN H. OORT für unsere Milchstraße nach, dass die beobachtbare Materieverteilung in der Galaxis weder deren Rotationsgeschwindigkeit und noch die gravitativen Bindungskräfte für ihre Sterne erklären kann (Abb. 2).

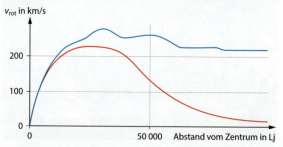

2 Abhängigkeit der Rotationsgeschwindigkeit der Milchstraße vom Abstand zum Zentrum. Im Gegensatz zu den berechneten Werten (rot) fällt die gemessene Geschwindigkeit (blau) nicht mit zunehmender Entfernung vom Zentrum ab.

FRITZ ZWICKY stellte das gleiche Phänomen anhand des Coma-Haufens fest: Im Sternbild Coma Berenices bilden in 400 Millionen Lj Entfernung mehr als 1000 Galaxien eine gravitativ gebundene Formation (Abb. 3). Zur Aufrechterhaltung dieser Struktur in einem expandierenden Universum war aber nach den Berechnungen Zwickys das 400-Fache der damals beobachtbaren Masse erforderlich.

Neben den grau markierten sichtbaren Galaxien sind hier noch die vom Röntgensatelliten ROSAT erfassten strahlenden Gaswolken dargestellt. Aber auch die Hinzunahme ihrer Masse liefert bei Weitem nicht genügend Materie zur Erklärung des gravitativen Zusammenhalts.

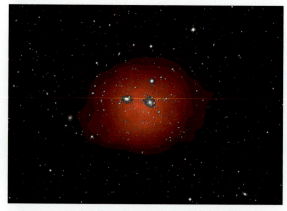

3 Coma-Haufen mit Galaxien (grau) und Gaswolken (rot)

Erklärungsversuche

Neubewertung der Gravitation Eine neue Sicht der Gravitationswechselwirkung im Rahmen einer veränderten Sichtweise der Allgemeinen Relativitätstheorie gilt zurzeit als ein möglicher Ausweg, um die Beobachtung wieder mit der Theorie zu vereinen.

Dunkle Materie und Energie Die neuesten Messergebnisse der Planck-Satellitenmission von 2013 fordern eine Masse- und nach der Relativitätstheorie äquivalente Energieverteilung, die sich nicht mit den klassischen bekannten und direkt beobachteten Massen und Energien erklären lässt.

Setzt man die aus den Messergebnissen und Simulationen resultierende Gesamtmasse und Energie mit 100 % an, so sind zur Erklärung der fehlenden Masse eine Dunkle Materie mit 27 % und zusätzlich zur Erklärung der beschleunigten Expansion unseres flachen Universums noch eine Dunkle Energie mit 68 % Anteil nötig (Abb. 4a). Die heute bekannte und direkt beobachtbare baryonische Materie, zu der vor allem Protonen und Neutronen zählen, nimmt dagegen nur maximal 5 % ein.

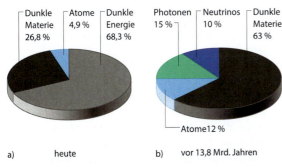

4 Hypothetische Verteilung von Dunkler Materie und Energie: a) heute; b) 380 000 Jahre nach dem Urknall

Aus mehreren unabhängigen Beobachtungen folgt, dass der Wert des Hubble-Parameters nicht unveränderlich geblieben ist, sondern sich unter dem Einfluss der Dunklen Energie vor über 9 Milliarden Jahren verändert haben muss. Genaueren Aufschluss hierüber können Präzisionsmessungen der Entfernung und der Rotverschiebung von Supernovaausbrüchen vom Typ Ia liefern.

Diese treten auf, wenn in einem Doppelsternsystem ein Weißer Zwergstern in sein Endstadium gelangt. Der Kohlenstoff-Sauerstoff-Kern des Sterns kann nur bis zu einer Grenzmasse von unter 1,44 Sonnenmassen stabil bleiben. Fließt nun durch die enorme Gravitationskraft Masse von seinem Begleiter zum Weißen Zwergstern, so kann dieser dem Gravitationsdruck nicht mehr standhalten und explodiert. Die dabei umgesetzte Energie ist aber aufgrund der Massenobergrenze berechenbar, die absolute Helligkeit der Supernova damit bekannt. Aus der relativen Helligkeit und ihrem zeitlichen Verlauf während des Ausbruchs kann nun wieder auf ihre Entfernung geschlossen werden. Ebenso dienen großangelegte Himmelsdurchmusterungen nach Cepheiden zur Helligkeits- und damit zur verbesserten Entfernungsnormierung.

Durch die Erfassung vieler solcher Ereignisse in unterschiedlicher Entfernung kann die Entwicklung der Expansionsrate abgeleitet werden. Dies führt zu der in Abb. 4b dargestellten Materie- und Energieverteilung, wie sie kurz nach dem Urknall zur Entstehungszeit des Mikrowellenhintergrunds vorgelegen haben müsste.

Existenz neuer Teilchen Als Kandidaten für die fehlende Masse der Galaxien galten lange Zeit neben Gas- und Staubwolken im Halo und schwach leuchtenden Braunen Zwergen auch Neutrinos oder schwer messbare exotische Teilchen wie die WIMPs – *weakly interacting massive particles*. In unterirdischen Detektoren wie in Abb. 1 zeigen sich jedoch bislang keine eindeutigen Belege für solche Teilchen.

Schlussfolgerung

Welcher Natur die Dunkle Materie und die Dunkle Energie sind, ist bis heute unklar. In der modernen Kosmologie treffen die Welten der Elementarteilchenphysiker, der beobachtenden Astrophysiker und der theoretischen Physiker mit ihren Modellen und Computersimulationen aufeinander.

Die Theorien der Strings und der Supersymmetrie SUSY (vgl. 17.6, 17.7) sagen neue, wieder sehr exotische Teilchen voraus, die nach den Experimenten der Teilchenphysiker Kandidaten für die Dunkle Materie sein könnten. Die Theoretiker arbeiten wiederum an einer neuen Sichtweise der ART. Sicher ist nur, dass eine Erklärung für die widersprüchlichen Beobachtungsdaten aussteht, obwohl eine große Anzahl von Physikern seit Jahren direkt oder indirekt zu diesem Thema forscht.

■ AUFGABEN

1. Bestimmen Sie mithilfe von Abb. 2 die Geschwindigkeit der Sonne innerhalb der Milchstraße.
2. Das folgende Diagramm zeigt die Ergebnisse von Rotationsgeschwindigkeitsmessungen an der Galaxis M81. Zeigen Sie für mehrere Wertepaare, dass bei größerem Abstand vom Zentrum näherungsweise die Beziehung $r \sim 1/v^2$ gilt, und beschreiben Sie den Unterschied zur Massenverteilung in der Milchstraße.

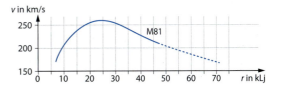

In der Physik wurden immer wieder neue Teilchen lange vor ihrer Entdeckung vorhergesagt. Eines davon war das Neutron.

TRAINING

1 Zwei Raumstationen, Alpha und Omega, sind zur Erforschung des Weltraums eingesetzt. Sie ruhen im System $S_0(t_0, x_0)$ in einem festen Abstand von 12 Ls (Lichtsekunden) voneinander. Ihre Uhren sind synchronisiert.

a Eine Rakete R, die im System $S(t, x)$ ruht, passiert zum Zeitpunkt $t = t_0 = 0$ s die Raumstation Alpha und bewegt sich auf direktem Weg mit konstantem Geschwindigkeitsbetrag v nach Omega. Die Raketenbesatzung stellt fest, dass sie zum S-Zeitpunkt $t_1 = 16$ s Omega passiert. Berechnen Sie den Geschwindigkeitsbetrag v von R relativ zu Alpha.

b Veranschaulichen Sie die Bewegung der Rakete R relativ zu den Raumstationen mithilfe eines Zeit-Ort-Diagramms (1 s ≙ 1 cm; 1 Ls ≙ 1 cm).
Ergänzen Sie dieses Diagramm fortlaufend zu den nachfolgenden Aufgabenteilen.

c Eine Versorgungsfähre V ist ebenfalls auf dem Weg von Alpha nach Omega. Im System S_0 hat sie zum S_0-Zeitpunkt $t_0 = 0$ s die Entfernung $x_0 = 2$ Ls von Alpha. Zur Ermittlung der Geschwindigkeit von V schickt ein Beobachter auf Alpha zum S-Zeitpunkt $t = 0$ s ein Radarsignal zu V. Dieses wird an V reflektiert (Ergebnis E) und vom Beobachter auf Alpha zum S-Zeitpunkt $T = 10$ s empfangen.
– Berechnen Sie die Zeit- und Ortskoordinaten von E bezüglich S_0.
– Welche Geschwindigkeit hat V bezüglich Alpha?
– Berechnen Sie die Entfernung der Versorgungsfähre V vom Raumschiff R zum Zeitpunkt $t_0 = t = 0$ s, die ein Beobachter in der Rakete R ermittelt.

d Zum S_0-Zeitpunkt $t_{01} = 1{,}3$ s schickt ein Beobachter auf Alpha den beiden Raumfahrzeugen R und V ein Funksignal nach. Dieses wird unmittelbar von R (Ereignis E_1) und V (Ereignis E_2) reflektiert.
– Welche Zeit- und Ortskoordinaten hat das Ereignis E_1, beurteilt vom System S aus?
– Zu welchem S_0-Zeitpunkt T_1 empfängt ein Beobachter auf Alpha das in E_1 reflektierte Signal, und zu welchem S_0-Zeitpunkt t_{r1} fand die Reflexion statt?
– Zu welchem S-Zeitpunkt T_2 empfängt ein Beobachter auf Alpha das in E_2 reflektierte Signal und welche Zeit- und Ortskoordinaten hat E_2 im System S_0?
– Welche Koordinaten erhält man im System S für das Ereignis E_2?

e Zum S_0-Zeitpunkt $t_2 = 1$ s passiert eine Raumpatrouille P die Raumstation Omega und fliegt auf direktem Weg mit konstantem Geschwindigkeitsbetrag nach Alpha. Für einen Beobachter im Raumschiff R hat P die Geschwindigkeit $u = -0{,}85\,c$. (Die Weltlinie von P braucht nicht im Diagramm eingezeichnet zu werden.)
– Welche Geschwindigkeit hat P im System S?
– Zu welchem S_0-Zeitpunkt T_3 erreicht P schließlich das Raumschiff R?

2 a Um den Wert für die Solarkonstante S_E abzuschätzen, wird eine 100-W-Glühlampe so aufgestellt, dass bei Sonnenschein eine Gesichtsseite zur Sonne und die andere zur Lampe zeigt. Der Abstand d zur Lampe wird so lange variiert, bis das Wärmeempfinden auf beiden Gesichtshälften gleich ist. Dabei ergibt sich der Wert $d = 8{,}5$ cm. Berechnen Sie daraus die Solarkonstante, und begründen Sie die Abweichung vom Tabellenwert $S_E = 1{,}37$ kW/m².

b Die Erdatmosphäre ist nahezu im Strahlungsgleichgewicht: Die aufgenommene Leistung der Sonneneinstrahlung ist so groß wie die über die gesamte Oberfläche abgegebene. Bestimmen Sie allein mithilfe des Stefan-Boltzmann-Gesetzes, welche mittlere Oberflächentemperatur sich daraus für die Erde ergeben müsste.

c Erläutern Sie anhand einer Rechnung, welche Auswirkungen ein Absinken der Oberflächentemperatur der Sonne und ihres Radius um jeweils 10 % auf die Leuchtkraft der Sonne und auf die Solarkonstante hätte.

d Geben Sie mithilfe der in Teil c errechneten Werte einen Schätzwert dafür an, um welchen Betrag die mittlere Oberflächentemperatur der Erde (ca. 15 °C) absinken würde.

3 Vom Stern Beteigeuze werden folgende Daten auf der Erde gemessen:
trigonometrische Parallaxe: 0,0050″
jährliche Eigenbewegung: 0,02″

a Bestimmen Sie seine Entfernung in Lichtjahren und seine Tangentialgeschwindigkeit (Angabe in km/s).

b Die für diesen Stern typische Absorptionslinie von Titanoxid TiO (Laborwert $\lambda = 615{,}90$ nm) liegt im Spektrum um 0,043 nm zu größeren Wellenlängen hin verschoben. Berechnen Sie anhand dieses Werts die tatsächliche Geschwindigkeit des Sterns nach Betrag und Richtung.

4 Das Sternsystem 40 Eridani befindet sich 16,5 Lj von uns entfernt. Es besteht aus drei Komponenten:
– Eridani A: K1-Hauptreihenstern; scheinbare Helligkeit 4,48
– Eridani B: Spektralklasse A; absolute Helligkeit 11,3
– Eridani C: absolute Helligkeit 12,6; Oberflächentemperatur 2800 K

a Zeichnen Sie ein skaliertes Hertzsprung-Russel-Diagramm (HRD), und tragen Sie nach Berechnung seiner absoluten Helligkeit Eridani A sowie Eridani B ein.

b Geben Sie sowohl den Farbeindruck der beiden Sterne A und B als auch die Besonderheiten in ihren Spektren an.

c Die Leuchtkraft von Eridani C beträgt nicht einmal 1 Promille der Sonnenleuchtkraft. Begründen Sie, dass Eri C als Roter Zwerg bezeichnet wird und zeichnen Sie auch ihn ins HRD ein.

RELATIVITÄT UND ASTROPHYSIK

Spezielle Relativitätstheorie

Relativitätsprinzip von Galilei Zu jeder Bewegung gibt es ein ruhendes Bezugssystem, Bewegungen sind relativ.	**Maxwell'sche Theorie** Die Vakuumlichtgeschwindigkeit c ist eine universelle Naturkonstante.
Einstein-Postulate 1. Relativitätsprinzip: Alle Inertialsysteme sind gleichberechtigt. 2. Konstanz der Lichtgeschwindigkeit in allen Inertialsystemen: c stellt die obere Grenze für die Bewegung von Körpern dar.	
Relativität der Gleichzeitigkeit Ereignisse, die im System S gleichzeitig ablaufen, sind aus Sicht eines relativ zu S bewegten Beobachters nicht gleichzeitig.	
Zeitdilatation Aus der Sicht eines ruhenden Beobachters geht jede relativ zu ihm bewegte Uhr langsamer. $\Delta t = \dfrac{\Delta t_0}{\sqrt{1-\dfrac{v^2}{c^2}}}$	**Längenkontraktion** Für einen ruhenden Beobachter erscheinen bewegte Gegenstände verkürzt. $\Delta x = \Delta x_0 \cdot \sqrt{1-\dfrac{v^2}{c^2}}$
Relativistische Masse (Impulsmasse) Zunahme der Masse eines Körpers bei hoher Geschwindigkeit $m(v) = \dfrac{m_0}{\sqrt{1-\dfrac{v^2}{c^2}}}$ m_0 Ruhemasse **Äquivalenz von Masse und Energie** Masse und Energie sind verschiedene Formen ein und derselben Sache. $\Delta E = \Delta m \cdot c^2$	

Astrophysik

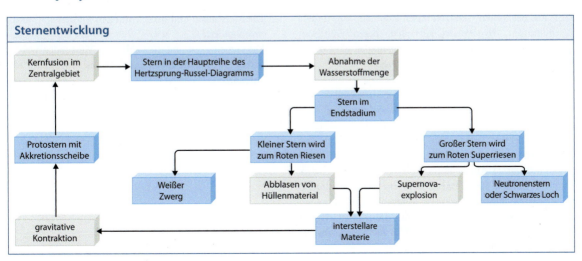

Methoden der Physik

M 1 Experimente und ihre Auswertung

M 1.1 Experiment als Teil der Erkenntnis

Verstehen und Erklären Naturerscheinungen zu verstehen ist ein wesentliches Ziel der Physik. Verstehen bedeutet dabei, Beobachtungen mit bereits Bekanntem in Verbindung zu bringen. Das genaue Beschreiben der Beobachtung ist ein wichtiger Teil physikalischer Erkenntnis. Ein Beispiel für eine Beobachtung ist: »Ein rollender Radfahrer wird bergab beschleunigt.«

Darüber hinaus sucht die Physik nach Erklärungen der Phänomene. Verschiedene Erscheinungen werden auf gemeinsame Prinzipien und Gesetze zurückgeführt. Diese werden in eine umfassende Theorie eingeordnet, die auf möglichst wenigen Grundprinzipien aufbaut. So wird im genannten Beispiel die Beschleunigung des Radfahrers auf den Hangabtrieb zurückgeführt. Der Hangabtrieb wiederum hat seine Ursache in der Gravitationswechselwirkung zwischen Erde und Radfahrer.

Mit den physikalischen Theorien sollen nicht nur Erscheinungen nachträglich verstanden werden. Man möchte auch voraussagen können, was unter vorgegebenen Bedingungen geschehen wird. Diese Fähigkeit zur Vorhersage wird besonders dann benötigt, wenn neue technische Anwendungen entwickelt werden sollen.

Die experimentelle Bestätigung von Prognosen ist selbst Teil des Erkenntnisprozesses. Die Gültigkeit eines Gesetzes erhält eine wichtige Bestätigung.

Die Physikgeschichte zeigt, wie vorläufig vieles Wissen war und wie der Wissenshorizont nach und nach erweitert wurde. Liegt eine Erklärung für ein Phänomen vor, entstehen weiterreichende Fragen, die nach neuen Antworten drängen. Aus bekannten Gesetzen lassen sich neue begründete Vermutungen, *Hypothesen*, aufstellen, deren Gültigkeit überprüft werden muss. Ein Erklärungsmodell wird durch ein verbessertes Modell ergänzt oder ersetzt.

Experiment und Messung Die Natur zu verstehen war bereits in der griechischen Antike ein wichtiges Anliegen der Naturphilosophen. Das bis ins Mittelalter vorherrschende Weltbild wurde von ARISTOTELES geprägt: Die Welt werde in einer ganzheitlichen »Schau der Wahrheit« erkannt *(theoria)*. Alleine durch Anschauung und logisches Denken würden Erkenntnisse über die Welt gewonnen. Manipulative Eingriffe können dagegen nicht zu neuen Einsichten führen. Das Handwerk, die Kunstfertigkeit *(techne)* sei ein künstlicher Eingriff in die Natur, um die Naturgesetze zu überlisten.

Mit Beginn der Neuzeit begann ein Umdenken. Die Erklärungen sollten nicht nur logisch überzeugen, sie mussten zusätzlich am realen Objekt überprüft werden können. Im 17. Jahrhundert wurde der Vergleich mit dem Naturphänomen selbst zu einem Entscheidungskriterium für die Gültigkeit einer Theorie.

Objekte werden messend verglichen, indem ihnen Größen mit Zahlenwerten und Einheiten zugeordnet werden. Präzise Messungen mit geeigneten Messinstrumenten sind seither wesentlicher Teil naturwissenschaftlicher Erkenntnis. Die Messungen finden im Rahmen von Experimenten statt.

Ein physikalisches Experiment ist ein gezielter Eingriff in das Naturgeschehen. Im Rahmen einer Theorie wird ein Phänomen planmäßig unter ausgewählten, kontrollierten, wiederholbaren und veränderbaren Bedingungen beobachtet, gemessen, ausgewertet und gedeutet.

M 1.2 Regeln des Experimentierens

Damit ein Experiment überzeugt, muss es in seiner Beschreibung, Durchführung und Auswertung stets nachprüfbar sein. Daraus ergeben sich folgende Regeln:

- Das Experiment wird mit den wesentlichen Versuchsbedingungen und Einflüssen beschrieben.
- Es muss wiederholbar, also *reproduzierbar*, sein und frei von subjektiven Einflüssen.
- Um die Abhängigkeit einer Größe y von einer anderen Größe x zu untersuchen, wird nur die Größe x verändert. Alle anderen Bedingungen werden konstant gehalten.
- Die Messungen und Beobachtungen werden vollständig protokolliert.
- Die Genauigkeit und die Fehler der Messungen werden diskutiert, um die Zuverlässigkeit des Ergebnisses einzuschätzen.
- Die Interpretation der Ergebnisse bezieht sich auf bekanntes physikalisches Wissen.

M 1.3 Beispiel eines quantitativen Experiments

Leitfaden	Beispiel
1 Problemstellung Fragestellungen und Beobachtungen, die zum Experiment führen, werden thematisiert. Die Aufgabenstellung wird konkretisiert und begrenzt. Eine begründete Vermutung wird aufgestellt.	Eine schwere Stahlkugel und ein Papiertrichter fallen unterschiedlich. Wie fällt ein Tischtennisball? Kann sein Fallen durch das Modell des freien Falls beschrieben oder muss der Luftwiderstand berücksichtigt werden? Die Hypothese lautet: Für das Fallen aus etwa 1 m Höhe genügt das Modell des freien Falls. Es sind zwei Aussagen nachzuweisen: 1. Der Ball wird gleichmäßig beschleunigt. 2. Die Beschleunigung beträgt 9,81 m/s^2.
2 Beschreibung **2.1 Aufbau** Der experimentelle Aufbau mit den benutzten Geräten wird beschrieben. Skizze bzw. Schaltbild dienen der Verdeutlichung. Regeln des Experimentierens werden beachtet. **2.2 Messmethode** Die Versuchsdurchführung und das Messen werden beschrieben.	Ein Tischtennisball wird aus 1 m Höhe fallen gelassen. Da der Ball sehr schnell fällt, wird die Bewegung mit einer Kamera aufgenommen. Ein Längenmaßstab wird mitgefilmt. Perspektivische Verzerrungen werden minimiert. Um das Experiment reproduzieren zu können, wird der Ball nur losgelassen und nicht geworfen. Die Auswertung erfolgt über die Sequenz der Einzelbilder. Hierzu kann eine spezielle Auswertesoftware benutzt werden. Ein manuelles Ausmessen jedes Einzelbilds auf dem Bildschirm ist oft präziser, da trotz Unschärfe der Mittelpunkt des Balls genauer markiert werden kann. Die Fallstrecken werden auf die realen Größenverhältnisse umgerechnet. Die Zeitmessung ergibt sich aus der Bildfrequenz.
3 Durchführung **3.1 Messungen** Alle Daten, die für das Experiment, seine Auswertung und Interpretation von Bedeutung sein können, werden notiert. Eine möglichst genaue Messung der Größen mit möglichst vielen Messpunkten wird durchgeführt und protokolliert. In der Regel wird ein Experiment mehrfach wiederholt, um durch eine Mittelwertbildung Messfehler verringern zu können. **3.2 Beobachtungen** Fehler, Störungen und sonstige Einflüsse werden beobachtet und notiert.	Durchmesser des Balls: 4,0 cm; Masse des Balls: 2,7 g; Fallhöhe: 1,00 m; Bildfrequenz: 25 Bilder pro Sekunde Zeit t in s Fallstrecke s in m 0,04 0,0064 0,08 0,0192 0,12 0,0502 0,16 0,0983 0,20 0,1635 0,24 0,2457 0,28 0,3397 0,32 0,4466 0,36 0,5716 0,40 0,7137 0,44 0,8654 Obwohl mit größer werdender Geschwindigkeit die Ränder des Balls in den Einzelaufnahmen verschwimmen, ergeben sich bei der Bestimmung des Mittelpunkts nur Abweichungen von etwa ± 2 mm. Jeder Messpunkt kann bis auf eine Genauigkeit von 5 % des Balldurchmessers angegeben werden. Das Fallen beginnt innerhalb des Zeitintervalls zwischen erstem und zweitem Bild; der Startzeitpunkt kann daher nicht genau angegeben werden.

Leitfaden	Beispiel
4 Auswertung	*t-s*-Diagramm:
4.1 Grafische Auswertung Die Messpunkte werden in ein angemessen großes Koordinatensystem eingetragen, und es wird eine Ausgleichskurve gezeichnet.	
Das Diagramm wird interpretiert und auf den Funktionstyp untersucht.	Die Punkte formen eine Parabel. Sie liegen ohne große Streuung auf der Trendlinie einer quadratischen Funktion, welche durch das Fitprogramm des Tabellenkalkulationsprogramms angepasst wird. Aus der geometrischen Auswertung wird die Hypothese gestützt, da nur bei einer gleichmäßig beschleunigten Bewegung die zurückgelegte Strecke quadratisch von der Zeit abhängt.
4.2 Rechnerische Auswertung Die grafisch unterstützte Vermutung ist rechnerisch zu bestätigen. In der Regel wird ein proportionaler Zusammenhang gesucht und numerisch bestätigt:	Wenn die Beschleunigung konstant ist, muss die Geschwindigkeit proportional zunehmen, falls die Bewegung exakt zum Zeitpunkt $t = 0$ beginnt. Die durchschnittlichen Geschwindigkeiten werden zwischen allen benachbarten Zeitpunkten berechnet und dem Zeitpunkt in der Intervallmitte zugeordnet. Für das erste Zeitintervall gilt: $$t = \frac{t_1 + t_2}{2} = \frac{0{,}04\ \text{s} + 0{,}08\ \text{s}}{2} = 0{,}06\ \text{s}$$ $$v = \frac{s_2 - s_1}{t_2 - t_1} = \frac{0{,}0192\ \text{m} - 0{,}0064\ \text{m}}{0{,}08\ \text{s} - 0{,}04\ \text{s}} = 0{,}3205\ \frac{\text{m}}{\text{s}}$$
– durch Quotientengleichheit	Zeit *t* in s Geschwindigkeit *v* in m/s Quotient *v/t* in m/s² 0,06 0,3205 5,342 0,10 0,7746 7,745 0,14 1,2019 8,585 0,18 1,6293 9,052 0,22 2,0566 9,348 0,26 2,3504 9,040 0,30 2,6709 8,903 0,34 3,1250 9,191 0,38 3,5524 9,348 0,42 3,7927 9,030 Nach größerer Falldauer stellt sich eine Quotientengleichheit ein. Die ersten Quotienten weichen deutlich ab.
– oder durch die Gleichung einer Ausgleichsgeraden	*t-v*-Diagramm:

Leitfaden	Beispiel
Die Ergebnisse werden interpretiert und auf Fehler diskutiert.	Durch die Punkte im t-v-Diagramm kann sinnvoll eine Ausgleichsgerade gelegt werden. Das Fitprogramm liefert die Gleichung der Geraden, die am geringsten von den Messpunkten abweicht. Sie ist eine nach rechts verschobene Ursprungsgerade. Dies weist auf einen systematischen Fehler hin. Der Startpunkt konnte nicht exakt gemessen werden. Die Nullstelle $t = 0{,}018$ s der Geraden gibt den Startpunkt des Fallens an. Mit dieser Korrektur sind t und v proportional und der gemittelte Proportionalitätsfaktor entspricht der Steigung 9,66 m/s^2. Die Steigung im t-v-Diagramm entspricht der Beschleunigung. Sie ist konstant und weicht von $g = 9{,}81$ m/s^2 um 1,5 % ab. Sie liegt in der Toleranzbreite der Messungen.
5 Interpretation Im Rahmen einer physikalischen Theorie wird das Experiment gedeutet.	Der Fall eines Tischtennisballs aus 1 m Höhe kann angemessen durch das Modell eines freien Falls beschrieben werden. t-s-Diagramm: Das Diagramm vergleicht theoretisch berechnete Modelle für das Fallen des Tischtennisballs über größere Strecken mit und ohne Luftwiderstand. Für kleine Höhen decken sich beide Graphen mit den Messwerten. Erst bei größeren Fallstrecken macht sich die bremsende Wirkung des Luftwiderstands deutlich bemerkbar.

M 1.4 Messgenauigkeit und Angabe von Ergebnissen

Eine physikalische Größe zu messen heißt, zu bestimmen, wievielmal eine festgelegte Einheit in der Größe enthalten ist. Bei der Längenmessung eines Körpers mit einem Lineal wird beispielsweise bestimmt, wie viele Millimeter der Körper überdeckt.

Je nach Genauigkeitsanspruch werden Probleme deutlicher sichtbar: Wo beginnt und endet der Körper? Welcher Wert ist anzugeben, wenn der Messpunkt zwischen zwei Teilstrichen der Skala liegt? Hierbei sind Abschätzungen nötig, und es bleiben Messunsicherheiten. Sie werden als Messfehler bezeichnet. Alle Messinstrumente und -methoden führen nicht zu einer eindeutigen Maßzahl, sondern zu einem Bereich, in dem die Maßzahl liegt.

Mit einem Lineal kann der Bereich bis auf etwa 1 mm, mit einem Messschieber bis auf 0,1 mm genau gemessen werden. Eine elektronische Stoppuhr zeigt Werte auf 1/100 s genau an. Wird aber die Zeit, in der etwa ein Papiertrichter fällt, mit der Hand gestoppt, so ergeben sich bei 10 Messungen unterschiedliche Werte, die beispielsweise zwischen 1,74 s und 1,89 s streuen. Auch hier ist die Verlässlichkeit der Einzelmessung nur auf 1/10 s gegeben.

Von Messresultaten werden generell nur die Stellen angegeben, die auch tatsächlich durch die Messungen abgesichert sind. Eine über diese *signifikanten Stellen* hinausgehende Anzahl weiterer Stellen täuscht eine Genauigkeit vor, die nicht gegeben ist.

Diese Regel ist auch bei der Bearbeitung von Aufgaben zu beachten. Die Endergebnisse müssen physikalisch sinnvoll gerundet werden. Zwischenergebnisse dagegen werden mit ein oder zwei Stellen mehr geführt, damit sich zusätzliche Rundungsfehler nicht zu stark fortpflanzen.

Die Angabe einer Länge von 2,34 m bedeutet, dass das Objekt bis auf 1 cm genau vermessen wurde. Die tatsächliche Länge liegt also zwischen 2,335 m und 2,345 m. Man schreibt auch $l = (2{,}34 \pm 0{,}005)$ m. Eine Messung von 2,340 m besagt dagegen, dass 4 Stellen signifikant sind und die Länge bis auf 1 mm genau bestimmt wurde. Die Länge 0,035 km hat 2 signifikante Stellen.

M 1.5 Fehlerarten

Statistische Fehler Werden Messungen in einer Versuchsreihe wiederholt, treten Schwankungen auf. Die Messwerte streuen um einen Mittelwert. Solche Messungenauigkeiten nennt man statistische Fehler. Der Mittelwert weicht statistisch weniger als die Einzelmessungen von der tatsächlichen Größe ab. Je mehr Messwerte vorliegen, umso zuverlässiger ist das Ergebnis der Messreihe.

Systematische Fehler Dagegen liegen systematische Fehler vor, wenn alle Messwerte tendenziell zu groß bzw. zu klein sind. Beispielsweise geht eine Uhr langsamer oder ein Messgerät ist nicht korrekt kalibriert. Manchmal ist auch die Nulleinstellung des Messgeräts oder die experimentelle Anordnung nicht korrekt.

Einige systematische Fehler lassen sich theoretisch oder empirisch so gut erfassen, dass mit einer Korrektur der Messwerte sinnvoll weitergearbeitet werden kann. Sowohl die Korrektur als auch ihre Begründungen werden protokolliert.

Beispiel Die Fallzeit eines Papiertrichters wird mit einer Stoppuhr bei gleicher Fallhöhe mehrfach gemessen (Abb. 1). Die Einzelmessungen streuen statistisch um den Mittelwert 1,80 s. Zu den statistischen Fehlern kommt ein systematischer hinzu. Die Messung beginnt aufgrund der Reaktionszeit verzögert. Das Ende der Messung ist dagegen durch das Fallen vorhersehbar, sodass hierbei kaum mit einer Verzögerung zu rechnen ist. Aus der gemessenen Zeit und einer Reaktionszeit von etwa 0,17 s ergibt sich eine Fallzeit von etwa 1,97 s.

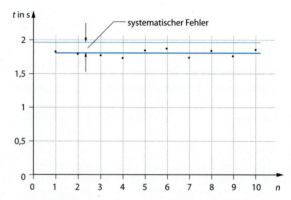

1 Statistischer Mittelwert und systematischer Fehler bei einer Messung

M 2 Modelle in der Physik

M 2.1 Denken in Modellen

Physiker versuchen, die Wirklichkeit in Modellen zu beschreiben und zu verstehen. Modelle stellen dabei vereinfachende Annäherungen an die Wirklichkeit dar. Die Idealisierung der Wirklichkeit durch Modelle ist hilfreich, um Erkenntnisse über physikalische Phänomene zu gewinnen und gemeinsame Strukturen unterschiedlicher Phänomene zu entdecken. Die Tauglichkeit eines Modells ist unter anderem anhand von experimentellen Ergebnissen zu beurteilen.

Typen von Denkmodellen	Beispiele
Geometrische Idealisierungen	Der Massenpunkt idealisiert einen ausgedehnten Körper in einem geometrischen Punkt.
	Ein Lichtstrahl repräsentiert ein sehr dünnes Lichtbündel.
Mathematische Gleichungen und Funktionen	Die Gleichung $s = v \cdot t$ einer gleichförmigen Bewegung ist ein Modell, um die Flugzeiten eines Flugzeugs in ausreichender Näherung zu bestimmen.
	Die Funktionsgleichung einer Parabel $$s_y = -\frac{g}{2 v_0^2 \cdot \cos^2 \alpha} \cdot s_x^2 + s_x \cdot \tan \alpha$$ beschreibt näherungsweise die Flugbahn eines Fußballs.

METHODEN DER PHYSIK | M2 Modelle in der Physik

Eigenschaften von Modellen am Beispiel Licht

Charakter	Beispiel
In Modellen werden die Phänomene vereinfacht, idealisiert und auf Aspekte reduziert, die für die Fragestellung bedeutsam sind.	Um das Prinzip einer Lochkamera zu verstehen, genügt es, sich das Licht als Lichtstrahlen vorzustellen.
Modelle sind eingebettet in Theorien. Sie werden mit bekannten Gesetzen sinnvoll angewandt. Sie müssen diese Gesetze aber nicht erklären.	Aufgrund der Gültigkeit des Brechungsgesetzes kann das Verhalten von Licht an Linsen mithilfe des Strahlenmodells erklärt werden.
Der Erfolg eines Modells besteht darin, dass Phänomene erklärt oder Abläufe vorausgesagt werden können.	Optische Geräte können aufgrund des Brechungsgesetzes und des Strahlenmodells entwickelt werden.
Modelle haben ihre Grenzen: Nicht alle Aspekte eines Modells sind auf das Phänomen übertragbar, und manche Phänomene werden durch das Modell nicht erfasst.	Fällt Licht durch einen dünnen Spalt, ist es auch im geometrischen Schattenbereich zu beobachten. Diese *Beugung* ist im Strahlenmodell nicht zu erklären.
Die Grenzen eines Modells führen dazu, dass modifizierte, neue oder erweiterte Modelle gesucht werden. Diese erweiterten Modelle sind ihrerseits in erweiterte Theorien eingebettet. So entsteht Erkenntnisfortschritt.	Der Wechsel vom Strahlen- zum Wellenmodell ermöglicht, die Beugung des Lichts zu verstehen. Die Wellentheorie erklärt zudem die Reflexions- und Brechungsgesetze.
Erkenntnisse können behindert werden, wenn bestimmte Grenzen nicht erkannt werden.	Mechanische Wellen breiten sich in Materie aus. Daraus wurde lange Zeit irrtümlich gefolgert, dass für die Ausbreitung des Lichts ebenfalls ein Medium vorhanden sein müsse: Das Weltall müsse mit »Äther« gefüllt sein.

M2.2 Eignung eines mathematischen Modells

Ein beobachteter Zusammenhang zwischen zwei physikalischen Größen wird als Gesetz möglichst in einer mathematischen Funktion beschrieben. Dadurch können Zustände berechnet werden, die nicht gemessen wurden, und es können Abläufe vorhergesagt werden.

Beispiel

Von der Bewegung eines Körpers liegen folgende 12 Messungen vor:

Zeit	Ort
t in s	s in m
0,000	1,010
0,026	1,004
0,066	0,991
0,106	0,960
0,146	0,912
0,186	0,846
0,226	0,764
0,266	0,670
0,306	0,563
0,346	0,438
0,386	0,296
0,426	0,145

An die Messwerte lassen sich folgende Funktionen gut anpassen:

$s_1(t) = -4{,}80 \, t^2 + 1{,}01$

$s_2(t) = 0{,}68 \, t^3 - 5{,}24 \, t^2 + 0{,}08 \, t + 1{,}01$

$s_3(t) = 1{,}01 \cdot \cos(3{,}27 \cdot t)$

$s_4(t) = -5{,}01 \cdot t^{2,0413} + 1{,}01$

Die Messwerte geben keine mathematische Funktion eindeutig vor. Aber ein physikalisches Phänomen lässt sich nicht durch unterschiedliche Funktionen und damit durch unterschiedliche Gesetze beschreiben. Es werden zusätzliche physikalische Informationen benötigt, um entscheiden zu können, welche Funktion angemessen ist.

Entscheidungshilfen Eine detaillierte Beschreibung ist unabdingbarer Teil jedes Experiments. Mit ihrer Hilfe lässt sich zumeist interpretieren, wie der Prozess prinzipiell abläuft: Fällt ein Körper und schwingt nicht zurück, können periodische Funktionen ausgeschlossen werden. Die Kosinusfunktion ist im Beispiel dann kein geeignetes mathematisches Modell.

Experimente müssen reproduzierbar sein. Das Experiment wird mit einem größeren Zeitintervall oder veränderten Anfangsbedingungen wiederholt. Weitere Messwerte – über das gegebene Intervall hinaus – führen zur deutlichen Unterscheidung der Funktionen: Ein fallender Körper beschleunigt nicht so schnell, dass seine Fallstrecke zur dritten Potenz der Zeit proportional wäre. Das mathematische Modell einer Funktion zur dritten Potenz ist nicht erfolgreich, da die Orte für größere Zeitabstände nicht korrekt vorausgesagt werden.

Das Modell muss im Einklang mit der Theorie stehen. Wirkt ausschließlich die Erdanziehung mit konstanter Kraft und sind andere Einflüsse wie der Luftwiderstand zu vernachlässigen, gilt die Bewegungsgleichung des freien Falls: $h = h_0 - \frac{1}{2} \cdot g \cdot t^2$. Genau dann, wenn die Kraft konstant ist, wird der Weg durch eine quadratische Funktion beschrieben. Wäre der Exponent größer als 2, müssten die Beschleunigung und damit die Kraft mit der Zeit zunehmen. Wenn überprüft ist, dass die Gesamtkraft im Laufe der Zeit nicht wächst, kann die Funktion mit dem Exponenten 2,0413 kein angemessenes Modell für das Phänomen sein, auch wenn die Graphen beider Funktionen auf weite Strecken sehr ähnlich sind.

Modelle haben ihre Grenzen: Sinnvoll wird der Fall eines Tischtennisballs durch eine quadratische Funktion nur für geringe Fallhöhen beschrieben. Je größer die Fallhöhe ist, umso stärker wirkt sich der Luftwiderstand aus; dann ist ein anderes mathematisches Modell zu wählen.

M 3 Mathematische Funktionen und Verfahren

M 3.1 Wichtige Funktionen in der Physik

Aufgrund der grafischen Auswertung eines Experiments kann oft abgeschätzt werden, welcher Typ von Funktion als mathematisches Modell zur Beschreibung des Vorgangs geeignet scheint. Nach ihrem Typ unterscheiden sich Funktionen in ganz bestimmten Merkmalen.

In der folgenden Übersicht ist der Kurvenverlauf für die Funktionstypen charakterisiert. Die zugehörigen Funktionsgleichungen sind mit den Parametern m, a oder k angegeben. Werden die Funktionen nach den Parametern aufgelöst, ergeben sich meist Quotienten. Für alle Punkte auf der Kurve sind die Quotienten gleich. Für Messwerte, die um diesen Funktionstyp statistisch schwanken, streuen die Quotienten um einen Mittelwert, der als Näherung für den gesuchten Parameter betrachtet werden kann. Weichen die Quotienten systematisch von einem konstanten Wert ab, ist der Funktionstyp kein geeignetes Modell.

Im Folgenden stehen die mathematischen Symbole x und y für physikalische Größen. Dabei wird die Abhängigkeit der Größe y von x untersucht: $y = f(x)$.

Funktionstyp, Funktionsgleichung	Graph	
Proportionale Funktion $y = m \cdot x$ m Proportionalitätsfaktor Quotientengleichheit: $\frac{y}{x} =$ konst.; $\quad \frac{y}{x} = m$		*Ursprungsgerade* An der Stelle $x = 0$ ist $y = 0$. Der Proportionalitätsfaktor entspricht der Steigung $m = \frac{\Delta y}{\Delta x}$.

METHODEN DER PHYSIK | M3 Mathematische Funktionen und Verfahren

Funktionstyp, Funktionsgleichung	Graph	
Lineare Funktion $$y = m \cdot x + y_0$$ $$y_0 = y(0)$$ $$\frac{y - y_0}{x} = \text{konst.}; \quad \frac{y - y_0}{x} = m$$	*(Graph: Gerade mit Steigungsdreieck, Δy/Δx, y₀ als Ordinatenabschnitt)*	*Gerade mit dem Anfangswert als Ordinatenabschnitt:* An der Stelle $x = 0$ ist $y = y_0$. Steigung: $m = \frac{\Delta y}{\Delta x}$
Potenzfunktion mit Exponenten $n > 1$ $$y = a \cdot x^n$$ $$\frac{y}{x^n} = \text{konst.}; \quad \frac{y}{x^n} = a$$	*(Graph: $y = x^4$, $y = x^3$, $y = x^2$)*	*Parabel* Der Graph verläuft in (0|0) waagerecht. Die Änderungsrate ist dort null. Der Graph wird mit wachsendem x steiler.
Antiproportionale Funktion, Potenzfunktionen mit negativem Exponenten $$y = a \cdot \frac{1}{x} \text{ bzw.}$$ $$y = a \cdot x^{-n} = a \cdot \frac{1}{x^n}; \quad n > 0$$ $$\frac{y}{\frac{1}{x}} = y \cdot x = \text{konst.}; \quad y \cdot x = a$$ bzw. $$\frac{y}{\frac{1}{x^n}} = y \cdot x^n = \text{konst.}; \quad y \cdot x^n = a$$	*(Graph: $y = \frac{1}{x}$, $y = \frac{1}{x^2}$)*	*Hyperbel* Asymptotisches Verhalten: y nähert sich für wachsendes x einem Grenzwert, der Asymptote $y = 0$. Polstelle: Geht x gegen null, wird y unbegrenzt groß. Der Fall $x = 0$ ist nicht realisierbar.
Exponentialfunktion mit negativem Exponenten $$y = y_0 \cdot e^{-k \cdot x}$$ $$y_0 = y(0)$$ $e = 2{,}718\ldots$ (Euler'sche Zahl) $$\frac{\ln y - \ln y_0}{x} = \text{konst.}; \quad \frac{\ln y - \ln y_0}{x} = -k$$ $$k = \frac{\ln 2}{T}$$ T Halbwertszeit	*(Graph: abfallende Exponentialkurve mit y_0, $\frac{1}{2}y_0$, $\frac{1}{4}y_0$ und Halbwertszeit T)*	y besitzt einen Anfangswert $y_0 \neq 0$ in $x = 0$. Asymptotisches Verhalten: y nähert sich für wachsendes x dem Grenzwert $y = 0$. Die prozentuale Änderungsrate ist für alle x konstant: In gleichen Zeiten verringert sich die Größe um den gleichen Anteil.

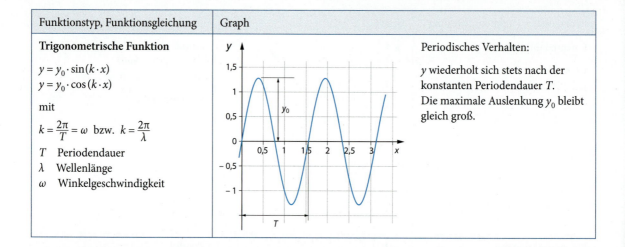

M 3.2 Iterative Rechenmodelle

Für einige Phänomene sind Funktionen schwer zu finden, die sich explizit durch eine Funktionsgleichung beschreiben lassen. Sind aber Gesetze über die Änderungsraten für das Phänomen bekannt, lassen sich Funktionswerte näherungsweise in einem iterativen Verfahren bestimmen: Ausgehend von einem Punkt der Funktion wird der nächste Punkt anhand der bekannten Änderungsrate bestimmt.

Beispiel Bewegung mit Luftwiderstand Ein Papiertrichter fällt zunächst beschleunigt, bis er eine konstante Sinkgeschwindigkeit erreicht. Die konstante Gewichtskraft F_G und die ihr entgegengesetzt gerichtete Reibungskraft F_r werden auf den Trichter ausgeübt. Die Luftreibung nimmt im idealen Fall linear oder quadratisch mit der Geschwindigkeit zu (vgl. 2.15). Mit der resultierenden Kraft wird der Körper beschleunigt.

$$F = F_G - F_r$$
$$m \cdot a = m \cdot g - k \cdot v^b \quad \text{mit} \quad b = 1 \text{ oder } 2$$

Hieraus kann die Beschleunigung zu einem Zeitpunkt t berechnet werden, wenn die Geschwindigkeit für diesen Zeitpunkt bekannt ist:

$$a(t) = g - \frac{k}{m} \cdot (v(t))^b.$$

Die Beschleunigung ist für ein hinreichend kleines Zeitintervall $\Delta t = t_2 - t_1$ näherungsweise durch den Differenzenquotienten

$$a(t_1) \approx \frac{\Delta v}{\Delta t} = \frac{v(t_2) - v(t_1)}{t_2 - t_1}$$

definiert.

Sind zu einem Zeitpunkt t_1 alle Größen bekannt oder bereits näherungsweise berechnet, lässt sich diese Gleichung nach der unbekannten Geschwindigkeit zum Zeitpunkt t_2 umformen: $v(t_2) \approx v(t_1) + a(t_1) \cdot \Delta t$.
Die Änderungsrate ermöglicht den Übergang von einem Zeitpunkt zu einem zweiten.
Ausgehend von diesem neuen Wert lässt sich dann der Rechenschritt wiederholen und ein Näherungswert v_3 für die Geschwindigkeit zum Zeitpunkt t_3 berechnen. In gleicher Weise ist aus der Geschwindigkeit iterativ der Weg zu berechnen.

Rechenschema

Sei $y = f(t)$ eine physikalische Größe und $\dot{f}(t)$ die Größe, die die zeitliche Änderung von y beschreibt.

	Iteration mithilfe der Änderungsrate	Beispiel: Fall mit Luftwiderstand
Voraussetzung	Gegeben ist eine Gleichung mit der Änderungsrate $\dot{f}(t)$, die sich aus den Größen f und t berechnen lässt.	Bekannt sind sämtliche Kräfte, die auf den Körper ausgeübt werden. Daraus folgt eine Gleichung für die Beschleunigung. Diese hängt von der momentanen Geschwindigkeit ab: $a = g - \frac{k}{m} \cdot v^b.$

METHODEN DER PHYSIK | M 3 Mathematische Funktionen und Verfahren

	Iteration mithilfe der Änderungsrate	Beispiel: Fall mit Luftwiderstand
Startwerte	t_0 $f_0 = f(t_0)$	Fall aus dem Ruhezustand $v_{alt} = 0$ $s_{alt} = 0$ $t_{alt} = 0$
Festlegen der Schrittweite	Δt	Δt
Aus den zuletzt bestimmten Werten werden die neuen Werte berechnet. Die Schritte werden in einer Schleife bis zu einem gewünschten Punkt wiederholt.	Man beginnt mit $n = 0$: $\dot{f}_n$ wird mit den gegebenen Werten f_n und t_n bestimmt. $f_{n+1} = f_n + \dot{f}_n \cdot \Delta t$ $t_{n+1} = t_n + \Delta t$	$a_{neu} = g - \frac{k}{m} \cdot v_{alt}^b$ $v_{neu} = v_{alt} + a_{neu} \cdot \Delta t$ $s_{neu} = s_{alt} + v_{neu} \cdot \Delta t$ $t_{neu} = t_{alt} + \Delta t$
	Die Tangenten weisen in die Richtung, in die der Graph der unbekannten Funktion verläuft. Da stets Näherungswerte die neuen Ausgangspunkte bilden, pflanzt sich ein Fehler systematisch fort.	Aus den Messdaten vom Fall des Papiertrichters werden die Durchschnittsgeschwindigkeiten für sämtliche Intervalle berechnet und im Diagramm eingezeichnet. Die iterative Lösung der Bewegungsgleichung wird durch eine geeignete Wahl des Faktors k/m an die reale Kurve angepasst. Ebenso kann der Exponent b variiert werden.

M 3.3 Ableitung und Integral

Die Beschleunigung gibt an, wie schnell sich die Geschwindigkeit zu einem Zeitpunkt ändert. Sie ist die zeitliche Änderungsrate der Geschwindigkeit. Ein Maß ist die Änderung der Geschwindigkeit pro Zeiteinheit: ein Quotient von Differenzen. Die momentane Änderungsrate einer Größe nennt man Ableitung der Größe.

Die Endgeschwindigkeit hängt davon ab, wie lange eine Beschleunigung andauert. Die Änderung der Geschwindigkeit entspricht der Wirkung der Beschleunigung über den gesamten Zeitraum. Bei konstanter Beschleunigung ergibt sich diese Wirkung als Produkt der Beschleunigung und der Zeit. Ändert sich die Größe während der Zeit, lässt sich ihre Wirkung näherungsweise durch eine Summe von Produkten berechnen.

Beispiel Gazellen können nahezu doppelt so schnell sprinten wie Löwen. In ihrem maximalen Tempo sind Gazellen nicht einzuholen. Trotzdem sind Löwen in ihrer Jagd auf Gazellen erfolgreich, da sie beim Start schneller eine höhere Geschwindigkeit erreichen. Änderungsraten und Wirkungen der Geschwindigkeiten bestimmen hier den Erfolg der Jagd.

Definition der Änderungsrate

Mathematische Theorie	Physikalisches Beispiel	Graph
Die Größe y hängt von der Größe x ab. y ist eine Funktion von x: $y = f(x)$. Es seien $y_1 = f(x_1)$ und $y_2 = f(x_2)$.	Jedem Zeitpunkt t ist eindeutig eine Geschwindigkeit v zugeordnet: $v = v(t)$.	Die Gazelle erreicht eine hohe Geschwindigkeit.
Wie stark sich die Größe y in Abhängigkeit von x ändert, wird durch die Änderungsrate angegeben: Ändert sich die Größe x um einen Wert Δx, also $x_2 = x_1 + \Delta x$, dann ändert sich die Größe y um Δy, d.h.: $y_2 = y_1 + \Delta y$. Ein Maß für die Stärke der Änderung ist der Differenzenquotient: $\frac{\Delta y}{\Delta x} = \frac{y_2 - y_1}{x_2 - x_1}$.	Beschleunigung ist die zeitliche Änderungsrate der Geschwindigkeit. Ein Maß für die durchschnittliche Beschleunigung in einer bestimmten Zeit ist der Quotient aus Geschwindigkeitsdifferenz und Zeitintervall. Durchschnittsbeschleunigung: $\frac{\Delta v}{\Delta t} = \frac{v_2 - v_1}{t_2 - t_1}$	Die Steigung der Sekanten entspricht dem Differenzenquotienten.
Wird die Differenz Δx der Größen x_1 und x_2 immer kleiner gewählt, nähert sich der Differenzenquotient einem Grenzwert an. Das Limes-Zeichen symbolisiert den Grenzübergang: $\lim\limits_{\Delta x \to 0} \frac{\Delta y}{\Delta x} = \lim\limits_{x_2 \to x_1} \frac{y_2 - y_1}{x_2 - x_1}$.	Wird das Zeitintervall immer kleiner gewählt, erhält man als Grenzwert die momentane Beschleunigung a: $a = \lim\limits_{\Delta t \to 0} \frac{\Delta v}{\Delta t} = \lim\limits_{t_2 \to t_1} \frac{v_2 - v_1}{t_2 - t_1}$.	Die Sekante geht in die Tangente über. Ihre Steigung entspricht der momentanen Änderungsrate.
Den Grenzwert des Differenzenquotienten nennt man die **Ableitung** der Funktion f nach der Größe x und schreibt: $f'(x) = \frac{dy}{dx}$. Die Ableitung an jeder Stelle x ist durch die Funktion f eindeutig vorgegeben.	In der Physik wird die Ableitung nach der Zeit t durch einen Punkt über der Größe gekennzeichnet: $a(t) = \dot{v}(t) = \frac{dv}{dt}$. Ableitungen nach anderen Größen werden wie in der Mathematik mit einem Strich gekennzeichnet.	Die Beschleunigung des Löwen ist am Anfang groß, lässt aber schnell nach.

METHODEN DER PHYSIK | M 3 Mathematische Funktionen und Verfahren

Physikalische Größen und Änderungsraten

a) Physikalische Größen, die als Änderungsraten, d. h. als die Ableitung einer bekannten Größe, definiert werden:

Größe	Zeitliche Änderungsrate der Größe	Definitionsgleichung als Ableitung
Geschwindigkeit v	Weg s	$v = \dot{s} = \dfrac{ds}{dt}$
Beschleunigung a	Geschwindigkeit v. Die Beschleunigung ist damit die zweite Ableitung des Wegs s nach der Zeit t.	$a = \dot{v} = \dfrac{dv}{dt}$ $a = \ddot{s} = \dfrac{d^2 s}{dt^2}$
Leistung P	Energie E	$P = \dot{E} = \dfrac{dE}{dt}$
Stromstärke I	Ladung Q	$I = \dot{Q} = \dfrac{dQ}{dt}$
Kraft F	Impuls p	$F = \dot{p} = \dfrac{dp}{dt}$

b) Physikalische Gesetze, in die die Änderungsrate einer Größe eingeht:

Gesetz	Gleichung	Größen
2. Newton'sches Axiom, Grundgleichung der Mechanik	$F = m \cdot \dfrac{d^2 s}{dt^2}$	F Kraft $\dfrac{d^2 s}{dt^2}$ 2. Ableitung des Wegs nach der Zeit
Induktionsgesetz für eine Spule	$U_{ind} = -N \cdot \dfrac{d\Phi}{dt}$	U_{ind} Induktionsspannung Φ magnetischer Fluss N Windungszahl der Spule
Selbstinduktion in einer Spule	$U_{ind} = -L \cdot \dfrac{dI}{dt}$	U_{ind} Selbstinduktionsspannung L Induktivität I elektrische Stromstärke
Zerfallsgesetz	$-\dfrac{dN}{dt} = \lambda \cdot N$	N Anzahl der radioaktiven Kerne λ Zerfallskonstante

Summe von Produkten

Wie weit muss sich der Löwe an die Gazelle heranpirschen, damit er eine Chance bekommt, die Gazelle zu erbeuten?

Mathematische Theorie	Physikalisches Beispiel	Graph
Oft kann das Produkt zweier Größen x und y als eine weitere Größe F gedeutet werden. Dabei ist zunächst vorausgesetzt, dass die Größen unabhängig voneinander sind: $F = x \cdot y$.	Rollt eine Kugel mit konstanter Geschwindigkeit v_0, ergibt sich aus dem Produkt der Geschwindigkeit und der Dauer der Bewegung Δt der Weg Δs, der in dieser Zeit zurückgelegt wird: $\Delta s = v_0 \cdot \Delta t$.	Das Produkt $v_0 \cdot \Delta t$ ist der Flächeninhalt eines Rechtecks.

Mathematische Theorie	Physikalisches Beispiel	Graph
Ändert sich die Größe y in Abhängigkeit von x in der Weise, dass sie stets abschnittsweise konstant ist, wird die Funktion $y = f(x)$ abschnittsweise betrachtet. Für jeden Abschnitt kann das Produkt gebildet werden. Die Summe aller Produkte ergibt: $$F = f(x_1)\cdot \Delta x_1 + \dots + f(x_n)\cdot \Delta x_n = \sum_{i=1}^{n} f(x_i)\cdot \Delta x_i.$$ Der griechische Buchstabe Σ (Sigma) ist die abkürzende Schreibweise für eine Summe.	Die Kugel erhält zu bestimmten Zeitpunkten einen kurzen Stoß und rollt dann jeweils mit einer größeren Geschwindigkeit gleichförmig weiter. Die Gesamtstrecke setzt sich aus den Teilstrecken zusammen, in denen die Geschwindigkeit jeweils konstant ist: $$\Delta s = \Delta s_1 + \Delta s_2 + \Delta s_3 + \Delta s_4$$ $$= v_1\cdot \Delta t_1 + v_2\cdot \Delta t_2 + v_3\cdot \Delta t_3 + v_4\cdot \Delta t_4.$$	Die zurückgelegte Strecke kann als Summe der Flächeninhalte aller Rechtecke abgelesen werden.
Ist die Funktion $f(x)$ nicht konstant, wird sie durch eine abschnittsweise konstante Treppenfunktion angenähert. Je kleiner die Intervalle Δx sind, desto besser wird die Funktion $f(x)$ durch die Treppenfunktion wiedergegeben.	Für kurze Zeitintervalle kann eine beliebige Geschwindigkeit näherungsweise als konstant angesehen werden.	Näherung durch eine Treppenfigur
Über die Treppenfunktion kann in jedem Intervall das Produkt gebildet werden.	Für kleine Intervalle Δt ist die Summe der Teilstrecken mit konstanten Geschwindigkeiten eine Näherung für die zurückgelegte Gesamtstrecke: $$\Delta s \approx \Delta s_1 + \Delta s_2 + \dots + \Delta s_n$$ $$= v_1\cdot \Delta t + v_2\cdot \Delta t + \dots + v_n\cdot \Delta t.$$	Summe von Rechteckflächen
Den Grenzwert der Produktsumme $$F = \lim_{n\to\infty} \sum_{i=1}^{n} f(x_i)\cdot \Delta x$$ nennt man das **Integral** zwischen der unteren Grenze a und der oberen Grenze b und schreibt: $$F = \int_{a}^{b} f(x)\,\mathrm{d}x.$$	Wird die Anzahl n der Unterteilungen beliebig groß, dann werden die Intervalle stets kleiner. Als Grenzwert der Näherung ergibt sich der zurückgelegte Weg: $$\Delta s = s(t_2) - s(t_1) = \int_{t_1}^{t_2} v(t)\,\mathrm{d}t.$$	Der Flächeninhalt unter dem Graphen entspricht dem zurückgelegten Weg.

Mathematische Theorie	Physikalisches Beispiel	Graph
Wird die obere Grenze als Variable der Größe x interpretiert, so entsteht eine **Stammfunktion** $F(x)$ zur Funktion f: $$F(x) = \int_a^x f(x)\,dx.$$	Die obere Grenze gibt an, bis zu welchem Zeitpunkt die Bewegung stattfindet. Die obere Grenze sei variabel: $t_2 = t$. Die Bewegung beginne zum Zeitpunkt $t_1 = 0$ am Ort $s(0) = s_0$. Dann muss der Weg s_0 hinzugefügt werden, um am neuen Ort $s(t)$ anzukommen: $$s(t) = \int_0^t v(t)\,dt + s_0.$$	Wird der Graph der Gazelle so weit nach oben verschoben, bis sich beide Graphen nicht mehr schneiden, erhält man mit dem Ordinatenabschnitt den notwendigen Vorsprung der Gazelle. Wird die Reaktionszeit der Gazelle noch berücksichtigt, muss die Kurve zusätzlich nach rechts verschoben werden.

Integrieren und Ableiten sind zueinander Umkehroperationen: Wird der Weg nach der Zeit abgeleitet, erhält man die Geschwindigkeit. Umgekehrt: Wird die Geschwindigkeit nach der Zeit integriert, ergibt sich der zurückgelegte Weg.

Physikalische Größen als Integrale

a) Einige physikalische Größen lassen sich unter bestimmten Einschränkungen aus dem Produkt zweier Größen bestimmen. Entfallen diese Einschränkungen, werden die Größen durch Integrale festgelegt.

Größe	Gleichung als Produkt	Gleichung als Integral
Arbeit W	$W = F \cdot s$ gilt, wenn die Kraft konstant ist. F Kraft s Weg	$W = \int_{s_1}^{s_2} F\,ds$ gilt auch, wenn sich F längs s ändert.
Trägheitsmoment J	$J = r^2 \cdot m$ gilt für die Bewegung eines Massenpunkts um eine Drehachse. m Masse r Abstand von der Drehachse	$J = \int_0^m r^2\,dm$ gilt auch für die Rotation eines ausgedehnten Körpers.
Spannung U	$U = E \cdot d$ gilt, wenn das elektrische Feld homogen ist. E elektrische Feldstärke d Abstand zweier Punkte	$U = \int_{P_2}^{P_1} E\,ds$ gilt auch in einem inhomogenen Feld.

b) Das Integral wird eingesetzt, wenn die Umkehrung zur Ableitung benötigt wird.

Größe	Definition der Änderungsrate	Berechnung als Integral
Weg s	Geschwindigkeit $v = \dot{s}$	$s = \int v\,dt$
Geschwindigkeit v	Beschleunigung $a = \dot{v}$	$v = \int a\,dt$
Ladung Q	Stromstärke $I = \dot{Q}$	$Q = \int I\,dt$

Integrale spezieller Funktionen
Als Umkehroperation zur Ableitung wird beim Integrieren die Funktion $F(x)$ gesucht, deren Ableitung die gegebene Funktion $f(x)$ ergibt. Durch das Integrieren lassen sich für konkrete physikalische Phänomene Gleichungen herleiten. Beispielsweise folgen aus der Definition der gleichmäßig beschleunigten Bewegung durch Integrationen die Bewegungsgleichungen.

Beispiel	Deduziertes Gesetz
Gleichmäßig beschleunigte Bewegung $a(t) = a = $ konst.	Bewegungsgleichungen $v(t) = \int_0^t a\,\mathrm{d}t = a \cdot t + v_0$ $s(t) = \int_0^t (a \cdot t + v_0)\,\mathrm{d}t = \frac{1}{2} a \cdot t^2 + v_0 \cdot t + s_0$
Gewichtskraft $F = m \cdot g$	Potenzielle Energie $E_{\text{pot}} = \int_0^h F\,\mathrm{d}s = \int_0^h m \cdot g\,\mathrm{d}s = m \cdot g \cdot \int_0^s 1\,\mathrm{d}s = m \cdot g \cdot h$
Hooke'sches Gesetz $F = D \cdot s$	Spannenergie $E_{\text{spann}} = \int_0^s F\,\mathrm{d}s = \int_0^s D \cdot s\,\mathrm{d}s = D \cdot \int_0^s s\,\mathrm{d}s = \frac{1}{2} D \cdot s^2$

M 3.4 Differenzialgleichungen

Bedeutung von Differenzialgleichungen Die Physik beschreibt vor allem Phänomene, die sich mit der Zeit ändern. Sie erklärt die beobachteten Änderungen durch Wechselwirkungen oder durch die Umwandlung verschiedener Energieformen oder Energiezustände.
In der Mechanik führt das Ausüben einer Kraft zu einer Ortsänderung eines frei beweglichen Körpers: $F = m \cdot \ddot{s}$. Ihrerseits hängt die Kraft selbst aber oft vom Ort oder einer Ortsänderung ab – beispielsweise bei einer Stahlfeder nach dem Hooke'schen Gesetz: $F = D \cdot s$.
Solche Zusammenhänge führen zu Differenzialgleichungen (DGL). Aus ihnen lassen sich die Lösungsfunktionen herleiten und somit das Verhalten eines Phänomens unter konkreten Anfangsbedingungen beschreiben und vorhersagen.

Beispiel freier Fall und senkrechter Wurf Die gleichmäßig beschleunigte Bewegung eines fallenden Steins wird in der Kinematik durch die quadratische Funktion $s(t) = \frac{1}{2} g \cdot t^2$ beschrieben. In der Dynamik wird diese Bewegung durch die Wechselwirkung zwischen Erde und Stein erklärt. Das Bindeglied zwischen der kinematischen und der dynamischen Erfassung einer Bewegung bildet das 2. Newton'sche Axiom $F = m \cdot \ddot{s}$. Die Gewichtskraft $F_G = m \cdot g$ ist im freien Fall die Kraft, mit der der Stein beschleunigt wird:

$F_G = F$,
$m \cdot g = m \cdot \ddot{s}$. \hfill (1)

Eine Gleichung, die eine oder mehrere Ableitungen einer Funktion enthält, nennt man Differenzialgleichung (DGL). Lösungen der Differenzialgleichungen sind Funktionen.
Die Funktion $s(t) = \frac{1}{2} g \cdot t^2$ ist eine Lösung der DGL (1). Dies wird dadurch bestätigt, dass die Funktion und ihre zweite Ableitung $\ddot{s}(t) = g$ in die Gleichung eingesetzt werden.
Darüber hinaus besitzen alle quadratischen Funktionen der Form $s(t) = \frac{1}{2} g \cdot t^2 + v_0 \cdot t + s_0$ ebenfalls die gleiche zweite Ableitung $\ddot{s}(t) = g$ und sind daher Lösungen der DGL (1). Durch diese DGL werden die eindimensionalen Bewegungen unter Einwirkung der Erdanziehung erfasst: der freie Fall ebenso wie der senkrechte Wurf.
Diese beiden Bewegungen unterscheiden sich ausschließlich in den **Anfangsbedingungen** v_0 und s_0, unter denen die Bewegung startet. Der Stein wird mit der Geschwindigkeit v_0 aus der Höhe s_0 geworfen. Die Anfangsbedingungen legen die Bewegungsfunktion fest. Die Lösungsfunktion der DGL wird dadurch eindeutig.

Charakteristische Typen In der Physik gibt es einige wiederkehrende Typen der Differenzialgleichungen, in denen Ableitungen einer physikalischen Größe f nach der Zeit t vorkommen. Sie haben jeweils charakteristische Funktionstypen $f(t)$ als Lösungen. Durch Ableiten und Einsetzen lässt sich ihre Gültigkeit prüfen. Im Folgenden seien b und c positive Konstanten:

METHODEN DER PHYSIK | M3 Mathematische Funktionen und Verfahren

Differenzialgleichung	Eigenschaften der Lösung
$\dot{f}(t) = c$	Die Änderungsrate der Funktion f, also die erste Ableitung, hängt nicht vom Funktionswert ab und ist über die ganze Zeit konstant. Der Funktionswert ändert sich stets um die gleiche Rate. Die DGL beschreibt eine gleichförmige Änderung. Lineare Funktionen erfüllen diese Bedingung der DGL.
$\ddot{f}(t) = c$	Die zweite Ableitung ändert sich nicht. Damit ändert sich die erste Ableitung gleichförmig. Die Lösungen sind quadratische Funktionen.
$\dot{f}(t) = -c \cdot f(t)$	Zu jedem Zeitpunkt ist die Ableitung proportional zum Funktionswert. Die Änderungsrate hängt unmittelbar von der Größe des Funktionswerts ab. Die Ableitung ist negativ, daher nehmen positive Funktionswerte mit der Zeit ab. Und je kleiner der Funktionswert geworden ist, desto langsamer wird die Abnahme. Die Lösungen sind Exponentialfunktionen. Die DGL beschreibt eine exponentielle Abnahme.
$\ddot{f}(t) = -c \cdot f(t)$	Wenn der Funktionswert positiv ist, ist die zweite Ableitung negativ. Damit nehmen die erste Ableitung und somit die Steigung des Graphen ab. Der Graph macht eine Rechtskrümmung. Je größer der Funktionswert wird, desto stärker wird die Krümmung. Dies erzwingt, dass die Funktionswerte mit der Zeit wieder kleiner werden. Werden die Funktionswerte negativ, entsteht eine Linkskurve. Die DGL beschreibt einen Schwingungsvorgang. Die Lösungen sind die trigonometrischen Funktionen Sinus und Kosinus.
$\ddot{f}(t) = -b \cdot \dot{f}(t) - c \cdot f(t)$	Wenn b null ist, beschreibt die DGL eine Schwingung. Ist c null, nehmen die Ableitungsfunktion und damit die Funktion selbst exponentiell ab. Sind b und c von null verschieden, müssen die Lösungen beide Bedingungen gleichzeitig erfüllen. Die DGL beschreibt eine gedämpfte Schwingung. Die Lösungen sind ein Produkt aus Exponentialfunktion und Sinus- oder Kosinusfunktion.

Bewegungsgleichungen in der Mechanik

Bewegungstyp	Kraftgesetz	Differenzialgleichung	Bewegungsgleichung
Gleichförmige Bewegung	keine Kraft $F = 0$	$m \cdot \ddot{s} = 0$	$s = v_0 \cdot t + s_0$
Gleichmäßig beschleunigte Bewegung	konstante Kraft $F = F_0$	$m \cdot \ddot{s} = F_0$	$s = \frac{1}{2} a \cdot t^2 + v_0 \cdot t + s_0$ mit $a = \frac{F_0}{m}$
Ungedämpfte harmonische Schwingung	rücktreibende Kraft $F = -D \cdot s$	$m \cdot \ddot{s} = -D \cdot s$	$s = s_0 \cdot \sin(\omega_0 \cdot t + \varphi)$ mit $\omega_0 = \sqrt{\frac{D}{m}}$
Freie gedämpfte harmonische Schwingung	rücktreibende Kraft $F_{rück} = -D \cdot s$ und Reibungskraft $F_{reib} = -b \cdot v = -b \cdot \dot{s}$ $\Rightarrow F = F_{rück} + F_{reib}$	$m \cdot \ddot{s} = -D \cdot s - b \cdot \dot{s}$	$s = s_0 \cdot e^{-k \cdot t} \sin(\omega \cdot t + \varphi)$ mit $\omega = \sqrt{\frac{D}{m} - \frac{b^2}{4m^2}} = \sqrt{\omega_0^2 - k^2}$ und $k = \frac{b}{2m}$

Wird ein Körper längs eines Wegs mit einer Kraft bewegt, nimmt er Energie auf. Daher kann der Energieerhaltungssatz ebenfalls zur Herleitung der Differenzialgleichungen genutzt werden.

Differenzialgleichungen in der Elektrizitätslehre

Phänomen	Gesetz	Differenzialgleichung	Lösung
Entladen eines Kondensators	$0 = U_R + U_C$	$R \cdot \dot{Q} = -\frac{1}{C} \cdot Q$	$Q(t) = Q_0 \cdot e^{-\frac{1}{R \cdot C} \cdot t}$
Ungedämpfter Schwingkreis	$0 = U_L + U_C$	$L \cdot \ddot{Q} = -\frac{1}{C} \cdot Q$	$Q(t) = Q_0 \cdot \sin(\omega_0 \cdot t + \varphi)$ mit $\omega_0 = \sqrt{\frac{1}{L \cdot C}}$
Gedämpfter Schwingkreis	$0 = U_L + U_R + U_C$	$L \cdot \ddot{Q} = -R \cdot \dot{Q} - \frac{1}{C} \cdot Q$	$Q(t) = Q_0 \cdot e^{-k \cdot t} \cdot \sin(\omega \cdot t + \varphi)$ mit $\omega = \sqrt{\frac{1}{L \cdot C} - \frac{R^2}{4L^2}} = \sqrt{\omega_0^2 - k^2}$ und $k = \frac{R}{2L}$

Zu manchen Differenzialgleichungen lassen sich explizite Lösungsfunktionen nur schwierig oder gar nicht finden. Dann werden Rechenverfahren eingesetzt, die schrittweise mithilfe der Differenzialgleichung die Funktion annähern (vgl. M 3.2).

M 3.5 Vektorielle Größen

Im Raum kann sich ein Körper in verschiedene Richtungen bewegen. Größen, die Phänomene der Ortsänderung eines frei beweglichen Körpers beschreiben, erfordern zur vollständigen Erfassung außer dem Betrag die Angabe der Richtung. Da die Ortsänderung gerichtet ist, überträgt sich die räumliche Eigenschaft auf Größen wie Geschwindigkeit, Beschleunigung, Impuls, Kraft und Feldstärke.

Physikalische Größen mit Betrag und Richtung nennt man vektorielle Größen. Zur Kennzeichnung wird ein Pfeil über das Größenzeichen $\vec{a}$ gesetzt. Wird nur der Betrag der gerichteten Größe berücksichtigt, schreibt man das Größenzeichen ohne den Pfeil: $a = |\vec{a}|$. Grafisch werden diese Größen durch Pfeile dargestellt. Die Pfeilrichtung gibt die Richtung an und die Länge des Pfeils entspricht dem Betrag der Größe.

Wird eine vektorielle Größe $\vec{a}$ in verschiedenen Richtungen gemessen, erhält man unterschiedliche Messwerte. Der Wert ergibt sich geometrisch aus der senkrechten Projektion des Vektorpfeils auf die Gerade, in deren Richtung gemessen wurde. Die Projektion des Vektorpfeils nennt man *Komponente* der vektoriellen Größe. Wird die vektorielle Größe $\vec{a}$ in den Richtungen der Koordinatenachsen gemessen, bilden die gemessenen Werte mit den Vorzeichen die *Koordinaten* a_x, a_y und a_z. Je nach Problemstellung ist die Darstellung der vektoriellen Größen in den Koordinaten eines festen Koordinatensystems oder die lokale Zerlegung in Komponenten besser geeignet.

Zeit, Masse, Ladung und Energie sind Größen, die keine Richtung im Raum besitzen. Sie werden **skalare Größen** genannt. Sie sind bereits durch die Angabe eines Zahlenwerts mit der Einheit vollständig bestimmt.

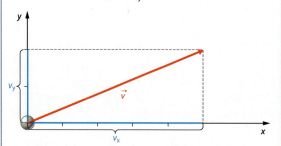

Beschreibung der Geschwindigkeit $\vec{v}$ beim schiefen Wurf in den Koordinaten v_x und v_y

Koordinatenweise kann die Bewegung der Kugel berechnet werden.

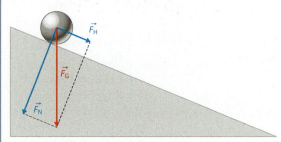

Zerlegung der Gewichtskraft $\vec{F}_G$ an der schiefen Ebene in senkrecht zueinander stehende Komponenten $\vec{F}_H$ und $\vec{F}_N$

Nur die Komponente parallel zum Hang führt zur Beschleunigung der Kugel.

METHODEN DER PHYSIK | M3 Mathematische Funktionen und Verfahren

Mathematische Theorie	Physikalisches Beispiel	Vektordiagramm
Vektoraddition Vektorielle Größen werden geometrisch addiert, indem ein Vektorpfeil an die Spitze des anderen Vektorpfeils angetragen wird. Sind die Koordinaten gegeben, ergeben sich die Koordinaten der resultierenden Größe durch Addition der Koordinaten bezüglich jeder Achse.	Überlagern sich zwei Kräfte $\vec{F}$ und $\vec{G}$, lässt sich die resultierende Kraft durch die Vektorsumme bestimmen: $\vec{F}_{res} = \vec{F} + \vec{G}$. Für den Betrag gilt: $F_{res} = \sqrt{F^2 + G^2 + 2F \cdot G \cdot \cos\alpha}$. Spezialfälle: – Beide Kräfte sind parallel und gleichgerichtet $\alpha = 0$: $F_{res} = F + G$. – Beide Kräfte sind parallel, aber entgegengesetzt gerichtet $\alpha = 180°$: $F_{res} = |F - G|$. – Beide Kräfte stehen senkrecht aufeinander $\alpha = 90°$: $F_{res} = \sqrt{F^2 + G^2}$.	
Skalarprodukt Das Skalarprodukt zweier vektorieller Größen $\vec{a}$ und $\vec{b}$ ist das Produkt der Beträge mit dem Kosinus des eingeschlossenen Winkels. Dieses Produkt ist stets eine skalare Größe: $r = \vec{a} \cdot \vec{b} = |\vec{a}| \cdot |\vec{b}| \cdot \cos\alpha$. Auch wenn beide vektoriellen Größen nicht null sind, wird das Produkt null, falls beide Größen einen Winkel von 90° einschließen.	Die Arbeit W, die beim Ausüben einer Kraft $\vec{F}$ längs eines Wegs $\vec{s}$ verrichtet wird, ist eine skalare Größe. Es gilt: $W = F \cdot s$, falls $\vec{F}$ und $\vec{s}$ parallel gerichtet sind. Schließen $\vec{F}$ und $\vec{s}$ einen Winkel α ein, ist nur die Kraftkomponente wirksam, die parallel zum Weg gerichtet ist. Es gilt: $W = |\vec{F}_\parallel| \cdot |\vec{s}| = |\vec{F}| \cdot |\vec{s}| \cdot \cos\alpha$. Stehen $\vec{F}$ und $\vec{s}$ senkrecht zueinander, wird keine Energie umgewandelt. Ein Beispiel hierfür ist die gleichförmige Kreisbewegung.	
Vektorprodukt (Kreuzprodukt) Das Vektorprodukt zweier vektorieller Größen $\vec{a}$ und $\vec{b}$ ist wiederum eine vektorielle Größe $\vec{c}$. $\vec{c} = \vec{a} \times \vec{b}$ steht stets senkrecht auf $\vec{a}$ und $\vec{b}$. Die Vektoren bilden in der Reihenfolge $\vec{a}, \vec{b}, \vec{c}$ ein Rechtssystem. Der Betrag von $\vec{c}$ ergibt sich aus dem Produkt der Beträge beider Größen mit dem Sinus des eingeschlossenen Winkels: $|\vec{c}| = |\vec{a}| \cdot |\vec{b}| \cdot \sin\alpha$. Das Produkt wird null, wenn $\vec{a}$ und $\vec{b}$ parallel zueinander stehen.	Positiv geladene Teilchen, die sich senkrecht zur magnetischen Feldstärke $\vec{B}$ mit der Geschwindigkeit $\vec{v}$ bewegen, werden durch die Lorentzkraft $\vec{F}_L$ abgelenkt, und es gilt: $F_L = e \cdot v \cdot B$. Die Drei-Finger-Regel der rechten Hand gibt die Richtung der Lorentzkraft an. Bewegen sich die Teilchen in einem beliebigen Winkel α zum Vektor der Feldstärke, ist nur diejenige Komponente der Feldstärke wirksam, die senkrecht zur Bewegungsrichtung steht: $|\vec{F}_L| = e \cdot |\vec{v}| \cdot |\vec{B}_\perp| = e \cdot |\vec{v}| \cdot |\vec{B}| \cdot \sin\alpha$. Die Drei-Finger-Regel der linken Hand für die Bewegung von Elektronen ergibt sich aus dem negativen Vorzeichen der Ladung. Die Lorentzkräfte auf ungleichnamig geladene Teilchen weisen in entgegengesetzte Richtungen.	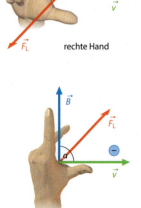 rechte Hand linke Hand

Register

A

AAAA-Prinzip 298
Abbildungsbedingung 155
Ableitung 383 f.
Abschirmung elektrischer Felder 22 f.
absolute Helligkeit 348
absoluter Raum 316 f.
additive Farbmischung 167
Akkretion 344
Aktivität 290 f.
Akzeptor 247
Allgemeine Relativitätstheorie 317
–, Postulate 336
Alphastrahlung 266 f.
Alphateilchen 206
–, Bindungsenergie 260
Alphazerfall 270
Alter des Kosmos 365
Altersbestimmung 294 f.
Ampere (A) 15, 44 f.
AMPÈRE, ANDRÉ-MARIE
  (1775–1836) 48 f., 60
Amplitude 90
Amplitudenmodulation 146 f.
Analog-digital-Wandlung 148
ANAXIMANDER (610–546 v. Chr.) 288
Änderungsrate 382 ff.
Antenne 138, 148
Antimaterie 278 f.
Antiteilchen 278
Äquipotenzialfläche 19 f.
Äquivalentdosis 296 f.
Äquivalenzprinzip 337
Arago'sches Rad 61
ARISTOTELES (384–322 v. Chr.) 202
Asteroidengürtel 342
Astronomie, optische 358 f.
astronomische Einheit (AE) 342
Astrophysik, Untersuchungs-
  methoden 358 f.
Äther 151, 316 f., 320 f.
ATLAS-Detektor 277, 285
Atom
–, Energieniveau 239
–, Grundzustand 241
–, Zustand 238 f.
atomare Masseneinheit (u) 256
Atomhülle 239 ff.
Atommodell 202 f.
– von Bohr 208 f.
– von Rutherford 207
– von Thomson 203
Aufenthaltswahrscheinlichkeit 220 f.
Auflösungsvermögen in der Optik 170 f.
Auge 171

Ausbreitungsgeschwindigkeit
– von elektromagnetischen
  Wellen 145
– von Wellen 118
Ausdehnung des Kosmos 363, 366 f.
Austauschteilchen 280 f.
Austrittsenergie 193
Auswertung eines Experiments 376 f.

B

Babinet'sches Prinzip 157
BALMER, JOHANN J. (1828–1898) 204 f.
Balmer-Formel 204 f.
Bändermodell 246 f.
Barrieren für Quantenobjekte 224 f.
–, Potenzialbarriere 224 f.
Baryon 279, 282 f.
Basiseinheiten s. Einheiten
BCS-Theorie 254 f.
Becquerel (Bq) 290
BECQUEREL, HENRI (1852–1908) 264 f.
beschleunigtes Bezugssystem 336 f.
Beschleunigung 35
Besetzungsinversion 215
Betastrahlung 266 f.
Betazerfall 272 f.
–, inverser 273
BETHE, HANS (1906–2005) 262 f., 350
Bethe-Weizsäcker-Zyklus 350 f.
Beugung 124 f.
– am Einfachspalt 156 f.
–, Fraunhofer-Beugung 156 f., 164
–, Fresnel-Beugung 164
– von Licht 156 f., 164 f., 170 f.
–, Röntgenbeugung 161
Bewegung
–, Kreisbewegung 91
–, Relativbewegung 322
Bewegungsgleichungen 389
Bezugssystem 48 f., 151
–, beschleunigtes 336 f.
–, Längenmessung 326
Bifurkation 114 f.
Bindungsenergie
–, Alphateilchen 260
– in Kernen 260 f.
biologische Wirkungen der Radio-
  aktivität 296
Blindleistung 76 f.
Blindwiderstand 73
BOHR, NIELS (1885–1962) 191, 207,
  210, 216
Bohr'sche Postulate 208
Bohr'scher Radius 209
Bohr'sches Atommodell 208 f.

BOLTZMANN, LUDWIG (1844–1906) 191
BORN, MAX (1882–1970) 216
Boson 255, 283
Bragg'sche Bedingung 160 f., 244
Brauner Zwerg 353
Braun'sche Röhre 41
Brechung 124 f.
– von Wellen 145
Brechungsgesetz 124 f., 154 f.
Brechzahl 155
– von Luft 163
Bremsstrahlung 196
Brewster-Winkel 175
BROGLIE, LOUIS DE (1892–1987) 200
BUCHERER, ALFRED (1863–1927) 333

C

CCD-Sensor 252 f.
Cepheiden 358 f., 364
CHADWICK, SIR JAMES
  (1891–1974) 207, 257
Chandrasekhar-Grenze 355
Chaos, deterministisches 113
chaotische Schwingung 112 ff.
chaotisches System, Energie 113
CNO-Zyklus 350 f.
COMPTON, ARTHUR H. (1892–1962) 198
Compton-Effekt 198 f., 274 f.
Compton-Streuung 198
Compton-Wellenlänge 199
Confinement 280 f.
Cooper-Paar 255
Cornu-Spirale 165
Coulomb (C) 14
COULOMB, CHARLES AUGUSTE DE
  (1736–1806) 27
Coulomb-Kraft 26 f.
Coulomb'sches Gesetz 26 f.
CURIE, MARIE (1867–1934) 265
CURIE, PIERRE (1859–1906) 265

D

DALTON, JOHN (1766–1844) 202 f.
Dämpfung 98 f., 102 f.
De-Broglie-Beziehung 276
De-Broglie-Welle 226
De-Broglie-Wellenlänge 200 f.
Debye-Scherrer-Verfahren 244 f.
DEMOKRIT (460–370 v. Chr.) 202
deskriptives Modell 178
destruktive Interferenz 126 f.
Detektor 258 f.
–, ATLAS-Detektor 277, 285
–, Halbleiterdetektor 259
–, Szintillationsdetektor 259

Determinismus 112
deterministisches Chaos 113
Dezibel (dB) 133
diamagnetischer Stoff 50 f.
Dichte
-, Dichteparameter 367
- der Kernmaterie 262 f.
-, kritische 366
Dielektrikum 29
Differenzenquotient 384
Differenzialgleichung 33, 107 f., 232 ff., 290, 388 f.
differenzielle Rotation 360
Diode 248 f.
-, Fotodiode 252
-, p-n-Diode 259
Dipol 138 f.
-, Hertz'scher 138 f.
-, UKW-Dipol 148
DIRAC, PAUL (1902–1984) 278
Donator 247
Doppelpendel 114 f.
Doppelspalt 158 f., 200 f., 218 f.
Doppelsternsystem 348
DOPPLER, CHRISTIAN (1803–1853) 136, 364
Dopplereffekt 136 f.
-, relativistischer 328 f., 364
Doppler-Ultraschallmessung 137
Doppler-Verschiebung 358 f.
Dosisleistung 297
Dotieren 246
Drehspulinstrument 45
Drehstromnetz 63
Driftröhre 41
Druck von Sternen 358 f.
Dualismus 178
Dunkle Energie 370 f.
Dunkle Materie 289, 370 f.

E

ebene Welle 120, 141
EDDINGTON, ARTHUR S. (1882–1944) 341, 353
effektive Dosis 296 f.
Effektivwert 76
Eigenfrequenz 94 f., 100 f.
Eigenleitung 246
Einfachspalt, Beugung 156 f.
Einheiten
-, Ampere (A) 15, 44 f.
-, astronomische Einheit (AE) 342
-, atomare Masseneinheit (u) 256
-, Becquerel (Bq) 290
-, Coulomb (C) 14
-, Dezibel (dB) 133
-, Farad (F) 28
-, Gray (Gy) 296

-, Henry (H) 66
-, Hertz (Hz) 90
-, Tesla (T) 42
-, Volt (V) 20
EINSTEIN, ALBERT (1879–1955) 48, 191 ff., 214, 216, 302, 316 f.
Einstein-Ring 341
Einstein'sche Postulate 318 f.
Einstein-Synchronisation 322 f.
elastischer Stoß 199
elektrische Feldstärke 16 f.
- in der Nähe eines Dipols 139
-, Lorentz-Kontraktion 49
elektrische Ladung 12 ff.
elektrische Leitung
- in Flüssigkeiten 38
- in Gasen 39
- in Metallen 38
elektrische Spannung 20 f.
elektrische Stromstärke 14 f.
elektrischer Schwingkreis 106
-, Anregung 108
elektrischer Strom 14
elektrisches Feld 16 ff., 40 f.
-, Abschirmung 22 f.
elektrisches Potenzial 20 f., 26
elektrisches Wirbelfeld 56
Elektrodynamik 316 f.
Elektrofilter 40
Elektrolyt 38
elektromagnetische Induktion 56 ff.
elektromagnetische Schwingung 106 ff.
elektromagnetische Wechselwirkung 280, 288
elektromagnetische Welle 138 f.
-, Ausbreitung 140 f.
-, Ausbreitungsgeschwindigkeit 145
-, Brechung 145
-, Energieübertragung 139
-, Entstehung 151
-, Polarisation 145, 174 f.
-, Reflexion 144
-, Wechselwirkung mit Materie 177
elektromagnetisches Spektrum 176 f.
Elektromagnetismus 48 f., 316 f.
Elektron 12 f., 38, 194
-, Interferenz 200 f.
-, spezifische Ladung 52 f.
-, Strukturanalyse 245
Elektronengas 13
Elektronenkonfiguration 241
Elektronenmikroskop 170
Elektronenstrahlröhre 34 f.
elektroschwache Vereinheitlichung 284 f.
Elektroskop 13
Elementarladung 36 f.
Elementarteilchen, Standardmodell 282 f.

Elementarwellen 120 ff.
Elementarzelle 244
Emission, stimulierte 214
Emissionsspektrum 204 f.
Energie 334
-, Austrittsenergie 193
-, Bindungsenergie 260 f.
-, Dunkle Energie 370 f.
-, elektrische 30 f., 65
-, Fermi-Energie 247, 249
-, Fernleitung 65
-, Ionisierungsenergie 240
- schwingender Körper 96 f.
- eines Magnetfelds 70 f.
-, Masse-Energie-Beziehung 334 f.
-, potenzielle 20, 230 f.
- im chaotischen System 113
-, Übertragung 101 ff., 139
Energieband 247
Energiedosis 296 f.
Energieerhaltungssatz 335
Energie-Impuls-Beziehung 335
Energieniveau 239
Energiespeicher 71
-, Kondensator 30 f.
Energieübertragung durch elektromagnetische Wellen 139
Energiewerte des Wasserstoffatoms 234 f.
Energiezustand 222 f.
Entfernungsbestimmung 358
Entfernungsmodul 348 f., 359
EÖTVÖS, LORÁND (1842–1919) 337
Erdung 15
Ereignishorizont 355
Erhaltungssatz 287
-, Energieerhaltungssatz 335
erklärende Modelle 178
erzwungene Schwingung 102 f.
EULER, LEONHARD (1707–1783) 18
Exoplanet 345
Experiment 374 ff.
-, Auswertung 376 f.

F

Fadenpendel 94 f.
Fadenstrahlrohr 52
Farad (F) 28
FARADAY, MICHAEL (1791–1867) 16, 18, 36, 60 f.
Farben 166 f.
Farbfotografie 253
Farbladung 282 f.
Farbmischung, additive/subtraktive 167
Farbwahrnehmung 167
Federpendel 94
Fehler, statistischer und systematischer 378

Feld 18 f.
–, Definition 18
–, elektrisches 16 ff., 40 f.
–, magnetisches 42 ff.
Feldgleichung 24 f.
Feldkonstante 24 f.
–, magnetische 44 f.
Feldkonzept 18 f.
Feldlinien 16 ff.
Feldliniendichte 19
Feldstärke 19
–, elektrische 16 f.
–, magnetische 42 ff.
– im Radialfeld 26
FERMAT, PIERRE DE (1607–1665) 154
FERMI, ENRICO (1901–1954) 273
Fermi-Energie 247, 249
Fermion 255, 283
Fernfeld 141
Fernleitung elektrischer Energie 65
Fernwirkung 18
ferromagnetischer Stoff 50 f.
Festkörper 97
–, Strukturbestimmung 244 f.
FEYNMAN, RICHARD (1918–1988) 281
Feynman-Diagramm 281
Flächen unter Graphen 384
Flächenladungsdichte 24 f.
Flammenrohr, Rubens'sches 134
Fluoreszenz 212
–, Resonanzfluoreszenz 213
Fluss, magnetischer 42 f., 56 ff.
Flussdichte, magnetische 43
Flüssigkeit
–, elektrische Leitung 38
–, Ionenleitung 38
Fotodiode 252
Fotoeffekt 192 ff., 274 f.
–, äußerer 192
–, innerer 252
Fotokopierer 40
Fotomultiplier 259
Fotosphäre 346 f.
Fourier-Analyse 105, 131
Fourier-Synthese 105
FRANCK, JAMES (1882–1964) 210
Franck-Hertz-Experiment 210 f.
– mit Neon 211
FRANKLIN, BENJAMIN (1706–1790) 12
FRAUNHOFER, JOSEPH VON
 (1787–1826) 213
Fraunhofer-Beugung 156 f., 164
Fraunhofer-Linien 213
freie Ladungsträger 34 f.
freies Quantenobjekt 222
Frequenz 90
–, Eigenfrequenz 94 f., 100 f.
–, Rydberg-Frequenz 205

Frequenzmodulation 146 f.
Frequenzspektrum 105, 131
Fresnel-Beugung 164
FRIEDMANN, ALEXANDER A.
 (1888–1925) 366 f.
FRISCH, OTTO R. (1904–1779) 300
Funktionen 380 ff.
–, Kugelflächenfunktion 236
Fusionsreaktion 261

G
GALILEI, GALILEO
 (1464–1642) 316, 342
Galilei-Invarianz 286
Galilei-Transformation 286
Gammaastronomie 359
Gammastrahlung 266 f., 274 f.
GAMOW, GEORGE (1904–1968) 262, 271
Garagenparadoxon 331
Gas
–, elektrische Leitung 39
–, Ionisation 197
–, Spektralanalyse 204
Gasentladung 39, 204
Gasplanet 343
gedämpfte Schwingung 98 f., 108
gekoppeltes Pendel 101
GELL-MANN, MURRAY (*1929) 278, 282
Generator 62 f.
geometrische Optik 154
gerade Welle 121
Geräusch 131
Geschwindigkeit
–, Ausbreitungsgeschwindig-
 keit 118, 145
–, Geschwindigkeitsaddition 328 f.
–, Lichtgeschwindigkeit 152 f., 317 ff.
–, Phasengeschwindigkeit 118
–, Schallgeschwindigkeit 130
Geschwindigkeitsfilter 54 f.
Gesetz
–, Brechungsgesetz 124 f., 154 f.
–, Induktionsgesetz 58 f.
–, Reflexionsgesetz 123, 154
–, Strahlungsgesetz 190 f., 359
–, Zerfallsgesetz 290 f., 294
– von Biot und Savart 44
– von Coulomb 26 f.
– von Hooke 92
– von Kepler 359
– von Lenz 66 ff.
– von Malus 174 f.
– von Moseley 242 f.
– von Planck 190 f., 358
– von Weber und Fechner 133
Gesteinsplanet 342
Gitter
–, Interferenz 160 f.

–, Reflexionsgitter 161
Glashow-Weinberg-Salam-Theorie 288
Gleichrichtung 249
Gleichzeitigkeit 322 f., 330
glühelektrischer Effekt 34
Gluon 281
Grand Unified Theory (GUT) 288 f.
Gravitation 288, 338 f., 371
–, Gravitationslinse 341
–, Rotverschiebung 341
Gravitationsfeld
–, Licht 340 f.
–, Zeitmessung 339
Gravitationslinse 341
Gravitationsrotverschiebung 341
Gravitationswelle 162, 339
Gray (Gy) 296
Größen, vektorielle 390 f.

H
habitable Zone 344 f.
HAHN, OTTO (1879–1968) 293, 300
Halbleiter 246 ff.
Halbleiterdetektor 259
Halbwertszeit 290 f.
Halleffekt 46 f.
Hall-Konstante 47
Hall-Spannung 46 f.
Hallwachs-Effekt 192, 194
harmonische Schwingung 90 ff., 96
harmonische Welle 118 f.
harmonischer Oszillator 112, 223
Hauptquantenzahl 236 f.
HEISENBERG, WERNER
 (1901–1976) 191, 216 f.
Heisenberg'sche Unbestimmtheits-
 relation 226 f.
Heliumbrennen 351
Helligkeit
–, absolute 348
–, scheinbare 348, 359
– von Sternen 348 f.
Helligkeitsskala 348
HELMHOLTZ, HERMANN VON
 (1821–1894) 142
Henry (H) 66
Hertz (Hz) 90
HERTZ, GUSTAV (1887–1975) 210
HERTZ, HEINRICH
 (1857–1894) 142 f., 150
Hertz'scher Dipol 138 f.
Hertzsprung-Russell-Diagramm 356 ff.
HIGGS, PETER (*1929) 284
Higgs-Teilchen 284 f., 287
Hintergrundstrahlung, kosmische 368 f.
Hiroshima 303
Hochtemperatur-Supraleiter 254 f.
Hohlraumstrahler 190 f.

Holografie 172 f.
homogenes Feld 16
Hooke'sches Gesetz 92
Hubble, Edwin P. (1889–1953) 361
Hubble-Beziehung 364 f.
Hubble-Parameter 364 f.
Huygens'sches Prinzip 120 ff., 164
Hysterese 51

I

Impedanz 74 f.
Impuls
–, Energie-Impuls-Beziehung 335
– von Photonen 198 f.
– von Quantenobjekten 221
–, relativistischer 332 f.
Induktion
–, elektromagnetische 56 ff.
– in einem geraden Leiter 59
Induktionsgesetz 58 f.
Induktionskochfeld 78
Induktionsspannung 58 f., 66 f.
–, Vorzeichen 67
induktiver Widerstand 72 ff.
Induktivität 66 f.
Inertialsystem 318
Influenz 12 f., 22
Influenzladung 22 f.
Informationsübertragung 146 f.
–, digitale 148 f.
Infrarotastronomie 358
Integral 386 ff.
Intensität 132 f., 159, 164 f., 175
Interferenz 126 f.
–, destruktive 126 f.
– am Doppelspalt 158 f.
– von Elektronen 200 f.
– am Gitter 160 f.
–, konstruktive 126 f.
– am Mehrfachspalt 160 f.
– von Quantenobjekten 201
– an dünnen Schichten 168 f.
– und Weginformation 218 f.
Interferometer 162 f.
Invarianz 286 f.
Ionenleitung in Flüssigkeiten 38
Ionisation von Gasen 197
Ionisationskammer 258
Ionisationsrauchmelder 270
ionisierende Strahlung, Nachweis 258 f.
Ionisierungsenergie 240
Isolator 13
Isotop 256
iterative Rechenmodelle 382 f.

J

Joint European Torus (JET) 306 f.
Josephson-Effekt 255

K

Kamerlingh Onnes, Heike (1853–1926) 254
Kant, Immanuel (1724–1804) 362
Kapazität von Kondensatoren 28 f.
kapazitiver Widerstand 72 ff.
Kausalität 331
–, schwache 112
–, starke 112
K-Einfang 272 f.
Kennlinie eines Transistors 251
Kepler'sche Gesetze 359
Kernfotoeffekt 274 f.
Kernfusion 306 f.
Kernladungszahl 256
Kernmaterie, Dichte 262 f.
Kernprozess in Sternen 350 f.
Kernradius 271
Kernreaktion 261
Kernreaktor 304 f.
Kernspaltung 300 f., 304 f.
Kettenreaktion 300 f.
kinetische Energie 335
Kirchhoff, Gustav (1824–1887) 190
Klang 131
Kleintransformator 79
Kohärenz 159
Kohlenstoffbrennen 351
Komet 343
komplexe Zahl 220
Komponente 390
Kondensator 28 ff., 106 f.
–, Auf- und Entladen 32 f.
–, Bauformen 31
– als Energiespeicher 30 f.
–, Kapazität 28 f.
– im Wechselstromkreis 72 ff.
Kondensatormotor 79
konstruktive Interferenz 126 f.
Koordinaten 390
Kopenhagener Interpretation der Quantenmechanik 217
Kopplung 116
Kopplungskonstante 289
kosmische Hintergrundstrahlung 368 f.
Kosmologie 285, 289
–, Standardmodell 366, 368
kosmologisches Prinzip 366
Kosmos 360 f., 365
–, Ausdehnung 363, 366 f.
Kraft
–, Coulomb-Kraft 26 f.
–, Lorentzkraft 46 ff., 316 f.
Kreisbeschleuniger 53
Kreisbewegung 91
Kreuzprodukt 391
Kriechfall 99
Kristall 244 f.

kritische Dichte 366
kritische Masse 300 f.
Krümmung der Raumzeit 338 f.
Kugelflächenfunktion 236
Kugelkoordinaten 234
Kundt'sches Rohr 135

L

Ladung, elektrische 12 ff.
–, Quantelung 15
Ladungserhaltung 15
Ladungsmessung 15
Ladungsträger
– im elektrischen Feld 34 f.
– im Magnetfeld 52 ff.
–, Rekombination 248
Längenkontraktion 48, 326 f.
Längenmessung in bewegten Bezugssystemen 326
Längswelle 116 f.
Laplace, Pierre-Simon de (1749–1827) 113, 362
Laplace'scher Dämon 113
Large Hadron Collider (LHC) 277, 285, 332
Laser 214 f.
Laue-Verfahren 244
Lautstärke 133
Leistung im Wechselstromkreis 76 f.
Leitungsvorgang 38 f.
Lemaître, Georges (1894–1966) 366 f.
Lenard, Philipp (1862–1947) 194, 317
Lenz'sches Gesetz 66 ff.
Lepton 282 f.
Leuchtkraft 348 f.
–, Masse-Leuchtkraft-Beziehung 352 f., 359
Licht 194 f., 200
–, Beugung 156 f., 164 f., 170 f.
– im Gravitationsfeld 340 f.
–, Polarisation 174 f.
–, Spektrum 166 f.
Lichtablenkung 341
Lichtbogen 39
Lichtgerade 330
Lichtgeschwindigkeit 317 ff.
– in Medien 153
–, Messung 152 f.
Lichtkegel 331
Lichtquanten 194 f.
Lichtuhr 324 f.
Linearbeschleuniger 41
Linienbreite 359
Linienspektrum 204 f.
Linse, magnetische 53
Lissajous-Figuren 105
Lochkamera 171
logistische Gleichung 115

395

lokale Gruppe 360 f.
Longitudinalwelle 116 f.
Lorentzfaktor 326
Lorentz-Invarianz 286
Lorentz-Kontraktion 49
Lorentzkraft 46 ff., 316 f.
Lorentz-Transformation 286
LORENZ, EDWARD (1917–2008) 113
Luft, Brechzahl 163
Lumineszenz 212 f.

M

Mach-Zehnder-Interferometer 163
magische Zahl 268
Magnetfeld
–, Energie 70 f.
–, Ladungsträger 52 ff.
– von Leiter und Spule 44 f.
– von Materie 50
magnetische Anziehung 51
magnetische Feldkonstante 44 f.
magnetische Feldstärke 42 ff.
magnetische Flussdichte 43
magnetische Linse 53
magnetischer Fluss 42 f., 56 ff.
magnetisches Feld 42 ff.
Magnetquantenzahl 236 f.
Magnetron 149
Magnitude 348
Malus'sches Gesetz 174 f.
Manhattan Project 302
MARCONI, GUGLIELMO (1874–1937) 143
Mars 342
Masse 284 f., 334
–, kritische 300 f.
–, relativistische 332 f.
–, schwere 337
– von Sternen 358 f.
–, träge 337
Masse-Energie-Beziehung 334 f.
Masse-Leuchtkraft-Beziehung 352 f., 359
Massendefekt 260 f.
Massenspektrometer 54 f.
Materie im Magnetfeld 50
Materiewelle 200 f.
mathematisches Pendel 95
Matrizenmechanik 216
MAXWELL, JAMES C. (1831–1879) 18, 61, 142 f., 150 f., 288, 316 ff.
Maxwell'sche Gleichungen 150, 317
Maxwell'sche Theorie 150 f.
Mehrelektronenatom 238 f.
Mehrfachspalt, Interferenz 160 f.
Meißner-Ochsenfeld-Effekt 254 f.
Meißner'sche Rückkopplungsschaltung 110
MEITNER, LISE (1878–1968) 300
Meson 279, 282 f.

Messgenauigkeit 377
Metall, elektrische Leitung 38
Metalldetektor 78
MICHELSON, ALBERT A. (1852–1931) 162, 320
Michelson-Interferometer 162 f., 320
Michelson-Morley-Experiment 320 f.
Mikrowelle 144
Mikrowellenherd 149
Milchstraße 360 f.
MILLIKAN, ROBERT (1868–1953) 36 f., 195
Millikan-Experiment 36 f.
Miniaturisierung 253
MINKOWSKI, HERMANN (1864–1909) 330
Minkowski-Diagramm 330 f.
Modelle 178 f., 378 ff.
–, Atommodelle 202 f., 207 ff.
–, Bändermodell 246 f.
–, deskriptive 178
–, erklärende 178
– in der Physik 178 f., 378 ff.
–, Potenzialtopfmodell 268 ff., 272
–, Rechenmodelle 382 f.
–, Schalenmodell 268
–, Standardmodell der Elementarteilchenphysik 282 f.
–, Standardmodell der Kosmologie 366, 368
–, Tröpfchenmodell 262 f.
Moderator 305
Modulation 146 f.
MORLEY, EDWARD W. (1838–1923) 320
MOSELEY, HENRY (1887–1915) 243
Moseley-Gesetz 242 f.
MOSFET 252
Myon 327

N

Nahfeld 140
Nahwirkung 18
natürliche Strahlenquelle 298 f.
natürliche Zerfallsreihe 292
Nebel, planetarischer 354
Nebelkammer 259
Nebenquantenzahl 236 f.
Netzebene 161, 244
Netzteil 79
NEUMANN, JOHN VON (1903–1957) 303
Neutrino 273, 283
Neutron 207, 256 f., 296
–, Strukturanalyse 245
Neutronen-Autoradiografie 256 f.
Neutronenstern 70, 354 f.
NEWTON, ISAAC (1643–1717) 18, 288, 318
nichtharmonische Schwingung 97

Nichtlokalität 228 f.
n-Leitung 246 f.
NOETHER, EMMY (1882–1935) 287
Noether-Theorem 287
npn-Transistor 250
Nukleon 256 f.
Nuklid 256 f.
–, künstliches 292 f.
Nuklidkarte 256 f.
Nullrate 259

O

Oberschwingung 105
Ohr 132
Olbers-Paradoxon 364 f.
OPPENHEIMER, ROBERT (1904–1967) 302 f.
Optik, geometrische 154
optische Astronomie 358 f.
optische Instrumente, Auflösungsvermögen 170 f.
optisches Gitter 160 f.
Orbital 236 ff.
Orgelpfeife 135
ØRSTED, CHRISTIAN (1777–1851) 42, 48 f., 60
Oszillator 90
–, harmonischer 112, 223
Oszilloskop 41

P

Paarerzeugung 274 f.
Paarvernichtung 273, 279
Parallaxe 358 f.
paramagnetischer Stoff 50 f.
Parameter, verborgener 229
partielle Reflexion 168
PAULI, WOLFGANG (1900–1958) 273
Pauli-Prinzip 238 f., 282
Pendel 94 f.
–, Doppelpendel 114 f.
–, Fadenpendel 94 f.
–, Federpendel 94
–, gekoppeltes 101
–, mathematisches 95
Periodendauer 90
Periodensystem der Elemente 240 f.
Permeabilität 50
Permittivität, relative 28
Perpetuum mobile 287
Phasengeschwindigkeit 118
Phasenraumdiagramm 114 f.
Phasenschieber 77
Phasensprung 122 f.
Phosphoreszenz 212
Photon 192 ff.
–, Impuls 198 f.
–, Polarisation 228 f.

–, Teilchencharakter 198
piezoelektrischer Effekt 110
PLANCK, MAX (1858–1947) 190 f., 216
Planck'sche Konstante 191, 193 f.
Planck'sches Strahlungsgesetz 190 f., 358
planetarischer Nebel 354
Planetensystem, Entstehung 344 f.
Plasma 23
Plattenkondensator 16 f., 21, 24 f.
–, Kapazität 28 f.
p-Leitung 246 f.
Plejaden 352
p-n-Diode 259
p-n-Übergang 248 ff.
Poisson'scher Fleck 179
Polarisation 12 f.
– von Licht 174 f.
– von Photonen 228 f.
– elektromagnetischer Wellen 145, 174 f.
Polarisationsfilter 174 f.
Polarlicht 42
Positron 266, 278
Positronenemissionstomografie (PET) 273
Postulate der Allgemeinen Relativitätstheorie 336
Postulate der Speziellen Relativitätstheorie 318 f.
Potenzial 96, 138
–, elektrisches 20 f., 26
–, Plattenkondensator 21
– im Radialfeld 27
Potenzialbarriere 224 f., 245
Potenzialschwelle 224 f.
Potenzialtopf 96 f.
–, eindimensionaler 230 f., 268 f.
Potenzialtopfmodell 268 ff.
–, Alphazerfall 270 f.
–, Betazerfall 272 f.
Potenzialwall 268 f.
potenzielle Energie 20, 230 f.
Proton 12, 256 f.
–, Stabilität 288
Proton-Proton-Zyklus 306 f., 350 f.
Protoplanet 344
Protostern 353
Pulsar 355

Q
Quantelung der Ladung 15
Quantenelektrodynamik 178
Quantenmechanik 216
–, Kopenhagener Interpretation 217
Quantenobjekt
–, freies 222
–, Impuls 221
–, Interferenz 201

–, Reflexion 225
Quantenradierer 219
Quantensprung 210
Quantensystem 220 f.
Quantenzahl 236 f.
Quarks 278 f., 282 f.
Quarzuhr 111
Quasar 329
Quellenfeld 19
Querwelle 116 f.
Q-Wert 260 f., 270

R
Radialfeld 19, 26 f.
–, Feldstärke 26 f.
–, Potenzial 27
Radialgleichung für das Wasserstoffatom 234 f.
radioaktive Strahlung 266 f.
Radioastronomie 358
Radiokarbonmethode 294 f.
Radius von Sternen 358 f.
Rastertunnelmikroskopie 245
Rauchgasfilter 40
Raumzeit 330 f.
–, Krümmung 338 f.
Reaktorunfall 299
Reflexion 122 f., 134
–, partielle 122, 168
–, Polarisation 175
– von Quantenobjekten 225
– elektromagnetischer Wellen 144
Reflexionsbedingung, Bragg'sche 244
Reflexionsgesetz 123, 154
Reflexionsgitter 161
Regenbogen 166
Reibung, Stokes'sche 37
Reibungselektrizität 12
Reichweite von Wechselwirkungen 280
Reihenschaltung von Kondensatoren 31
Rekombination von Ladungsträgern 248
Relativbewegung 322
relative Permittivität 28, 153
Relativgeschwindigkeit 328 f.
relativistische Masse 332 f.
relativistischer Dopplereffekt 328 f.
relativistischer Impuls 332 f.
Relativitätsprinzip 318, 323
Resonanz 100 ff., 109
Resonanzabsorption 212 f.
Resonanzfluoreszenz 213
Resonanzkatastrophe 100 f.
Resonator 215
RFID-Chip 108
RØMER, OLE (1644–1710) 152
RÖNTGEN, WILHELM (1845–1923) 264
Röntgenastronomie 359
Röntgenbeugung 161

Röntgenfluoreszenzanalyse 242
Röntgenröhre 196
Röntgenstrahlung 196 f., 244
–, charakteristische 242 f.
–, Entstehung 196
–, Spektrum 196
Röntgenstrukturanalyse 244 f.
Rotation, differenzielle 360
Roter Riese 354, 356 f.
Rotverschiebung 328, 341, 364 f.
–, gravitative 341
Rubens'sches Flammenrohr 134
Rückkopplung 103
Rückkopplungsschaltung 110 f.
Rundfunkempfänger 147
RUTHERFORD, ERNEST (1871–1937) 206 f., 256, 265, 276, 293
Rydberg-Frequenz 205
Rydberg-Konstante 204

S
Saitenschwingung 134
Sammellinse 155
Satellitenantenne 148
Schalenmodell 239 ff., 268
Schall 130 f.
Schallgeschwindigkeit 130
Schallintensität 132 f.
Schallintensitätspegel 133
Schallkegel 137
Schallwahrnehmung 132
Schallwelle 130 f.
scheinbare Helligkeit 348, 359
Schmerzschwelle 133
Schmetterlingseffekt 112 f.
SCHRÖDINGER, ERWIN (1887–1961) 216 f., 221
Schrödingergleichung, stationäre 231
schwache Kausalität 112
schwache Wechselwirkung 280 f., 288 f.
Schwarzer Körper 190 f.
Schwarzes Loch 341, 354 f.
Schwarzschild-Radius 355
Schwebung 104, 126
schwere Masse 337
Schwingkreis, elektrischer 106
Schwingquarz 110
Schwingung 90 ff.
–, chaotische 112 ff.
–, elektromagnetische 106 ff.
–, erzwungene 102 f.
–, gedämpfte 98 f., 108
–, harmonische 90 ff., 96
–, Kenngrößen 90
–, nichtharmonische 97
–, Überlagerung 104
Schwingungsgleichung, Thomson'sche 106 f.

Seifenblase 168 f., 236
Selbstähnlichkeit 115
Selbstinduktion 66 f., 106
Sendeanlage 111
Siebkreis 74 f.
signifikante Stellen 377 f.
Skalarfeld 18
Skalarprodukt 391
Solarzelle 250 f.
SOMMERFELD, ARNOLD (1868–1951) 216
Sonne, Aufbau 346 f.
Sonnensystem 342 f.
Sonnenwind 343
Spallation 301
Spannung, elektrische 20 f.
Speicherung elektrischer Energie 30 f.
Spektralanalyse von Gasen 204
Spektralklasse 348 f., 356, 359
Spektrum
–, elektromagnetisches 176 f.
–, Emissionsspektrum 204 f.
–, Frequenzspektrum 105, 131
 – des Lichts 166 f.
–, Linienspektrum 204 f.
–, Massenspektrum 55
–, Röntgenstrahlung 196
 – von Sternen 348 f.
–, Wasserstoffatom 205
Sperrkreis 75
Sperrschicht 248 f.
Spezielle Relativitätstheorie,
 Postulate 318 f.
Spiralgalaxie 360
Spitzenwirkung 23
Spule
–, Magnetfeld 44 f.
 – im Wechselstromkreis 72 ff.
SQUID 255
Stammfunktion 387
Standardabweichung 226
Standardmodell
 – der Elementarteilchenphysik 282 f.
 – der Kosmologie 366, 368
starke Kausalität 112
starke Wechselwirkung 262 f.,
 280 f., 288
stationäre Schrödinger-
 gleichung 231
stationärer Zustand 222 f.
statistischer Fehler 378
stehende Welle 134 f.
Stern
–, Druck 358 f.
–, Entstehung 352 f.
–, Entwicklung 352 f.
–, Erlöschen 354 f.
–, Helligkeit 348 f.
–, Kernprozess 350 f.

–, Masse 358 f.
–, Neutronenstern 70, 354 f.
–, Protostern 353
–, Radius 358 f.
–, Spektrum 348 f.
Sternhaufen 360 f.
stimulierte Emission 214
Stokes'sche Reibung 37
Störstellenleitung 246
Störung 116 f.
Stoß, elastischer 199
Stoßionisation 39
Strahlendosis 296 f.
Strahlenquelle
–, natürliche 298 f.
–, zivilisatorische 299
Strahlenschutz 298 f.
Strahlung
–, Alphastrahlung 266 f.
–, Betastrahlung 266 f.
–, Bremsstrahlung 196
–, elektromagnetische 176 f.
–, Entstehung 176
–, Gammastrahlung 266 f., 274 f.
–, ionisierende 258 f.
–, kosmische Hintergrundstrah-
 lung 368 f.
–, Nachweis 258 f.
–, radioaktive 266
–, Röntgenstrahlung 196 f., 242 ff.
–, Strahlendosis 296 f.
–, Synchrotronstrahlung 176, 244
Strahlungsgesetz 359
–, Planck'sches 190 f.
Strahlungswichtungsfaktoren 296 f.
STRASSMANN, FRITZ (1902–1980) 300
Streuexperiment 276
Streuprozess 199
Streuung 121
–, Compton-Streuung 198
Stromstärke 42 f.
–, elektrische 14 f.
Struktur, Festkörper 244 f.
Strukturuntersuchung mit schnellen
 Teilchen 276 f.
subtraktive Farbmischung 167
Supernova 354 f.
Superposition von Wellen 120
Supersymmetrie (SUSY) 287, 289
Supraleitung 71, 254 f.
Symmetrie 286 f.
Synchrotronstrahlung 176, 244
System
–, chaotisches 113
 – Erde–Mond 345
systematischer Fehler 378
Szintillation 259
Szintillationsdetektor 259

T
Teilchencharakter von Photonen 198
TELLER, EDWARD (1908–2003) 303
Temperatur von Sternen 358 f.
Tesla (T) 42
Theorie, Vereinheitlichung 288 f.
Theory of Everything (TOE) 288 f.
THOMSON, JOSEPH J.
 (1856–1940) 202 f., 206
Thomson'sche Schwingungs-
 gleichung 106 f.
Tolman-Stewart-Experiment 38
Ton 131
träge Masse 337
Trajektorie 114 f.
Transformationsgesetz
–, Galilei-Transformation 286
–, Lorentz-Transformation 286
Transformator 64 f.
Transistor 250 f.
–, Kennlinien 251
–, npn-Transistor 250
Transurane 293
Transversalwelle 116 f., 140 f., 174 f.
Trödelprinzip 339
Tröpfchenmodell 262 f.
Tunneleffekt 224 f., 245
 – beim Alphazerfall 271

U
Überlagerung 104, 120 f.
 – von Schwingungen 104
 – von Wellen 120 f.
Überlagerungszustand 223
UKW-Dipol 148
Unbestimmtheitsrelation,
 Heisenberg'sche 226 f.
Uran-Blei-Methode 295
Urknall 289, 368 f.

V
Vakuumfluktuation 227
Vektoraddition 391
Vektorfeld 18 f.
vektorielle Größen 390 f.
Vektorprodukt 391
Vereinheitlichung
–, elektroschwache 284 f.
 – von Theorien 288 f.
Verschränkung 228 f.
Volt (V) 20

W
Wasserstoffatom
–, Energiewerte 208 f., 234 f.
–, Orbitale 236 f.
–, Radialgleichung 234 f.
–, Spektrum 205

Weakon 281
Wechselspannung 62 ff.
Wechselstromkreis 72 ff.
Wechselwirkung 280 f.
-, elektromagnetische 280, 288
-, Gravitation 288 f.
-, Reichweite 280
-, schwache 280 f., 288 f.
-, starke 262 f., 280 f., 288 f.
-, elektromagnetische Wellen 177
Weißer Zwerg 356 f.
Weiss'sche Bezirke 51
WEIZSÄCKER, CARL F. VON
    (1912–2007) 262 f., 350
Welle 116 ff., 130 f., 134 f.
-, Ausbreitungsgeschwindigkeit 118, 145
-, De-Broglie-Welle 226
-, ebene 120, 141
-, elektromagnetische 138 ff., 144 f., 151, 174 f., 177
-, Elementarwellen 120 ff.
-, gerade 121
-, Gravitationswelle 162, 339
-, harmonische 118 f.
-, Längswelle 116 f.
-, Longitudinalwelle 116 f.
-, Materiewelle 200 f.
-, Mikrowelle 144
-, Querwelle 116 f.
-, Schallwelle 130 f.
-, stehende 134 f.
-, Superposition 120
-, Transversalwelle 116 f., 140 f., 174 f.
-, Überlagerung 120 f.
-, Wellenfront 120 f., 136 f.
-, Wellenzug 116
Wellenfunktion 118
Wellenlänge
-, Compton-Wellenlänge 199
-, De-Broglie-Wellenlänge 200 f.
Wellenmechanik 217
Wellennormale 120 f.
Weltalter 365
Welteninselhypothese 362
Widerstand
-, induktiver 72 ff.
-, kapazitiver 72 ff.
WIEN, WILHELM (1864–1928) 190
Wien'scher Geschwindigkeitsfilter 54 f.
WIMP 370 f.
Wirbelfeld 19, 69
-, elektrisches 56
Wirbelstrombremse 69
Wirbelströme 61, 68 f.
Wirkleistung 76 f.
Wirkungsquantum 191
Wirkwiderstand 73
WLAN-Router 148
Wurfparabel 35

Z

Zahl, komplexe 220
-, magische 268
Zählrate 259
Zählrohr 258
Zeigerdiagramm 91, 93
Zeigerformalismus 128 f., 164 f.
Zeitdilatation 324 f.
Zeitkonstante 32 f.
Zeitmessung im Gravitationsfeld 339
Zerfallsgesetz 290 f., 294
Zerfallsreihe, natürliche 292
Zone, habitable 344 f.
Zufall 218
Zündanlage 78 f.
Zustand
-, Atomzustand 238 f., 241
-, Energiezustand 222 f.
- eines Quantensystems 220 f.
-, stationärer 222 f.
-, Überlagerungszustand 223
Zustandsfunktion 220 f.
Zwillingsparadoxon 325
Zyklotron 53

Bildquellenverzeichnis

Titelbild: Photoshot/NASA/Goddard Space Flight Center/SDO
Abele, Hartmut, Prof., Atominstitut, TU-Wien: 200/1 | action press: 272/1, 360/1, NASA/Planetpix: 322/1, NORTHFOTO: 294/1, REX FEATURES LTD.: 248/1, 350/1, SCHLEGELMILCH: 136/1, TRAX: 242/1 | Agentur Focus: 203/2 | akg-images: 202/1, 286/1, euroluftbild. de: 334/1 | Anglo-Australian Observatory/David Malin Images: 354/1 | Beha, Roland, Frankfurt/M.: 134/1 | Berndt, Thorsten, Berlin: 24/1, 210/1 | Burzin, Stefan, Meldorf: 90/1, 92/1, 104/1 | Clip Dealer/G. Liolios: 140/1 | Colourbox: 296/1, 356/1, Kristian Kirk Mailand: 230/1 | Corbis GmbH: 152/1, 68/Andrew Dernie/Ocean: 262/1, Cern/ /Science Photo Library: 285/2, 145/Ingo Jezierski/Ocean: 38/1, Bob Sacha: 192/1, Carl & Ann Purcell: 220/1, Cern/Science Photo Library: 280/1, Chris Rainier: 304/1, DR JOHN MAZZIOTTA/Science Photo Library: 278/1, Elio Ciol: 368/1, Heidi & Hans-Juergen Koch/Minden Pictures: 108/1, INA FASSBENDER/Reuters: 188/1, Michael Durham/Minden Pictures: 122/1, Mike Theiss/National Geographic Society: 344/1, NAS: 342/1, NASA/JPL-Caltech/Michael Benson/Kinetikon Pictures: 343/2g, NASA/Roger Ressmeyer: 343/2h, NASA/Science Faction: 144/1, Peet Simard: 102/1, Peter Ginter/Science Faction: 246/1, SCIENCE PHOTO LIBRARY: 224/1, Science Photo Library: 346/1 | Cornelsen Schulverlage GmbH: 114/1, 156/2a, 156/2b, 156/2c, 156/2d | culture-images/fai: 256/1 | doc-stock/Science Photo Library: 170/1 | Döring, V., Hohen Neuendorf: 20/1 | Erb, Roger, Heubach: 121/Exp.1a, 121/Exp.1b, 124/Exp.1, 125/Exp.02, 125/Exp.3, 126/Exp.1, 154/1, 156/1, 160/Exp1a, 160/Exp1b, 169/A2, 173/4a, 173/4b, 174/1a, 174/1b, 179/4 | F1online: 76/1, Andrey Nekrasov Imagebroker RM: 58/1, Creativ Heinemann Imagebroker RF: 66/1, Michael Weber Imagebroker RM: 130/1, NASA AGE: 226/1, NASA AGE: 361/3, Richard Ellis AGE: 338/2 | FOTOFINDER: Art Archive/images. de: 228/1, Science & Society/images: 267/3, 141/2, 343/2f, UIG/images. de: 343/2d | Fotolia: 50/1, frenzelll: 100/1, Inga Nielsen: 270/1, Kadmy: 34/1, lunamarina: 118/1, Marlene DeGrood: 32/1 | Glow Images: 238/1, All Canada Photos: 338/1, CulturaRF: 290/1, Prisma RM: 300/1, StatpixB: 218/1, Stockbroker: 266/1, StocktrekRF: 343/2b, Superstock RM: 260/1 | IBM Corporation: 116/1 | imagebroker/Erhard Nerger: 364/1 | imago: 132/1, 254/1, Granata Images: 332/1, imagebroker: 234/1, imagebroker: 292/1, Marco Stepniak: 196/1, Thorge Huter: 64/1, Torsten Becker: 324/1, Xinhua: 250/1 | Interfoto: CLASSICSTOCK/H. ARMSTRONG ROBERTS: 363/2 | Interfoto/Danita Delimont/Michel Hersen: 166/1, David Wall : 124/1, HS Foto Heinzl : 68/1, imageBROKER/Guenter Fischer: 160/1, TV-Yesterday : 106/1 | Jönsson, C., Universität Tübingen: 201/2 | Kirstein, Jürgen, Berlin: 39/Exp.2 | Laif: 52/1, 96/1, Chris Anderson/Aurora: 22/1, James Hardy/PhotoAlto: 36/1, Martin Soeby/Gallery Stock: 158/1, Paul Langrock/Zenit: 88/1 | LOOK-foto/age fotostock: 28/1 | Mauritius images: 42/1, 44/1, 46/1, Alamy: 10/1, 12/1, 16/1, 70/1, 98/1, 126/1, 366/1, Fancy: 120/1, Photononstop: 74/1, Phototake: 353/2, Science Source: 26/1, 276/1, STOCK4B-RF: 268/1 | Max-Planck-Institut für extraterrestrische Physik: 370/3 | Max-Planck-Institut für Physik: 370/1 | NASA, ESA, A. Bolton (Harvard-Smithsonian CfA) and the SLACS Team: 341/6 | NASA, Gary Bower, Richard Green (NOAO), the STIS Instrument Definition Team: 328/1 | Okapia: Friedrich Saurer: 343/2a, Jochen Tack/imageBROKER: 62/1 | Photoshot: 94/1, 138/1, 162/1, David J Slater : 212/1, NASA/ESA: 360/2, 365/3 | picture alliance: 14/1, Cultura: 306/1, dpa: 30/1, 54/1, 198/1, 214/1, 274/1, 282/1, 314/1, 318/1, 326/1, 336/1, 348/1, nordphoto: 56/1, Photoshot: 355/3, Sueddeutsche Zeitung Photo: 68/1 | PIK/Dr. Thomas Kartschall: 320/1 | ProOstsee GmbH/EuroScience: 340/1 | Reuters/NASA: 343/2e | Rogach, Andrej: 204/1 | Shutterstock: Andrew M. Allport: 112/1, MarcelClemens: 352/1, Shutterstock/Orla: 208/1 | Süddeutsche Zeitung Photo/Rue des Archives: 369/2 | Tonomura, A.: 219/2 | Topic Media/imagebroker.net: 240/1 | Ullstein/NMSI/Science Museum: 61/2 | vario images: Cultura RF: 146/1, McPHOTO: 72/1 | VISUM/NASA /The Image Works: 343/2c | Zoonar/Manfred Kirschner: 236/1

Auswahl physikalischer Einheiten

Größe	Formelzeichen	Einheit	Beziehung zu den Basiseinheiten
Aktivität	A	Becquerel	$1\,\text{Bq} = \frac{1}{\text{s}}$
Arbeit, Energie	W, E	Joule	$1\,\text{J} = 1\,\text{N}\cdot\text{m} = 1\,\frac{\text{kg}\cdot\text{m}^2}{\text{s}^2}$
Druck	p	Pascal, Bar	$1\,\text{Pa} = 10^{-5}\,\text{bar} = 1\,\frac{\text{kg}}{\text{m}\cdot\text{s}^2}$
ebener Winkel	α	Radiant, Grad	$1\,\text{rad} = \frac{360°}{2\pi} = 1$
elektrische Kapazität	C	Farad	$1\,\text{F} = 1\,\frac{\text{C}}{\text{V}} = 1\,\frac{\text{A}^2\cdot\text{s}^4}{\text{kg}\cdot\text{m}^2}$
elektrische Ladung	Q	Coulomb	$1\,\text{C} = 1\,\text{A}\cdot\text{s}$
elektrische Spannung, elektrisches Potenzial	U	Volt	$1\,\text{V} = 1\,\frac{\text{W}}{\text{A}} = 1\,\frac{\text{kg}\cdot\text{m}^2}{\text{A}\cdot\text{s}^3}$
elektrischer Widerstand	R	Ohm	$1\,\Omega = 1\,\frac{\text{V}}{\text{A}} = 1\,\frac{\text{kg}\cdot\text{m}^2}{\text{A}^2\cdot\text{s}^3}$
Frequenz	f, ν	Hertz	$1\,\text{Hz} = \frac{1}{\text{s}}$
Induktivität	L	Henry	$1\,\text{H} = 1\,\frac{\text{Wb}}{\text{A}} = 1\,\frac{\text{kg}\cdot\text{m}^2}{\text{A}^2\cdot\text{s}^2}$
Kraft	F	Newton	$1\,\text{N} = 1\,\frac{\text{kg}\cdot\text{m}}{\text{s}^2}$
Leistung, Energiestrom	P	Watt	$1\,\text{W} = 1\,\frac{\text{J}}{\text{s}} = 1\,\frac{\text{kg}\cdot\text{m}^2}{\text{s}^3}$
magnetische Feldstärke (Flussdichte)	B	Tesla	$1\,\text{T} = 1\,\frac{\text{Wb}}{\text{m}^2} = 1\,\frac{\text{kg}}{\text{A}\cdot\text{s}^2}$

Umrechnung von Einheiten

Energieäquivalente	Elektronenvolt	$1\,\text{eV} = 1{,}602\,176 \cdot 10^{-19}\,\text{J}$
	Hertz (Photonen)	$1\,\text{Hz} \mathrel{\widehat{=}} 6{,}6261 \cdot 10^{-34}\,\text{J} = 4{,}1357 \cdot 10^8\,\text{eV}$
	Atomare Masseneinheit	$1\,\text{u} \mathrel{\widehat{=}} 1{,}4924 \cdot 10^{-10}\,\text{J} = 9{,}3149 \cdot 10^8\,\text{eV}$
Astronomische Längenmaße	Lichtjahr	$1\,\text{ly} = 9{,}4605 \cdot 10^{15}\,\text{m}$
	Parsec	$1\,\text{pc} = 3{,}0875 \cdot 10^{16}\,\text{m}$
	Astronomische Einheit	$1\,\text{AE} = 1{,}496 \cdot 10^{11}\,\text{m}$

Erde, Mond und Sonne

Körper	Masse	Radius (gemittelt)
Erde	$5{,}976 \cdot 10^{24}\,\text{kg}$	6371 km
Mond	$7{,}349 \cdot 10^{22}\,\text{kg}$	1738 km
Sonne	$1{,}9891 \cdot 10^{30}\,\text{kg}$	695 700 km